中文版 Maya 2022 完全自学教程

张欣◎编著

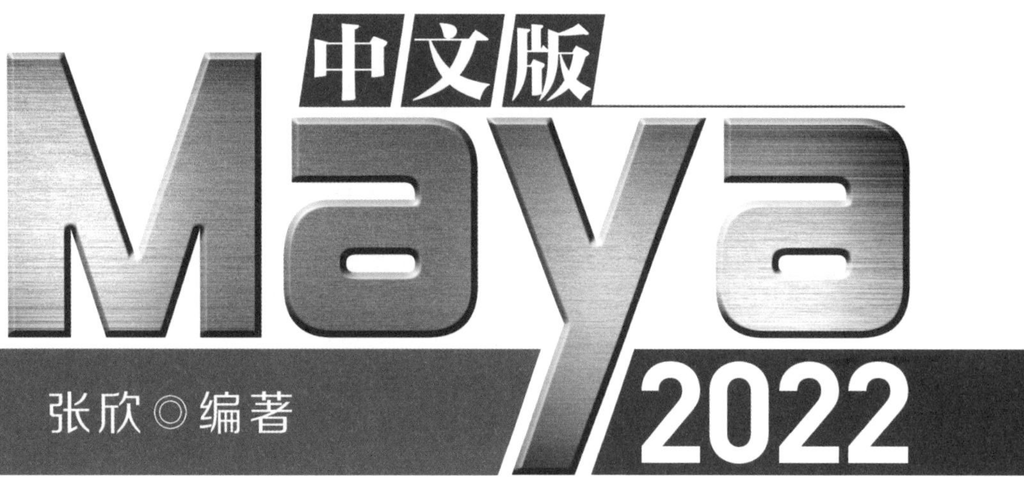

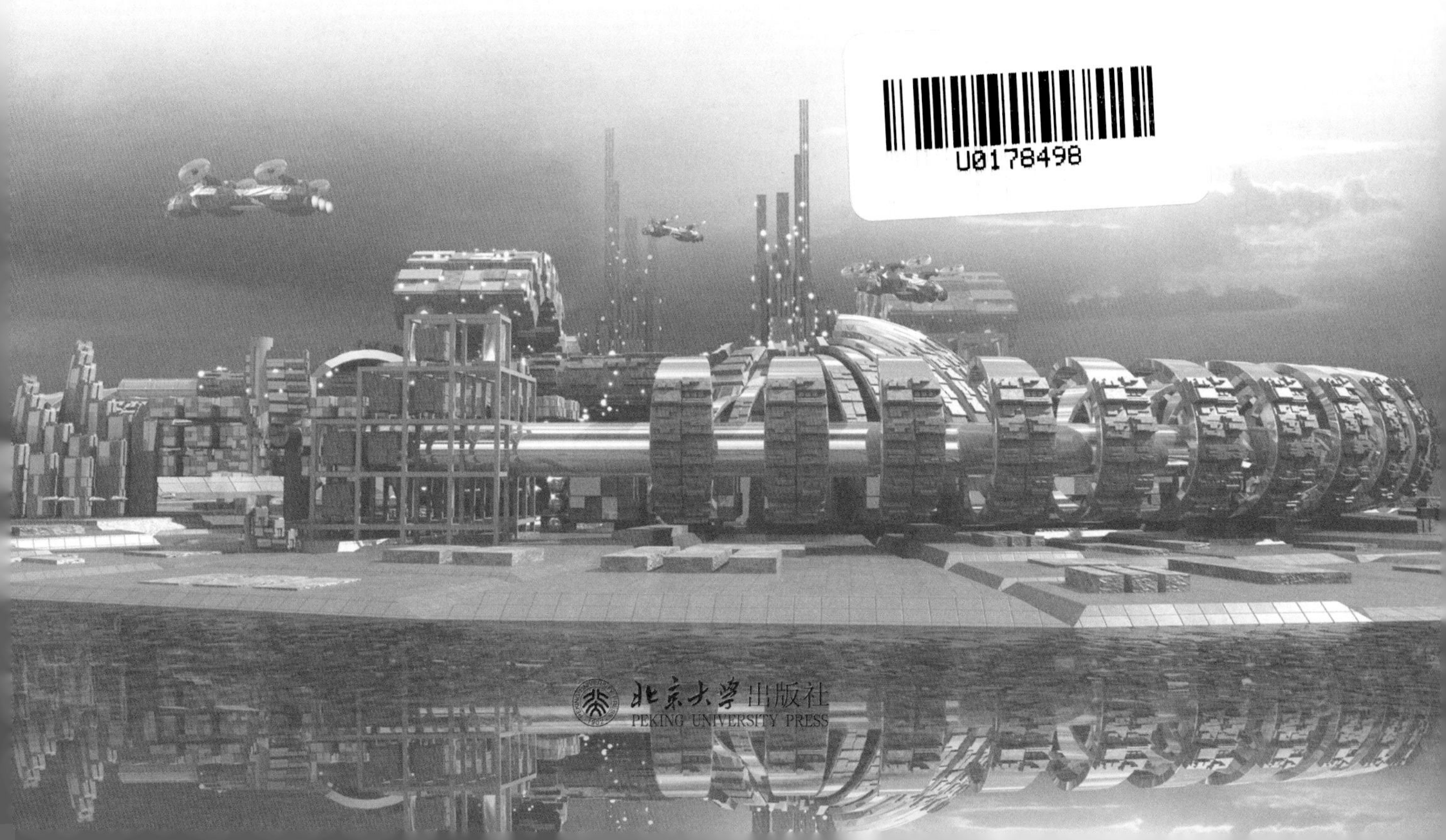

北京大学出版社
PEKING UNIVERSITY PRESS

内容提要

Maya是Autodesk公司旗下的一款三维制作软件，广泛应用于影视广告、角色动画、电影特技等领域。本书以Maya 2022软件为平台，从设计师的工作需求出发，配合大量的典型实例，全面、系统地讲解Maya 2022的设计与应用方法。

本书以“熟悉Maya”为出发点，以“用好Maya”为目标来安排内容，全书共6篇，分为14章。第1篇为基础篇（第1~2章），主要针对Maya初学者，以及有一定Maya应用基础的用户，系统地讲解了Maya软件的特点、2022版本主要的新功能和应用领域等内容；第2篇为建模篇（第3~4章），介绍了Maya中强大、完善的建模模块，如编辑多边形网格、曲面建模技术等；第3篇为渲染篇（第5~8章），介绍了UV的编辑与展开、Maya中渲染常用材质和纹理、默认灯光和阿诺德灯光、PBR渲染技术，以及材质预设的使用等；第4篇为动画篇（第9~10章），系统并全面地讲解了动画制作中必备的技术与相关知识点，如时间编辑器、变形器、运动路径动画和角色动画的制作等；第5篇为特效篇（第11~12章），介绍了Maya中的动力学特效模块，如粒子系统、布料、毛发和流体等；第6篇为实战篇（第13~14章），详细地讲解了影视场景和次时代载具两个实战案例的操作流程。

本书既适合即将毕业，走向工作岗位的广大毕业生和职场中的设计初学者学习，也适合有一定的三维制作基础，但总困于无法设计出更吸引人的作品的中级用户学习，还可以作为广大职业院校和计算机培训班的教学参考用书。

图书在版编目(CIP)数据

中文版Maya 2022完全自学教程 / 张欣编著. — 北京：北京大学出版社，2022.10
ISBN 978-7-301-33367-9

Ⅰ. ①中… Ⅱ. ①张… Ⅲ. ①三维动画软件－教材 Ⅳ. ①TP391.414

中国版本图书馆CIP数据核字(2022)第170140号

书　　名　中文版Maya 2022完全自学教程
ZHONGWENBAN Maya 2022 WANQUAN ZIXUE JIAOCHENG
著作责任者　张　欣　编著
责任编辑　王继伟　刘羽昭
标准书号　ISBN 978-7-301-33367-9
出版发行　北京大学出版社
地　　址　北京市海淀区成府路205号　100871
网　　址　http://www.pup.cn　新浪微博: @ 北京大学出版社
电子信箱　pup7@pup.cn
电　　话　邮购部010-62752015　发行部010-62750672　编辑部010-62580653
印 刷 者　北京宏伟双华印刷有限公司
经 销 者　新华书店
889毫米×1194毫米　16开本　24.5印张　764千字
2022年10月第1版　2024年7月第2次印刷
印　　数　3001–5000册
定　　价　129.00 元

前　　言

为什么要学 Maya

Maya 是一款非常易于学习的高端三维动画软件，在模型材质、灯光渲染、动画调试及特效制作等方面都表现得非常优秀。

Maya 的功能强大、操作灵活且设计效果突出，受到了设计师、游戏开发者、影视制片人及在校大学生的喜爱，甚至被广泛地应用在平面设计领域中。

本书适合 Maya 初学者学习，但即便你是一个 Maya 老手，这本书一样能让你大呼“开卷有益”。这本书可以帮助你掌握以下技能。

（1）Maya 2022 的基本操作。

（2）对曲线和曲面进行绘制与编辑。

（3）使用灯光为模型增添氛围。

（4）通过 PBR 渲染技术调试出写实效果。

（5）制作角色动画，以及蒙皮前的准备工作。

（6）根据物理学原理制作出逼真的自然力效果，如爆炸、破碎、焰火等。

系统地学习本书，能够助你从 Maya 小白成长为 Maya 设计高手，从而变身成为三维设计和影视特效设计达人。

本书特色

（1）内容常用、实用

本书遵循“常用、实用”的原则，以 Maya 2022 为操作平台，书中标识出了 Maya 2022 的“新功能”及“重点”知识。全书结合日常办公应用的实际需求，安排了 103 个“实战”案例、22 个“妙招技法”、11 个“上机实训”案例、2 个综合实战案例，系统并全面地讲解了 Maya 2022 三维设计与建模的技能和实战应用。

（2）图解写作，一看即懂，一学就会

为了让读者更易学习和理解，本书采用“步骤引导 + 图解操作”的写作方式进行讲解，在步骤讲述中分解出了“❶，❷，❸……”操作小步骤，并在图上进行对应的标识，非常方便读者学习掌握。读者只要按照书中讲述的步骤和方法去操作练习，就可以做出同样的效果。另外，为了解决读者在自学过程中可能遇到的问题，本书设置了“技术看板”板块，解释在操作过程中可能会遇到的一些疑难问题；本书还设置了“技能拓展”板块，指引读者通过其他方法来解决同样的问题，从而达到举一反三的学习效果。

丰富的学习套餐，让您学习更轻松

本书配套赠送相关的学习资源，内容丰富、实用，让读者花一本书的钱，得到一份超值的学习套餐。本书配套的学习资源如下。

（1）同步学习文件

提供本书所有案例相关的同步素材文件及结果文件，方便读者学习和参考。

①素材文件。本书中所有章节实例的素材文件，全部收录在同步学习资源的“\ 素材文件 \ 第 * 章 \”文件夹中。读者在学习时，可以参考图书的讲解内容，打开对应的素材文件进行同步操作练习。

②结果文件。本书中所有章节实例的最终效果文件，全部收录在同步学习资源的“\ 结果文件 \ 第 * 章 \”文件夹中。读者在学习时，可以打开结果文件查看实例效果，为自己的练习操作提供帮助。

（2）赠送设计资源

赠送 1100 个 Maya 设计样式资源。

（3）赠送 9 本高质量电子书

①《色彩构成宝典》

②《色彩搭配宝典》

③《平面 / 立体构图宝典》

④《PS 修图技法宝典》

⑤《PS 抠图技法宝典》

⑥《PS 图像合成与特效技法宝典》

⑦《PS 图像调色润色技法宝典》

⑧《手机办公 10 招就够》

⑨《高效人士效率倍增手册》

（4）赠送 2 部实用的视频教程

①《5 分钟学会番茄工作法》

②《10 招精通超级时间整理术》

温馨提示：以上资源，可使用微信扫描右侧二维码关注微信公众号，并输入本书 77 页的资源下载码，获取下载地址及密码。

本书由凤凰高新教育策划并组织编写，由张欣老师编写。张欣老师从事多年三维设计、影视特效设计和教育培训工作，具有丰富的 Maya 应用技巧和三维设计经验。若书中有疏漏和不足之处，敬请广大读者及专家指正。

目　录

第 1 篇　基础篇

基础篇包含“进入 Maya 2022 的世界”及“Maya 2022 的基础操作”两章内容。“进入 Maya 2022 的世界”章节中主要介绍了 Maya 的特点、2022 版本主要新功能和应用领域等内容，帮助读者建立对 Maya 的基本印象。“Maya 2022 的基础操作”章节中介绍了 Maya 的基础操作，也是本篇的重点内容，包含 Maya 的重要操作技巧，熟练掌握基础操作，能够为进一步学习 Maya 的高级功能打下牢固的基础。

第 2 篇　建模篇

Maya 拥有强大而完善的建模功能，广泛应用于各种不同风格、类别的三维角色、三维场景和三维道具等模型的建模工作。建模篇主要针对 Maya 多边形建模与曲面建模两种主流的建模技术进行详细介绍。

第 3 章 ▶

第4章 ▶

第3篇 渲染篇

看着没有材质的白色模型在工作区中被逐步美化完善，变得丰富多彩，是一种很棒的体验。渲染工作是三维制作流程中十分激动人心的部分，渲染工作完成的效果是三维作品最终效果的雏形，它的好坏直接决定了成品的画面品质，同时也决定了是否能够达到预期的视觉效果。渲染篇涵盖了渲染工作的必备技术，主要包括UV的编辑方法、材质贴图的重要知识、灯光的布光技巧，以及PBR基于物理的渲染工作流程介绍等内容。

第5章 ▶

第8章 ▶

第4篇　动画篇

动画篇包含"动画制作基础"与"角色动画"两部分内容，从关键帧动画的基础知识到角色动画的高级应用，逐步介绍Maya动画制作中必备的各种重要技术与相关知识点，帮助读者掌握Maya动画制作的基本技术。

第9章 ▶

第 5 篇 特效篇

动力学特效是 Maya 三维制作中技术性最强的部分。好的特效是技术与艺术的结合，在特效的创意、节奏、层次和美术等层面均有较高的要求。高质量的特效需要动力学特效技术支撑。特效篇分为“动力学特效基础”与“流体特效高级应用”两部分，通过对粒子系统、布料、毛发和流体等特效技术的学习，可以掌握特效制作的一般流程、思路及不同特效模块交互使用的方法。

第6篇 实战篇

实战篇针对 Maya 的主要应用领域，利用 2 个完整的综合实战案例展示 Maya 的应用与项目制作流程。其中，影视场景案例对应的是 Maya 三维卡通环境搭建的实战应用；次时代载具案例则针对 Maya 在游戏领域中的应用。

第 1 篇 基础篇

基础篇包含“进入 Maya 2022 的世界”及“Maya 2022 的基础操作”两章内容。“进入 Maya 2022 的世界”章节中主要介绍了Maya的特点、2022版本主要新功能和应用领域等内容，帮助读者建立对 Maya 的基本印象。“Maya 2022 的基础操作”章节中介绍了 Maya 的基础操作，也是本篇的重点内容，包含 Maya 的重要操作技巧，熟练掌握基础操作，能够为进一步学习 Maya 的高级功能打下牢固的基础。

第 1 章 进入 Maya 2022 的世界

- Maya 2022 版本有哪些新功能?
- Maya 的应用领域有哪些?
- Maya 是如何发展起来的?
- Maya 的工作流程是什么?

1.1 Maya 的应用领域

Maya 功能齐全，操作灵活，是一款级别较高的制作软件。Maya 主要应用于影视广告、角色动画、电影特技等领域。

1.1.1 影视动画

随着科技的发展，观众对影视作品的要求也越来越高，零基础人员在学习使用 Maya 制作影视动画的过程中，需要掌握建模、绑定、使用材质灯光和渲染的方法，学会创建虚拟角色及场景，熟悉动画制作的流程。

1.1.2 游戏制作

Maya 提供了非常便捷的多边形建模和 UV 贴图功能、优秀的关键帧技术、非线性及高级角色蒙皮绑定工具等，都被广泛应用于游戏设计领域。例如，游戏《绝地求生：刺激战场》就是由 Maya 参与开发的，如图 1-1 所示。

图 1-1

通过分析热门游戏《英雄联盟》《剑侠情缘网络版叁》《王者荣耀》等，可以发现 Maya 在整个游戏设计框架中所占的比重越来越大。

一款游戏的场景设计需要呈现出游戏的时空背景，如时间、地点等，并需要通过特定的色彩搭配和光影效果来提升游戏的氛围。

1.1.3 影视特效

随着计算机图像技术的发展，电影特效的制作速度和质量都有了巨大的进步，用户可以使用 Maya 来制作无法通过道具实现的效果，还可以使用 Maya 制作逼真的角色。

Maya 被广泛应用于影视的特效和后期制作。例如，电影《猩球崛起》《哥斯拉》《速度与激情》中的一些特效就是用 Maya 制作的，如图 1-2 所示。

图 1-2

1.1.4 视频包装

在栏目包装行业中，设计师需要深入学习 Maya、After Effects 等软件在电视栏目包装与广告方面的综合运用，通过实际工作案例，从硬件设备、色彩构图、音乐节奏、前期创意、调色、特效制作等方面，学习各类包装的制作及包装类广告的制作。学习栏目包装制作，需要运用 Maya 的三维与合成，掌握整个栏目包装的制作过程，以独立完成电视包装的制作和后期合成的工作。

使用 Maya 不仅能做出高质量的模型和动画，还能制作出绚丽的镜头特效，图 1-3 所示的广告短片就是用 Maya 制作的。

图 1-3

1.1.5 数字媒体产品

数字媒体是一个以数字技术为中心的媒体概念，是将相关文字、声音、动画、视频、图像等多种感觉媒体综合集成在一起，进行加工、传播和表现的信息载体。这类产品会使用 Maya 进行制作和传播，一般由个人创作，内容不像电影那样完整和规范。

1.1.6 建筑漫游动画

随着多媒体技术的发展，3D 虚拟技术也在不断地进步。Maya 具有强大的兼容功能、灵活的模型制作和渲染特性、强悍的动作制作特征，能更好地模拟虚拟仿真环境，让用户在虚拟空间下的体验更加真实。

在建筑漫游动画中，3D 虚拟技术会被应用到建筑设计领域。此时，就可以以现实中的建筑为依据，运用 Maya 来创建虚拟的建筑、环境等。这种人机交互行为，能模拟出真实的漫游穿越效果，这是传统方式无法替代的。如今，虚拟技术在建筑行业中变得越来越重要了。

1.2 Maya 软件的特点

Maya 不仅有基础的三维效果制作功能，还有动画、毛发渲染、骨骼绑定等先进技术。学习 Maya 不仅要掌握软件的基础操作及基本建模技术，还要掌握 Maya 基本角色、贴图、动画的制作方法，了解并掌握 Maya 动力学系统、表达式的应用，以及 Maya 涂刷效果、Maya 毛发、部分 Maya 插件等。下面简单介绍 Maya 的几个重要组成部分，也是学习该软件需要重点掌握的知识。

1.2.1 高效的建模流程

Maya 的建模技术在设计与动画行业中占据着举足轻重的地位，是国外大型三维制作公司的标准建模方式，国内部分公司也在慢慢尝试使用 Maya 建模。

Maya 中有 4 种类型的建模方式，分别是多边形建模、NURBS 建模、Subdiv Surfaces（细分曲面）、雕刻。

1. 多边形建模

在 Maya 中，多边形建模是目前比较流行的建模方式，可以创造出具有复杂结构的模型，是比较容易掌握的一种建模方式，且多边形建模的拓扑结构没有严格的限制，不需要处理接缝问题。

多边形建模适用于各种软件，非常便捷，能在各种三维软件间交换文件。目前，游戏行业的模型设计制作使用的就是多边形建模。

2. NURBS 建模

Maya 中的 NURBS 建模是一种非常优秀的建模方式。NURBS 建模能够更好地控制物体表面的曲线度，从而创建出更逼真、生动的造型。NURBS 建模在工业设计和动画中变得越来越流行。

3. Subdiv Surfaces（细分曲面）

细分曲面建模是一种新的建模方式，它具有 NURBS 建模和多边形建模的优点，得到了广泛的应用。

4. 雕刻

Maya 中的雕刻工具很少被用到，因为以上 3 种建模方式已经可以满足大部分建模需求。

1.2.2 高仿真的渲染品质

渲染是 3D 模型生成过程的最后阶段。

Maya 中有 4 种渲染器：Maya 软件渲染器、Maya 硬件 2.0 渲染器、Maya 矢量渲染器、Arnold for Maya 渲染器。

1. Maya 软件渲染器

Maya 软件渲染器支持 Maya 内所有实体类型，包括粒子、各种几何体和绘制效果（作为渲染后处理）及流体效果。该渲染器还具有强大的 API，用于添加客户编程效果。

2. Maya 硬件 2.0 渲染器

Maya 硬件 2.0 渲染器不支持渲染层和 IPR。

3. Maya 矢量渲染器

使用 Maya 矢量渲染器可以创建各种位图格式（如 IFF、TIFF 等）或 2D 向量格式的固定格式渲染（如卡通、艺术色调、艺术线条、隐藏线、线框）。

4. Arnold for Maya 渲染器

Arnold for Maya 渲染器用于渲染金属质感。

1.2.3 标准化的动画制作流程

无论是二维动画还是三维动画，前期的制作流程都是一样的——先撰写剧本，再根据剧本制作文字分镜或画面分镜，以及角色设计、场景设计等。

1.2.4 明晰的特效功能架构

Maya 的动画影视特效技术被广泛应用于影视制作。Maya 特效的类型包括以下几种：Maya动力学、Maya 流体、Maya 毛发、Maya 布料、Maya 特效笔刷。

1. Maya 动力学

动力学是物理学的一个分支，描述对象的移动方式，动力学动画使用物理学原理来模拟自然力。Maya 中动力学主要应用于粒子和流体特效中。

2. Maya 流体

流体动力学是 Maya 中较为出众的功能，使用流体解算器模拟运算出所有效果。

3. Maya 毛发

Maya 毛发由两个模块组成：Fur 和 Hair。

Fur 是一个组件，在 NURBS 模型和多边形模型中，可以使用 Fur 创建较为逼真的毛发，也可以使用它设置毛发的属性，如颜色、长度、光秃效果、不透明度、起伏、卷曲和方向，或在局部为皮毛贴图。

Hair 用于创建动态的毛发系统，可以模拟出真实的毛发效果，如柔软的触须、辫子、衣带等。

4. Maya 布料

在 Maya 中使用 ncloth（布料系统）可以创建真实的布料效果。在 Maya 中可以为任意一个运动的三维模型创建服装，表现动态效果并模仿布料行为。

5. Maya 特效笔刷

特效笔刷是一种新技术，可以在 2D 画布或 3D 空间中创建逼真的自然效果。用户可以像使用传统绘画工具一样使用特效笔刷在画布上绘制图像，也可以为场景中的三维几何体绘制重复的纹理。

1.2.5 人性化的工作界面

Maya 的工作界面由多个组件构成，默认情况下界面上方是菜单栏、状态栏、工具架，中间是工具盒、视图栏、视图区、通道盒、图层区，下方是动画控制区、命令栏和帮助栏，组件的具体功能将在第 2 章中讲解。其中，工具架中的命令是最重要的部分。

1.3 Maya 的发展史

Maya 是优秀的三维动画制作软件，它最早是由美国的 Alias|Wavefront 公司在 1998 年推出的。Maya 的制作效率极高、功能完善、操作灵活，包含了先进的动画及数字效果技术。

通过 Maya 创作出的三维影视作品已经不胜枚举，Maya 的研发定位很高，使用初期的版本就能制作出非常优秀的作品。Maya 凭借先进的建模技术、数字化布料模拟技术、毛发渲染技术、衣料仿真技术和明晰的用户界面，刚推出就引起了影视界和媒体的广泛关注。

2005 年 10 月 4 日，美国 Autodesk 公司收购了 Alias|Wavefront 公司，并在 2006 年发布了新的 Maya 版本，Maya 成为 Autodesk 公司旗下的一个主流软件。短短几年中，Maya 以飞快的速度发展，推出了很多新的版本，得到了很多制片公司的认同和赞赏。

★重点 1.4　Maya 2022 的新功能

目前 Maya 已经推出了 2022 版，对计算机硬件和系统的要求较高。一般情况下，Maya 2022 适用于 Windows 10 专业版，需要计算机具有 64 位 Intel 或 AMD 的多核处理器，主频在 2.4GHZ 以上，内存在 16G 以上为好，显卡满足 4G 或 6G 以上独显；需要的浏览器包括谷歌、Apple Safari、Internet Explorer；需要准备三键鼠标。

Maya 2022 的功能更加人性化，无论是建模、动画、特效还是粒子系统等，在此版本中都增加了很多内容。

★新功能 1.4.1　更快的启动和退出速度及新的初始屏幕

Maya 2022 在启动和退出时，速度比旧版本快很多。Maya 2022 的初始界面内容更丰富，右下角新增了一个进度条，如图 1-4 所示。

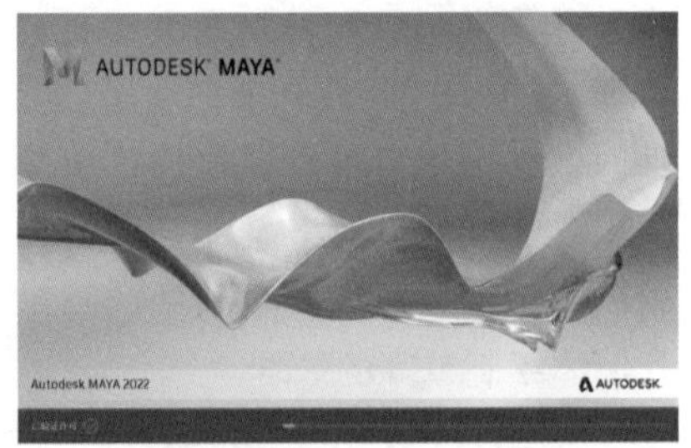

图 1-4

★新功能 1.4.2　曲线可见性

创建好曲线后，可以在【属性编辑器】对话框中曲线节点的【对象显示】栏中找到 Maya 2022 新增的【始终在顶部绘制】复选框，如图 1-5 所示。

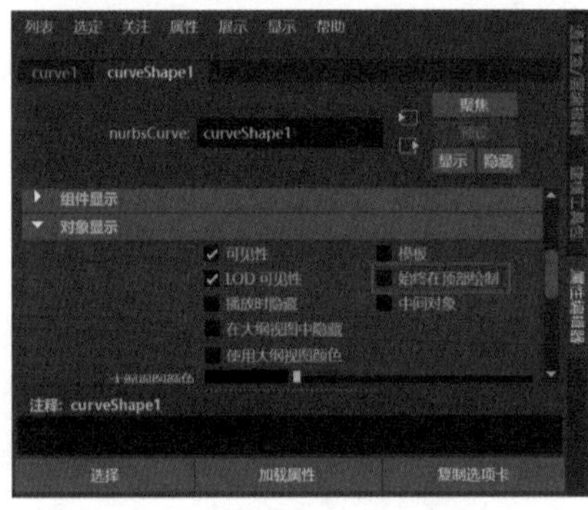

图 1-5

勾选该复选框可以使曲线在视图中可见，并不被任何物体遮挡，如图 1-6 所示。

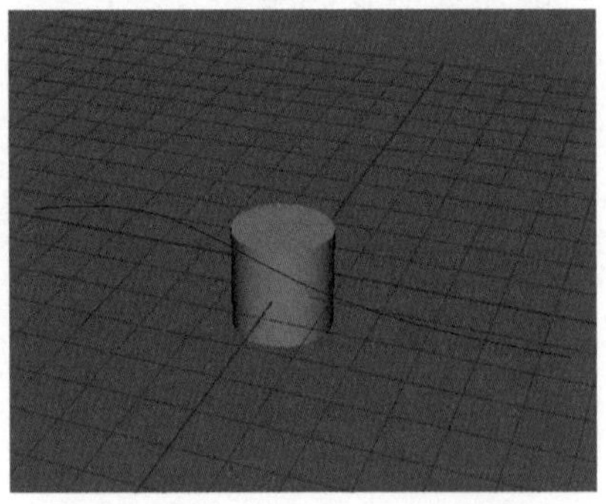

图 1-6

★新功能 1.4.3　新的复制首选项

第一次启动 Maya 2022 时可以设置默认首选项，或者将旧版本 Maya 中的首选项设置复制到新版本 Maya 中，如图 1-7 所示。

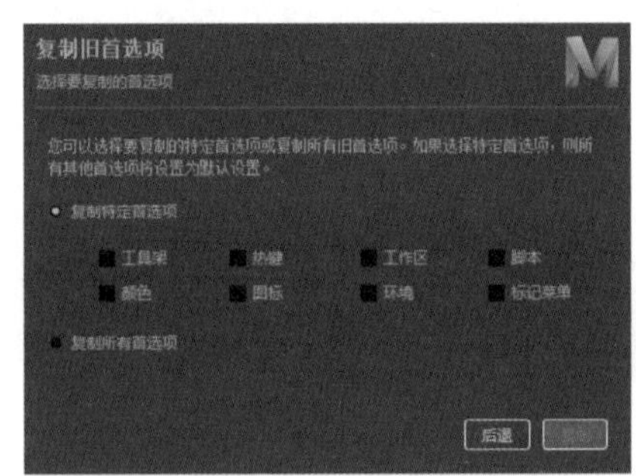

图 1-7

★新功能 1.4.4　自动切线类型

在菜单栏中选择【窗口】→【动画编辑器】→【曲线图编辑器】命令，打开【曲线图编辑器】对话框，即可看到 2022 版本新增的【自动切线】命令，如图 1-8 所示。该命令提供了改进的算法，让动画师能够更好地控制和预测结果。

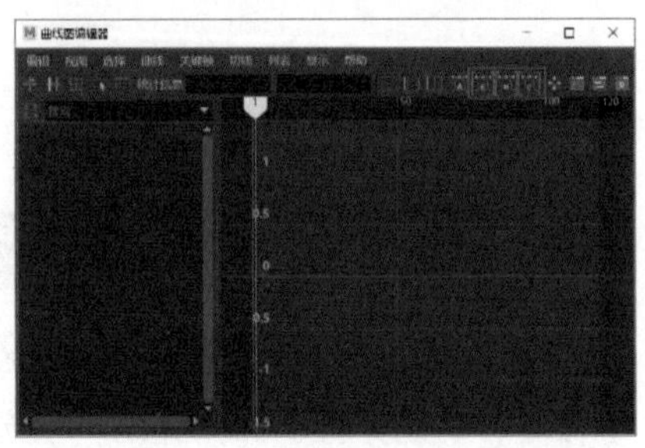

图 1-8

★新功能 1.4.5 固化变形器

使用新的固化变形器，可以在变形几何体上创建刚性区域，如制作拉链部分或皮带扣。该命令在菜单栏中的【变形】命令下，如图 1-9 所示，单击该命令右侧的复选框，即可打开其选项对话框，如图 1-10 所示。

图 1-9

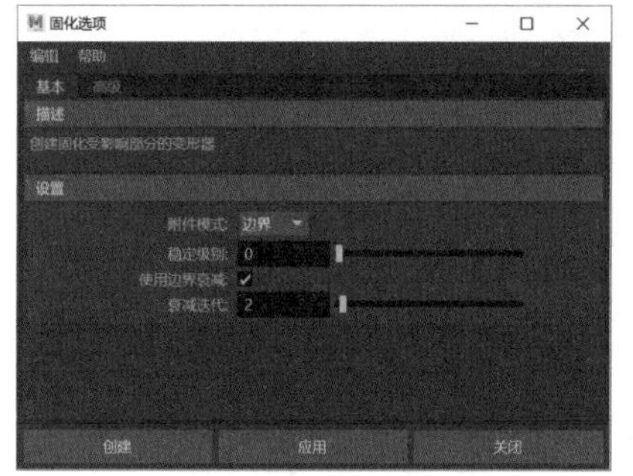

图 1-10

★新功能 1.4.6 扫描网格

使用新增的扫描网格工具，可以将简单的曲线形状生成网格，在制作管道、头发模型时，使用这个新功能非常方便。选择菜单栏中的【创建】→【扫描网格】命令，即可查看并使用该命令，如图 1-11 所示。

图 1-11

★新功能 1.4.7 重影编辑器

使用【重影编辑器】命令可以显示动画上一帧和下一帧的重影图像，方便我们观察已设置动画的对象是如何移动和变换位置的。在【动画】模块中，选择菜单栏中的【可视化】→【打开重影编辑器】命令，如图 1-12 所示，即可打开【重影编辑器】对话框，如图 1-13 所示。

图 1-12

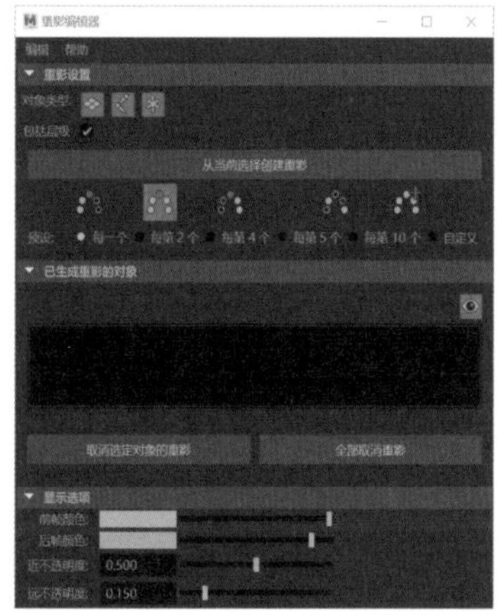

图 1-13

★新功能 1.4.8 适用于 Maya 的 USD 插件

使用新的通用场景描述（USD）支持，可以将 USD 文件完好无损地导入 Maya 中，并进行无缝结合使用。选择菜单栏中的【创建】→【Universal Scene Description（USD）→ Stage From File】命令，如图 1-14 所示，即可将 USD 文件导入软件中。

图 1-14

★新功能 1.4.9 大纲视图集

在【大纲视图】对话框中选择创建好的对象后，单击鼠标右键，即可在弹出的菜单中看到新增的【集】命令，如图 1-15 所示，选择其下的子命令可以为对象创建集、划分或快速选择集。

图 1-15

★重点 1.5 掌握 Maya 的工作流程

在 Maya 中无论制作哪种类型的动画，其前期的工作流程都是一样的，详细操作步骤如下。

（1）确定剧本及影片的故事情节和类型，并创建以下几个文件夹：Images、Mod、Blendshapes、Setup、Scenes，分别用于保存作品的图片、源文件、材质贴图、绑定及场景道具，如图 1-16 所示。

（2）模型制作过程中，需要制作人员在本地计算机上保存多个工程文件，以便对文件进行更改与管理。

（3）模型制作完成后，需要清除废节点、历史记录、归零及优化场景，并对模型正确、规范地命名。

（4）根据剧情需要及导演的要求，制作相应的表情，完成后交给动画师进行检查。模型师将拆好 UV 的模型交给骨骼绑定师进行绑定。控制器要求设置合理、简单实用、命名规范，确认无误后，需交给动画师进行检测。

（5）采用 Reference 方式对文件进行保存、读取与修改。

（6）当 Layout 确定下来，就能明确工作量与人员的具体分配，导入声音方便动画人员调整动作，所以这个环节非常严谨，对整个动画制作起决定性作用。

（7）设置好摄影机，打开渲染开关，背景色应为黑色，然后在通道栏中锁定摄影机的属性，以免其他人更改摄影机设置。

（8）检查是否有多余的物体并删除，以减小文件所占的存储空间。

（9）为了进一步减小文件所占的存储空间，需要在检测之前清理优化 Maya 文件，在 Hypershape 中选择【Edit】→【Delete Unused Nodes】命令，删除多余的材质节点。

（10）为了以后打开 Maya 文件时节省不必要的等待时间，在关闭软件之前，可以关闭所有浮动窗口，让模型处于线框模式，只显示线框，如图 1-17 所示。

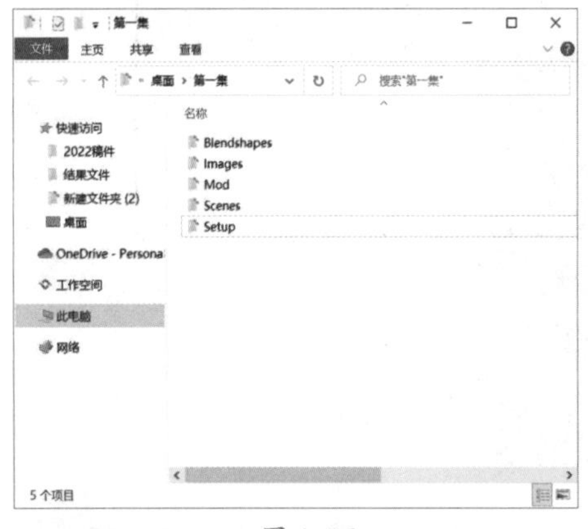

图 1-16

图 1-17

本章小结

本章主要讲解了 Maya 的特点与 Maya 2022 版本的新功能，如曲线可见性、新的复制首选项、重影编辑器、扫描网格等。该软件的应用领域非常广泛，并且引进了先进的技术，使用户可以很轻松地制作出精美绝伦的作品。

第 2 章 Maya 2022 的基础操作

- 需要对模型进行特殊操作时，如何加选或减选物体的局部面？
- 当一个模型具有多个配件时，如何对对象进行显示和隐藏？
- 在复杂场景中，如何使用组便捷地管理对象？
- 如何使用特殊复制命令制作模型？

2.1 Maya 操作界面的组成元素

Maya 2022 安装完成后，双击桌面快捷方式，即可启动软件，弹出一个启动画面。启动画面消失后，即可进入 Maya 2022，自动打开【新特性亮显设置】对话框，如图 2-1 所示，直接关闭该对话框即可。

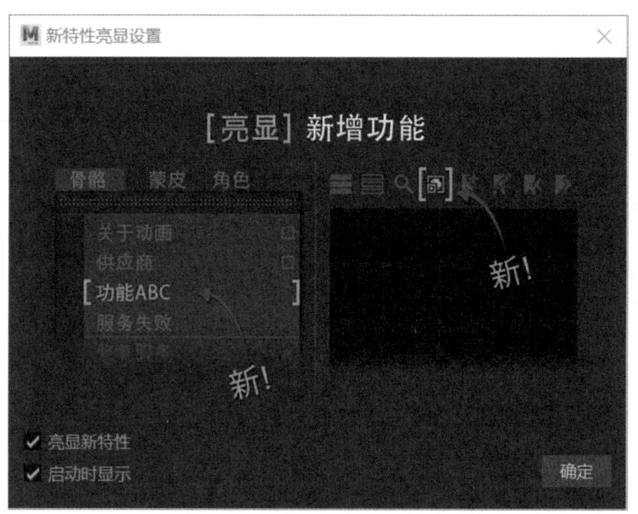

图 2-1

2.1.1 标题栏

Maya 2022 的标题栏如图 2-2 所示，其中显示了软件版本、文件名，也可以设置为显示当前软件的目录和文件等。

图 2-2

2.1.2 菜单栏

菜单栏位于 Maya 窗口顶端的标题栏下方，其中包含 Maya 中所有命令和工具。如果更换模块，图 2-3 所示的公共菜单部分将保持不变，而图 2-4 所示的菜单将会发生变化。

图 2-3

图 2-4

2.1.3 状态栏

Maya 的状态栏中提供了常用的视图操作按钮，包括：❶ 模块选择器、❷ 场景管理、❸ 选择模式、❹ 选择遮罩、❺ 捕捉开关、❻ 对称开关、❼ 渲染器、❽ 编辑器开关等，如图 2-5 所示。

图 2-5

2.1.4 工具架

Maya 中的工具架非常实用，包含各个模块中最常用的命令和操作，并以图标的方式合理地依次排列成相应的快捷链接，单击图标即可执行相应的命令，如图 2-6 所示。

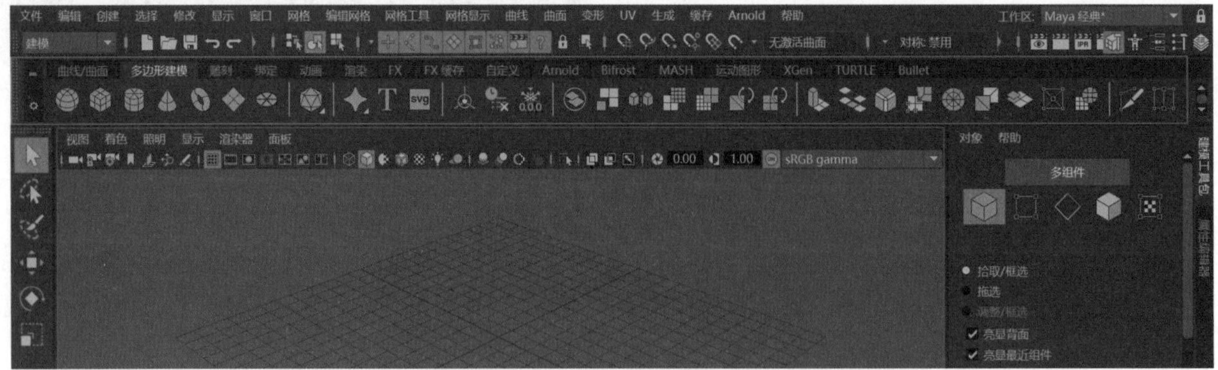

图 2-6

单击工具架最左侧的选项卡，会弹出一个下拉菜单，如图 2-7 所示，用户可以在此更改显示的工具架列表。

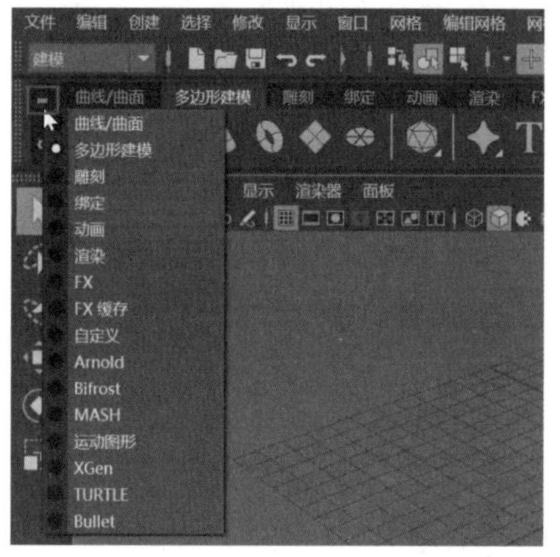

图 2-7

❶单击工具架最左侧选项卡中的【设置】按钮，❷在弹出的下拉菜单中可以更改工具架的项目菜单，如图 2-8 所示。

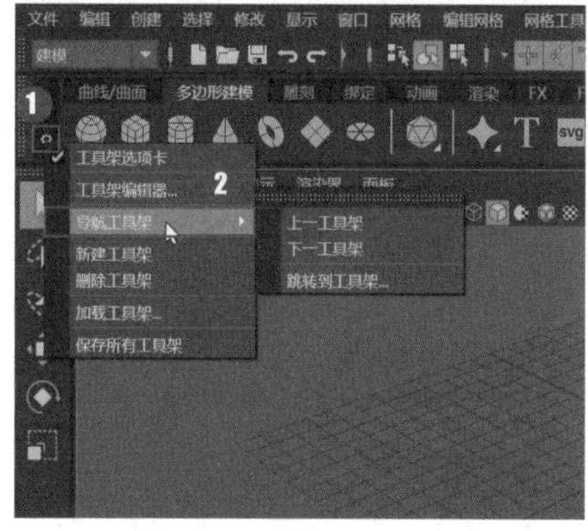

图 2-8

2.1.5 工具盒

工具盒位于软件界面的最左侧，这里集合了最常用的工具，如图 2-9 所示，包括：❶选择工具，快捷键为【Q】；❷套索工具；❸绘制选择工具；❹移动工具，快捷键为【W】；❺旋转工具，快捷键为【E】；❻缩放工具，快捷键为【R】。

图 2-9

2.1.6 工作区

Maya 中所有的工作都是在工作区中操作和完成的，如图 2-10 所示。

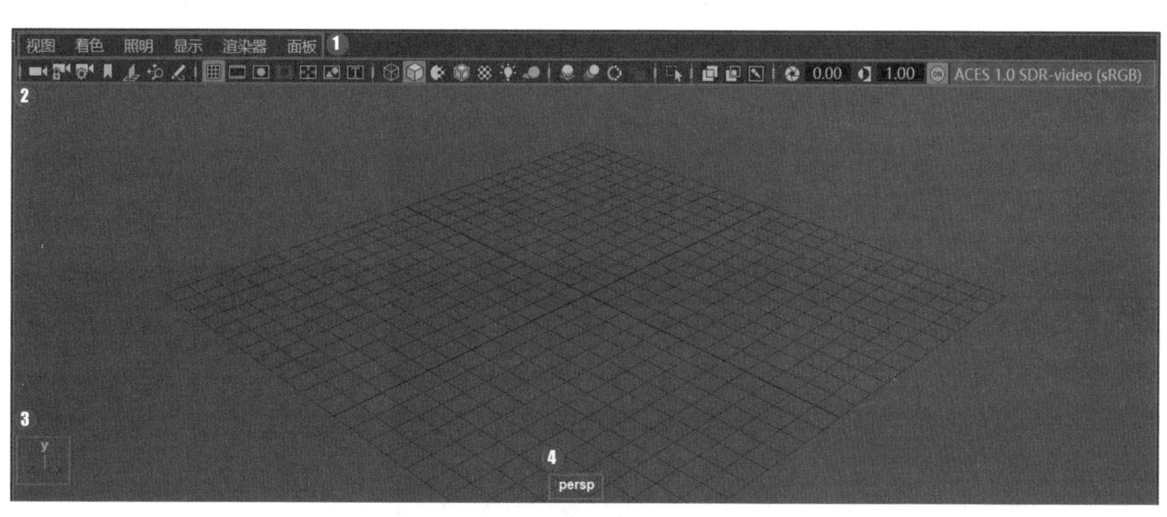

图 2-10

❶视图菜单，位于工作区的最上方。

❷视图快捷栏，可以访问许多工具架中的常用工具。

❸世界坐标，分为 *X*、*Y*、*Z* 轴。

❹视图名称。

此外，用户可以在菜单栏的右侧更改当前工作区，其中提供了 Maya 经典工作区及其他专用级别的工作区，如图 2-11 所示；也可以通过菜单栏中的【窗口】→【工作区】命令进行更改，如图 2-12 所示；选择【将“Maya 经典”重置为出厂默认值】命令可以切换回初始的工作区。

图 2-11

图 2-12

2.1.7 快捷布局工具

快捷布局工具位于工具盒的正下方，如图 2-13 所示。上边的 3 个按钮分别用于将视图更改为单个窗格、四个窗格和两个窗格，在按钮上右击可以查看更多选项，如图 2-14 所示。

图 2-13

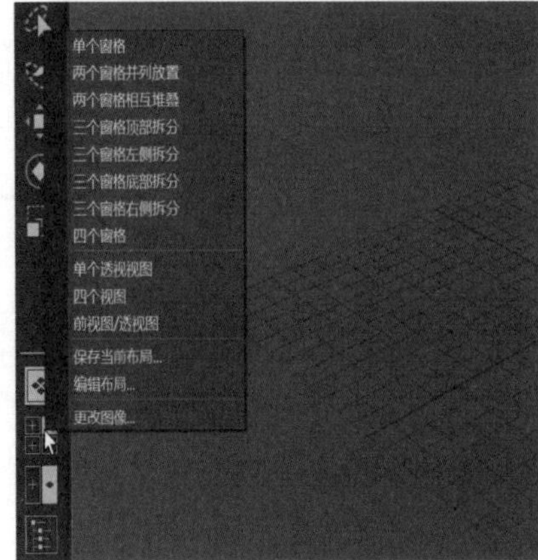

图 2-14

2.1.8 通道盒 / 层编辑器

通道盒是用于查看对象属性的最便捷的工具；在【层编辑器】面板中可以创建并设置不同类型的组。

1. 通道盒

单击主菜单右上方的【通道盒】图标，如图 2-15 所示，将打开图 2-16 所示的面板。

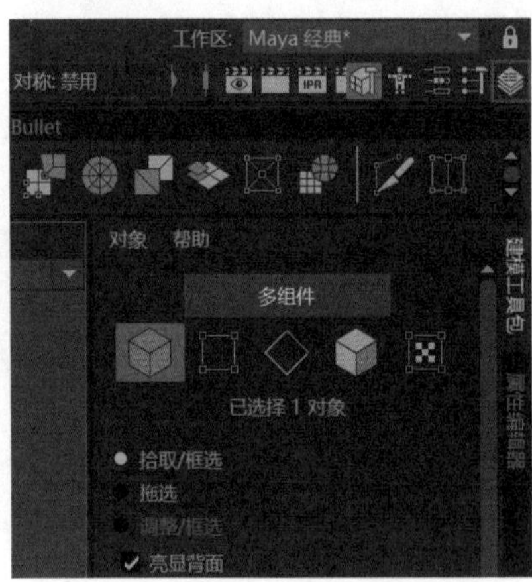

图 2-15

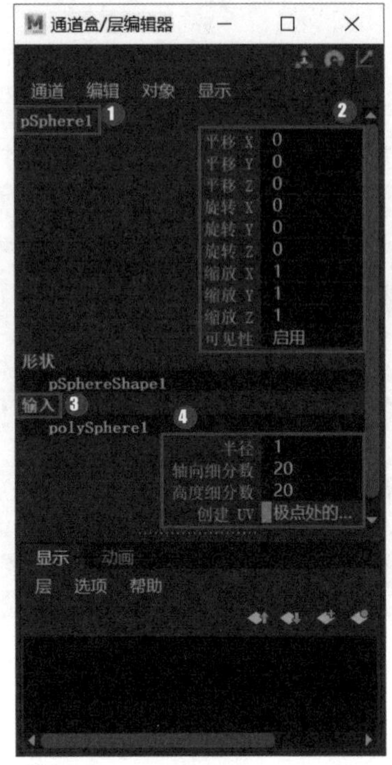

图 2-16

【通道盒 / 层编辑器】面板主要分为 4 个部分：❶ 用于显示选择对象的名称；❷ 用于设置对象属性，在这里可以设置关键帧属性、锁定或解锁属性的表达式；❸ 输入节点；❹ 显示对象参数，在这里可以调节模型的大小、高度、半径、细分数等。

【通道盒 / 层编辑器】面板中还包含 4 个菜单项，它们的作用及含义如表 2-1 所示。

表 2-1 菜单项的作用及含义

选项	作用及含义
通道	该菜单项中包含设置关键帧和锁定选定项等属性的命令，这些命令也可以通过在对象属性上右击来执行，如图 2-17 所示
编辑	主要用于设置编辑器属性和对象的节点属性
对象	用于显示对象的名称
显示	主要用于显示【通道盒 / 层编辑器】面板中的对象属性

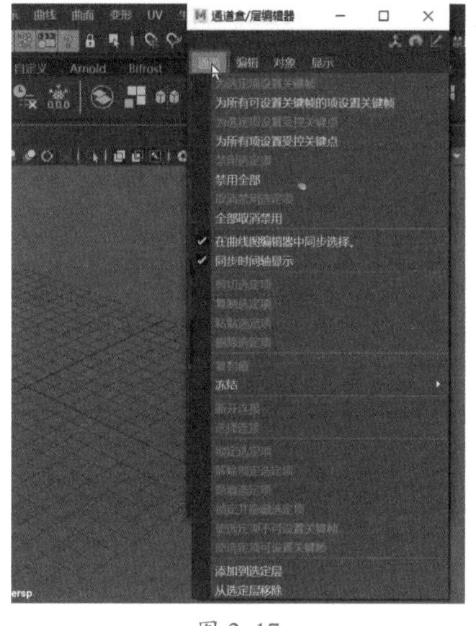

图 2-17

2. 层编辑器

在 Maya 2022 中，层分为两种，分别是显示层和动画层。

【层编辑器】面板可用于对大型场景模型进行局部显示、隐藏或编辑操作，如图 2-18 所示，其中功能有：❶ 播放期间隐藏或显示层；❷ 显示或隐藏对象；❸ 使对象显示线框实体；❹ 显示实体模块。

图 2-18

另外，❶ 单击层右侧的三角形◪，可以打开【编辑层】对话框，在该对话框中可以设置层的颜色、名称、是否可见等，❷ 设置完毕后单击【保存】按钮即可，如图 2-19 所示。

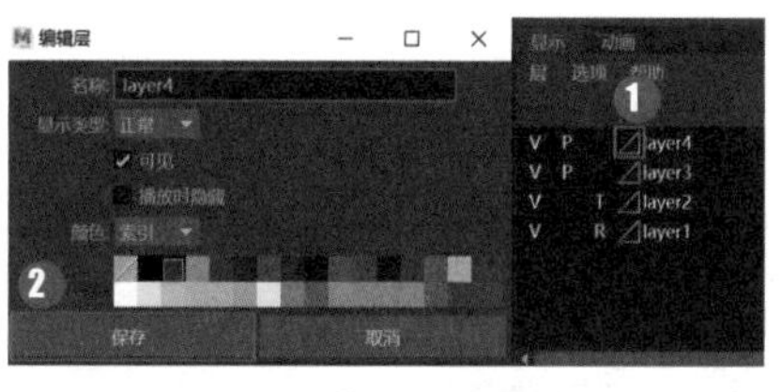

图 2-19

动画层是用于设置动画的图层，可以对动画进行融合或禁用等操作，如图 2-20 所示。

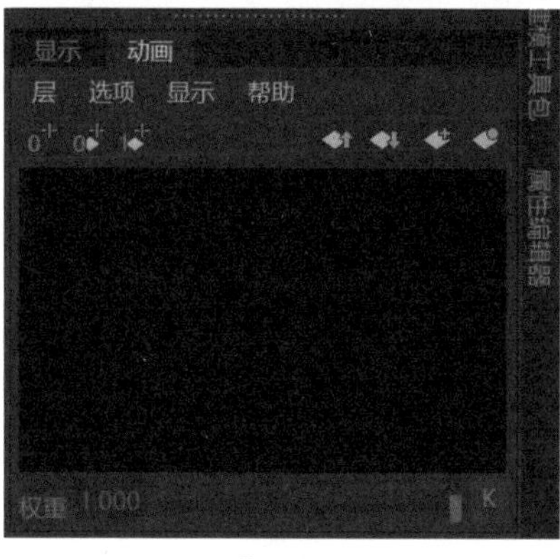

图 2-20

2.1.9 动画控制区

动画控制区主要用于制作动画，在这里可以调节关键帧或手动设置节点属性的关键帧，也可以自动设置关键帧、设置播放起始帧和结束帧等，如图 2-21 所示，几个按钮的功能分别为：❶ 转至播放范围开头，即将当前帧移动到起点位置；❷ 后退到前一关键帧，即将当前帧返回到上一关键帧；❸ 向后播放，即使关键帧从右至左反向播放；❹ 前进一帧，即将当前帧向前移动一帧。

图 2-21

2.1.10 命令栏

命令栏用于提示命令中的错误、输入 MEL 命令或脚本命令，如图 2-22 所示。Maya 的每步操作都会有相应的命令，命令的结果可以通过命令栏输出。命令栏分为 3 个区域：❶ 命令输入栏，❷ 错误提示栏，❸ 脚本编辑器。

图 2-22

2.1.11 帮助栏

用户在操作过程中可以通过帮助栏查看步骤的相关说明，当移动或旋转模型时，帮助栏中也会显示相关坐标信息，为用户提供简单的描述，以提高操作精度，如图 2-23 所示。

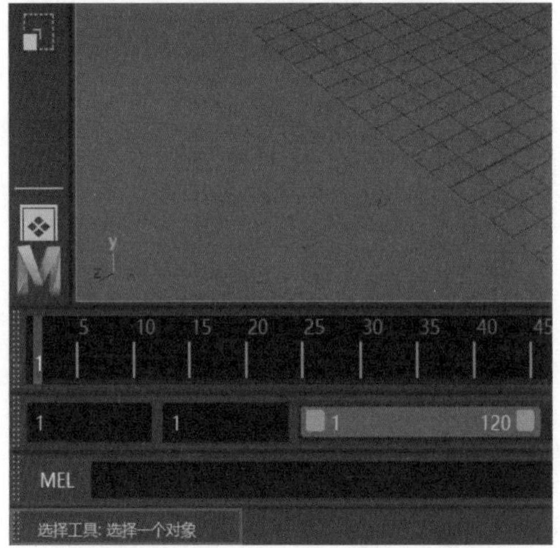

图 2-23

2.2 自定义 Maya 工作界面

工作界面中包含各种窗口、界面选项及面板，如图 2-24 所示。用户在操作过程中可以根据自己的操作习惯和实际需求来自定义工作界面，如：按快捷键【Alt+B】可以切换不同的背景色；在图标上长按鼠标左键并拖曳，可以使相应的面板呈浮动状态，更易查看，如图 2-25 所示。

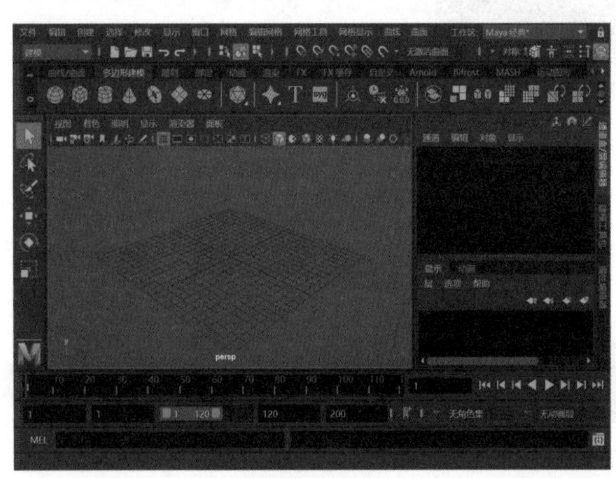

图 2-24

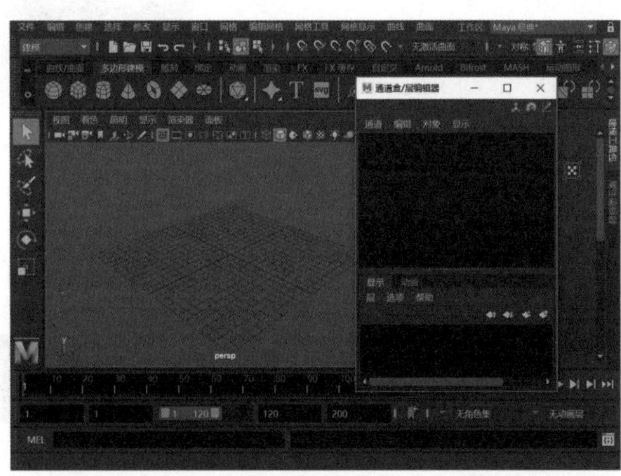

图 2-25

★重点 2.3 Maya 视图操作

使用 Maya 时，除了需要学习软件操作界面的组成部分，还要了解如何进行视图操作。Maya 中有多种视图，分别是透视图、顶视图、前视图、左视图、右视图和后视图，不同视图相当于摄影机处于不同机位拍摄，如顶视图就是摄影机从物体的顶部向下拍摄，所以视图操作相当于是对摄影机的操作。

★重点 2.3.1 切换视图

在 Maya 中制作所有作品都离不开对视图的操作，在制作过程中经常需要对视图进行切换。下面以工作区为例，介绍切换视图的具体步骤。

Maya 中，切换视图有两种方法，一种方法是在工作区中按空格键进行切换。例如，启动 Maya 后默认显示透视图，此时按空格键，工作区会从单个透视图变成4个视图，如图2-26所示。

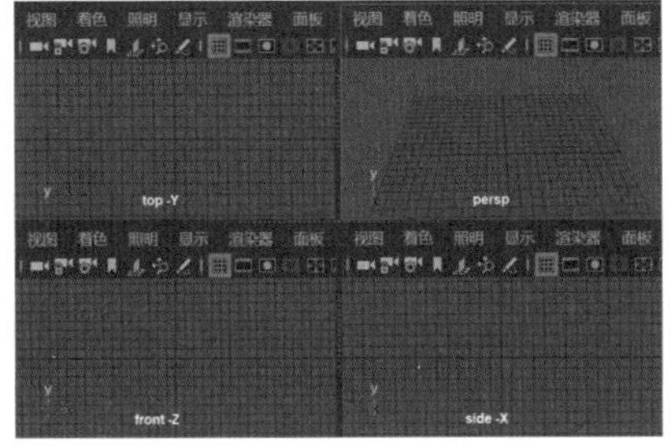

图2-26

另一种方法是长按空格键，工作区中会出现一个导视图，其中涵盖了所有常用的命令，如图2-27所示。此时继续按住空格键，并用鼠标左键拖曳中间的Maya字样，所有的视图即会显示出来，根据需求选择视图即可，如图2-28所示。

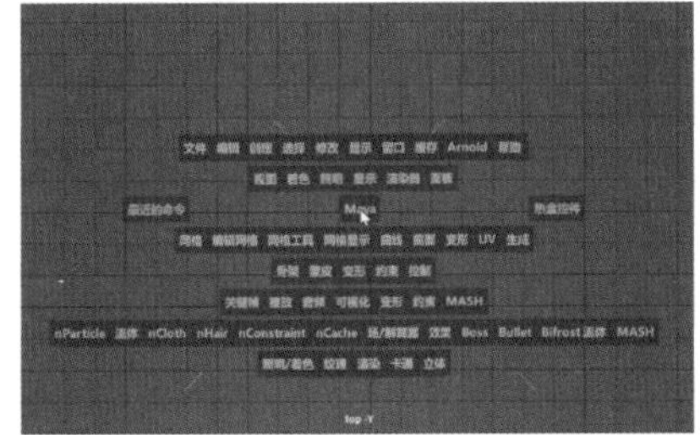

图2-27

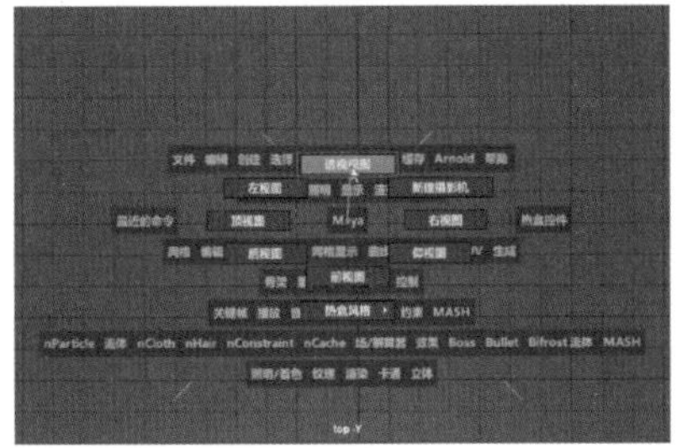

图2-28

★重点 2.3.2　移动、旋转和缩放视图

制作模型时，通常需要对模型进行多方位查看，除了切换视图，还需要移动、旋转和缩放视图。

在工作区中创建一个简单的模型，如图2-29所示。

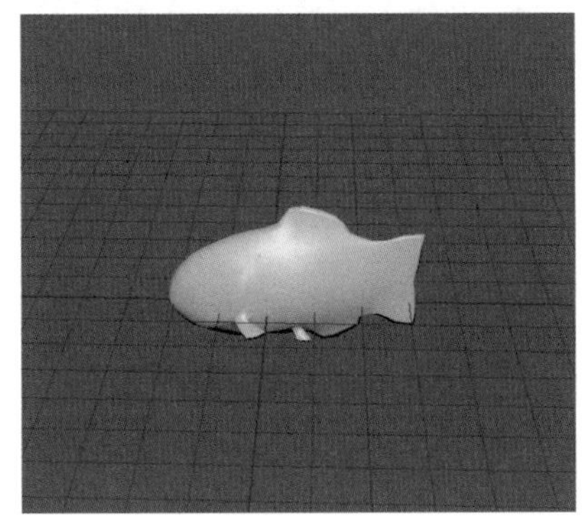

图2-29

按组合键【Alt+鼠标左键】可以进行旋转操作。若想让视图在水平方向旋转，可以按组合键【Shift+Alt+鼠标左键】执行水平或竖直的旋转操作，如图2-30所示。

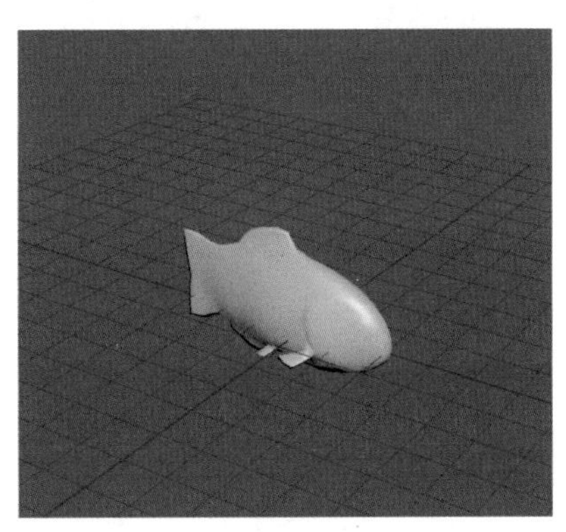

图2-30

移动视图相当于移动摄影机机位。例如，模型的当前位置如图2-31所示，使用组合键【Alt+鼠标中键】可以移动视图，使用组合键【Shift+Alt+鼠标中键】可以实现水平或竖直方向的移动操作，如图2-32所示。

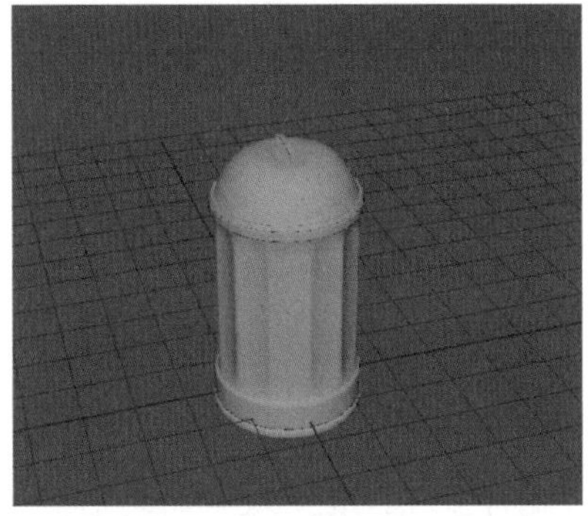

图2-31

图2-32

长按组合键【Alt+鼠标右键】可以缩放视图，使显示的区域缩小或放大，如图2-33所示。

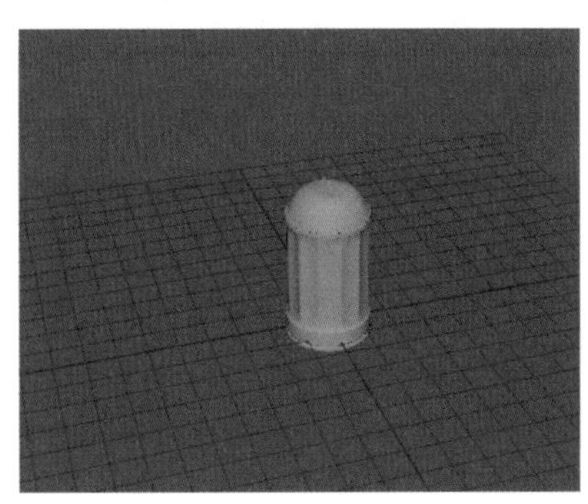

图2-33

★重点 2.3.3　实战：创建视图书签

在调节视图的过程中，如果对当前角度很满意，可以创建视图书签，记录当前的角度，以后即可方便地直接切换到记录过的角度。

选择视图菜单中的【视图】→【书签】→【编辑书签】命令，如图 2-34 所示；在打开的【书签编辑器】对话框中即可创建和编辑视图书签，如图 2-35 所示。

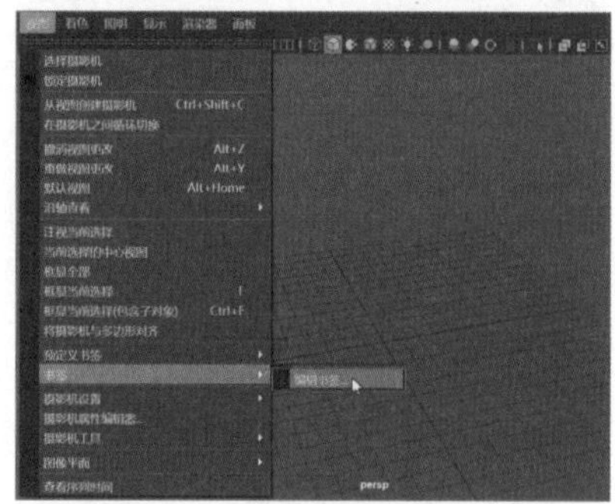

图 2-34

图 2-35

下面演示用摄影机和一个简易模型创建一个视图书签并进行运用，具体操作步骤如下。

Step01 打开“素材文件\第 2 章\huaping.mb”文件，在菜单栏中选择【创建】→【摄影机】命令，创建一个摄影机，如图 2-36 所示。

图 2-36

Step02 选择创建的摄影机，在视图菜单栏中选择【面板】→【沿选定对象观看】命令，如图 2-37 所示。

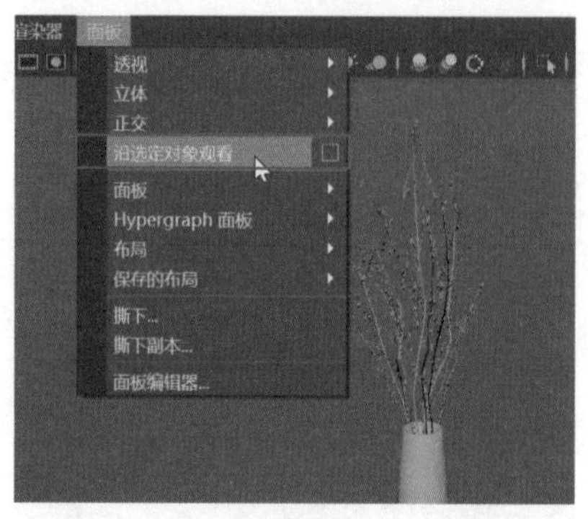

图 2-37

Step03 手动调整场景的视图位置和角度，如图 2-38 所示。

图 2-38

Step04 执行视图菜单栏中的【视图】→【书签】→【编辑书签】命令，如图 2-39 所示。

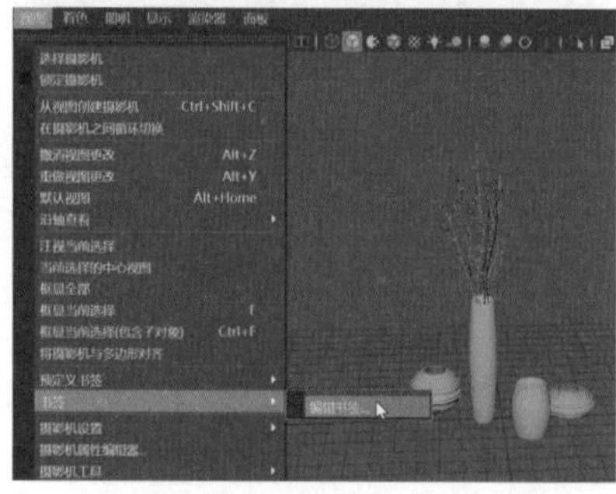

图 2-39

Step05 打开【书签编辑器】对话框，❶单击【新建书签】按钮，❷书签列表中即会自动生成书签，如图 2-40 所示。

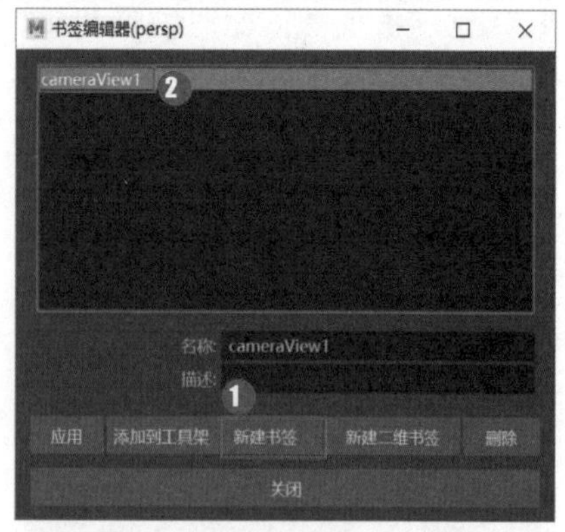

图 2-40

Step06 当该摄影机再次被调整后，选择生成的书签，然后单击【应用】按钮，即可快速切换到视图书签的角度，如图 2-41 所示。

图 2-41

★重点 2.3.4 图像平面

【图像平面】图标位于视图菜单栏中，如图 2-42 所示，单击该图标可以将建模参考图或图片素材导入工作区中。

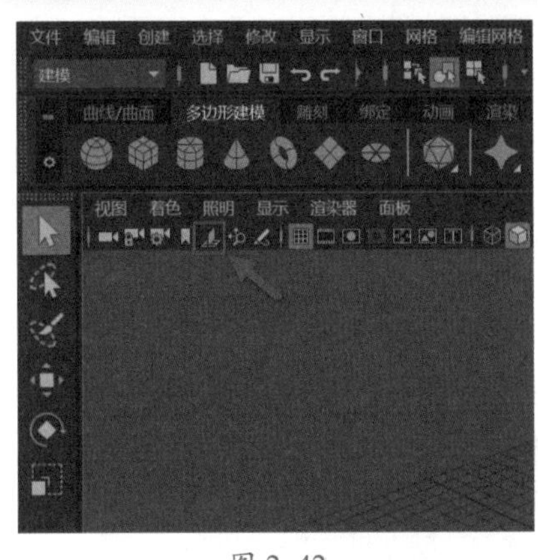

图 2-42

★重点 2.3.5 灯光照明方式

单击视图菜单栏中的【照明】选项，在弹出的下拉菜单中可以看到系统提供的不同灯光的显示类型，如图 2-43 所示。默认情况下，会自动选择【使用默认照明】选项。选择【使用所有灯光】选项时，如果场景中没有创建灯光，场景将是全黑色。选择【使用选定灯光】选项时，场景会变得一片漆黑，可以选择多个或单个灯光，选择哪个灯光，哪个灯光就对模型进行照明。选择【使用平面照明】选项时，模型不会产生阴影，可以想象成着色。选择【不使用灯光】选项时，不管场景中创建了多少个灯光，或者选择了多少个灯光，都不会对模型进行照明。选择【双面照明】选项时，灯光没有照射到的地方也会被照亮。

图 2-43

技术看板

按键盘上的数字键可以快速切换为一些显示方式，其中【4】【5】【6】【7】键分别对应网格显示、实体显示、材质显示和灯光显示。

★重点 2.3.6 【面板】对话框

【面板】对话框如图 2-44 所示，主要用于编辑视图布局。

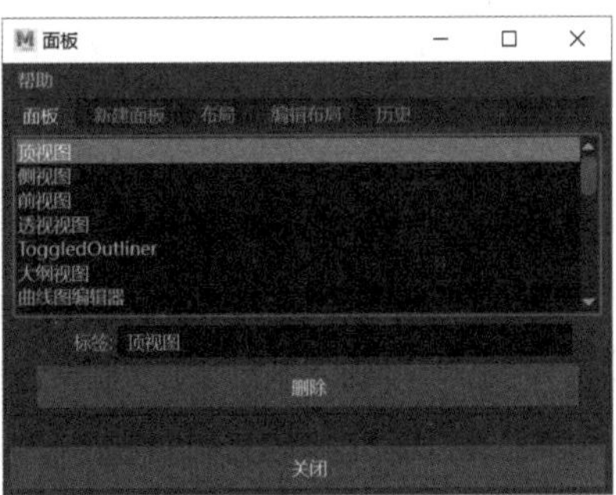

图 2-44

打开【面板】对话框的方法有 3 种。

（1）选择菜单栏中【窗口】→【设置/首选项】→【面板编辑器】命令，如图 2-45 所示。

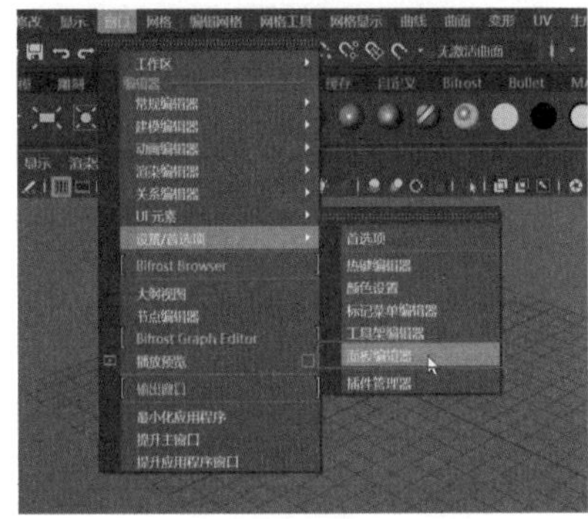

图 2-45

（2）选择视图菜单栏中的【面板】→【面板编辑器】命令，如图 2-46 所示。

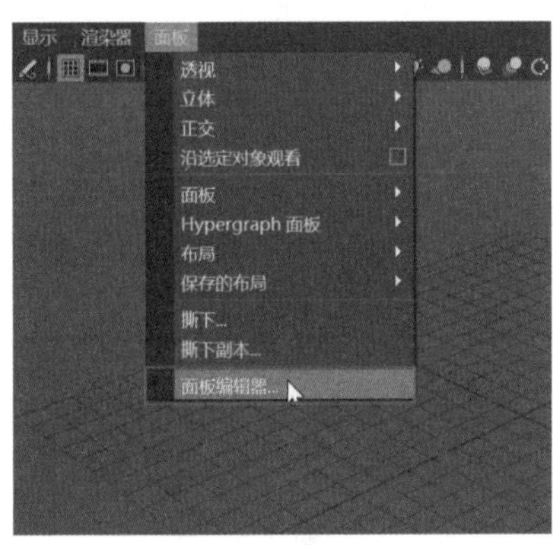

图 2-46

（3）选择视图菜单栏中的【面板】→【保存的布局】→【编辑布局】命令，如图 2-47 所示。

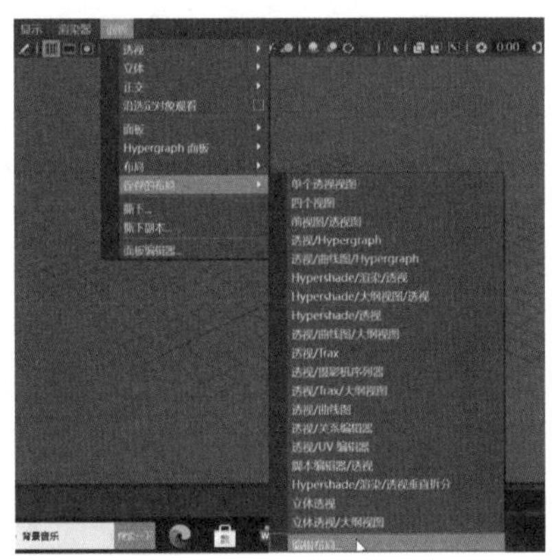

图 2-47

2.4 对象的基本操作

在制作三维虚拟模型前，首先需要学会对创建的对象进行编辑。

在工具架中的【多边形建模】栏中单击任意一个图标，即可创建一个物体；选择菜单栏中【创建】→【多边形基本体】中的命令，如图 2-48 所示，即可创建一个物体。按数字键【5】进入实体显示模式，可以在界面右侧的【通道盒 / 层编辑器】面板中看到控制对象的属性参数，系统会自动将其命名为“pCube1”，如图 2-49 所示。

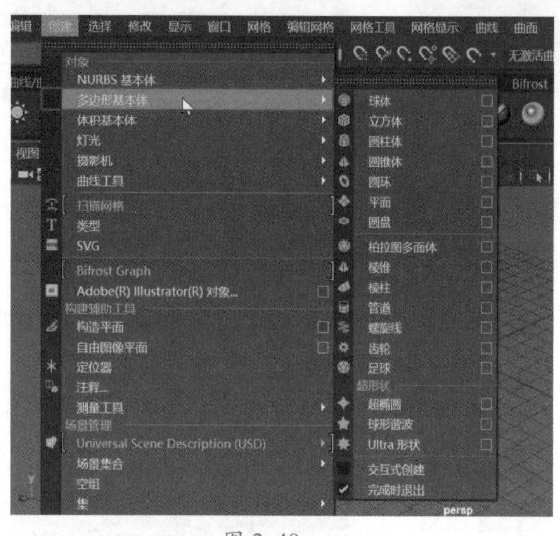

图 2-48

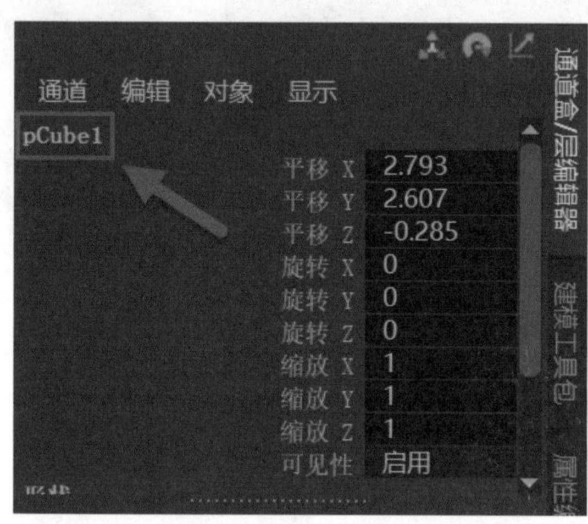

图 2-49

设置【旋转 Y】选项的参数，如“30”，物体会在当前位置旋转 30°，如图 2-50 所示。如果将参数改为“-30”，物体则会向反方向旋转 30°，如图 2-51 所示。当参数设置为 0 时，物体会恢复到最开始的状态。

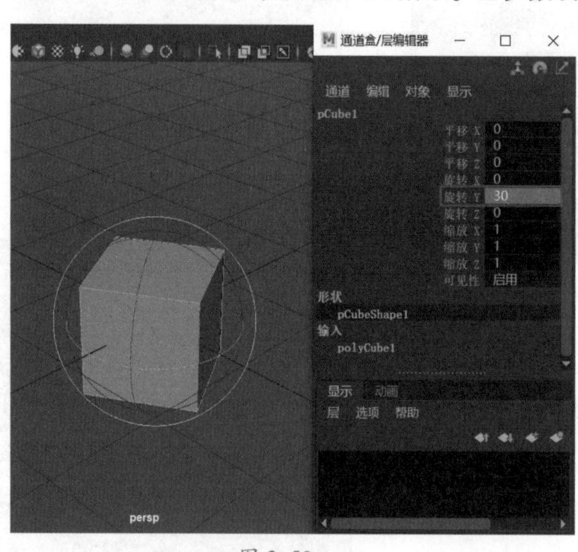

图 2-50

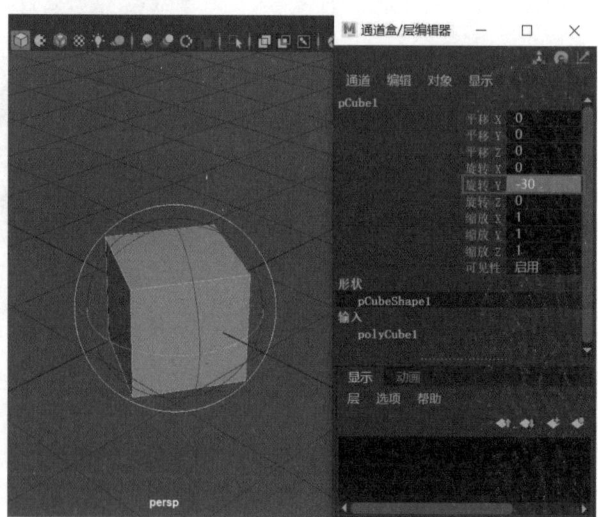

图 2-51

单击鼠标左键，调节物体的【平移 X】【平移 Y】【平移 Z】3 个属性参数，然后通过拖曳将三栏同时选中，将参数设置为 0，可以使物体的位置自动返回到工作区中心点，如图 2-52 所示。

设置【通道盒 / 层编辑器】最下方的【输入】属性，❶ 选择【polyCube1】选项将物体的参数面板打开，在其中可以调节物体的宽度、高度、深度及细分数，❷ 设置【宽度】为 5、【高度】为 3、【深度】为 2，效果如图 2-53 所示。当 3 个参数值相同时，该物体会变成立方体，如图 2-54 所示。

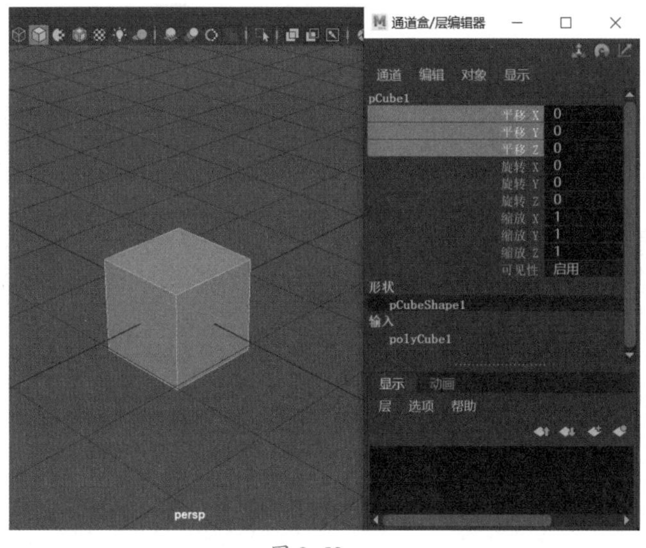

图 2-52

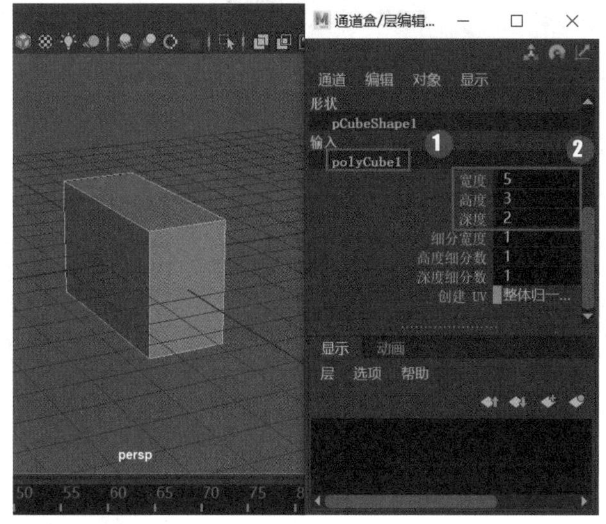

图 2-53

当设置【细分宽度】【高度细分数】和【深度细分数】为 8 时，会发现物体在 3 个方向上的段数增加了，如图 2-55 所示。这 3 个属性控制的是模型在 *X*、*Y*、*Z* 轴的细分数，面数越多，细分越高。

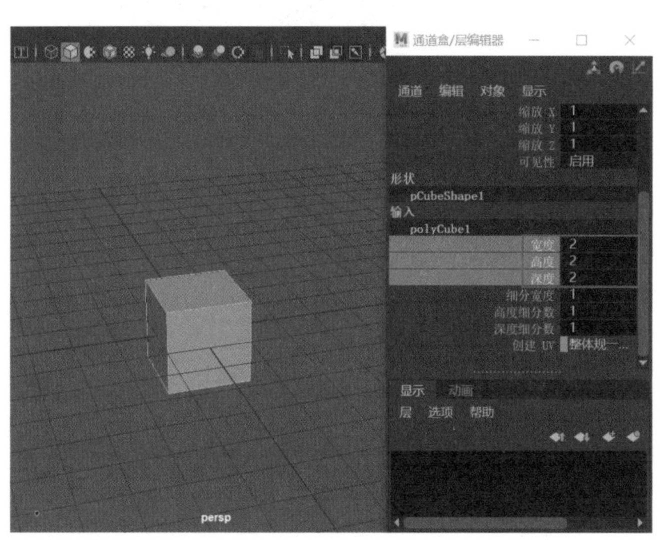

图 2-54

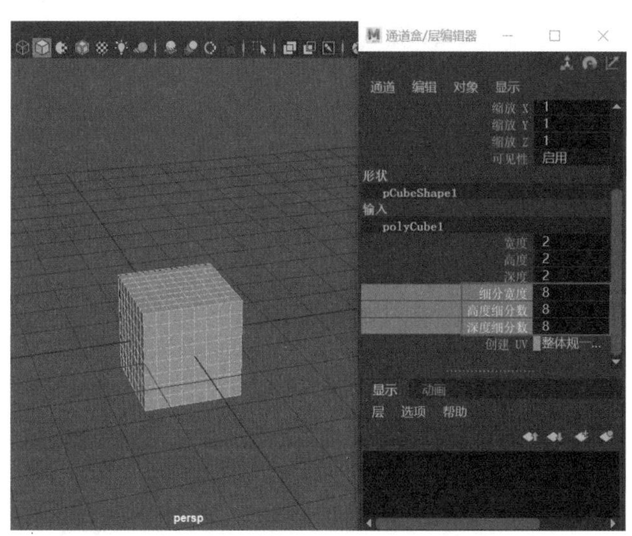

图 2-55

2.4.1 坐标系统

在工作区中按组合键【W+ 鼠标左键】，即会显示坐标系统，在其中可以设置一些工具的相关属性，如图 2-56 所示。

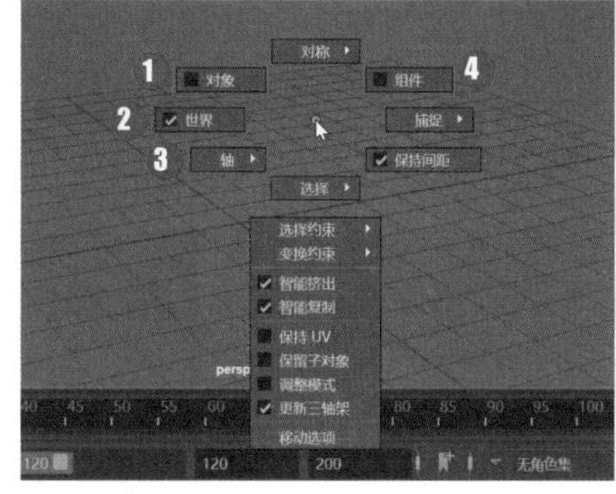

图 2-56

❶ 在物体的空间坐标系统内移动对象。

❷ 世界坐标，是以场景空间为参考对象的坐标系统。

❸ 轴分为两种，分别是【激活对象的轴】和【沿旋转轴】，如图 2-57 所示。

❹ 组件，当选定对象后，在对象空间坐标系统中移动该对象。

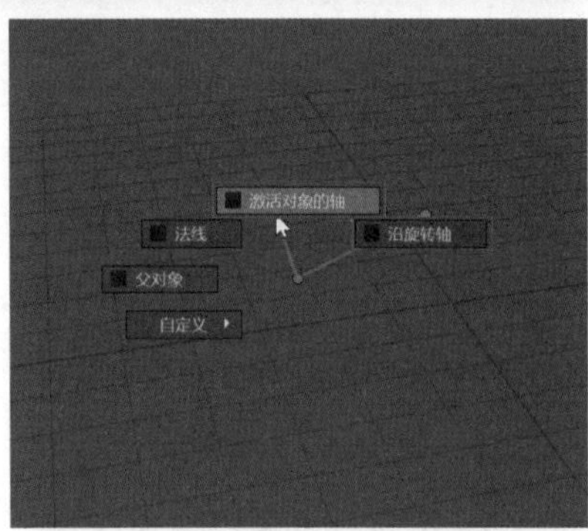

图 2-57

2.4.2 旋转对象

按快捷键【E】，可以对物体进行旋转操作。旋转过程中同样会显示 *X*、*Y*、*Z* 轴，如图 2-58 所示。

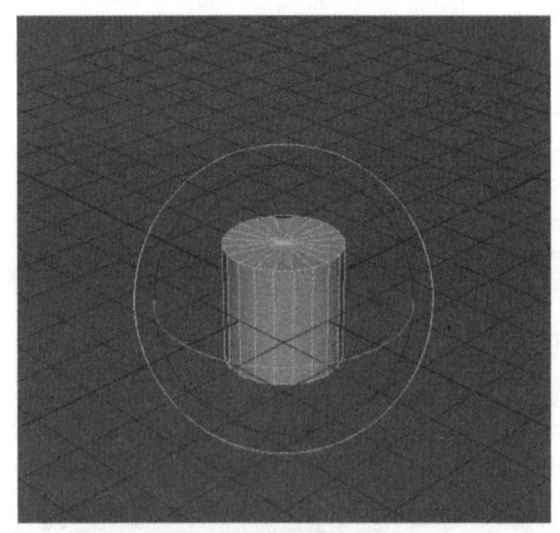

图 2-58

2.4.3 缩放对象

按快捷键【R】，可以对物体进行缩放操作。缩放对象时，也会显示 *X*、*Y*、*Z* 轴，如图 2-59 所示。

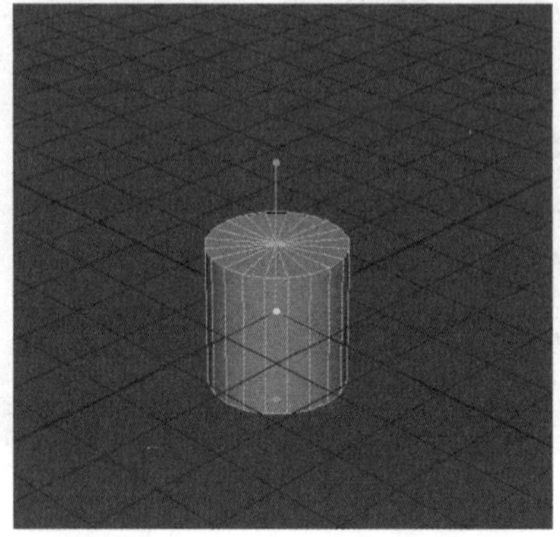

图 2-59

★重点 2.4.4 对象的显示与隐藏

当需要制作高精度的模型时，可以选择局部进行显示或隐藏，方便调整模型细节。选择对象，单击【通道盒 / 层编辑器】面板中的图标，如图 2-60 所示，即可创建新层。这时 Maya 会自动将对象的图层命名为 layer1，单击 V 图标即可对模型进行显示或隐藏，如图 2-61 所示。

图 2-60

图 2-61

选中对象，执行菜单栏中的【显示】→【隐藏】→【隐藏当前选择】命令，即可隐藏对象，如图 2-62 所示。

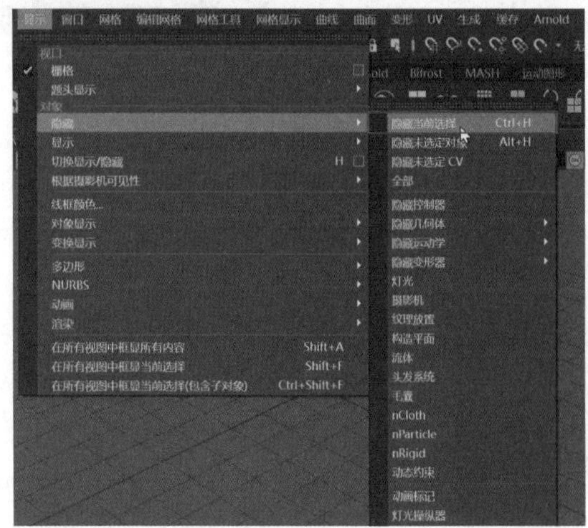

图 2-62

执行菜单栏中的【显示】→【显示】→【显示当前选择】命令，即可显示对象，如图 2-63 所示。

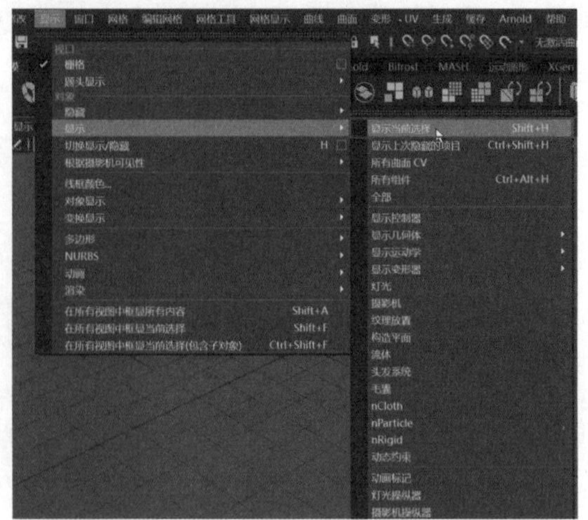

图 2-63

2.4.5 实战：显示与隐藏不同类型的对象

下面基于对象的显示与隐藏的基础用法，以一个由多个组件组成的模型为操作对象来演示操作步骤，具体的操作如下。

Step01 启动 Maya 2022，打开“素材文件 \ 第 2 章 \qiang.mb”文件，选择模型的单个对象，单击【通道盒 / 层编辑器】面板中的【显示层】图标，如图 2-64 所示。

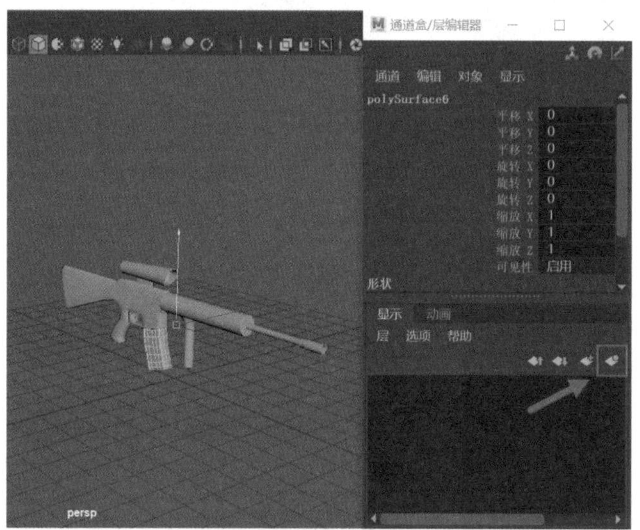

图 2-64

Step02 为单个对象创建新层后，可以选择其他对象创建层。如图 2-65 所示，创建的层都可以在显示层中看到。

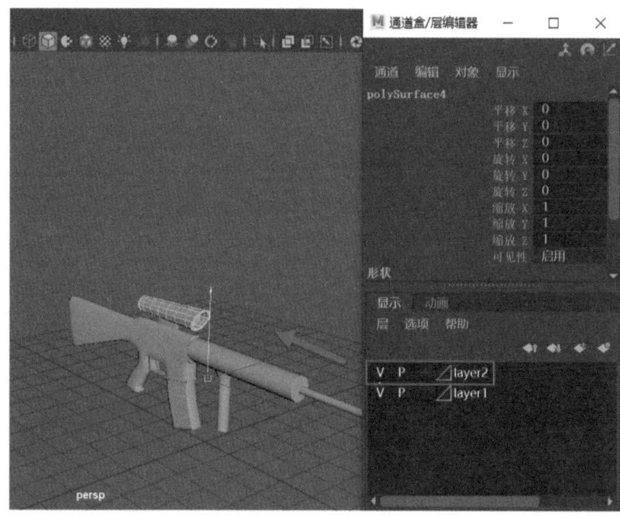

图 2-65

Step03 在显示层中，单击任意图层对应的V图标，对应的模型即会被隐藏，如图 2-66 所示。隐藏或显示V图标就相当于隐藏或显示对象，如图 2-67 所示。

图 2-66

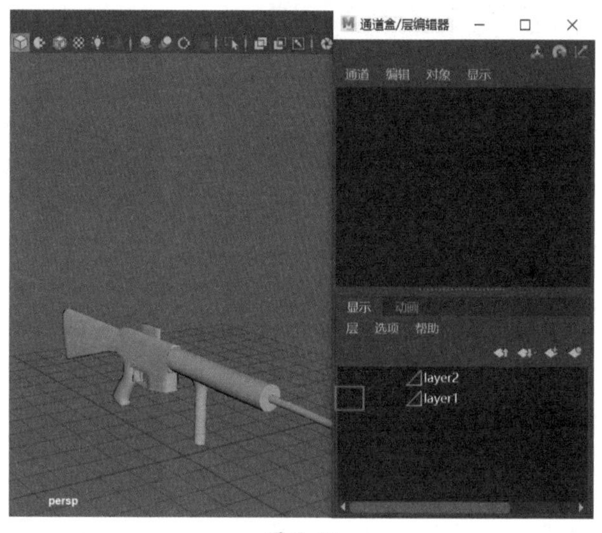

图 2-67

2.4.6 实战：切换球体显示模式

本例基于灯光照明方式的基础用法，以一个球体为操作对象，介绍如何切换显示模式，具体操作步骤如下。

Step01 执行菜单栏中的【创建】→【多边形基本体】→【球体】命令，创建一个球体，如图 2-68 所示。

图 2-68

技术看板

直接在工具架中单击【球体】图标，也可以创建球体，如图 2-69 所示。

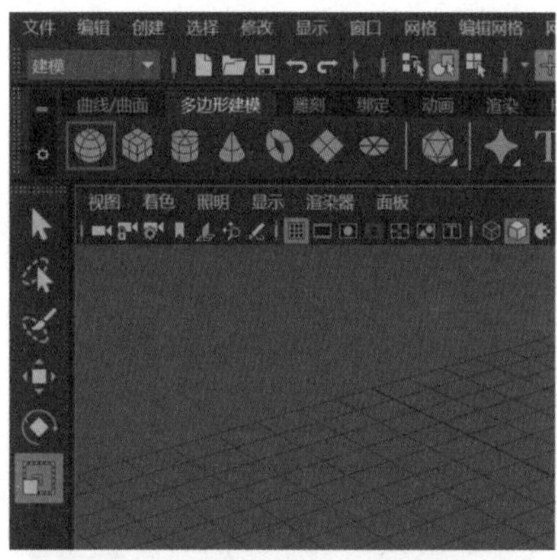

图 2-69

Step 02 选中球体，按数字键【4】，球体会以线框模式显示，如图 2-70 所示。

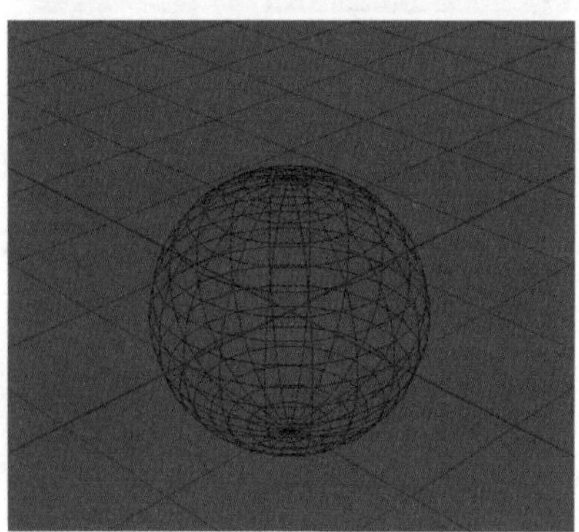

图 2-70

Step 03 按数字键【5】，球体会启用实体显示，如图 2-71 所示。

图 2-71

Step 04 按数字键【6】，球体会以材质贴图显示，如图 2-72 所示。

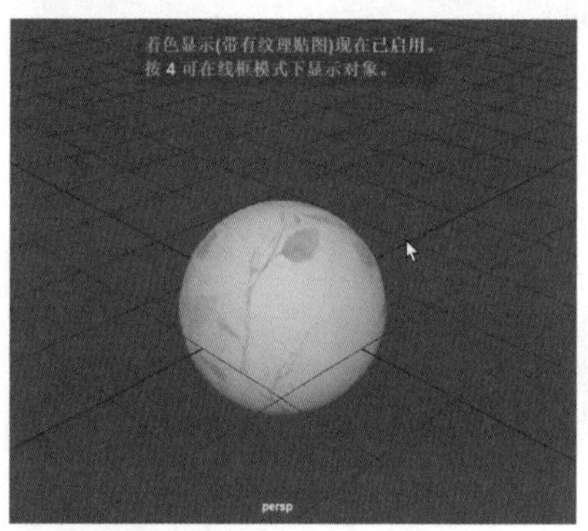

图 2-72

Step 05 按数字键【7】，球体会以灯光模式显示，如图 2-73 所示。

图 2-73

★重点 2.4.7 对象的选择模式

在 Maya 中，选择对象有 3 种模式，分别是顶点、边和面模式。在工作区中任意创建一个对象，选择对象后长按鼠标右键，即会显示可选择的模式，如图 2-74 所示。

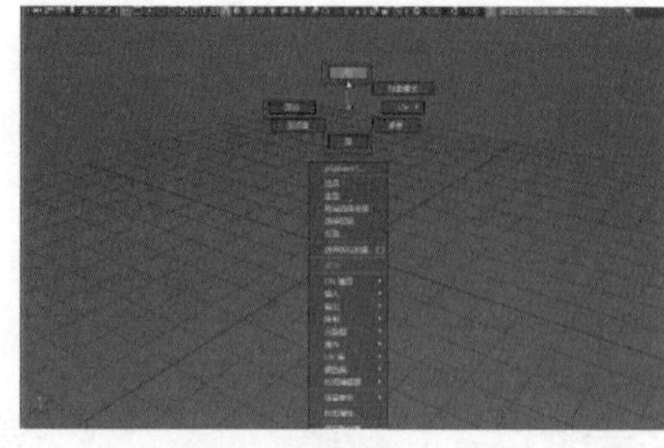

图 2-74

这些模式可以用于配合在不同模块下的工作。选择顶点模式，可以用鼠标左键拖曳调节对象的任意点，如图 2-75 所示；选择边模式，可以快速调节对象的任意边，如图 2-76 所示；选择面模式，可以快速调节对象的任意一个面或多个面，如图 2-77 所示；选择对象模式，则恢复到最开始的状态，对象将不能被编辑。

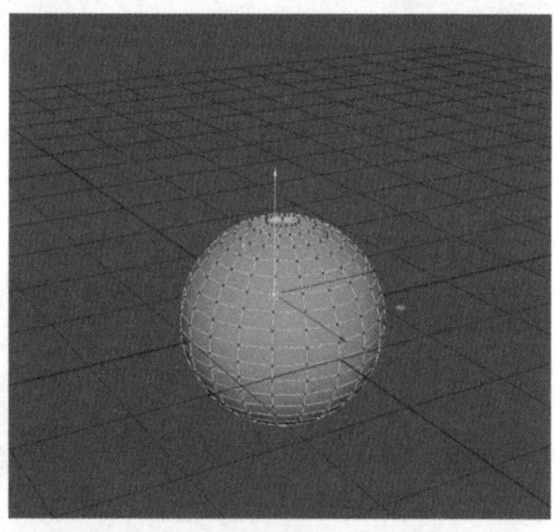

图 2-75

图 2-76

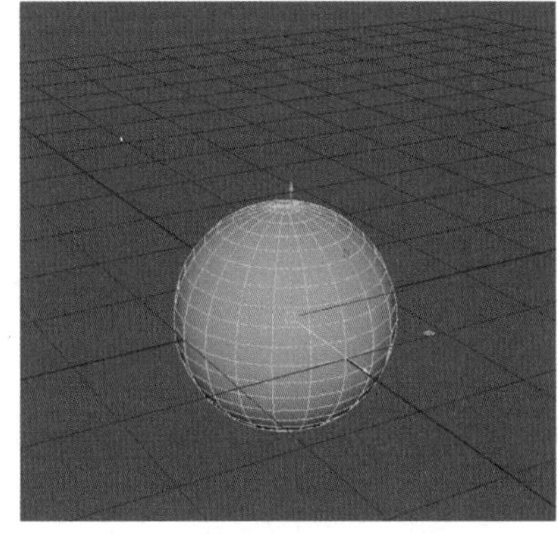

图 2-77

2.4.8 实战：转换圆柱体点选择到面选择

Step 01 创建一个圆柱体，如图 2-78 所示，选择对象并长按鼠标右键，在弹出的菜单中拖曳鼠标选择顶点模式，如图 2-79 所示，此时即可拖曳调节圆柱体上的点。

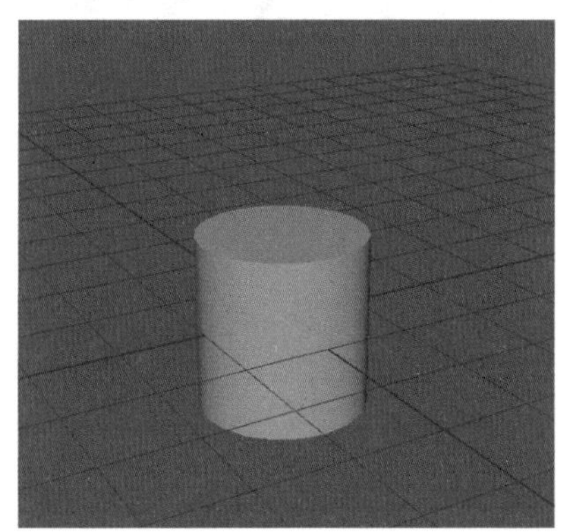

图 2-78

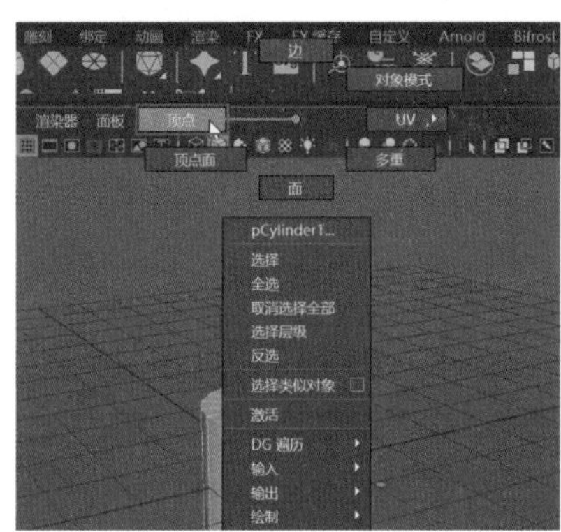

图 2-79

Step 02 再次选择圆柱体并长按鼠标右键，拖曳鼠标选择面模式，如图 2-80 所示，此时即可调节圆柱体的面，如图 2-81 所示。

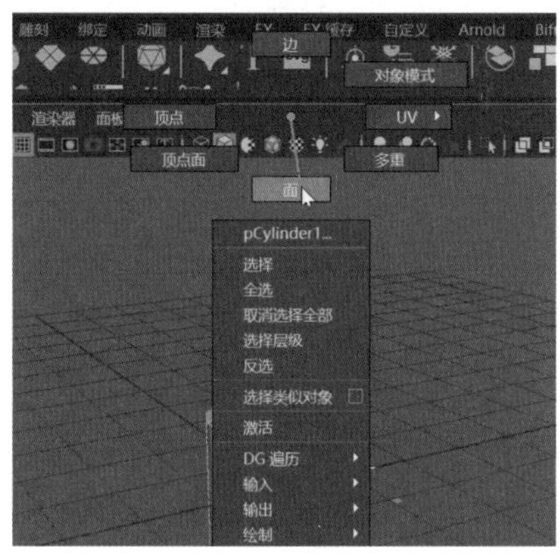

图 2-80

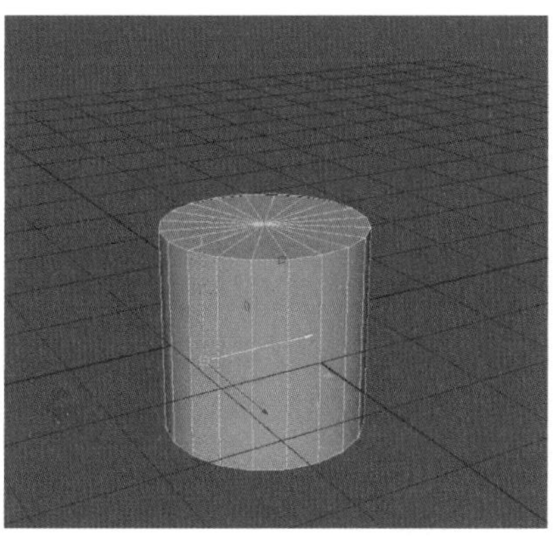

图 2-81

2.4.9 实战：加选、减选和反选球体局部面

本例基于对象的选择操作，以物体局部面为操作对象，讲解加选、减选等操作的具体步骤。

Step 01 创建一个球体，选择模型并长按鼠标右键，在弹出的菜单中拖曳鼠标选择面模式，如图 2-82 所示。

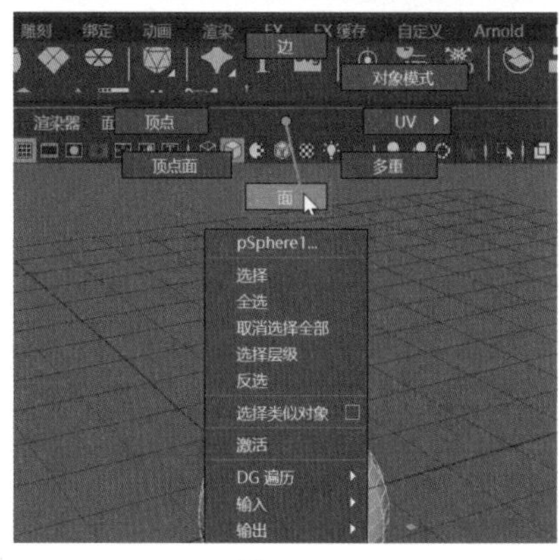

图 2-82

Step 02 选择任意一个面，按住组合键【Ctrl+Shift】，并在球体上长按鼠标左键拖曳即可加选面，如图 2-83 所示；按住【Ctrl】键并单击鼠标左键选择球体上的面即可减选面，如图 2-84 所示。

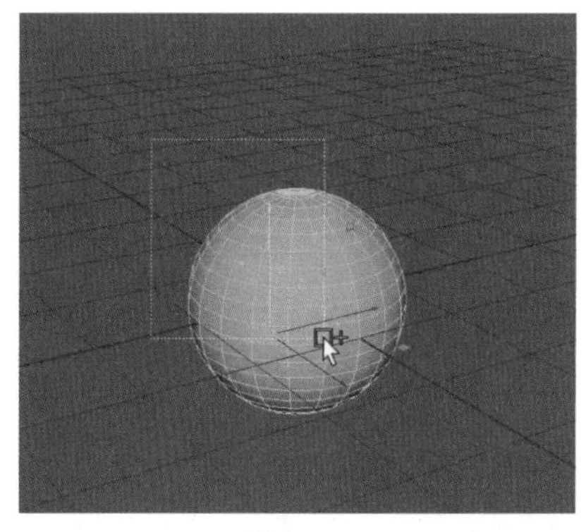

图 2-83

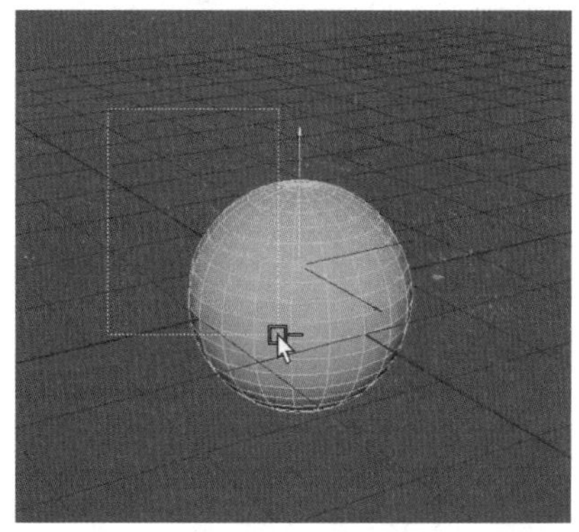

图 2-84

Step 03 按住【Shift】键并使用鼠标左键框选模型，球体上的选定面即可被反选，如图 2-85 所示。

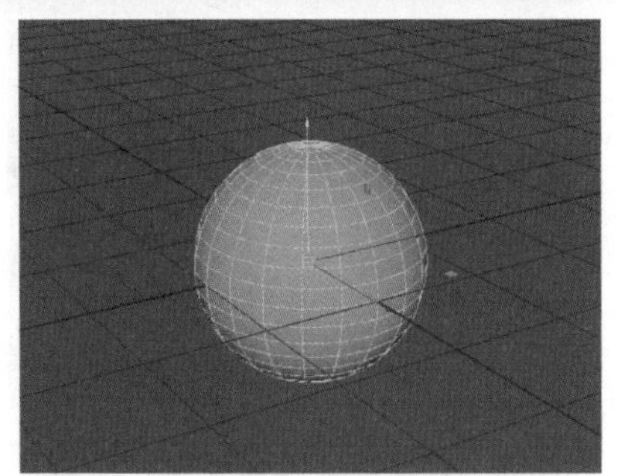

图 2-85

2.4.10 实战：软选择球体点

本例以球体点为操作对象，介绍软选择的操作步骤。

Step01 创建球体，进入顶点模式，并选择任意一个点，按快捷键【B】，即可开启软选择模式。这时软工具的影响范围会呈现由黄到粉的渐变色，如图 2-86 所示；使用软工具拖曳物体时，模型变形的过程中会自动圆滑边缘，如图 2-87 所示。

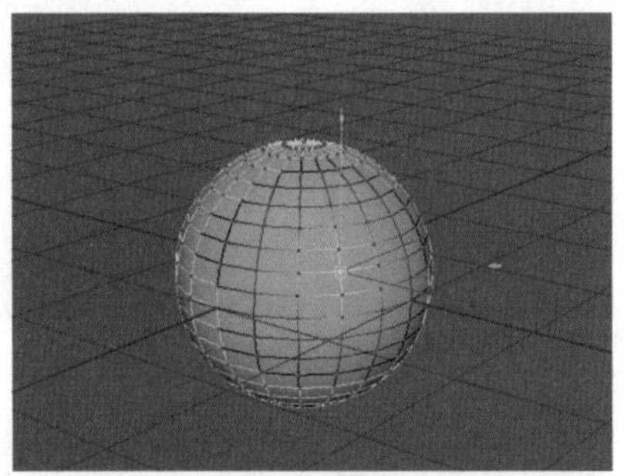

图 2-86

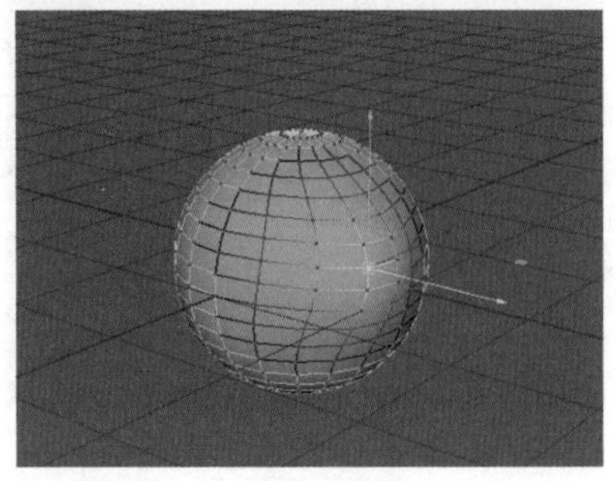

图 2-87

Step02 长按快捷键【B】可以调节软工具的影响范围，强度越大，物体受软工具影响的范围越大，如图 2-88 所示，短按快捷键【B】可以将软工具关闭。

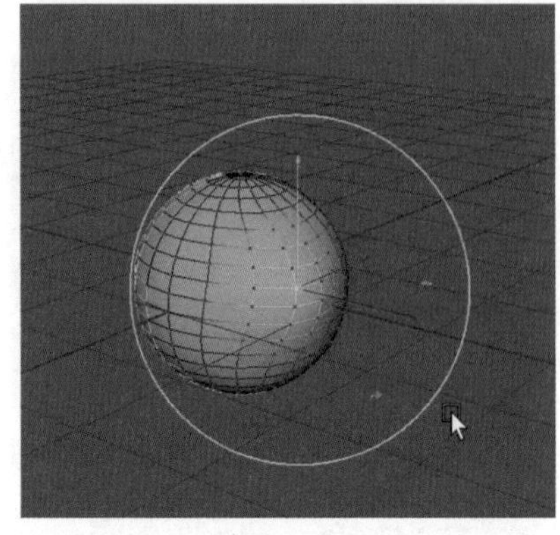

图 2-88

2.4.11 视图布局

视图布局用于调整工作区中的视图分布结构。当我们需要调整模型比例时，随时切换视图可以帮助我们提高工作效率。单击视图菜单栏中的【面板】选项，即可看到调整视图布局的命令，如图 2-89 所示。

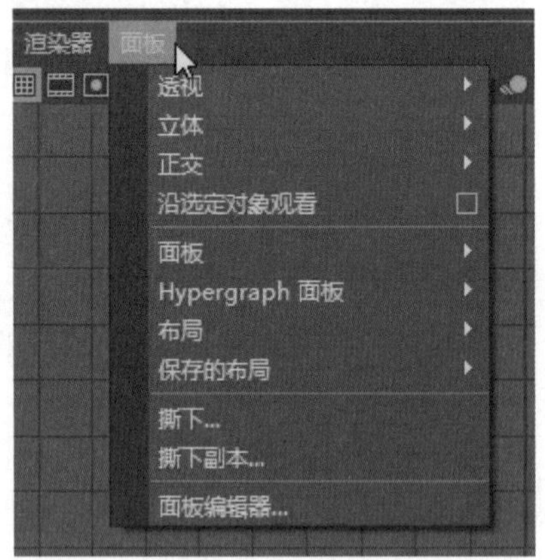

图 2-89

2.4.12 对象的层级关系

执行菜单栏中的【窗口】→【大纲视图】命令，如图 2-90 所示，或在视图菜单栏中选择【面板】→【面板】→【大纲视图】命令，即可在弹出的【大纲视图】面板中看到对象的层级关系，如图 2-91 所示。

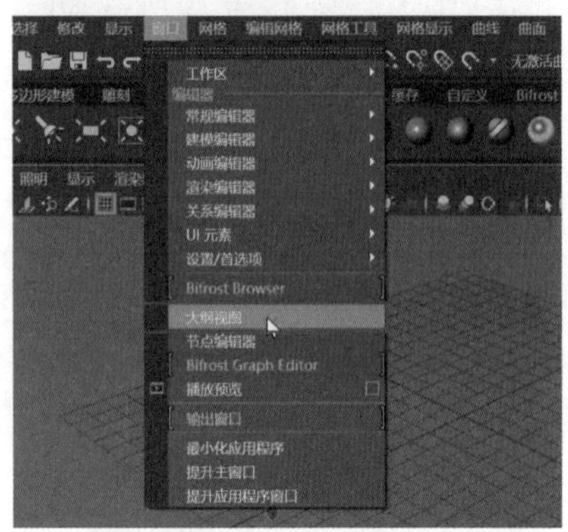

图 2-90

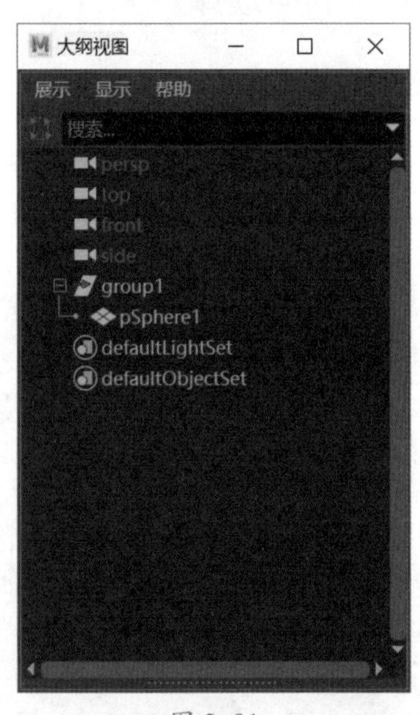

图 2-91

2.4.13 实战：打组与解组物件

下面基于对象的层级关系的基础用法，在大纲视图中讲解如何对模型进行打组和解组。

Step01 创建一个球体模型，选择菜单栏中的【窗口】→【大纲视图】命令，在弹出的面板中选择对象，按快捷键【Ctrl+G】即可将对象分到组中，并将球体作为一个独立的对象进行编辑，如图 2-92 所示；选择模型，按快捷键【Shift+P】，即可断开对象和组的关系，如图 2-93 所示。

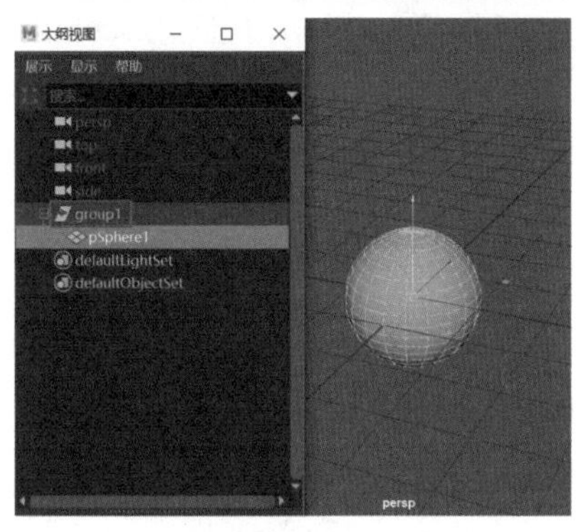

图 2-92

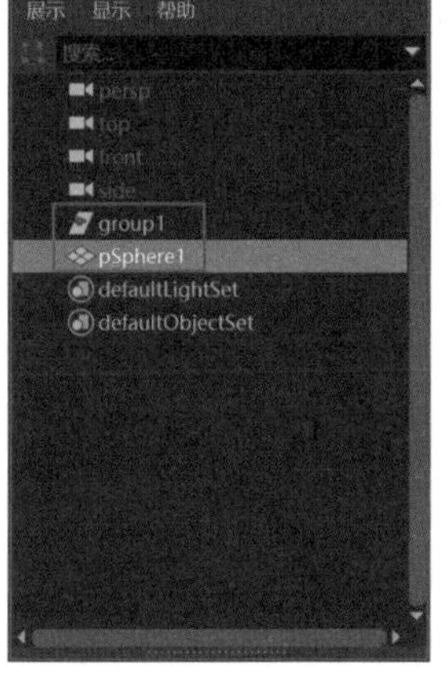

图 2-93

2.4.14 对象的普通复制

在工作区中选择创建的对象，按快捷键【Ctrl+D】或选择菜单栏中的【编辑】→【复制】命令，即可复制对象，如图 2-94 所示。

图 2-94

2.4.15 实战：复制盒子

本例基于对象的普通复制的基础用法，用一个盒子为操作对象来讲述制作步骤。

Step 01 选择菜单栏中的【创建】→【多边形基本体】→【立方体】命令，创建一个立方体，在【通道盒/层编辑器】面板中适当地增加细分数，如图 2-95 所示，进入面模式，删除局部面，制作一个简易的盒子，如图 2-96 所示。

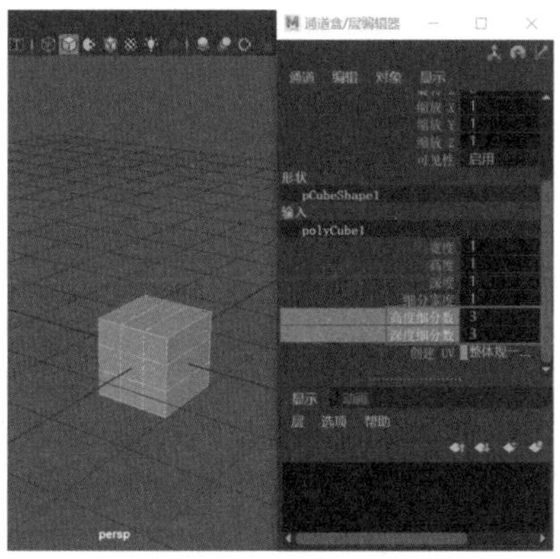

图 2-95

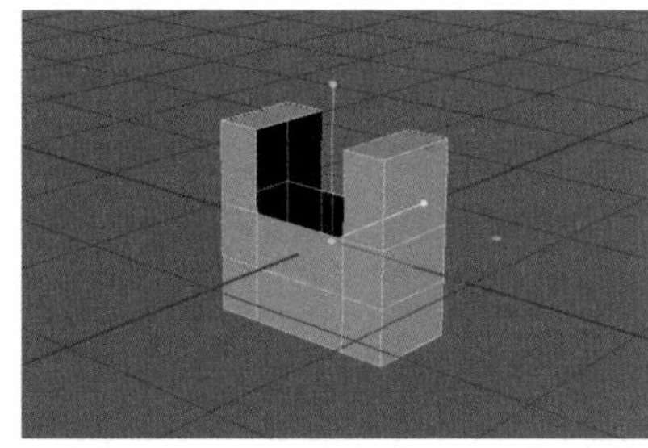

图 2-96

Step 02 选择盒子，按快捷键【Ctrl+D】即可执行普通复制操作，如图 2-97 所示。

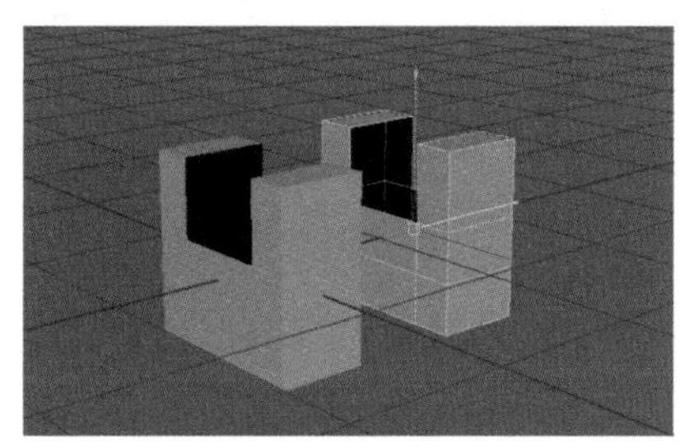

图 2-97

★重点 2.4.16 对象的特殊复制

选择菜单栏中【编辑】→【特殊复制】命令右侧的复选框，如图 2-98 所示，打开【特殊复制选项】对话框，在其中可以设置更多的参数以使对象产生复杂的变化。例如，可以在对话框中的【平移】【旋转】和【缩放】选项右侧的三个文本框中调整数字，分别控制 *X*、*Y*、*Z* 轴上指定复制的多个或单个对象，如图 2-99 所示。

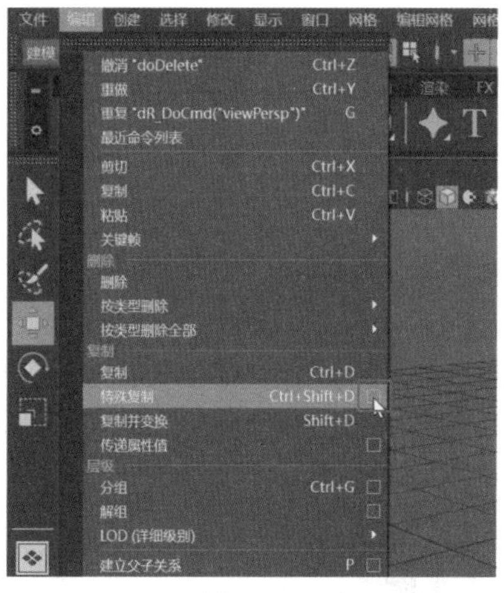

图 2-98

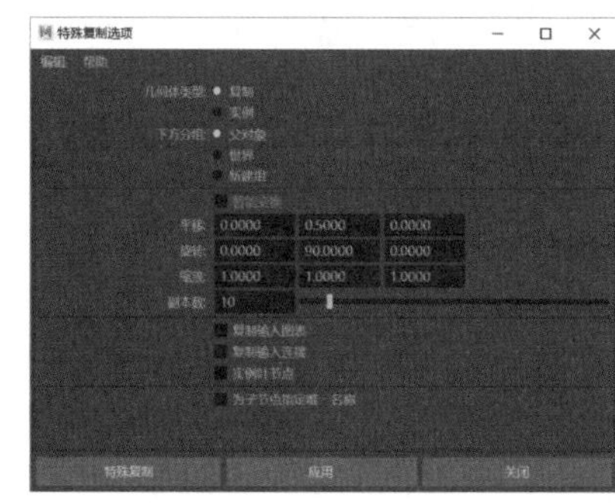

图 2-99

2.5 Maya 文件管理

Maya 自带很多用于管理文件的功能，用户可以执行创建、导入、打开、保存、导出等操作，还可以将对象导出到其他软件或新的场景文件中。发生软件崩盘时，软件会自动将场景文件保存到临时目录中。

2.5.1 Maya 的文件格式类型

使用 Maya 制作图像文件时，可以用多种文件格式保存及渲染，如 avi、ai、gif、jpg、png、psd 等格式。Maya 支持的常规文件格式主要包括 Maya ASCII、Maya 二进制、Mel、fbx、obj、aiff、editMA、editMB 及图像、音频等，可以使用菜单栏中的【窗口】→【设置/首选项】→【插件管理器】命令加载，如图 2-100 所示。

图 2-100

2.5.2 文件的打开、导入和存储

执行菜单栏中的【文件】→【打开场景】命令，即可在当前项目中打开其他场景，如图 2-101 所示。如果需要导入文件，执行菜单栏中的【文件】→【导入】命令即可；如果需要存储文件，执行菜单栏中的【文件】→【保存场景】命令即可。

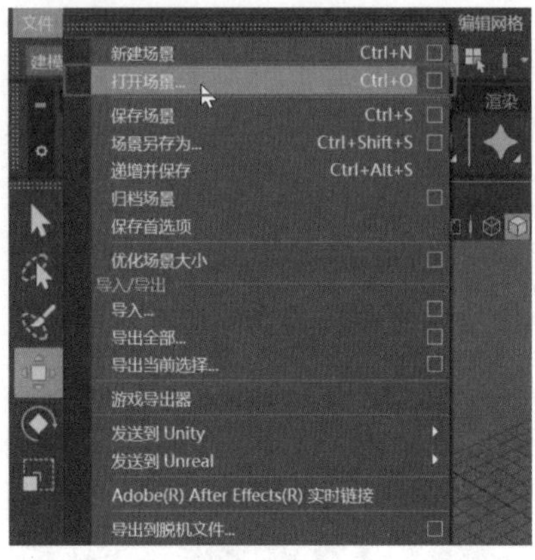
图 2-101

★重点 2.5.3 工程目录的搭建

选择菜单栏中的【文件】→【项目窗口】命令，如图 2-102 所示。❶在打开的对话框中可以设置当前项目的名称及位置，如图 2-103 所示；❷设置完成后单击右侧的文件夹图标，可以调整主项目的位置，分别对每个类别进行设置并保存；❸单击【接受】按钮即可完成创建。

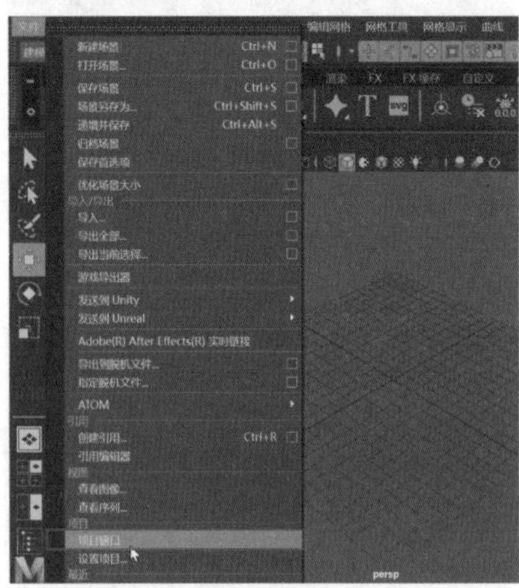
图 2-102

图 2-103

★新功能 2.5.4 使用 USD 插件

Step 01 启动软件，打开“素材文件\第 2 章\PC.mb”文件，如图 2-104 所示，选择菜单栏中的【文件】→【导出全部】命令，如图 2-105 所示。

图 2-104

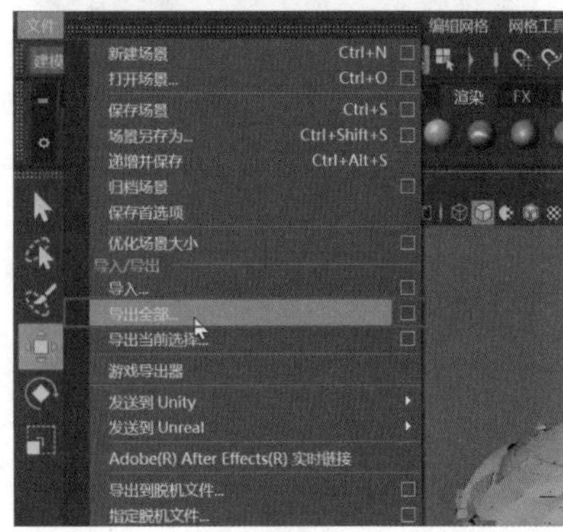
图 2-105

Step 02 弹出对话框后，设置文件名，将【文件类型】设置为USD格式，进行导出即可，如图2-106所示。查看导出的USD文件的大小，可以看到它比源文件小很多，如图2-107所示。

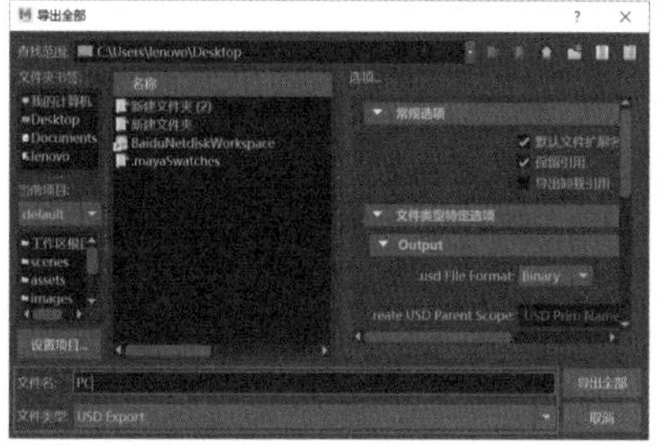

图 2-106

图 2-107

Step 03 新建一个场景，选择菜单栏中的【创建】→【Universal Scene Description（USD）】→【Stage with New Layer】命令，如图2-108所示。在视图中创建一个节点后，打开【大纲视图】面板，选择该节点并单击鼠标右键，选择【形状】命令，如图2-109所示。

图 2-108

图 2-109

Step 04 打开层级后，在【stageShape1】选项上单击鼠标右键，创建一个【Def】，如图2-110所示。右击生成的【Def1】层级，在弹出的菜单中选择【Add Reference】选项，如图2-111所示。

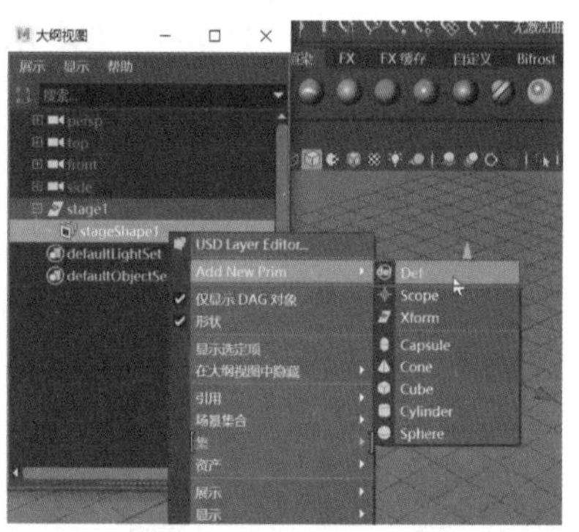

图 2-110

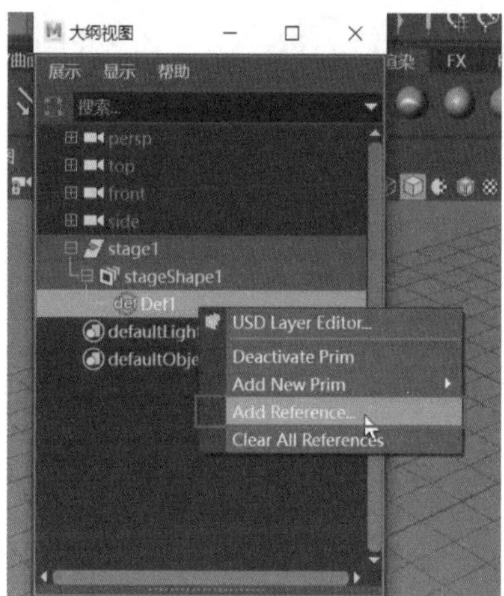

图 2-111

Step 05 弹出对话框后，找到保存的汽车模型的USD文件并打开，如图2-112所示。此时可以看到该文件不占面数，如图2-113所示。

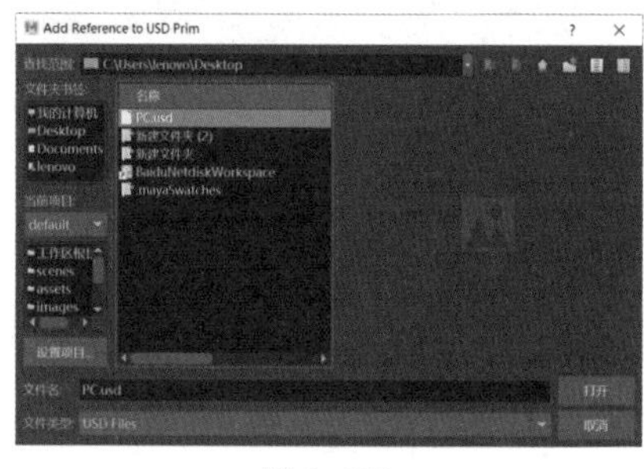

图 2-112

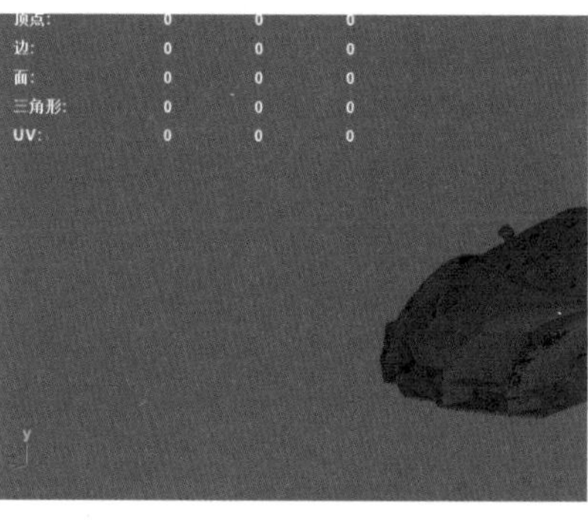

图 2-113

Step 06 还可以在【大纲视图】面板中选择该文件，按快捷键【Ctrl+D】直接进行复制，如图2-114所示。重复操作，对模型进行多次复制，如图2-115所示。

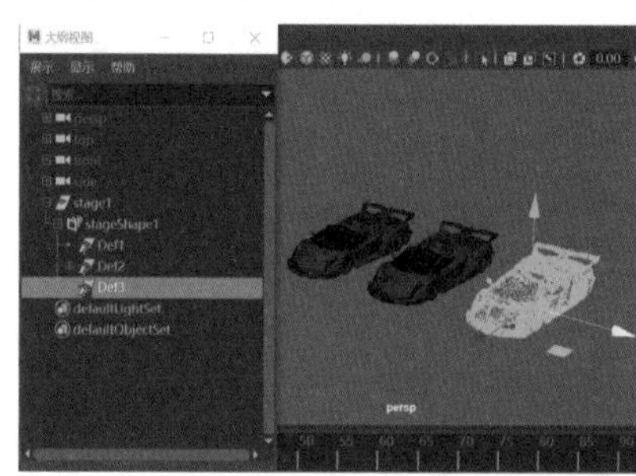

图 2-114

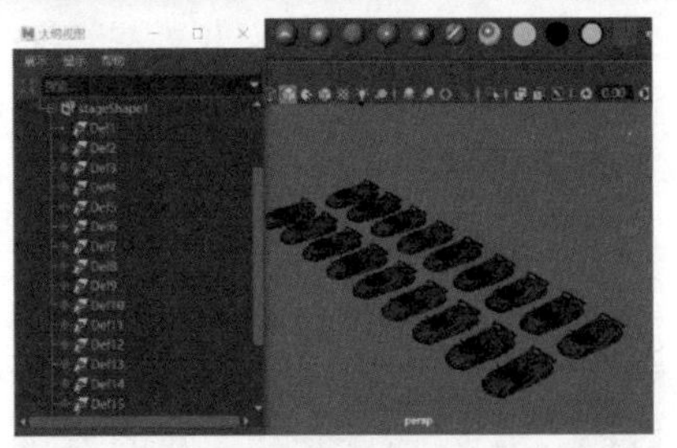

图 2-115

Step07 将该文件导出为 USD 格式，可以看到文件所占的存储空间非常小，如图 2-116 所示。

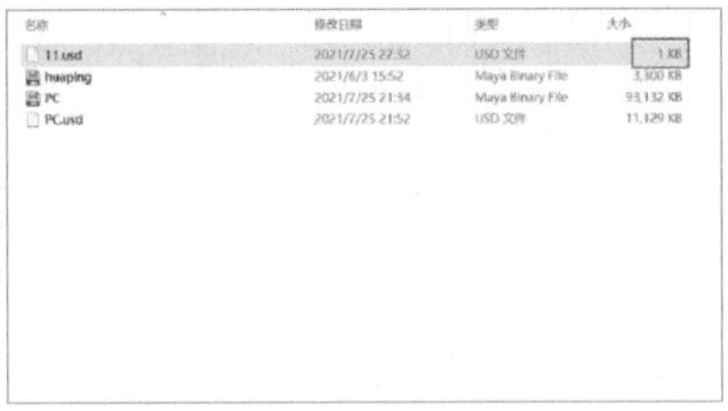

图 2-116

妙招技法

下面结合本章内容，介绍一些实用技巧。

技巧 01：调整 Maya 工作区

本例将演示如何调整 Maya 工作区，该操作在以后的实战中比较常用，具体操作步骤如下。

Step01 选择菜单栏中的【窗口】→【工作区】→【Maya 经典】命令，如图 2-117 所示，此时软件界面会切换为最基础的工作界面，如图 2-118 所示。

图 2-117

图 2-118

Step02 选择【窗口】→【工作区】→【建模 - 专家】命令，如图 2-119 所示，此时软件界面中会只保留菜单栏、工作区和命令栏，如图 2-120 所示。

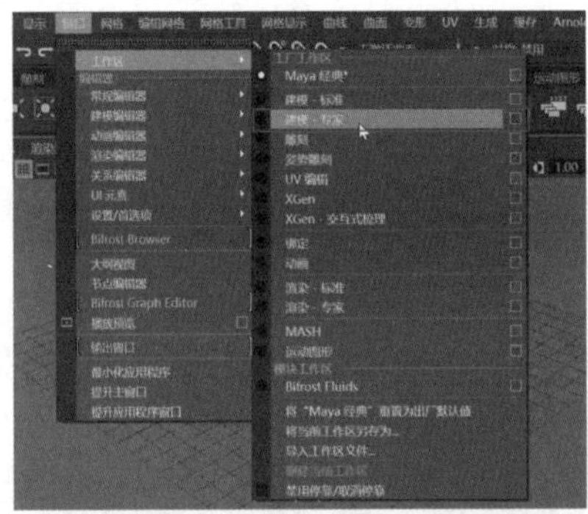

图 2-119

图 2-120

技巧 02：调整灯光照射范围

Step01 打开“素材文件 \ 第 2 章 \shu.mb”文件，如图 2-121 所示，单击工具架中【渲染】栏下的【聚光灯】图标，如图 2-122 所示，在场景中创建一个聚光灯。

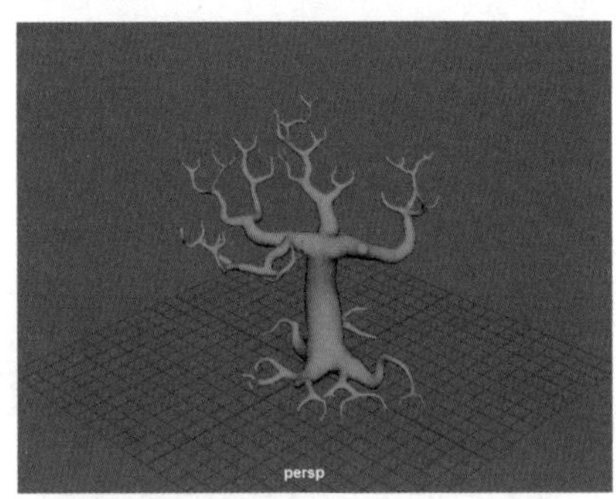

图 2-121

图 2-122

Step02 选择创建的聚光灯，使用移动和旋转工具对其位置进行调整，如图 2-123 所示，选择菜单栏中的【面板】→【沿选定对象观看】命令，如图 2-124 所示。

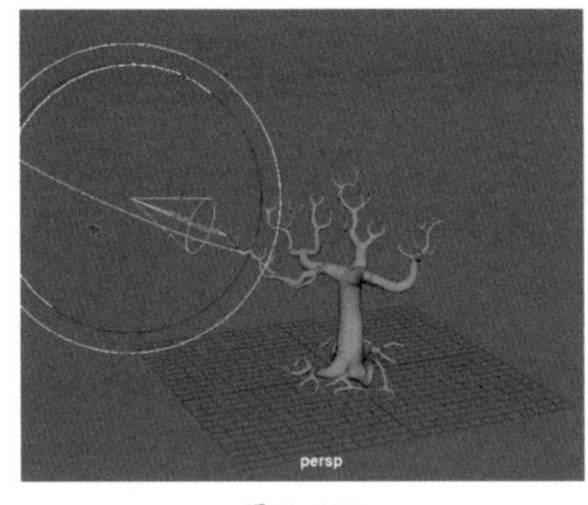

图 2-123

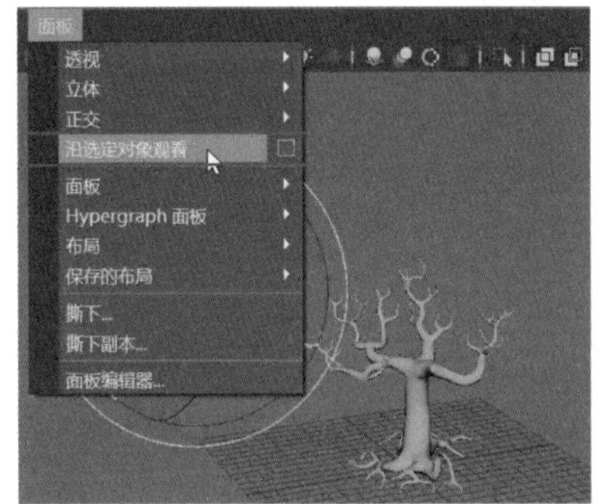

图 2-124

Step03 此时视图角度会自动切换到灯光视角，如图 2-125 所示，调整灯光照射范围即可，如图 2-126 所示。

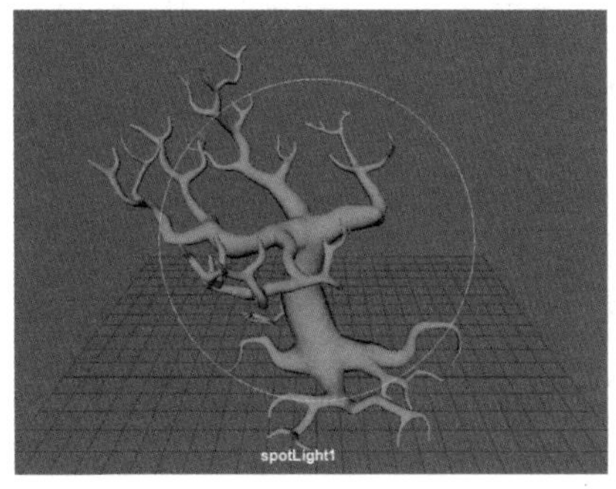

图 2-125

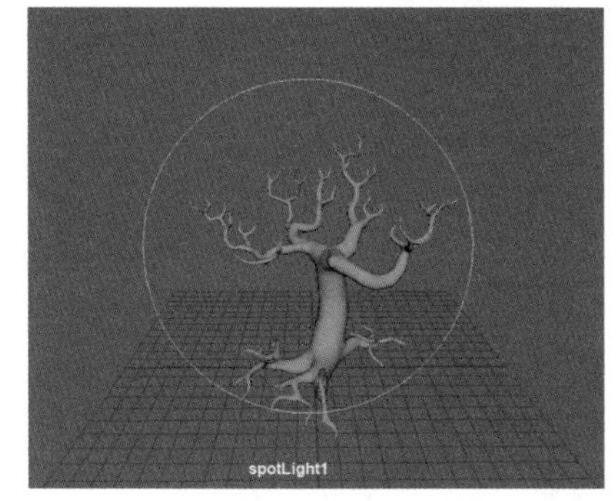

图 2-126

上机实训 —— 制作螺旋楼梯

本例将制作一个楼梯模型，操作流程为首先创建一个立方体和两个圆柱体，然后调整它们之间的比例，最后对单阶楼梯执行【特殊复制】命令，具体操作步骤如下。

Step01 单击工具架中如图 2-127 所示的图标，创建一个立方体和两个圆柱体，选择创建的立方体，在右侧的【通道盒 / 层编辑器】面板中调整其长、宽、高，将其调整为长方体，如图 2-128 所示。

图 2-127

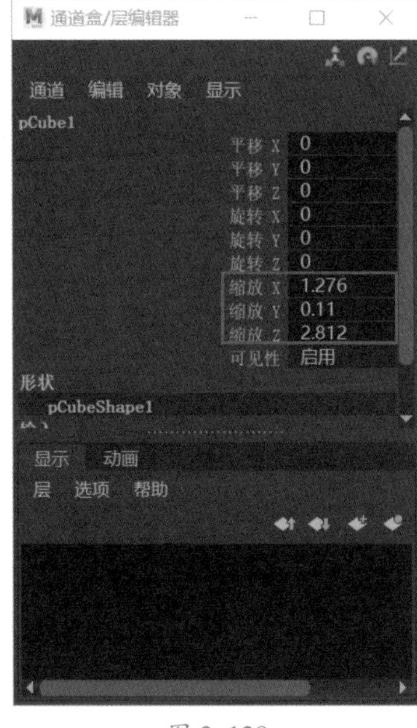

图 2-128

Step02 选择创建的圆柱体，按【W】键将其移动到长方体的一端，并在右侧的【通道盒 / 层编辑器】面板中调整其大小，如图 2-129 所示。按快捷键【Ctrl+D】对该圆柱体进行复制，并移动到长方体的另一端，如图 2-130 所示。

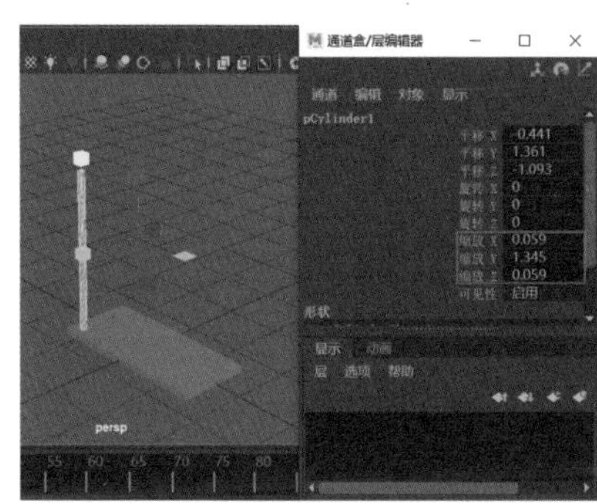

图 2-129

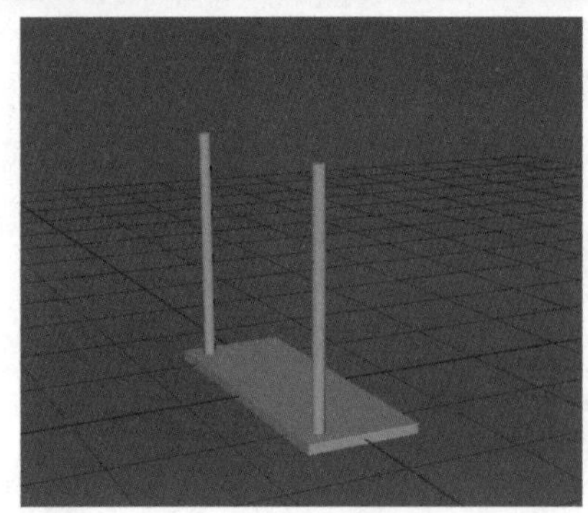

图 2-130

Step03 框选当前所有制作好的模型，单击菜单栏中【编辑】→【特殊复制】命令右侧的复选框，如图 2-131 所示，打开【特殊复制选项】对话框。按 *X*、*Y*、*Z* 轴方向分别调节参数，如图 2-132 所示，副本数越多，复制生成的对象就越多。

图 2-131

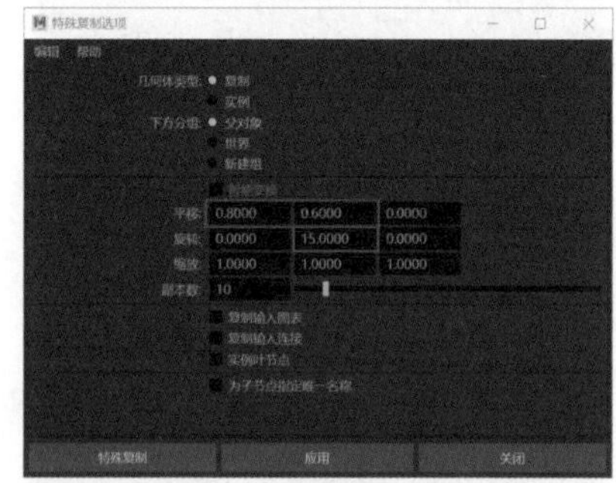

图 2-132

Step04 单击【应用】按钮，效果如图 2-133 所示。实例最终效果见"结果文件 \ 第 2 章 \louti.mb"文件。

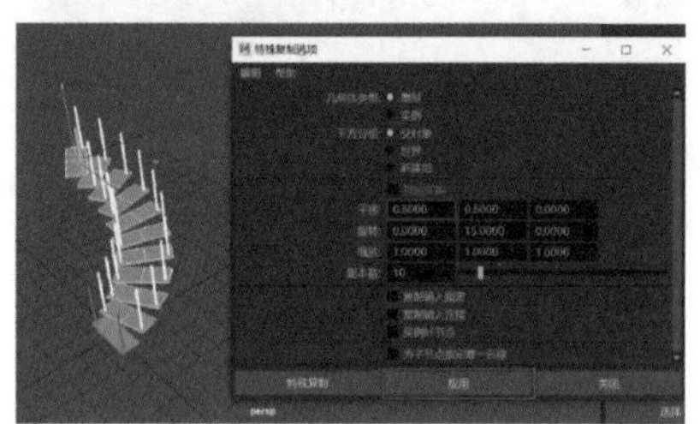

图 2-133

本章小结

本章主要讲解了 Maya 2022 的操作界面组成及各种界面元素的作用和基本工具的应用，是帮助初学者认识 Maya 的基础章节。读者如果在运用旋转、缩放、复制等操作时出现错误，直接撤回即可，不会影响作品的最终效果。

第2篇 建模篇

Maya 拥有强大而完善的建模功能，广泛应用于各种不同风格、类别的三维角色、三维场景和三维道具等模型的建模工作。建模篇主要针对 Maya 多边形建模与曲面建模两种主流的建模技术进行详细介绍。

第3章 多边形建模技术

- 什么是多边形建模？如何应用多边形建模？
- Maya 中常用的雕刻工具有哪些？
- 如何对多边形的组成元素进行编辑？
- 当需要为模型制作凹槽时，如何执行布尔命令？

多边形建模是 Maya 中最常用的建模方式，对于初学者来说易于上手操作。多边形建模属于无缝衔接，使用点、线、面就可以有规律地衔接成作品，可以更直接地对模型进行调整。多边形建模的编辑方式有很多种，如倒角、插入循环边加线、提取局部面等，用户可以根据要创建的模型的具体情况选择不同的建模方式。

3.1 多边形建模必备技术

首先介绍顶点模式下的多边形，一般用户打开软件后，创建的每个模型都是由边与边交叉形成的顶点组成的，顶点是多边形的基本构成元素之一，如图 3-1 所示。

线同样也是多边形的基本构成元素之一，它是由两个顶点构成的一条边，也是多边形上的边，如图 3-2 所示。

其次，面是由多个顶点或多条边组成的闭合图形，如图 3-3 所示。如果在制作过程中出现了由 5 边围成的面，则说明对象的面出现了错误。还有一种虚拟的直线叫作法线，它与多边形表面垂直，可以用于确定面的方向及制作贴图。

图 3-1

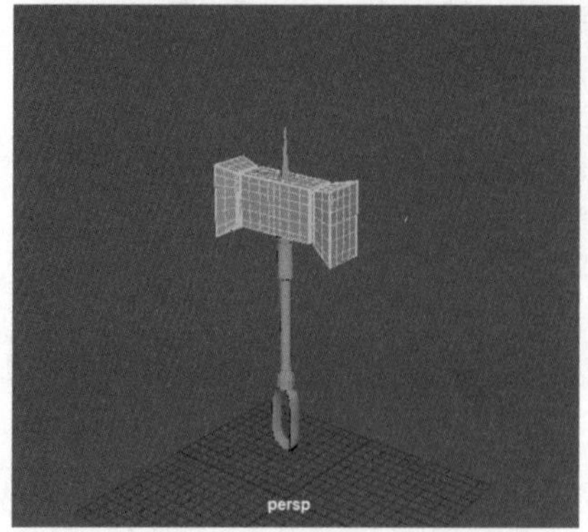
图 3-2

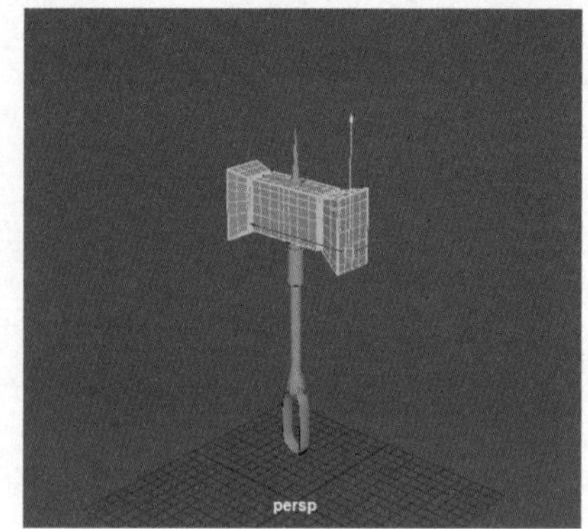
图 3-3

3.1.1 创建与编辑多边形

创建多边形有两种方式，一种是执行【创建】→【多边形基本体】命令；另一种是在工具架中单击【多边形建模】按钮，选择需要的模型进行创建。❶ 在【通道盒/层编辑器】面板中展开【polySphere1】，❷ 可以调整相关参数对模型进行编辑，如图 3-4 所示。

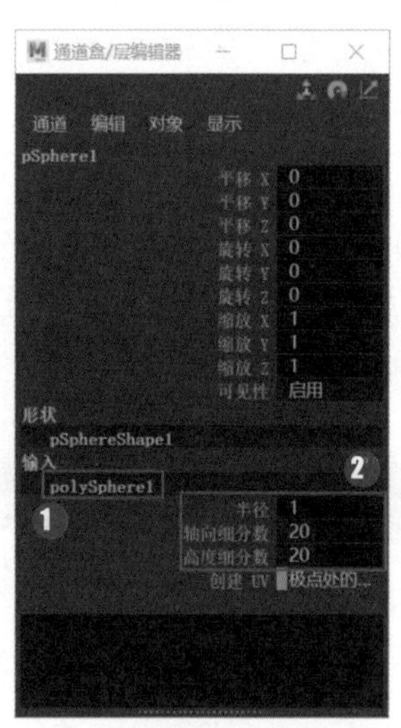
图 3-4

3.1.2 多边形文字

单击工具架中的【多边形类型】图标T，如图 3-5 所示，可以在场景中创建文字。

图 3-5

按快捷键【Ctrl+A】打开其【属性编辑器】面板，在其中可以设置生成的文字的样式、大小等，如图 3-6 所示。

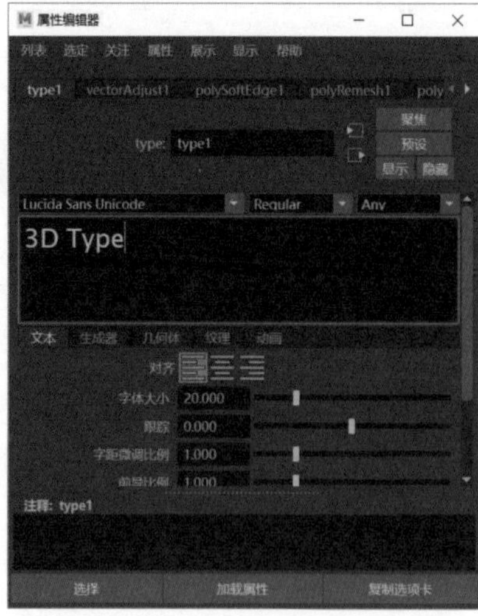
图 3-6

3.1.3 绘制多边形

绘制多边形适用于制作特殊形状的对象。选择菜单栏中的【网格工具】→【创建多边形】命令，如图 3-7 所示，即可通过单击鼠标左键在视图中绘制多边形，如图 3-8 所示。

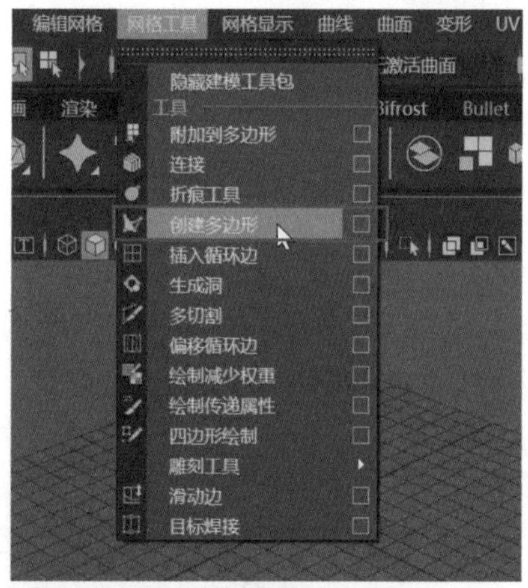
图 3-7

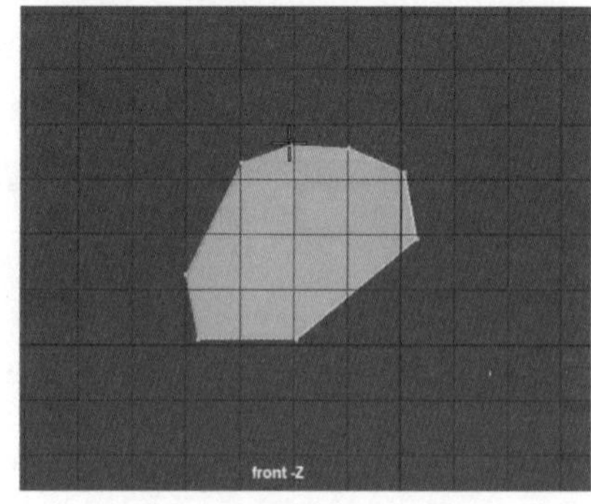
图 3-8

3.1.4　实战：制作飞船模型

本例基于多边形建模的基础操作，制作一个飞船模型，具体操作步骤如下。

Step 01 打开“素材文件 \ 第 3 章 \ 飞船 .jpg”文件。在前视图中，单击【视图】快捷栏中的【图像平面】按钮，将素材导入软件中，如图 3-9 所示。按空格键进入透视图，调整好素材图片的位置，如图 3-10 所示。

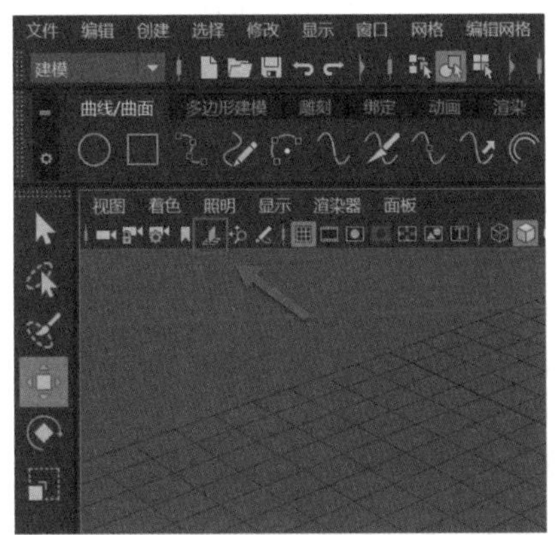

图 3-9

图 3-10

Step 02 按空格键回到前视图，即可按照图片的比例制作模型。单击菜单栏中的【多边形建模】→【球体】图标，创建一个球体，如图 3-11 所示。将球体放到中心位置，然后选中球体，在右侧的【通道盒 / 层编辑器】面板中将【轴向细分数】调整为“8”，【高度细分数】调整为“6”，其他设置保持默认。对比素材图，按快捷键【W】和【R】调整模型的轮廓，如图 3-12 所示。

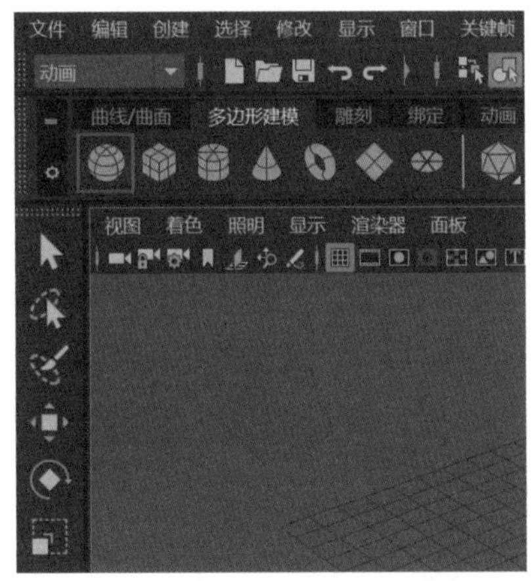

图 3-11

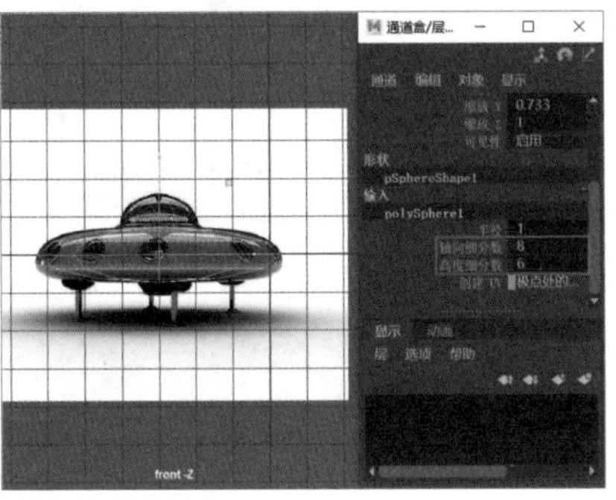

图 3-12

Step 03 调整好位置和比例后，按组合键【Shift+ 鼠标右键】打开快捷菜单，选择【插入循环边工具】命令，如图 3-13 所示。按照素材的轮廓加线继续调整球体，直到和素材的外轮廓相似，如图 3-14 所示。

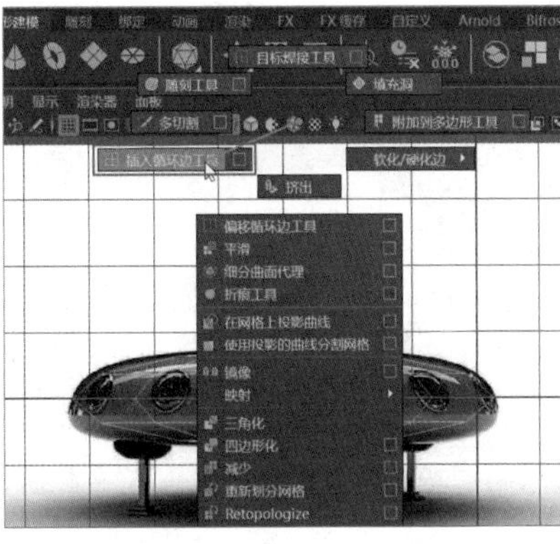

图 3-13

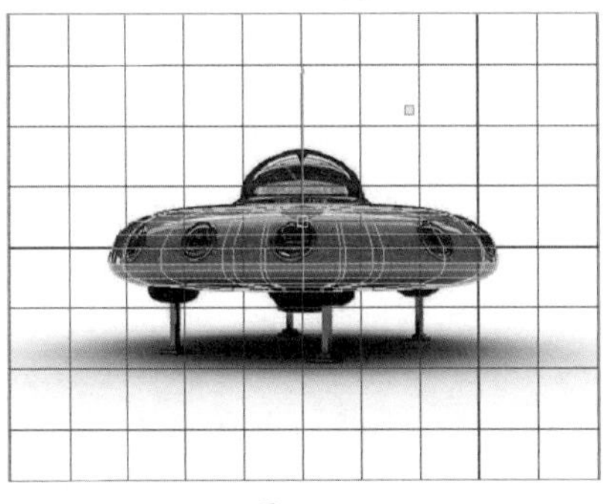

图 3-14

Step 04 用同样的方法制作飞船模型的上方部分。单击【多边形建模】→【球体】图标，创建一个球体。选择球体模型，在右侧的【通道盒 / 层编辑器】面板中将【轴向细分数】调整为“8”，【高度细分数】调整为“10”，其他设置保持默认。调整模型的位置，如图 3-15 所示。对球体进行加线操作，按组合键【Shift+ 鼠标右键】打开快捷菜单，选择【插入循环边工具】命令，再次对模型进行加线和调整，如图 3-16 所示。

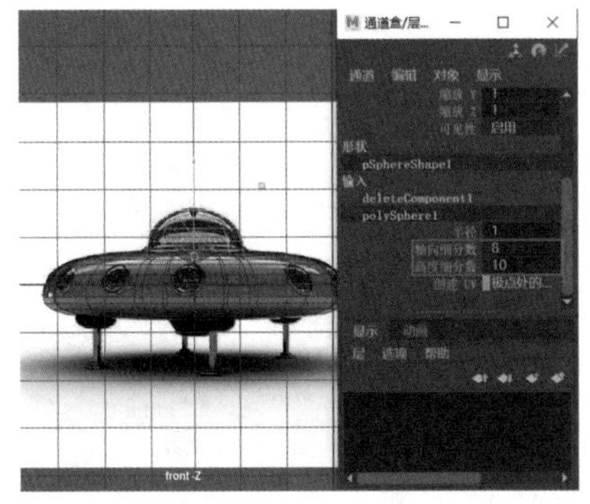

图 3-15

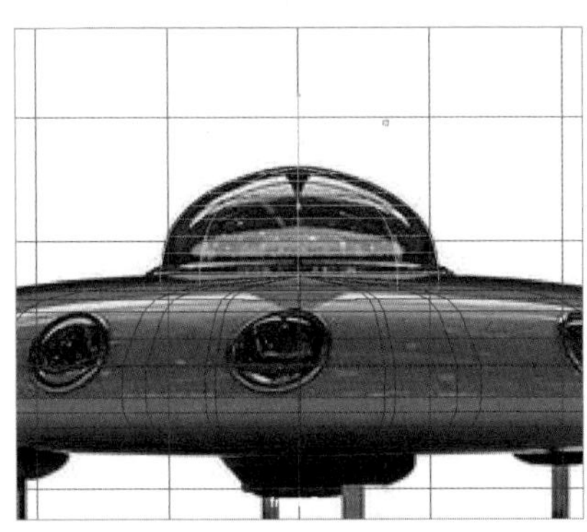

图 3-16

Step 05 完成上述操作后，开始制作飞船模型的支撑柱。单击【多边形建模】→【球体】图标，再次创建一个球体。按照素材图调整好其位置和大小后，按快捷键【Ctrl+D】复制 3 个同样的球体，如图 3-17 所示。单击【多边形建模】→【立方体】图标，创建一个立方体，同样根据素材图调整好其位置后，按快捷键【Ctrl+D】复制 3 个一样的模型，支架即制作完成，效果如图 3-18 所示。

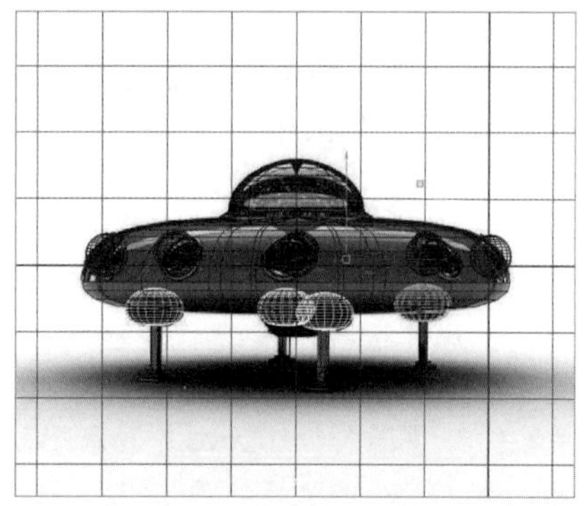

图 3-17

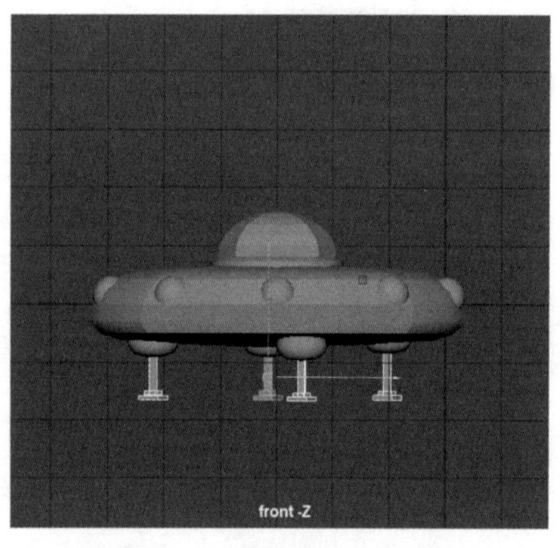

图 3-18

Step 06 单击【多边形建模】→【球体】图标，创建球体。在前视图中先摆好其位置，再按空格键回到透视图调整即可，如图 3-19 所示。创建好模型的背面，按组合键【Shift+鼠标右键】打开快捷菜单，选择【结合】命令，如图 3-20 所示。

图 3-19

图 3-20

技术看板

目前飞船模型只剩下一些细节没有完成。在制作其他模型的过程中，也需要先完成大体结构，再优化细节。

Step 07 可以看到目前创建的 5 个球体被合并为单个对象，颜色都变成了绿色，如图 3-21 所示。按组合键【Shift+鼠标右键】打开快捷菜单，选择【镜像】命令，如图 3-22 所示，选定的部分模型即会被自动复制。

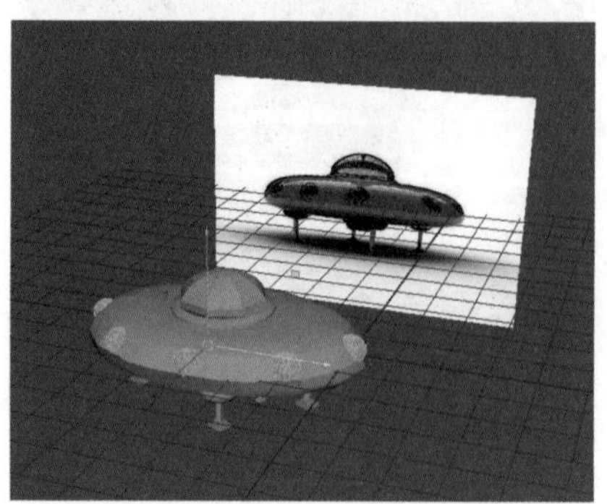

图 3-21

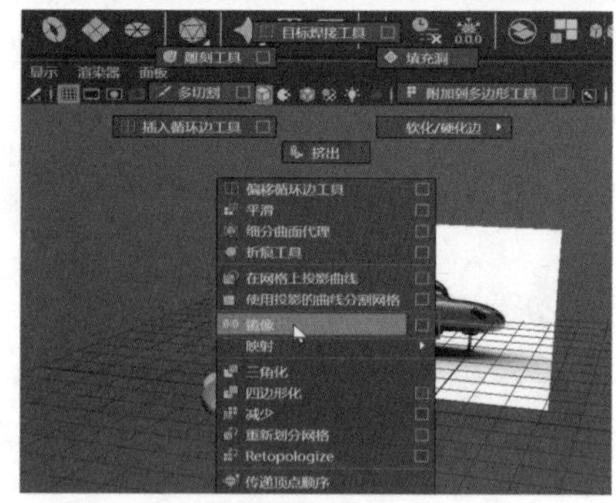

图 3-22

Step 08 在弹出的面板中，❶ 禁用【切割几何体】选项，❷ 并将【轴】方向改为 Z 轴，如图 3-23 所示，可以看到球体自动向 Z 轴镜像。回到工作区调节并删除合并到一起的多余模型即可，如图 3-24 所示。

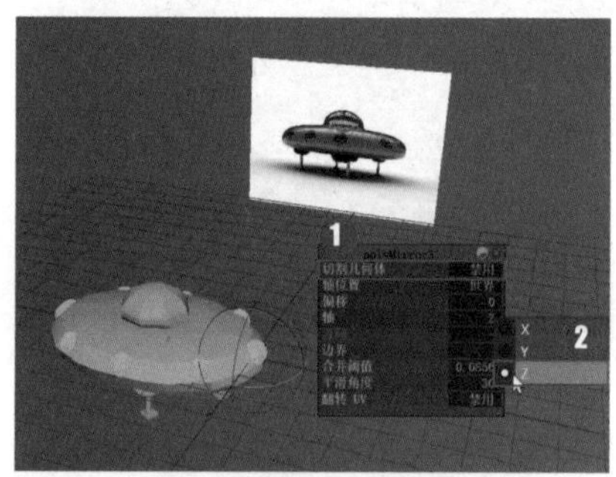

图 3-23

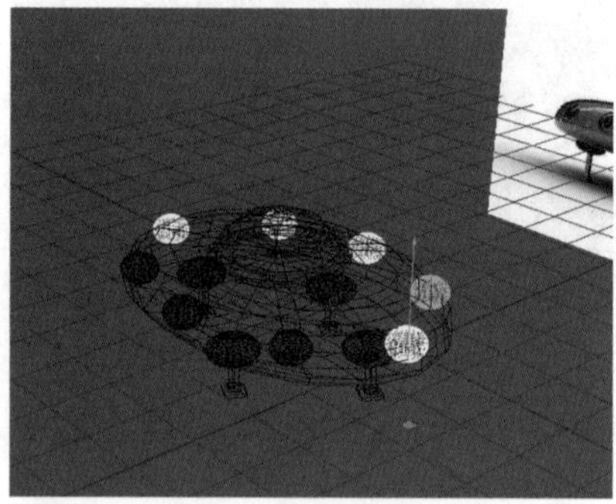

图 3-24

Step 09 制作球体和飞船模型的衔接处。单击【多边形建模】→【圆柱体】图标，创建一个圆柱体。在右侧的【通道盒 / 层编辑器】面板中调整【端面细分数】为“13”，将圆柱体平移到相应的位置，如图 3-25 所示。为了方便编辑圆柱体，按快捷键【Ctrl+1】使其独立显示，并删除中间多余的面，如图 3-26 所示。

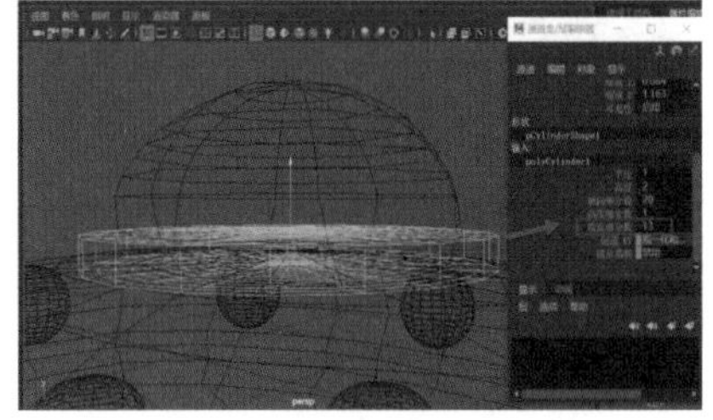

图 3-25

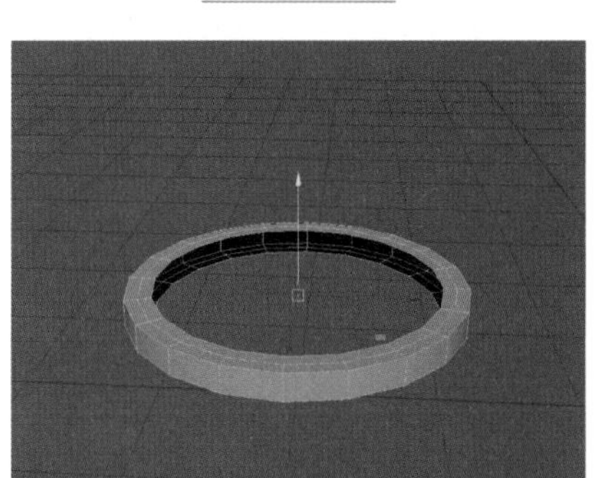

图 3-26

Step10 按快捷键【Ctrl+1】取消隐藏，回到前视图。按组合键【Shift+鼠标右键】并进入【边】模式，按照素材比例进行调整即可，如图 3-27 所示。按快捷键【Ctrl+D】复制两个圆柱体，再依次进行调整，效果如图 3-28 所示。实例最终效果见"结果文件\第 3 章\FC.mb"文件。

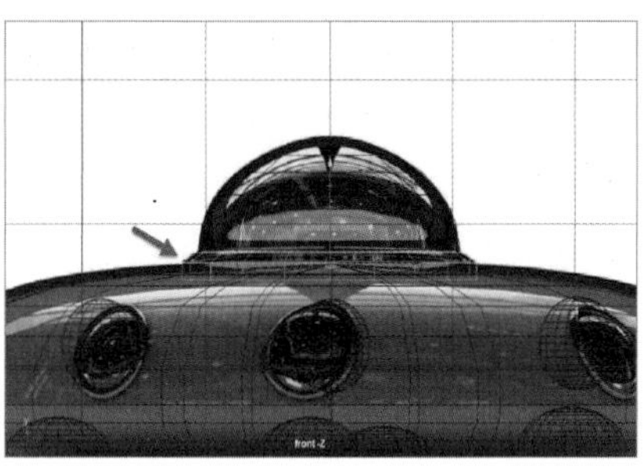

图 3-27

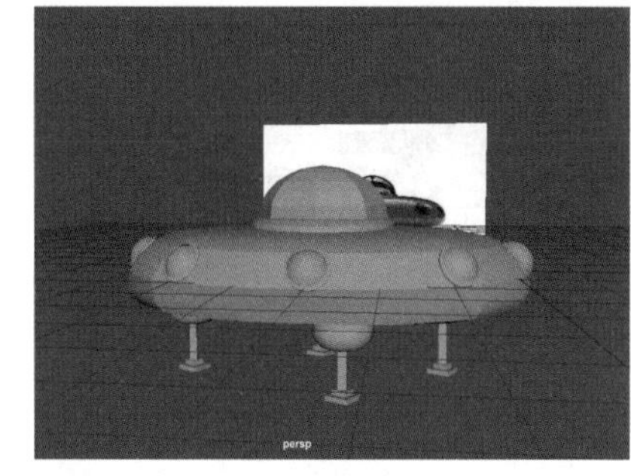

图 3-28

3.2 编辑多边形网格

在制作模型时，可以结合编辑网格的命令对对象进行细化，如常用的【倒角】【插入循环边】【多切割工具】【合并顶点】命令等，这些命令可以帮助我们制作出更精细的模型。

3.2.1 倒角

选择任意一条或多条边后，单击菜单栏中的【编辑网格】→【倒角】命令，如图 3-29 所示。这时会自动弹出一个设置面板，如图 3-30 所示，用户可以在其中通过设置相应的参数将单条边生成为多条边，其中的【分数】【分段】和【深度】值可以任意调节；【斜接】【斜接方向】和【切角】的数值基本是不用调节的。

图 3-29

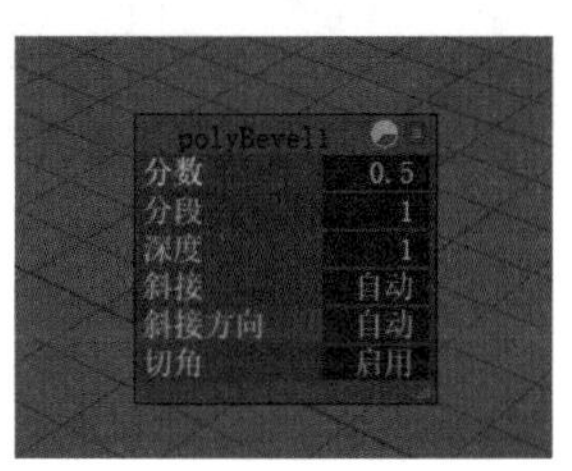

图 3-30

技能拓展——快速启用【倒角边】模式

进入【边】模式后，选择模型上的边，再按组合键【Shift+鼠标右键】打开快捷菜单，选择【倒角边】命令，如图 3-31 所示，可以进入【倒角边】模式。也可以按快捷键【Ctrl+B】快速执行【倒角】命令。

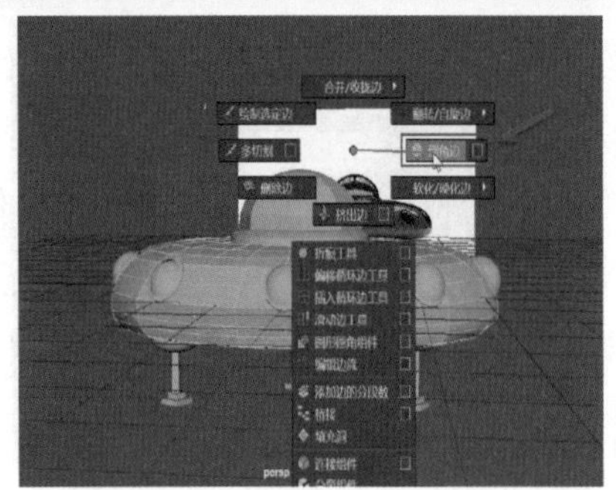

图 3-31

3.2.2 实战：添加飞船模型倒角

本例基于倒角命令的基础用法，以飞船模型为例来介绍操作步骤。

Step01 ❶ 单击菜单栏中的【文件】→【打开场景】命令，打开“结果文件\第 3 章\FC.mb”，如图 3-32 所示。❷ 在【打开】对话框中找到工程文件保存的位置；❸ 选择需要打开的文件，单击【打开】按钮即可，如图 3-33 所示。

图 3-32

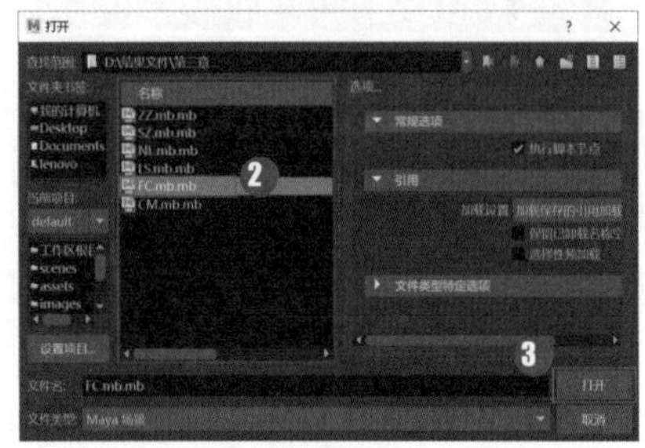

图 3-33

Step02 ❶ 选择其中一个模型，按组合键【Shift+鼠标右键】并进入【边】模式，如图 3-34 所示。❷ 在模型的边上双击，可以自动选择整条边，如图 3-35 所示。

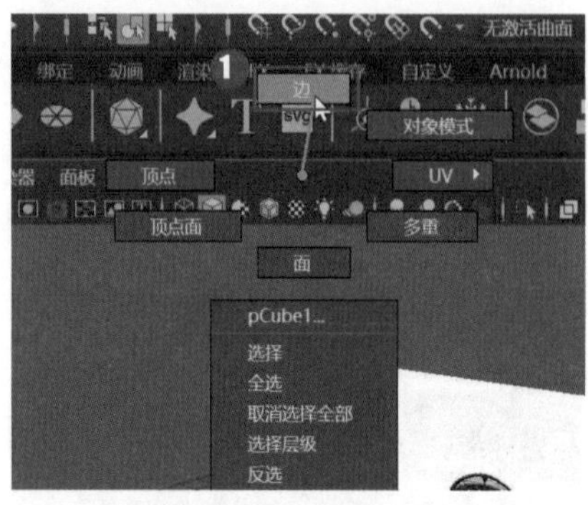

图 3-34

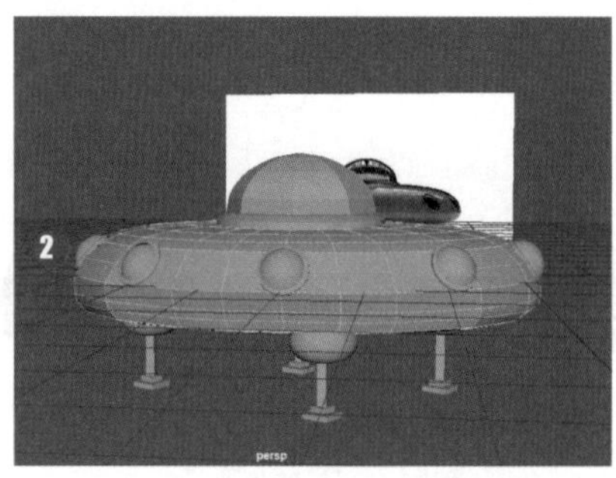

图 3-35

Step03 按组合键【Shift+鼠标右键】，拖曳选择【倒角边】命令，如图 3-36 所示，即可执行倒角操作，效果如图 3-37 所示。

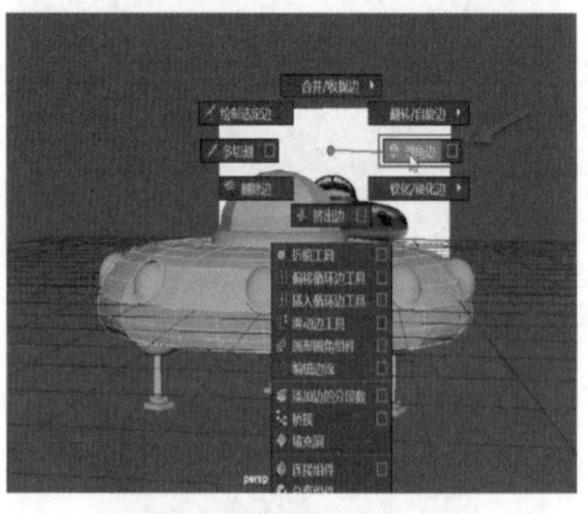

图 3-36

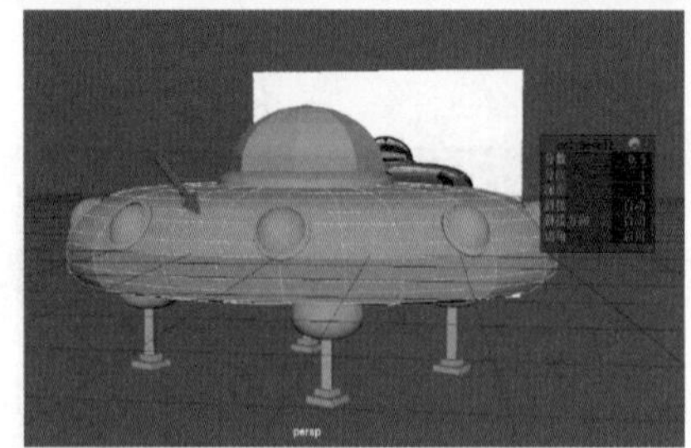

图 3-37

Step04 在打开的【倒角边】面板中，当将【分数】的数值减小为“0.2”时，会发现两条边的间距缩小了，如图 3-38 所示；当将【分段】的数值更改为“3”时，倒角的边会自动分出两条同行的边，如图 3-39 所示。

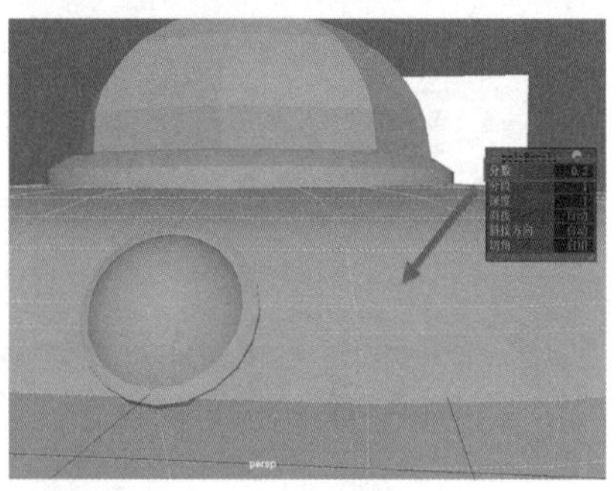

图 3-38

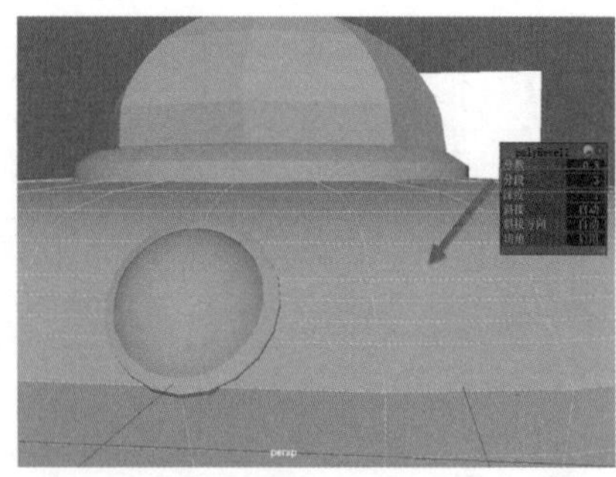

图 3-39

3.2.3 加线

对模型加线有两种方法，分别是通过【插入循环边】工具和【多切割】工具。

1.【插入循环边】工具

在菜单栏中选择【网格工具】→

【插入循环边】命令，如图 3-40 所示，可以在模型上的任意位置生成一条环形边，执行该命令时可以通过长按并拖曳鼠标左键来确定边的位置，释放鼠标即生成环形边。如果选择的对象有三角面、五边面或重叠的边面，该工具将无法使用，不能生成循环边。

图 3-40

技能拓展——快速启用【插入循环边工具】

选中模型，并按组合键【Shift+鼠标右键】，也可以找到【插入循环边工具】，如图 3-41 所示。

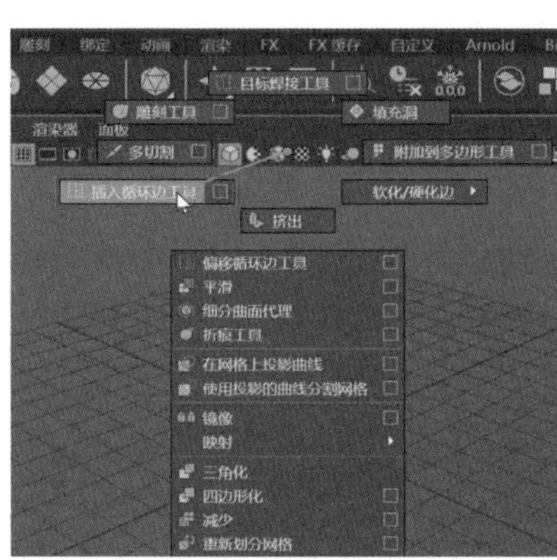

图 3-41

2.【多切割】工具

多切割工具的启用方式和插入循环边工具是一样的，选择菜单栏中的【网格工具】→【多切割】命令即可，如图 3-42 所示。

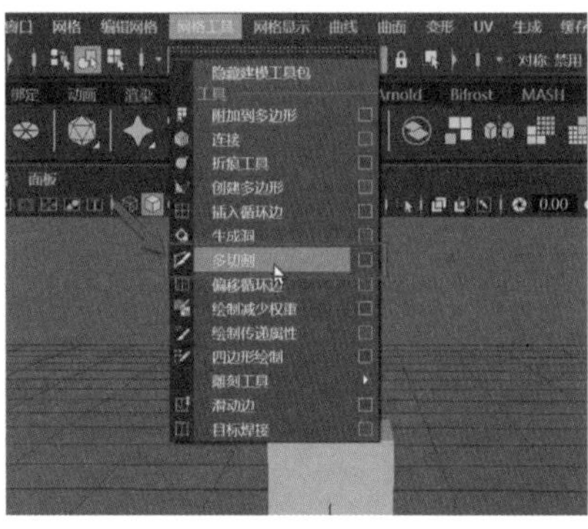

图 3-42

技能拓展——快速启用【多切割】工具

按住组合键【Shift+鼠标右键】并拖曳选择【多切割】工具，也可以使用【多切割】工具，如图 3-43 所示。

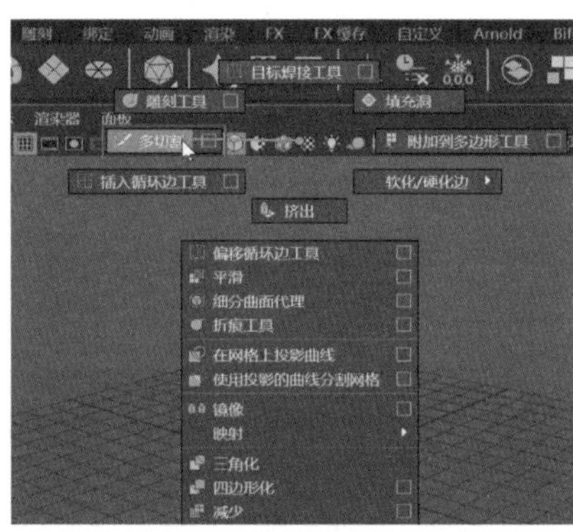

图 3-43

3.2.4 实战：插入循环边加线

下面以一个简单的案例来介绍插入循环边加线的方法，具体操作步骤如下。

Step 01 在菜单栏中选择【创建】→【多边形基本体】→【立方体】命令，创建一个立方体，如图 3-44 所示。按住组合键【Shift+鼠标右键】并拖曳选择【插入循环边工具】，如图 3-45 所示。

图 3-44

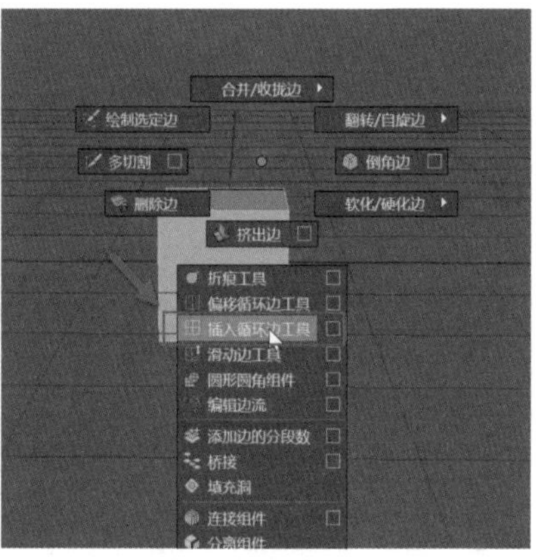

图 3-45

Step 02 选择模型上的边，长按并拖曳鼠标，即会自动生成一条绿色的虚线，此时可以调节环形线的位置，如图 3-46 所示。释放鼠标后，环形线就会立刻生成，如图 3-47 所示。

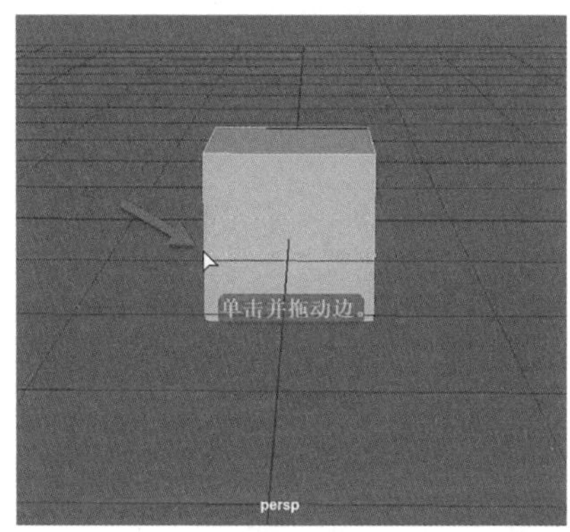

图 3-46

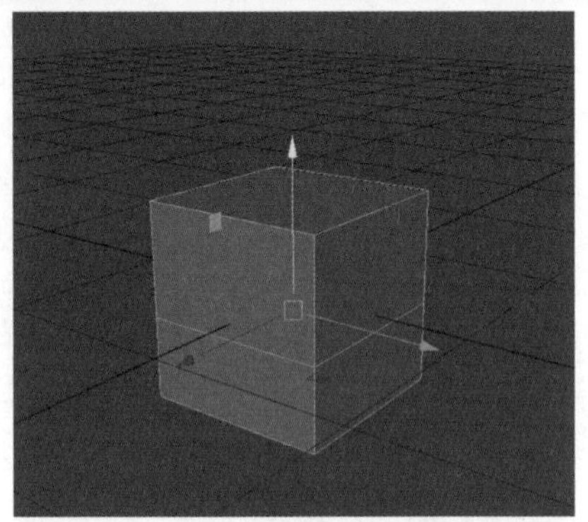

图 3-47

3.2.5 实战：切割多边形加线

本例以一个多边形球体为操作对象介绍切割多边形加线的方法，具体操作步骤如下。

Step01 在菜单栏中选择【创建】→【多边形基本体】→【球体】命令，创建一个球体，如图 3-48 所示。选择球体模型，按住组合键【Shift+鼠标右键】，并拖曳选择【多切割】工具，如图 3-49 所示。

图 3-48

图 3-49

Step02 选择【多切割】工具后，单击模型上的点，再连续单击其他的对点或面即可绘制出曲线，如图 3-50 所示。新绘制的曲线确定位置后，按【Enter】键即可确定并生成模型的边，如图 3-51 所示。

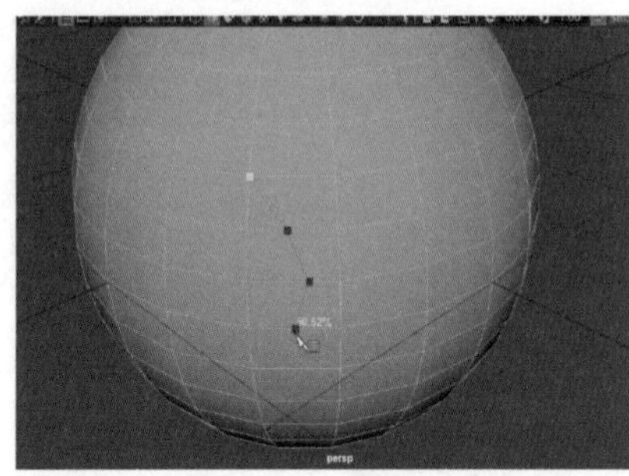

图 3-50

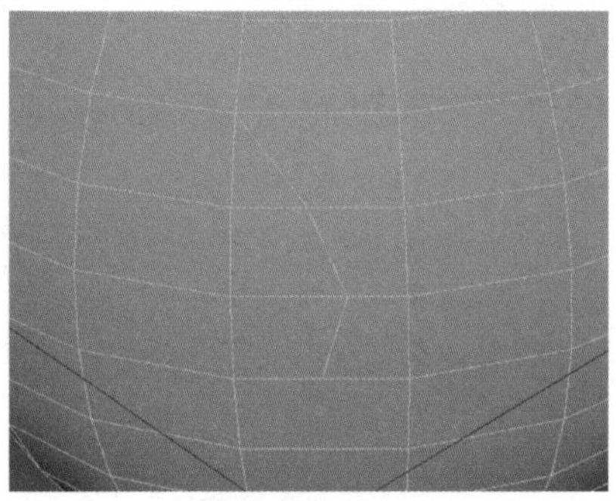

图 3-51

★重点 3.2.6 提取局部面

选择菜单栏中的【编辑网格】→【提取】命令，如图 3-52 所示，即可提取局部面。

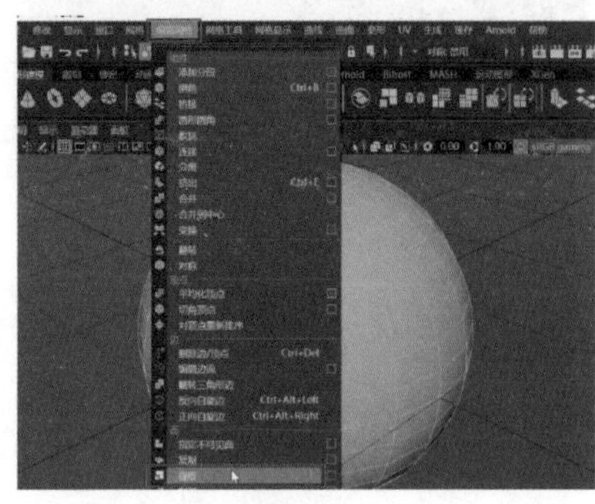

图 3-52

技能拓展——快速启用【提取面】工具

选择对象上的面，按住组合键【Shift+鼠标右键】并拖曳选择【复制面】命令，即可自动从该对象上提取局部面，如图 3-53 所示。

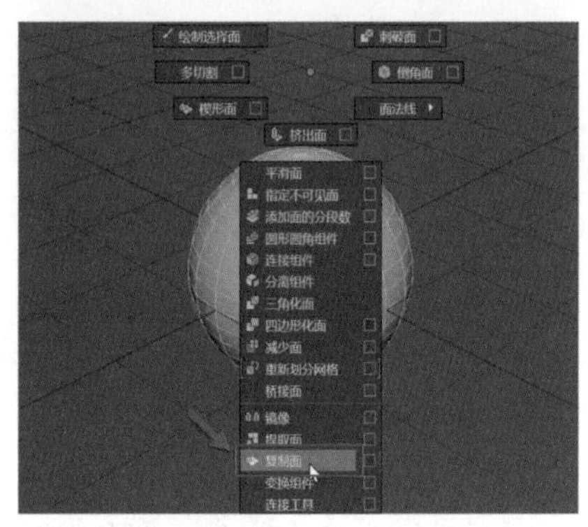

图 3-53

3.2.7 实战：使用【提取面】命令提取模型局部面

本例以一个道具为操作对象介绍提取局部面的方法，具体操作步骤如下。

Step01 打开“素材文件\第 3 章\jian.mb”文件，选中模型，长按鼠标右键并拖曳选择【面】模式，如图 3-54 所示。再选中模型的面，按住组合键【Shift+鼠标右键】并拖曳选择【提取面】工具，如图 3-55 所示。

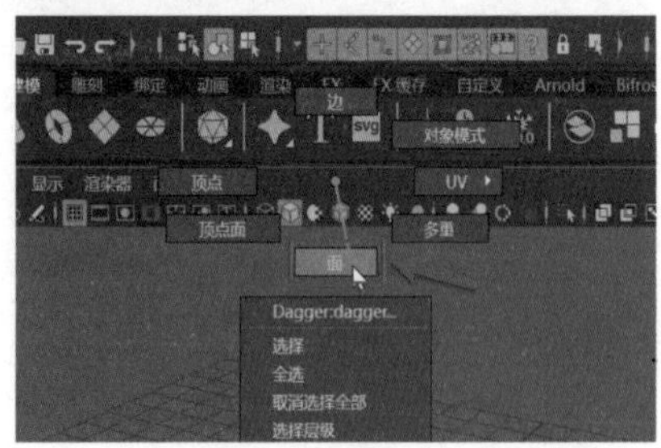

图 3-54

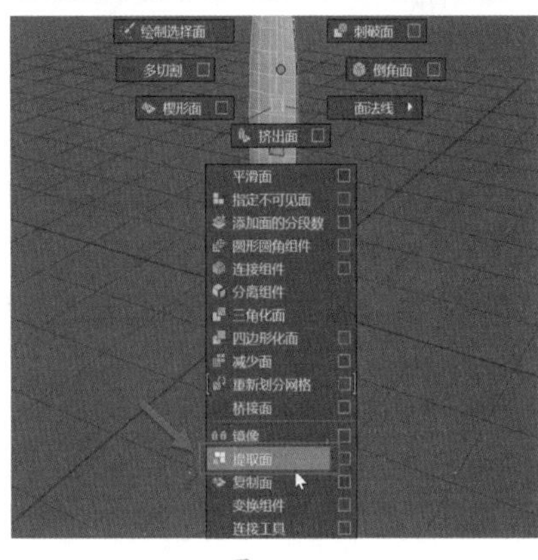

图 3-55

Step02 选择【提取面】工具后，模型上选中的面就可以被直接拖曳出来了，如图 3-56 所示。

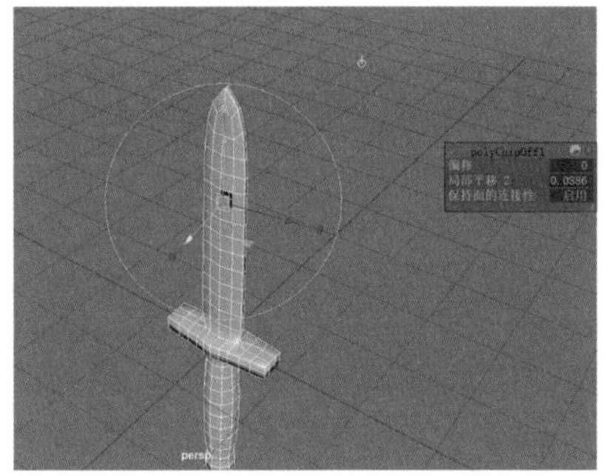

图 3-56

技术看板

对话框中的偏移值设置得越小，提取出的面就越大，如图 3-57 所示。

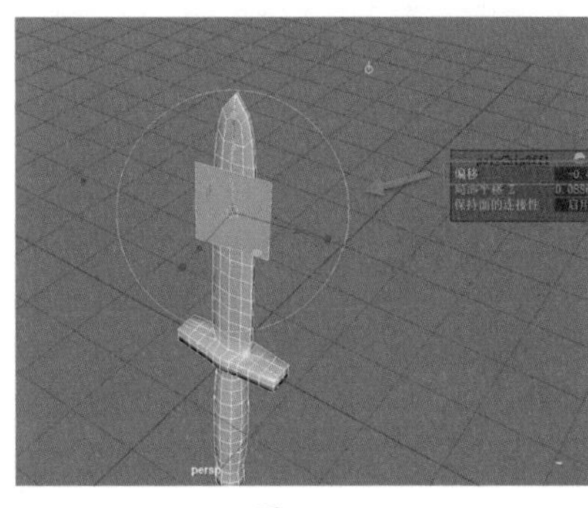

图 3-57

Step03 对话框中的【局部平移 Z】的参数值可以任意调节，用于控制面和物体之间的距离，如图 3-58 所示。

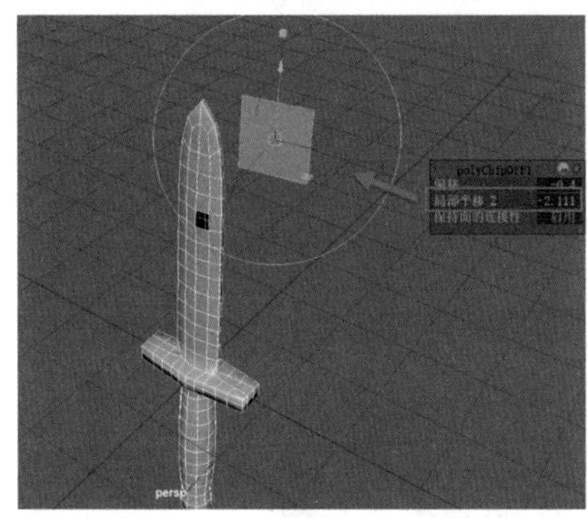

图 3-58

3.2.8 实战：使用复制面命令提取局部面

Step01 打开“素材文件\第 3 章\qiang.mb”文件，选中模型，长按鼠标右键并拖曳选择【面】模式，如图 3-59 所示。选中模型的面，按住组合键【Shift+鼠标右键】并拖曳选择【复制面】工具，如图 3-60 所示。

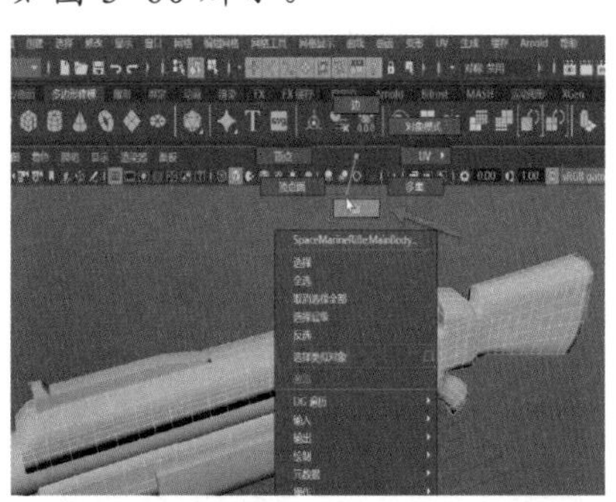

图 3-59

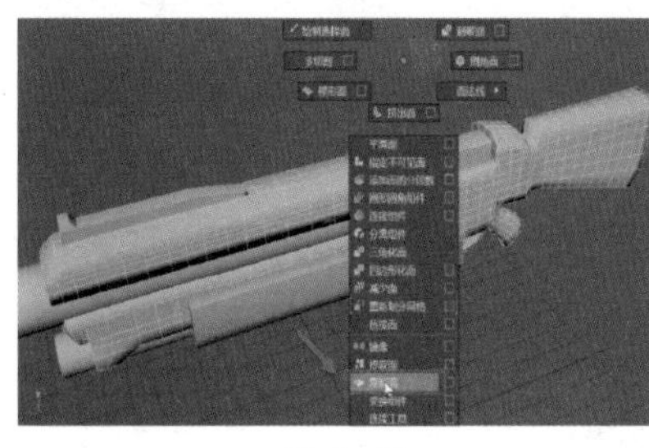

图 3-60

Step02 选择该命令后，可以看到选中的面没有被提取出来，❶ 当我们拖曳操纵器时，可以使面再次分离出一个新的面，如图 3-61 所示。❷ 对话框中的【偏移】值越大，复制分离出来的面就越小，如图 3-62 所示。

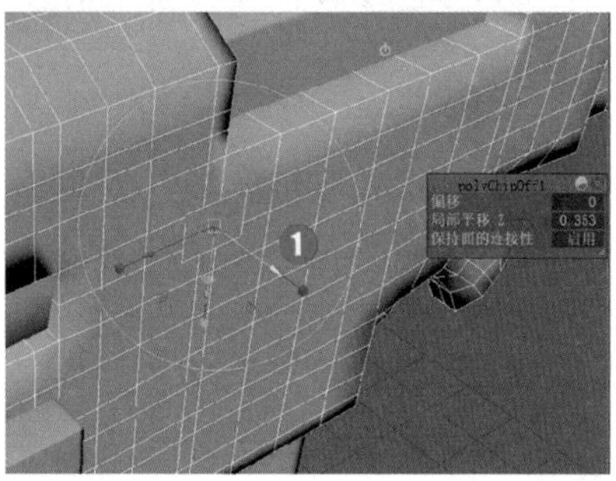

图 3-61

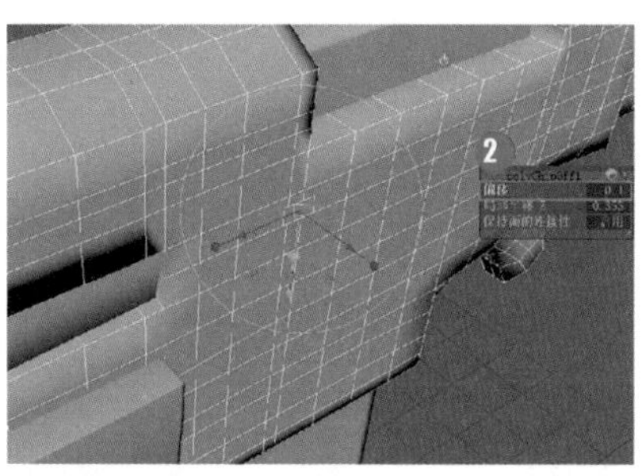

图 3-62

3.2.9 实战：使用四边形绘制工具提取局部面

Step01 打开“素材文件\第 3 章\haitun.mb”文件。长按鼠标左键并框选模型，❶ 选择菜单栏中的【网格工具】→【四边形绘制】命令，如图 3-63 所示。❷ 执行命令后，长按【Ctrl】键，同时在模型上滑动鼠标，即可自动按照鼠标滑动方向在鼠标停放的位置生成环形边，单击鼠标左键即可生成，如图 3-64 所示。

图 3-63

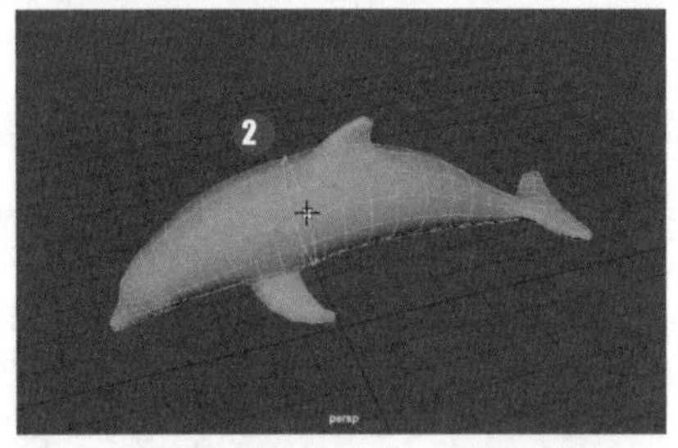

图 3-64

Step02 添加环形边后，可以按【Shift】键自动计算布线并整理，如图 3-65 所示。调整好布线后，单击鼠标右键进入【面】模式，然后按住组合键【Shift+鼠标右键】，选择【提取面】工具，面即会被自动提取出来，如图 3-66 所示。

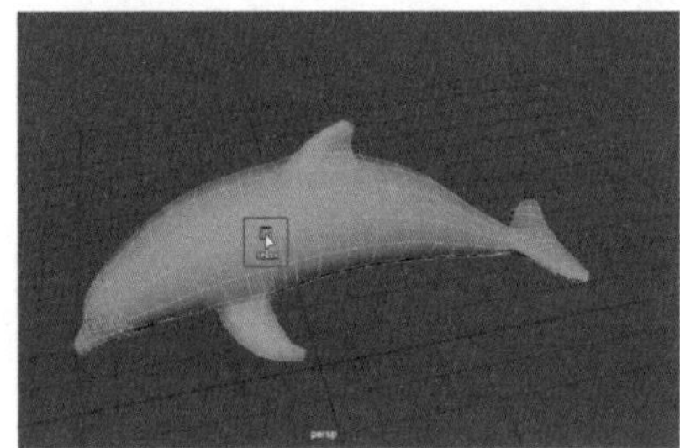

图 3-65

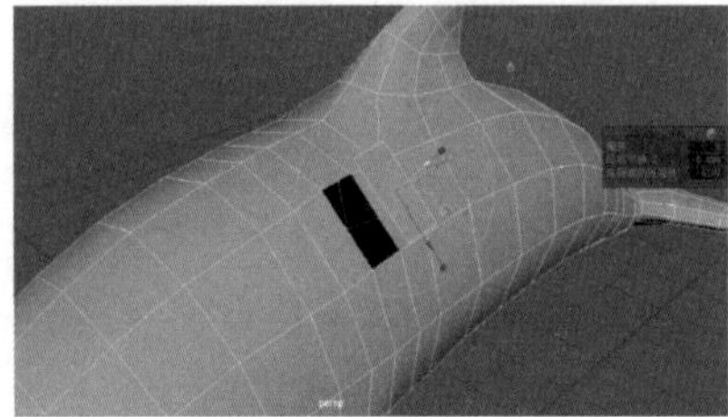

图 3-66

3.2.10 实战：制作紧贴图案

Step01 打开“素材文件\第 3 章\yifu.mb”文件，❶框选模型并单击鼠标右键进入【面】模式，如图 3-67 所示。❷选中其中一个面，按组合键【Shift+鼠标右键】并执行【复制面】命令，如图 3-68 所示。

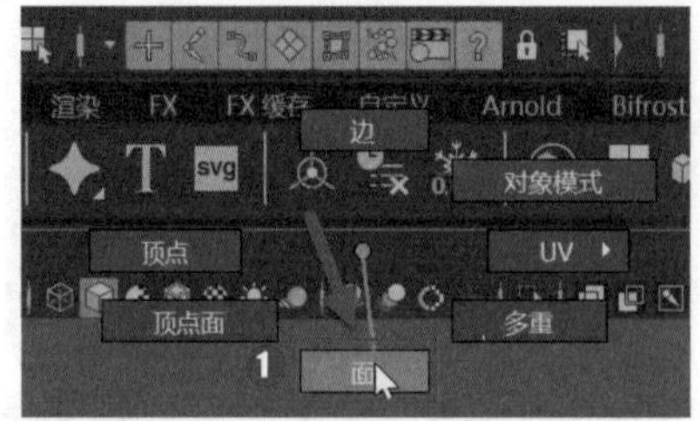

图 3-67

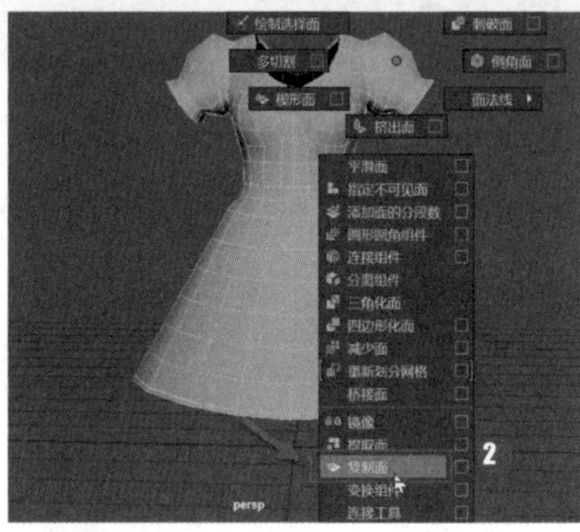

图 3-68

Step02 将复制好的面拖曳出来，如图 3-69 所示。选择复制出来的面，进入【点】模式或【边】模式进行调节，按住组合键【Shift+鼠标右键】并拖曳选择【偏移循环边工具】，如图 3-70 所示。

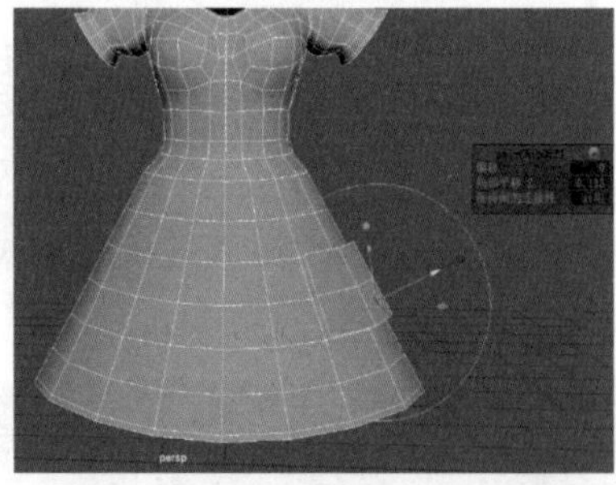

图 3-69

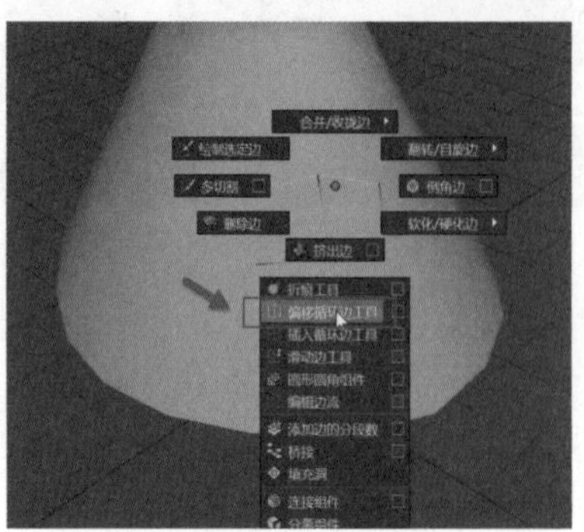

图 3-70

Step03 ❶在面中添加几条循环边，如图 3-71 所示。通过调节点将外轮廓和位置调整好后，❷按住组合键【Shift+鼠标右键】并拖曳选择【挤出】工具，如图 3-72 所示。

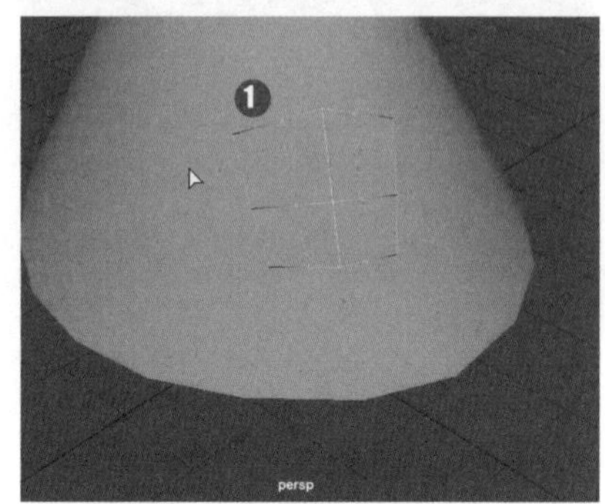

图 3-71

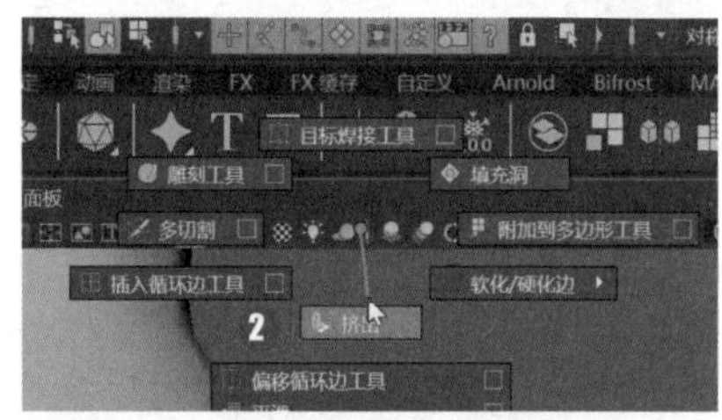

图 3-72

Step04 拖曳生成的操纵器，将面挤出厚度，如图 3-73 所示。按快捷键【W】进入编辑物体模式，在菜单栏中选择【网格显示】→【反向】命令，如图 3-74 所示。然后对物体的位置进行调整。

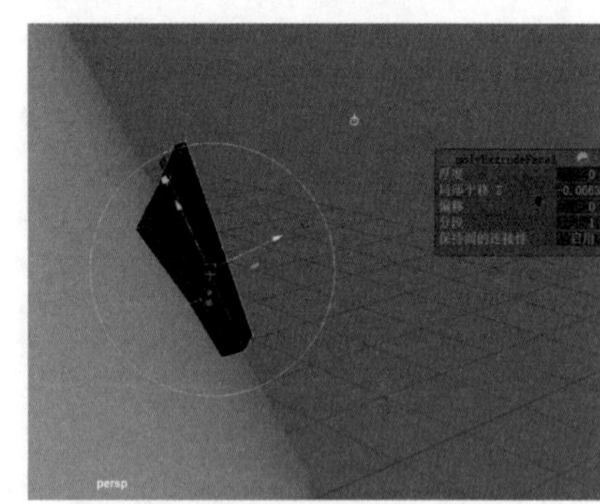

图 3-73

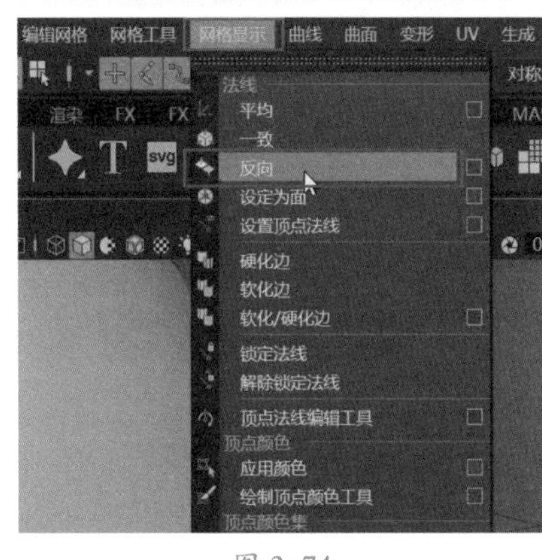

图 3-74

Step05 进入【点】模式调节局部位置，如图 3-75 所示。将位置调节好后，紧贴图案即制作完成，如图 3-76 所示。

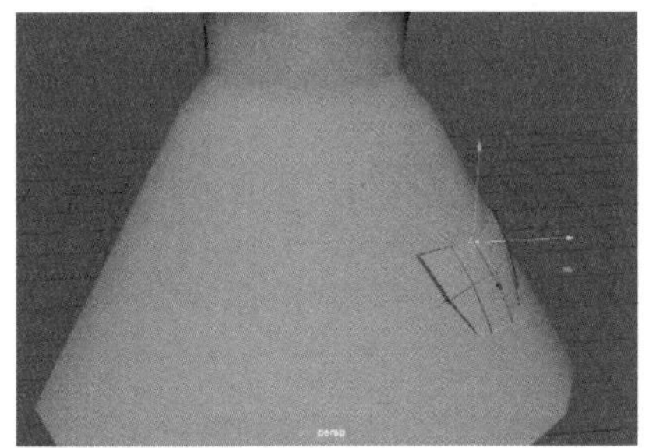

图 3-75

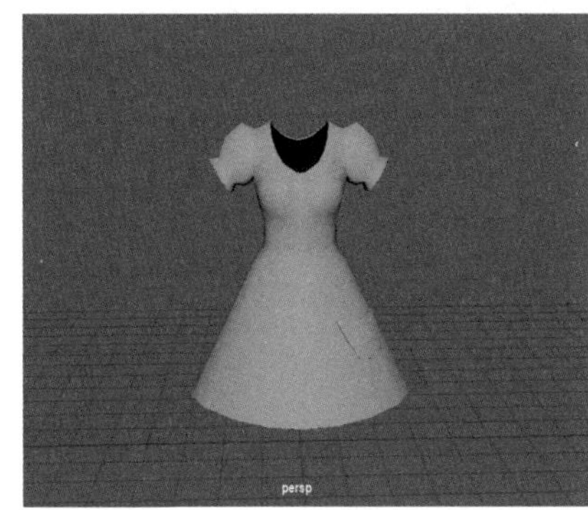

图 3-76

★重点 3.2.11 补面与桥接

Step01 选中要补面的多边形，单击菜单栏中的【网格工具】→【附加到多边形】命令，如图 3-77 所示。执行命令后鼠标指针会变成十字形，如图 3-78 所示。

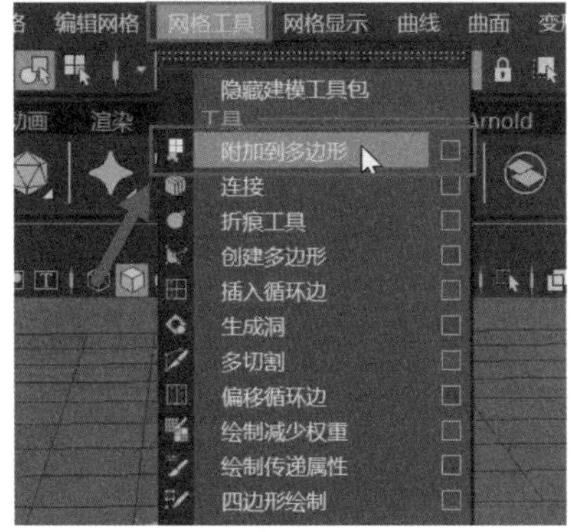

图 3-77

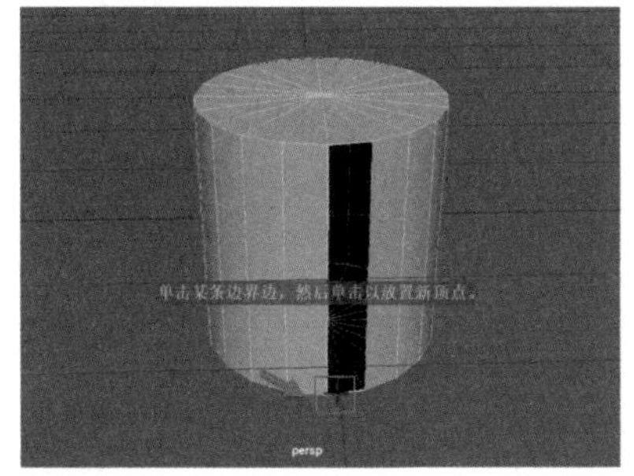

图 3-78

Step02 单击缺面的边，出现紫色边框，如图 3-79 所示，单击对面的边，则会出现一个粉色的附加面，如图 3-80 所示，按【Enter】键即可自动生成。

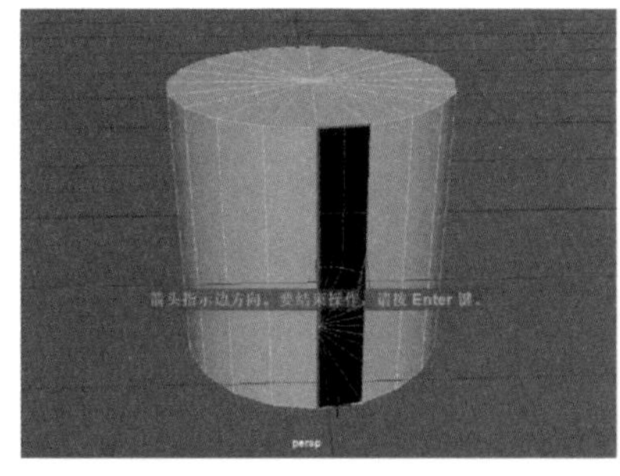

图 3-79

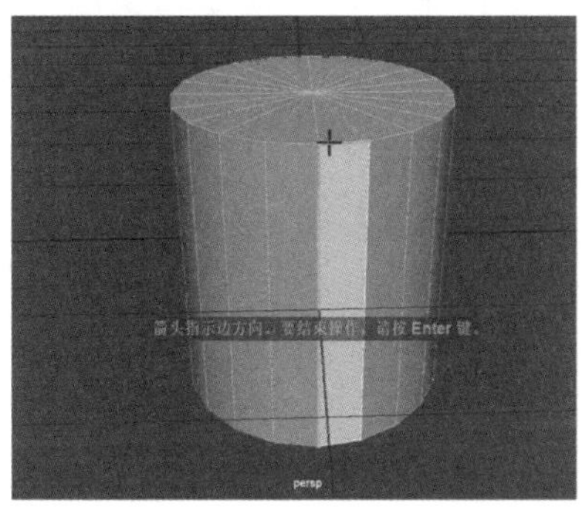

图 3-80

Step03 单击菜单栏中的【编辑网格】→【桥接】命令，如图 3-81 所示。该命令也具有补面，可以对空面产生连接的作用，可以是平滑连接，也可以是线性连接。打开【桥接选项】对话框，如图 3-82 所示。

图 3-81

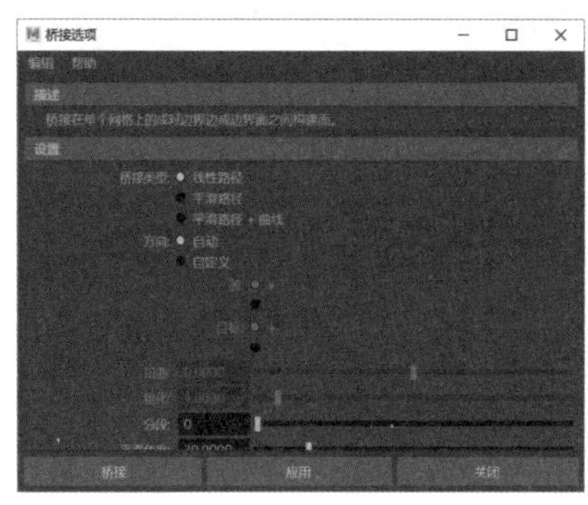

图 3-82

3.2.12 实战：使用填充洞命令补面

Step01 ❶ 单击工具架中的【多边形建模】→【球体】图标，创建一个球体，如图 3-83 所示。❷ 选中模型，长按鼠标右键进入【面】模式，如图 3-84 所示。随后在球体中任意删除一个面。

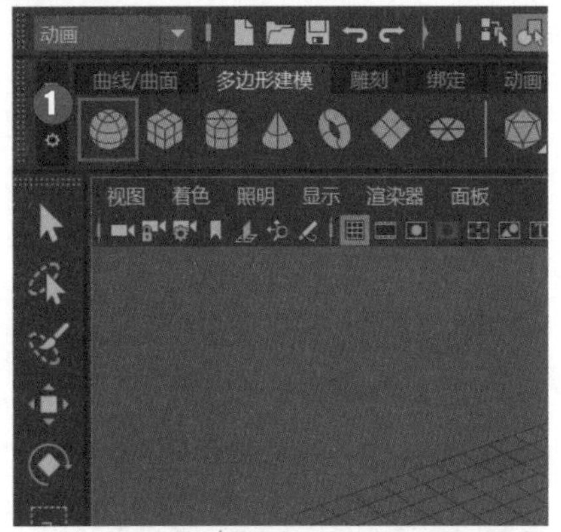

图 3-83

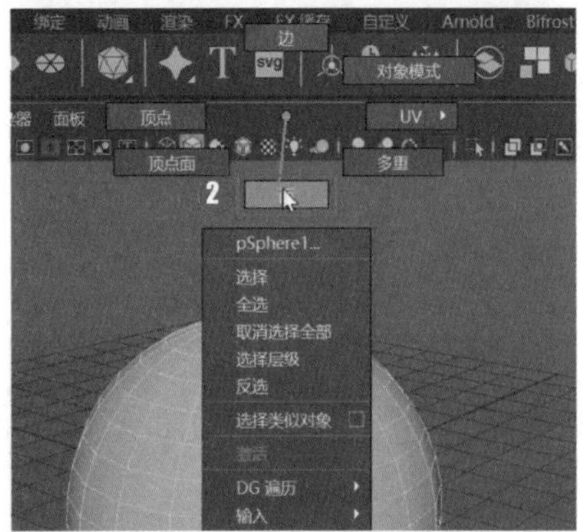

图 3-84

Step02 删除局部面后，选择模型，❶长按鼠标右键并拖曳选择【边】模式，如图 3-85 所示。选择缺面中的循环边，❷然后按住组合键【Shift+ 鼠标右键】，拖曳选择【填充洞】命令，如图 3-86 所示。

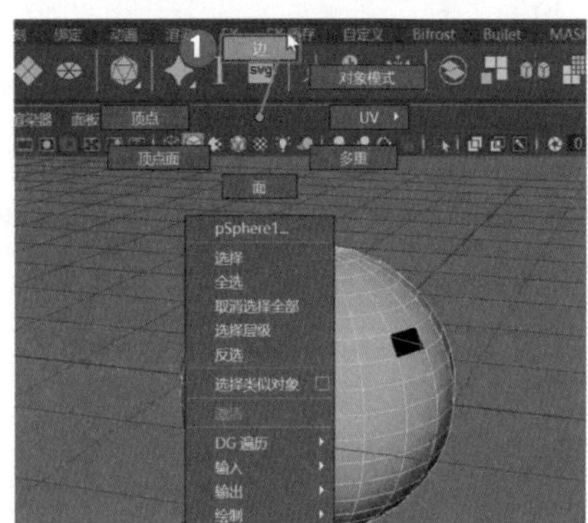

图 3-85

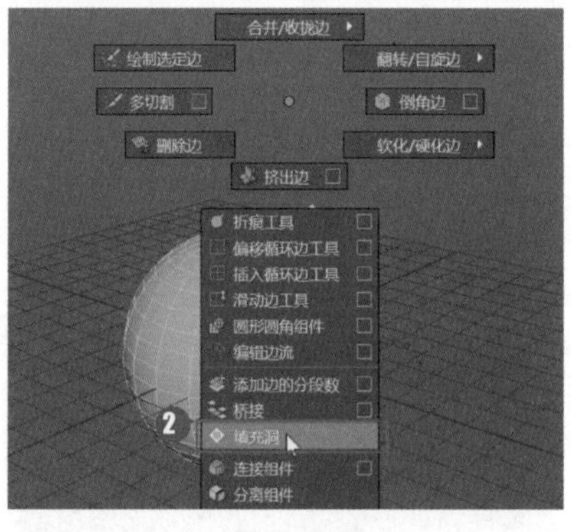

图 3-86

Step03 可以看到缺面的位置自动生成一个面，并和球体融为一体，如图 3-87 所示。

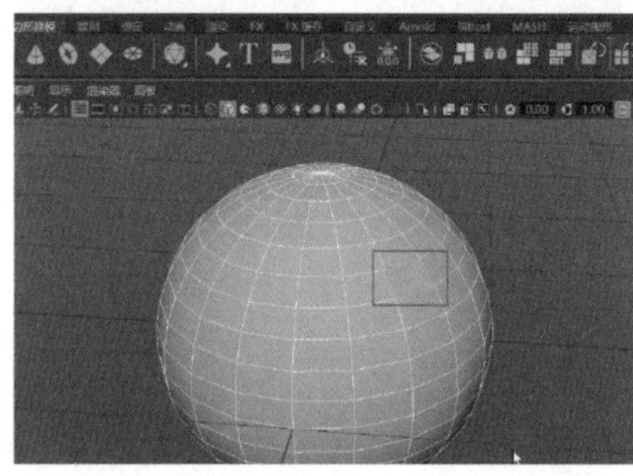

图 3-87

3.2.13 实战：使用附加到多边形命令补面

Step01 ❶单击菜单栏中的【文件】→【打开场景】命令，打开“素材文件\第三章\Huaping.mb”文件，如图 3-88 所示。❷选中模型，按【Shift+ 鼠标右键】并拖曳选择【附加到多边形工具】命令，如图 3-89 所示，此时鼠标指针会变成十字形。

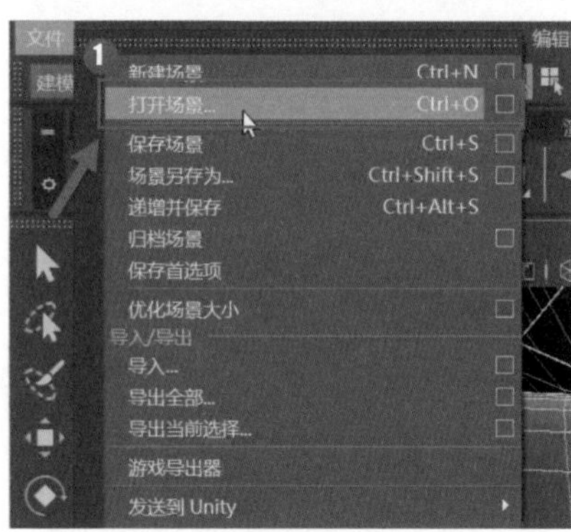

图 3-88

图 3-89

Step02 单击缺面的任意一条边，会生成一个缺面的紫色方框，如图 3-90 所示。单击对面，即会自动生成一个粉色的附加面，如图 3-91 所示。

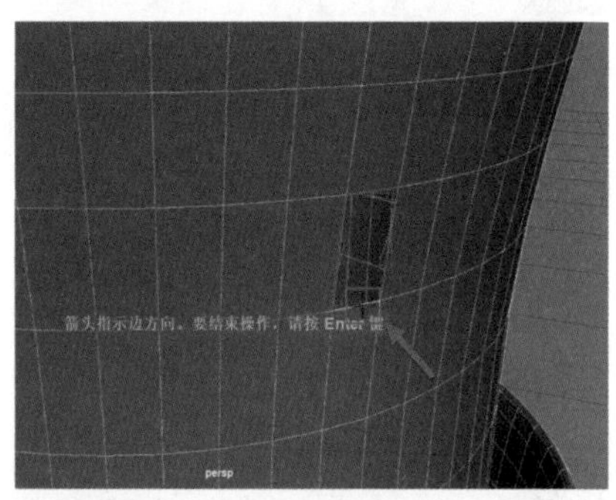

图 3-90

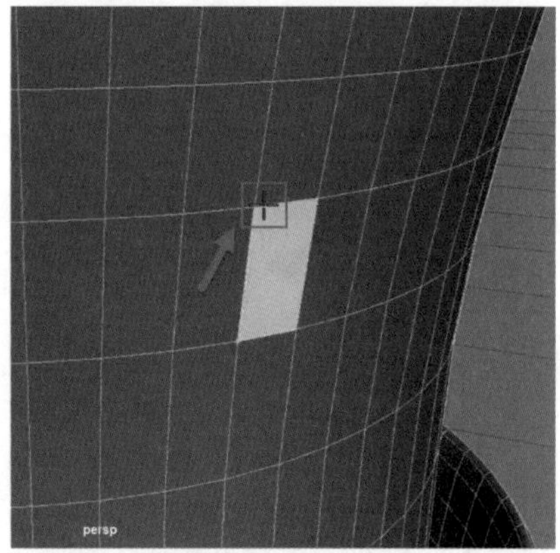

图 3-91

Step03 按【Enter】键即可将面附加到模型上，如图 3-92 所示。

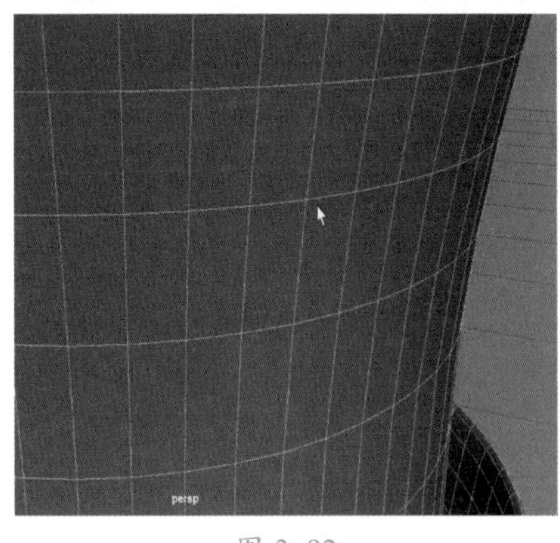

图 3-92

3.2.14 实战：使用桥接命令补面

Step01 ❶ 单击工具架中的【多边形建模】→【立方体】图标，创建一个立方体，如图 3-93 所示。❷ 按快捷键【Ctrl+D】复制一个立方体并移动，如图 3-94 所示。

图 3-93

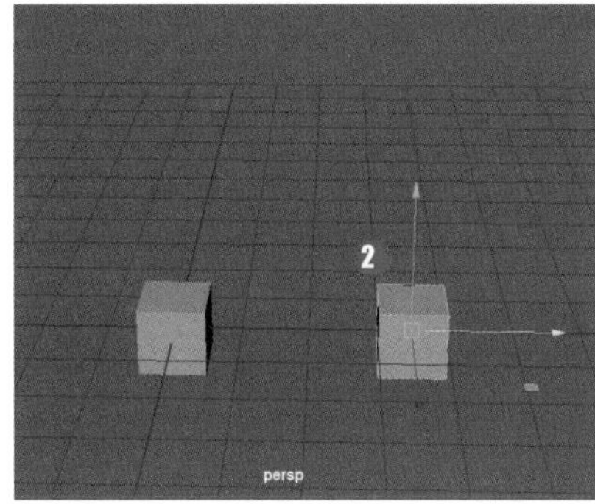

图 3-94

Step02 长按鼠标左键框选两个立方体，❶ 然后按住组合键【Shift+鼠标右键】并拖曳选择【结合】工具，如图 3-95 所示。❷ 此时两个立方体即会自动结合成一个对象，如图 3-96 所示。

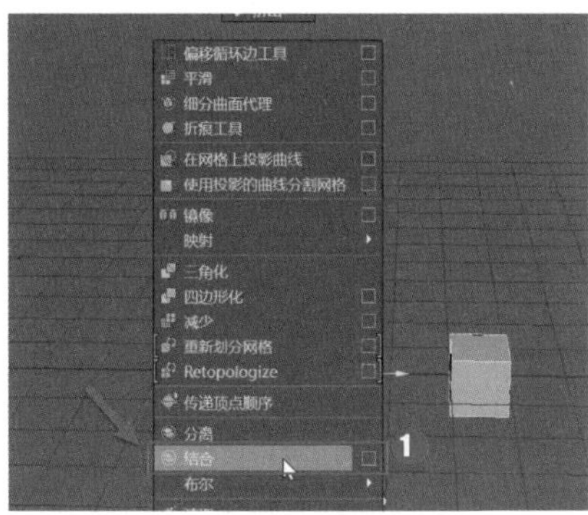

图 3-95

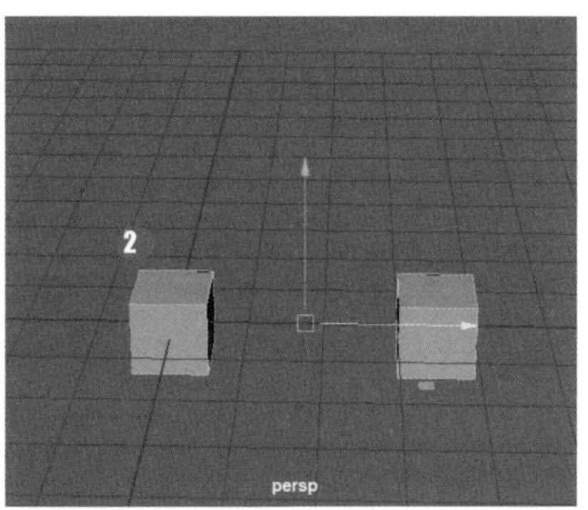

图 3-96

Step03 ❶ 选中模型并长按鼠标右键，进入【面】模式，如图 3-97 所示。❷ 删除模型顶端的面，如图 3-98 所示。

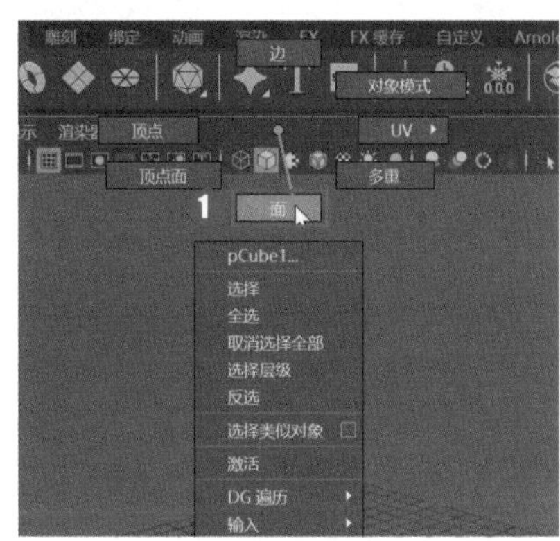

图 3-97

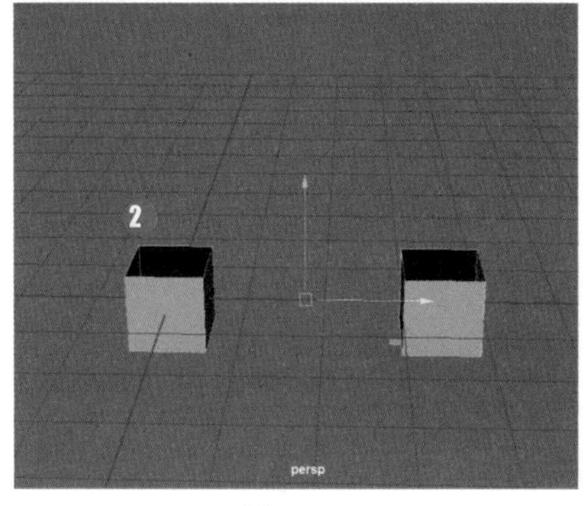

图 3-98

Step04 选中模型，单击菜单栏中【编辑网格】→【桥接】工具右侧的复选框，如图 3-99 所示。

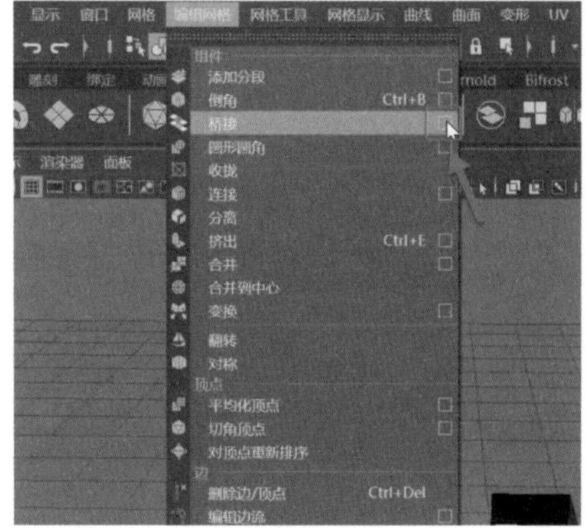

图 3-99

Step05 打开【桥接选项】对话框，❶ 将【桥接类型】修改为【平滑路径 + 曲线】，❷ 将【分段】的参数值调整为“8”，❸ 单击【桥接】按钮，如图 3-100 所示。

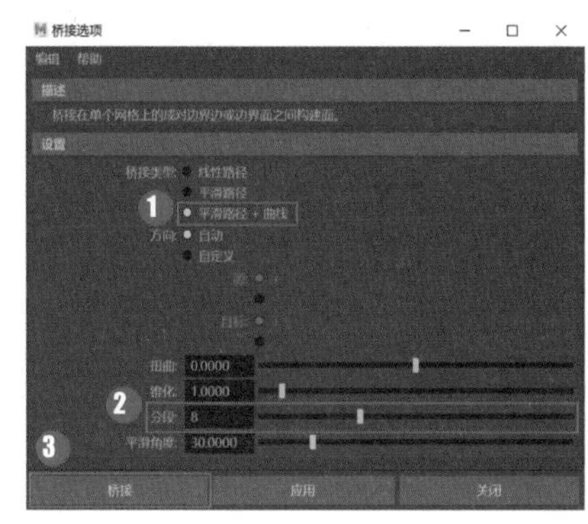

图 3-100

Step06 执行命令后的效果如图 3-101 所示。

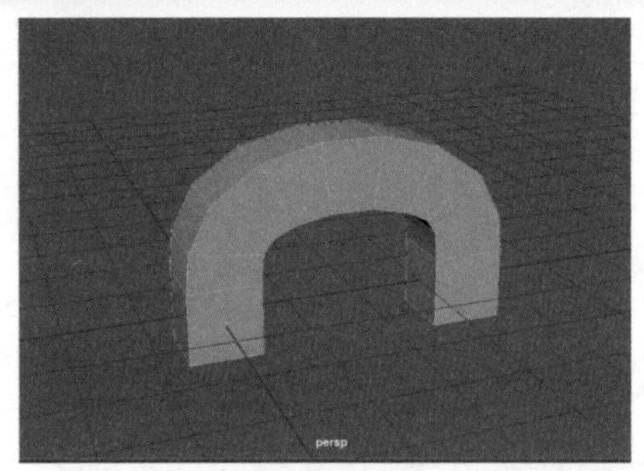

图 3-101

3.2.15 合并顶点

选择对象后，长按鼠标右键进入【顶点】模式，如图 3-102 所示。使用鼠标框选两个点之后，按住组合键【Shift+鼠标右键】并拖曳选择【合并顶点】工具，如图 3-103 所示，即可将两个点合并成一个点。

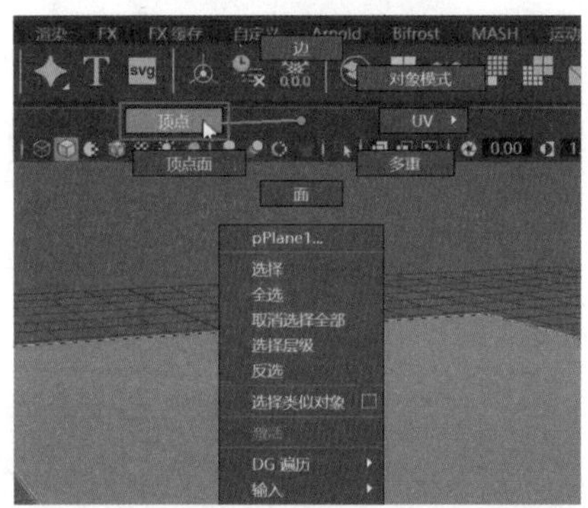

图 3-102

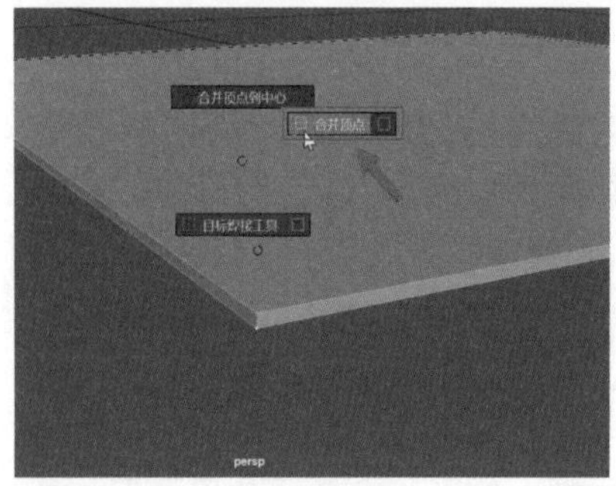

图 3-103

另外，Maya 中两条边生成的多余的点或含有五条以上边的面，都需要合并或删除顶点，如图 3-104 所示，否则会直接影响拆分 UV 等后续工作。

图 3-104

3.2.16 实战：合并分离的边

Step01 ❶ 单击工具架中的【多边形建模】→【平面】图标，创建一个平面，如图 3-105 所示。❷ 在右侧的【通道盒 / 层编辑器】面板中将【细分宽度】的参数值调整为“4”，【高度细分数】的参数值调整为“3”，如图 3-106 所示。

图 3-105

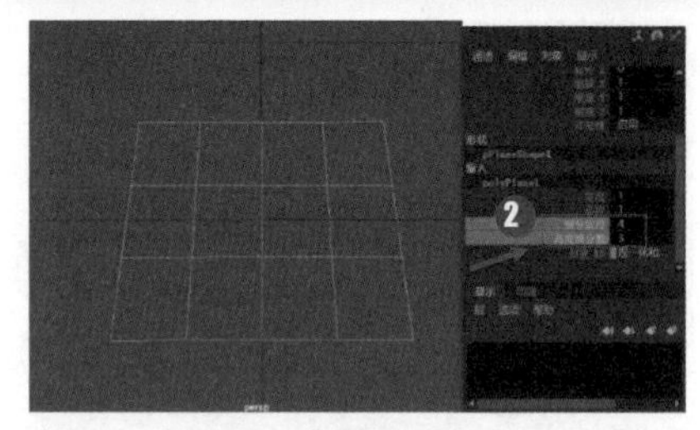

图 3-106

Step02 选中模型并长按鼠标右键进入【面】模式，如图 3-107 所示。框选中间的局部面，按【Delete】键将其删除，只留下两侧的局部面，如图 3-108 所示。

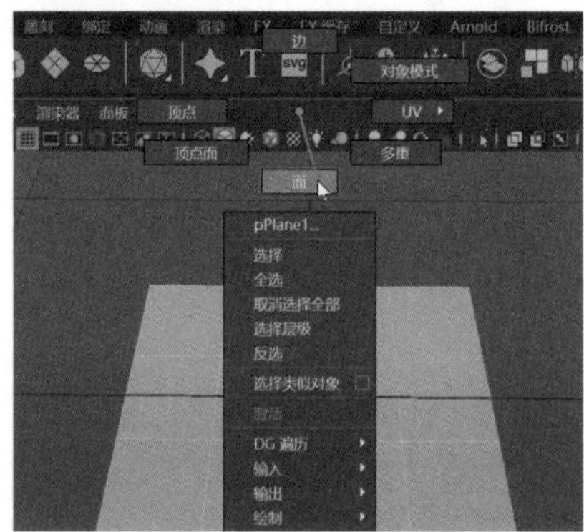

图 3-107

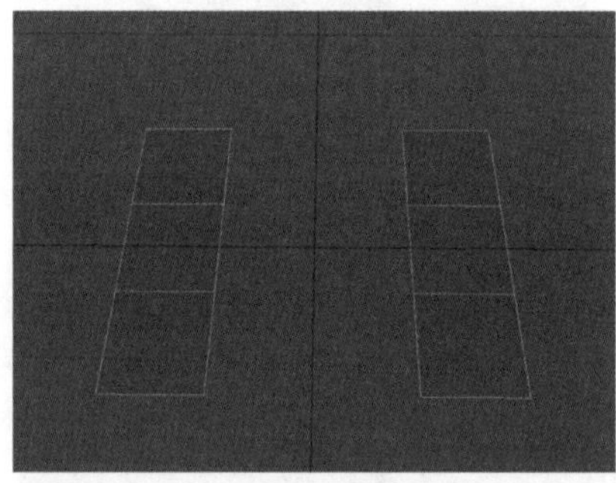

图 3-108

Step03 回到物体模式，选中模型后长按鼠标右键进入【点】模式，框选相对的两个点，如图 3-109 所示。按住组合键【Shift+鼠标右键】并拖曳选择【合并顶点】命令，如图 3-110 所示。

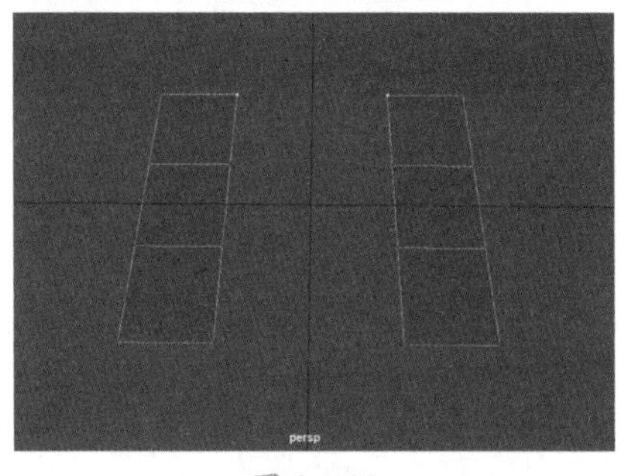
图 3-109

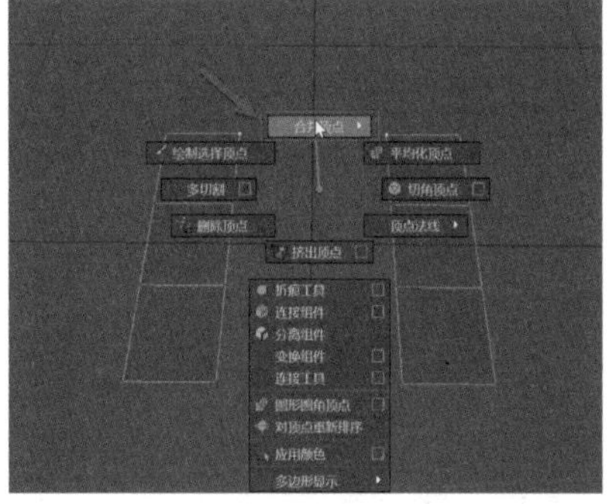
图 3-110

Step04 执行命令后可以看到两个点自动合并为一个点，如图 3-111 所示。同样，再框选两个相对的点，使用【合并顶点】命令，分离的边即会自动合并到一起，如图 3-112 所示。

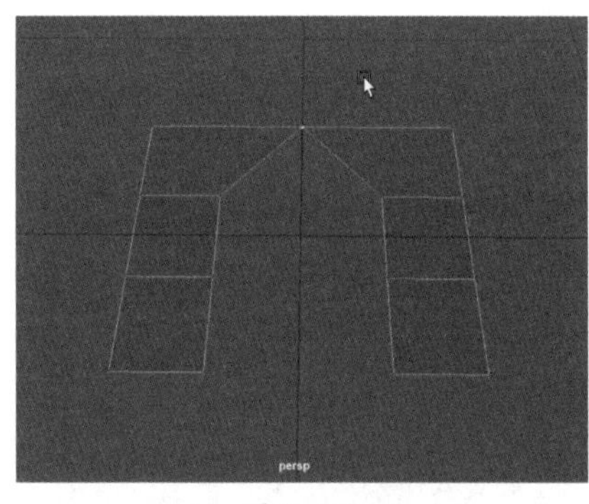
图 3-111

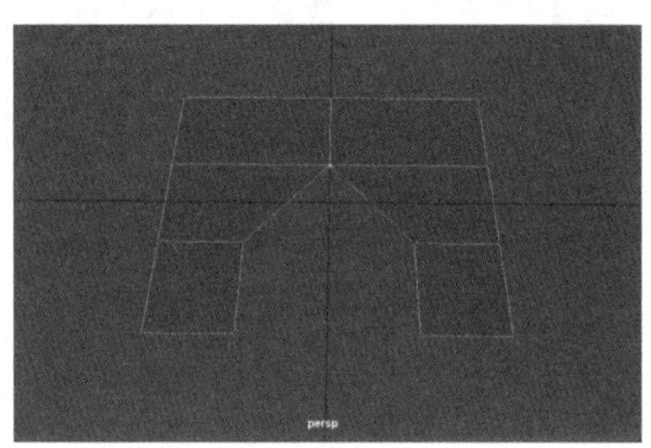
图 3-112

★重点 3.2.17 软工具

选择对象，按快捷键【B】即可使用软工具，该工具可以在拖曳模型局部时，使边缘产生圆滑效果，是一个非常常用的功能。

使用【软工具】后，对象网格将产生红黄的渐变色，如图 3-113 所示。长按快捷键【B】并拖曳鼠标左键，可以调节【软工具】的大小，如图 3-114 所示。

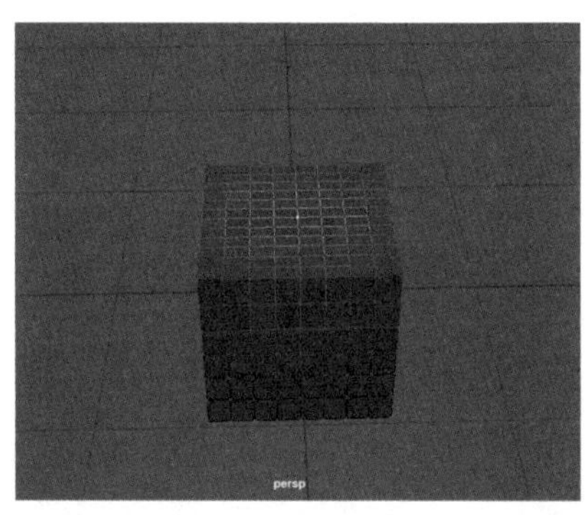
图 3-113

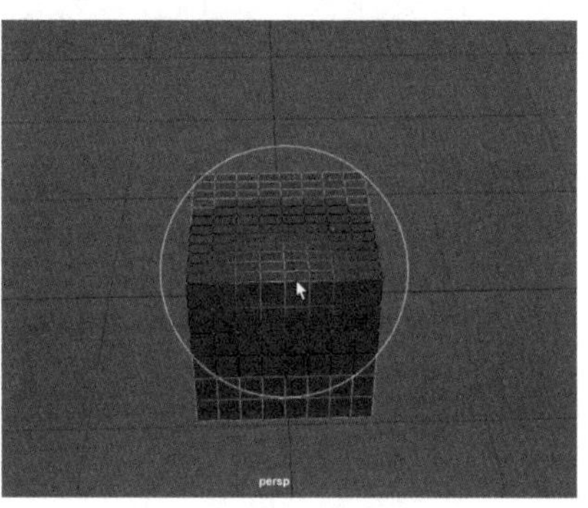
图 3-114

★重点 3.2.18 增加细分与降低细分

❶单击菜单栏中的【编辑网格】→【添加分段】命令，如图 3-115 所示，可以给对象添加一倍的细分数，❷对话框中的分段数值越大，增加的面越多，如图 3-116 所示。

图 3-115

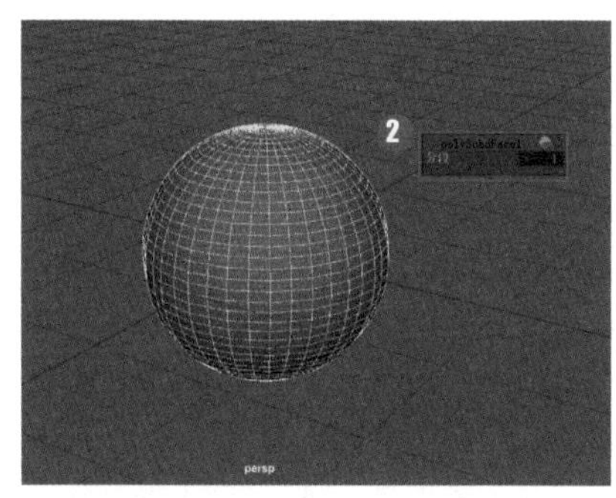
图 3-116

单击菜单栏中的【网格】→【减少】命令，可以给对象减少细分数，如图 3-117 所示。

图 3-117

3.2.19 实战：制作圆角盒子模型

Step01 ❶单击工具架中的【多边形建模】→【立方体】图标，创建一个立方体，如图 3-118 所示。❷选择模型，单击菜单栏中的【编辑网格】→【添加分段】命令，如图

3-119 所示。

图 3-118

图 3-119

Step02 在打开的对话框中将【分段】的参数值调整为“4”，如图 3-120 所示。选择模型，长按鼠标右键进入【顶点】模式，如图 3-121 所示。

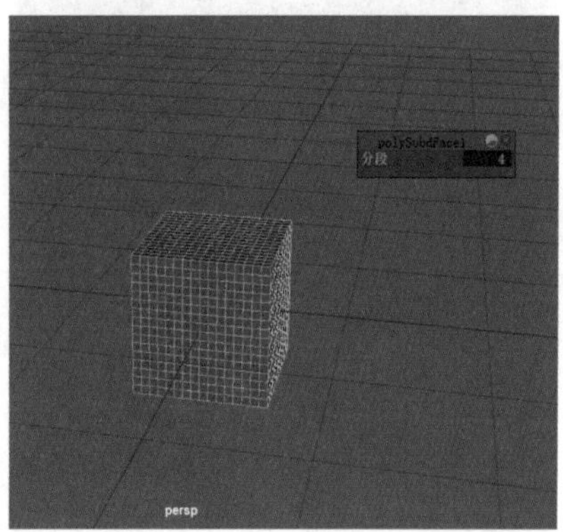
图 3-120

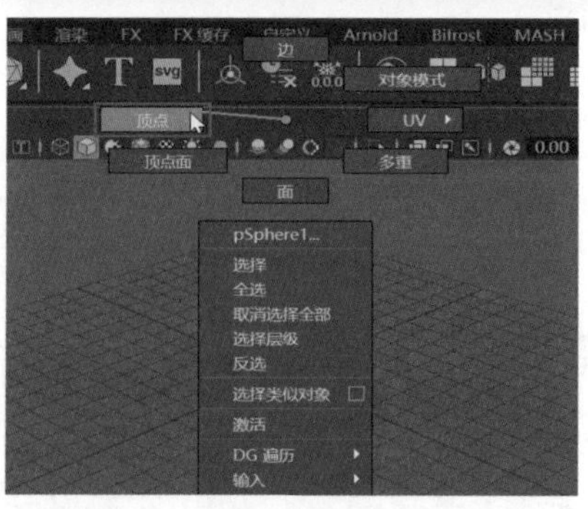
图 3-121

Step03 同时选中立方体顶端的 4 个点，如图 3-122 所示。按快捷键【B】使用【软工具】，并长按快捷键【B】调节软工具的大小，如图 3-123 所示。

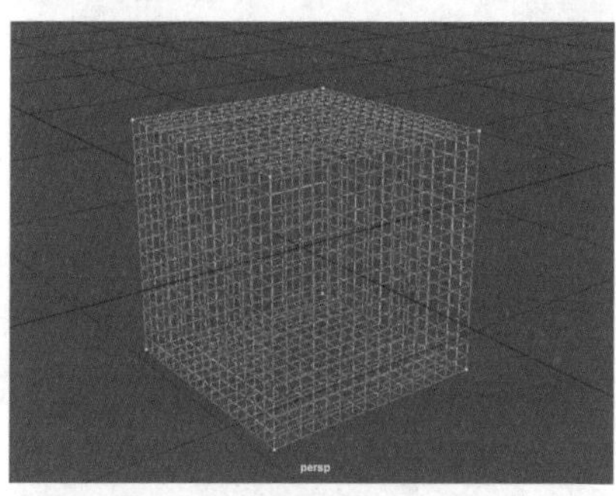
图 3-122

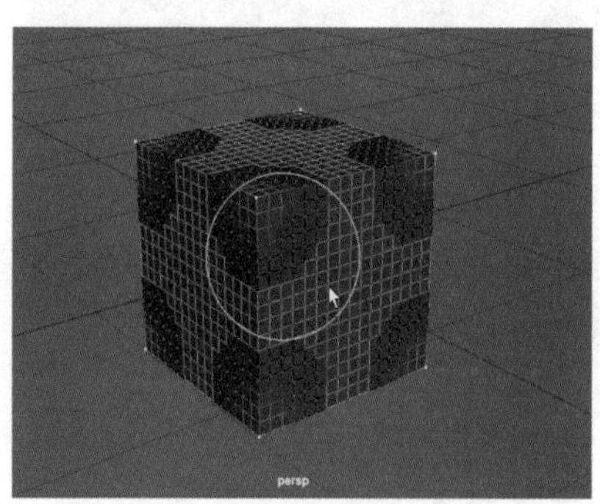
图 3-123

Step04 按快捷键【R】同时将 8 个点整体缩小，如图 3-124 所示。调整完成后回到物体模式，完成圆角盒子模型的制作，效果如图 3-125 所示。

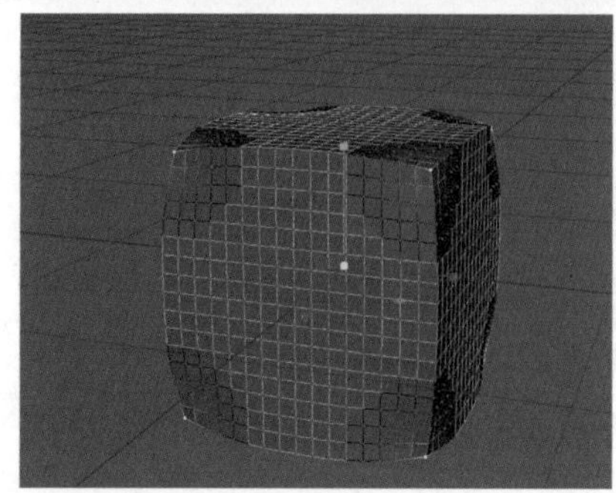
图 3-124

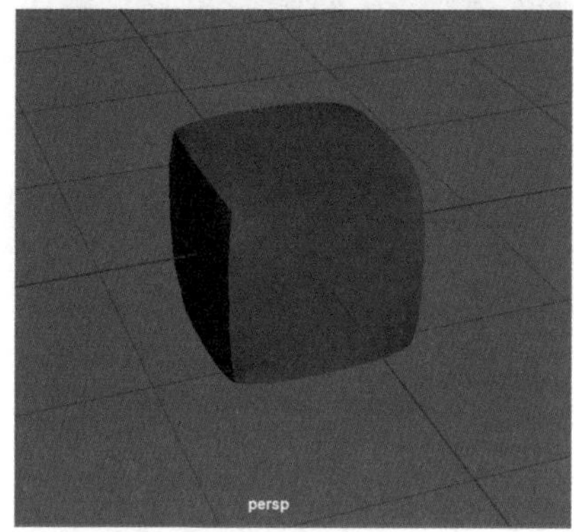
图 3-125

3.2.20 多切割工具

单击菜单栏中的【网格工具】→【多切割】命令，如图 3-126 所示，可以对对象上任意一个面或整体进行切割。该工具可以对对象上的局部面或整体用一条边进行分割，产生一个新的分段。在工具架中也可以找到【多切割工具】按钮 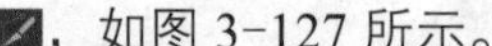，如图 3-127 所示。

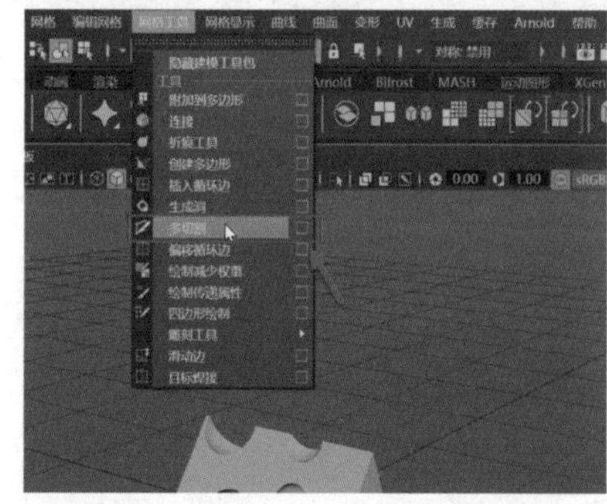
图 3-126

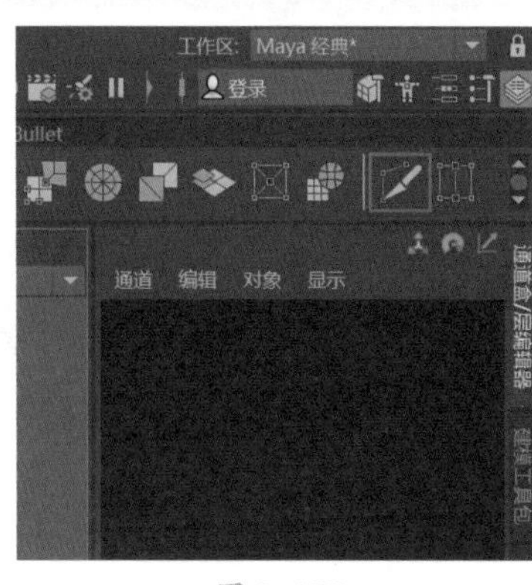

图 3-127

3.2.21 实战：制作方底圆顶石柱模型

Step01 ❶单击工具架中的【多边形建模】→【立方体】图标，创建一个立方体；❷再单击工具架中的【多边形建模】→【圆柱体】图标，创建一个圆柱体，如图 3-128 所示。❸选中模型后按快捷键【R】调节模型的大小，如图 3-129 所示。

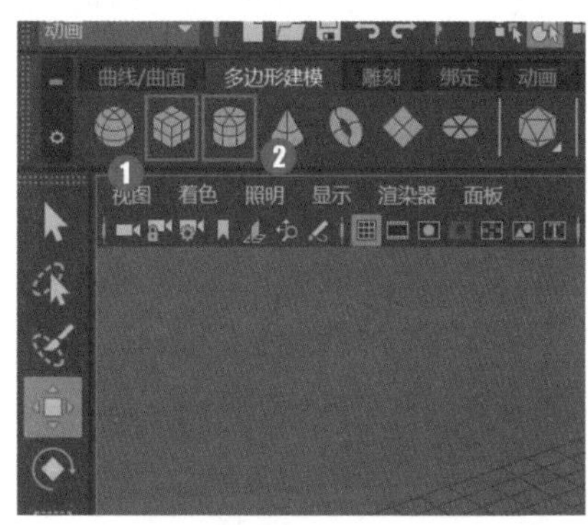

图 3-128

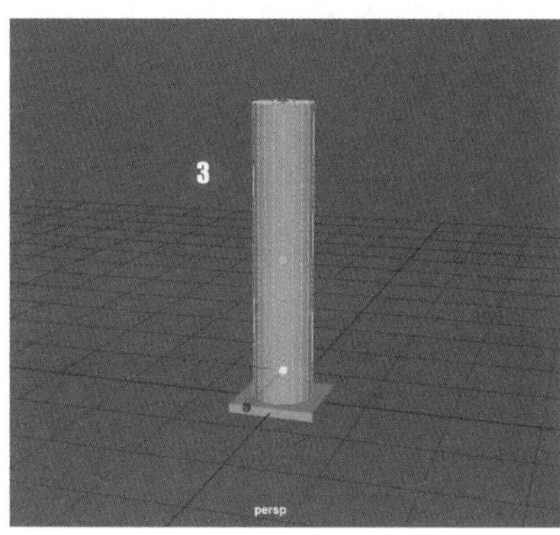

图 3-129

Step02 ❶选择立方体，按组合键【Shift+鼠标右键】并拖曳选择【插入循环边工具】命令，如图 3-130 所示。❷在立方体的顶端添加 4 条循环边，如图 3-131 所示。

图 3-130

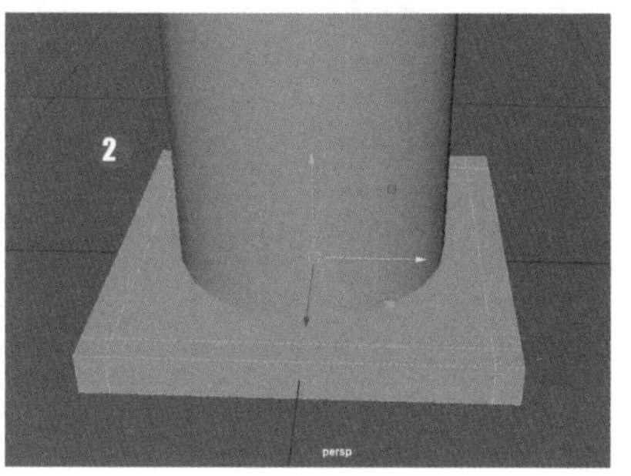

图 3-131

Step03 选中立方体，长按鼠标右键进入【面】模式，将顶端的面沿 Z 轴方向提高，如图 3-132 所示。调整完成后转到【边】模式，选中局部边，按组合键【Shift+鼠标右键】并执行【软化/硬化边】命令，对 4 条边执行硬化命令，如图 3-133 所示。

图 3-132

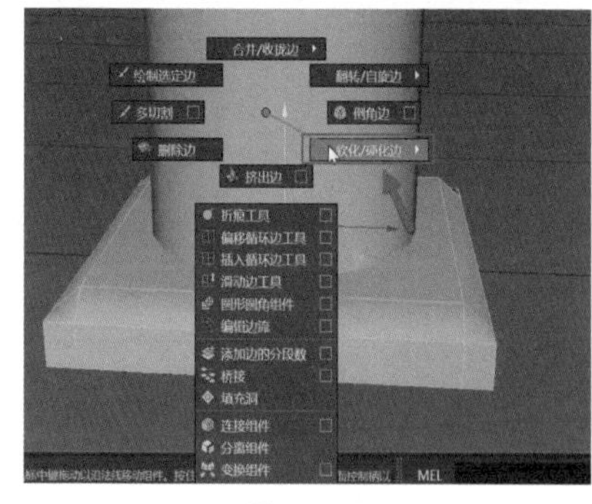

图 3-133

Step04 对圆柱体进行细化。❶选中圆柱体，按组合键【Shift+鼠标右键】并拖曳选择【插入循环边工具】命令，如图 3-134 所示。❷在圆柱体偏下方的位置添加多条循环边，如图 3-135 所示。

图 3-134

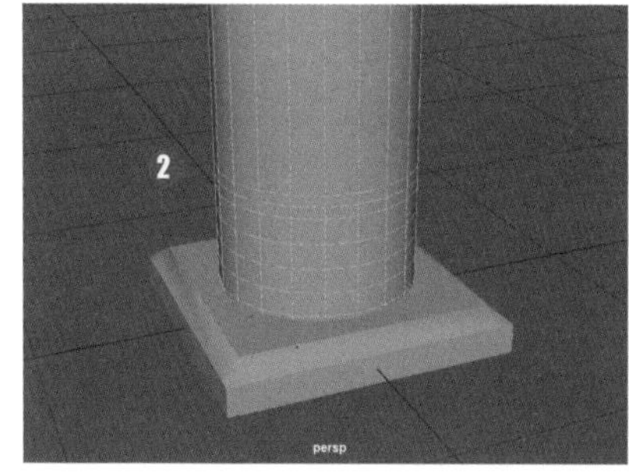

图 3-135

Step05 双击中间的一条循环边，按快捷键【R】和【B】使用软工具进行调整，如图 3-136 所示。如果循环边数量不够，可以再添加几条，这里我们需要 4 条边制作造型，如图 3-137 所示。

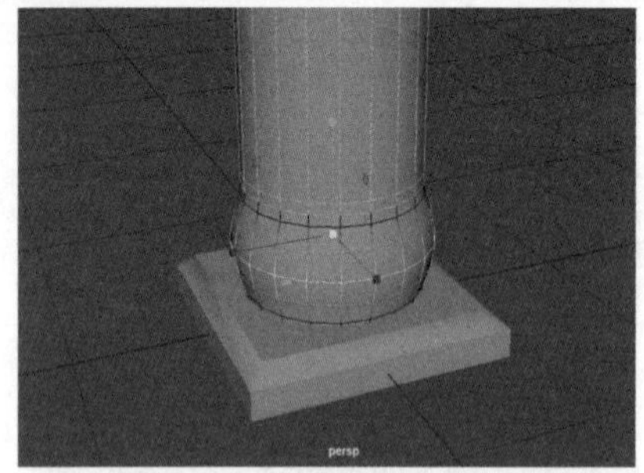

图 3-136

图 3-137

Step06 循环边添加完成后，长按鼠标右键进入【面】模式，选中局部面，按快捷键【R】将其做出凸起的效果，如图 3-138 所示。圆柱的最下方需要再添加一条循环边，然后按快捷键【R】将其缩小，如图 3-139 所示。

图 3-138

图 3-139

Step07 调整圆柱体的顶端。按组合键【Shift+ 鼠标右键】，拖曳选择【插入循环边工具】命令，创建两条循环边，如图 3-140 所示。选中局部面，如图 3-141 所示。

图 3-140

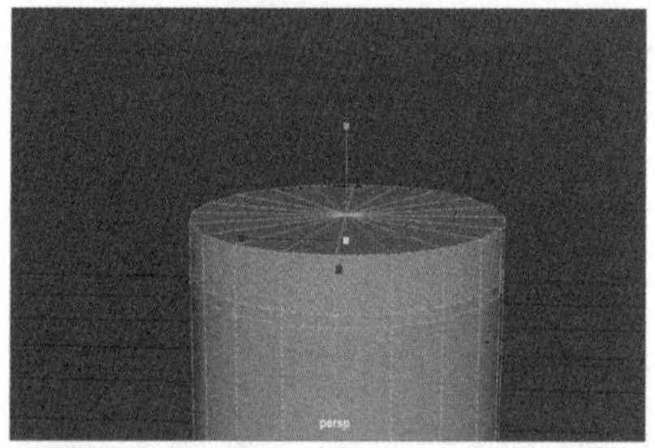

图 3-141

Step08 按快捷键【R】将选中的面整体扩大，如图 3-142 所示。再回到物体模式中，单击工具架中的【多边形建模】→【圆柱体】图标，选择圆柱体，先短按【D】键然后长按【V+ 鼠标左键】吸附到模型边缘处，这时使模型进入对象模式，再长按【V】键吸附到柱子侧壁上，如图 3-143 所示。

图 3-142

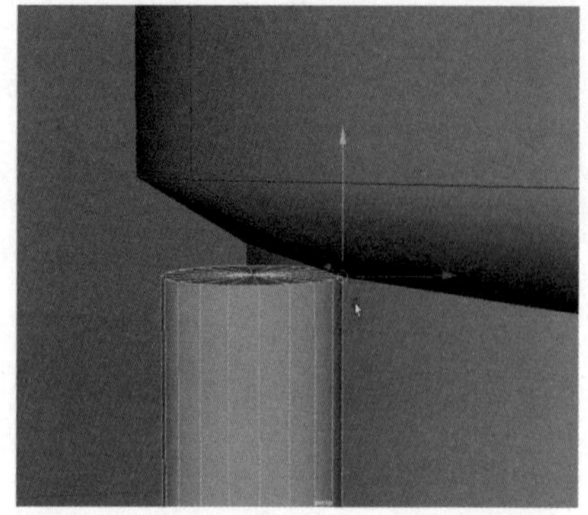

图 3-143

Step09 按快捷键【Ctrl+D】复制一个圆柱体放在以整个柱子为中心相对的位置。❶ 确定位置后，选中模型，按组合键【Shift+ 鼠标右键】，拖曳选择【结合】命令，如图 3-144 所示。❷ 将两个圆柱体合并成一个对象，如图 3-145 所示。

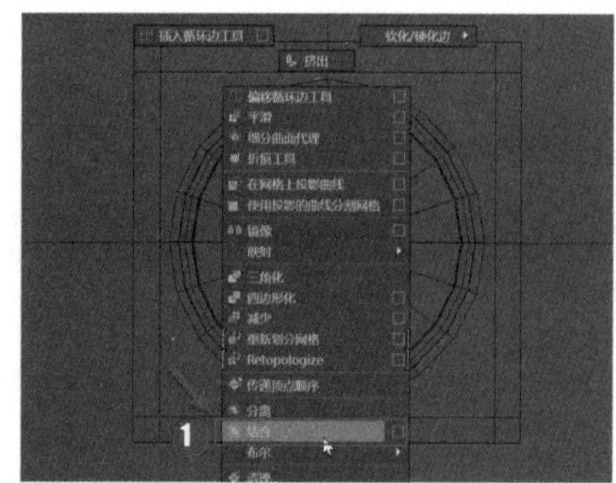

图 3-144

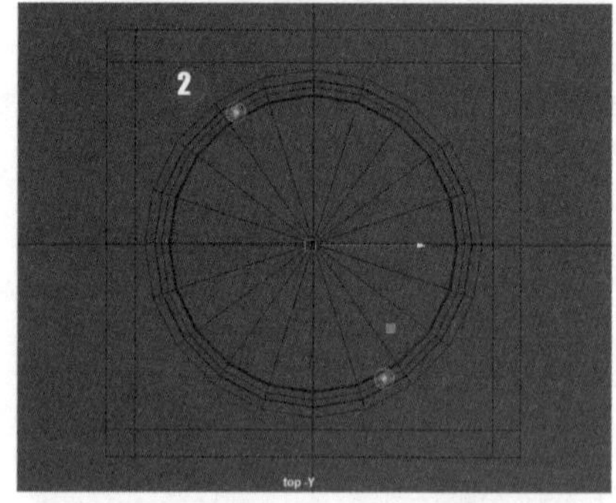

图 3-145

Step 10 按快捷键【Ctrl+D】对小柱子进行复制之后，按快捷键【E】旋转其位置，并在右侧的【通道盒 / 层编辑器】面板中调整【旋转 Y】的参数值为“30”，如图 3-146 所示。以此类推，直到小柱子在侧壁上均匀排列，如图 3-147 所示。

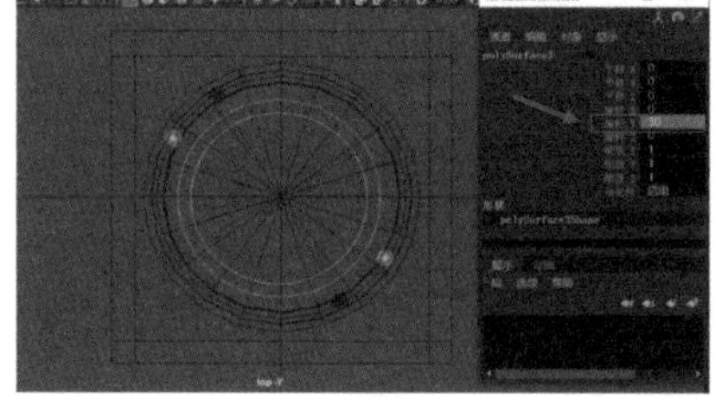

图 3-146

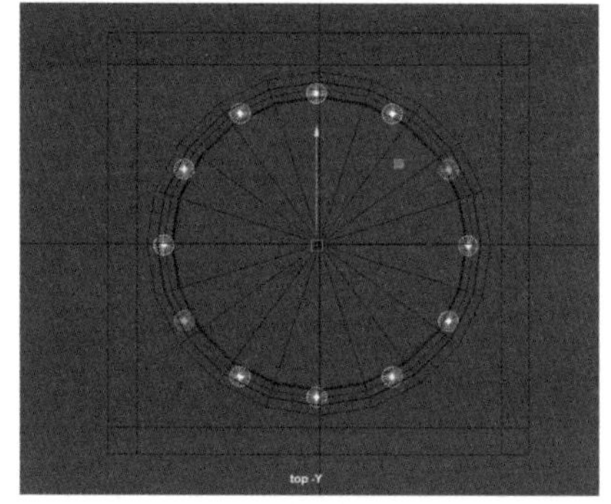

图 3-147

Step 11 选择所有模型，按组合键【Shift+ 鼠标右键】并拖曳选择【结合】命令，将复制的所有圆柱体合并到一起，如图 3-148 所示。选择石柱模型的主体，再选中侧壁上的圆柱体。按组合键【Shift+ 鼠标右键】，拖曳选择【布尔】→【差集】命令，石柱的效果如图 3-149 所示。实例最终效果见“结果文件 \ 第 3 章 \SZ.mb”文件。

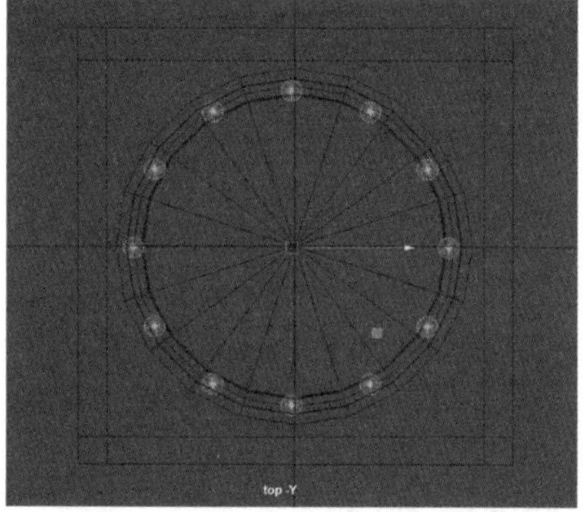

图 3-148

图 3-149

3.3 网格菜单

网格菜单中包含很多在建模中必备的命令，如【布尔】【结合】【填充洞】【三角化】和【四边形化】命令。在【建模】模块中，单击【网格】→【结合】菜单项，即可看到该菜单，如图 3-150 所示。

图 3-150

★重点 3.3.1 结合与分离

在菜单栏中可以找到【网格】→【结合】和【网格】→【分离】命令，如图 3-151 所示。这两个命令可以对选定的多个对象或单个对象执行合并或分离模型的操作。

图 3-151

技能拓展——快速启用【结合】工具

单击工具架中的【结合】按钮，即可对多个对象或单个对象执行合并操作，如图 3-152 所示。

图 3-152

3.3.2 实战：合并与分离飞船模型

Step01 ❶ 打开“结果文件\第 3 章\FC.mb”文件，如图 3-153 所示。❷ 用鼠标框选所有模型，如图 3-154 所示。

图 3-153

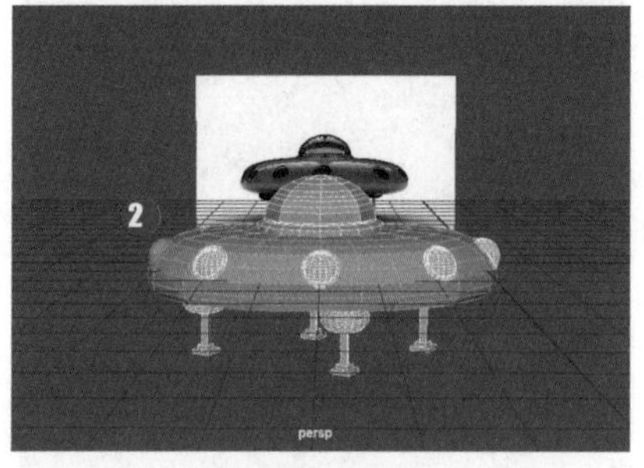
图 3-154

Step02 ❶ 按组合键【Shift+ 鼠标右键】，拖曳选择【结合】命令，如图 3-155 所示。❷ 此时可以看到模型自动合并为一体，如图 3-156 所示。

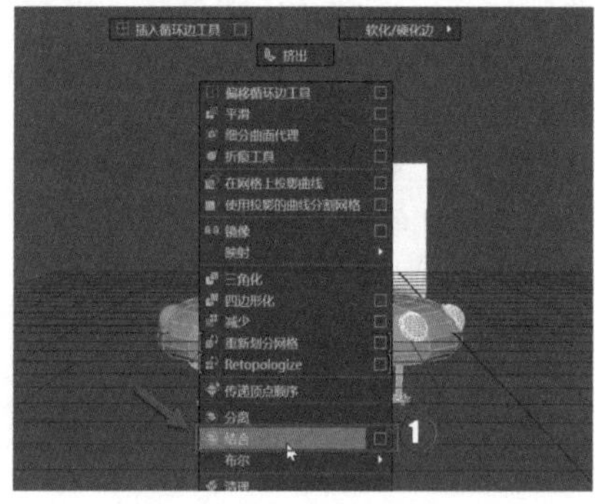
图 3-155

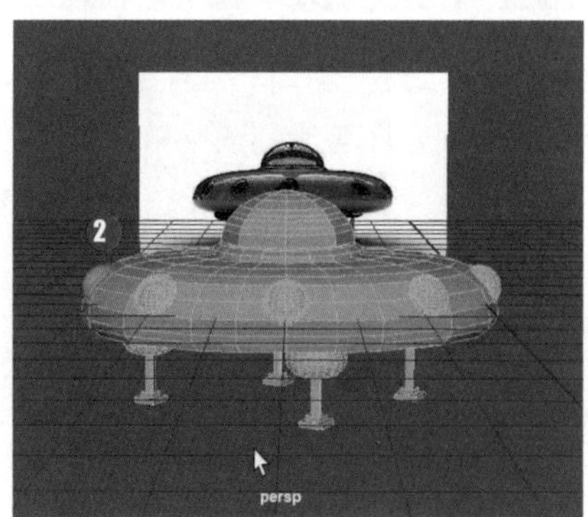
图 3-156

Step03 选中合并后的模型，按组合键【Shift+ 鼠标右键】，拖曳选择【分离】命令，如图 3-157 所示。可以看到模型被自动分离，如图 3-158 所示。

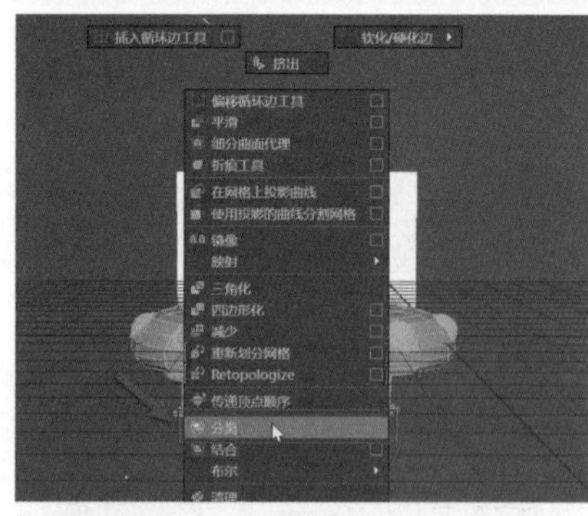
图 3-157

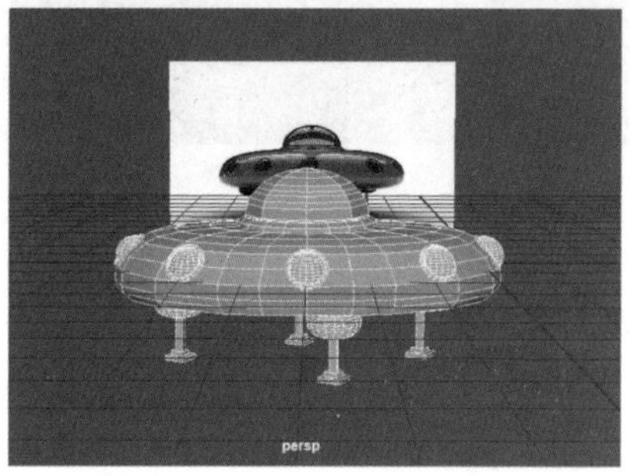
图 3-158

3.3.3 实战：镜像合并头部模型

Step01 打开“素材文件\第 3 章\toubu.mb”文件，如图 3-159 所示。按空格键进入前视图中，选中模型，并长按鼠标右键进入【面】模式，如图 3-160 所示。

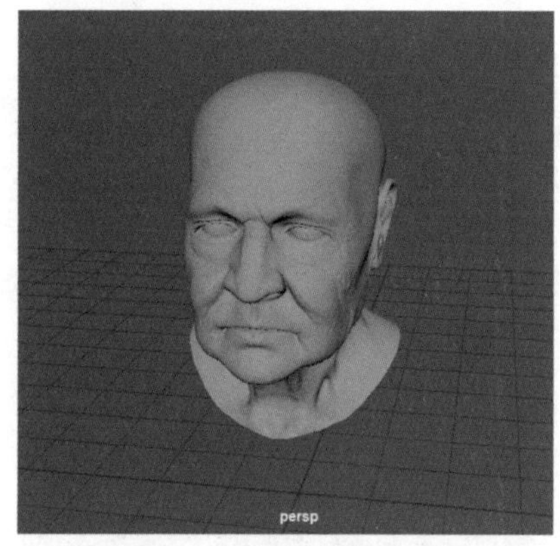
图 3-159

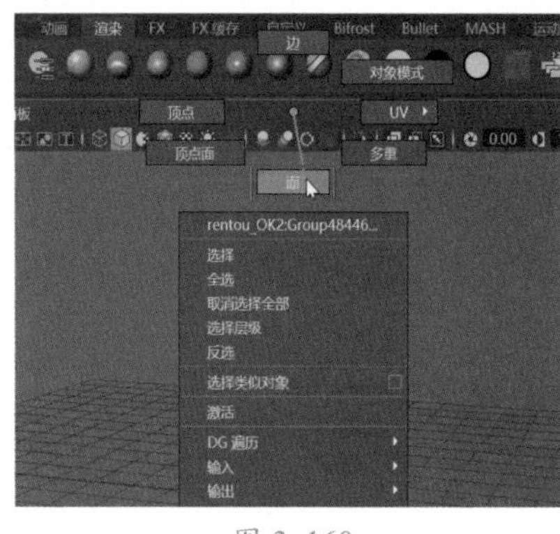

图 3-160

Step02 在前视图中，选中半个头部模型的面，如图 3-161 所示，然后按【Delete】键删除选中的面，如图 3-162 所示。

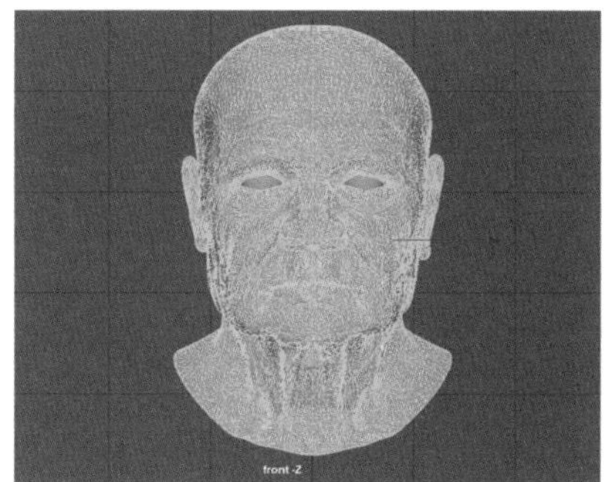

图 3-161

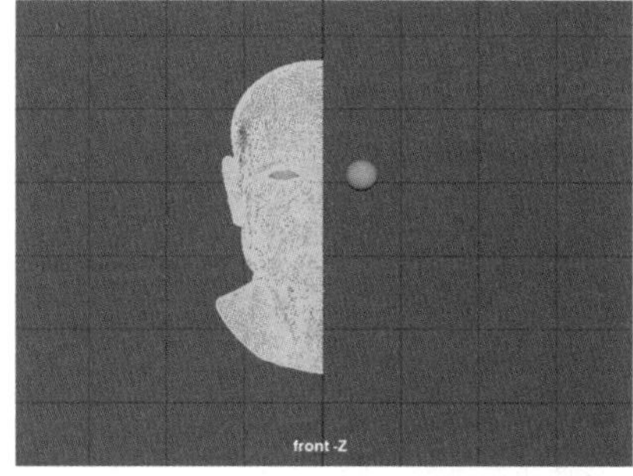

图 3-162

Step03 ❶ 选中半个头部模型，按组合键【Shift+ 鼠标右键】，拖曳选择【镜像】命令，如图 3-163 所示。可以看到左边的头部模型也被隐藏了，❷ 此时单击面板中的【切割几何体】选项，将其禁用，如图 3-164 所示。头部模型的右侧即会自动镜像出来，且头部模型自动合并到一起。

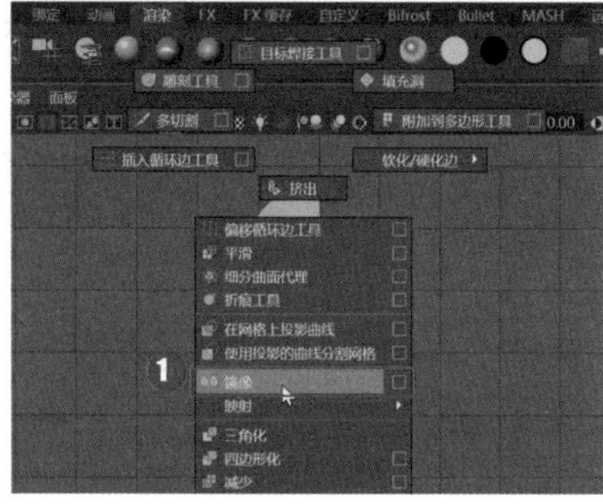

图 3-163

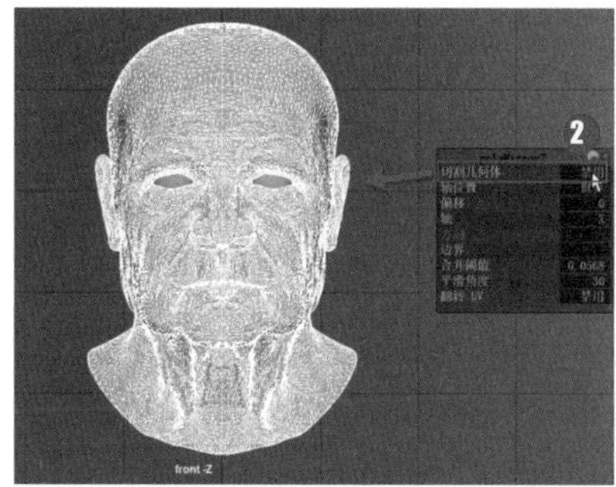

图 3-164

3.3.4 面与点的转化

选择对象后，单击菜单栏中的【选择】→【转化当前选择】→【到顶点】命令，如图 3-165 所示，可以自动选中模型上所有的点，如图 3-166 所示。

图 3-165

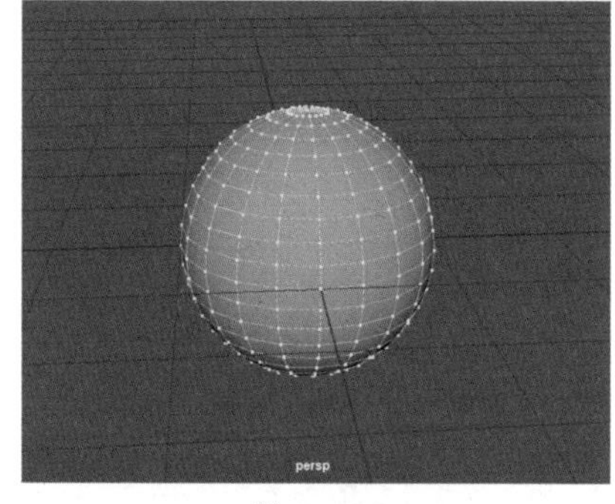

图 3-166

选择菜单栏中的【选择】→【转化当前选择】→【到面】命令，如图 3-167 所示，选择的对象即可自动转化为面模式，如图 3-168 所示。

图 3-167

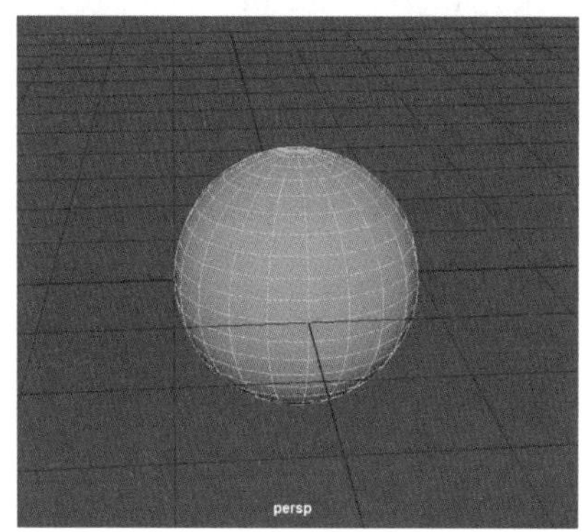

图 3-168

3.3.5 实战：使用刺破工具转化面到点

Step01 ❶ 单击工具架中的【多边形建模】→【球体】图标，创建一个球体，如图 3-169 所示。❷ 选中模型，并单击菜单栏中的【编辑网格】→【刺破】命令，如图 3-170 所示。

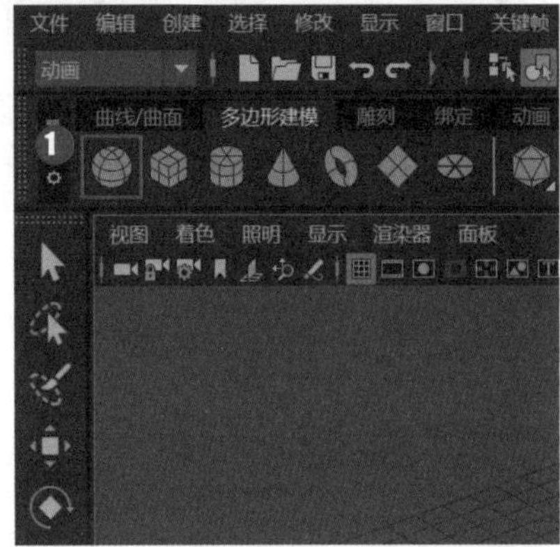

图 3-169

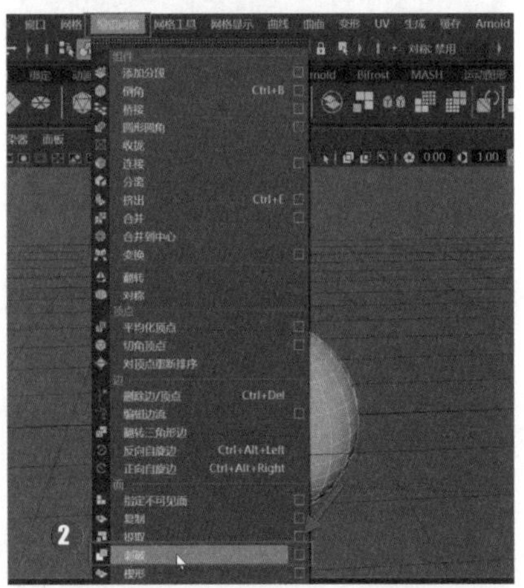

图 3-170

技术看板

使用【刺破】工具，可以在模型的面上插入中心顶点后分裂出一个新的面，如图 3-171 所示。

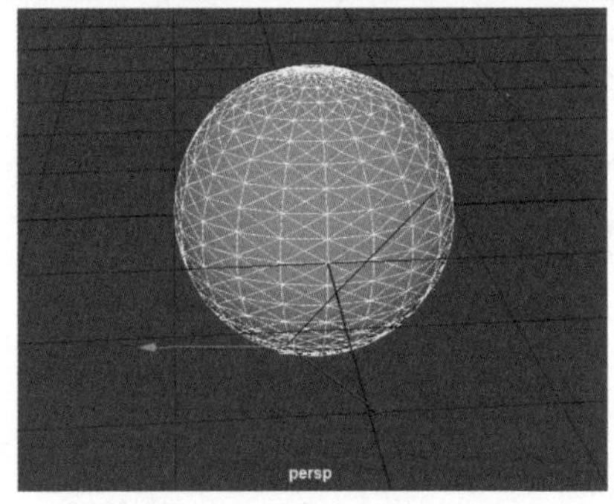

图 3-171

Step02 使用鼠标拖曳操纵器，即可把面分裂出来，如图 3-172 所示。

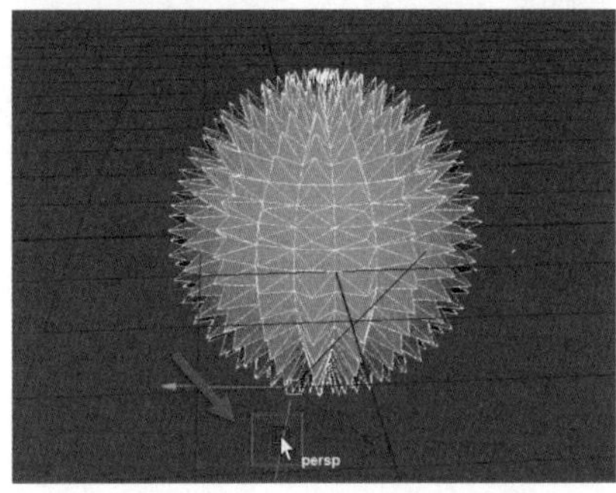

图 3-172

Step03 回到物体模式后，可以看到模型的效果，如图 3-173 所示。

图 3-173

3.3.6 实战：使用切角顶点命令转化点到面

Step01 单击工具架中的【立方体】图标，创建一个立方体模型，然后选择模型，长按鼠标右键进入【顶点】模式，如图 3-174 所示。

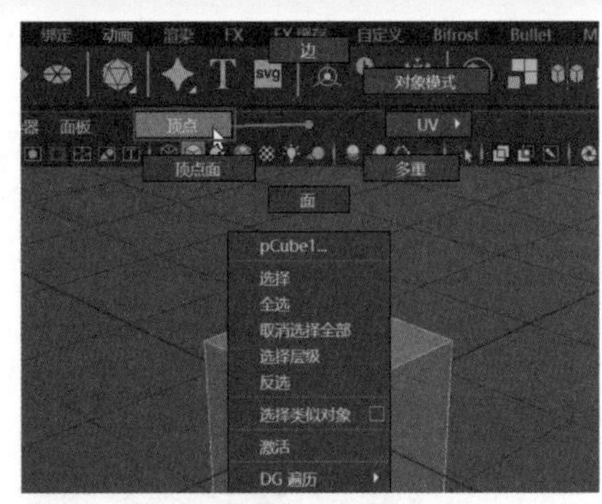

图 3-174

Step02 ❶ 单击选择要分裂的顶点，按组合键【Shift+ 鼠标右键】拖曳选择【切角顶点】命令，如图 3-175 所示。❷ 可以看到顶点自动分裂成了 3 个顶点，形成了一个平面，如图 3-176 所示。

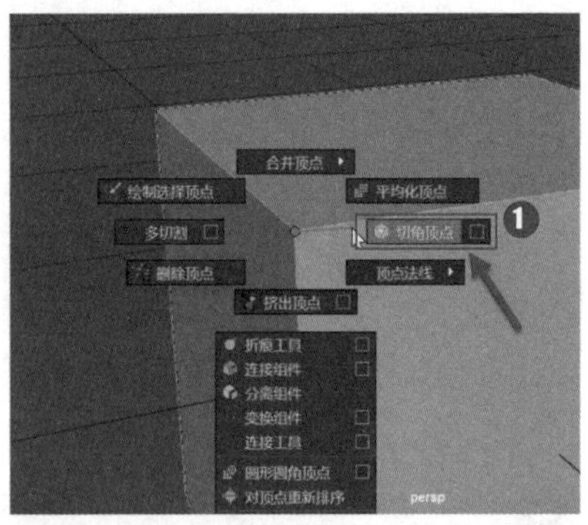

图 3-175

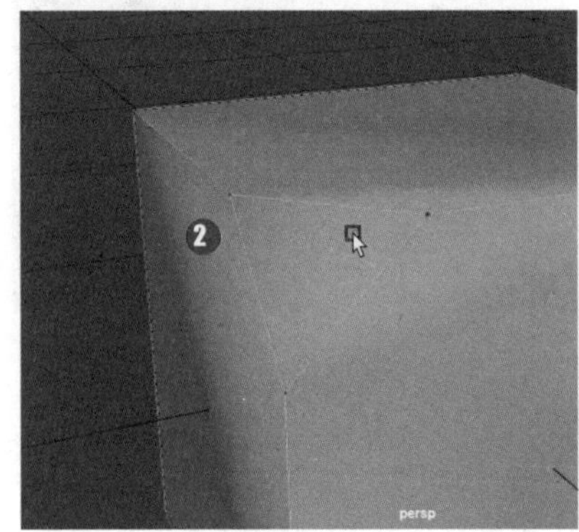

图 3-176

技能拓展——利用【切角顶点】工具制作打洞效果

通过设置【切角顶点】命令的选项，可以制作打洞效果，具体操作步骤如下。

按快捷键【Ctrl+Z】撤回到之前的立方体。按组合键【Shift+鼠标右键】，拖曳选择【切角顶点】命令的复选框，如图 3-177 所示。打开【切角顶点选项】对话框后，❶ 选中【执行切角后移除面】选项，❷ 单击【切角顶点】按钮即可，如图 3-178 所示。

【切角顶点】命令执行后，即可得到打洞效果，如图 3-179 所示。

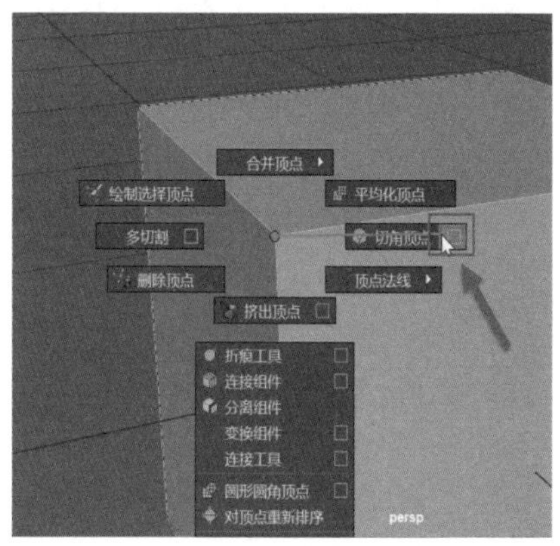

图 3-177

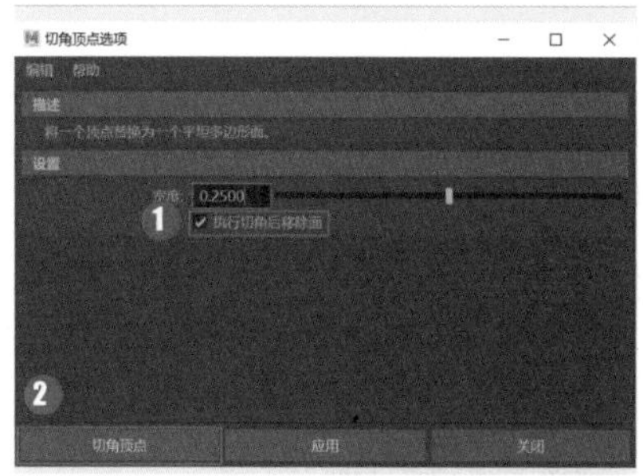

图 3-178

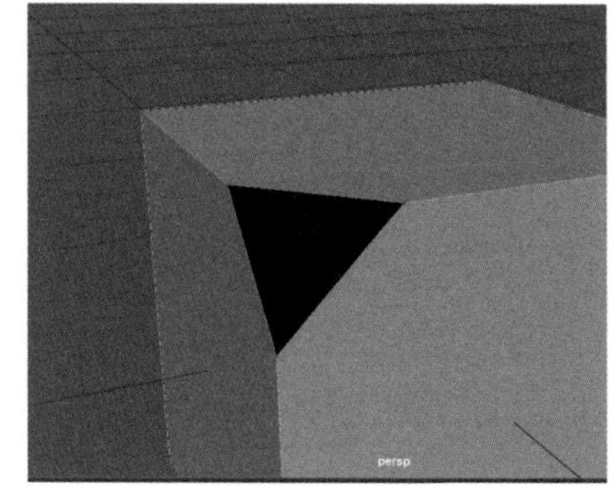

图 3-179

3.3.7 三角化 / 四边形化

单击菜单栏中的【网格】→【三角化】命令，如图 3-180 所示，可以将多边形面细分为三角形面。单击菜单栏中的【网格】→【四边形化】命令，可以将对象的面细分为四边形面，如图 3-181 所示。

图 3-180

图 3-181

3.3.8 布尔

单击菜单栏中的【网格】→【布尔】命令，如图 3-182 所示，其子菜单中包含 3 个工具，分别为【并集】【差集】和【交集】。使用布尔工具可以合并两个多边形或进行相减、相交的计算。

图 3-182

3.3.9 实战：制作相交球体的并集、差集和交集

本例以相交球体为操作对象，介绍布尔工具的基础用法，具体操作步骤如下。

Step 01 ❶ 单击工具架中的【多边形建模】→【球体】图标，创建一个球体，如图 3-183 所示。❷ 选中球体，按快捷键【Ctrl+D】复制一个球体，将复制出来的球体稍微拖曳一段距离，使两个球体部分重合即可，如图 3-184 所示。

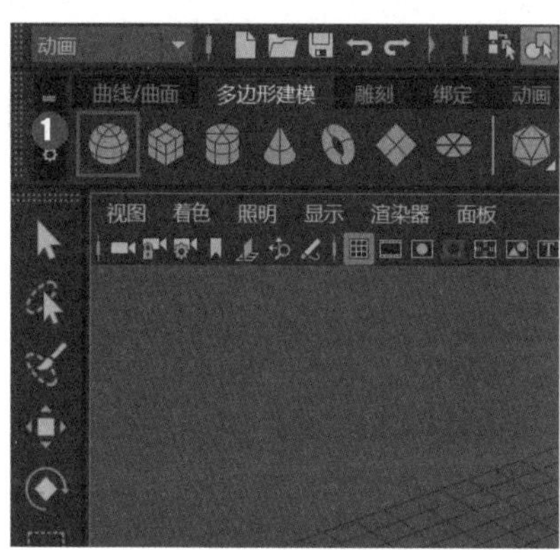

图 3-183

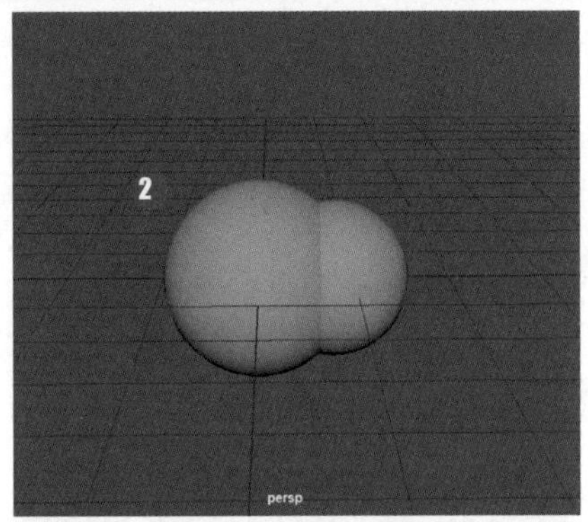

图 3-184

Step02 先选择左侧的球体，再选择右侧的球体，然后按组合键【Shift+鼠标右键】，拖曳选择【布尔】→【并集】命令，如图 3-185 所示。两个球体自动合并到了一起，如图 3-186 所示。

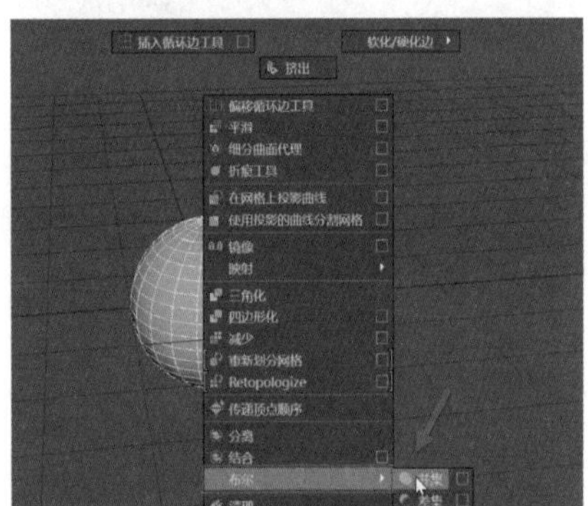

图 3-185

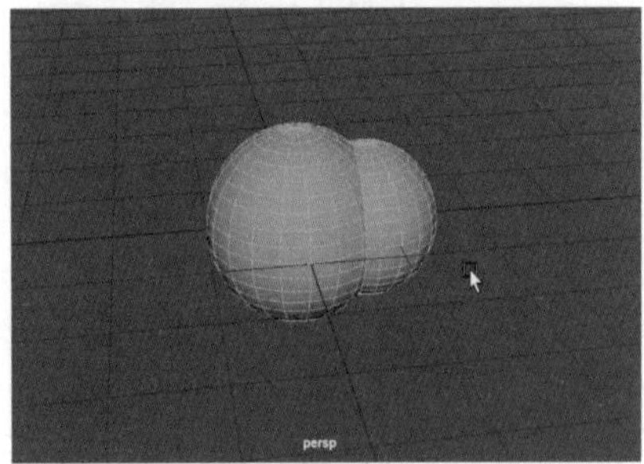

图 3-186

Step03 按快捷键【Ctrl+Z】撤回到模型最初的状态，再按组合键【Shift+鼠标右键】，拖曳选择【布尔】→【差集】命令，如图 3-187 所示，效果如图 3-188 所示。

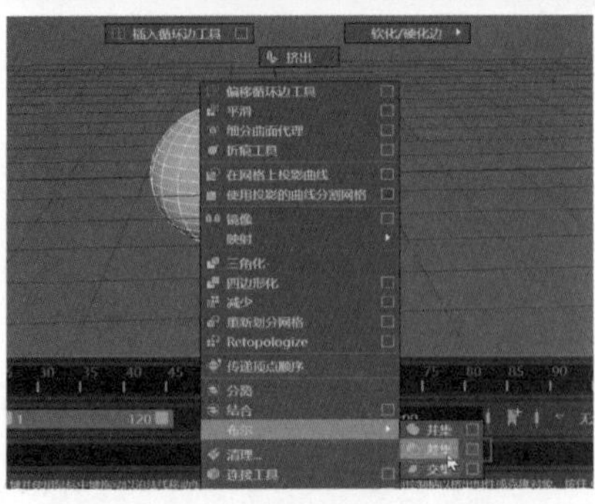

图 3-187

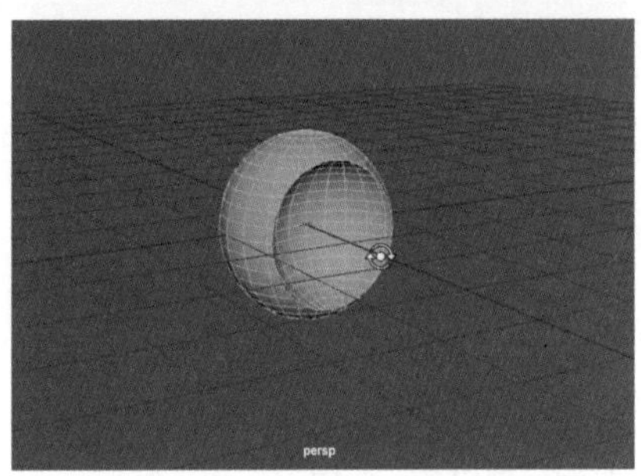

图 3-188

Step04 按快捷键【Ctrl+Z】再次撤回到模型最初的状态，然后按组合键【Shift+鼠标右键】，拖曳选择【布尔】→【交集】命令，如图 3-189 所示，效果如图 3-190 所示。

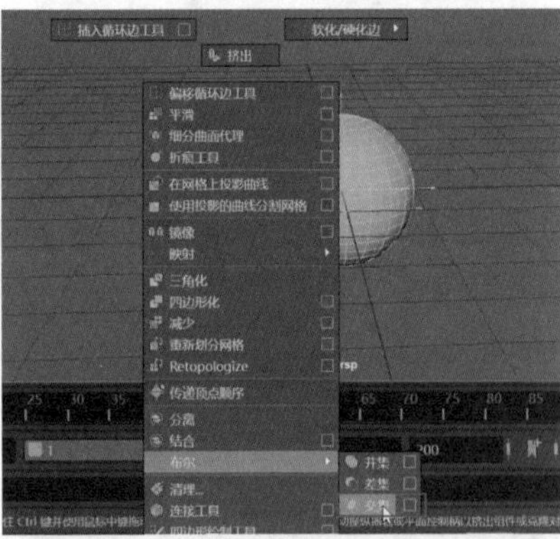

图 3-189

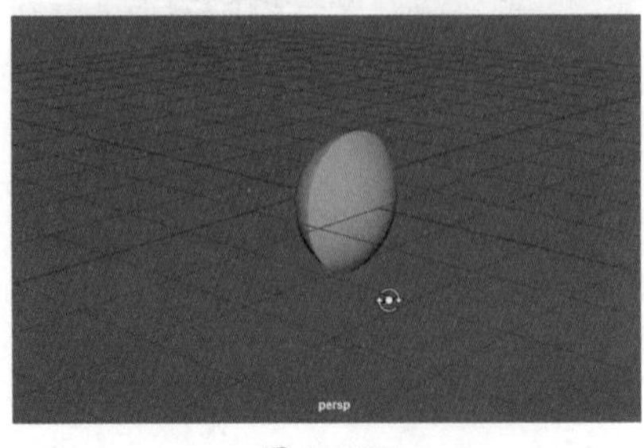

图 3-190

Step05 按快捷键【Ctrl+Z】撤回到模型最初的状态，然后先选择右侧的球体，再选择左侧的球体，按组合键【Shift+鼠标右键】，再次拖曳选择【布尔】→【差集】命令，效果如图 3-191 所示。再选择【交集】和【并集】命令，可以看到选择顺序不影响效果，如图 3-192 和图 3-193 所示。

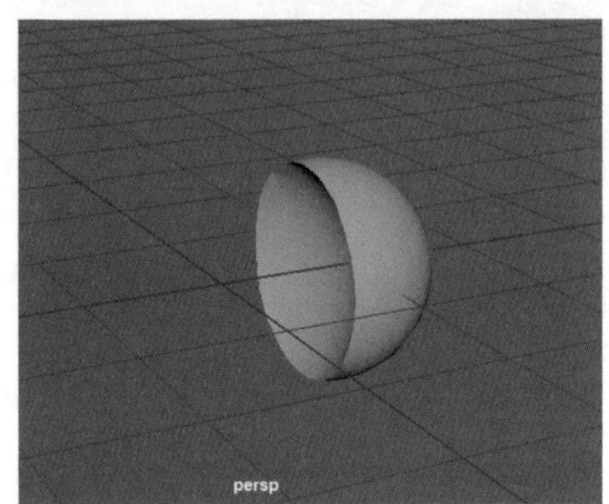

图 3-191

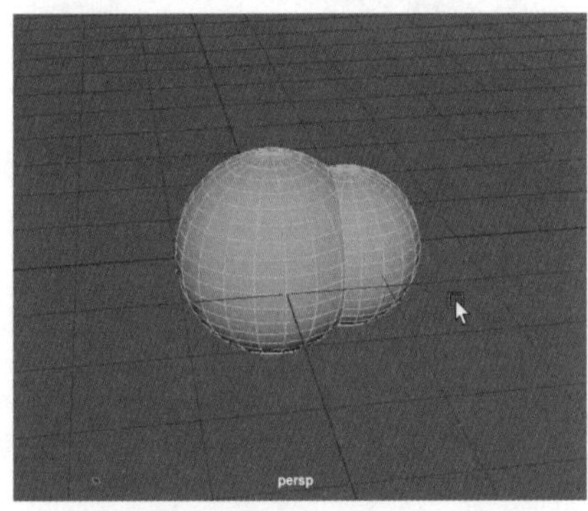

图 3-192

图 3-193

3.3.10 实战：制作奶酪模型

本例基于布尔命令的基础用法，制作一个奶酪模型，具体操作步骤如下。

Step01 ❶ 单击菜单栏中的【创建】→【多边形基本体】→【棱柱】图标，创建一个棱柱体，如图 3-194 所示。❷ 选中模型，按快捷键【E】和【R】调节其位置和宽度，如图 3-195 所示。

图 3-194

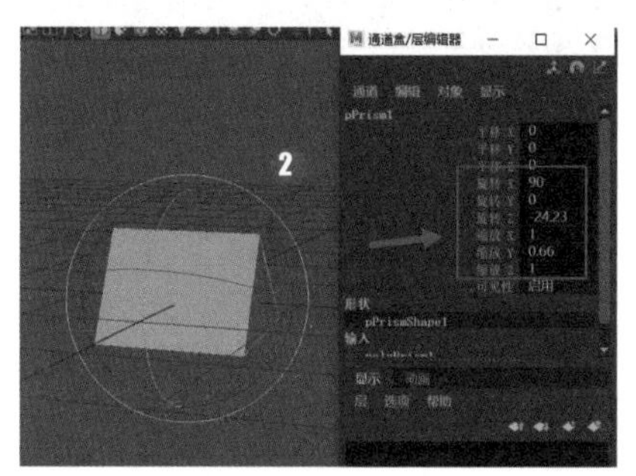

图 3-195

Step02 单击工具架中的【多边形建模】→【球体】图标，创建一个球体，如图 3-196 所示。

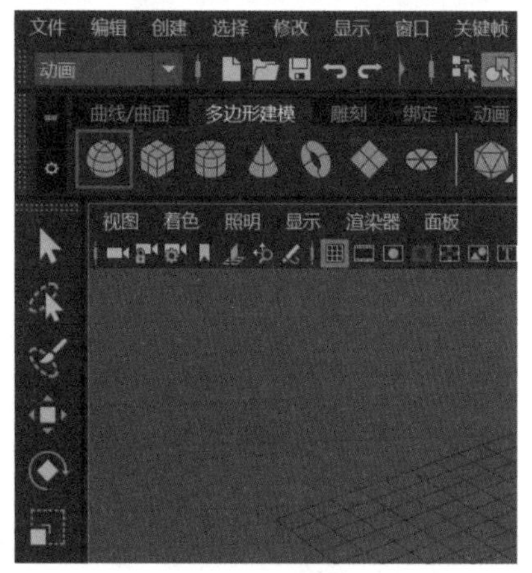

图 3-196

Step03 按快捷键【Ctrl+D】复制出多个球体，并随意摆放在棱柱体边缘处，按快捷键【W】和【R】调节球体的大小并调整到合适的位置，如图 3-197 所示。

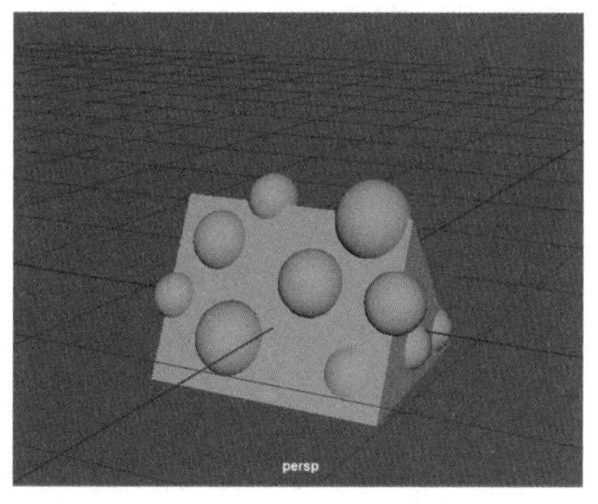

图 3-197

Step04 先选择棱柱体，再选择其中一个球体。❶ 按组合键【Shift+ 鼠标右键】，拖曳选择【布尔】→【差集】命令，如图 3-198 所示。❷ 可以看到生成的凹陷效果，如图 3-199 所示。

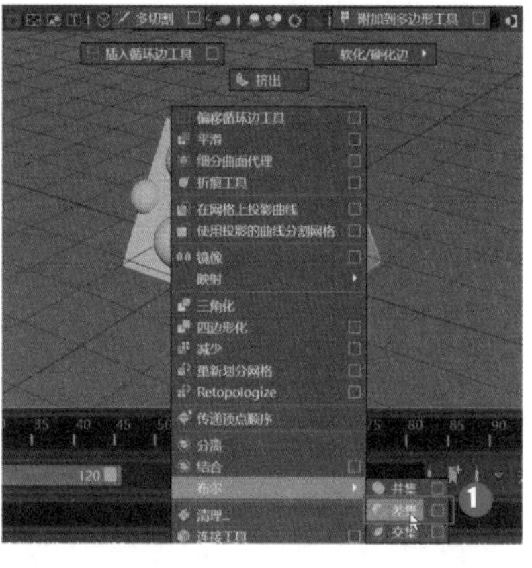

图 3-198

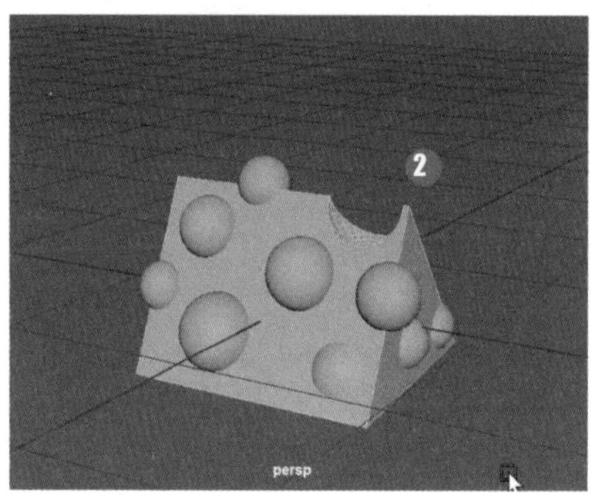

图 3-199

Step05 使用同样的方法操作其他几个球体，先选择棱柱体，再选择球体，最后使用【布尔】→【差集】命令，奶酪模型的效果如图 3-200 所示。实例最终效果见“结果文件\第 3 章 \NL.mb”文件。

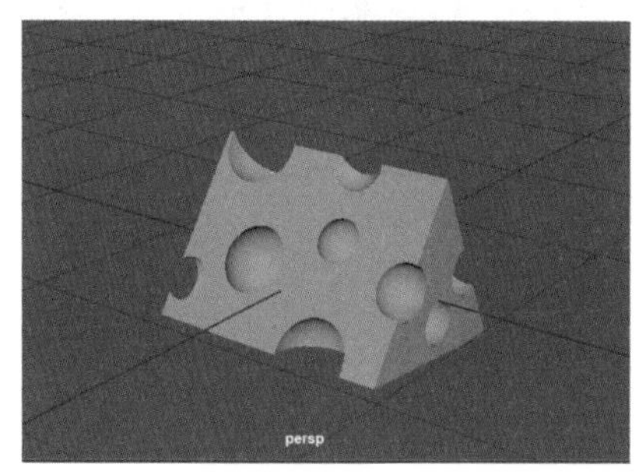

图 3-200

妙招技法

下面结合本章内容，介绍一些实用技巧。

技巧 01：轴向控制

本例将讲解如何控制坐标的轴向，这是制作模型的过程中非常常用的操作，具体步骤如下。

打开 Maya 后，❶ 双击工具盒中的【移动】工具，如图 3-201 所示。❷ 在弹出的【工具设置】面板中可以切换世界坐标和物体自身坐标轴向，如图 3-202 所示。

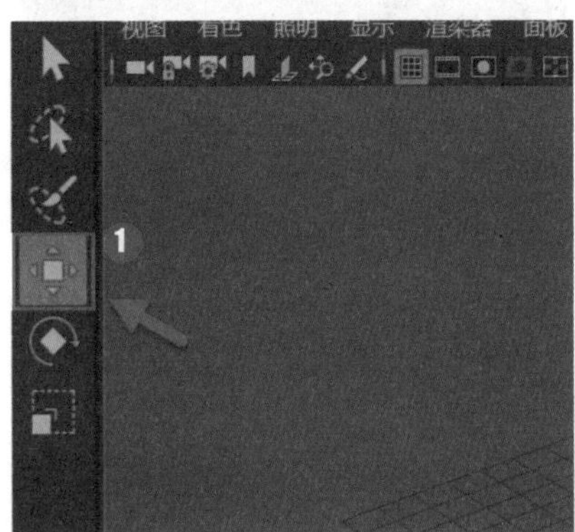

图 3-201

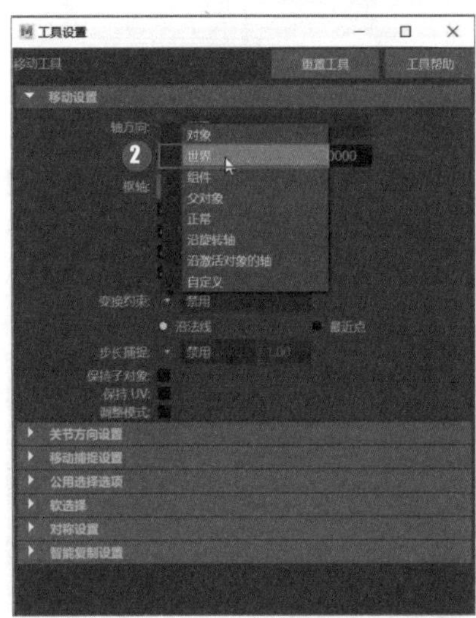

图 3-202

技巧 02：应用多命令制作桌子模型

本例将结合【插入循环边工具】【结合】等多个命令制作一个桌子模型，具体操作步骤如下。

Step01 ❶ 单击工具架中的【多边形建模】→【立方体】图标，创建一个立方体，如图 3-203 所示。❷ 按快捷键【R】将生成的立方体调整为长方体，作为抽屉底部，参数如图 3-204 所示。

图 3-203

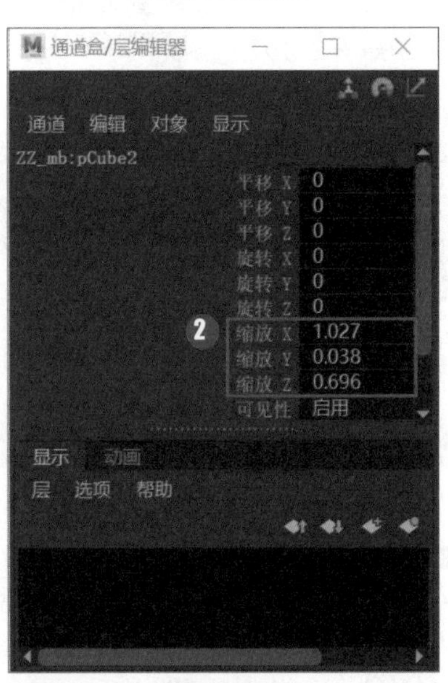

图 3-204

Step02 选择调整好大小的抽屉底部长方体，按快捷键【Ctrl+D】复制 3 个长方体。按快捷键【W】和【R】调节好整个桌子的比例。【通道盒 / 层编辑器】面板中，桌子顶面的【缩放 X】数值为 1.494，【缩放 Y】数值为 0.042，【缩放 Z】数值为 1；桌腿的【缩放 X】数值为 0.085，【缩放 Y】数值为 0.058，【缩放 Z】数值为 0.962，效果如图 3-205 所示。抽屉底部的厚度可以稍微比桌子顶面窄一点。选中桌腿进行一次复制，按住快捷键【E】并在右侧的【通道盒 / 层编辑器】面板中将【旋转 X】的参数值调整为“90”，如图 3-206 所示。

图 3-205

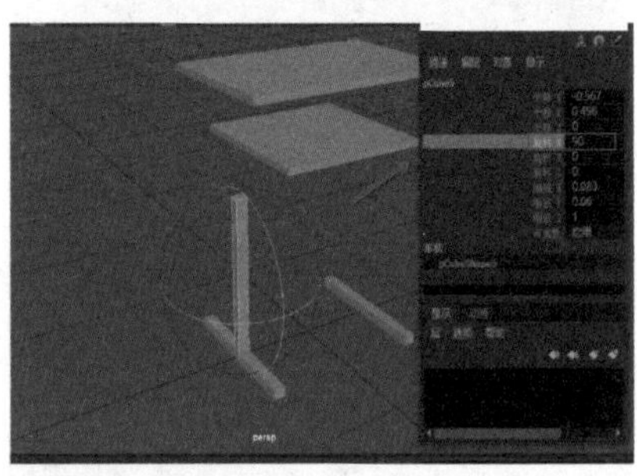

图 3-206

Step03 选中复制出来的长方体，长按鼠标右键进入【顶点】模式，并框选顶面中的所有顶点向上移动，使它的顶端和桌面相交，如图 3-207 所示，调节好之后再稍微调整一下和其他长方体的比例关系，直到合适为止。回到物体模式中，如图 3-208 所示。

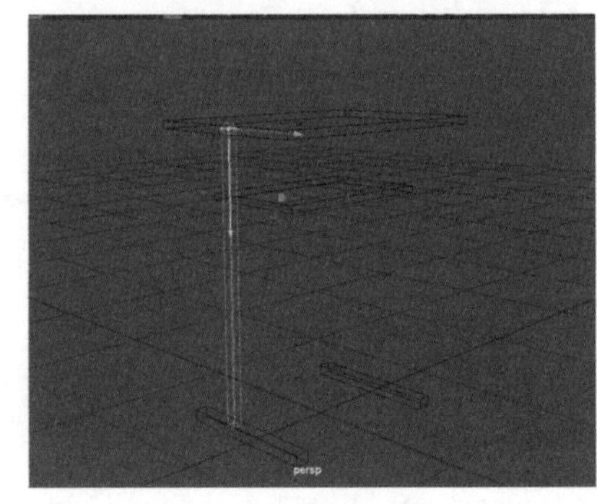

图 3-207

图 3-208

Step04 选中制作好的桌腿，按快捷键【Ctrl+D】复制一个，按快捷键【W】将它拖曳出来，如图 3-209 所示。比例确定好之后，❷ 选中桌面复制出一个长方体，按快捷键【E】进行旋转，在右侧的【通道盒 / 层编辑器】面板中将【旋转 X】的参数值调整为“90”，并让其与桌面垂直，如图 3-210 所示。

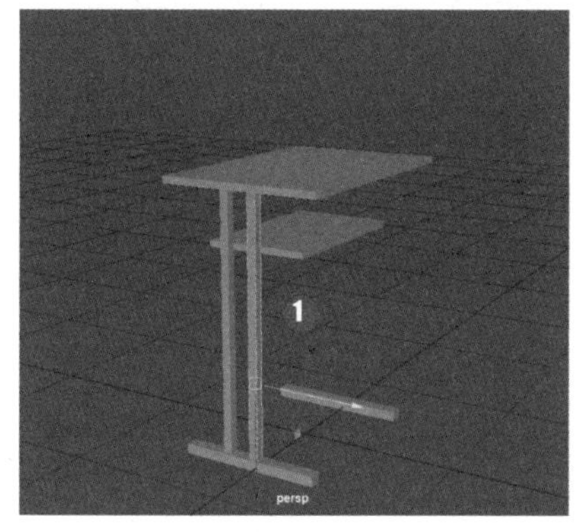
图 3-209

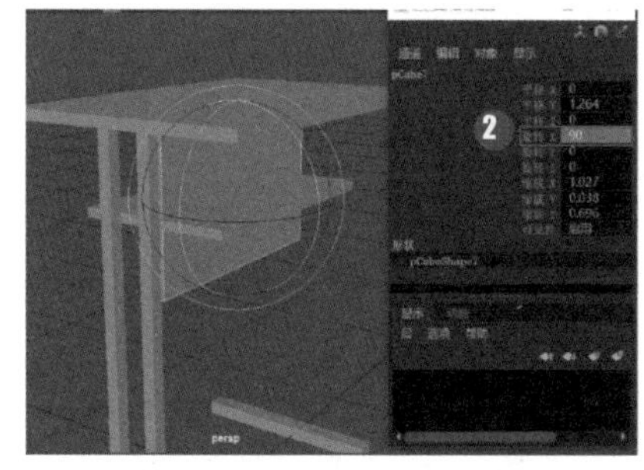
图 3-210

Step05 按快捷键【W】对其进行平移，形成抽屉的背面。长按鼠标右键进入【顶点】模式，调节其高度，使其与抽屉底部的面相交，效果如图 3-211 所示。确定好比例之后，长按鼠标右键回到对象模式中，如图 3-212 所示。

图 3-211

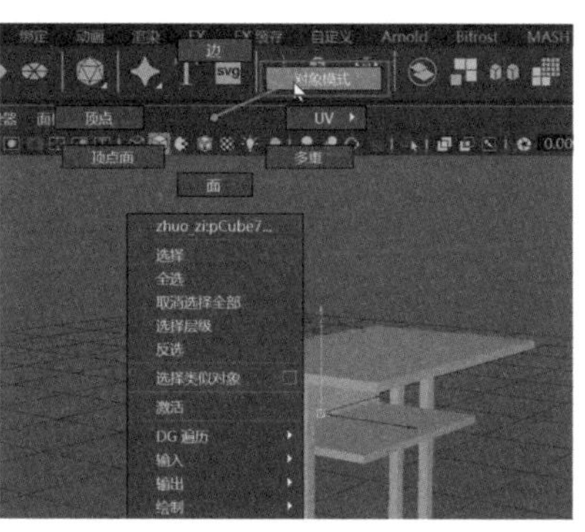
图 3-212

Step06 ❶ 选中一个桌腿，按快捷键【Shift+ 鼠标右键】，拖曳选择【插入循环边工具】命令，如图 3-213 所示。❷ 在桌腿的两侧分别添加循环边，如图 3-214 所示。

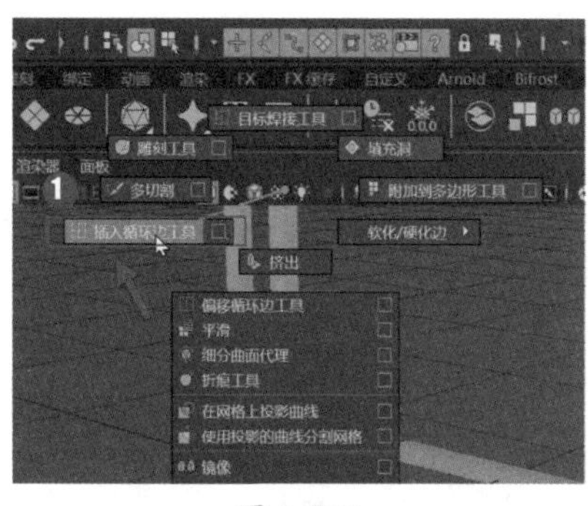
图 3-213

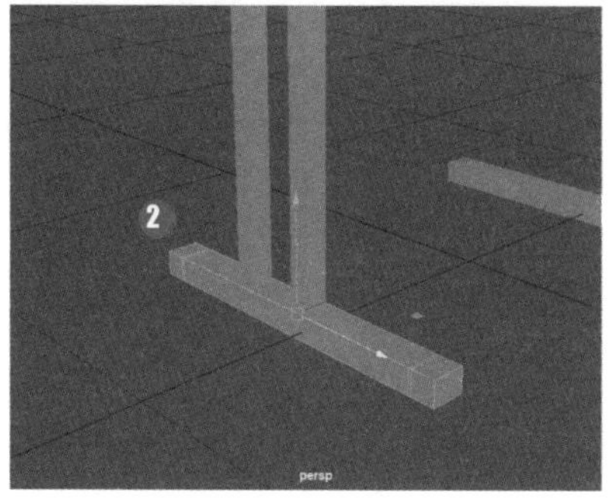
图 3-214

Step07 长按鼠标右键拖曳选择【面】模式，如图 3-215 所示。框选桌腿两侧的循环面，如图 3-216 所示。

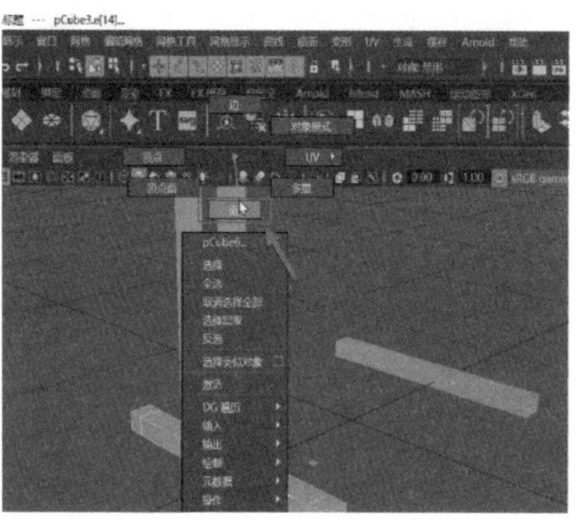
图 3-215

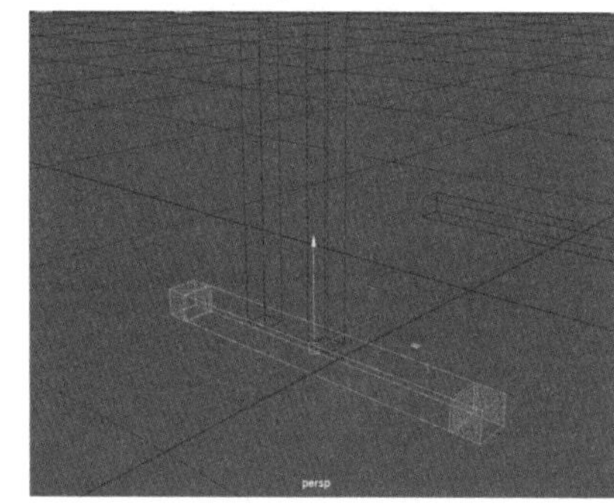
图 3-216

Step08 按快捷键【R】将选中的面稍微放大一点，如图 3-217 所示。框选桌腿和桌子的支架，按快捷键【Shift+ 鼠标右键】，拖曳选择【结合】命令，将 3 个长方体合并到一起，如图 3-218 所示。

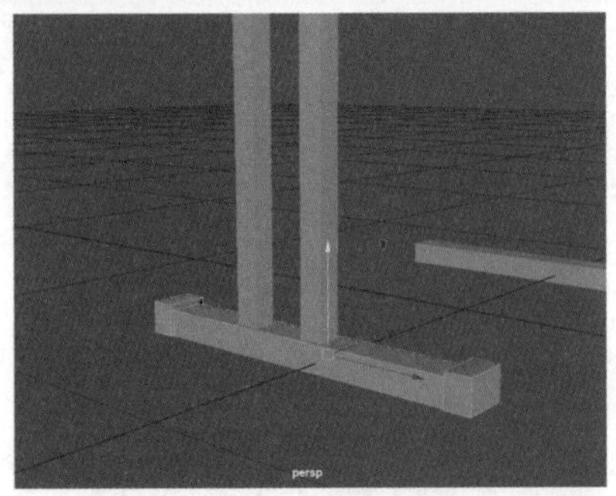

图 3-217

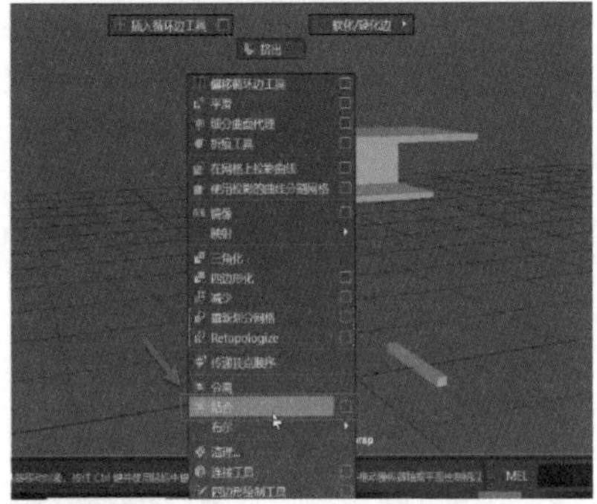

图 3-218

Step 09 选中合并成的一个对象，❶按快捷键【Shift+鼠标右键】，拖曳选择【镜像】命令，如图 3-219 所示。❷在弹出的面板中将【切割几何体】选项禁用，即可自动镜象出另一侧的桌腿，如图 3-220 所示。

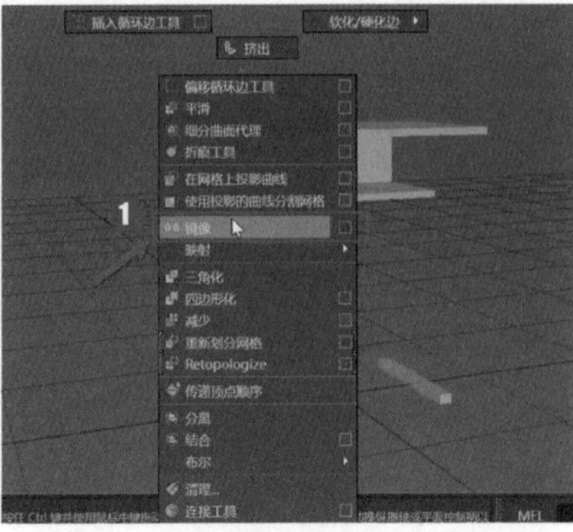

图 3-219

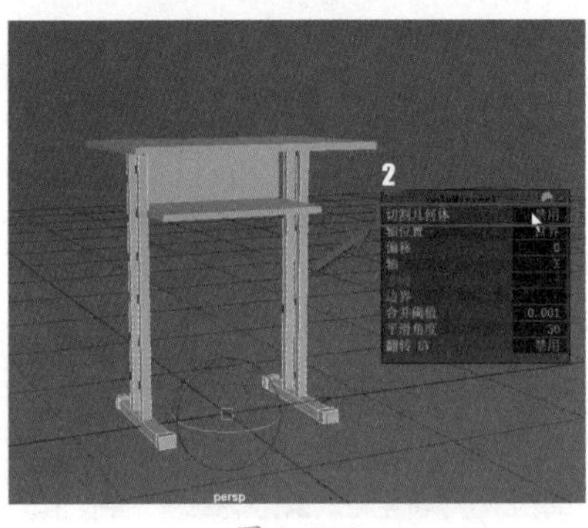

图 3-220

Step 10 按快捷键【Delete】删除多余的模型，如图 3-221 所示。桌子的整体效果就做好了，如图 3-222 所示。实例最终效果见“结果文件\第 3 章\ZZ.mb”文件。

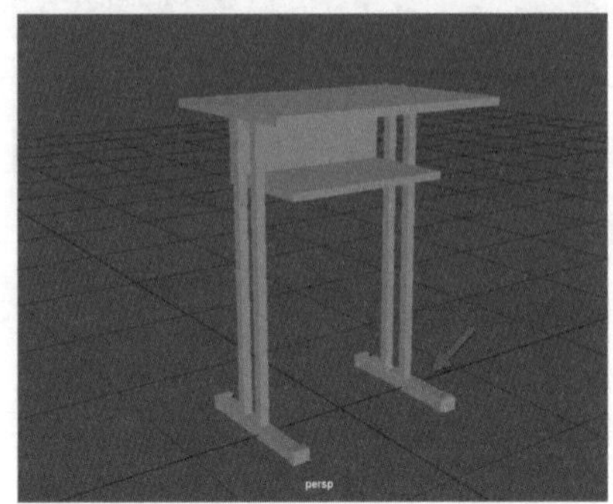

图 3-221

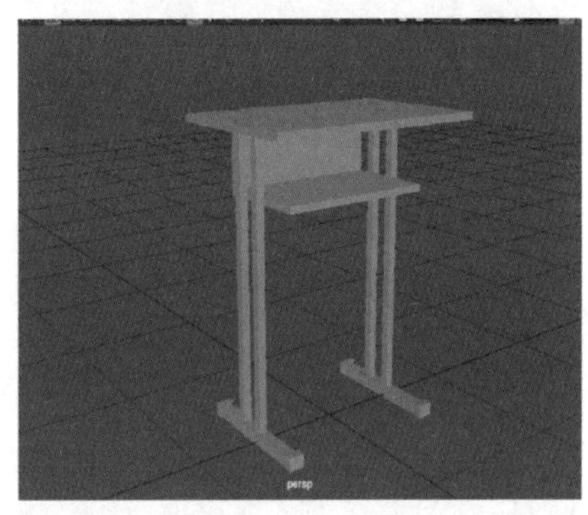

图 3-222

上机实训 —— 制作角色草帽模型

本例将制作一个草帽模型，流程为首先创建一个球体，然后删除半个球体，再对模型的局部边执行多次【挤出】命令，最后选择顶点调整造型，具体操作步骤如下。

Step 01 ❶单击工具架中的【多边形建模】→【球体】图标，创建一个球体，如图 3-223 所示。❷按空格键将工作区转到前视图，按数字键【4】进入模型线框模式，框选半个球体，如图 3-224 所示。

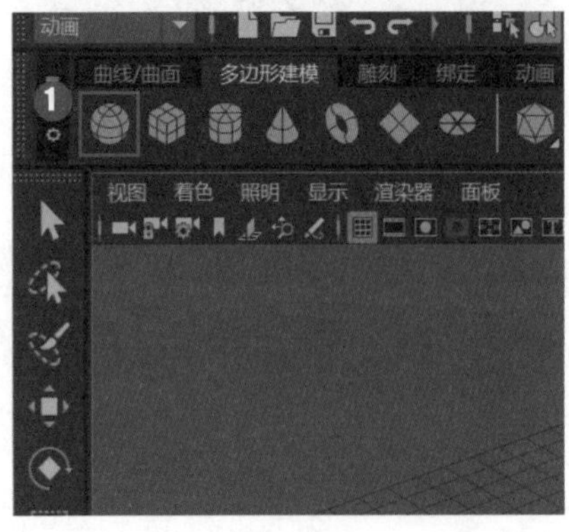

图 3-223

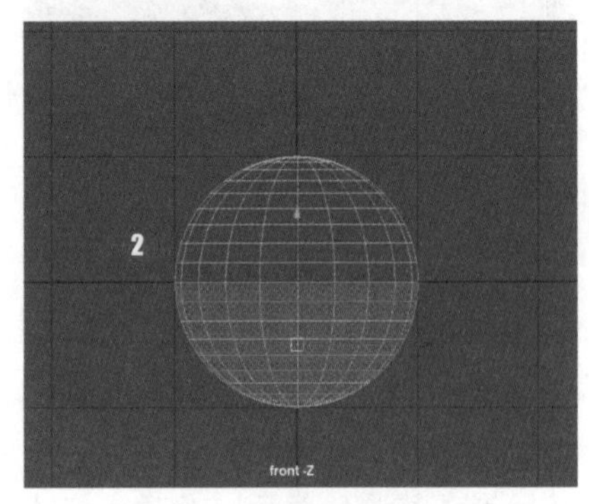

图 3-224

Step02 按【Delete】键删除框选的部分，形成半个球体，如图 3-225 所示。选择半个球体后双击鼠标右键进入【边】模式，选中底部的环形边，如图 3-226 所示。

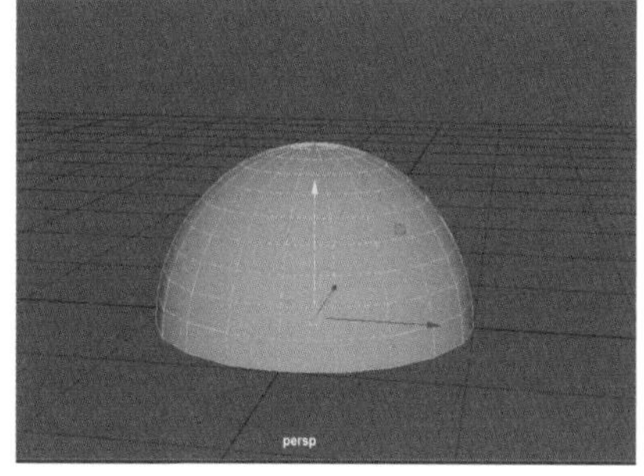

图 3-225

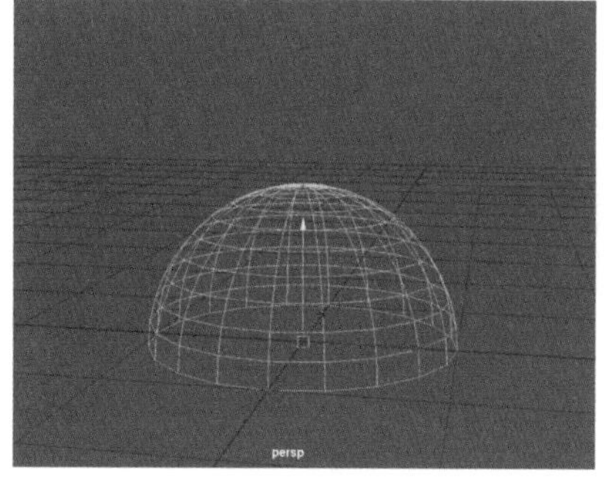

图 3-226

Step03 ❶ 按组合键【Shift+ 鼠标右键】，执行【挤出边】命令，如图 3-227 所示。❷ 工作区中会出现一个操纵器，此时用鼠标左键长按操纵器的中心点，可以看到边自动挤出了一个平面，如图 3-228 所示。

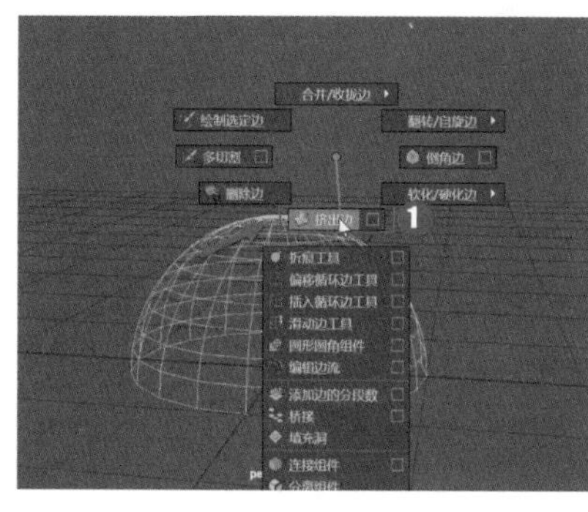

图 3-227

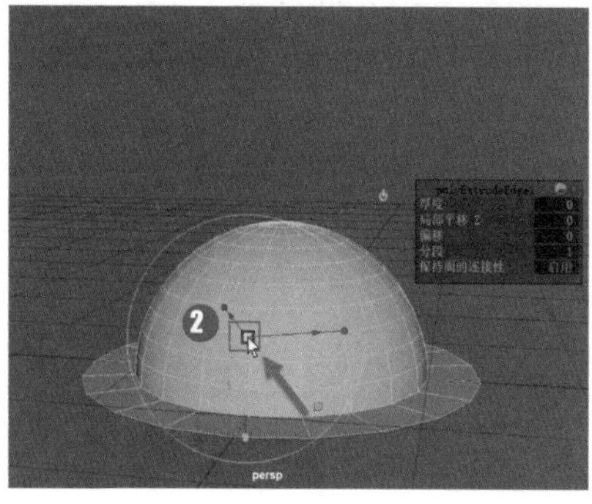

图 3-228

Step04 选择局部边，按快捷键【W】将边向 Y 轴平移，做出一点弧度，如图 3-229 所示。确认后，回到物体模式，按组合键【Shift+ 鼠标右键】，拖曳选择【插入循环边工具】命令，如图 3-230 所示。

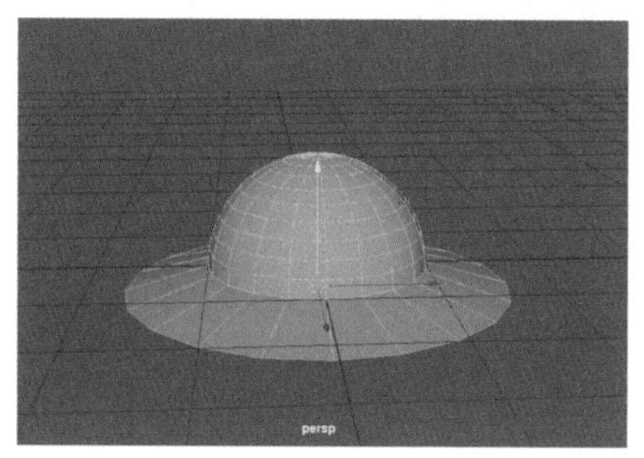

图 3-229

图 3-230

Step05 为模型局部添加新的循环边，如图 3-231 所示。然后选择草帽模型边缘处的循环边，按组合键【Shift+ 鼠标右键】，执行【挤出】命令，在弹出的面板中将【局部平移 Z】设置为 -0.0368，将草帽模型边缘挤出厚度，如图 3-232 所示。

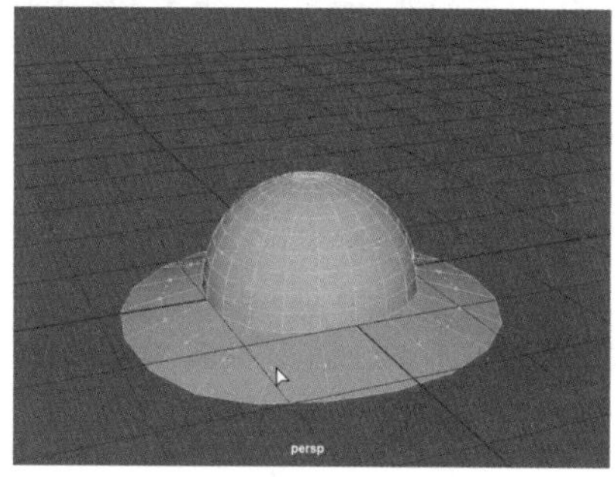

图 3-231

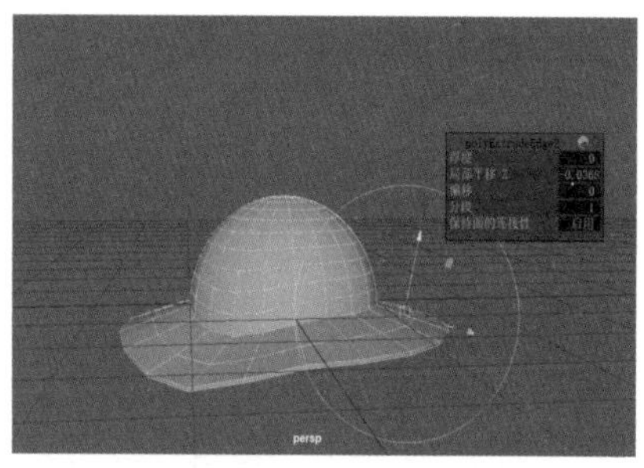

图 3-232

Step06 选中模型，长按鼠标右键进入【顶点】模式，框选边缘处的局部顶点，按快捷键【B】使用【软工具】进行调整，如图 3-233 所示，然后按快捷键【W】下移或上移，做出起伏的效果，如图 3-234 所示。

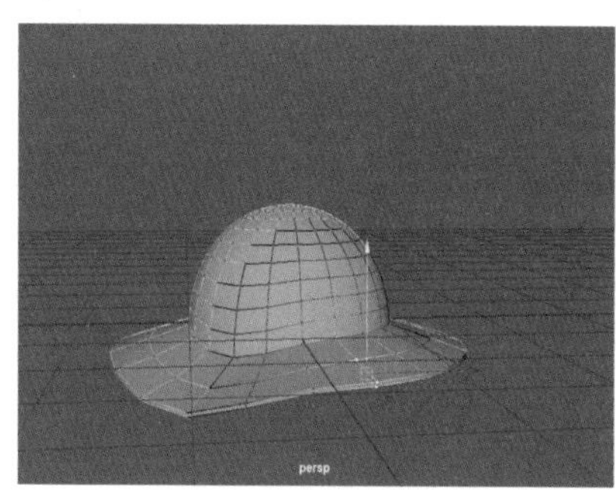

图 3-233

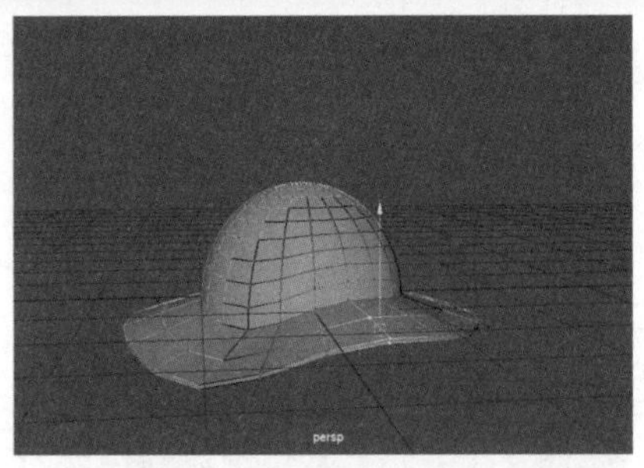

图 3-234

Step 07 用软工具调整边缘后，效果如图 3-235 所示。然后选择模型，长按鼠标右键进入【边】模式，双击一条环形边，如图 3-236 所示。

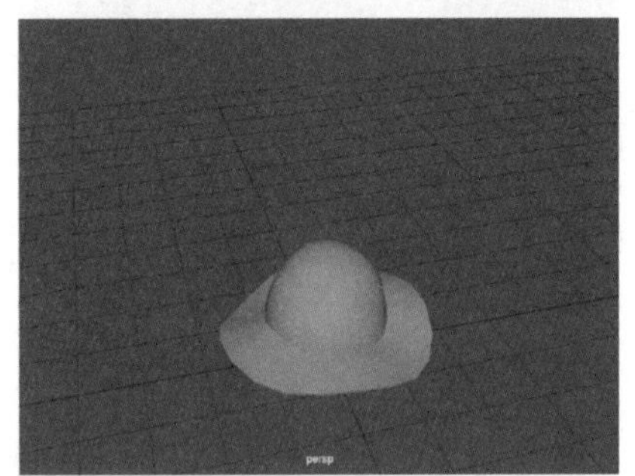

图 3-235

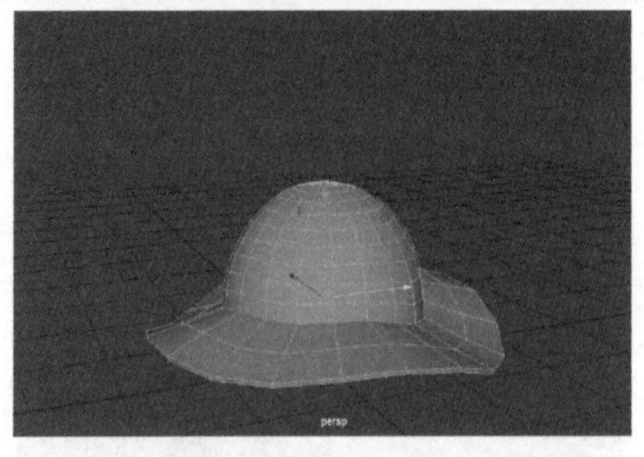

图 3-236

Step 08 ❶按组合键【Shift+ 鼠标右键】，执行【倒角边】命令，如图 3-237 所示。❷在弹出的面板中将【分段】的参数值调整为 2，可以看到草帽模型的边缘变圆滑了，如图 3-238 所示。

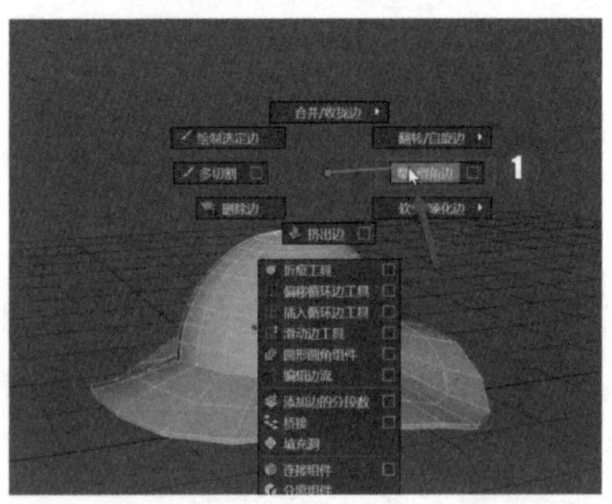

图 3-237

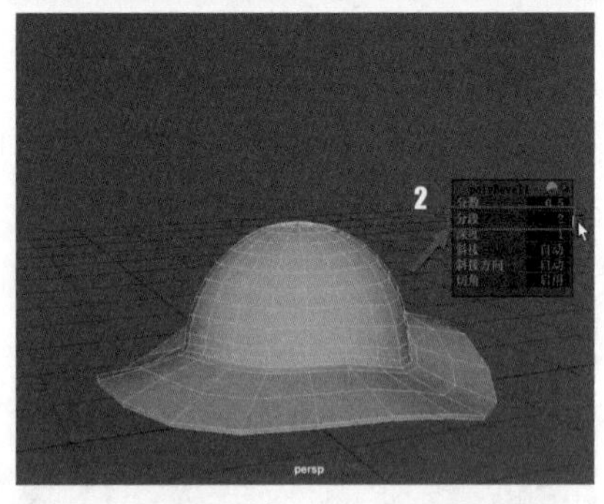

图 3-238

Step 09 回到物体模式，草帽模型的效果如图 3-239 所示。实例最终效果见“结果文件 \ 第 3 章 \CM.mb”文件。

图 3-239

本章小结

本章主要介绍了多边形建模的一些基础用法，以及如何通过多边形创建高精度的模型。其中有很多操作最终都能实现同样的效果，读者可以根据自己设计的对象来确定使用哪个操作，没有特定的局限。在项目里一般是建完低模，再使用【倒角】工具和【插入循环边工具】来进行模型细节的优化。

第 4 章 曲面建模技术

- Maya 的曲面建模技术应该如何应用？
- 如何对曲线和曲面进行绘制与编辑？
- 如何将曲线转换为曲面？

曲面建模技术是使用 NURBS 基本体（曲面）来制作模型。编辑曲面的基础操作主要包括放样成面、双轨成形工具、挤出成面和曲面倒角等。

4.1 Maya 曲面建模技术概述

曲面建模是一种建模方式，集合了 NURBS 和多边形建模的优点，在设计与动画领域中被广泛应用。曲面建模的优势是用较少的点控制较大面积的曲面，且能制作出平滑的效果，在不改变模型外形的前提下可以自由控制曲面的精细程度，适用于制作工业建模和次时代角色建模。

NURBS 是 Non Uniform Rational B-Spline（非统一有理 B 样条曲线）的缩写，它是用数学函数来描述曲线和曲面的，主要通过曲线的形式构建模型，能快速地制作出高品质的作品，并且还可以用较少的点来控制模型的曲面，目前常用于工业建模，是建模的常用方式之一。

4.2 曲线的创建与编辑

制作曲面时，通常通过创建和编辑曲线的方式生成曲面，因此本节先讲解曲线。

创建曲线的常用工具有 3 种，分别是 CV 曲线工具、EP 曲线工具和铅笔曲线工具。执行菜单栏中的【创建】→【曲线工具】命令，即可看到这 3 个常用的工具，如图 4-1 所示。执行任意一个曲线命令后，在工作区单击左键确定起始点的位置，用鼠标直接绘制曲线，然后按【Enter】键确认，即可生成一条曲线，如图 4-2 所示。

图 4-1

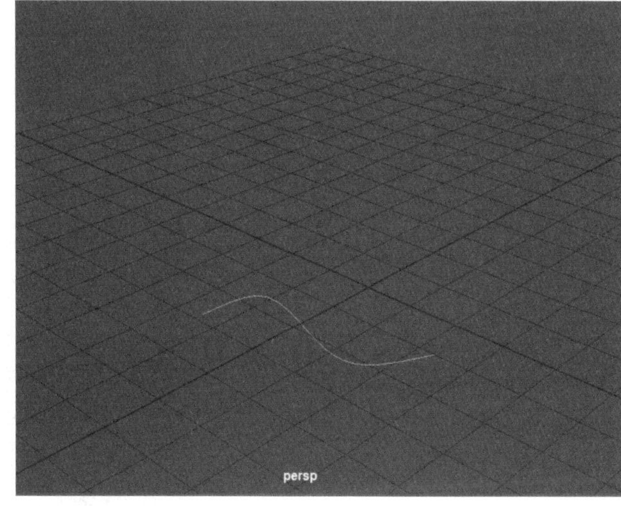

图 4-2

在曲线上长按鼠标右键，在弹出的菜单中可以选择对该曲线进行顶点或壳线编辑，如图 4-3 所示。

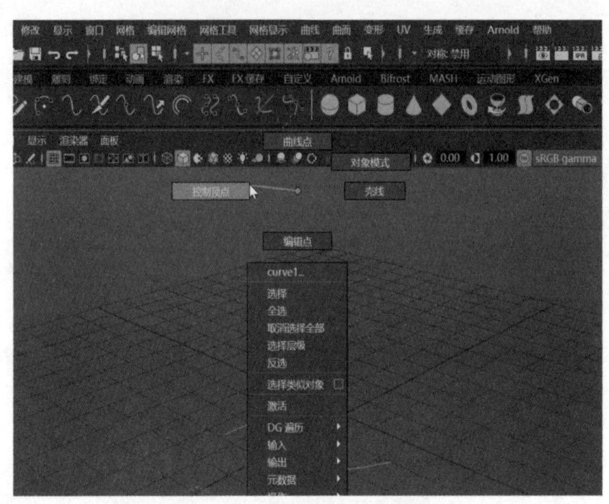

图 4-3

★重点 4.2.1 创建 NURBS 曲线

NURBS 对象的基本组成元素有 3 种，分别是点、曲线和曲面。

NURBS 创建的物体都含有曲线，用户可以通过曲线来生成曲面，也可以从曲面中提取曲线。

在 Maya 中，我们可以通过 6 种方法创建曲线，分别是 CV 曲线工具、EP 曲线工具、Bezier 曲线工具、铅笔曲线工具、三点圆弧和两点圆弧。

展开菜单栏中的【创建】→【曲线工具】选项，即可看到 Maya 中的所有曲线工具，如图 4-4 所示。

图 4-4

1. CV 曲线工具

使用 CV 曲线工具可以通过创建控制点来绘制曲线，执行菜单栏中的【创建】→【曲线工具】→【CV 曲线工具】命令，如图 4-5 所示。单击【CV 曲线工具】命令后的复选框，打开【工具设置】对话框，如图 4-6 所示。在其中可以设置创建曲线的次数、曲线频率的分布方式和曲线的段数等。

图 4-5

图 4-6

CV 曲线工具设置对话框中各选项的作用及含义如表 4-1 所示。

表 4-1 CV 曲线工具设置选项作用及含义

选项	作用及含义
曲线次数	设置曲线的次数，数值越高，曲线越平滑
结间距	设置曲线的 U 位置值的分布方式。选中【一致】单选按钮后，可以任意提高曲线 U 位置值的段数；选中【弦长】单选按钮后，选中的曲线可以拥有更均匀的曲率分布；选中【多端结】复选框，曲线的首末点将位于曲线两端的控制顶点上，如果取消选择此选项，首末点之间会产生一定的距离

2. EP 曲线工具

EP 曲线工具与 CV 曲线工具相似，只需两个编辑点就可以确定一条曲线，是绘制曲线的常用工具，通过该工具可以精准地控制曲线的位置。单击菜单栏中【创建】→【曲线工具】→【EP 曲线工具】命令后的复选框，如图 4-7 所示，打开【工具设置】对话框，可以看到其中的参数和 CV 曲线工具设置对话框中的参数完全相同，如图 4-8 所示。

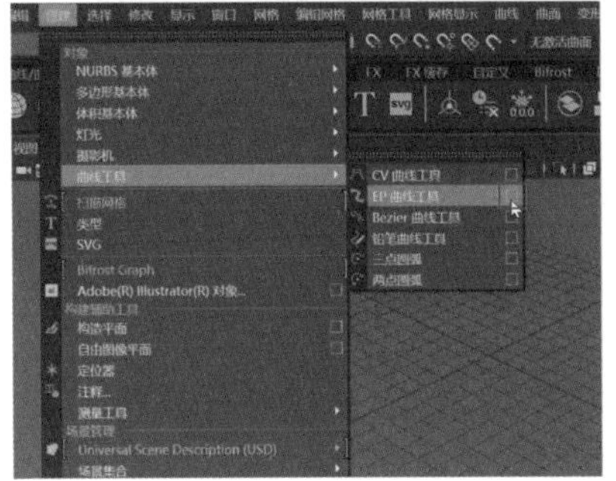

图 4-7

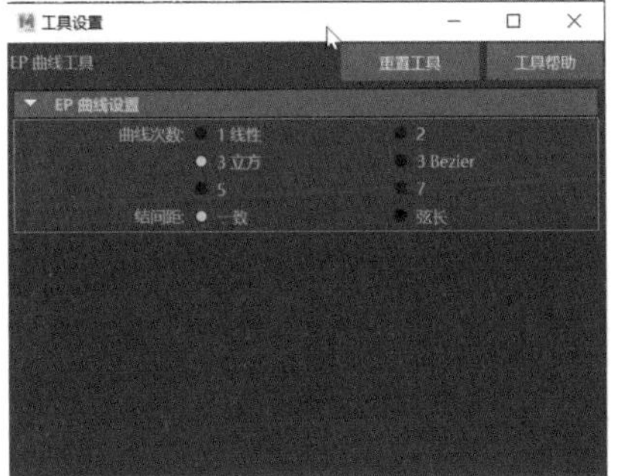

图 4-8

EP 曲线工具是通过绘制编辑点的方式来绘制曲线的，如图 4-9 所示，❶ 为 EP 曲线，❷ 为 CV 曲线。用户还可以单击工具架中的【曲线 / 曲面】→【EP 曲线工具】图标，绘制 EP 曲线，如图 4-10 所示。

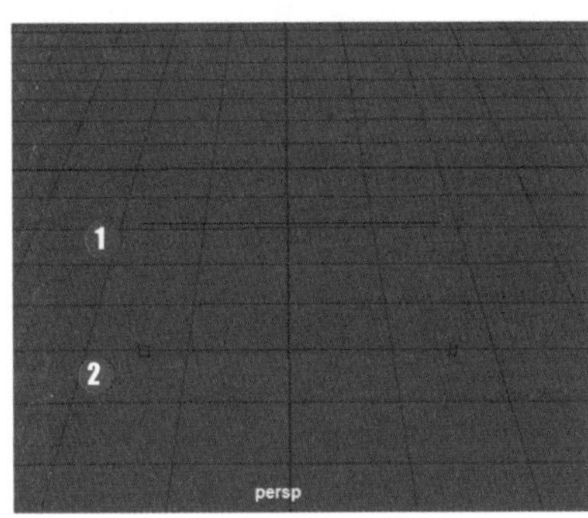

图 4-9

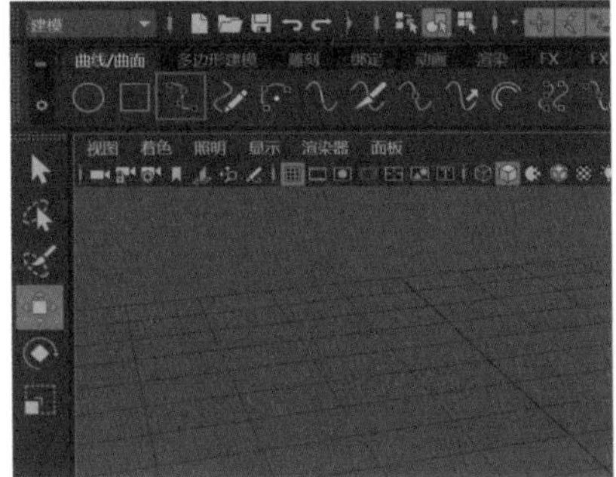

图 4-10

3. 铅笔曲线工具

使用铅笔曲线工具可以通过绘画的方式创建曲线，也可以通过使用手绘板等绘图工具绘制流畅的曲线，还可以执行【重建曲线】和【平滑曲线】命令，对绘制的曲线进行平滑处理。铅笔曲线工具的参数如图 4-11 所示。

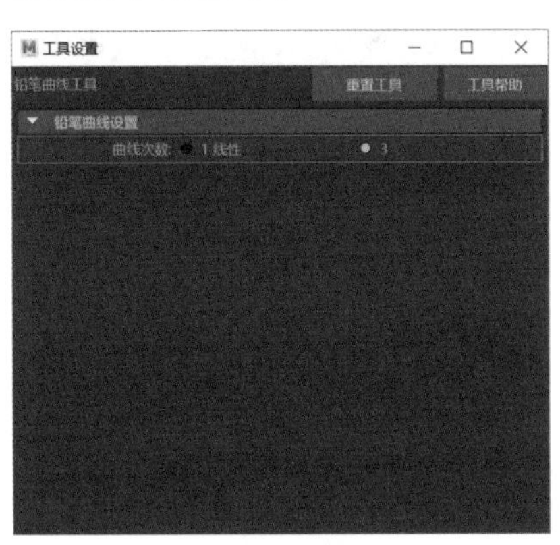

图 4-11

铅笔曲线工具设置对话框中选项的作用及含义如表 4-2 所示。

表 4-2 铅笔曲线工具设置选项作用及含义

选项	作用及含义
曲线次数	设置为【1 线性】时，创建的曲线是多段的锯齿曲线；设置为【3】时，可以生成平滑曲线

4. 弧工具

使用【三点圆弧】和【两点圆弧】命令可以通过指定的 3 个点或 2 个点在工作区中创建圆弧曲线，如图 4-12 所示。

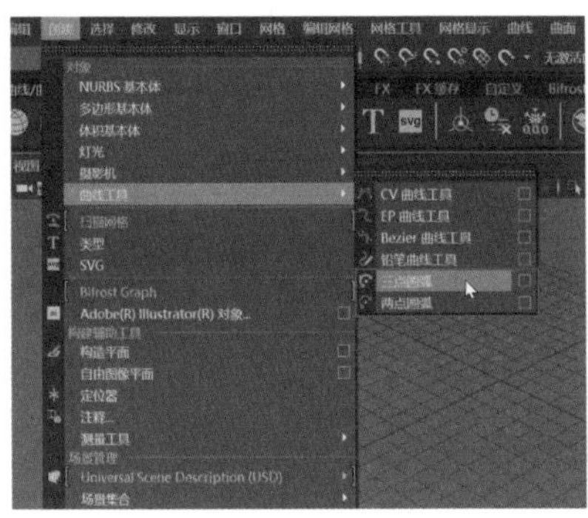

图 4-12

4.2.2 实战：绘制并编辑曲线

Step 01 单击工具架中的【曲线 / 曲面】→【EP 曲线工具】图标，如图 4-13 所示，单击鼠标左键生成起始点的位置，如图 4-14 所示。

图 4-13

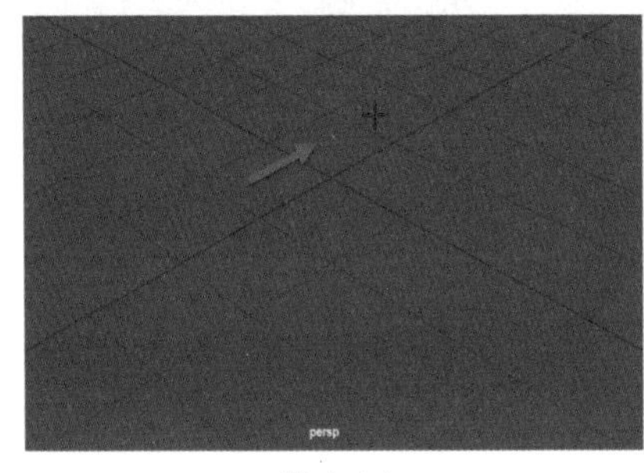

图 4-14

Step 02 确定起始点后，再单击鼠标左键绘制曲线，创建第 3 个曲线点时，长按鼠标左键不松开，让鼠标指针一直保持十字形状态进行绘制，可以调节曲线的平滑度，如图 4-15 所示。整条曲线绘制完后，按【Enter】键确定并生成曲线，如图 4-16 所示。

图 4-15

图 4-16

Step03 选择曲线，并长按鼠标右键，在弹出的菜单中拖曳选择【控制顶点】命令，如图 4-17 所示。执行后曲线会进入【控制顶点】编辑模式，如图 4-18 所示。

图 4-17

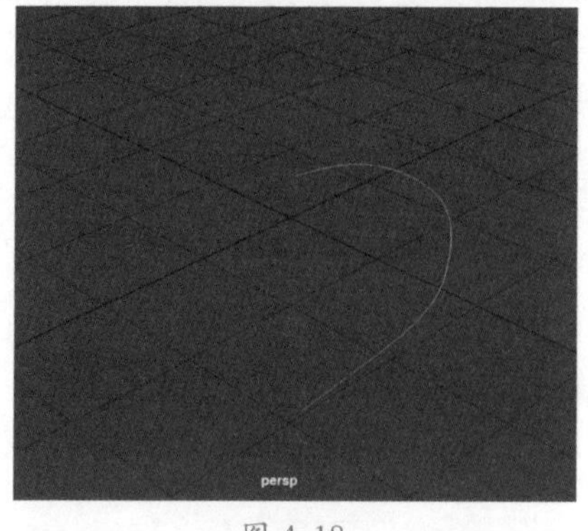

图 4-18

Step04 使用快捷键【W】调整曲线控制顶点的位置，效果如图 4-19 所示。

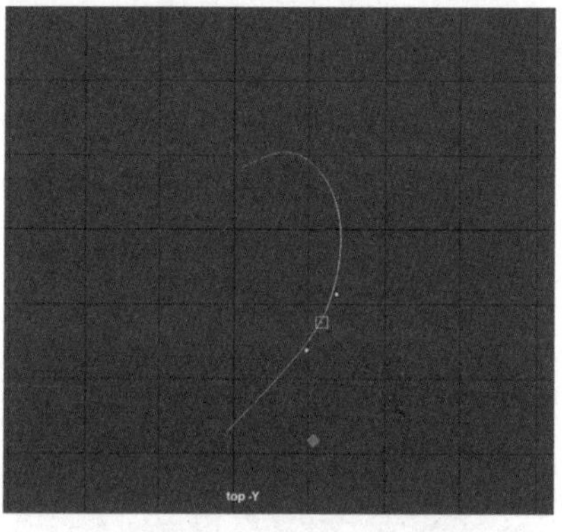

图 4-19

4.2.3 实战：制作曲线图案

本例将制作一个曲线图案，具体步骤如下。

Step01 启动软件，按空格键将工作区转到前视图中，如图 4-20 所示。执行菜单栏中的【创建】→【曲线工具】→【CV 曲线工具】命令，并在前视图中单击鼠标左键创建起始点，绘制一条曲线，如图 4-21 所示。

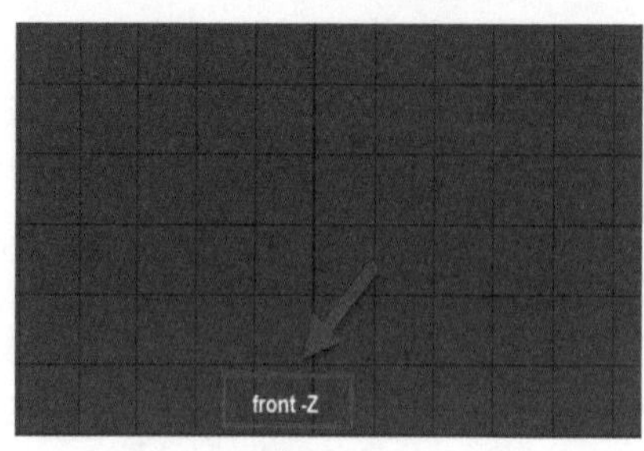

图 4-20

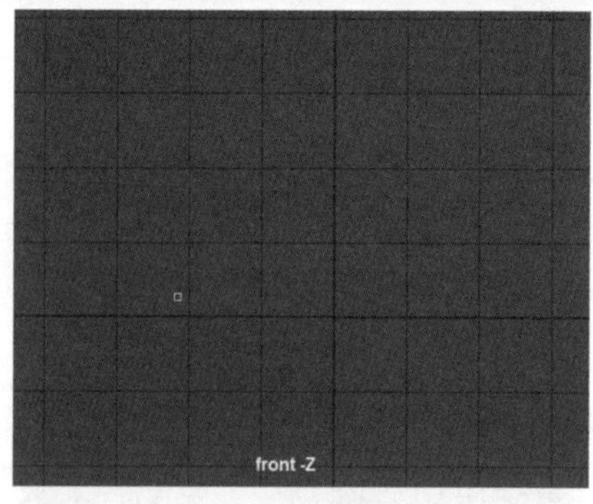

图 4-21

Step02 绘制完曲线后，按住鼠标右键，在弹出的菜单中拖曳选择【控制顶点】命令，对曲线进行编辑，如图 4-22 所示。最后按【Enter】键确认并生成曲线，效果如图 4-23 所示。

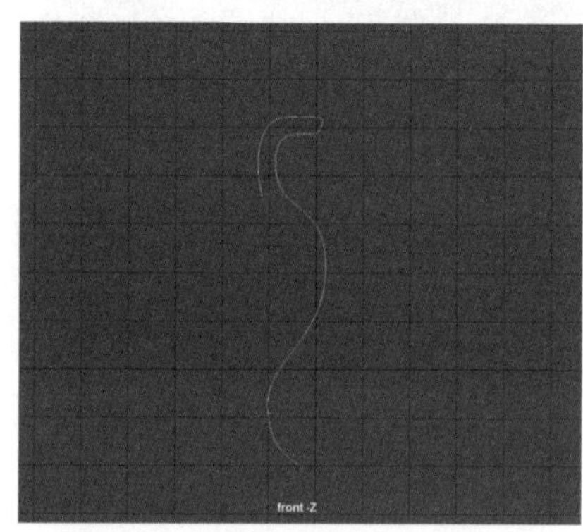

图 4-22

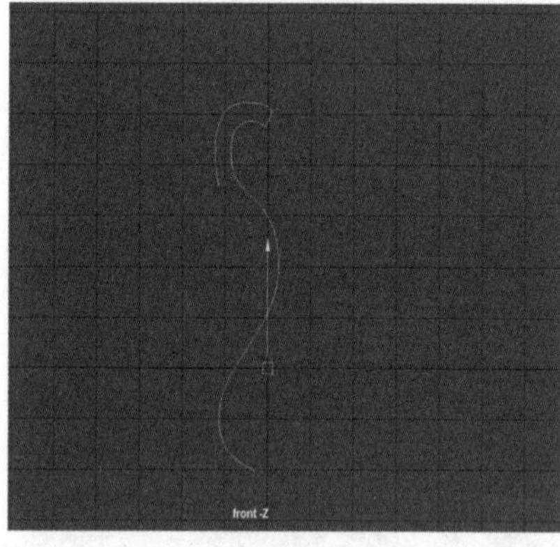

图 4-23

4.2.4 曲线首末点的快速选择

执行菜单栏中的【创建】→【测量工具】→【弧长工具】命令，

如图 4-24 所示，可以快速准确地定位曲线的首末点。

图 4-24

4.2.5 实战：选择曲线的首末点

Step01 按空格键进入前视图中，单击工具架中的【曲线 / 曲面】→【EP 曲线工具】图标，如图 4-25 所示。在视图中任意绘制一条曲线，如图 4-26 所示，绘制完成后按【Enter】键确认并生成曲线。

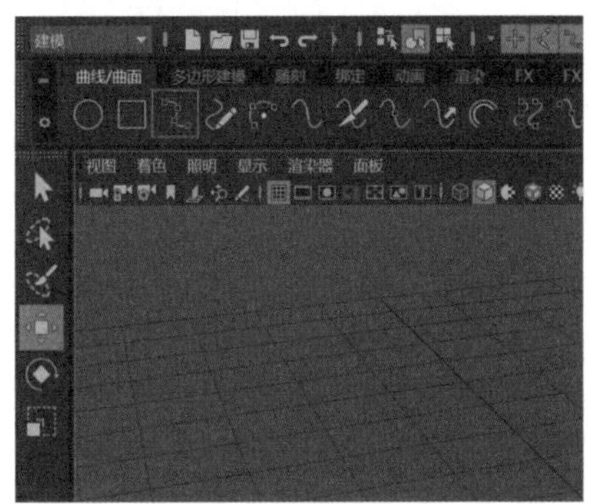

图 4-25

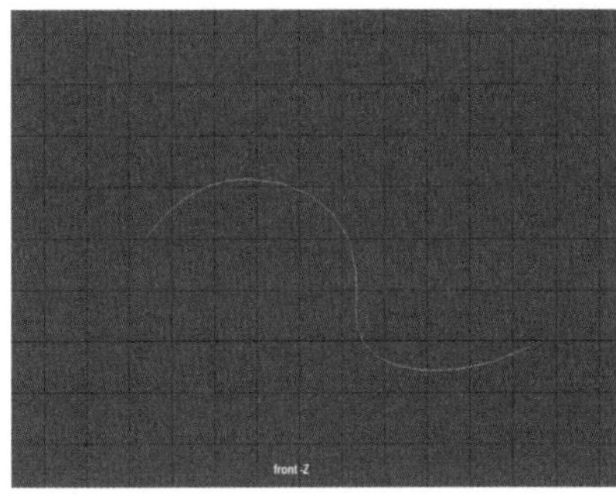

图 4-26

Step02 选择绘制的曲线，执行菜单栏中的【创建】→【测量工具】→【弧长工具】命令，如图 4-27 所示。命令执行后，鼠标指针会变成十字形，如图 4-28 所示。

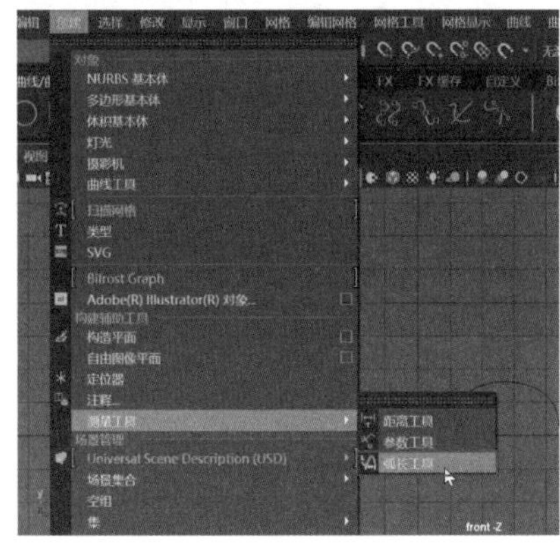

图 4-27

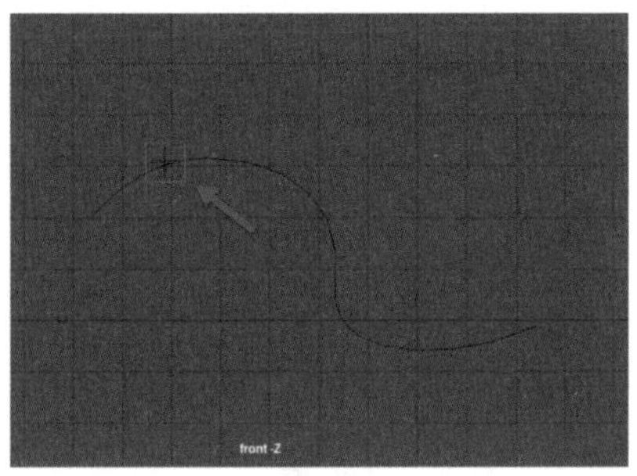

图 4-28

Step03 在绘制的曲线上长按鼠标左键并拖曳，此时曲线上会出现一个参数，如图 4-29 所示。将鼠标拖曳到曲线的另一端时，也会出现一个参数，这两个参数就是起始点和终止点的位置，效果如图 4-30 所示。

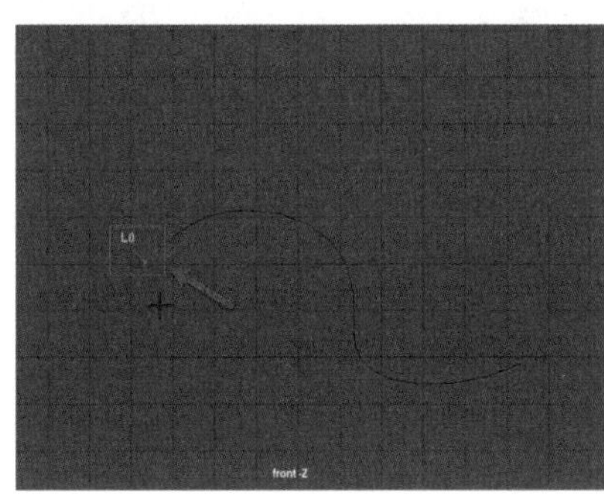

图 4-29

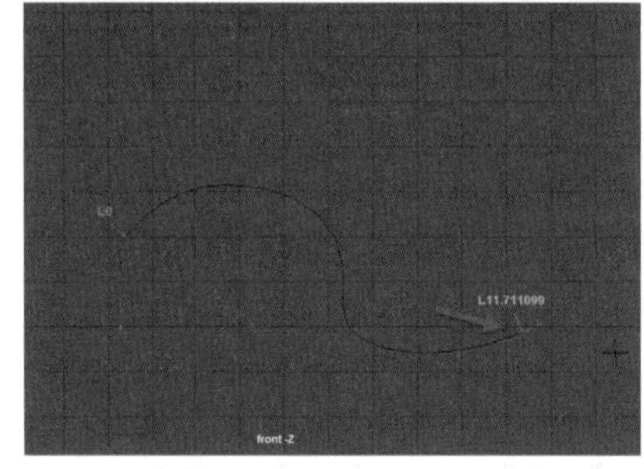

图 4-30

4.2.6 簇曲线

选择绘制好的曲线，执行菜单栏中的【选择】→【簇曲线】命令，如图 4-31 所示，可以为曲线上的每个 CV 创建一个簇。选择曲线，按组合键【Ctrl+ 鼠标右键】并拖曳选择【簇】选项，如图 4-32 所示，也可以为曲线上的每个 CV 创建一个簇。

图 4-31

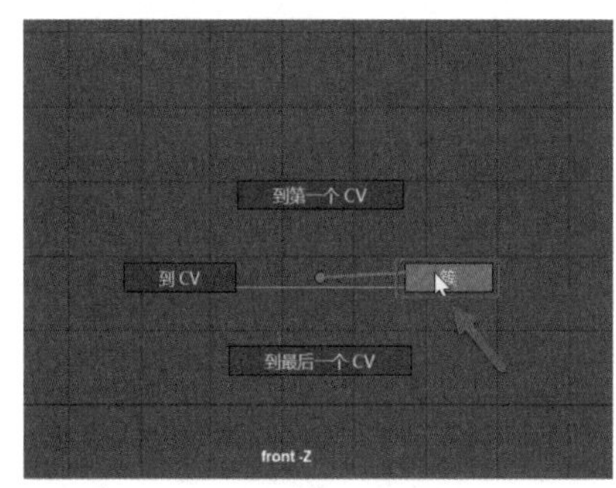

图 4-32

4.2.7 实战：创建曲线上的簇

Step 01 按空格键将工作区转入前视图，单击工具架中的【曲线/曲面】→【EP 曲线工具】图标，如图 4-33 所示。在工作区中绘制一条曲线，绘制完成后，按【Enter】键确认并生成曲线，如图 4-34 所示。

图 4-33

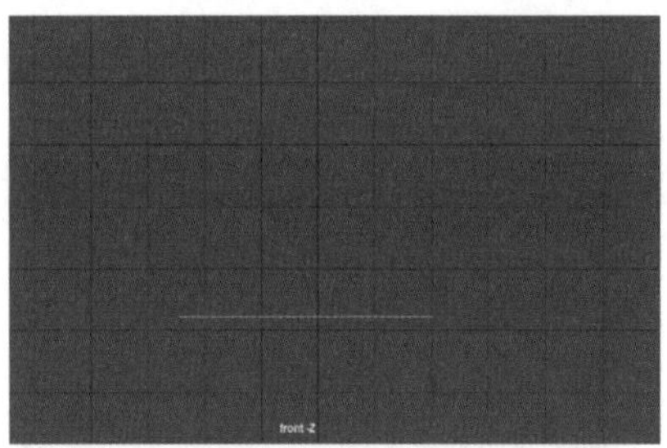

图 4-34

Step 02 选择绘制的曲线，按组合键【Ctrl+ 鼠标右键】拖曳选择【簇】命令，如图 4-35 所示。命令执行后，可以看到曲线上的每个 CV 点都自动创建好了簇，如图 4-36 所示。

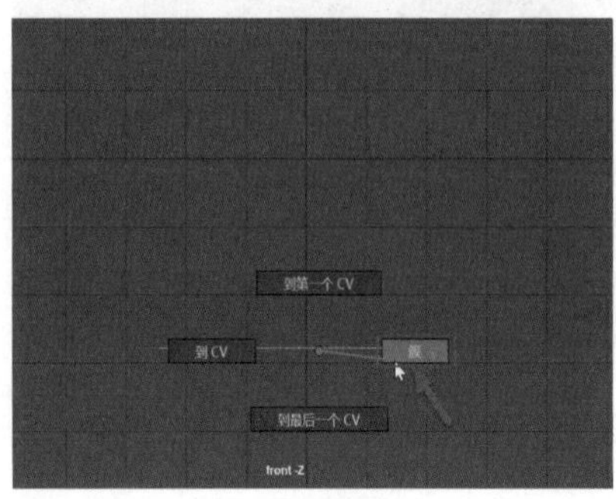

图 4-35

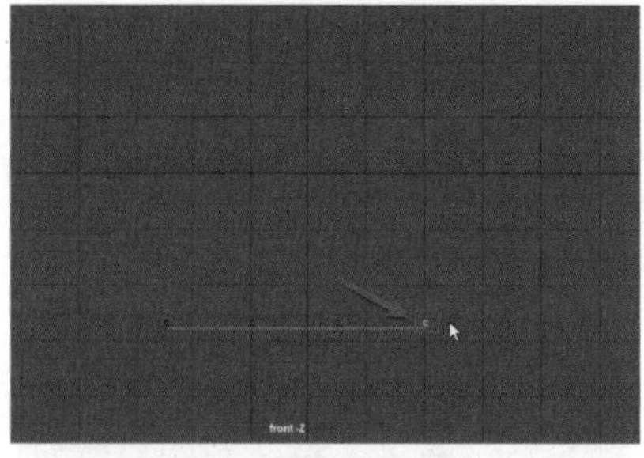

图 4-36

★重点 4.2.8 曲线的连接与断开

创建好一条曲线后，选择绘制好的曲线，执行菜单栏中的【曲线】→【打开 / 关闭】命令，如图 4-37 所示，可以将曲线的首末点关闭或打开。选择绘制好的曲线，长按组合键【Shift+ 鼠标右键】并拖曳选择【开放 / 闭合曲线】命令，如图 4-38 所示，也可以将曲线的首末点关闭或打开。

图 4-37

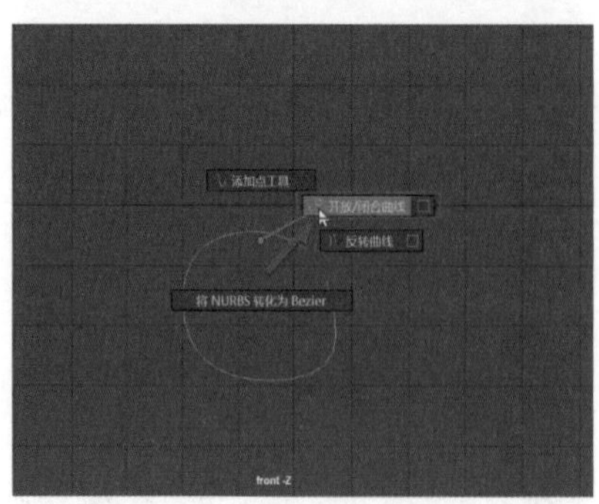

图 4-38

4.2.9 实战：连接曲线

Step 01 按空格键进入前视图，执行菜单栏中的【创建】→【曲线工具】→【CV 曲线工具】命令，如图 4-39 所示。命令执行后，在前视图中绘制一条曲线，如图 4-40 所示，按【Enter】键确认并生成曲线。

图 4-39

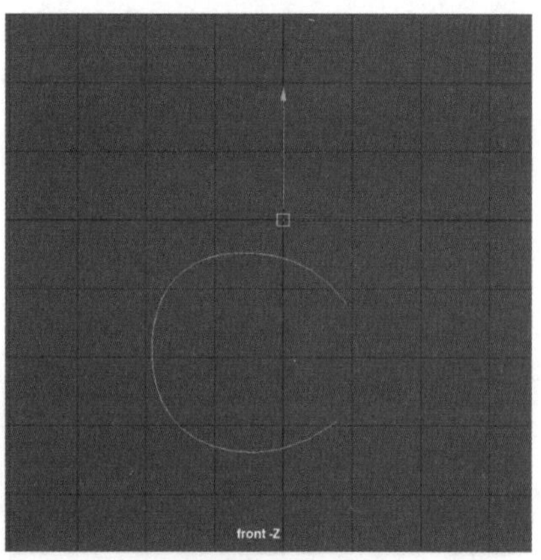

图 4-40

Step 02 可以看到绘制的曲线处于开放状态，选择曲线，长按组合键【Shift+ 鼠标右键】并拖曳选择【开放 / 闭合曲线】命令，如图 4-41 所示。执行后曲线的首末点会自动合并到一起，如图 4-42 所示。

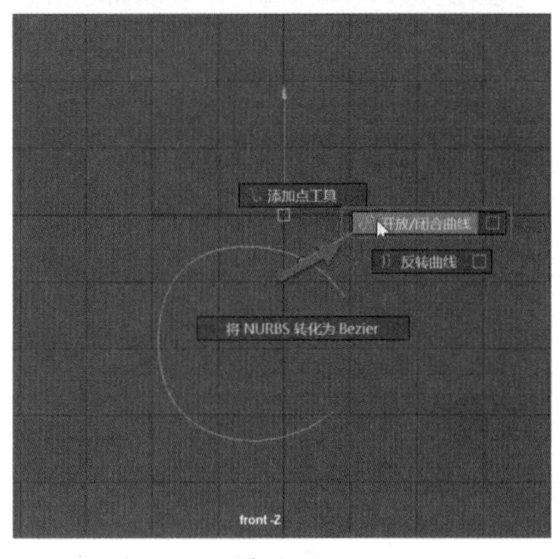

图 4-41

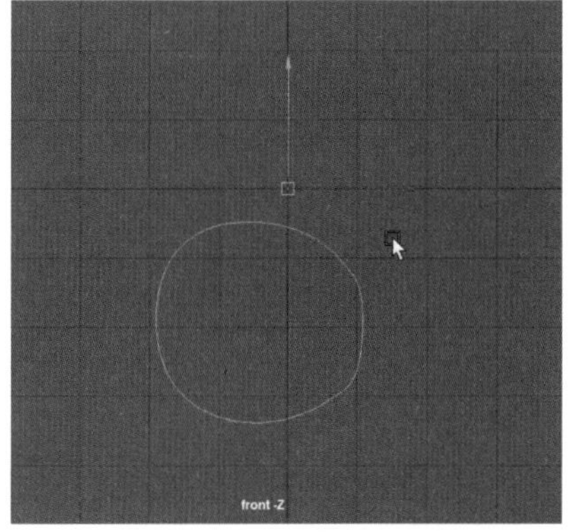

图 4-42

4.2.10 实战：断开曲线

Step01 按空格键进入前视图，单击工具架中的【曲线 / 曲面】→【铅笔曲线工具】图标，如图 4-43 所示，在前视图中绘制一条曲线，如图 4-44 所示，绘制完成后，按【Enter】键确认并生成曲线。

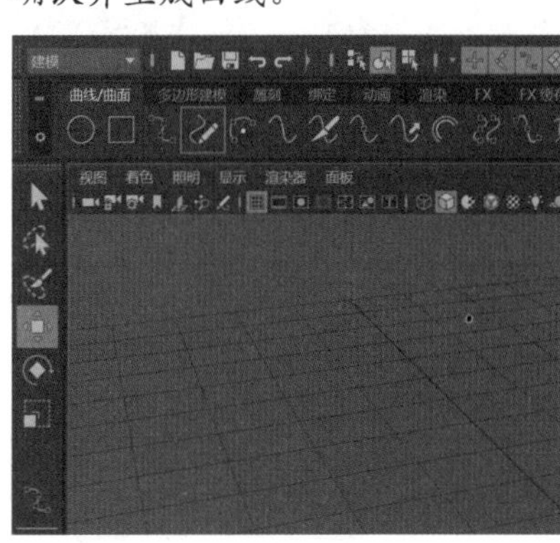

图 4-43

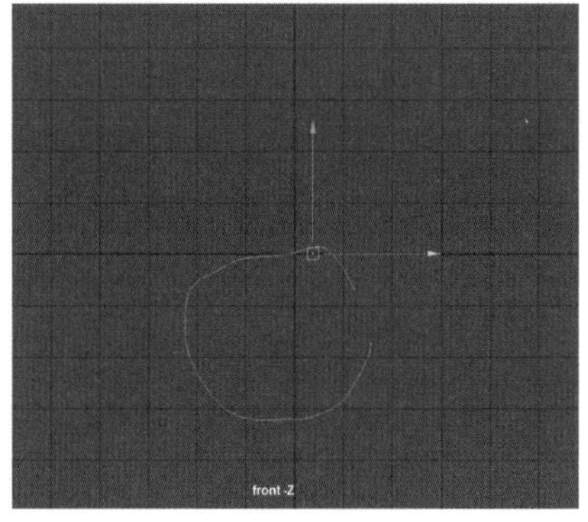

图 4-44

Step02 按组合键【Shift+ 鼠标右键】，并拖曳选择【开放 / 闭合曲线】命令，如图 4-45 所示。命令执行后，曲线的首末点会自动合并，形成一条闭合曲线，如图 4-46 所示。

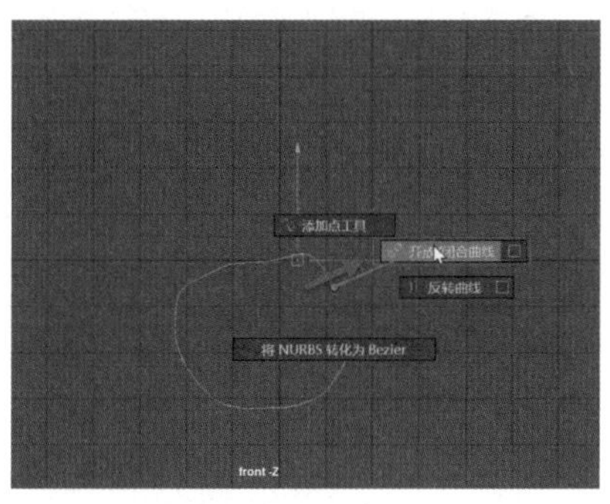

图 4-45

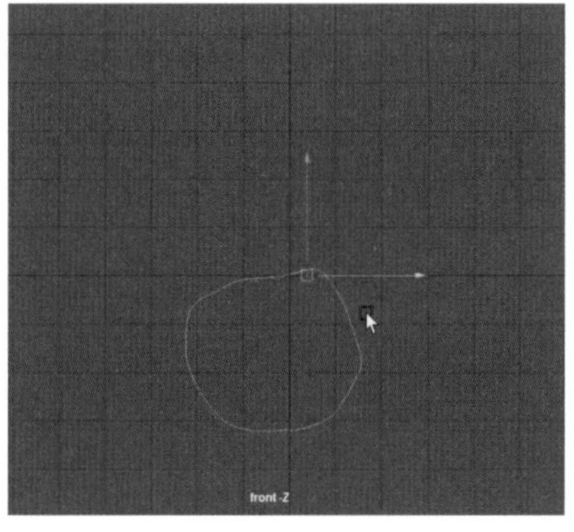

图 4-46

Step03 选中绘制的曲线，按组合键【Shift+ 鼠标右键】并拖曳选择【开放 / 闭合曲线】命令，曲线即会自动断开，回到刚绘制完的状态，如图 4-47 所示。

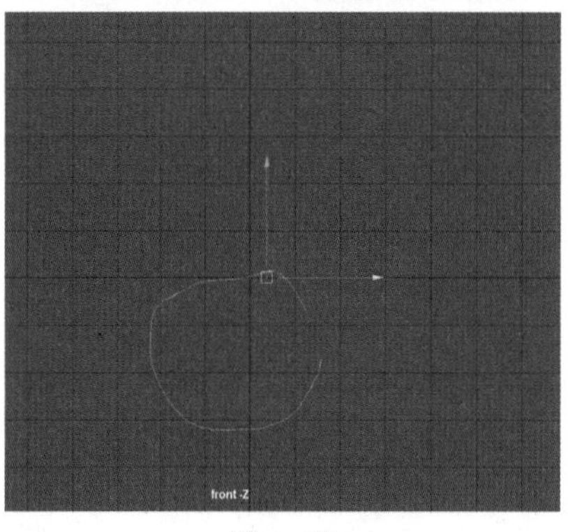

图 4-47

4.2.11 添加曲线点

选择绘制好的曲线，执行菜单栏中的【曲线】→【添加点工具】命令，如图 4-48 所示，可以将点添加到选定曲线的末端。也可以选择曲线，按组合键【Shift+ 鼠标右键】拖曳选择【添加点工具】命令，添加曲线点，如图 4-49 所示。

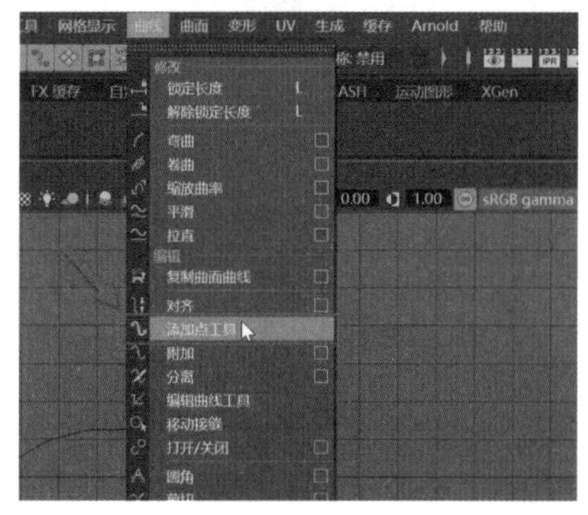

图 4-48

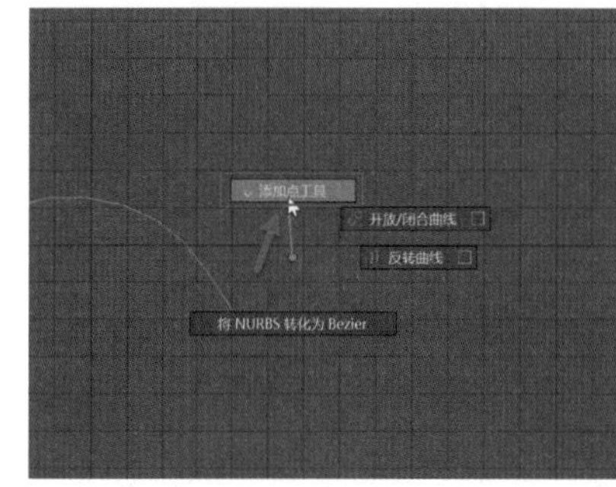

图 4-49

4.2.12 实战：添加曲线点

Step01 按空格键转入前视图，单击工具架中的【曲线 / 曲面】→【EP 曲线工具】图标，如图 4-50 所示，在前视图中绘制一条曲线，曲线绘制完成后，按【Enter】键确认并生成曲线，如图 4-51 所示。

图 4-50

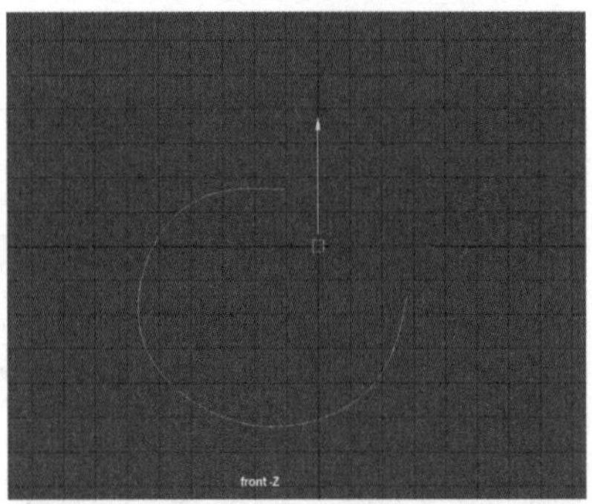

图 4-51

Step02 选中绘制的曲线，按组合键【Shift+鼠标右键】并拖曳选择【添加点工具】命令，如图 4-52 所示。命令执行后，用鼠标左键在前视图中继续绘制曲线，新生成的点即会自动和末端点连接到一起，如图 4-53 所示。

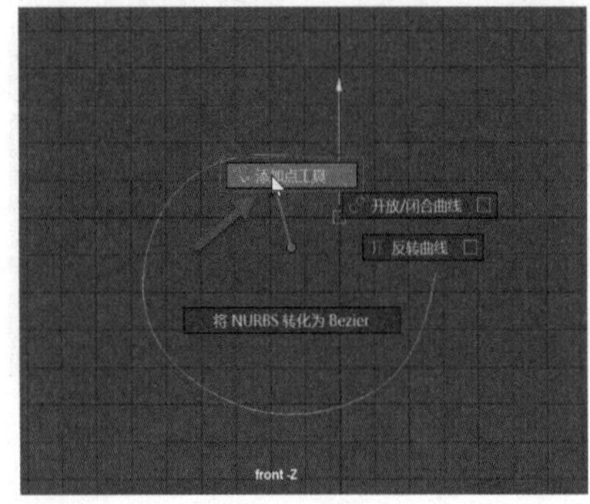

图 4-52

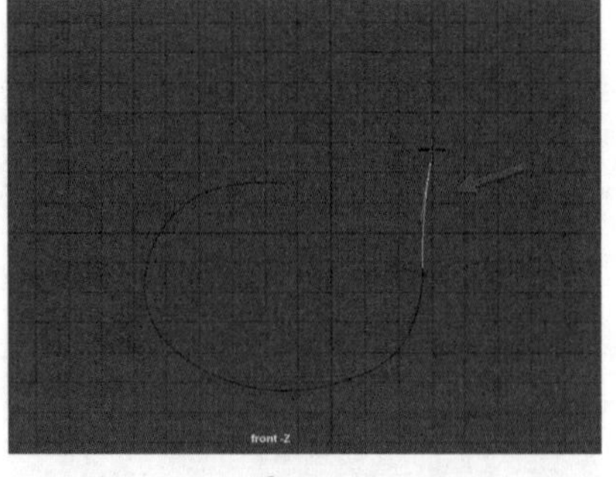

图 4-53

Step03 点添加完成后，在工作区中按住鼠标右键，拖曳选择【完成工具】命令，如图 4-54 所示，新添加的点和曲线即会自动合并到一起，如图 4-55 所示。

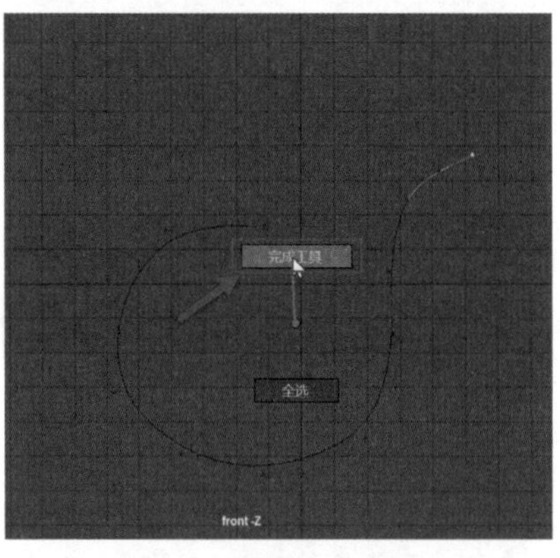

图 4-54

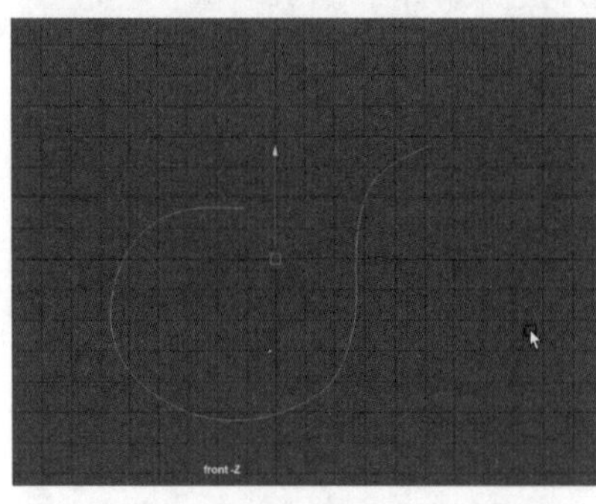

图 4-55

4.2.13 延长曲线

曲线绘制完成后，选中曲线并执行菜单栏中的【曲线】→【延伸】→【延伸曲线】命令，如图 4-56 所示，可以在选定曲线的末端延伸出一段新的曲线。

图 4-56

★重点 4.2.14 重建曲线段数

如果用户绘制完一条曲线后，进入点模式，发现曲线的顶点不均匀，可以执行菜单栏中的【曲线】→【重建】命令，如图 4-57 所示。该命令可以在选定曲线的容差内重建曲线，单击【重建】命令右侧的复选框，打开【重建曲线选项】对话框，在其中可以调节重建曲线上的点的数量，如图 4-58 所示。

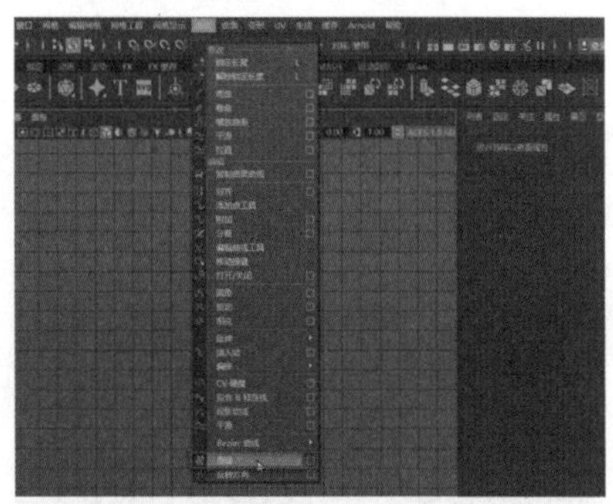

图 4-57

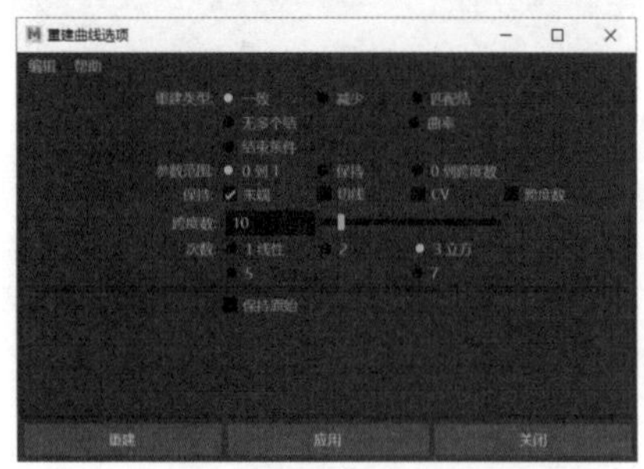

图 4-58

【重建曲线选项】对话框中各选项的作用及含义如表 4-3 所示。

表 4-3　重建曲线选项对话框中选项作用及含义

选项	作用及含义
重建类型	启用此选项后，默认情况下，会选中“一致”单选按钮，可以采用与选中曲线一样的参数生成并重建曲线
参数范围	设置为“0 到 1”时，生成的曲线的参数范围为 0 到 1；设置为“保持”时，可以将参数范围和原始曲线匹配重建的曲线；跨度数为选定曲线的跨度数
保持	选择末端、切线或跨度数选项时，可以重建选定曲线，并且使其保持原始状态
跨度数	该选项为选定曲线的跨度数
次数	该选项决定曲线的平滑度，次数值越高，曲线越平滑
保持原始	勾选该选项后，可以在曲线保持原始状态的前提下，创建并生成新的曲线

4.2.15　实战：重建曲线段数

Step 01 按空格键转入前视图，执行菜单栏中的【创建】→【曲线工具】→【CV 曲线工具】命令，如图 4-59 所示。在工作区中绘制一条曲线，曲线绘制完成后，按【Enter】键确认并生成曲线，如图 4-60 所示。

图 4-59

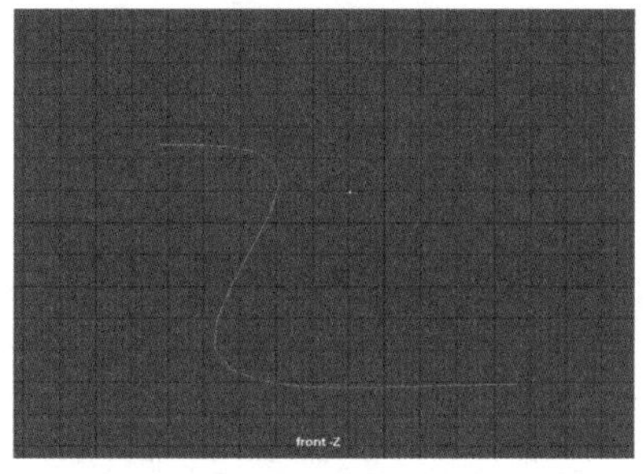

图 4-60

Step 02 选择绘制的曲线，按住鼠标右键，在弹出的菜单中拖曳选择【控制顶点】命令，如图 4-61 所示。可以看到曲线上的顶点不均匀，这会影响后续的建模工作，如图 4-62 所示。

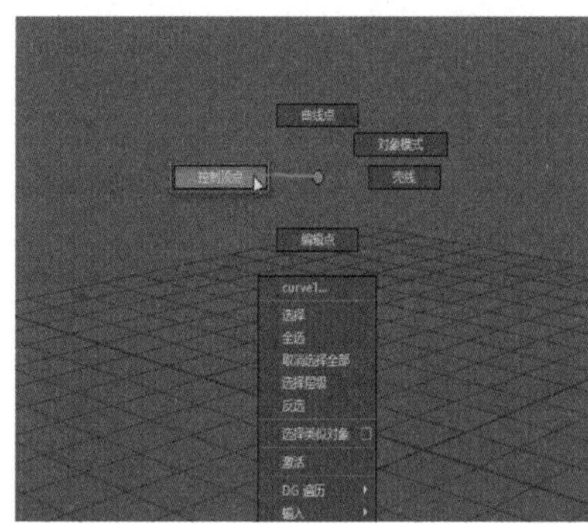

图 4-61

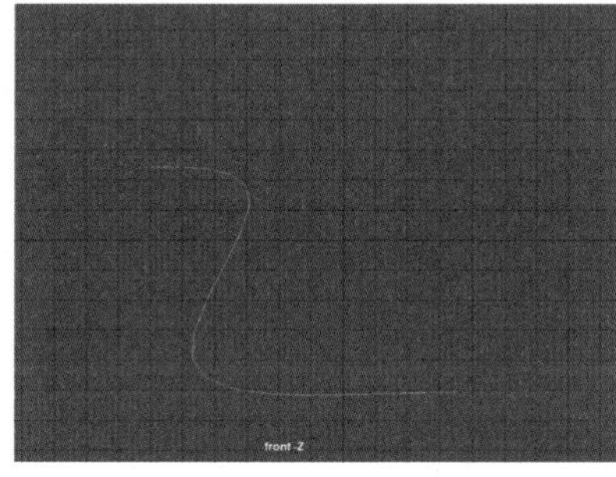

图 4-62

Step 03 按住鼠标右键，在弹出的菜单中拖曳选择【对象模式】命令，如图 4-63 所示。单击菜单栏中【曲线】→【重建】命令右侧的复选框，如图 4-64 所示，打开【重建曲线选项】对话框。

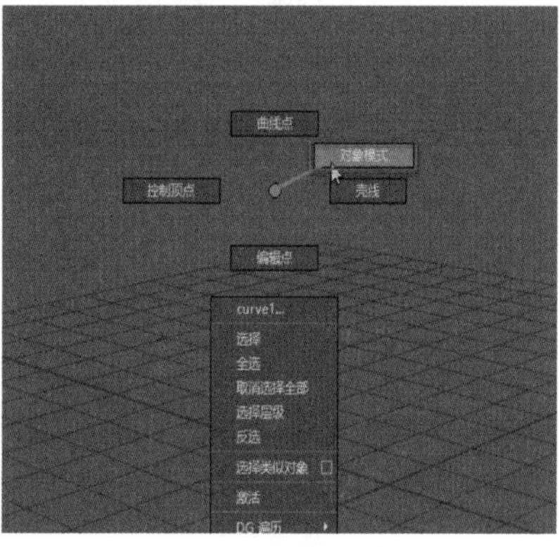

图 4-63

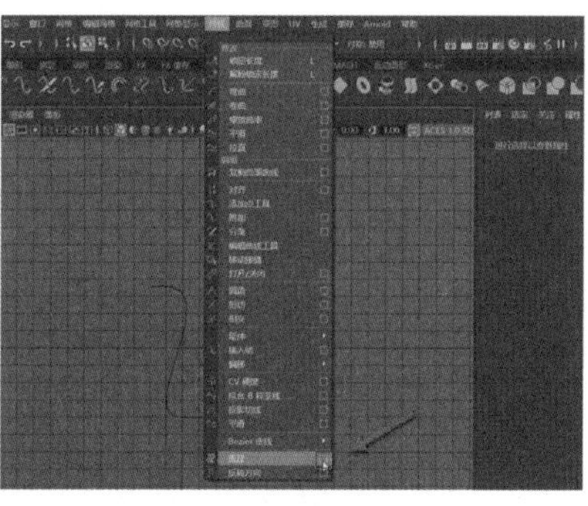

图 4-64

Step 04 在弹出的对话框中，❶将【跨度数】改为“8”，❷单击【重建】按钮即可，如图 4-65 所示。将曲线再次切换为编辑顶点模式，可以看到曲线上的顶点变得十分均匀，效果如图 4-66 所示。

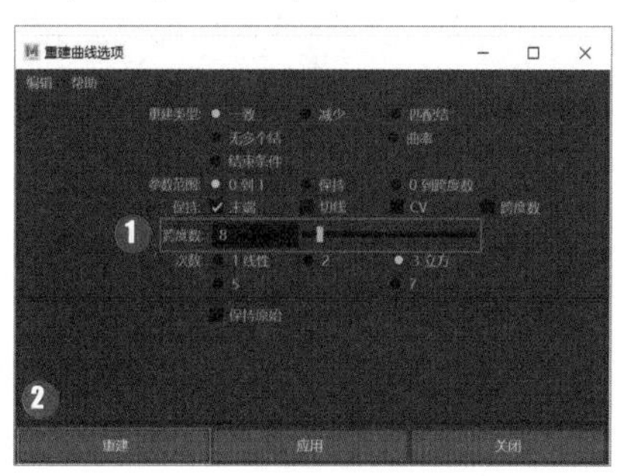

图 4-65

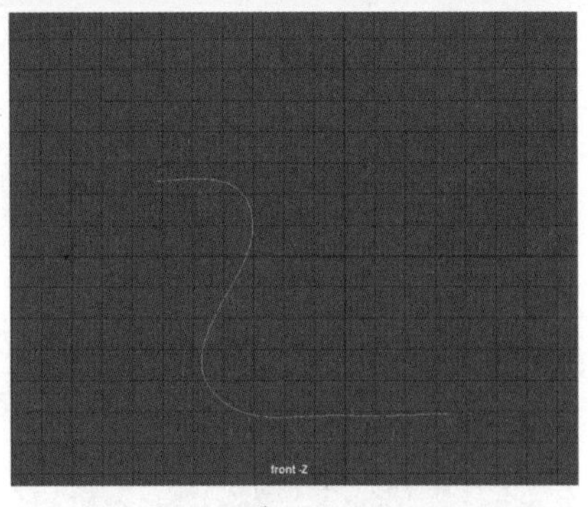

图 4-66

4.2.16 反转曲线方向

执行菜单栏中的【曲线】→【反转方向】命令，如图 4-67 所示，可以保留经过【反转方向】操作后的原始曲线。单击【反转方向】右侧的复选框，打开【反转曲线选项】对话框，如图 4-68 所示。如果选中【保持原始】复选框，则可以通过单击一个操纵器来执行反转曲线方向。

图 4-67

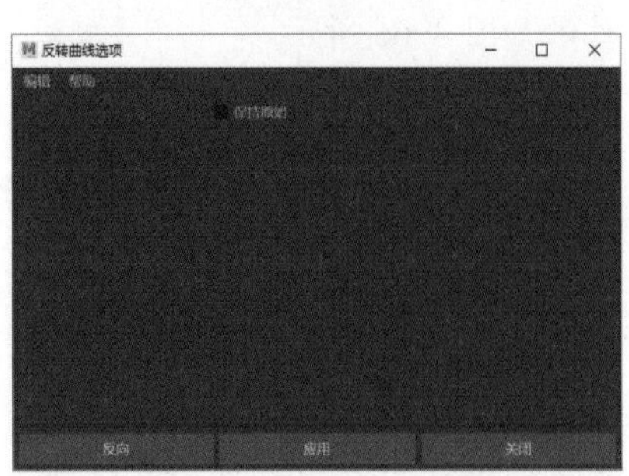

图 4-68

★重点 4.2.17 复制曲面上的曲线

创建好一个曲面后，执行菜单栏中的【曲线】→【复制曲面曲线】命令，如图 4-69 所示，可以复制曲面的单个或整体的曲线框架。单击【复制曲面曲线】命令右侧的复选框，打开【复制曲面曲线选项】对话框，如图 4-70 所示。如果选中【与原始对象分组】复选框，复制的曲线和原始曲面将在同一个层级。

图 4-69

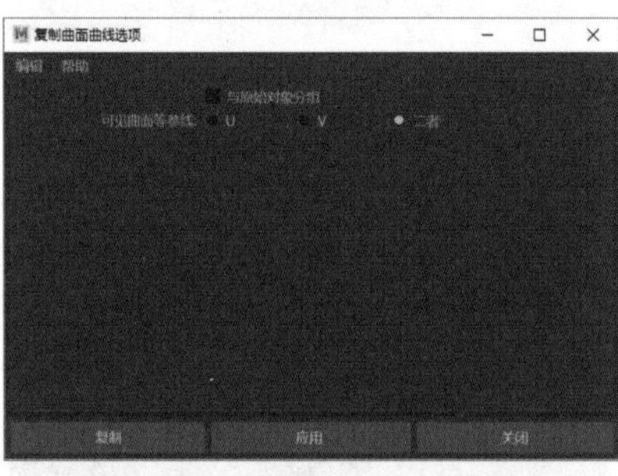

图 4-70

【复制曲面曲线选项】对话框中各选项的作用及含义如表 4-4 所示。

表 4-4 复制曲面曲线选项对话框中选项作用及含义

选项	作用及含义
与原始对象分组	启用此选项后，生成的复制曲线将作为创建该曲线的曲面的子对象

续表

选项	作用及含义
可见曲面等参线	U 为水平方向的所有等参线；V 为竖直方向的所有等参线。设置该选项，可以生成对象的单方向或双向的所有等参线

4.2.18 实战：复制曲面上的曲线

Step 01 在工作区中创建一个曲面，单击工具架中的【曲线 / 曲面】→【NURBS 球体】图标，如图 4-71 所示，选择创建的球体，执行菜单栏中的【曲线】→【复制曲面曲线】命令，如图 4-72 所示。

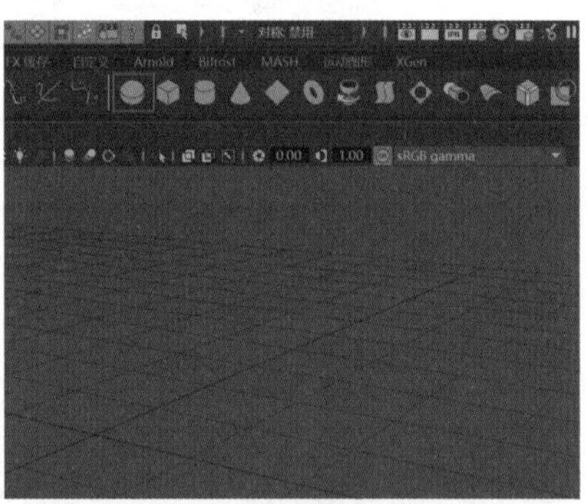

图 4-71

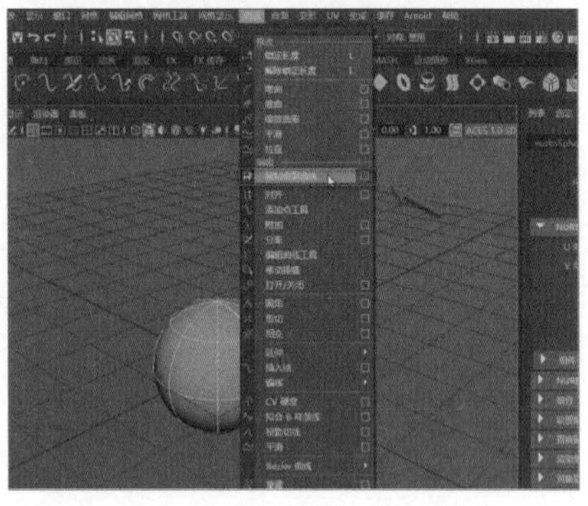

图 4-72

Step 02 命令执行后，用鼠标拖曳操纵器，如图 4-73 所示，可以看到创建的球体上的曲线框架被复制出来，如图 4-74 所示。

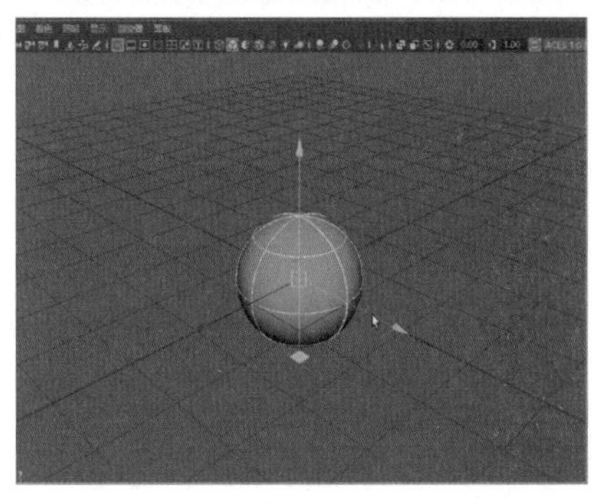
图 4-73

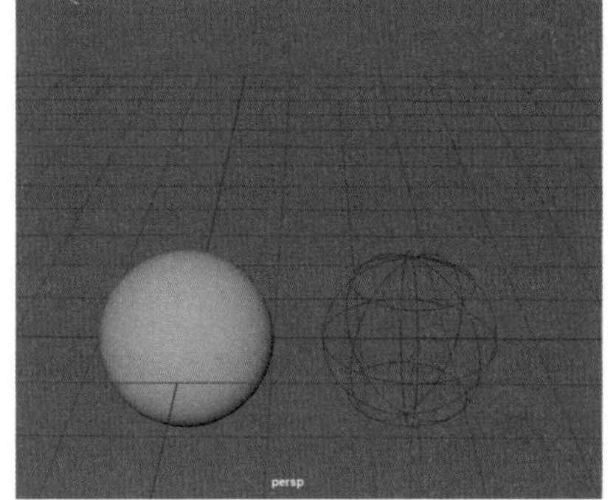

图 4-74

Step03 选中复制出来的框架，打开【大纲视图】面板，可以看到这个框架并不是一个整体，而是由多条曲线组成的，如图 4-75 所示。再次选中球体，按住鼠标右键，在弹出的菜单中拖曳选择【等参线】模式，如图 4-76 所示。

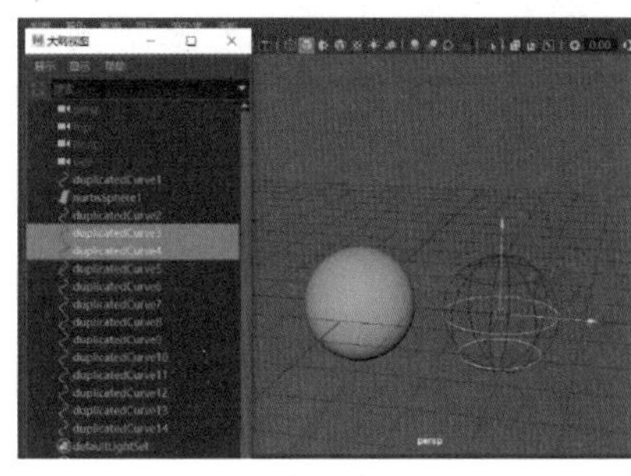

图 4-75

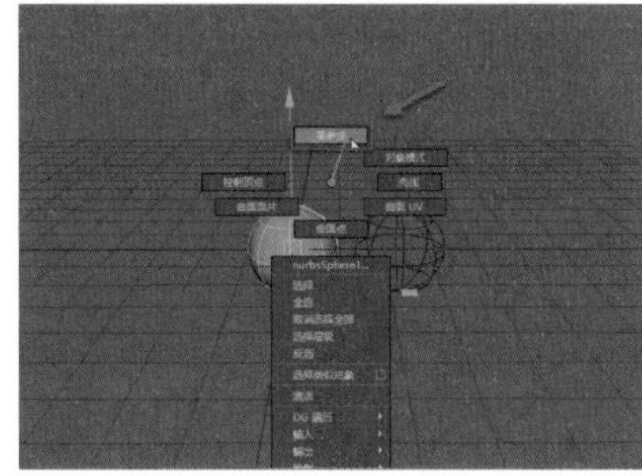
图 4-76

Step04 进入该模式后，可以单独选择曲面上的单条曲线，也可以按住【Shift】键加选多条曲线，如图 4-77 所示，再执行菜单栏中的【曲线】→【复制曲面曲线】命令，选择的局部曲线即会被复制出来，如图 4-78 所示。

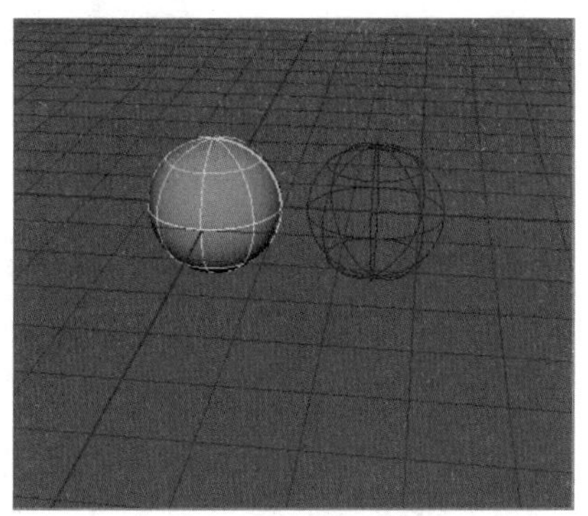
图 4-77

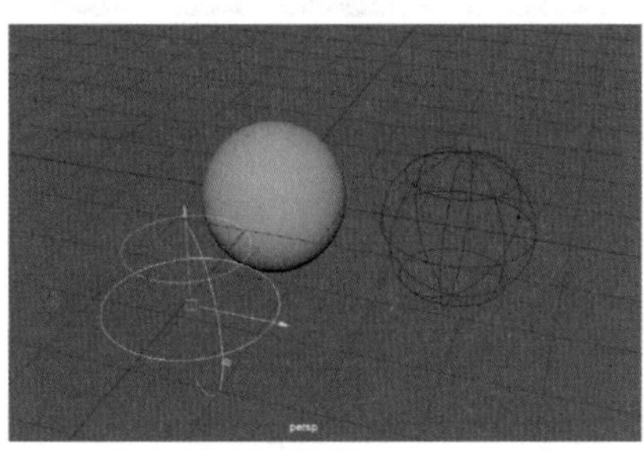

图 4-78

Step05 选择球体，单击【曲线】→【复制曲面曲线】命令右侧的复选框，打开【复制曲面曲线选项】对话框，❶ 选中【与原始对象分组】复选框，❷ 单击【复制】按钮，如图 4-79 所示，再按住鼠标左键拖曳操纵器，打开【大纲视图】面板，如图 4-80 所示，可以看到所有的曲线都被分到了原始球体的层级中。

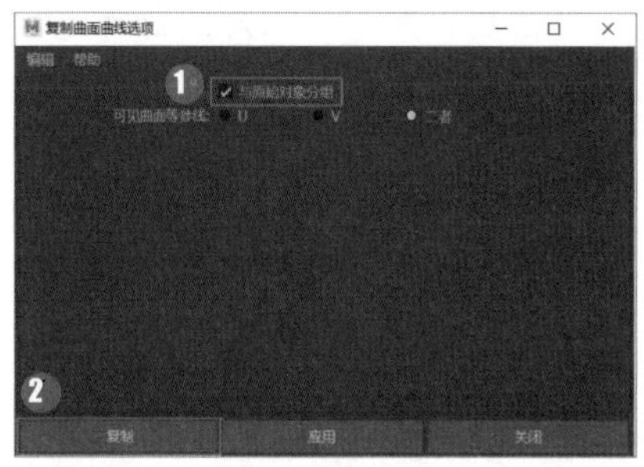

图 4-79

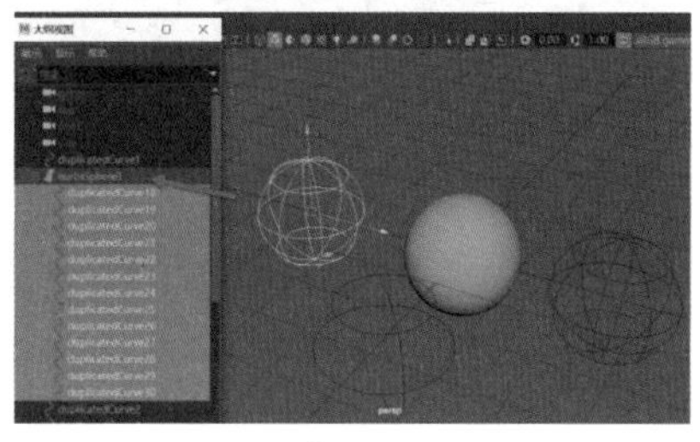

图 4-80

Step06 在【复制曲面曲线选项】对话框中执行【编辑】→【重置设置】命令，将【复制曲面曲线选项】恢复为默认值，如图 4-81 所示。选择球体，❶ 将【可见曲面等参线】的【U】选中，❷ 单击【复制】按钮，如图 4-82 所示。

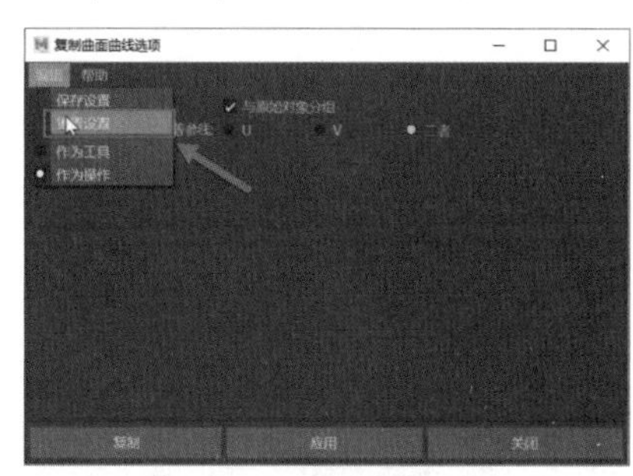

图 4-81

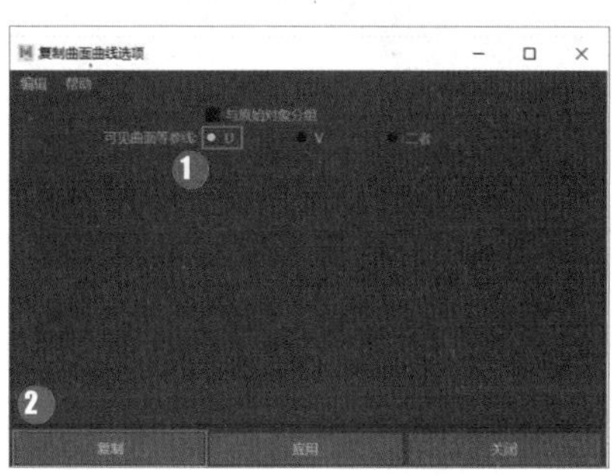

图 4-82

Step07 按住鼠标左键将操纵器从球体中拖曳出来，可以看到曲线是按水平方向复制的，如图 4-83 所示。选中球体，在【复制曲面曲线选项】对话框中，❶将【可见曲面等参线】的【V】选中，❷单击【复制】按钮，如图 4-84 所示。

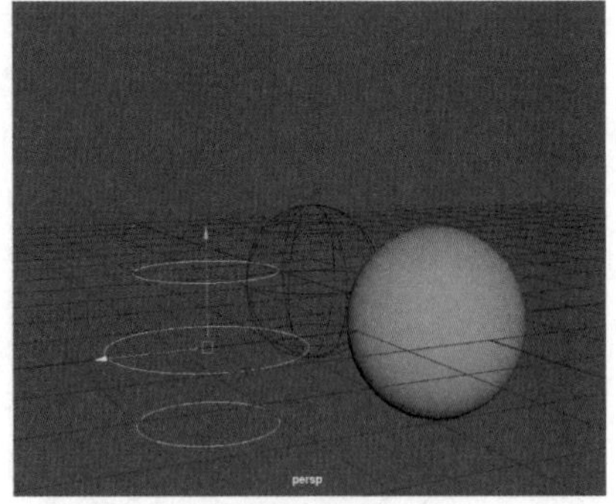

图 4-83

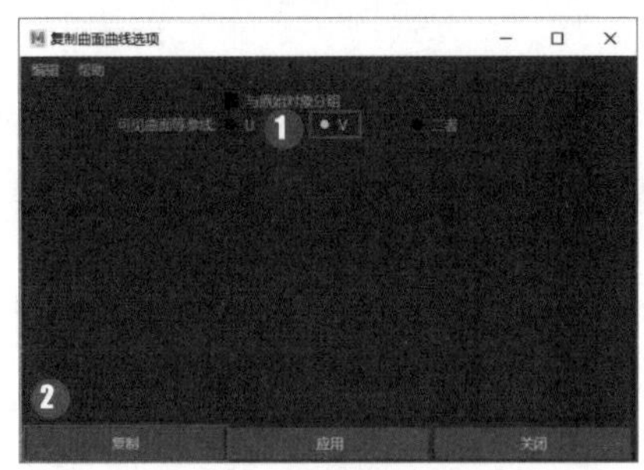

图 4-84

Step08 将操纵器从球体中拖曳出来，可以看到曲线是按竖直方向复制的，如图 4-85 所示。

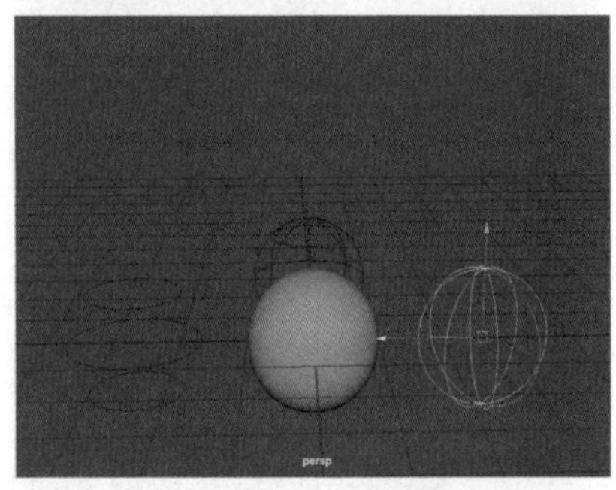

图 4-85

4.2.19 圆角

用曲线工具分别创建出两条曲线后，选中两条曲线，执行菜单栏中的【曲线】→【圆角】命令，如图 4-86 所示，可以将两条曲线连接到一起。单击【曲线】→【圆角】右侧的复选框，打开【圆角曲线选项】对话框，如图 4-87 所示，在其中可以调节曲线成角位置的半径、深度和偏移等。

图 4-86

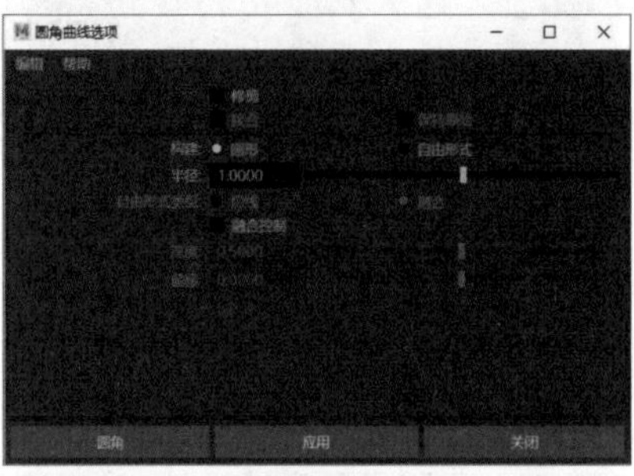

图 4-87

【圆角曲线选项】对话框中各选项的作用及含义如表 4-5 所示。

表 4-5 圆角曲线选项对话框中选项作用及含义

选项	作用及含义
修剪	启用此选项后，将在原始曲线的端点上生成圆角
接合	启用此选项后，修剪的曲线将和圆角曲线相连接
保持原始	启用此选项后，将在保留原始状态曲线的情况下，生成一条圆角曲线
构建	选择曲线圆角的形成方式
半径	设置曲线形成圆弧的深度
自由形式类型	设置自由形式下生成的圆角的顶点位置
融合控制	启用此选项后，可以调整曲线圆角的曲率
深度	该选项数值越大，生成的圆角曲线放置的位置就越深
偏移	调整生成圆角曲线的偏移方向

4.2.20 附加曲线

绘制完曲线后，选择两条或多条曲线，执行菜单栏中的【曲线】→【附加】命令进行附加，如图 4-88 所示，该命令会将曲线端点接合起来，形成一条新曲线，并可以设置其平滑度。

图 4-88

4.2.21 插入等参线

创建完曲面后，选择曲面，执行菜单栏中的【曲面】→【插入等参线】命令，如图 4-89 所示，可以在选定曲面的等参线上添加编辑点等参线。

图 4-89

4.2.22 实战：插入等参线

Step01 单击工具架中的【曲线/曲面】→【NURBS 球体】图标，创建一个 NURBS 球体，如图 4-90 所示，选择球体并长按鼠标右键，在弹出的菜单中拖曳选择【等参线】命令，如图 4-91 所示。

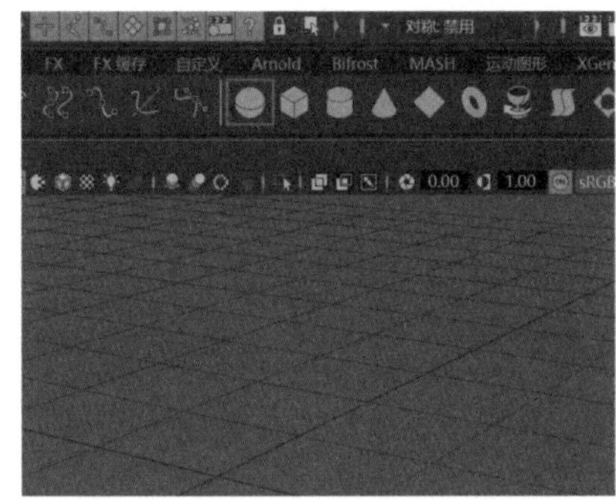

图 4-90

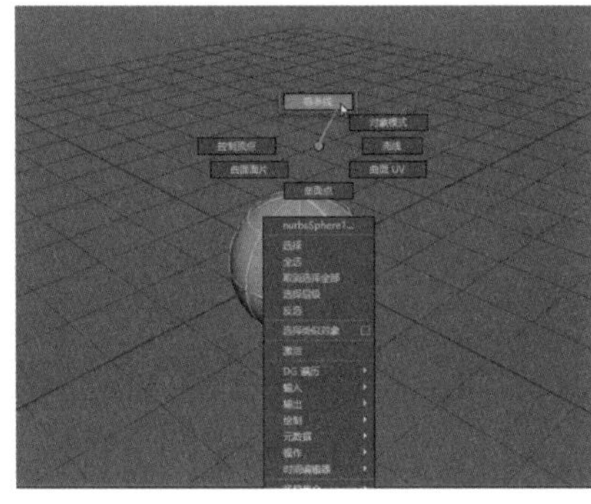

图 4-91

Step02 执行【等参线】命令后，选择球体上任意一条曲线，如图 4-92 所示，再用鼠标长按另一条曲线，如图 4-93 所示，可以看到曲面上会自动生成一条虚线。

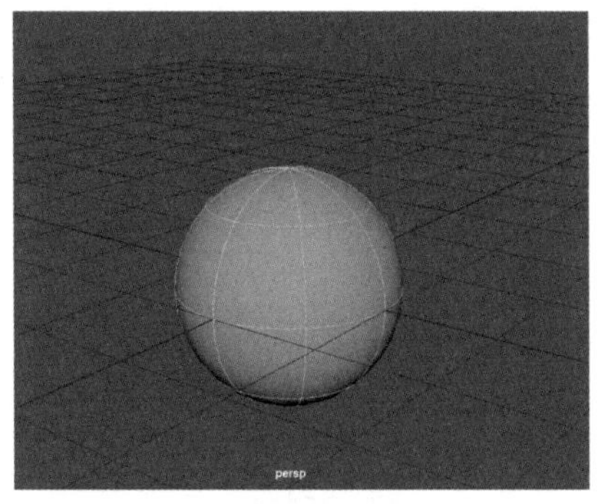

图 4-92

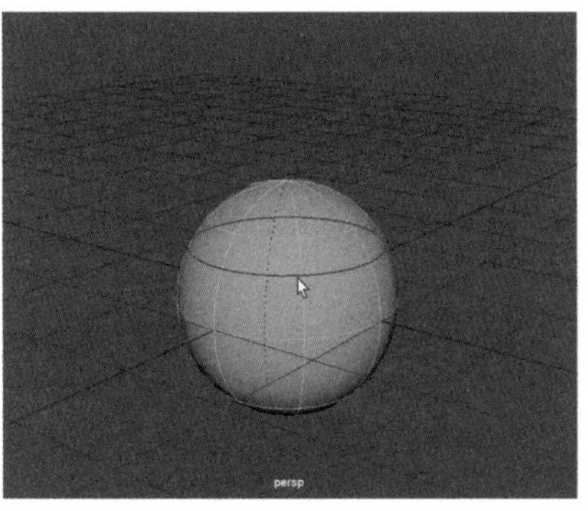

图 4-93

Step03 释放鼠标，这条虚线即是将要生成曲线的位置，如图 4-94 所示，执行菜单栏中的【曲面】→【插入等参线】命令，如图 4-95 所示。

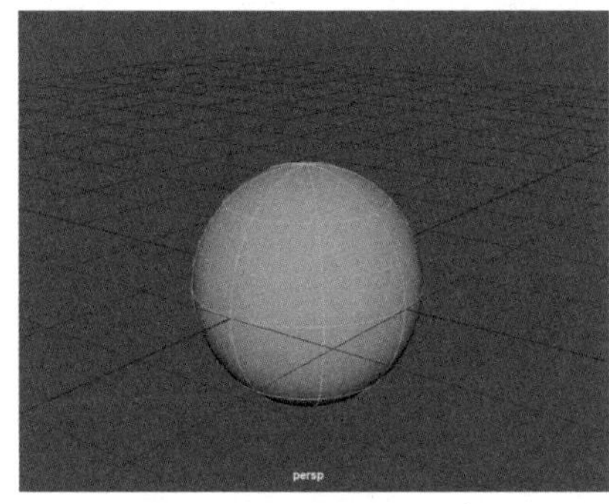

图 4-94

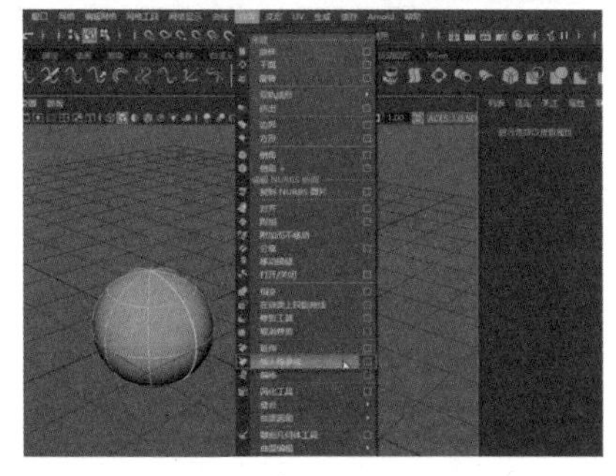

图 4-95

Step04 执行命令后，可以看到虚线处自动生成了曲线，如图 4-96 所示。

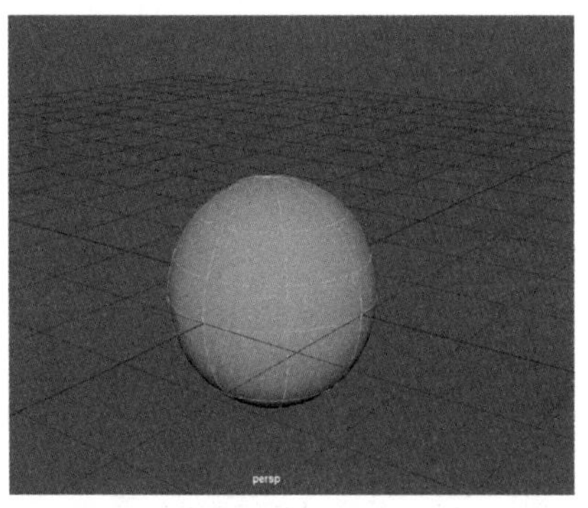

图 4-96

4.2.23 移动接缝

绘制完曲线后，执行菜单栏中的【曲线】→【移动接缝】命令，如图 4-97 所示，可以移动封闭曲线的起始点，用曲线生成曲面后，封闭曲线的接缝处与生成曲线的 UV 走向具有很大差别。

图 4-97

4.3 曲面建模必备技术

NURBS 是一种非常优秀的建模方式，高级三维软件都支持这种建模方式。通过本节内容，读者可以了解如何将曲线生成曲面，学习 Maya 必备的 NURBS 曲面建模技术。

4.3.1 放样成面

Maya 提供了多种建模方式，其中最常见的就是使用放样命令建模。当我们需要用多条轮廓线生成一个曲面时，可以执行【曲面】→【放样】命令，打开【放样选项】对话框，如图 4-98 所示。

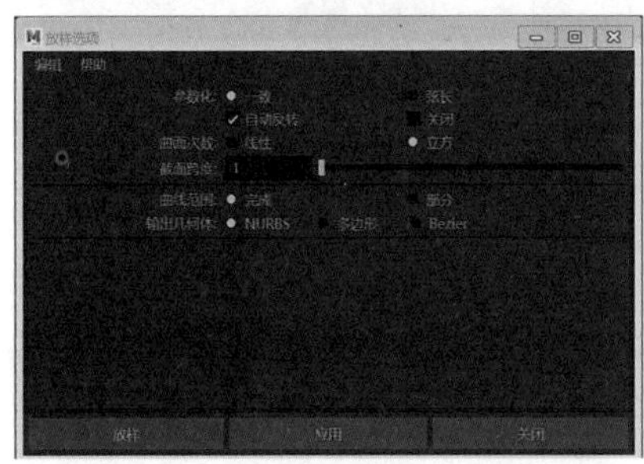

图 4-98

【放样选项】对话框中各选项的作用及含义如表 4-6 所示。

表 4-6 放样选项对话框中选项作用及含义

选项	作用及含义
参数化	用于调整放样曲面的 V 向参数值。如果选中【一致】单选按钮，可以使剖面曲线与 V 方向平行；如果选中【自动反转】复选框，在放样时，由于曲线方向不同，会产生曲面扭曲现象，该选项可以自动统一曲线的方向，使曲面不产生扭曲现象；如果选中【关闭】复选框，生成的曲面会自动闭合
截面跨度	用来设置生成曲面的分段数

续表

选项	作用及含义
曲线范围	选中【部分】单选按钮，可以在放样操作后使用【显示操纵器】工具，以更改用于创建曲面的曲线长度
输出几何体	指定创建的几何体类型

4.3.2 实战：制作等高线地形

Step01 执行菜单栏中的【创建】→【多边形基本体】→【平面】命令，创建一个平面，如图 4-99 所示。选择创建的平面，并在右侧的【通道盒 / 层编辑器】面板中设置长和宽的细分为 50，效果如图 4-100 所示。

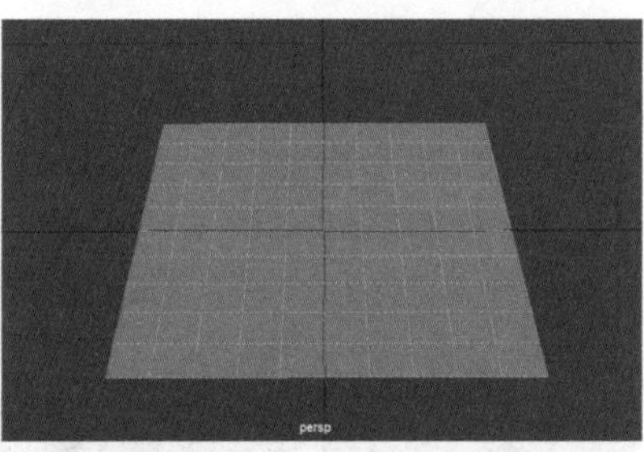

图 4-99

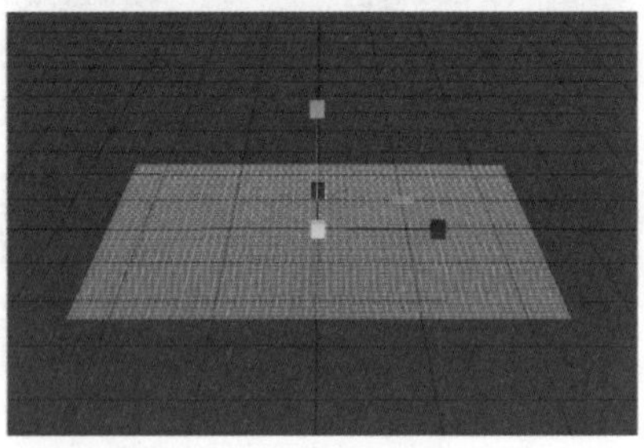

图 4-100

Step02 使用工具架中的【雕刻笔刷】对创建好的平面进行雕刻绘制。单击工具架中的【雕刻笔刷】图标，如图 4-101 所示。

图 4-101

技术看板

在任意一个视图中利用组合键【B+ 鼠标左右拖曳】（鼠标左键一定不要松开），可以调整笔刷的大小；利用组合键【M+ 鼠标上下拖曳】，可以调整笔刷的强度。

在不修改参数的情况下，在平面上的鼠标就可以看到效果。不过，Maya 自带的雕刻功能效果一般，如果只是简单使用笔刷的话，做出来的模型效果很差，如图 4-102 所示。

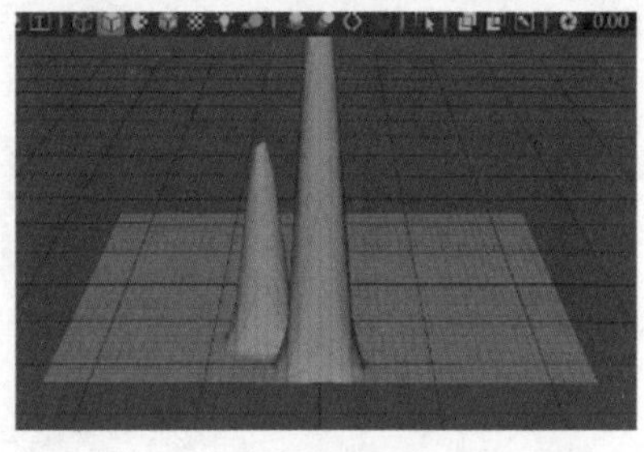

图 4-102

Step03 单击软件界面右上方的雕刻【工具设置】图标，如图 4-103 所示。

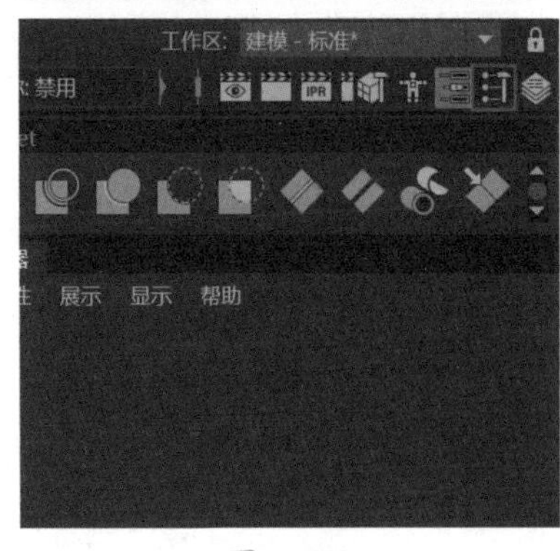

图 4-103

Step04 单击【工具设置】对话框中的【图章】区域，如图 4-104 所示。

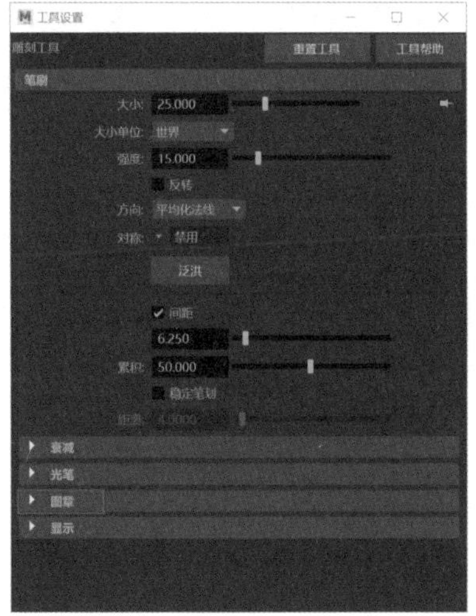

图 4-104

Step05 在展开的区域中单击【导入】按钮，如图 4-105 所示。

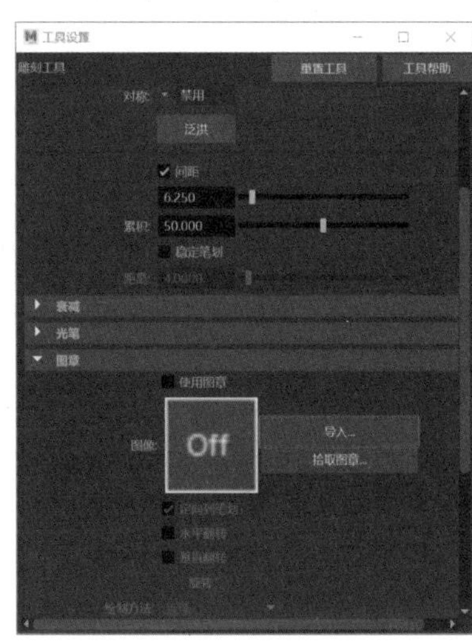

图 4-105

Step06 弹出新的面板后，找到素材文件路径，导入“素材文件\第 4 章\alpha 地形贴图 .jpg”文件，其他设置保持默认即可。导入的效果如图 4-106 所示。单击工具架中的【雕刻笔刷】图标，按住快捷键【B】，并在视图中拖曳鼠标左键，适当调整雕刻笔刷的影响范围。调整好笔刷参数后，在平面模型上多次拖曳鼠标左键进行雕刻，这时就能做出等高线地形图了，最终效果如图 4-107 所示。实例最终效果见“结果文件\第 4 章\DX.mb”文件。

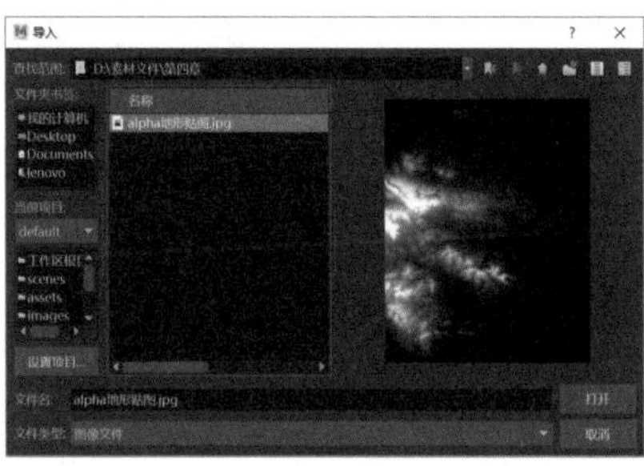

图 4-106

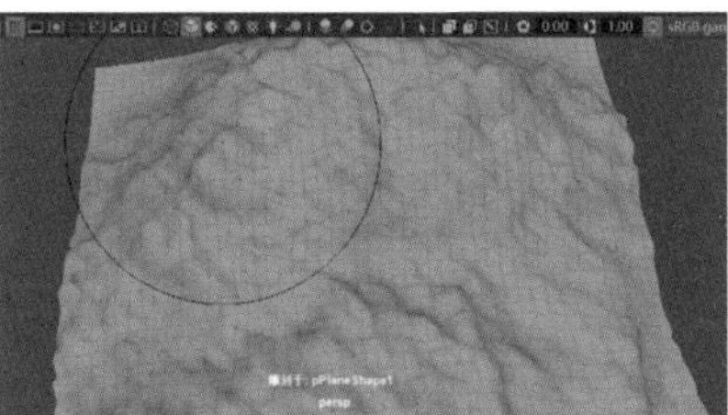

图 4-107

4.3.3 平面修剪曲面

平面修剪曲面一般用于将封闭的曲线、路径和剪切边生成一个平面，需要注意这些曲线、路径和剪切边都必须位于同一平面内。执行【曲面】→【平面】命令，即可打开【平面修剪曲面选项】对话框，如图 4-108 所示。

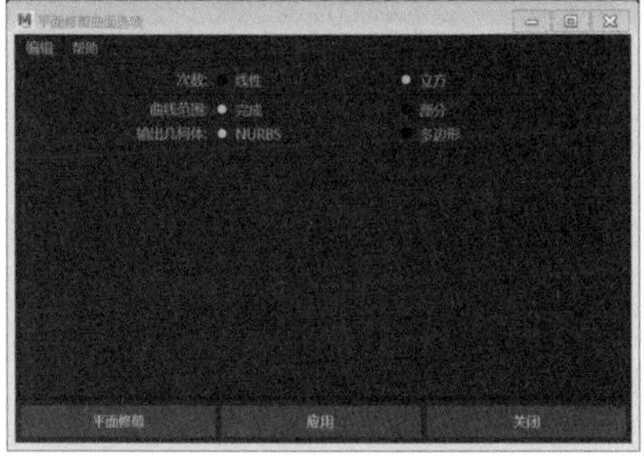

图 4-108

★重点 4.3.4 旋转成面

使用旋转命令可以将一条 NURBS 曲线的轮廓线生成一个曲面，并且可以控制旋转角度。执行【曲面】→【旋转】命令，即可打开【旋转选项】对话框，如图 4-109 所示。

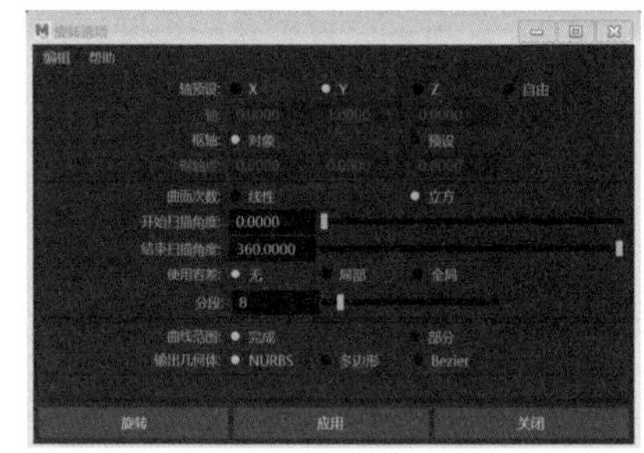

图 4-109

【旋转选项】对话框中各选项的作用及含义如表 4-7 所示。

表 4-7 旋转选项对话框中选项作用及含义

选项	作用及含义
轴预设	用来设置曲线旋转的轴向，有【X】【Y】【Z】和【自由】4 个选项
枢轴	用来设置旋转轴心点的位置，有【对象】【预设】和【枢轴点】3 个选项。【对象】是以曲线自身的轴心点位置作为旋转方向；【预设】是通过坐标来设置轴心点的位置；【枢轴点】是设置

续表

选项	作用及含义
枢轴	枢轴点的坐标。如果将【枢轴】设定为【对象】，则从默认枢轴位置 (0,0,0) 执行旋转。如果选择【预设】，可以在【枢轴点】框中输入值，以更改枢轴点的 X、Y 或 Z 位置
曲面次数	用来设置生成的曲面的次数，有【线性】和【立方】2 个选项。【线性】表示次数为 1，可生成不平滑的曲面；【立方】可生成平滑的曲面
开始/结束扫描角度	用来设置开始/结束扫描的角度
使用容差	用来设置旋转的精度。如果选择【无】，可以更改分段值；如果选择【全局】，将使用【首选项】窗口中【设置】区域中的【位置】和【切向】值；如果选择【局部】，可以直接输入一个新值来覆盖【首选项】窗口中的【位置】容差，这样可以创建更接近于实际旋转曲面的旋转曲面
分段	用来设置生成曲线的段数。段数越多，精度越高
曲线范围	选择【完成】作为【曲线范围】，将沿整条剖面曲线创建旋转曲面，这是默认设置。如果希望在旋转时使用曲线分段，则选择【部分】
输出几何体	用来选择输出几何体的类型，有【NURBS】【多边形】和【Bezier】3 种类型

4.3.5 双轨成形

【双轨成形】命令主要针对轮廓线，利用该命令可以将 3 条轮廓线生成一个平面，让 1 条轮廓线沿 2 条路径线进行扫描，从而生成曲面。执行【曲面】→【双轨成形】命令，即会弹出 3 个工具，如图 4-110 所示。

图 4-110

其中【双轨成形 1 工具】主要针对一条剖面曲线；【双轨成形 2 工具】和【双轨成形 3+ 工具】主要针对多条剖面曲线。利用剖面曲线能够创建和编辑出优美、对称的模型。

4.3.6 实战：制作双轨成形曲面

Step01 ❶ 单击工具架中的【EP 曲线工具】图标，在场景中绘制 2 条轨道曲线，如图 4-111 所示。❷ 选择曲线并长按鼠标右键，进入【编辑点】模式，如图 4-112 所示。

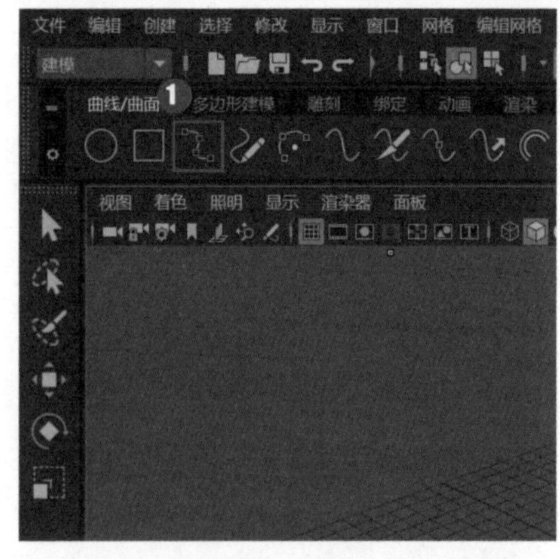

图 4-111

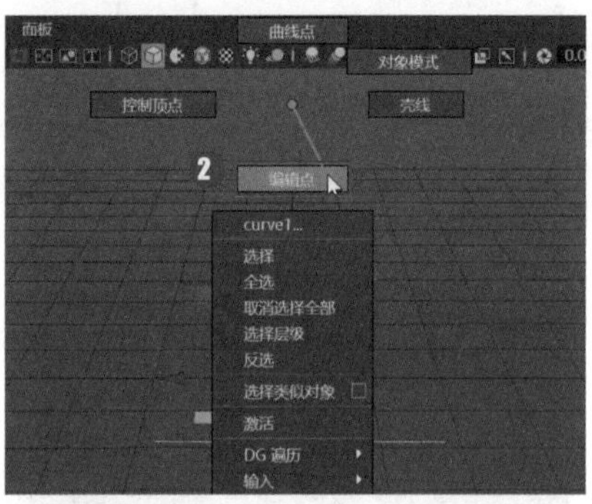

图 4-112

Step02 按空格键进入前视图。选择菜单栏中的【创建】→【曲线工具】→【圆弧工具】命令，创建一条剖面曲线。为保证剖面曲线和轨道曲线相交，按住【V】键将剖面曲线吸附到曲线编辑点上进行创建，如图 4-113 所示。创建完毕后，单击【前视图】回到透视图中，如图 4-114 所示。

图 4-113

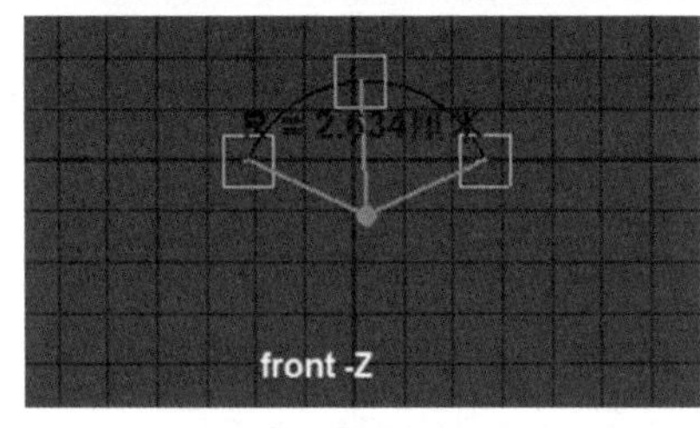

图 4-114

Step03 执行【曲面】→【双轨成形】→【双轨成形 1 工具】命令，如图 4-115 所示。单击创建的剖面曲线和轨道曲线，完成曲面的构建。最终效果如图 4-116 所示。

图 4-115

图 4-116

★重点 4.3.7 挤出成面

【挤出】命令一般用于将一条任意类型的轮廓曲线沿另一条曲线生成一个曲面。执行【曲面】→【挤出】命令，即可打开【挤出选项】对话框，如图 4-117 所示。

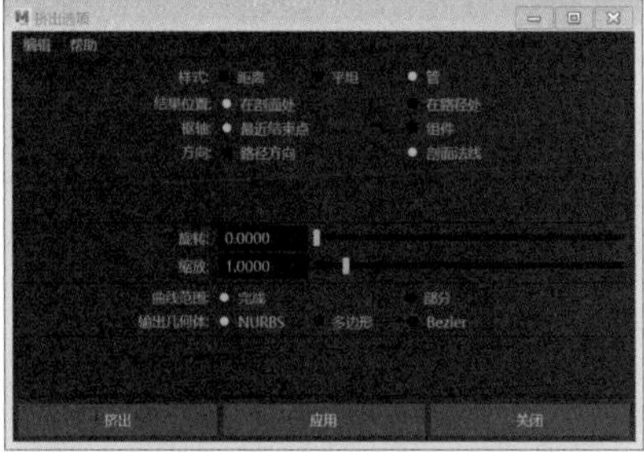

图 4-117

【挤出选项】对话框中各选项的作用及含义如表 4-8 所示。

表 4-8 挤出选项对话框中选项作用及含义

选项	作用及含义
样式	用来设置挤出的样式，有 3 种样式，分别为【距离】【平坦】和【管】。当选择【距离】时，将轮廓沿指定距离进行挤出；当选择【平坦】时，将轮廓线沿路径曲线进行挤出，但要保证曲线在挤出过程中始终平行于自身的轮廓线；当选择【管】时，将轮廓线以与路径曲线相切的方式挤出，这是默认的创建方式
结果位置	决定曲面挤出的位置，有 2 个选项，分别为【在剖面处】和【在路径处】。当选择【在剖面处】时，挤出的曲面在轮廓线上，如果轴心点没有在轮廓线的几何中心，那么挤出的曲面将位于轴心点上；当选择【在路径处】时，挤出的曲面在路径上
枢轴	用来设置挤出时的枢轴点类型，有 2 个选项，分别为【最近结束点】和【组件】。选择【最近结束点】时，将使用路径上最靠近轮廓曲线边界盒中心的端点作为枢轴点。选择【组件】时，各轮廓线将使用自身的枢轴点
方向	用来设置挤出曲面的方向，有 2 个选项，分别为【路径方向】和【剖面法线】。选择【路径方向】时，将沿路径的方向挤出曲面。选择【剖面法线】时，将沿轮廓线的法线方向挤出曲面
旋转	设置挤出的曲面的旋转角度
缩放	设置挤出的曲面的缩放量

4.3.8 实战：制作电话线模型

Step01 单击工具架中的【EP 曲线工具】图标，如图 4-118 所示。在场景中绘制一条轨道曲线，如图 4-119 所示。

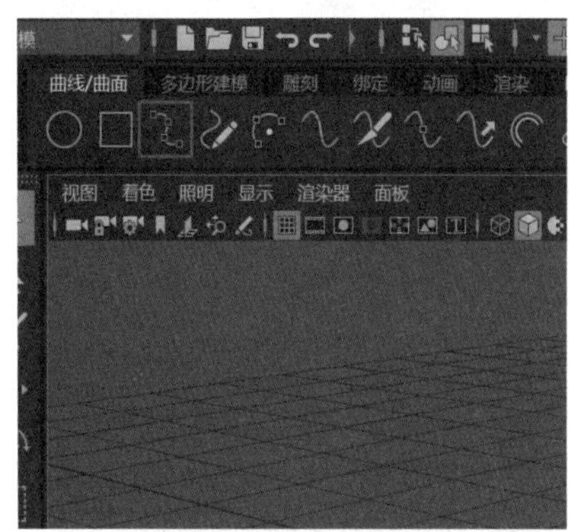

图 4-118

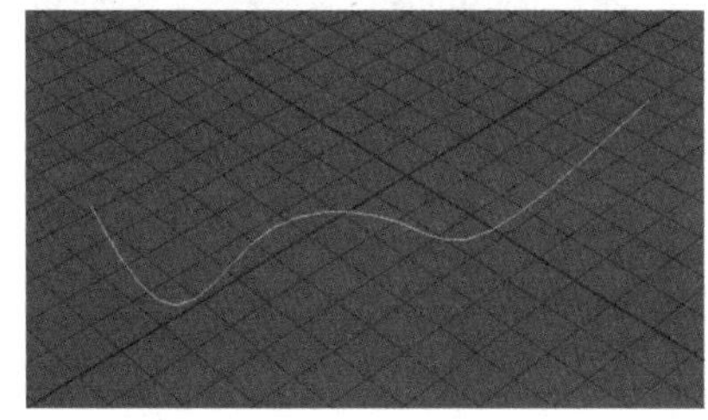

图 4-119

Step02 ❶ 选择菜单栏中的【创建】→【多边形基本体】→【螺旋线】命令，创建螺旋线，如图 4-120 所示。❷ 在【通道盒 / 层编辑器】面板的【输入】区域中调整螺旋线的参数，将【圈数】设置为“12”，【高度】设置为

"13"，如图 4-121 所示。螺旋线的效果如图 4-122 所示。

图 4-120

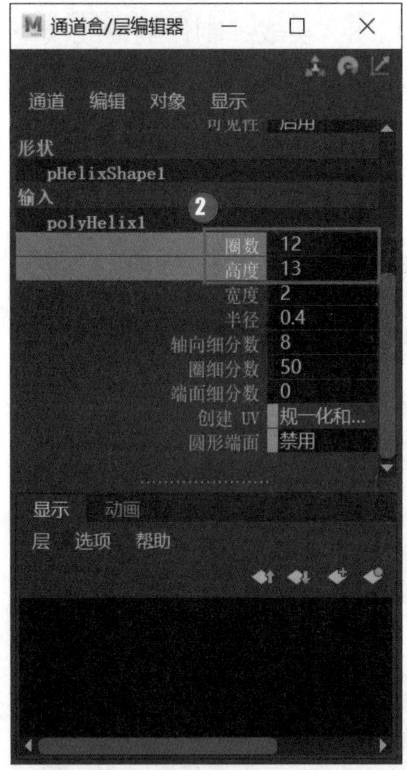

图 4-121

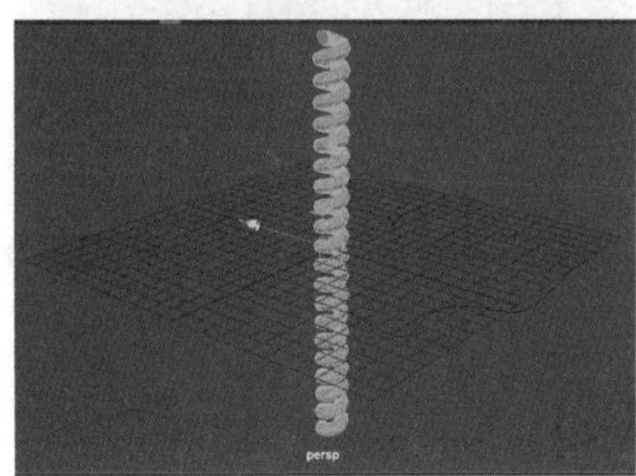

图 4-122

Step03 同时选中创建好的螺旋线和轨道曲线，选择菜单栏中的【变形】→【曲线扭曲】命令，即可创建出一个电话线模型，如图 4-123 所示。实例最终效果见"结果文件\第 4 章\DHX.mb"文件。

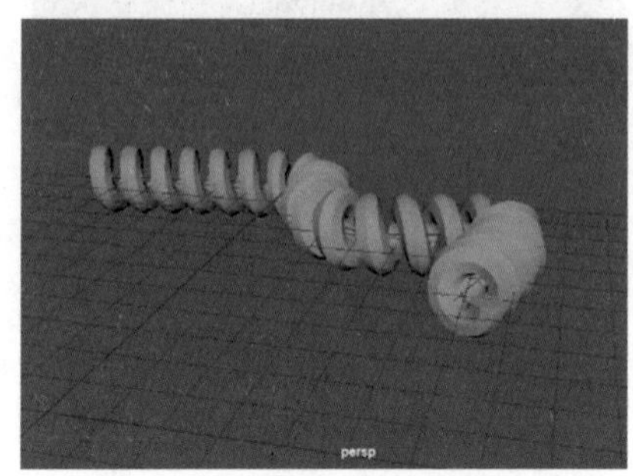

图 4-123

4.3.9 实战：制作皮带模型

Step01 执行菜单栏中的【创建】→【曲线工具】→【EP 曲线工具】命令，在场景中绘制一条皮带形状的轮廓曲线，如图 4-124 所示。

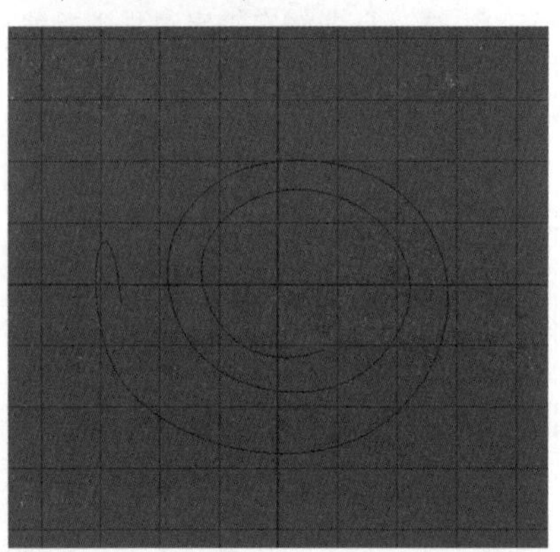

图 4-124

Step02 执行菜单栏中的【曲面】→【挤出】命令，如图 4-125 所示，即可对轮廓曲线进行编辑，将轮廓曲线生成一个平面，如图 4-126 所示。

图 4-125

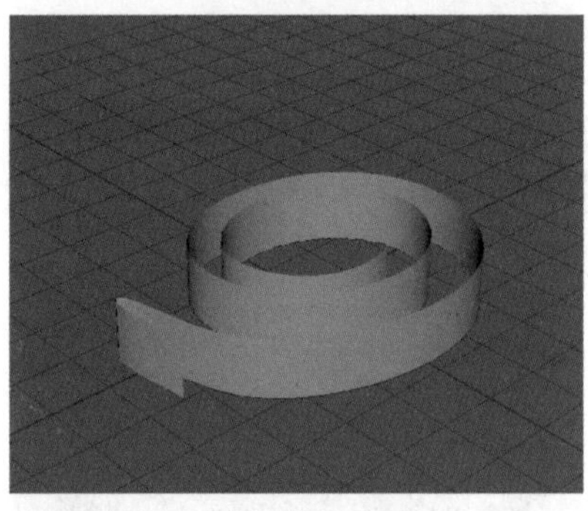

图 4-126

Step03 再创建一个皮带扣。执行菜单栏中的【创建】→【多边形基本体】→【立方体】命令，创建两个立方体并调整大小，如图 4-127 所示。

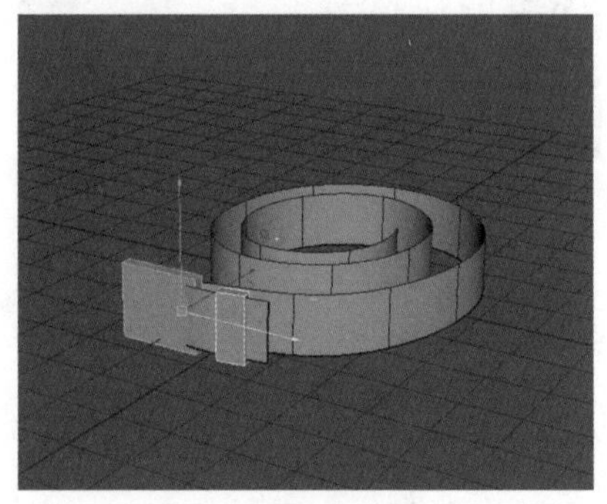

图 4-127

Step04 选择其中一个长方体的局部面，按组合键【Shift+ 鼠标右键】并拖曳选择【挤出面】命令，如图 4-128 所示，拖曳弹出的操纵器，如图 4-129 所示。

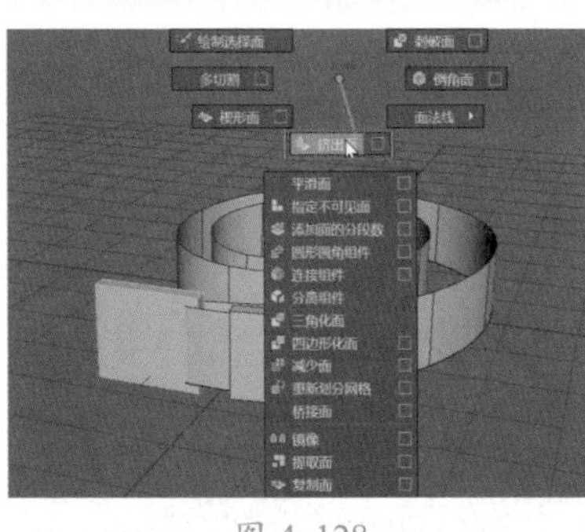

图 4-128

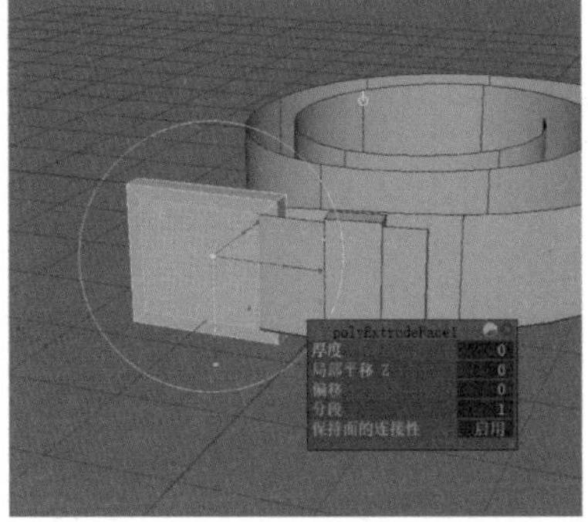

图 4-129

Step05 选择局部面进行删除，如图 4-130 所示，选择该模型，按组合键【Shift+鼠标右键】并拖曳选择【附加到多边形工具】命令，如图 4-131 所示。

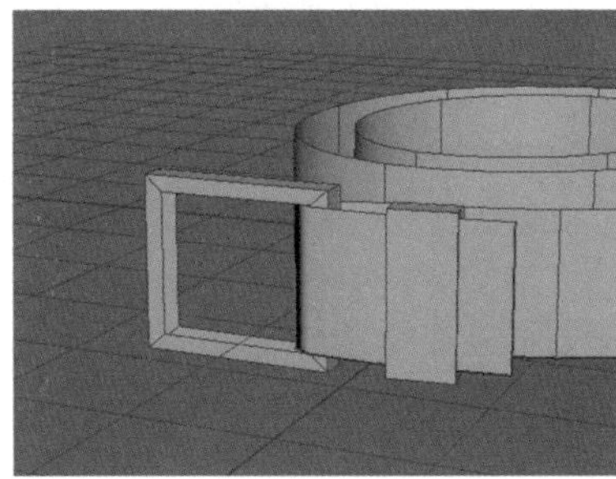

图 4-130

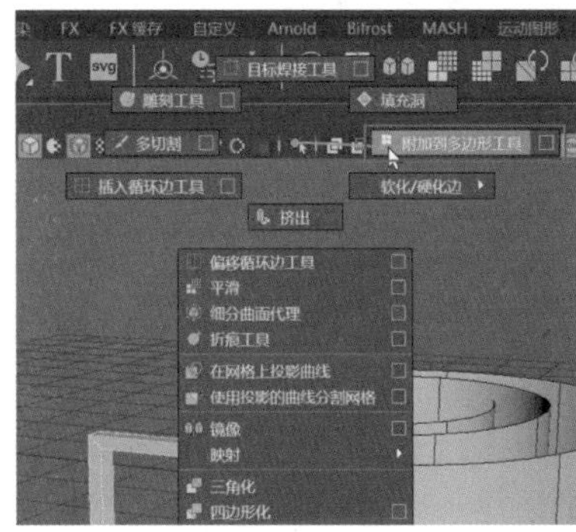

图 4-131

Step06 依次选择空面的对边进行补面，如图 4-132 所示，将空面都补好后，选择局部边，按组合键【Shift+ 鼠标右键】并拖曳选择【硬化边】命令，如图 4-133 所示。

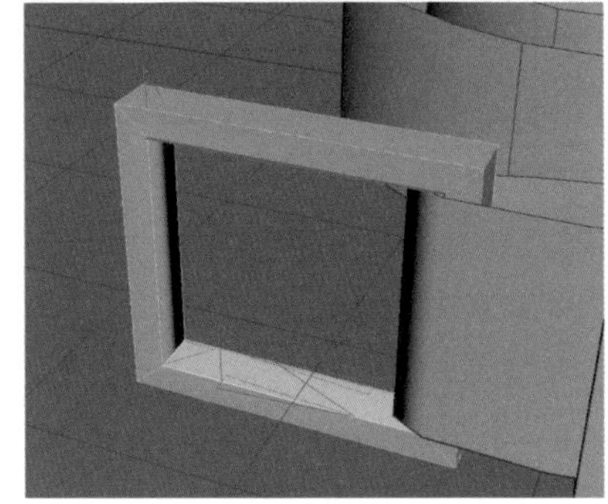

图 4-132

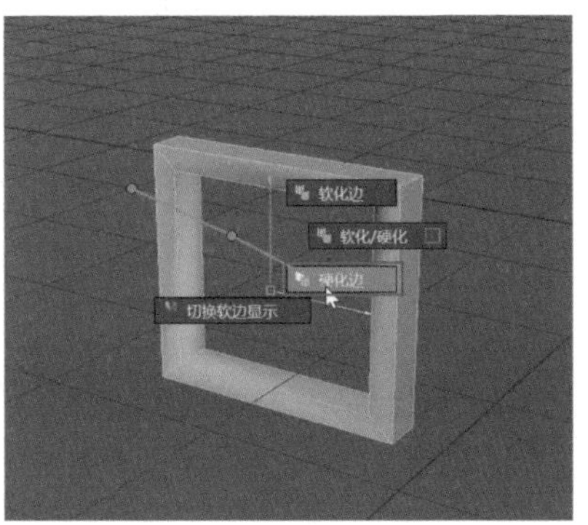

图 4-133

Step07 对另一个长方体也进行一次挤出和补面，制作一个凹槽效果，如图 4-134 所示。

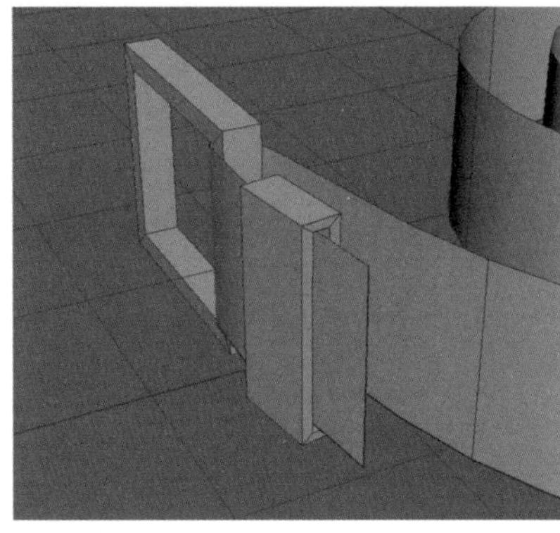

图 4-134

Step08 创建一个立方体，移动到合适的位置并调整为长方体，如图 4-135 所示，按组合键【Shift+ 鼠标右键】并拖曳选择【插入循环边工具】命令，如图 4-136 所示。

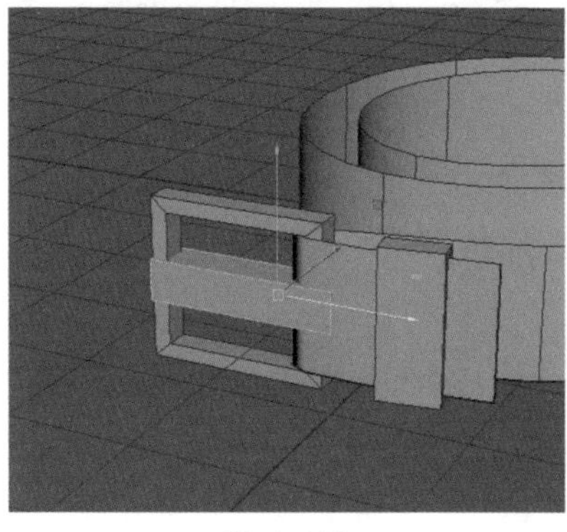

图 4-135

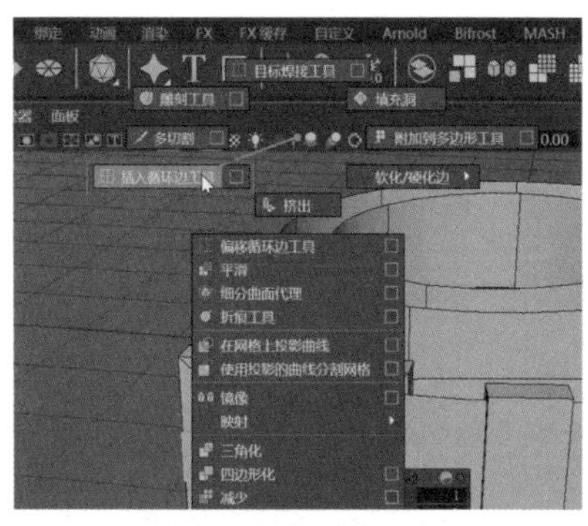

图 4-136

Step09 为该模型添加多条循环边并调整造型，如图 4-137 所示，同样，为另一个长方体添加细节，如图 4-138 所示。

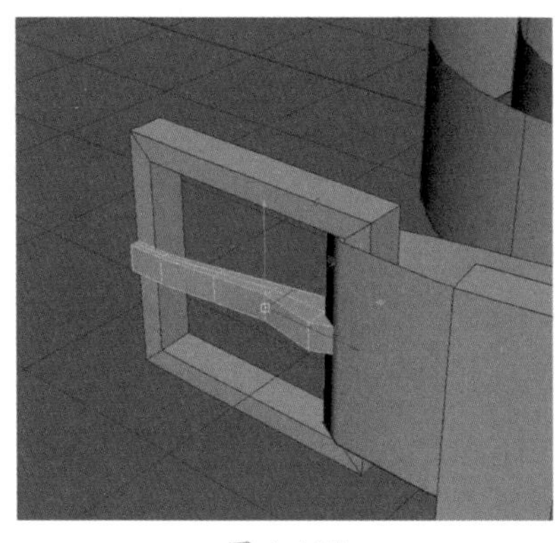

图 4-137

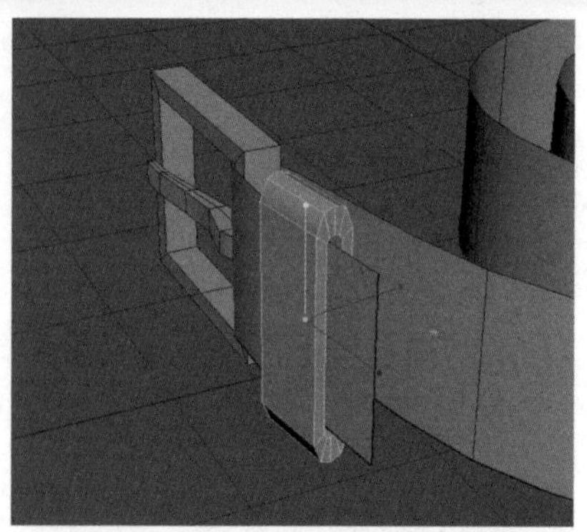

图 4-138

Step 10 皮带模型的效果如图 4-139 所示。实例最终效果见“结果文件\第 4 章\PD.mb”文件。

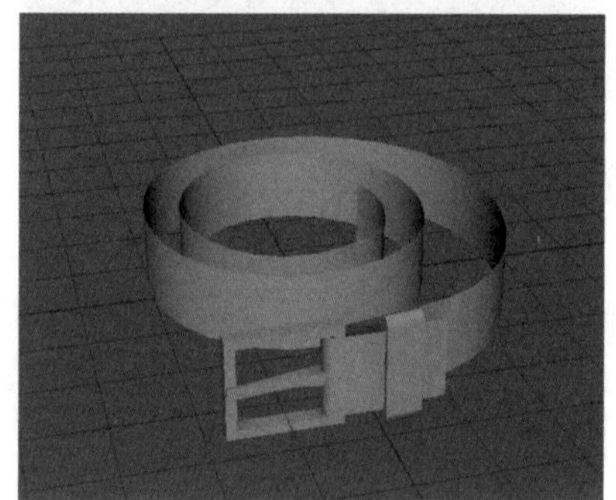

图 4-139

4.3.10 边界成面

【边界成面】命令的作用和【平面】命令比较相似，不同之处在于【平面】命令要求曲线必须处于闭合状态，并要求所有的控制点都在同一平面上，【边界】命令所要求的是要创建并选择 3 条或 4 条曲线，并且曲线上的控制点比较自由，能制作出奇特的形状。执行【曲面】→【边界】命令，即可打开【边界选项】对话框，如图 4-140 所示。

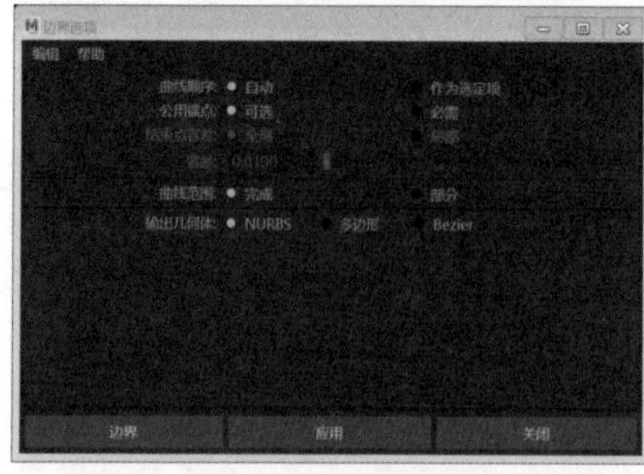

图 4-140

【边界选项】对话框中各选项的作用及含义如表 4-9 所示。

表 4-9 边界选项对话框中选项作用及含义

选项	作用及含义
曲线顺序	选中【自动】单选按钮，将自动创建特殊的边界；选中【作为选定项】单选按钮，会以曲线选择顺序确定生成的曲面
公用端点	用于决定是否在创建边界曲面前匹配结束点，有 2 个选项，分别为【可选】和【必需】。如果选择【可选】，即使在创建边界曲面前没有匹配到结束点，也会生成曲面，这是默认设置；如果选择【必需】，将仅在曲线结束点完全匹配的情况下构建边界曲面
结束点容差	通过更改结束点的数值，决定曲线重合时的接近程度。该参数只有选择【必需】作为【公共端点】时方可使用，有 2 个选项，分别为【全局】和【局部】。如果选择【全局】，容差将自动使用首选项设置区域中的【位置】值；如果选择【局部】，容差用于输入新值来覆盖【首选项】窗口中的【位置】值

4.3.11 实战：制作边界成面曲面

Step 01 单击工具架中的【方形】图标，如图 4-141 所示。创建一个四边形曲线，效果如图 4-142 所示。

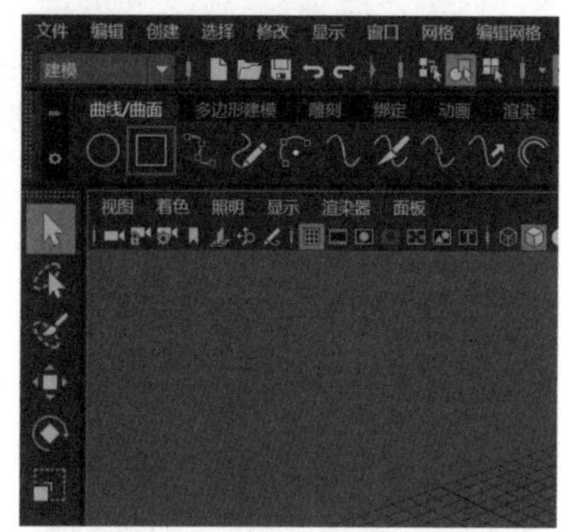

图 4-141

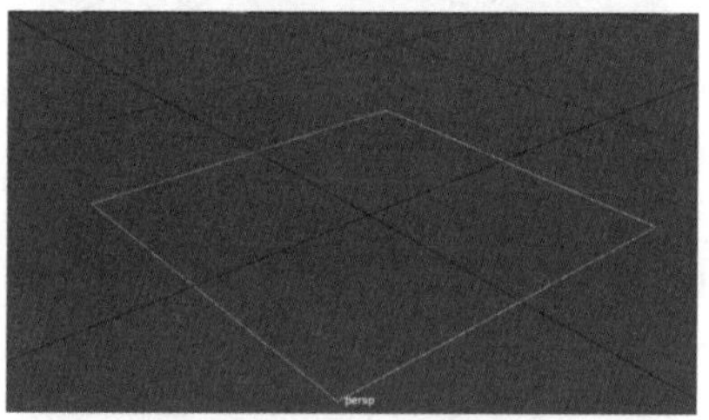

图 4-142

技术看板

创建出来的四边形曲线不是一个整体，符合边界成面的构建要求。

Step 02 全选 4 条曲线，并执行【曲面】→【边界】命令，如图 4-143 所示。即会自动生成一个曲面，效果如图 4-144 所示。

图 4-143

图 4-144

4.3.12 方形成面

方形成面可将 3 条或 4 条相交的边界曲线填充形成方形曲面，前提是曲线必须按顺时针方向或逆时针方向选择。执行【曲面】→【方形】菜单命令，即可打开【方形曲面选项】对话框，如图 4-145 所示。

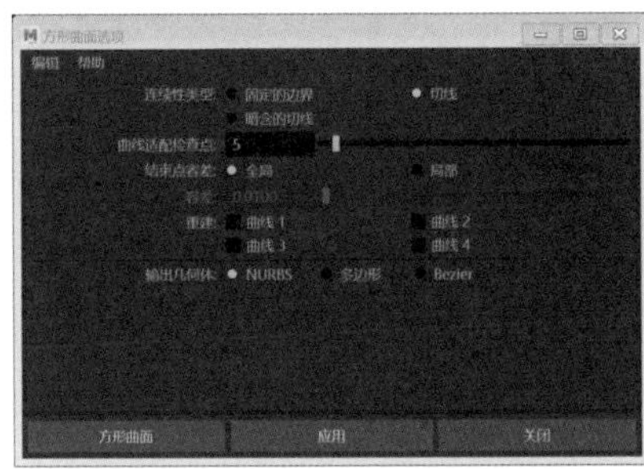

图 4-145

【方形曲面选项】对话框中各选项的作用及含义如表 4-10 所示。

表 4-10 方形曲面选项对话框中选项作用及含义

选项	作用及含义
连续性类型	设置所创建的曲面相切的类型，有 3 个选项，分别为【固定的边界】【切线】和【暗含的切线】。如果选择【固定的边界】，则不保证曲面曲线处的连续性；如果选择【切线】，将生成平滑的连续曲面；如果选择【暗含的切线】，将根据所在平面的法线生成相切的曲面
曲线适配检查点	用来设置需要使用的等参线数量
结束点容差	有 2 个选项，分别为【全局】和【局部】。【全局】容差意味着使用【首选项】窗口中设置的【位置】值；选择【局部】容差可以输入新值以覆盖在【首选项】中设置的【位置】容差值
重建	提供用于生成【方形】曲面的曲线
输出几何体	指定创建的几何体的类型

4.3.13 曲面倒角

【曲面倒角】一般用于从剖面曲线创建倒角切换曲面。执行【曲面】→【倒角】命令，即可打开【倒角选项】对话框，如图 4-146 所示。

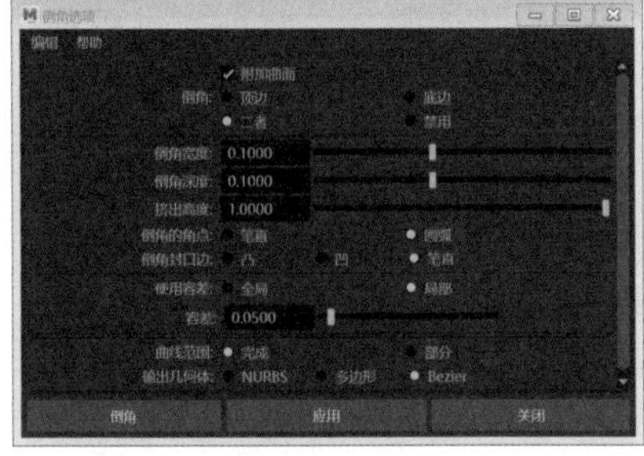

图 4-146

【倒角选项】对话框中各选项的作用及含义如表 4-11 所示。

表 4-11 倒角选项对话框中选项作用及含义

选项	作用及含义
附加曲面	此选项会附加倒角曲面的每个部分。如果禁用此选项，则不附加曲面
倒角	用来指定在特定位置生成倒角曲面。一共分为 4 种类型，分别是顶边、底边、二者和禁用
倒角宽度	指定从曲线或等参线前方查看的倒角的初始宽度
倒角深度	指定曲面的倒角部分的初始深度
挤出高度	指定曲面挤出部分的高度，但不包括倒角的曲面区域
倒角的角点	指定在倒角曲面中如何处理原始构建曲线中的角点
倒角封口边	用来设定曲面的倒角部分的形状
使用容差	允许创建原始输入曲线的指定容差内的倒角。设定【全局容差】时，使用【首选项】窗口中【设置】中的【位置】值。设定【局部容差】时，允许输入新值以替代【首选项】窗口中的值
曲线范围	如果要从曲线创建倒角，则使用【曲线范围】选项
输出几何体	指定创建的几何体类型

4.3.14 实战：制作字母模型曲面倒角

Step01 执行菜单栏中的【创建】→【曲线工具】→【EP 曲线工具】命令，在场景中绘制一个字母 C 的曲线轮廓，如图 4-147 所示。

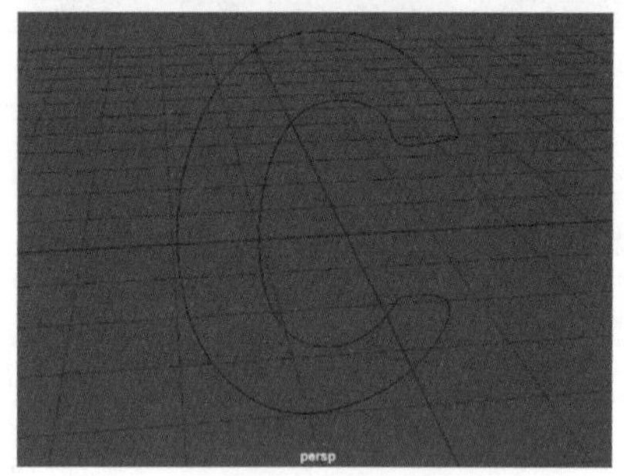

图 4-147

Step02 绘制的曲线不是闭合状态，需要将曲线调整为闭合状态，才能完成接下来的操作。执行【曲线】→【打开 / 关闭】命令，将曲线调整为闭合状态，如图 4-148 所示。调整后的效果如图 4-149 所示。

图 4-148

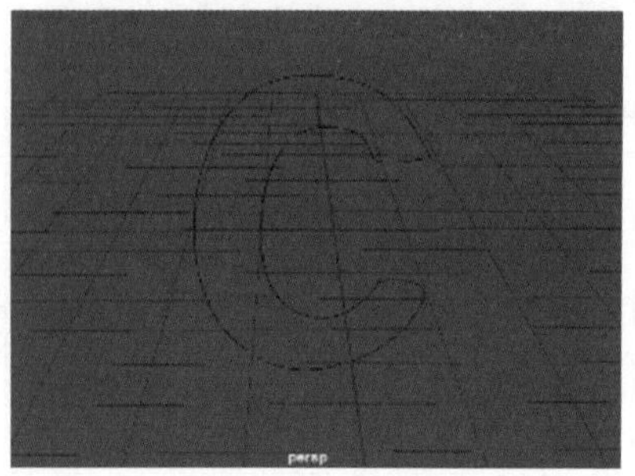

图 4-149

Step03 执行【曲面】→【倒角】命令，创建字母 C 模型的曲面倒角。效果如图 4-150 所示。实例最终效果见“结果文件 \ 第 4 章 \zimu.mb”文件。

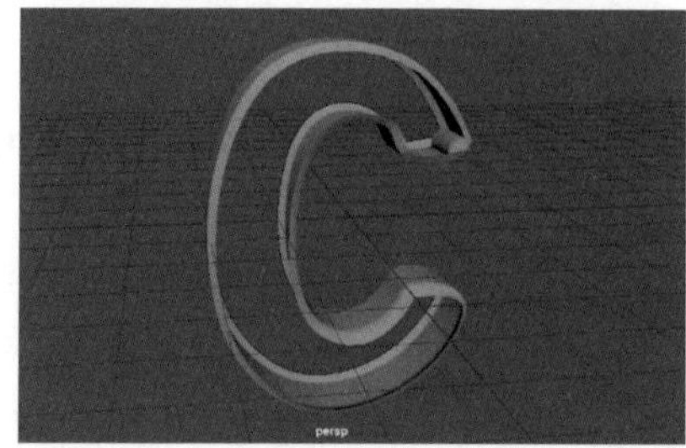

图 4-150

技能拓展——制作底面封口

如果想要完成封口，需要曲线上的等位线在同一平面上。右击制作好的曲面进入【等位线】模式，选择底部边缘上的等位线，如图 4-151 所示。

执行菜单栏中的【曲面】→【平面】命令，即可制作底部封口平面。完成后的效果如图 4-152 所示。

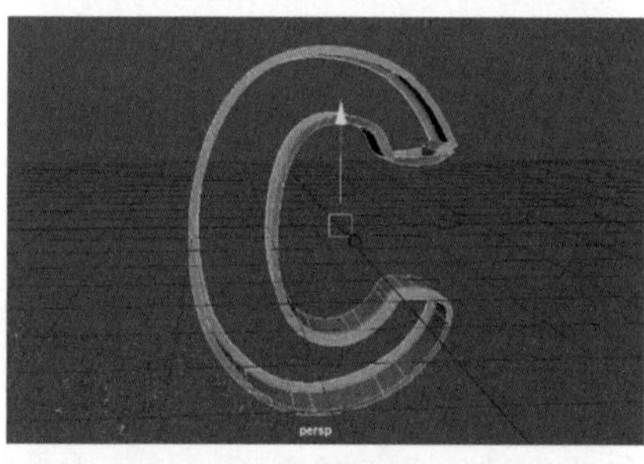

图 4-151

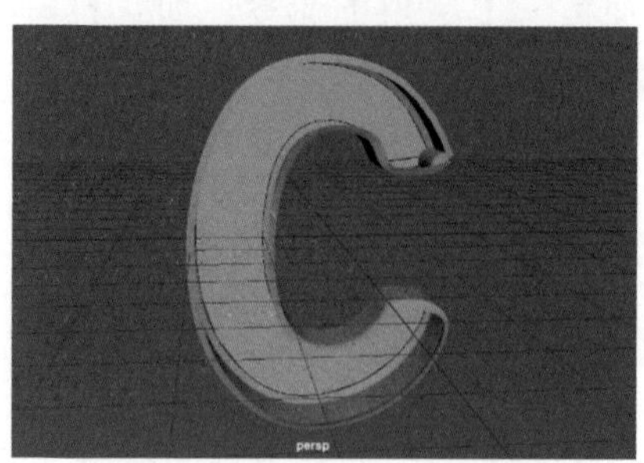

图 4-152

4.3.15 曲面的相交

使用【曲面相交】命令可以在曲面的交界处生成一条相交曲线，方便进行后续的剪切操作。执行【曲面】→【相交】命令，即可打开【曲面相交选项】对话框，如图 4-153 所示。

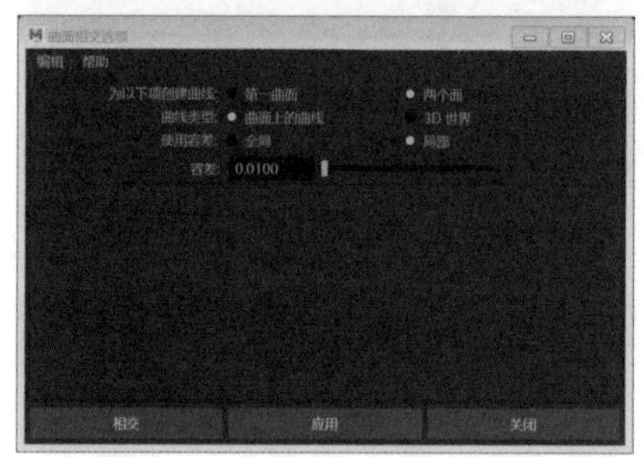

图 4-153

【曲面相交选项】对话框中各选项的作用及含义如表 4-12 所示。

表 4-12 曲面相交选项对话框中选项作用及含义

选项	作用及含义
为以下项创建曲线	用来决定生成曲线的位置。如果选择【第一曲面】，将在第一个选择的曲面上生成相交曲线。如果选择【两个面】，将在两个曲面上生成相交曲线
曲线类型	用来决定生成曲线的类型。如果选择【曲面上的曲线】，生成的曲线为曲面曲线；如果选择【3D 世界】，生成的曲线是独立的曲线

4.3.16 插入等参线

使用【插入等参线】命令可以在曲面的指定位置插入等参线而不改变曲面的形状，也可以在选择的等参线之间添加一定数目的等参线。执行【曲面】→【插入等参线】命令，即可打开【插入等参线选项】对话框，如图 4-154 所示。

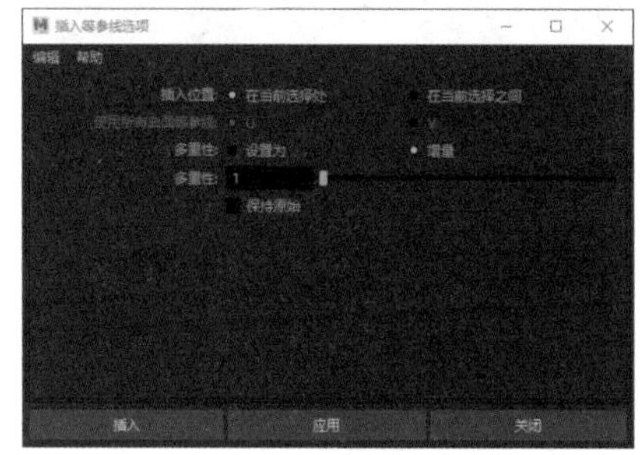

图 4-154

【插入等参线选项】对话框中各选项的作用及含义如表 4-13 所示。

表 4-13 插入等参线选项对话框中选项作用及含义

选项	作用及含义
插入位置	用来设置选定插入等参线的位置有【在当前选择处】和【在当前选择之间】两种类型
使用所有曲面等参线	如果选择整个曲面并选择【在当前选择之间】，则必须为【使用所有曲面等参线】选项启用【U】或【V】
多重性	允许在选定位置插入多个等参线，新的等参线不会改变曲面的形状
保持原始	如果希望保持除带有新等参线的曲面之外的原始曲面，则启用【保持原始】

★重点 4.3.17 修剪工具

使用【修剪工具】命令可以根据曲面上的曲线对曲面进行修剪。执行【曲面】→【修剪工具】命令，即可打开【工具设置】对话框，如图 4-155 所示。

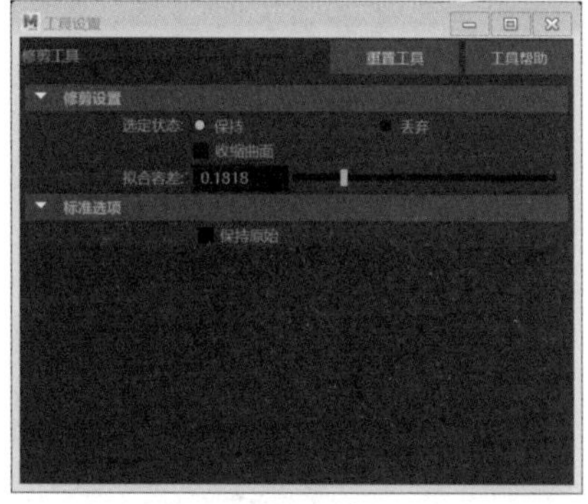

图 4-155

【工具设置】对话框中各选项的作用及含义如表 4-14 所示。

表 4-14 工具设置对话框中选项作用及含义

选项	作用及含义
选定状态	如果要保持已修剪的区域，则选择【保持】
收缩曲面	使基础曲面收缩至刚好覆盖保留的面域
拟合容差	指定修剪曲面时，【修剪工具】使用曲面上的曲线形状的精度
保持原始	执行修剪后将保留原始曲面

★新功能 4.3.18 使用扫描网格制作管道

Step01 单击工具架中的【EP 曲线工具】图标，如图 4-156 所示，按空格键切换到顶视图，绘制一条曲线，如图 4-157 所示。

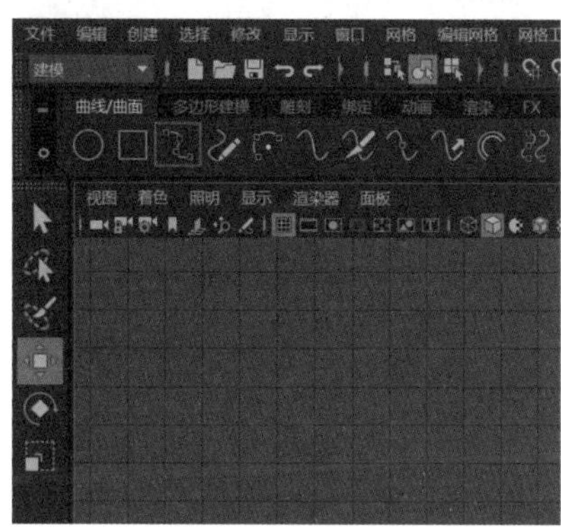

图 4-156

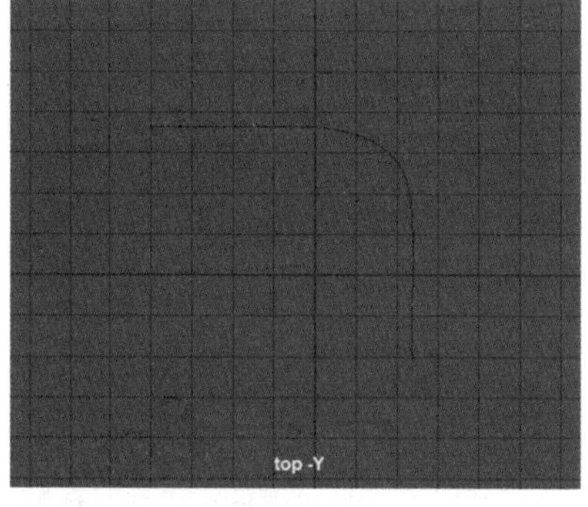

图 4-157

Step02 选择绘制的曲线，选择菜单栏中的【创建】→【扫描网格】命令，如图 4-158 所示，此时曲线会形成一个网格，如图 4-159 所示。

图 4-158

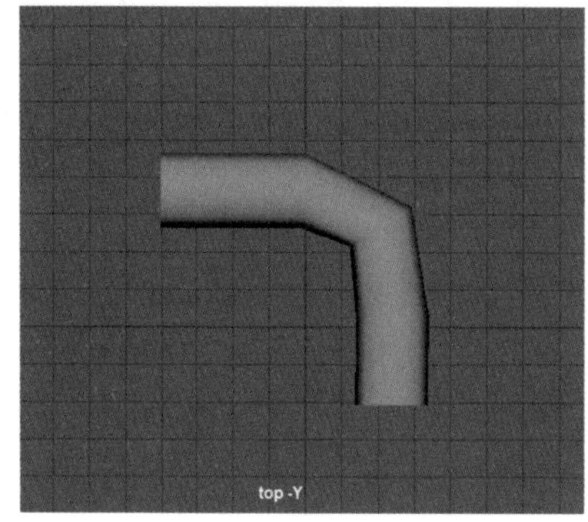

图 4-159

Step03 打开【属性编辑器】面板，选中【插值】区域中的【优化】复选框，并调高精度，如图 4-160 所示，此时会在网格需要细化的位置添加段数，如图 4-161 所示。

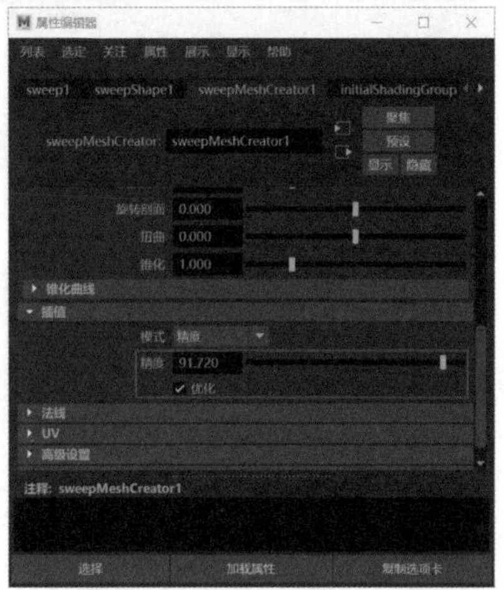

图 4-160

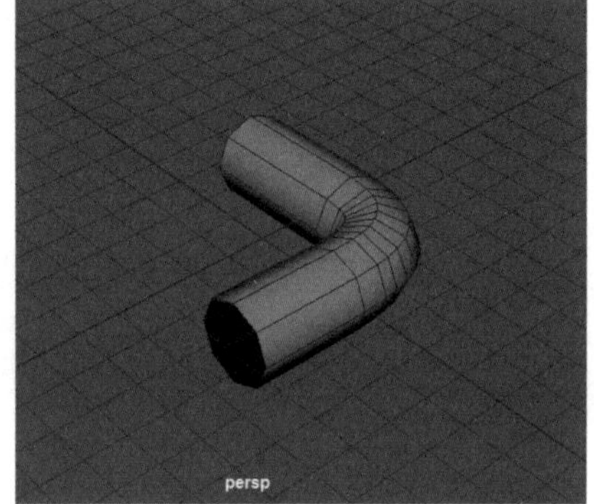

图 4-161

Step 04 选中【分布】复选框，如图 4-162 所示，即可看到多个管道的效果，如图 4-163 所示。实例最终效果见"结果文件\第 4 章\GJB.mb"文件。

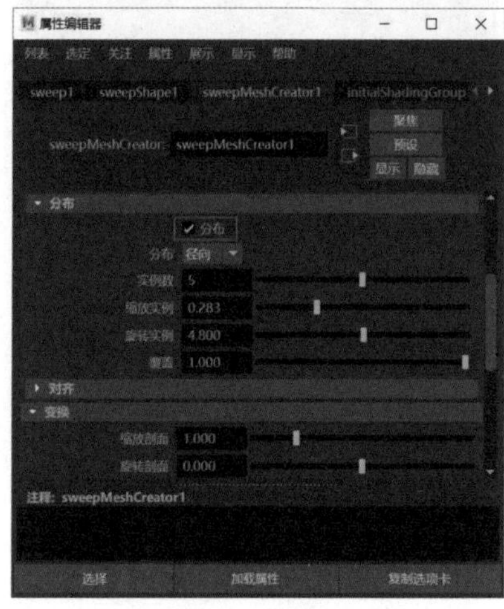

图 4-162

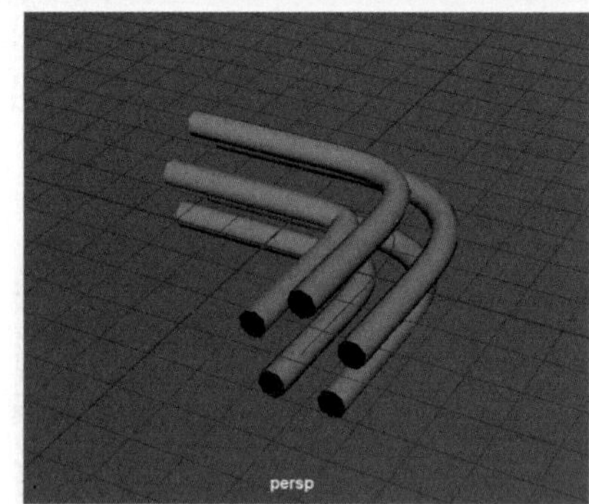

图 4-163

妙招技法

下面结合本章内容，介绍一些实用技巧。

技巧 01：制作高脚杯模型

本例将基于旋转成面命令的基础用法，制作一个高脚杯模型，具体操作如下。

Step 01 单击菜单栏中的【创建】→【曲线工具】→【CV 曲线工具】命令右侧的复选框，如图 4-164 所示，在弹出的面板中设置【曲线次数】为"3 立方"，如图 4-165 所示。

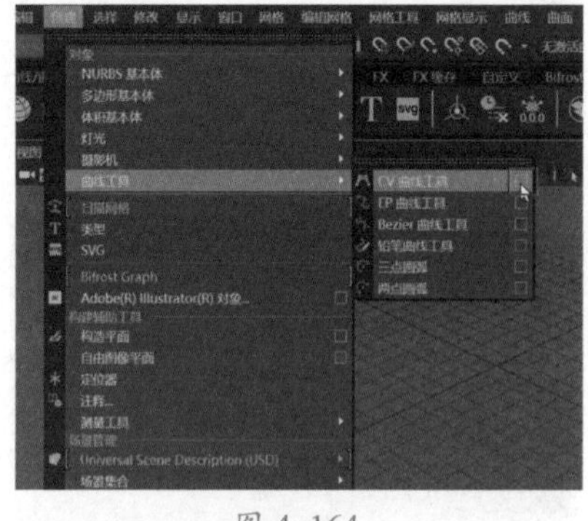

图 4-164

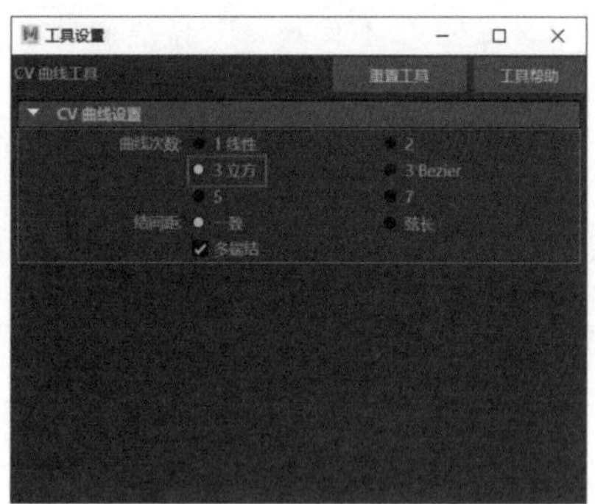

图 4-165

Step 02 在【side】视图模式中创建一条 CV 曲线，在拐角处多设置一些点，如图 4-166 所示。

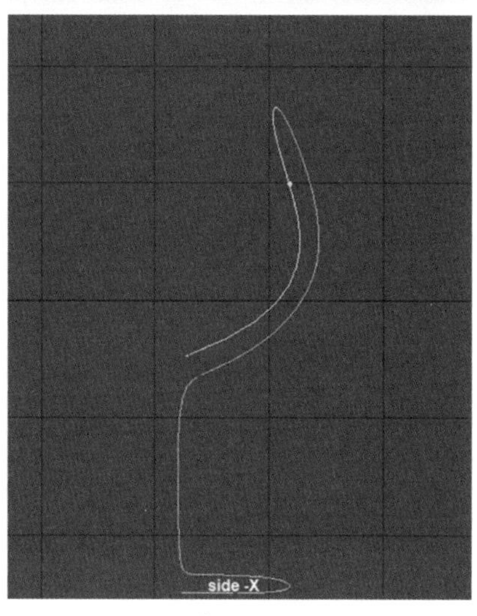

图 4-166

Step03 选择创建的曲线，按住鼠标右键并拖曳选择【控制顶点】进行调点，如图 4-167 所示。

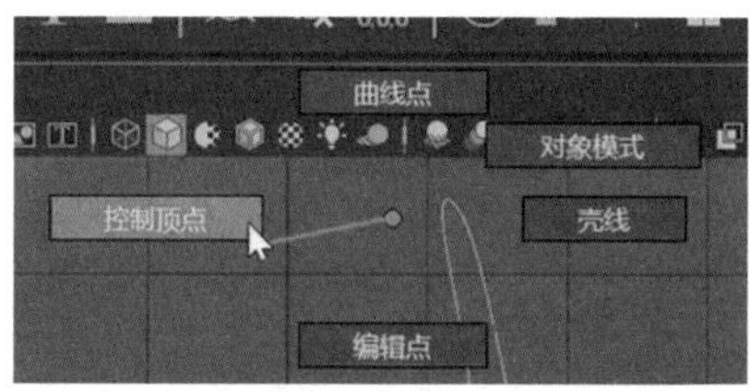

图 4-167

Step04 按空格键切换到透视图，单击菜单栏中的【曲面】→【旋转】命令右侧的复选框，在打开的对话框中设置【轴预设】为【Y】，如图 4-168 所示。

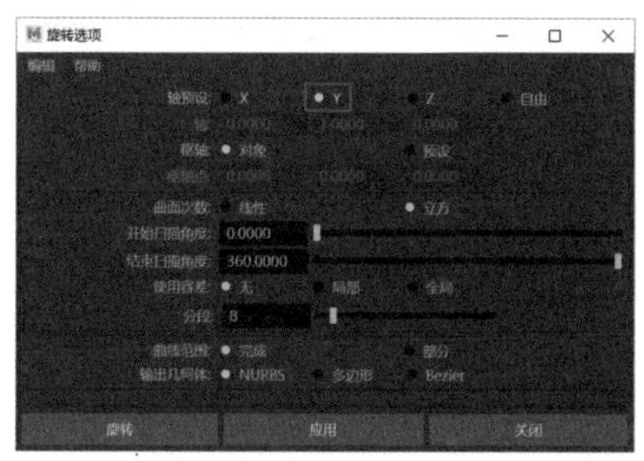
图 4-168

Step05 回到【side】视图模式，按【4】键将创建的曲线转换为线框模式。选择局部曲线顶点进行调节，如图 4-169 所示。

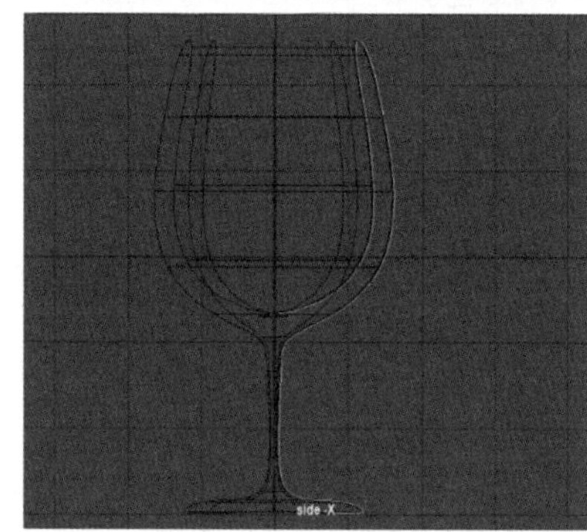

图 4-169

Step06 高脚杯的形状确定后需要删除调整曲线的历史。选择菜单栏中的【编辑】→【按类型删除】→【历史】命令，高脚杯的效果如图 4-170 所示。实例最终效果见“结果文件 \ 第 4 章 \GJB.mb”文件。

图 4-170

技巧 02：曲面转多边形

本例将介绍如何将曲面模型转化为多边形，具体步骤如下。

Step01 选择菜单栏中的【创建】→【NURBS 基本体】→【圆柱体】命令，创建一个圆柱体模型。创建的圆柱体模型上下是没有封口的，并且面数较少，曲面较平滑，如图 4-171 所示。

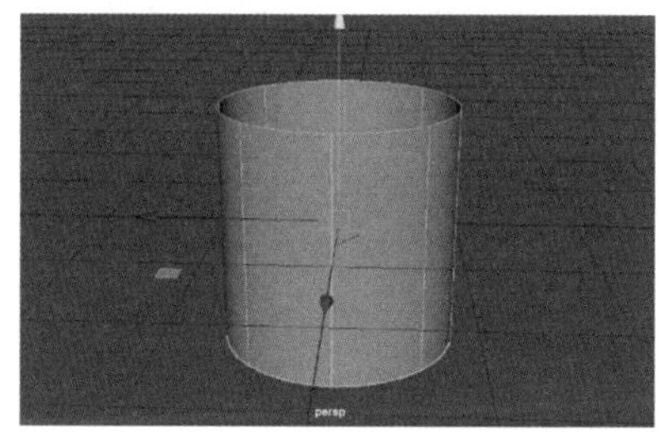
图 4-171

Step02 选择模型，单击菜单栏中的【修改】→【转化】→【NURBS 到多边形】命令右侧的复选框，如图 4-172 所示。

图 4-172

Step03 打开【将 NURBS 转化为多边形选项】对话框，按照需求更改其中的数值，多边形建模时尽量使用四边形，三角形对以后更改模型有一定的干扰，本例选择【类型】为【四边形】，单击【应用】按钮，如图 4-173 所示。

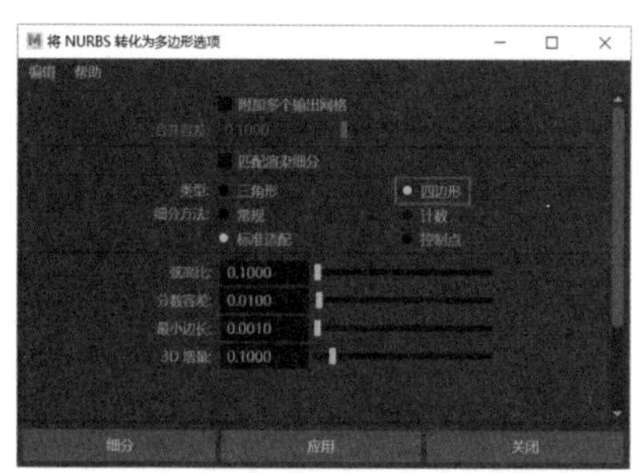

图 4-173

Step04 执行命令后，建模界面中会出现一个新的模型，与原来的模型重叠在一起，如图 4-174 所示。

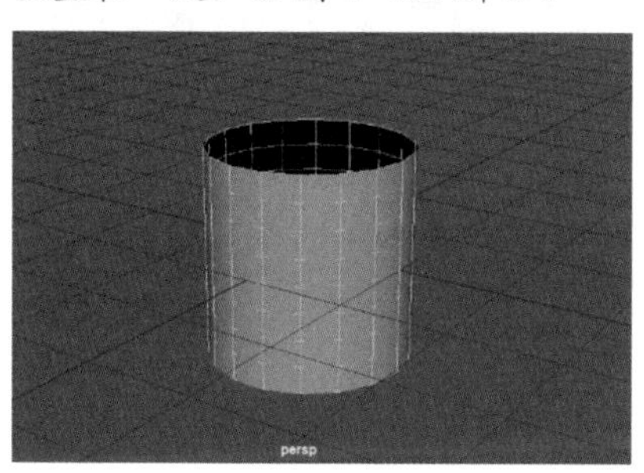

图 4-174

Step05 使用【移动工具】将转化的圆柱体拖曳到旁边，可以看出多边形圆柱体比曲面圆柱体多很多的边和面，如图 4-175 所示。

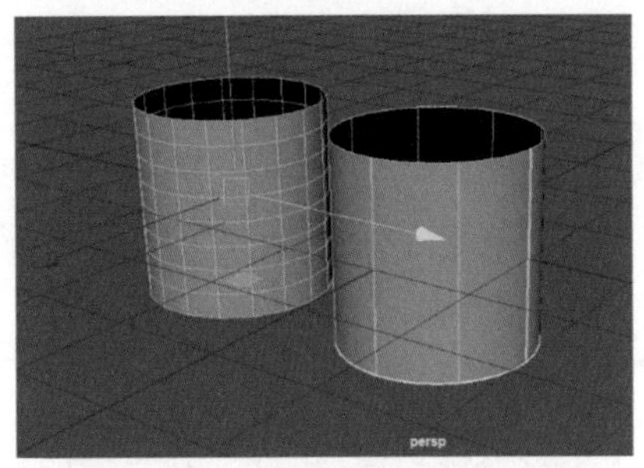
图 4-175

Step06 建模时，如果分不清哪个是曲面模型，哪个是多边形模型，可以选中其中一个模型，使用鼠标右键拖曳，如图 4-176 所示。

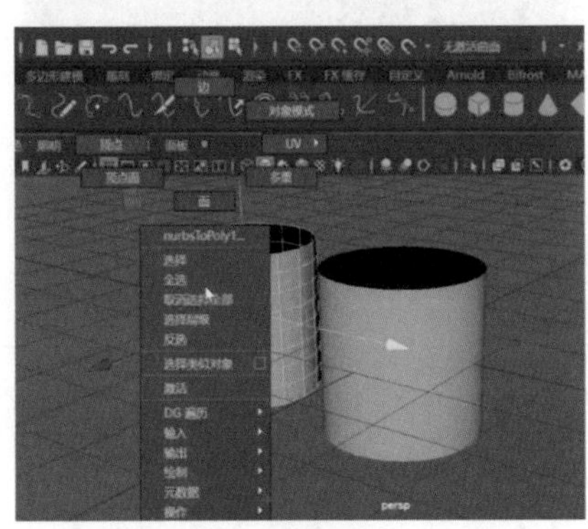
图 4-176

Step07 再选中另一个模型，使用鼠标右键拖曳，可以看到两个模型的命令是有区别的，很容易分辨，如图 4-177 所示。

图 4-177

上机实训——制作花瓶模型

本例将制作花瓶模型，先使用【CV 曲线工具】绘制出花瓶的轮廓，然后执行【旋转】命令对其生成曲面，并调整造型，具体步骤如下。

Step01 选择菜单栏中的【创建】→【曲线工具】→【CV 曲线工具】命令，如图 4-178 所示，按空格键切换到前视图，绘制出半个花瓶的轮廓，如图 4-179 所示。

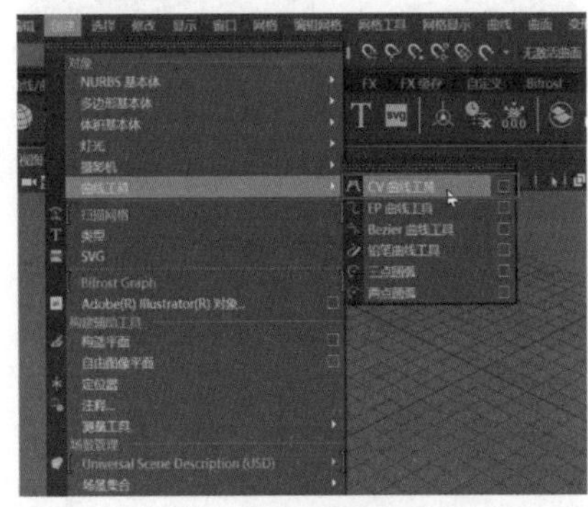
图 4-178

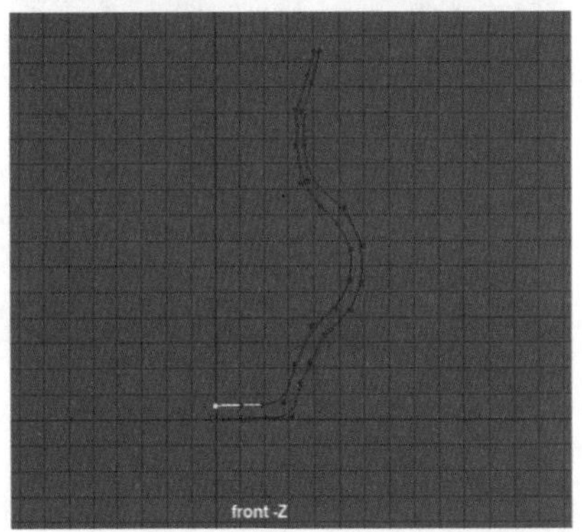

图 4-179

Step02 选择生成的曲线，长按鼠标右键并拖曳选择【控制顶点】模式，如图 4-180 所示，选择局部顶点进行拖曳，调整花瓶的轮廓，如图 4-181 所示。

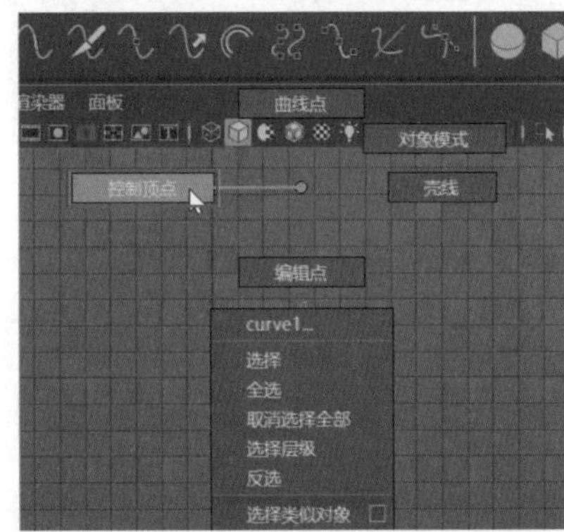

图 4-180

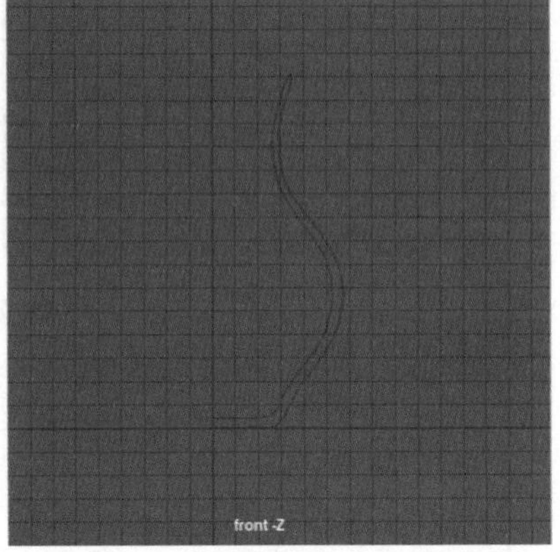

图 4-181

Step 03 选择曲线，单击菜单栏中的【曲面】→【旋转】命令右侧的复选框，如图 4-182 所示，弹出【旋转选项】对话框后，单击【应用】按钮，如图 4-183 所示。

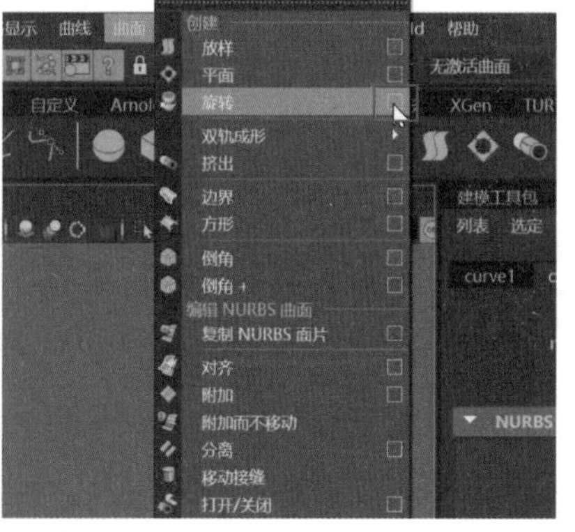

图 4-182

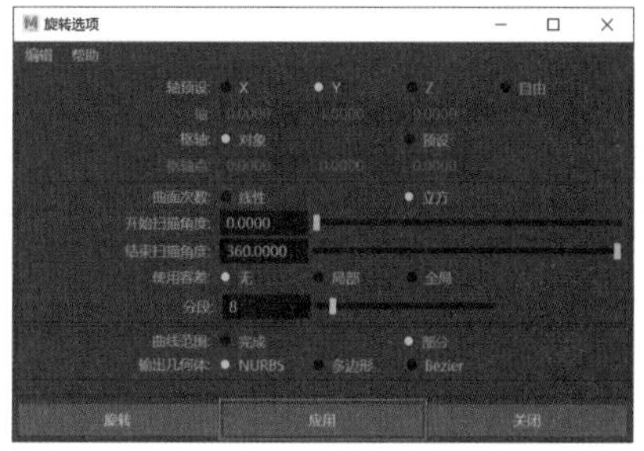

图 4-183

Step 04 此时自动生成曲面，如图 4-184 所示，选择曲线，进入控制顶点模式，再次调整轮廓，如图 4-185 所示。

图 4-184

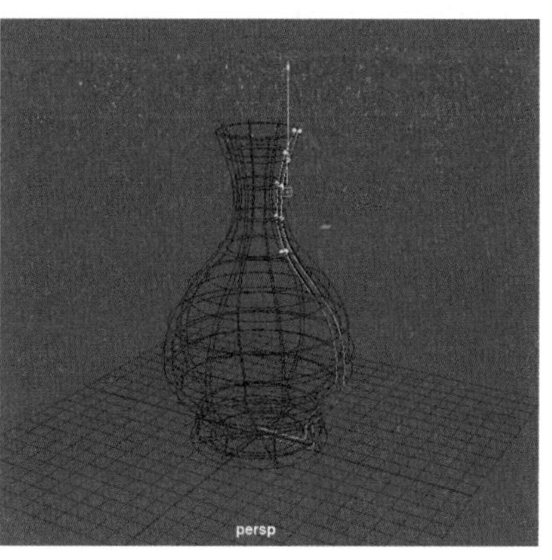

图 4-185

Step 05 调整完成后，回到对象模式，框选曲面和曲线，按快捷键【Alt+Shift+D】删除历史记录，如图 4-186 所示，选择曲线并将其删除，花瓶最终效果如图 4-187 所示。实例最终效果见“结果文件 \ 第 4 章 \HP.mb”文件。

图 4-186

图 4-187

本章小结

本章主要介绍了 NURBS 曲线和如何创建与编辑 NURBS 基本体，以及如何通过 NURBS 曲线和 NURBS 基本体创建高精度的模型；在创建过程中，【雕刻笔刷】的强度不宜过大或过小；三角形对曲面会有一定的干扰，尽量选择四边形；设置【旋转选项】的过程中，枢轴点的 X、Y 和 Z 位置可以根据模型任意调整。

第3篇 渲染篇

看着没有材质的白色模型在工作区中被逐步美化完善，变得丰富多彩，是一种很棒的体验。渲染工作是三维制作流程中十分激动人心的部分，渲染工作完成的效果是三维作品最终效果的雏形，它的好坏直接决定了成品的画面品质，同时也决定了是否能够达到预期的视觉效果。渲染篇涵盖了渲染工作的必备技术，主要包括 UV 的编辑方法、材质贴图的重要知识、灯光的布光技巧，以及 PBR 基于物理的渲染工作流程介绍等内容。

第5章 UV 编辑与展开

- 如何利用 UV 将图像纹理贴图放置在 3D 曲面上？
- UV 应如何创建与编辑？如何映射 UV？
- 如何进行 UV 线的缝合与拆剪？如何对齐并排列 UV？
- Maya 的多象限 UV 技术与工作步骤是什么？

在 Maya 中，制作 2D 纹理贴图经常会用到 UV 技术。在制作 UV 贴图的过程中，应保证拆分后的 UV 没有重叠的部分（因为 UV 重叠的部分会导致下一步绘制的材质出现问题），利用 0-1 纹理平面空间制作出想要的效果。

5.1 UV 网格概述

UV 是带有多边形和细分曲面的二维坐标。在曲面建模中，UV 其实一直都存在。在大多数情况下，对 UV 进行创建与编辑是为制作二维贴图做准备。用户在编辑 NURBS 曲面网格时，二维纹理的坐标会被一直保留，用户制作完模型后，可以使用 UV 进行映射与排列等操作。在 Maya 中为制作好的模型和细分曲面添加贴图材质是工作流程中必不可少的一个环节。

单击工具架中的【多边形建模】→【UV 编辑器】图标，如图 5-1 所示，即可看到 UV 编辑器的操作界面，如图 5-2 所示，之后将在这里对 UV 进行编辑操作。

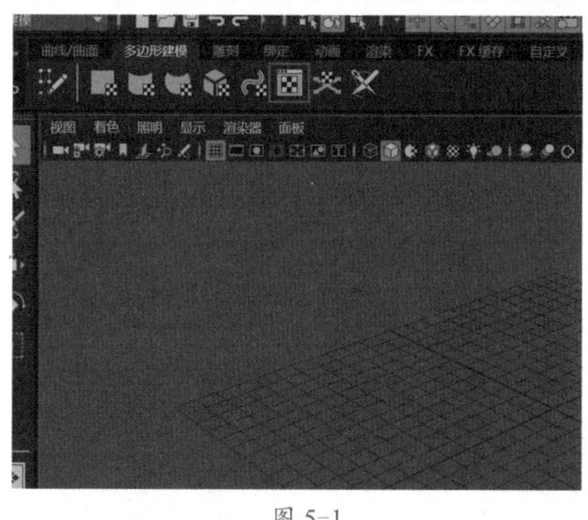
图 5-1

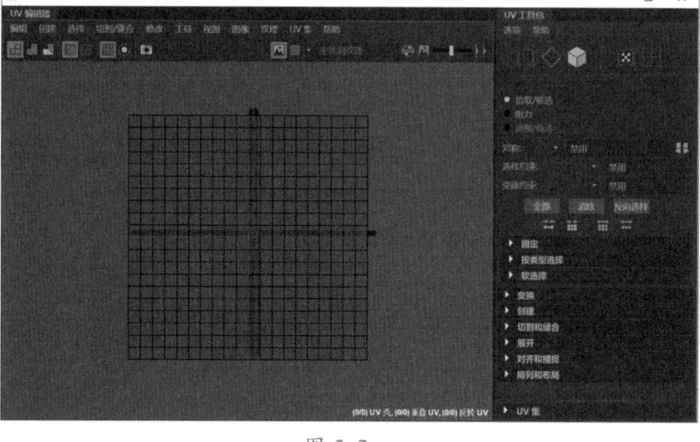
图 5-2

5.2 查看 UV 并求值

用户在执行 UV 映射时，可以使用对象生成的二维纹理坐标或纹理编辑器查看生成的 UV 纹理效果。在纹理坐标的映射视图中可以对选择的 UV 网格的单个组件进行编辑，也可以单独查看模型的二维纹理坐标。当 UV 投影出来的效果是不规整的且没有达到用户的预期时，就可以在 UV 编辑器中对 UV 布局进行自定义编辑，也就是重新排列 UV 的位置，从而制作出模型需要的纹理效果。

5.3 UV 选择与编辑

当对象映射到 UV 编辑器后，选择和编辑 UV 是非常重要的基础操作，一般映射视图时都需要对模型的 UV 网格进行编辑，通过合理展开 UV 网格，达到想要的贴图效果。

5.3.1 UV 的整体选择与 UV 点、线、面的选择转化

创建好一个多边形后，选中模型并执行菜单栏中的【UV】→【UV 编辑器】命令，如图 5-3 所示。可以看到模型的纹理贴图自动映射到了编辑器中，如图 5-4 所示，这就是我们对 UV 进行选择与编辑的区域。

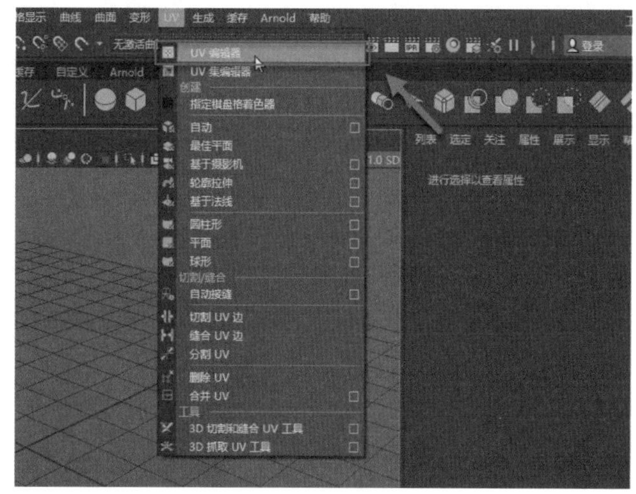
图 5-3

在纹理贴图的视图中长按鼠标右键，在弹出的菜单中可以对贴图的点、线、面进行选择，如图 5-5 所示，这就是用来编辑 UV 组成元素的菜单。在【UV 编辑器】面板的工作区中长按鼠标右键即会弹出该菜单，这时拖曳选择顶点、边或面模式，就可以在视图中对贴图选择局部或加选整体，也可以在该面板右侧的【UV 工具包】栏上方进行点、线、面的转换。图 5-6 所示为加选局部面的效果。

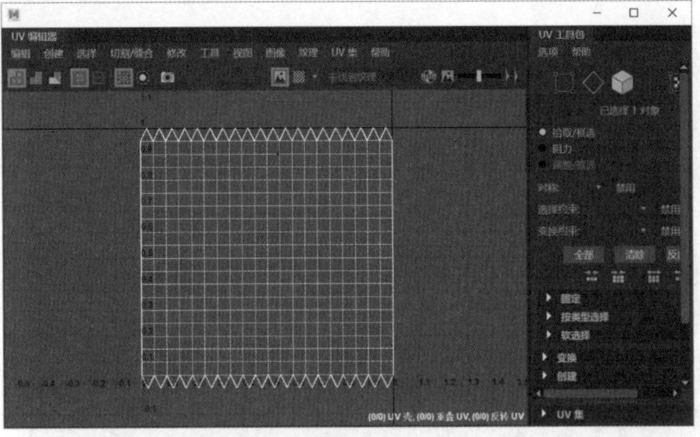

图 5-4

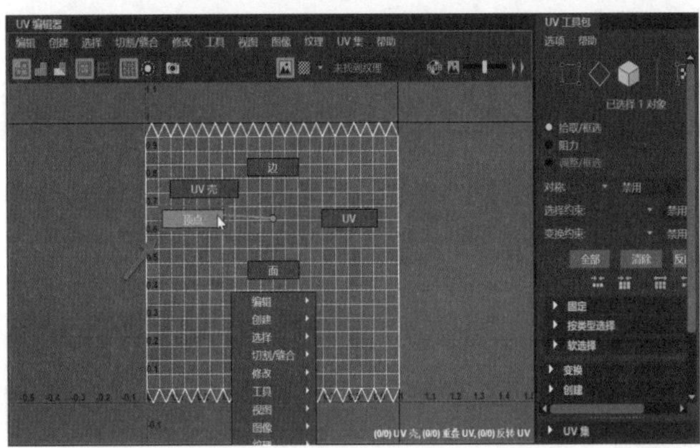

图 5-5

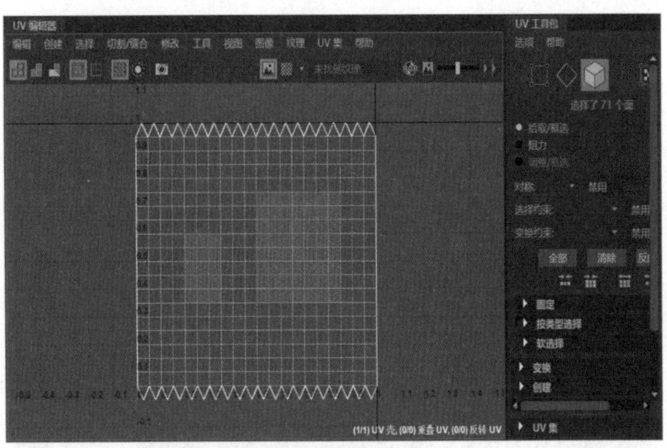

图 5-6

★重点 5.3.2　实战：转化局部 UV 点选择到线选择

本例以一个球体为操作对象，对 UV 的整体选择命令与 UV 点、线、面的选择转化命令的基础用法进行演示，具体操作步骤如下。

Step01 单击工具架中的【多边形建模】→【球体】图标，如图 5-7 所示，创建球体后选择模型，单击【多边形建模】→【UV 编辑器】图标，如图 5-8 所示。

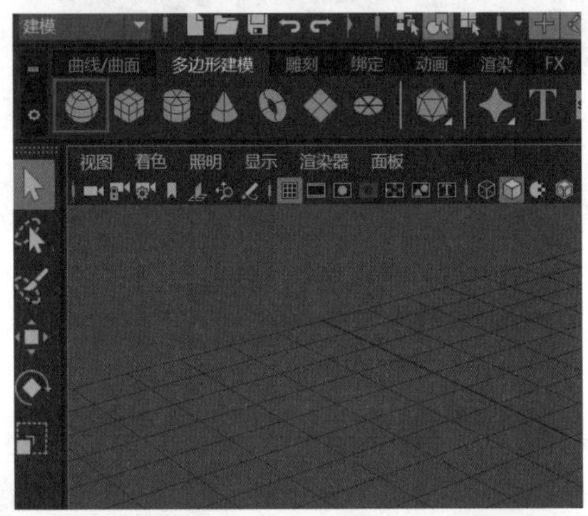

图 5-7

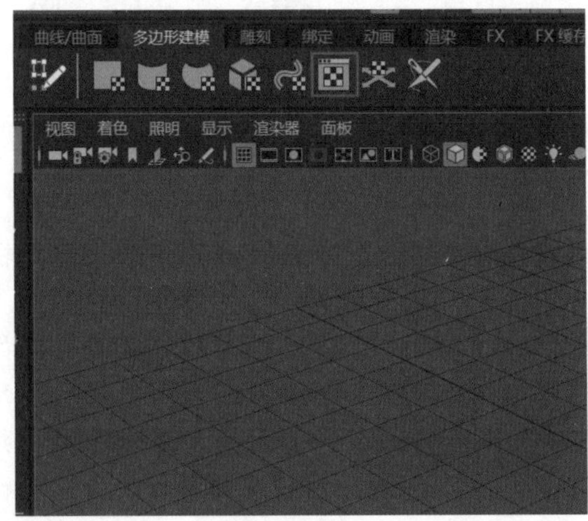

图 5-8

Step02 球体的二维纹理贴图会自动映射并展开到【UV 编辑器】中，如图 5-9 所示。在【UV 编辑器】的操作界面中，长按鼠标右键，在弹出的菜单中拖曳选择【顶点】模式，如图 5-10 所示。

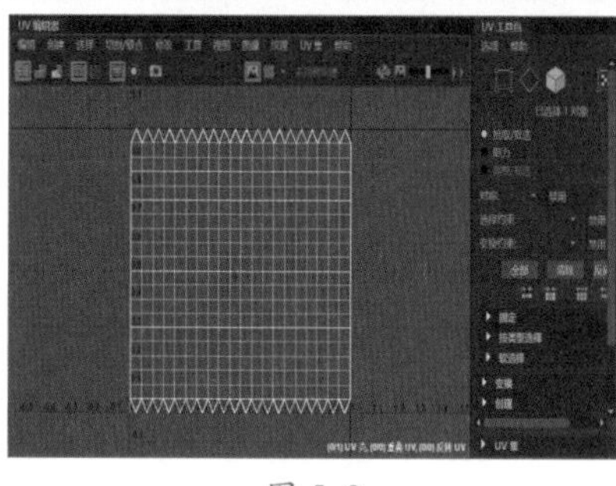
图 5-9

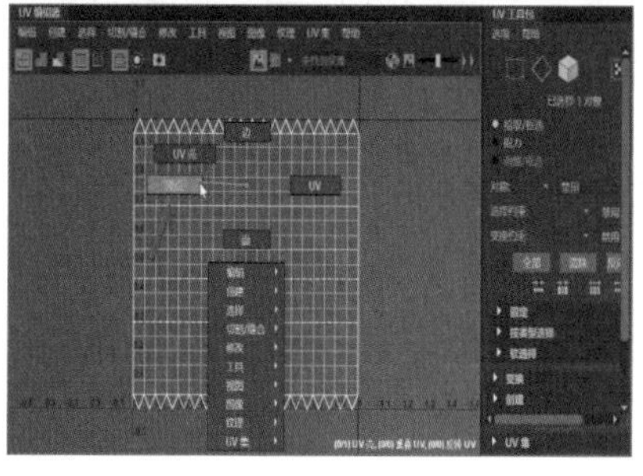
图 5-10

Step03 进入【顶点】模式后，纹理贴图会自动转化为蓝色的可编辑模式，如图 5-11 所示，在可编辑范围内长按鼠标左键并拖曳，如图 5-12 所示，框选贴图中的局部顶点。

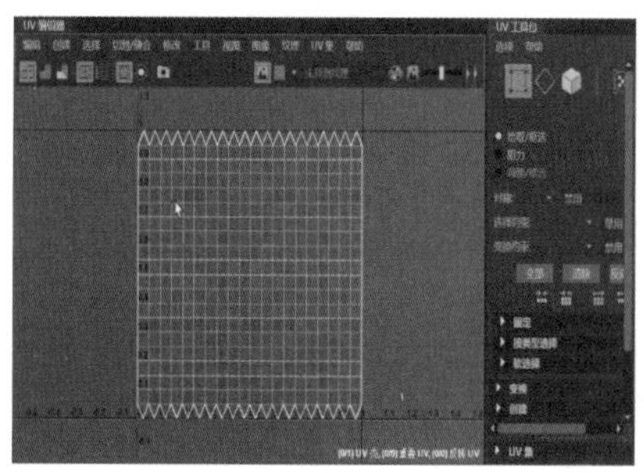
图 5-11

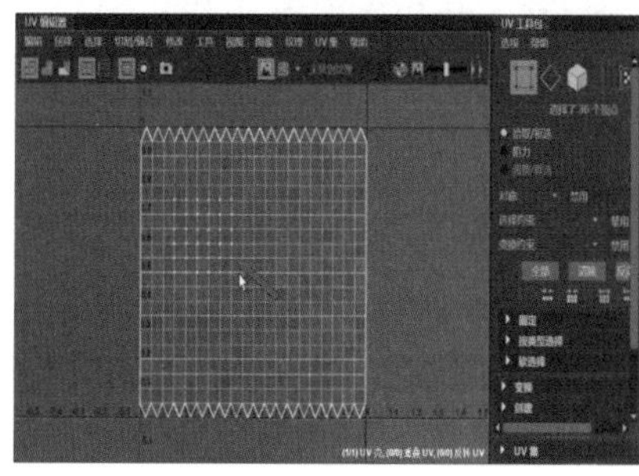
图 5-12

Step04 用同样的方法，在【UV 编辑器】界面中长按鼠标右键，在弹出的菜单中拖曳选择【边】模式，如图 5-13 所示。最后在可编辑的贴图范围内长按并拖曳鼠标左键（也可以通过单击鼠标左键进行单选），确定好选择范围后释放鼠标，顶点的选择模式就转化到了边的选择模式，如图 5-14 所示。

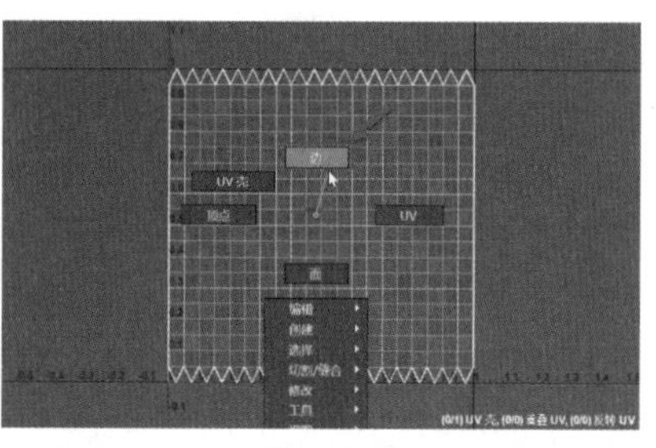
图 5-13

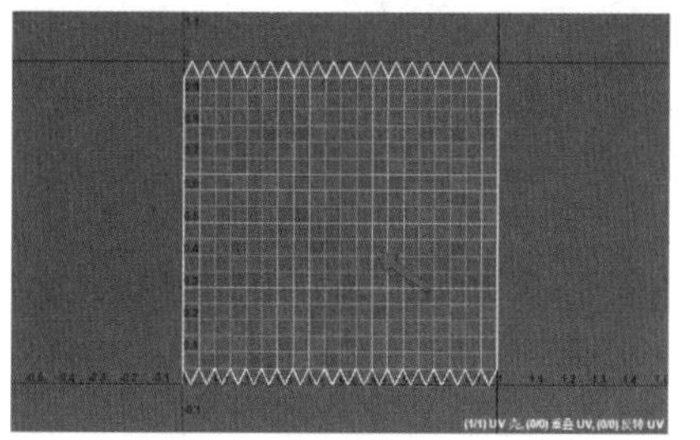
图 5-14

5.3.3 UV 的移动、旋转、缩放和翻转

当纹理贴图映射到编辑器后，长按鼠标右键，在弹出的菜单中拖曳选择点、线、面中的任意一个编辑模式，如图 5-15 所示。在界面中框选局部 UV 贴图，按快捷键【W】生成一个操纵器，用鼠标左键拖曳生成的操纵器，即可对纹理贴图进行移动操作，如图 5-16 所示。

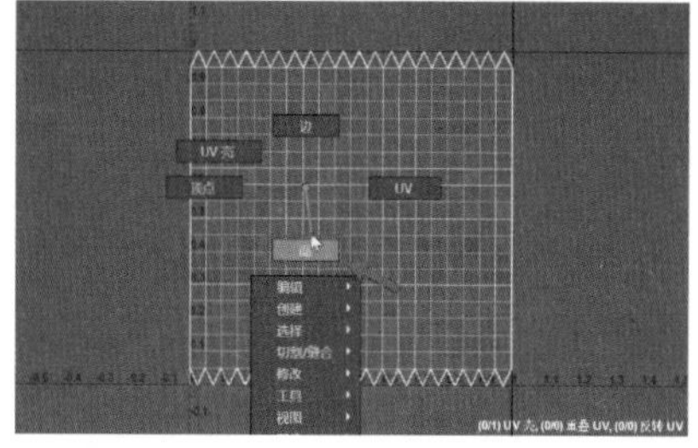
图 5-15

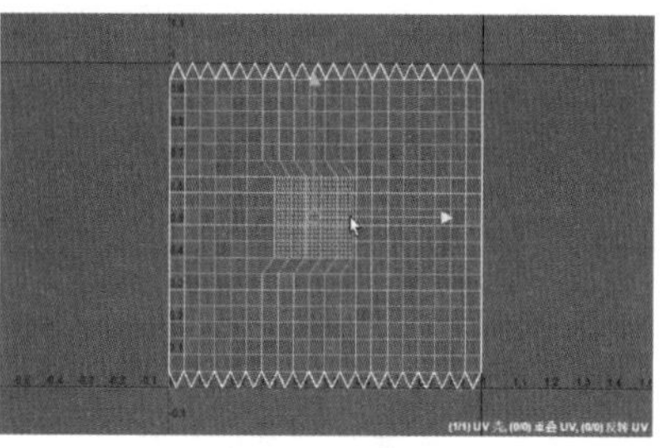
图 5-16

按快捷键【E】会生成一个圆形的操纵器，如图 5-17 所示，用鼠标左键长按并拖曳，可以对纹理贴图进行顺时针或逆时针旋转操作，如图 5-18 所示。

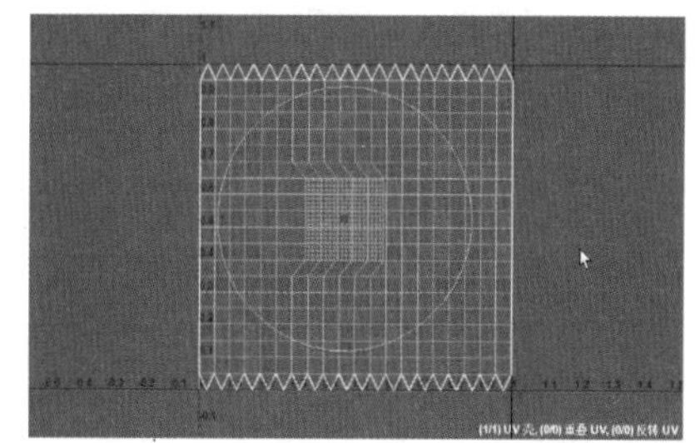
图 5-17

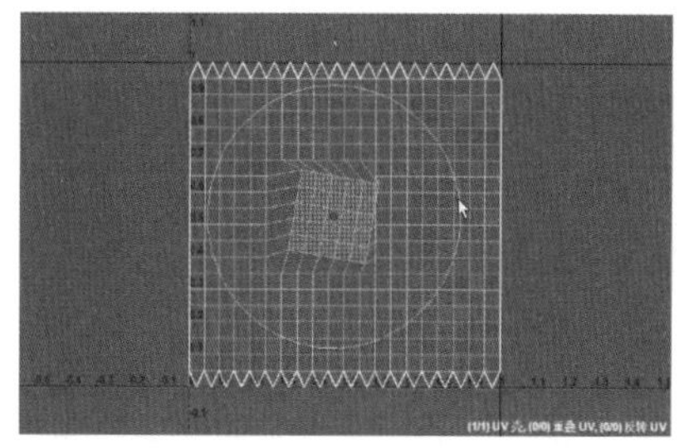
图 5-18

进入纹理贴图编辑模式后，按快捷键【R】，用鼠标左键长按并拖曳生成的操纵器，如图 5-19 所示，可以对选中的局部或整体进行缩小或放大的操作。

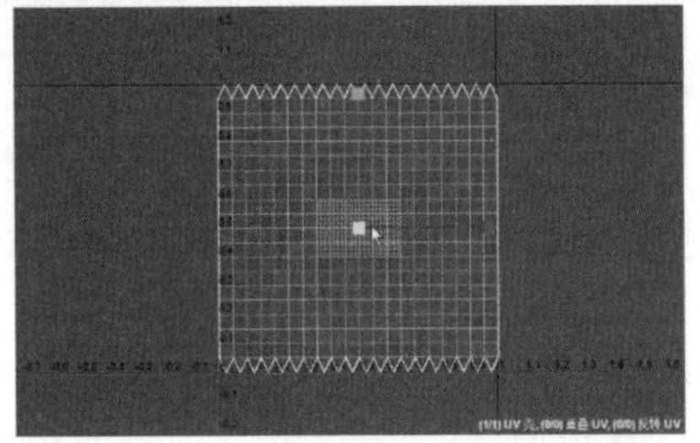

图 5-19

进入纹理贴图编辑模式后，在操作界面中选择需要翻转的局部面，在【UV 编辑器】中执行工具架中的【修改】→【翻转】命令，如图 5-20 所示。

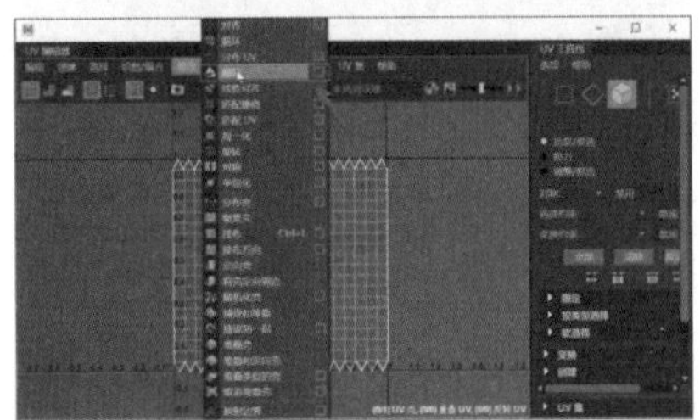

图 5-20

5.3.4 实战：移动、旋转、缩放和翻转 UV 网格

Step01 单击工具架中的【多边形建模】→【平面】图标，创建一个多边形平面，如图 5-21 所示。选中创建的平面模型，单击工具架中的【多边形建模】→【UV 编辑器】图标，平面模型的二维贴图将自动映射到【UV 编辑器】中，如图 5-22 所示。

图 5-21

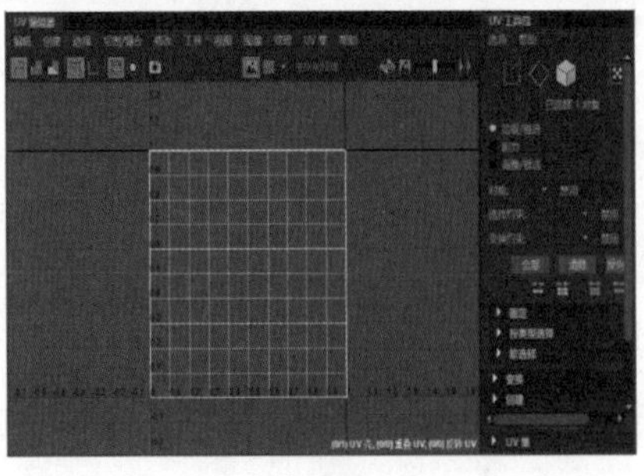

图 5-22

Step02 在【UV 编辑器】的编辑网格中长按鼠标右键，在弹出的菜单中拖曳选择点、线或面中任意一个可编辑的模式，如图 5-23 所示。在贴图中长按鼠标左键框选想要移动的局部点，如图 5-24 所示。

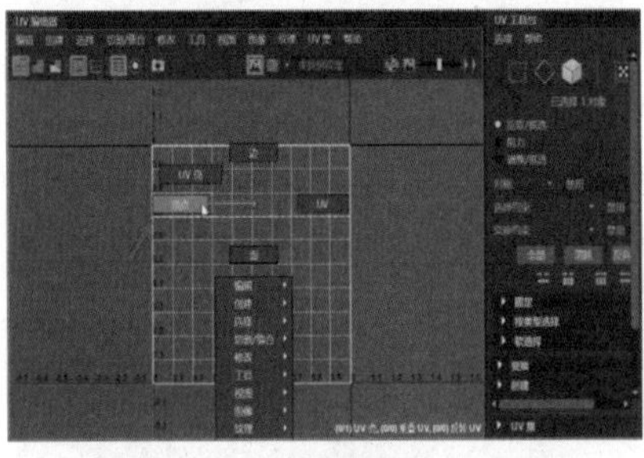

图 5-23

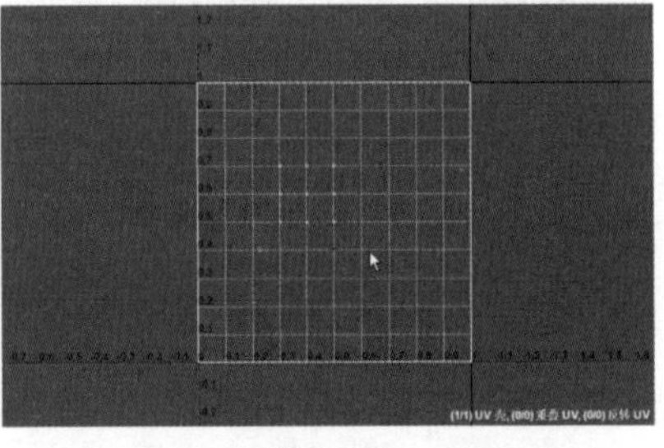

图 5-24

Step03 按快捷键【W】，用鼠标左键拖曳生成的操纵器，如图 5-25 所示，可以看到选中的局部顶点被移动，如图 5-26 所示。

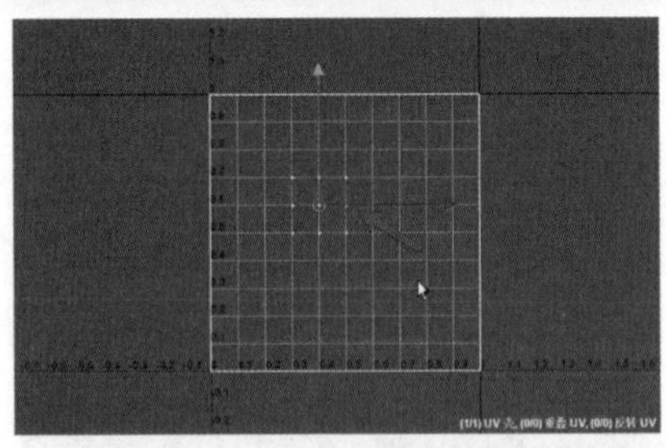

图 5-25

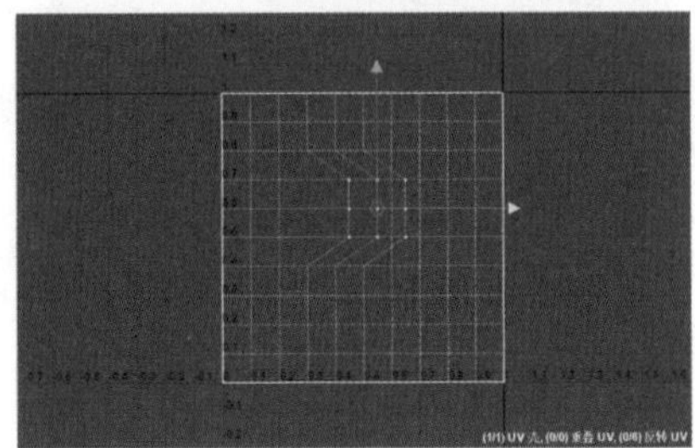

图 5-26

Step04 按快捷键【Ctrl+Z】撤回到移动命令执行前的状态，按快捷键【E】对选择的顶点进行旋转操作，如图 5-27 所示。旋转命令执行后会生成一个圆形的操纵器，长按鼠标左键即可进行顺时针或逆时针旋转，如图 5-28 所示。

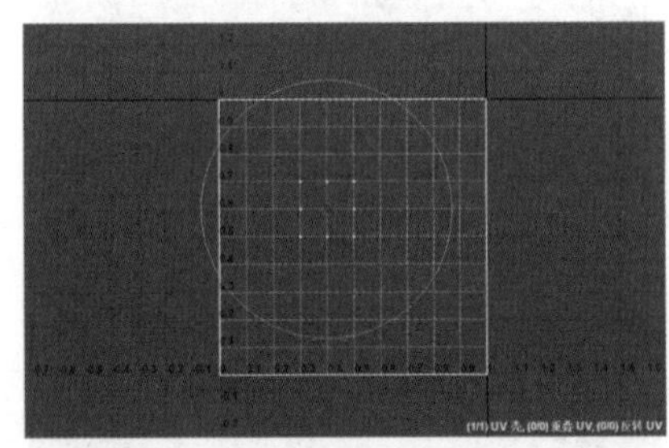

图 5-27

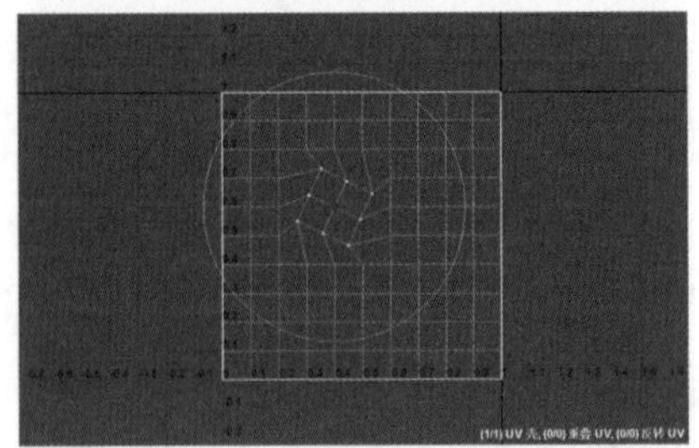

图 5-28

Step05 按快捷键【Ctrl+Z】撤回旋转，再按快捷键【R】对选择的顶点进行缩放操作，如图 5-29 所示。命令执行后，长按鼠标左键拖曳操纵器，如图 5-30 所示，指定的顶点即可被缩放。

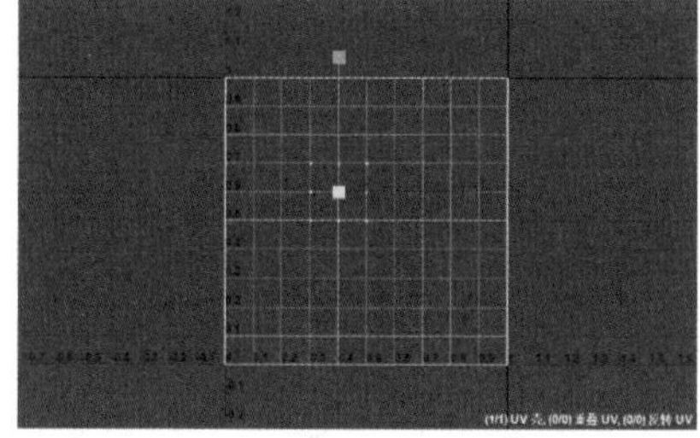

图 5-29

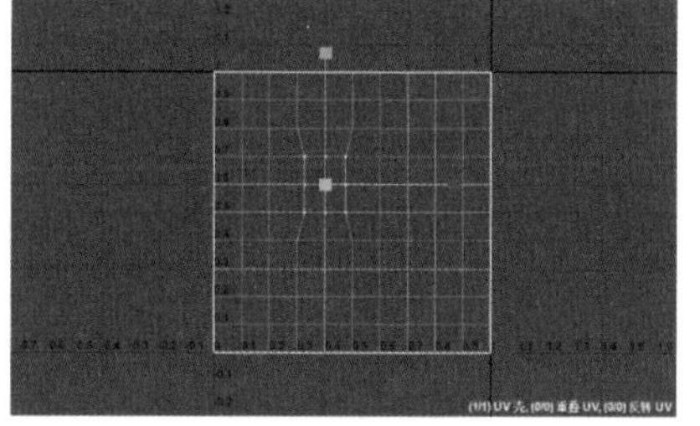

图 5-30

Step06 撤回到缩放命令执行前的状态，选择局部顶点后，执行工具架中的【修改】→【翻转】命令，如图 5-31 所示，选中的顶点将被翻转，效果如图 5-32 所示。

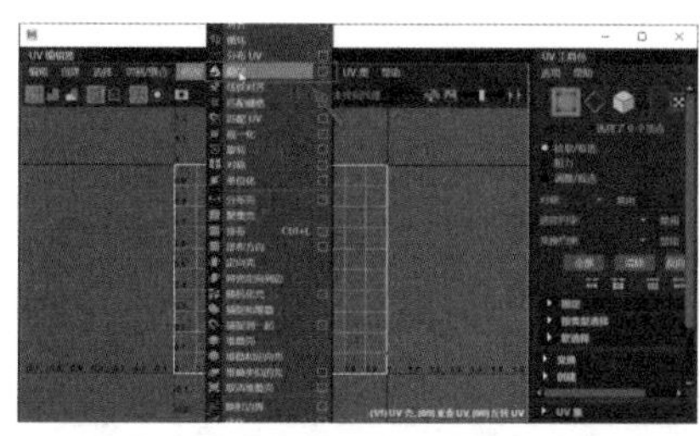

图 5-31

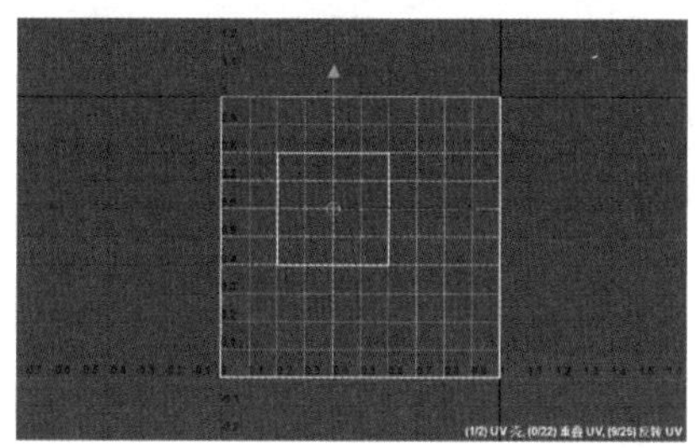

图 5-32

5.3.5 UV 线的剪切

当对象的纹理贴图映射到【UV 编辑器】后，长按鼠标右键，在弹出的菜单中拖曳选择任意一个可编辑模式，如图 5-33 所示。用鼠标左键框选需要剪切的部分，执行【UV 编辑器】工具架中的【切割 / 缝合】→【剪切】命令，如图 5-34 所示。

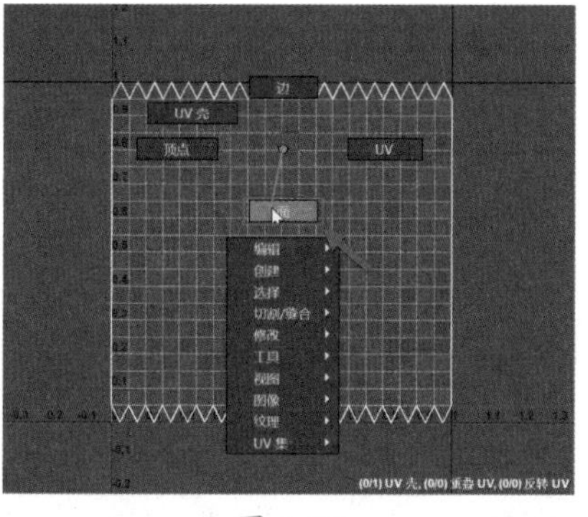

图 5-33

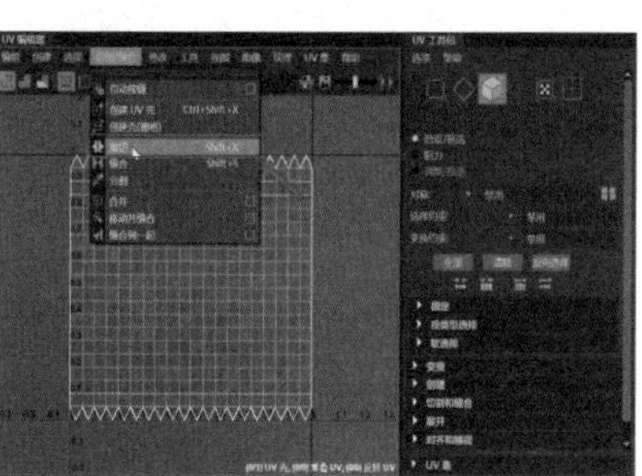

图 5-34

命令执行后，即可按住边界对选定的区域进行分割和裁剪操作，效果如图 5-35 所示。

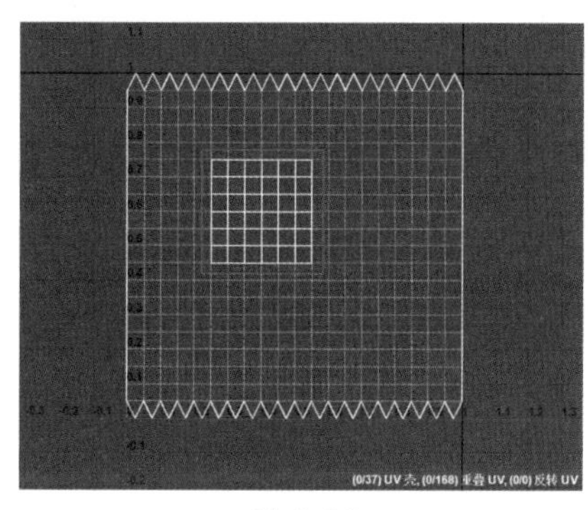

图 5-35

5.3.6 UV 线的缝合

在纹理贴图的可编辑模式下，框选出想要进行缝合的区域，如图 5-36 所示。执行【UV 编辑器】工具架中的【切割 / 缝合】→【缝合】命令，如图 5-37 所示。

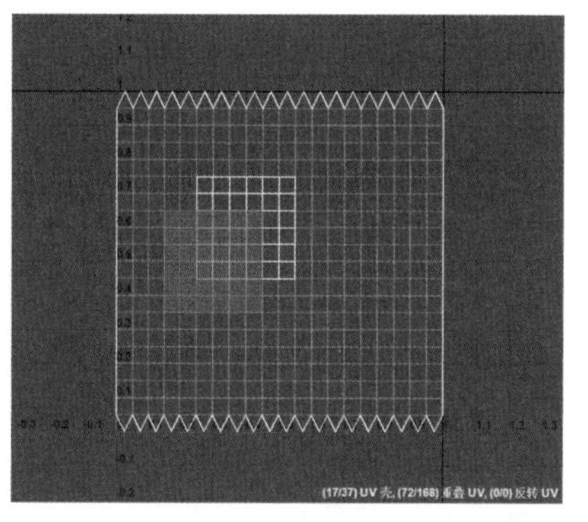

图 5-36

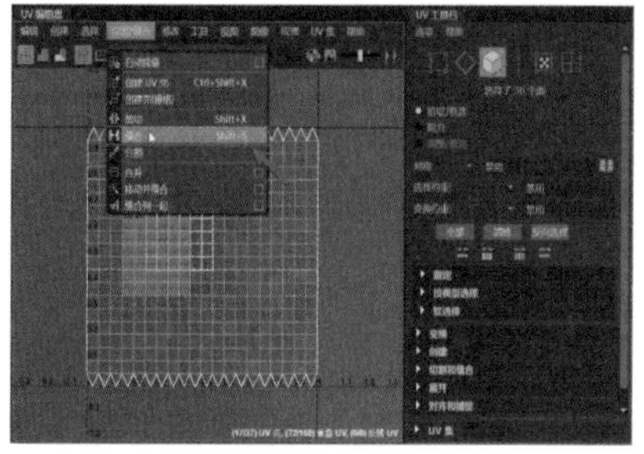

图 5-37

命令执行后，选定区域中的线条会从白色（剪切过的线）变为蓝色（缝合后的线默认为蓝色），如图 5-38 所示。

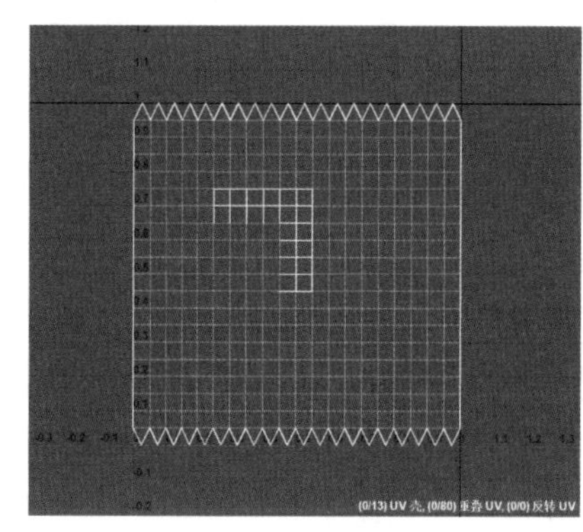

图 5-38

5.3.7 实战：缝合 UV 线

Step01 单击工具架中的【多边形建模】→【平面】图标，创建一个多边形平面，如图 5-39 所示。选择平面模型，打开【UV 编辑器】面板，模型的贴图被映射到【UV 编辑器】的界面中，如图 5-40 所示。

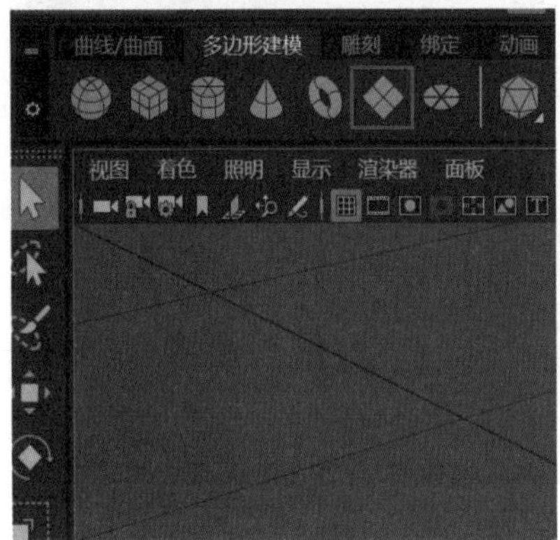

图 5-39

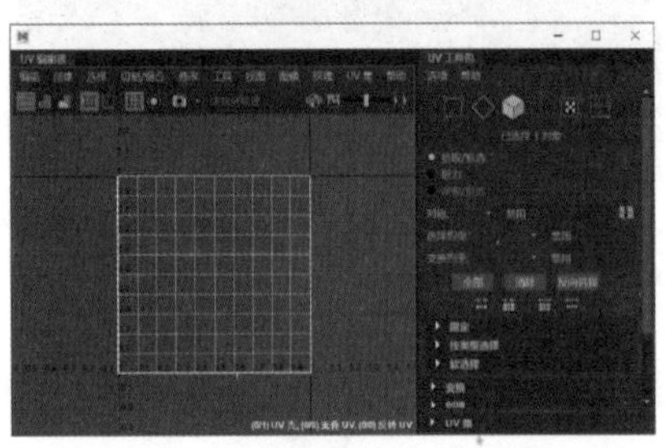
图 5-40

Step02 在【UV 编辑器】的操作界面中长按鼠标右键，在弹出的菜单中拖曳选择面模式，如图 5-41 所示，贴图进入可编辑模式。在贴图上长按并拖曳鼠标左键，框选出需要裁剪和缝合的区域，如图 5-42 所示。

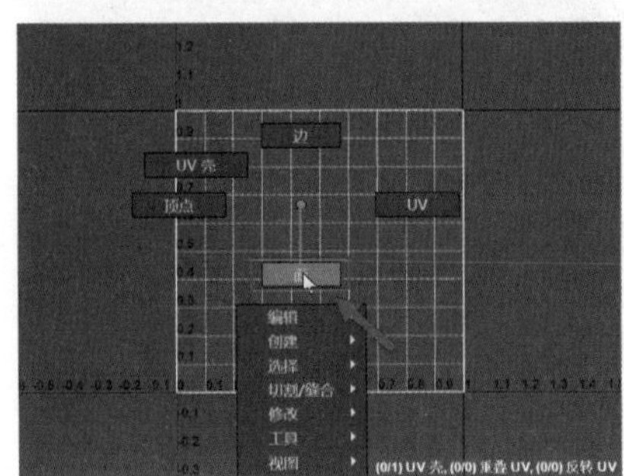

图 5-41

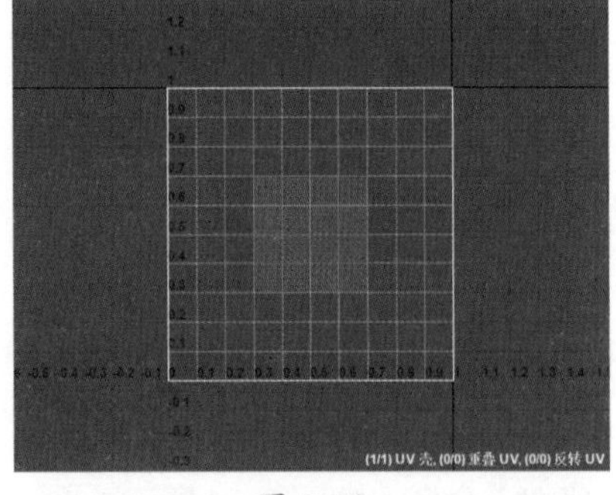

图 5-42

Step03 执行【UV 编辑器】工具架中的【切割 / 缝合】→【剪切】命令，如图 5-43 所示。对选定的区域进行剪切操作后，效果如图 5-44 所示。

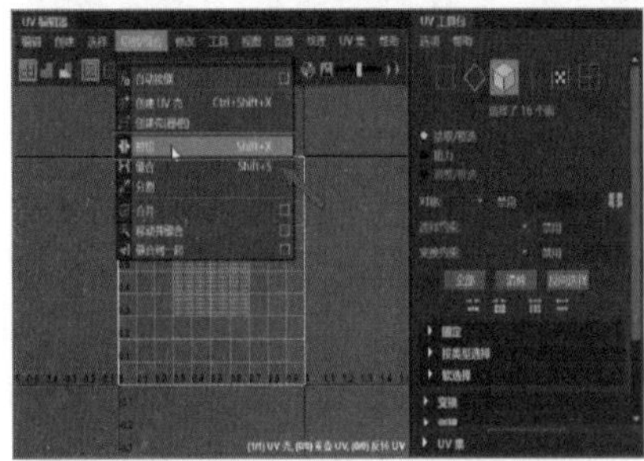
图 5-43

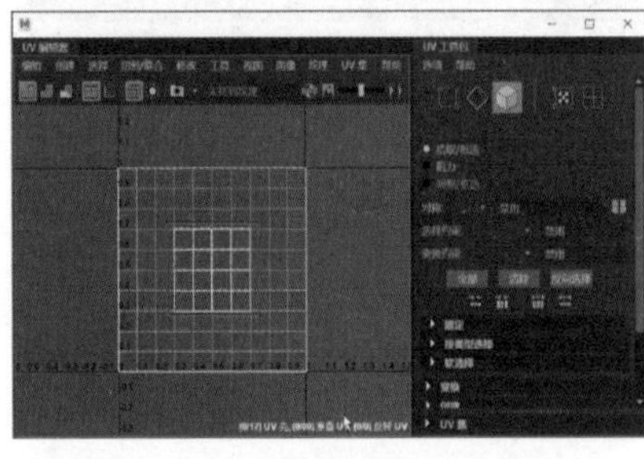
图 5-44

Step04 对选择的区域执行工具架中的【切割 / 缝合】→【缝合】命令，如图 5-45 所示。可以看到贴图回到了最开始的状态，如图 5-46 所示，图中明显比其他线条宽的部分就是贴图中被剪切的区域。

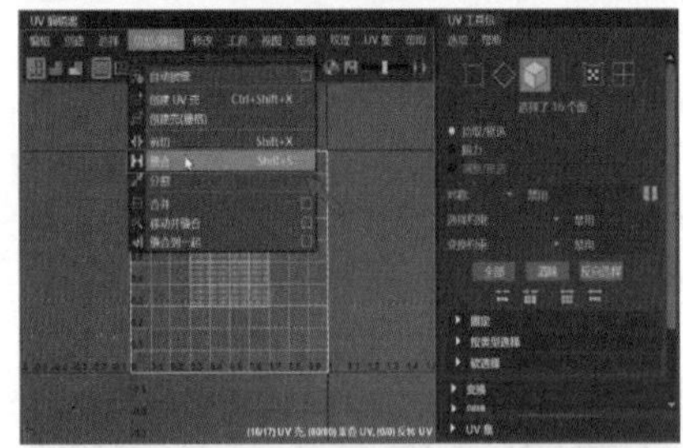
图 5-45

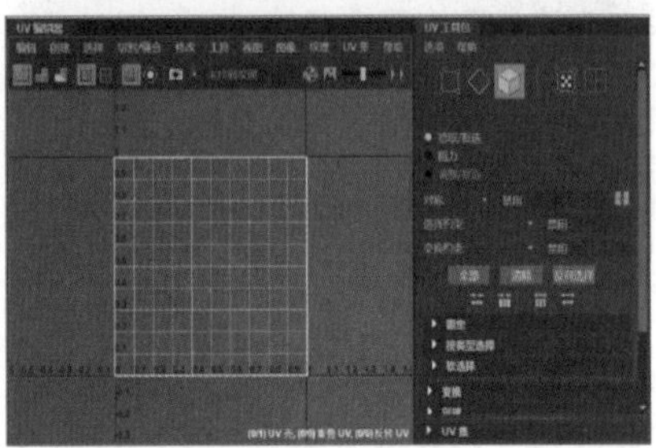
图 5-46

5.3.8 UV 的对齐

创建对象，将贴图映射到【UV 编辑器】界面中，并使贴图进入可编辑模式，如图 5-47 所示。在贴图上长按并拖曳鼠标左键，框选出需要对齐的区域，在【UV 编辑器】右侧的【UV 工具包】中选择【对齐和捕捉】→【对齐】命令，如图 5-48 所示，该命令可以使选中区域在水平或竖直方向将 UV 或 UV 壳对齐到中心或两侧。

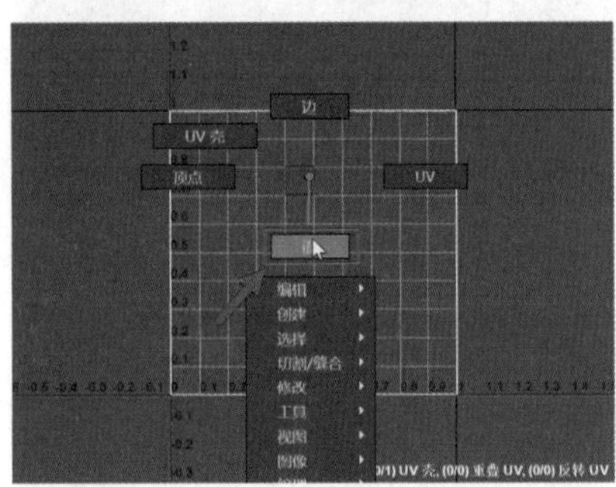

图 5-47

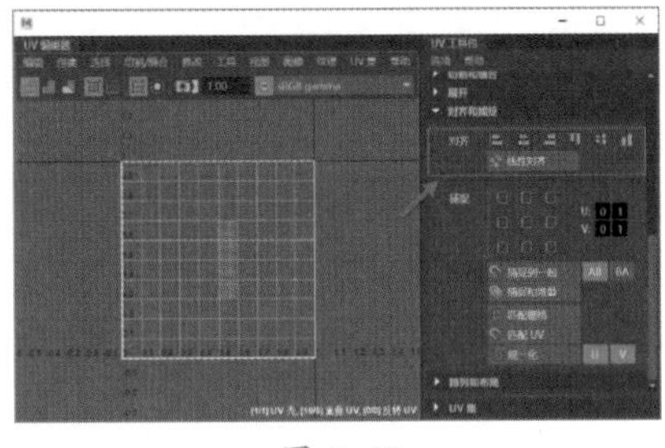

图 5-48

5.3.9 实战：对齐 UV

Step01 单击工具架中的【多边形建模】→【平面】图标，创建一个多边形平面，如图 5-49 所示。选择创建的平面模型，打开【UV 编辑器】面板，如图 5-50 所示，打开后模型的贴图将自动映射到【UV 编辑器】中。

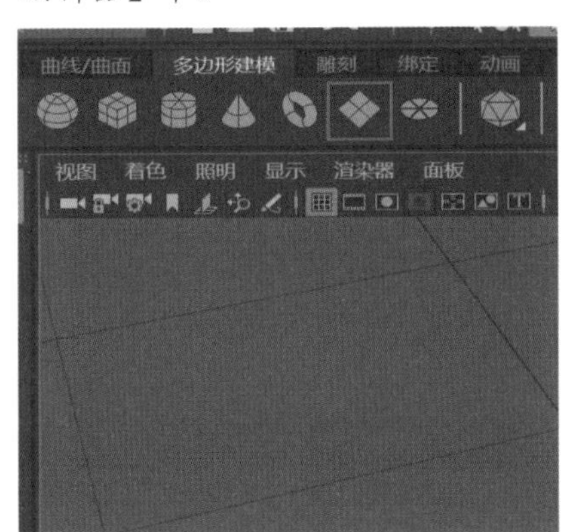

图 5-49

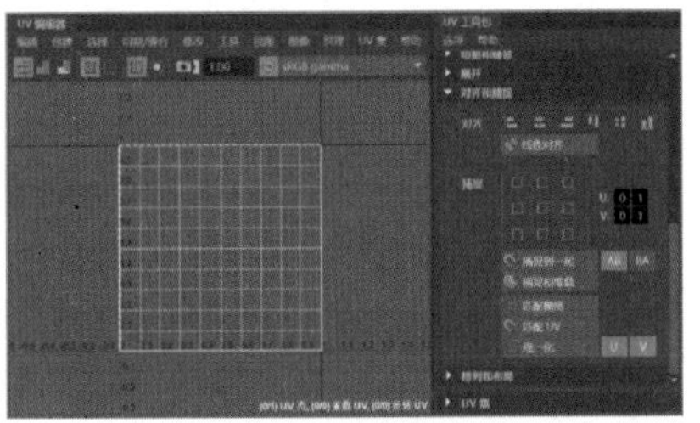

图 5-50

Step02 在【UV 编辑器】中长按鼠标右键并拖曳选择面模式，如图 5-51 所示，在贴图中框选需要对齐的区域，如图 5-52 所示。

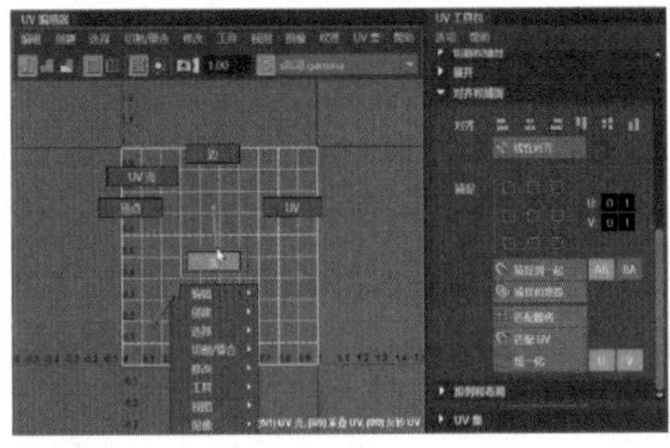

图 5-51

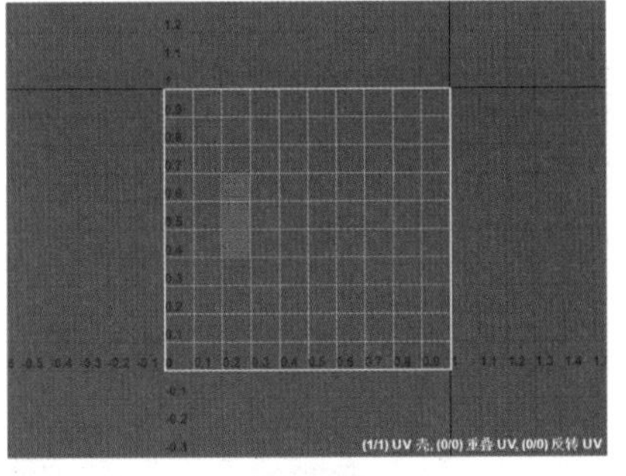

图 5-52

Step03 在【UV 编辑器】右侧的【UV 工具包】中，单击【对齐和捕捉】→【对齐】命令的第一个图标，如图 5-53 所示，可以看到选中的区域会按水平方向将 UV 向左侧对齐，如图 5-54 所示。

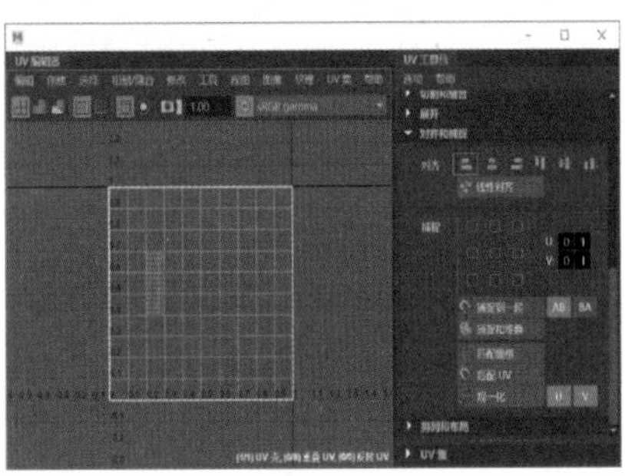

图 5-53

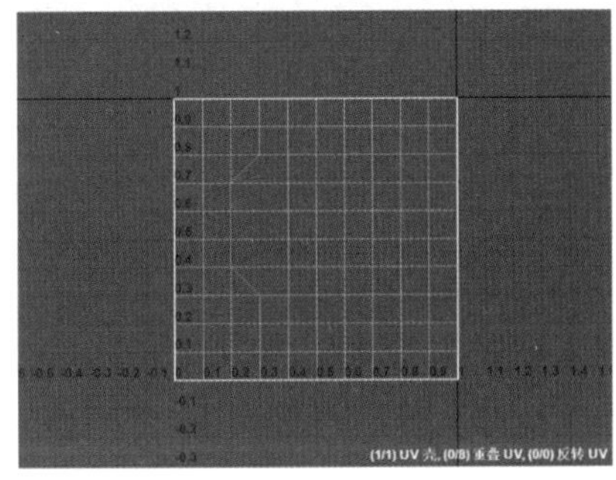

图 5-54

Step04 按快捷键【Ctrl+Z】撤回到对齐命令执行前的效果，单击【对齐和捕捉】→【对齐】命令的第二个图标，如图 5-55 所示。此时可以看到选中的区域会将 UV 对齐到中心，效果如图 5-56 所示。

图 5-55

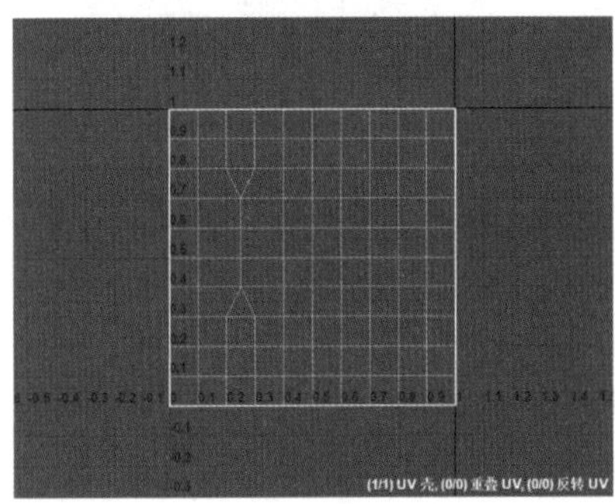

图 5-56

★重点 5.3.10 UV 的排列

创建好一个对象并将纹理贴图映射到【UV 编辑器】后，在右侧的【UV 工具包】中执行【创建】→【自动】命令，如图 5-57 所示，可以看到创建的 UV 贴图自动被展开，如图 5-58 所示。

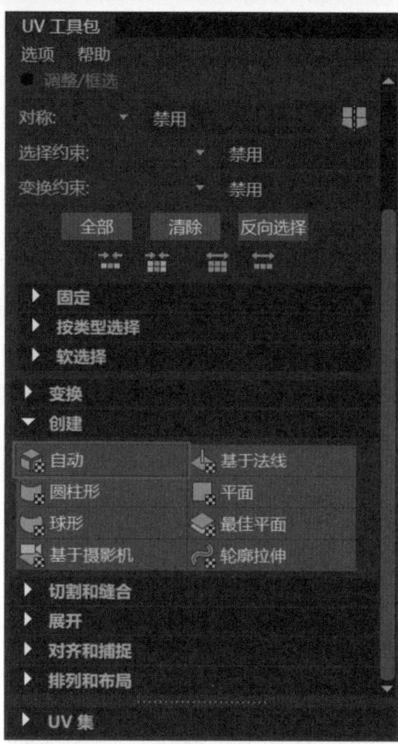

图 5-57

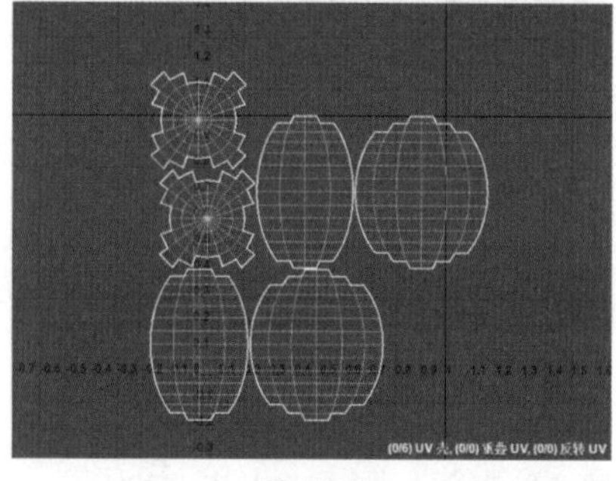

图 5-58

将展开的 UV 整体选中，按快捷键【R】将 UV 壳缩小到一单位以内的范围，如图 5-59 所示。执行右侧的【UV 工具包】中的【排列和布局】→【排布】命令，如图 5-60 所示。

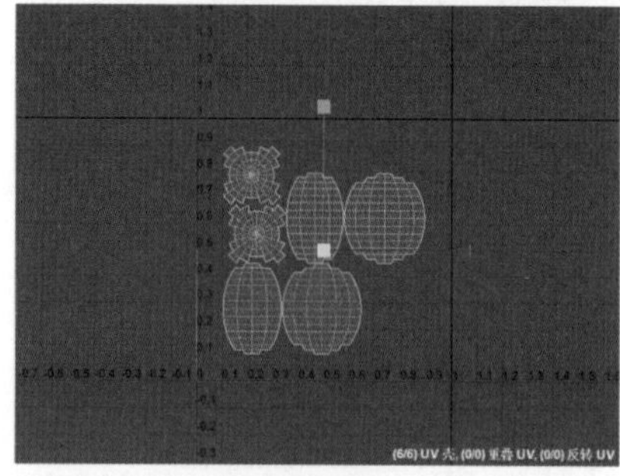

图 5-59

图 5-60

【排布】命令执行后，可以看到这些 UV 壳将自动在一单位以内的格子中进行水平或竖直方向的排列，如图 5-61 所示。

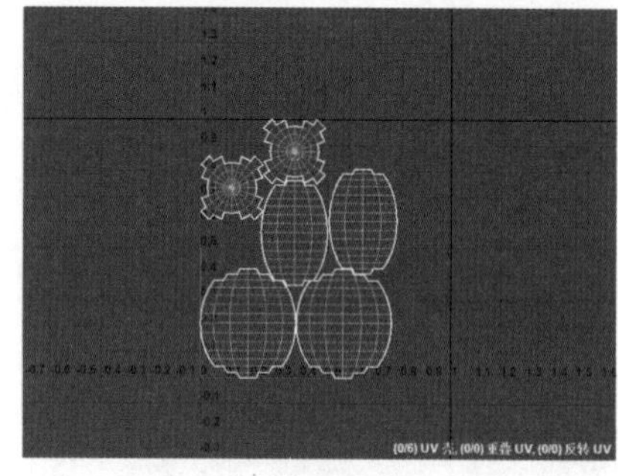

图 5-61

5.3.11 实战：排列 UV

Step01 在工具架中单击【多边形建模】→【圆柱体】图标，创建一个多边形圆柱体，如图 5-62 所示。选择创建的圆柱体，打开【UV 编辑器】面板，圆柱体的贴图会自动映射到编辑界面中，如图 5-63 所示。

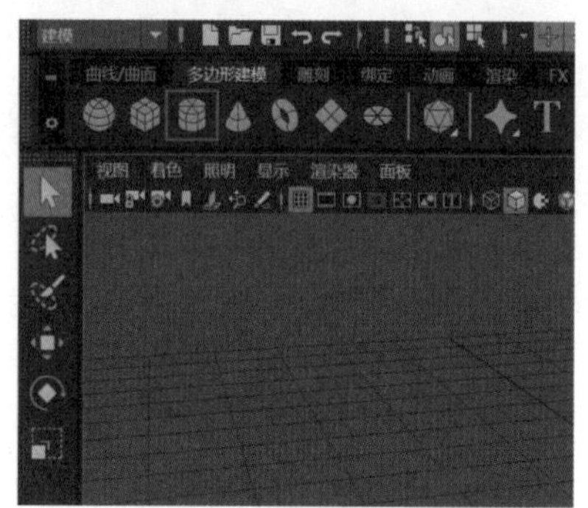

图 5-62

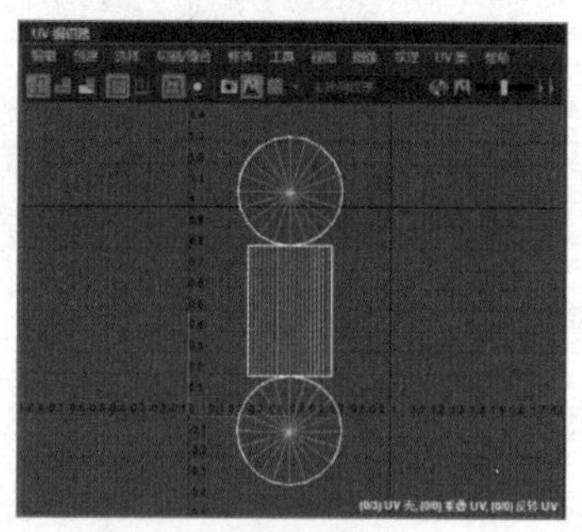

图 5-63

Step02 在【UV 编辑器】的操作界面中长按鼠标右键，在弹出的菜单中拖曳选择面模式，如图 5-64 所示，使模型的贴图进入可编辑模式。选中整个贴图，按快捷键【R】将其整体缩小到一个单位内，如图 5-65 所示。

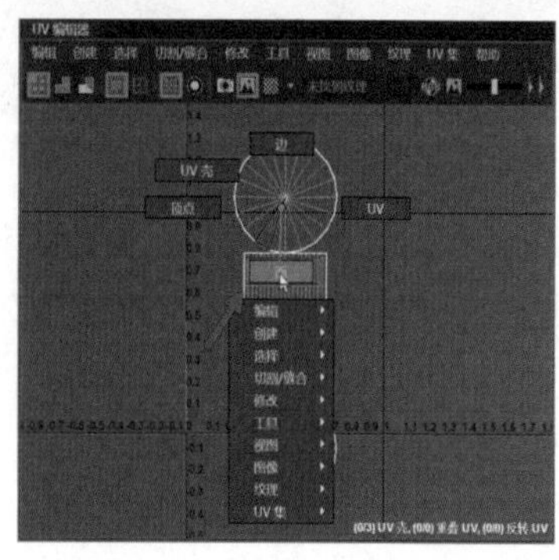

图 5-64

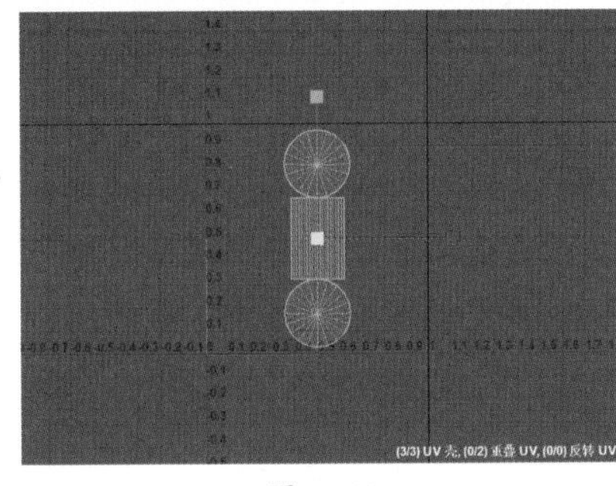

图 5-65

Step03 执行右侧的【UV 工具包】中的【排列和布局】→【排布】命令，如图 5-66 所示，命令执行后，选中的 UV 壳即会自动整齐地排列在一个单位内，如图 5-67 所示。

图 5-66

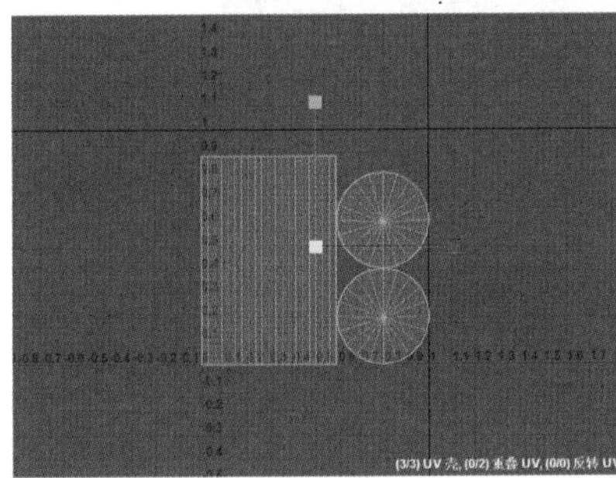

图 5-67

5.3.12 删除 UV

模型创建好后，需要将贴图先映射到【UV 编辑器】中，在操作界面中长按鼠标右键，在菜单中拖曳选择面模式，如图 5-68 所示，使对象的 UV 网格贴图进入可编辑模式，在贴图中框选需要删除的部分，如图 5-69 所示。

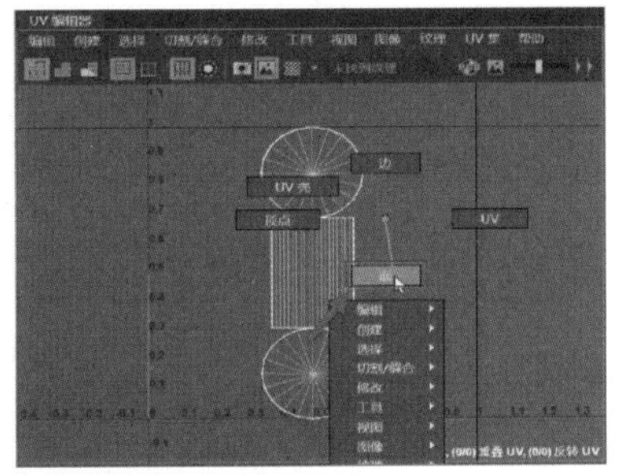

图 5-68

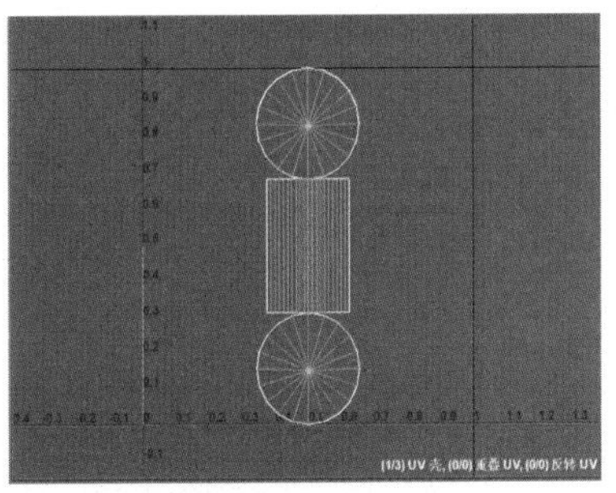

图 5-69

确定好范围后，执行【UV 编辑器】菜单栏中的【编辑】→【删除】命令，如图 5-70 所示，选择的 UV 网格即会被自动删除，如图 5-71 所示。

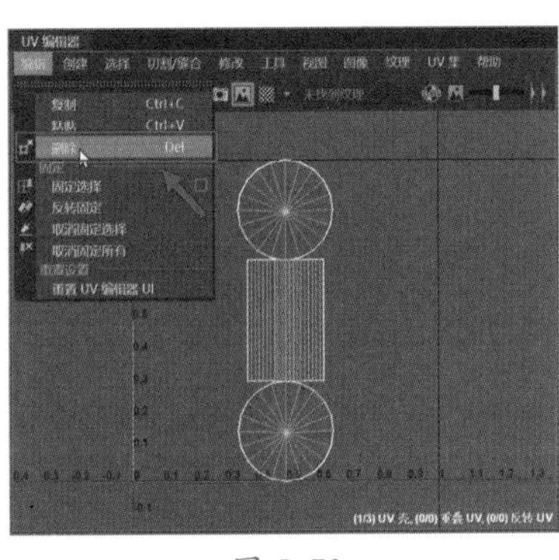

图 5-70

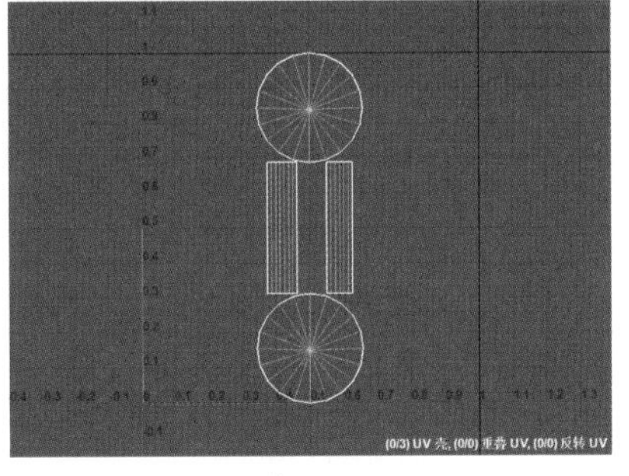

图 5-71

5.3.13 UV 网格导出

确定好 UV 后，需要先生成 UV 快照。单击【UV 编辑器】中的【摄影机】图标，如图 5-72 所示，在弹出的面板中设置参数，❶ 通用贴图格式为 PNG，❷ 单击【应用】按钮，如图 5-73 所示。

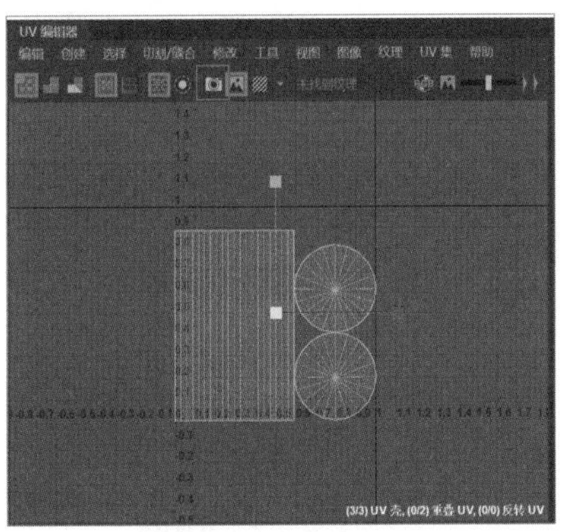

图 5-72

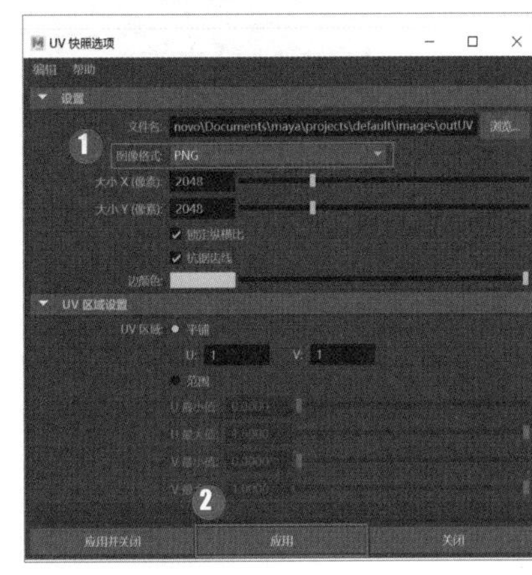

图 5-73

此时即会自动在指定路径生成UV快照，完成网格导出，如图5-74所示。实例最终效果见“结果文件\第5章\排列UV.jpg”文件。

图 5-74

5.3.14 多象限 UV 技术

当模型较复杂且较大时，想要将贴图做出更好的效果，一般需要用到多象限UV技术。例如，做一个卡通人物模型，或者是电影级别的场景，多象限UV技术会为工作带来很大的便利。但目前应用较少，因此本书中不进行展开介绍。

★重点 5.4 UV 快速展开

在制作较复杂的模型时，将贴图映射到【UV编辑器】后，最好将网格展开为更小的部分，并将每个部分展开为独立的UV壳，这样才能保证正确地裁剪和缝合网格中的接缝。

打开软件后，创建或导入模型。框选模型，将贴图映射到【UV编辑器】的操作界面中。在操作界面中长按鼠标右键，在弹出的菜单中拖曳选择边模式，让对象贴图进入可编辑模式。选择贴图网格上需要进行展开的局部UV壳，在【UV编辑器】右侧的【UV工具包】中选择【展开】→【展开】命令，如图5-75所示，或单击菜单栏中【修改】→【展开】命令右侧的复选框，打开【展开UV选项】对话框，如图5-76所示，单击【应用】按钮，即可展开UV网格。

【展开UV选项】对话框中各选项的作用及含义如表5-1所示。

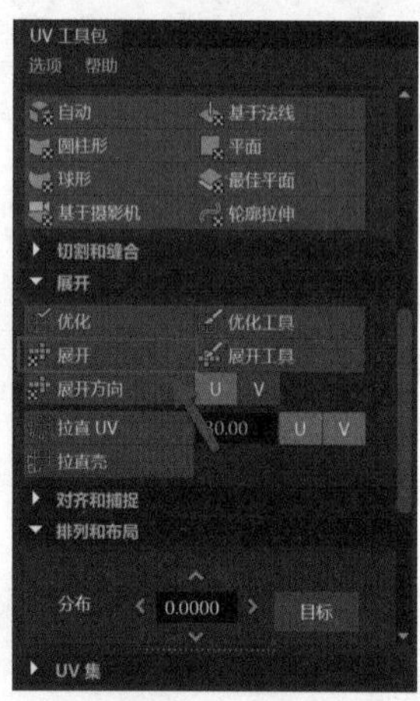

图 5-75

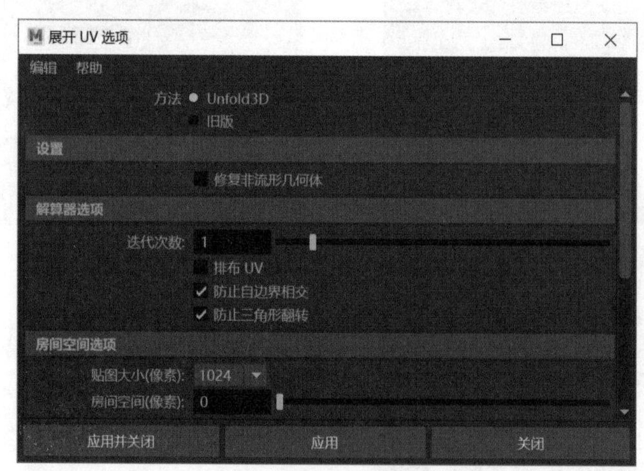

图 5-76

表 5-1 展开 UV 选项对话框中选项作用及含义

选项	作用及含义
方法	当设置为“Unfold3D”时，展开后的UV可以去除扭曲，即使是复杂的拐点处也会去除扭曲；当设置为“旧版”时，展开后的贴图可以产生锥化效果
修复非流形几何体	选中此复选框后，可以对UV网格进行手动清理操作
迭代次数	设置展开计算的次数
贴图大小（像素）	选择UV网格的像素大小
房间空间（像素）	调节选中的UV贴图之间的距离

5.5 UV 集

当对象需要拆分为多个网格贴图，且需要不同的纹理效果时，则需要使用 UV 集进行多个布局。例如，要制作一个生锈的破旧路灯模型，则需要在局部进行绘制，使用分层制作出纹理贴图，这样能够为对象生成不同的材质效果。如果不想让贴图被重复使用，那么每个不同的纹理都需要添加 UV 集。

5.5.1 创建 UV 集

创建对象后，选择模型，打开【UV 编辑器】，将贴图映射到操作界面中。在右侧的【UV 工具包】中单击【UV 集】中的第一个图标，如图 5-77 所示，即可为对象的贴图生成一个空 UV 集。

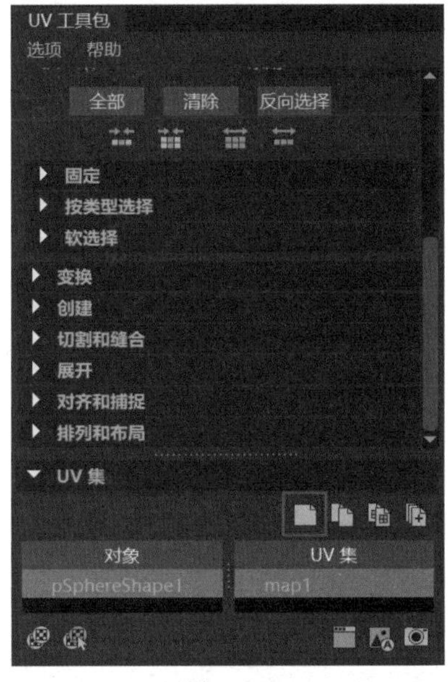

图 5-77

5.5.2 在 UV 集之间切换

为对象创建好新的 UV 集后，直接在右侧的【UV 工具包】中的【UV 集】中进行切换即可，图 5-78 所示为原来的 UV 集，新创建的 UV 集如图 5-79 所示。

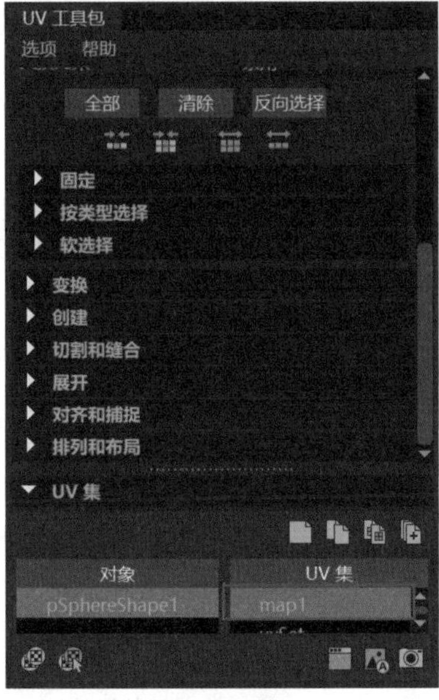

图 5-78

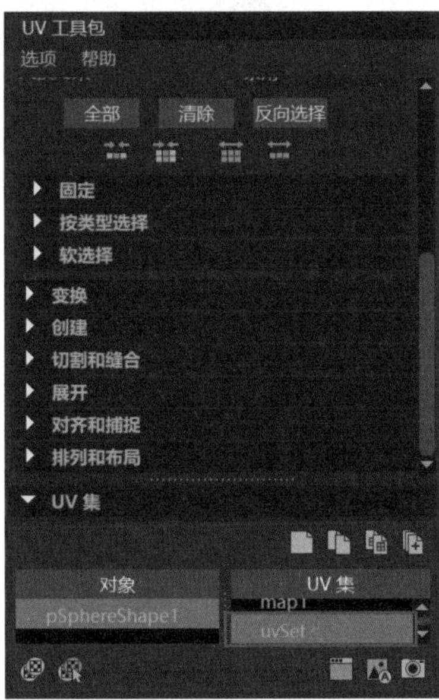

图 5-79

也可以在【UV 编辑器】的操作界面中长按鼠标右键，在弹出的菜单中拖曳选择【UV 集】选项，然后进行切换，如图 5-80 所示。

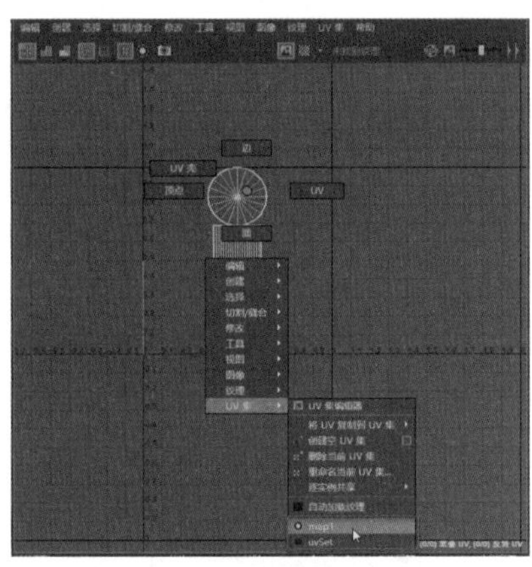

图 5-80

5.5.3 复制、重命名或删除 UV 集

创建好新的 UV 集后，在编辑界面中长按鼠标右键，在弹出的菜单中拖曳选择【UV 集】选项中的【将 UV 复制到 UV 集】命令，如图 5-81 所示，在这里可以显示目前创建的所有 UV 集，选择的 UV 可以使用该选项复制到新的 UV 集。

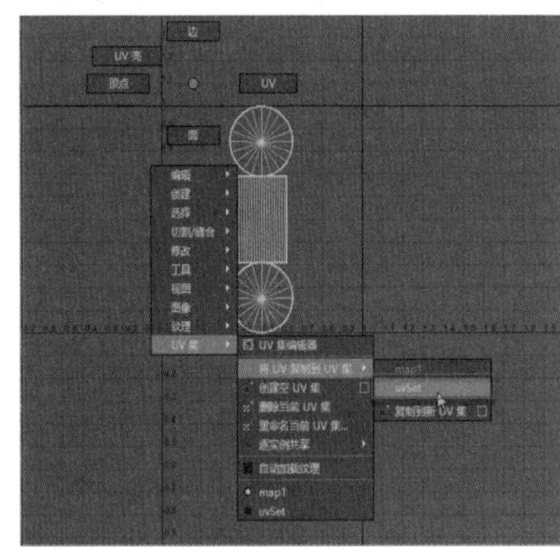

图 5-81

在操作界面中长按鼠标右键，在弹出的菜单中拖曳选择【UV 集】中的【重命名当前 UV 集】命令，如图 5-82 所示。弹出【重命名当前 UV 集选项】对话框，如图 5-83 所示，❶设置【新 UV 集名称】，❷单击【应用】按钮，即可完成重命名。

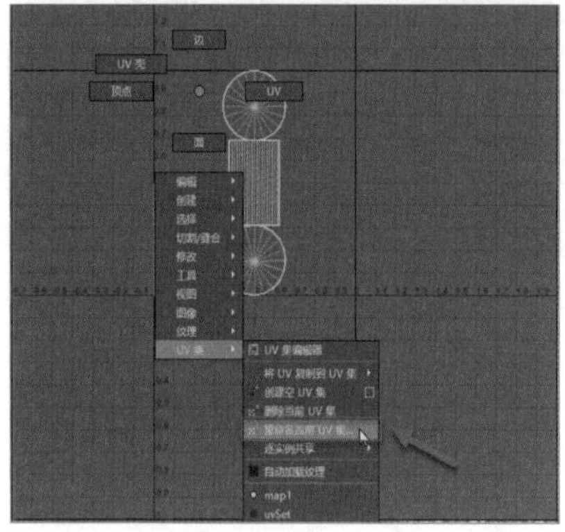
图 5-82

图 5-83

如果选择的 UV 集需要删除，在右侧的【UV 工具包】中找到【UV 集】选项，在需要删除的 UV 集上长按鼠标右键，在弹出的菜单中拖曳选择【删除】命令，如图 5-84 所示，选择的 UV 集即会被删除，如图 5-85 所示。

图 5-84

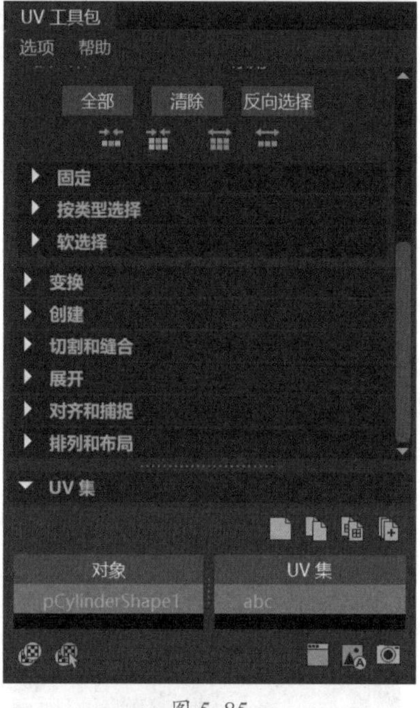

图 5-85

5.5.4 将纹理指定给 UV 集

执行菜单栏中的【窗口】→【关系编辑器】→【UV 链接】→【以 UV 为中心】命令，如图 5-86 所示，选择对象，打开【关系编辑器】面板，如图 5-87 所示。

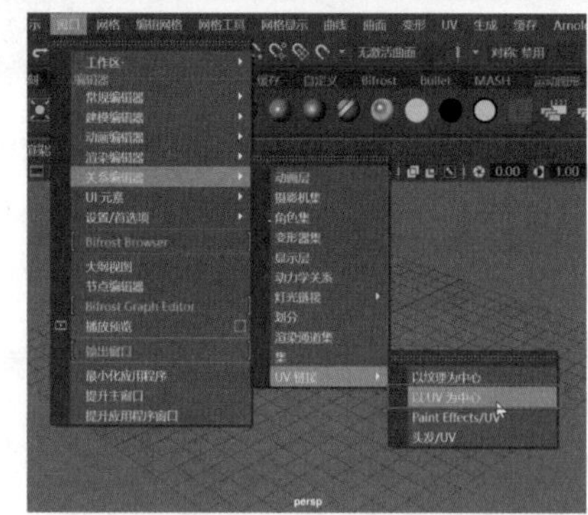
图 5-86

图 5-87

❶单击左侧的 UV 集，❷再单击右侧的纹理，如图 5-88 所示，纹理即会被指定给 UV 集，利用【关系编辑器】还可以访问 UV 集的【编辑】菜单，进行其他操作，如图 5-89 所示。

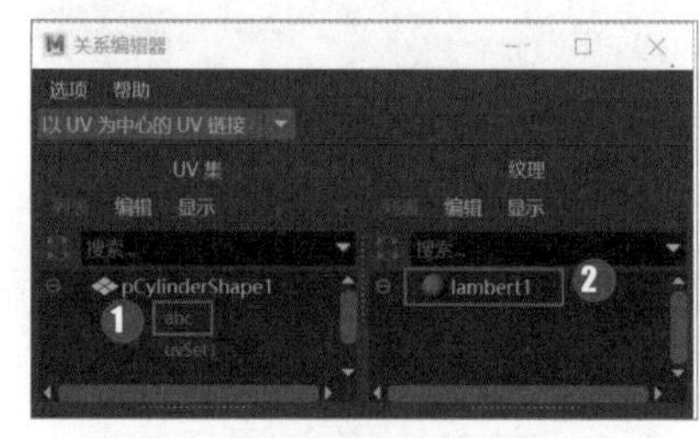

图 5-88

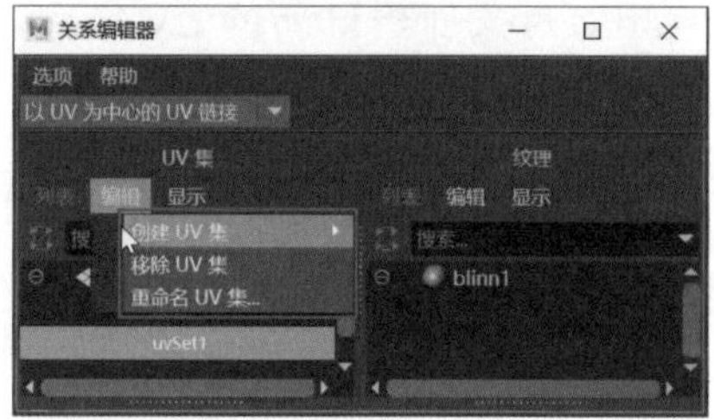

图 5-89

5.6 UV 参考

在 Maya 中，可以使用 UV 参考对 UV 网格进行轮廓拉伸、抓取及基于法线的映射等操作。

5.6.1 UV 菜单

UV 菜单中含有 UV 编辑器和 UV 集编辑器面板，以及一些编辑 UV 贴图常用的创建 UV 的命令、切割和缝合相关的命令，如自动接缝、切割 UV 边、缝合 UV 边，如图 5-90 所示。

5.6.2 UV 工具

UV 工具主要包括缝合、移动、抓取、收缩、对称、固定、涂抹、展开等，使用这些工具可以对 UV 网格进行编辑操作，如图 5-91 所示。

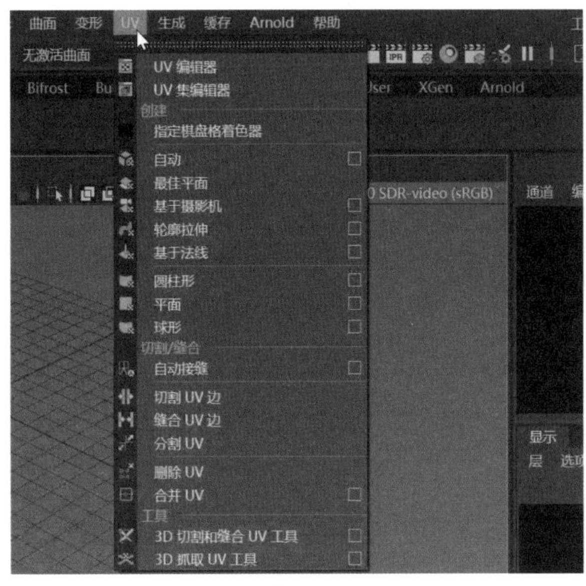

图 5-90

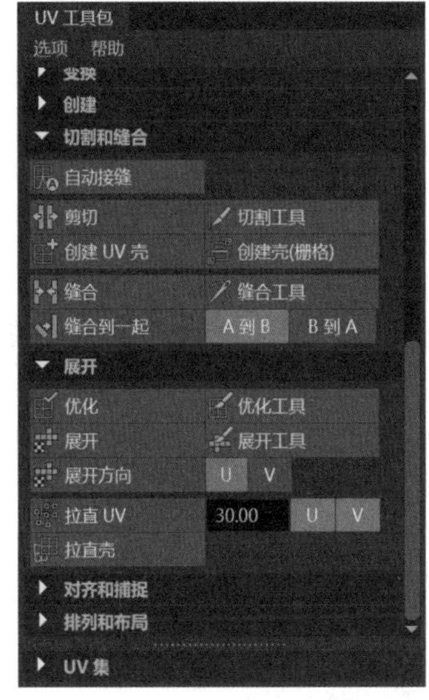

图 5-91

5.6.3 UV 编辑器

UV 编辑器面板如图 5-92 所示，在该面板中可以查看模型展开的平面网格、NURBS 的细分网格和纹理贴图，并对映射的图形进行编辑，如移动、缩放和整体修改 UV 网格布局，根据贴图的特殊性可以进行不同的操作。

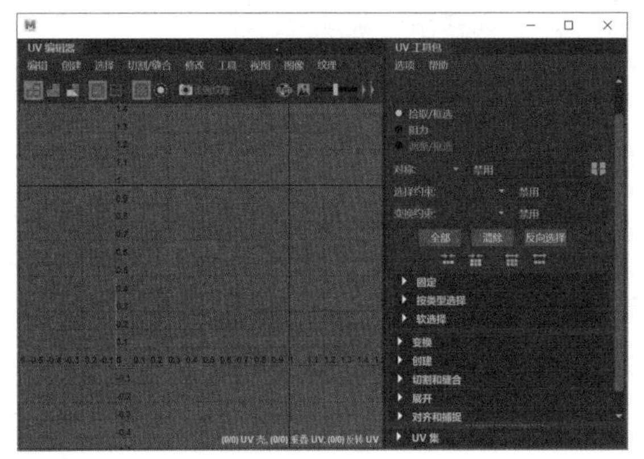

图 5-92

妙招技法

下面结合本章内容，介绍一些实用技巧。

技巧 01：传递 UV

本例将用两个模型演示如何传递 UV。该操作可以将一个模型的 UV 网格传递到另一个模型上，具体操作步骤如下。

Step01 执行【文件】→【打开场景】命令，如图 5-93 所示，打开“素材文件\第 5 章\chuandi.mb”文件，选择模型，单击工具架中的【多边形建模】→【UV 编辑器】图标，如图 5-94 所示，将对象的贴图映射到【UV 编辑器】界面中。

图 5-93

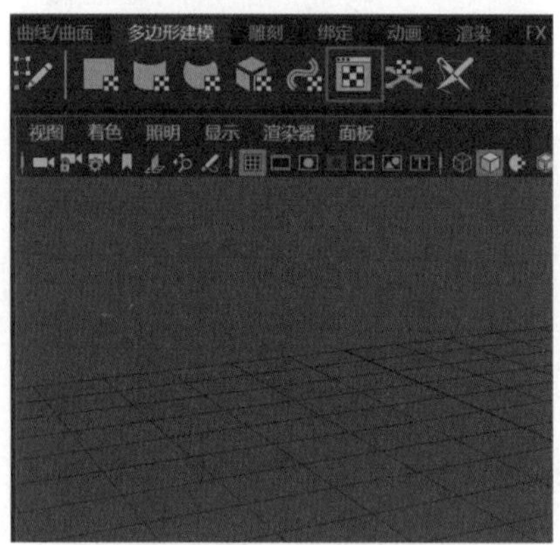

图 5-94

Step02 单击工具架中的【多边形建模】→【球体】图标，新建一个球体，如图 5-95 所示，先选择球体，再选择要传递给 UV 的模型，如图 5-96 所示。

图 5-95

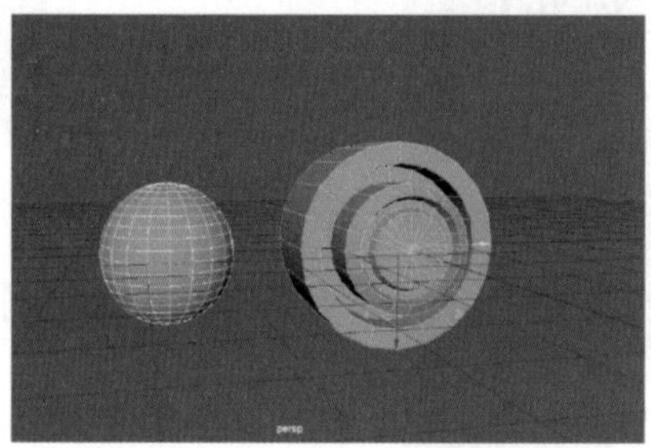

图 5-96

Step03 选择两个模型后，可以看到【UV 编辑器】中的网格贴图，如图 5-97 所示，两个模型的贴图叠加在了一起，单击菜单栏中【网格】→【传递属性】命令右侧的复选框，如图 5-98 所示。

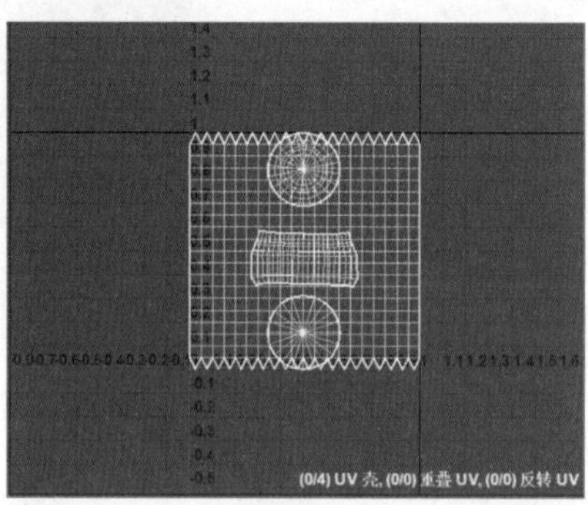

图 5-97

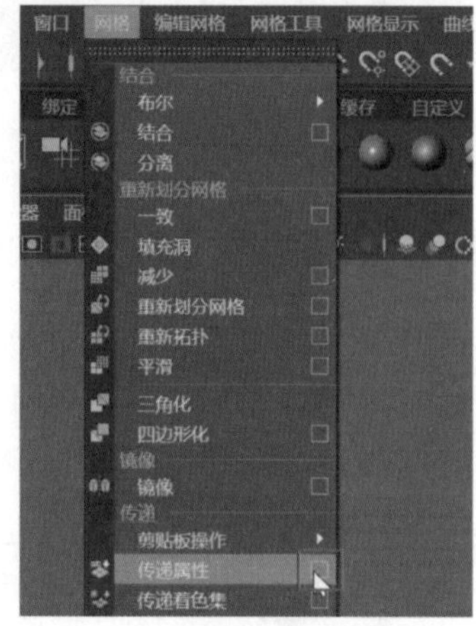

图 5-98

Step04 打开【传递属性选项】对话框，如图 5-99 所示，❶将【采样空间】设置为【拓扑】，❷单击【应用】按钮，即可看到多边形球体的网格贴图被传递到了后选择的模型上，效果如图 5-100 所示。在【UV 编辑器】中可以看到导入的模型的网格贴图变成了球体的贴图。实例最终效果见“结果文件\第 5 章\chuandi.mb”文件。

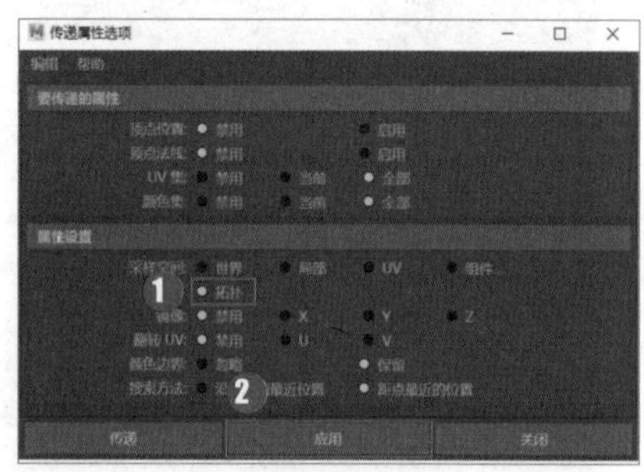

图 5-99

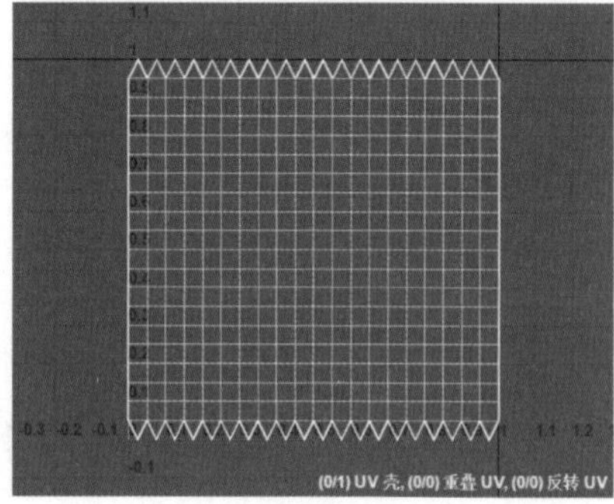

图 5-100

技巧 02：涂抹 UV

UV 网格拆分后，如果遇到曲面不均匀的情况，可以执行涂抹 UV 操作。本例将用一个立方体演示如何涂抹 UV，具体操作步骤如下。

Step01 单击工具架中的【多边形建模】→【立方体】图标，新建一个立方体，如图 5-101 所示，在右侧的【通道盒 / 层编辑器】中添加细分数，如图 5-102 所示。

图 5-101

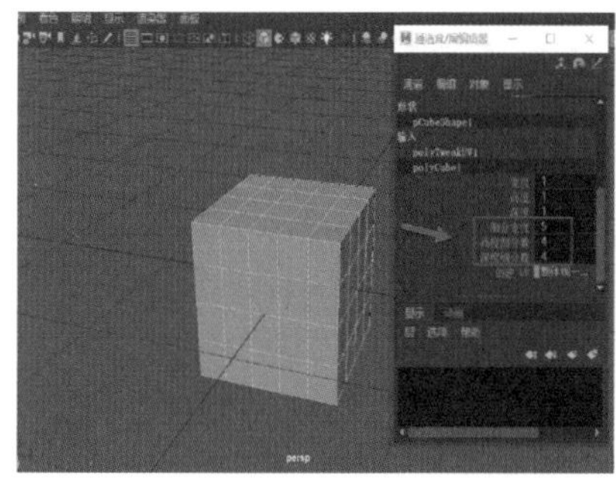

图 5-102

Step02 在操作界面中长按鼠标右键，在弹出的菜单中拖曳选择面模式，如图 5-103 所示，进入可编辑模式后，为模型简单添加一些凹陷的效果，选中立方体顶面的中间几个部分，如图 5-104 所示。

图 5-103

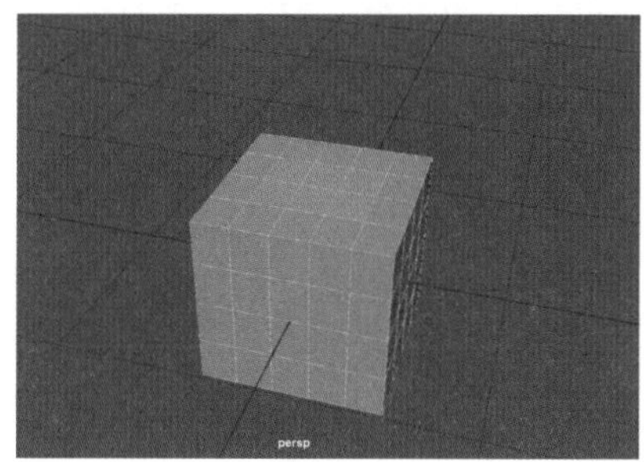

图 5-104

Step03 按组合键【Shift+ 鼠标右键】，在弹出的菜单中拖曳选择【挤出面】命令，如图 5-105 所示，长按鼠标左键并拖曳生成的操纵器，如图 5-106 所示。

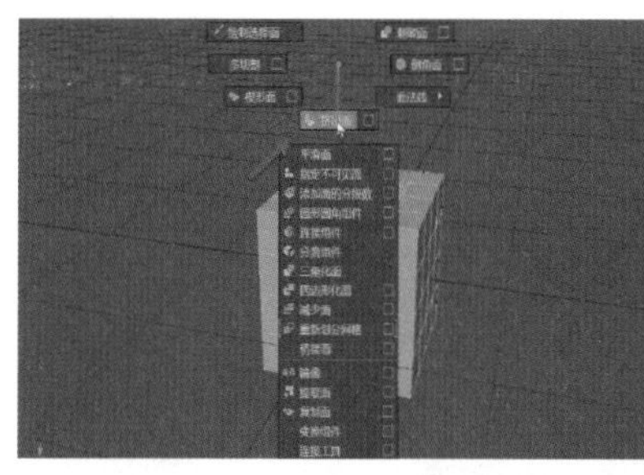

图 5-105

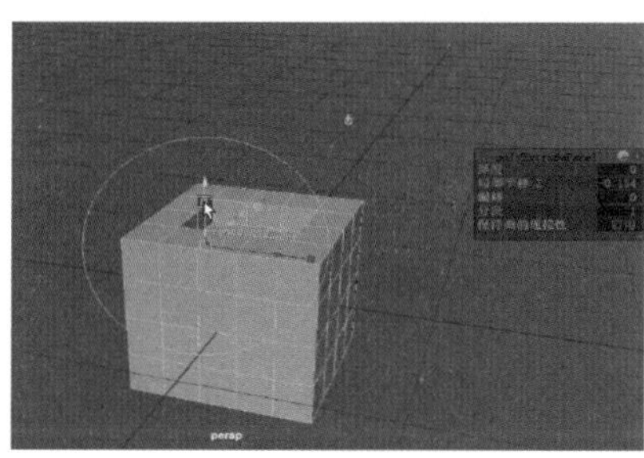

图 5-106

Step04 凹陷效果做好后，使模型回到物体模式，单击工具架中的【多边形建模】→【UV 编辑器】图标，如图 5-107 所示，将模型的网格贴图映射到界面中，在操作界面中长按鼠标右键，在弹出的菜单中拖曳选择面模式，如图 5-108 所示。

图 5-107

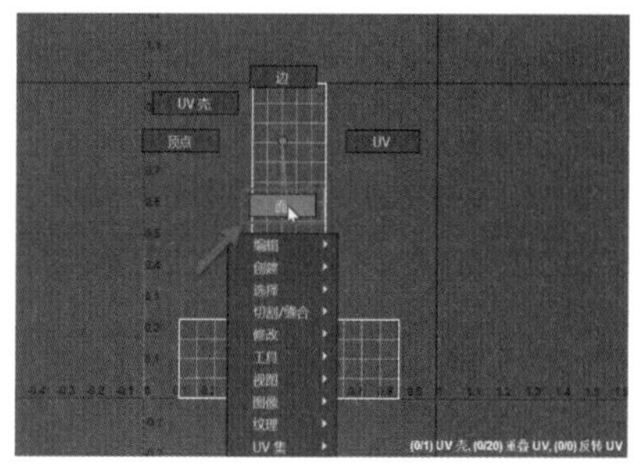

图 5-108

Step05 在网格中双击鼠标左键，全选所有的面，在右侧的【UV 工具包】中执行【展开】命令，如图 5-109 所示，展开后的效果如图 5-110 所示，可以看到个别网格曲面不均匀。

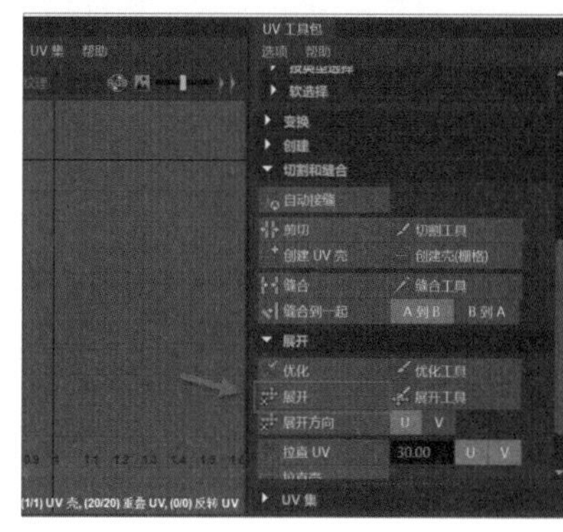

图 5-109

第1篇
第2篇
第3篇
第4篇
第5篇
第6篇

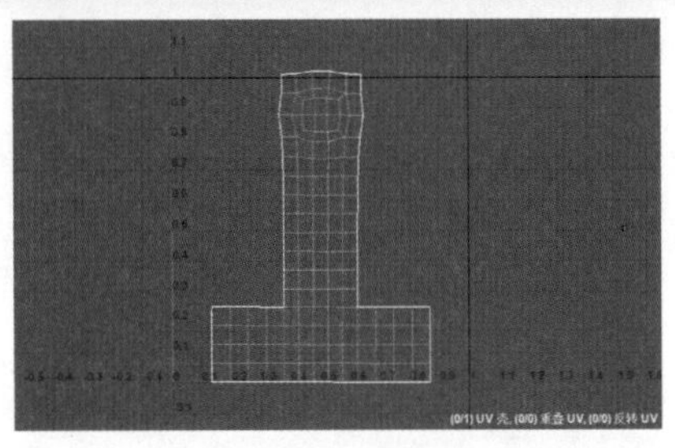

图 5-110

Step06 执行【UV 编辑器】菜单栏中的【工具】→【涂抹】命令，如图 5-111 所示，此时鼠标指针会变成圆形的笔刷，如图 5-112 所示，在不均匀的网格中进行涂抹即可。

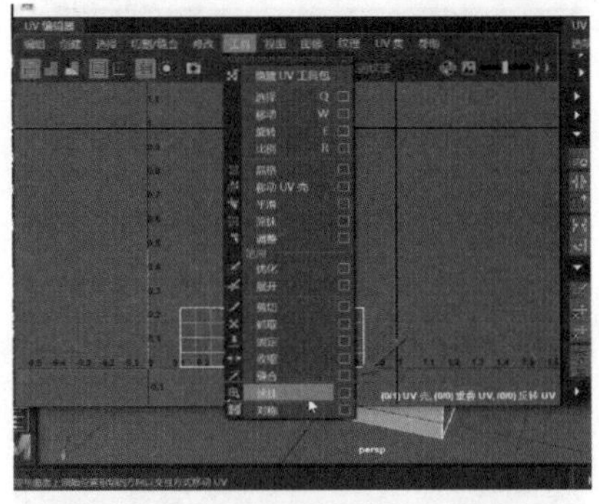

图 5-111

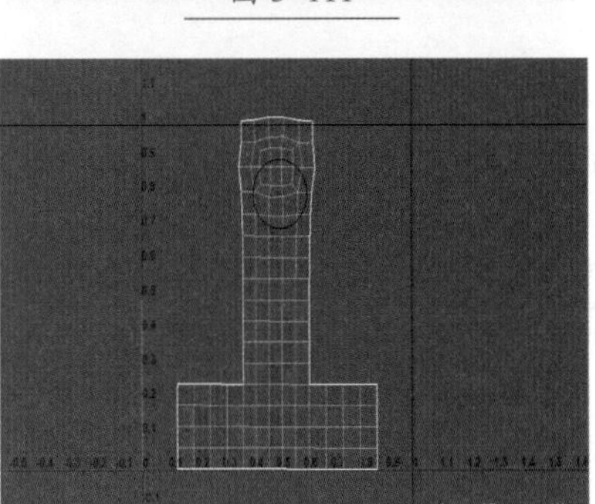

图 5-112

Step07 涂抹后，可以看到网格变均匀了很多，效果如图 5-113 所示。

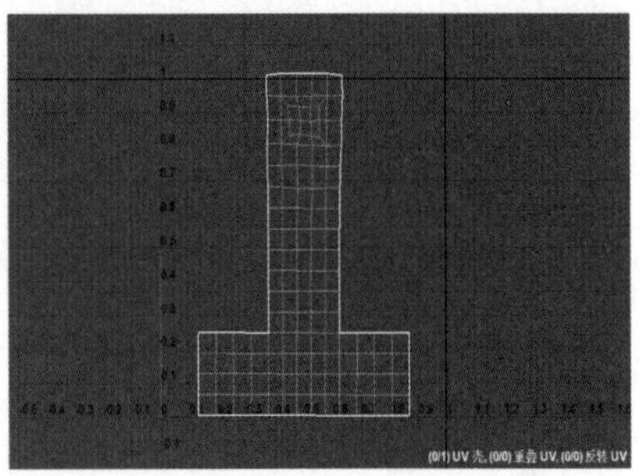

图 5-113

上机实训 —— 分离整体 UV 到两部分

本例将演示如何将模型的 UV 分离成两部分，流程为创建一个多边形圆环，对其贴图执行【展开】命令，然后选择任意一条边，执行【剪切】命令，并再次展开 UV，具体操作步骤如下。

Step01 单击工具架中的【多边形建模】→【圆环】图标，创建一个多边形圆环，如图 5-114 所示，选择模型，单击工具架中的【多边形建模】→【UV 编辑器】图标，将模型的网格贴图映射到编辑器的界面中，如图 5-115 所示。

图 5-114

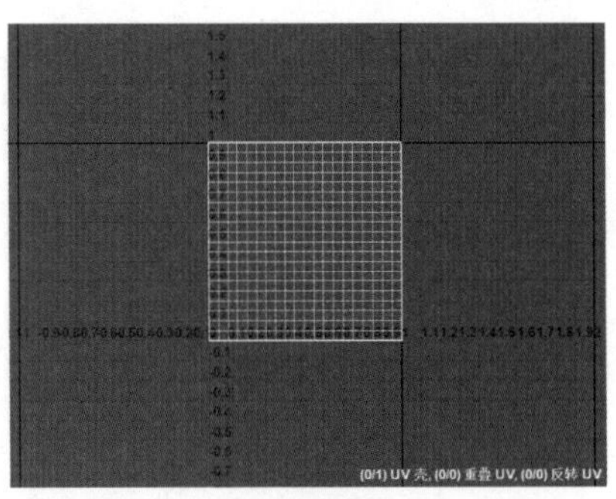

图 5-115

Step02 在【UV 编辑器】的操作界面中长按鼠标右键，在弹出的菜单中拖曳选择面模式，如图 5-116 所示，让贴图进入可编辑模式，框选贴图所有的面，如图 5-117 所示。

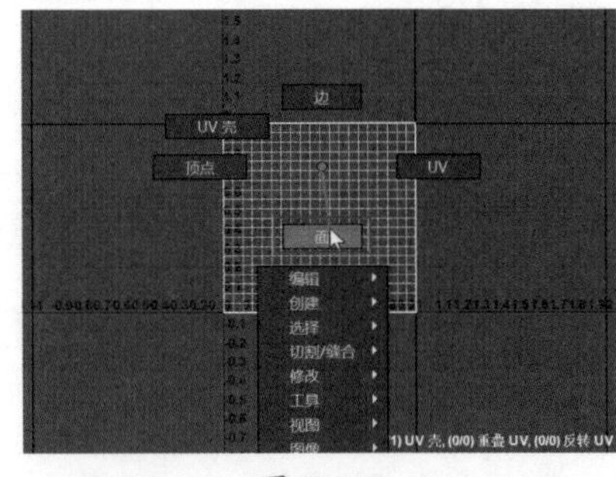

图 5-116

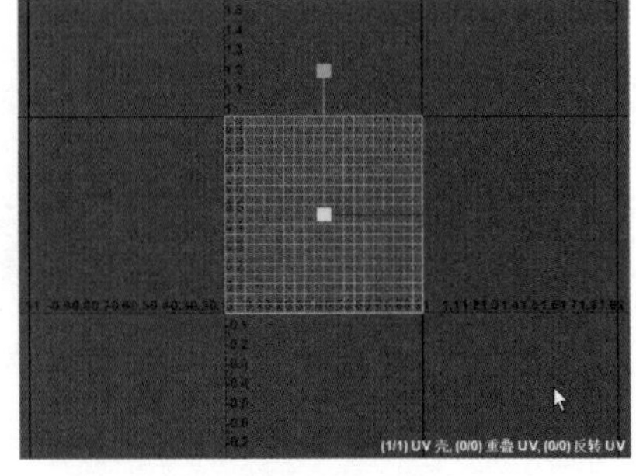

图 5-117

Step03 执行右侧【UV 工具包】中的【展开】命令，如图 5-118 所示，命令执行后，可以看到贴图只被展开了一部分，如图 5-119 所示。

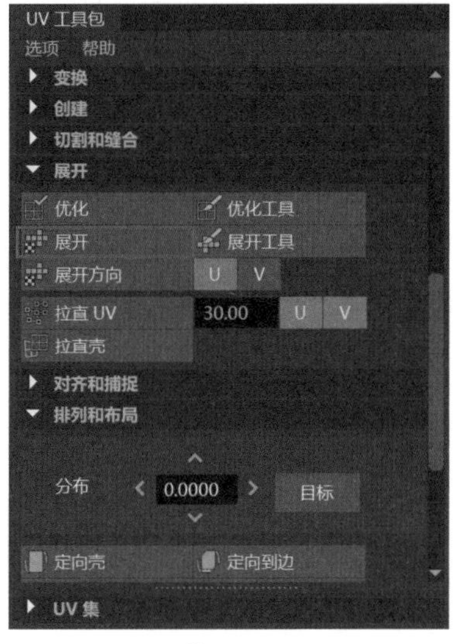

图 5-118

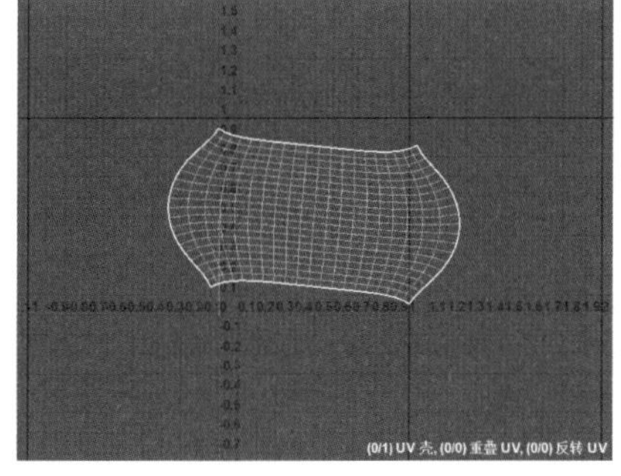

图 5-119

Step04 长按鼠标右键，在弹出的菜单中拖曳选择边模式，双击选中贴图中间的一整条边，如图 5-120 所示，执行右侧【UV 工具包】中的【切割和缝合】→【剪切】命令，如图 5-121 所示。

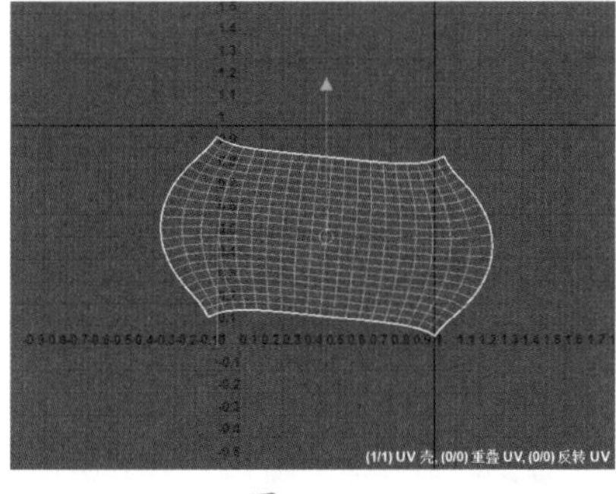

图 5-120

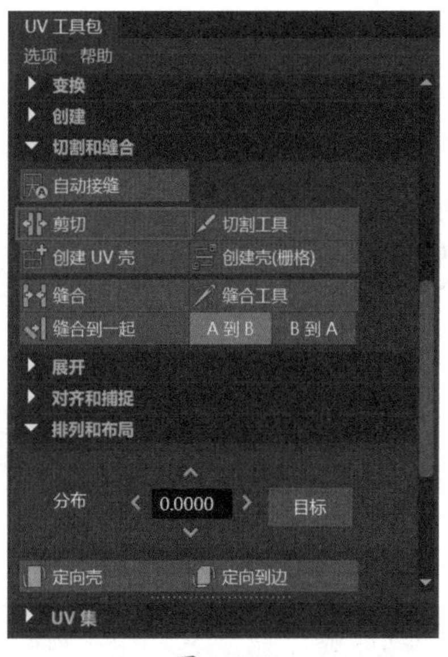

图 5-121

Step05 命令执行后，长按鼠标右键并选择面模式，如图 5-122 所示。选中所有的面，执行右侧【UV 工具包】中的【展开】命令，展开后可以看到模型的网格贴图沿着剪切线被分为了两部分，效果如图 5-123 所示。实例最终效果见“结果文件\第 5 章\FLZT.mb”文件。

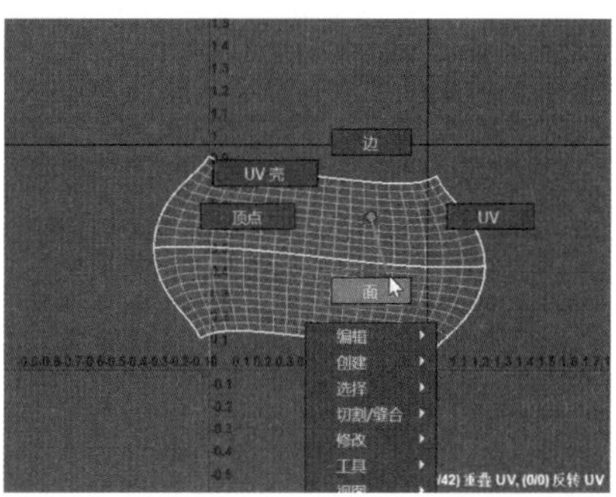

图 5-122

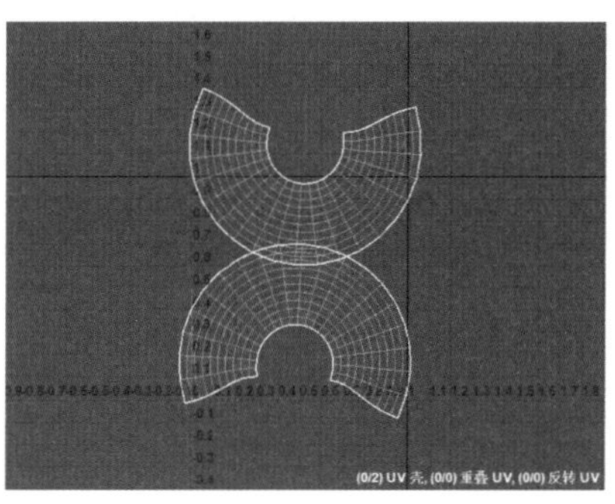

图 5-123

本章小结

本章主要介绍了 UV 的网格贴图和相关的常用编辑操作，以及如何通过 UV 编辑器快速展开贴图，从而完成最终想要的贴图效果。复杂的模型可以多展开几部分，展开之后的 UV 贴图尽量做到整齐排列即可。

第6章 材质与纹理

➥ 如何通过调整材质球的参数，制作玻璃效果？
➥ 2D 及 3D 程序纹理是什么？
➥ 如何用 Maya 阿诺德渲染制作材质？
➥ Maya 与 Photoshop 应该如何配合制作贴图？

材质和纹理主要包括物体的颜色、纹理、透明度、反射光等特性。通过本章内容可以学习常用材质的属性和应用方法，了解不同纹理的特性并做出分层纹理的效果，并将材质球灵活地运用到实战中。

6.1 材质编辑器

单击状态栏中的【Hypershade 窗口】图标，如图 6-1 所示，打开【Hypershade】对话框，如图 6-2 所示，这就是材质编辑器，在该对话框中可以看到材质球的网格结构，还可以设置两个材质节点之间的关系。

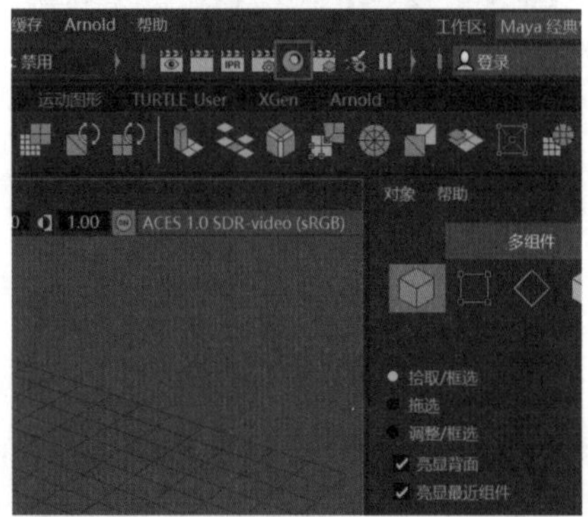

图 6-1

图 6-2

执行菜单栏中的【窗口】→【渲染编辑器】→【Hypershade】命令，如图 6-3 所示，也可以打开材质编辑器。

图 6-3

6.2 材质编辑器的工作界面

【Hypershade】对话框中常用的功能分为 5 个区域，分别为：❶ 浏览器、❷ 材质查看器、❸ 创建栏、❹ 工作区、❺ 特性编辑器，如图 6-4 所示。

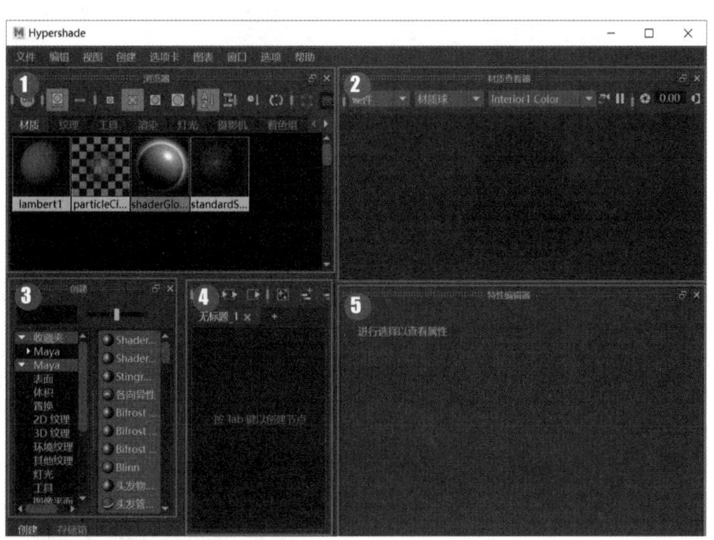

图 6-4

1. 浏览器

浏览器区域中主要列出了场景中需要的常用材质、纹理、灯光等内容，如图 6-5 所示，用户可以在这里为指定的对象添加不同类型的效果。

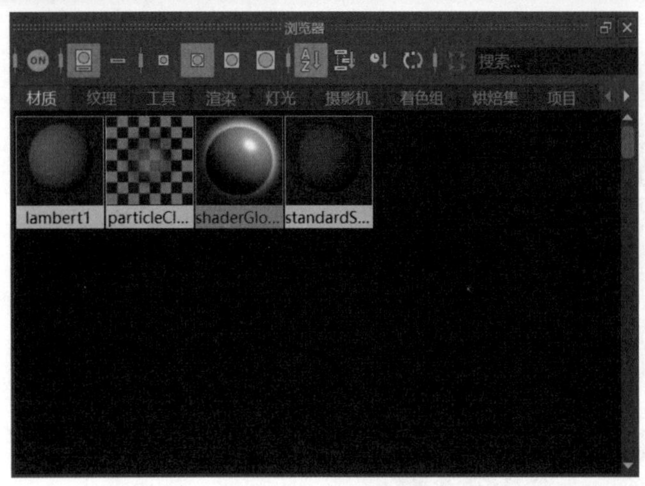

图 6-5

2. 材质查看器

创建并选中物体后，在材质查看器区域中可以随时查看材质的效果，显示的效果与最终的渲染效果几乎一致，如图 6-6 所示，在上方可以设置材质球、渲染器和环境贴图的类型。

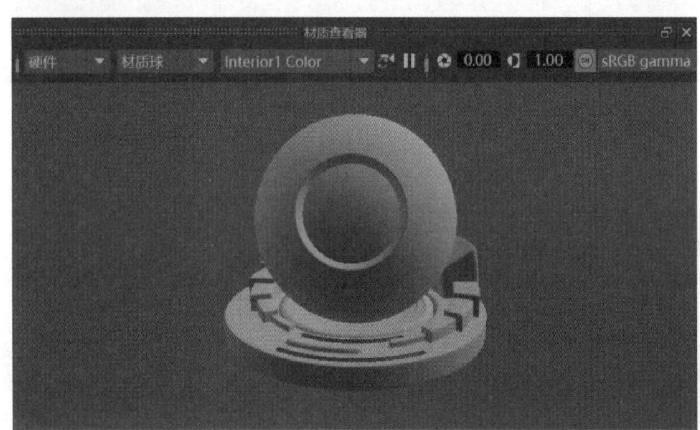

图 6-6

3. 创建栏

在创建栏的左侧可以选择渲染器的类型，右侧是模型对应生成的节点，如图 6-7 所示，用户直接在这里单击左键选择合适的材质球类型，选择之后，【材质编辑器】面板的工作区中会自动生成一个该材质球的节点。

图 6-7

4. 工作区

在工作区中可以连接或断开模型上的节点，在这里可以编辑出复杂的材质节点网格，如图 6-8 所示。在材质球上长按鼠标右键，在弹出的菜单中可以将材质指定给选定对象，如图 6-9 所示。

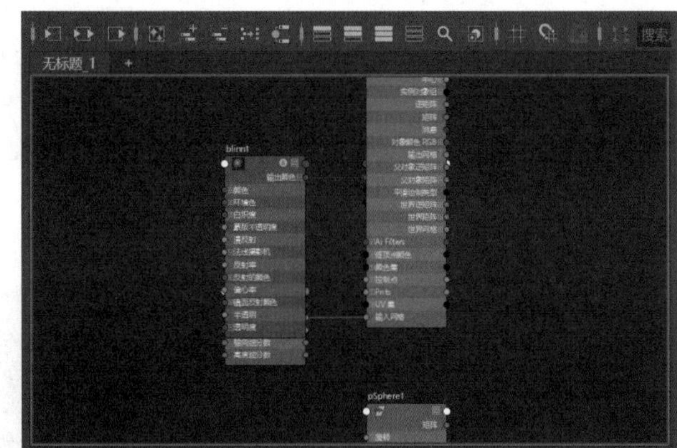

图 6-8

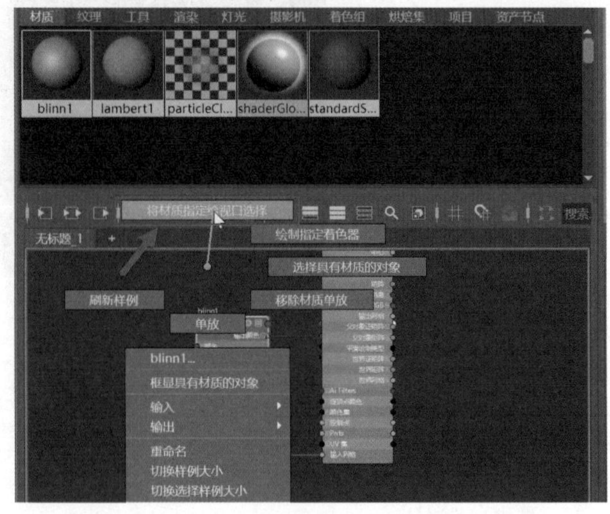

图 6-9

5. 特性编辑器

在特性编辑器中可以为选定的模型调节颜色、透明度、白炽度等，查看着色节点的属性，如图 6-10 所示，该区域中的内容和【属性编辑器】对话框中的内容是一样的，如图 6-11 所示。

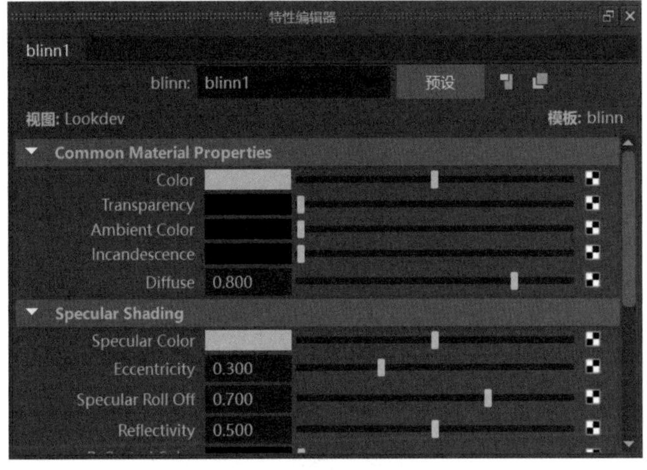

图 6-10

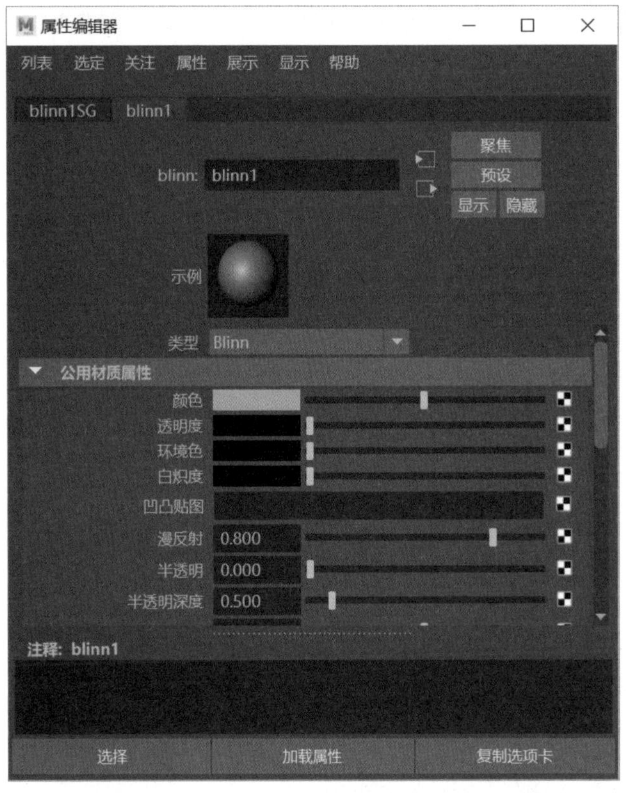

图 6-11

6.3 渲染的常用材质、纹理与工具节点

在 Maya 中，常用的材质类型主要有“表面”“体积”“置换”“3D 纹理”等 12 大类，可以在材质编辑器左下角的创建栏中找到，如图 6-12 所示。

当为选定的对象附上材质后，软件会自动对灯光做出反应，来表现不同的材质效果，如透明度、高光、反射等。另外，模型上的一些其他细节，如刮痕、金属质感、裂缝等，可以用纹理贴图来制作。

纹理可以分为 2D 纹理、3D 纹理、环境纹理和其他纹理 4 大类，2D 和 3D 纹理主要用于物体本身，Maya 自带了一些 2D 和 3D 纹理，用户可以根据模型的不同需求制作纹理贴图。

模型制作成型后，需要根据模型的外观选择合适的贴图类型，同时要考虑材质着色的属性。指定材质后，可以在【材质编辑器】面板中预览物体当前的效果。

图 6-12

★重点 6.3.1 纹理概述

制作好模型后，可以通过添加不同类型的材质球，调整不同的材质属性，如透明度、白炽度、反射等，为模型制作不同的材质效果。如果需要增强物体的真实度，还可以使用纹理贴图来制作其他的细节，如布料、图案、噪波等。

1. 纹理类型

Maya 中的纹理分为 4 大类，分别是 2D 纹理、3D 纹理、环境纹理和其他纹理。软件中提供了一些不同类型的纹理，如图 6-13 所示。另外，用户还可以制作一些其他的纹理贴图。

图 6-13

2. 纹理的作用

在选择材质类型之前，首先应根据物体的外观，判断它的高光大小、透明度和反射等属性。合适的材质可以为物体增加质感。

2D 纹理是作用于物体表面的，可以通过拆分物体的 UV 进行投射，以产生不同的效果。

3D 纹理不受物体外观影响，不管物体的表面如何变化，3D 纹理都不会变，并且可以将图案表现到物体的内部。

环境纹理不直接作用于物体上，主要用于模拟物体周围的环境，可以直接影响材质的效果，不同类型的环境纹理模拟出来的效果也是不一样的。

制作纹理贴图时，可以补充模型上缺少的细节，也可以通过控制节点，制作出和现实生活中完全不一样的效果。

6.3.2 实战：添加贴图

Step01 新建一个物体，单击工具架中的【多边形建模】→【球体】图标，如图 6-14 所示，单击状态栏中的【Hypershade 窗口】图标，打开材质编辑器，如图 6-15 所示。

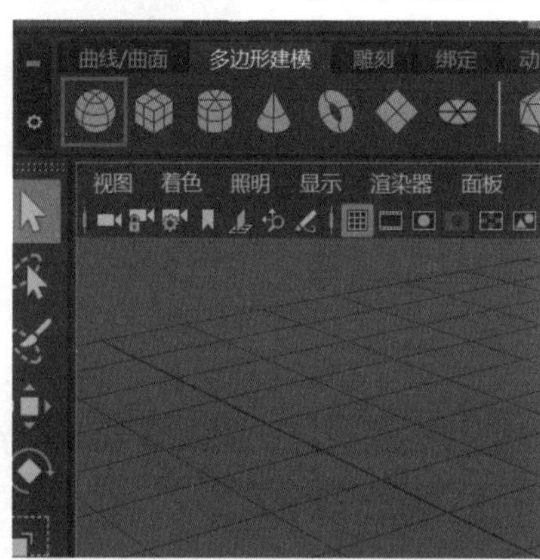

图 6-14

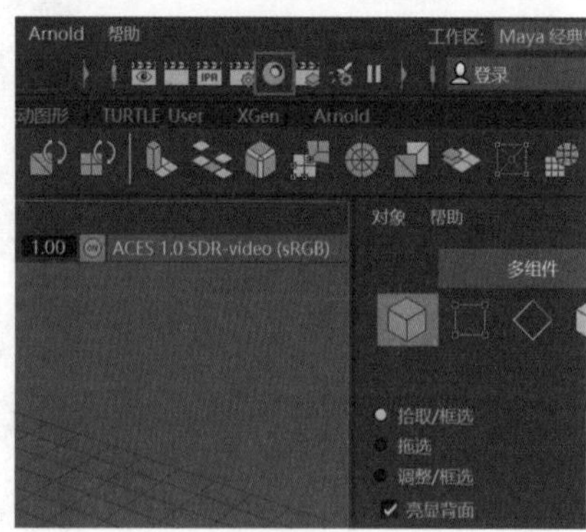

图 6-15

Step02 在材质编辑器左侧的创建栏中选择【Lambert】，如图 6-16 所示，然后长按鼠标中键拖曳到软件主工作区中的模型表面上，如图 6-17 所示。

图 6-16

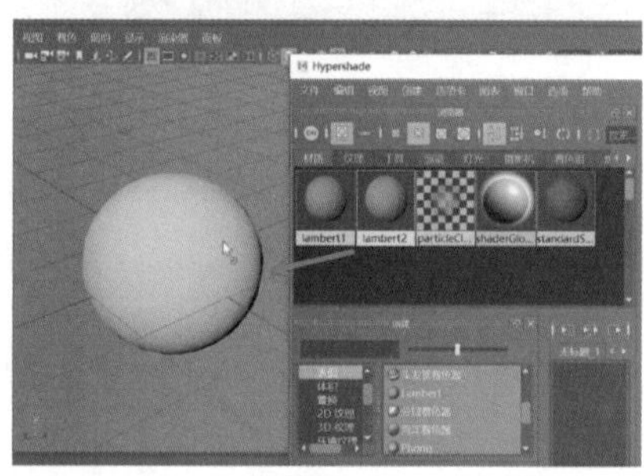

图 6-17

Step03 在右侧的【属性编辑器】中为材质球添加贴图，❶单击【颜色】右侧的方格图标，❷在打开的【创建渲染节点】对话框中选择【文件】选项，如图 6-18 所示，在弹出的【属性编辑器】面板中的【file1】选项卡中单击【图像名称】文本框右侧的文件夹图标，如图 6-19 所示。

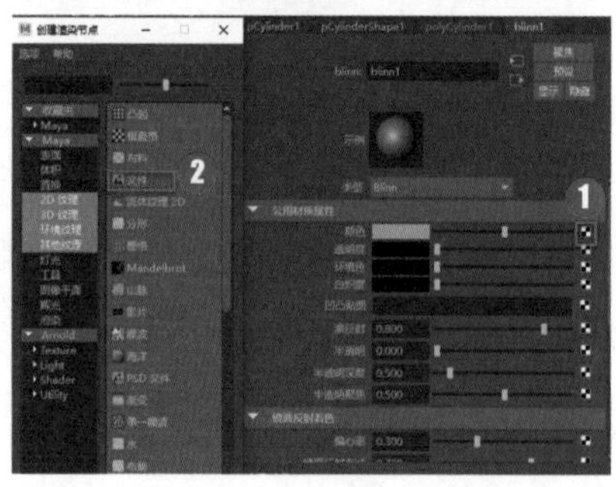

图 6-18

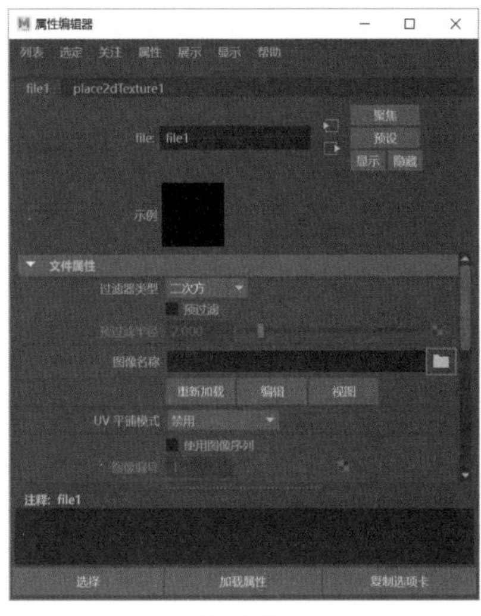

图 6-19

Step04 打开“素材文件\第 6 章\贴图 1.jpg”文件，如图 6-20 所示，回到工作区，选中模型，按数字键【6】即可显示添加的贴图效果，如图 6-21 所示。

图 6-20

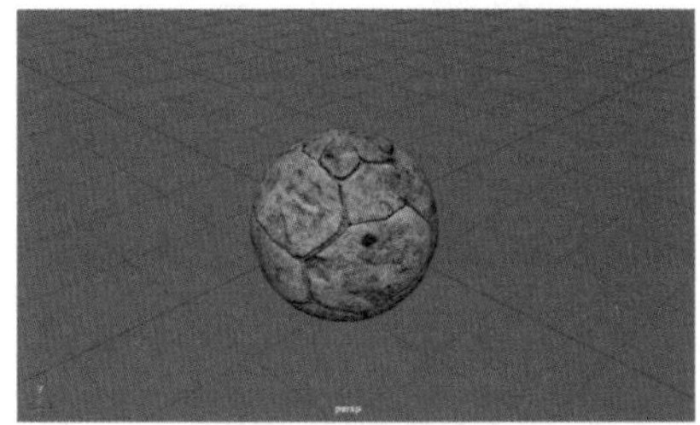

图 6-21

6.3.3 Lambert 材质

Lambert 材质是一种基础材质，任何模型在刚创建好时，都是 Lambert 材质的。它可以为模型附上没有镜面高光的视觉效果，如毛毯、土壤、墙面等表面较粗糙的物体就可以使用该材质。单击工具架中的【渲染】→【Lambert 材质】图标，即可为选中的模型附上材质，如图 6-22 所示。

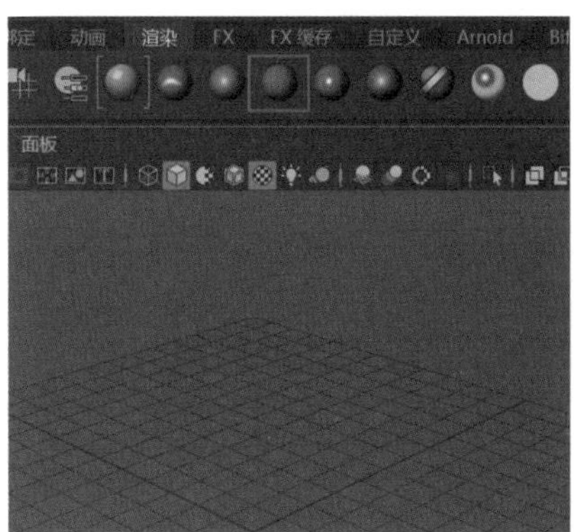

图 6-22

6.3.4 公用材质属性与光线跟踪属性

Maya 中的 Blinn、Lambert、Phong、Phong E 和各向异性等几种不同类型的材质具有相同的【公用材质】和【光线跟踪】属性，因此，只需要掌握其中一种材质的公用属性与光线跟踪属性即可。

1. 公用材质属性

单击工具架中的【渲染】→【材质球】图标后，在右侧的【属性编辑器】中即可看到材质的公用材质属性，如图 6-23 所示。

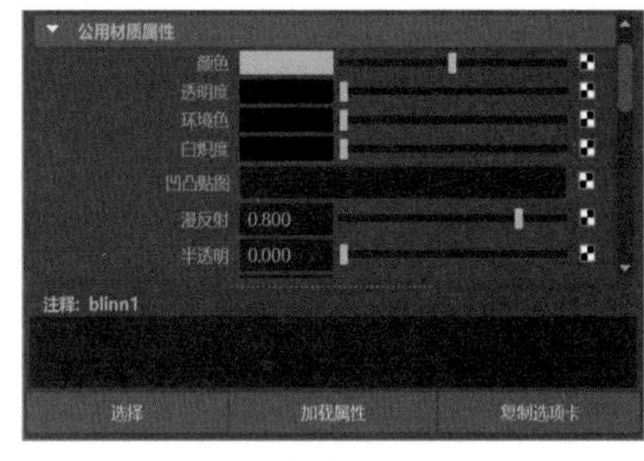

图 6-23

【公用材质属性】区域中选项的作用及含义如表 6-1 所示。

表 6-1 公用材质属性区域中选项作用及含义

选项	作用及含义
颜色	即物体的固有颜色，是最基本的材质属性，颜色决定物体呈现出来的色调。在选择颜色时，可以用两种颜色模式设置材质的固有颜色，分别是 RGB 颜色模式和 HSV 颜色模式
透明度	该属性决定物体的可见程度，默认情况下，物体是完全不透明的
环境色	指周围的环境向物体反射的颜色，它可以用来做物体的光源，默认情况下，材质的环境色为黑色
白炽度	可以使物体表面产生自发光效果，它不是光源，而是一种模型本身主动性的发光，如电灯泡
凹凸贴图	可以通过上传一张贴图使物体的表面产生凹凸不平、有层次感的效果
漫反射	该属性决定物体对光线的反射程度，数值越小，模型对光线的反射程度越弱；数值越大，模型对光线的反射程度越强
半透明	设置该属性可以使物体呈现出透明效果，可以利用该属性制作皮肤、蜡烛等效果
半透明深度	该属性决定阴影投射的距离，数值越小，阴影穿透物体的能力越弱
半透明焦点	该属性决定物体内部由于光线散射造成的扩散效果。数值越大，光线的扩散范围越小

2. 光线跟踪属性

添加完材质后，右侧的【属性

编辑器】中会出现光线跟踪属性，如图 6-24 所示，部分材质球的属性中也有这一部分。

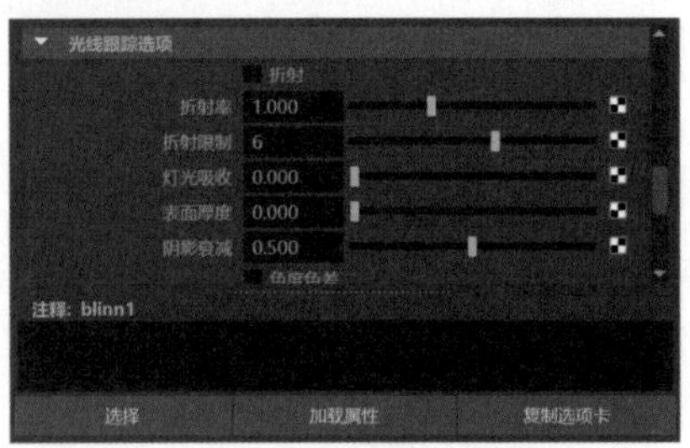

图 6-24

【光线跟踪选项】区域中选项的作用及含义如表 6-2 所示。

表 6-2 光线跟踪选项区域中选项作用及含义

选项	作用及含义
折射	选中该选项后，可以开启物体折射效果
折射率	决定光线经过特殊介质产生弯曲的角度大小
折射限制	决定光线穿过特殊介质产生折射的次数，数值越低，渲染效果越不真实
灯光吸收	决定物体表面吸收光线的能力，数值越小，吸收的光线越少
表面厚度	用于渲染单面模型，可以产生一定的厚度效果
阴影衰减	决定产生透明效果的对象产生光线跟踪的阴影效果
色度色差	开启该选项后，当光线穿过透明物体时，将以相同的角度进行折射
反射限制	决定物体表面反射周围物体的强度
镜面反射度	设置该选项后，可以使反射高光部分尽量产生平滑效果

★重点 6.3.5 Blinn 材质

Blinn 材质是一种常用的材质，具有真实的高光效果，用户可以使用 Blinn 材质制作金属、陶瓷等质感及具有强烈反射效果的模型。单击工具架中的【渲染】→【Blinn 材质】图标即可，如图 6-25 所示。

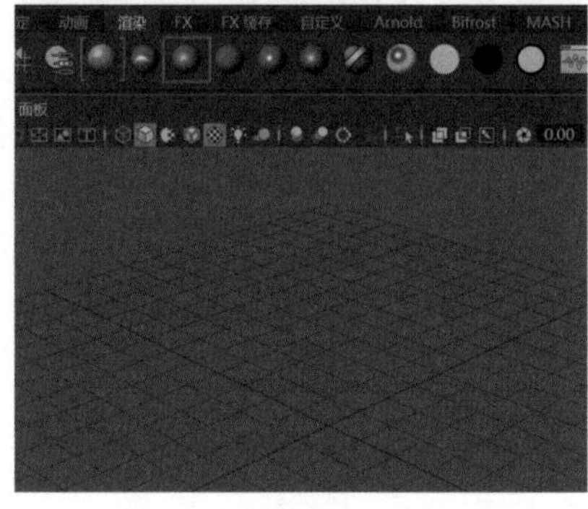

图 6-25

6.3.6 Blinn 高光属性

单击工具架中的【渲染】→【Blinn 材质】图标，创建好材质球后，在右侧的【属性编辑器】中即可看到该材质的【镜面反射着色】属性，也就是高光属性，如图 6-26 所示。

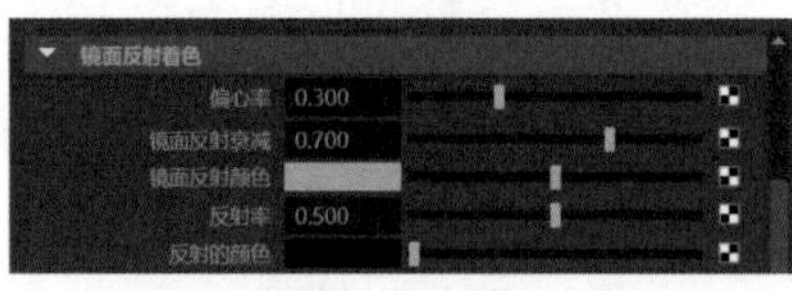

图 6-26

【镜面反射着色】区域中选项的作用及含义如表 6-3 所示。

表 6-3 镜面反射着色区域中选项作用及含义

续表

选项	作用及含义
偏心率	用于调节物体上经过镜面反射的高光面积大小，值越小，高光面积越小
镜面反射衰减	用于决定物体经过镜面反射出现的高光的强度
镜面反射颜色	用于调节物体经过镜面反射产生的高光颜色
反射率	决定物体表面反射周围物体时的强度，数值越小，反射越弱
反射的颜色	用于决定物体经过镜面反射的颜色，还可以在通道中添加一张贴图制作更真实的反射效果

6.3.7 实战：制作金属与陶瓷材质

Step 01 单击工具架中的【多边形建模】→【球体】图标，创建几个球体，如图 6-27 所示。选择模型，单击工具架中的【渲染】→【Blinn 材质】图标，如图 6-28 所示。

图 6-27

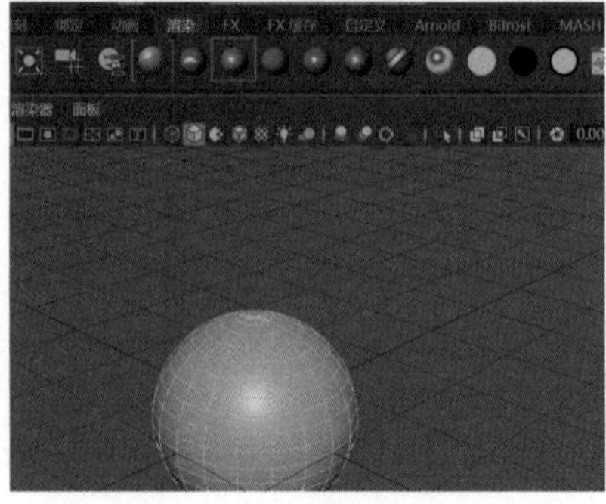

图 6-28

Step02 在右侧【属性编辑器】中的【镜面反射着色】区域中将【偏心率】调高，【反射率】调低，【镜面反射衰减】调高，【镜面反射颜色】调高，如图 6-29 所示，将【反射限制】调为 3，如图 6-30 所示。

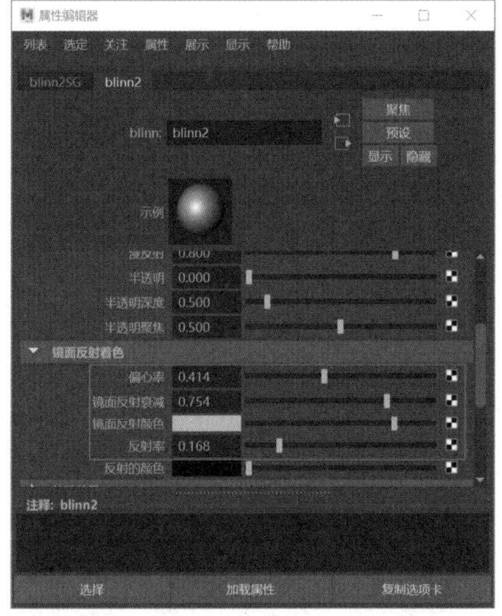

图 6-29

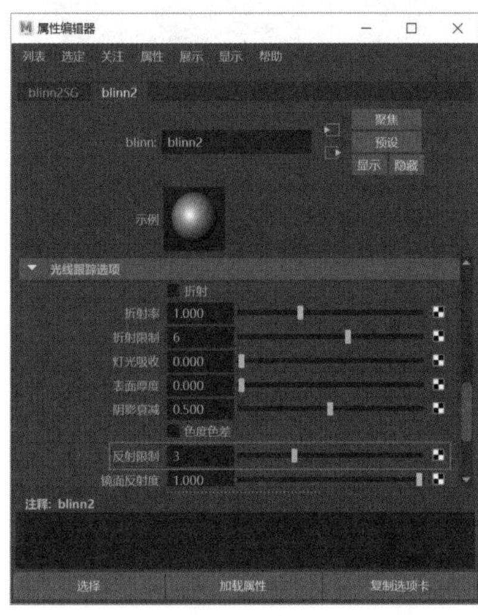

图 6-30

Step03 ❶ 在【属性编辑器】中找到【漫反射】，单击右侧的方格图标，❷ 在打开的面板中单击【渐变】节点选项，如图 6-31 所示，在【ramp】中调整选定颜色即可，如图 6-32 所示。

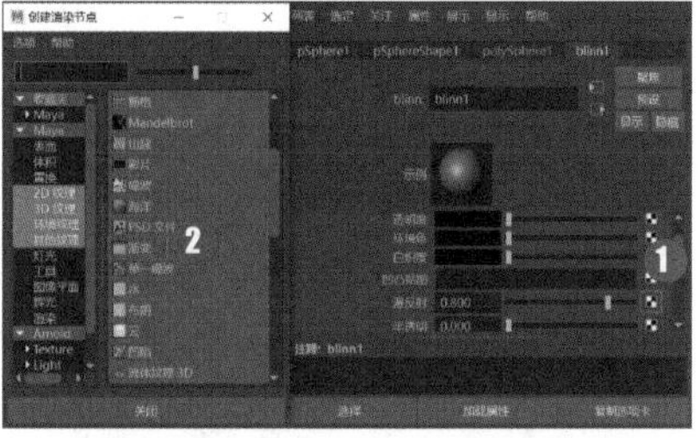

图 6-31

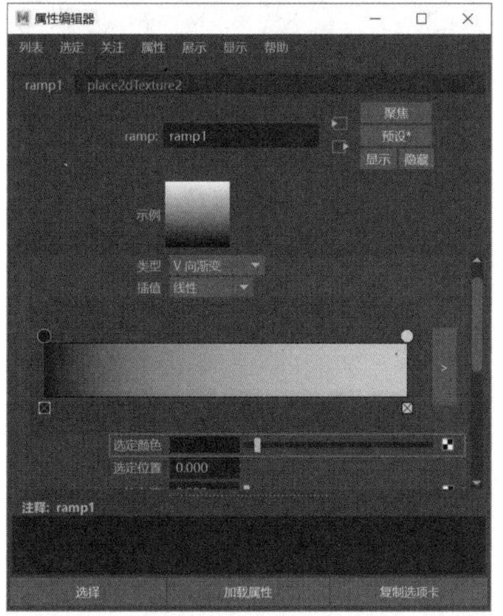

图 6-32

Step04 返回工作区，可以看到球体的金属质感，如图 6-33 所示。❶ 单击【颜色】右侧的方格图标，❷ 在弹出的面板中单击【文件】选项，将纹理贴图附加到 2D 网格上，如图 6-34 所示。

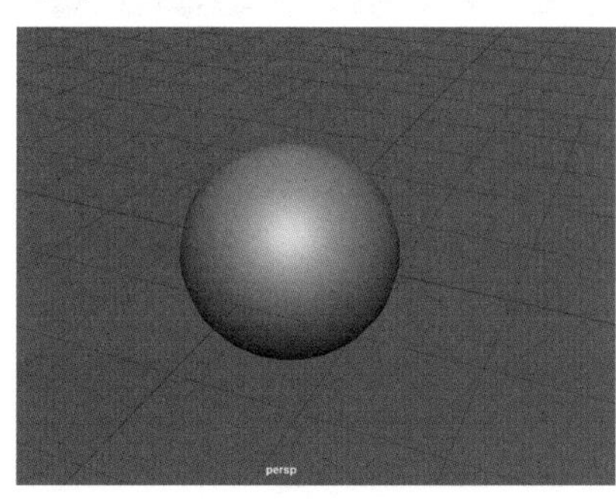

图 6-33

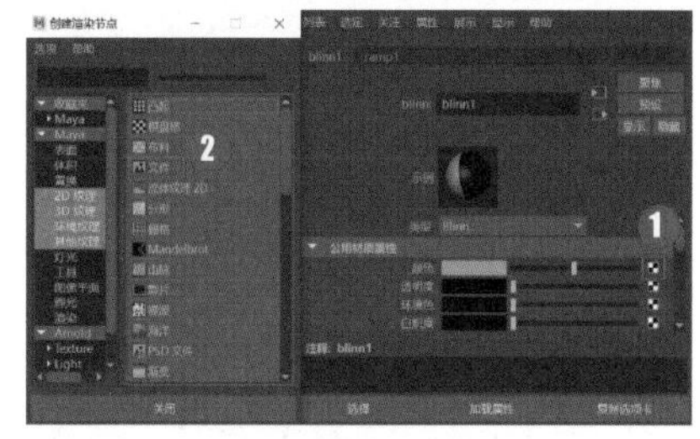

图 6-34

Step05 在【属性编辑器】面板中单击【图像名称】右侧的文件夹图标，打开“素材文件\第 6 章\贴图 2.jpg”文件，如图 6-35 所示，将【偏心率】数值调高，【镜面反射衰减】调低，【镜面反射颜色】调高，如图 6-36 所示。

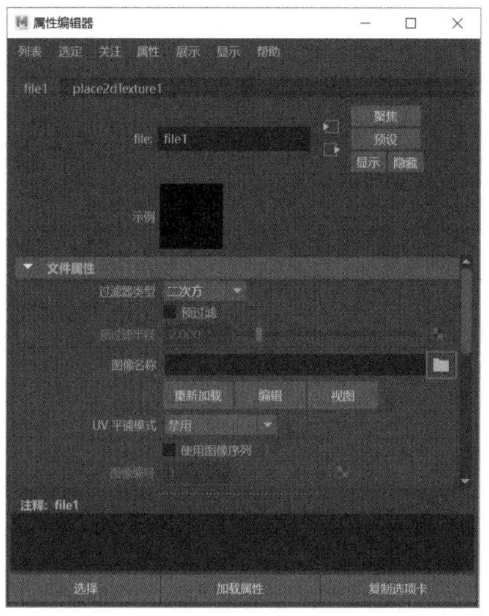

图 6-35

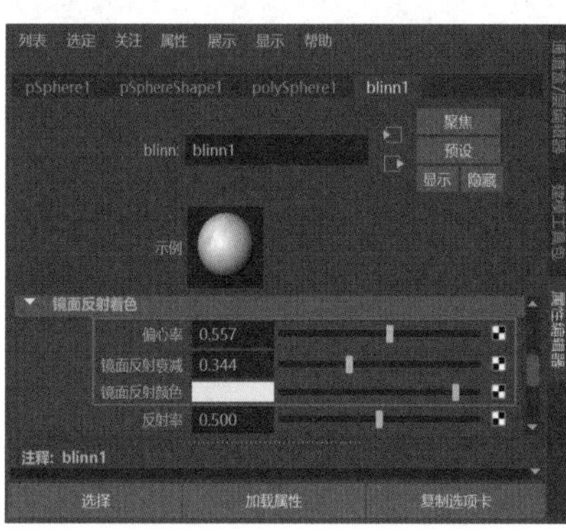

图 6-36

Step06 选择模型，按数字键【6】显示材质，效果如图 6-37 所示。

图 6-37

6.3.8 实战：制作玻璃材质

Step01 单击工具架中的【多边形建模】→【球体】图标，创建一个球体，如图 6-38 所示。选择球体，单击工具架中的【渲染】→【Blinn 材质】图标，如图 6-39 所示。

图 6-38

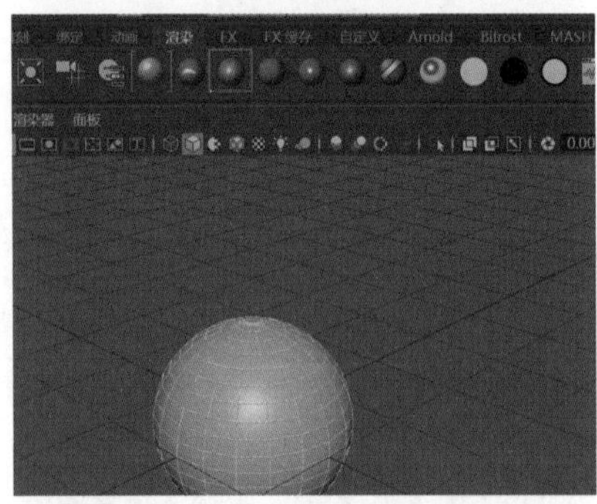

图 6-39

Step02 在右侧的【属性编辑器】中调节材质的属性，将【透明度】调高，如图 6-40 所示，将【镜面反射着色】中的【偏心率】调低，【镜面反射颜色】调高，【反射率】调低，如图 6-41 所示。

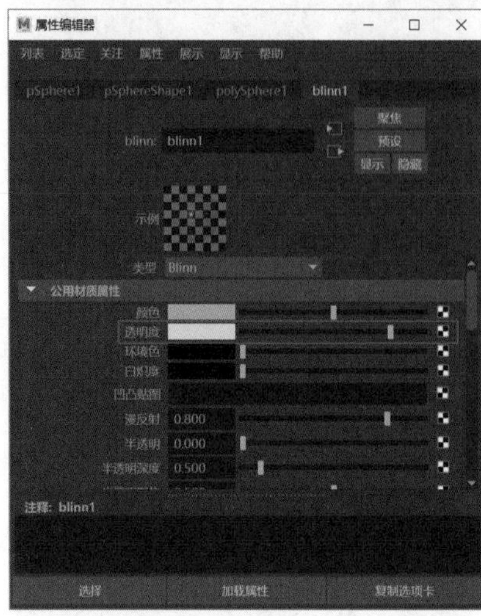

图 6-40

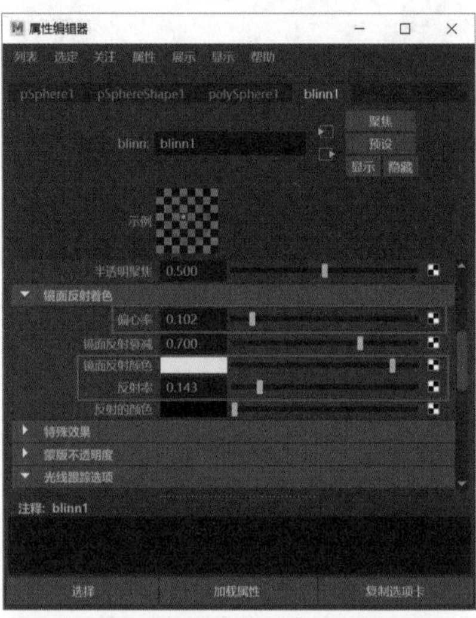

图 6-41

Step03 调整好数值后，可以看到球体的玻璃效果，如图 6-42 所示。实例最终效果见“结果文件 \ 第 6 章 \boli .mb”文件。

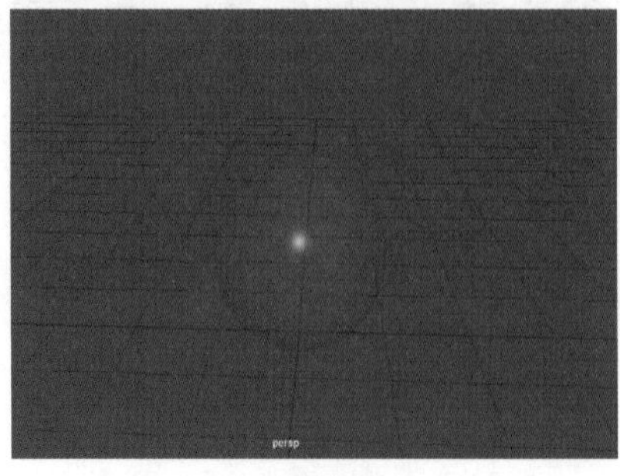

图 6-42

6.3.9 各向异性材质

单击工具架中的【渲染】→【各向异性材质】图标，如图 6-43 所示，添加该材质后，在右侧的【属性编辑器】中找到【镜面反射着色】区域，如图 6-44 所示。

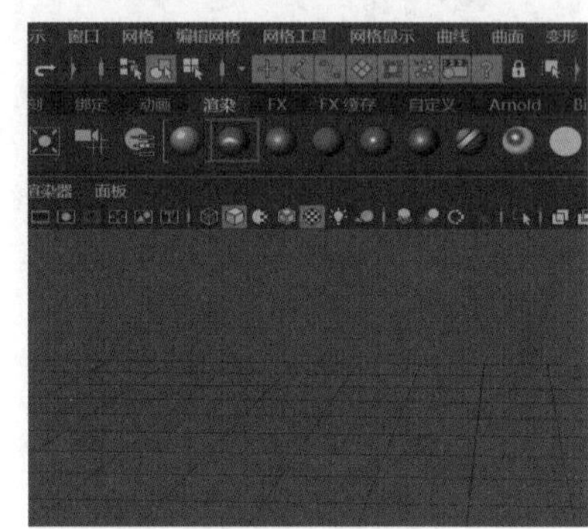

图 6-43

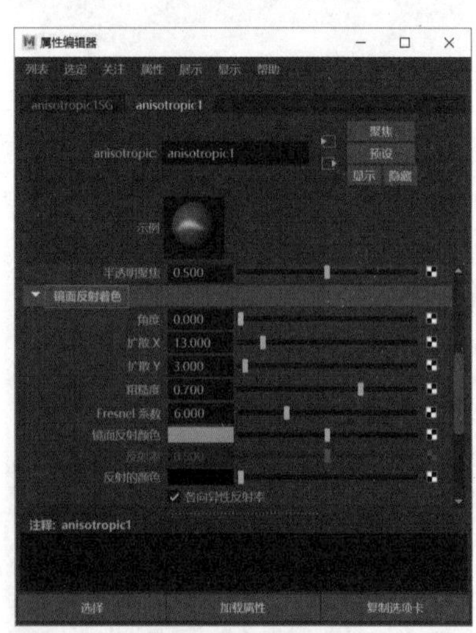

图 6-44

【镜面反射着色】区域中选项的作用及含义如表 6-4 所示。

表 6-4 镜面反射着色区域中选项作用及含义

选项	作用及含义
角度	该材质的高光比较特殊，是一个月牙形，该选项用于调节月牙形高光的方向
扩散 X	该选项用于控制高光水平方向的拉伸长度

续表

选项	作用及含义
扩散 Y	该选项用于控制高光垂竖方向的拉伸长度
粗糙度	该选项用于调节高光的粗糙程度。数值越小，高光区域越集中
Fresnel 系数	该选项用于决定高光的强度
镜面反射颜色	该选项用于调节高光区域的颜色
反射率	该选项用于决定反射的强度
反射的颜色	该选项用于控制物体反射产生的颜色，可以使用该通道模拟周围的反射效果
各向异性反射率	该选项决定物体是否开启【各向异性材质】的反射率属性

6.3.10 Phong 高光属性

Phong 材质具有圆形的高光区域。当为模型附上该材质后，可以产生具有一定光泽度的材质效果，适合用于对具有光滑表面的物体赋予该材质，如汽车表面、浴室配件。

单击工具架中的【渲染】→【Phong 材质】图标，如图 6-45 所示，在右侧的【属性编辑器】中，展开【镜面反射着色】区域，如图 6-46 所示。

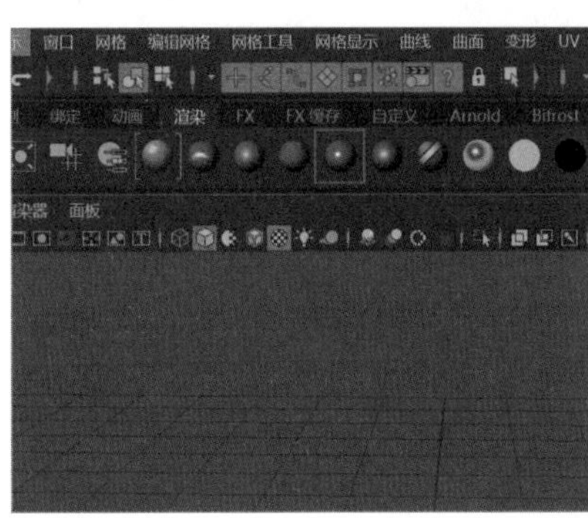

图 6-45

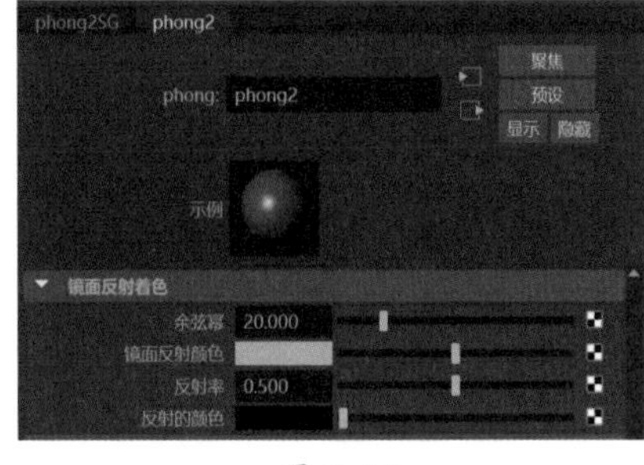

图 6-46

【镜面反射着色】区域中选项的作用及含义如表 6-5 所示。

表 6-5 镜面反射着色区域中选项作用及含义

选项	作用及含义
余弦幂	该选项用于决定物体上高光的大小，数值越大，高光的面积越小
镜面反射颜色	该选项用于调整高光的颜色
反射率	该选项用于决定物体表面反射到周围物体的强度，数值越小，反射越弱
反射的颜色	该选项决定物体表面反射出的颜色，可以在颜色通道中添加一张贴图来模拟周围的反射效果

6.3.11 Phong E 高光属性

Phong E 材质是 Phong 材质的升级版，它们的特性是相同的，但是 Phong E 能使选定的对象产生更加柔和的效果。

单击工具架中的【渲染】→【Phong E 材质】图标，如图 6-47 所示，在右侧的【属性编辑器】中，展开【镜面反射着色】区域，如图 6-48 所示。

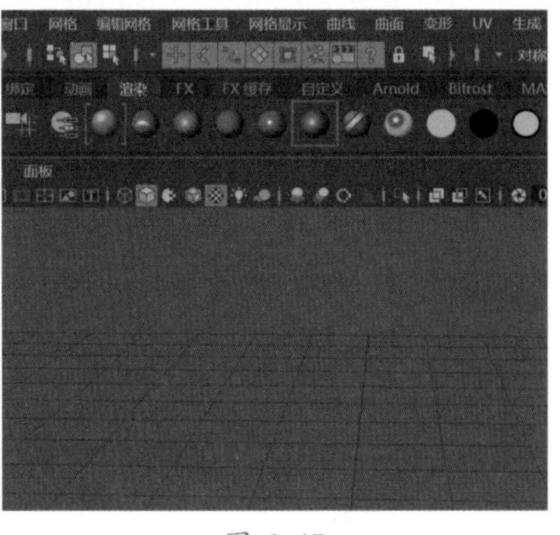

图 6-47

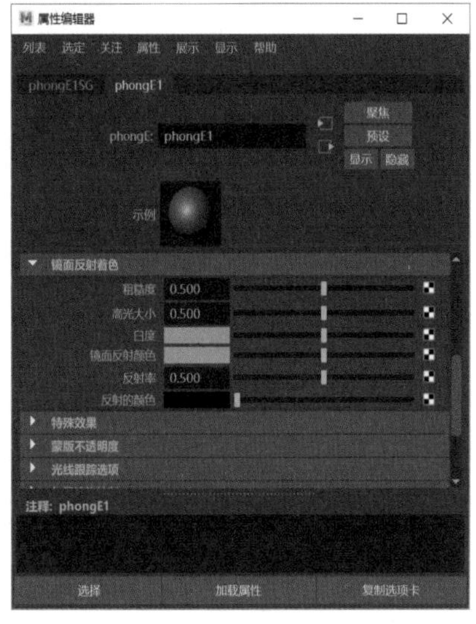

图 6-48

【镜面反射着色】区域中选项的作用及含义如表 6-6 所示。

表 6-6 镜面反射着色区域中选项作用及含义

选项	作用及含义
粗糙度	该选项用于调节高光区域的柔和程度
高光大小	该选项用于决定物体上高光区域的大小
白度	该选项可以调节物体上高光区域的中心颜色
镜面反射颜色	该选项用于调节高光区域的颜色

★重点 6.3.12 渐变材质

渐变材质不具有高光区域，它可以为选定的模型制作渐变效果，该材质应用不是很广泛，一般用【Lambert 材质】和【Blinn 材质】也可以做出渐变效果。

单击工具架中的【渲染】→【渐变材质】图标，如图 6-49 所示，创建好【渐变材质】后，右侧的【属性编辑器】中会展开【公用材质属性】区域，如图 6-50 所示。

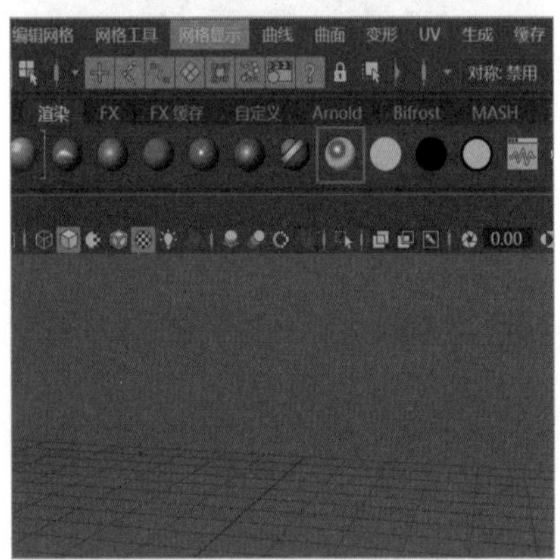

图 6-49

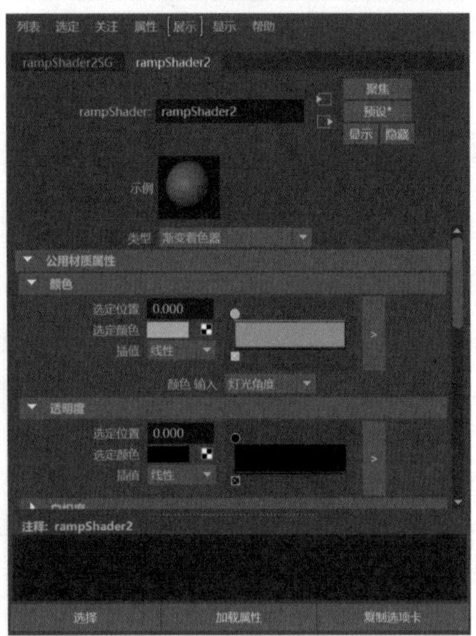

图 6-50

6.3.13 实战：制作血细胞材质

Step01 单击工具架中的【多边形建模】→【球体】图标，创建一个球体，如图 6-51 所示，按空格键进入顶视图，选择创建的球体，长按鼠标右键，在弹出的菜单中拖曳选择顶点模式，使模型进入可编辑模式，如图 6-52 所示。

图 6-51

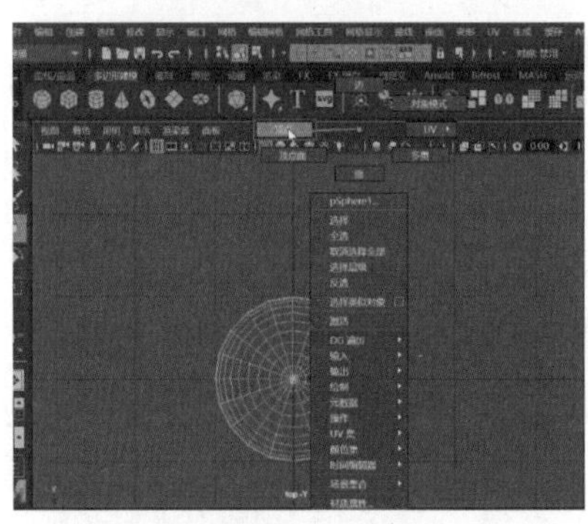

图 6-52

Step02 长按并拖曳鼠标左键，将球体中心的几个顶点全部框选，这样不会漏掉背面的顶点，如图 6-53 所示，按快捷键【B】开启软工具，如图 6-54 所示。

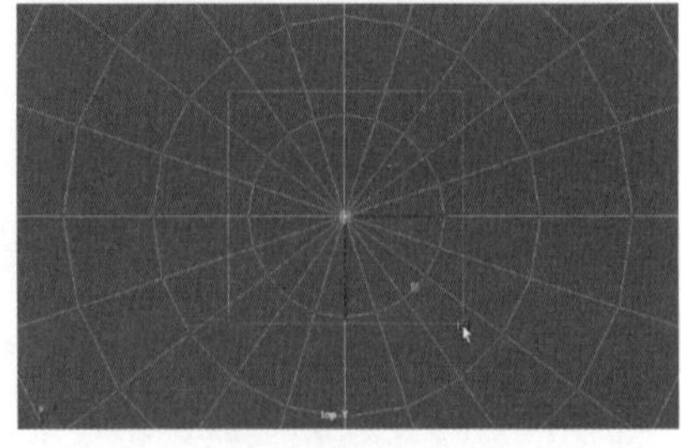

图 6-53

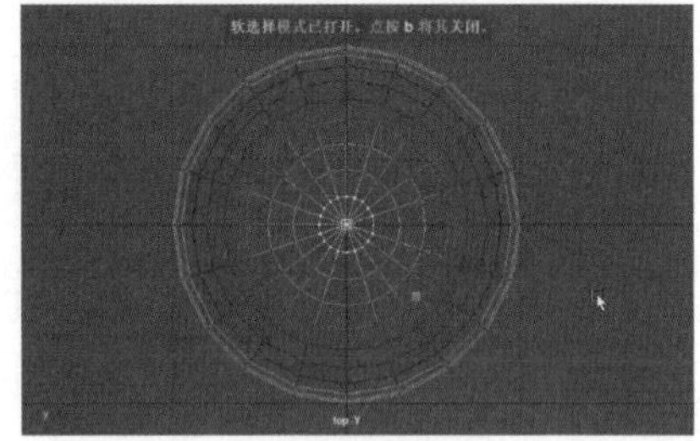

图 6-54

Step03 开启软工具后，按空格键进入透视图，再按快捷键【R】，拖曳生成的缩放操纵器，将球体做出凹陷的效果，如图 6-55 所示，回到物体模式，再次拖曳生成的缩放操纵器，将模型整体沿竖直方向缩小，如图 6-56 所示。

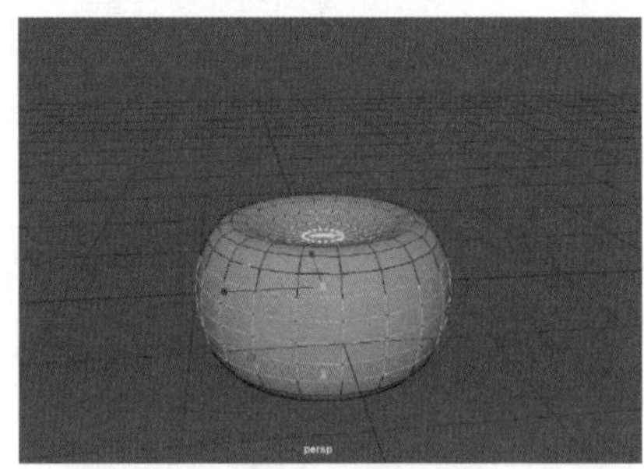

图 6-55

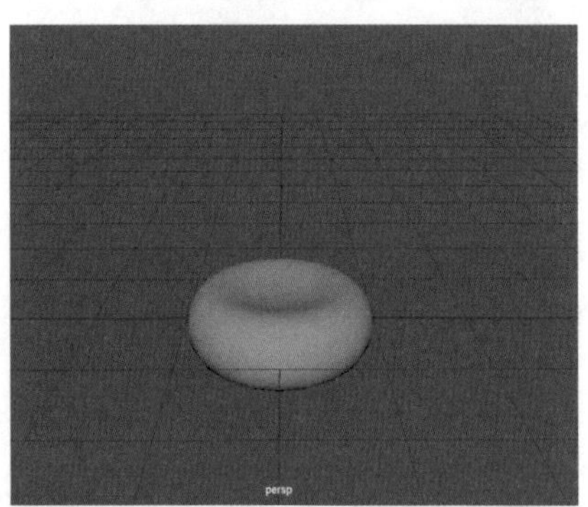

图 6-56

Step04 选择制作好的模型，单击工具架中的【渲染】→【渐变材质】图标，如图 6-57 所示，为模型添加渐变材质，❶ 在【属性编辑器】中设置颜色渐变效果，❷ 将【选定颜色】设置为从深红色到正红色，如图 6-58 所示。

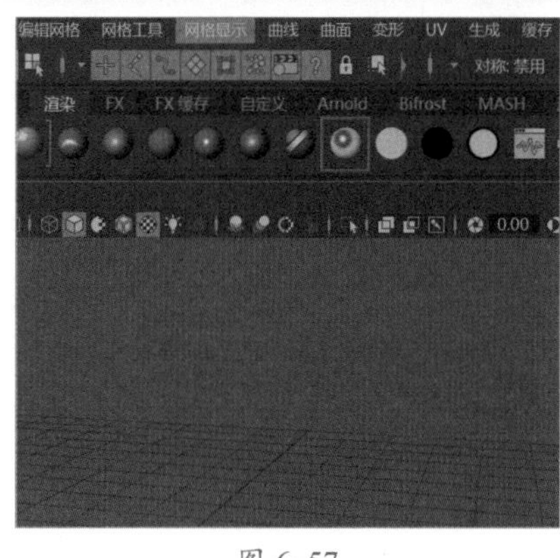

图 6-57

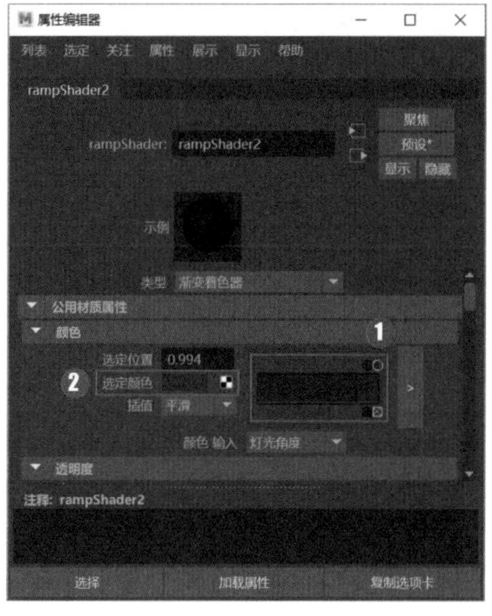

图 6-58

Step05 返回工作区，可以看到血细胞的效果，如图 6-59 所示。实例最终效果见“结果文件\第6章\XXB.mb”文件。

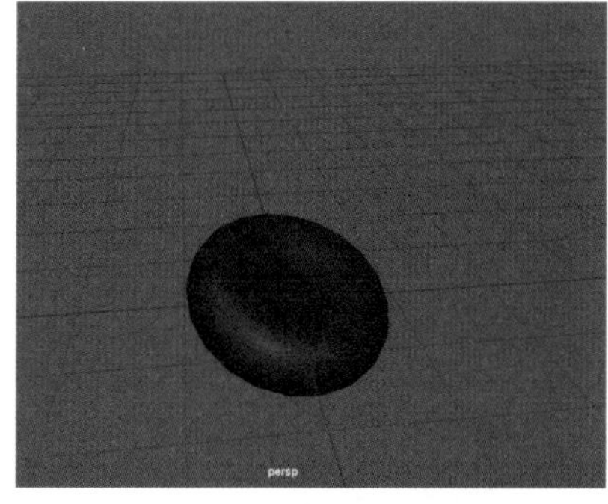

图 6-59

6.3.14 实战：制作写意国画材质

Step01 单击工具架中的【多边形建模】→【立方体】图标，创建一个立方体，如图 6-60 所示。选择模型，按快捷键【R】，拖曳生成的操纵器，如图 6-61 所示，将立方体缩放为长方体。

图 6-60

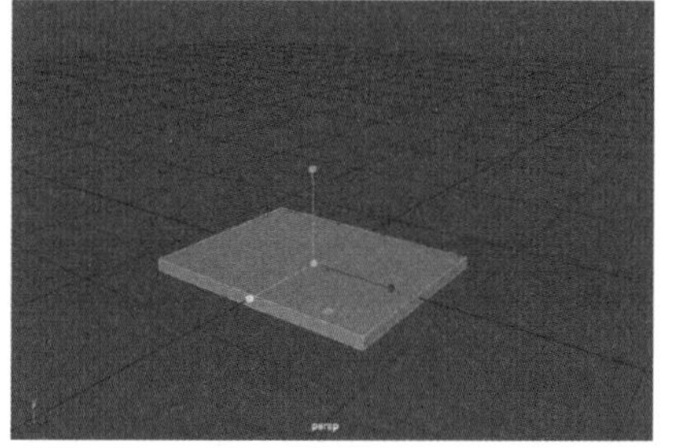

图 6-61

Step02 选择模型，单击工具架中的【渲染】→【Phong 材质】图标，如图 6-62 所示。在右侧的【属性编辑器】中编辑材质，❶单击【颜色】右侧的方格图标，❷在对话框中找到【文件】选项并单击，如图 6-63 所示。

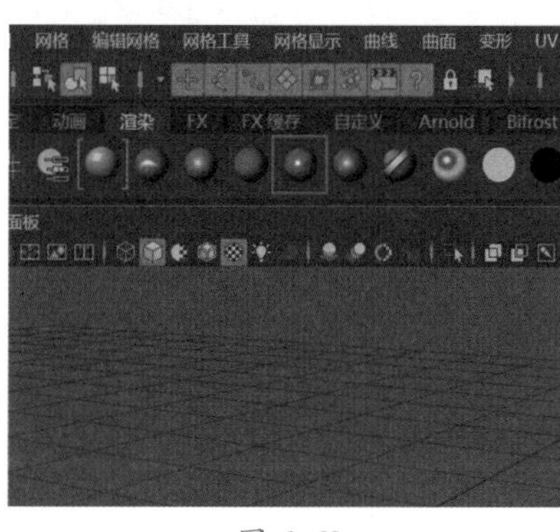

图 6-62

图 6-63

Step03 ❶在【属性编辑器】面板中单击【图像名称】右侧的文件夹图标，❷打开“素材文件\第 6 章\贴图 3.jpg”文件，单击【预设】左侧的箭头返回材质球的编辑面板中，如图 6-64 所示，❸将【镜面反射颜色】调低，❹将【反射率】调低，如图 6-65 所示。

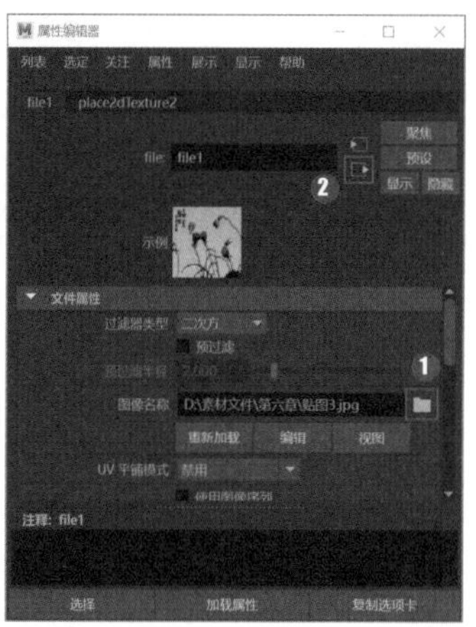

图 6-64

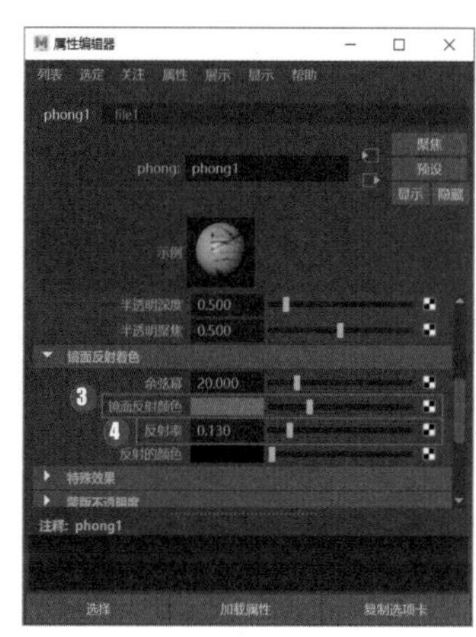

图 6-65

Step04 调整数值后，可以看到模型上的贴图排列不均匀，此时需要选择模型，单击工具架中的【多边形建模】→【UV 编辑器】图标，如图 6-66 所示，模型和贴图自动映射到编辑器界面中，如图 6-67 所示。

图 6-66

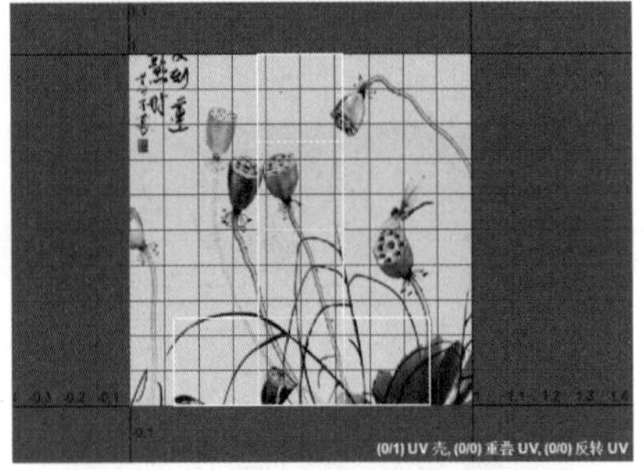

图 6-67

Step05 在编辑器界面中长按鼠标右键并拖曳选择【面】模式，如图 6-68 所示，使 UV 网格进入可编辑模式后，对照工作区中的模型，找到顶面的 UV 网格并将其放大，大小和贴图一样即可，如图 6-69 所示。

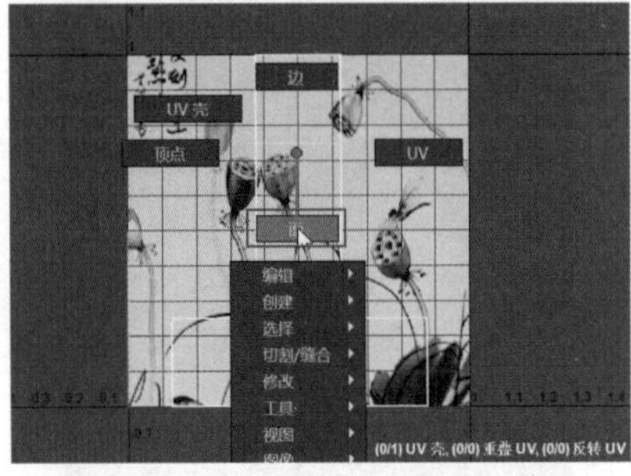

图 6-68

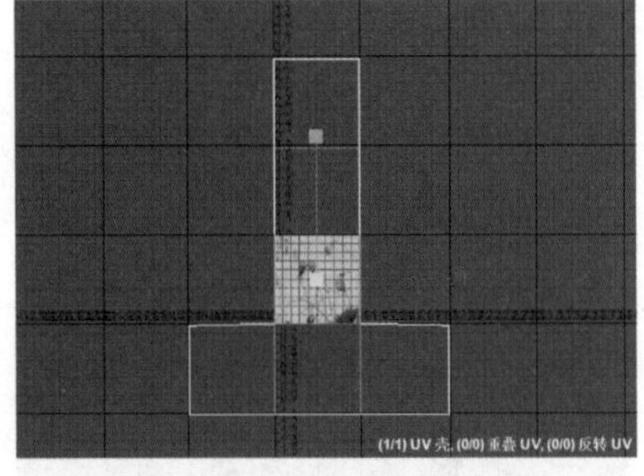

图 6-69

Step06 顶面的贴图排列均匀后，再框选其他几个面，如图 6-70 所示，单击工具架中的【渲染】→【Blinn 材质】图标，为其他面添加材质，如图 6-71 所示。

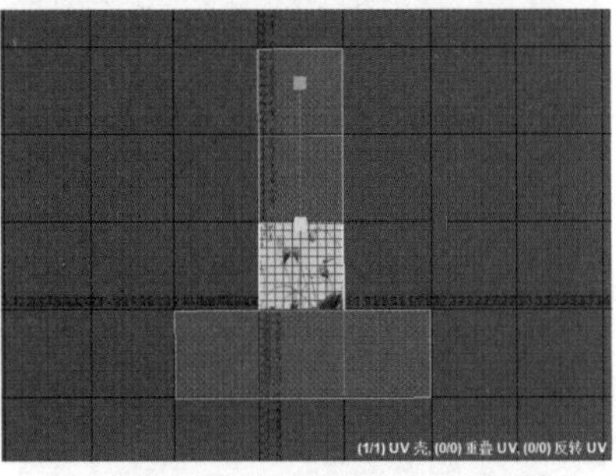

图 6-70

图 6-71

Step07 在右侧的【属性编辑器】中，❶将【偏心率】调低，❷将【镜面反射衰减】调高，如图 6-72 所示，写意国画的整体效果如图 6-73 所示。实例最终效果见“结果文件\第 6 章\XYGH.mb”文件。

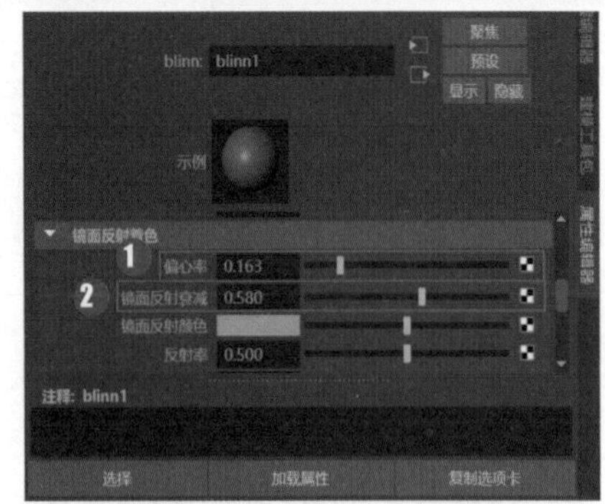

图 6-72

图 6-73

6.3.15 实战：制作水壶材质

Step01 选择菜单栏中的【文件】→【打开场景】命令，打开“素材文件\第 6 章\shuihu.mb”文件，如图 6-74 所示，选中水壶模型壶身，单击工具架中的【渲染】→【Blinn 材质】图标，如图 6-75 所示，为壶身添加 Blinn 材质。

图 6-74

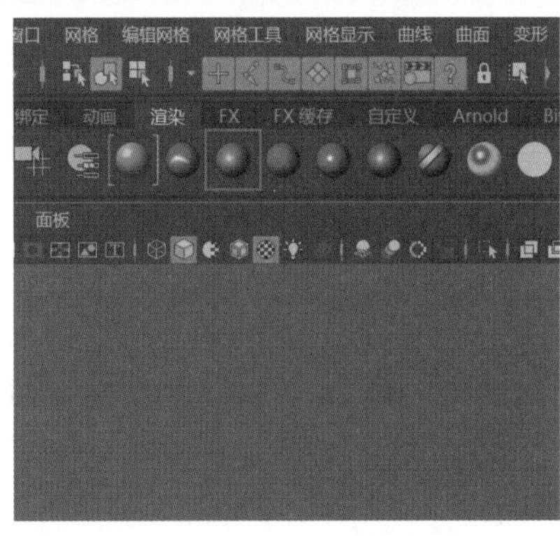

图 6-75

Step02 在右侧的【属性编辑器】中，将【偏心率】和【镜面反射衰减】调高，将【镜面反射颜色】调亮一些，但不要让模型表面的高光过于强烈，适当调整即可，如图 6-76 所示，壶身的金属质感就做好了，如图 6-77 所示。

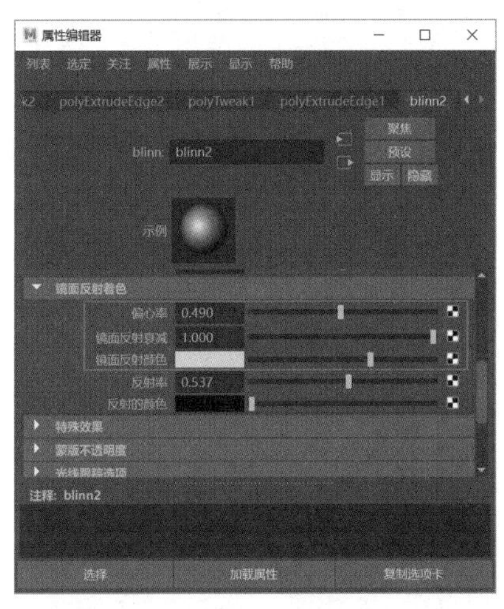

图 6-76

图 6-77

Step03 ❶选择水壶模型手柄，长按鼠标右键，在弹出的菜单中拖曳选择【指定现有材质】，❷找到壶身的材质并选择即可，如图 6-78 所示，水壶的效果如图 6-79 所示。实例最终效果见“结果文件\第 6 章\shuihu.mb”文件。

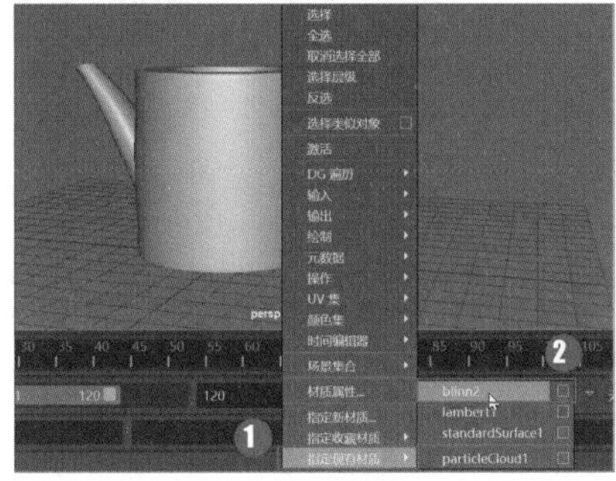

图 6-78

图 6-79

6.3.16 表面材质

表面材质可以为模型附上平面效果的颜色，它没有高光区域，适用于制作卡通、阴影等效果。单击工具架中的【渲染】→【表面材质】图标即可，如图 6-80 所示。

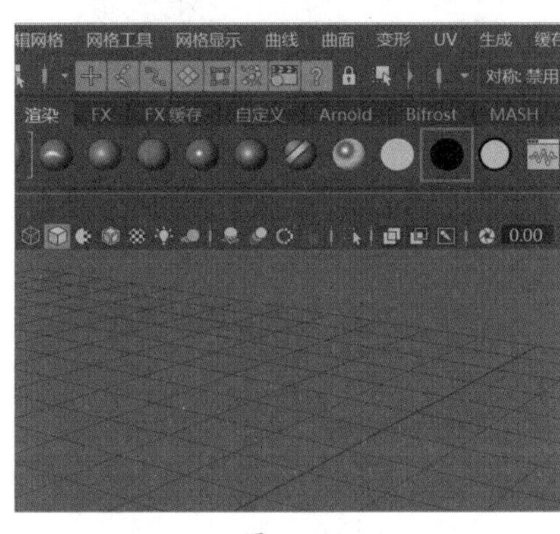

图 6-80

6.3.17 实战：制作单色材质

Step01 单击工具架中的【多边形建模】→【平面】图标，创建一个平面模型，如图 6-81 所示，选择模型，单击工具架中的【渲染】→【表面材质】图标，如图 6-82 所示。

图 6-81

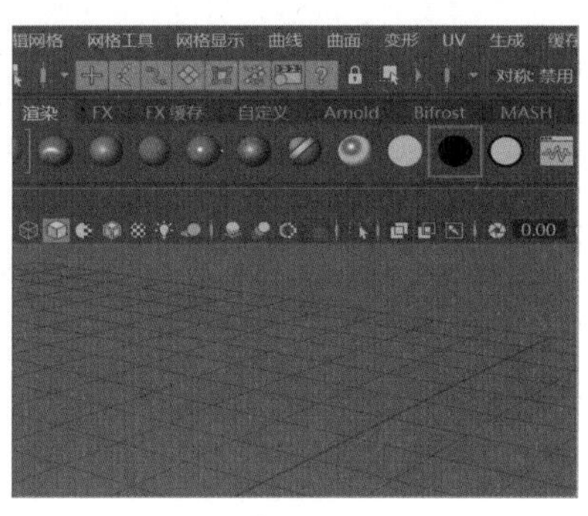

图 6-82

Step02 在右侧的【属性编辑器】中调节【输出颜色】，如图 6-83 所示，效果如图 6-84 所示。

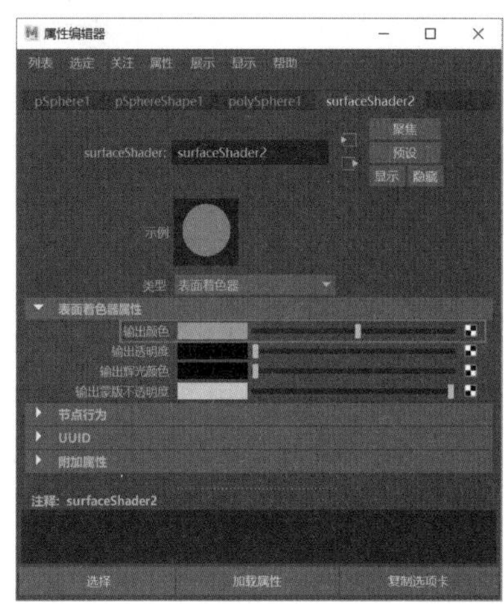

图 6-83

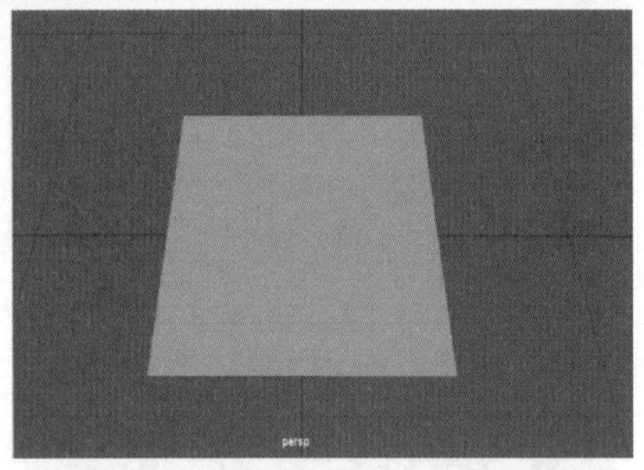
图 6-84

Step03 对材质的【输出透明度】进行调节，如图 6-85 所示，可以看到模型的可见度变低，效果如图 6-86 所示。

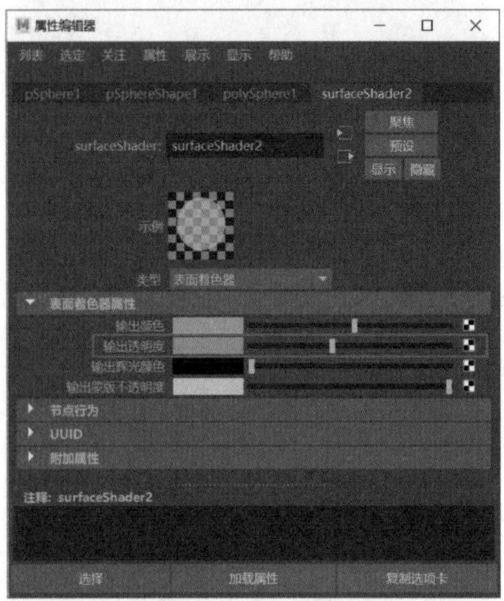
图 6-85

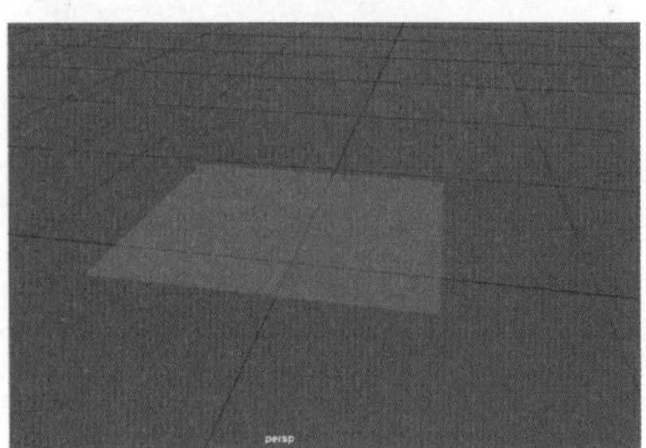
图 6-86

6.3.18 使用背景材质

背景材质可以用来捕捉阴影或反射，生成自定义阴影和反射过程。背景材质在【属性编辑器】中只有两个可调节属性，分别是【镜面反射颜色】和【反射率】。单击工具架中的【渲染】→【背景材质】图标即可，如图 6-87 所示。

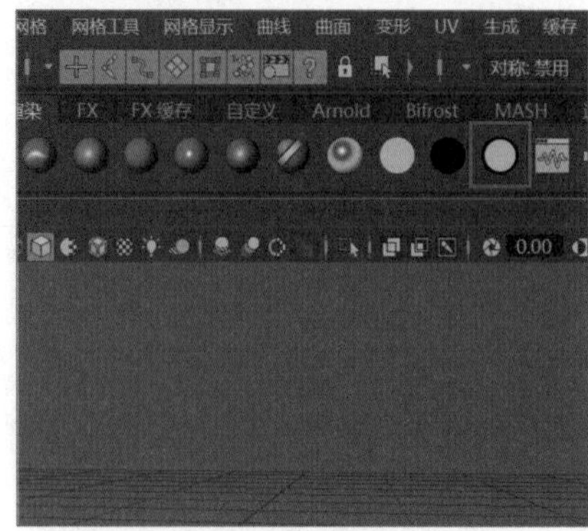
图 6-87

6.3.19 实战：制作手雷外壳材质

Step01 创建一个球体，选中模型，按快捷键【R】将其拉伸为椭圆形，如图 6-88 所示，❶ 在右侧的【通道盒 / 层编辑器】中单击【polySphere1】打开模型属性，❷ 将两项细分数调整为 10，如图 6-89 所示。

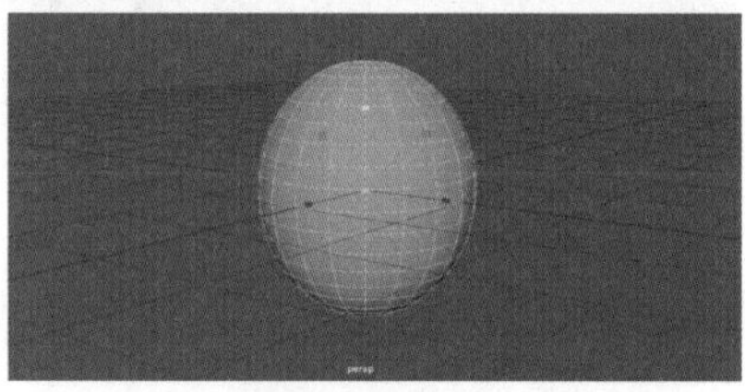
图 6-88

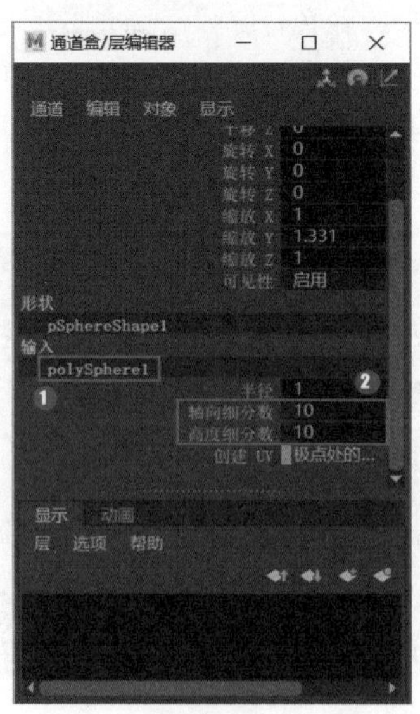
图 6-89

Step02 选择工作区中的模型，长按鼠标右键，在弹出的菜单中拖曳选择【面】模式，如图 6-90 所示，让模型进入可编辑模式，按空格键进入前视图，并框选面，如图 6-91 所示。

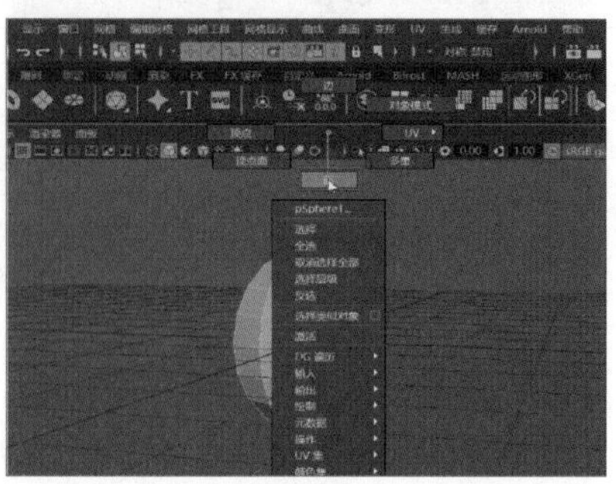
图 6-90

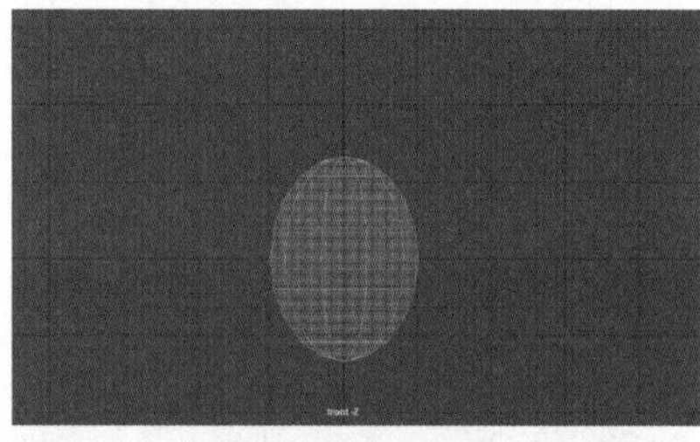
图 6-91

Step03 长按组合键【Shift+ 鼠标右键】，在弹出的菜单中拖曳选择【挤出面】命令，如图 6-92 所示，命令执行后，拖曳生成的操纵器，并在弹出的对话框中禁用【保持面的连接性】，如图 6-93 所示。

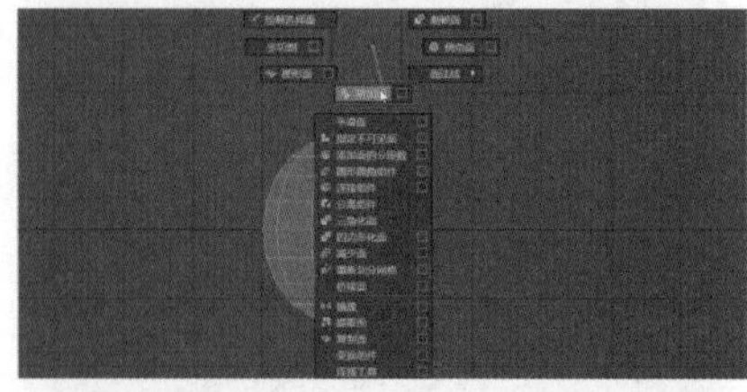
图 6-92

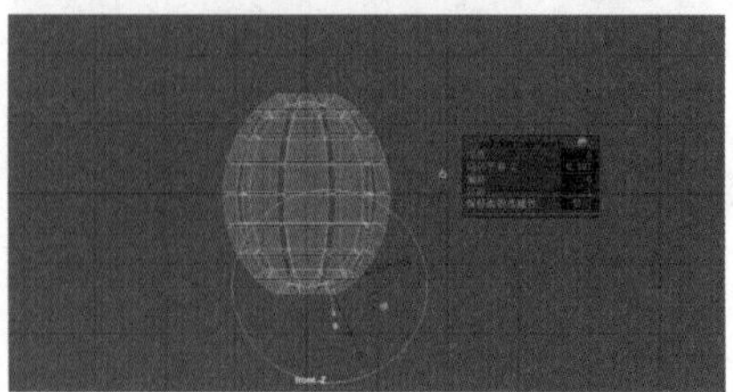
图 6-93

Step 04 回到物体模式，可以看到手雷的外壳就做好了，如图 6-94 所示，选择模型，单击工具架中的【渲染】→【Blinn 材质】图标，如图 6-95 所示。

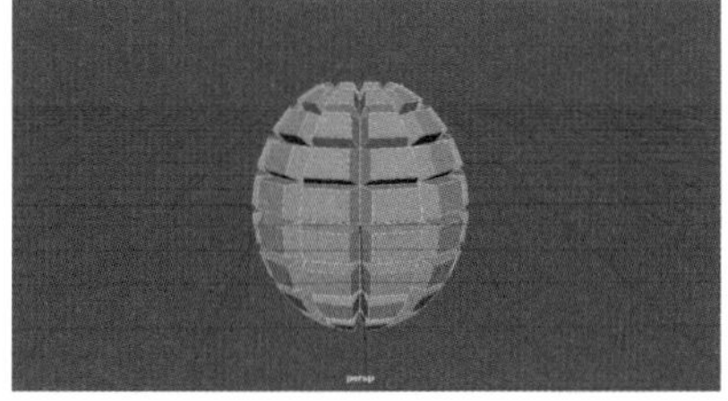

图 6-94

图 6-95

Step 05 在右侧的【属性编辑器】中，将【颜色】设置为橄榄绿色，如图 6-96 所示，将【偏心率】和【镜面反射衰减】调大，【镜面反射颜色】设置为黄绿色，如图 6-97 所示。

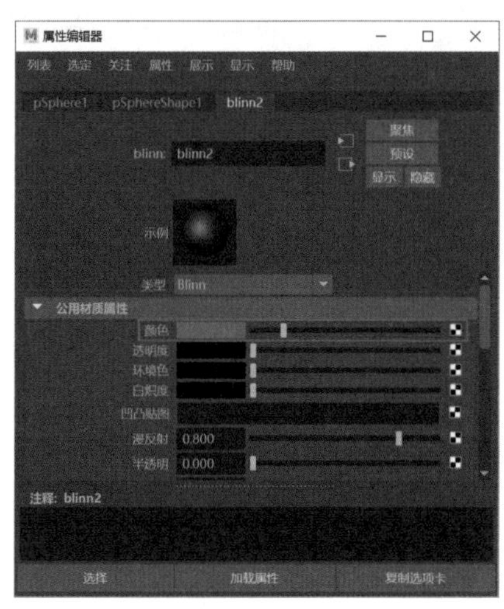

图 6-96

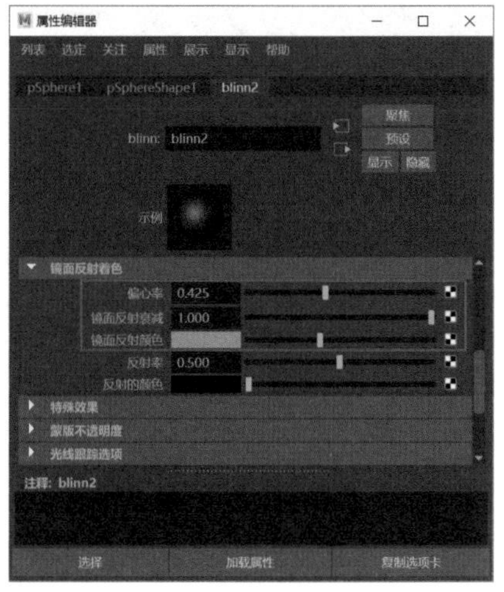

图 6-97

Step 06 调整数值后，手雷外壳的效果如图 6-98 所示。实例最终效果见“结果文件 \ 第 6 章 \shoulei.mb”文件。

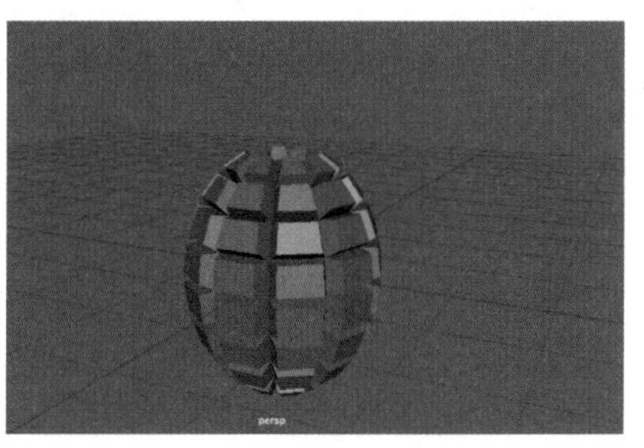

图 6-98

★重点 6.3.20 标准曲面材质

选择创建好的模型，单击菜单栏中的【材质编辑器】图标，如图 6-99 所示，在弹出的界面中找到创建栏，单击【aiStandardSurface】材质，即标准曲面材质，如图 6-100 所示。标准曲面材质集合了前面介绍的所有材质属性，可以说是 Maya 中的万能材质。

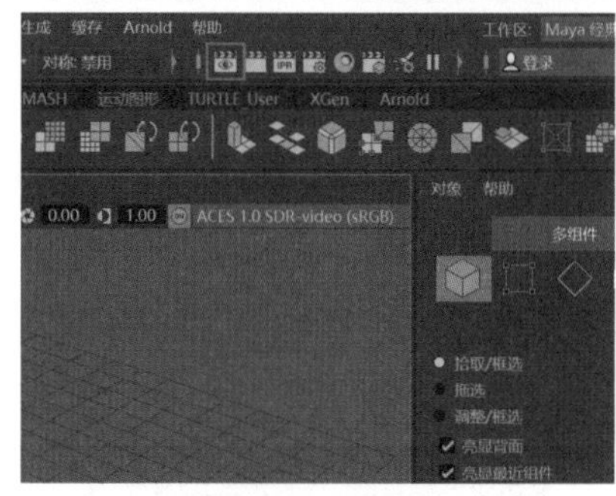

图 6-99

图 6-100

6.3.21 2D 纹理

使用 2D 纹理可以制作凸起、布料、流体、山脉等效果。单击菜单栏中的【材质编辑器】图标，在左侧的创建栏中即可查找 2D 纹理的所有纹理贴图，如图 6-101 所示。

图 6-101

6.3.22 3D 纹理

使用 3D 纹理可以制作云、凹陷、花岗岩、皮革等效果，单击菜单栏中的【材质编辑器】图标，在左侧的创建栏中即可查找 3D 纹理的所有纹理贴图，如图 6-102 所示。

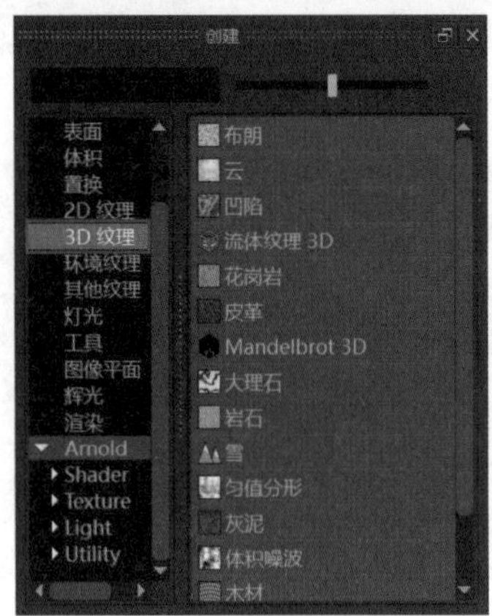

图 6-102

6.3.23 渐变纹理

渐变纹理是一个二维背景，可以用于投射纹理贴图，模拟木质或岩石效果。打开【材质编辑器】面板后，可以看到该材质在创建栏的【2D 纹理】层级菜单中，如图 6-103 所示。渐变纹理在默认情况下是黑色到白色，如图 6-104 所示。使用该纹理可以创建出不同类型的渐变效果，如条纹集合图样等。

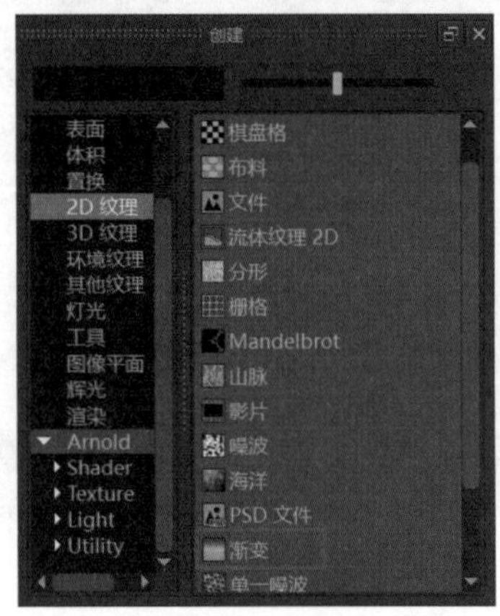

图 6-103

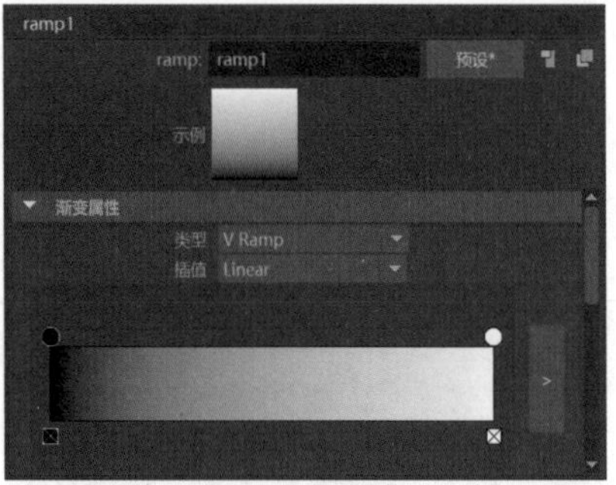

图 6-104

6.3.24 实战：制作眼睛贴图

Step01 单击工具架中的【多边形建模】→【球体】图标，创建一个球体模型，如图 6-105 所示，在右侧的【通道盒 / 层编辑器】中将球体旋转 90°，如图 6-106 所示。

图 6-105

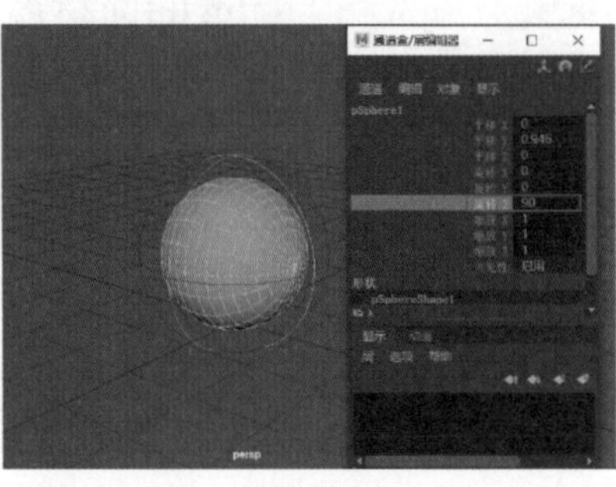

图 6-106

Step02 选择球体，单击工具架中的【渲染】→【Lambert 材质】图标，如图 6-107 所示，在右侧的【属性编辑器】面板中，❶单击【颜色】右侧的方格图标，❷在弹出的面板中单击【2D 纹理】中的【渐变】，如图 6-108 所示。

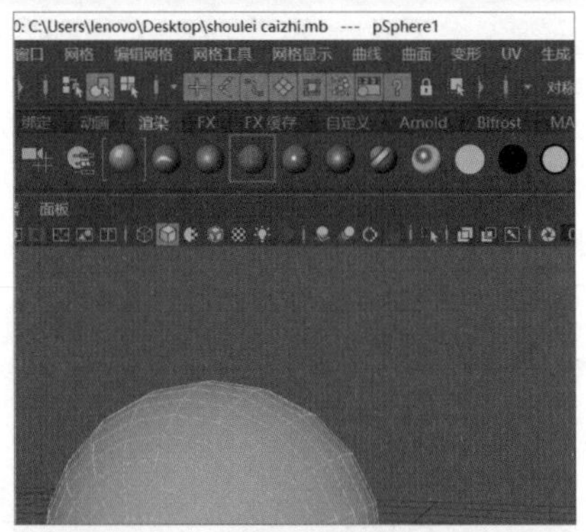

图 6-107

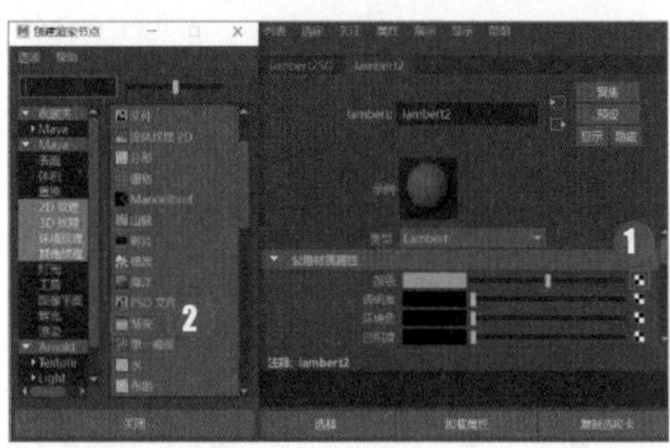

图 6-108

Step03 渐变纹理添加好后，在右侧的【ramp】面板中修改选定颜色，将左侧的颜色设置为深红色到浅红色，如图 6-109 所示，将右侧的颜色设置为蓝灰色，并和白色节点尽量靠近，如图 6-110 所示。

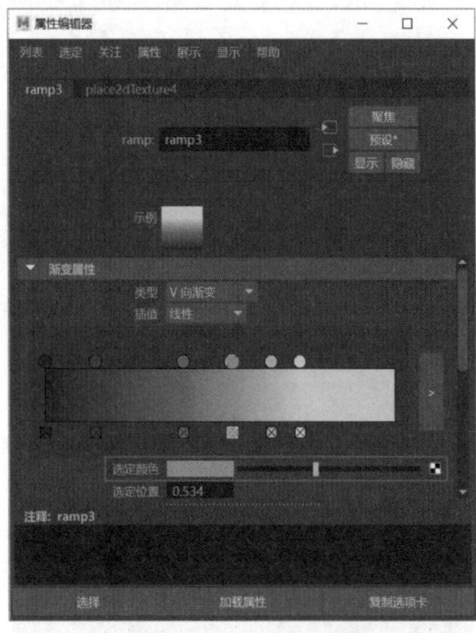

图 6-109

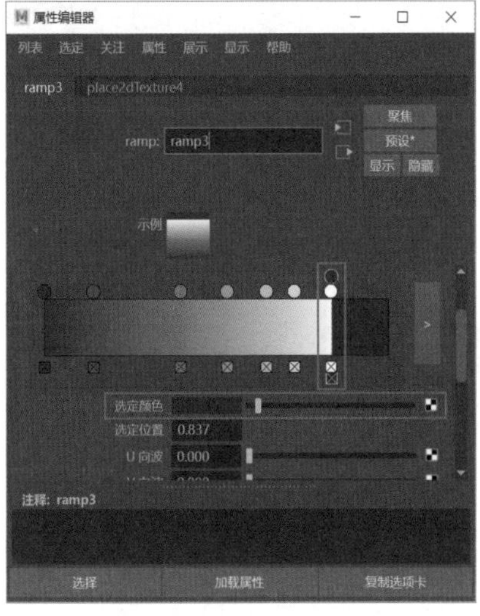

图 6-110

Step04 在最右侧添加黑色，如图 6-111 所示，眼球模型效果如图 6-112 所示。实例最终效果见“结果文件\第6章\yanqiu.mb”文件。

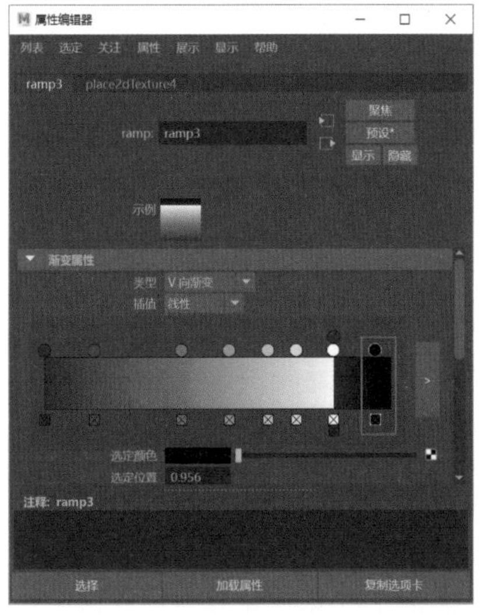

图 6-111

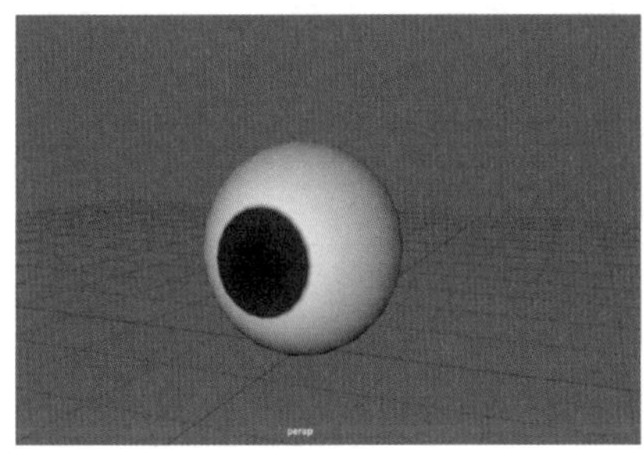

图 6-112

6.3.25 分层纹理

【分层纹理】既不是 2D 纹理，也不是 3D 纹理，它在创建栏中被单独分到了【其他纹理】中，如图 6-113 所示。它可以对纹理进行分层，另外，用户可以创建【分层着色器】对选定纹理进行分层。使用【分层纹理】的工作流程与【分层着色器】相似，但【分层纹理】的优点在于可以选择许多不同类型的【融合模式】，如图 6-114 所示。

图 6-113

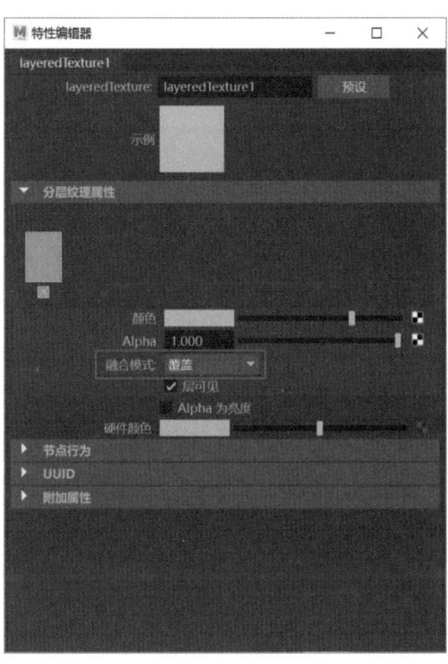

图 6-114

6.3.26 环境雾材质

环境雾其实是一种场景，一般不需要将它当作材质，在编辑器中可以看到它属于【体积】的一种，如图 6-115 所示。环境雾可以模拟空气中的细微粒子（如烟、灰尘或雾），但是不能投射阴影。如果需要模拟出具有灯光照明效果的粒子，或者需要投射阴影，请使用【灯光雾】。

图 6-115

6.4 Maya 阿诺德渲染器常用材质

Maya 阿诺德渲染器是基于光线跟踪的电影级别渲染引擎，是一款运用物理算法的高级 API 程序，涵盖了最前沿的技术，能够利用 GPU 加速渲染，操作起来非常方便。在制作动画和视觉效果时，它是最佳的渲染工具。

单击菜单栏中的【材质编辑器】图标，如图 6-116 所示，打开材质编辑器面板，在左侧的创建栏中单击【Arnold】，即可在创建栏中查找软件中所有的阿诺德渲染器，如图 6-117 所示。

图 6-116

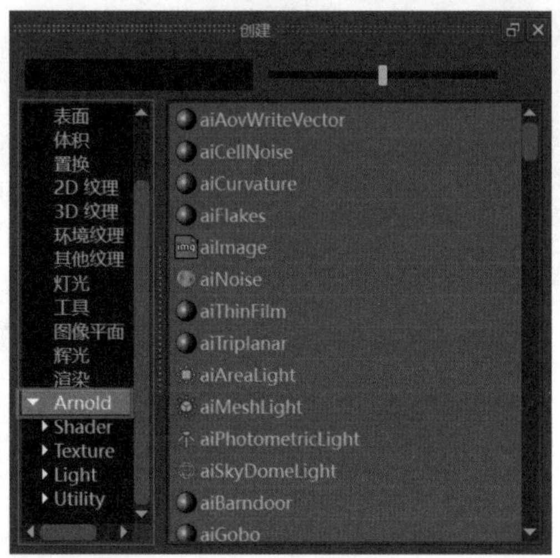

图 6-117

★重点 6.4.1 标准表面材质

标准表面材质是阿诺德渲染器中最常用的材质，打开【材质编辑器】面板后，在右侧的创建栏中单击【Arnold】，选择【aiStandardSurface】，即可添加标准表面材质，如图 6-118 所示。

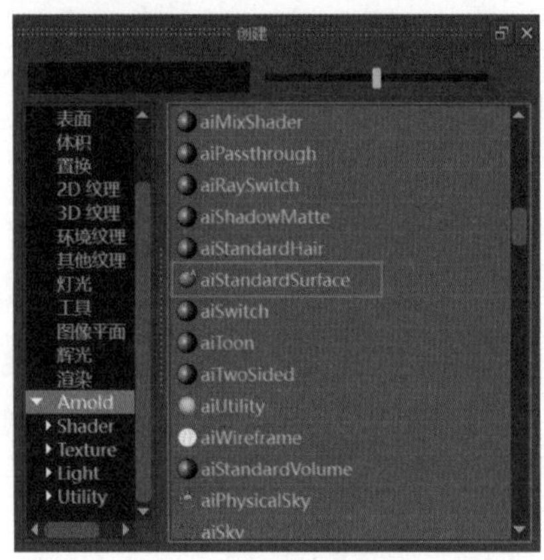

图 6-118

6.4.2 实战：制作苹果材质

Step01 单击工具架中的【多边形建模】→【球体】图标，创建一个球体模型，如图 6-119 所示，长按鼠标右键，在弹出的菜单中拖曳选择【顶点】模式，如图 6-120 所示，使球体进入可编辑模式。

图 6-119

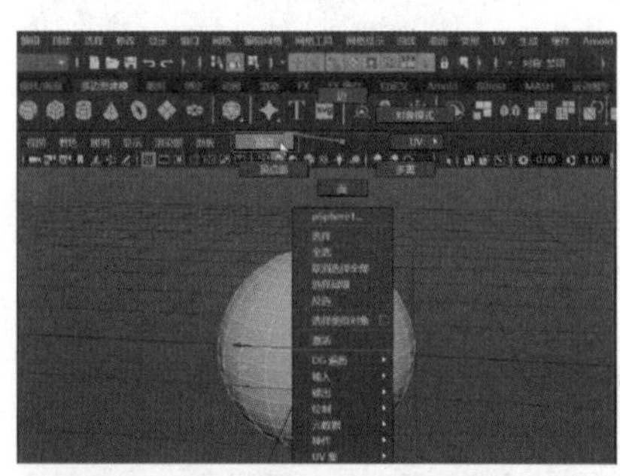

图 6-120

Step02 选择球体最顶端的点，按快捷键【B】开启软工具，如图 6-121 所示，按快捷键【W】，拖曳生成的操纵器，将顶点向下平移，做出凹陷的效果，如图 6-122 所示。

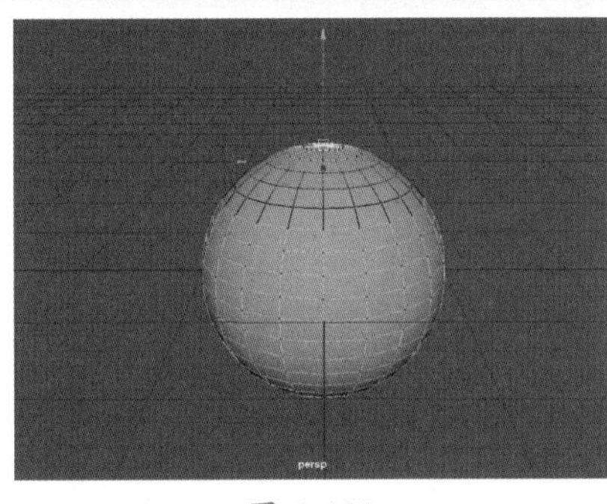

图 6-121

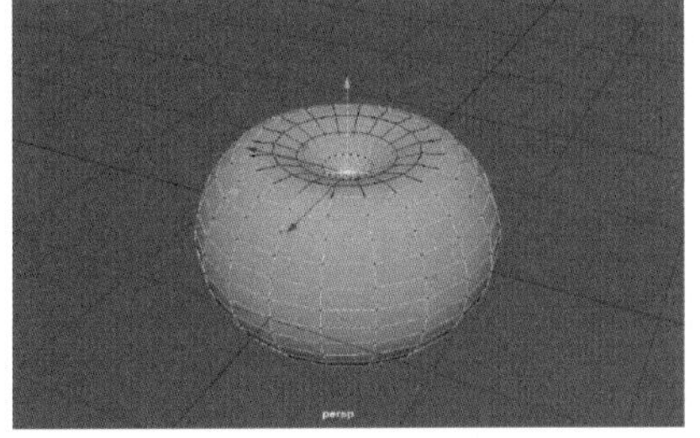

图 6-122

Step03 选择球体最底部的点，用软工具将点向上平移，如图 6-123 所示，再创建一个圆柱体，按快捷键【R】将其缩小，放在球体的顶端，如图 6-124 所示。

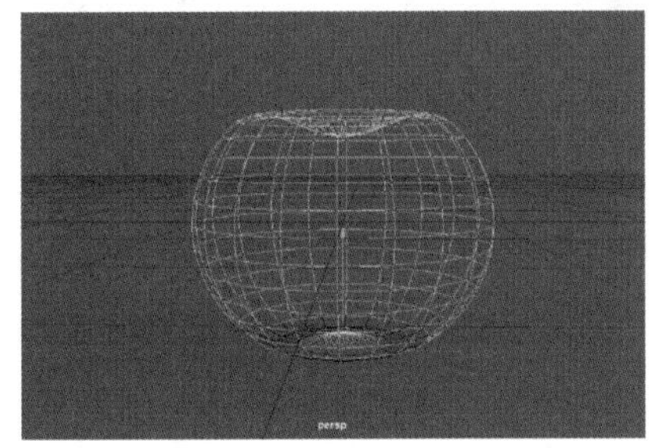

图 6-123

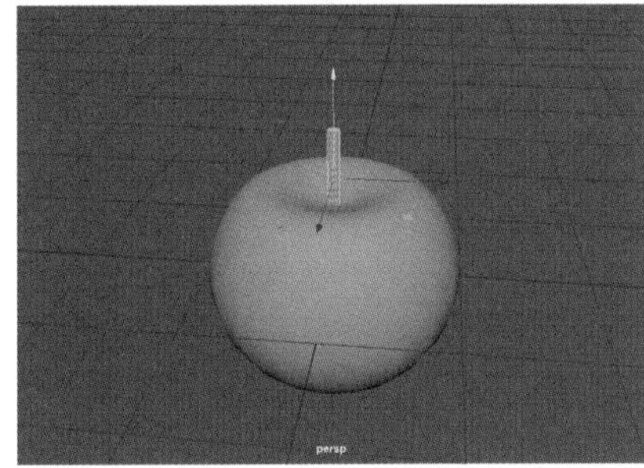

图 6-124

Step04 按组合键【Shift+鼠标右键】，在弹出的菜单中拖曳选择【插入循环边工具】命令，如图 6-125 所示，在圆柱体上添加几条循环边，使圆柱体进入点模式，调整局部，如图 6-126 所示。

图 6-125

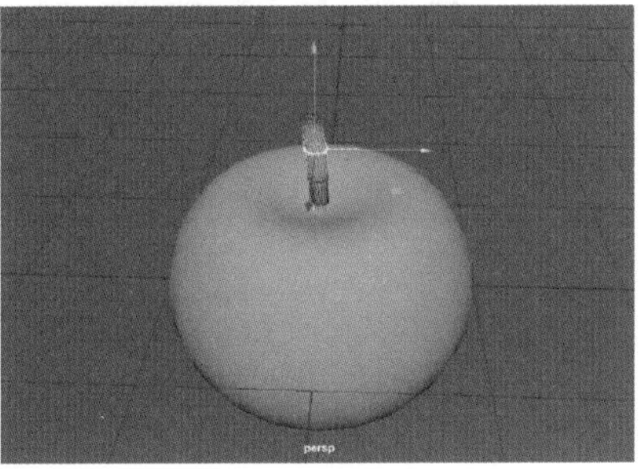

图 6-126

Step05 圆柱体的造型调整好后，回到物体模式，如图 6-127 所示，选择苹果模型，单击工具架中的【Lambert 材质】图标，如图 6-128 所示，为模型添加材质。

图 6-127

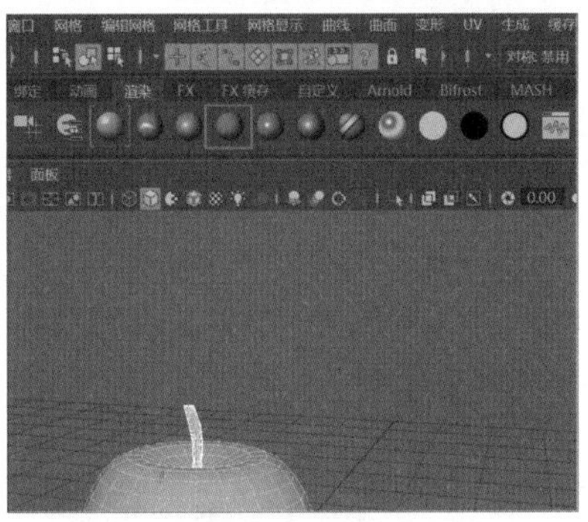

图 6-128

Step06 在右侧的【属性编辑器】面板中，找到【类型】并打开下拉菜单，选择【Ai Standard Surface】材质，如图 6-129 所示，模型即可更换为标准表面材质，右侧的【属性编辑器】面板中会自动显示该材质的属性，如图 6-130 所示。

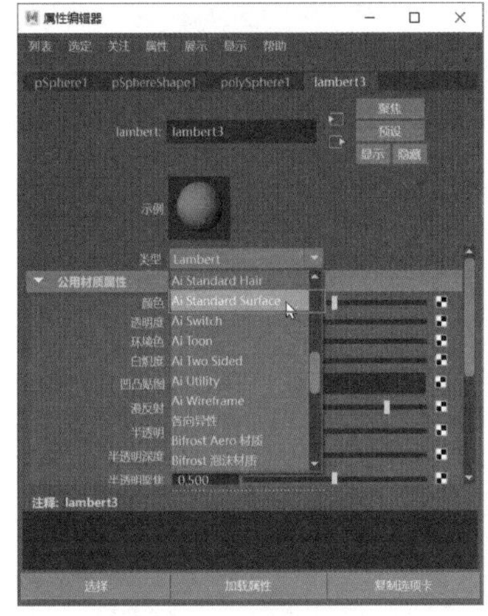

图 6-129

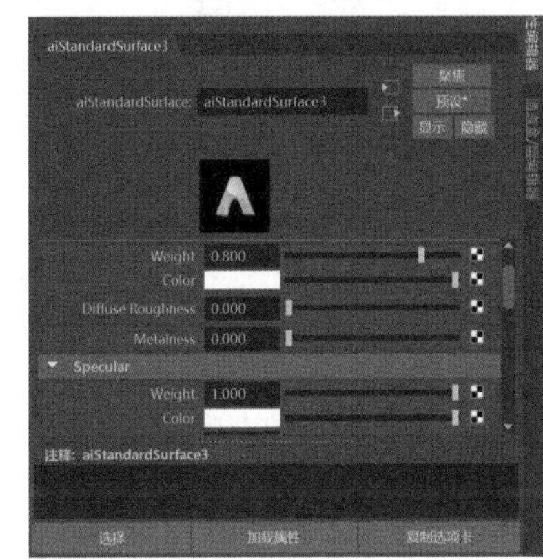

图 6-130

Step07 ❶将面板中的【Weight】调高，提高模型的亮度，❷设置【Color】为红色，如图 6-131 所示，❸将高光的【Weight】调高，❹设置高光的【Color】为浅黄色，如图 6-132 所示，此时即可看到苹果的材质效果。

图 6-131

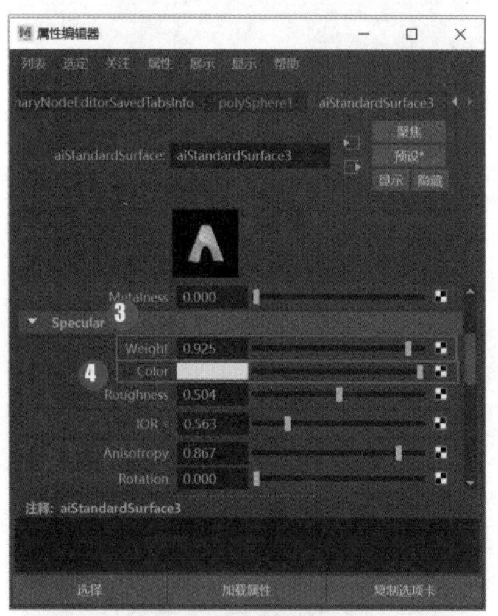

图 6-132

Step08 选择苹果柄部分，添加【Ai Standard Surface】材质，❶在右侧的【属性编辑器】中将【Weight】调高，❷将【Color】设置为黄棕色，如图 6-133 所示，单击菜单栏中的【渲染视图】图标，如图 6-134 所示。

图 6-133

图 6-134

Step09 打开面板后，调节栅格上的模型的角度和位置，单击左上角的【渲染当前帧】图标，如图 6-135 所示，效果如图 6-136 所示。实例最终效果见“结果文件\第 6 章\pingguo.mb”文件。

图 6-135

图 6-136

6.4.3 双面材质

阿诺德渲染器中的【aiTwoSided】为双面材质，打开【材质编辑器】面板后，在左侧的创建栏中单击【Arnold】，选择【aiTwoSided】即可添加双面材质，如图 6-137 所示。

图 6-137

6.4.4 头发材质

阿诺德渲染器中的【aiStandard Hair】为头发材质，打开【材质编辑器】面板后，在左侧的创建栏中单击【Arnold】，选择【aiStandardHair】即可添加头发材质，如图 6-138 所示。

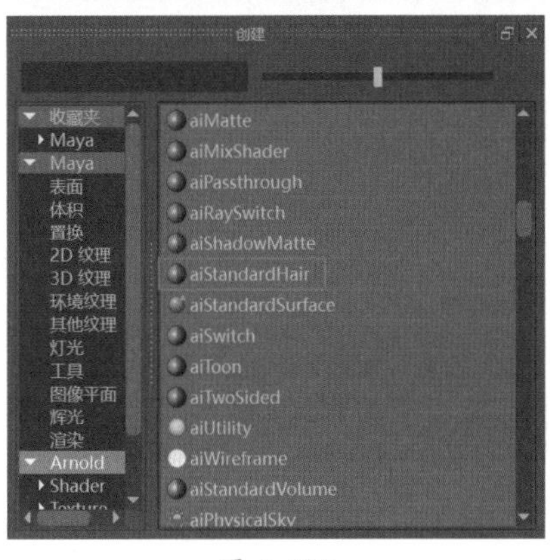
图 6-138

★重点 6.4.5 实时渲染预览

制作完材质后，单击菜单栏中的【渲染视图】图标，如图 6-139 所示，打开【渲染视图】面板，该面板是最常用的渲染工作区，如图 6-140 所示。

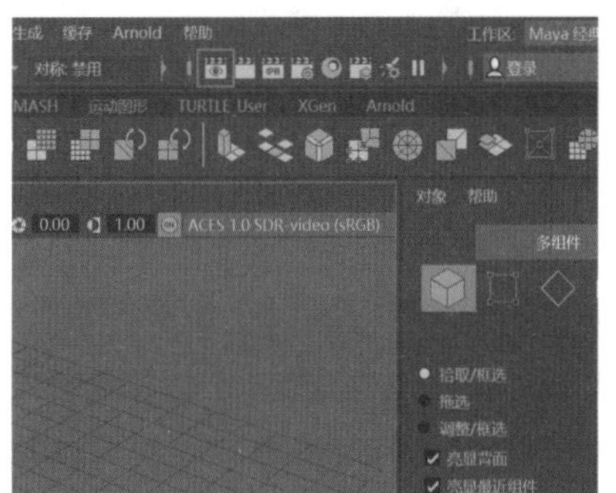
图 6-139

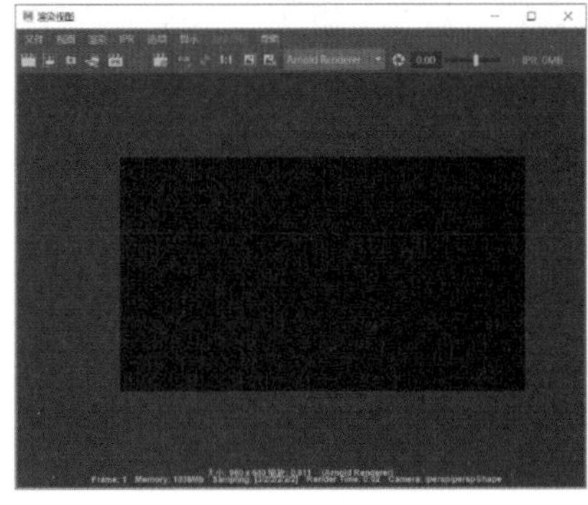
图 6-140

还有一种方法是 IPR 渲染，它是一种可以渲染当前帧的实时渲染，当为模型添加阿诺德类型的材质和灯光后，再单击【渲染视图】面板中的【IPR 渲染当前帧】图标，如图 6-141 所示，这时移动或调整模型位置时，【渲染视图】面板中就会进行实时渲染。

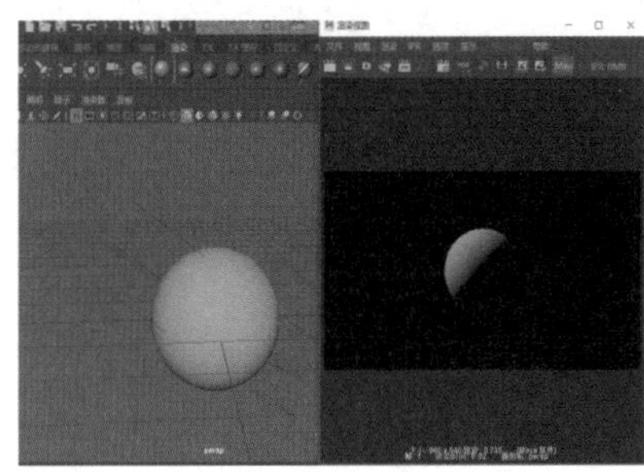
图 6-141

6.4.6 实战：使用实时渲染预览

Step01 在菜单栏中选择【窗口】→【常规编辑器】→【内容浏览器】命令，如图 6-142 所示，在弹出的窗口中，任意选择一个模型并长按鼠标左键，拖曳到工作区中，即可生成模型，如图 6-143 所示。

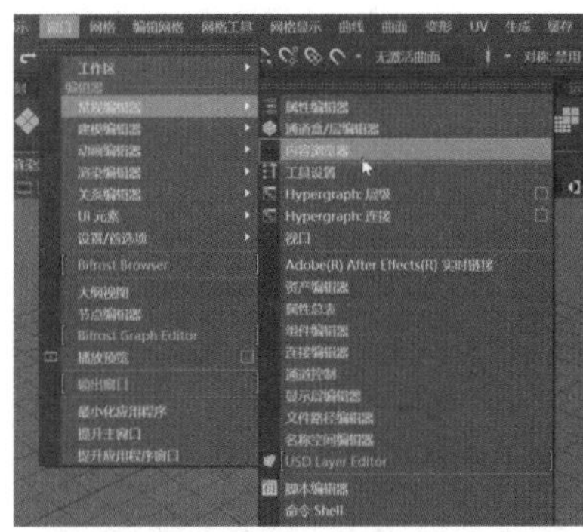
图 6-142

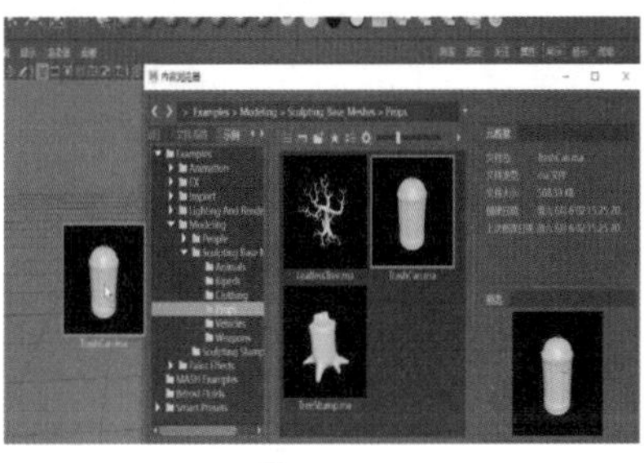
图 6-143

Step02 在工作区中对模型进行编辑，按快捷键【R】将其缩小，如图 6-144 所示，单击菜单栏中的【Arnold】→【Lights】→【Physical Sky】命令，如图 6-145 所示，为模型添加一个阿诺德的物理天空。

图 6-144

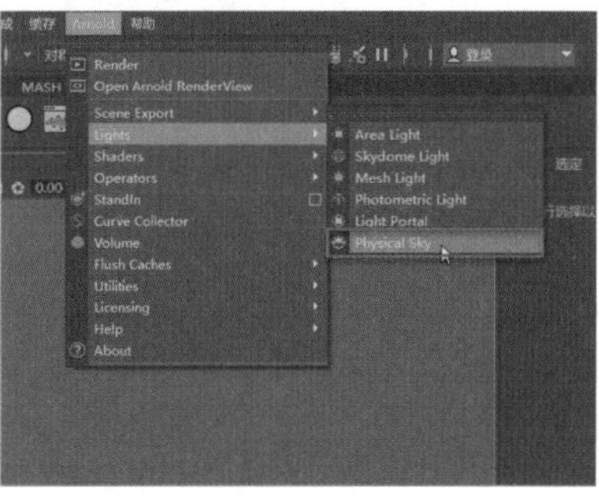
图 6-145

Step03 选择模型，单击工具架中的任意一个普通材质球，如图 6-146 所示，接着在右侧的【属性编辑器】面板中将材质球类型切换成【Ai Standard Surface】阿诺德材质，如图 6-147 所示。

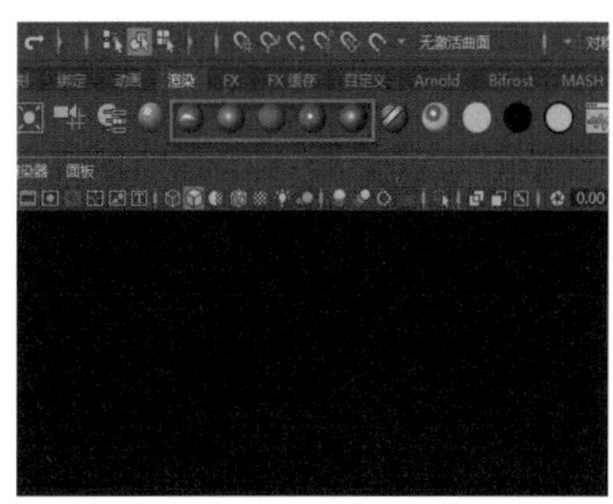
图 6-146

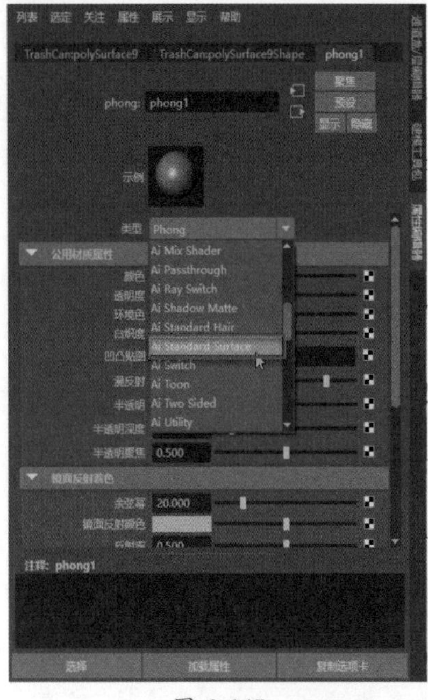

图 6-147

Step 04 为模型附上阿诺德材质和灯光后，单击菜单栏中的【渲染视图】图标，如图 6-148 所示，打开【渲染视图】面板后，单击【IPR 渲染当前帧】图标，这时就可以实时渲染生成的效果了，如图 6-149 所示。

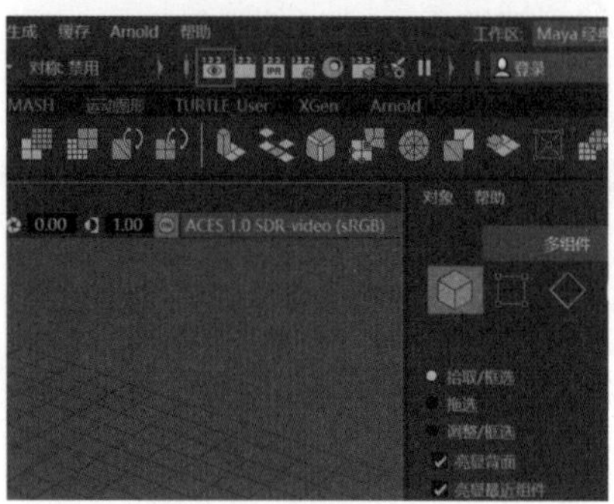

图 6-148

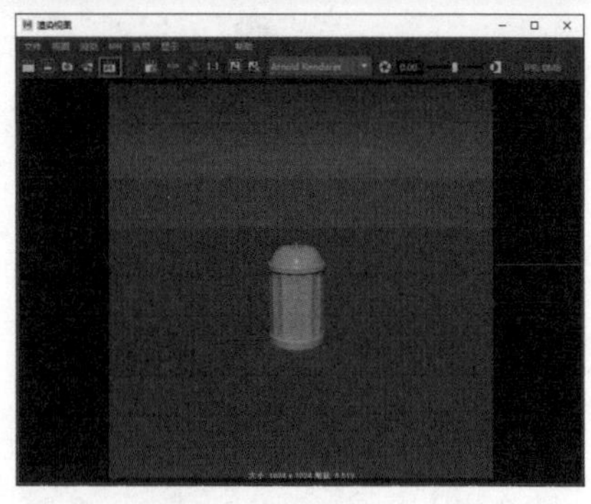

图 6-149

6.5 贴图制作

当我们需要为选定角色或场景模型添加贴图时，有些局部贴图可能需要我们亲手绘制并生成。在影视及动画行业中，绘制不同的材质是必不可少的。

6.5.1 贴图制作要点

在为选定模型制作贴图前，首先需要用【UV 编辑器】将模型拆分并排列到一个单位内，将 UV 网格有序地排列好后，对网格执行【UV 快照】，将展开的网格保存到方便查找的路径即可。贴图的分辨率最好为 1024×1024，格式一般选择 IFF 或 PNG，如图 6-150 所示，保存后导入 Photoshop 中进行绘制即可。

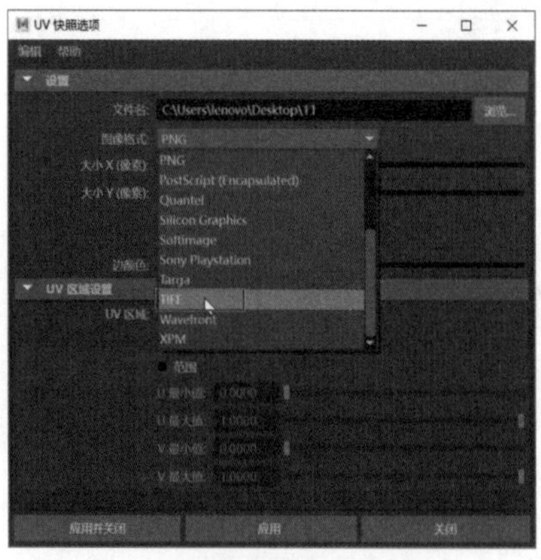

图 6-150

6.5.2 Maya 与 Photoshop 配合制作贴图

对网格执行【UV 快照】并保存到本地后，导入 Photoshop，然后使用自定义笔刷和图层系统就能制作高质量的材质贴图，如图 6-151 所示，多个图层可以确保不同材质贴图的完整性。

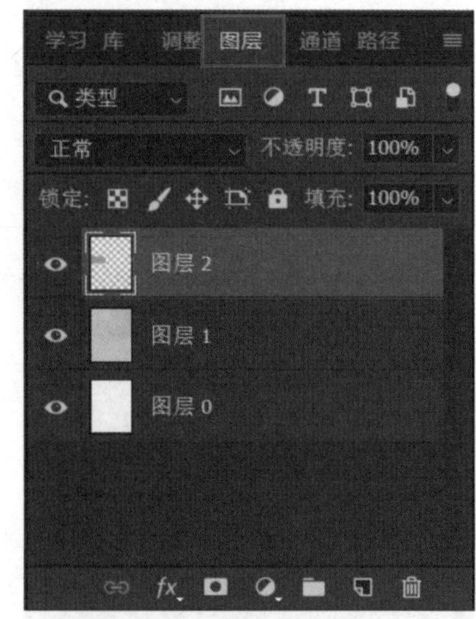

图 6-151

图层创建好后，可以对每个图层中绘制的平面图形调节色彩、饱和度、色相、明暗等，如图 6-152 所示。在 Photoshop 菜单栏中选择【图像】→【调整】选项，即可对贴图进行调整。如果是复杂的贴图，则需要创建很多图层进行分层绘制，避免材质出现问题。当图层较多时，可以选中图层，❶ 单击【创建新组】图标，❷ 将图层添加到组中，方便对图层进行规划、组织和整合，如图 6-153 所示。

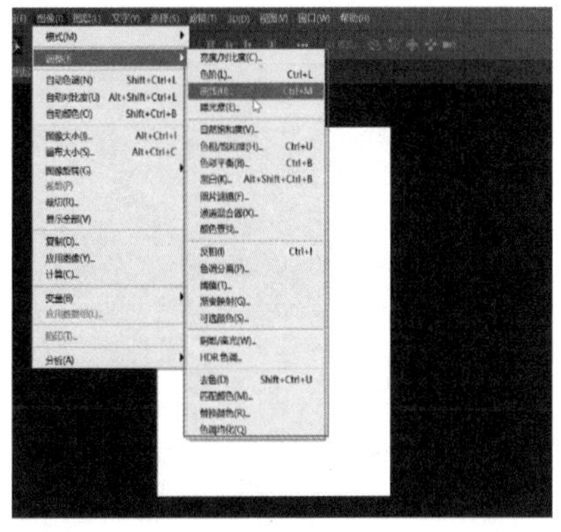

图 6-152

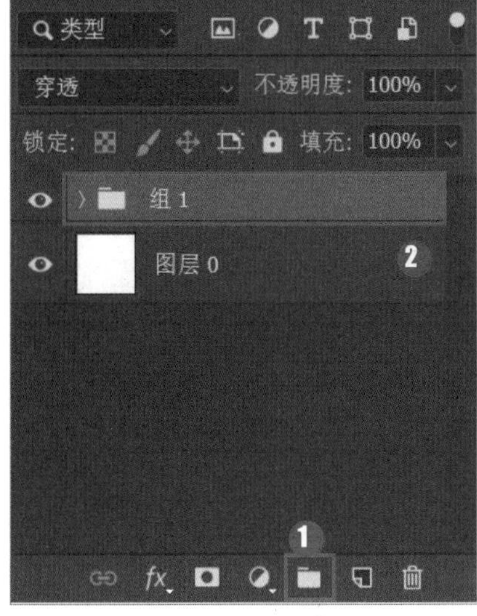

图 6-153

★重点 6.5.3 Maya 与 Substance Painter 配合制作贴图

模型制作好后，单击菜单栏中的【文件】→【导出当前选择】命令，将模型导出为 OBJ 格式，如图 6-154 所示，打开 Substance Painter 并导入 OBJ 格式的模型，即可根据需求为模型添加不同效果的材质贴图。

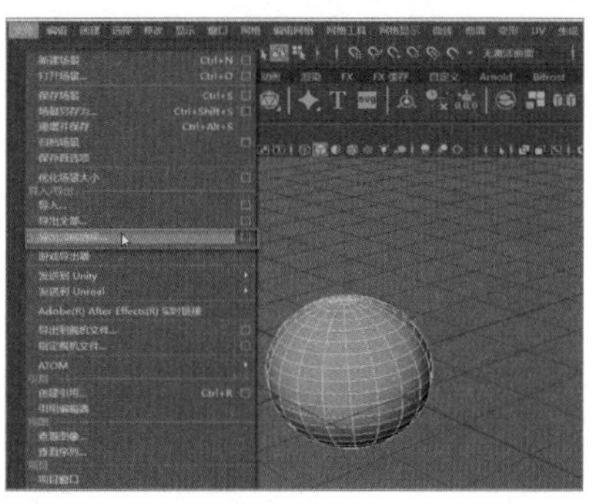

图 6-154

妙招技法

下面结合本章内容，介绍一些实用技巧。

技巧 01：制作集装箱材质

Step01 打开“素材文件\第 6 章\集装箱贴图.jpg”文件，如图 6-155 所示，单击工具架中的【多边形建模】→【立方体】图标，创建一个立方体模型，如图 6-156 所示。

图 6-155

图 6-156

Step02 选择立方体模型，按快捷键【R】将其拉伸成一个长方体，如图 6-157 所示，单击工具架中的【多边形建模】→【UV 编辑器】图标，如图 6-158 所示。

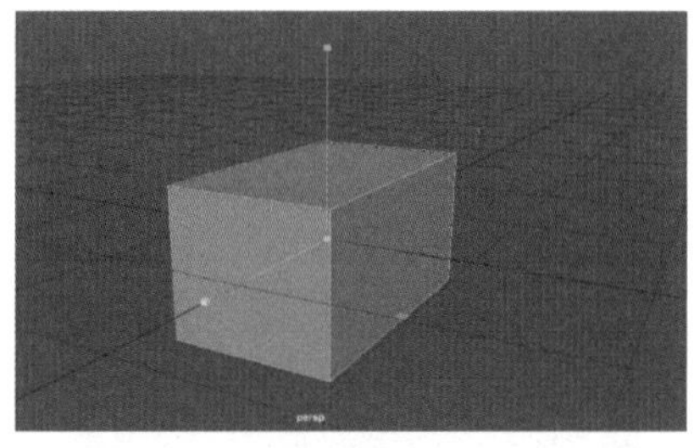

图 6-157

图 6-158

Step 03 打开【UV 编辑器】面板，在操作界面中长按鼠标右键，拖曳选择边模式，如图 6-159 所示，接着对照工作区中的模型，选中方形面的几条没有被裁剪过的边（蓝色的边），如图 6-160 所示。

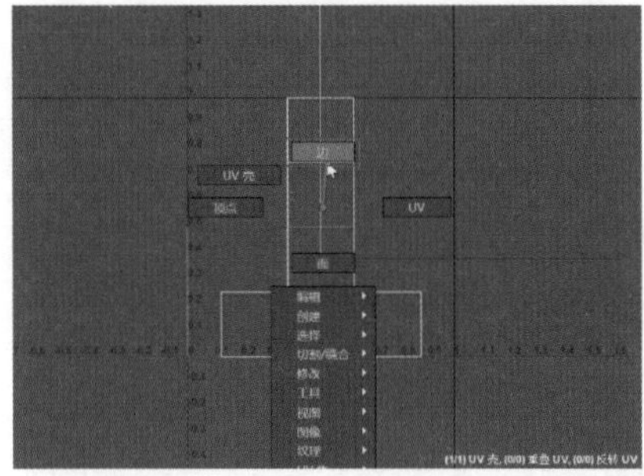

图 6-159

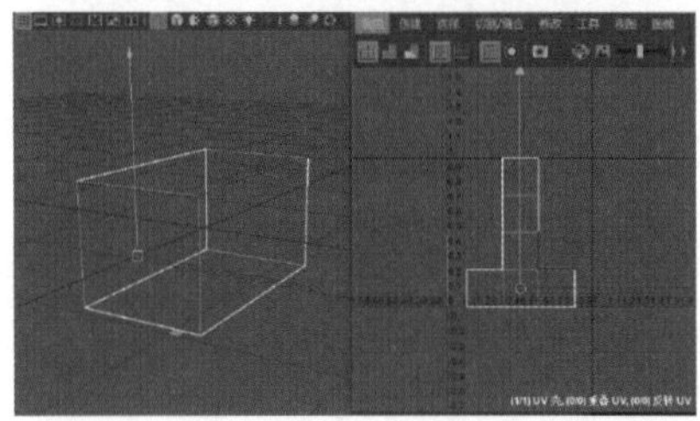

图 6-160

Step 04 在右侧的【UV 工具包】中，展开【切割和缝合】区域，单击【剪切】命令，如图 6-161 所示，将选定的边剪切后，在操作界面中长按鼠标右键拖曳选择【UV】模式，如图 6-162 所示。

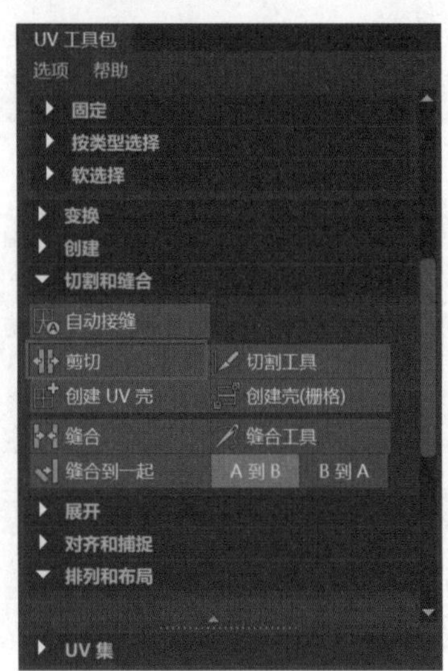

图 6-161

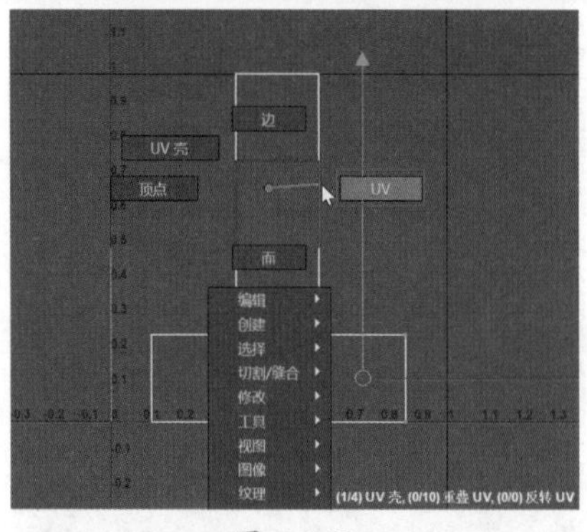

图 6-162

Step 05 单击鼠标左键选择局部拆分好的 UV 网格，按【W】键分别将其排列开，如图 6-163 所示，对照工作区中的模型，找到选择模型的侧面并选中，如图 6-164 所示。

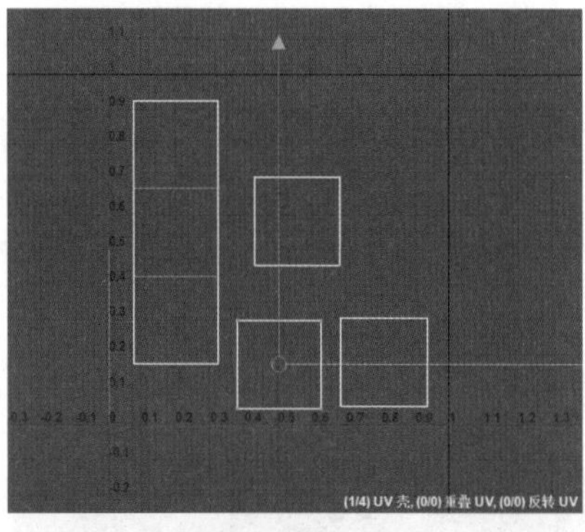

图 6-163

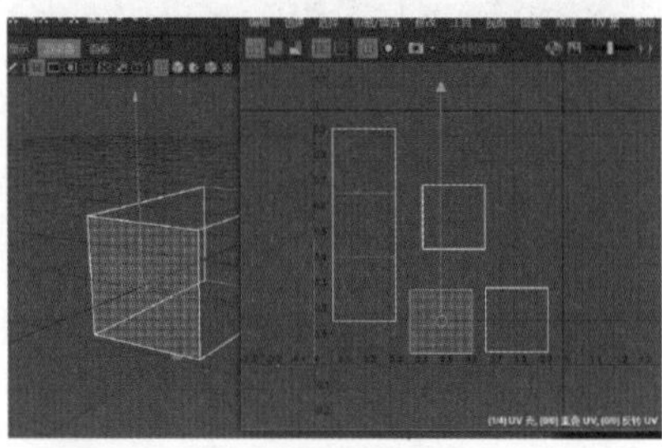

图 6-164

Step 06 回到 Maya 的操作界面，单击工具架中的【渲染】→【Lambert 材质】图标，如图 6-165 所示，在右侧的【属性编辑器】面板中，❶单击【颜色】右侧的方格图标，❷在打开的面板中单击【文件】选项，如图 6-166 所示。

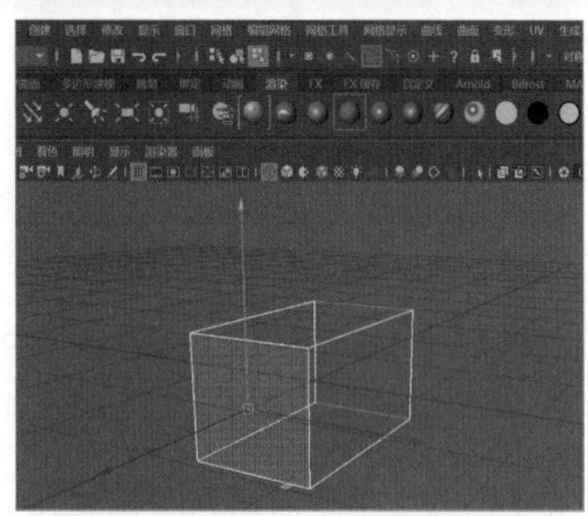

图 6-165

图 6-166

Step 07 在打开的【file】面板中，单击【图像名称】右侧的文件夹图标，如图 6-167 所示，在弹出的面板中选择路径打开素材即可，此时可以看到工作区中模型映射上的贴图并不均匀，如图 6-168 所示。

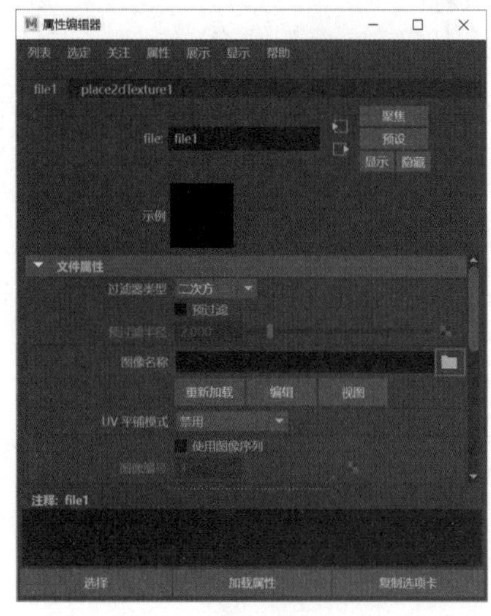

图 6-167

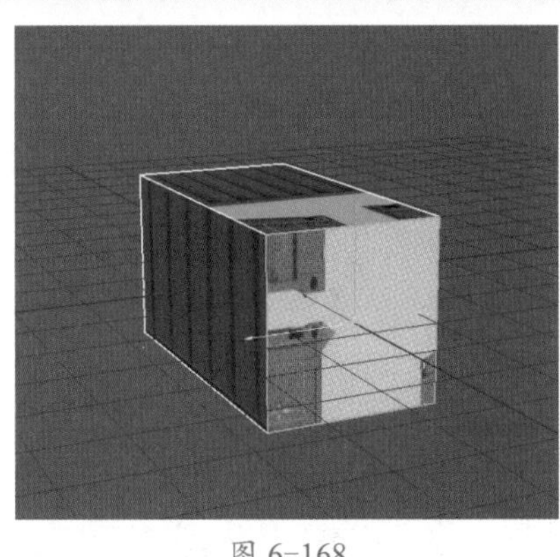

图 6-168

Step 08 打开【UV 编辑器】面板，选择长方体的局部面，按快捷键【R】调整轮廓，使贴图完美地贴合到选定面上，如图 6-169 所示，这时可以看到工作区中模型对应的面上贴图排列正确，如图 6-170 所示。

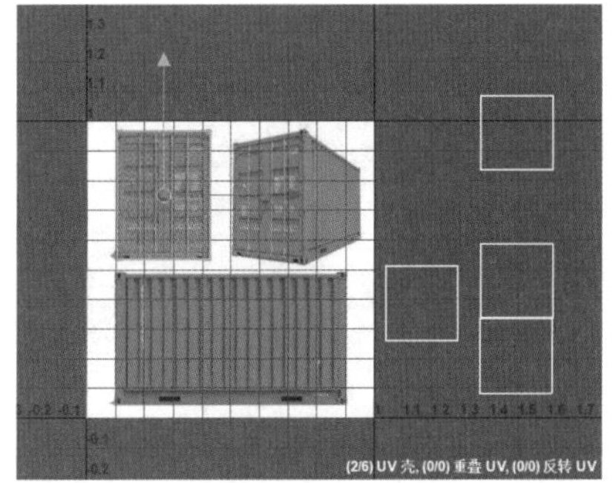

图 6-169

图 6-170

Step 09 在【UV 编辑器】面板中，选择其他没有正常映射贴图的局部面，如图 6-171 所示，再单独创建一个【Lambert 材质】，并在右侧的【属性编辑器】面板中设置【颜色】属性，

添加图像素材，如图 6-172 所示。

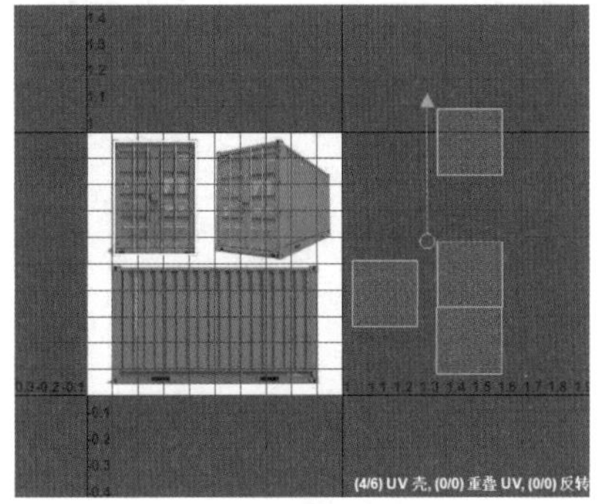

图 6-171

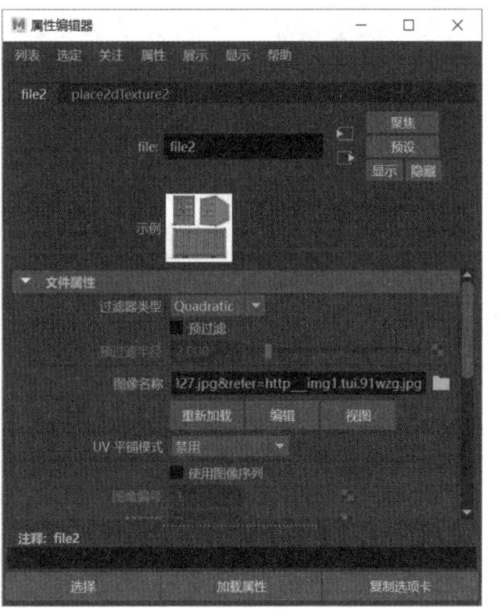

图 6-172

Step 10 添加贴图后，打开【UV 编辑器】面板，按照贴图将选定的 UV 网格摆放整齐，如图 6-173 所示，将所有 UV 网格调整好后，即可看到工作区中的贴图效果，如图 6-174 所示。实例最终效果见“结果文件\第 6 章\集装箱\JZX.mb”文件。

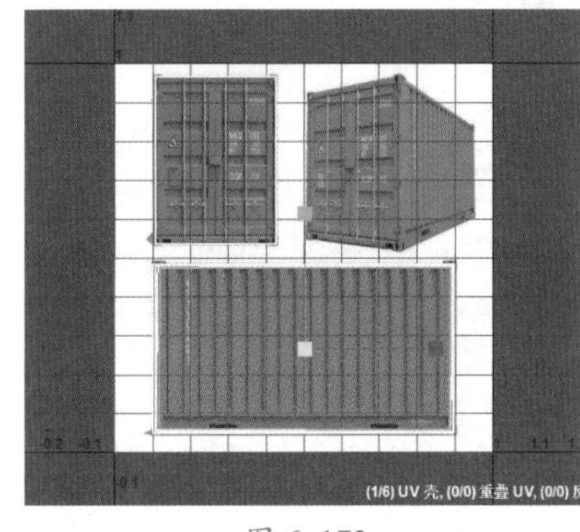

图 6-173

图 6-174

技巧 02：制作冰块材质

Step 01 单击工具架中的【立方体】图标，创建一个立方体，如图 6-175 所示，选择创建的立方体，在右侧的【属性编辑器】面板中的【Arnold】属性中，取消选中【Opaque】复选框，如图 6-176 所示。

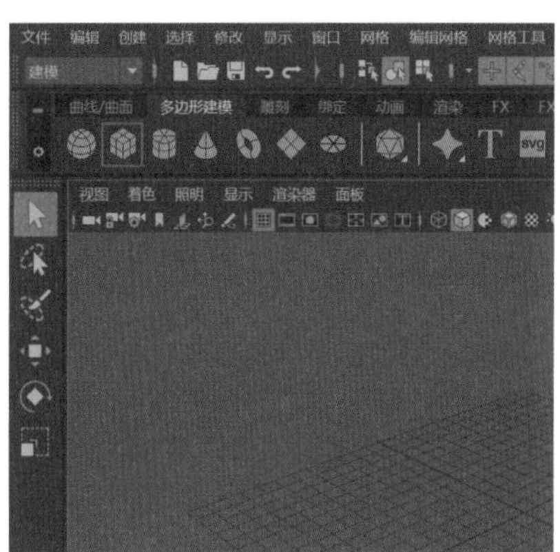

图 6-175

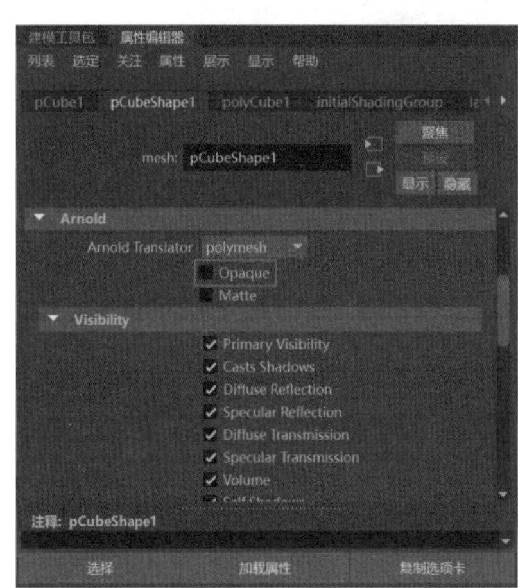

图 6-176

Step02 选择模型并长按鼠标右键，在弹出的菜单中拖曳选择【指定新材质】选项，如图 6-177 所示，弹出面板后，展开【Arnold】，选择【aiStandardSurface】材质，如图 6-178 所示。

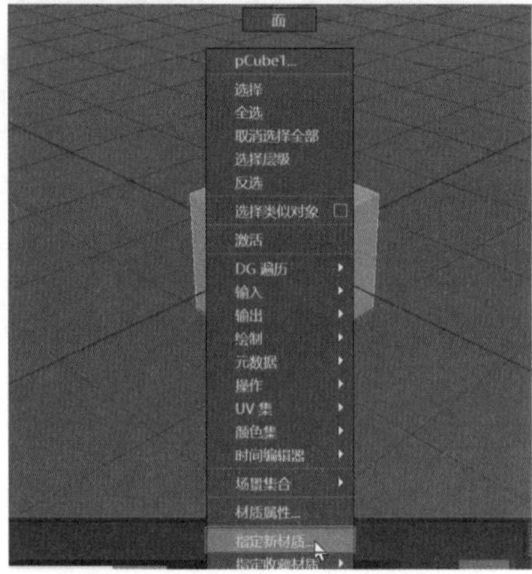
图 6-177

图 6-178

Step03 选择菜单栏中的【Arnold】→【Lights】→【Skydome Light】命令，如图 6-179 所示，为场景创建天光。选择创建的天光，在右侧的【属性编辑器】面板中单击颜色右侧的方格图标，如图 6-180 所示。

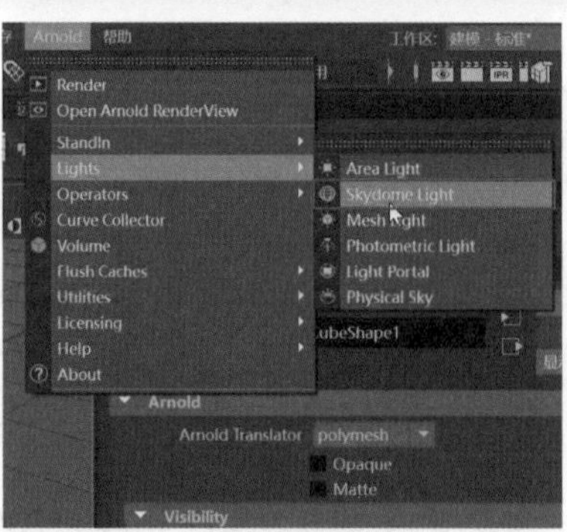
图 6-179

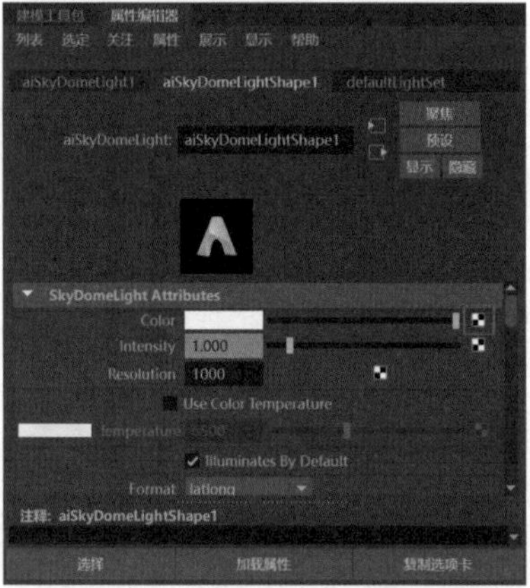
图 6-180

Step04 弹出【创建渲染节点】面板，单击【文件】选项，如图 6-181 所示，在【属性编辑器】面板中单击【图像名称】右侧的文件夹图标，如图 6-182 所示。

图 6-181

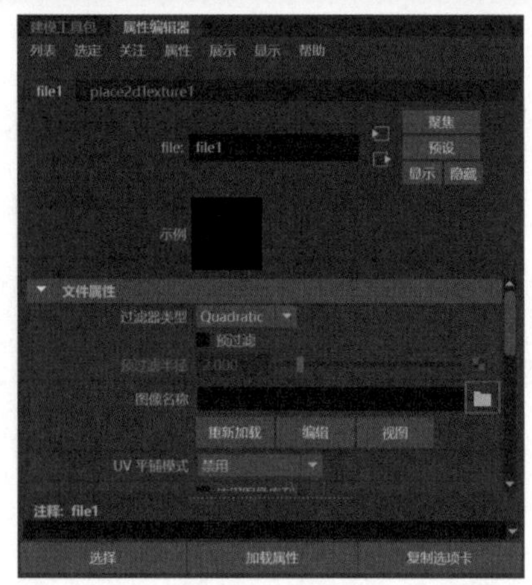
图 6-182

Step05 在弹出的面板中，打开"结果文件 \ 第 6 章 \ 冰块 \hdr(2).hdr"灯光文件，如图 6-183 所示，此时视图中的效果如图 6-184 所示。

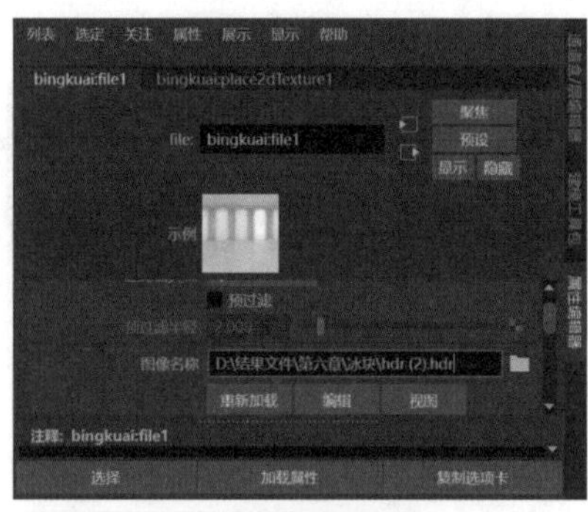
图 6-183

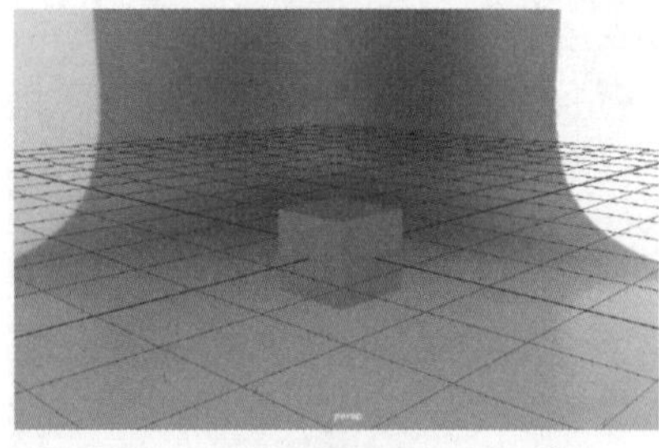
图 6-184

Step06 设置模型的材质。选择立方体，在右侧的【属性编辑器】面板中将【Color】设置为黑色，【Weight】设置为 0，如图 6-185 所示。

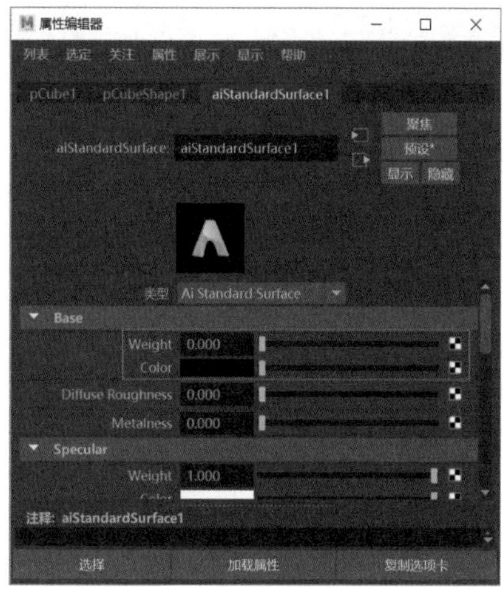

图 6-185

Step07 将【Roughness】设置为0，【IOR】设置为1.3，【Weight】设置为1，如图6-186所示，在【Coat】区域中，将【Weight】设置为1，【Roughness】设置为0，【IOR】设置为1，如图6-187所示。

Step08 单击【Bump Mapping】选项右侧的方格图标，如图6-188所示，弹出面板后，找到【灰泥】节点并单击，如图6-189所示。

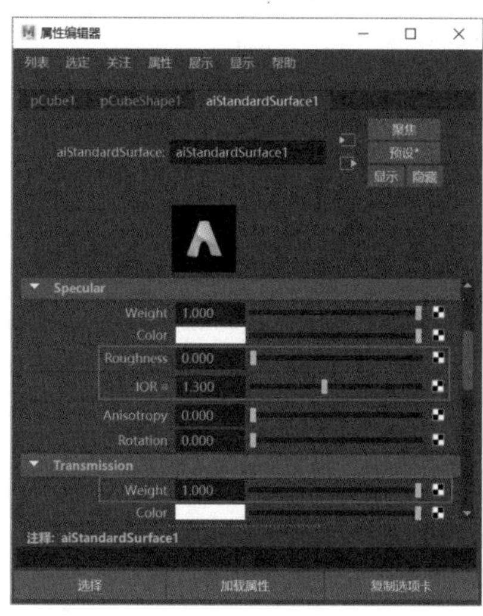

图 6-186

图 6-187

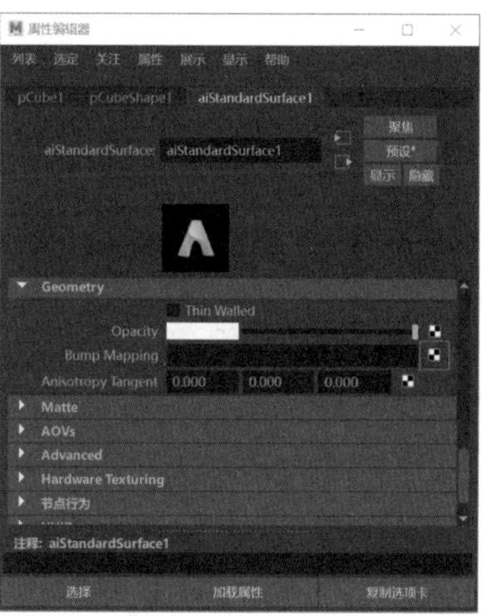

图 6-188

图 6-189

Step09 适当调节其【凹凸深度】，如图6-190所示，打开【渲染视图】进行渲染，冰块的效果如图6-191所示。实例最终效果见“结果文件\第6章\冰块\BK.mb”文件。

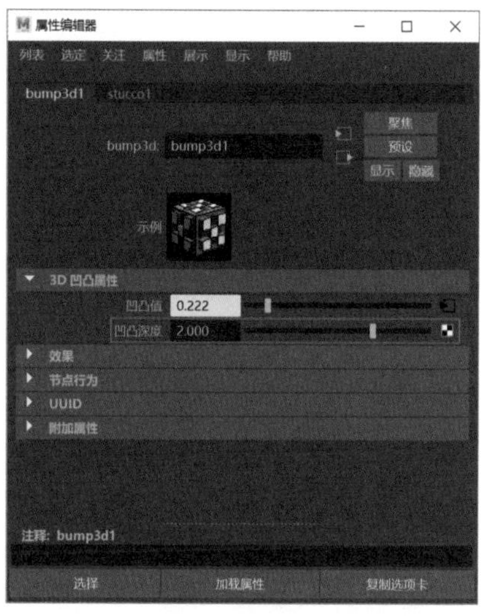

图 6-190

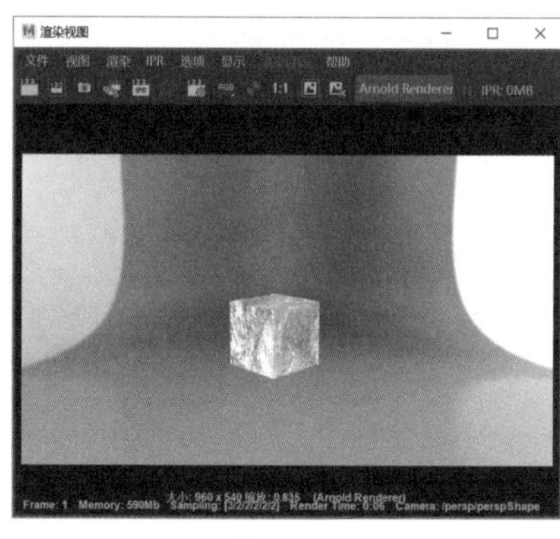

图 6-191

上机实训 —— 制作葡萄材质

本例将使用 Blinn 材质制作葡萄材质，具体制作步骤如下。

Step01 选择菜单栏中的【文件】→【打开场景】命令，打开“素材文件 \ 第 6 章 \putao.mb”文件，如图 6-192 所示，导入模型后，选择所有球体，如图 6-193 所示。

图 6-192

图 6-193

Step02 单击工具架中的【Blinn 材质】图标，为葡萄果实创建材质，如图 6-194 所示，在右侧的【属性编辑器】面板中，将【颜色】调整为蓝灰色，如图 6-195 所示。

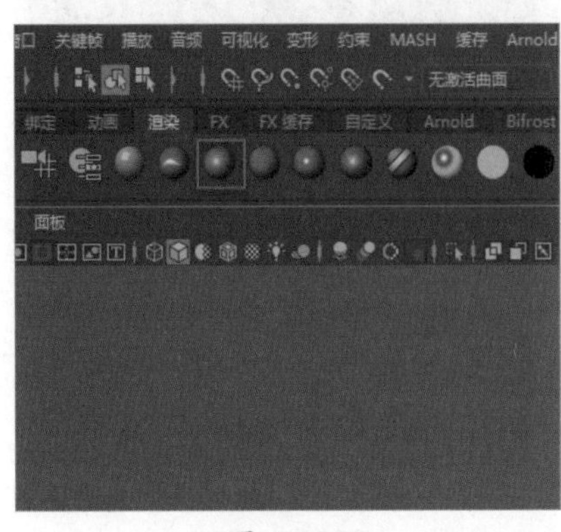

图 6-194

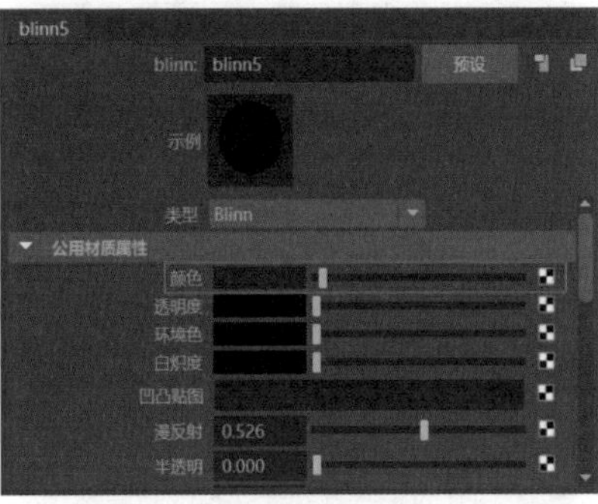

图 6-195

Step03 展开【镜面反射着色】区域，将【偏心率】调高，【镜面反射衰减】调低，【镜面反射颜色】设置为蓝灰色，如图 6-196 所示，葡萄果实的材质效果如图 6-197 所示。

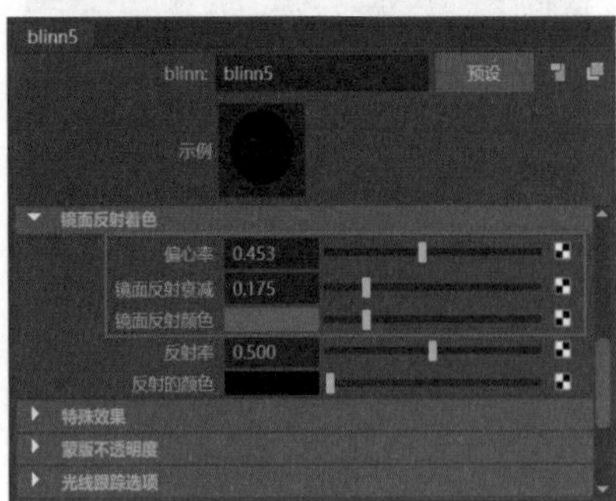

图 6-196

图 6-197

Step04 选择葡萄柄模型，如图 6-198 所示，为其创建【Blinn 材质】，在【属性编辑器】面板中，将【颜色】调整为褐色，如图 6-199 所示。

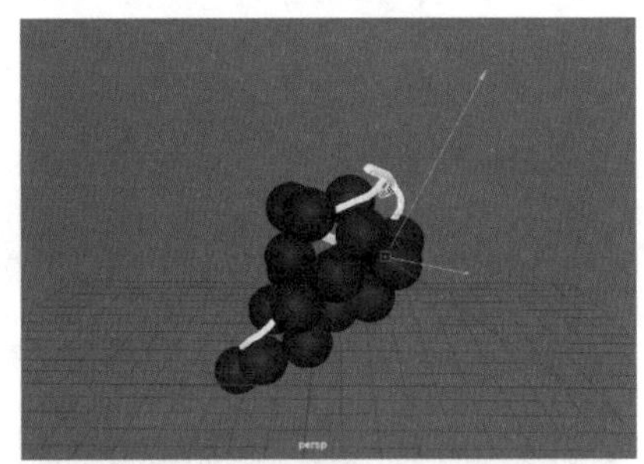

图 6-198

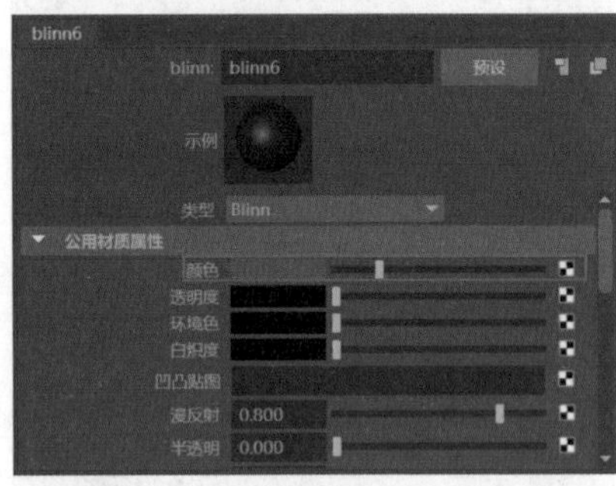

图 6-199

Step05 展开【镜面反射着色】区域，将【偏心率】调高，【镜面反射衰减】调低，【镜面反射颜色】调整为浅褐色，如图 6-200 所示，葡萄的整体效果如图 6-201 所示。实例最终效果见“结果文件 \ 第 6 章 \putao.mb”文件。

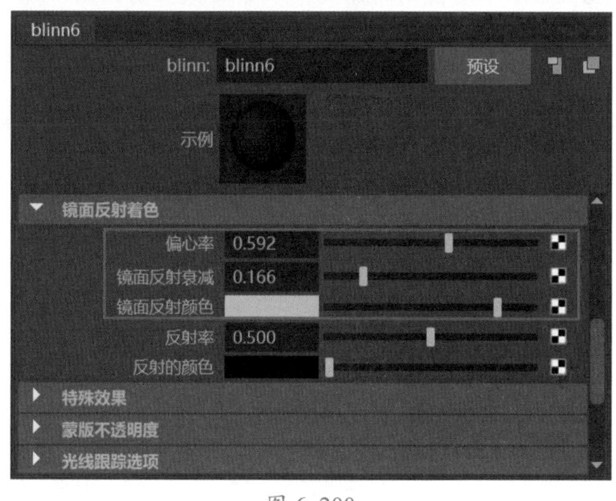

图 6-200

图 6-201

本章小结

本章主要介绍了 Maya 默认的材质与阿诺德材质球及使用方法，并对如何通过调整材质属性模拟物体真实的效果进行了讲述；所有的材质球都可以通过单击工具架中的图标自动生成到栅格中；在为每个模型制作贴图时，要根据模型不同的特性，考虑高光、透明度及镜面反射等属性，选择更加合适的材质，增强物体的真实感。

第7章 灯光技术

- ➥ Maya 2022 中有哪些灯光类型?
- ➥ 如何使用灯光为模型增添特效?
- ➥ Maya 中的阿诺德灯光类型有哪些?
- ➥ 如何为选定对象制作照明效果?

通过学习本章内容，可以掌握 Maya 中默认的灯光类型及使用技巧，了解不同灯光带来的不同材质效果。

7.1 灯光原理概述

光可以决定作品的质感，是作品的重要组成部分之一。在模拟空间中灯光可以根据照射方向，为模型烘托出不同的氛围，体现不一样的空间感。想要将物体做出写实风格并体现氛围，需要在不同角度创建多个灯光对物体进行照明。

7.2 Maya 默认灯光

Maya 中有 6 种默认灯光类型，分别是【环境光】【平行光】【点光源】【聚光灯】【区域光】和【体积光】，在工具架中的位置如图 7-1 所示。

选择菜单栏中的【创建】→【灯光】命令，即可选择并创建不同类型的灯光，如图 7-2 所示。在默认情况下，创建的灯光会自动生成在工作区的中心位置，如图 7-3 所示。

也可以单击不同类型灯光右侧的复选框，打开其选项对话框，设置灯光属性并创建，如图 7-4 所示。

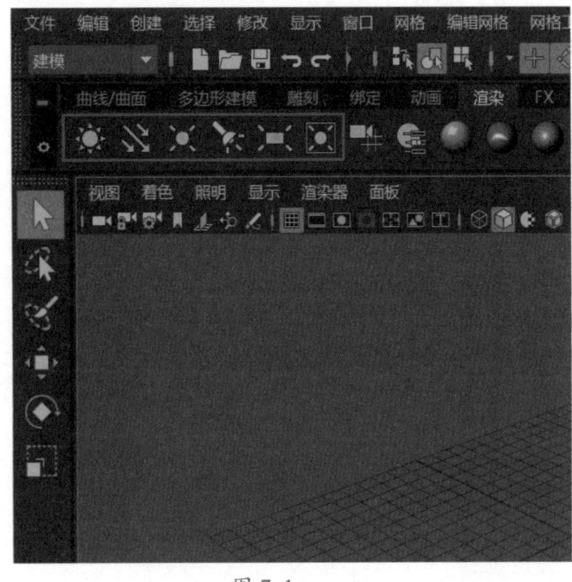

图 7-1

图 7-2

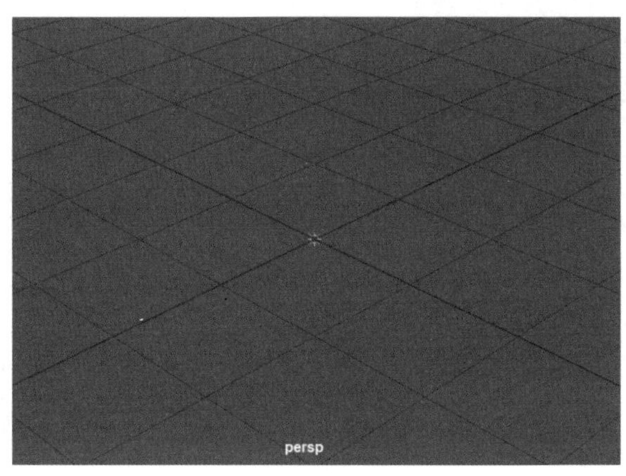

图 7-3

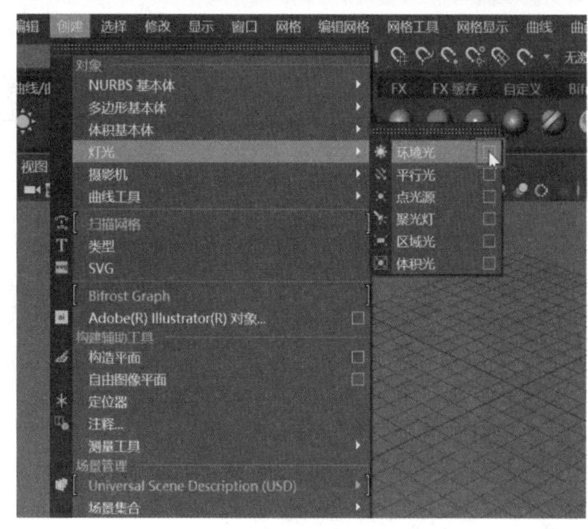

图 7-4

7.2.1 环境光

【环境光】可以从灯光生成的位置向四周均匀发光，它和【点光源】类似。执行菜单栏中的【创建】→【灯光】→【环境光】命令，即可在场景中创建一个【环境光】，如图 7-5 所示，单击右侧的复选框，可以打开【创建环境光选项】对话框，如图 7-6 所示。

图 7-5

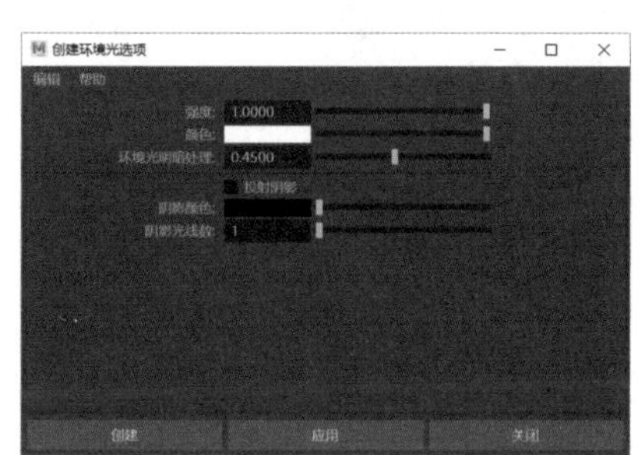

图 7-6

【创建环境光选项】对话框中选项的作用及含义如表 7-1 所示。

表 7-1 创建环境光选项对话框中选项作用及含义

选项	作用及含义
强度	该选项用于决定光线的发光强度，数值为 0 则不发光
颜色	该选项用于控制灯光的颜色，颜色模式有 RGB 和 HSV 两种类型，默认情况下为白色
阴影颜色	该选项决定灯光产生的阴影颜色，默认情况下为黑色
阴影光线数	该选项控制生成的阴影的质量，数值越小，阴影质量越差，渲染速度越快

7.2.2 实战：调试环境光

Step 01 单击工具架中的【多边形建模】→【多边形类型】图标，如图 7-7 所示，即可在栅格上创建字体模型。在右侧的【属性编辑器】面板中设置字体属性，如图 7-8 所示。

图 7-7

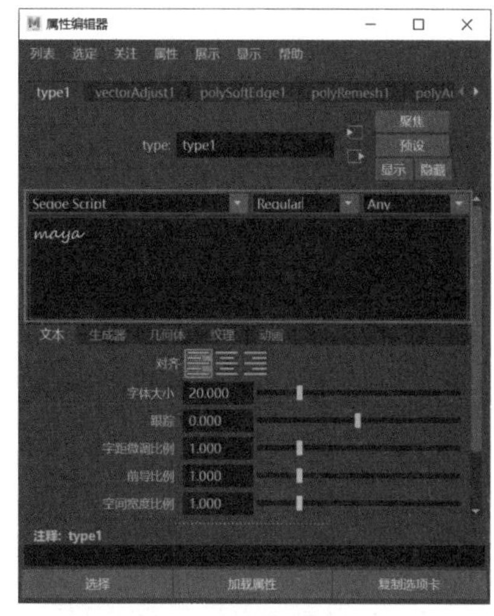

图 7-8

Step 02 创建好字体模型后，按快捷键【R】对模型大小进行调整，如图 7-9 所示。确定好模型后，单击工具架中的【渲染】→【环境光】图标，如图 7-10 所示，即可为字体模型创建一个【环境光】。

图 7-9

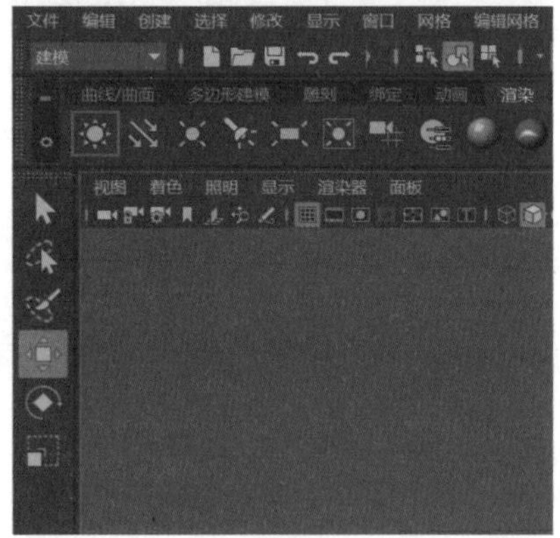

图 7-10

Step 03 可以看到工作区的中心位置生成了一个【环境光】，如图 7-11 所示。单击菜单栏中的【渲染视图】图标，对模型进行渲染并查看效果，如图 7-12 所示。

图 7-11

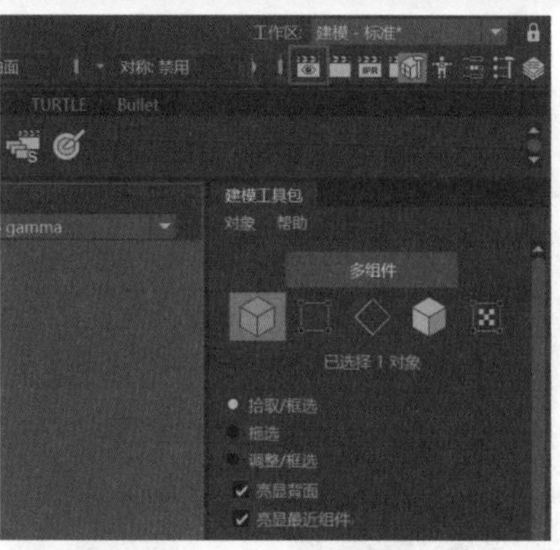

图 7-12

Step 04 灯光在默认情况下是白色的，所以投射到字体模型上的颜色也是白色，如图 7-13 所示。对灯光进行调试，选择生成的【环境光】，在右侧的【属性编辑器】面板中设置灯光的属性，❶将【颜色】设置为淡黄色，❷将【环境光明暗处理】调低，如图 7-14 所示。

图 7-13

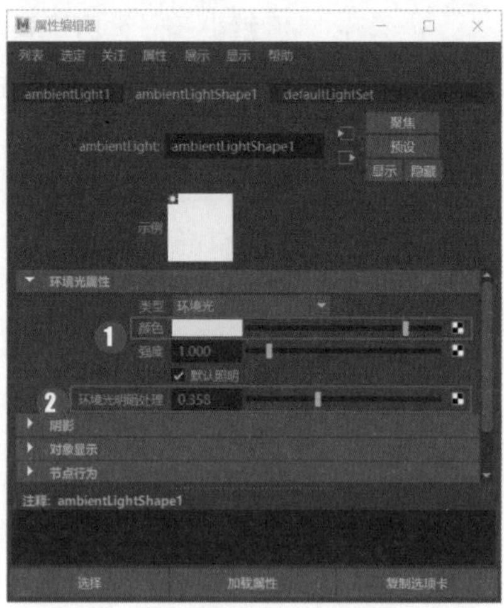

图 7-14

Step 05 设置好两个属性参数后，再次打开【渲染视图】对模型进行第二次渲染，效果如图 7-15 所示。可以看到模型的颜色和明暗对比产生了细微的变化。实例最终效果见“结果文件 \ 第 7 章 \HJG.mb”文件。

图 7-15

7.2.3 平行光

【平行光】的照明效果只与灯光的方向有关，与灯光放置的位置没有关系，它类似于生活中太阳光的照射效果，没有明显的光照范围和灯光衰减，经常用来对室外场景进行全局光照，如图 7-16 所示。单击工具架中的【渲染】→【平行光】图标，即可在场景中创建一个平行光，如图 7-17 所示。

图 7-16

图 7-17

单击菜单栏中【创建】→【灯光】→【平行光】右侧的复选框，如图 7-18 所示，打开其选项对话框，如图 7-19 所示。

图 7-18

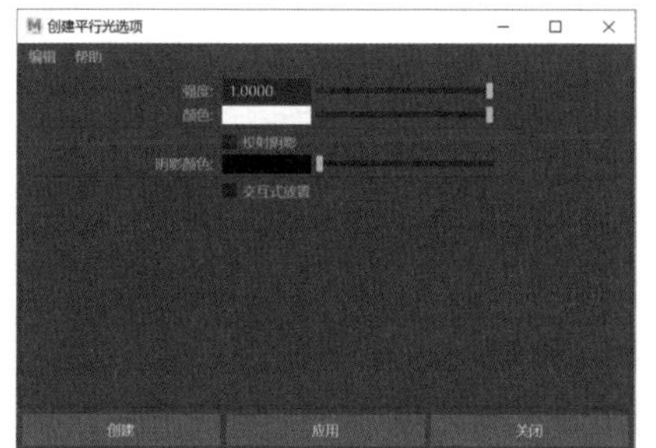

图 7-19

【创建平行光选项】对话框中选项的作用及含义如表 7-2 所示。

表 7-2 创建平行光选项对话框中选项作用及含义

选项	作用及含义
强度	该选项用于决定光线的发光强度，数值为 0 则不发光
颜色	该选项用于控制灯光的颜色，颜色模式有 RGB 和 HSV 两种类型，默认情况下为白色
投射阴影	启用该选项后，灯光会生成深度贴图阴影或光线跟踪阴影，默认情况下禁用该选项
阴影颜色	该选项决定灯光产生的阴影颜色，默认情况下为黑色
交互式放置	启用此选项，创建好平行光后，会便于沿着平行光的角度观看

续表

7.2.4 实战：调试平行光

Step 01 选择菜单栏中的【文件】→【打开场景】命令，打开“素材文件\第 7 章\PXG.mb”文件，如图 7-20 所示。单击工具架中的【渲染】→【平行光】图标，如图 7-21 所示，为模型创建一个【平行光】。

图 7-20

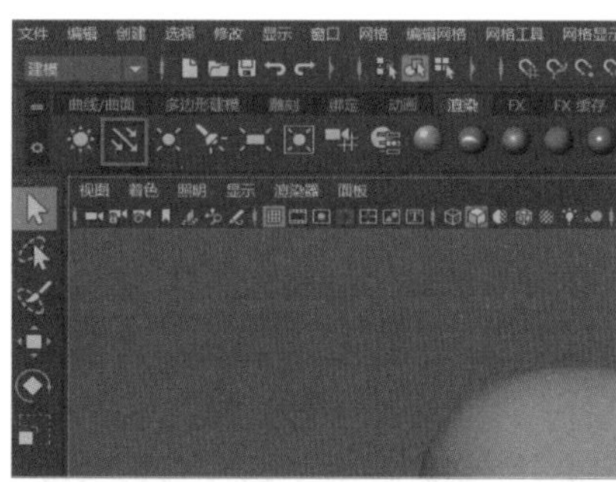

图 7-21

Step 02 可以看到工作区中心位置自动生成了一个【平行光】，如图 7-22 所示，选择生成的平行光，按快捷键【E】和【R】对其进行旋转和放大，如图 7-23 所示。

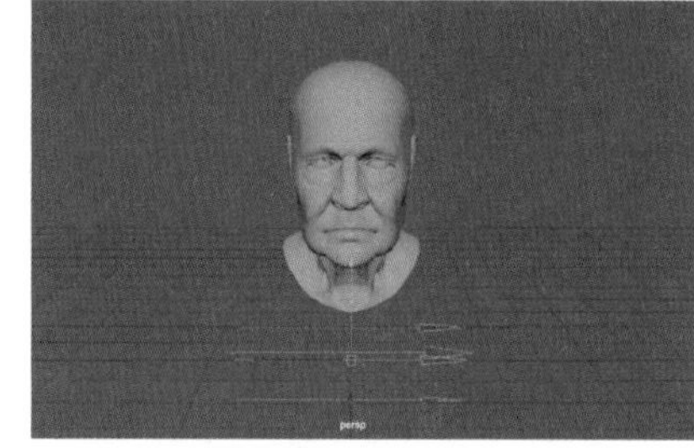

图 7-22

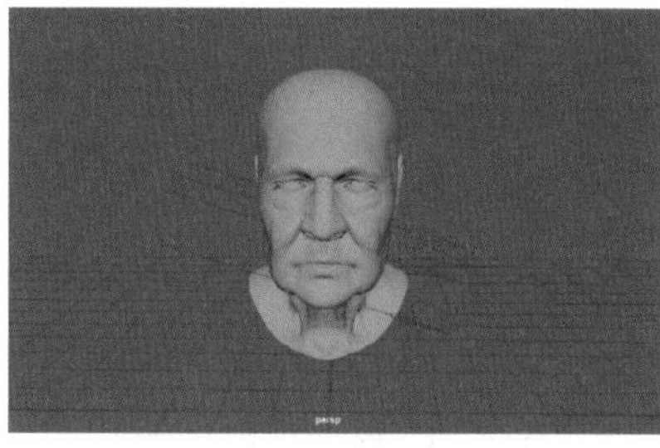

图 7-23

Step 03 单击菜单栏中的【渲染视图】图标，如图 7-24 所示，在灯光所有属性为默认的情况下，对模型进行第一次渲染，效果如图 7-25 所示。

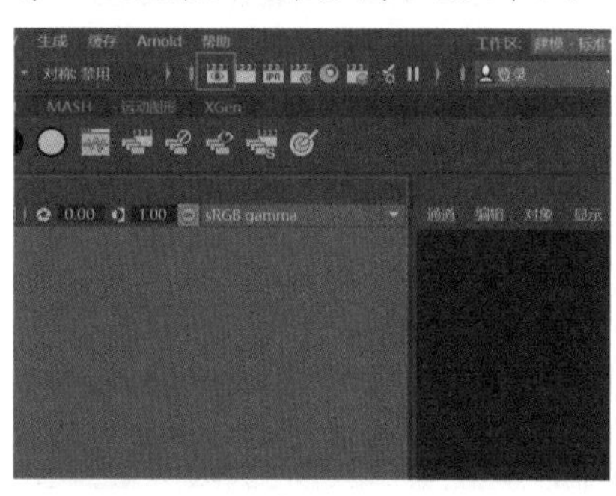

图 7-24

图 7-25

Step 04 回到工作区中，选择灯光，在右侧的【属性编辑器】面板中对灯光属性进行调整，❶ 将【颜色】

设置为浅蓝色，❷将【强度】调大，如图 7-26 所示。再次打开【渲染视图】面板，对模型进行第二次渲染，效果如图 7-27 所示。可以看出调整属性后，模型的颜色和亮度产生了细微的变化。实例最终效果见“结果文件\第 7 章\PXG.mb”文件。

图 7-26

图 7-27

7.2.5 点光源

【点光源】从一个点向四周均匀发射光线，就像一个灯泡。单击工具架中的【渲染】→【点光源】图标，如图 7-28 所示，即可在场景中创建一个点光源。单击菜单栏中【创建】→【灯光】→【点光源】右侧的复选框，即可打开其选项对话框，如图 7-29 所示。

图 7-28

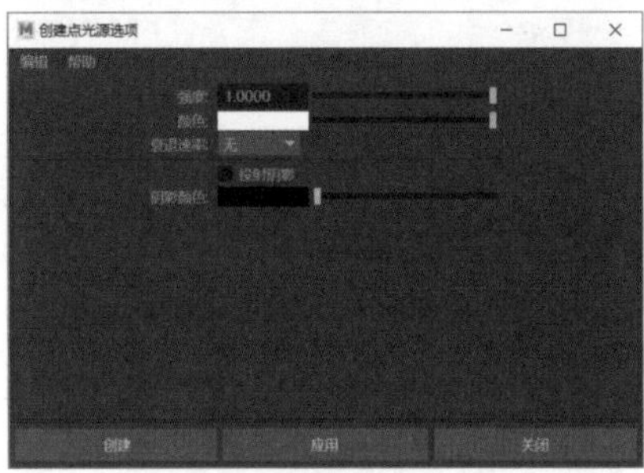

图 7-29

7.2.6 实战：调试点光源

Step01 选择菜单栏中的【文件】→【打开场景】命令，打开“素材文件\第 7 章\DGY.mb”文件，如图 7-30 所示。单击工具架中的【渲染】→【点光源】图标，如图 7-31 所示，在场景中为模型创建一个【点光源】。

图 7-30

图 7-31

Step02 可以看到工作区中心位置自动生成了一个【点光源】，如图 7-32 所示，选择灯光，按快捷键【W】将其拖曳出来，使灯光和模型之间有一定距离，如图 7-33 所示。

图 7-32

图 7-33

Step03 单击菜单栏中的【渲染视图】图标，如图 7-34 所示，在灯光所有属性为默认的情况下，对模型进行第一次渲染，效果如图 7-35 所示。

图 7-34

图 7-35

Step04 回到工作区中，选择灯光，在右侧的【属性编辑器】面板中对灯光属性进行调整，❶将【颜色】设置为蓝灰色，❷将【强度】调大，如图 7-36 所示。再次打开【渲染视图】面板，对模型进行第二次渲染，效果如图 7-37 所示。可以看出调整属性后，模型的颜色和亮度产生了细微的变化。实例最终效果见“结果文件\第 7 章\DGY.mb”文件。

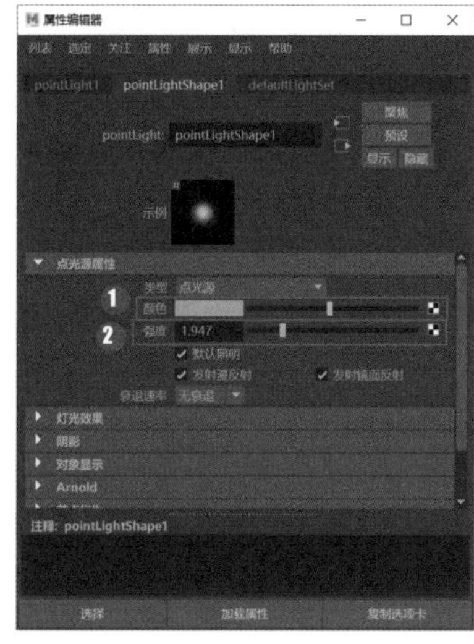

图 7-36

图 7-37

★重点 7.2.7 聚光灯

【聚光灯】会照射出一个圆形的区域，它的特点是可以从一个点向外扩散光线，形成明显的光照范围，就像舞台中央烘托氛围的灯。单击工具架中的【渲染】→【聚光灯】图标，如图 7-38 所示，即可在场景中生成一个【聚光灯】，单击菜单栏中【创建】→【灯光】→【聚光灯】命令右侧的复选框，即可打开其选项对话框，如图 7-39 所示。

图 7-38

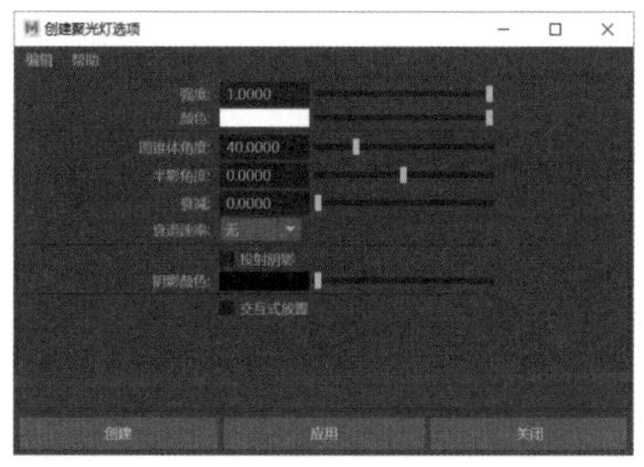

图 7-39

【创建聚光灯选项】对话框中选项的作用及含义如表 7-3 所示。

表 7-3 创建聚光灯选项对话框中选项作用及含义

选项	作用及含义
强度	该选项用于决定光线的发光强度，数值为 0 不发光
颜色	该选项用于控制灯光的颜色，颜色模式有 RGB 和 HSV 两种类型，默认情况下为白色
圆锥体角度	该选项可以调节光线照射的角度，同时会直接影响照射到物体上的范围，默认值为 40
半影角度	该选项决定光线在照射过程中产生向内或向外的扩散效果
衰减	该选项用于控制光线在照射过程中产生的衰减效果，数值越大，光线衰减的强度越大
衰退速率	该选项用于设置灯光强度的衰减方式，有 4 种方式，分别是线性、二次方、立方和无
投射阴影	启用该选项后，灯光会生成深度贴图阴影或光线跟踪阴影，默认情况下禁用该选项
阴影颜色	该选项决定灯光产生的阴影颜色，默认情况下为黑色
交互式放置	启用该选项后，会便于沿着平行光的角度观看

7.2.8 实战：调试聚光灯

Step01 选择菜单栏中的【文件】→【打开场景】命令，打开“素材文件\第 7 章\JGD.mb”文件，如图 7-40 所示，选择路径并导入素材模型，单击工具架中的【渲染】→【聚光灯】图标，如图 7-41 所示，在场景中为模型创建一个【聚光灯】。

图 7-40

图 7-41

Step02 可以看到工作区中心位置自动生成了一个【聚光灯】，如图 7-42 所示，选择灯光，按快捷键【W】将其拖曳出来，让灯光和模型之间有一定距离，如图 7-43 所示。

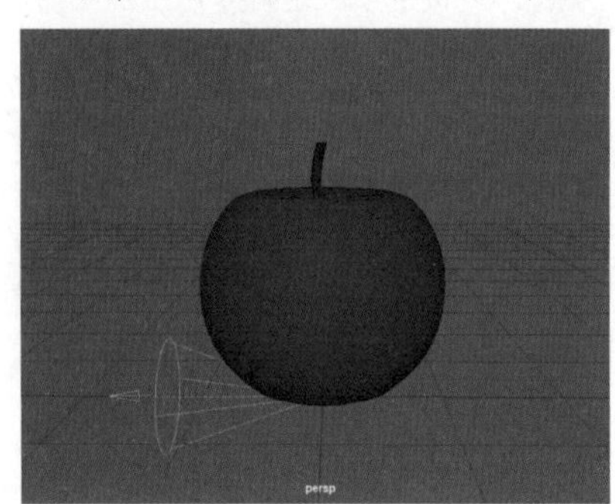
图 7-42

图 7-43

Step03 单击菜单栏中的【渲染视图】图标，如图 7-44 所示，在灯光所有属性为默认的情况下，对模型进行第一次渲染，效果如图 7-45 所示。

图 7-44

图 7-45

Step04 回到工作区中，选择灯光，在右侧的【属性编辑器】面板中对灯光属性进行调整，❶将【强度】调大，❷将【圆锥体角度】调大，如图 7-46 所示。再次打开【渲染视图】面板，对模型进行第二次渲染，效果如图 7-47 所示。可以看到调整属性后，模型的颜色和亮度产生了细微的变化。实例最终效果见“结果文件\第 7 章\JGD.mb”文件。

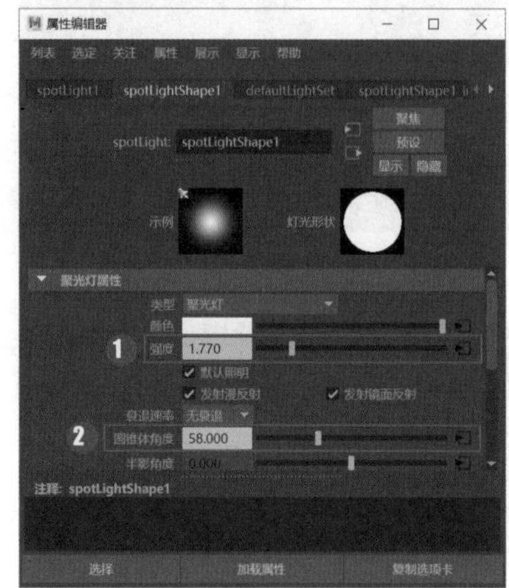
图 7-46

图 7-47

7.2.9 灯光效果

灯光效果指的是【灯光雾】和【灯光辉光】等特效，目前只能应用于体积光、聚光灯和点光源。生成灯光后，在右侧的【属性编辑器】面板中展开【灯光效果】区域，如图 7-48 所示，即可设置灯光参数，制作灯光效果。

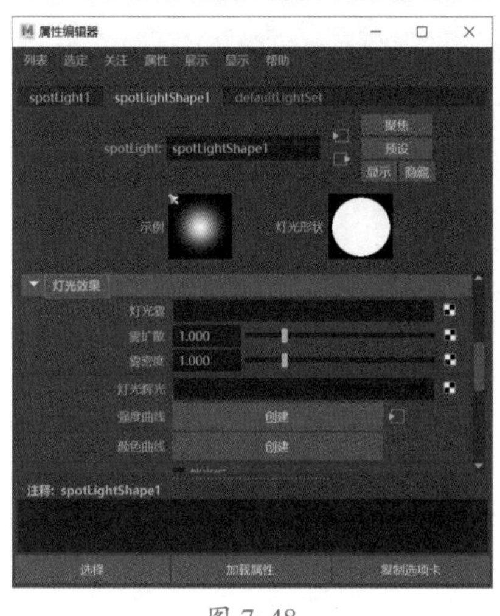

图 7-48

1. 灯光雾

灯光雾可以使灯光产生雾状的效果，其属性区域如图 7-49 所示。

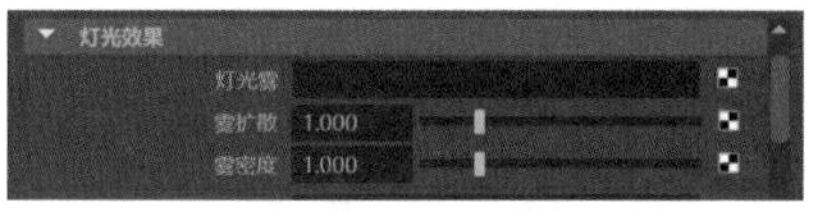

图 7-49

灯光效果区域中选项的作用及含义如表 7-4 所示。

表 7-4　灯光效果区域中选项作用及含义

选项	作用及含义
雾扩散	该选项用于调节灯光雾的扩散效果，数值越低，灯光边缘越模糊，中心越亮
雾密度	该选项用于调节灯光雾的明暗度

2. 灯光辉光

灯光辉光可以使灯光产生光晕效果，光学效果属性区域如图 7-50 所示。

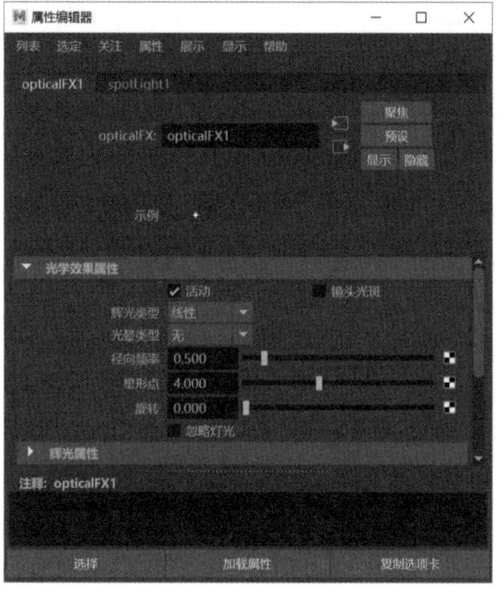

图 7-50

光学效果属性区域中选项的作用及含义如表 7-5 所示。

表 7-5　光学效果属性区域中选项作用及含义

选项	作用及含义
辉光类型	辉光类型共有 6 种，分别是线性、球、指数、镜头光斑、边缘光晕和无
光晕类型	光晕类型共有 6 种，分别是线性、球、指数、镜头光斑、边缘光晕和无
径向频率	该选项可以调节辉光的平滑程度，默认为 0.5
星形点	该选项决定向外发散的星形辉光的数量
旋转	该选项决定辉光旋转的角度

★重点 7.2.10　区域光

【区域光】与其他灯光有很大区别，它可以产生逼真的光滑阴影，是一种矩形的光源，其发光点是一个区域，而点光源和聚光灯的发光点是一个点。单击工具架中的【渲染】→【区域光】图标，如图 7-51 所示，即可在场景中创建一个【区域光】。选择菜单栏中【创建】→【灯光】→【区域光】命令右侧的复选框，即可打开其选项对话框，如图 7-52 所示。

图 7-51

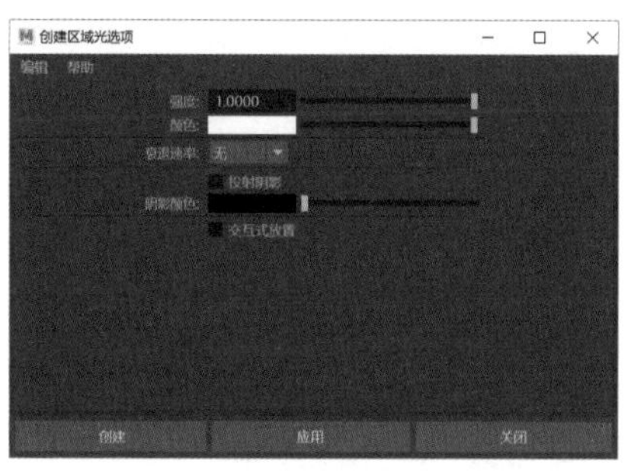

图 7-52

7.2.11　实战：调试区域光

Step 01 单击工具架中的【多边形建模】→【球体】图标，如图 7-53 所示，创建模型后，单击工具架中的【渲染】→【区域光】图标，如图 7-54 所示，在工作区中为模型创建一个【区域光】。

图 7-53

图 7-54

Step02 选择生成的【区域光】，按快捷键【W】和【E】将其调节至合适的位置和大小，如图 7-55 所示，单击菜单栏中的【渲染视图】图标，如图 7-56 所示，对模型进行第一次渲染。

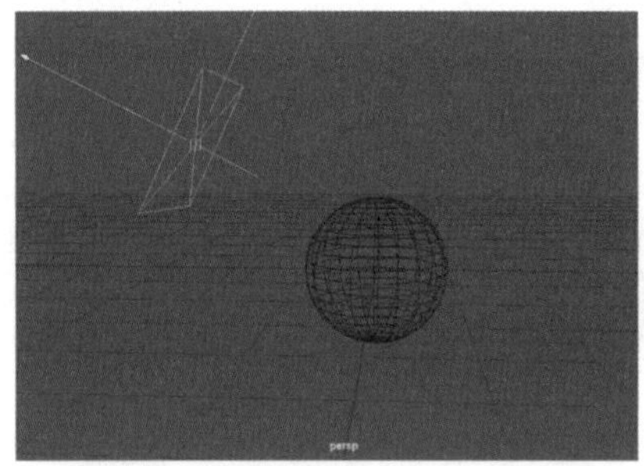

图 7-55

图 7-56

Step03 在【属性编辑器】面板中调整【区域光属性】，将【强度】调大，如图 7-57 所示，再次打开【渲染视图】面板进行渲染，可以看到灯光雾的亮度降低了，如图 7-58 所示。实例最终效果见"结果文件\第 7 章\QYG.mb"文件。

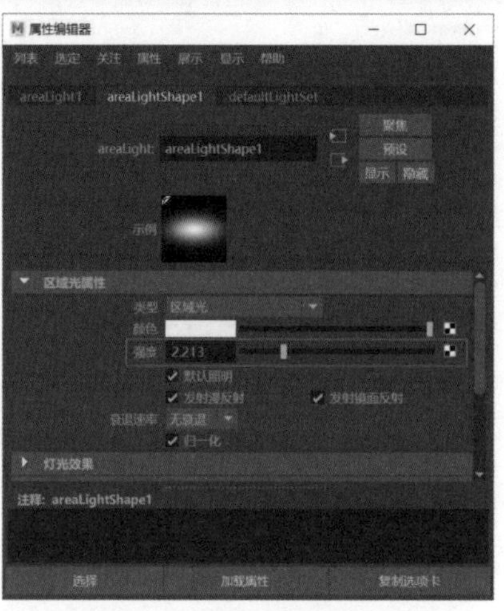

图 7-57

图 7-58

7.2.12 体积光

使用【体积光】可以很方便地调整光线照射的范围，如蜡烛的烛火就是用【体积光】制作的，利用快捷键【R】即可调节灯光范围的大小，该灯光不常用。单击工具架中的【渲染】→【体积光】图标，如图 7-59 所示，即可在场景中创建一个【体积光】，选择菜单栏中【创建】→【灯光】→【体积光】命令右侧的复选框，即可打开其选项对话框，如图 7-60 所示。

图 7-59

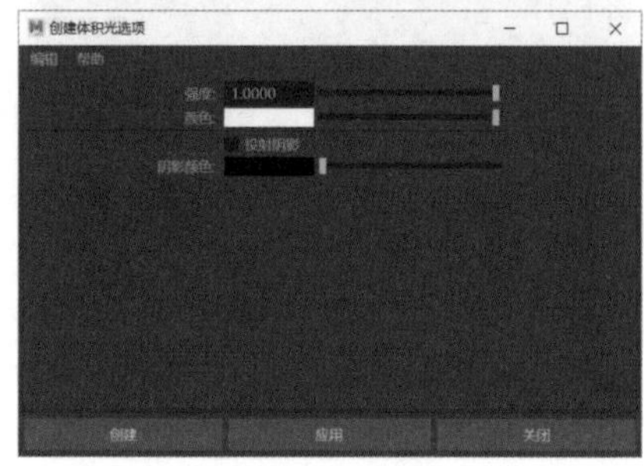

图 7-60

7.2.13 实战：调试体积光

Step01 单击工具架中的【平面】和【球体】图标，如图 7-61 所示，创建多边形基本体，选择平面模型，按快捷键【R】将其放大，选择球体模型，按快捷键【W】进行移动，如图 7-62 所示。

图 7-61

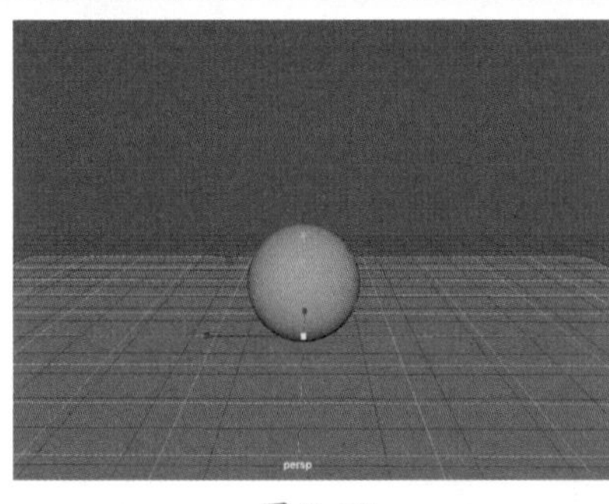
图 7-62

Step02 确定好位置后，单击工具架中的【渲染】→【体积光】图标，如图 7-63 所示，选择创建的灯光，按快捷键【R】将其放大，如图 7-64 所示。

图 7-63

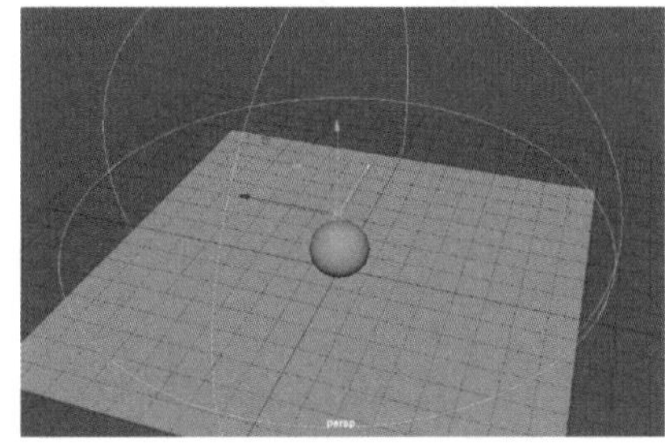
图 7-64

Step03 单击菜单栏中的【渲染视图】图标，如图 7-65 所示，对模型进行第一次渲染，在所有属性都为默认的情况下，灯光并不够亮，如图 7-66 所示。

图 7-65

图 7-66

Step04 回到操作界面，在右侧的【属性编辑器】面板中调节灯光属性，将【强度】调大，如图 7-67 所示，将【插值】改为线性，如图 7-68 所示。

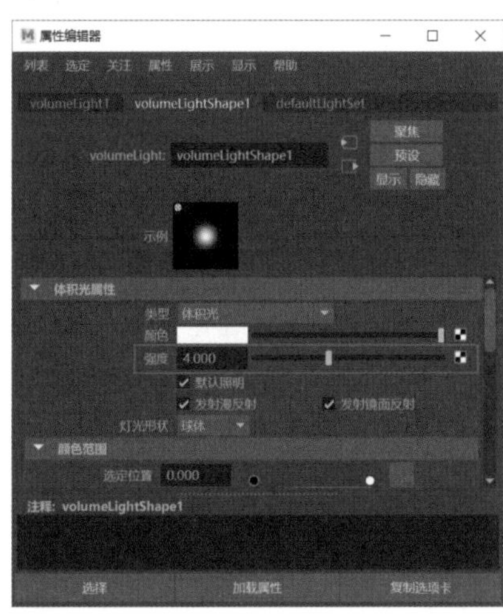
图 7-67

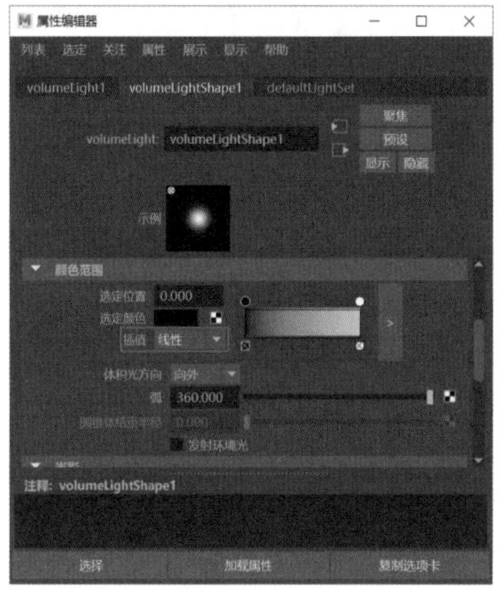
图 7-68

Step05 回到工作区中，长按组合键【Alt+ 鼠标左键】调节视图角度，如图 7-69 所示，再次进行渲染，可以看到灯光变亮了，如图 7-70 所示。实例最终效果见“结果文件\第7章\TJG.mb”文件。

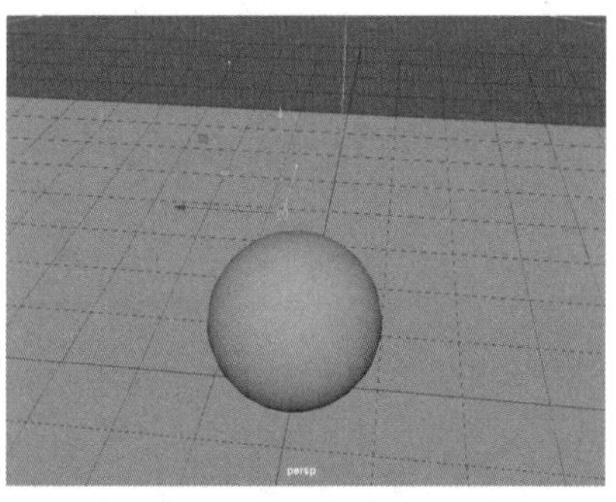
图 7-69

图 7-70

7.2.14 深度贴图阴影

Maya 中大多数灯光都可以生成无阴影、深度贴图阴影和光线跟踪阴影。深度贴图阴影几乎在任何情况下都能渲染出很好的效果，并且它的渲染时间通常比光线跟踪阴影短。在 Maya 中，所有灯光在默认情况下都是禁用状态。

7.2.15 实战：使用深度贴图阴影

Step01 单击工具架中的【多边形建模】→【平面】图标，如图 7-71 所示，在场景中创建一个平面模型，按快捷键【R】将该平面旋转 90°，与地面相互垂直，作为一个背景，如图 7-72 所示，在工作区中搭建出背景和地面。

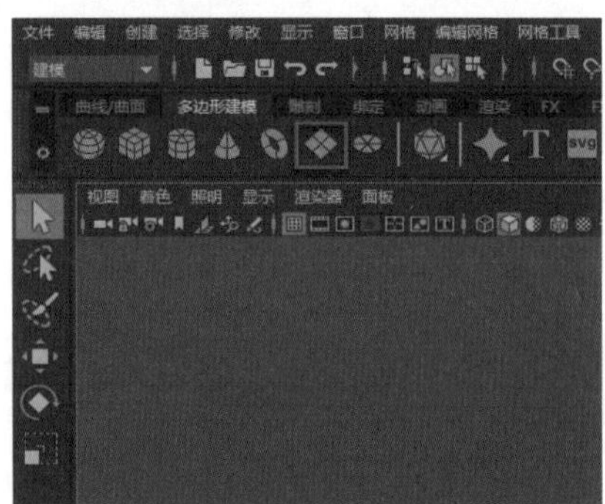

图 7-71

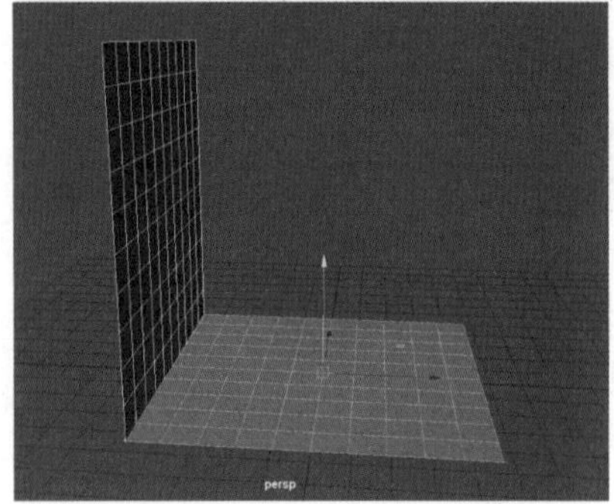

图 7-72

Step02 创建一个球体，放置在水平方向的平面中心即可，如图 7-73 所示，单击工具架中的【渲染】→【点光源】图标，为场景生成一个点光源，如图 7-74 所示。

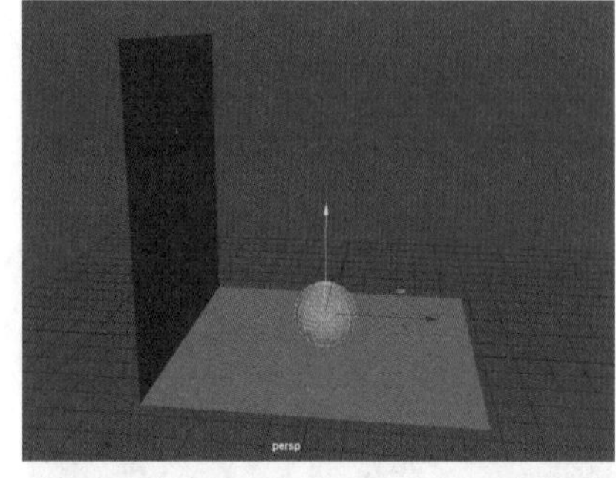

图 7-73

图 7-74

Step03 选择要添加阴影效果的【点光源】，在右侧的【属性编辑器】面板中展开【阴影】区域，启用【使用深度贴图阴影】，如图 7-75 所示。选择要投射阴影的模型，在右侧的【属性编辑器】面板中找到该模型的属性，展开【渲染统计信息】区域并选中【投射阴影】复选框，如图 7-76 所示。

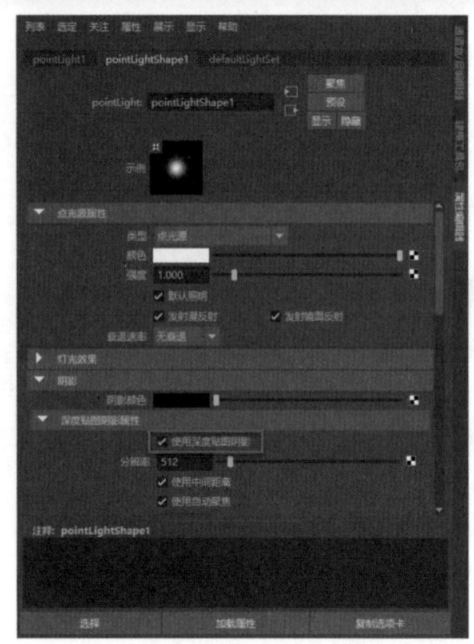

图 7-75

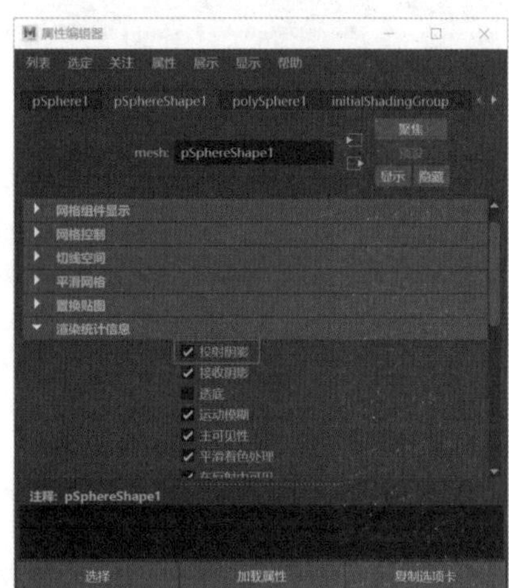

图 7-76

Step04 回到工作区中，调整好视图角度，如图 7-77 所示，打开【渲染视图】面板，对模型进行渲染即可，效果如图 7-78 所示。实例最终效果见“结果文件 \ 第 7 章 \YY1.mb”文件。

图 7-77

图 7-78

★重点 7.2.16 光线跟踪阴影

通常情况下，深度贴图阴影比光线跟踪阴影的应用领域广泛一些，光线跟踪阴影的渲染时间较长，两者渲染出来的效果和质量相似，不同的是，光线跟踪阴影可以使模型生成更加精确的阴影和反射效果。

7.2.17 实战：使用光线跟踪阴影

Step01 单击工具架中的【多边形建模】→【平面】和【球体】图标，如图 7-79 所示，在场景中创建两个平面作为地面和墙。选择平面模型，按快捷键【E】和【R】调整大小和位置，使其中一个平面竖直放置，如图 7-80 所示。

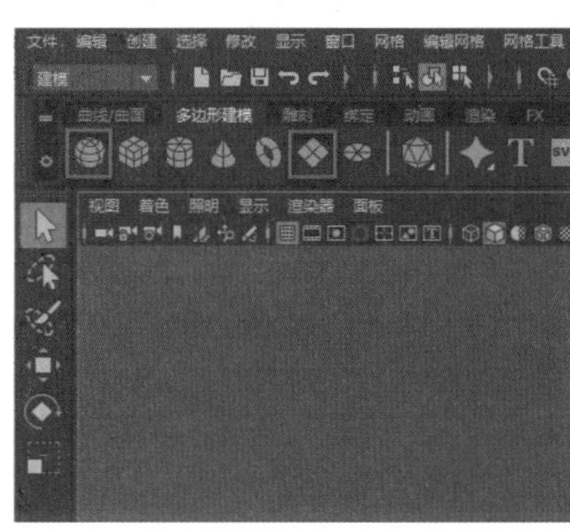

图 7-79

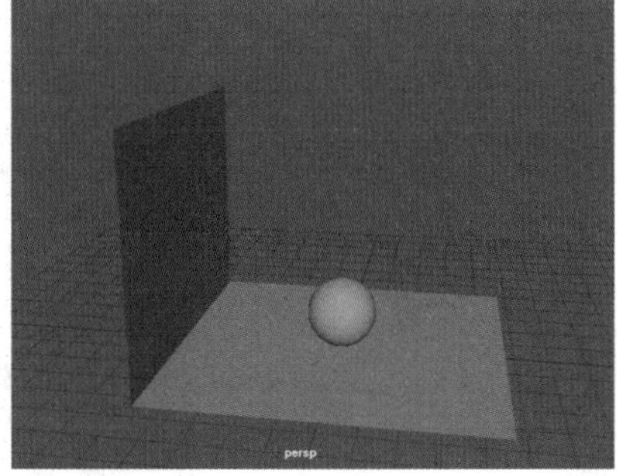

图 7-80

Step02 单击工具架中的【渲染】→【环境光】图标，如图 7-81 所示，为场景添加一个灯光，选择要添加阴影效果的【环境光】，在右侧的【属性编辑器】面板中展开【阴影】区域，启用【使用光线跟踪阴影】，如图 7-82 所示。

图 7-81

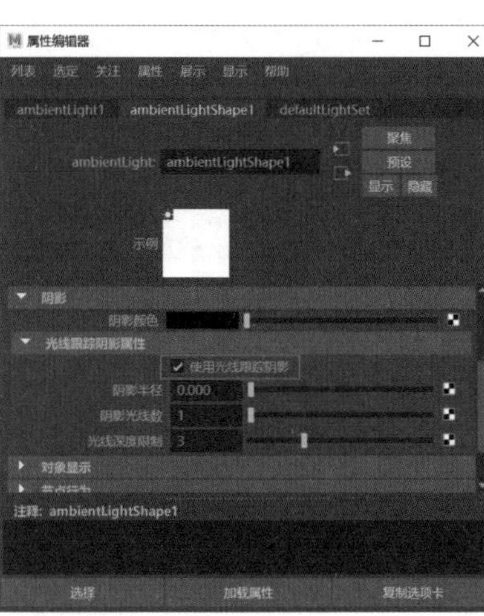

图 7-82

Step03 选择要投射阴影的模型，在右侧的【属性编辑器】面板中找到该模型的属性，展开【渲染统计信息】区域并选中【投射阴影】选项，如图 7-83 所示，单击菜单栏中的【渲染设置】图标，如图 7-84 所示。

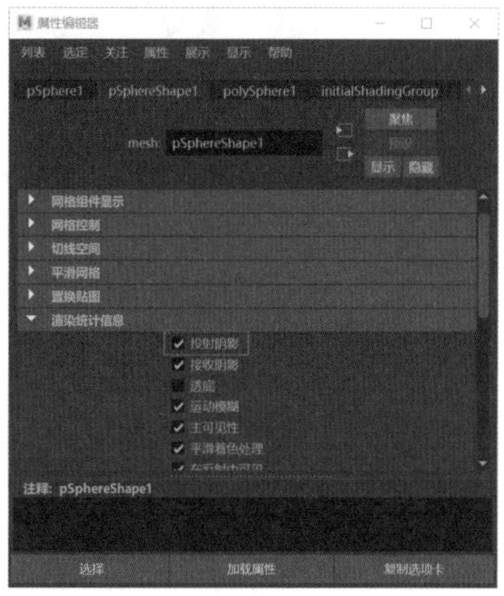

图 7-83

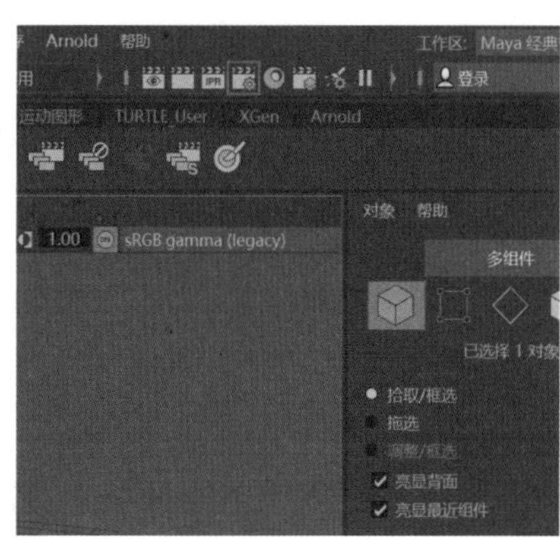

图 7-84

Step04 在【渲染设置】窗口中，❶展开【光线跟踪质量】区域，❷选中【光线跟踪】复选框，如图 7-85 所示，打开【渲染视图】面板，对场景进行渲染即可，效果如图 7-86 所示。实例最终效果见“结果文件\第7章\YY2.mb”文件。

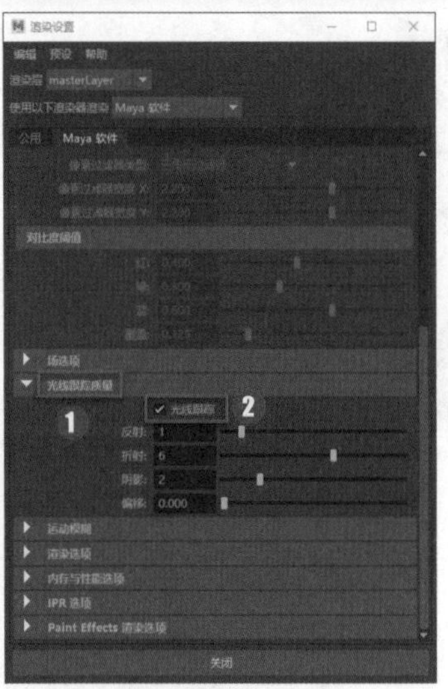

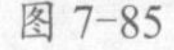

图 7-85

图 7-86

7.3 Maya 阿诺德灯光

在菜单栏中选择【Arnold】→【Lights】命令，即可看到软件中所有的阿诺德灯光类型，如图 7-87 所示，利用这些灯光可以做出产品级别的室内效果，这些灯光分为 6 种类型，分别是区域光、天光、物体光、光度光、门户光和物理天空。

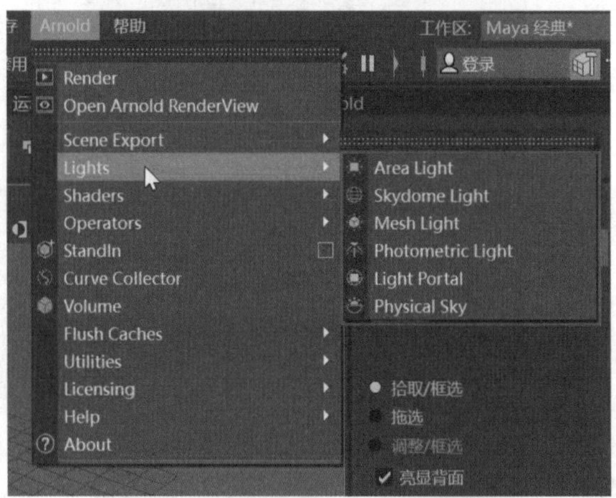

图 7-87

★重点 7.3.1 区域光

区域光（Area Light）适合在室内空间中应用，它的特点是不受外界或体积光影响。选择菜单栏中的【Arnold】→【Lights】→【Area Light】命令，如图 7-88 所示，即可在场景中生成一个区域光。

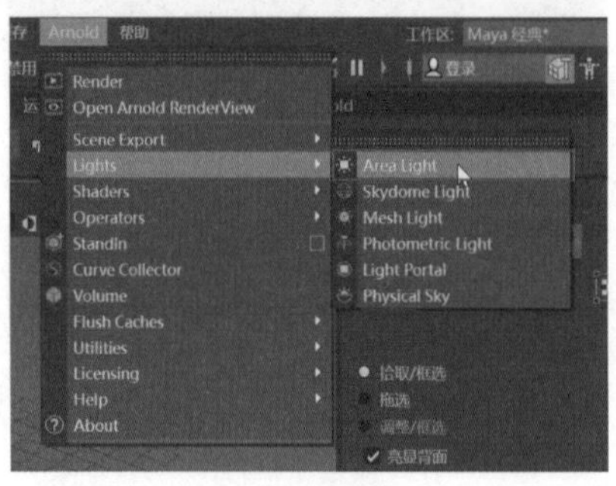

图 7-88

7.3.2 实战：调试区域光

Step 01 单击工具架中的【多边形建模】→【平面】图标，创建一个平面模型作为地面，如图 7-89 所示，再创建一个球体模型，按快捷键【W】将其放置到平面模型上，如图 7-90 所示。

图 7-89

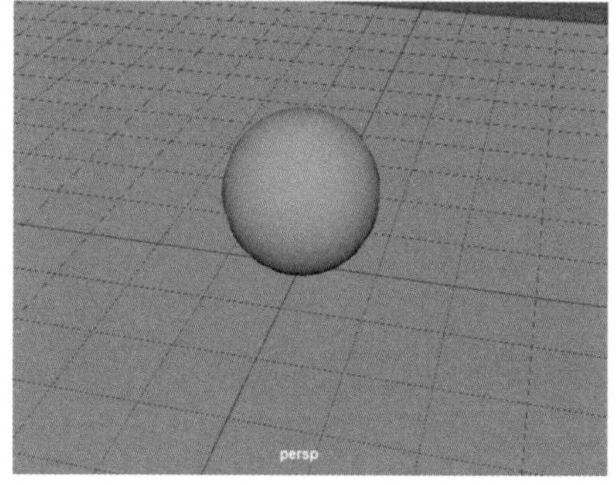

图 7-90

Step02 选择菜单栏中的【Arnold】→【Lights】→【Area Light】命令，创建一个阿诺德区域光，如图 7-91 所示，选择生成的灯光，将其放置到球体的上方，如图 7-92 所示。

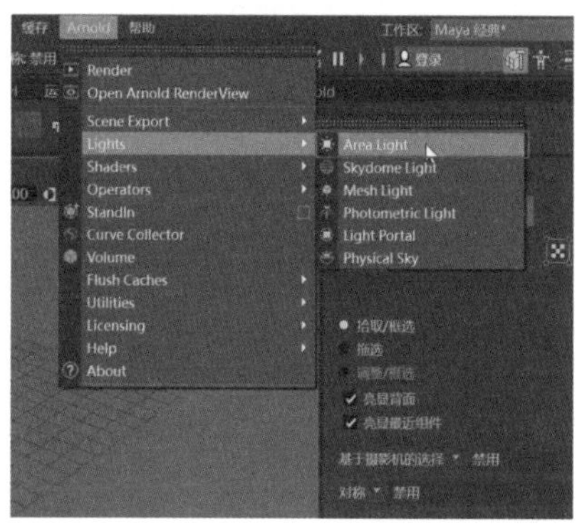

图 7-91

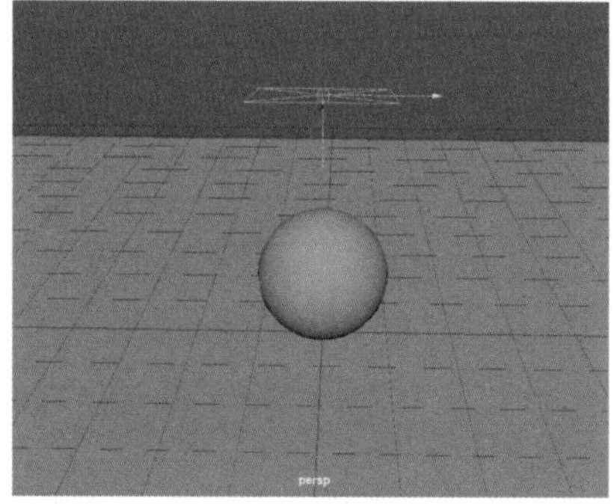

图 7-92

Step03 确定好位置后，单击菜单栏中的【渲染视图】图标，如图 7-93 所示，对模型进行第一次渲染，在所有属性都是默认的情况下，效果如图 7-94 所示，整个场景看起来亮度不够。

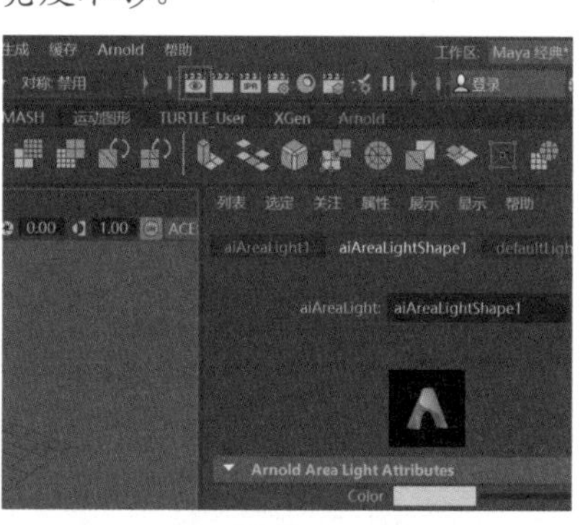

图 7-93

图 7-94

Step04 回到操作界面中，在右侧的【属性编辑器】面板中将灯光的强度【Intensity】调大，如图 7-95 所示。调节好后，再次打开【渲染视图】面板进行渲染，效果如图 7-96 所示，可以看到这时整体亮度提高了一些。实例最终效果见“结果文件 \ 第 7 章 \QYG2.mb”文件。

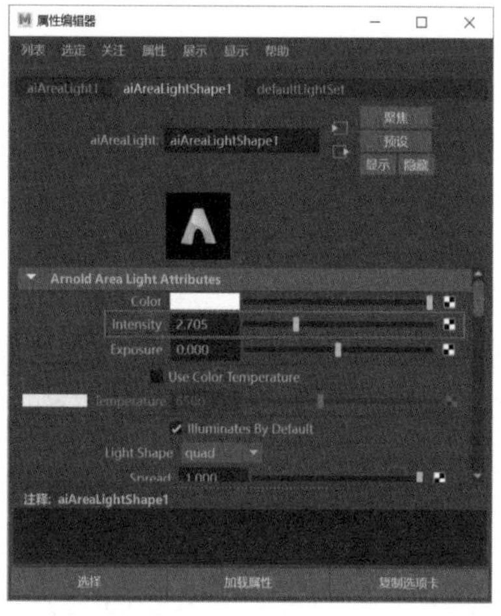

图 7-95

图 7-96

★重点 7.3.3 天光

天光（SkyDome Light）的外形是一个球体，适合做室外渲染，它可以在灯光范围内向所有模型均匀发射光线，使灯光照到每个角落。选择菜单栏中的【Arnold】→【Lights】→【Skydome Light】命令，如图 7-97 所示，即可创建一个天光。

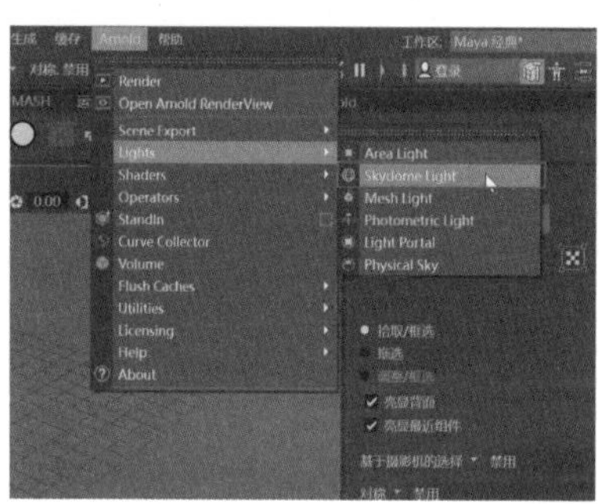

图 7-97

7.3.4 实战：调试天光

Step01 单击工具架中的【多边形建模】→【平面】图标，创建一个平面模型作为地面，如图 7-98 所示，再创建一个球体模型，按快捷键【W】将其放置到平面模型的上方，如图 7-99 所示。

图 7-98

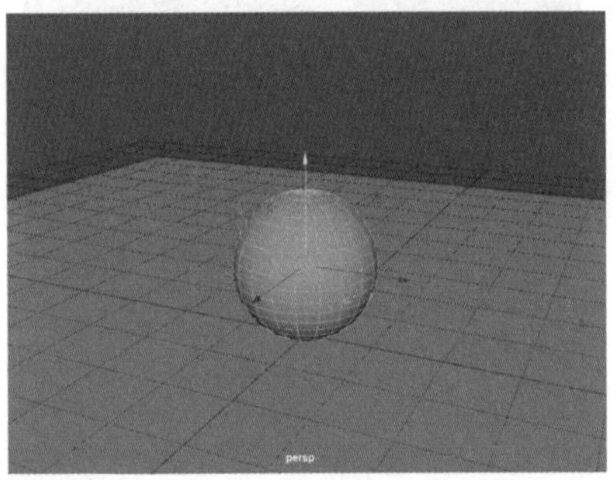

图 7-99

Step02 选择菜单栏中的【Arnold】→【Lights】→【Skydome Light】命令，创建一个天光，如图 7-100 所示，单击菜单栏中的【渲染视图】图标，如图 7-101 所示。

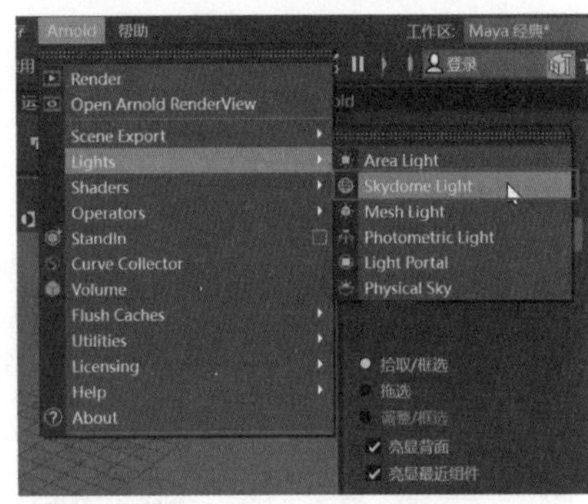

图 7-100

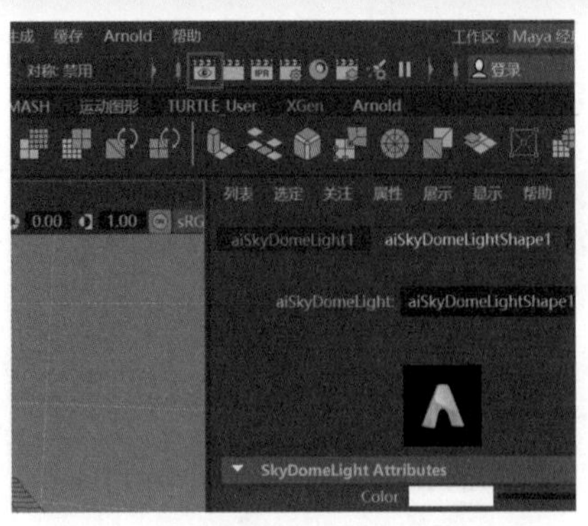

图 7-101

Step03 打开【渲染视图】面板，对场景进行第一次渲染，如图 7-102 所示，单击工具架中的【渲染】→【平行光】图标，创建一个【平行光】，如图 7-103 所示。

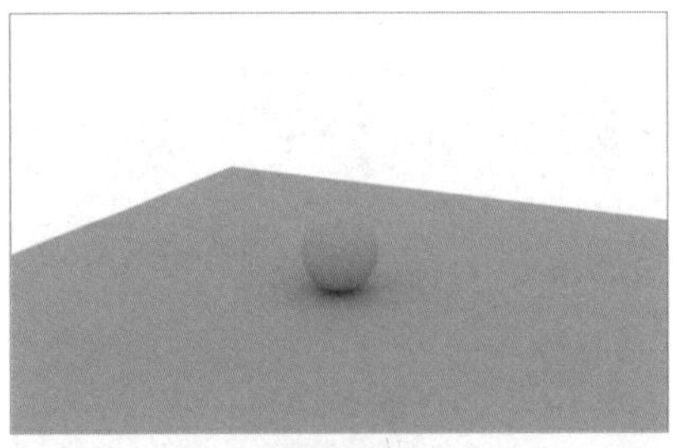

图 7-102

图 7-103

Step04 选择灯光，按快捷键【E】调整其投射方向，再次进行渲染，效果如图 7-104 所示，可以看到模型的层次感更强。实例最终效果见"结果文件\第 7 章\TG.mb"文件。

图 7-104

7.3.5 物体光

物体光（Mesh Light）和其他类型的灯光有很大区别，它可以将选定的物体转换成一个光源，适合制作电灯泡模型，或其他可以发光的物体。选择菜单栏中的【Arnold】→【Lights】→【Mesh Light】命令，如图 7-105 所示，即可将物体转换为光源。

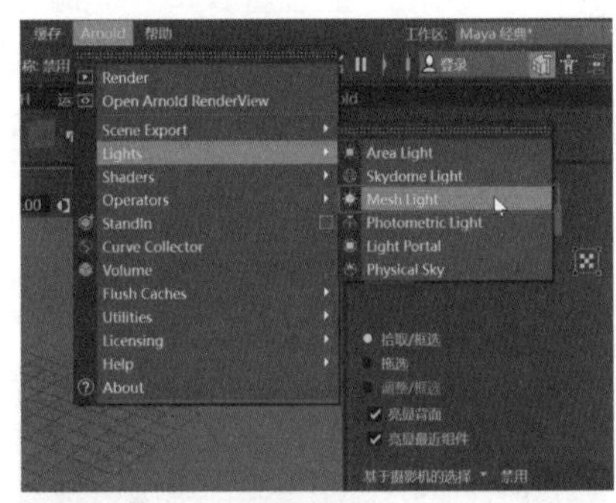

图 7-105

7.3.6 实战：调试物体光

Step01 单击工具架中的【多边形建模】→【平面】图标，创建一个平面模型作为地面，如图 7-106 所示，再创建一个球体模型，按快捷键【W】将其放置到平面模型的上方，如图 7-107 所示。

图 7-106

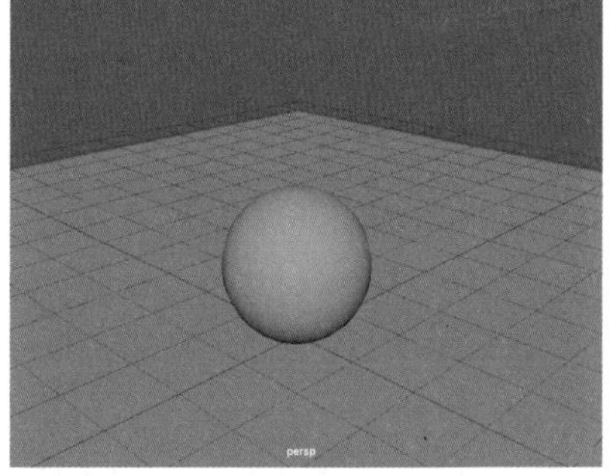

图 7-107

Step 02 选择平面模型，选择菜单栏中的【Arnold】→【Lights】→【Mesh Light】命令，如图 7-108 所示，生成灯光后，可以看到平面模型变成了红色，如图 7-109 所示，说明平面模型已经转换成了光源。

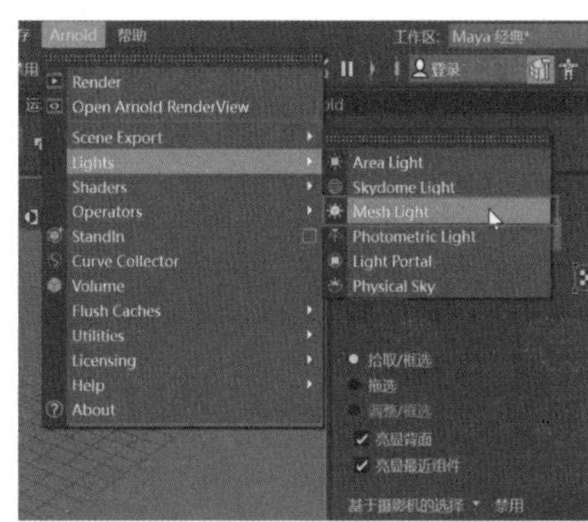

图 7-108

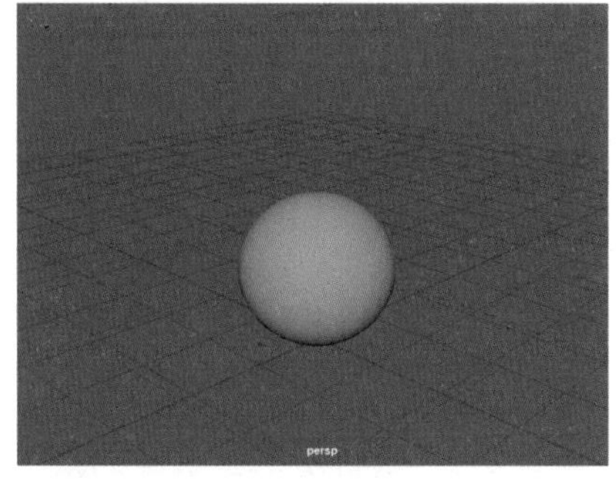

图 7-109

Step 03 打开【渲染视图】面板，单击【渲染当前帧】图标后，可以看到渲染出来的效果是黑色的，如图 7-110 所示，回到操作界面，在右侧的【属性编辑器】面板中调整参数，将【Exposure】调大，将强度调到 4~5，如图 7-111 所示。

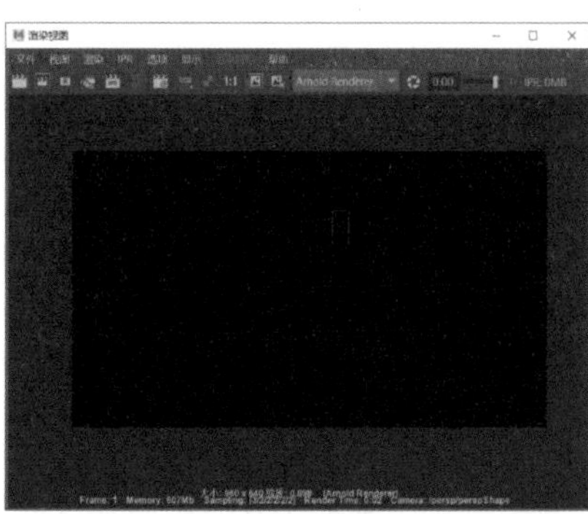

图 7-110

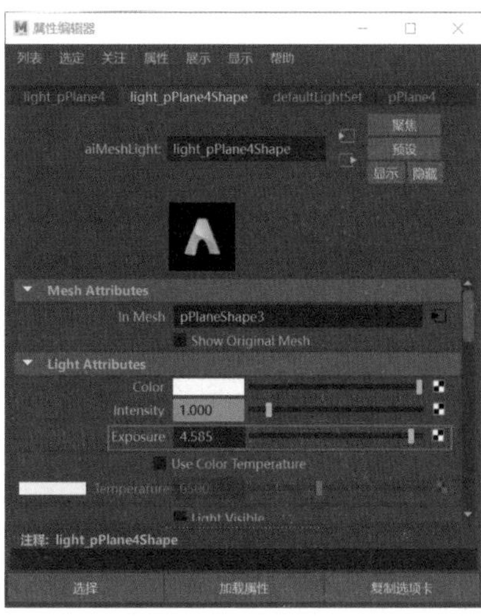

图 7-111

Step 04 将【Shadow Color】调亮，如图 7-112 所示，再次打开【渲染视图】面板进行渲染，效果如图 7-113 所示。实例最终效果见“结果文件\第 7 章\WTG.mb”文件。

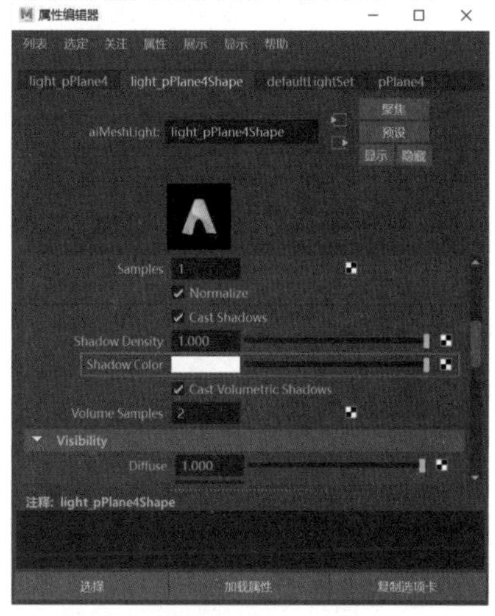

图 7-112

图 7-113

7.3.7 光度光（IES 光）

光度光（Photometric Light）需要添加 IES 数据图文件，才能正常使用并渲染，它可以为模型生成更加精准的扩散效果，目前很少应用。选择【Arnold】→【Lights】→【Photometric Light】命令，即可生成光度光，如图 7-114 所示，在右侧的【属性编辑器】面板中单击【Photometry File】右侧的文件夹图标即可添加数据图，如图

7-115 所示。

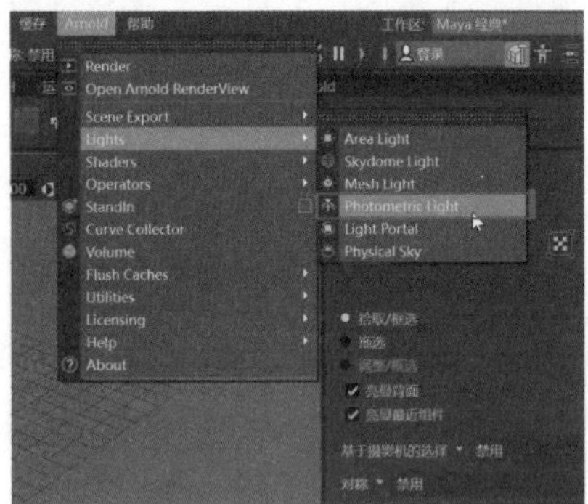

图 7-114

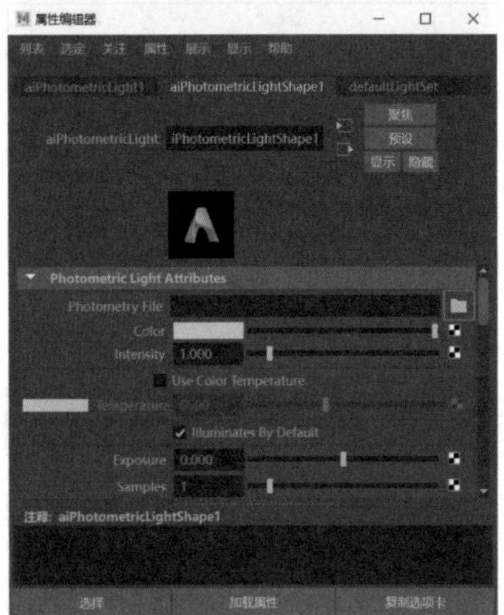

图 7-115

★重点 7.3.8 门户光

门户光（Light Portal）可以用来为天光引导灯光采样，但不能独立使用和发光，只能在天光的作用下使用。选择【天光】时，选择菜单栏中的【Arnold】→【Lights】→【Light Portal】命令，即可生成【门户光】，如图 7-116 所示。

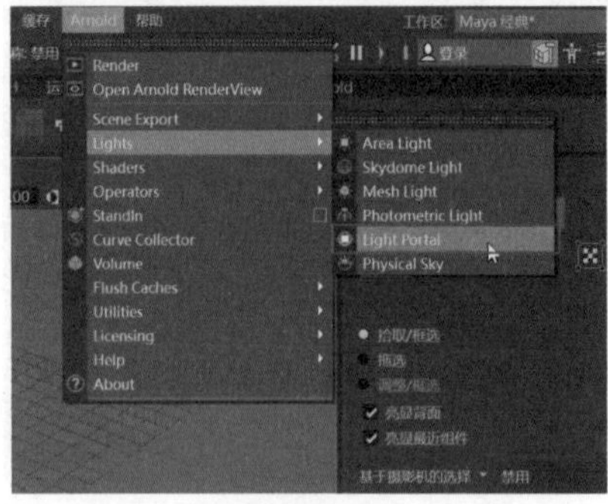

图 7-116

7.3.9 实战：调试门户光

Step01 单击工具架中的【多边形建模】→【平面】图标，创建一个平面模型作为地面，如图 7-117 所示，再创建一个球体模型，按快捷键【W】将其放置到平面模型的上方，如图 7-118 所示。

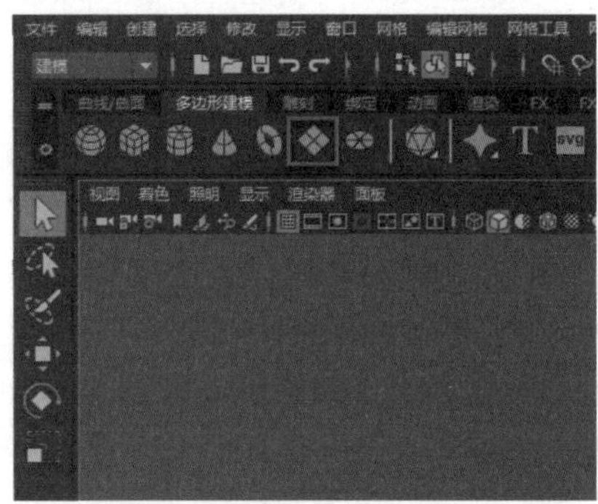

图 7-117

图 7-118

Step02 选择菜单栏中的【Arnold】→【Lights】→【Skydome Light】命令，为场景创建一个【天光】，如图 7-119 所示。选择创建的【天光】，然后选择菜单栏中的【Arnold】→【Lights】→【Light Portal】命令，如图 7-120 所示。

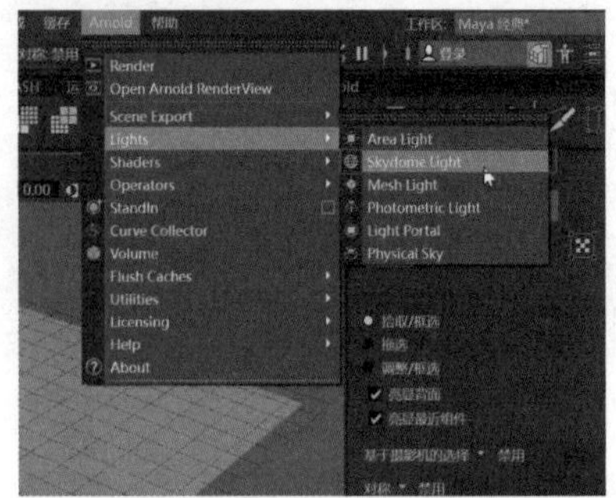

图 7-119

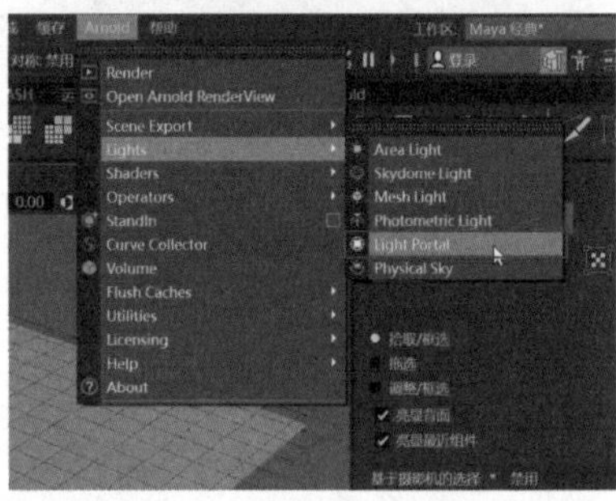

图 7-120

Step03 生成【门户光】后，可以看到场景的中心区域多了一个区域光，按快捷键【W】将其移动到球体上方，如图 7-121 所示。调节好位置后，打开【渲染视图】面板，对场景进行渲染即可，效果如图 7-122 所示，可以看到此时【天光】只会照射到区域光范围下的一部分。

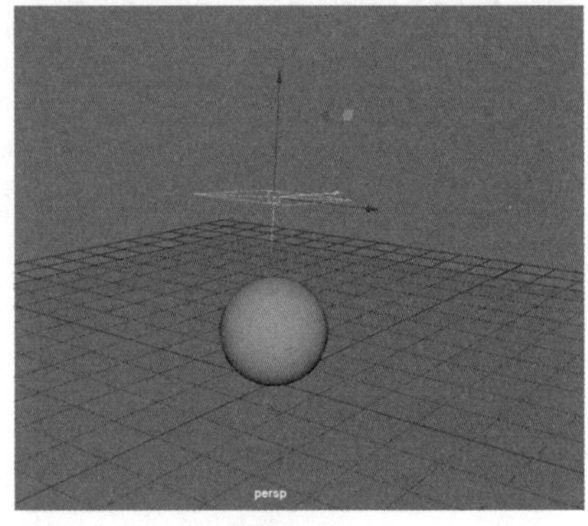

图 7-121

图 7-122

Step04 选择创建的区域光，按快捷键【Ctrl+D】复制，并调整好位置，如图 7-123 所示。再进行一次渲染，可以看到照射到球体上的光线会受区域光的位置影响，如图 7-124 所示。实例最终效果见“结果文件\第7章\MHG.mb”文件。

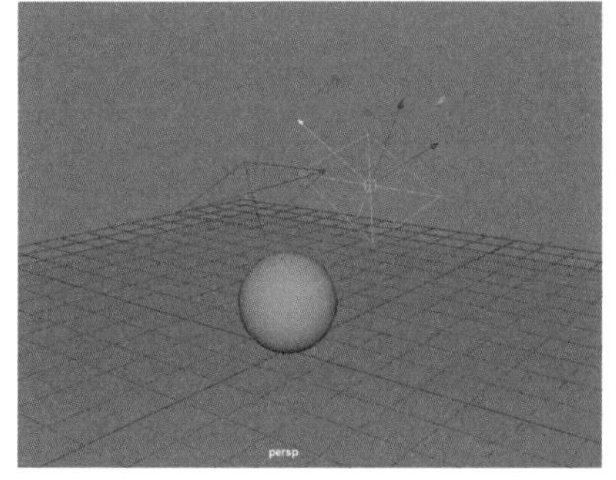
图 7-123

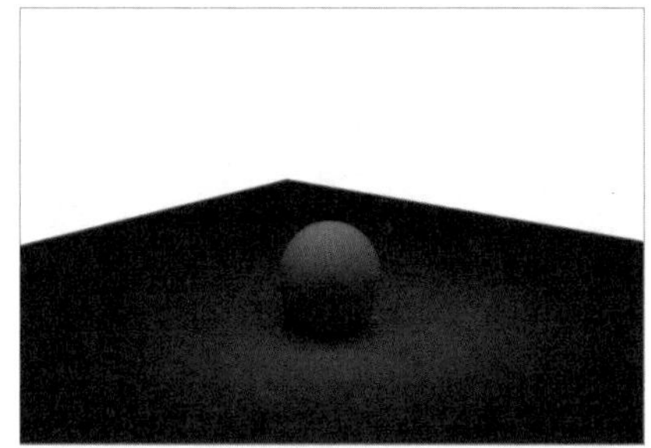
图 7-124

7.3.10 物理天空照明

物理天空照明（Physical Sky）适用于制作室外效果，它可以生成一个真实的蓝色天空球，甚至可以制作雪、太阳等效果。选择菜单栏中的【Arnold】→【Lights】→【Physical Sky】命令，即可为场景创建天空球，如图 7-125 所示。

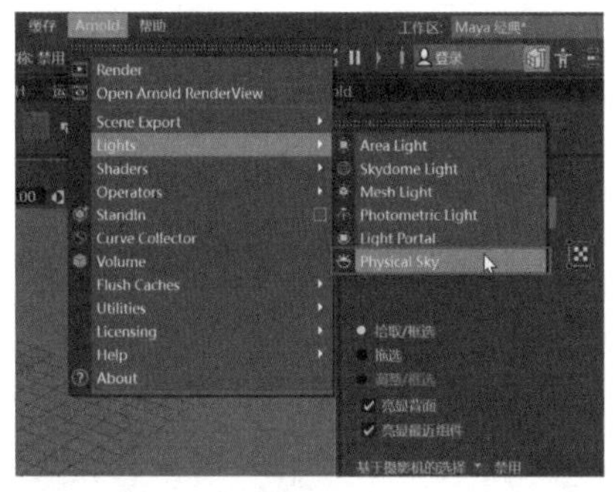

图 7-125

7.3.11 实战：室外布光

Step01 单击工具架中的【多边形建模】→【平面】图标，创建一个平面模型作为地面，如图 7-126 所示，再创建一个球体模型，按快捷键【W】将其放置到平面模型的上方，如图 7-127 所示。

图 7-126

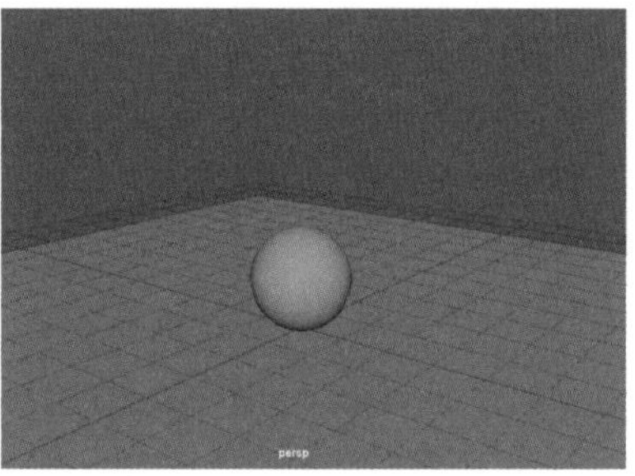
图 7-127

Step02 选择菜单栏中的【Arnold】→【Lights】→【Physical Sky】命令，如图 7-128 所示，创建好灯光后，单击菜单栏中的【渲染视图】图标，如图 7-129 所示。

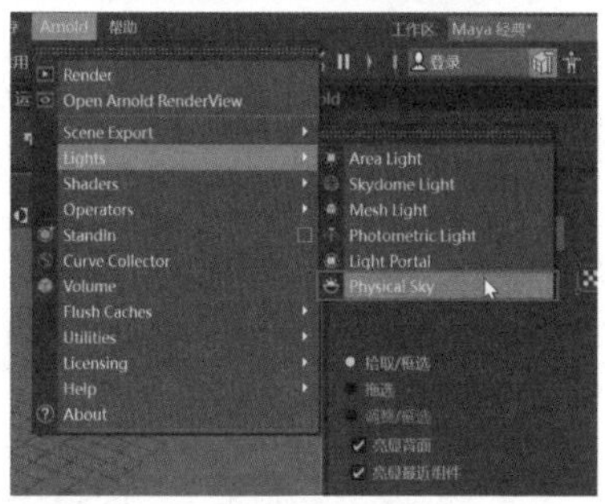

图 7-128

图 7-129

Step03 打开【渲染视图】面板后对场景进行渲染，天空球就制作好了，效果如图 7-130 所示。实例最终效果见“结果文件\第7章\SWBG.mb”文件。

图 7-130

7.3.12 灯光过滤器

灯光过滤器是一种着色器，它可以根据位置、距离或其他因素调整灯光，使用该命令可以方便地为选定的灯光增添其他效果。在选定灯光的【属性编辑器】面板中展开【Light Filters】区域，即可为其添加【灯光过滤器】，如图 7-131 所示。

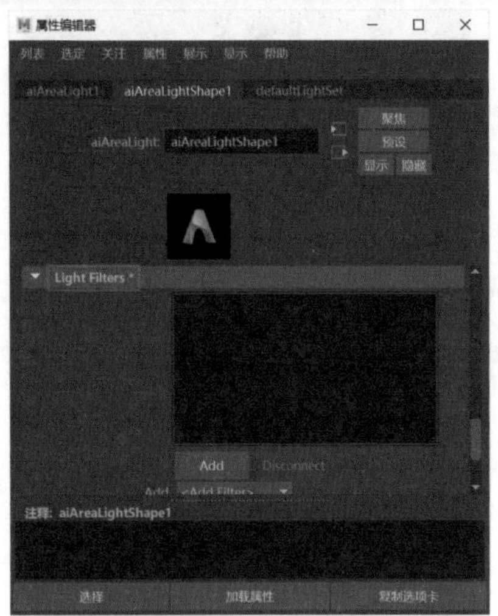

图 7-131

7.3.13 实战：制作灯光过滤器

Step01 单击工具架中的【多边形建模】→【平面】图标，创建一个平面模型作为地面，如图 7-132 所示，再创建一个球体模型，按快捷键【W】将其放置到平面模型的上方，如图 7-133 所示。

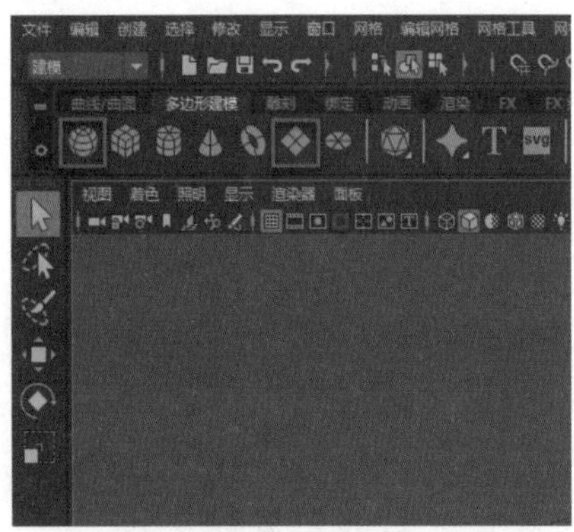

图 7-132

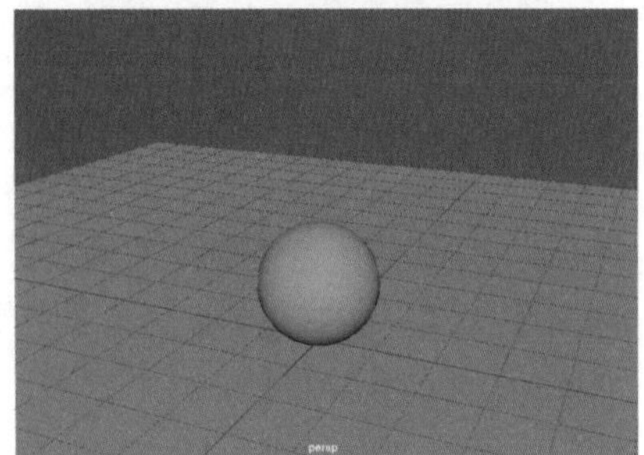

图 7-133

Step02 选择菜单栏中的【Arnold】→【Lights】→【Area Light】命令，如图 7-134 所示，选择生成的灯光，按快捷键【W】和【E】将其放置到球体上方，如图 7-135 所示。

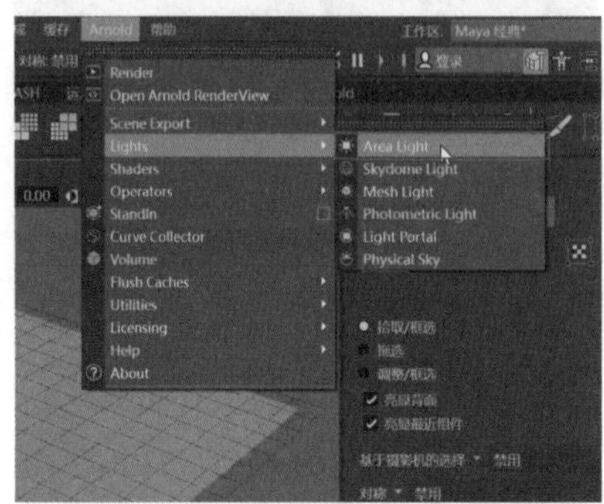

图 7-134

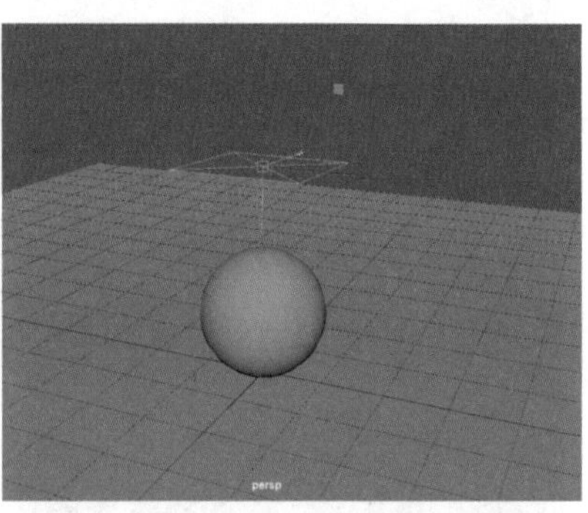

图 7-135

Step03 在右侧的【属性编辑器】面板中将【Light Filters】区域展开，如图 7-136 所示，❶单击【Add】按钮，弹出一个过滤器的选项设置对话框，❷任意选择其中一个选项，❸单击【Add】按钮，如图 7-137 所示，即可为灯光添加过滤器。

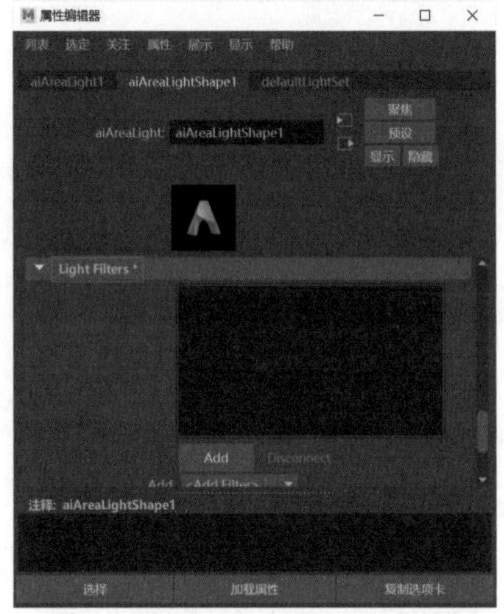

图 7-136

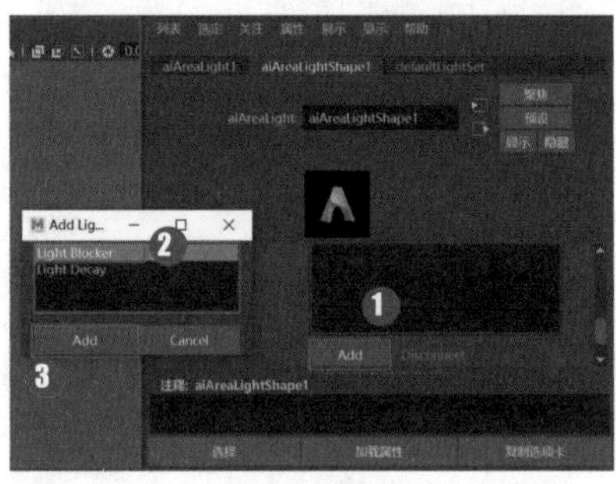

图 7-137

Step04 添加灯光过滤器后，❶选择多余的过滤器，❷单击【Disconnect】按钮即可删除，如图 7-138 所示。

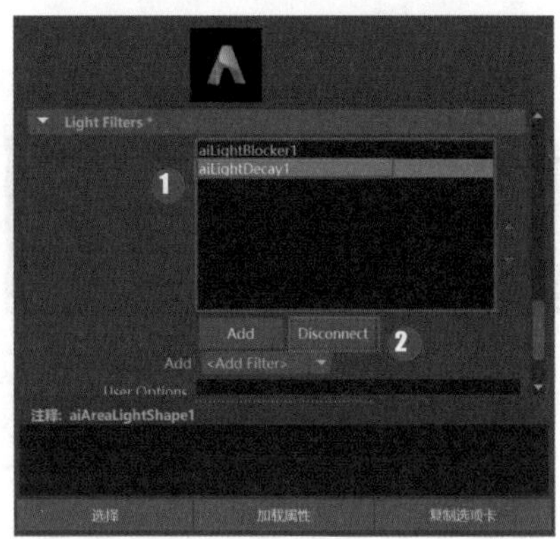

图 7-138

妙招技法

下面结合本章内容，介绍一些实用技巧。

技巧 01：制作灯光雾

Maya 中，只能对聚光灯做出灯光雾的效果。

Step01 创建一个场景，单击工具架中的【多边形建模】→【球体】和【平面】图标，如图 7-139 所示。生成模型后，选择平面模型，按快捷键【R】将其放大，作为地面，再选择球体模型，按快捷键【W】，拖曳操纵器将其放置到平面模型的上方，如图 7-140 所示。

图 7-139

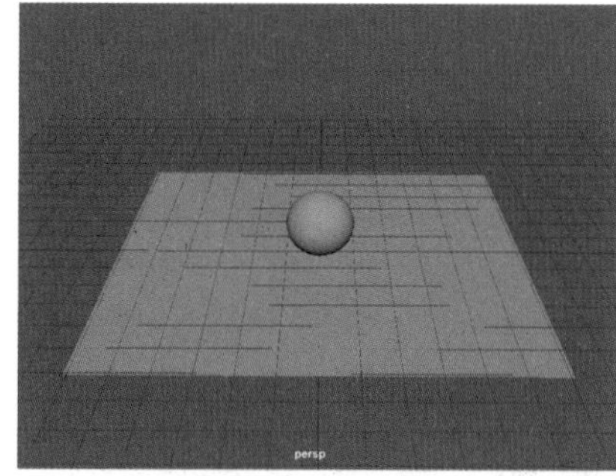

图 7-140

Step02 单击工具架中的【渲染】→【聚光灯】图标，如图 7-141 所示。创建一个【聚光灯】并将其框选，按快捷键【W】和【E】将灯光放置到球体的斜上方，如图 7-142 所示。

图 7-141

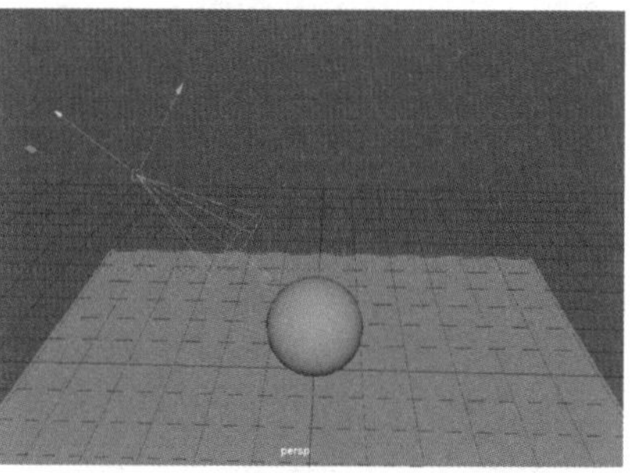

图 7-142

Step03 按快捷键【Ctrl+A】打开聚光灯的属性编辑器，单击【灯光雾】选项右侧的方格图标，如图 7-143 所示，此时聚光灯变成了图 7-144 所示的效果。

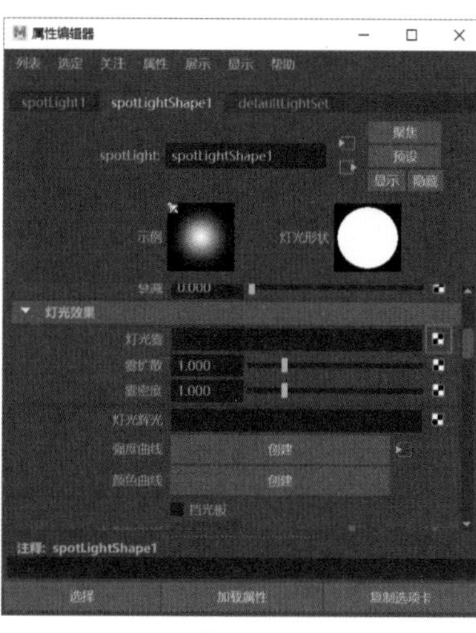

图 7-143

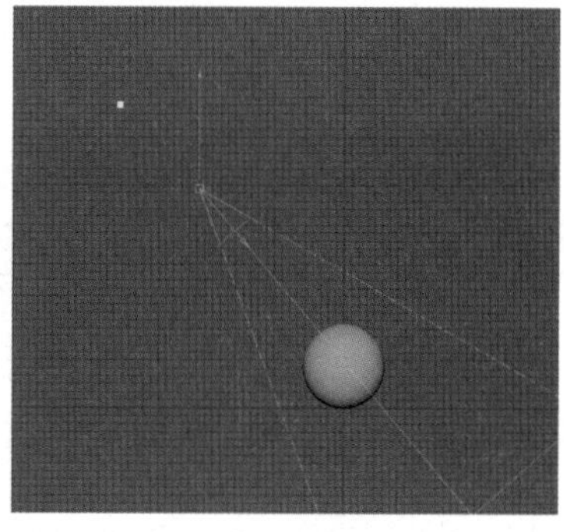

图 7-144

Step04 在【属性编辑器】面板中，选中【使用深度贴图阴影】复选框，如图 7-145 所示。单击【渲染视图】图标，如图 7-146 所示。

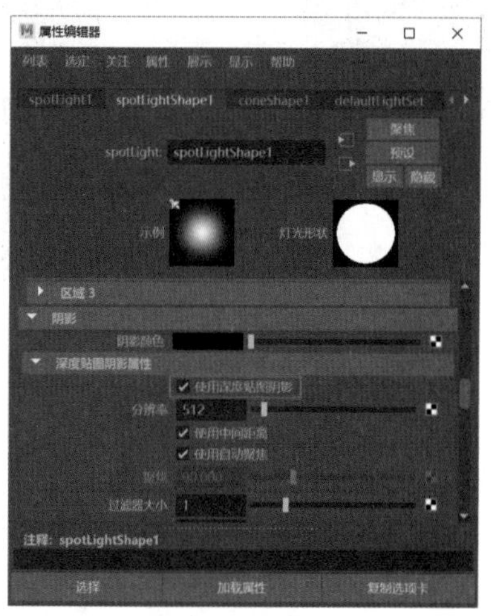

图 7-145

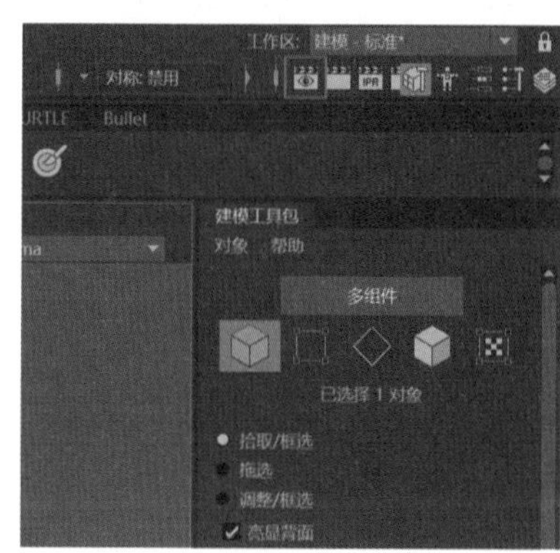

图 7-146

Step05 在【渲染视图】面板中，选择【渲染】→【渲染】→【persp】命令，如图 7-147 所示，最终效果如图 7-148 所示。实例最终效果见“结果文件\第 7 章\DGW.mb”文件。

图 7-147

图 7-148

技巧 02：制作镜头光斑

Step01 单击工具架中的【点光源】图标，创建一个点光源，如图 7-149 所示，按快捷键【Ctrl+A】打开其属性编辑器，单击【灯光辉光】选项右侧的方格图标，如图 7-150 所示。

图 7-149

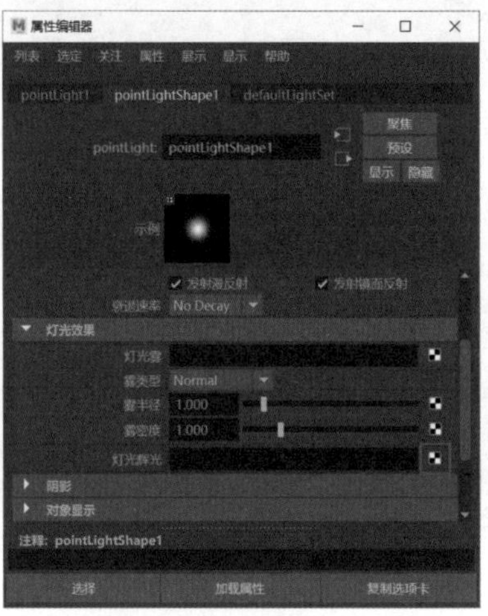

图 7-150

Step02 在弹出的面板中，选中【镜头光斑】复选框，如图 7-151 所示。单击【渲染视图】图标，如图 7-152 所示。

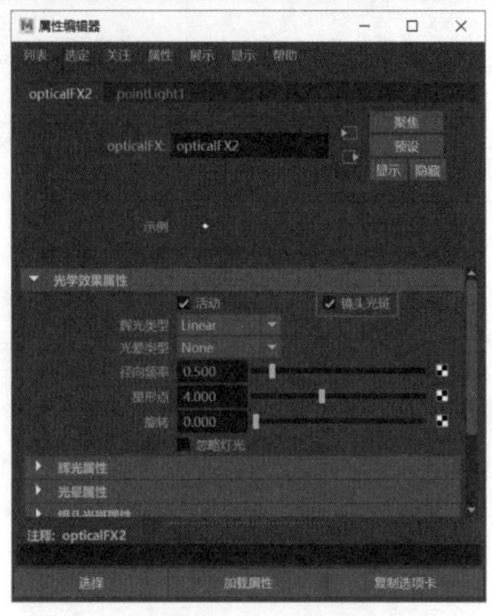

图 7-151

图 7-152

Step03 镜头光斑的效果如图 7-153 所示。实例最终效果见“结果文件\第 7 章\JTGB.mb”文件。

图 7-153

上机实训 —— 综合场景布光

本例将通过创建【天光】【平行光】和【区域光】制作一个综合场景布光，具体制作步骤如下。

Step01 执行菜单栏中的【文件】→【打开场景】命令，打开“素材文件\第7章\changjing.mb”文件，如图7-154所示，用“结果文件\第7章\场景布光\TEXTURES\”文件中的贴图素材，分别为场景中的各个模型添加材质，如图7-155所示。

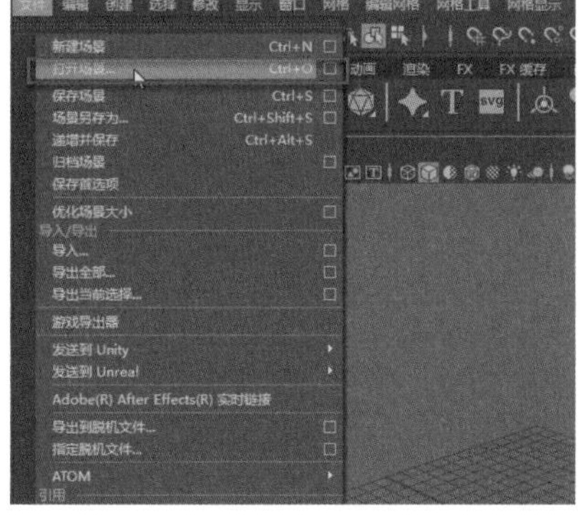

图 7-154

图 7-155

Step02 选择菜单栏中的【Arnold】→【Lights】→【Skydome Light】命令，如图7-156所示，为场景创建一个天光，打开【渲染视图】面板，渲染出来的室内效果如图7-157所示。

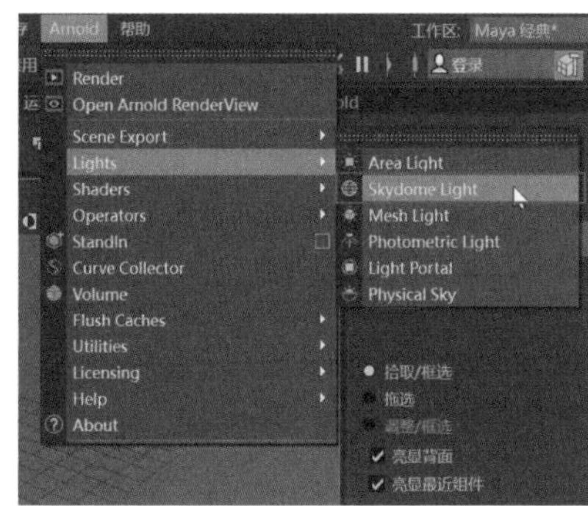

图 7-156

图 7-157

Step03 单击工具架中的【平行光】图标，如图7-158所示，为场景创建一个平行光，将其放大，作为从窗户照射到室内的太阳光，如图7-159所示。

图 7-158

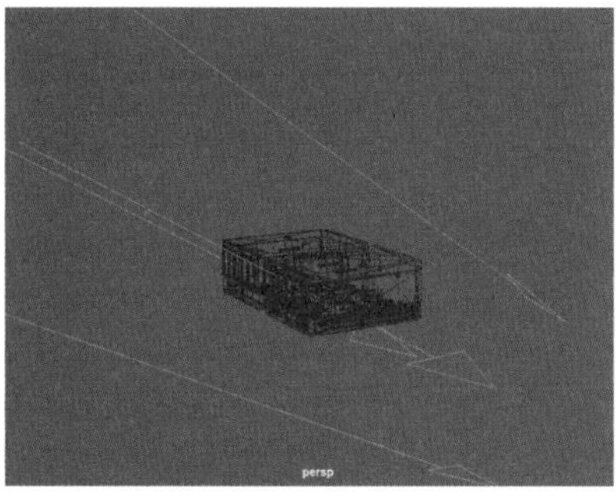

图 7-159

Step04 按快捷键【Ctrl+A】打开平行光的【属性编辑器】，在【Arnold】区域中调节属性，如图7-160所示，接着创建一个区域光，调整其大小，并将其移动到天花板上，如图7-161所示。

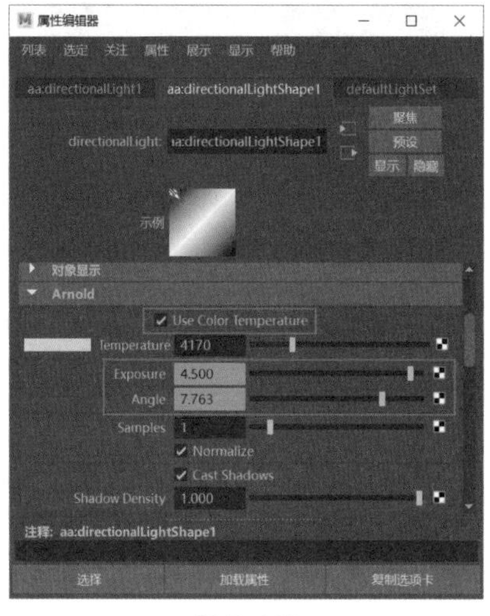

图 7-160

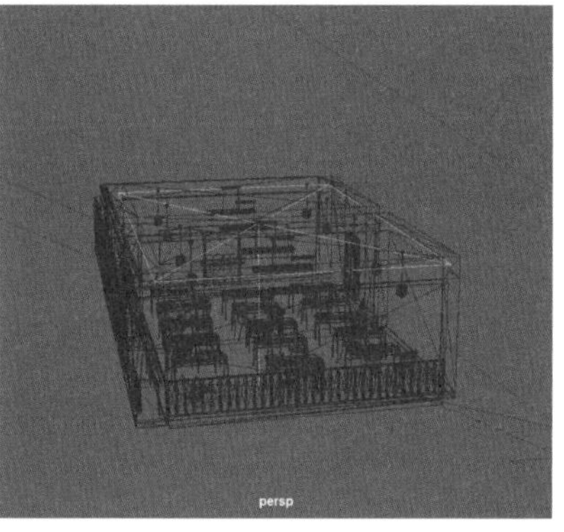

图 7-161

Step05 再次渲染，可以看到室内明亮了很多，如图7-162所示，再次创建一个区域光，将其移动到窗户的位置，如图7-163所示。

图 7-162

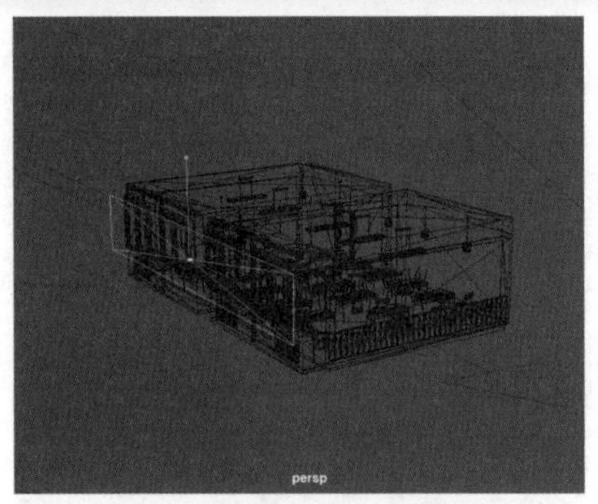

图 7-163

Step06 按快捷键【Ctrl+A】打开该灯光的【属性编辑器】，❶将【Exposure】调高，❷将【Temperature】调为暖色调，如图 7-164 所示，渲染的最终效果如图 7-165 所示。实例最终效果见“结果文件\第 7 章\场景布光\CJBG.mb”文件。

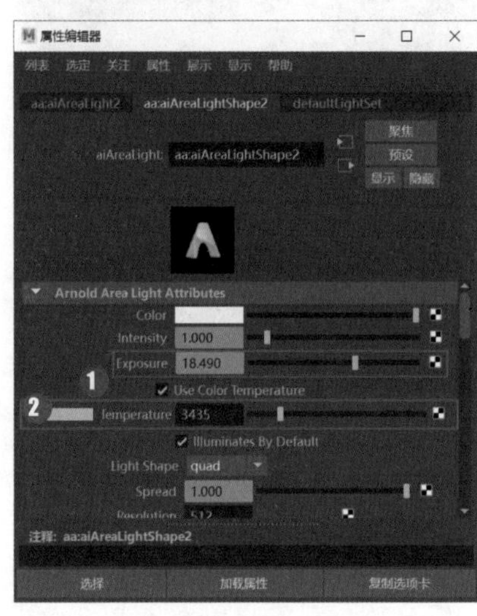

图 7-164

图 7-165

本章小结

本章主要介绍了灯光的使用方法，以及如何通过调整灯光属性模拟真实的环境效果，从而突出氛围；在为场景布光时，除了掌握软件的操作技巧，还要了解不同照明方式的特征，布光的目的主要是在三维空间中表现出层次感。

第8章 PBR 渲染技术

- ➥ 如何使用软件中自带的材质预设?
- ➥ 次表面散射的相关属性是什么?
- ➥ 如何使用阿诺德灯光制作三点布光?
- ➥ 如何为模型调试出生活中的写实效果?

PBR 渲染技术与 Maya 软件自带的材质存在一定的差异，我们可以使用 PBR 技术的流程，通过调节粗糙度、漫反射、金属度等属性设置一个新的材质。

8.1 PBR 渲染技术概述

PBR 的全称是 Physically Based Rendering，即基于物理原理的渲染，它可以用一种全新的方式来模拟光线，渲染出更真实的质感和效果，把模型的颜色、粗糙度、高光等属性分别进行处理，可以使物质展现出更真实的效果。

PBR 渲染技术最早被应用于电影的真实照片级的渲染，随着近几年技术不断地提高，被大量引入 PC 端的游戏与手游的实时渲染，影视动画领域也包含在内。如今，在 Maya 中，只要正确设置菲涅尔和反射率等参数即可使用 PBR 渲染技术。

8.2 “标准表面”材质的 PBR 调试

在使用 PBR 渲染技术调试材质时，可以通过设置不同的材质类型、修改材质的相关属性制作出模型需要的材质效果。其中，PBR 渲染技术有很多可以进行调试的材质属性，如漫反射、金属度、粗糙度、镜面反射、散射等。

8.2.1 漫反射控制

漫反射是光线照射到粗糙表面时向各个方向反射的现象。很多物体，如植物、墙壁、衣服等，其表面看起来是平滑的，但用放大镜仔细观察，会发现其表面是凹凸不平的，本来平行的太阳光被这些表面反射后，会射向不同方向。

根据物体的高光、漫反射属性，可以把材质分为金属（导电材质）和非金属（绝缘体）。金属材质的高光反射大多数基于漫反射。

PBR 遵守能量守恒，在不考虑自发光的情况下，金属的折射率比玻璃更强。当入射光强度为 1 时，高光反射和漫反射的强度是不会超过 1 的。

漫反射的数值越大，模型表面就越粗糙，模型的材质也更加真实，如图 8-1 所示。

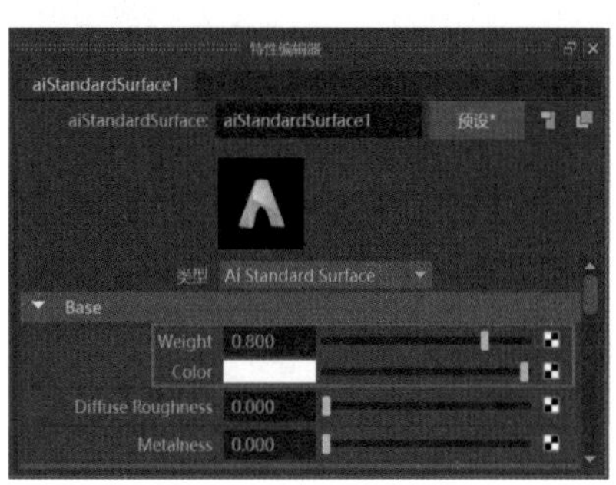

图 8-1

Lambert 材质虽然是 Maya 中的普通材质，但也具有漫反射属性，如图 8-2 所示。

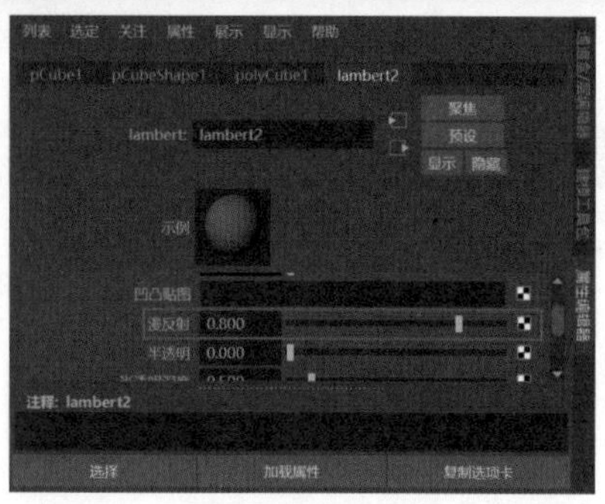

图 8-2

8.2.2 金属度控制

金属度在PBR渲染中比较常用，顾名思义就是用来调整物体是否具有金属光泽的属性，数值越大，金属感越强，材质越暗；数值越小，材质越亮。当启用该选项时，镜面反射的颜色只是控制边的着色，材质的整体效果仍然会受粗糙度的影响。【Metalness】为金属度控制，如图 8-3 所示。

图 8-3

★重点 8.2.3 粗糙度控制

粗糙度数值越大，高光反射越弱；数值越小，高光反射越强。在【材质编辑器】面板中找到【aiStandardSurface1】材质，在【特性编辑器】面板中即可看到【Roughness】属性，即粗糙度控制，如图 8-4 所示。

图 8-4

★重点 8.2.4 镜面反射控制

镜面反射是指反射波有确定方向的反射，即物体的反射面是光滑的，光线平行反射，如镜子、平静的水面等。镜面反射遵循光的反射定律。镜面反射和漫反射的反射角和入射角相等，唯一的区别就是镜面反射的反射面比较平，因而光束比较统一，且反射方向比较一致，漫反射的反射平面高低不平，导致反射光的光束也杂乱无章。

镜面反射颜色（Specular Color）为黑色时，不产生表面高光，默认颜色值为 0.5。

反射率（Reflectivity）使材质能够反射周围的物体或反射的颜色（Reflected Color），类似于镜面反射衰减（Specular Roll Off）。有效范围为 0 到无穷大，滑块范围为 0（无反射）到 1（清晰的反射），默认值为 0.5。常见表面材质的反射率（Reflectivity）值为汽车喷漆（0.4）、玻璃（0.7）、镜子（1）、铬（1）。

反射的颜色（Reflected Color）表示从材质反射的光的颜色。进行光线跟踪时，Maya 会使用从表面反射的光（像镜子那样）的颜色使颜色倍增，可用于对反射进行染色。如果未进行光线跟踪，则可以将图像、纹理或环境贴图映射到反射的颜色（Reflected Color）属性以创建虚设反射，与光线跟踪相比速度更快且使用的内存更少。反射的颜色称为反射映射。

单击工具架中的【Blinn 材质】图标，在右侧的【属性编辑器】面板中即可看到镜面反射着色属性面板，如图 8-5 所示。

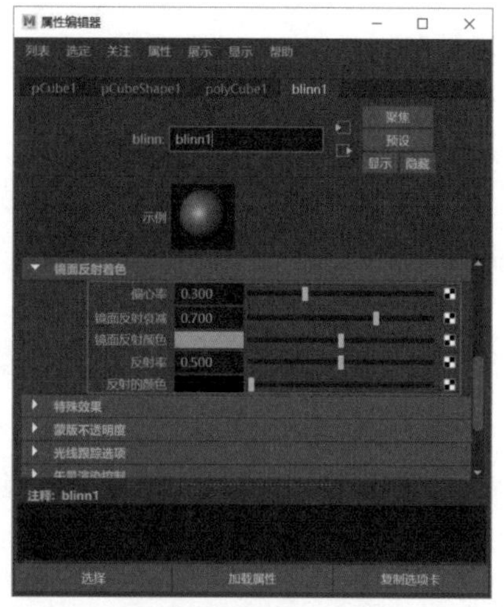

图 8-5

8.2.5 “菲涅尔”效果控制

菲涅尔反射率（IOR）能使物体的反射更加接近真实效果，如瓷器、玻璃、绒布、绸布等。在真实世界中，除了金属，其他材质均有不同程度的菲涅尔效应。视线垂直于表面时，反射较弱，而当视线不垂直于表面时，夹角越小，反射越明显。菲涅尔反射率越大，反射也就越强，如果菲涅尔反射率设置得太高，就等于没有启用菲涅尔反射，所以菲涅尔反射不能设置得太高。

在【材质编辑器】面板中，菲涅尔反射率如图 8-6 所示。

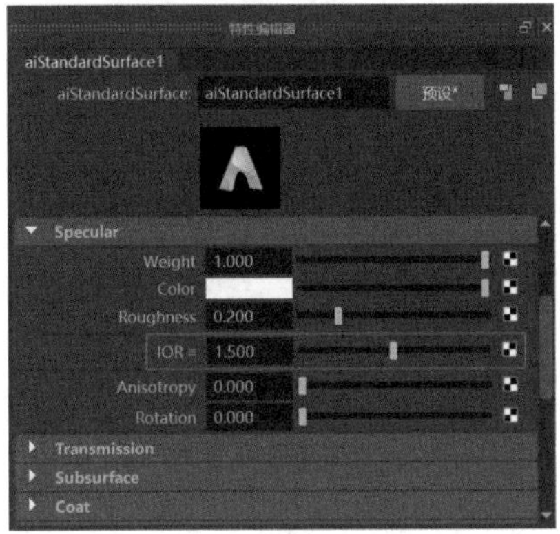

图 8-6

★重点 8.2.6 次表面散射相关属性

次表面散射（SubSurface Scattering，SSS）在大多数情况下设置为 1，也就是完全次表面散射。该属性用于模拟比较常见的次表面散射材质，如胶体、蜡、牛奶、玉石、植物，以及动物的皮肤、毛发等。

在【材质编辑器】面板中，在左侧找到【aiStandardSurface1】材质，在【特性编辑器】中即可看到次表面散射控制面板【Subsurface】，如图 8-7 所示。

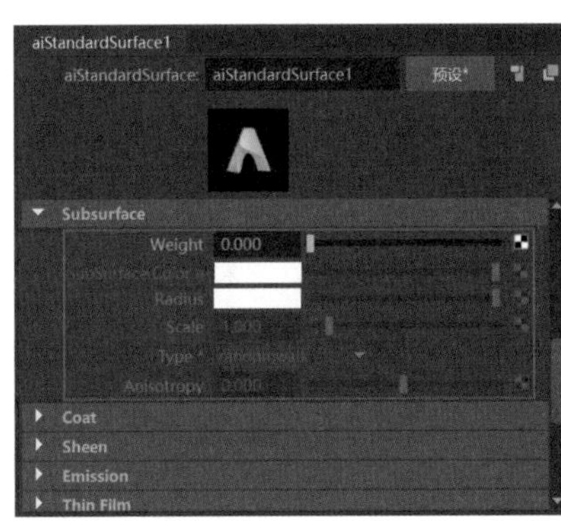

图 8-7

其中比较重要的 3 个参数如下。

Weight：SSS 强度。

SubSurface Color：决定透到表面的颜色。

Radius：半径。

8.2.7 实战：布光与渲染

本例将使用阿诺德灯光为茶杯制作三点布光，具体操作步骤如下。

Step01 选择菜单栏中的【文件】→【打开场景】命令，打开“素材文件 \ 第 8 章 \Buguang.mb”文件，如图 8-8 所示。打开场景后，视图界面如图 8-9 所示。

图 8-8

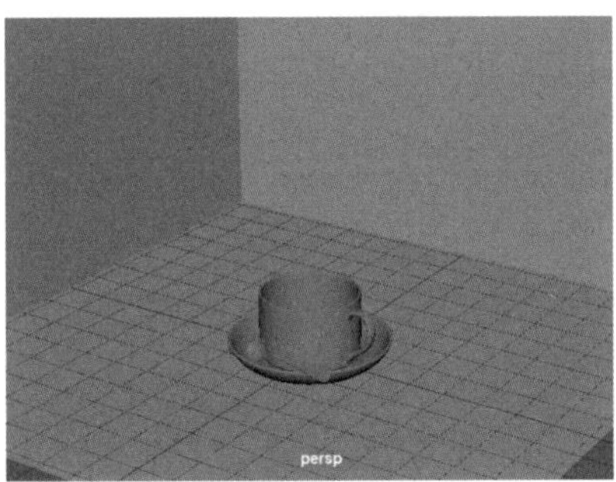

图 8-9

Step02 创建主光，新建 Arnold 灯光 aiAreaLight1，如图 8-10 所示。运用移动、旋转、缩放功能调整灯光位置至杯子的右上方，如图 8-11 所示。

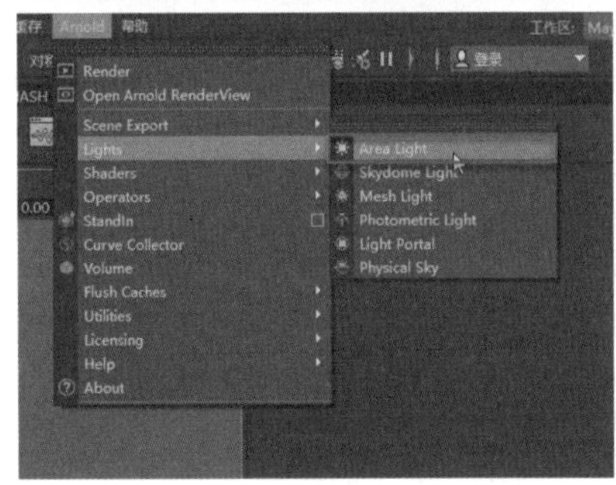

图 8-10

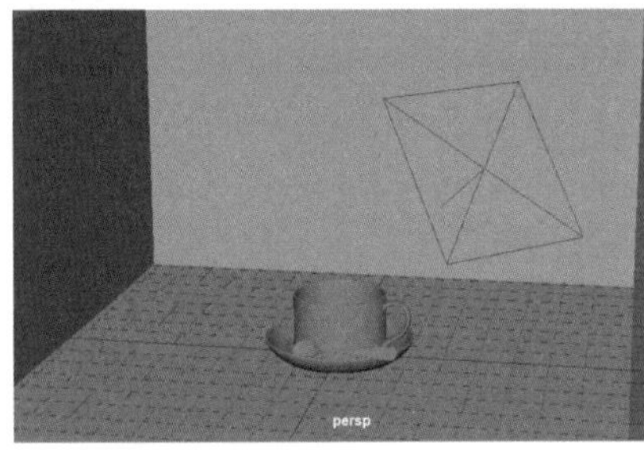

图 8-11

Step03 选择 aiAreaLight1，按快捷键【Ctrl+A】打开【属性编辑器】，调整灯光属性，❶将【Intensity】设置为 3，❷将【Exposure】设置为 7，❸将【Temperature】设置为 6，选中【Use Color Temperature】复选框，如图 8-12 所示。创建辅光，删除轮廓线即可。新建 Arnold 灯光 aiAreaLight2 和 aiAreaLight3，运用移动、旋转、缩放功能调整 aiAreaLight2 灯光的位置，如图 8-13 所示。

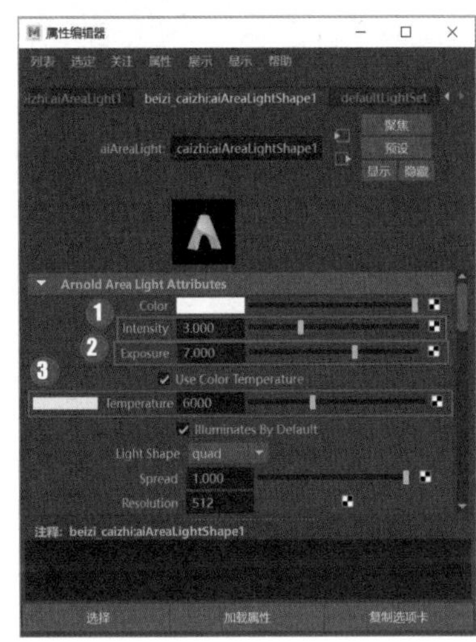

图 8-12

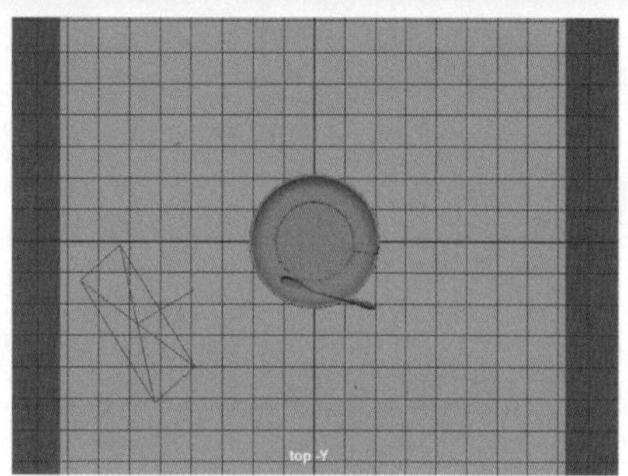

图 8-13

Step04 运用移动、旋转、缩放功能调整 aiAreaLight3 灯光的位置，如图 8-14 所示。选择 aiAreaLight2，按快捷键【Ctrl+A】打开【属性编辑器】，调整 aiAreaLight2 灯光属性，将【Intensity】和【Exposure】设置为 3，取消选中【Cast Shadows】复选框，如图 8-15 所示。

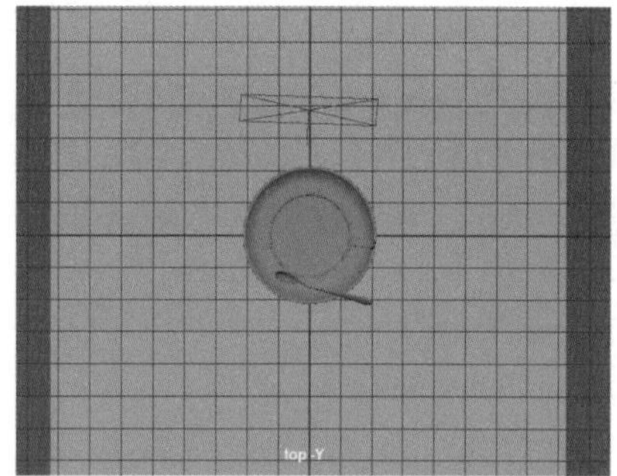

图 8-14

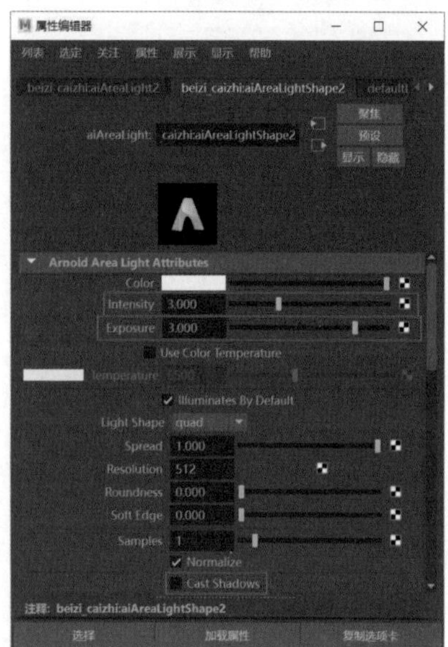

图 8-15

Step05 选择 aiAreaLight3，按快捷键【Ctrl+A】打开【属性编辑器】，调整 aiAreaLight3 灯光属性，将【Intensity】设置为 8，【Exposure】设置为 3，选中【Use Color Temperature】复选框，将【Temperature】设置为 8000，并取消选中【Cast Shadows】复选框，其他数值保持默认，如图 8-16 所示。三点布光完成，灯光位置及物体位置如图 8-17 所示。

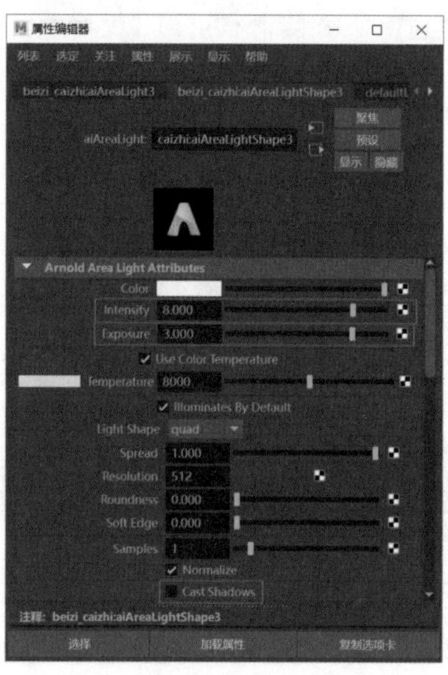

图 8-16

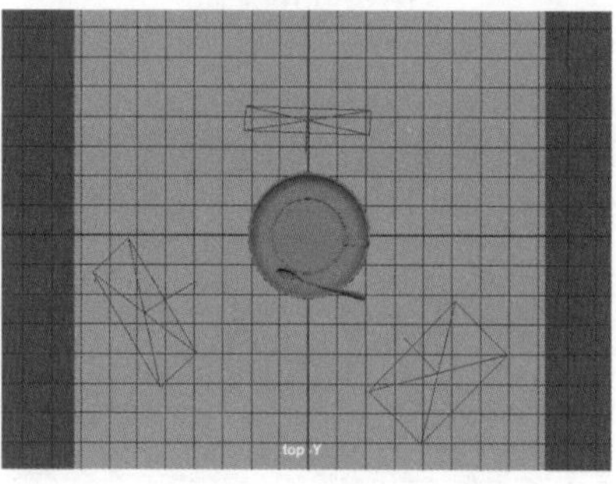

图 8-17

Step06 回到透视图中，选择合适的视图角度并长按空格键，拖曳选择【新建摄影机】命令，如图 8-18 所示。选择菜单栏中的【Arnold】→【Render】命令，如图 8-19 所示。

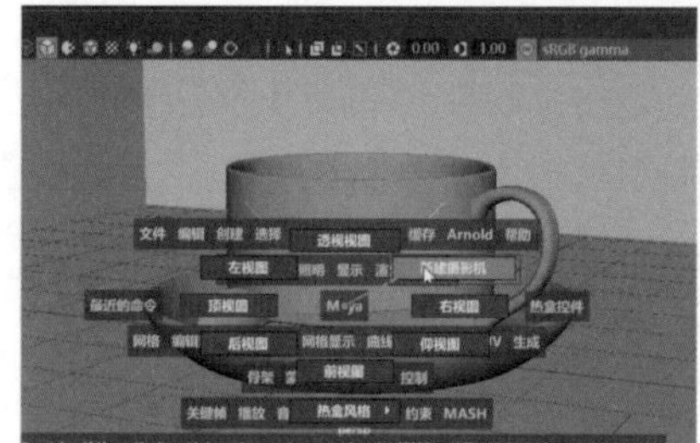

图 8-18

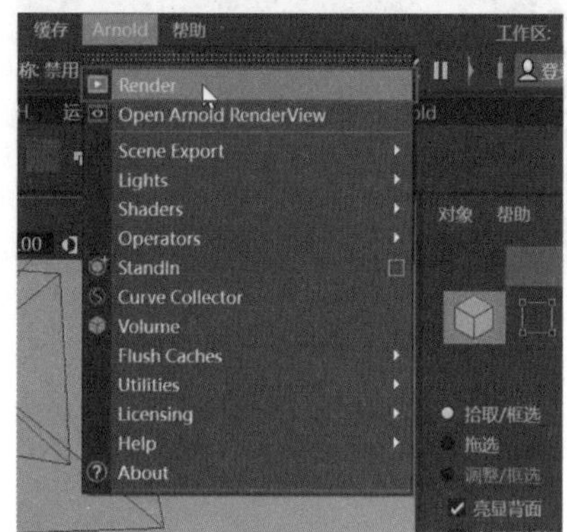

图 8-19

Step07 渲染场景并保存文件即可，效果如图 8-20 所示。实例最终效果见“结果文件 \ 第 8 章 \buguang.mb”文件。

图 8-20

8.2.8 实战：制作咖啡杯材质

Step01 选择【文件】→【打开场景】命令，打开“素材文件 \ 第 8 章 \KFB.mb”文件。打开场景后，视图界面如图 8-21 所示。打开【材质编辑器】面板，创建 aiStandardSurface 1 材质节点，并用鼠标中键拖曳材质节点到杯子和杯托上，赋予杯子和杯托材质，如图 8-22 所示。

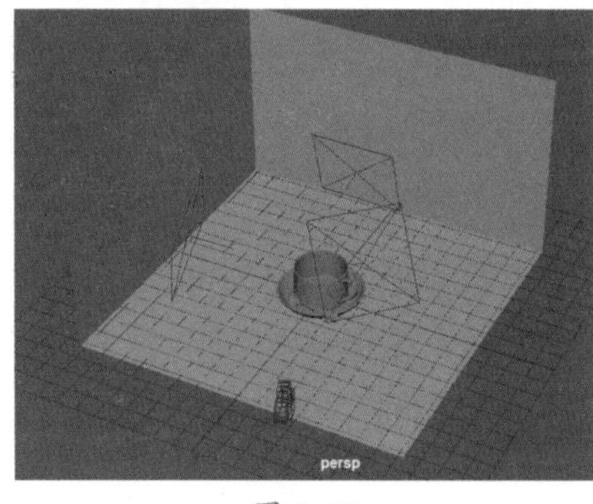
图 8-21

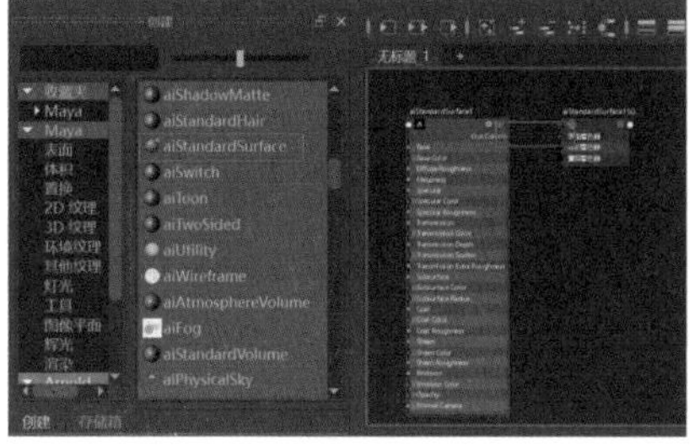
图 8-22

Step02 单击 aiStandardSurface 1 材质节点，打开其属性编辑器并调整参数，在【Base】区域中将【Weight】设置为 1，【Color】设置为绿色，【Metalness】设置为 0.5；在【Specular】区域中将【Color】设置为绿色，【Roughness】设置为 0.4，如图 8-23 所示。创建 aiStandardSurface 2 材质节点，如图 8-24 所示，用鼠标中键拖曳材质节点到勺子上。

图 8-23

图 8-24

Step03 单击 aiStandardSurface 2 材质节点，打开属性编辑器，将【Base】区域中的【Weight】设置为 1，【Color】设置为浅灰色，【Metalness】设置为 1；将【Specular】区域中的【Weight】设置为 0，【Color】设置为黑色，【Roughness】设置为 0.25，【IOR】设置为 1.52，【Rotation】设置为 0.5，如图 8-25 所示，其他参数保持默认。材质设置完成后，杯子、杯托为蓝色陶瓷材质，勺子为银色金属材质。最后对模型进行渲染，效果如图 8-26 所示。实例最终效果见“结果文件\第 8 章\KFB.mb”文件。

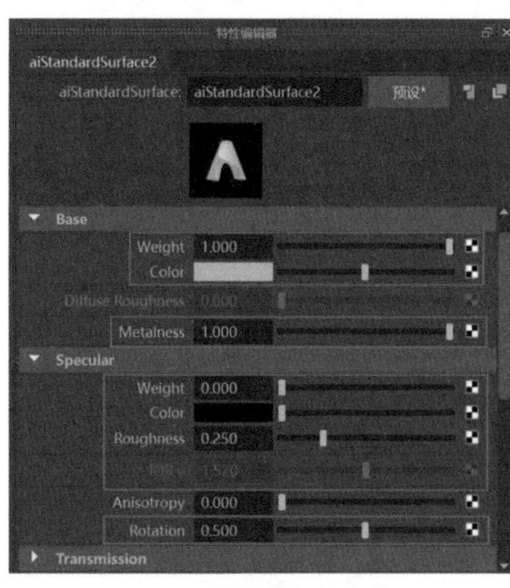
图 8-25

图 8-26

8.2.9 实战：制作手雷材质

Step01 选择菜单栏中的【文件】→【打开场景】命令，打开“素材文件\第 8 章\SL.mb”文件，如图 8-27 所示。单击菜单栏中的【材质编辑器】图标并打开其面板，如图 8-28 所示。

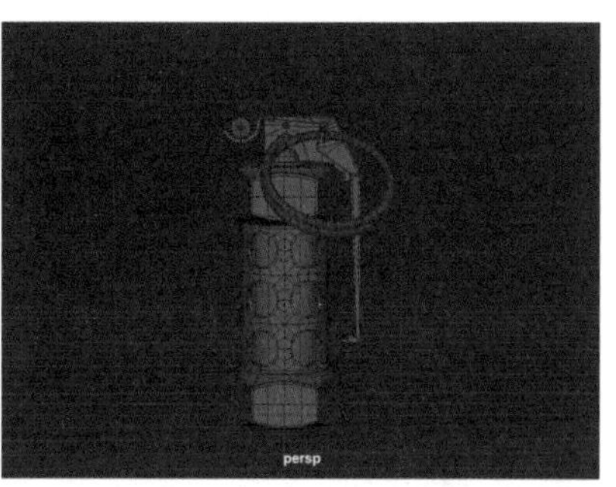
图 8-27

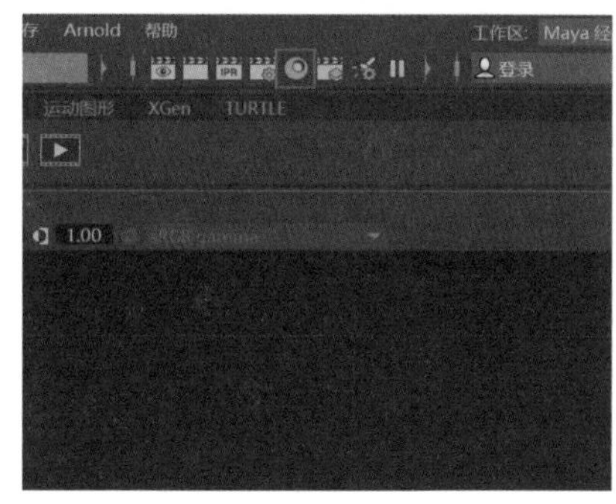
图 8-28

Step02 在【材质编辑器】左侧找到【aiStandardSurface】材质节点并创建，如图 8-29 所示。用鼠标中键拖曳材质节点到手雷模型上，赋予手雷模型材质。打开“结果文件\第 8 章\SL_map\BaseColor.png、Metallic.png、Roughness.png、Normal.png”文件，将这 4 个模型贴图拖入材质编辑器，并将漫反射、金属度、粗糙度贴图节点相对应连接，如图 8-30 所示。

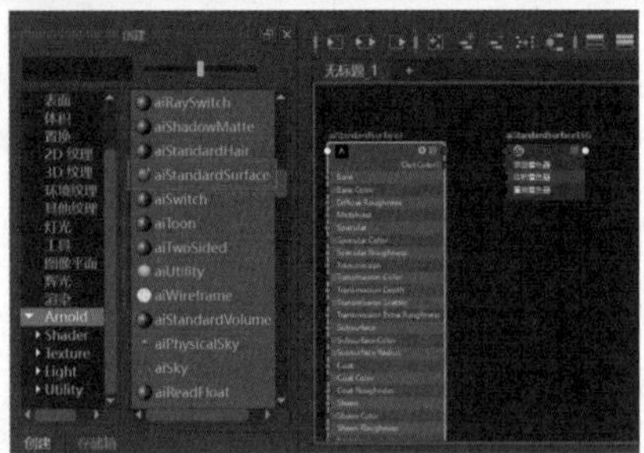

图 8-29

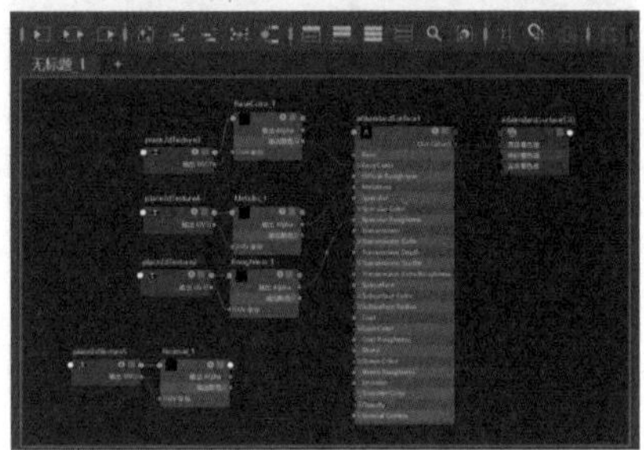

图 8-30

Step03 在【Metallic_1】的材质节点属性中选中【Alpha 为亮度】复选框，如图 8-31 所示。同样，在【Roughness_1】的材质节点属性中选中该复选框，如图 8-32 所示。

图 8-31

图 8-32

Step04 按【Tab】键，输入并创建 aiNormalMap1，如图 8-33 所示。将 Normal_1 节点的输出颜色与 aiNormalMap1 的 Input 连接，再将 aiNormalMap1 的 Out Value 与 aiStandardSurface1的 Normal Camera 连接，如图 8-34 所示。

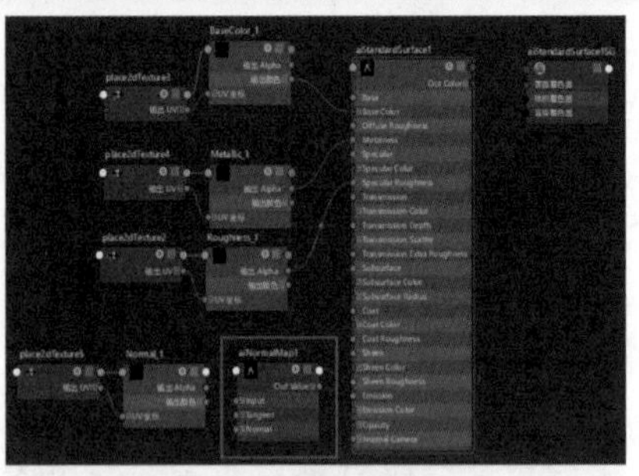

图 8-33

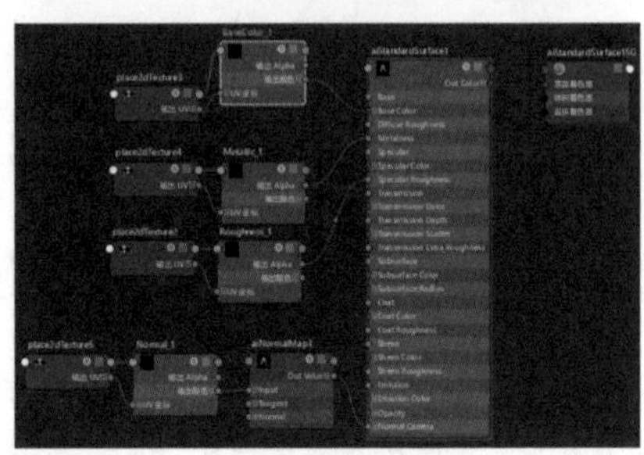

图 8-34

Step05 贴图材质节点连接完毕后，选择菜单栏中的【Arnold】→【Render】命令渲染并查看效果，如图 8-35 所示，实例最终效果见“结果文件 \ 第 8 章 \SL.mb”文件。

图 8-35

妙招技法

下面结合本章内容，介绍一些实用技巧。

技巧 01：SP 智能材质

本例将讲解使用 SP 制作材质的工作流程。SP（Substance Painter）是一款专业贴图制作软件，使用该软件可以制作出更加真实、逼真的材质。

Step01 打开 SP 软件，选择菜单栏中的【文件】→【新建】命令，如图 8-36 所示。❶ 打开新建项目中的模板后，将其设置为 PBR-Metallic Roughness(allegorithmic)，❷ 选择 SL.OBJ 文件，❸ 设置法线贴图格式为 OpenGL，❹ 其他设置保持默认，单击【OK】按钮，如图 8-37 所示。

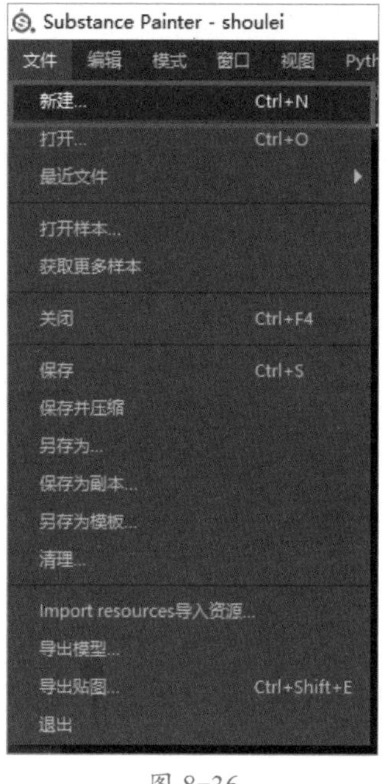

图 8-36

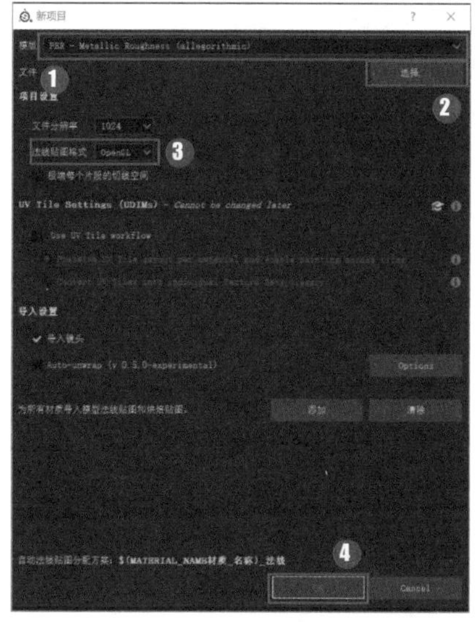

图 8-37

Step02 新建文件后界面如图 8-38 所示。在纹理集设置中找到并单击烘焙模型贴图，如图 8-39 所示。

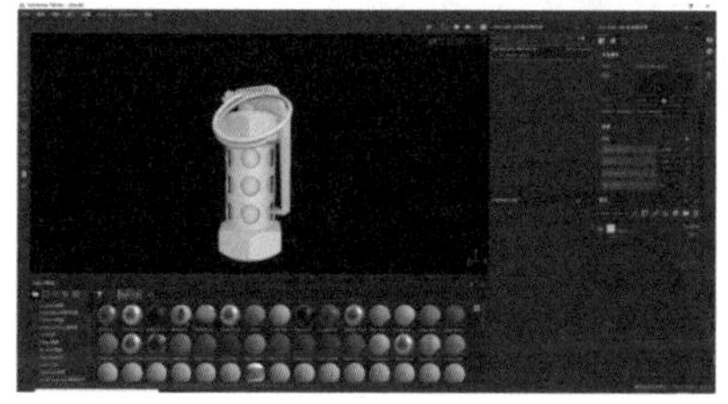

图 8-38

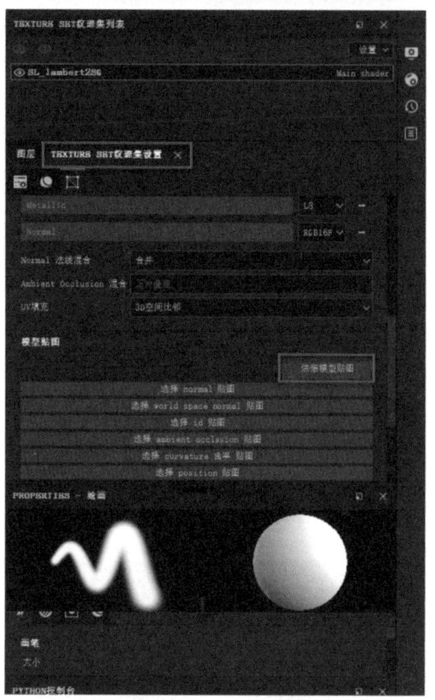

图 8-39

Step03 ❶选择烘焙 Normal、World space normal、Ambient Occlusion、Curvature 曲率、Position 贴图，❷将烘焙贴图大小设置为 2048，❸选中使用低模作为高模选项，如图 8-40 所示，❹将抗锯齿设置为 Subsampling 2×2，❺单击【Bake selected textures】按钮开始烘焙，如图 8-41 所示。

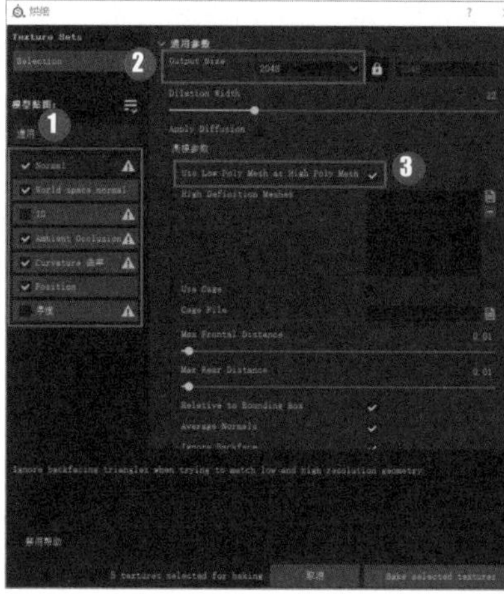

图 8-40

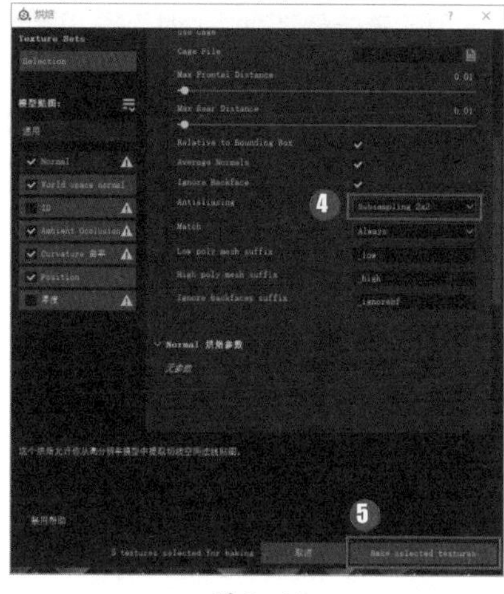

图 8-41

Step04 贴图烘焙完成后，单击【OK】按钮，如图 8-42 所示。接着开始制作材质，在【SHBLF 展架】模块中，找到并选择【Smart Materials 智能材质】，展开智能材质列表，如图 8-43 所示。

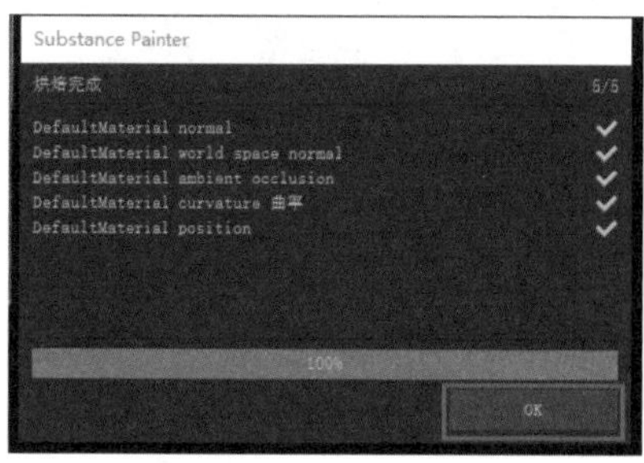

图 8-42

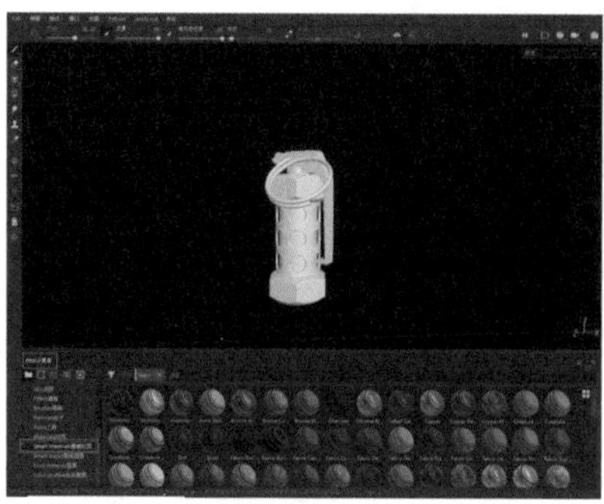

图 8-43

Step05 找到合适的材质，这里选择名为 Steel Painted Scraped Green 的智能材质，如图 8-44 所示。将其拖曳到界面右侧的图层中，如图 8-45 所示。

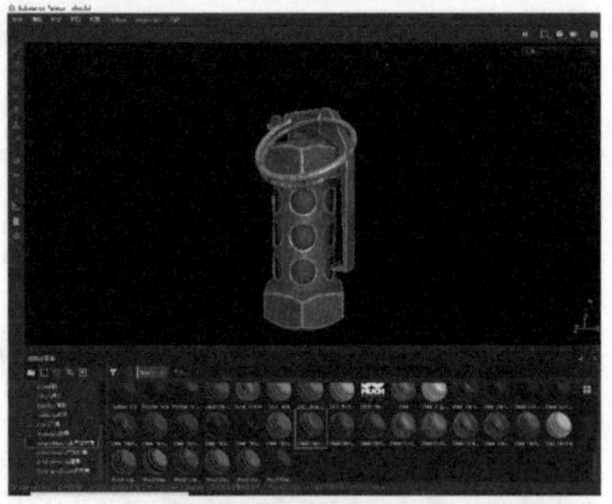

图 8-44

图 8-45

Step06 给智能材质组添加黑色遮罩，如图 8-46 所示。绘制遮罩，将手雷主体、手柄绘制为黑色，如图 8-47 所示。

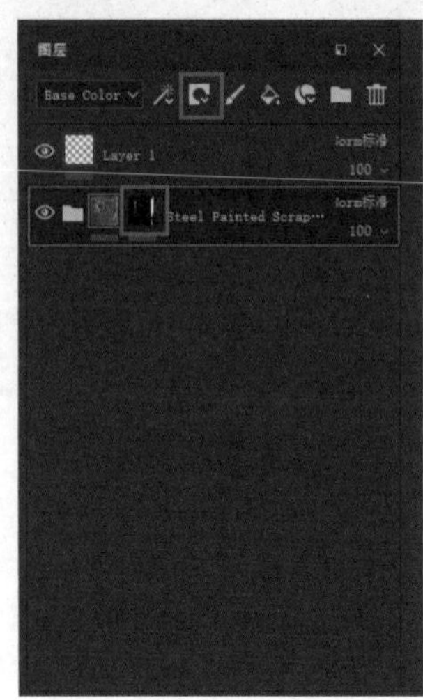

图 8-46

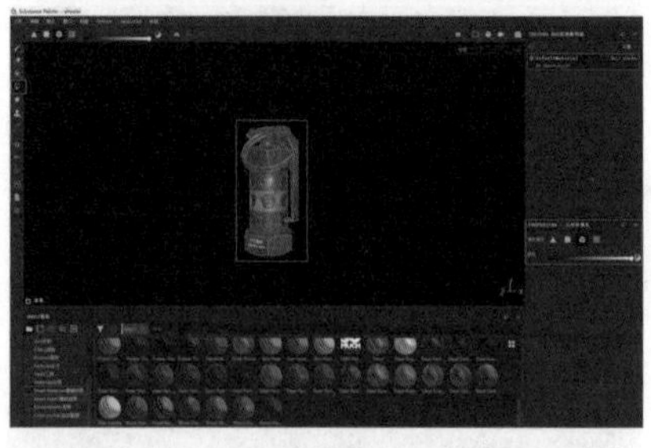

图 8-47

Step07 再次寻找合适的材质，这里选择名为 Steel Rust Surface 的智能材质，如图 8-48 所示，将其拖曳到界面右侧的图层中，并再次绘制遮罩，如图 8-49 所示。

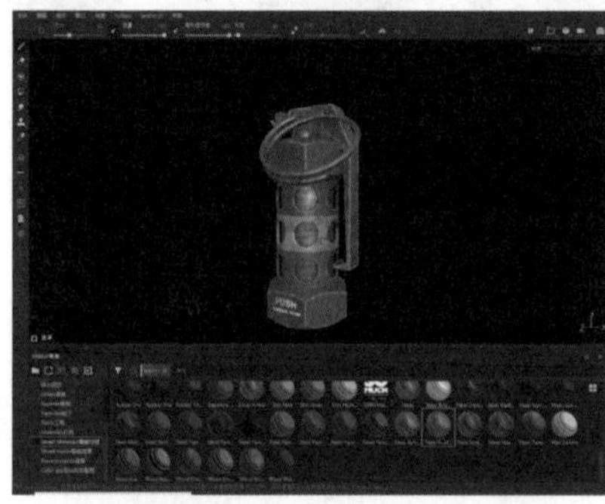

图 8-48

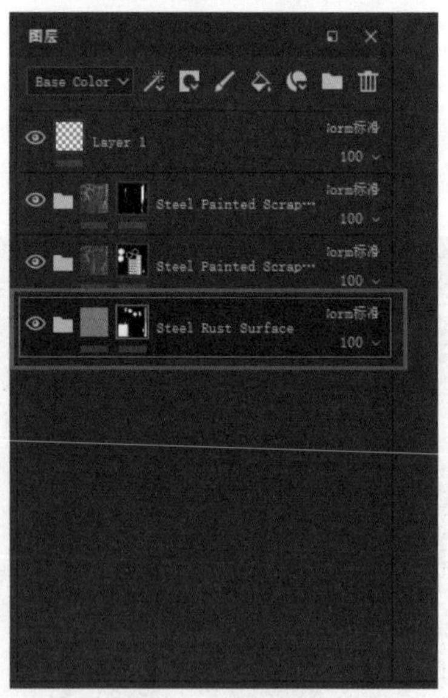

图 8-49

Step08 材质制作完毕，效果如图 8-50 所示。

图 8-50

技巧 02：材质预设及贴图的使用

本例将讲解 Arnold 的材质预设如何使用，具体操作步骤如下。

Step01 选择菜单栏中的【文件】→【打开场景】命令，打开“结果文件\第 8 章\KFB.mb”文件，如图 8-51 所示，单击菜单栏中的【材质编辑器】图标并打开其面板，如图 8-52 所示。

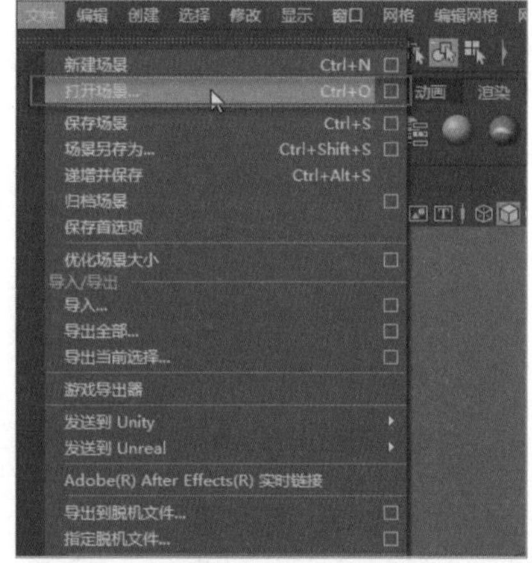

图 8-51

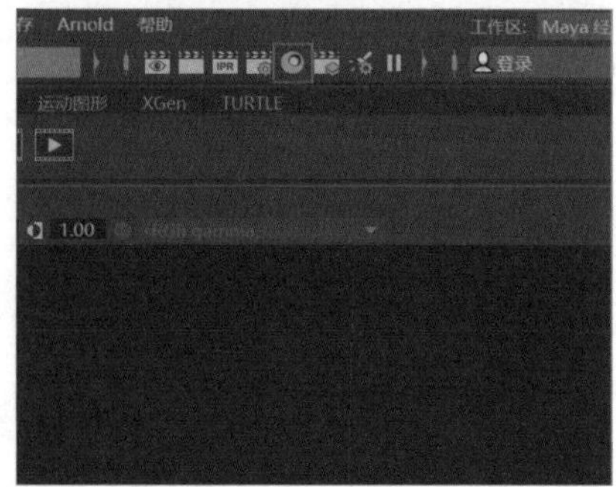

图 8-52

Step02 单击材质编辑器中材质【aiStandardSurface1】的预设，展开材质预设面板，如图 8-53 所示，这里使用 Glass 材质预设，将杯子设置为玻璃材质，如图 8-54 所示。

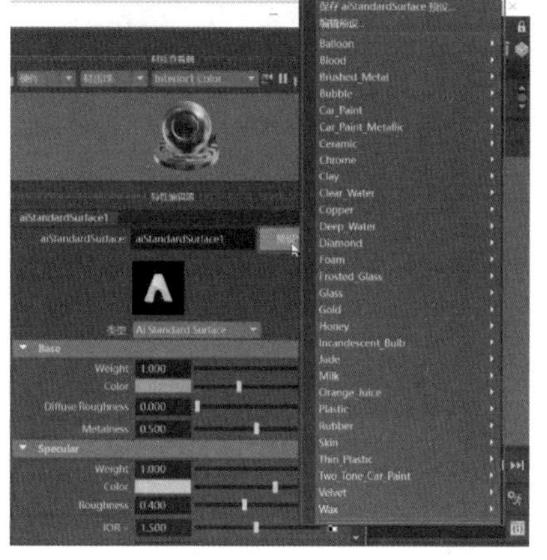

图 8-53

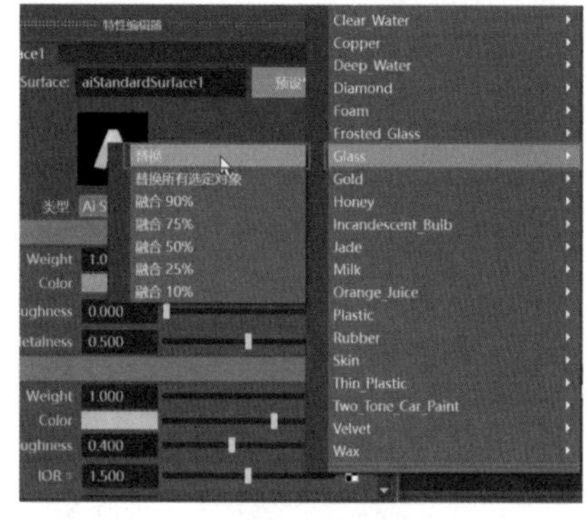

图 8-54

Step03 选择菜单栏中的【Arnold】→【Render】命令，如图 8-55 所示，查看杯子材质效果，如图 8-56 所示。实例最终效果见“结果文件\第 8 章\BLB.mb”文件。

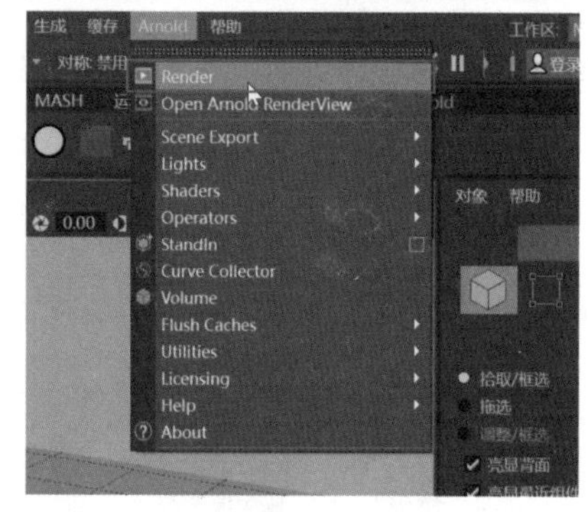

图 8-55

图 8-56

上机实训 —— 写实骷髅渲染

本例将结合 SP 的智能贴图和 Maya 的 PBR 渲染技术的相关属性，制作骷髅材质并渲染，具体制作步骤如下。

Step01 打开 SP 软件，选择菜单栏中的【文件】→【新建】命令，如图 8-57 所示。❶设置新建项目中的模板为 PBR-Metallic Roughness(allegorithmic) 模板；❷单击【选择】按钮，打开“素材文件\第 8 章\KL.obj”文件；❸改变法线贴图格式为 OpenGL；❹其他参数保持默认设置，单击【OK】按钮，如图 8-58 所示。

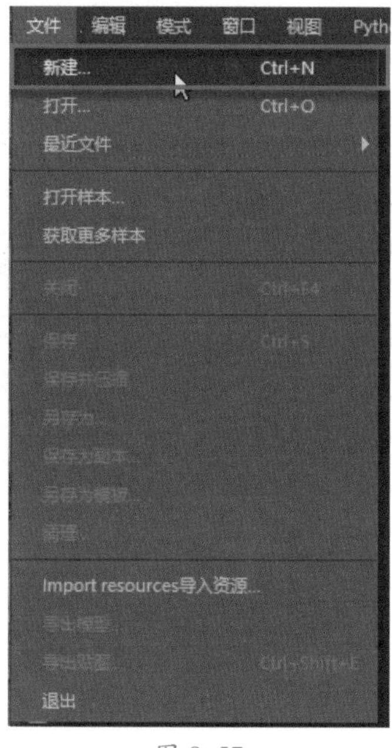

图 8-57

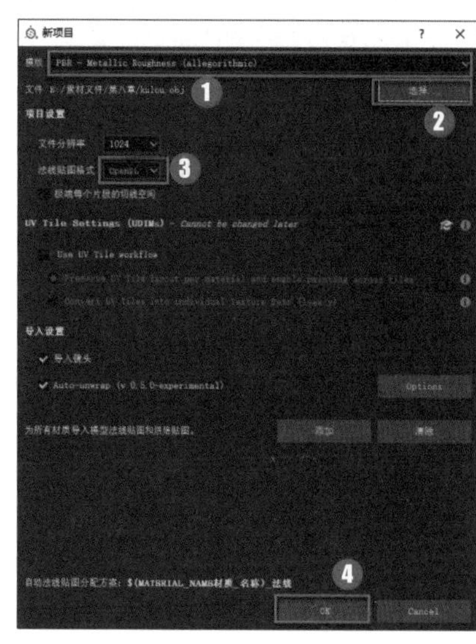

图 8-58

Step02 新建文件后，在纹理集设置中，单击【烘焙模型贴图】按钮，如图 8-59 所示。

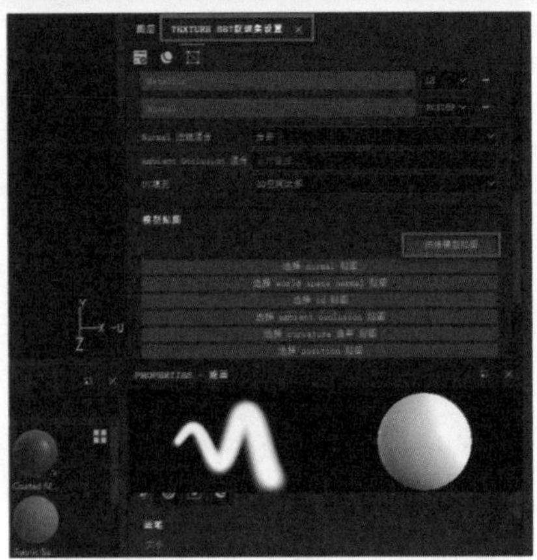

图 8-59

Step03 ❶选择烘焙 Normal、World space normal、Ambient Occlusion、Curvature 曲率、Position 贴图，❷将烘焙贴图大小设置为 2048，❸选中使用低模作为高模选项，如图 8-60 所示，❹将抗锯齿设置为 Subsampling 2×2，❺单击【Bake selected textures】按钮开始烘焙，如图 8-61 所示。

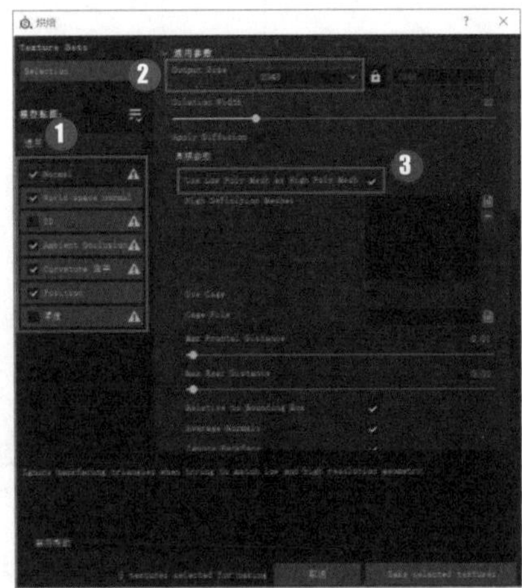

图 8-60

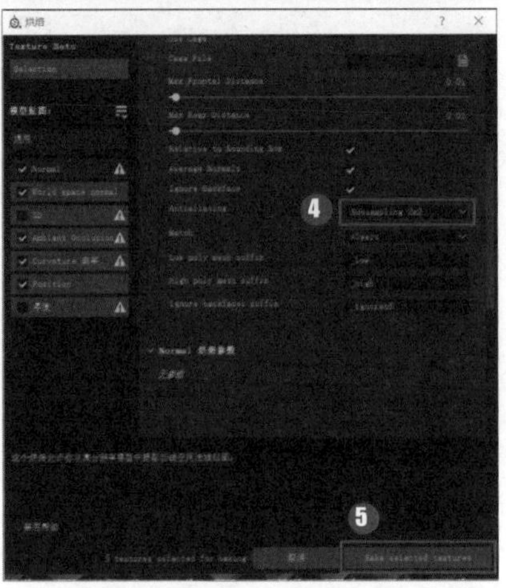

图 8-61

Step04 烘焙贴图完成后，单击【OK】按钮，如图 8-62 所示。找到合适的材质，这里选择名为 Mx Bone 的智能材质，如图 8-63 所示。

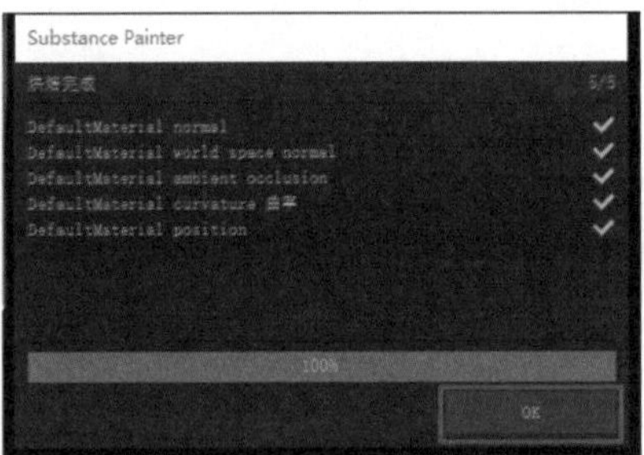

图 8-62

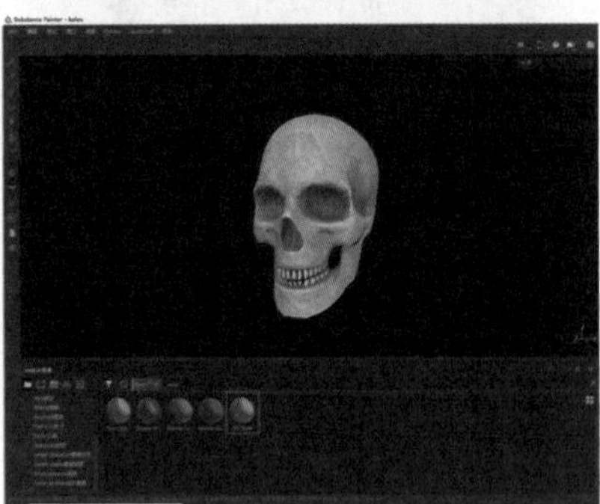

图 8-63

Step05 将材质拖曳到界面右侧的图层中，如图 8-64 所示。按快捷键【Ctrl+S】保存文件，并选择菜单栏中的【文件】→【导出贴图】命令，如图 8-65 所示。

图 8-64

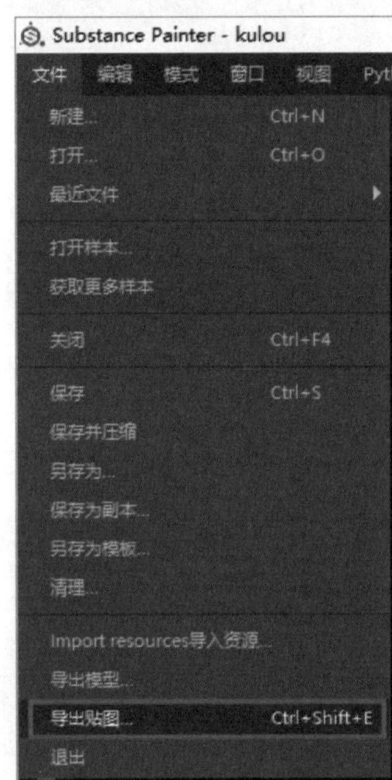

图 8-65

Step06 设置输出目录，将输出模板设置为 PBR-Metallic Roughness（来自缓存），文件类型设置为 png 格式，大小设置为 2048，其他参数保持默认设置，单击【导出】按钮，如图 8-66 所示。打开 Maya 软件，选择菜单栏中的【文件】→【打开场景】命令，打开“素材文件\第 8 章\KL.mb”文件，如图 8-67 所示。

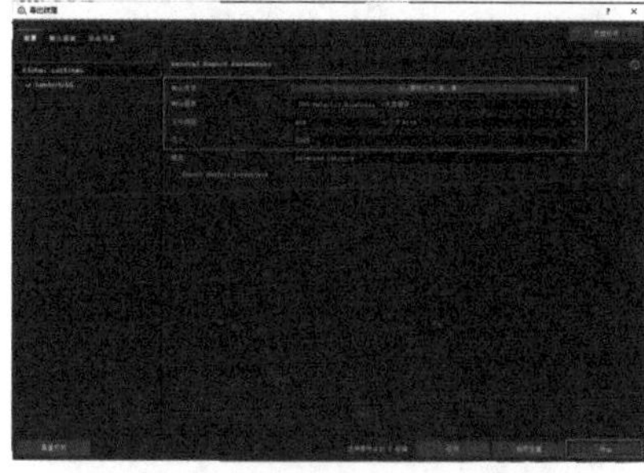

图 8-66

图 8-67

Step07 打开场景后，视图界面如图 8-68 所示。单击菜单栏中的【材质编辑器】图标并打开其面板，如图 8-69 所示。

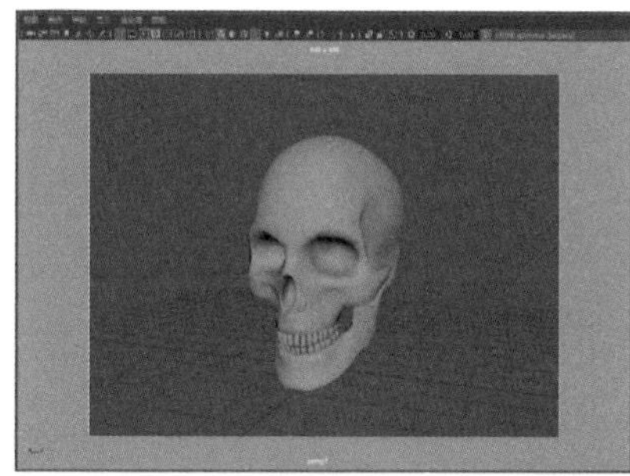

图 8-68

图 8-69

Step08 在【材质编辑器】面板的左侧找到【aiStandardSurface】材质并创建，如图 8-70 所示。用鼠标中键拖曳材质节点到骷髅模型上，赋予骷髅模型材质（aiStandardSurface 01）。将模型贴图（kulou_DefaultMaterial_BaseColor.png、kulou_DefaultMaterial_Metallic.png、kulou_DefaultMaterial_Roughness.png、kulou_DefaultMaterial_Normal.png）拖入【材质编辑器】中，并将漫反射、金属度、粗糙度贴图节点相对应连接，如图 8-71 所示。

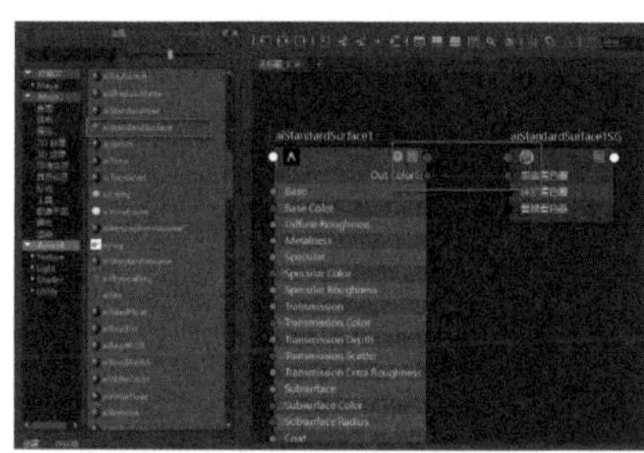

图 8-70

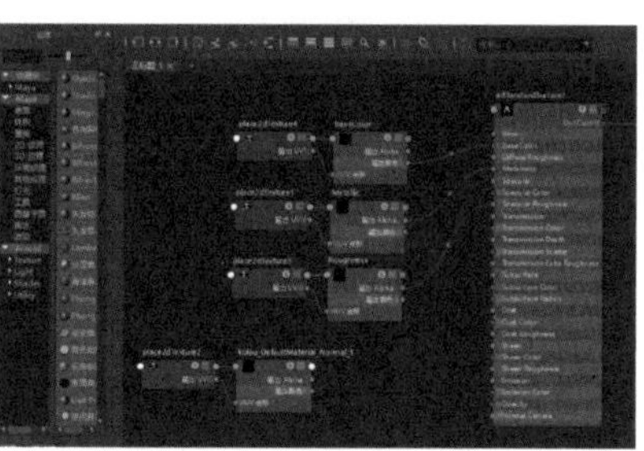

图 8-71

Step09 ❶在骷髅模型的【Metallic】材质节点属性中将【颜色空间】设置为 Raw，❷勾选【Alpha 为亮度】复选框，如图 8-72 所示，使用同样的方法调整【Roughness】的材质节点属性，如图 8-73 所示。

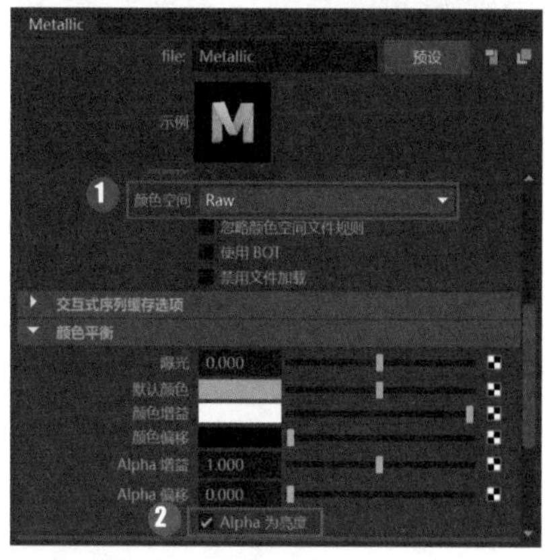

图 8-72

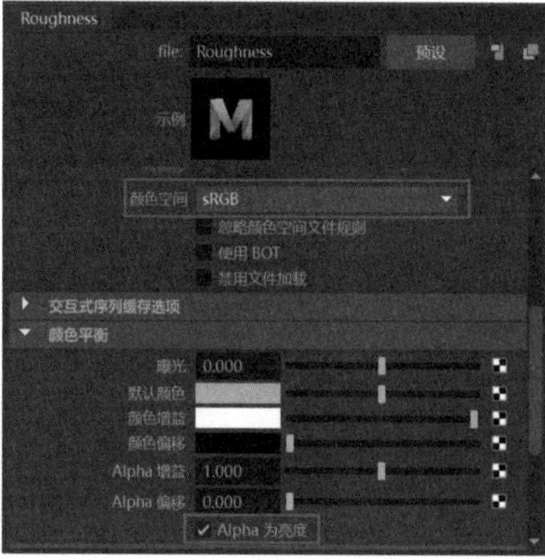

图 8-73

Step10 按【Tab】键，输入并创建 aiNormalMap 1，如图 8-74 所示。将 Normal 节点的输出颜色与 aiNormal Map1的 Input 连接，将 aiNormalMap1 的 Out Value 与 aiStandardSurface1 的 Normal Camera 连接，如图 8-75 所示。

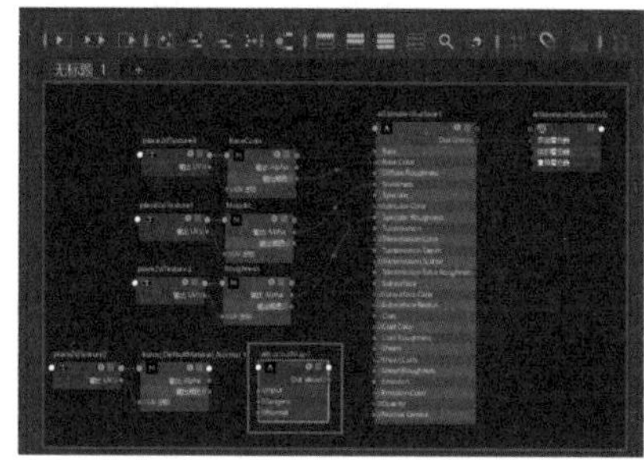

图 8-74

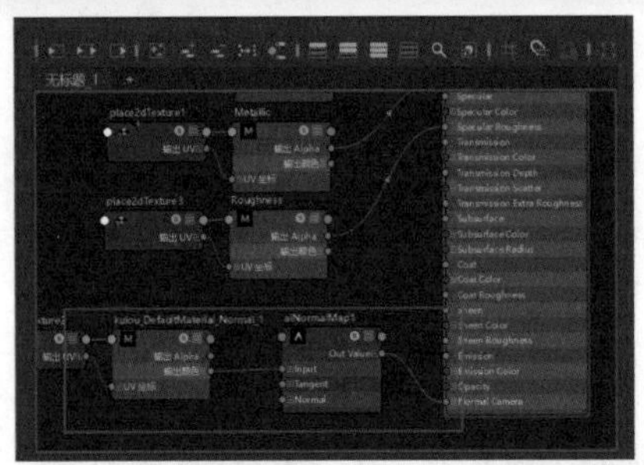
图 8-75

Step 11 贴图材质节点连接完毕后，选择菜单栏中的【Arnold】→【Render】命令进行渲染，并查看最终效果，如图 8-76 所示。实例最终效果见“结果文件\第 8 章\KL.mb”文件。

图 8-76

本章小结

本章主要介绍了 PBR 流程中材质的制作及使用。PBR 流程中使用了 Maya、Maya 内置 Arnold 渲染器插件、Substance Painter 三款软件。流程为：Maya 制作模型→ SP 烘培贴图并绘制→ SP 导出 PBR 贴图→ Maya 创建渲染器→ Arnold 渲染器打光创建标准材质→将贴图贴到材质对应位置→ Arnold 渲染。绘制贴图的过程中，漫反射、金属度、粗糙度属性的设置极为重要。在绘制贴图的过程中使用预设、智能材质可以辅助我们快速达到效果，大大提高工作效率。

动画篇包含“动画制作基础”与“角色动画”两部分内容，从关键帧动画的基础知识到角色动画的高级应用，逐步介绍 Maya 动画制作中必备的各种重要技术与相关知识点，帮助读者掌握 Maya 动画制作的基本技术。

第 9 章 动画制作基础

- 如何添加并调节关键帧?
- 如何使用时间编辑器设置动画关键帧?
- 动画曲线编辑器是什么，应该如何使用?
- 变形器都有哪些，应该如何应用?

Maya 提供了一套非常全面的动画系统。本章将讲解基础的动画技术，通过学习本章内容，读者可以掌握 Maya 动画制作的基本技术，包括变形动画、关键帧动画、受驱动关键帧动画、运动路径动画和约束动画。

9.1 Maya 动画基础知识概述

在 Maya 中，制作动画可以使用很多种方法，如关键帧动画、约束动画、运动路径动画、非线性动画、表达式动画和变形动画等。无论使用哪种方法制作动画，都需要先掌握基本操作，并对选定的物体或角色进行观察和了解，才能制作出效果优秀的动画，如图 9-1 所示。

图 9-1

9.2 关键帧基础知识

关键帧是指角色或物体运动时产生的每个动作的那一帧，它可以使场景中的角色充满活力，通过调节关键帧的位置，可以为对象制作人物动画，是动画制作中最基础的一部分。设置关键帧可以指定动画中的动作标记和计时的过程。一般物体的第一个关键帧为空关键帧，关键帧和关键帧序列可以进行添加、删除、复制、重新排布等多种操作。例如，可以将一个对象的动画属性复制到另一个对象中，还可以对选择的关键帧进行拖曳和拉伸，从而改变一个时间段的范围。

★重点 9.2.1 关键帧的添加

选择要添加动画的模型，在操作界面下方的时间轴中单击滑块，如图 9-2 所示，按快捷键【S】即可在当前时间添加一个关键帧，如图 9-3 所示，生成的关键帧呈红色。也可以选择模型，在右侧的【通道盒 / 层编辑器】中单击鼠标右键，执行【为选定项设置关键帧】命令来添加关键帧。

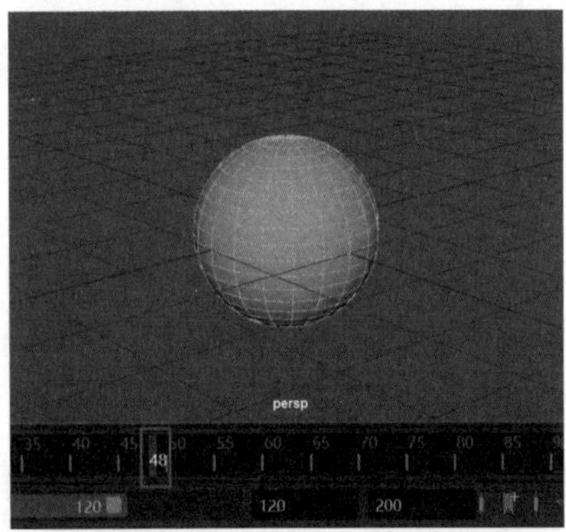

图 9-2

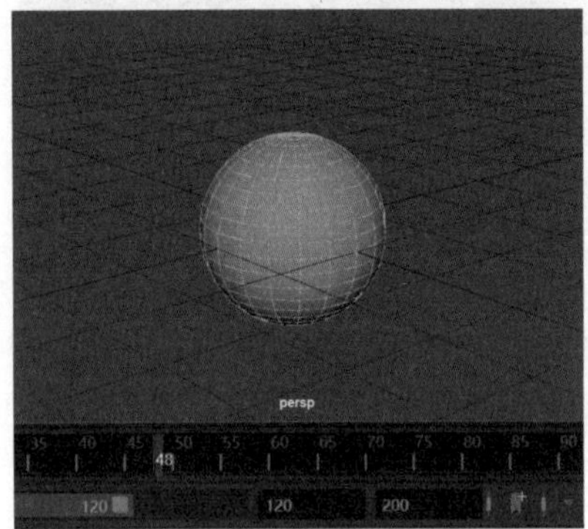

图 9-3

9.2.2 实战：添加关键帧

Step 01 单击工具架中的【多边形建模】→【球体】图标，创建一个球体，如图 9-4 所示。选择生成的球体模型，将时间轴中的滑块放在第 1 秒，在右侧的【通道盒 / 层编辑器】中长按鼠标左键框选模型的所有属性，单击鼠标右键，选择【为选定项设置关键帧】命令，如图 9-5 所示。

图 9-4

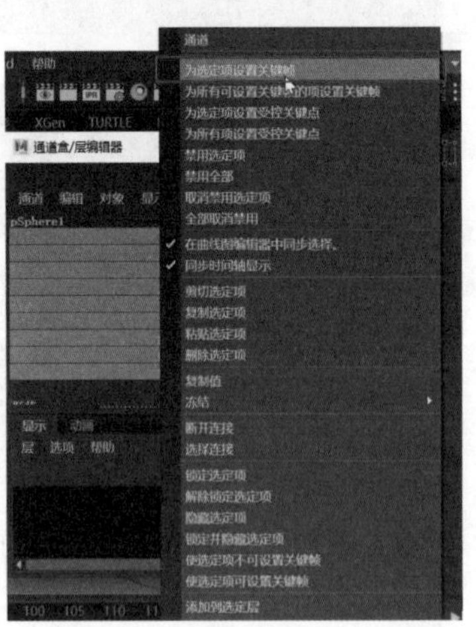

图 9-5

Step 02 可以看到在第 1 秒模型自动生成了一个关键帧，如图 9-6 所示。然后长按鼠标左键将时间滑块拖曳到第 55 秒，适当拉长时间段，按快捷键【W】和【E】对球体进行移动位置和旋转角度，如图 9-7 所示。

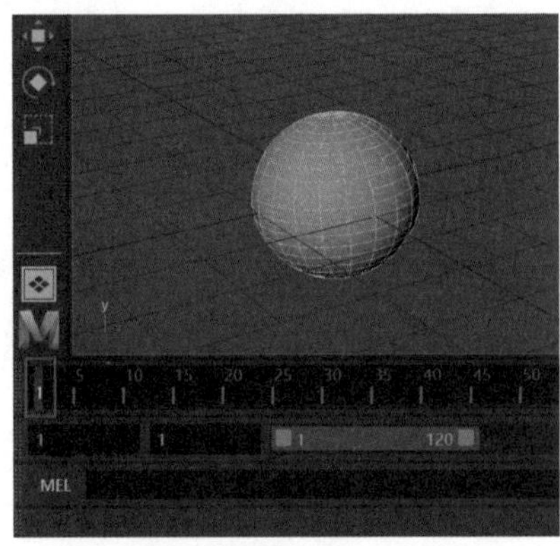

图 9-6

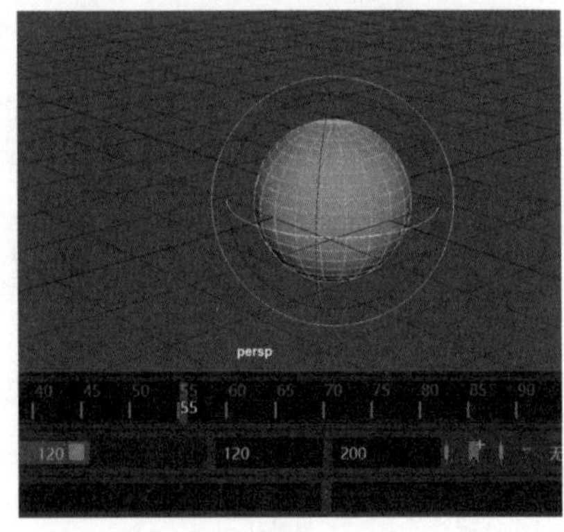

图 9-7

Step 03 确定好球体位置后，按快捷键【S】即可生成第 2 个关键帧，这时之前为球体调节好的位置就被自动记录下来了，从第 1 秒到第 55 秒的时间段中，球体会产生一个动画，如图 9-8 所示。

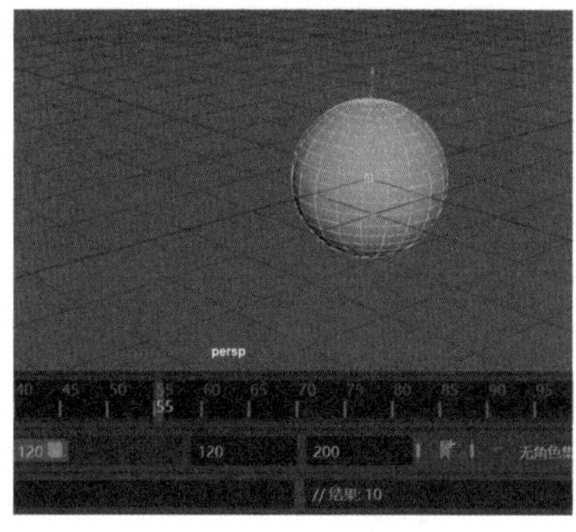

图 9-8

9.2.3 关键帧的删除、复制与粘贴

选择创建好的关键帧，在时间滑块中单击鼠标右键，在弹出的菜单中即可找到删除、复制与粘贴等操作命令，如图 9-9 所示，该菜单主要用于对选定对象的关键帧进行控制。

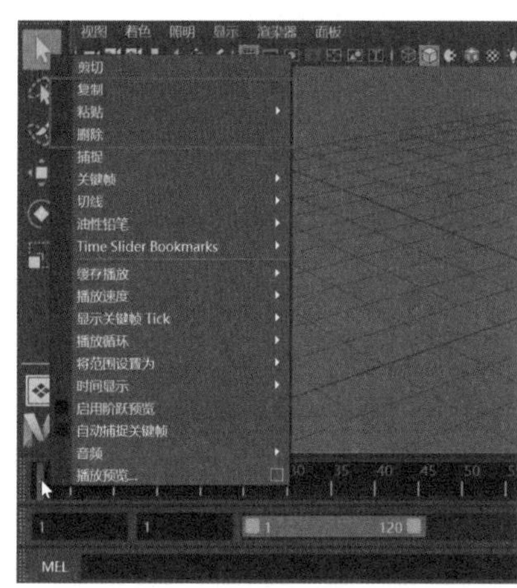

图 9-9

9.2.4 实战：删除、复制与粘贴关键帧

Step 01 选择菜单栏中的【创建】→【多边形基本体】→【球体】命令，创建一个球体，如图 9-10 所示，选择生成的球体，按快捷键【S】为其创建第一个关键帧，如图 9-11 所示。

图 9-10

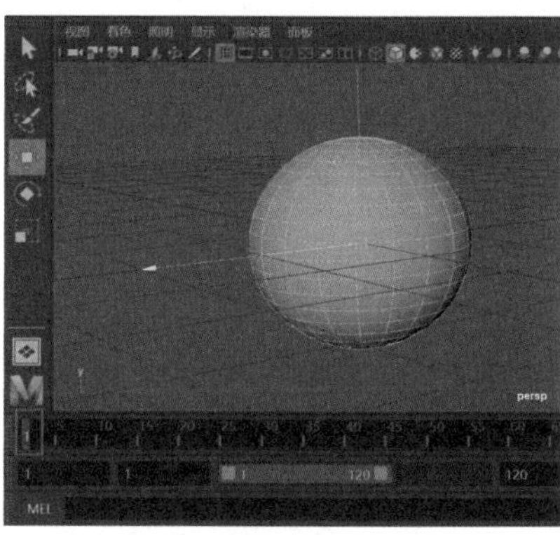

图 9-11

Step 02 在时间滑块中单击鼠标右键，在弹出的菜单中选择【复制】命令，如图 9-12 所示。接着长按鼠标左键将时间滑块平移到第 35 秒，在粘贴第 1 秒的关键帧之前，先要将时间滑块向右侧移动，如图 9-13 所示。

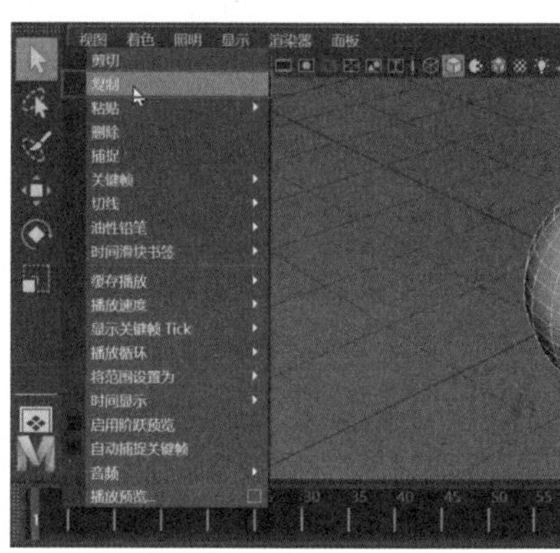

图 9-12

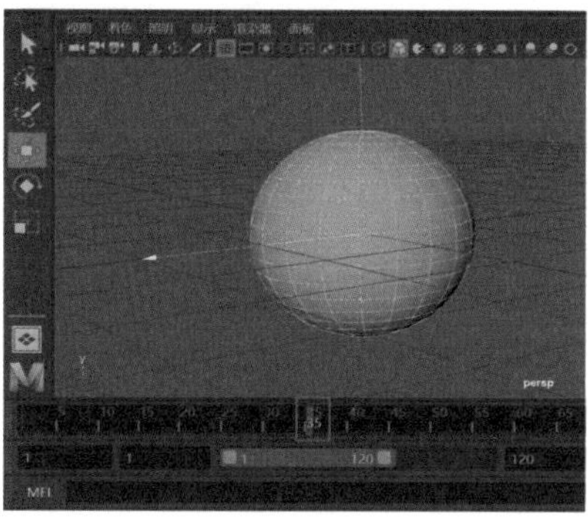

图 9-13

Step 03 确定好时间播放范围后，选择确定好位置的时间滑块，单击鼠标右键，在弹出的菜单中选择【粘贴】命令，如图 9-14 所示。命令执行后，第 1 秒的球体状态就被粘贴到了第 35 秒，将时间滑块移到第 17 秒，如图 9-15 所示。

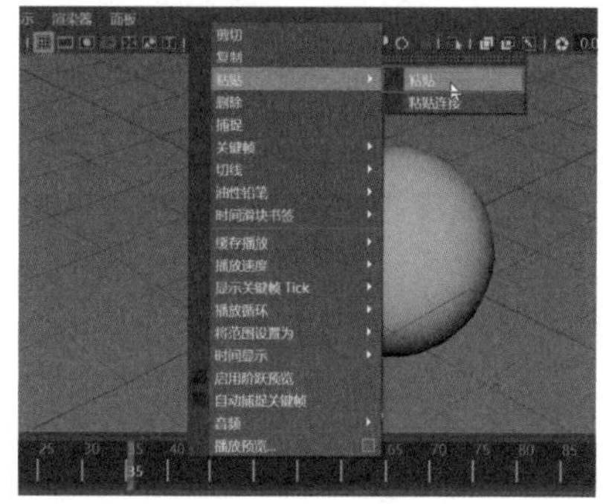

图 9-14

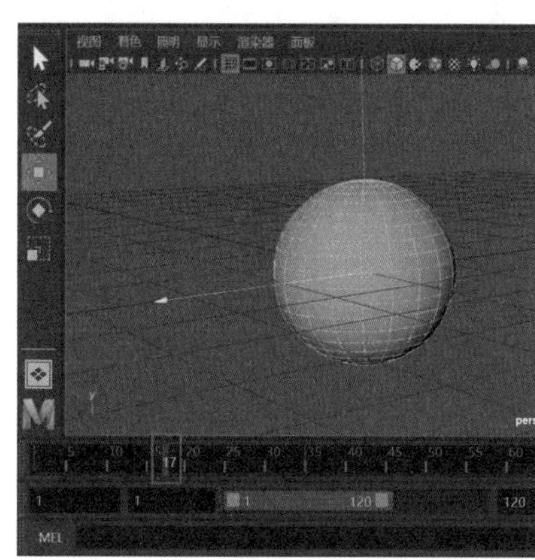

图 9-15

Step 04 选择球体，按快捷键【W】和【E】对模型进行移动并旋转角度，确定好球体的位置后，按快捷键【S】再次生成一个关键帧，如图 9-16 所示。之后球体当前的状态就会锁定在第 17 秒，球体模型可以在第 1 秒到第 35 秒形成一个动画，将滑块放置在需要删除的关键帧上，单击鼠标右键，在弹出的菜单中选择【删除】命令，如图 9-17 所示。

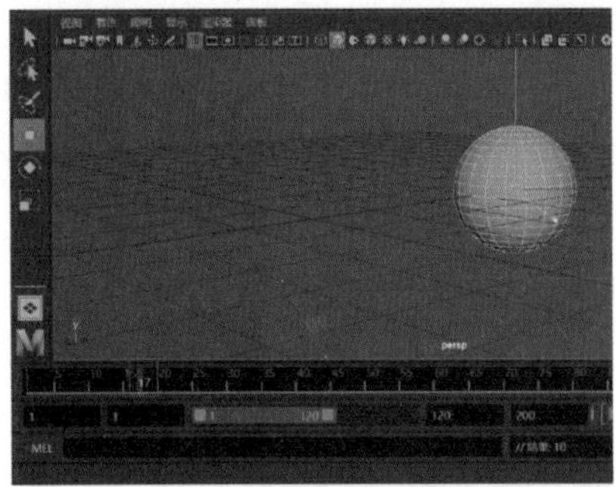
图 9-16

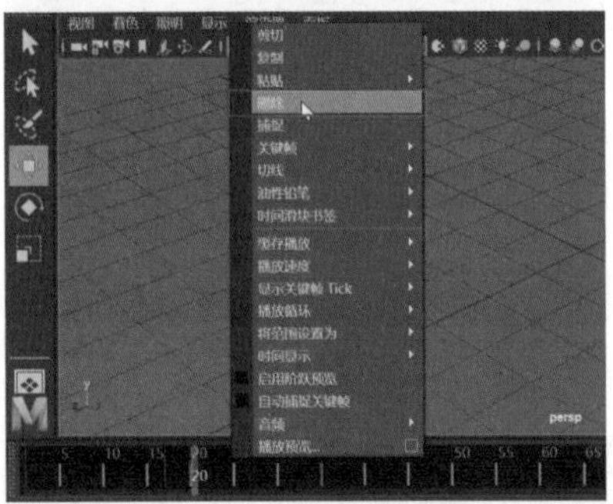
图 9-17

9.2.5 受驱动关键帧

通常可以在【时间滑块】中为属性值在特定时间点添加关键帧。设置受驱动关键帧是一种新的技术，它可以使选定模型通过其他属性进行驱动，为角色做出关上台灯接着躺在床上等动作，可以将一个物体的属性与其他物体的属性建立关系。受驱动关键帧实际上并不能制作动画，具体内容将在 9.8 节中进行介绍。

9.2.6 受控关键点

执行菜单栏中的【窗口】→【动画编辑器】→【曲线图编辑器】命令，如图 9-18 所示。选择【曲线图编辑器】中的【关键帧】→【插入关键帧工具】命令，如图 9-19 所示。接下来即可对关键点进行受控，使用受控关键点可以调整动画的计时，并保留点在动画曲线中的属性值。受控关键点在【时间滑块】和【曲线图编辑器】面板中都呈绿色，同时在【曲线图编辑器】中的效果也是一样的。

图 9-18

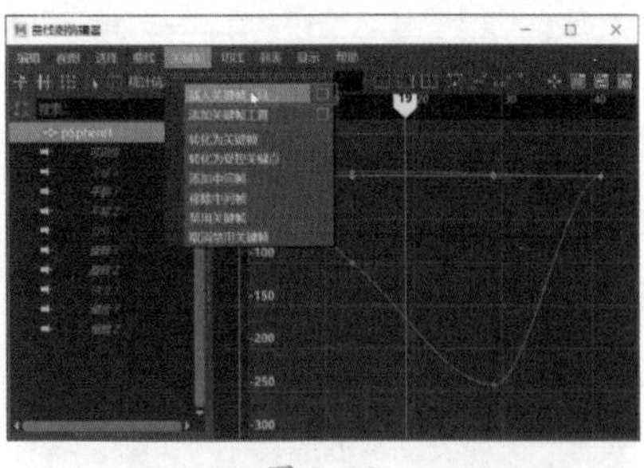
图 9-19

9.2.7 时间滑块与播放控制

时间滑块可以显示该动画的时长，通过拖曳时间范围可以控制动画的播放范围，还可以添加【时间滑块书签】为动画做标记，如图 9-20 所示。

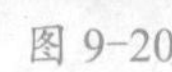
图 9-20

在时间滑块中的任意位置双击鼠标左键，即可改变当前时间范围，红色区域越小，物体播放速度就越快，如图 9-21 所示。长按并拖曳红色区域两侧的单向箭头，即可缩小或扩大播放区域；长按并拖曳红色区域中间的双向箭头，可以调节动画的时间范围。

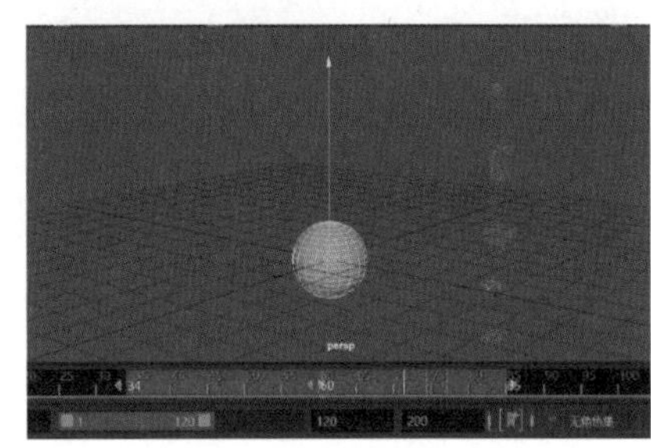
图 9-21

9.2.8 关键帧的烘焙

编辑单个动画曲线或查看并编辑角色关节的动画信息时，烘焙关键帧非常有用。通过烘焙为 IK 关节创建关键帧的操作方法如下。单击菜单栏中的【关键帧】→【烘焙模拟】命令右侧的复选框，如图 9-22 所示，打开【烘焙模拟选项】对话框进行设置即可，如图 9-23 所示。如果需要烘焙全身 IK 系统，则必须确保角色骨架的属性可设置关键帧。

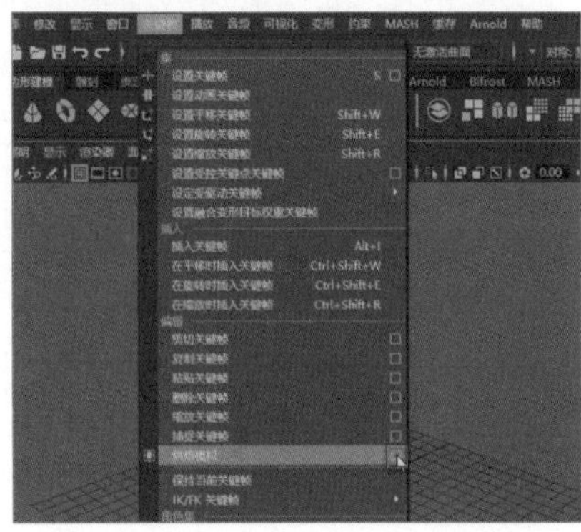
图 9-22

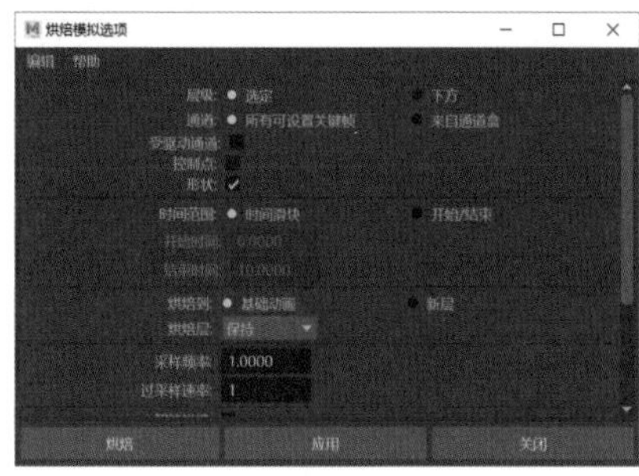
图 9-23

【烘焙模拟选项】对话框中选项的作用及含义如表 9-1 所示。

表 9-1 烘焙模拟选项对话框中选项作用及含义

选项	作用及含义
层级	该选项指定如何从子对象的对象层级中烘焙关键帧集
选定	选择该选项后，指定的关键帧集将只包含当前选定的单个动画曲线，默认状态下为启用
下方	选择该选项后，指定的关键帧集将包含层级下的所有动画曲线
通道	该选项用于指定动画曲线中的通道
所有可设置关键帧	选择该选项后，将指定关键帧集曲线中包含选定对象的所有可设定关键帧属性。默认状态下为启用
来自通道盒	选择该选项后，将指定当前【通道盒 / 层编辑器】中包含的选定对象的动画曲线
受驱动通道	选择该选项后，指定的关键帧集曲线将只包含所有受驱动关键帧，默认状态下为禁用
控制点	选择该选项后，指定的关键帧集曲线将包含选定对象中的控制点，默认情况下为禁用
形状	选择该选项后，指定的关键帧集曲线将包含对象的形状节点及其变换节点，默认状态下为启用
时间范围	指定关键帧集的动画曲线时间范围
开始 / 结束	选择此选项后，可以指定关键帧的【开始时间】和【结束时间】
时间滑块	将指定从时间滑块的【播放开始】和【播放结束】时间定义的时间范围
开始时间	该选项只有在选择【开始 / 结束】的情况下可以使用，该选项指定时间范围的开始时间
结束时间	该选项只有在选择【开始 / 结束】的情况下可以使用，该选项指定时间范围的结束时间
烘焙到	可以指定如何烘焙动画层
烘焙层	设置该选项，可指定层是否保持原始状态或是否保留原始层中的属性。一共有三种类型，分别是保持、移除属性和清除动画
采样频率	指定 Maya 对动画进行求值
智能烘焙	启用此选项后，可以在选定的动画曲线上按照时间放置关键帧，从而限制烘焙期间生成的关键帧的数量
提高保真度	根据保真度关键帧容差的百分比值向动画曲线添加适量的关键帧，有助于保持动画曲线的形状不变

9.2.9 设置关键帧

切换到【动画】模块中，如图 9-24 所示，执行菜单栏中的【关键帧】→【设置关键帧】命令，如图 9-25 所示，即可生成一个关键帧。

图 9-24

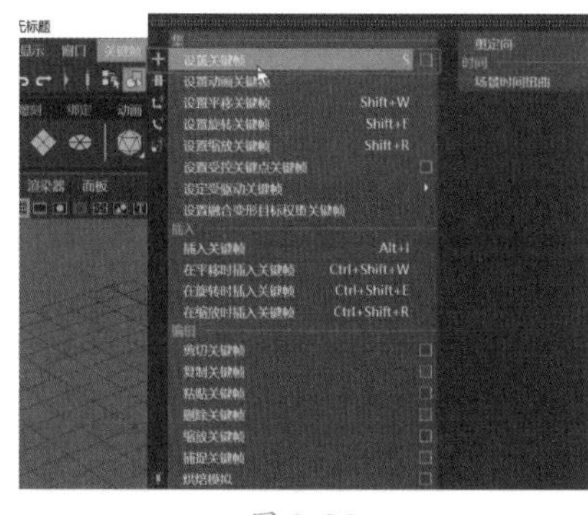
图 9-25

单击【关键帧】→【设置关键帧】命令右侧的复选框，打开【设置关键帧选项】对话框，在其中可以设置关键帧的相关选项，如图 9-26 所示。

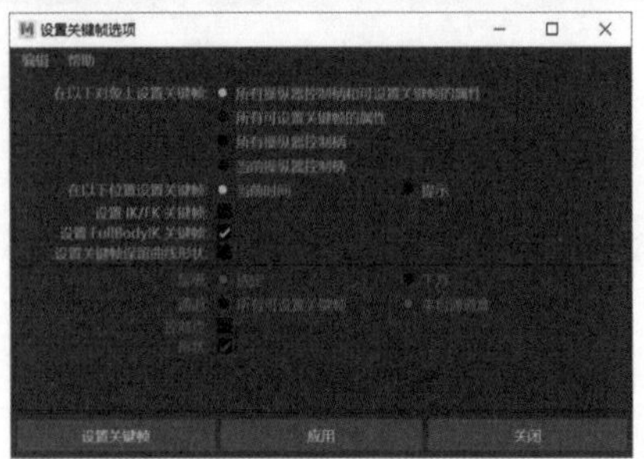

图 9-26

【设置关键帧选项】对话框中选项的作用及含义如表 9-2 所示。

表 9-2 设置关键帧选项对话框中选项作用及含义

选项	作用及含义
在以下对象上设置关键帧	设置该选项，将指定在哪个属性上添加关键帧，一共有 4 个选项
所有操纵器控制柄和可设置关键帧的属性	启用此选项时，将为当前的操纵器或对象添加关键帧，这是默认设置
所有可设置关键帧的属性	启用此选项时，将为选定的模型的所有可设置关键帧属性生成关键帧
所有操纵器控制柄	启用此选项时，将在受选定操纵器影响的属性上生成关键帧
在以下位置设置关键帧	设置此选项后，设置关键帧时将有两种方式确定时间，分别是【当前时间】和【提示】
当前时间	启用此选项时，只会在当前的时间生成关键帧
提示	启用此选项时，软件会提示设置关键帧的时间
设置 IK/FK 关键帧	启用此选项时，将为控制柄的所有属性和关节添加关键帧
设置 FullBodyIK 关键帧	启用此选项时，可以为角色中全部的 IK 生成关键帧
层级	设置此选项后，将指定在父子层级中的对象上生成关键帧
选定	启用此选项时，将只在选定的模型属性上添加关键帧
下方	启用此选项时，将在选定物体和其子对象的属性上生成关键帧
通道	设置此选项后，将在指定的通道上生成关键帧，有两种方式，分别是【所有可设置关键帧】和【来自通道盒】
所有可设置关键帧	启用此选项时，将在选定的模型中的所有可设置关键帧通道上记录关键帧
来自通道道盒	启用此选项时，将在当前选定对象的选定通道上生成关键帧
控制点	设置此选项后，将在选定模型的控制点上设置关键帧，控制点指的是 NURBS 曲面的 CV 控制点、多边形表面顶点或晶格点

9.3 时间编辑器

在时间编辑器中可以设置关键帧的所有对象和属性，还可以对动画进行计时的操作，如速度、长度、时长等。选择菜单栏中的【窗口】→【动画编辑器】→【时间编辑器】命令，如图 9-27 所示，即可打开【时间编辑器】面板，在该面板中可以对选定的对象的关键帧或动画序列执行创建和编辑等操作，如图 9-28 所示。

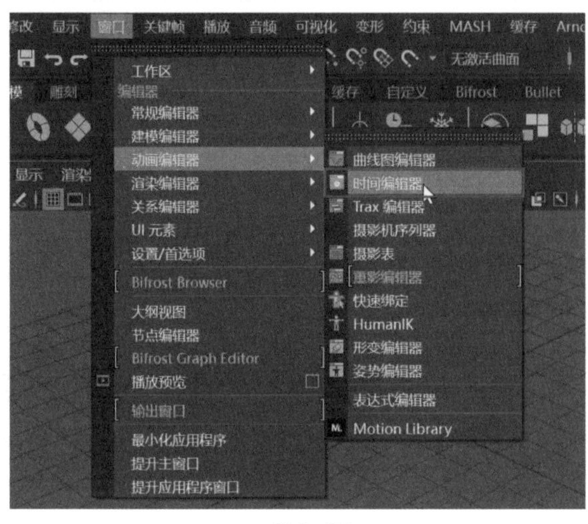

图 9-27

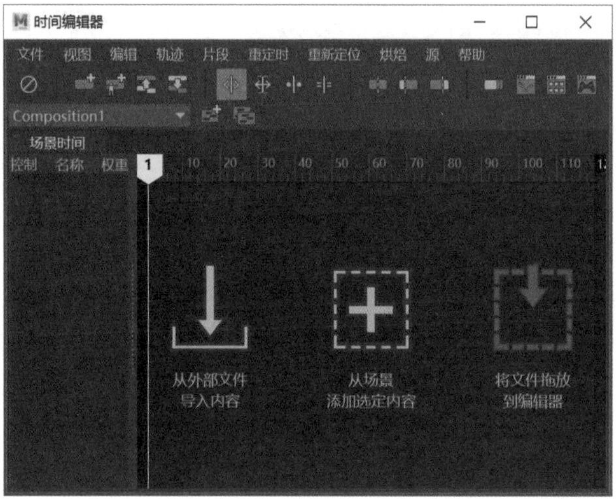

图 9-28

9.3.1　时间编辑器界面介绍

❶时间编辑器面板中左侧为名单，用于显示对象的当前音频轨迹和动画轨迹；❷右侧为时间视图，用于创建和编辑动画片段，如图 9-29 所示。菜单栏中包含对动画片段进行组织和查看合成的特定选项，单击该面板菜单栏中的【打开曲线图编辑器】图标，如图 9-30 所示，即可打开【曲线图编辑器】，对关键帧进行调整和修改。

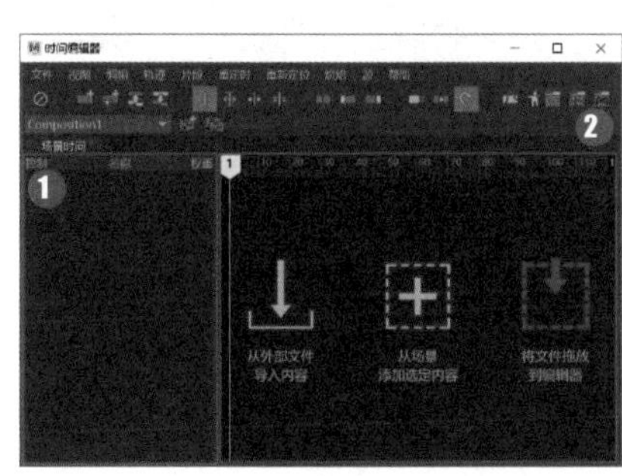

图 9-29

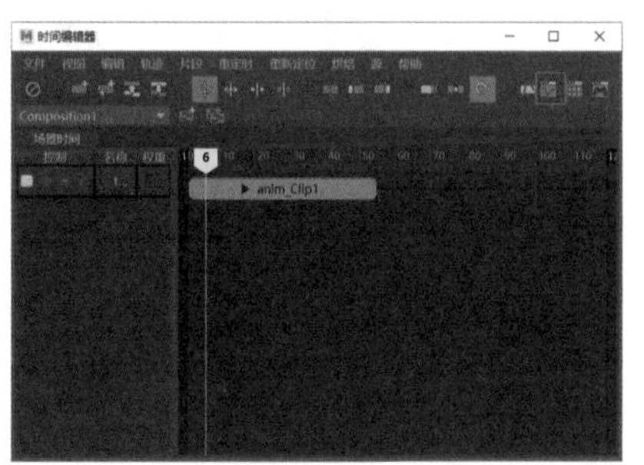

图 9-30

当需要重新打开软件时，时间编辑器会显示快速启动提示，如图 9-31 所示。单击第三个图标可以将文件拖放到编辑器中，单击前两个图标可以将内容导入编辑器中。也可以选择菜单栏中的【文件】→【导入】命令执行同样的操作，如图 9-32 所示。

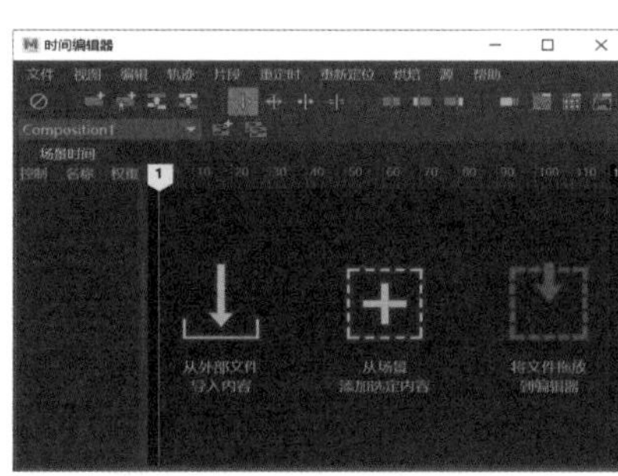

图 9-31

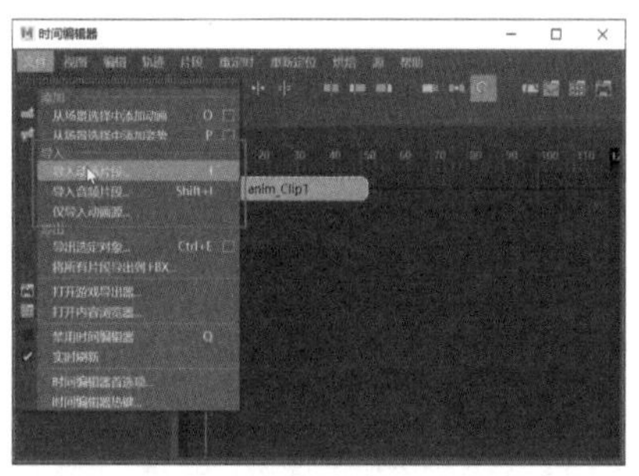

图 9-32

时间编辑器中的工具架位于菜单栏下方，这里包含所有用来创建和编辑动画的命令图标，如图 9-33 所示。在时间视图中长按片段，片段上方会显示起始帧和结束帧，如图 9-34 所示，可以很方便地看到时间范围。

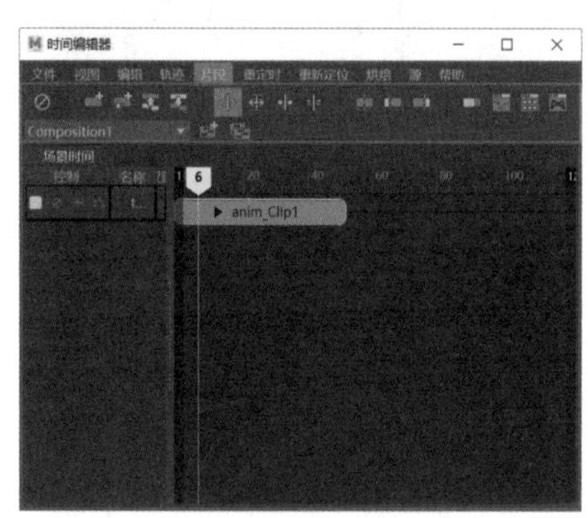

图 9-33

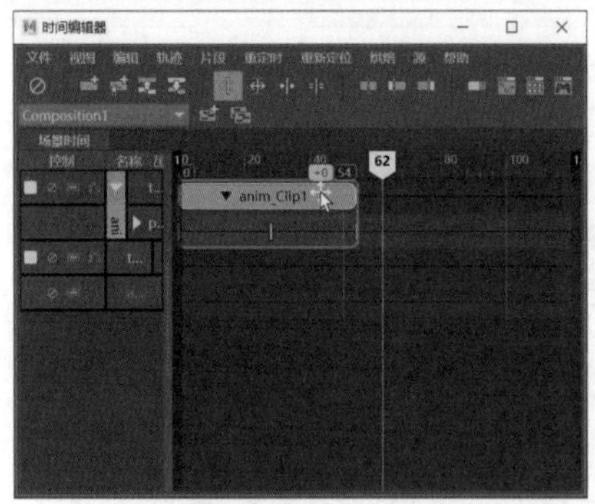

图 9-34

用鼠标拖曳片段的最右侧，可以缩短或拉长时间段，如图 9-35 所示。在时间编辑器中创建的动画轨迹和音频轨迹都会在左侧的名单中显示，如图 9-36 所示，用户可以在名单中进行查看控件、调整轨迹权重等操作。

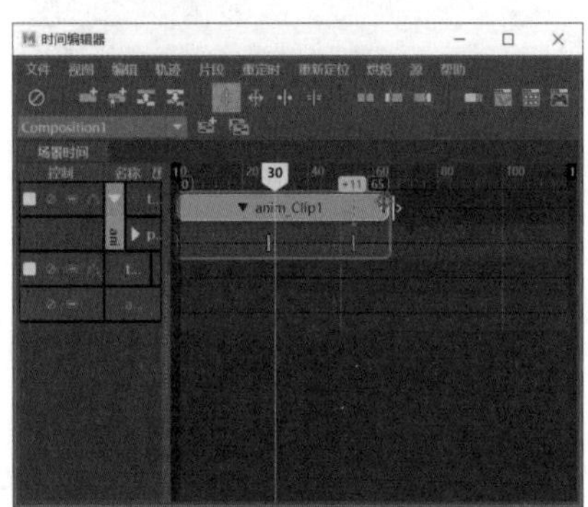

图 9-35

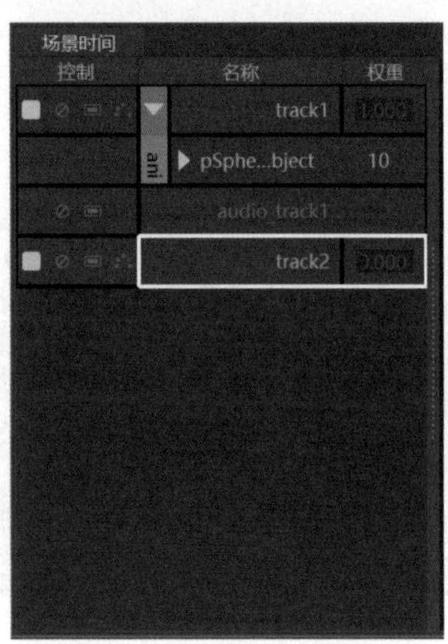

图 9-36

9.3.2 将内容添加和导入时间编辑器

时间编辑器中可以导入 ma\mb 文件、音频、fbx 文件和集。如果动画已经被添加到 Maya 中，确定选定的动画的关键帧在时间滑块中后，单击菜单栏中【文件】→【从场景选择中添加动画】命令右侧的复选框，如图 9-37 所示，在打开的对话框中，选择要导入的可设置动画属性，单击【应用并关闭】按钮即可，如图 9-38 所示。

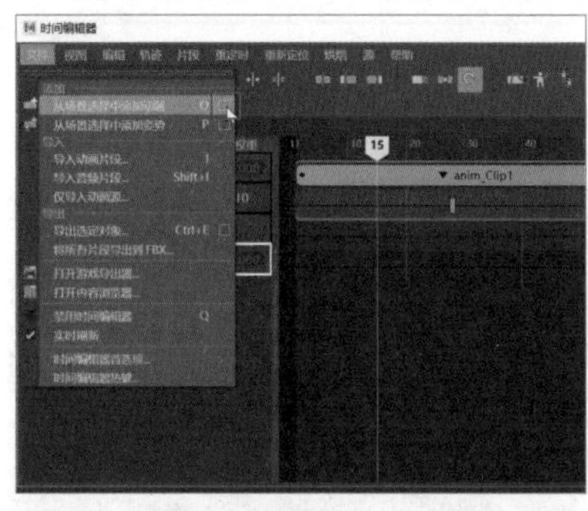

图 9-37

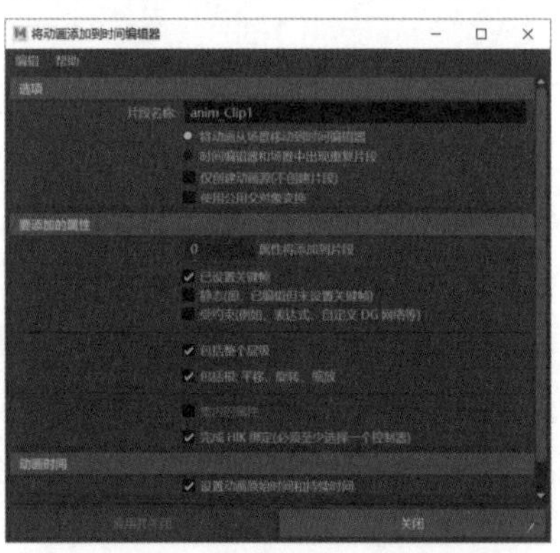

图 9-38

还可以按住鼠标中键将动画从【视图大纲】中直接拖曳到【时间编辑器】中。

9.3.3 时间编辑器片段

选择的动画被导入时间编辑器后，会自动在时间视图中生成一个片段（时间编辑器的动画构建块），可以把它当成一个可设置关键帧对象的动画曲线集合，如图 9-39 所示，在调整片段时，动画源保持不变，但是如果需要修改动画源，则引用动画源的每个片段都会受到影响。

图 9-39

单击片段中间的箭头，可以对片段进行查看，在展开并查看片段层次时，即使展开片段层次的操作是在轨迹的名单控件中完成，也仍然要视为一个片段操作，因为时间编辑器面板可以查看片段的层次，显示动画片段中的关键帧，所以仍然将其视为一个片段操作，如图 9-40 所示。

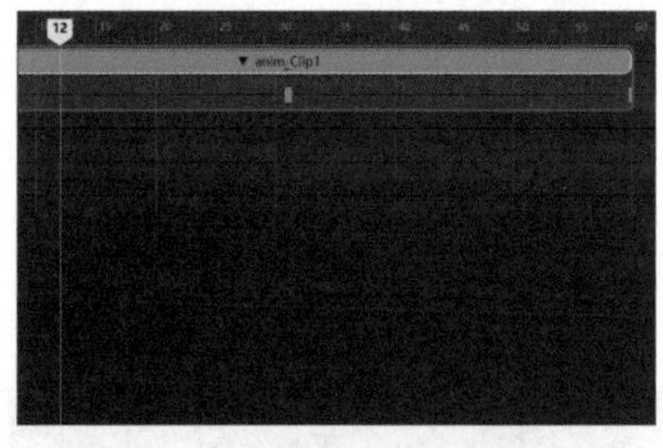

图 9-40

音频片段在时间编辑器中呈绿色，在时间视图中单击鼠标右键，即可创建音频片段，如图 9-41 所示。

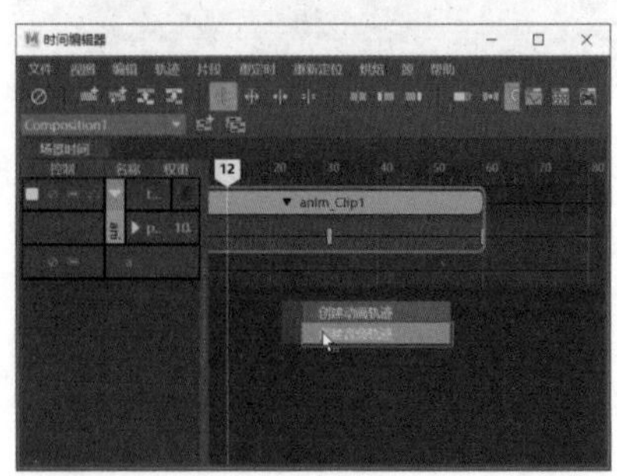

图 9-41

9.3.4 时间编辑器轨迹

时间编辑器轨迹可以存放生成的片段和组片段，它是沿时间视图排列形成的内容，也是用户在时间编辑器面板中即将添加和编辑片段时所处的背景。选择菜单栏中的【轨迹】→【动画轨迹/音频轨迹】命令，即可创建轨迹，如图9-42所示。如果需要删除轨迹，在左侧的名单中选择要删除的轨迹，按【Delete】键即可删除，如图9-43所示。

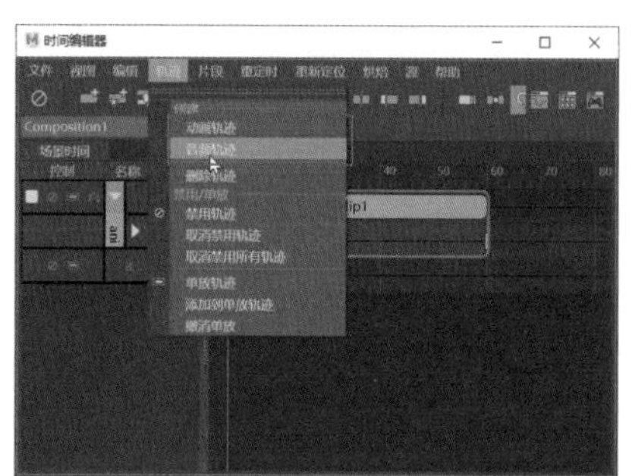

图 9-42

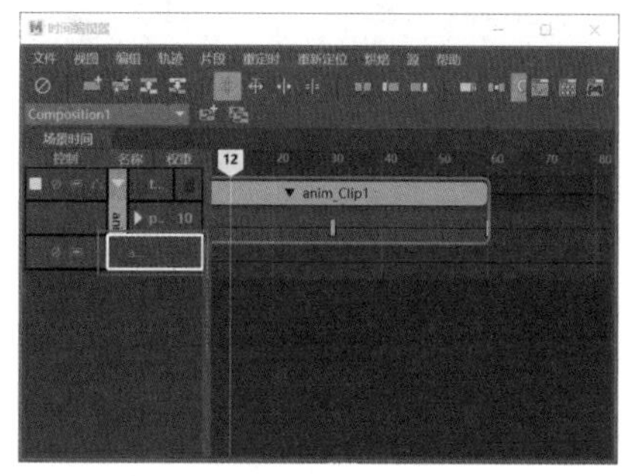

图 9-43

在时间编辑器左侧的名单中选择一个轨迹，在工作区右侧的【属性编辑器】中的【片段】区域中输入【片段名称】，可以对选择的轨迹进行重命名操作，如图9-44所示。在时间编辑器左侧的名单中选择一个轨迹，单击鼠标右键，在弹出的菜单中选择【将选定轨迹上移/下移】命令，即可在名单中对轨迹进行排列，如图9-45所示。

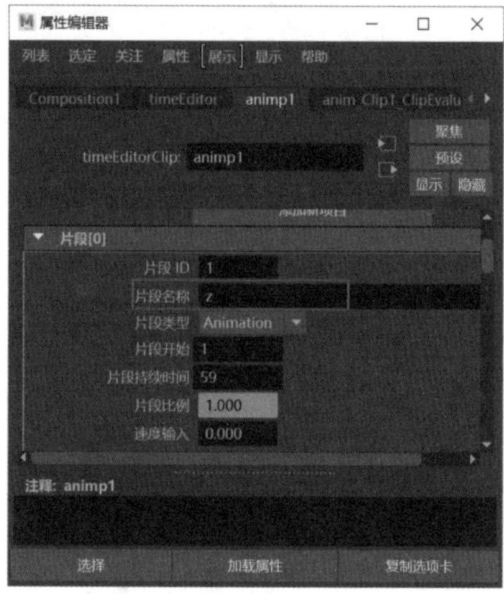

图 9-44

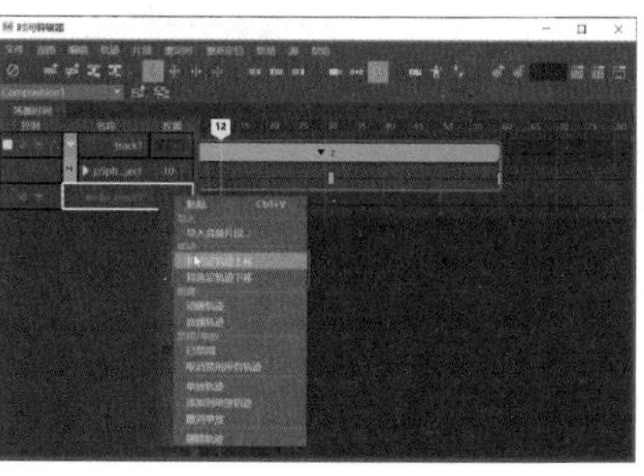

图 9-45

在时间编辑器的名单中单击轨迹左侧的【显示关键帧】图标，如图9-46所示，可以显示轨迹上的片段中添加的关键帧。单击【禁用】图标，可以对相应的轨迹进行禁用并停止播放，当轨迹被禁用后，在时间视图中将变暗，如图9-47所示。

图 9-46

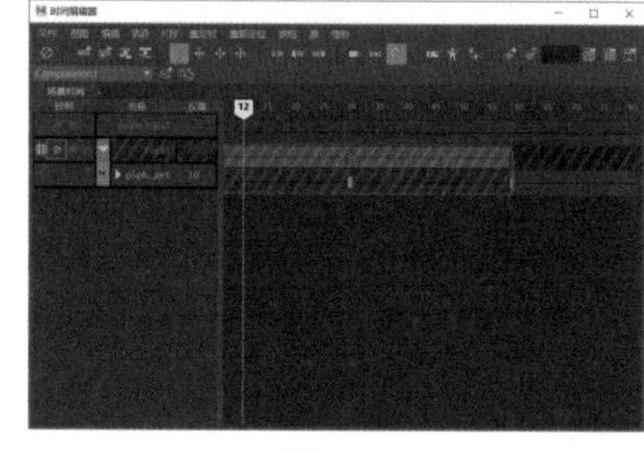

图 9-47

单击名单中轨迹左侧的【单放】图标，可以对相应的轨迹进行单独播放，如图9-48所示，一个轨迹单放时，其他的轨迹将变暗，如图9-49所示。

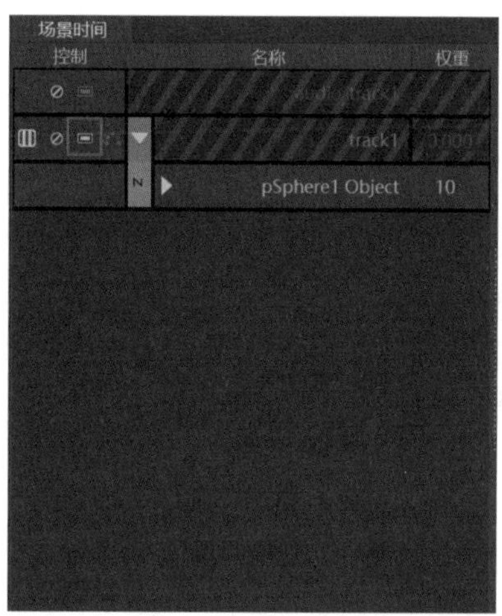

图 9-48

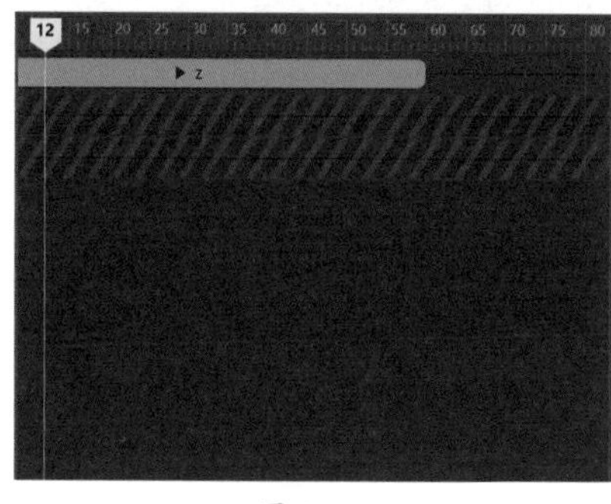

图 9-49

9.3.5 在时间编辑器中编辑动画

将当前的选定动画在【时间编辑器】面板中生成片段后，可以看到在该片段中会生成一个亮黄色的时间标记，如图 9-50 所示。按快捷键【Ctrl+C】，再按快捷键【Ctrl+D】，可以看到片段被粘贴到了当前的时间标记位置，如图 9-51 所示。在这个过程中不要打开曲线图编辑器面板对动画中的关键帧进行调节，否则源动画也会被更改。

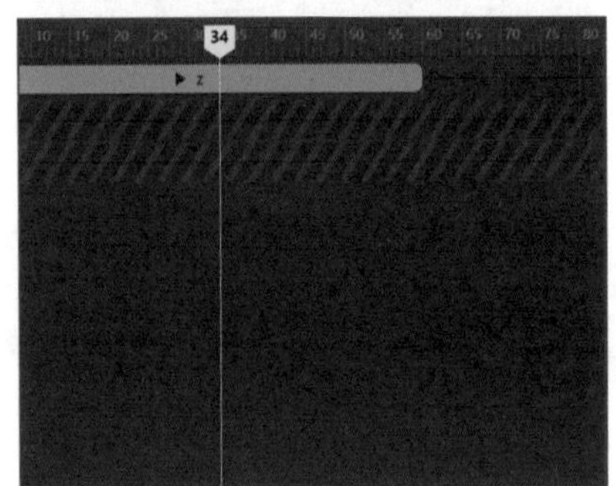

图 9-50

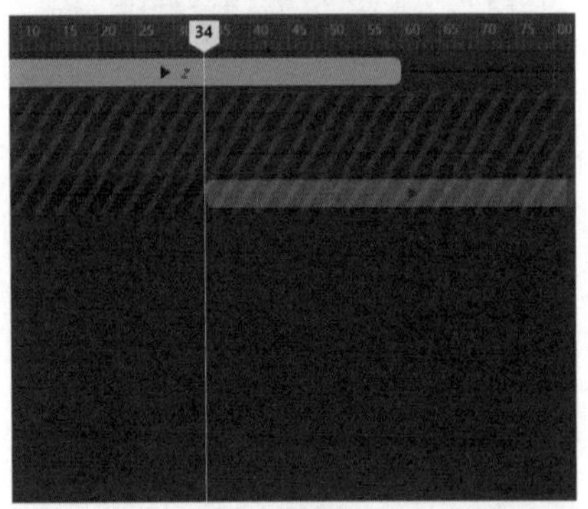

图 9-51

单击工具架中的【涟漪】图标，可以对片段激活“涟漪编辑”模式，如图 9-52 所示，该模式可以在时间视图中调整片段时，不影响其他相邻片段。在菜单栏中选择【编辑】→【循环】命令，如图 9-53 所示。

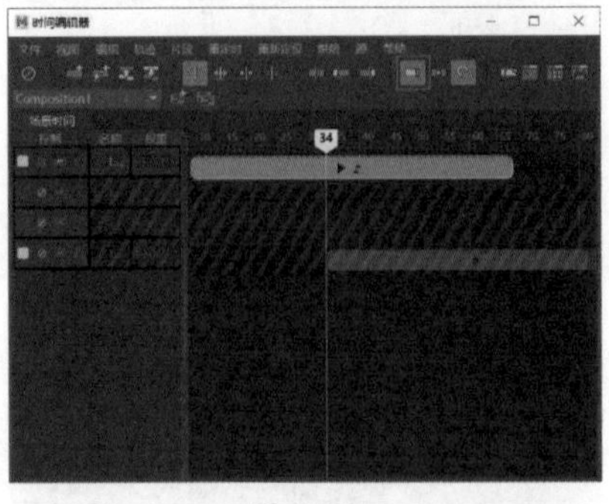

图 9-52

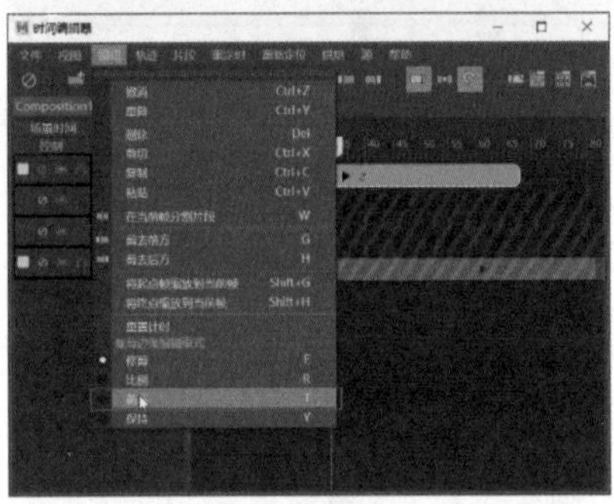

图 9-53

开启菜单栏中的【编辑】→【循环】模式，将鼠标指针放到片段的左侧或右侧，然后拖曳鼠标左键，这时片段就可以进行循环了，如图 9-54 所示。

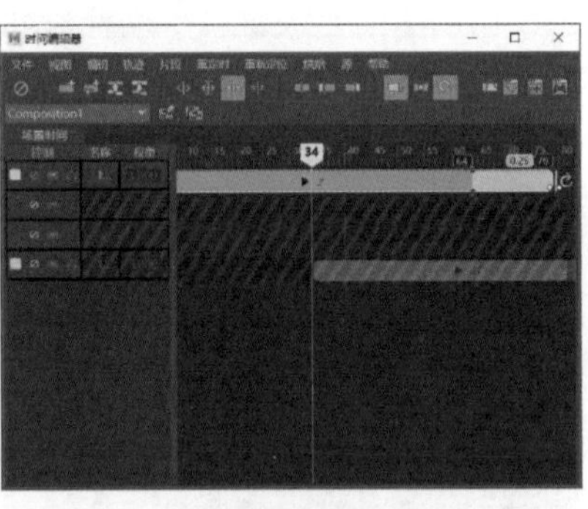

图 9-54

9.3.6 在时间编辑器中设置动画关键帧

在时间编辑器中调整选择片段的关键帧时，应该调整的是合成的动画片段，而不是动画源，且不遵循 Maya 常规的动画规则，并且片段必须在时间编辑器面板工具架的【活动片段】中处于活动状态，以便将其指定为要设置关键帧的片段层。当调整轨迹权重的关键帧时，必须先选择该轨迹并查看其中的关键帧。

用户不可以直接在【时间编辑器】面板中的片段上添加关键帧，同时，也不能为受片段驱动的场景对象或属性设置关键帧。如果需要在动画源上添加关键帧，则必须创建新的片段层或禁用时间编辑器。

9.3.7 使用时间编辑器重定位器匹配姿势

时间编辑器中的【匹配重定位器】命令可以根据选定的对象自动对齐片段，用户可以使用该命令将它们合并在一起生成新的动画，如图 9-55 所示，如果角色的位置已经紧密对齐，则进行匹配时会更便捷。

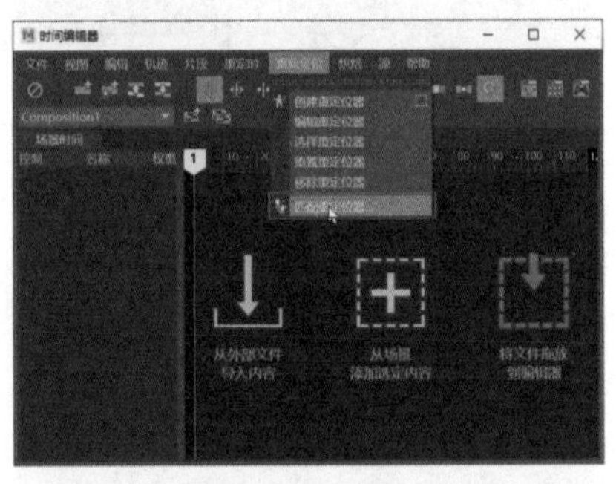

图 9-55

9.3.8 使用时间编辑器重映射动画

用户可以使用时间编辑器将选择的动画从一个角色重映射到另一个角色，前提是角色具有相同的骨架层次和骨骼长度，且动画源必须在场景中。重映射命令可以获取另一个角色的动画源，它不会将动画烘焙到其他对象中，重映射过程可以将动画源从操作界面的【大纲视图】中拖曳到已进行驱动角色的片段上。

9.4 制作线变形动画

Maya 中的线变形工具是一种特殊的工具，它可以使用曲线改变可变形物体的形状，这里的线指的是 NURBS 曲线。单击菜单栏中【变形】→【线条】命令右侧的复选框，如图 9-56 所示，打开线条的【工具设置】对话框后，单击【重置工具】按钮，如图 9-57 所示，此时鼠标指针会变成十字形，选择 NURBS 平面，按【Enter】键确认即可。

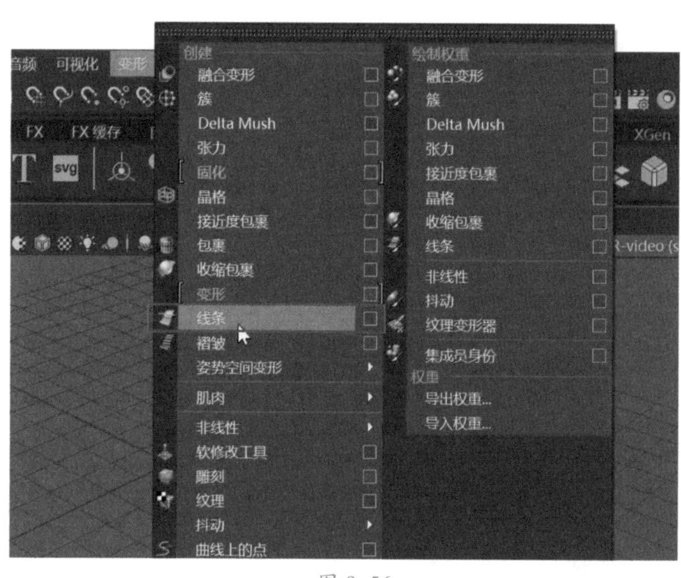

图 9-56

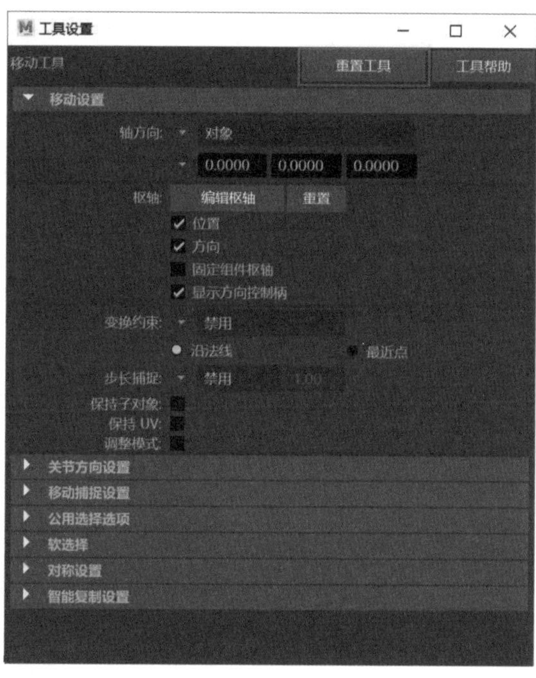

图 9-57

创建曲线后，选择场景中生成的曲线，按快捷键【W】将曲线沿 Z 轴移动，可以看到 NURBS 平面受到了影响。继续选择曲线，打开【属性编辑器】面板，在【wire1】选项卡中展开【衰减距离】区域，如图 9-58 所示，将参数全部调整为 0.5，可以看到平面受曲线的影响变小了。

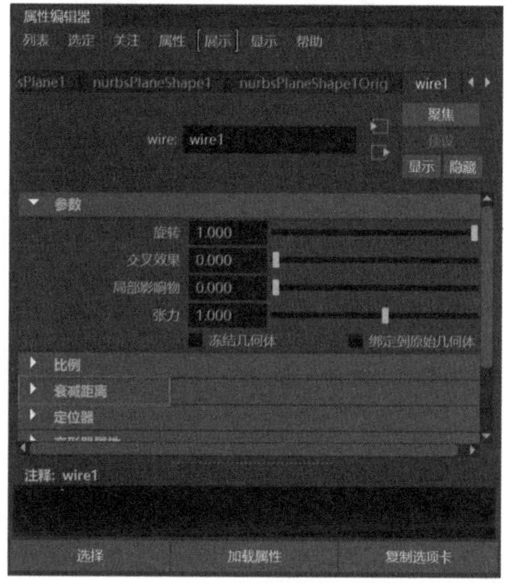

图 9-58

9.5 层级动画

层级动画就是将动画用不同的层制作，创建动画层之后不会破坏原始动画，它可用于组织新的关键帧动画，或者用于在不覆盖原始曲线的情况下在现有动画顶层生成关键帧，其中每层都会包含关于各自指定属性的动画曲线。使用动画层可以在场景中创建和融合多个级别的动画。

9.6 Maya 中的非线性动画

执行菜单栏中的【变形】→【非线性】命令，如图 9-59 所示，可以看到【非线性】中共有 6 个子命令，分别是【弯曲】【扩张】【正弦】【挤压】【扭曲】和【波浪】。

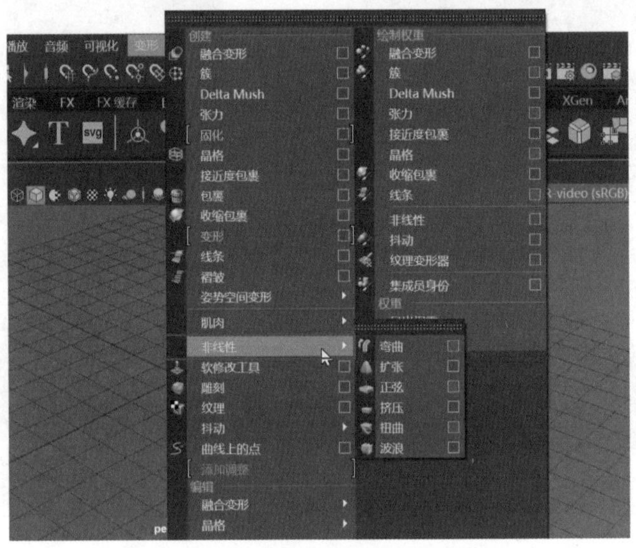

图 9-59

9.6.1 弯曲变形器

使用【弯曲】变形器可以沿圆弧变形操纵器调整可变形物体，如图 9-60 所示。在右侧的【通道盒 / 层编辑器】中调节【曲率】数值，可以看到数值越大，物体弯曲的程度越强，如图 9-61 所示。

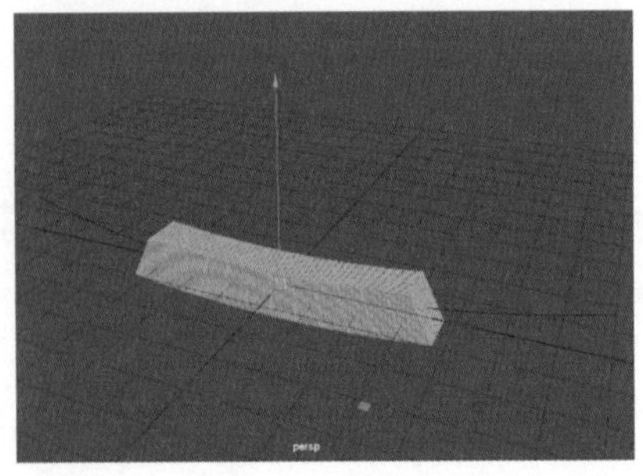

图 9-60

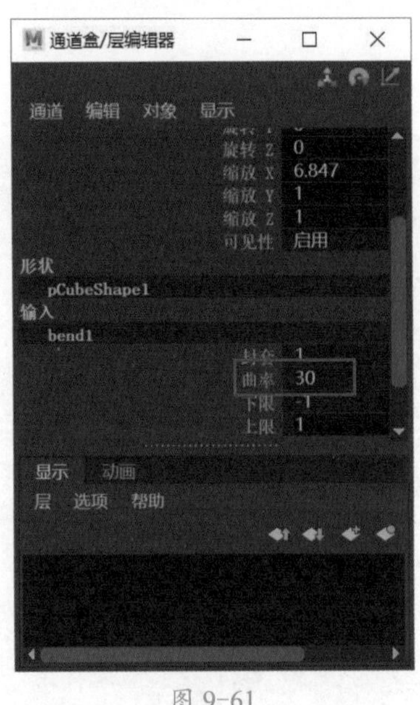

图 9-61

9.6.2 扩张变形器

使用【扩张】变形器可以使物体产生扩张或锥化的效果，如图 9-62 所示。在右侧的【通道盒 / 层编辑器】中展开【flare1】，调节操纵器的参数，可以决定物体扩张或锥化的强度，如图 9-63 所示。

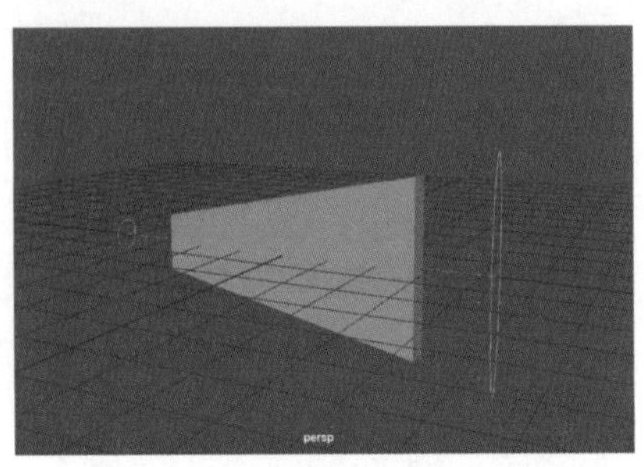

图 9-62

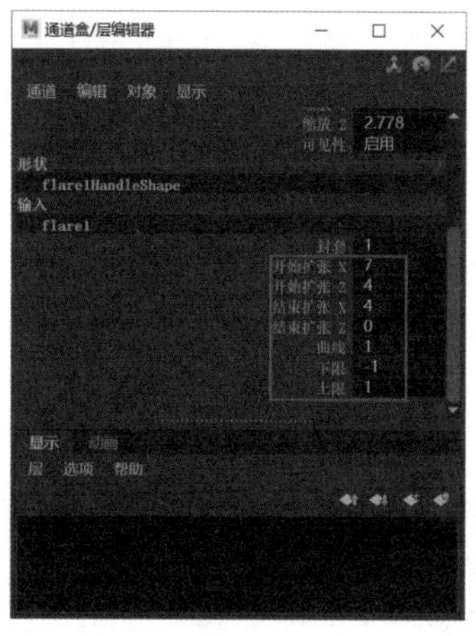

图 9-63

9.6.3 正弦变形器

使用【正弦】变形器可以使物体产生波形的效果，如图 9-64 所示。在右侧的【通道盒 / 层编辑器】中展开【sine1】，调节操纵器的参数，可以决定物体产生波形的强度，如图 9-65 所示。

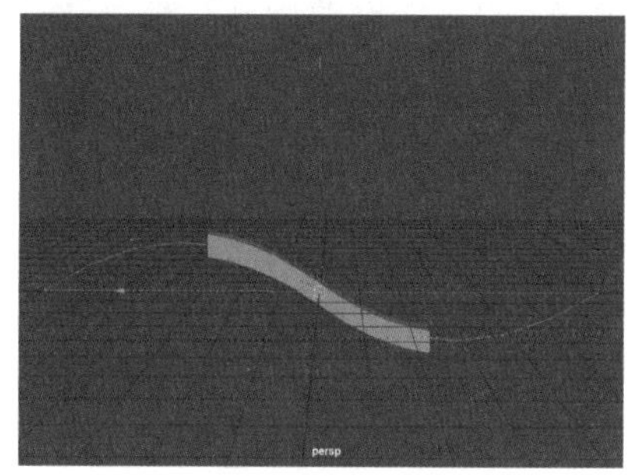

图 9-64

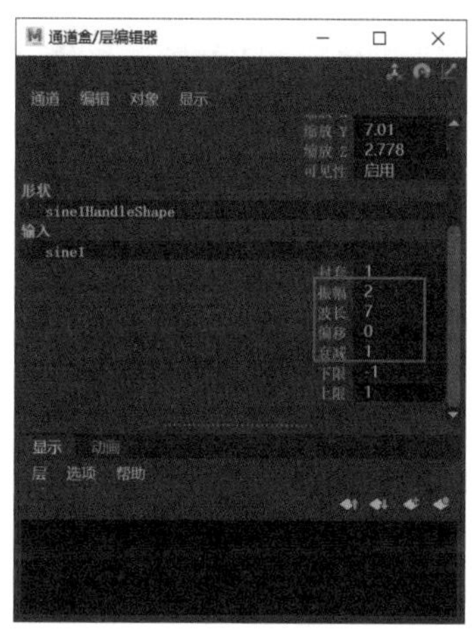

图 9-65

9.6.4 挤压变形器

使用【挤压】变形器可以使物体沿一个方向产生挤压或伸展的效果，如图 9-66 所示。在右侧的【通道盒 / 层编辑器】中展开【squash1】，调节操纵器的参数，可以决定物体产生波形的强度，如图 9-67 所示。

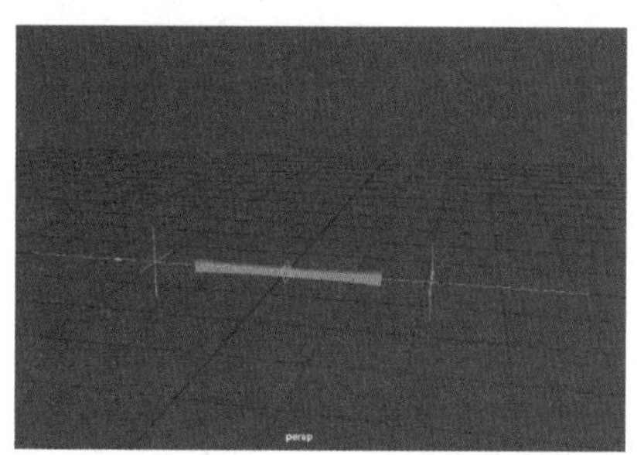

图 9-66

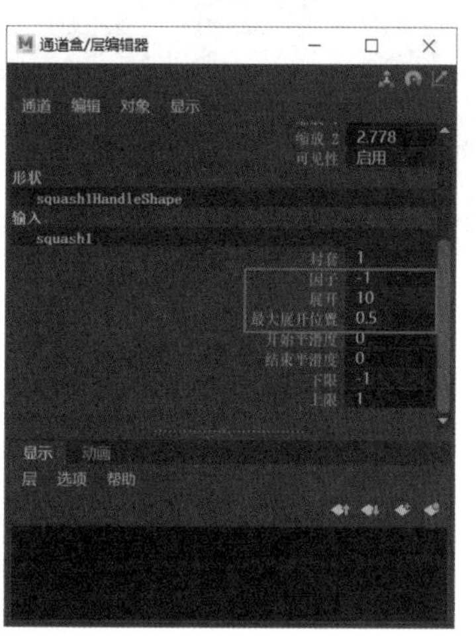

图 9-67

9.6.5 扭曲变形器

使用【扭曲】变形器可以使物体沿一个方向产生旋转和扭曲的效果，如图 9-68 所示。在右侧的【通道盒 / 层编辑器】中展开【twist1】，调节【开始角度】和【结束角度】的参数，可以决定物体产生扭曲的强度，如图 9-69 所示。

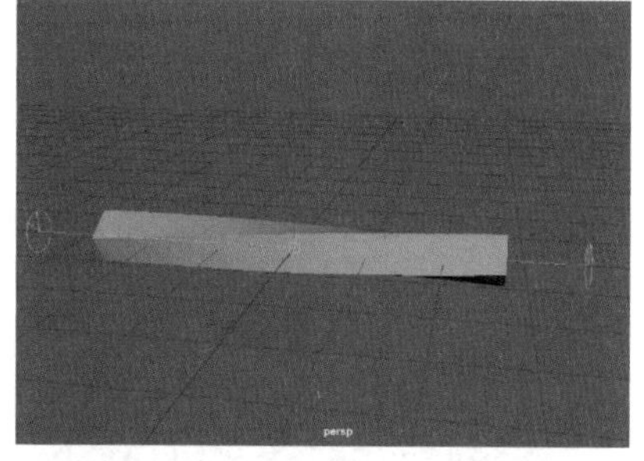

图 9-68

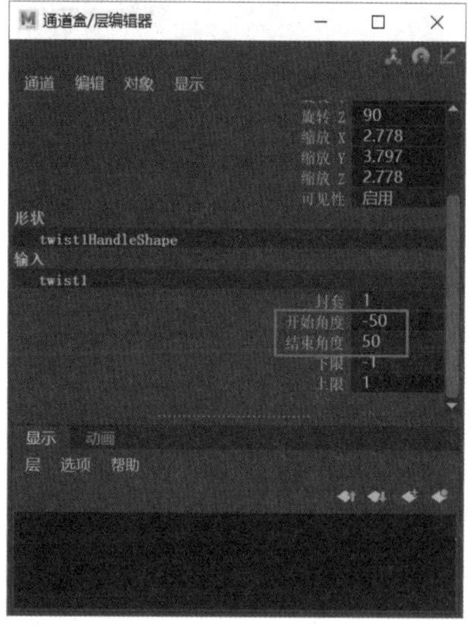

图 9-69

9.6.6 波浪变形器

使用【波浪】变形器可以使物体产生波浪的效果，如图 9-70 所示。在右侧的【通道盒 / 层编辑器】中展开【wave1】，调节【振幅】和【波长】的参数，可以决定物体产生波浪的强度，如图 9-71 所示。

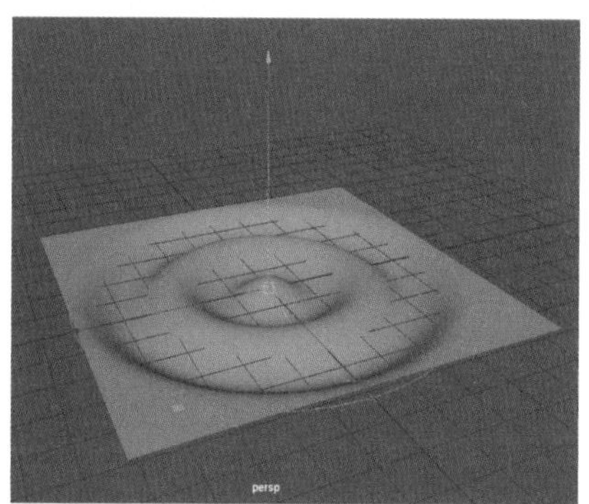

图 9-70

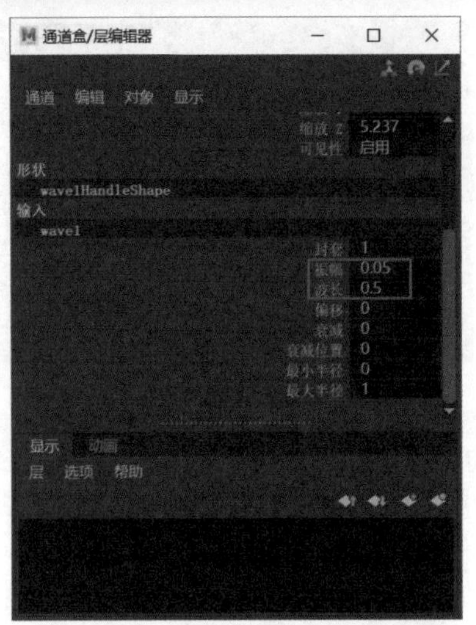

图 9-71

9.6.7 Trax 编辑器

选择菜单栏中的【窗口】→【动画编辑器】→【Trax 编辑器】命令，如图 9-72 所示，即可打开【Trax 编辑器】面板，如图 9-73 所示。Trax 编辑器是非线性动画工具，可以对动画序列进行排列和编辑，还可以操纵几何缓存片段，为已设置的动画或角色创建片段和姿势。Trax 编辑器分为 4 个区域，分别是 Trax 菜单栏、Trax 工具架、轨迹控制区域、轨迹视图区域。

在工具架中可以快速找到菜单栏中的常用选项；在轨迹控制区域中可以管理并编辑动画片段或缓存片段；在轨迹视图区域中可以对所有的动画片段进行锁定、单放、禁用。

图 9-72

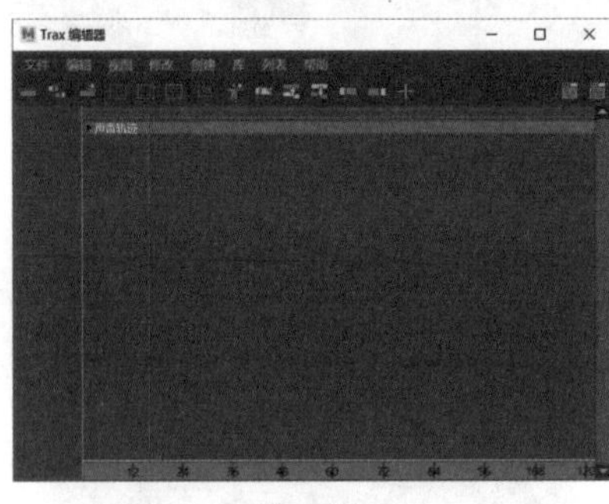

图 9-73

9.6.8 摄影机序列器

选择菜单栏中的【窗口】→【动画编辑器】→【摄影机序列器】命令，如图 9-74 所示，即可打开【摄影机序列器】面板，如图 9-75 所示。其操作界面和【Trax 编辑器】非常相似，使用【摄影机序列器】可以创建和编辑摄影机快照，在场景中生成一段动画的渲染短片，摄影机序列器分为 4 个区域，分别是菜单栏、工具架、快照视图区域、时间轴和播放控制区域。

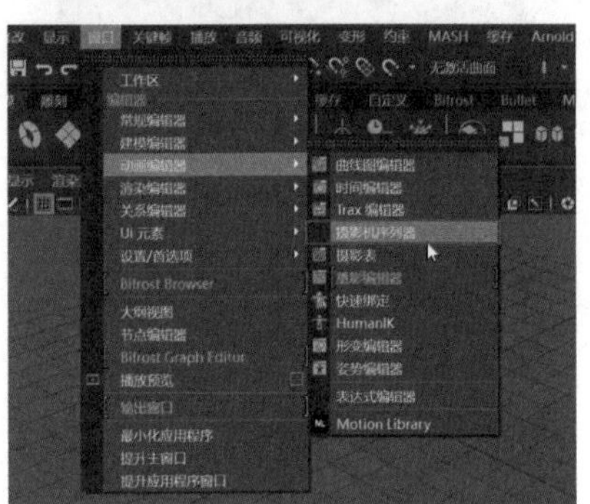

图 9-74

图 9-75

★重点 9.7 运动路径动画

运动路径动画是 Maya 中的一种制作动画的方式，使用运动路径制作动画，可以使物体沿着指定的路径曲线平滑地产生运动效果。

运动路径动画可以使用 NURBS 曲线工具模拟运动路径，来控制对象的位置和旋转角度，还可以更改对象沿整个运动路径的移动速度，运动路径动画适用于制作马在草原上奔跑、蜜蜂在空中飞等动画效果。另外，能被制作成动画的物体类型不限于多边形几何体，还可以使用运动路径对摄影机、灯光、粒子发射器或其他物体进行控制，生成曲线运动。

首先将菜单栏更换为【动画】模块，选择【约束】→【运动路径】命令，如图 9-76 所示，可以看到其中包含 3 个子命令，分别是【连接到运动路径】【流动路径对象】和【设置运动路径关键帧】。

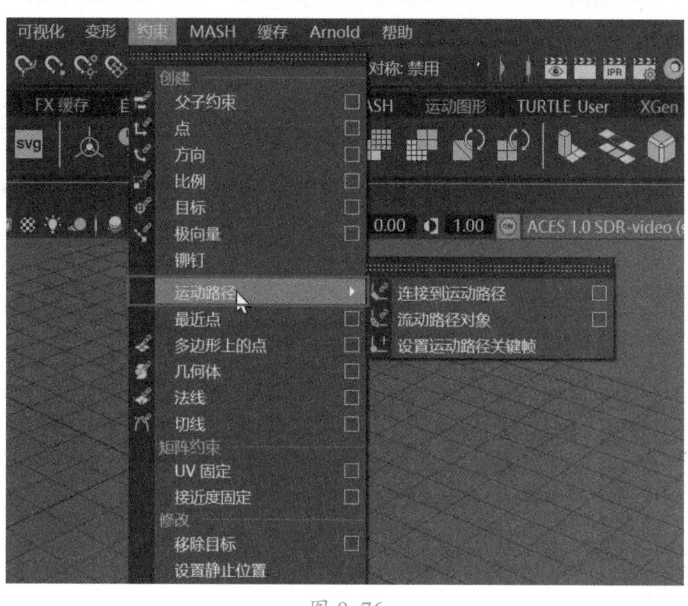

图 9-76

★重点 9.7.1 动画曲线编辑器

执行菜单栏中的【窗口】→【动画编辑器】→【曲线图编辑器】命令，如图 9-77 所示，在这里可以显示动画曲线，对图表视图中的动画曲线进行关键帧编辑，改变物体运动的频率，操作界面如图 9-78 所示，分为 4 个区域，分别是菜单栏、工具架、大纲视图、图表视图，使用鼠标中键可以对关键帧进行移动和调节。

图 9-77

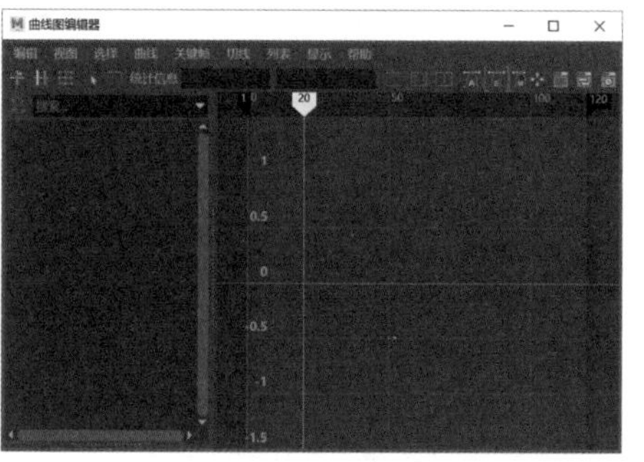

图 9-78

9.7.2 实战：小球弹跳动画的制作与动画曲线编辑

Step 01 单击工具架中的【多边形建模】→【球体】图标，如图 9-79 所示，在场景中生成一个模型，在当前第 1 秒的状态下，按快捷键【S】为球体生成一个关键帧，如图 9-80 所示。

图 9-79

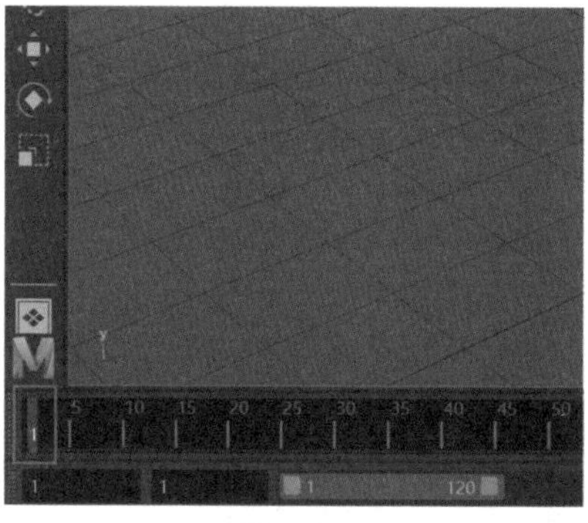

图 9-80

Step02 将关键帧后移，拉长时间范围，如图 9-81 所示，选择球体模型，按快捷键【W】和【E】将其向上移动并旋转，如图 9-82 所示，确定好下一秒的位置后，按快捷键【S】再次添加关键帧，此时物体的状态就定格在了第 25 秒。

图 9-81

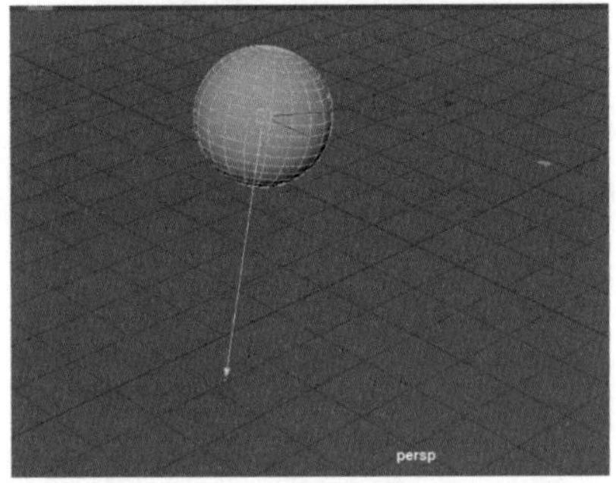

图 9-82

Step03 将第 25 秒的关键帧向后移动，如图 9-83 所示，选择球体，按快捷键【W】和【E】继续向同方向移动并调节位置，如图 9-84 所示，确定好位置后，按快捷键【S】添加关键帧。

图 9-83

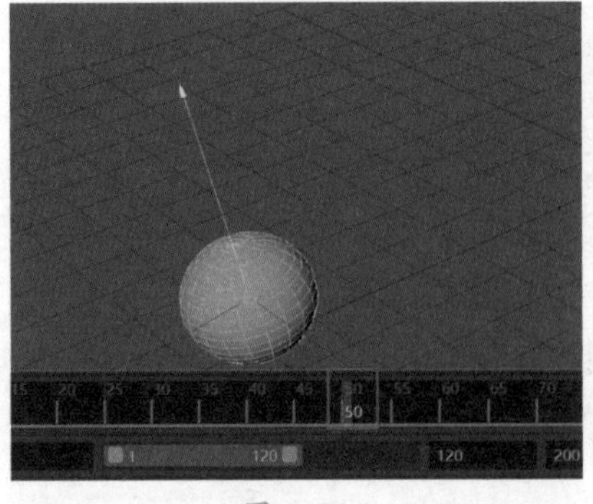

图 9-84

Step04 此时球体的弹跳运动轨迹就生成了，选择菜单栏中的【窗口】→【动画编辑器】→【曲线图编辑器】命令，打开面板后，如图 9-85 所示。可以看到球体的曲线自动生成，在图表视图中呈红色，使用鼠标左键拖曳曲线上的关键帧，可以看到球体转动方向或位置会随着关键帧的高低而改变，如图 9-86 所示。

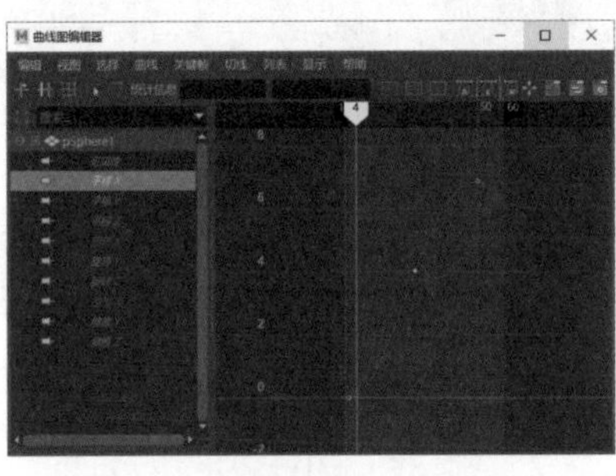

图 9-85

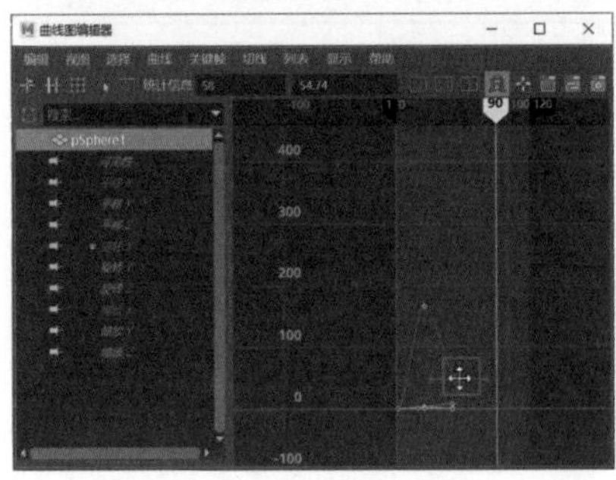

图 9-86

Step05 还可以在【图表视图】中框选局部关键帧，进行整体调节，如图 9-87 所示。实例最终效果见“结果文件\第 9 章\XQTT.mb”文件。

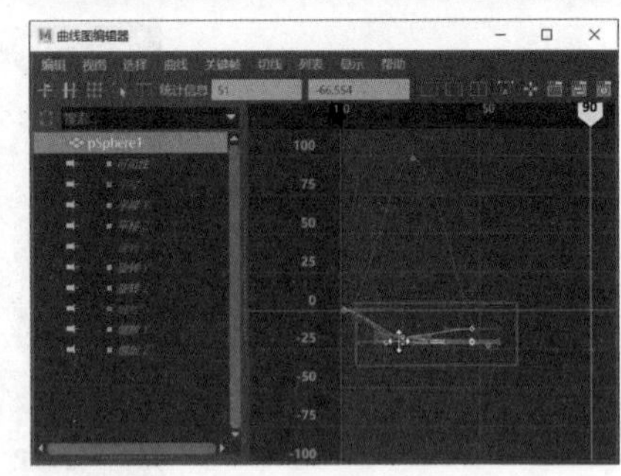

图 9-87

★新功能 9.7.3 实战：制作小球重影动画

Step01 打开“结果文件\第 9 章\XQTT.mb”文件，如图 9-88 所示，选择球体模型，选择菜单栏中的【可视化】→【打开重影编辑器】命令，如图 9-89 所示。

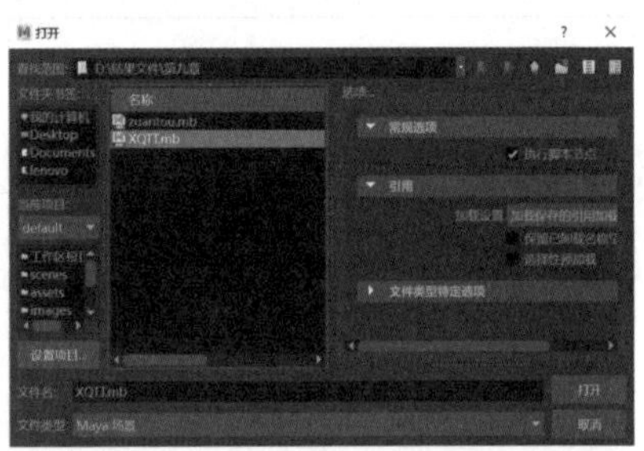

图 9-88

图 9-89

Step02 弹出面板后，选择【从当前选择创建重影】选项，如图 9-90 所示，再次播放动画，即可看到重影效果，如图 9-91 所示。实例最终效果见“结果文件\第 9 章\CY.mb”文件。

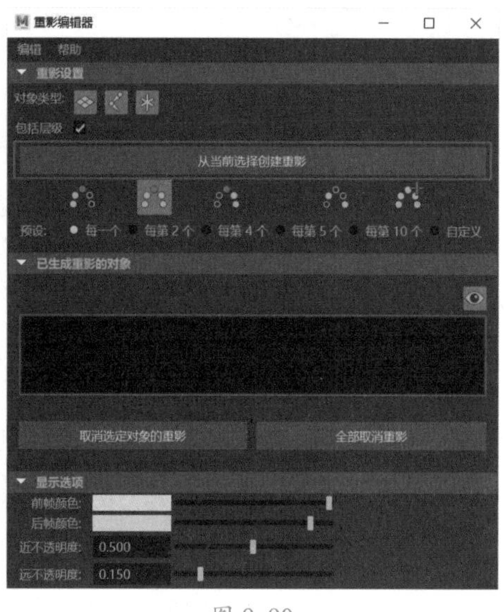

图 9-90

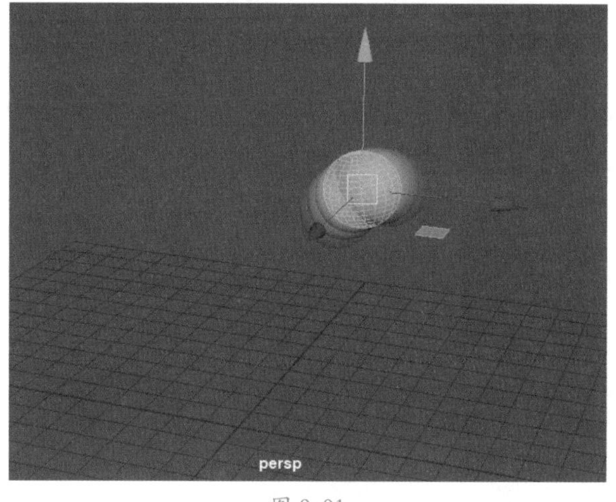

图 9-91

9.8 受驱动关键帧动画

使用受驱动关键帧可以使一个物体与另一个物体进行互相传递，通过物体属性建立连接关系，驱动另一个物体属性发生相应的变化。其中，驱动物体能主动驱使其他物体属性发生改变，而被驱动物体是受其他物体属性影响的物体。

9.8.1 驱动列表

选择菜单栏中的【关键帧】→【设定受驱动关键帧】→【设置】命令，如图 9-92 所示。打开【设置受驱动关键帧】面板，如图 9-93 所示。该面板有 3 个区域，分别是 ❶ 菜单栏、❷ 驱动列表和 ❸ 功能按钮。驱动列表是为多个物体属性建立连接关系，设置受驱动关键帧的区域。

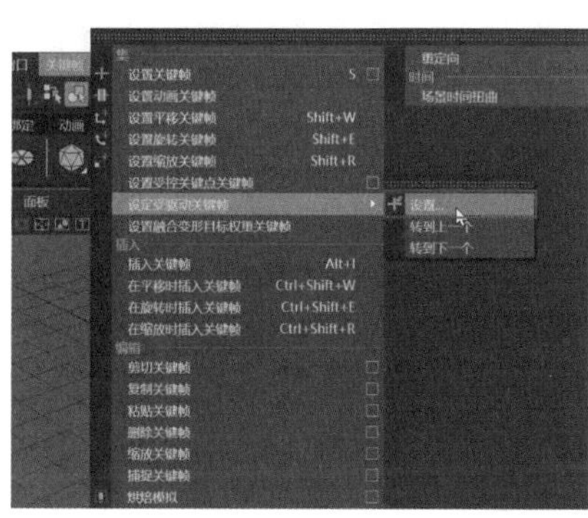
图 9-92

图 9-93

9.8.2 菜单栏

在【设置受驱动关键帧】面板中选择菜单栏中的【加载】选项，可以看到 3 个命令，分别是【作为驱动者选择】【作为受驱动项选择】和【当前驱动者】，如图 9-94 所示，通过这些命令可以将选定的对象设定为驱动者对象或受驱动项对象，以及删除多余的当前驱动者。选择【选项】可以看到 5 个选项，分别是【通道名称】【加载时清除】【加载形状】【自动选择】和【显示不可设置关键帧的属性】命令，如图 9-95 所示。通过这些选项可以删除驱动者或受驱动项当前的内容，或者在两个列表中只显示加载对象的形状节点属性。

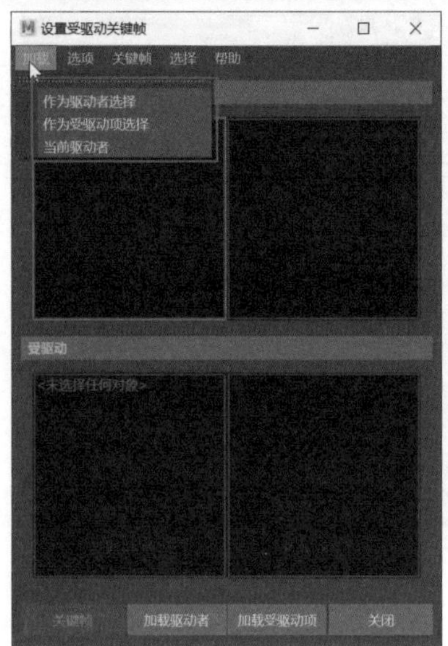

图 9-94

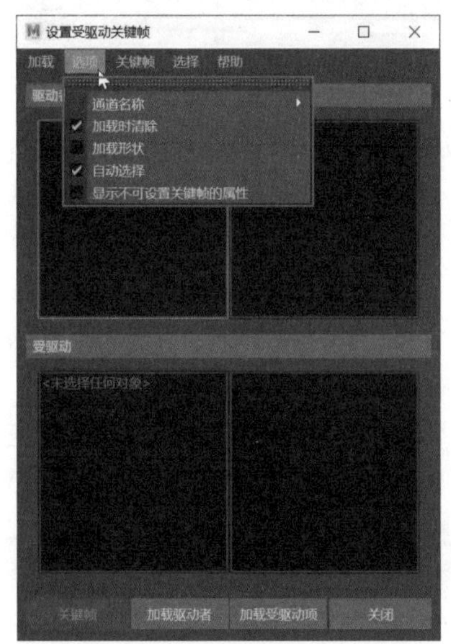

图 9-95

在菜单栏中选择【关键帧】选项，可以看到 3 个命令，如图 9-96 所示，分别是【设置】【转到上一个】和【转到下一个】，通过这些命令可以用当前值链接所选的对象属性或查看当前对象受驱动属性的所有关键帧和每一个关键帧处对象的状态。选择菜单栏中的【选择】选项，可以看到一个命令——【受驱动项目】，如图 9-97 所示，可以在【受驱动】列表中选择当前对象。

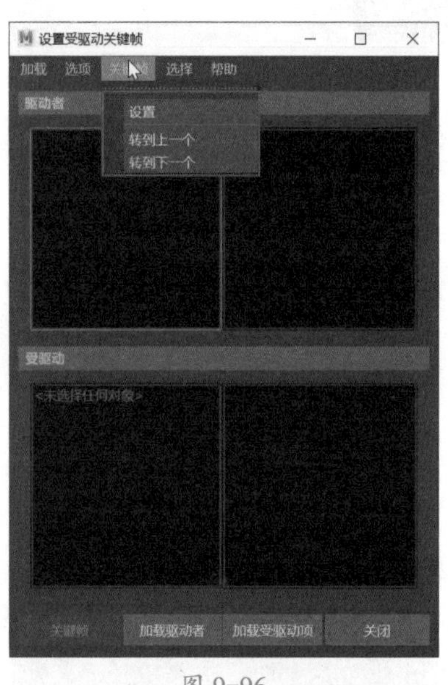

图 9-96

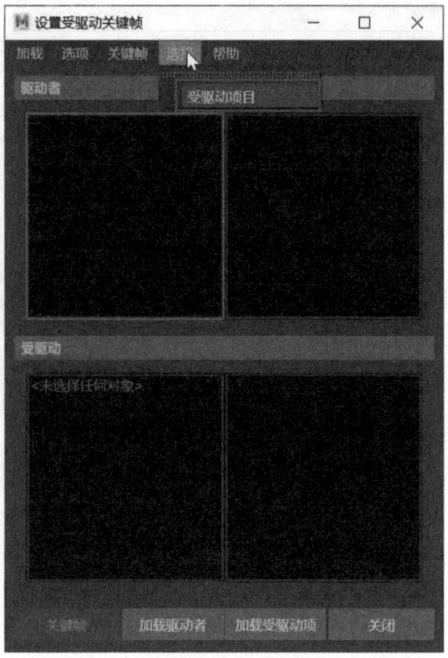

图 9-97

9.8.3 功能按钮

功能按钮区域中有 4 个按钮，分别是【关键帧】【加载驱动者】【加载受驱动项】和【关闭】，在【设置受驱动关键帧】面板中，选择要设置驱动关键帧的物体属性，再单击对应的按钮，即可将物体设定为驱动者或受驱动项，并显示在【驱动者】或【受驱动】列表中。

9.9 变形器

Maya 提供的变形器，既可以当作一种建模工具，用来塑造 NURBS 曲面或多边形对象，调整模型的几何形状，也可以当作一种动画工具，通过创建变形器并添加关键帧，来改变目标对象，进而生成动画。该功能为制作动画提供了很大的便利，将菜单栏切换到【动画】模块后，单击菜单栏中的【变形】选项，如图 9-98 所示，即可看到所有的变形和权重相关命令。

图 9-98

★重点 9.9.1 融合变形

融合变形功能适用于制作角色表情，通过融合变形可以将一个基础物体与另一个物体结合，将一个物体的状态传递到另一个物体上。单击菜单栏中【变形】→【融合变形】命令右侧的复选框，如图 9-99 所示，打开其选项对话框，如图 9-100 所示。

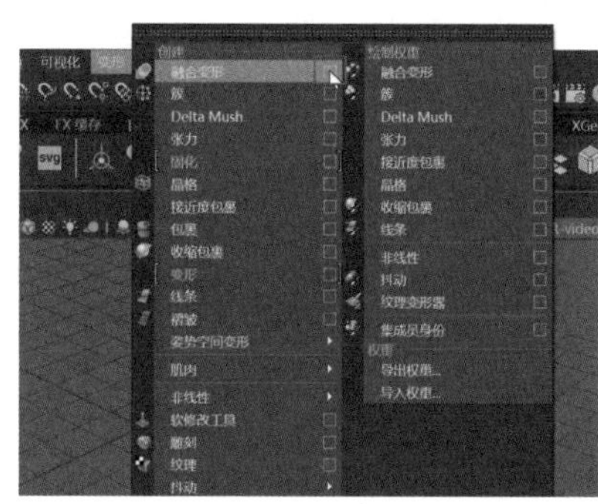

图 9-99

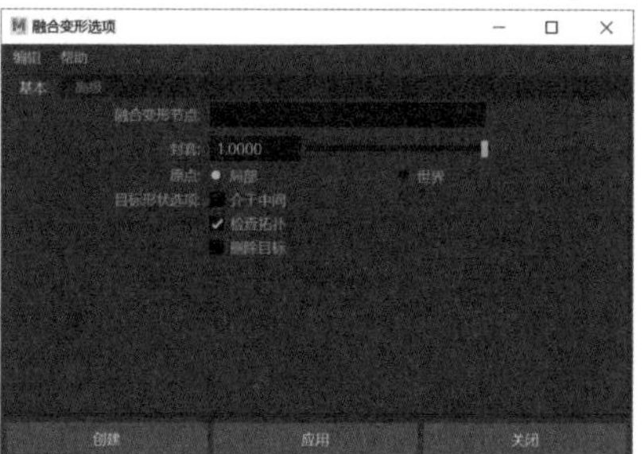

图 9-100

【融合变形选项】对话框中选项的作用及含义如表 9-3 所示。

表 9-3 融合变形选项对话框中选项作用及含义

选项	作用及含义
融合变形节点	该选项用于设置融合变形运算节点的具体名称
封套	设置融合变形的比例，默认情况下为 1，数值越小，融合变形的效果越弱
原点	用于指定融合变形过程中是否与基础对象形状的缩放、旋转和位置相关。默认情况下为“局部”
目标形状选项	用于指定在执行融合变形操作后是否检查基础物体的形状或删除目标物体形状，有 3 个选项，分别是【介于中间】【检查拓扑】和【删除目标】

9.9.2 簇变形

簇变形功能可以同时控制物体中的一个或多个点，通过移动或旋转簇变形器的控制柄来控制模型的变形效果，适用于制作眨眼、闭嘴等微表情，选择模型的局部点后，选择菜单栏中的【变形】→【簇】命令即可，如图 9-101 所示。

图 9-101

★重点 9.9.3　Delta Mush 平滑变形

使用 Delta Mush 平滑变形器可以使模型产生平滑效果，它和建模过程中使用的平滑功能有很大区别，该命令相当于一个低通过过滤器，可以过滤掉变形瑕疵，引导最终效果更接近原始模型，是一种变形类的平滑效果。选择模型，选择【动画】模块菜单栏中的【变形】→【Delta Mush】命令即可，如图 9-102 所示。

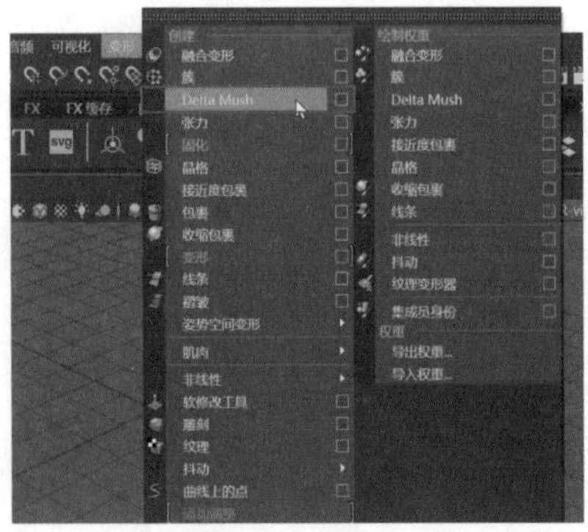

图 9-102

9.9.4　张力变形

使用张力变形器可以使模型在进行拉伸或挤压的过程中产生曲面张力的效果。选择【动画】模块菜单栏中的【变形】→【张力】命令即可，如图 9-103 所示。

图 9-103

9.9.5　晶格变形

晶格变形中的模型对象和物体，可以统一成模型或对象，生成的框架可以将对象环绕起来，通过调节框架中的点（晶格点）自由改变物体的形状，产生局部或整体的变形效果，该功能在建模工作中非常常用。选择【动画】模块菜单栏中的【变形】→【晶格】命令即可，如图 9-104 所示，单击命令右侧的复选框，打开【晶格选项】对话框，如图 9-105 所示。

图 9-104

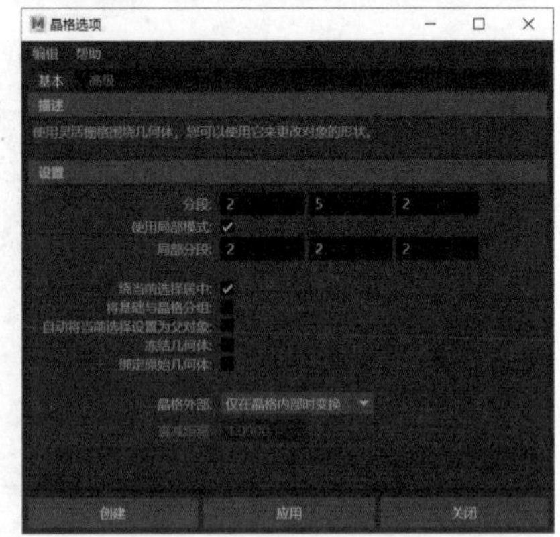

图 9-105

【晶格选项】对话框中选项的作用及含义如表 9-4 所示。

表 9-4　晶格选项对话框中选项作用及含义

选项	作用及含义
分段	用于添加晶格各方向的段数，默认情况下 X、Y、Z 轴的分段分别为 2、5、2
使用局部模式	启用该选项时，可以通过设置【局部分段】调节物体上的点；禁用此选项时，每个晶格点都会影响物体上的点
局部分段	只有启用【局部模式】后才能设置该选项，该选项可以调整晶格点对模型局部的影响范围
绕当前选择居中	该选项可以决定晶格物体将要放置的位置
将基础与晶格分组	该选项影响晶格和基础晶格是否放置在一个组中，可以同时变换两者的分组情况，默认情况下，不对两者进行分组
自动将当前选择设置为父对象	该选项决定晶格和基础晶格是否作为选择对象的子物体，建立父子关系

续表

选项	作用及含义
冻结几何体	启用该选项时，可以将晶格冻结，停止对选定对象产生变形效果
绑定原始几何体	该选项指定是否绑定晶格变形
晶格外部	该选项一共有 3 个子命令，分别是仅在晶格内部时变换、变换所有点和在衰减范围内则变换
衰减距离	该选项只有在【晶格外部】选项设置为【在衰减范围内则变换】时才可应用

9.9.6 包裹变形

通过包裹变形功能可以使用 NURBS 曲线、NURBS 曲面或多边形曲面影响物体形状，它可以使高精度模型更易控制，在制作动画的过程中经常会用到。选择【动画】模块菜单栏中的【变形】→【包裹】命令即可，如图 9-106 所示。

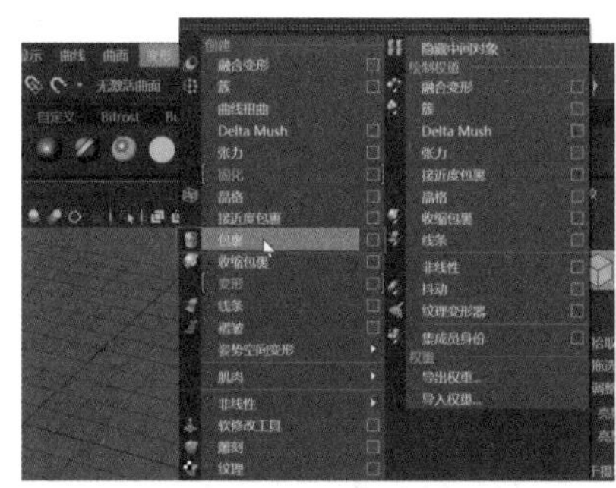

图 9-106

9.9.7 实战：制作包裹变形

Step 01 单击工具架中的【多边形建模】→【球体】图标，创建一个球体模型，如图 9-107 所示，将球体放大，单击工具架中的【曲线/曲面】→【多边形球体】图标，创建一个【NURBS 球体】，如图 9-108 所示。

图 9-107

图 9-108

Step 02 在【前视图】中，将创建好的 NURBS 球体放大，直到包裹住多边形球体，如图 9-109 所示，按空格键回到【透视图】中，先选中多边形球体，再将 NURBS 球体同时选中，如图 9-110 所示。

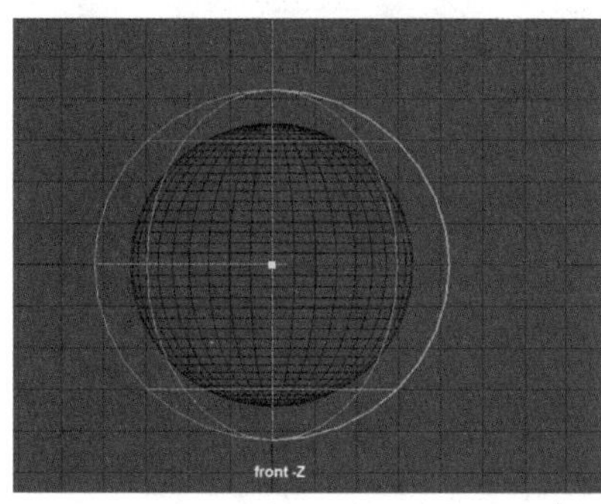

图 9-109

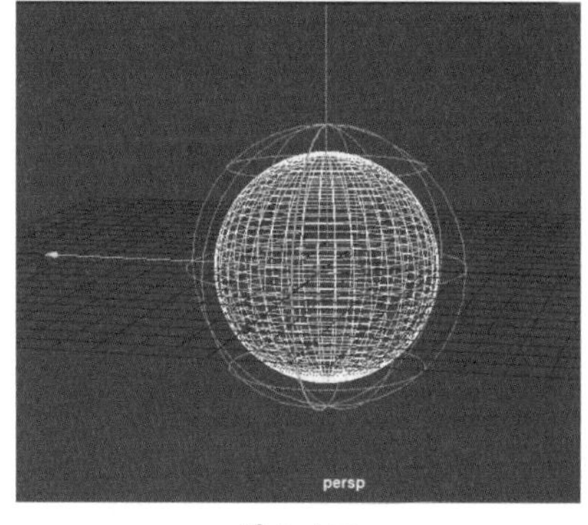

图 9-110

Step 03 执行【动画】模块菜单栏中的【变形】→【包裹】命令，如图 9-111 所示，选择曲面，长按鼠标右键进入【控制顶点】模式，如图 9-112 所示。

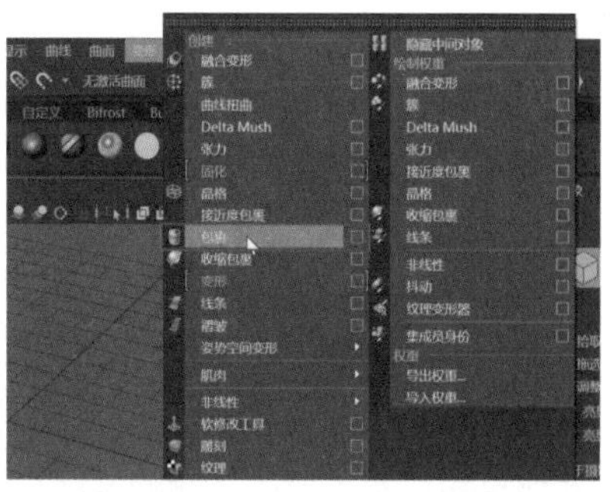

图 9-111

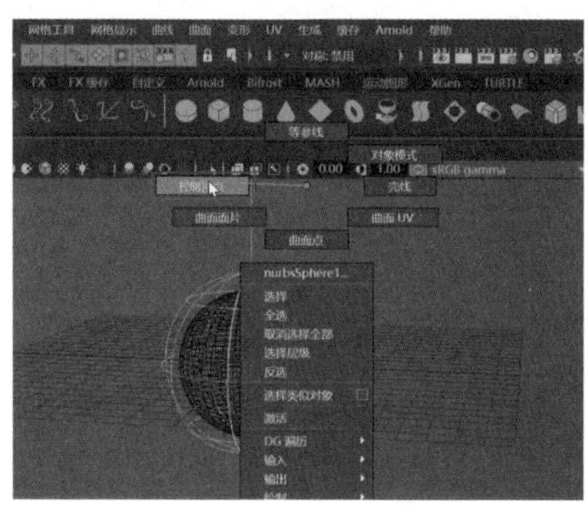

图 9-112

Step 04 选择并拖曳曲面上的顶点，即可看到内侧的多边形球体模型的变形效果，如图 9-113 所示。

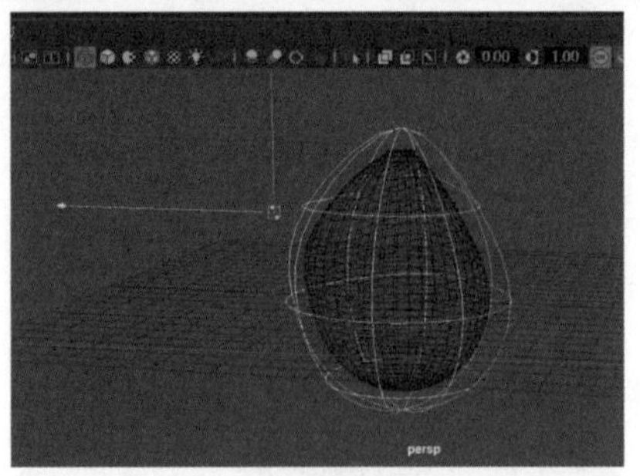

图 9-113

★重点 9.9.8 收缩包裹变形

使用收缩包裹变形器可以将选定的对象外形投射到另一个曲面上。在使用该功能时，需要创建两个对象，一个是用来变形的对象，另一个是变形器即将进行收缩的对象。选择【动画】模块菜单栏中的【变形】→【收缩包裹】命令即可，如图 9-114 所示。

图 9-114

9.9.9 线条变形

线条变形器可以用来固定对象形状，使用该功能可以通过创建一条或多条 NURBS 曲线来更改对象的形状。选择【动画】模块菜单栏中的【变形】→【线条】命令即可，如图 9-115 所示。

图 9-115

9.9.10 实战：制作线条变形

Step 01 单击工具架中的【多边形建模】→【立方体】图标，创建一个立方体，如图 9-116 所示，选择创建的模型，在右侧的【通道盒/层编辑器】中增加模型的细分数，如图 9-117 所示。

图 9-116

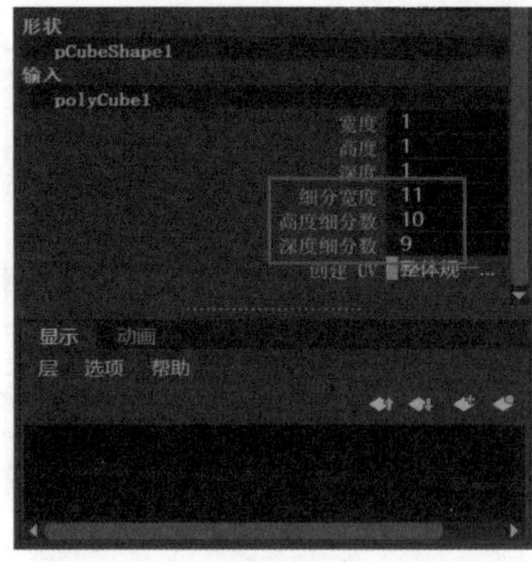

图 9-117

Step 02 按空格键转入【前视图】中，单击工具架中的【曲线/曲面】→【EP 曲线工具】图标，创建一条 EP 曲线，如图 9-118 所示，接着在立方体模型中绘制一条竖直的曲线，按空格键确认，如图 9-119 所示。

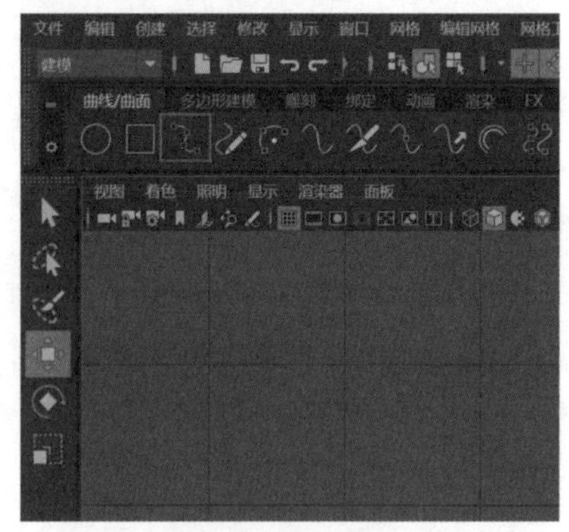

图 9-118

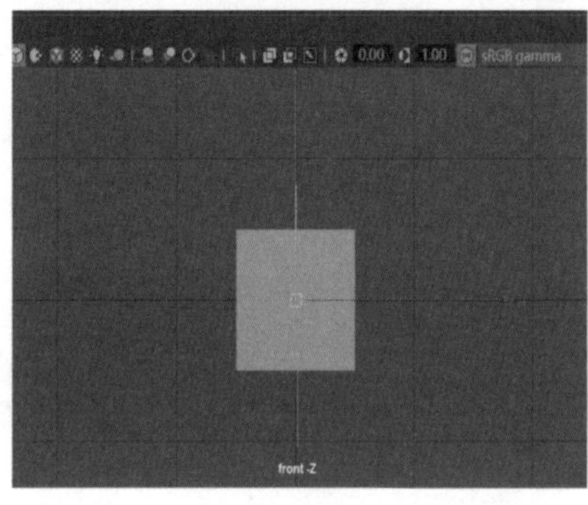

图 9-119

Step 03 在菜单栏中单击【曲线】→【重建】命令右侧的复选框，如图 9-120 所示，打开【重建曲线选项】面板，❶将【跨度数】调大，❷单击【重建】按钮即可，如图 9-121 所示，这样曲线的控制顶点也就增加了。

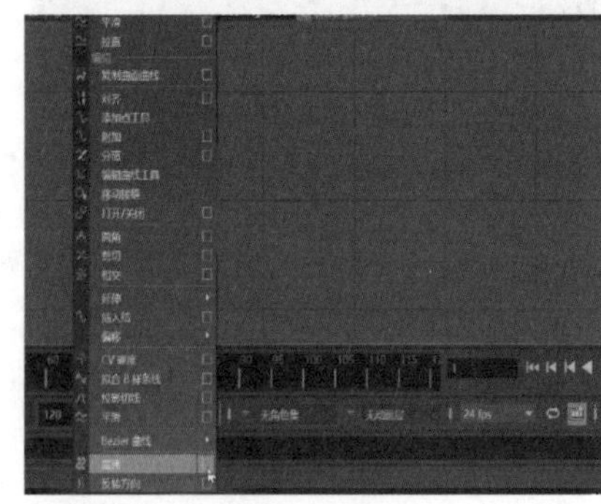

图 9-120

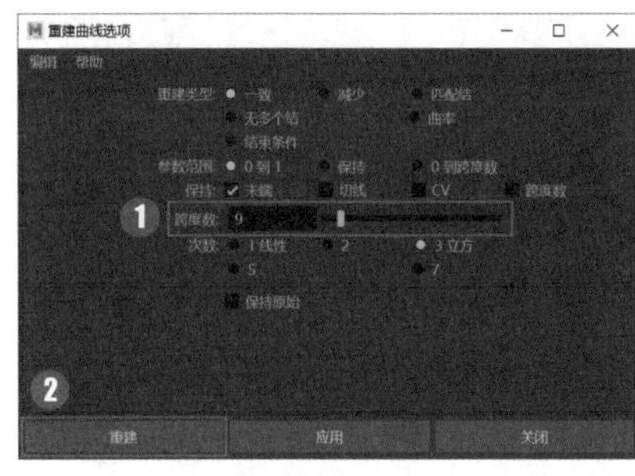

图 9-121

Step04 回到【透视图】中，选择曲线，按快捷键【Alt+Shift+D】对曲线进行删除历史操作，再选择菜单栏中的【变形】→【线条】命令，如图 9-122 所示。先选择模型，按【Enter】键确认，再选择曲线，按【Enter】键确认，线条变形器就生成了，如图 9-123 所示。

图 9-122

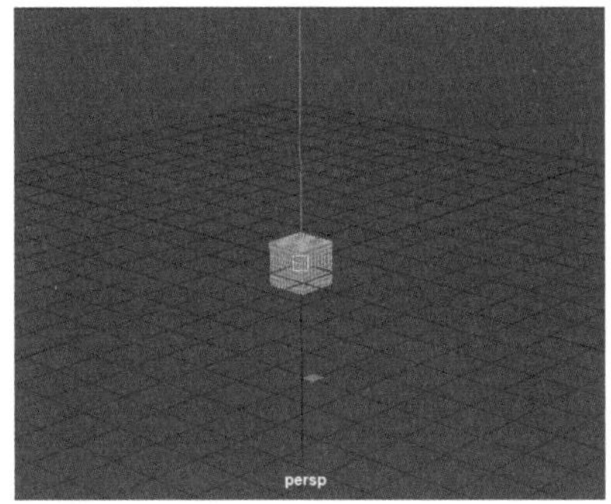

图 9-123

Step05 选择模型，在右侧的【通道盒 / 层编辑器】中展开【wire1】区域，将【衰减距离】调大，如图 9-124 所示。选择曲线并长按鼠标右键，拖曳选择【控制顶点】模式，如图 9-125 所示。

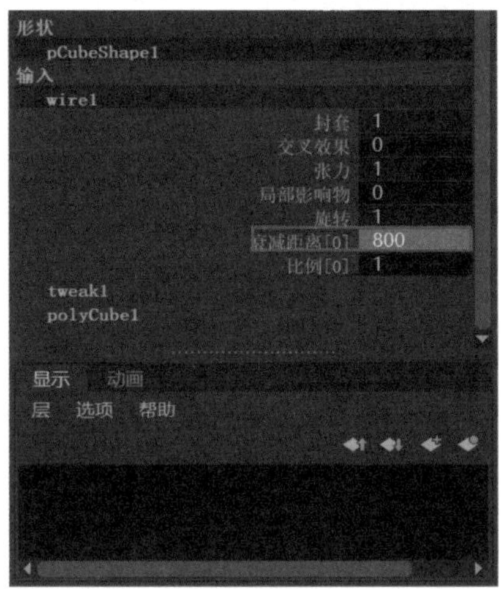

图 9-124

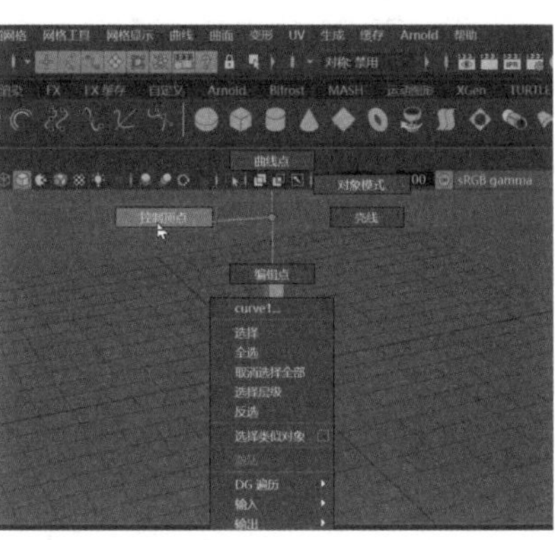

图 9-125

Step06 框选并拖曳曲线上的任意一个点或多个点，这时可以看出模型会跟着曲线的走向而产生变形，如图 9-126 所示。

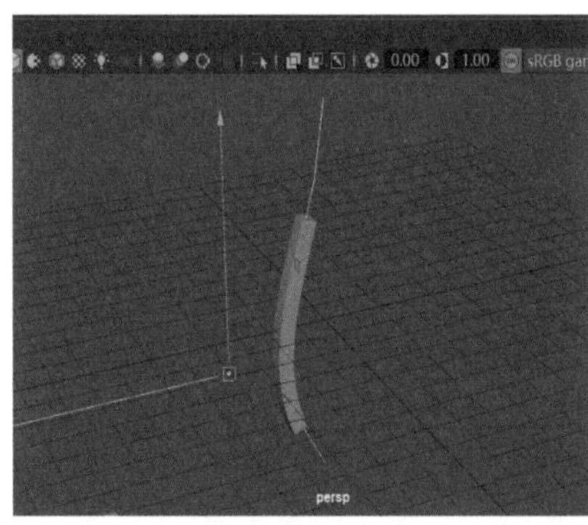

图 9-126

9.9.11 褶皱变形

褶皱变形功能需要将簇变形器与其他变形器进行结合才能应用，它可以创建出细致的褶皱效果，通过调整簇的变形器或线，来生成变形效果，选择【动画】模块菜单栏中的【变形】→【褶皱】命令即可，如图 9-127 所示。

图 9-127

★重点 9.9.12 肌肉变形

Maya 中的肌肉变形器有很多子命令，用户可以使用其【置换】【力】【抖动】【松弛】【平滑】和【碰撞】选项来制作不同的变形效果。它可以为选定的角色创建出逼真的肌肉蒙皮效果。选择菜单栏中的【变形】→【肌肉】命令即可，如图 9-128 所示。

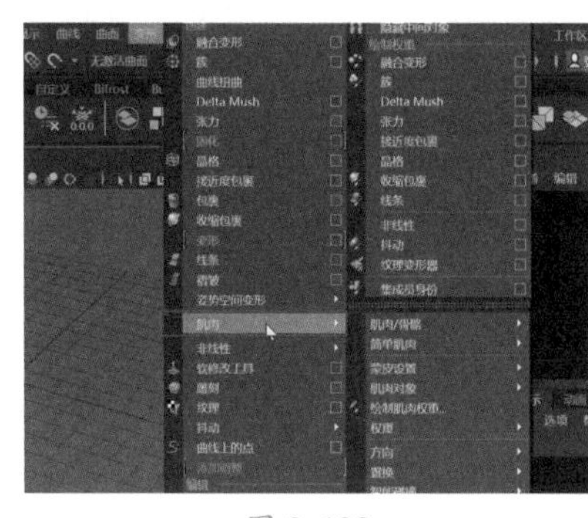

图 9-128

9.9.13 软修改工具

软修改工具是一种可调节衰减属性的变形器，用户不用手动拖曳每个顶点，通过调节属性就可以使高精度的模型产生平滑的网格变形效果。默认情况下，操纵器中心的变形强度最大，向外逐渐衰减。选择菜单栏中的【变形】→【软修改工具】命令即可，如图 9-129 所示。

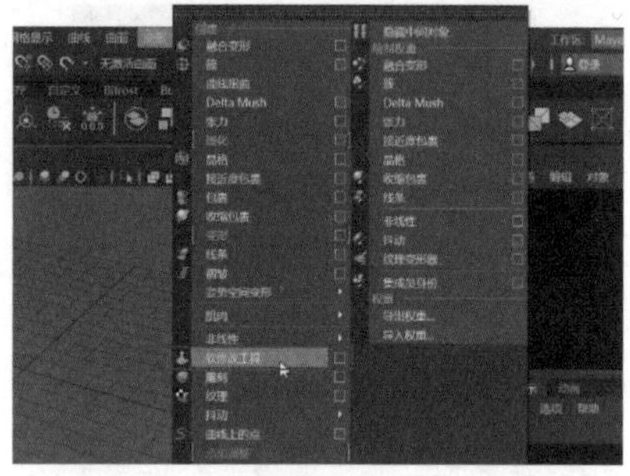

图 9-129

9.9.14 雕刻变形

通过【雕刻】命令可以快速对多边形网格或 NURBS 曲面进行雕刻，使对象产生变形。在设置角色的面部动画时，可以使用雕刻变形来控制角色的下巴、眉毛的动作。选择菜单栏中的【变形】→【雕刻】命令即可，如图 9-130 所示。

图 9-130

9.9.15 实战：制作雕刻变形

Step01 单击工具架中的【多边形建模】→【圆柱体】图标，创建一个圆柱体模型，如图 9-131 所示。模型创建好后，打开右侧的【通道盒/层编辑器】面板，展开模型的属性，将细分数调大，如图 9-132 所示。

图 9-131

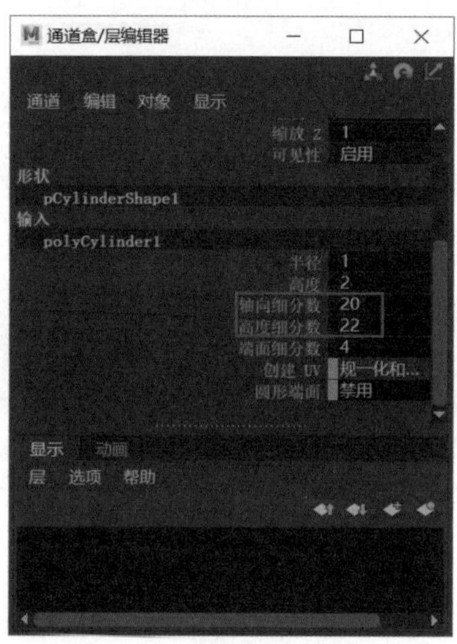

图 9-132

Step02 创建一个曲面球体，作为雕刻工具，如图 9-133 所示，长按鼠标右键，使其进入【控制顶点】模式，如图 9-134 所示。

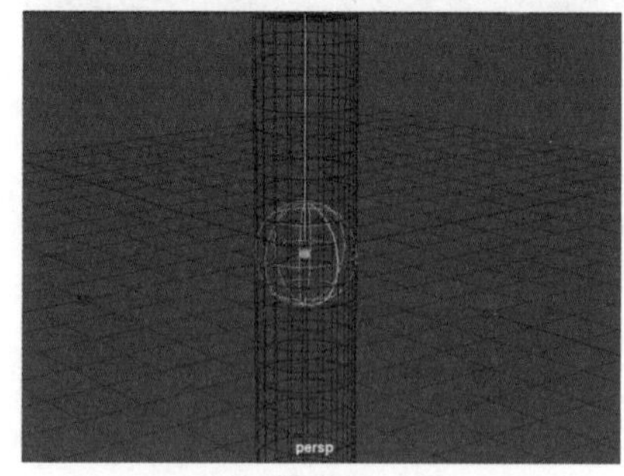

图 9-133

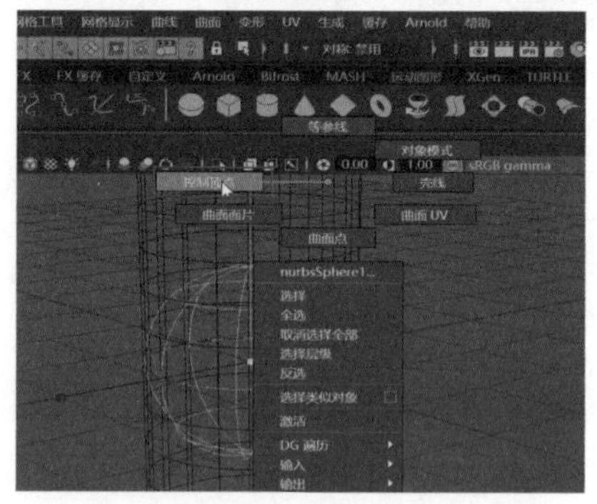

图 9-134

Step03 将曲面适当地做一些变形，选择局部顶点进行缩放或扩张即可，如图 9-135 所示。确定好形状后，将曲面球体和圆柱体模型进行加选，如图 9-136 所示。

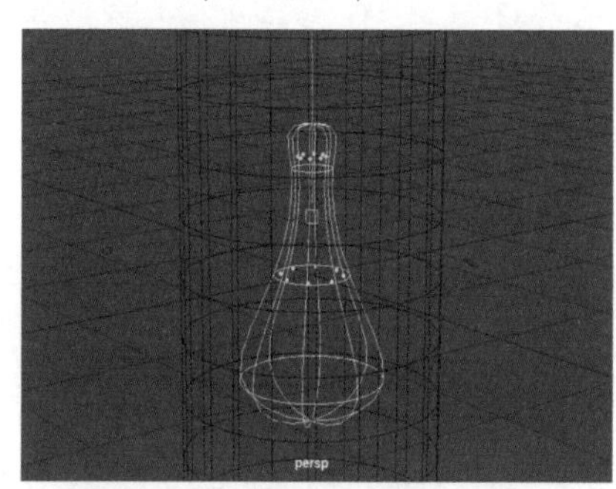

图 9-135

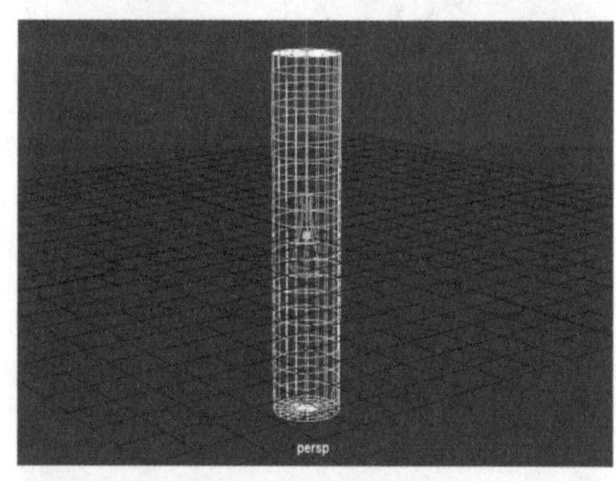

图 9-136

Step04 单击菜单栏中【变形】→【雕刻】命令右侧的复选框，如图 9-137 所示。打开其选项设置对话框后，选中【使用次 NURBS 或多边形对象】复选框，单击【应用】按钮，如图 9-138 所示。

图 9-137

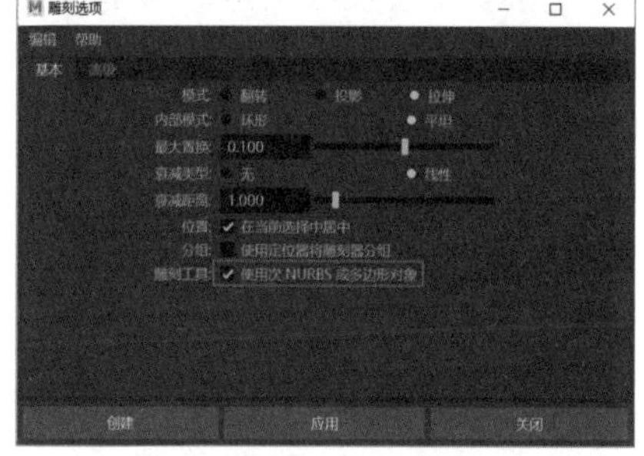

图 9-138

Step05 选择曲面球体，将其放大，如图 9-139 所示。按快捷键【Ctrl+A】打开属性编辑器，在【雕刻历史】区域中，将【内部模式】设置为【ring】，【模式】设置为【flip】，如图 9-140 所示。

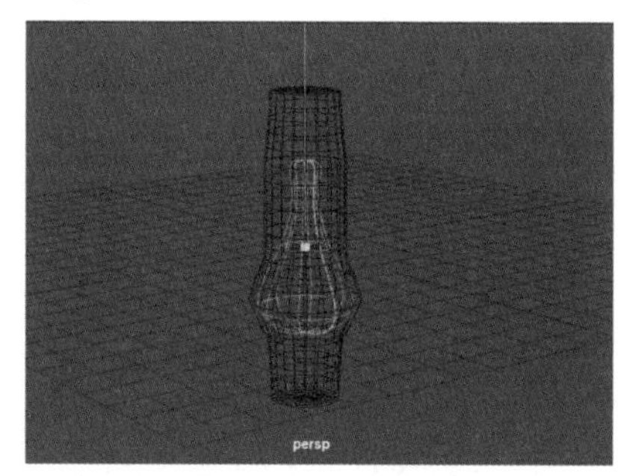

图 9-139

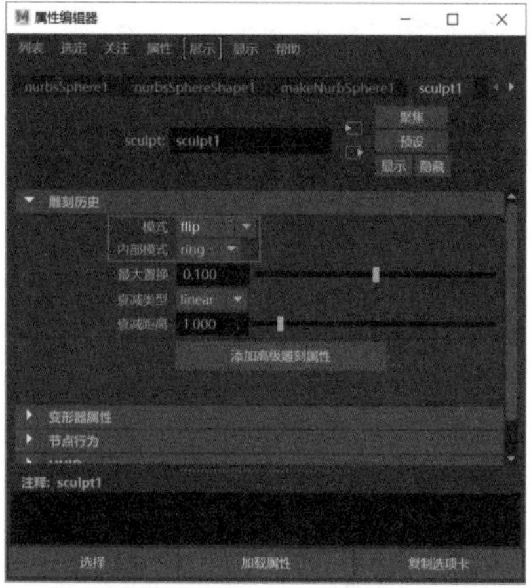

图 9-140

Step06 选择曲面进行移动，这时就可以看出模型的变形效果了，如图 9-141 所示。

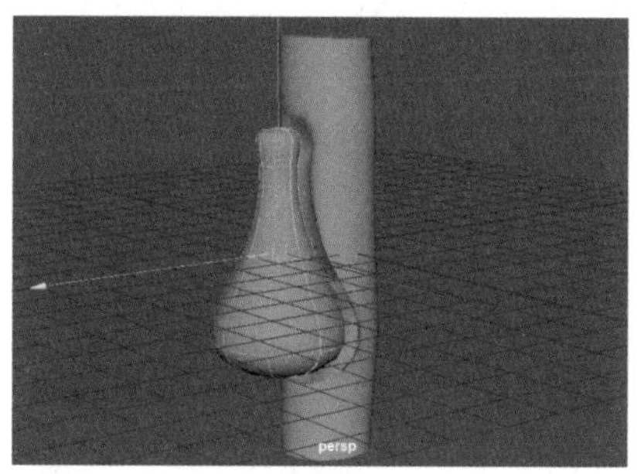

图 9-141

★重点 9.9.16 抖动变形

抖动变形器的应用十分广泛，执行该命令时，可以选择模型整体或通过绘制抖动权重选择受影响的局部范围，产生抖动效果。选择菜单栏中的【变形】→【抖动】→【抖动变形器】命令即可，如图 9-142 所示。

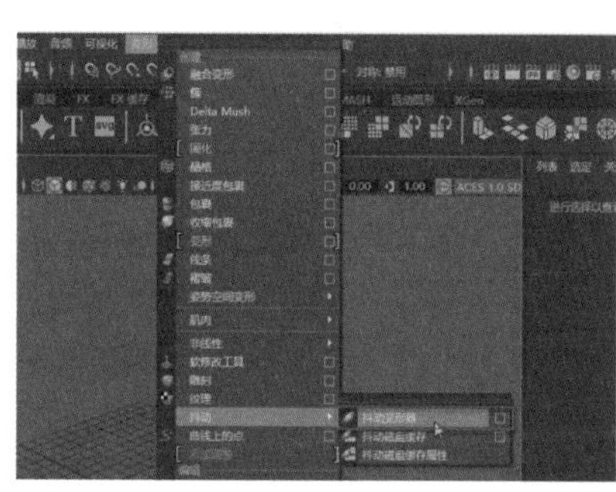

图 9-142

9.9.17 实战：制作抖动变形

Step01 单击工具架中的【多边形建模】→【球体】图标，创建一个球体模型，如图 9-143 所示，打开右侧的【通道盒 / 层编辑器】面板，展开模型的属性，并增加其细分数，如图 9-144 所示。

图 9-143

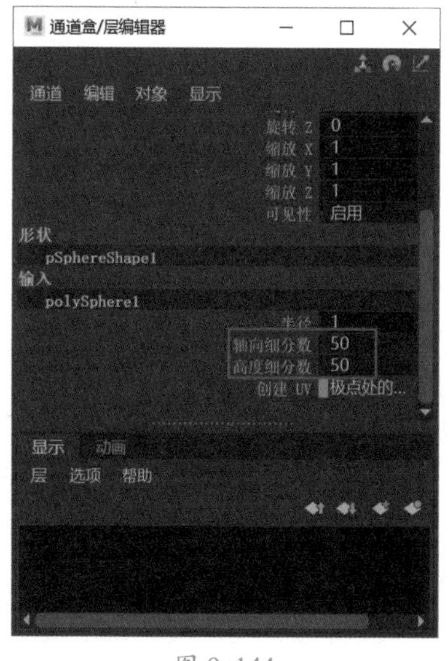

图 9-144

Step02 制作一个简单的球体弹跳小动画，先在第 1 秒按一次快捷键【S】，生成第一个关键帧，如图 9-145 所示，再将滑块移动到第 30 秒，此时调整一下模型位置，确定后再次生成关键帧，如图 9-146 所示。

图 9-145

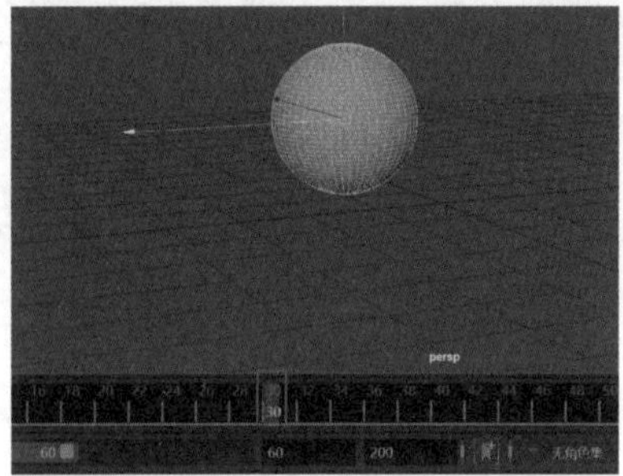
图 9-146

Step03 第 2 个关键帧确定好后，将滑块移动到第 60 秒，将球体继续沿同方向调整位置，添加一个结束关键帧，如图 9-147 所示。此时球体模型就可以弹跳了，选择模型，选择菜单栏中的【变形】→【抖动】→【抖动变形器】命令，如图 9-148 所示。

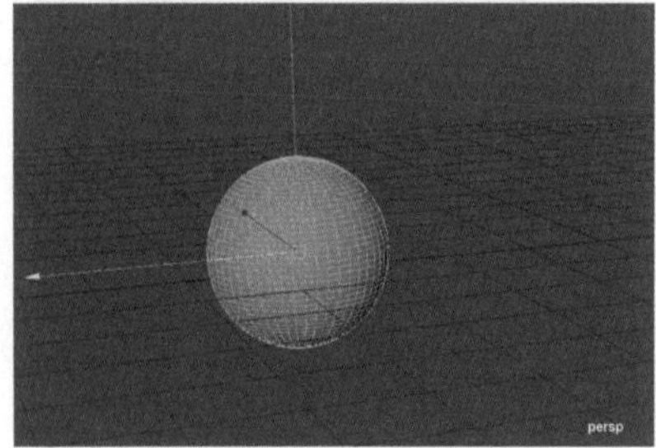
图 9-147

图 9-148

Step04 此时进行播放，可以看到整个球体都在抖动。选择模型，单击菜单栏中【变形】→【抖动】命令右侧的复选框，打开【工具设置】面板，如图 9-149 所示，❶单击【重置工具】按钮，❷将【绘制属性】的【值】设置为 0，❸单击【泛洪】按钮，如图 9-150 所示。

图 9-149

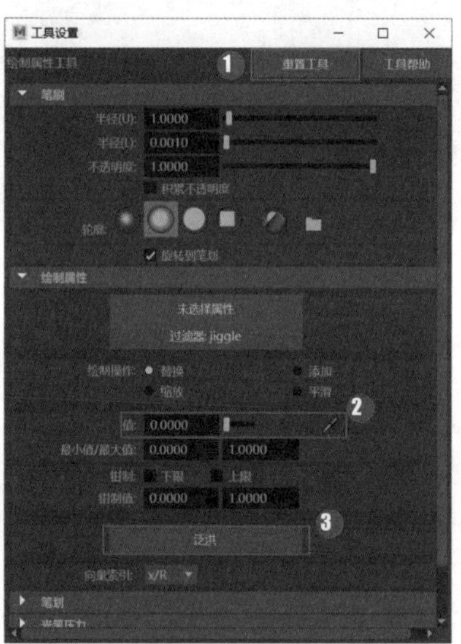
图 9-150

Step05 把【权重值】设置为 1，此时可以为模型绘制受影响的范围，如图 9-151 所示。绘制完成后，❶将【绘制操作】设置为【平滑】，❷单击数次【泛洪】按钮，使边缘过渡更加自然，如图 9-152 所示。

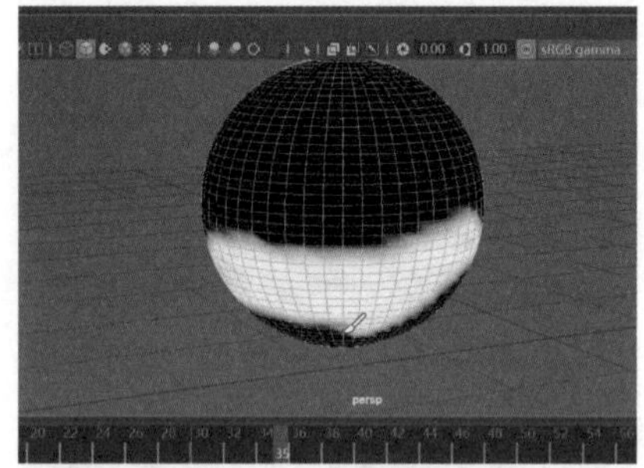
图 9-151

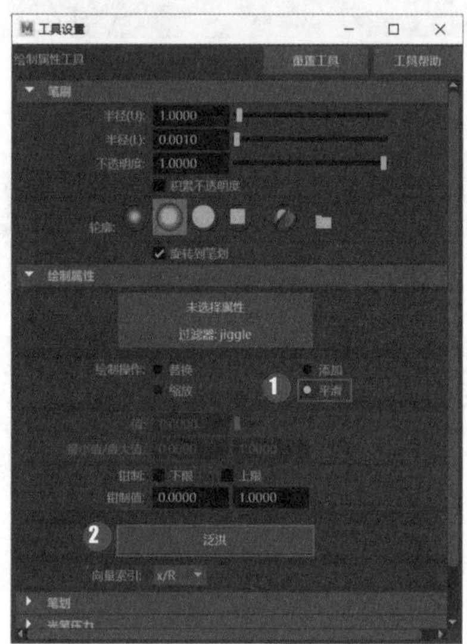
图 9-152

Step06 回到场景中，按快捷键【Q】取消命令，再次进行播放并查看效果，如图 9-153 所示。

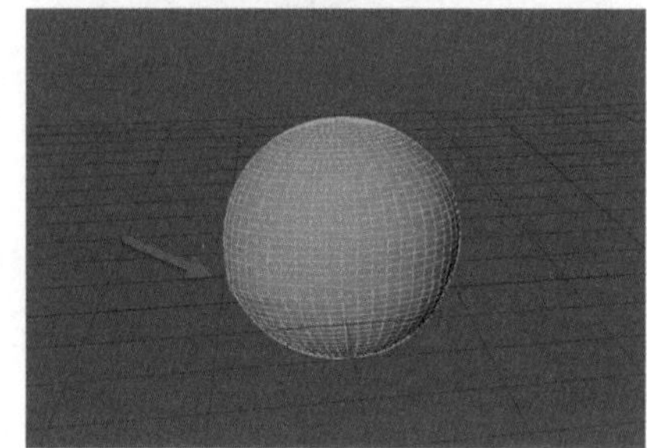
图 9-153

9.10 非线性变形器

非线性变形器一共有 6 个子命令，分别是【弯曲】【扩张】【正弦】【挤压】【扭曲】和【波浪】，使用这些变形器可以快捷地使物体弯曲、膨胀、变形等，在实战中可以和多个变形器结合使用，制作出更加复杂的效果。在对模型执行非线性子命令时，细分数越高，变形越细腻。这些命令非常好上手，基本不需要调整选项设置，选择菜单栏中的【变形】→【非线性】中的子命令即可，如图 9-154 所示。

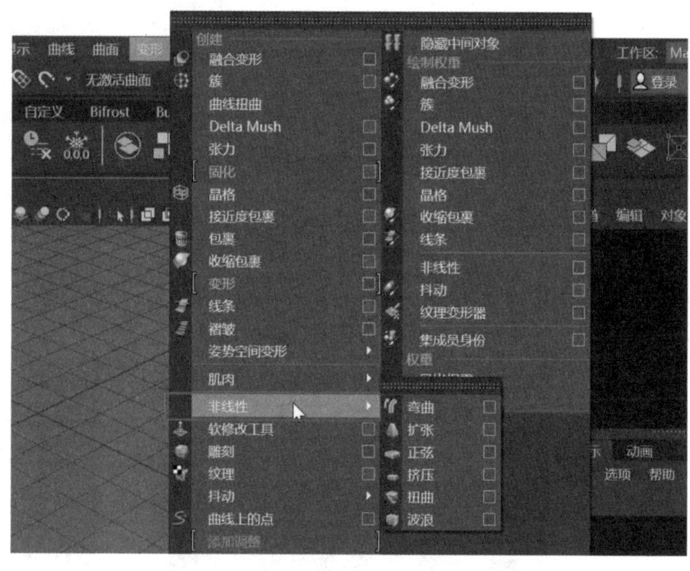

图 9-154

★重点 9.10.1 弯曲变形

弯曲变形可以沿着轴使一个模型产生弯曲效果。选择模型，选择菜单栏中的【变形】→【非线性】→【弯曲】命令即可，如图 9-155 所示。命令执行后，在右侧的【通道盒 / 层编辑器】面板中调节【曲率】可以改变弯曲的程度，如图 9-156 所示。

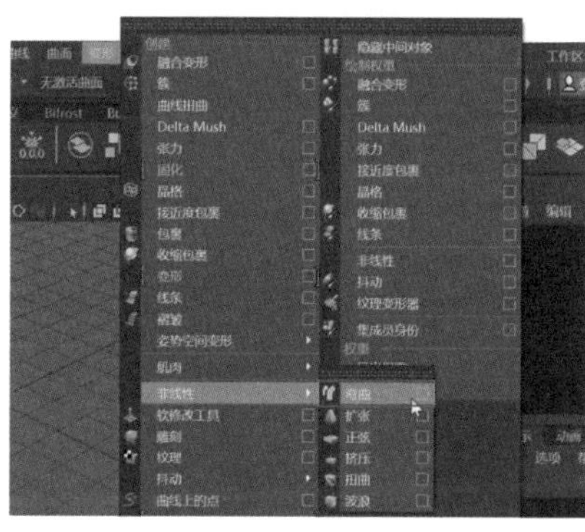

图 9-155

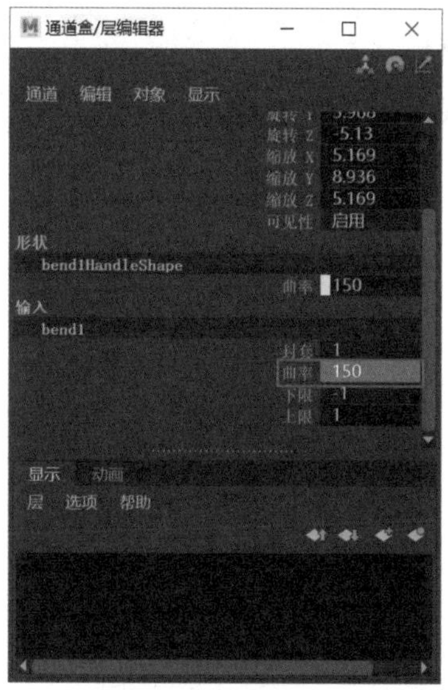

图 9-156

9.10.2 扩张变形

扩张变形可以沿着轴使选定物体产生扩张或锥化的效果。选择模型，选择菜单栏中的【变形】→【非线性】→【扩张】命令即可，如图 9-157 所示。

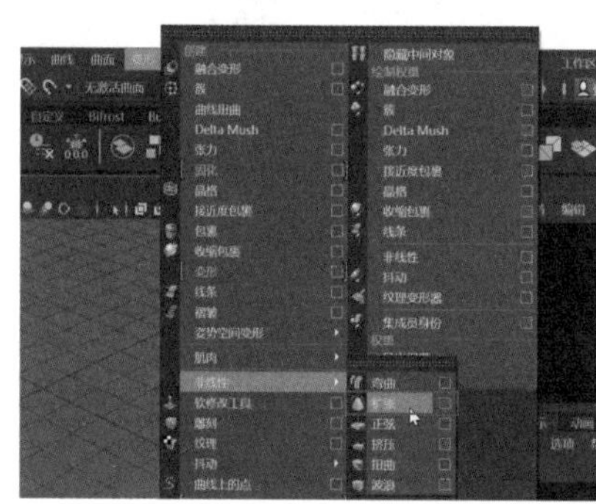

图 9-157

9.10.3 正弦变形

正弦变形可以沿着轴使物体产生曲线变形效果。选择模型，选择菜单栏中的【变形】→【非线性】→【正弦】命令即可，如图9-158所示。

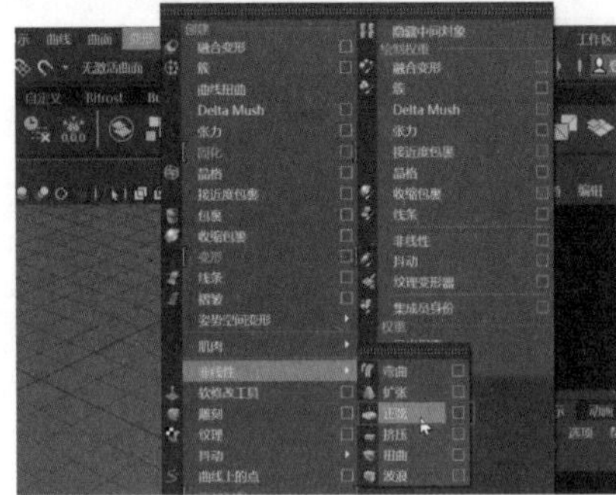

图 9-158

★重点 9.10.4 挤压变形

挤压变形可以沿着轴使选定的模型产生拉伸变形效果。选择模型，选择菜单栏中的【变形】→【非线性】→【挤压】命令即可，如图9-159所示。

图 9-159

★重点 9.10.5 扭曲变形

扭曲变形可以沿着轴使选定的模型产生扭曲变形的效果。选择模型，选择菜单栏中的【变形】→【非线性】→【扭曲】命令即可，如图9-160所示。

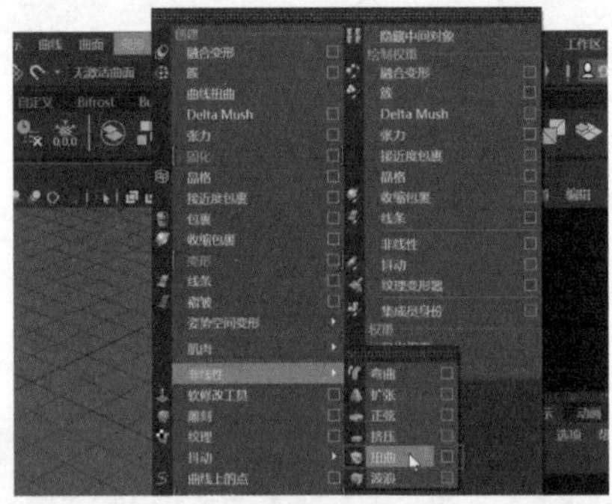

图 9-160

9.10.6 实战：制作钻头模型

Step01 单击工具架中的【多边形建模】→【圆柱体】图标，创建一个圆柱体模型，如图9-161所示。选择模型，打开右侧的【通道盒/层编辑器】面板，展开其属性，并适当调节【高度细分数】，如图9-162所示。

图 9-161

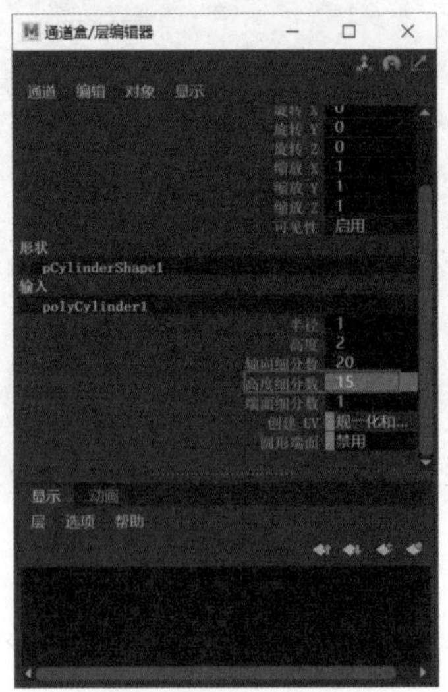

图 9-162

Step02 选择模型，选择菜单栏中的【变形】→【非线性】→【扭曲】命令，如图9-163所示。在右侧的【通道盒/层编辑器】面板中，将【开始角度】调整为300，如图9-164所示。

图 9-163

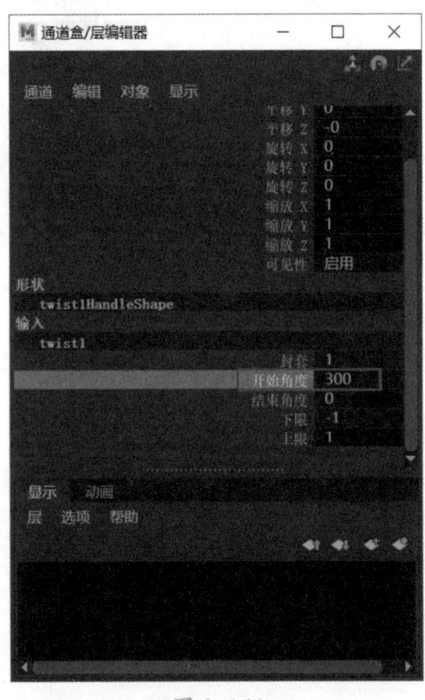

图 9-164

Step03 选择扭曲生成的轴和圆柱体模型，按快捷键【Alt+Shift+D】删除历史，此时轴和两个圆环可以在保留模型状态的情况下删除，如图9-165所示。选择模型，长按鼠标右键进入面模式，如图9-166所示。

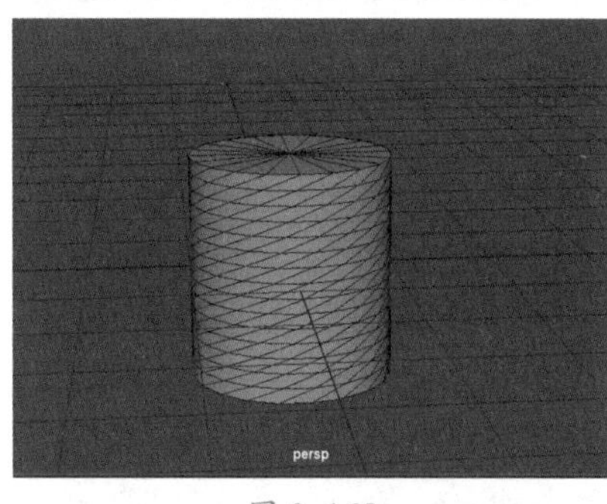
图 9-165

图 9-166

Step04 选中一个面，再按【Shift】键双击相邻的面，此时整排面都会被自动选中，如图 9-167 所示。再同时加选多排面，注意中间依次隔开一排面，如图 9-168 所示。

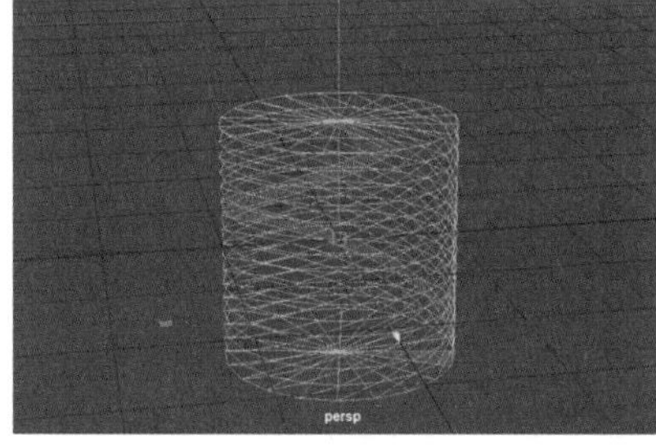
图 9-167

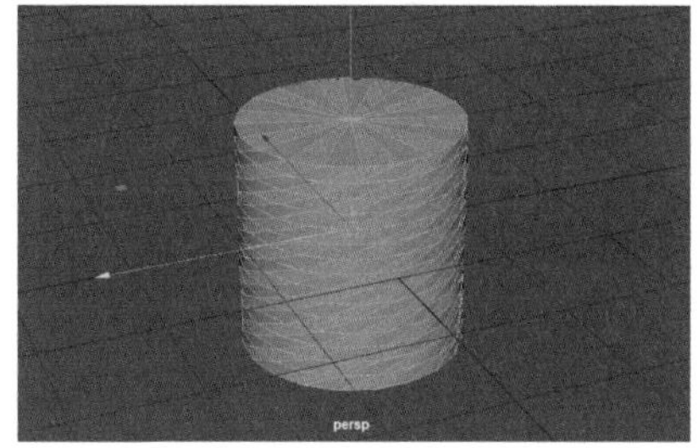
图 9-168

Step05 按组合键【Shift+ 鼠标右键】拖曳选择【挤出面】命令，如图 9-169 所示。拖曳生成的蓝色操纵器，将选定的面挤出一定厚度，如图 9-170 所示。

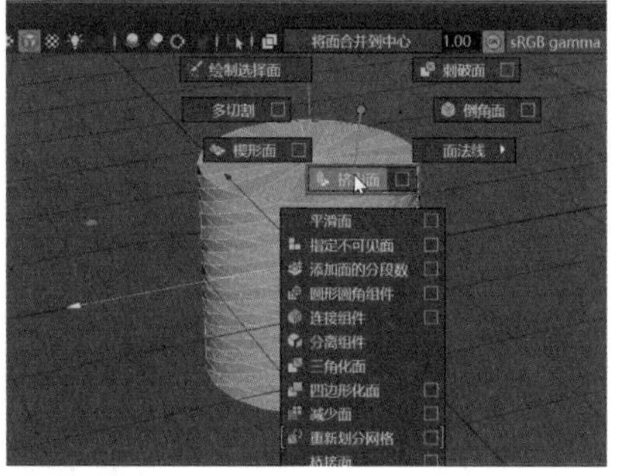
图 9-169

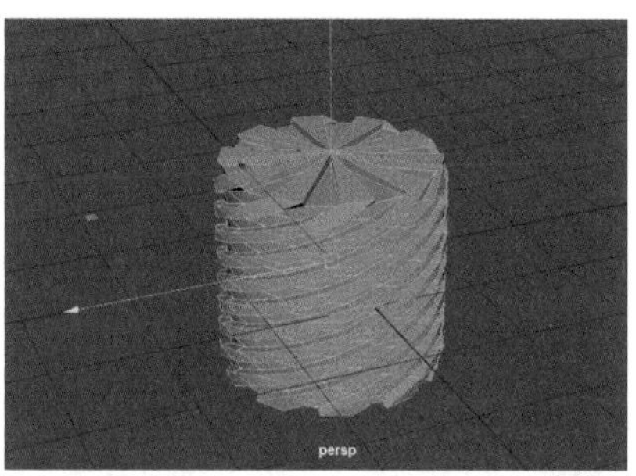
图 9-170

Step06 让模型进入顶点模式，将顶面的中心点选中并向上拖曳，如图 9-171 所示。再让模型回到对象模式，钻头模型的效果如图 9-172 所示。实例最终效果见“结果文件\第 9 章 \zuantou.mb”文件。

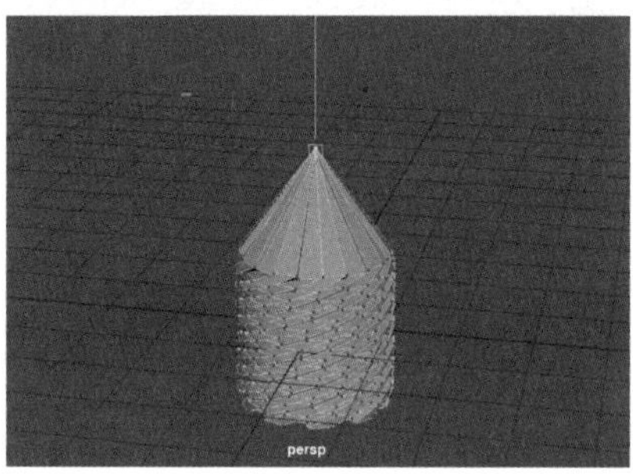
图 9-171

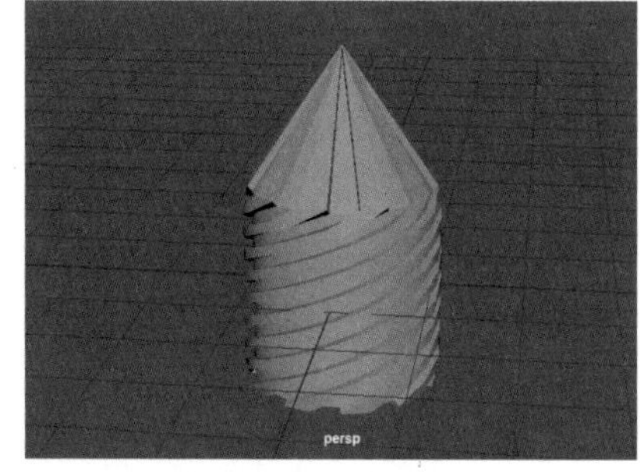
图 9-172

9.10.7 波浪变形

波浪变形可以沿着圆环使选定的模型产生波浪变形效果。选择模型，选择菜单栏中的【变形】→【非线性】→【波浪】命令即可，如图 9-173 所示。

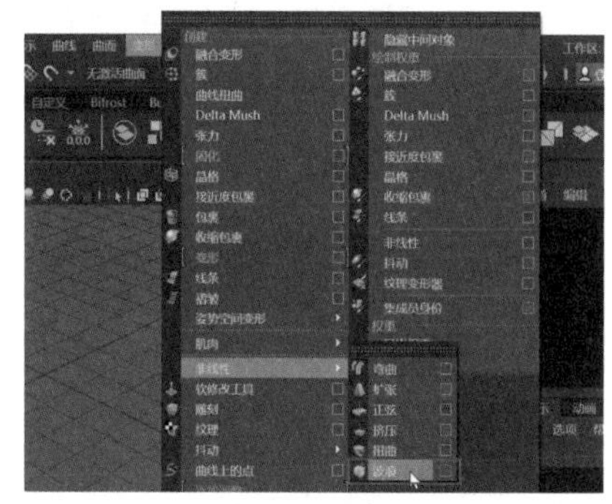
图 9-173

9.10.8 实战：制作波浪动画

Step01 单击工具架中的【多边形建模】→【平面】图标，创建一个平面模型，如图 9-174 所示。选择生成的模型，打开右侧的【通道盒 / 层编辑器】面板，展开模型属性并将细分数调大，如图 9-175 所示。

图 9-174

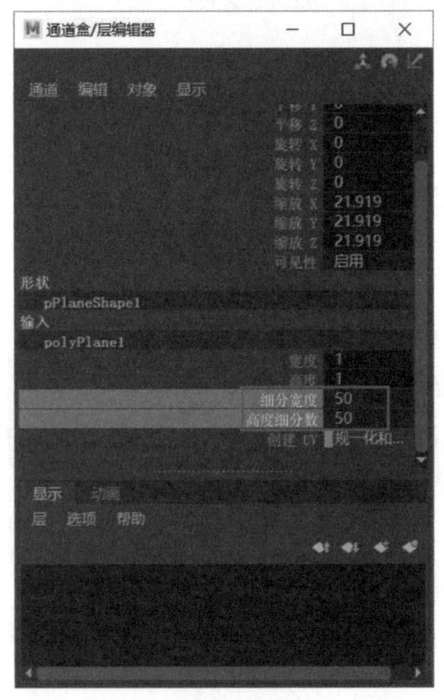

图 9-175

Step02 选择模型，先在第 1 秒添加一个初始关键帧，选择菜单栏中的【变形】→【非线性】→【波浪】命令，如图 9-176 所示，将时间滑块后移到第 20 秒后，打开右侧的【通道盒 / 层编辑器】面板，将【振幅】调整为 0.06，并再次添加关键帧，如图 9-177 所示，此时【通道盒 / 层编辑器】中的属性会变为红色。

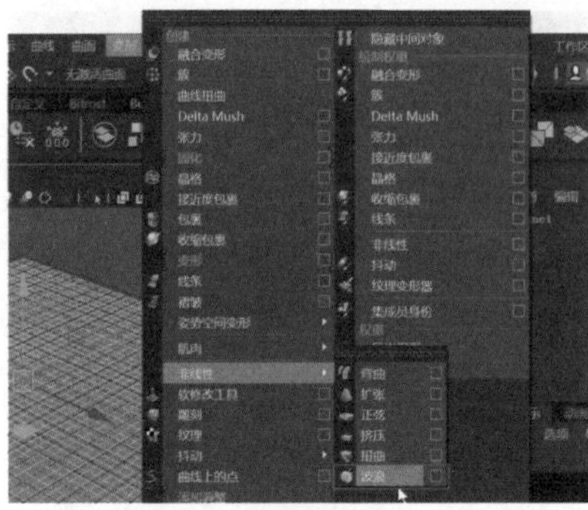

图 9-176

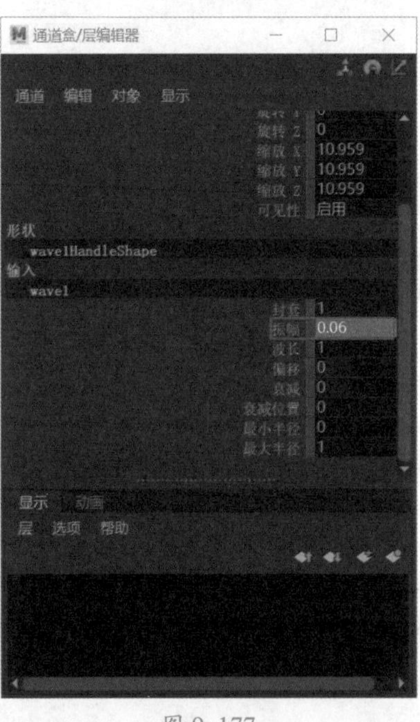

图 9-177

Step03 继续将时间滑块向后移，对其【波长】和【偏移】参数进行调整，如图 9-178 所示。确认后按快捷键【S】在当前时间添加关键帧，此时即可看到波浪的动画效果，如图 9-179 所示。

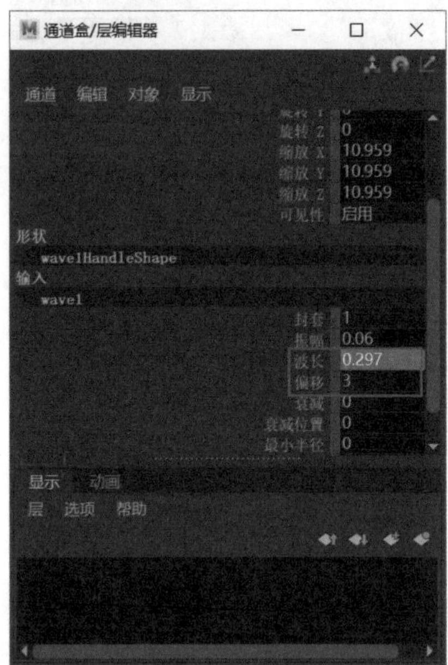

图 9-178

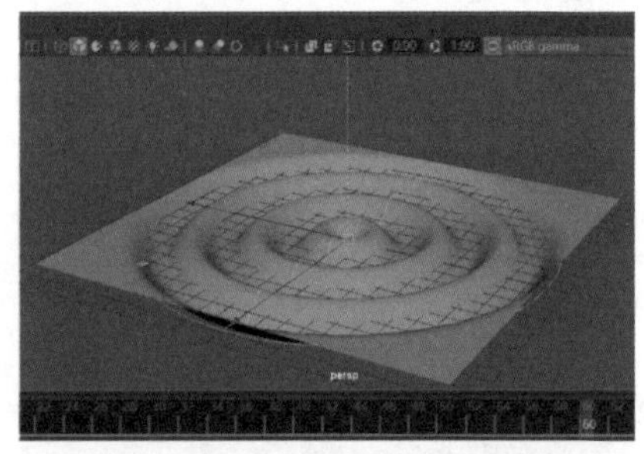

图 9-179

9.11 约束

约束是制作角色动画时经常会涉及的操作，它可以用一个模型的变换设置来驱动其他模型的位置、比例和方向。被执行约束的多个对象间，都存在驱动与被驱动、控制与被控制的关系，这些选定的对象可以通过不同的约束类型，制作出不同的约束效果。

Maya 中提供了很多种约束方式，其中常用的 5 种分别是【父子约束】【点】【方向】【比例】和【目标】约束，如图 9-180 所示。

图 9-180

★重点 9.11.1 父子约束

父子约束可以将一个模型的平移或旋转关联到另一个模型上，一个模型的运动轨迹会受多个模型平均位置的影响。用户只需要先选择目标物体，再选择被约束物体，然后选择【动画】模块菜单栏中的【约束】→【父子约束】命令，如图 9-181 所示。单击命令右侧的复选框，可以打开其选项对话框，如图 9-182 所示。

图 9-181

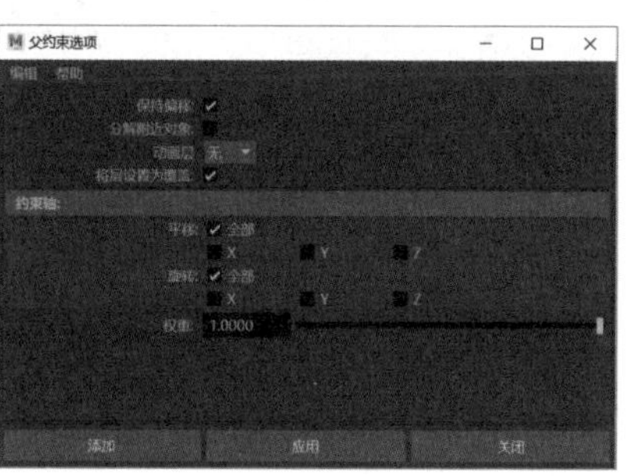

图 9-182

【父约束选项】对话框中选项的作用及含义如表 9-5 所示。

表 9-5 父约束选项对话框中选项作用及含义

选项	作用及含义
平移	此选项决定将要约束平移的属性方向，可以单独选择任何一个轴向，也可以选择【全部】选项同时约束 3 个轴向
旋转	此选项决定将要约束旋转的属性方向，可以单独选择任何一个轴向，也可以选择【全部】选项同时约束 3 个轴向

★重点 9.11.2 点约束

点约束可以将一个对象的运动轨迹关联到其他对象上，并且可以使选定对象跟随多个对象的位置移动。选中目标对象和约束对象后，选择【动画】模块菜单栏中的【约束】→【点】命令，如图 9-183 所示。单击命令右侧的复选框，可以打开其选项对话框，如图 9-184 所示。

图 9-183

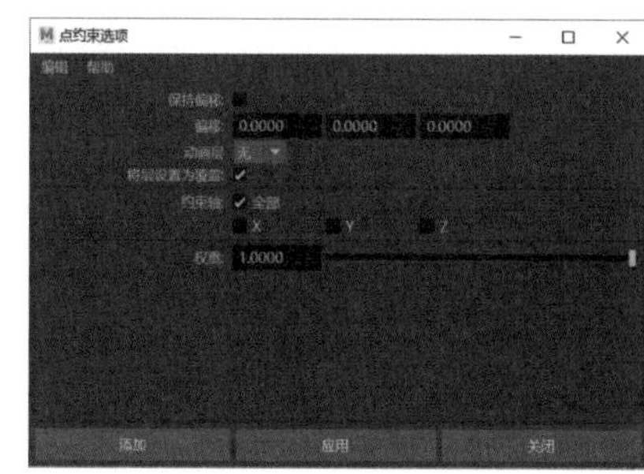

图 9-184

【点约束选项】对话框中选项的作用及含义如表 9-6 所示。

表 9-6 点约束选项对话框中选项作用及含义

选项	作用及含义
保持偏移	选中此选项，创建点约束后，目标物体和被约束物体的相对位移可以保持约束物体之间的空间关系不变，默认情况下为关闭状态
偏移	此选项用于决定被约束物体相对于目标物体的位移坐标数值
动画层	此选项用于选择将要添加点约束的动画层
将层设置为覆盖	选中此选项后，在动画层下拉列表中选择的层会在将约束添加到动画层时自动设定为覆盖模式，默认情况下为关闭状态
约束轴	此选项用于指定约束的轴向，可以单独选择任何一个轴向，也可以选择所有轴向
权重	此选项决定被约束物体的位置被目标物体影响的强度

9.11.3 方向约束

方向约束可以将一个模型的方向与单个或多个其他模型的方向进行匹配，还可以同时约束多个模型的方向。选中目标模型和约束模型后，选择【动画】模块菜单栏中的【约束】→【方向】命令，如图 9-185 所示。单击命令右侧的复选框，即可打开其选项对话框，如图 9-186 所示。

图 9-185

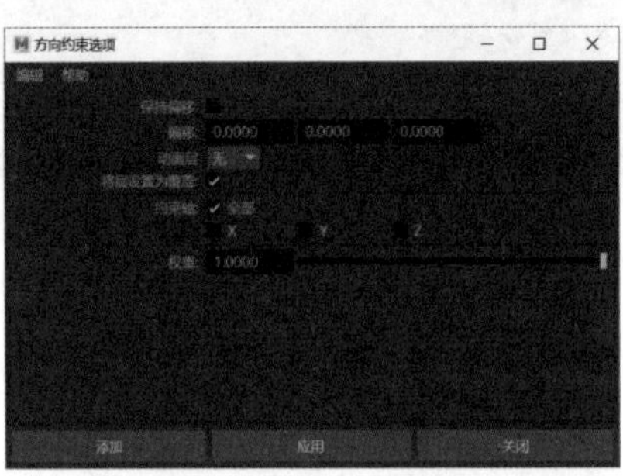

图 9-186

9.11.4 比例

比例约束就是缩放约束，它可以将选定对象的缩放与一个或多个其他对象进行传递和匹配，该功能对于调整多个对象的平均缩放大小非常实用。当选中目标对象和约束对象后，选择【动画】模块菜单栏中的【约束】→【比例】命令，如图 9-187 所示。单击命令右侧的复选框，即可打开其选项对话框，如图 9-188 所示。

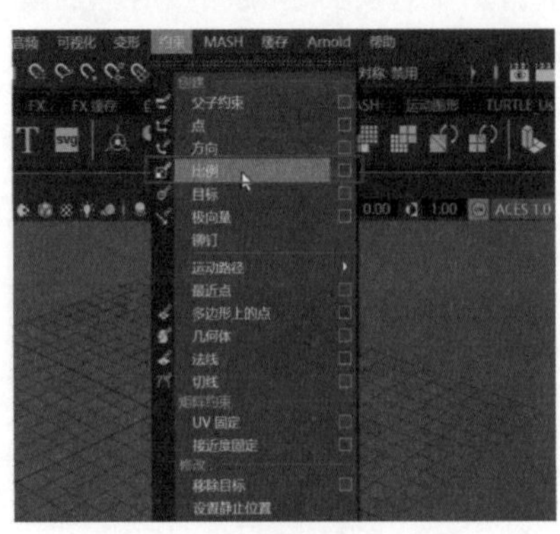

图 9-187

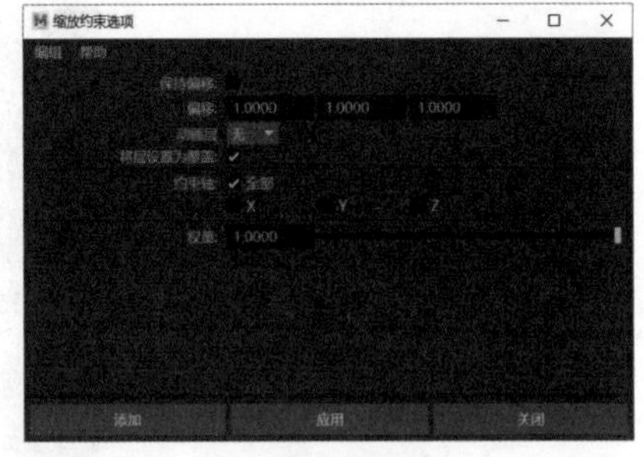

图 9-188

★重点 9.11.5 目标约束

目标约束可以约束选定对象的方向，使该对象瞄准其他物体。目标约束的典型用法为将灯光或摄影机瞄准到一个或多个对象上。选中目标对象和约束对象后，选择【动画】模块菜单栏中的【约束】→【目标】命令，如图 9-189 所示。单击命令右侧的复选框，即可打开其选项对话框，如图 9-190 所示。

图 9-189

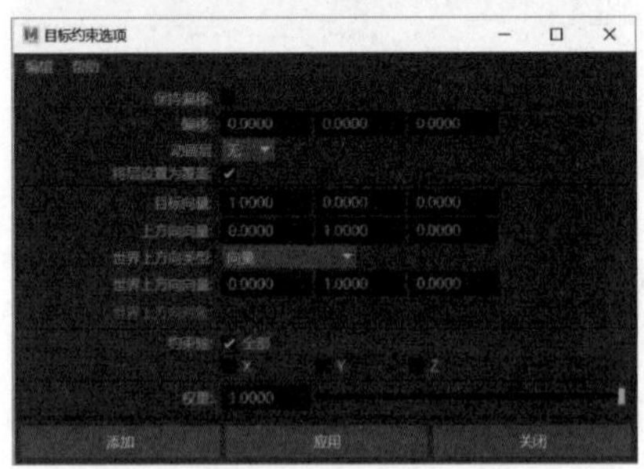

图 9-190

【目标约束选项】对话框中选项的作用及含义如表 9-7 所示。

表 9-7 目标约束选项对话框中选项作用及含义

选项	作用及含义
保持偏移	选择此选项后，将保持受约束对象的平移、旋转及约束之前的状态。默认情况下为禁用状态
偏移	设置此选项后，将决定受约束对象相对于目标对象旋转枢轴（目标点）的偏移方向
动画层	此选项用于选择将要添加目标约束的动画层
将层设置为覆盖	选择此选项后，在动画层下拉列表中选择的层会在将约束添加到动画层时自动设定为覆盖模式，默认情况下为关闭状态
目标向量	此选项决定被约束物体局部空间的方向，"目标向量"将指向目标点，从而迫使受约束物体相应地确定其本身的方向
上方向向量	此选项决定被约束物体局部空间的方向
世界上方向类型	此选项有 5 个子命令，分别是场景上方向、对象上方向、对象旋转上方向、向量和无，它可以决定瞄准指定对象的方向
世界上方向向量	此选项用于决定场景的世界空间方向

续表

选项	作用及含义
世界上方向对象	通过输入对象名称来指定一个【世界上方向对象】
约束轴	此选项用于指定目标约束的轴向，可以单独选择任何一个轴向，也可以选择所有轴向
权重	此选项决定被约束物体的方向被目标物体影响的强度

9.11.6 铆钉约束

铆钉约束可以将一个对象添加到另一个对象上，如将兜口贴到衣服上。执行该命令后，生成的操纵器可以直接附加到对象的面、点或UV上。选择对象的点、面或UV后，选择【动画】模块菜单栏中的【约束】→【铆钉】命令，如图 9-191 所示。

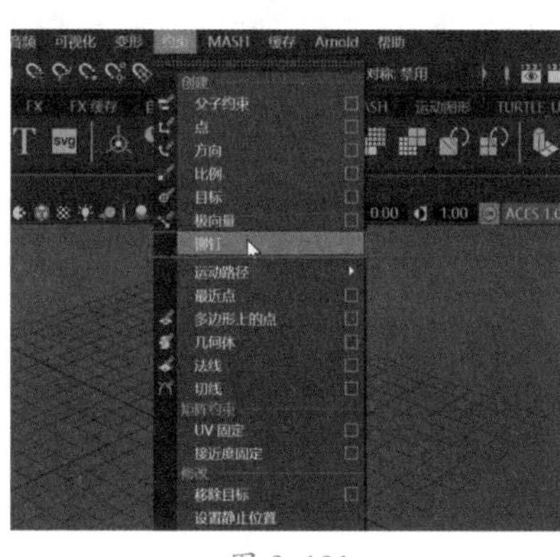

图 9-191

9.11.7 几何体约束

几何体约束可以将选定对象限制到其他对象中，包括 NURBS 曲线、NURBS 曲面和多边形曲面。选中目标对象和约束对象后，选择【动画】模块菜单栏中的【约束】→【几何体】命令，如图 9-192 所示。单击命令右侧的复选框，即可打开其选项对话框，如图 9-193 所示。

图 9-192

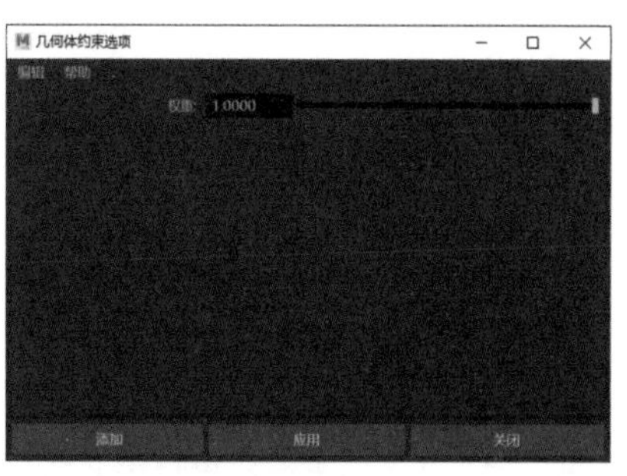

图 9-193

9.12 路径动画

路径动画可以使选定对象沿着路径曲线产生运动效果。可以使用曲线工具创建路径，并将对象连接到该路径曲线上，从而控制物体的位置和旋转角度，为对象添加动画，使对象沿着路径曲线穿过场景中的多个位置。路径动画适用于制作汽车行驶、鸟在空中飞等动画。

选择【动画】模块菜单栏中的【约束】→【运动路径】命令，可以看到 3 个子命令，分别是【连接到运动路径】【流动路径对象】和【设置运动路径关键帧】，如图 9-194 所示。

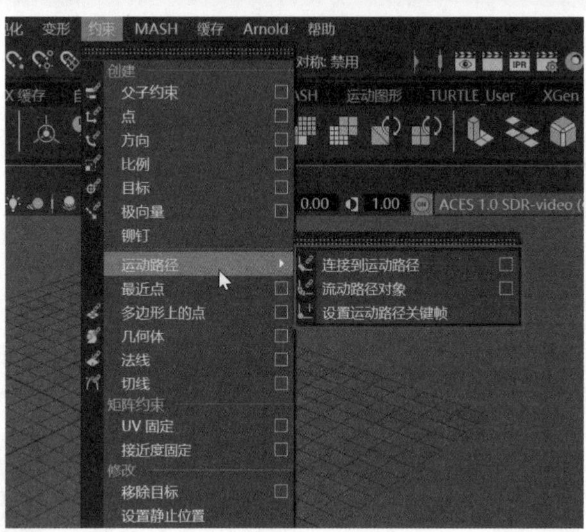

图 9-194

9.12.1 将对象附加到运动路径

要将对象附加到运动路径上，首先需要使用曲线工具绘制即将创建路径的曲线。选择模型，再选择曲线，如图 9-195 所示，选择【动画】模块菜单栏中的【约束】→【运动路径】→【连接到运动路径】命令，如图 9-196 所示。

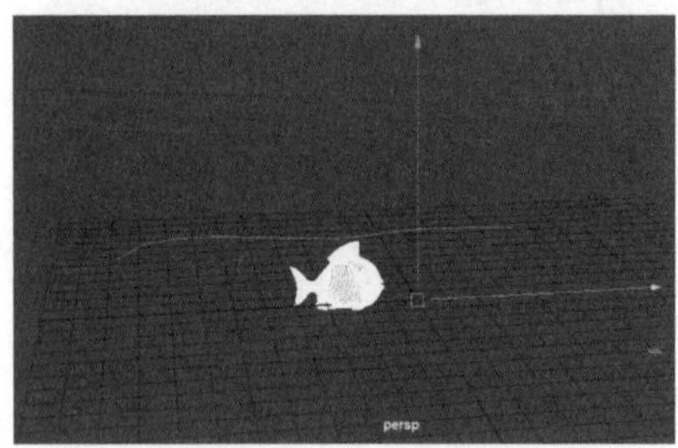

图 9-195

图 9-196

此时单击【播放】按钮即可查看模型的动画效果，如图 9-197 所示。

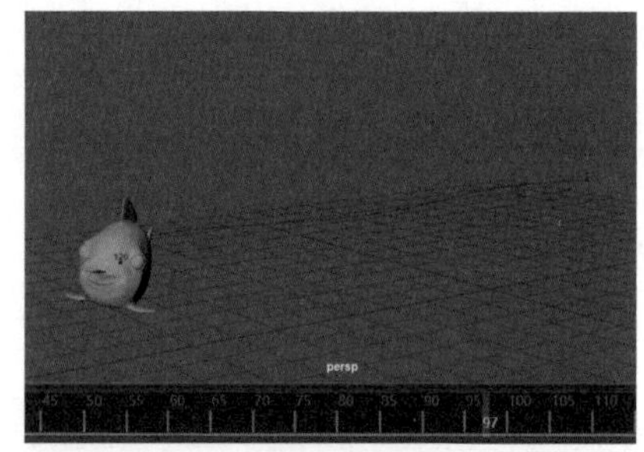

图 9-197

9.12.2 通过移动对象创建运动路径

首先确定好即将使用运动路径制作动画的模型，并移动到起始位置，将当前时间设定为路径动画的开始时间，选择【动画】模块菜单栏中的【约束】→【运动路径】→【设置运动路径关键帧】命令，如图 9-198 所示，此时会在模型的当前位置生成一个标记，如图 9-199 所示。

图 9-198

图 9-199

接下来将时间滑块后移并对模型进行移动和旋转，创建第 2 个关键帧，如图 9-200 所示。再次执行【动画】模块菜单栏中的【约束】→【运动路径】→【设置运动路径关键帧】命令，此时可以看到从模型的起始位置到当前位置生成了一条路径曲线，如图 9-201 所示。

图 9-200

图 9-201

★重点 9.12.3 运动路径标记

路径动画创建好后，可以看到沿着路径曲线生成的带数字的标记，这就是运动路径标记，代表各个关键帧，数字代表的是【时间滑块】中的帧数，如图 9-202 所示。当选定对象第一次添加到运动路径时，会生成第一个标记，同时也会在路径的终点生成最后一个标记，用户可以根据需求添加其他位置的标记。

图 9-202

9.12.4 沿运动路径设置动画

沿当前路径设置动画可以调整选定对象的外形、运动、方向、速度或对齐状态，并根据运动路径将对象进行偏移。选择已连接到运动路径的对象，选择【动画】模块菜单栏中的【约束】→【运动路径】→【流动路径对象】命令，如图 9-203 所示。命令执行后，会在当前选定对象周围生成一个晶格变形器，使对象沿着路径曲线产生运动的同时也能跟随曲线曲率的变化调整自身外轮廓，如图 9-204 所示。

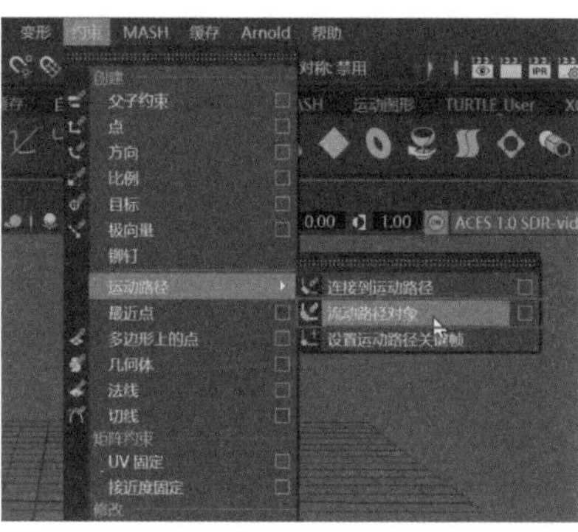
图 9-203

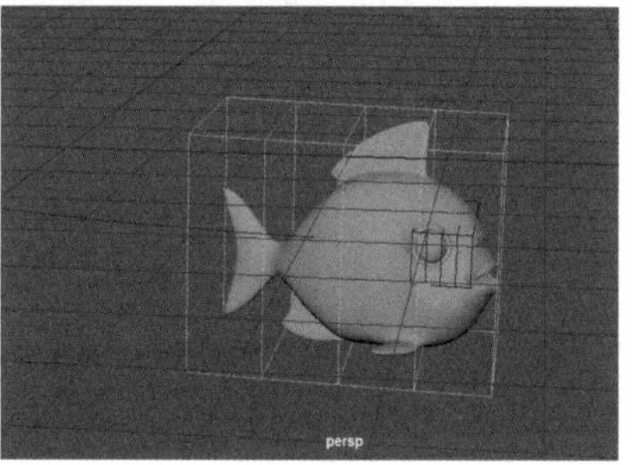
图 9-204

选择已经连接到运动路径的对象，打开右侧的【通道盒 / 层编辑器】面板，展开【输入】区域，如图 9-205 所示。可以通过调节【前方向扭曲】【上方向扭曲】和【侧方向扭曲】3 个选项来控制对象即将旋转的方向。

在【时间滑块】中，选择要更改速度的帧，打开右侧的【通道盒 / 层编辑器】面板并将【输入】区域展开，在运动路径的【U 值】上添加关键帧，如图 9-206 所示。位置标记在运动路径中生成后，部分运动路径中的速度就被调整了，如图 9-207 所示。

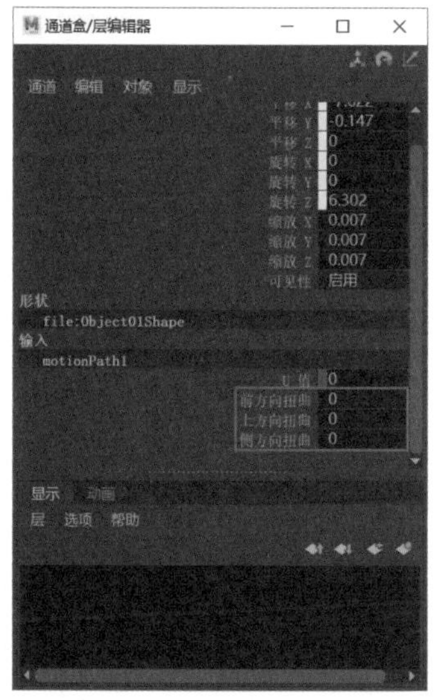
图 9-205

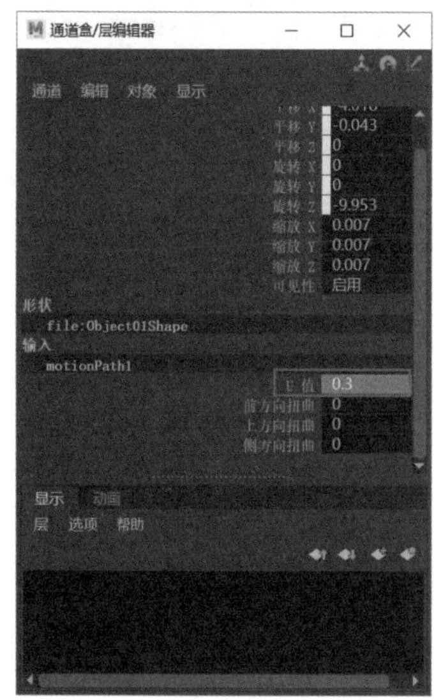
图 9-206

图 9-207

9.13 摄影机

Maya 中的摄影机和现实中的摄影机的用途基本是一致的，也是非常基本的功能。每次打开软件时，会自动创建 4 个摄影机用于生成不同角度的视图，分别是前视图、顶视图、侧视图和透视图。

一部优秀的动画作品中有多个镜头，这些镜头可以从多个角度连续拍摄形成画面。打开 Maya 中摄影机的动画设定后，摄影机就会根据操作的意图记录动画。摄影机创建好后，会在视图中生成一个代表摄影机的线框，如图 9-208 所示。

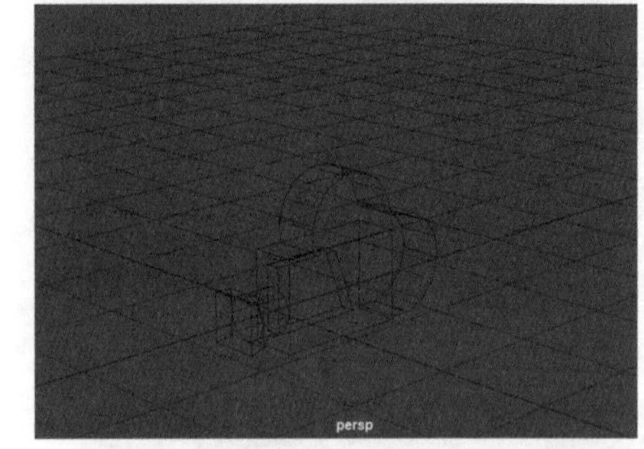

图 9-208

9.13.1 摄影机的类型和特点

选择菜单栏中的【创建】→【摄影机】命令，即可看到创建摄影机的 3 种方式，如图 9-209 所示，分别是【摄影机】【摄影机和目标】和【摄影机、目标和上方向】。

图 9-209

【摄影机和目标】比【摄影机】多一个控制点，如图 9-210 所示。选择摄影机并移动位置，可以看到不管怎么移动，摄影机都会对准一个中心点，如图 9-211 所示，当然，也可以对中心点进行移动。该摄影机适用于制作复杂的动画场景，如追踪汽车的行驶路线。

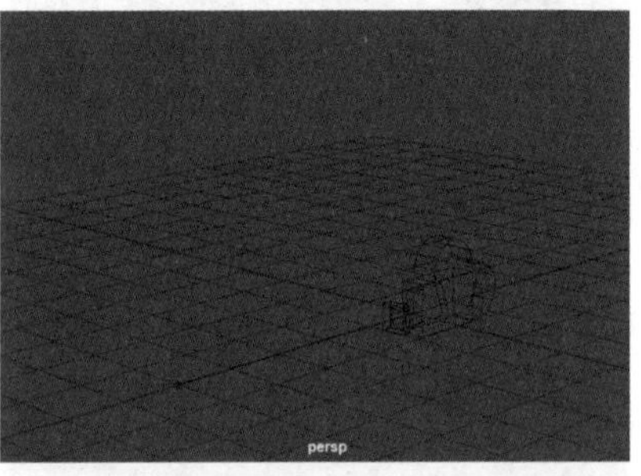

图 9-210

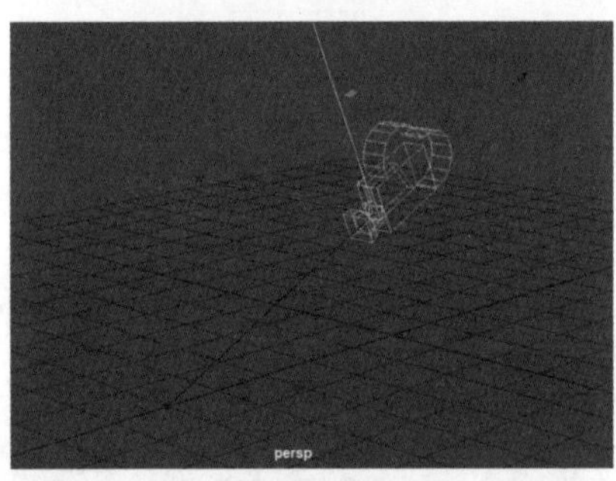

图 9-211

创建【摄影机、目标和上方向】后，会生成两个控制点和控制轴，如图 9-212 所示，其中一个用于对准摄影机的方向，另一个用于控制摄影机本身的控制点，从而使摄影机在当前位置旋转，该摄影机适用于制作倾斜、旋转等镜头。

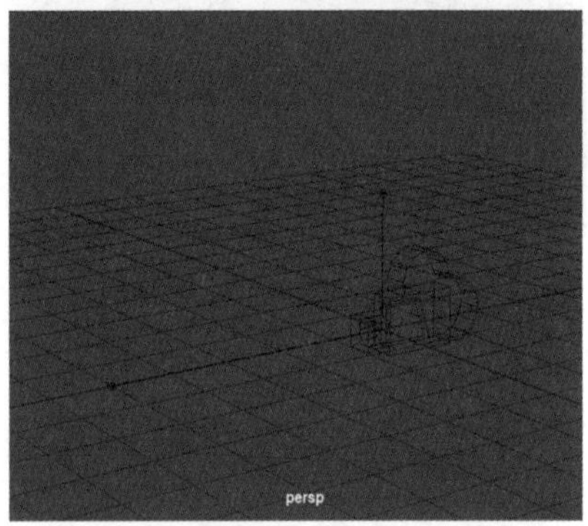

图 9-212

9.13.2 摄影机的常用属性

3 个不同类型的摄影机的基础属性是一样的，执行菜单栏中的【创建】→【摄影机】→【摄影机】命令，如图 9-213 所示。选择视图中的摄影机，按快捷键【Ctrl+A】打开【属性编辑器】面板，如图 9-214 所示。

图 9-213

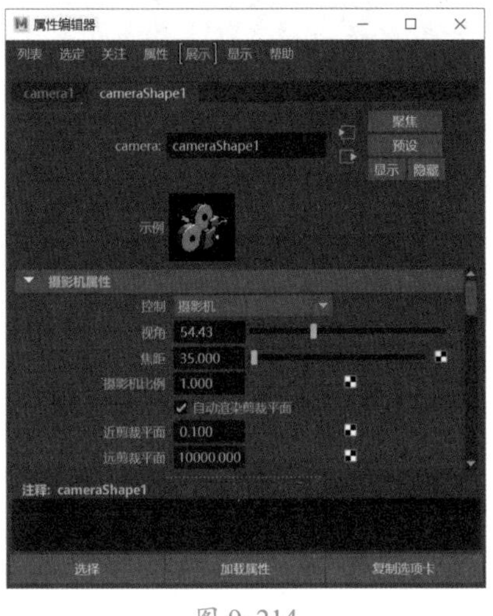

图 9-214

摄影机【属性编辑器】面板中选项的作用及含义如表 9-8 所示。

表 9-8 摄影机属性编辑器面板中选项作用及含义

选项	作用及含义
控制	调节该选项，可以自由更换摄影机类型
视角	调节该选项，可以决定摄影机在当前视角的可见范围，数值越大，视角越宽、越远

续表

选项	作用及含义
焦距	调整该选项时，增大数值将拉近摄影机镜头，放大物体在摄影机视图中的大小；减小数值，将拉远摄影机镜头，缩小物体在摄影机视图中的大小
摄影机比例	调节该选项，可以缩放摄影机的大小，同样视角也会产生变化，数值越大，视角越大，默认情况下为 1
远剪裁平面	调节该选项，可以决定镜头的显示范围，数值越大，显示的范围越大

妙招技法

下面结合本章内容，介绍一些实用技巧。

技巧 01：制作球体滚动动画

Step 01 创建一个悬空的台子模型和一个球体模型，如图 9-215 所示。按空格键切换到前视图，将球体模型移动到台子模型的最顶端位置，在第 1 秒按快捷键【S】添加第一个关键帧，如图 9-216 所示。

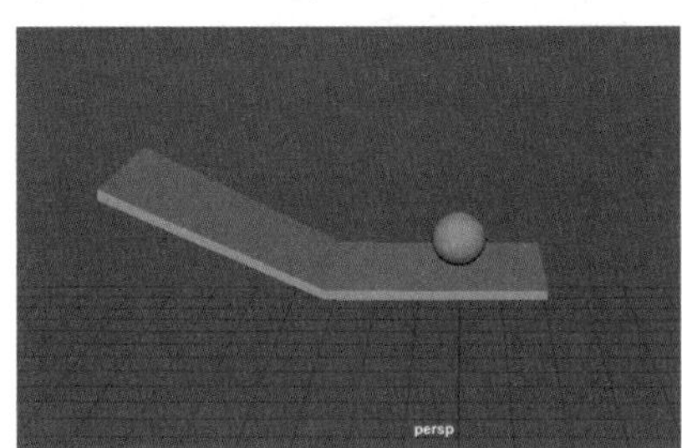

图 9-215

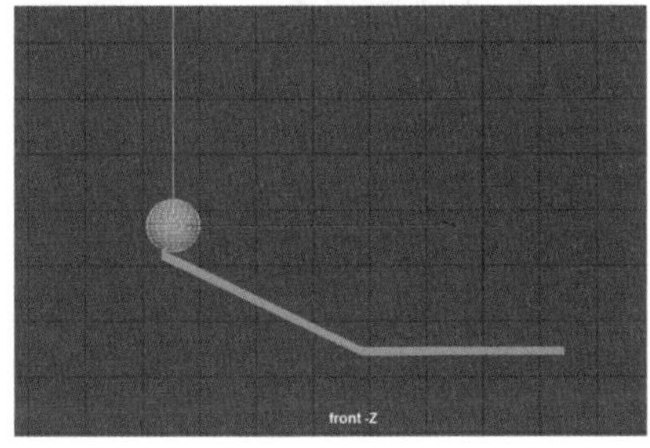

图 9-216

Step 02 将时间滑块平移到第 15 秒，将球体模型移动到台子的中间位置，并横向旋转 90°，如图 9-217 所示。确定好位置后再添加一个关键帧，将时间滑块平移到第 35 秒，再将球体移动到台子的下方边缘位置并设置旋转角度，如图 9-218 所示，确定好位置后继续添加关键帧。

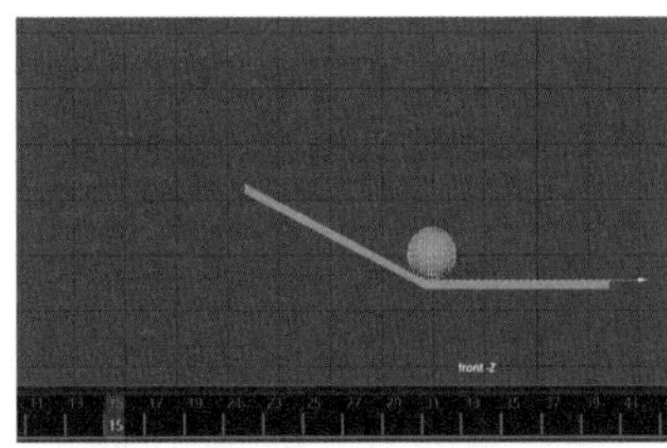

图 9-217

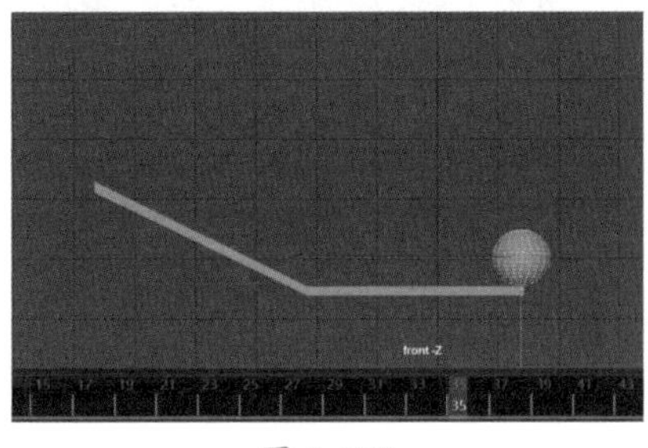

图 9-218

Step 03 将时间滑块平移到第 45 秒，并将球体模型放置在地面上，如图 9-219 所示。确定好位置后添加最后一个关键帧，但是播放动画时，可以看到有一部分运动路径会出现穿帮，如图 9-220 所示。

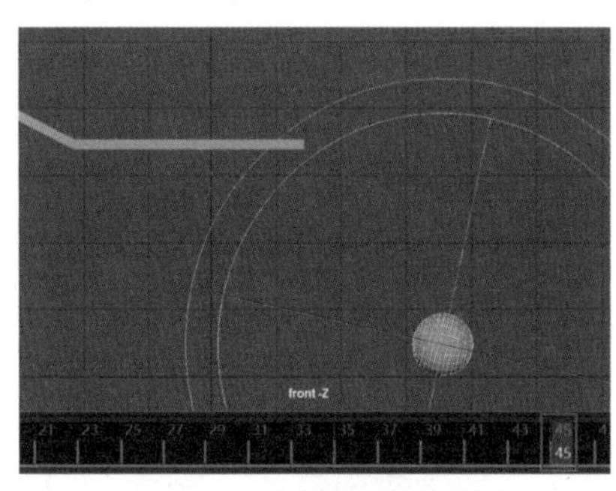

图 9-219

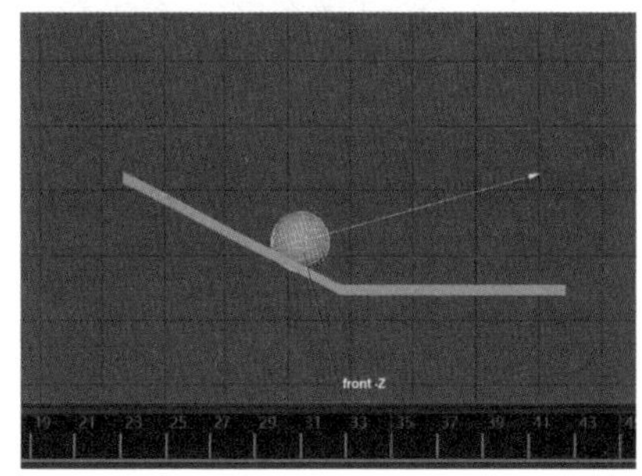

图 9-220

Step04 选择菜单栏中的【窗口】→【动画编辑器】→【曲线图编辑器】命令，如图 9-221 所示。打开【曲线图编辑器】面板后，单击并显示【平移 Y】方向的曲线，框选前两个节点中间的控制器，如图 9-222 所示。

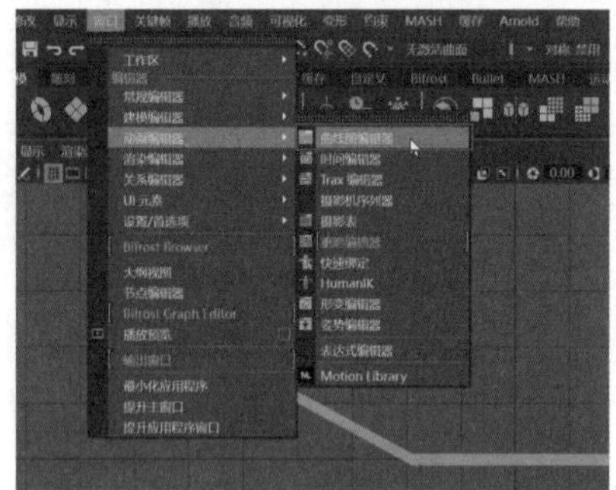

图 9-221

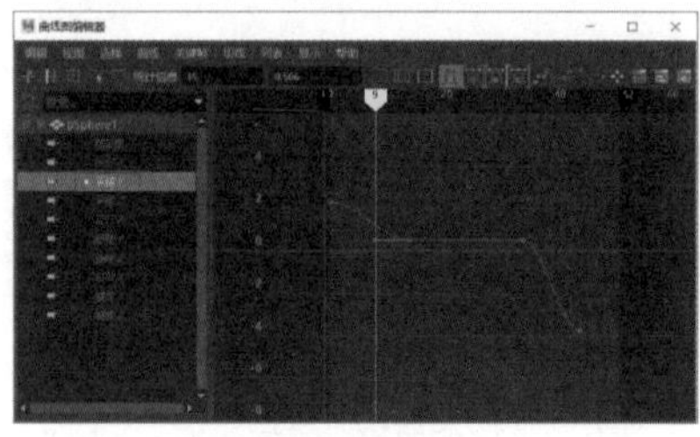

图 9-222

Step05 选择局部控制器后，单击工具架中的【线性切线】图标，如图 9-223 所示。再单击并显示【平移 Z】方向的曲线，框选前两个节点中间的控制器，执行【线性切线】命令，如图 9-224 所示，将曲线切换为直线。

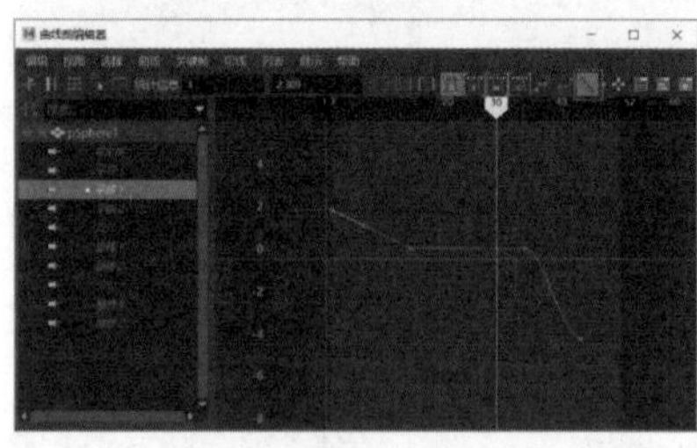

图 9-223

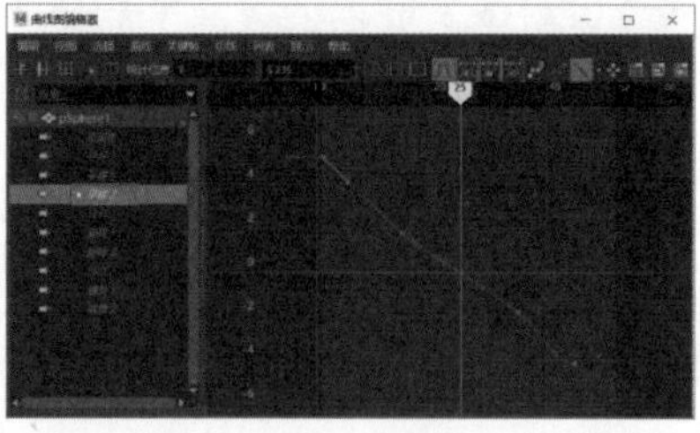

图 9-224

Step06 回到视图中播放动画，可以看到球体在滚动的过程中，不会出现穿帮，如图 9-225 所示。实例最终效果见“结果文件 \ 第 9 章 \ gundong.mb”文件。

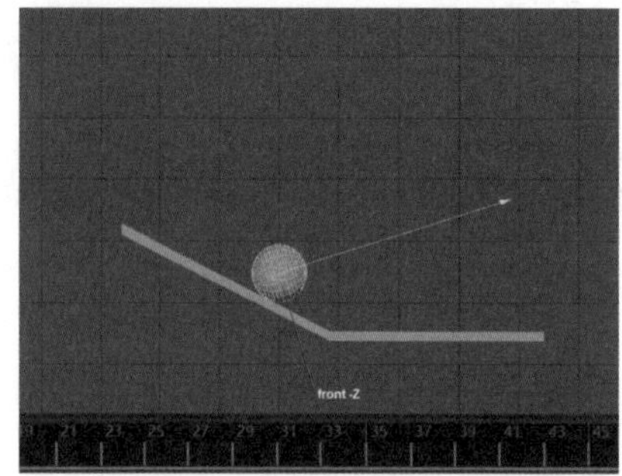

图 9-225

技巧 02：制作树叶下落动画

Step01 选择菜单栏中的【文件】→【导入】命令，打开“素材文件 \ 第 9 章 \luoye.mb”文件，如图 9-226 所示。单击工具架中的【曲线 / 曲面】→【EP 曲线工具】图标，如图 9-227 所示。

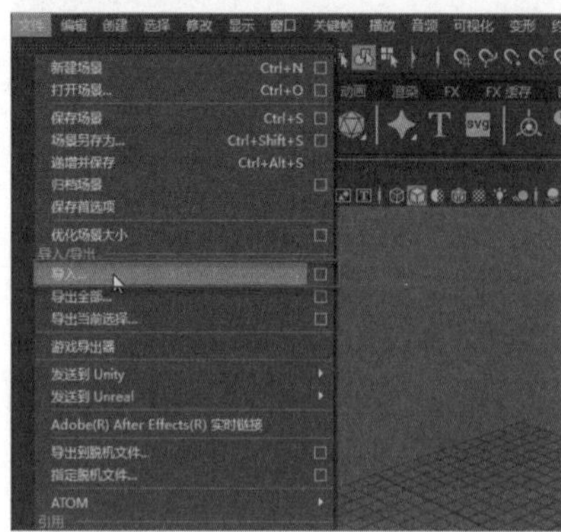

图 9-226

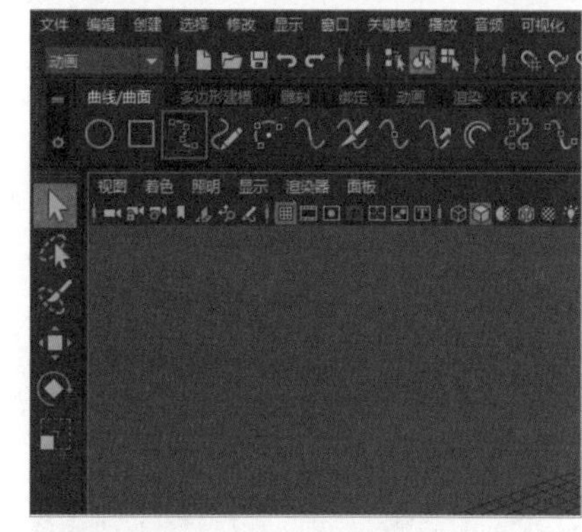

图 9-227

Step02 按空格键切换到前视图中，绘制一条树叶下落的曲线，如图 9-228 所示。选择模型，再选择曲线，单击【动画】模块菜单栏中【约束】→【运动路径】→【连接到运动路径】命令右侧的复选框，打开其选项对话框，如图 9-229 所示。

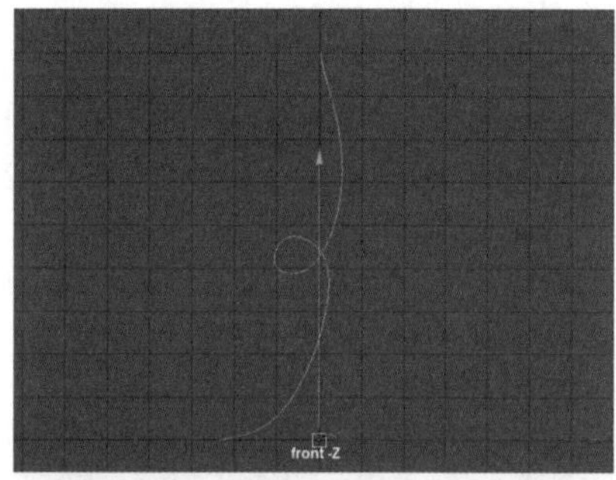

图 9-228

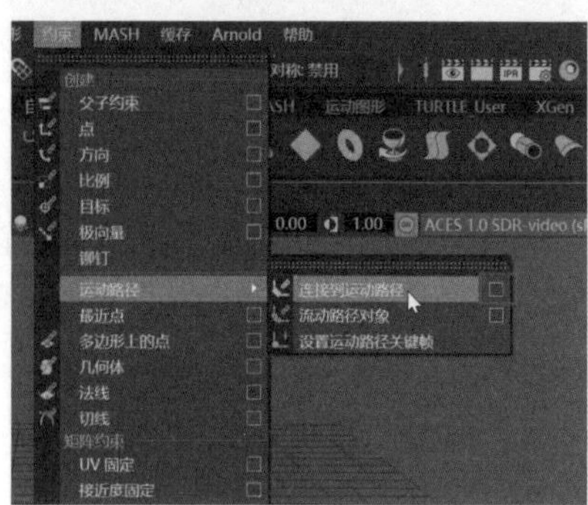

图 9-229

Step03 在弹出的对话框中，❶ 将【前方向轴】设置为【Z】，❷ 将【上方向轴】设置为【X】，❸ 单击【应用】按钮，如图 9-230 所示，树叶下落动画的效果如图 9-231 所示。实例最终效果见"结果文件\第 9 章\luoye.mb"文件。

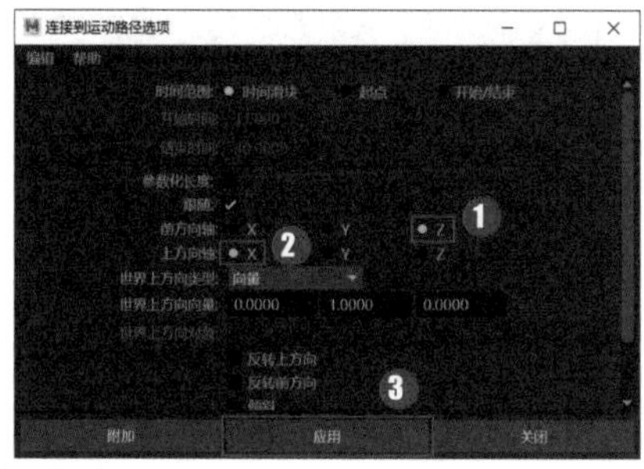

图 9-230

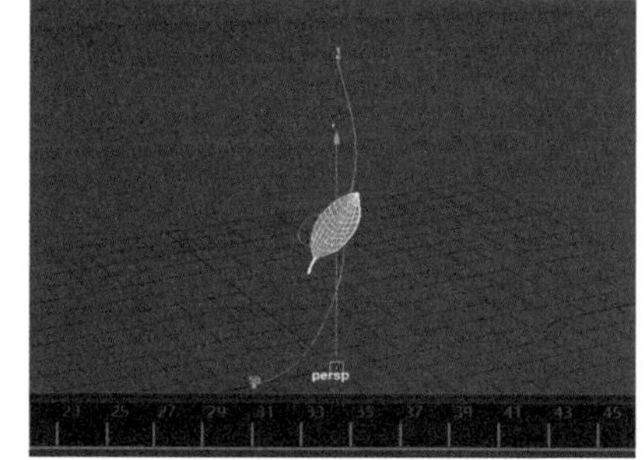

图 9-231

上机实训 —— 制作赛车行使动画

本例将通过创建多个关键帧，制作赛车行驶的动画，具体制作步骤如下。

Step01 打开"素材文件\第 9 章\saiche.mb"文件，用多边形制作一个如图 9-232 所示的轨道模型，选择赛车模型，在第 1 秒按快捷键【S】，添加一个关键帧，如图 9-233 所示。

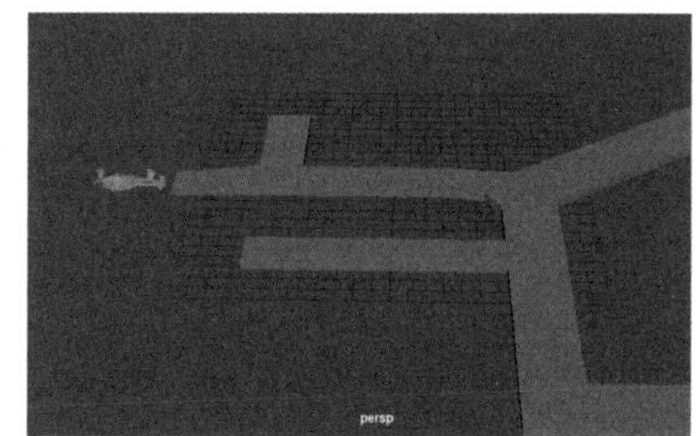

图 9-232

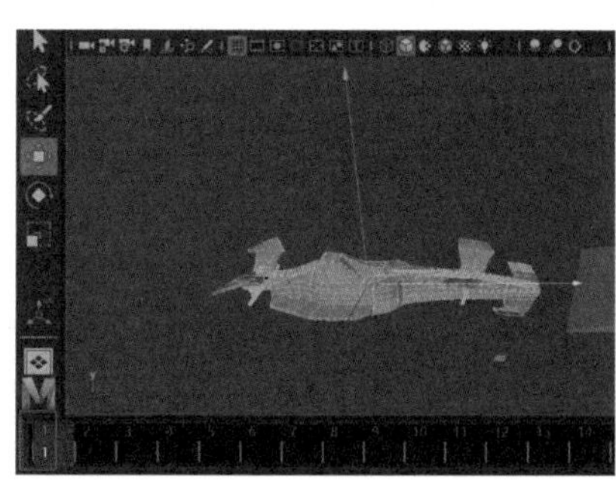

图 9-233

Step02 按空格键切换到前视图，将时间滑块平移到第 5 秒，再框选赛车模型，将其整体平移到轨道坡起点位置，如图 9-234 所示，确定好位置后在第 5 秒添加一个关键帧。在第 10 秒将赛车的位置继续向前移动，如图 9-235 所示，并添加一个关键帧。

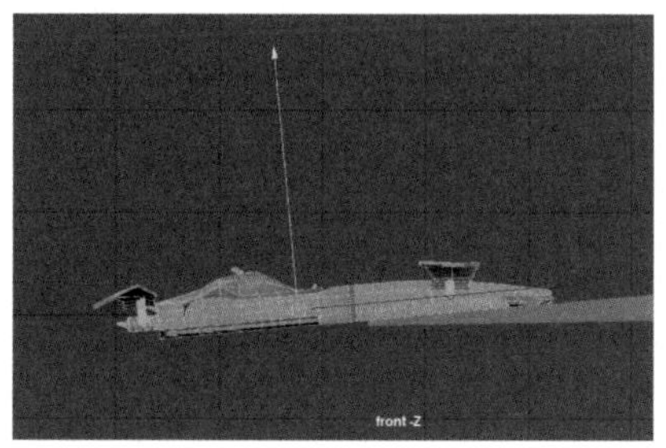

图 9-234

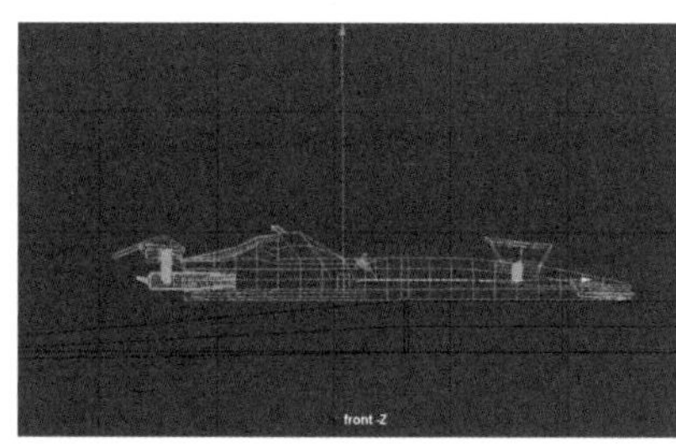

图 9-235

Step03 按空格键回到透视图，将时间滑块平移到第 15 秒，并将赛车模型平移到轨道的第一个拐角处，如图 9-236 所示，确定好位置后继续添加关键帧。再将时间滑块平移到第 20 秒，然后将赛车模型平移到轨道第一个拐角处的末端位置并旋转赛车模型，如图 9-237 所示，确定好位置后添加一个关键帧。

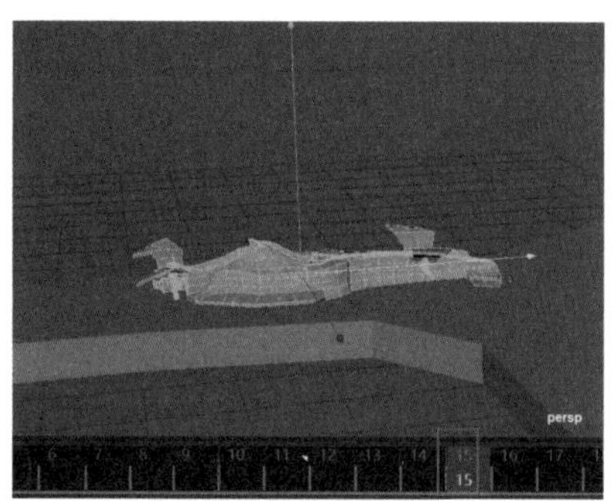

图 9-236

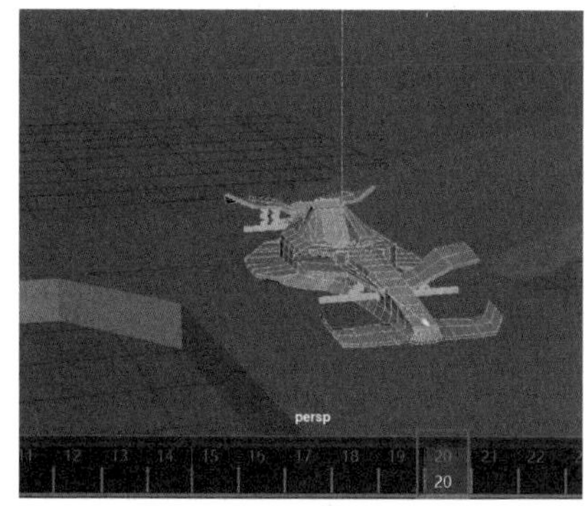

图 9-237

Step04 将时间滑块平移到第 25 秒，并将赛车模型移动到轨道的第二个拐角处，如图 9-238 所示，确定好位置后添加关键帧。再将时间滑块平移到第 30 秒，然后将赛车位置平移到轨道第二个拐角的末端位置并旋转赛车模型，如图 9-239 所示，确定好位置后添加一个关键帧。

图 9-238

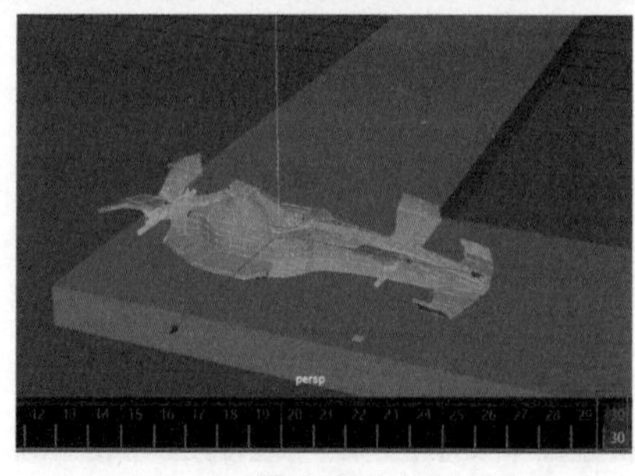

图 9-239

Step 05 将时间滑块平移到第 40 秒，并将赛车模型平移到轨道的末端位置，如图 9-240 所示。确定好位置后添加最后一个关键帧，完成赛车行驶动画的制作。实例最终效果见“结果文件\第 9 章\saiche.mb”文件。

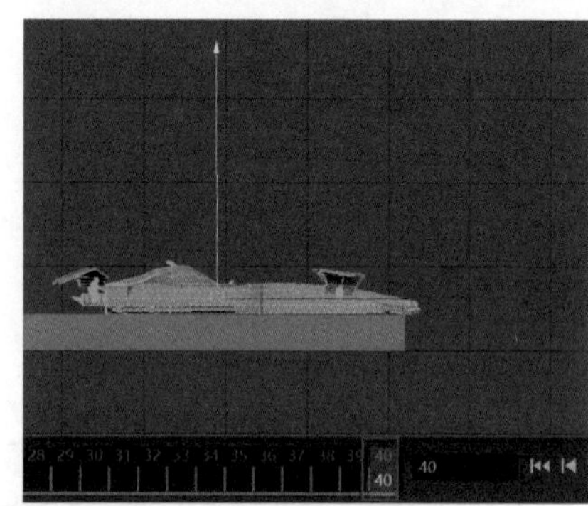
图 9-240

本章小结

本章主要介绍了制作动画的过程中必备的功能基础用法与相关知识点。使用【目标约束】时，【目标向量】可以帮助它指向目标点，也就是被约束物体的方向。一个晶格体是由【影响晶格】和【基础晶格】组成的，在使用晶格调整变形效果时，相当于对【影响晶格】进行编辑操作。在默认状态下，基础晶格会被隐藏，可以在【大纲视图】面板中选择【基础晶格】使其显示出来。

第10章 角色动画

- Maya 的骨架关节常用工具有哪些?
- 创建与编辑骨架的方法。
- IK 的介绍和创建与编辑 IK 控制柄的方法。
- 蒙皮前的准备工作。

角色动画就是数字角色骨架的动画。通过本章内容，读者可以学习到高级动画技术的基本应用，其中包含通过创建骨架来控制肌肉和皮肤完成角色动画，创建与编辑 IK 控制柄，以及蒙皮的使用方法。本章内容难度较高，需要用心学习。

10.1　Maya 角色动画概述

在动画创作中，角色的形象塑造十分重要。Maya 为制作角色动画提供了一套非常优秀的系统，包括为角色创建骨架、添加蒙皮、创建与编辑 IK 控制柄、约束等。另外，我们还可以为角色创建变形器，制作出复杂的变形效果，从而生成动画，创作出生动的动作，如皱眉、微笑、抖动腹部、抬腿等。

★重点 10.2　编辑骨架关节的常用工具

将模块切换到【装备】，选择菜单栏中的【骨架】命令后，即可看到所有编辑骨架关节的常用工具，如图 10-1 所示，可以使用多种方法对骨架进行编辑，使骨架更好地满足动画制作的要求。

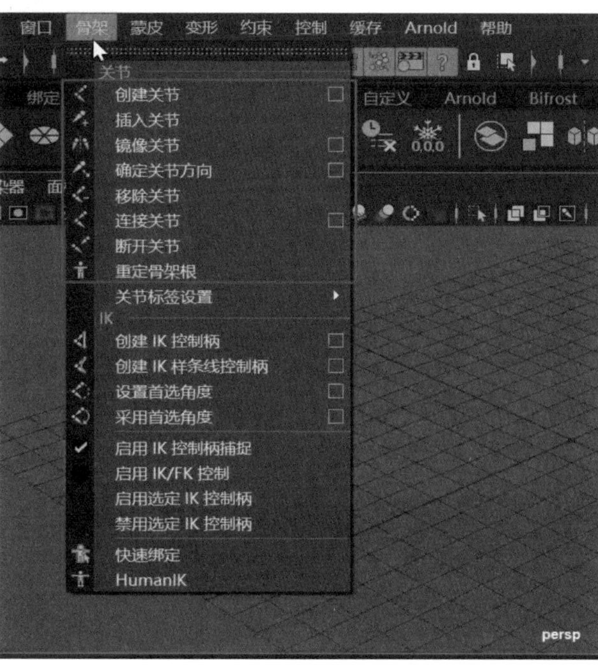

图 10-1

10.2.1 创建骨架

在制作角色动画时，需要根据不同的角色类型，在接近真实关节的位置放置关节。选择【装备】模块菜单栏中的【骨架】→【创建关节】命令，或单击工具架中的【创建关节】按钮，即可创建骨架，如图 10-2 所示。单击【骨架】→【创建关节】命令右侧的复选框，打开其【工具设置】对话框，如图 10-3 所示。

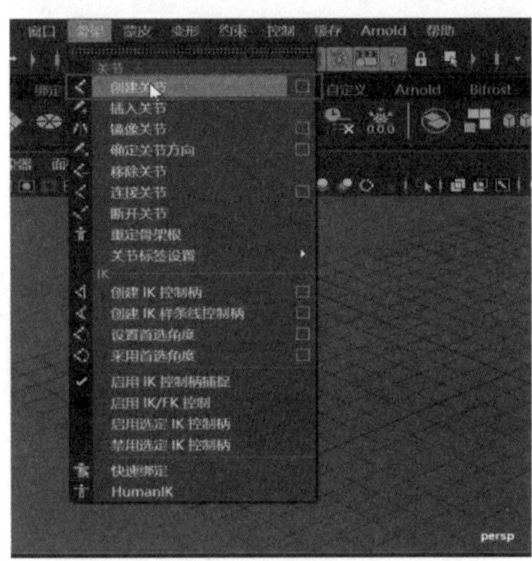

图 10-2

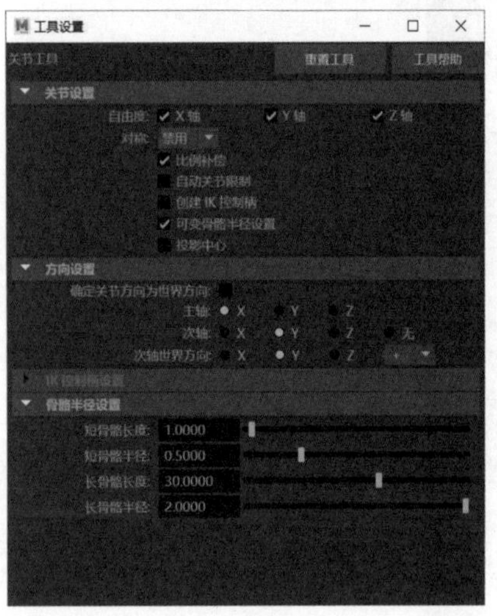

图 10-3

创建关节【工具设置】对话框中选项的作用及含义如表 10-1 所示。

表 10-1 创建关节工具设置对话框中选项作用及含义

选项	作用及含义
自由度	该选项指定局部关节处的旋转轴向
对称	在该选项下拉菜单中，可以选择创建关节时对称连接的方向，默认情况下为禁用
比例补偿	选中该选项，创建骨架后，当对位于层级上方的关节进行缩放操作时，其下方的关节和骨架不会自动按比例缩放；取消选中该选项，其下方的关节和骨架会自动按比例缩放
自动关节限制	选中该选项后，被创建关节的局部旋转轴向将被控制，只能在 180° 的范围内旋转
创建 IK 控制柄	选中该选项后，创建关节时会自动生成一个 IK 控制柄，【IK 控制柄设置】将起作用
可变骨骼半径设置	选中该选项后，可以在【骨骼半径设置】区域中设置短 / 长骨骼的属性
投影中心	选中该选项后，软件会自动将关节捕捉到选定网格的中心
确定关节方向为世界方向	选中该选项后，创建的所有关节的局部旋转轴向将与世界坐标一致
主轴	该选项决定创建关节的局部旋转主轴方向
次轴	该选项决定创建关节的局部旋转次轴方向
次轴世界方向	设置该选项，可以将使用该功能创建的所有关节的第 2 个旋转轴设定为世界轴方向
短骨骼长度	该选项决定哪些骨骼为短骨骼
短骨骼半径	该选项决定短骨骼的半径尺寸
长骨骼长度	该选项决定哪些骨骼为长骨骼
长骨骼半径	该选项决定长骨骼的半径尺寸

10.2.2 了解骨架结构

角色骨架的基础结构与人类骨架的结构相同，通过骨架可以为角色绑定姿势或设置动画。骨架分为关节和骨骼两个部分，每个关节可以连接一个或多个骨骼，在视图中显示为球形线框；骨骼是两个关节之间的部分，可以起到传递关节运动的作用，在视图中显示为棱锥形线框，如图 10-4 所示。

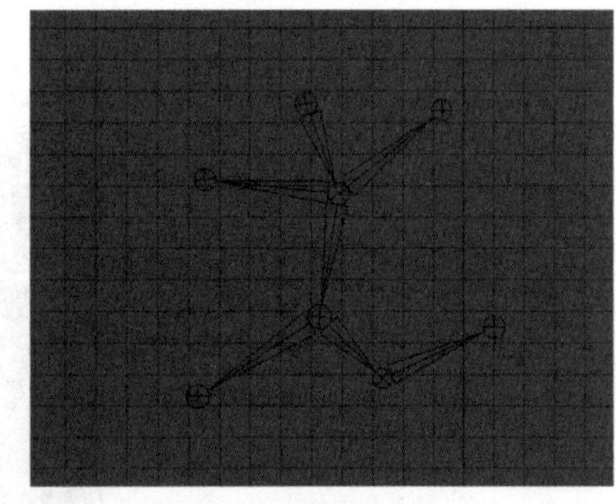

图 10-4

1. 关节链

在 Maya 中，关节与骨骼相连的组合称为“关节链”，也叫“骨架链”。所有的关节都是以线性方式连接，它们的路径将以骨骼的形式表现在视图中。在创建关节链时，关节的位置应该与选定角色关节的解剖位置相近，然后沿着层级的最高关节（根关节）处开始向下创建骨骼。

2. 骨架层次

骨架层次是关节和多条关节链的组合，它们具有层次关系，骨架中的每个关节既是子关节，也是父关节。

父关节是骨架层次中较高级别的关节，它可以影响其他较低级别的关节，驱动各子关节的位置和方向。在调整父关节的位置和角度时，子关节也会跟着平移或旋转。处于父关节下的关节称为子关节。

10.2.3 父子关系

父子关系是多个对象中存在的控制与被控制的关系，对象之间的控制关系都是单向的，后者不可以控制前者。用于控制多个物体地位的对象称为父物体，被控制的物体称为子物体。另外，一个父物体可以控制多个子物体，但一个子物体不能同时被两个及两个以上的父物体控制。

骨架层次中的每个关节都既是父关节，也是子关节。骨架不仅仅是分层的有关节的结构，实质上，骨架上的每个关节都意味着一个空间位置，连接关节的骨架是形成一系列空间位置的外在表现。

10.2.4 实战：创建人体骨架

Step01 将菜单栏切换为【绑定】模块，选择【骨架】→【创建关节】命令，如图 10-5 所示，此时鼠标指针会变成十字形，在前视图中单击鼠标左键创建第一个关节，如图 10-6 所示。

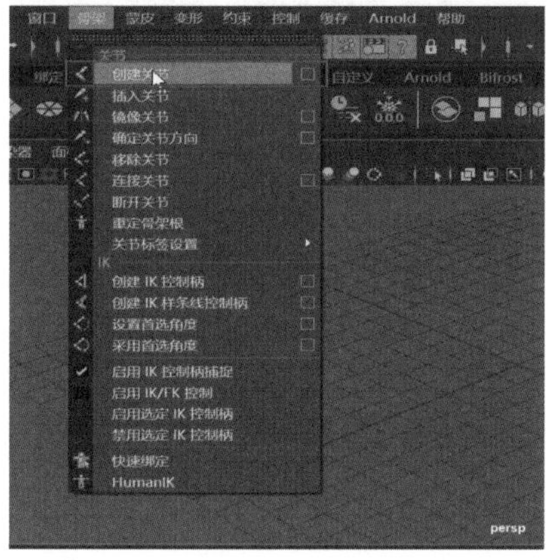

图 10-5

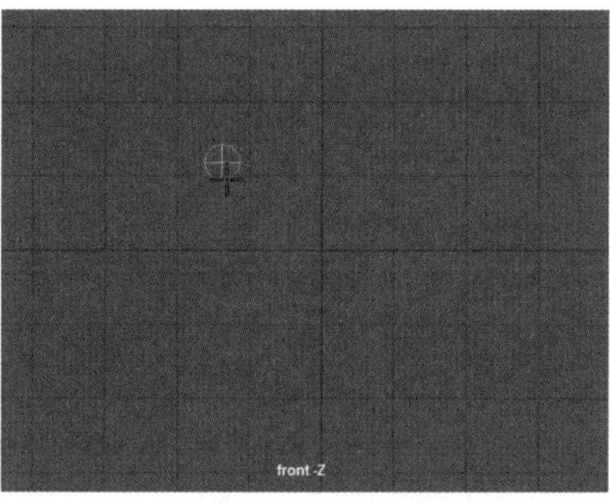

图 10-6

Step02 在视图中继续单击鼠标左键，创建第二个关节，此时两个关节之间会生成一根骨骼，如图 10-7 所示，再次在视图中单击鼠标左键，创建第三个关节，如图 10-8 所示。

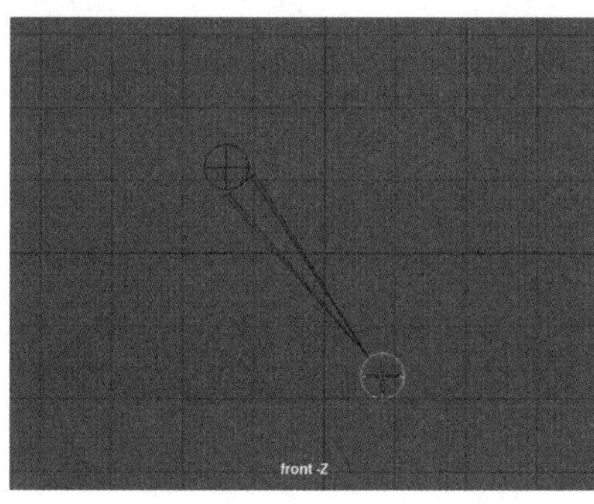

图 10-7

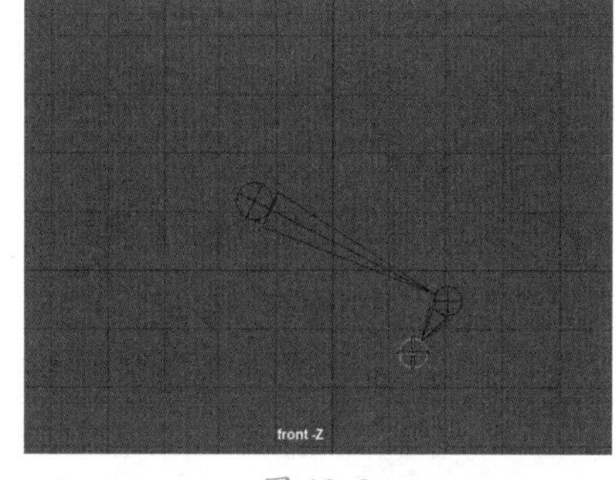

图 10-8

Step03 创建其他的分支。首先按【Enter】键确认并生成当前的骨架，再次选择菜单栏中的【骨架】→【创建关节】命令，在视图中创建另一条骨架并生成，如图 10-9 所示。打开【大纲视图】面板，按快捷键【Shift+P】将该关节的大组拆分成两个组，长按鼠标滚轮拖曳到上一个关节的层级【joint2】中，如图 10-10 所示。

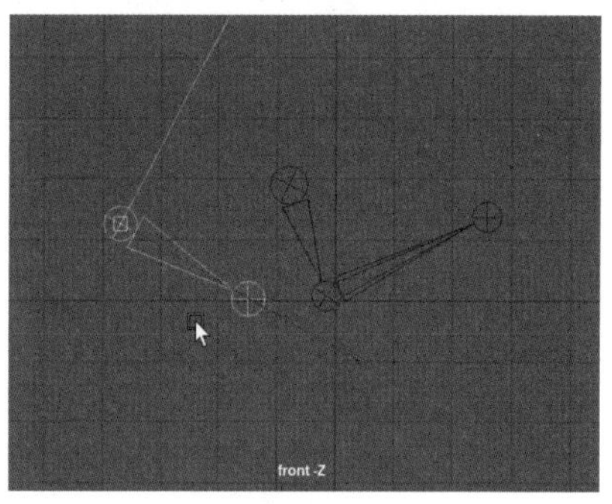

图 10-9

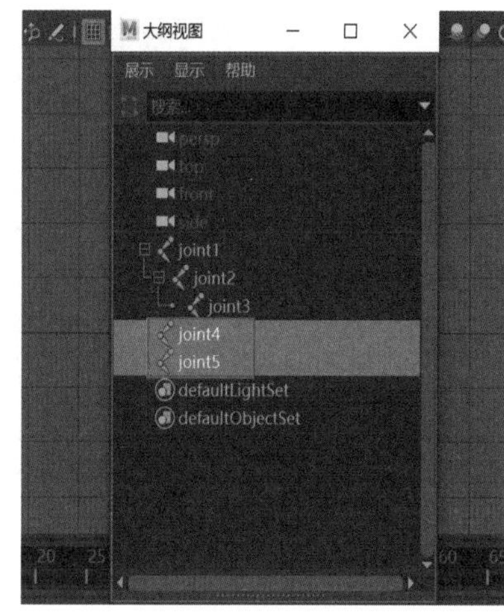

图 10-10

Step04 此时该骨架的第四个和第五个关节就生成了，如图 10-11 所示。用同样的方法继续创建关节链分支，选择菜单栏中的【骨架】→【创建关节】命令，在视图中再次创建一根骨架，如图 10-12 所示。

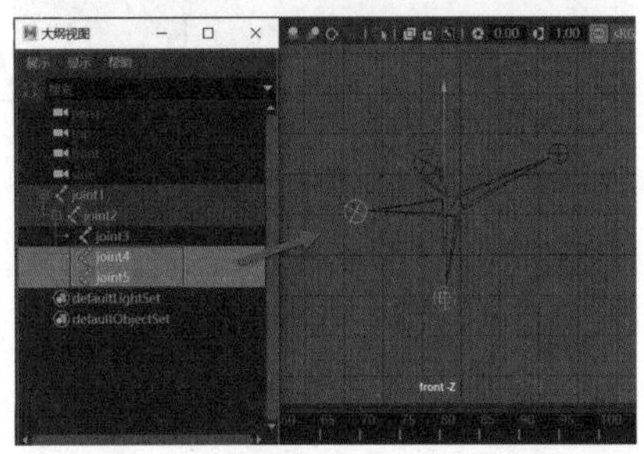

图 10-11

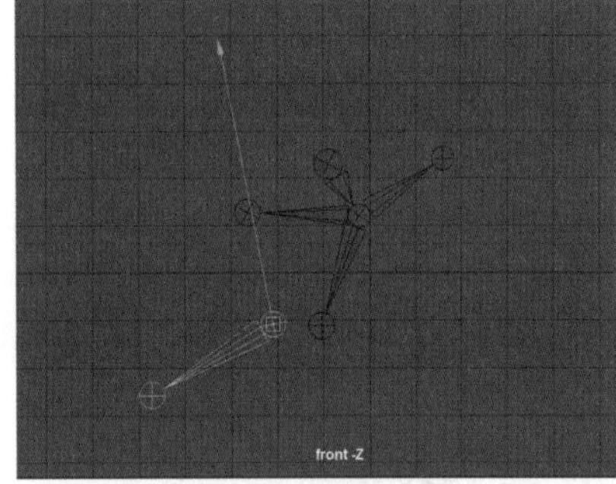

图 10-12

Step05 回到【大纲视图】面板中，将层级【joint6】拖曳到【joint5】中，如图 10-13 所示，可以看到下肢的单侧骨架就生成了，如图 10-14 所示。

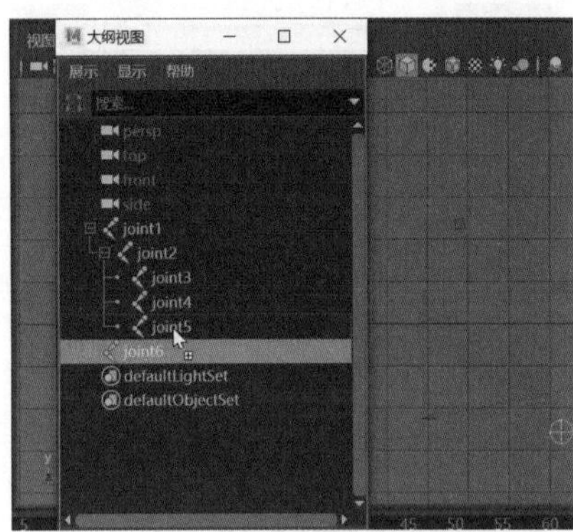

图 10-13

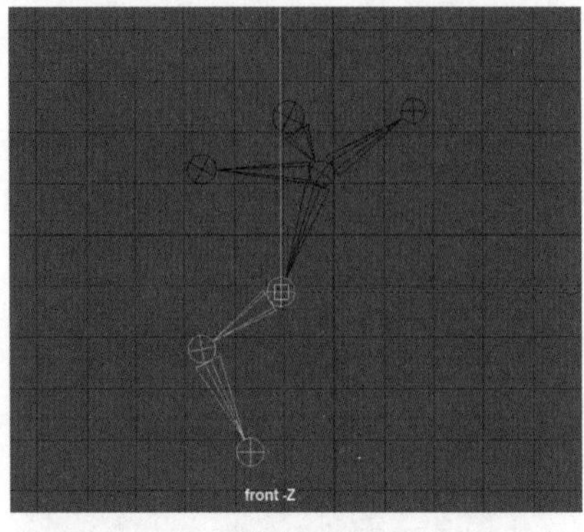

图 10-14

Step06 最后创建下肢的另一侧骨架。选择菜单栏中的【骨架】→【创建关节】命令，然后在想要添加关节链的现有关节上单击鼠标左键，接着在视图中的其他位置单击鼠标左键，即可创建新的关节，如图 10-15 所示。最后按【Enter】键确认生成整体骨架并结束创建，如图 10-16 所示。

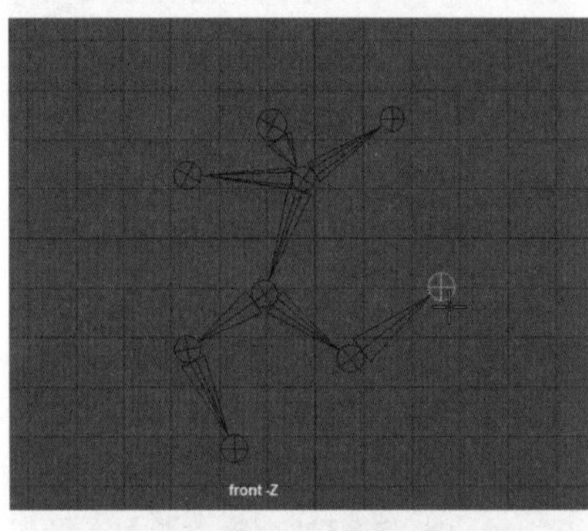

图 10-15

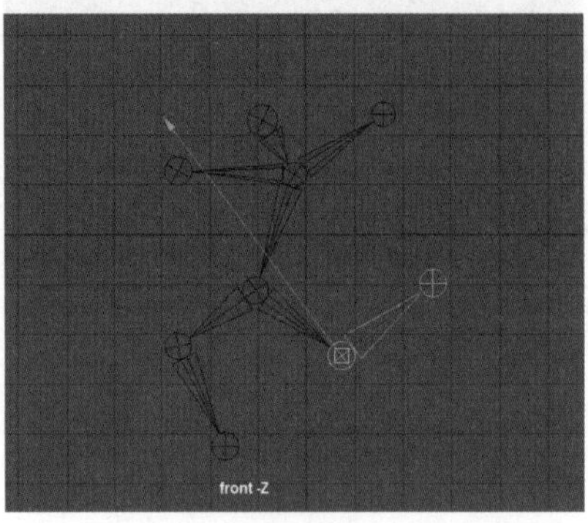

图 10-16

10.2.5 编辑骨架

创建骨架后，可以使用多种方式对其进行编辑，如【插入关节】【镜像关节】【移除关节】【连接关节】【断开关节】等，如图 10-17 所示。

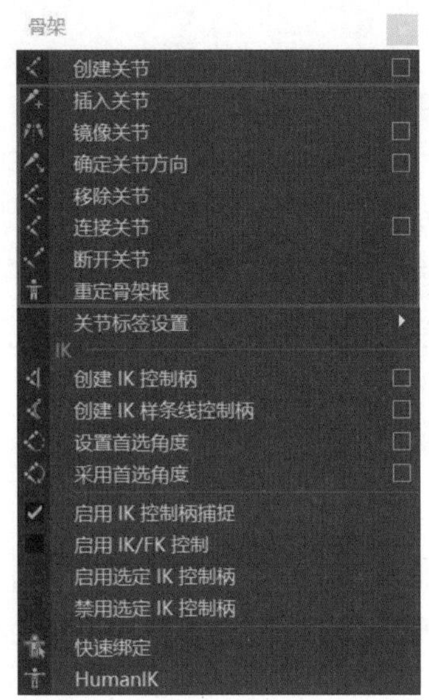

图 10-17

10.2.6 实战：连接关节

Step01 将菜单栏切换为【绑定】模块，选择【骨架】→【创建关节】命令，如图 10-18 所示，在前视图中创建两条关节链，如图 10-19 所示。

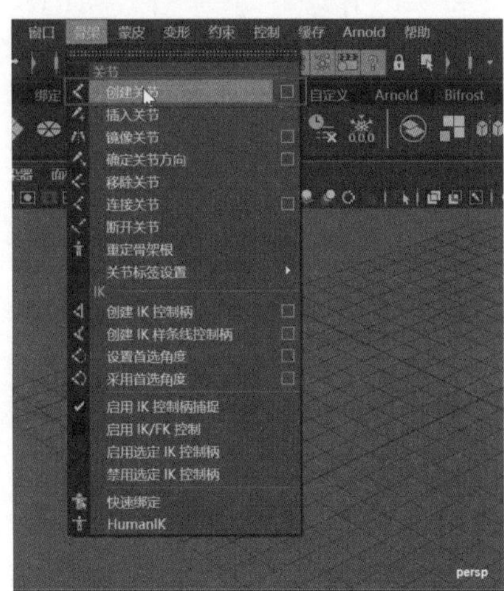

图 10-18

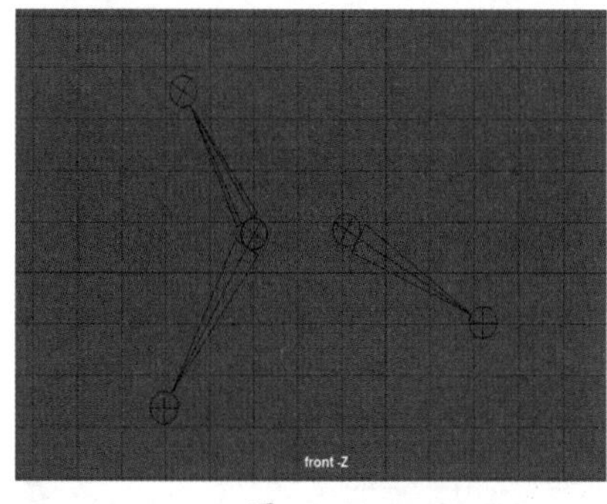

图 10-19

Step02 先选择一条关节链，再按【Shift】键加选其他关节链中的关节，如图 10-20 所示，然后单击菜单栏中【骨架】→【连接关节】命令右侧的复选框，如图 10-21 所示。

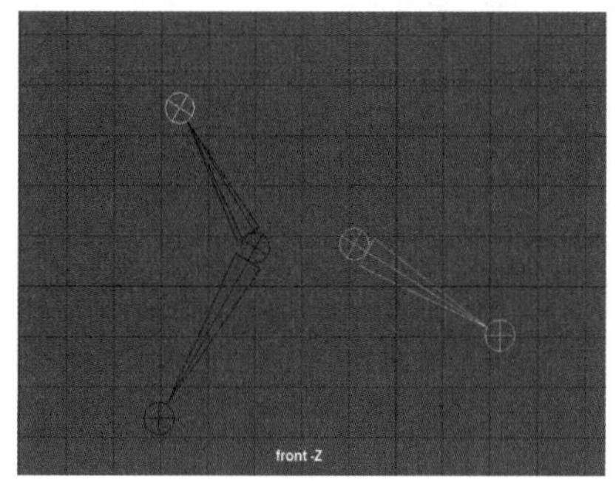

图 10-20

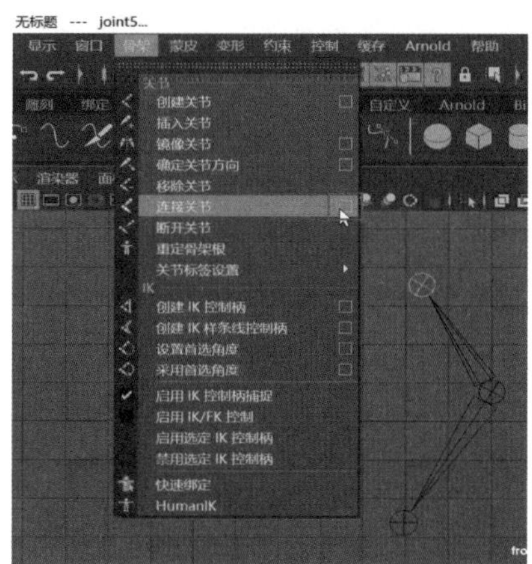

图 10-21

Step03 打开【连接关节选项】对话框，❶选中【连接关节】单选按钮，❷单击【应用】按钮，如图 10-22 所示。命令执行后，可以看到两个选定的关节被连接到了一起，形成关节链，如图 10-23 所示。

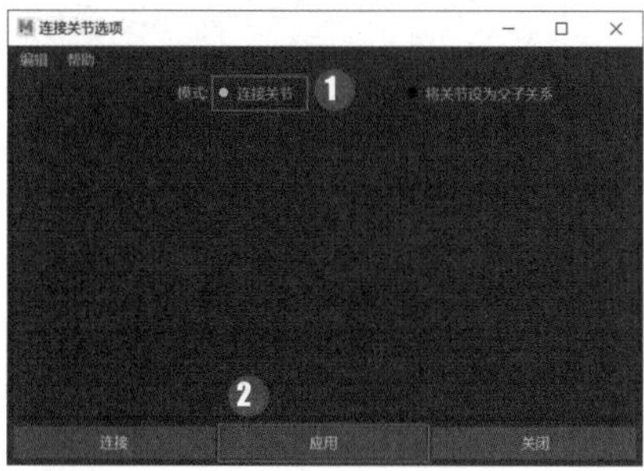

图 10-22

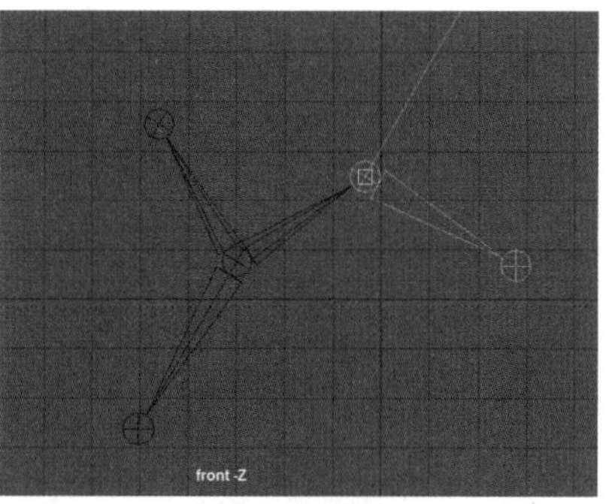

图 10-23

10.2.7 实战：断开关节

Step01 将模块切换为【绑定】，选择菜单栏中的【骨架】→【创建关节】命令，如图 10-24 所示，在视图中创建一个关节链，如图 10-25 所示。

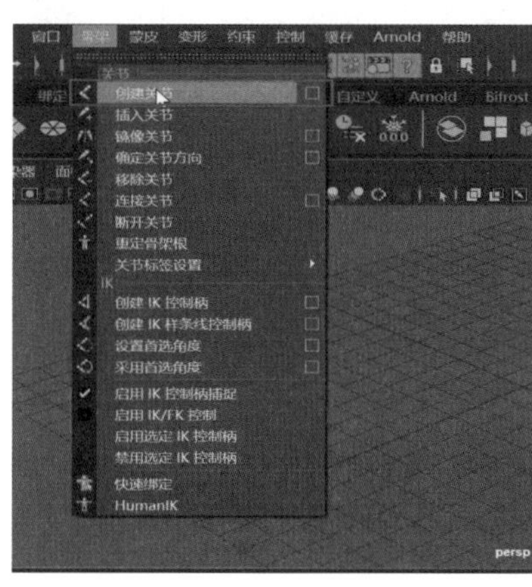

图 10-24

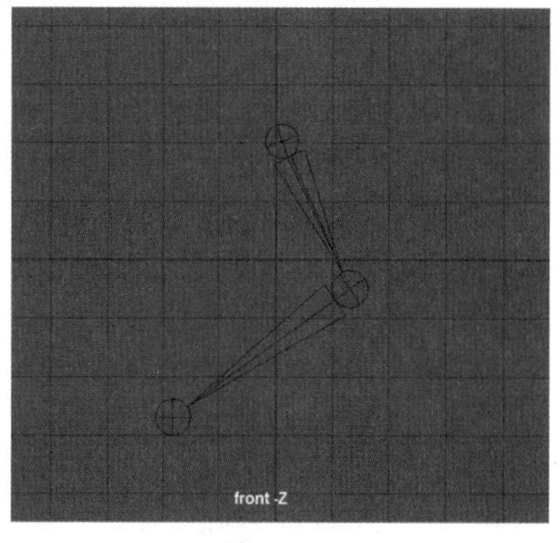

图 10-25

Step02 选择其中一部分骨架，选择菜单栏中的【骨架】→【断开关节】命令，如图 10-26 所示。命令执行后，即可看到选定的关节被断开了，如图 10-27 所示。

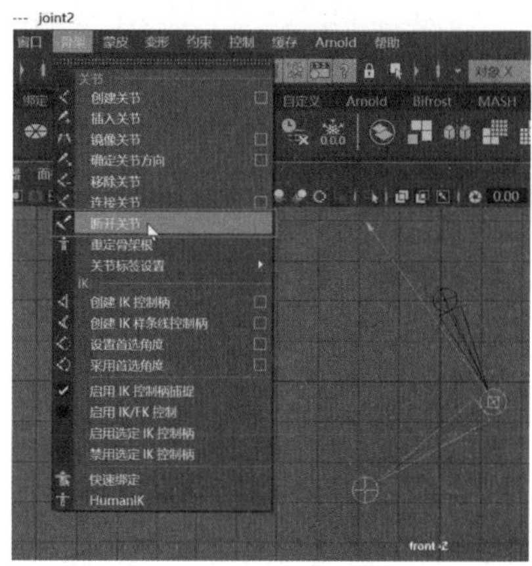

图 10-26

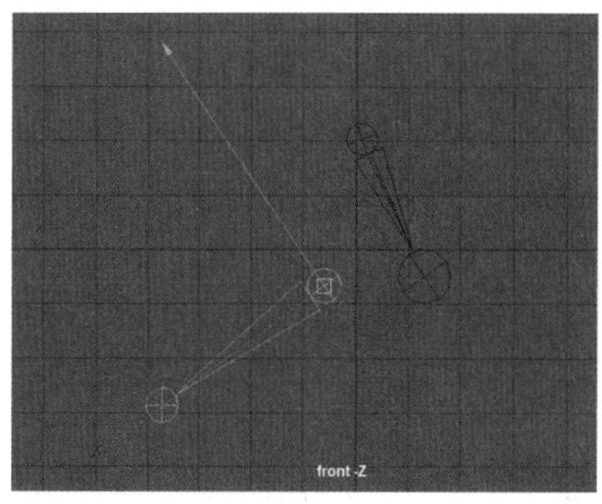

图 10-27

10.2.8 实战：删除关节

Step01 将模块切换为【绑定】，选择菜单栏中的【骨架】→【创建关节】命令，如图 10-28 所示。当鼠标指针变成十字形后，在视图中单击鼠标左键，创建第一个关节，如图 10-29 所示。

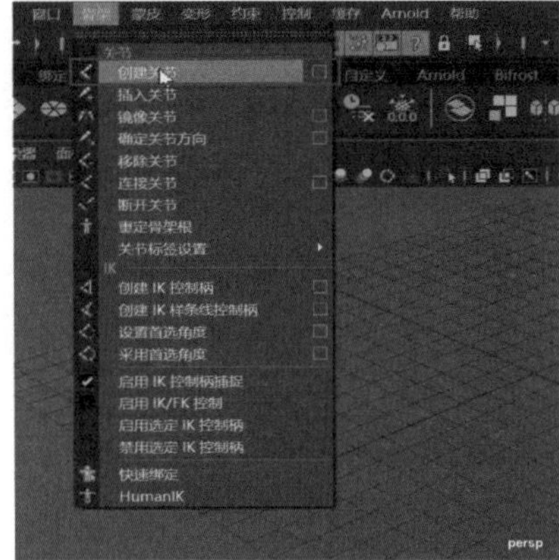

图 10-28

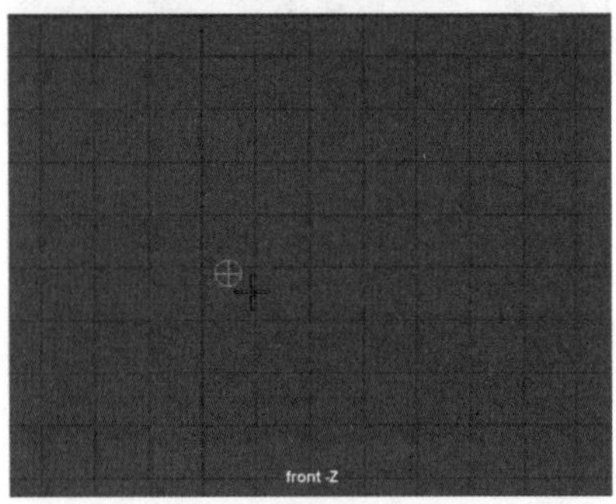

图 10-29

Step02 单击鼠标左键，创建骨骼和第二个关节，如图 10-30 所示，在视图的任意位置单击鼠标左键，创建第三个关节，如图 10-31 所示。

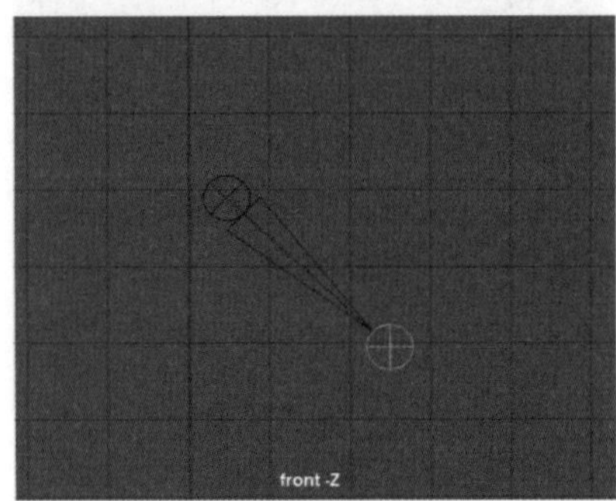

图 10-30

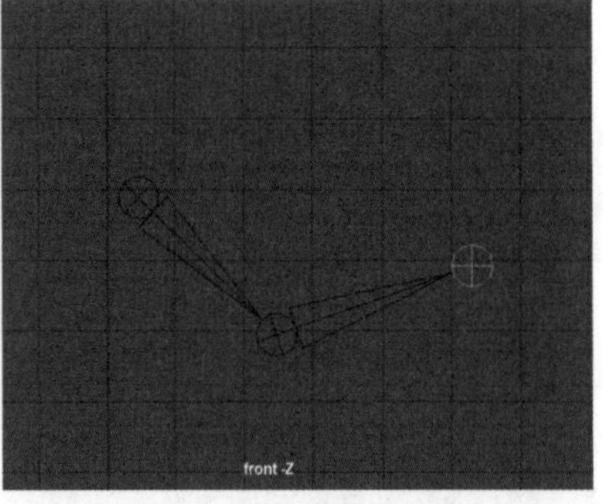

图 10-31

Step03 选择创建好的关节链中的一个关节，选择菜单栏中的【骨架】→【移除关节】命令，如图 10-32 所示，命令执行后，选定的关节即会被删除，如图 10-33 所示。

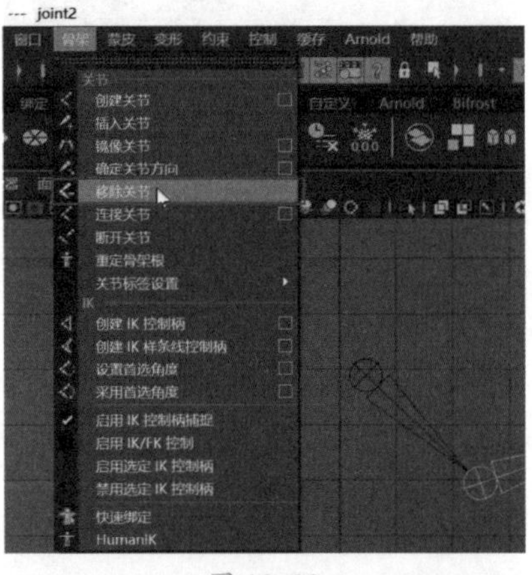

图 10-32

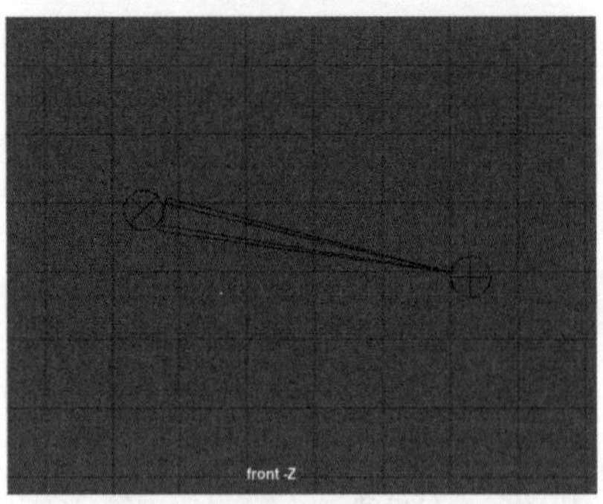

图 10-33

10.2.9 实战：插入关节

Step01 将模块切换为【绑定】，选择菜单栏中的【骨架】→【创建关节】命令，如图 10-34 所示，在场景中创建关节，创建完成后的关节链如图 10-35 所示。

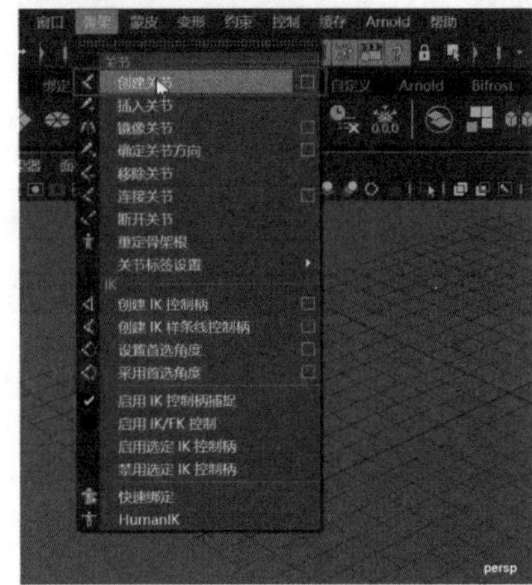

图 10-34

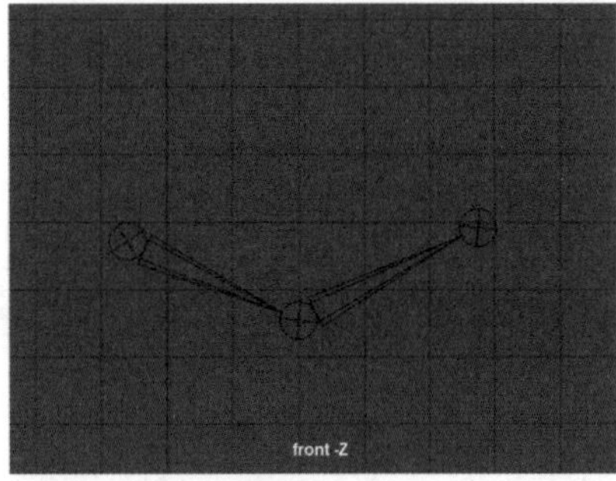

图 10-35

Step02 选择菜单栏中的【骨架】→【插入关节】命令，如图 10-36 所示，命令执行后，单击要作为新关节父对象的关节，如图 10-37 所示，此时该关节处会生成一个很小的线框。

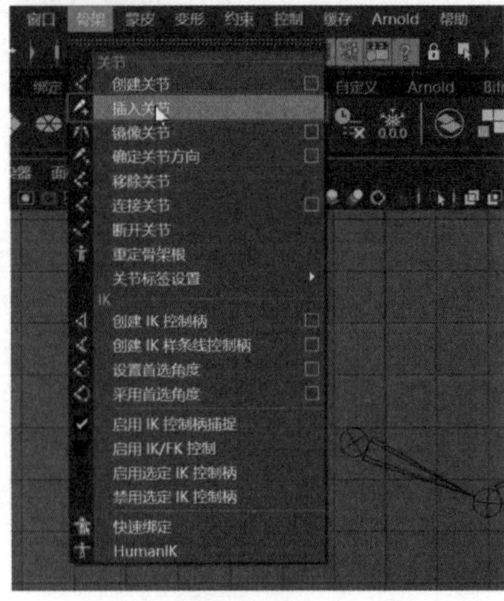

图 10-36

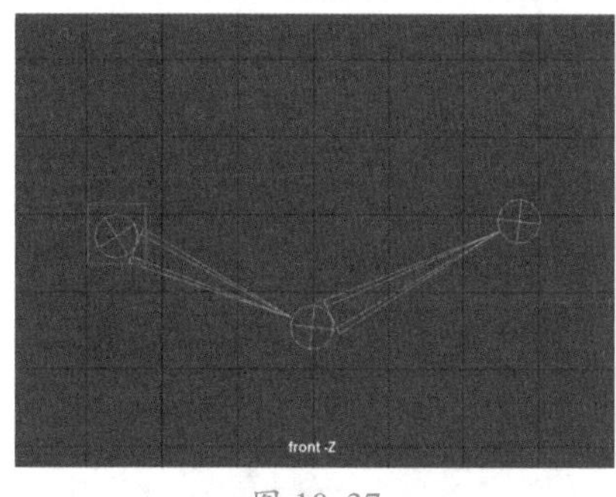

图 10-37

Step 03 拖曳现有关节，即可看到插入的关节，如图 10-38 所示。

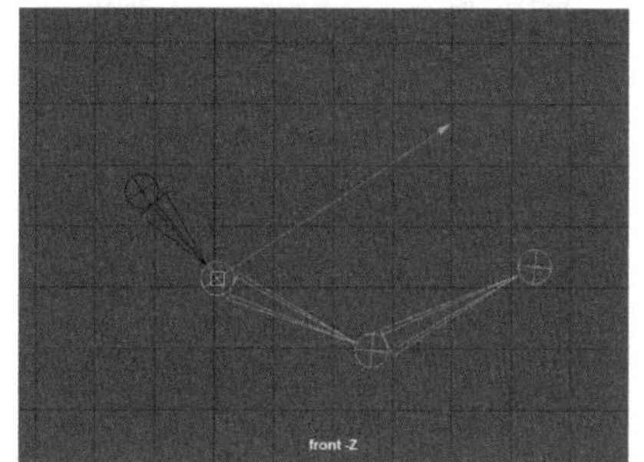

图 10-38

10.2.10 实战：重定骨架根

Step 01 将模块切换为【绑定】，选择菜单栏中的【骨架】→【创建关节】命令，如图 10-39 所示。当鼠标指针变为十字形后，在视图中单击鼠标左键，创建第一个关节，如图 10-40 所示。

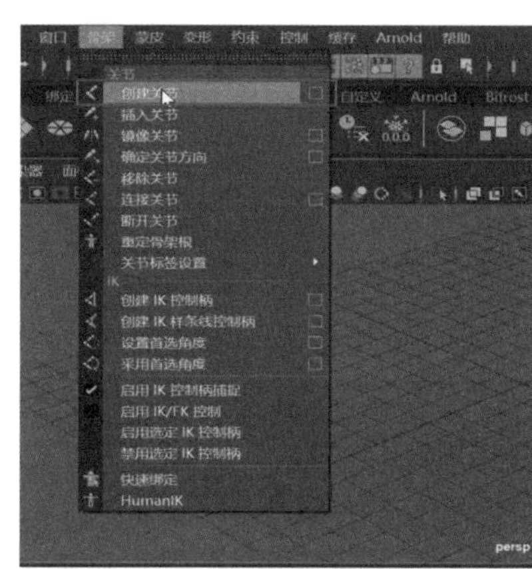

图 10-39

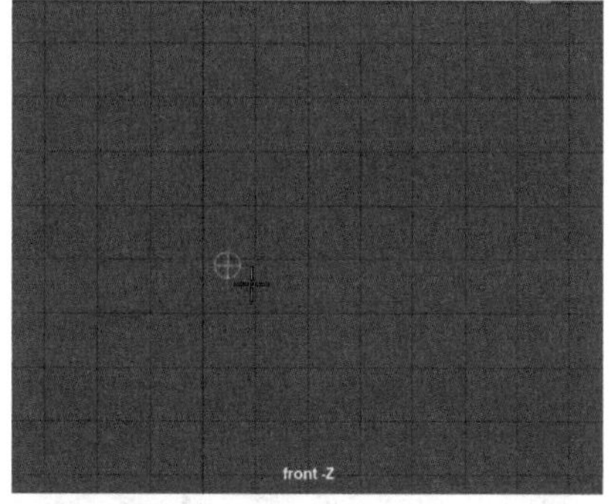

图 10-40

Step 02 在视图中再单击几次鼠标左键创建关节，形成一条关节链，如图 10-41 所示，打开【大纲视图】面板，选择任意一个子关节，如图 10-42 所示。

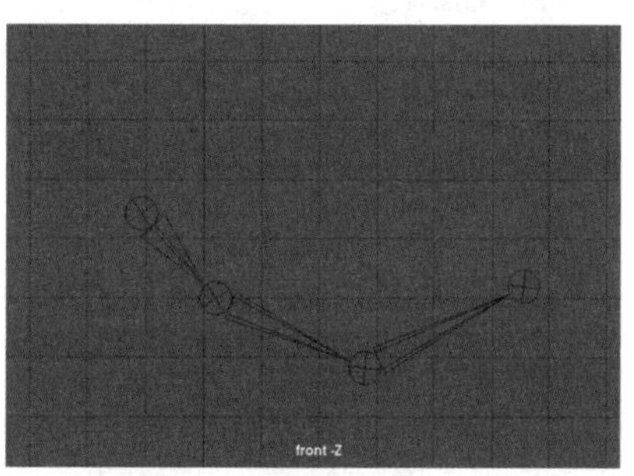

图 10-41

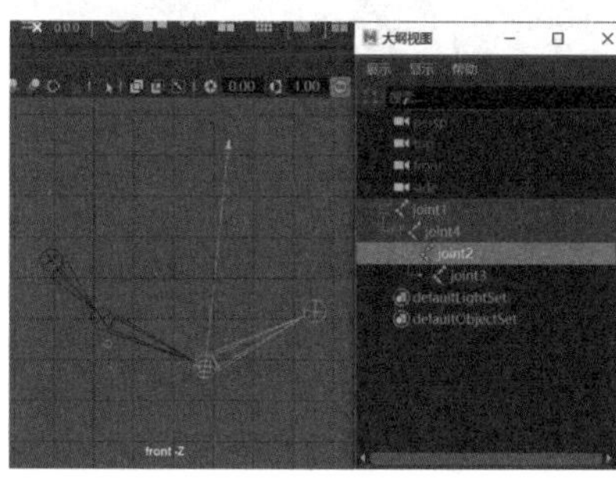

图 10-42

Step 03 选择菜单栏中的【骨架】→【重定骨架根】命令，如图 10-43 所示，命令执行后，可以看到选定的子关节自动转换为了父关节，如图 10-44 所示。

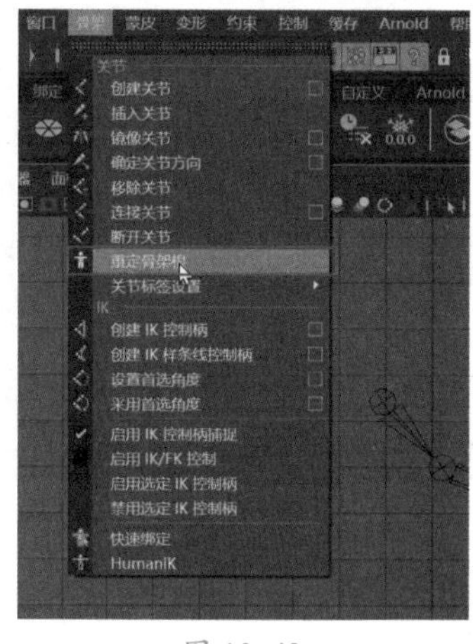

图 10-43

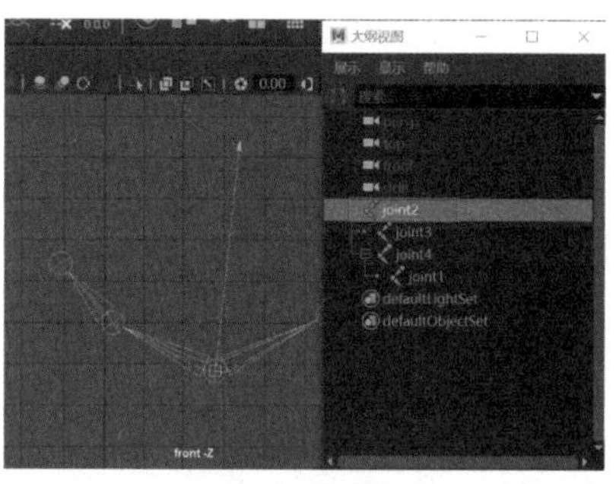

图 10-44

★重点 10.2.11 实战：镜像关节

Step 01 将模块切换为【绑定】，选择菜单栏中的【骨架】→【创建关节】命令，如图 10-45 所示。此时鼠标指针会变成十字形，在视图中单击鼠标左键，创建第一个关节，如图 10-46 所示。

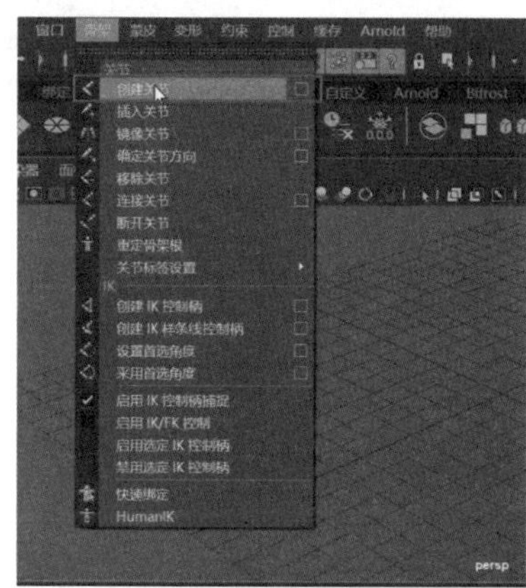

图 10-45

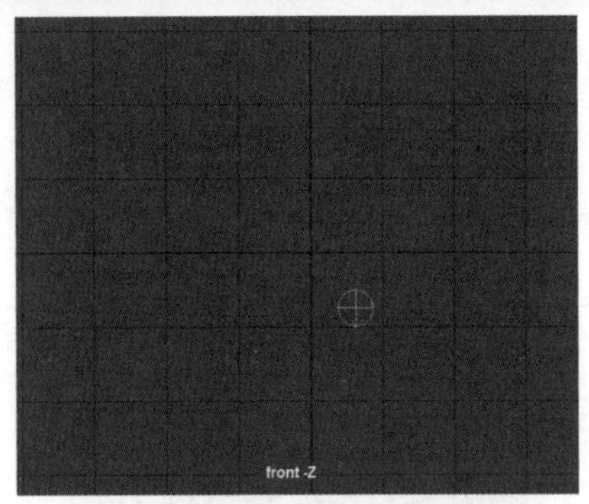

图 10-46

Step02 在视图中继续单击鼠标左键，创建多个关节和骨骼，形成一条关节链，如图 10-47 所示，选择要进行镜像的关节链中的父关节，如图 10-48 所示。

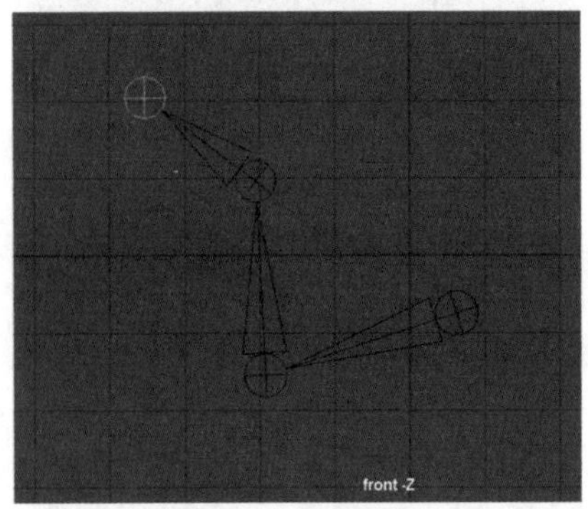

图 10-47

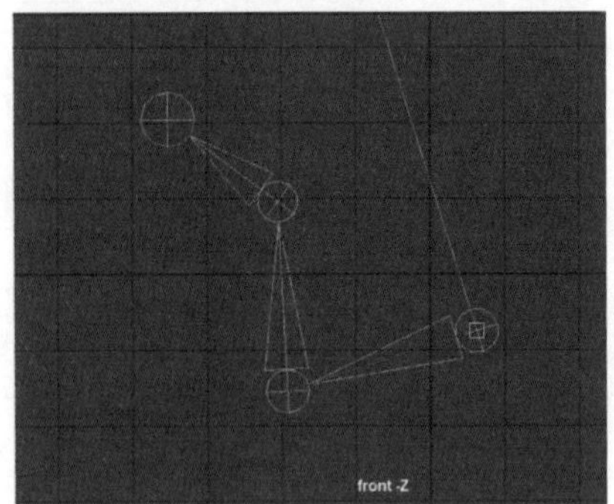

图 10-48

Step03 单击菜单栏中【骨架】→【镜像关节】命令右侧的复选框，如图 10-49 所示，打开其选项对话框，❶将【镜像平面】设置为【YZ】，❷单击【应用】按钮，如图 10-50 所示。

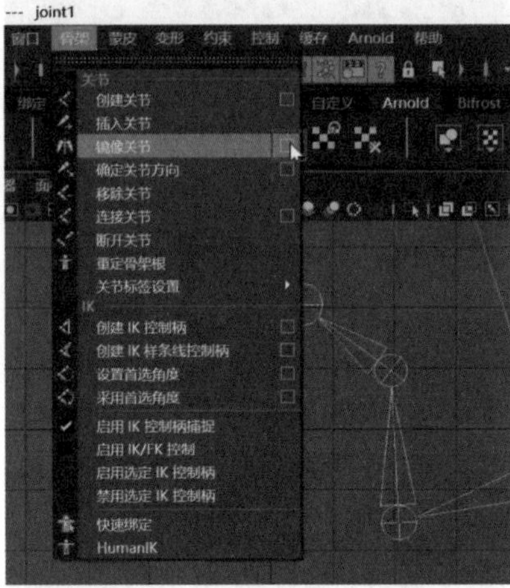

图 10-49

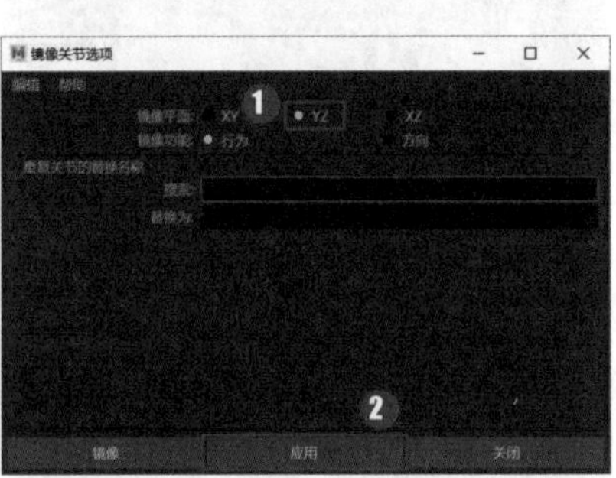

图 10-50

Step04 选定的关节链即会自动向 *YZ* 平面方向进行镜像，如图 10-51 所示。如果将【镜像平面】设置为【XZ】，选定的关节链就会向 *XZ* 平面方向进行镜像，如图 10-52 所示。

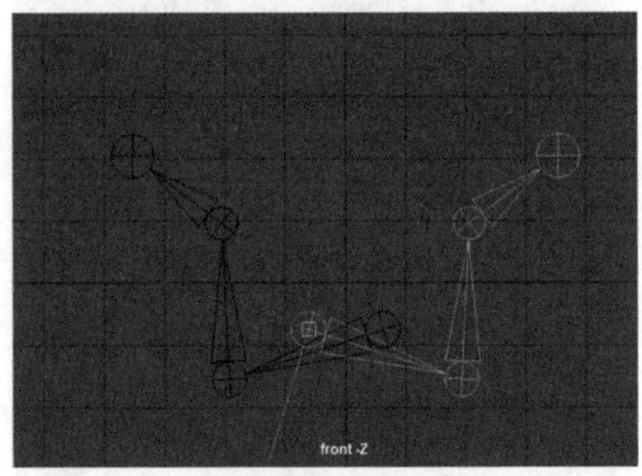

图 10-51

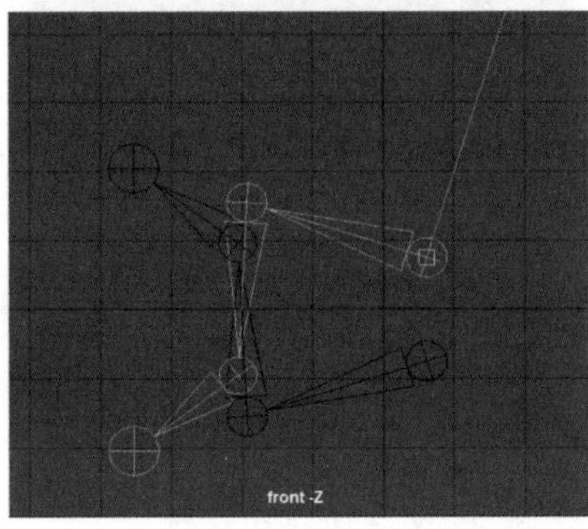

图 10-52

★重点 10.3 IK 控制柄介绍

【IK 控制柄】是制作角色动画时非常重要的工具，它可以为关节设置姿势，移动 IK 控制柄时，IK 解算器会在计算中使用末端效应器的位置和方向，是一个可以控制指定关节的旋转和整体方向的对象，也是解决常规反向运动学控制问题的专用工具。

制作角色动画时需要遵循运动学原理，运动学包括两种，分别是【正向运动学】和【反向运动学】。

1. 正向运动学

正向运动学简称 FK，可以通过层级控制各个关节的姿势和动画，通过调节层级上方的物体运动，带动其下方子级物体的运动，适用于制作一些非定向运动。此外，正向运动学对于目标导向的移动有些困难。例如，当身体改变姿势时，脚很难保持静止状态。

2. 反向运动学

反向运动学简称 IK，可以通过控制层级下方的子级物体来带动其层级上方父级物体的运动，和正向运动学正好相反。反向运动学可以通过移动 IK 控制柄调节关节链中的所有关节，适用于制作弧状运动。

10.3.1 创建与编辑 IK 控制柄

在【绑定】模块的菜单栏中，单击【骨架】→【创建 IK 控制柄】命令右侧的复选框，如图 10-53 所示，打开 IK 控制柄【工具设置】对话框，如图 10-54 所示。

图 10-53

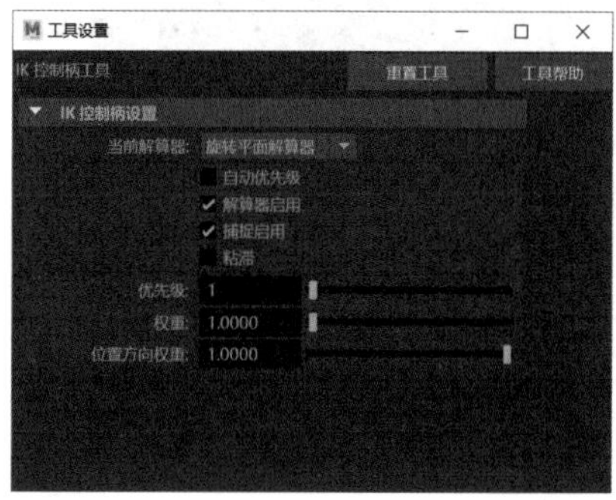

图 10-54

【工具设置】对话框中选项的作用及含义如表 10-2 所示。

表 10-2 工具设置对话框中选项作用及含义

选项	作用及含义
当前解算器	此选项指定 IK 控制柄使用的解算器类型，包括单链解算器和旋转平面解算器
自动优先级	启用此选项后，创建 IK 控制柄时，软件会自动设置 IK 控制柄的优先级。软件根据 IK 控制柄的起始关节的位置决定 IK 控制柄的优先级。例如，如果起始关节是根关节，则优先级为 1；如果 IK 控制柄是从根关节下边开始，则优先级为 2
解算器启用	启用此选项后，IK 解算器将在创建 IK 控制柄时处于激活状态，默认情况下此选项处于启用状态，以便在创建 IK 控制柄后可以立即形成并使用关节链
捕捉启用	启用此选项后，IK 控制柄将捕捉到末关节的位置，默认情况下为启用状态
粘滞	启用此选项后，如果使用其他 IK 控制柄调节骨架姿势或各个关节的位置与角度，该 IK 控制柄将粘滞在当前位置和方向上，默认情况下为禁用状态
优先级	此选项可以指定关节链中的 IK 控制柄的优先级。优先级为 1 时 IK 控制柄将在解算时首先旋转关节；优先级为 2 时，将在优先级为 1 的 IK 控制柄之后旋转关节，以此类推
权重	此选项决定当前 IK 控制柄的权重值
位置方向权重	此选项决定当前 IK 控制柄的末端效应器是否能匹配到其目标的方向或位置。设置为 1 时，末端效应器将尝试匹配到 IK 控制柄的位置；设置为 0 时，末端效应器将只能匹配到 IK 控制柄的方向

10.3.2 禁用或启用 IK 控制柄

选择要禁用的 IK 控制柄，选择【绑定】模块菜单栏中的【骨架】→【禁用选定 IK 控制柄】命令，如图 10-55 所示，选定的 IK 控制柄即会被禁用，这时它不能再驱动目标关节或进行编辑。

选择要启用的 IK 控制柄，选择【绑定】模块菜单栏中的【骨架】→【启用选定 IK 控制柄】命令，如图 10-56 所示，选定的 IK 控制柄即会被启用，并重新驱动目标关节和编辑操作。

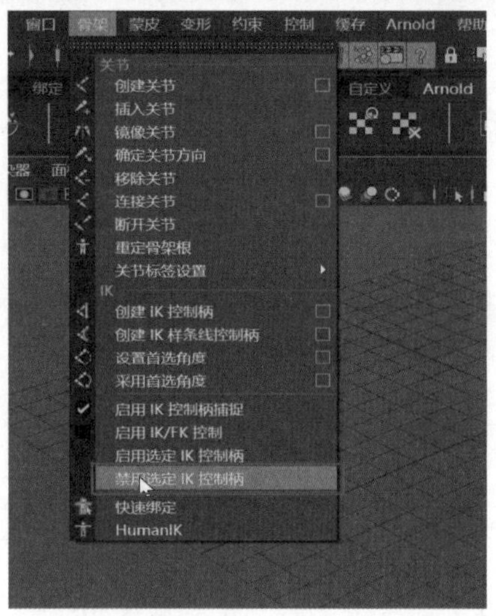

图 10-55

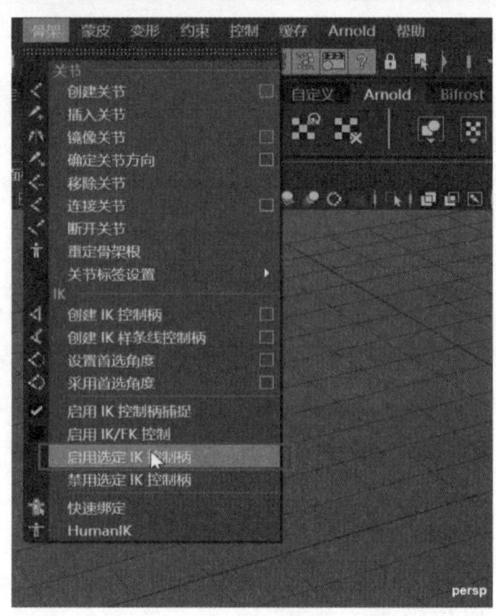

图 10-56

10.4 IK 样条线控制柄介绍

IK 样条线控制柄可以通过 NURBS 曲线控制关节链中的所有关节。在操纵曲线时，可以通过编辑曲线的形状和操纵器等来控制各个关节的位置和方向，因为关节链中的所有关节都会遵循该曲线。另外，IK 样条线控制柄还可以提供附加属性，如扭曲。

单击【绑定】模块菜单栏中的【骨架】→【创建 IK 样条线控制柄】命令右侧的复选框，如图 10-57 所示，打开其【工具设置】对话框，如图 10-58 所示。

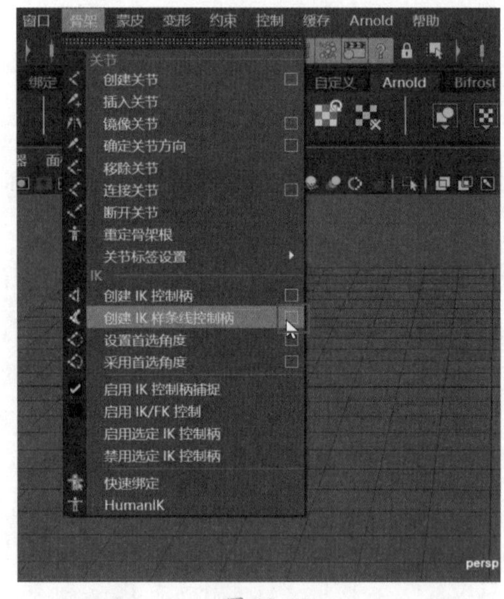

图 10-57

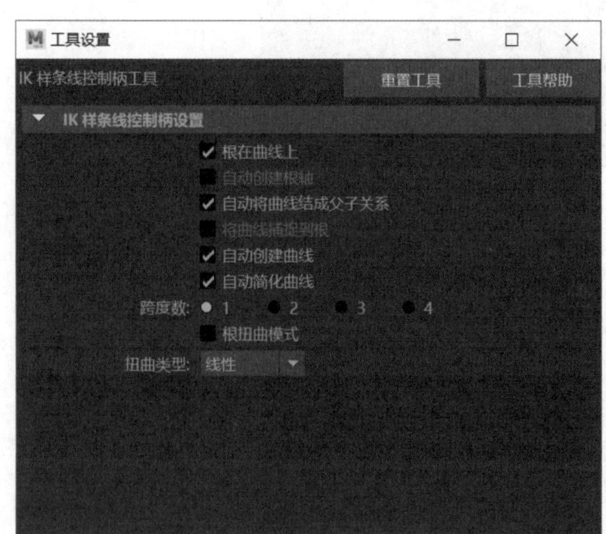

图 10-58

【工具设置】对话框中选项的作用及含义如表 10-3 所示。

表 10-3 工具设置对话框中选项作用及含义

选项	作用及含义
根在曲线上	选中该选项后，IK 样条线控制柄的起始关节即可被约束到 NURBS 曲线上，此时可以沿着曲线拖曳偏移操纵器，以控制关节链
自动创建根轴	选中该选项后，创建 IK 样条线控制柄时，会在场景中的起始关节中创建一个父对象变换节点
自动将曲线结成父子关系	如果场景中的起始关节中有父对象，选中该选项可以使曲线成为该父对象的子对象。IK 样条曲线与起始关节将随着父对象的变换而改变
将曲线捕捉到根	选中该选项后，IK 样条曲线的起点将捕捉到起始关节位置上，关节链中的每个关节将旋转以适应曲线形状
自动创建曲线	选中该选项后，在创建 IK 样条线控制柄时，会自动生成 NURBS 曲线
自动简化曲线	选中该选项后，在创建 IK 样条线控制柄时，会自动生成经过简化的 NURBS 曲线，曲线的简化程度由【跨度数】决定
跨度数	该选项决定创建 IK 样条线控制柄时，生成的曲线上的控制点数量
根扭曲模式	选中该选项后，在 IK 链的末端位置调节扭曲操纵器时，会使起始关节和其他关节产生轻微扭曲效果，关闭此选项后，将不会影响起始关节的扭曲

续表

选项	作用及含义
扭曲类型	该选项决定关节链中产生的扭曲效果
线性	均匀扭曲所有部分，是默认选项
缓入	在 IK 链中，末端关节比起始关节的扭曲效果更明显
缓出	在 IK 链中，起始关节比末端关节的扭曲效果更明显
缓入缓出	在 IK 链中，中间位置的关节比两端的扭曲效果更明显

下面基于 IK 样条线控制柄的基础用法，用关节链创建一个 IK 样条线控制柄，具体操作步骤如下。

Step01 将模块切换为【绑定】，选择菜单栏中的【骨架】→【创建关节】命令，如图 10-59 所示。此时鼠标指针会变成十字形，在前视图中单击鼠标左键，创建第一个关节，如图 10-60 所示。

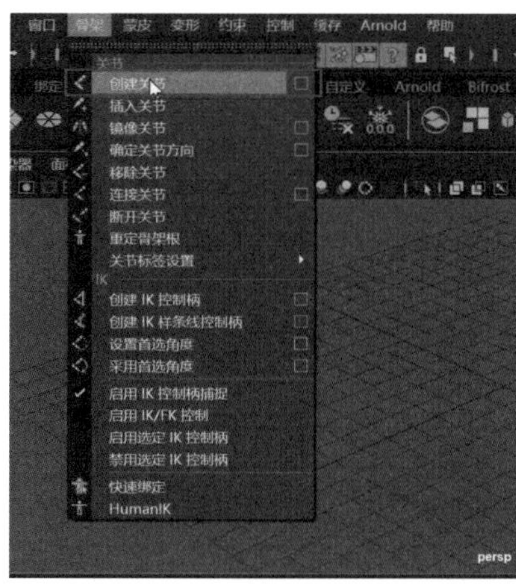

图 10-59

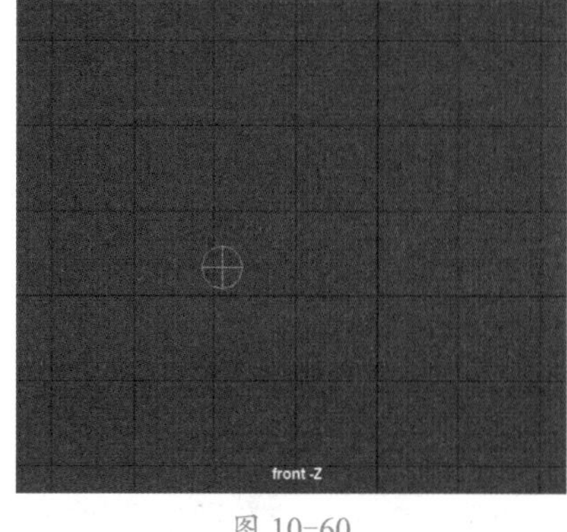

图 10-60

Step02 在该关节一侧继续单击鼠标左键，创建第二个关节和第一根骨骼，如图 10-61 所示，在视图中再次单击鼠标左键，创建第三个关节，如图 10-62 所示。

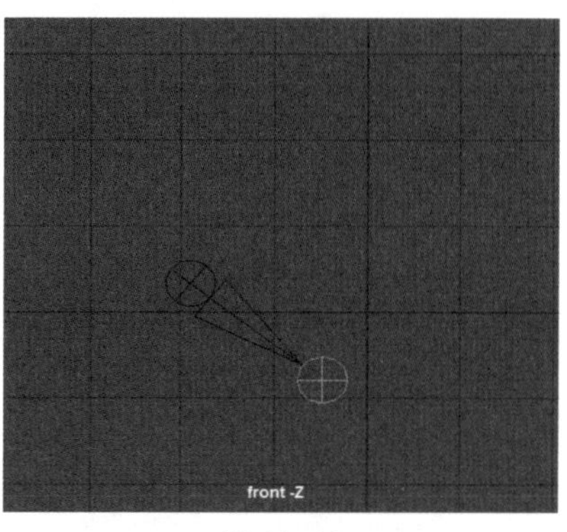

图 10-61

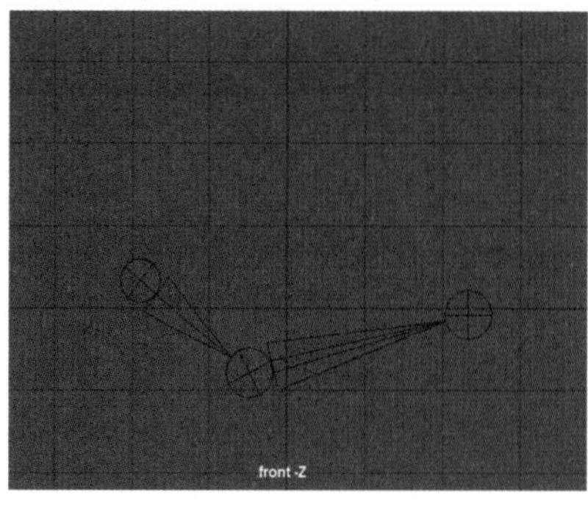

图 10-62

Step03 选择生成的关节链，选择菜单栏中的【骨架】→【创建 IK 样条线控制柄】命令，如图 10-63 所示。单击 IK 样条线控制柄的起始关节，再单击末端关节，如图 10-64 所示，此时会自动生成 IK 样条线控制柄。

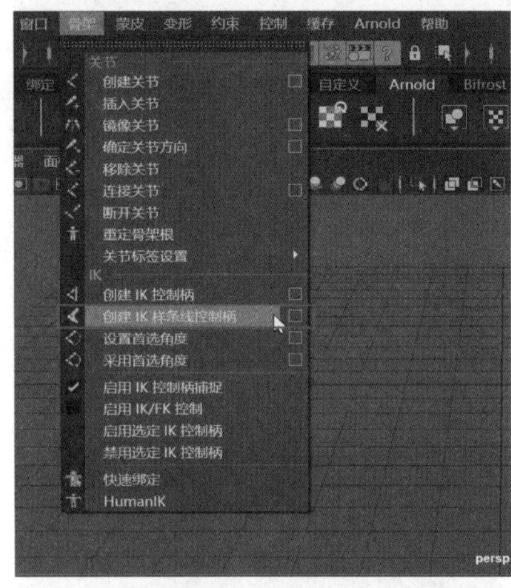

图 10-63

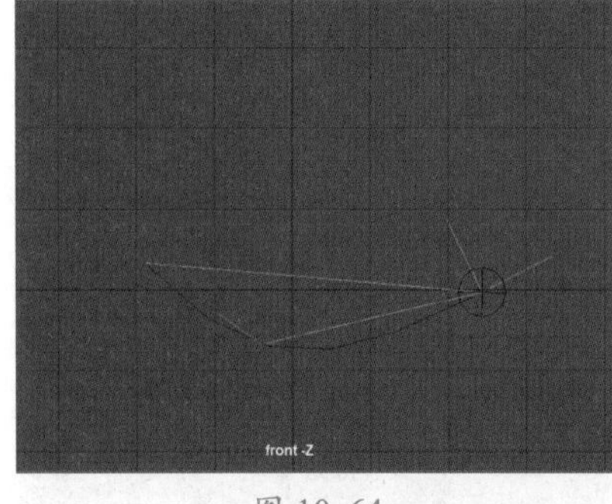

图 10-64

Step04 打开【大纲视图】面板，可以看到生成了一个 NURBS 曲线，如图 10-65 所示。选择这条曲线，在视图中长按鼠标右键并拖曳选择【控制顶点】，使曲线进入可编辑模式，如图 10-66 所示。

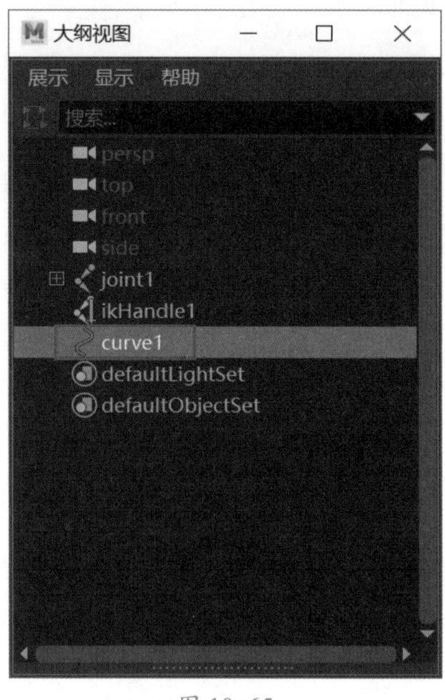

图 10-65

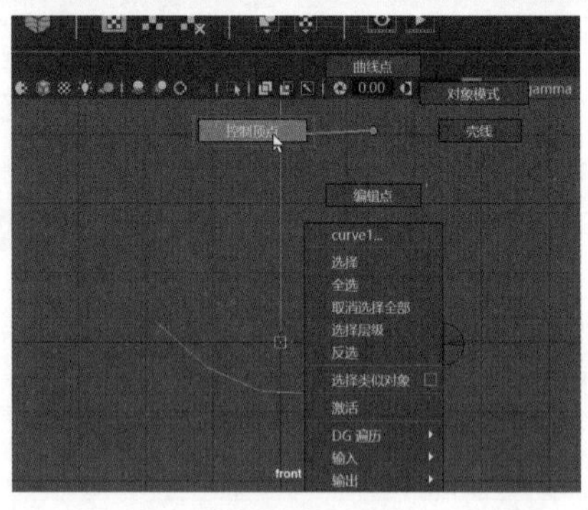

图 10-66

Step05 用鼠标拖曳局部顶点，即可看到关节链扭曲的效果，如图 10-67 所示。

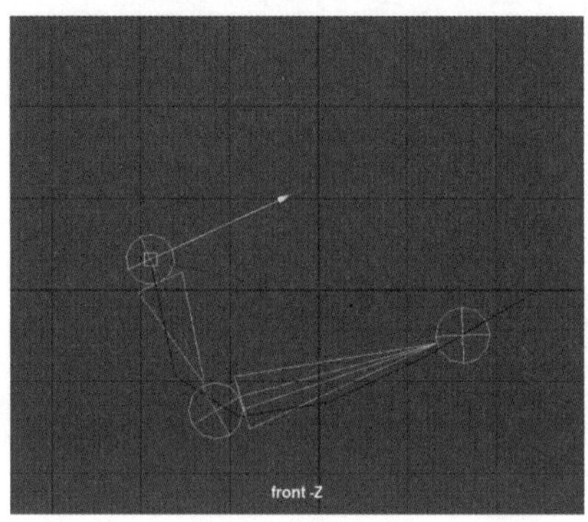

图 10-67

10.5 Human IK 快速绑定技术

Human IK 是全身反向运动学解算器和重定目标工具，它提供了一套非常优秀的角色关键帧设置环境，包括身体中的部位关键帧设置、操纵模式、辅助效应器和全身及枢轴等。另外，使用 Human IK 还可以很方便地在多个不同结构和比例的角色之间进行动画编辑。

如果需要对软件中的动画进行重定目标，每个角色都必须具有有效的骨架定义，来映射其骨架结构。在重定目标流程中使用的每个角色都要设置为 Human IK 角色。

Human IK 在 Maya 中是作为自动载入插件存在的，选择菜单栏中的【窗口】→【设置 / 首选项】→【插件管理器】命令，如图 10-68 所示，打开【插件管理器】面板后，选中 mayaHIK 插件并刷新，即可使用 Human IK 快速绑定技术，如图 10-69 所示。

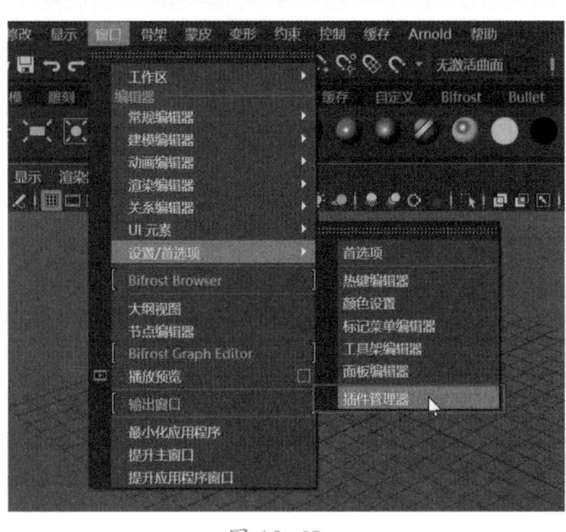

图 10-68

图 10-69

10.6 蒙皮与权重

蒙皮可以将任何多边形或曲面绑定到骨架上，是绑定皮肤的过程。当建模、骨架和角色装配工作完成后，就可以通过现有的骨架对模型进行蒙皮了。进行蒙皮的对象可以是 NURBS 曲面或多边形曲面。当蒙皮执行后，模型的形状将受骨架关节的影响，与骨架关节和骨骼进行相互变换。

对角色进行蒙皮后，就可以将角色模型与骨架建立关系，产生类似皮肤肌肉的变形效果。Maya 提供了两种蒙皮方式，分别是【绑定蒙皮】和【交互式蒙皮绑定】。

10.6.1 蒙皮前的准备工作

进行蒙皮操作前，首先需要充分检查模型和骨架的状态，保证模型和骨架能够正确地绑定到一起，防止在动画制作过程中出现问题。在检查的过程中需要注意以下 3 方面内容。

（1）模型的布线。检查角色模型是否可以用来制作动画，在绑定之后是否能完成预想的动作。在制作动画时，想要角色模型产生扭曲或变形的位置都需要有足够多的布线，这样才能实现理想中的弯曲效果，关节处的布线最好以扇形分布。

（2）模型的历史和命名。在蒙皮前模型不能含有多余的历史记录，并且要在【大纲视图】面板中对模型的每一部分进行修改命名和整理。

（3）骨架系统的设置。模型的各个部分都正确命名后，各部分骨架也需要正确清晰地命名，因为对接下来的蒙皮和动画制作会有很大影响。如果骨架没有进行合理的命名而是以默认的格式命名，执行蒙皮后，就很难找到相应位置的骨架节点。所以在蒙皮前，必须在【大纲视图】面板中对角色的骨架进行整理，保证在看到名称时能快速并准确地找到骨架节点的位置即可。

10.6.2 绑定蒙皮

绑定蒙皮可以同时影响关节链中的多个关节，产生平滑的关节连接变形效果。一个被绑定蒙皮的模型的表面会受到整条关节链的影响，而且每个关节的影响强度是不一样的。执行蒙皮前，可以通过修改参数设置来决定只有模型表面的局部关节才能对蒙皮物体点产生变形影响。

切换到【绑定】模块后，单击菜单栏中【蒙皮】→【绑定蒙皮】命令右侧的复选框，如图 10-70 所示，打开【绑定蒙皮选项】对话框，如图 10-71 所示。

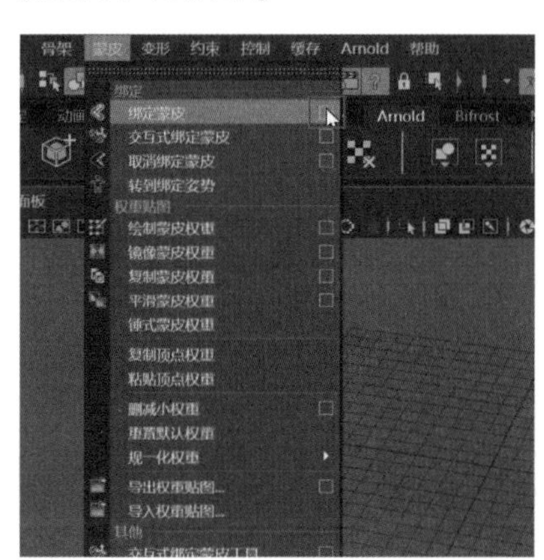

图 10-70

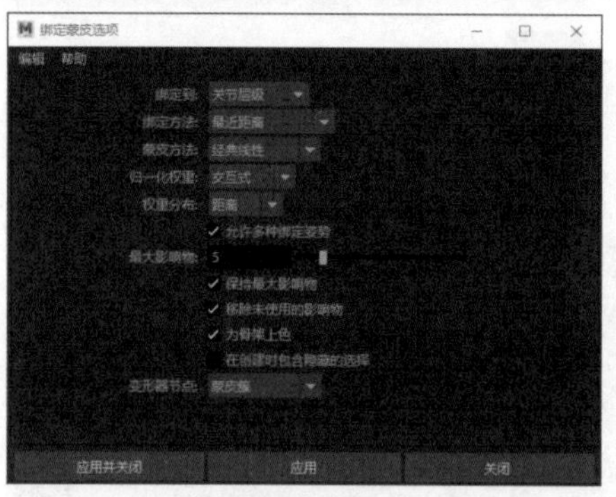

图 10-71

【绑定蒙皮选项】对话框中选项的作用及含义如表 10-4 所示。

表 10-4　绑定蒙皮选项对话框中选项作用及含义

选项	作用及含义
绑定到	该选项决定执行蒙皮操作时绑定到整个骨架还是选择的局部关节。选择【关节层级】选项，执行蒙皮操作时选定模型将被绑定到骨架链中的整个骨架，即使选择了局部关节而不是根关节；选择【选定关节】选项，执行蒙皮操作时选定模型将被绑定到选定关节，而不是整个骨架；选择【对象层级】选项，执行蒙皮操作时选定模型将被绑定到选定关节或非关节变换节点的整个层级
绑定方法	该选项决定蒙皮过程中关节如何影响邻近蒙皮点。选择【最近距离】选项，关节的影响将仅基于与蒙皮物体点的接近程度，执行绑定蒙皮时将忽略骨架层次，该选项是默认选项；选择【在层级中最近】选项，关节影响将基于骨架层次，在角色设置中，经常会用到该方法，它可以避免不适当的关节影响。例如，该方法可以防止左手臂关节影响与其邻近的右手臂上的蒙皮物体点；选择【热量贴图】选项，将使用热量扩散技术影响权重值；选择【测地线体素】选项，将使用网格的测地线体素表示帮助计算影响权重值
蒙皮方法	该选项决定对选定可变形对象使用哪种蒙皮方法。选择【经典线性】选项，选定的可变形对象将设定为使用经典线性蒙皮，如果希望制作出基本平滑蒙皮变形效果，则可以使用该方法；选择【双四元数】选项，选定对象将设定为使用双四元数蒙皮，如果希望关节产生扭曲变形时保持网格中的体积，则可以使用该方法；选择【权重已融合】选项，选定对象将基于用户绘制的顶点权重贴图进行经典线性和双四元数的融合蒙皮
归一化权重	该选项决定平滑蒙皮权重时归一化的方式。选择【无】选项，将禁用平滑蒙皮权重归一化；选择【交互式】选项，软件会在用户添加或移除影响及绘制蒙皮权重时精确输入归一化蒙皮权重值，这是默认选项；选择【后期】选项，在用户变形网格时，软件会计算归一化的蒙皮权重值，以避免任何不正确的变形
权重分布	该选项只有在【规一化权重】设置为【交互式】的情况下才可使用，设置该选项后，软件会确定如何在归一化期间生成新权重
允许多种绑定姿势	选择该选项后，用户可以设定是否允许每个骨架的多个绑定姿势。如果正绑定几何体的多个片到同一骨架，该选项非常有用
最大影响物	该选项指定可能影响平滑蒙皮几何体上每个蒙皮点的最大关节数量。值为 5 时，可以为大多数四足动物角色生成良好的平滑蒙皮效果
保持最大影响物	选择该选项后，任何时间平滑蒙皮几何体的影响数量都不能比【最大影响物】指定数量大
移除未使用的影响物	选择该选项后，执行绑定操作时将会自动断开蒙皮权重值为 0 的关节，避免软件计算无关数据，以加快播放速度
为骨架上色	选择该选项后，被绑定的骨架及蒙皮顶点将变成彩色，这样可以更直观地找到不同关节和骨骼
在创建时包含隐藏的选择	选择该选项后，绑定时将包含不可见的几何体，因为默认情况下，绑定方法必须具有可见的几何体才能顺利完成绑定操作
变形器节点	该选项可以用来选择蒙皮绑定的方法，有【蒙皮簇】和【接近度包裹】两个选项

10.6.3　交互式蒙皮绑定

交互式蒙皮绑定是平滑蒙皮工作流程中的一部分，可以通过一个体积操纵器来设定网格上的初始权重值。交互式蒙皮绑定可以大大减少权重分配时的工作量，其中 NURBS 曲面不可以使用交互式蒙皮绑定。如果要使用默认参数创建操纵器，则选择菜单栏中的【蒙皮】→【交互式绑定蒙皮】命令，如图 10-72 所示。如果需要修改选项设置，则单击命令右侧的复选框，打开【交互式绑定蒙皮选项】对话框，如图 10-73 所示，选项修改完毕后单击【应用】按钮即可。

图 10-72

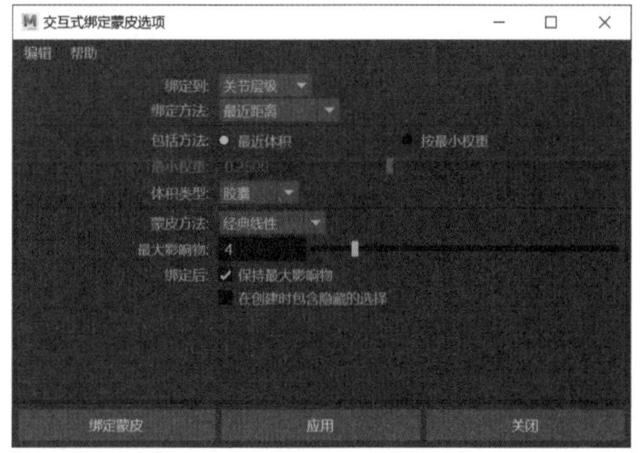

图 10-73

图 10-74

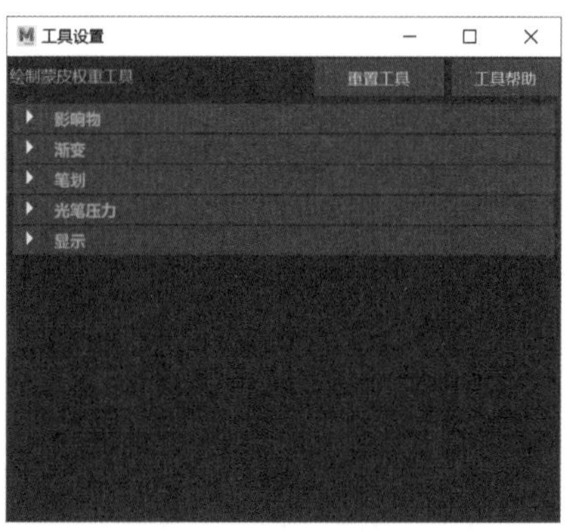

图 10-75

10.6.4 绘制蒙皮权重工具

使用【绘制蒙皮权重工具】可以直观地编辑平滑蒙皮权重，用户可以使用涂抹绘画的方式，在当前被绑定物体表面直接修改权重的强度值，并且在选定骨架或关节上可以实时查看蒙皮绑定的强度或影响范围。该工具在编辑平滑蒙皮权重工作中是一个非常常用和高效的工具，虽然没有其他编辑器输入的数值精确，但可以在蒙皮过程中快速地调整出合理的权重分布数值，从而达到预期的平滑蒙皮变形效果。

切换到【绑定】模块后，单击菜单栏中【蒙皮】→【绘制蒙皮权重】命令右侧的复选框，如图 10-74 所示，打开其【工具设置】对话框，如图 10-75 所示。

展开对话框中的【影响物】区域，如图 10-76 所示。

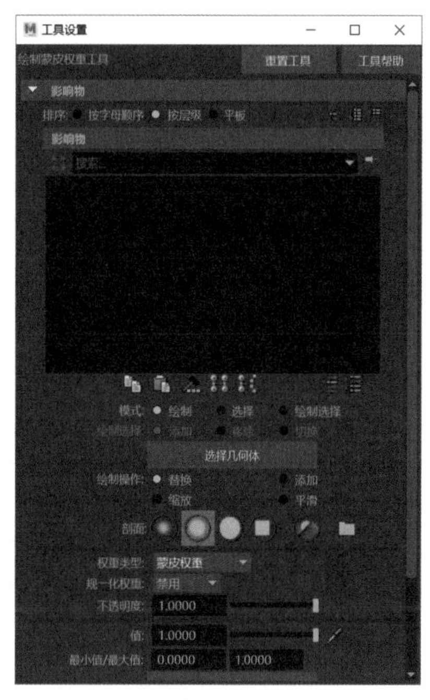

图 10-76

【影响物】区域中选项的作用及含义如表 10-5 所示。

表 10-5 影响物区域中选项作用及含义

选项	作用及含义
排序	该选项可以在影响列表中设定关节如何显示。选中【按字母顺序】单选按钮，关节将按字母顺序进行排序；选中【按层级】单选按钮，关节将按父子层级进行排序；选中【平板】单选按钮，关节仍按父子层级排序，但会显示在平板列表中
【复制选定顶点的权重】按钮	单击该按钮，可以在选定顶点后复制其权重值
【将复制的权重粘贴到选定顶点上】按钮	单击该按钮，可以将复制的顶点权重值粘贴到选定顶点上
【权重锤】按钮	单击该按钮，可以修复权重导致网格上出现多余的变形的选定顶点。软件会自动为选定顶点设定与其相邻顶点相同的权重值，从而生成更平滑的蒙皮变形效果
【将权重移到选定影响物】按钮	单击该按钮，可以将选定顶点的权重值从其当前影响物移动到其他选定（目标）的影响物
【显示选定顶点上的影响物】按钮	单击该按钮，可以选择影响到选定顶点的所有影响物，可以帮助用户解决网格中出现错误变形的疑难问题
【显示选定项】按钮	单击该按钮，可以自动浏览影响物列表，用来显示选定的影响物。当需要制作具有多个影响物的角色时，该选项非常有用
【反选】按钮	单击该按钮，可以快速反转要在列表中选定的影响物
模式	设置该选项，可以在绘制模式之间进行自由切换，有 3 种模式。选中【绘制】单选按钮，可以通过在顶点绘制值来设定蒙皮权重值；选中【选择】单选按钮，可以从绘制蒙皮权重切换到选择蒙皮物体点和影响物，当同时具有多个蒙皮权重任务时，修复平滑权重和将权重移到其他影响物，该选项非常重要；选中【绘制选择】单选按钮，可以绘制选定的顶点

续表

选项	作用及含义
绘制选择	设置该选项，可以设定绘制过程中是否向选择中添加或从选择中移除顶点，有 3 种方式。选中【添加】单选按钮，将向选择中添加顶点；选中【移除】单选按钮，将从选择中移除顶点；选中【切换】单选按钮，将切换顶点的选择。绘制时，从选择中移除选定顶点并添加取消选择的顶点
选择几何体	单击该按钮，可以快速选择整个网格
绘制操作	设置该选项，可以决定影响物的绘制方式，有 4 种方式。选中【替换】单选按钮，笔刷笔划将使用为笔刷设定的权重替换蒙皮权重；选中【添加】单选按钮，笔刷笔划将扩大相邻关节的影响；选中【缩放】单选按钮，笔刷笔划将缩小远处关节的影响；选中【平滑】单选按钮，笔刷笔划将平滑关节的影响
剖面	设置该选项，可以选择笔刷的轮廓样式，其中有【高斯笔刷】【硬笔刷】【软笔刷】【方形笔刷】【上一个图像文件】和【文件浏览器】6 种样式
权重类型	设置该选项，可以决定即将绘制的权重类型。选择【蒙皮权重】选项，将为选定影响物绘制基本的蒙皮权重值，这是默认选项；选择【DQ 融合权重】选项，将以逐顶点控制经典线性和双四元数蒙皮混合来绘制权重值
归一化权重	设置该选项，可以决定平滑蒙皮权重时归一化的方式。选择【禁用】选项，将禁用平滑蒙皮权重归一化，这是默认选项；选择【交互式】选项，用户添加或移除影响物及绘制蒙皮权重时，软件会自动归一化蒙皮权重值；选择【后期】选项，软件会延缓归一化计算，在用户变形网格时，软件将会计算归一化的蒙皮权重值，以防止任何不正确的变形
不透明度	设置该选项，可以产生更平滑的变化，从而得到更精细的动画效果
值	设置该选项，可以决定笔刷笔划应用的权重值大小
最小值 / 最大值	设置该选项，将决定可能的最小和最大绘制值，默认情况下可以设置为 0 到 1 之间。设置最小值 / 最大值可以扩大或缩小权重值的影响范围
整体应用	选择该选项，可以将笔刷设置应用到选定【抖动】变形器的所有权重值，结果将取决于执行整体应用时定义的笔刷设置

展开对话框中的【渐变】区域，如图 10-77 所示。

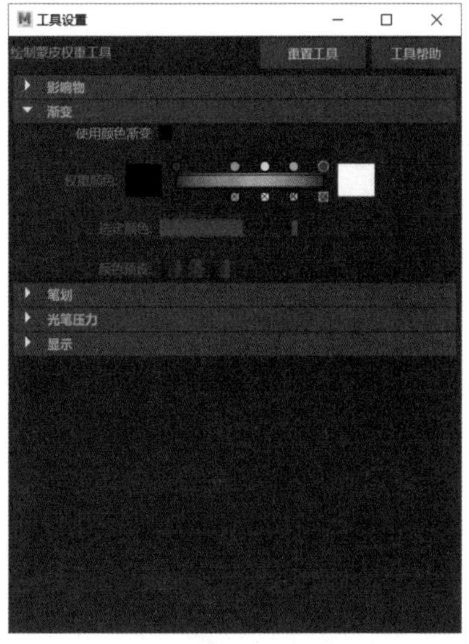

图 10-77

【渐变】区域中选项的作用及含义如表 10-6 所示。

表 10-6　渐变区域中选项作用及含义

选项	作用及含义
使用颜色渐变	启用该选项后，蒙皮权重值将表示为网格的颜色。这样在绘制时更容易看到较小的值，并确定不应对顶点有影响的局部关节是否正在影响顶点
权重颜色	该选项只有在选中【使用颜色渐变】时才可使用，用于设置颜色渐变
选定颜色	该选项可以为权重颜色的选定部分设置新的颜色
颜色预设	该选项提供 3 个预定义的颜色渐变选项

展开对话框中的【笔划】区域，如图 10-78 所示。

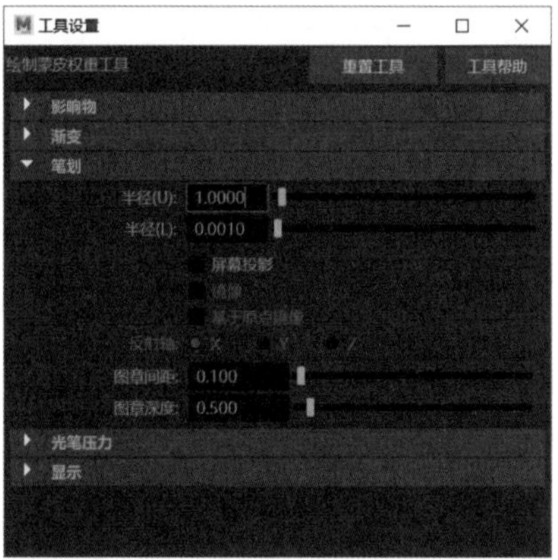

图 10-78

【笔划】区域中选项的作用及含义如表 10-7 所示。

表 10-7　笔划区域中选项作用及含义

选项	作用及含义
半径（U）	如果用户使用的是鼠标，设置该选项可以决定笔刷的半径值；如果用户使用的是压感笔，设置该选项可以为笔刷设定最大半径值
半径（L）	如果用户使用的是鼠标，该选项将不能使用；如果用户使用的是压感笔，该选项可以为笔刷设定最小半径值
屏幕投影	选中该选项，笔刷标记将以视图平面作为方向映射到选择的绘画表面，禁用时，笔刷将会沿着绘画表面确定方向
镜像	该选项对【绘制蒙皮权重工具】是无效的，选择菜单栏中的【蒙皮】→【镜像蒙皮权重】命令，可以镜像平滑的蒙皮权重
图章间距	设置该选项，可以在绘制表面上单击并拖曳鼠标，然后绘制一个笔划，该笔刷是由多个相互重叠的图章组成的
图章深度	设置该选项，可以决定图章能被投影多远

展开对话框中的【光笔压力】区域，如图 10-79 所示。

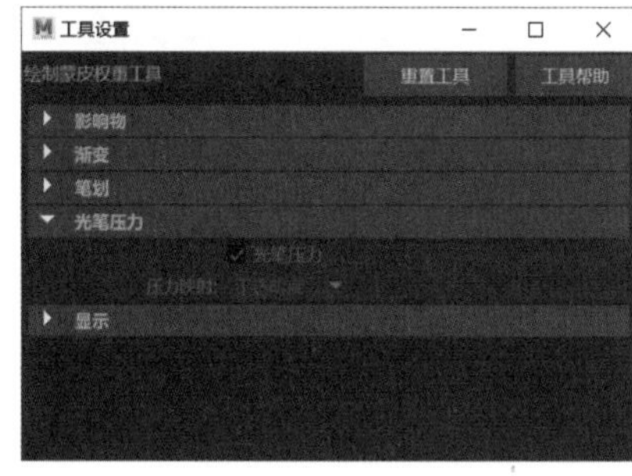

图 10-79

【光笔压力】区域中选项的作用及含义如表 10-8 所示。

表 10-8　光笔压力区域中选项作用及含义

选项	作用及含义
光笔压力	如果用户使用的是压感笔，选中该选项，可以激活其压力效果
压力映射	设置该选项，可以决定压感笔的笔尖压力影响的属性

展开对话框中的【显示】区域，如图 10-80 所示。

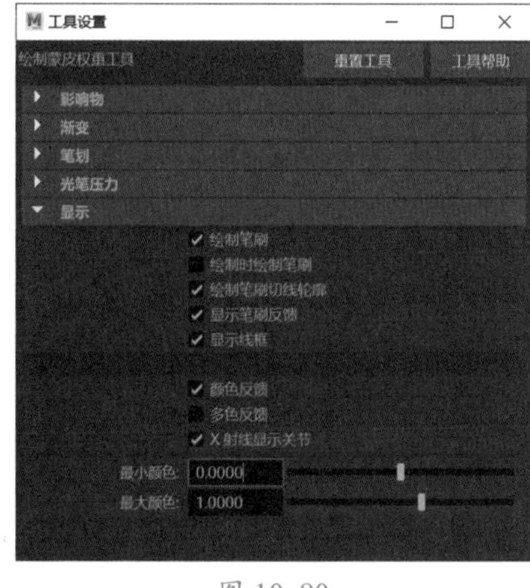

图 10-80

【显示】区域中选项的作用及含义如表 10-9 所示。

表 10-9 显示区域中选项作用及含义

选项	作用及含义
绘制笔刷	选择该选项，可以切换笔刷在场景中的显示或隐藏状态
绘制时绘制笔刷	选择该选项，在绘制时将会显示笔刷轮廓线；如果禁用该选项，绘制时将只显示笔刷指针
绘制笔刷切线轮廓	选择该选项，在蒙皮表面上拖曳鼠标时会显示出笔刷的轮廓；如果禁用该选项，将只显示笔刷指针
显示笔刷反馈	选择该选项，可以显示出笔刷的附加信息，从而帮助用户更便捷地查看当前笔刷正在执行的绘制操作
显示线框	选择该选项，在当前选择的蒙皮表面上将显示出线框结构，从而可以更方便地查看绘画权重的结果；禁用该选项，将会隐藏线框结构
颜色反馈	选择该选项，在当前选择的蒙皮表面上将显示出灰度颜色反馈信息，表示蒙皮权重值的大小；禁用该选项，将会隐藏灰度颜色反馈信息
多色反馈	选择该选项，将可以以渐变颜色的形式查看对象表面上的权重分配情况
X 射线显示关节	选择该选项，将会用 X 射线显示关节
最小颜色	设置该选项，可以调节最小的颜色显示数值
最大颜色	设置该选项，可以调节最大的颜色显示数值

10.6.5 间接蒙皮

间接蒙皮有两种方法，一种是晶格蒙皮，另一种是包裹蒙皮。使用晶格蒙皮时，可以对物体创建晶格变形器进行蒙皮，其优点是可以通过调整晶格点来让物体轻松变形。使用包裹蒙皮时，可以对包裹变形器的包裹影响物进行蒙皮，其优点是可以蒙皮低分辨率的对象，导入高精度模型后，可以通过使用低模对物体进行变形。

10.6.6 实战：创建并绑定晶格

Step01 选择菜单栏中的【文件】→【打开场景】命令，打开“素材文件\第 10 章\long.mb”文件，如图 10-81 所示，导入场景后，视图界面如图 10-82 所示。

图 10-81

图 10-82

Step02 单击并激活状态栏中的【按组件类型选择】和【选择点组件】图标，如图 10-83 所示，选择模型的控制顶点，如图 10-84 所示。

图 10-83

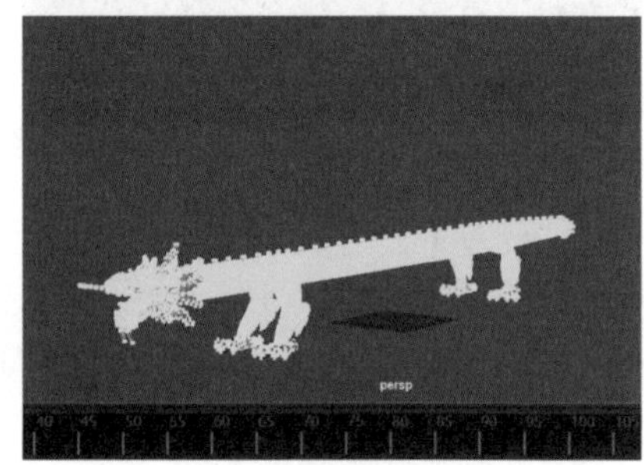

图 10-84

Step03 单击菜单栏中【变形】→【晶格】命令右侧的复选框，如图 10-85 所示，打开【晶格选项】对话框，❶将【分段】数值调高，❷单击【创建】按钮，如图 10-86 所示。

图 10-85

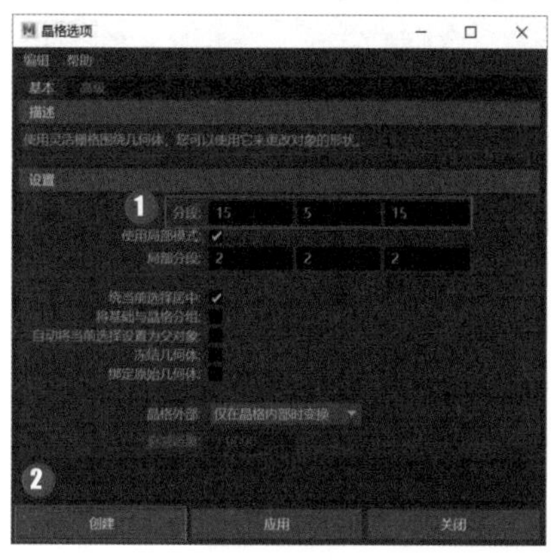

图 10-86

Step 04 可以看到视图中生成了晶格，如图 10-87 所示，打开【大纲视图】面板，选择模型的骨架链，再加选晶格，如图 10-88 所示。

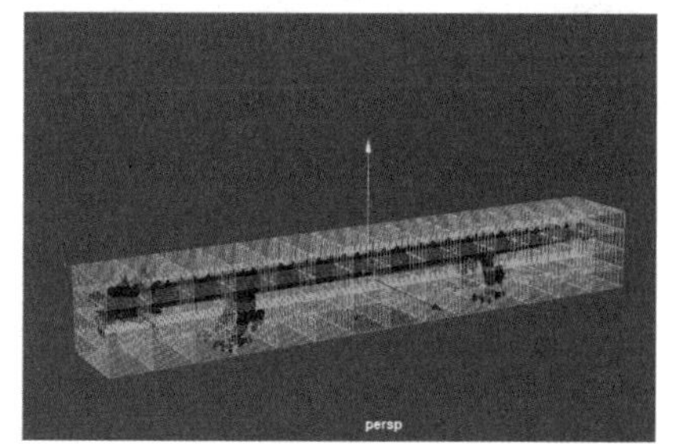

图 10-87

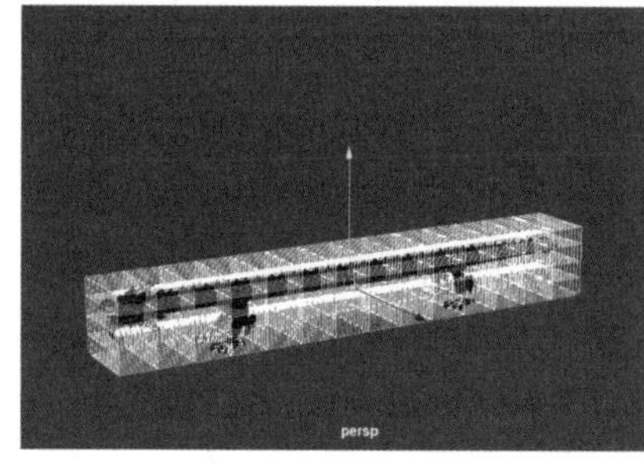

图 10-88

Step 05 选择菜单栏中的【蒙皮】→【绑定蒙皮】命令，如图 10-89 所示。命令执行后，晶格即会被绑定到骨架上，此时手动调节局部关节的位置，即可看出相邻的其他关节也会跟着一起移动或旋转，如图 10-90 所示。

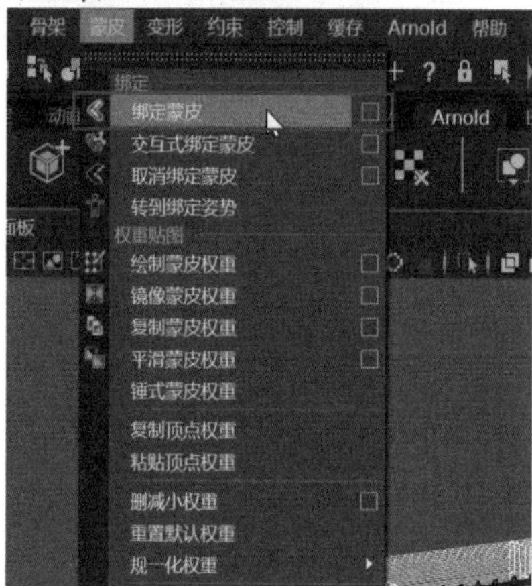

图 10-89

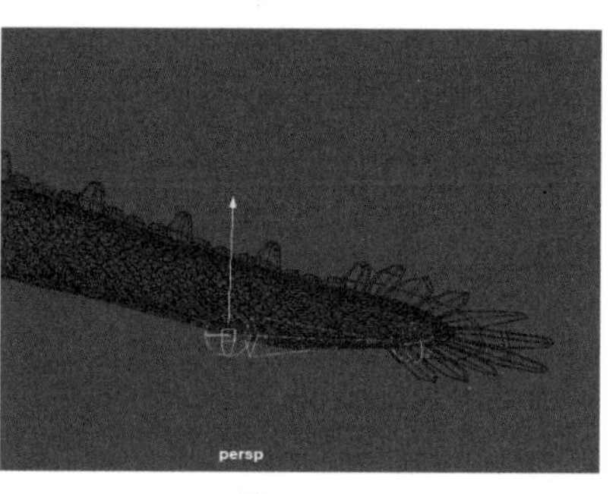

图 10-90

★重点 10.7 平滑蒙皮

平滑蒙皮可以使多个关节作用于一个可变形对象，以达到平滑变形的效果。当执行绑定蒙皮操作时，软件会自动设置关节周围的平滑效果，Maya 中提供了 3 种平滑蒙皮的方法，分别是经典线性平滑蒙皮、双四元数平滑蒙皮和融合。

双四元数平滑蒙皮方法比传统的平滑蒙皮方法好用很多，因为它可以删除多余的变形效果。例如，在制作弯膝盖的动作时，传统平滑蒙皮方法可能会导致转折面出现打结的情况，模型中的网格可能会影响体积效果，而双四元数平滑蒙皮方法可以解决该问题，它可以帮助网格保持其体积，从而制作出更加逼真的变形效果。

平滑蒙皮与刚体蒙皮的区别在于，平滑蒙皮无需通过编辑蒙皮点集成员、屈肌或晶格变形器即可获得预期的效果。在默认情况下，关节与点的接近程度决定平滑蒙皮物体点上每个关节的效果。

10.7.1 导出权重

进行平滑蒙皮时，Maya 将在骨架的每个关节中生成一个权重贴图。此时选择已蒙皮的对象，单击【绑定】模块菜单栏中【蒙皮】→【导出权重贴图】命令右侧的复选框，如图 10-91 所示，打开【导出蒙皮权重贴图选项】对话框，如图 10-92 所示，在其中设置选项并单击【导出】按钮，即可导出所有权重贴图。

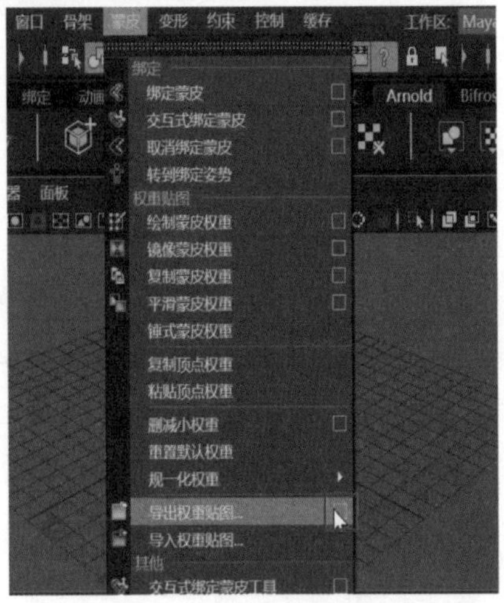
图 10-91

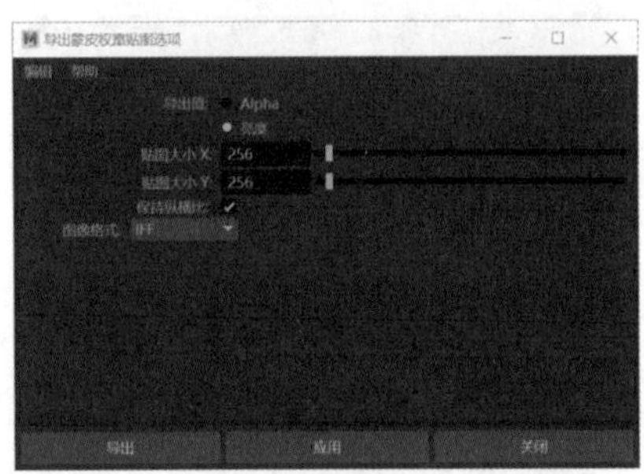
图 10-92

【导出蒙皮权重贴图选项】对话框中选项的作用及含义如表 10-10 所示。

表 10-10 导出蒙皮权重贴图选项对话框中选项作用及含义

选项	作用及含义
导出值	该选项决定是否导出不透明度值和亮度值。选中【Alpha】单选按钮，将导出不透明度值；选中【亮度】单选按钮，将导出亮度值
贴图大小 *X*	该选项用于设定图像的宽度大小
贴图大小 *Y*	该选项用于设定图像的高度大小
保持纵横比	选择该选项，将在导出时保持权重贴图的宽高比
图像格式	该选项用于指定导出的图像格式，有 TIFF 和 JPEG 两种

10.7.2 导入权重

选择要添加贴图的蒙皮对象，选择【绑定】模块菜单栏中的【蒙皮】→【导入权重贴图】命令，如图 10-93 所示，即可在弹出的面板中为将要导入的贴图文件指定以前导出的 .weightMap 文件名称。

如果蒙皮对象已经具有父子关系或分过组，则需要分别选择每个对象，再导入权重贴图。

图 10-93

★重点 10.7.3 实战：角色骨架的创建

Step 01 选择菜单栏中的【文件】→【打开场景】命令，打开“素材文件\第 10 章\JSGJ.mb”文件，如图 10-94 所示，导入后的视图界面如图 10-95 所示。

图 10-94

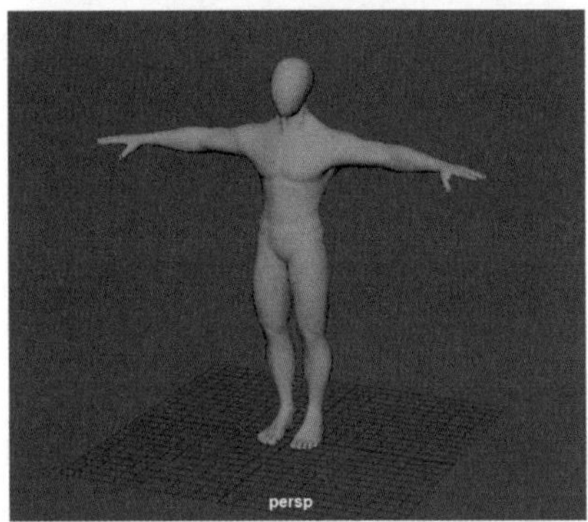
图 10-95

Step 02 按空格键切换到前视图，再按数字键【4】使模型以线框显示，如图 10-96 所示。将菜单栏切换到【绑定】模块，选择菜单栏中的【骨架】→【创建关节】命令，如图 10-97 所示。

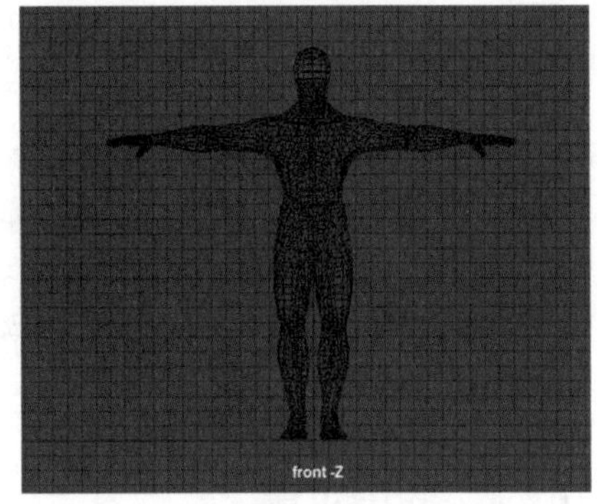
图 10-96

图 10-97

Step 03 在当前视图中，在角色腰部位置单击一次鼠标左键，如图 10-98 所示，创建第一个关节。沿竖直方向单击多次鼠标左键，创建背部的关节，如图 10-99 所示。

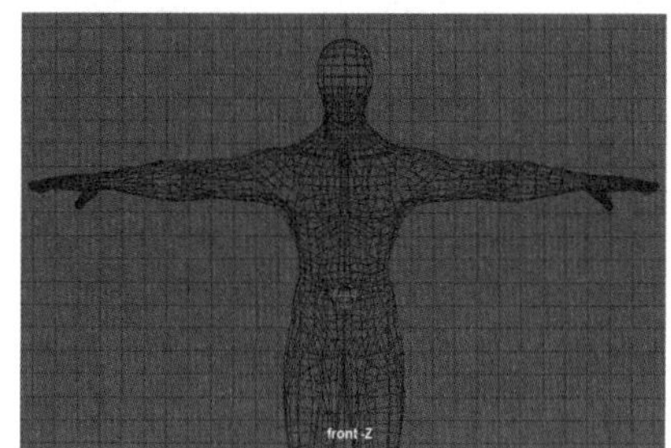

图 10-98

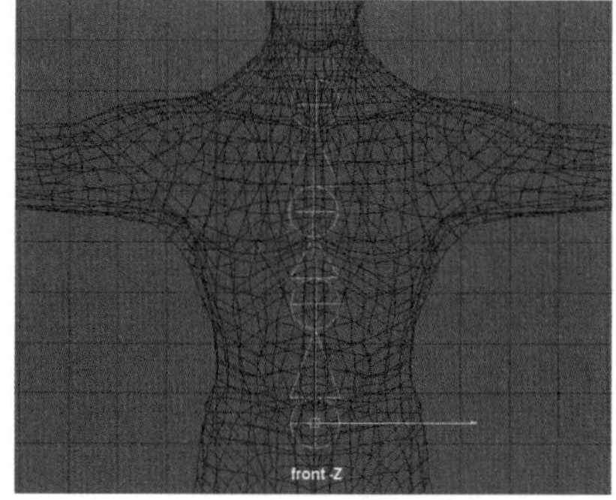

图 10-99

Step 04 继续沿竖直方向单击鼠标左键，创建脖子和头部的关节，形成一条主要的关节链，如图 10-100 所示。将视图切换到右视图，可以看到关节链是直的，如图 10-101 所示，并不符合人体骨架结构。

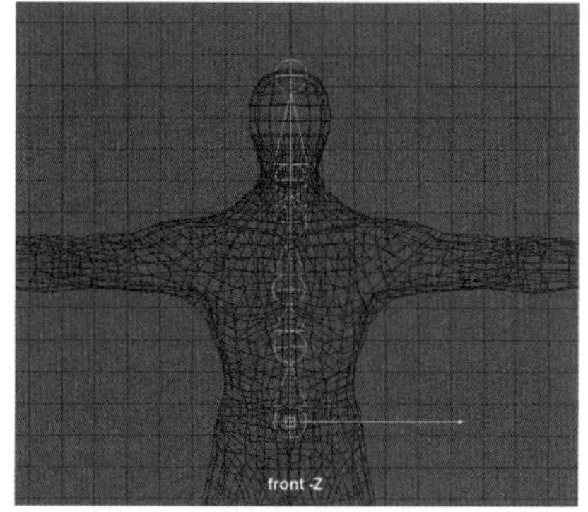

图 10-100

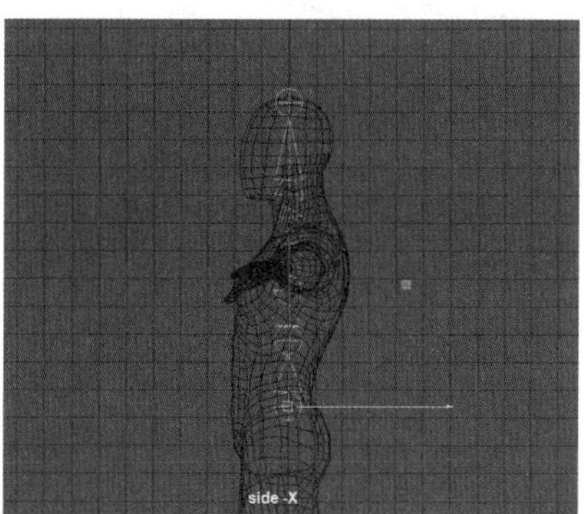

图 10-101

Step 05 在右视图中按照正确的人体骨架结构为关节调整好弧度，如图 10-102 所示，在当前视图中创建一侧的腿部关节，如图 10-103 所示。

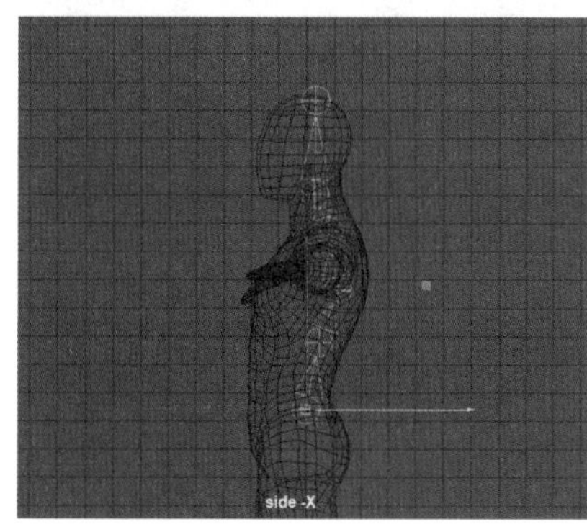

图 10-102

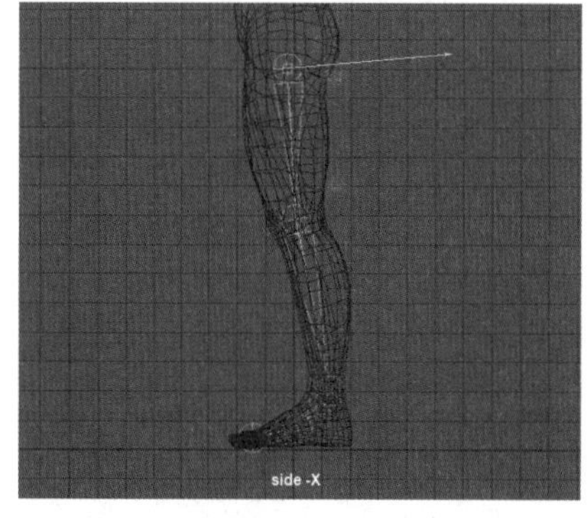

图 10-103

Step 06 一侧的腿部关节创建完成后，将视图切换到前视图，调整创建好的腿部关节的位置，如图 10-104 所示。选择调整好的腿部关节，单击菜单栏中【骨架】→【镜像关节】命令右侧的复选框，如图 10-105 所示，打开其选项对话框。

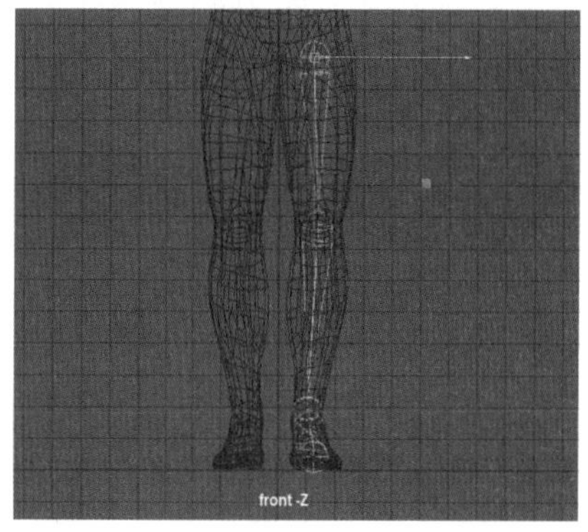

图 10-104

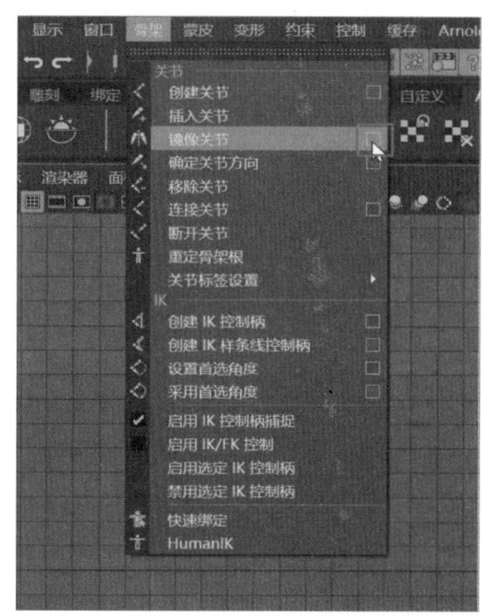

图 10-105

Step07 在【镜像关节选项】对话框中，❶将【镜像平面】调整为【YZ】，❷单击【应用】按钮，如图 10-106 所示，执行该命令后，即可生成另一侧的腿部关节，如图 10-107 所示。

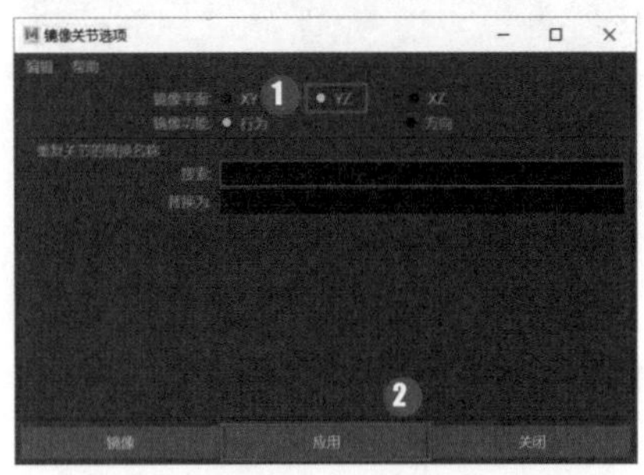

图 10-106

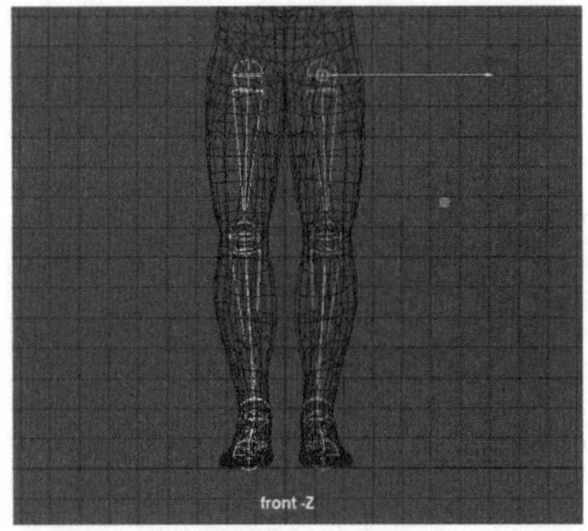

图 10-107

Step08 将现有的 3 条关节链连接起来。首先选择一侧腿部关节，再选择腰部关节，将其作为一个父对象，然后按快捷键【P】，如图 10-108 所示。使用同样的方法连接另一侧的腿部关节，如图 10-109 所示。

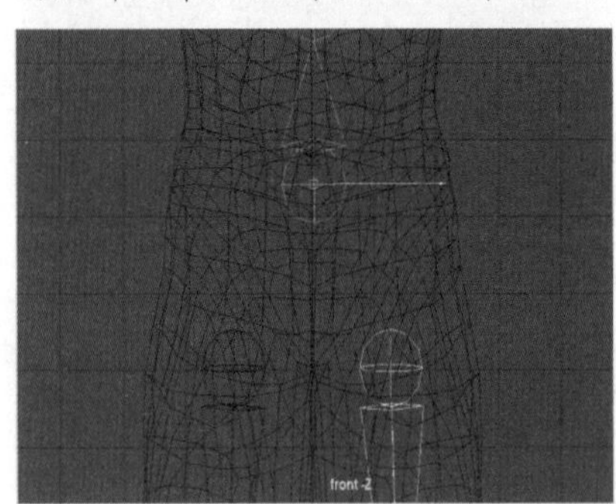

图 10-108

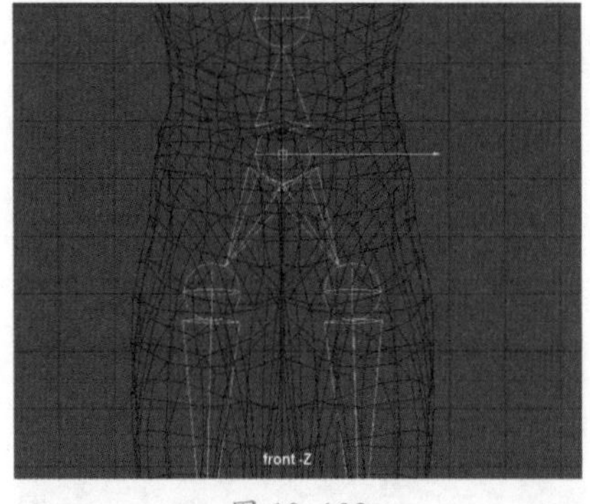

图 10-109

Step09 在当前视图中继续创建手臂的关节，如图 10-110 所示，创建好后，将视图切换到顶视图，调整手臂关节的位置，如图 10-111 所示。

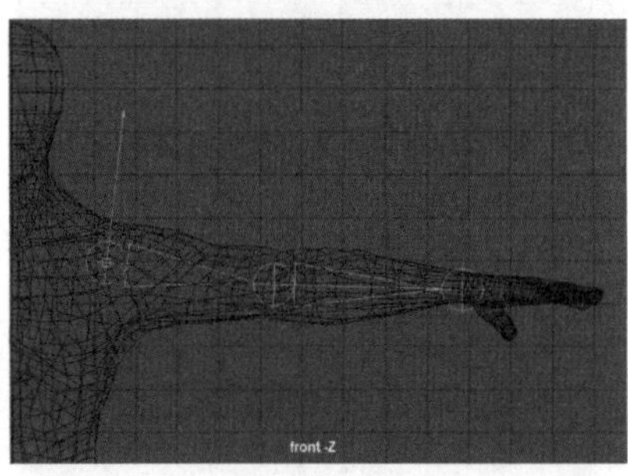

图 10-110

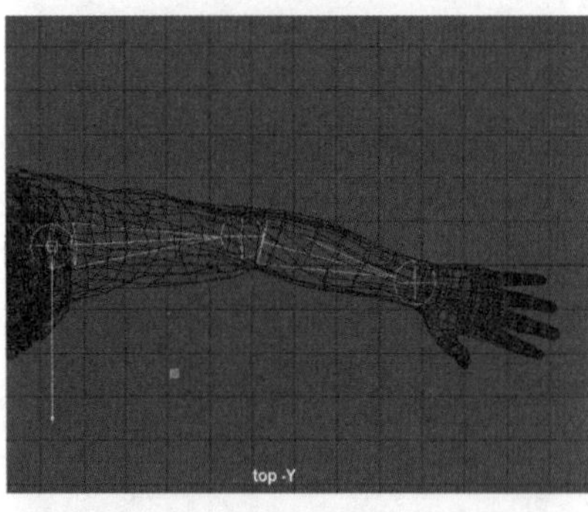

图 10-111

Step10 在顶视图中创建手部的关节。其中大拇指需要添加 3 个关节，如图 10-112 所示，其余 4 根手指需要分别添加 4 个关节，如图 10-113 所示。

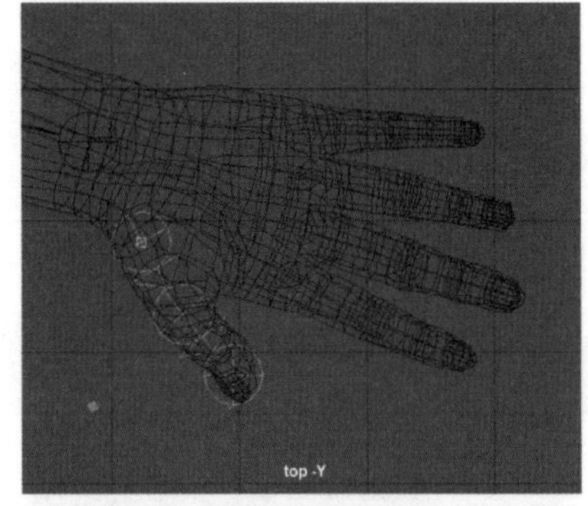

图 10-112

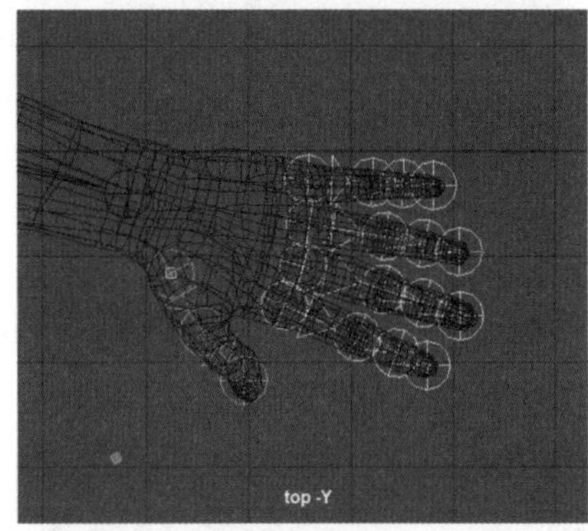

图 10-113

Step11 回到透视图，调整手指关节的位置，如图 10-114 所示，手指关节调整好后，选择一条手指的关节链，再选择手腕处的单个关节，将其作为父对象，如图 10-115 所示，然后按快捷键【P】。

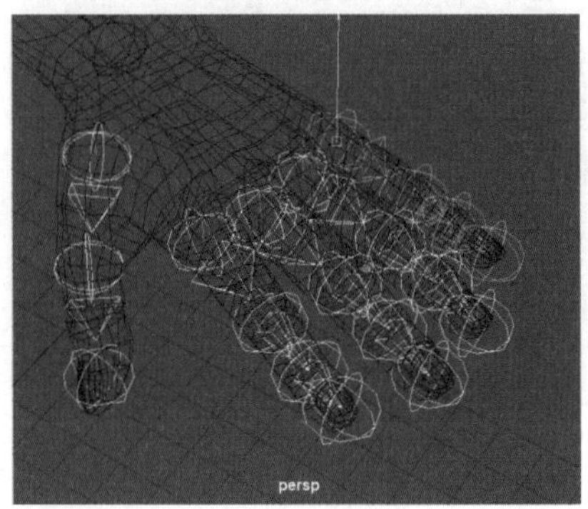

图 10-114

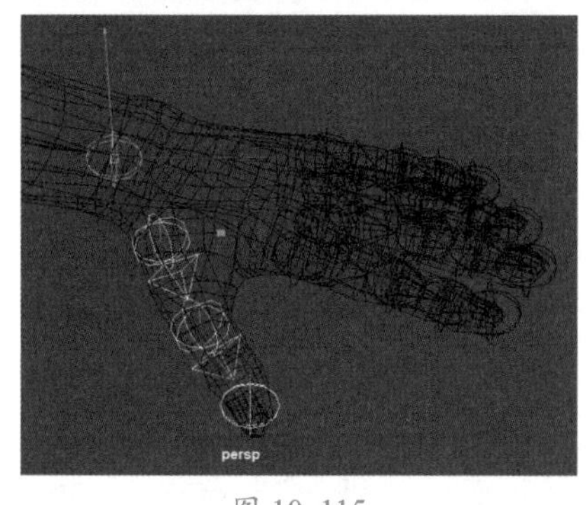

图 10-115

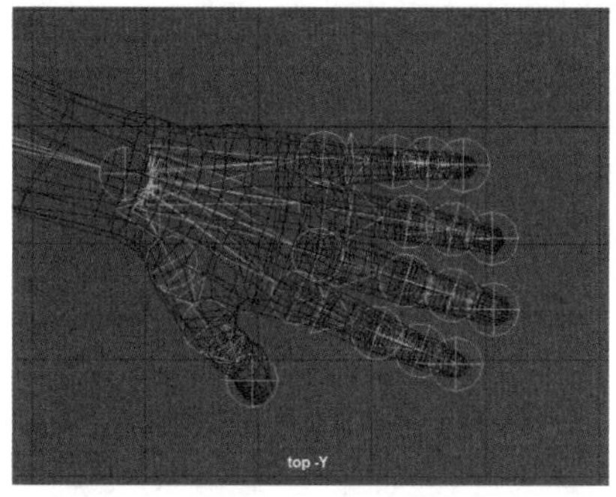

图 10-116

Step 12 使用同样的方法连接其他手指的关节链，如图 10-116 所示。选择整条手臂的关节链，执行【镜像关节】命令，同样将【镜像平面】设置为【YZ】，效果如图 10-117 所示。

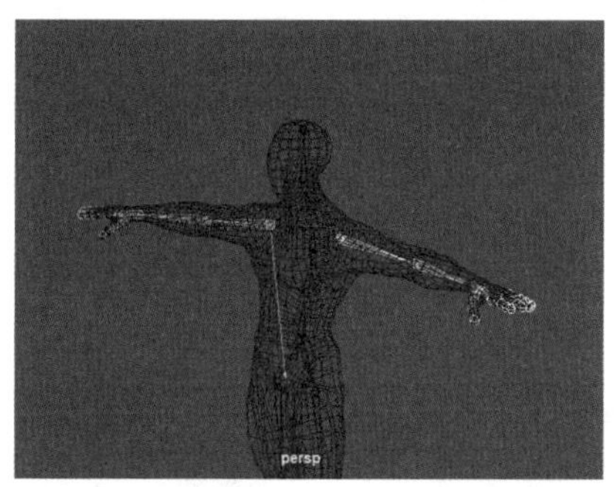

图 10-117

Step 13 将两侧的手臂关节链与胸部的单个关节连接到一起，如图 10-118 所示，角色的整个骨架如图 10-119 所示。实例最终效果见“结果文件\第 10 章\JSGJ.mb”文件。

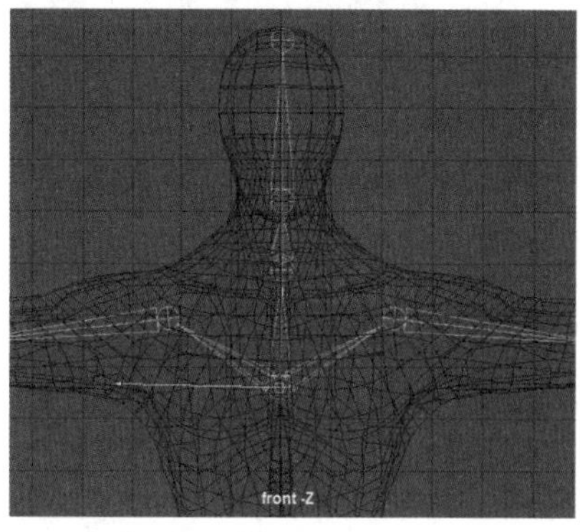

图 10-118

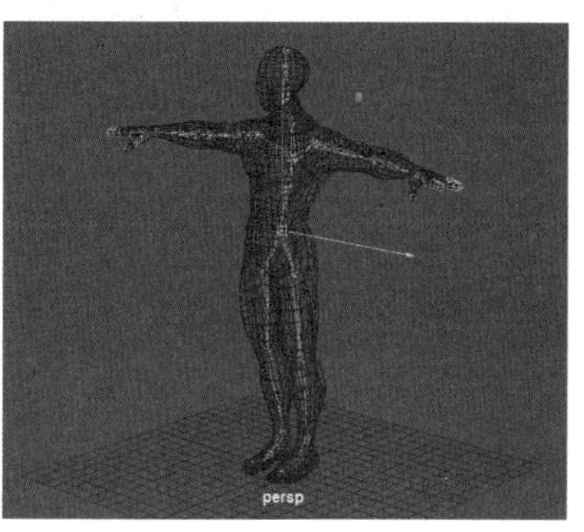

图 10-119

10.8 重定目标角色动画

制作重定目标角色动画可以将选定动画从一个骨架关节重定目标到其他关节中，即从源骨架传递到目标骨架。Maya 的重定目标操作基于 Autodesk HumanIK 角色解算器。使用 HumanIK 角色结构确定模型的骨架结构后，可以在不同的骨架之间传递动画。

除了基本的重定目标功能，解算器还可以与动画层相结合。可以将重定目标的动画置于一个层，然后添加更多其他的层，以调整重定目标角色动画。

妙招技法

下面结合本章内容，介绍一些实用技巧。

技巧 01：制作走路动画

本例将结合动画曲线编辑器，制作一个角色走路动画，具体操作步骤如下。

Step 01 选择菜单栏中的【文件】→【打开场景】命令，打开“素材文件\第 10 章\HCR.mb”文件，如图 10-120 所示，导入模型后，视图界面如图 10-121 所示。

图 10-120

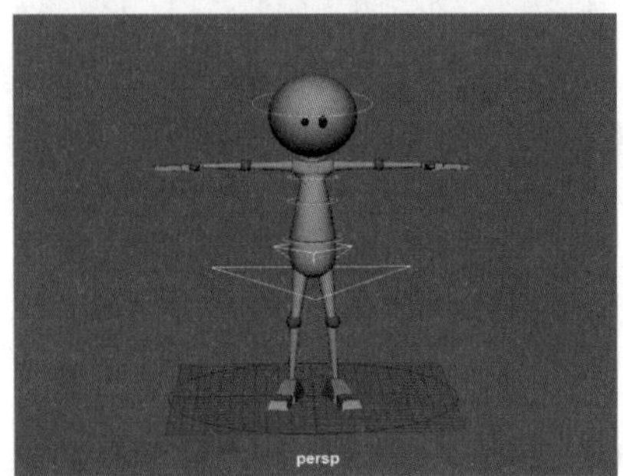

图 10-121

Step02 在视图菜单栏中选择【显示】选项并展开其菜单，如图 10-122 所示，将多余的显示文件关闭，选择菜单栏中的【窗口】→【工作区】→【动画】命令，如图 10-123 所示，将软件界面切换到【动画】模块。

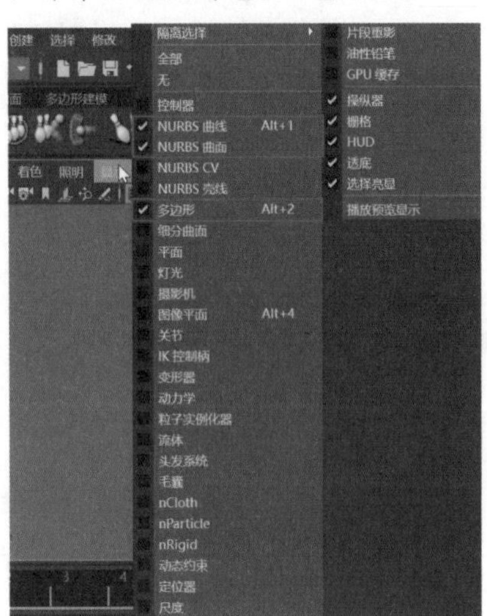

图 10-122

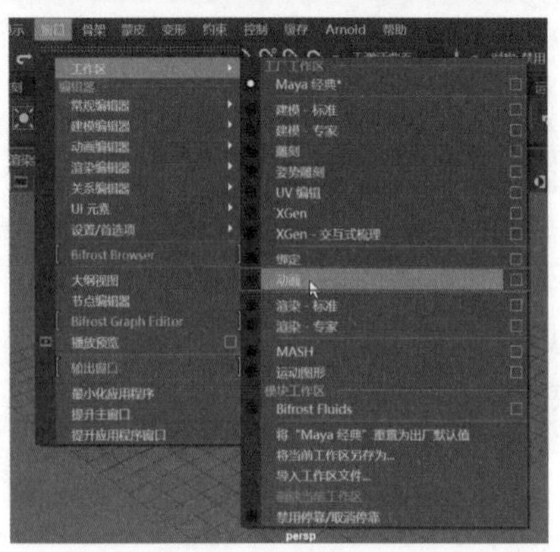

图 10-123

Step03 切换到侧视图，如图 10-124 所示，在第 1 帧位置选择脚部控制器制作一只脚向前走的接触帧和另一只脚向后蹬地的接触帧，如图 10-125 所示。

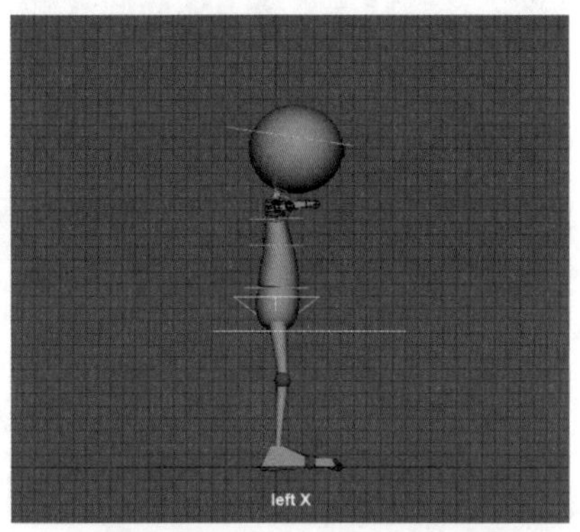

图 10-124

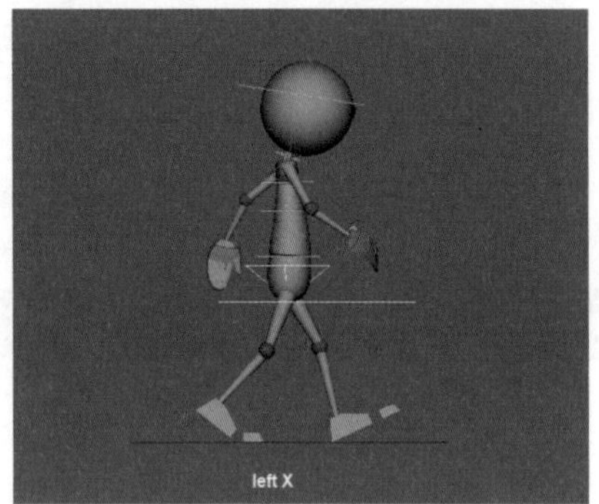

图 10-125

Step04 在第 13 帧位置制作两只脚相反的动作并按【S】键生成关键帧，如图 10-126 所示，框选所有的控制器，分别在第 1 帧和第 25 帧位置生成关键帧，如图 10-127 所示。

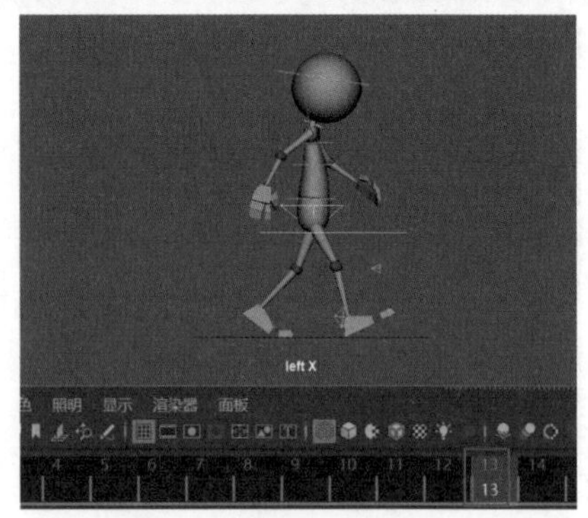

图 10-126

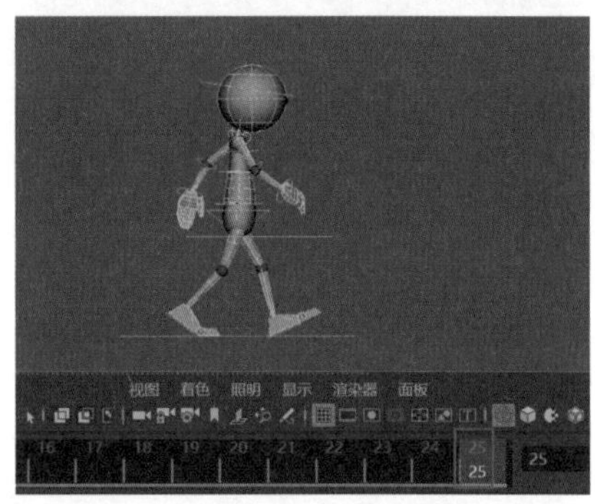

图 10-127

Step05 将时间滑块移动到第 7 帧处，选择脚部控制器，使一只脚完全落地，另一只脚腾空，当确定脚步位置后添加关键帧，如图 10-128 所示，在第 19 帧处制作相反的动作，如图 10-129 所示。

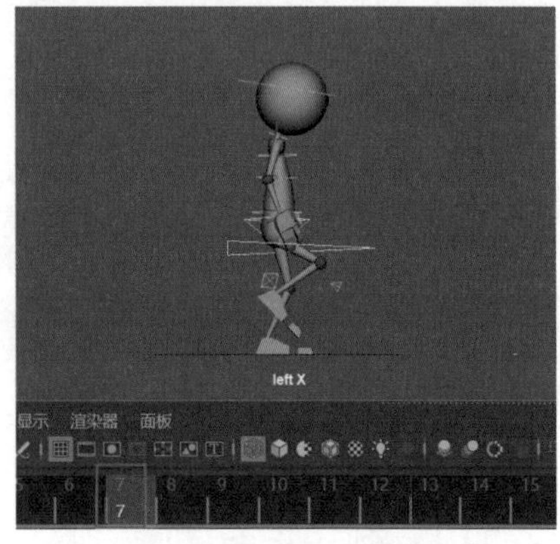

图 10-128

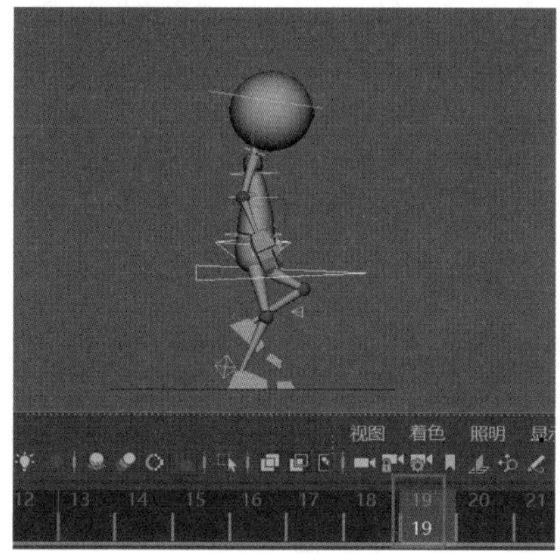

图 10-129

Step06 将时间滑块移动到第 4 帧处，选中胯部的三角形控制器制作胯部向下移动的动作，同时在该帧使未完全落地的脚落下，另一只脚仍向后蹬地，如图 10-130 所示，然后在第 16 帧位置制作相同的胯部移动并确定关键帧，如图 10-131 所示。

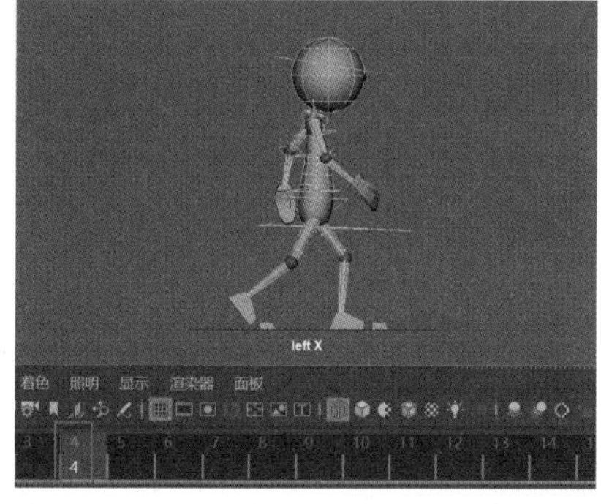

图 10-130

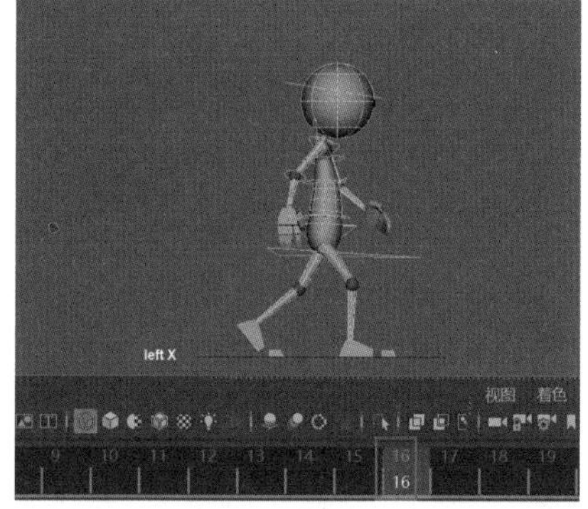

图 10-131

Step07 移动时间滑块到第 10 帧位置，选择胯部控制器并制作胯部向上移动的效果，同时调整脚部动作，如图 10-132 所示，在第 22 帧位置制作相同的胯部移动效果，如图 10-133 所示。

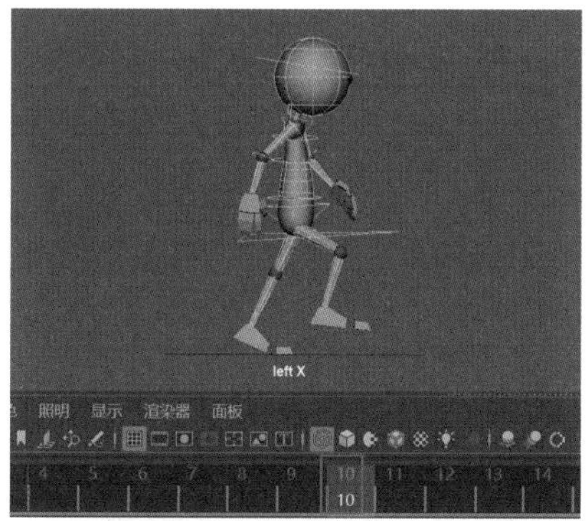

图 10-132

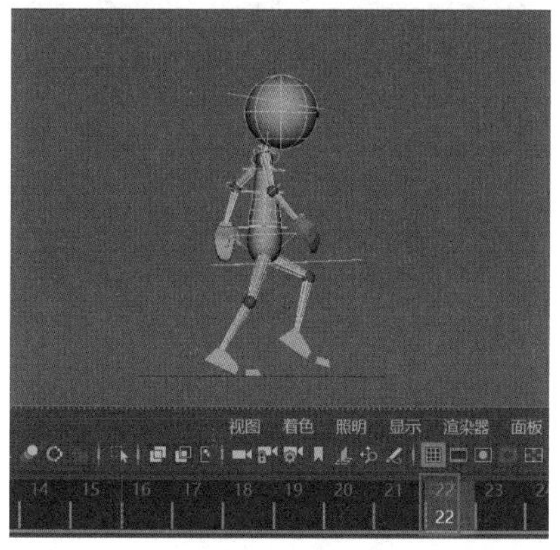

图 10-133

Step08 选择菜单栏中的【窗口】→【动画编辑器】→【曲线图编辑器】命令，打开【曲线图编辑器】面板，单击左侧的【平移 Y】，如图 10-134 所示，即可看到胯部的曲线走势。将时间滑块移动到第 7 帧位置，选择胯部控制器制作脚抬起产生的身体重心转移效果，同时在右侧的【通道盒 / 层编辑器】中将上半身沿 *Z* 轴旋转，如图 10-135 所示，并在第 19 帧处制作胯部向另一个方向的水平移动的效果。

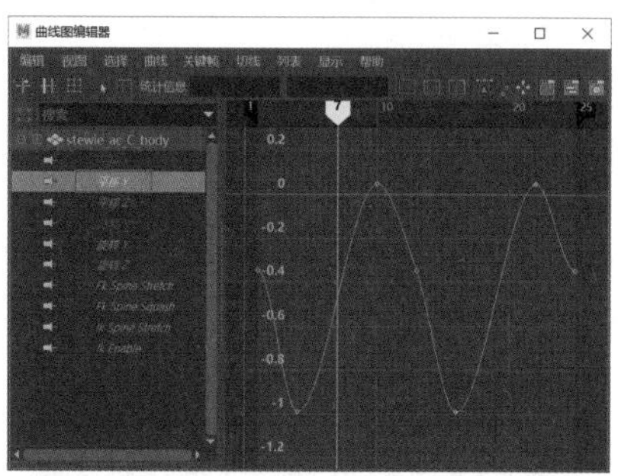

图 10-134

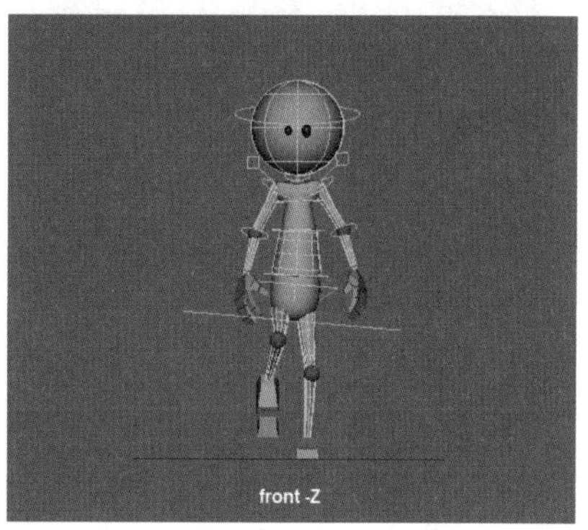

图 10-135

Step09 切换到顶视图，将时间滑块移动到第 1 帧，制作胯部和上半身的 *Y* 轴旋转效果，选择胯部控制器，使胯部向后方腿的方向进行 *Y* 轴旋转。选择上半身 3 个圆环控制器，使上半身沿相反的方向进行 *Y* 轴旋转，同时加上手臂的动画，如图 10-136 所示，在右侧的【通道盒 / 层编辑器】中调节 *Y* 轴的旋转参数，如图 10-137 所示。

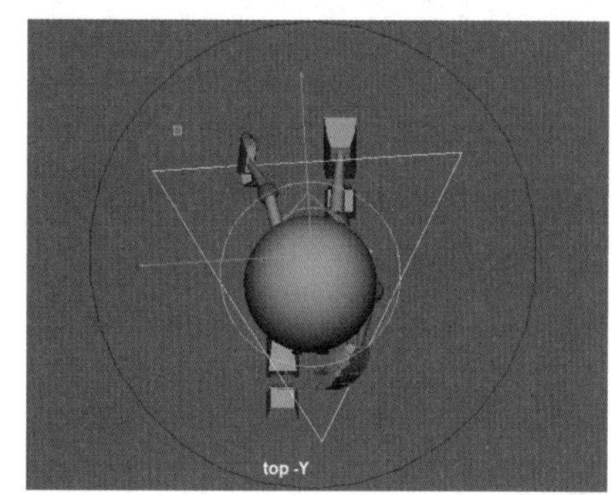

图 10-136

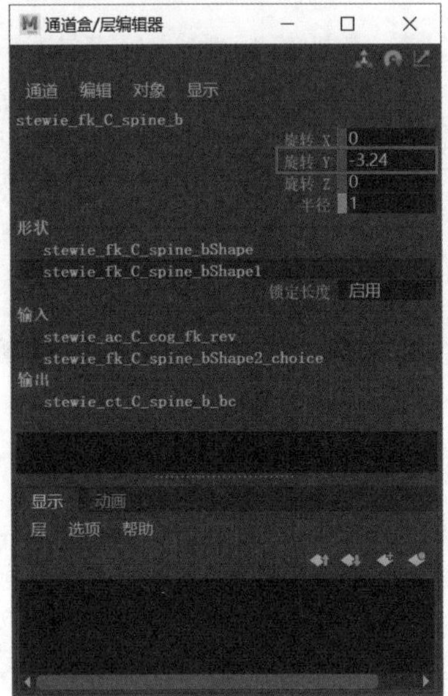

图 10-137

Step10 在第 25 帧处制作相同方向胯部和上半身的 *Y* 轴旋转动作，如图 10-138 所示，再将时间滑块移动到第 13 帧处，制作胯部和上半身的 *Y* 轴旋转动作，方向和第 1、25 帧相反，如图 10-139 所示。

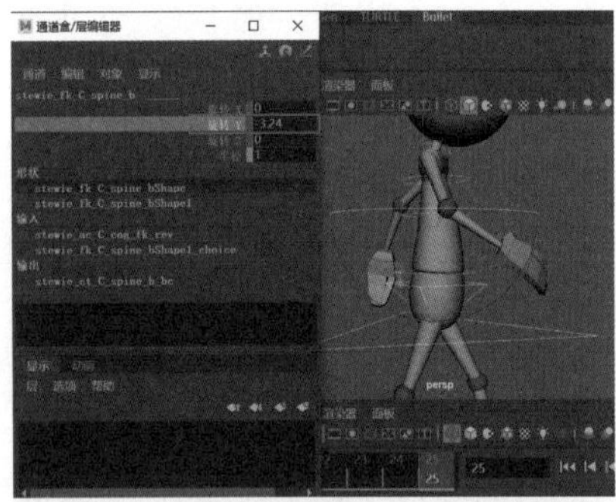

图 10-138

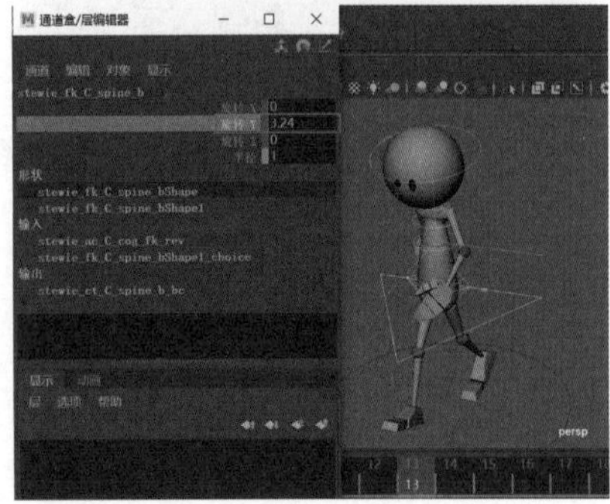

图 10-139

Step11 选中头部控制器并删除所有的帧，在右侧的【通道盒 / 层编辑器】面板中找到 Align 属性，把数值改成 1，如图 10-140 所示。最终效果如图 10-141 所示。实例最终效果见“结果文件 \ 第 10 章 \zou.mb”文件。

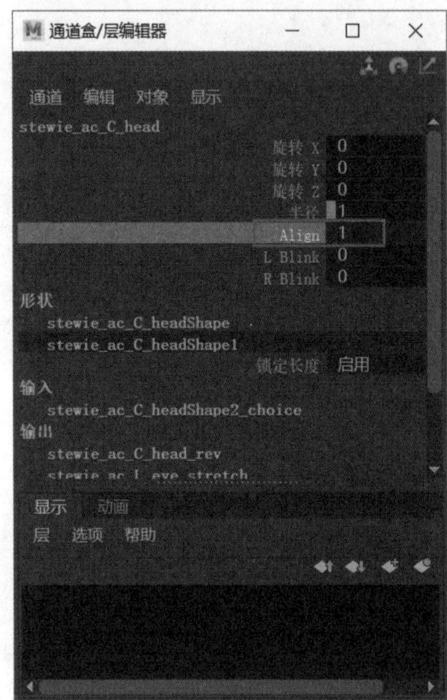

图 10-140

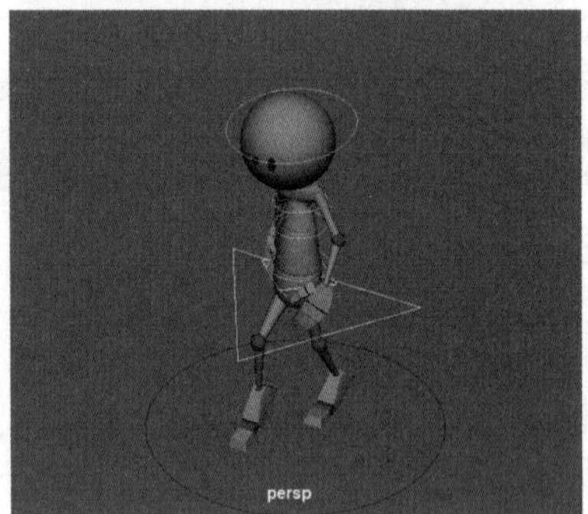

图 10-141

技巧 02：制作起跳动画

Step01 选择菜单栏中的【文件】→【打开场景】命令，打开“素材文件 \ 第 10 章 \HCR.mb”文件，如图 10-142 所示，导入模型后，视图界面如图 10-143 所示。

图 10-142

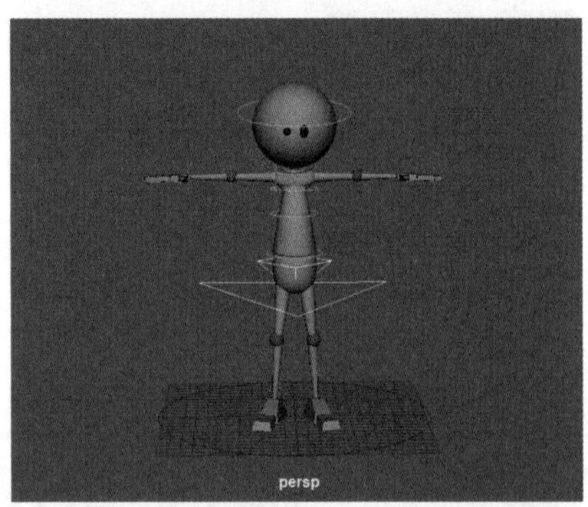

图 10-143

Step02 在菜单栏中选择【窗口】→【工作区】→【动画】命令，将界面切换为【动画】模块，如图 10-144 所示。同时在【视图菜单】中选择【显示】→【无】命令将多余的显示文件关闭，选中制作动画需要显示的模型和曲线控制器，如图 10-145 所示。

图 10-144

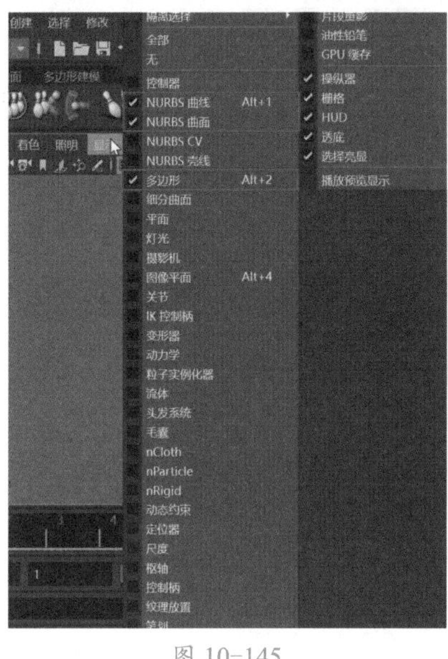

图 10-145

Step03 将时间滑块移动到第 1 帧，制作人物站立时的姿势，先将视图切换到前视图进行动作调节，如图 10-146 所示，然后切换到左视图再次进行调节，如图 10-147 所示，确认后按快捷键【S】添加关键帧。

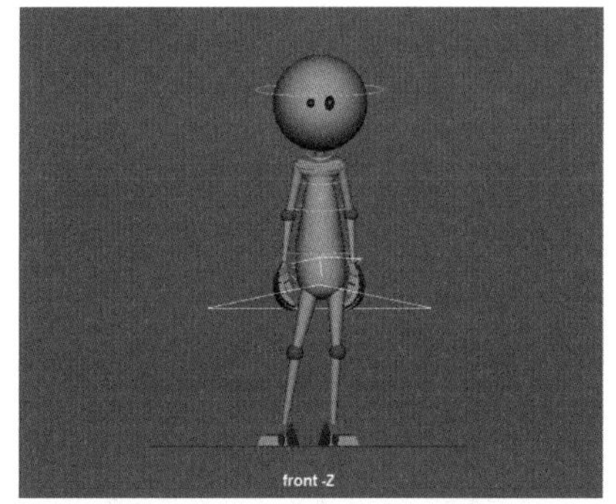

图 10-146

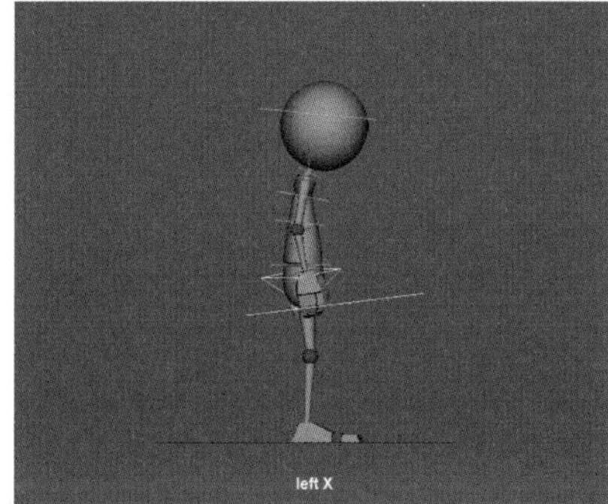

图 10-147

Step04 将时间滑块移动到第 8 帧，在左视图中制作人物准备起跳的蓄力姿势，如图 10-148 所示。然后切换到前视图进行调节，如图 10-149 所示，确认姿势后按【S】键再次添加关键帧。

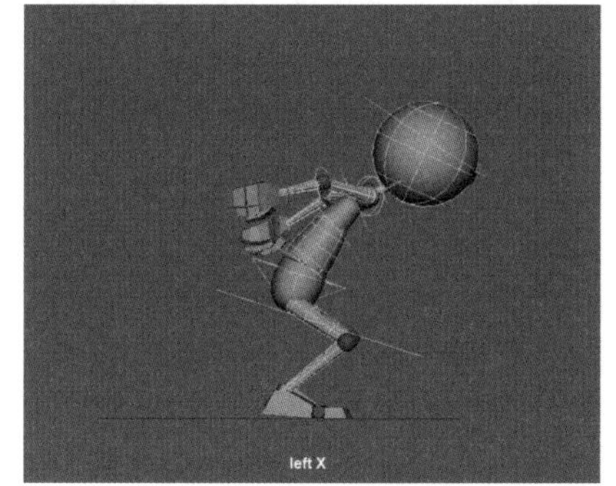

图 10-148

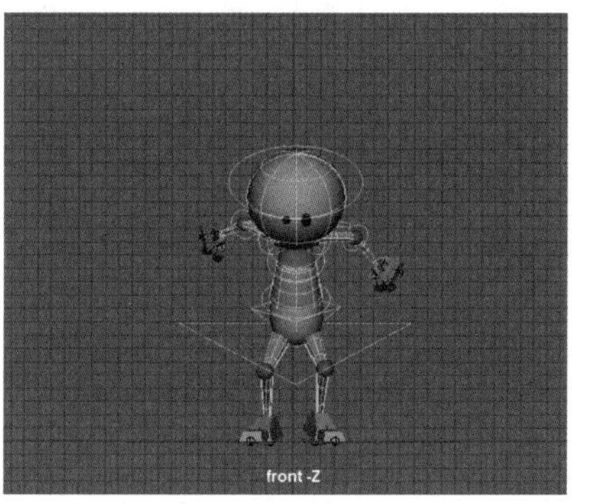

图 10-149

Step05 将时间滑块移动到第 13 帧，制作人物脚后跟微微抬起，同时上身向前倾，胯部向下移动的动作，完成下蹲蓄力的姿势，如图 10-150 所示，确认后生成第 3 个关键帧；再将时间滑块移动到第 26 帧，制作人物落地时接触地面的姿势，并确定人物跳跃的距离，其左视图效果如图 10-151 所示。

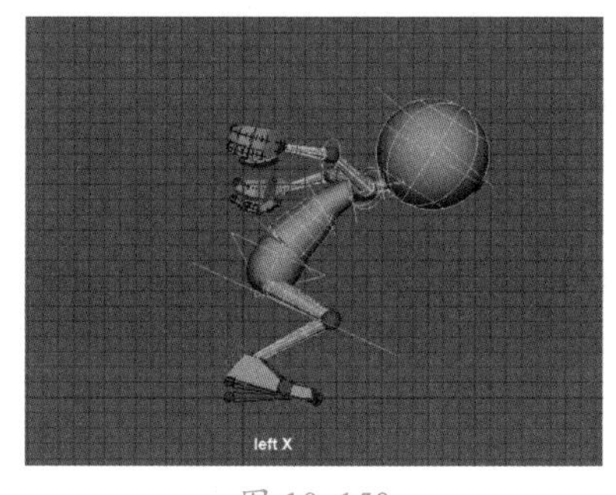

图 10-150

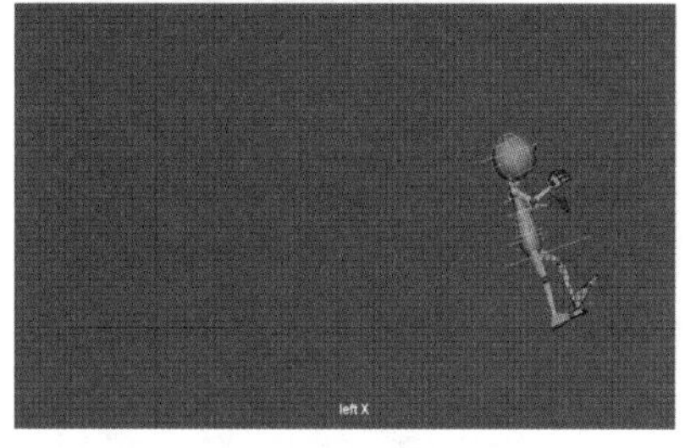

图 10-151

Step06 第 26 帧的前视图效果如图 10-152 所示，确认姿势后生成第 4 个关键帧。将时间滑块移动到第 34 帧，制作人物落地后缓冲卸力时的下蹲姿势，如图 10-153 所示。

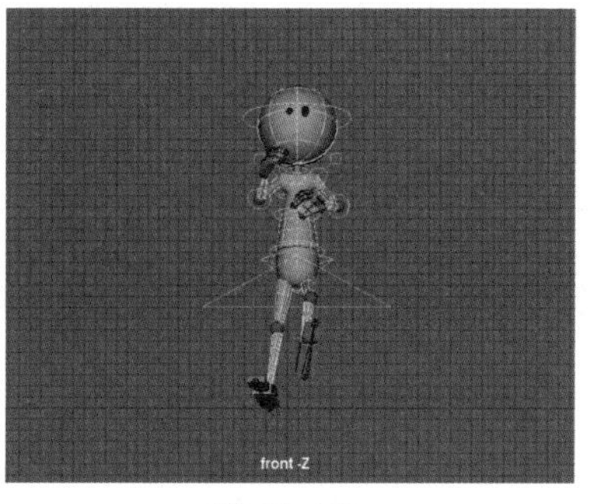

图 10-152

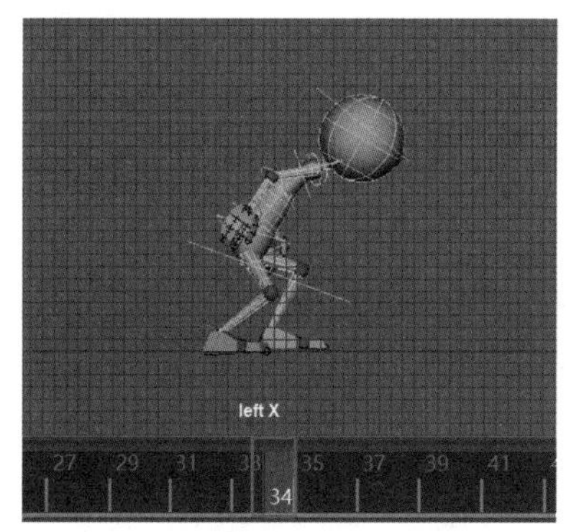

图 10-153

Step07 将时间滑块移动到第 39 帧，制作人物落地后缓冲时继续下蹲的姿势，前视图效果如图 10-154 所示，左视图效果如图 10-155 所示。

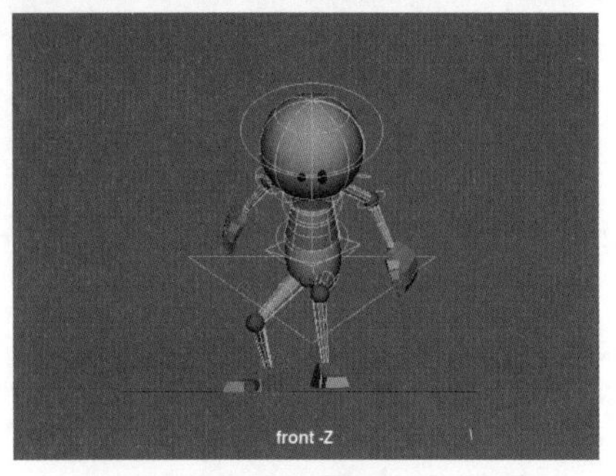

图 10-154

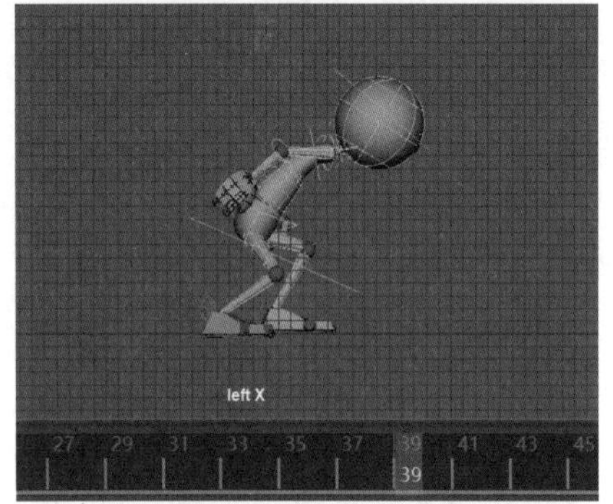

图 10-155

Step08 将时间滑块移动到第 50 帧，制作人物落地后站起来的姿势并生成关键帧，如图 10-156 所示。接下来给人物添加弹跳时身体离开地面的关键帧，将时间滑块移动到第 22 帧，制作人物腾空的姿势，并确定人物腾空的高度，如图 10-157 所示。

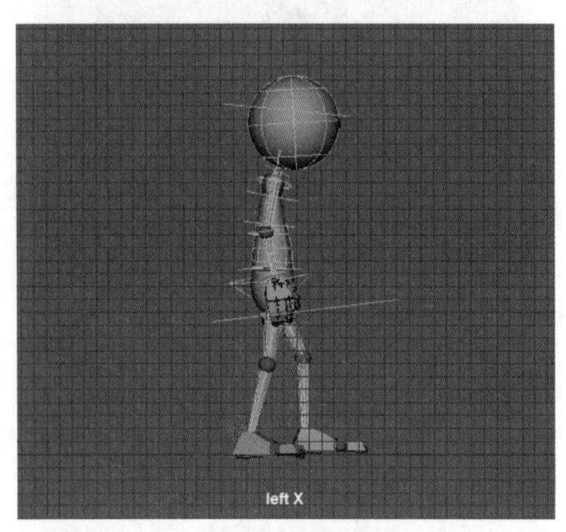

图 10-156

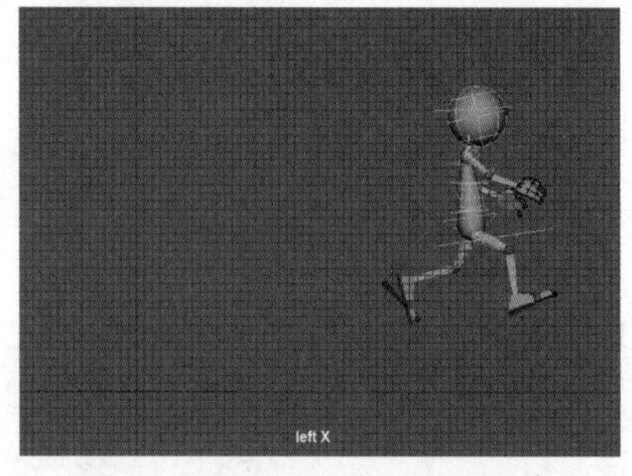

图 10-157

Step09 第 22 帧的前视图效果如图 10-158 所示，确认姿势后生成关键帧，并将时间滑块移动到第 17 帧，制作人物的脚还没有完全离地的关键帧，双脚要做出差异，如图 10-159 所示。

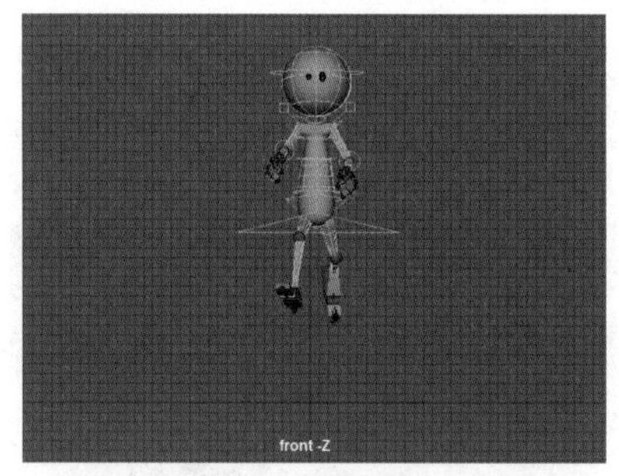

图 10-158

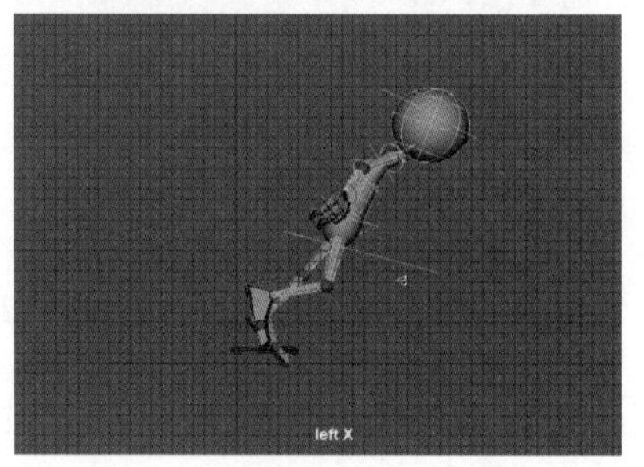

图 10-159

Step10 将时间滑块移动到第 29 帧，制作人物一只脚完全接触地面，另一只脚刚接触地面的姿势，其左视图效果如图 10-160 所示，前视图效果如图 10-161 所示。

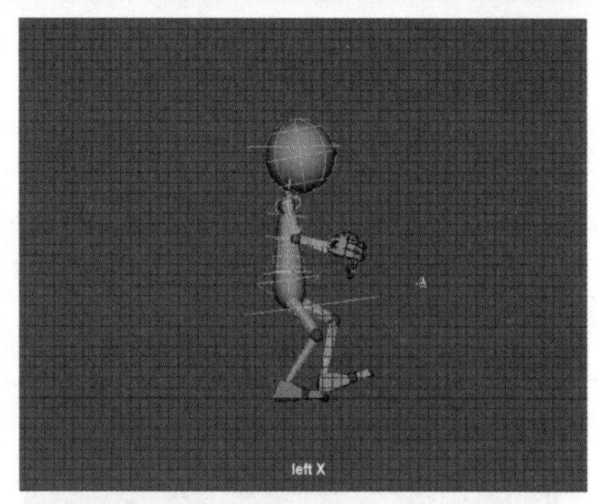

图 10-160

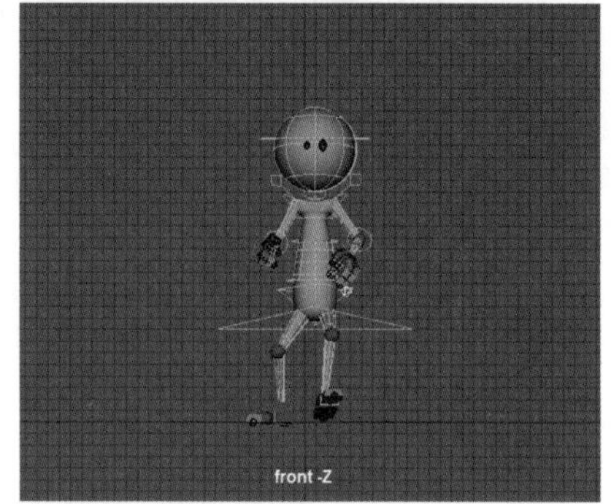

图 10-161

Step11 人物的起跳动画最终效果如图 10-162 所示。实例最终效果见"结果文件\第 10 章\tiao.mb"文件。

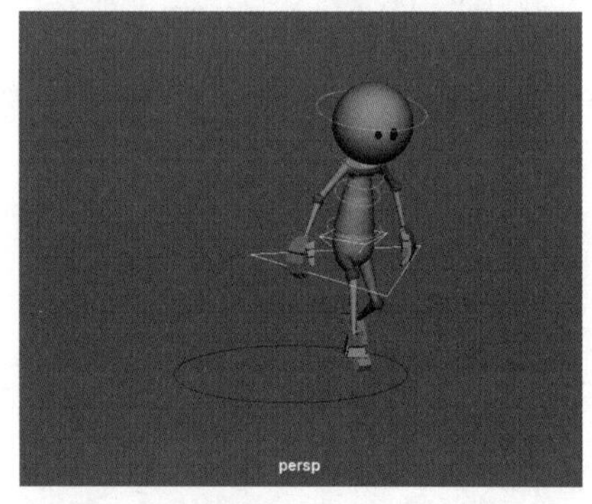

图 10-162

上机实训 —— 制作角色动作动画的衔接

本例将通过各个关节的控制器，调整角色在每个关键帧的动作和重心，制作火柴人从坐下到走的动画，具体制作步骤如下。

Step01 选择菜单栏中的【文件】→【打开场景】命令，打开“素材文件\第 10 章\HCR.mb”文件，如图 10-163 所示，导入模型后，视图界面如图 10-164 所示。

图 10-163

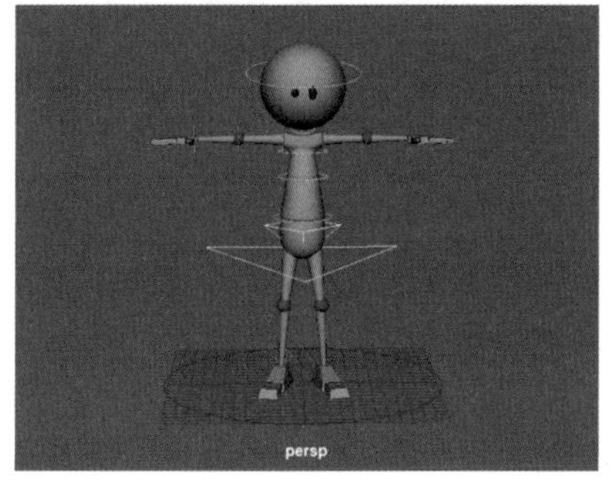

图 10-164

Step02 在菜单栏中选择【窗口】→【工作区】→【动画】命令，将界面切换为【动画】模块，如图 10-165 所示。同时在视图菜单中选择【显示】→【无】命令，将多余的显示文件关闭，选中制作动画需要显示的模型和曲线控制器，如图 10-166 所示。

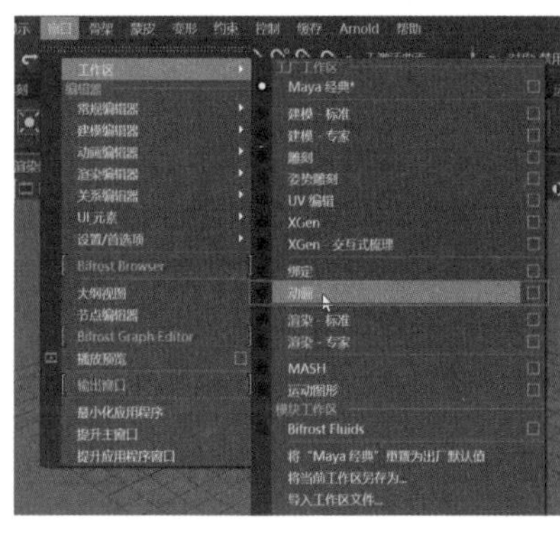

图 10-165

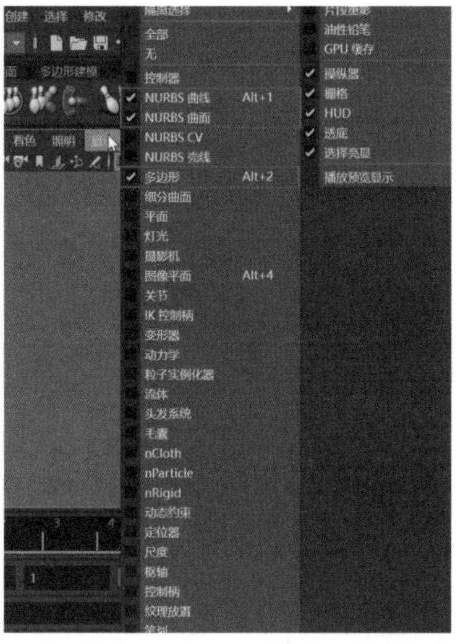

图 10-166

Step03 选择菜单栏中的【创建】→【多边形基本体】→【立方体】命令，在视图中创建一个立方形模型，作为座椅，如图 10-167 所示。在第 1 帧制作角色坐下的姿势，通过角色身上的控制器调节屈膝、弯腰和上臂放在膝盖上等动作，如图 10-168 所示。

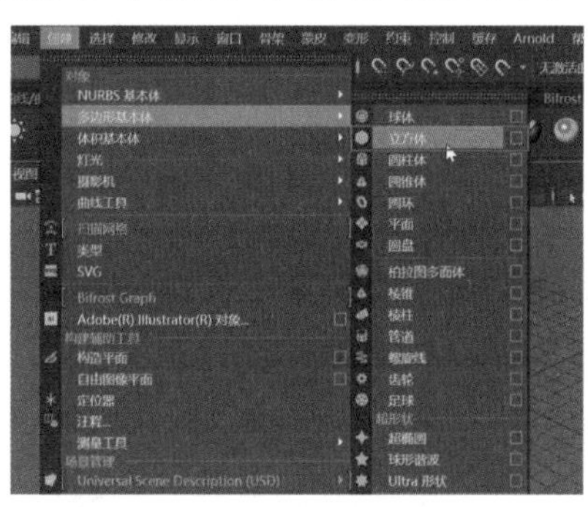

图 10-167

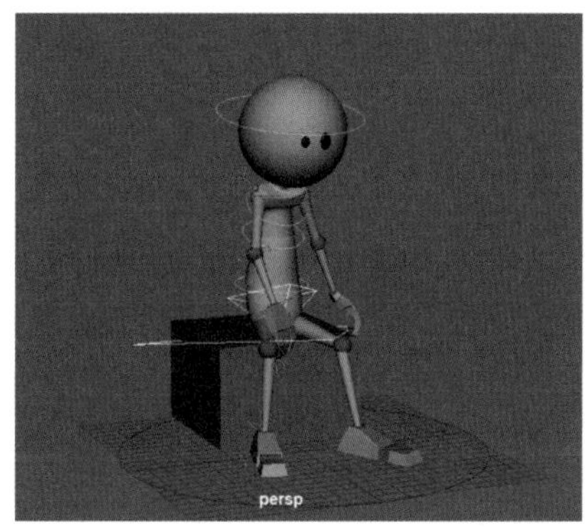

图 10-168

Step04 将时间滑块移动到第 9 帧，制作角色即将蓄力站起的姿势并添加关键帧，如图 10-169 所示，前视图效果如图 10-170 所示。

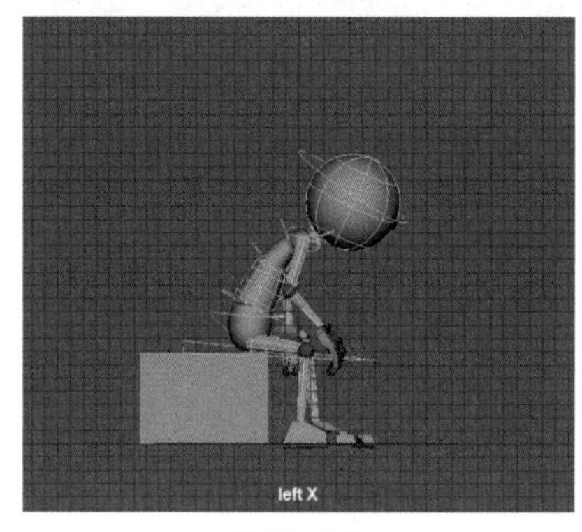

图 10-169

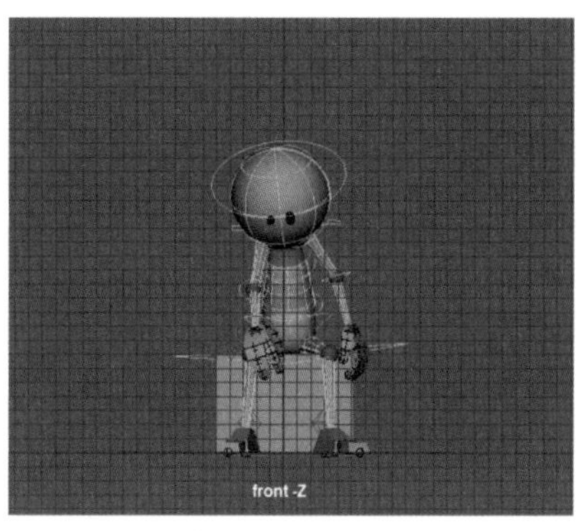

图 10-170

Step05 将时间滑块移动到第 19 帧，制作角色刚站起来的姿势并添加关键帧，将角色的重心稍微倾斜到右腿上，膝盖微微弯曲。调节好后姿势的前视图效果如图 10-171 所示，左视图效果如图 10-172 所示。

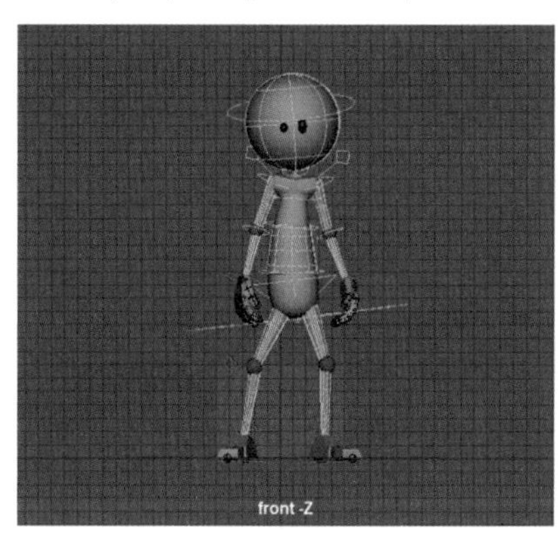

图 10-171

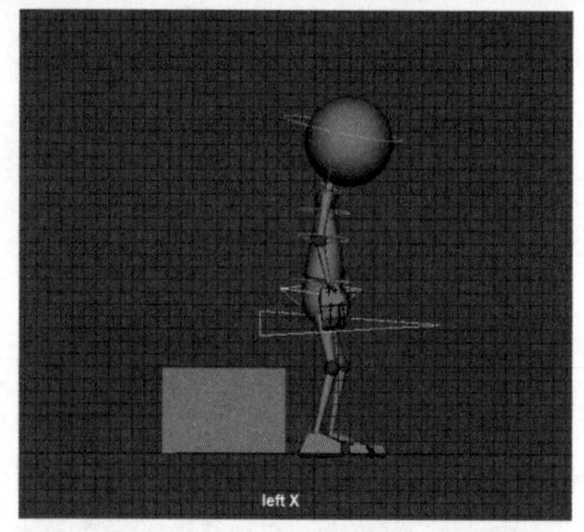

图 10-172

Step06 将时间滑块移动到第 35 帧，制作角色向前迈步的姿势，同时进行位移并添加关键帧，其中角色的一只脚的脚后跟微微抬起，另一只脚的前脚掌微微抬起，效果如图 10-173 所示，前视图效果如图 10-174 所示。

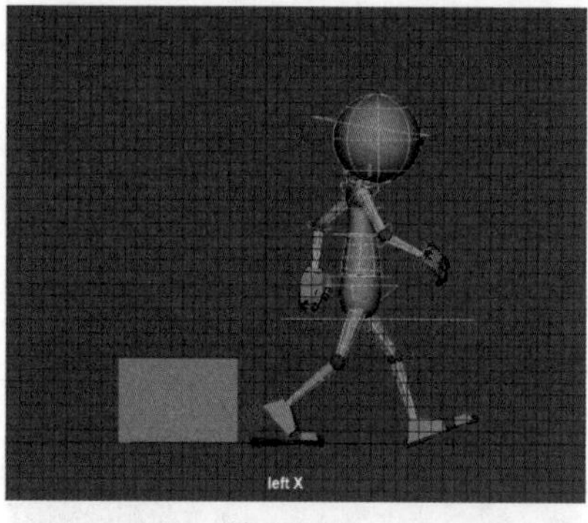

图 10-173

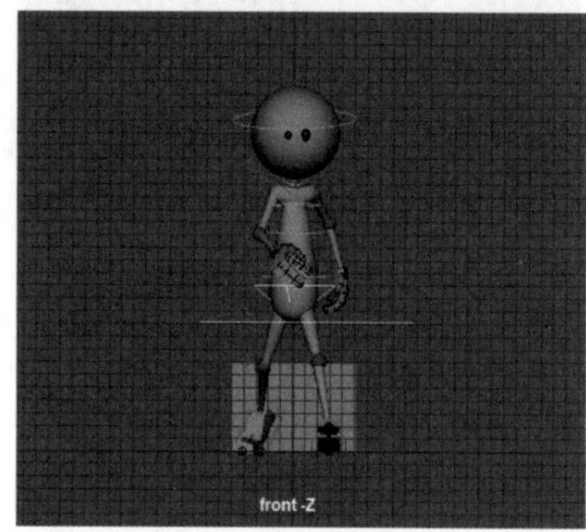

图 10-174

Step07 将时间滑块移动到第 51 帧，制作角色向前走出第二步的姿势，并进行同方向的位移，添加关键帧，如图 10-175 所示。角色的动作衔接动画制作完成，效果如图 10-176 所示。实例最终效果见“结果文件\第 10 章\zuo-zou.mb”文件。

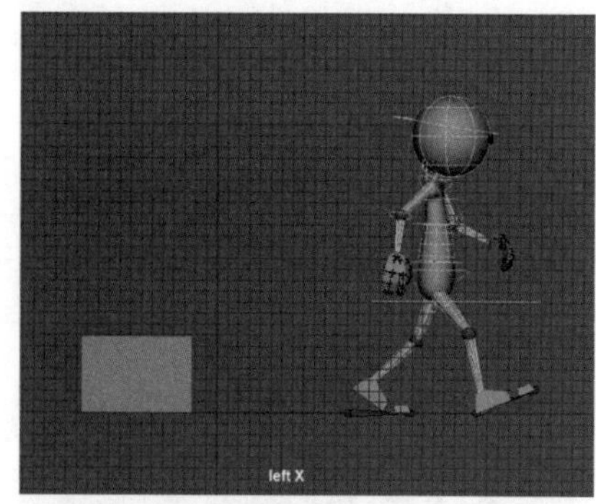

图 10-175

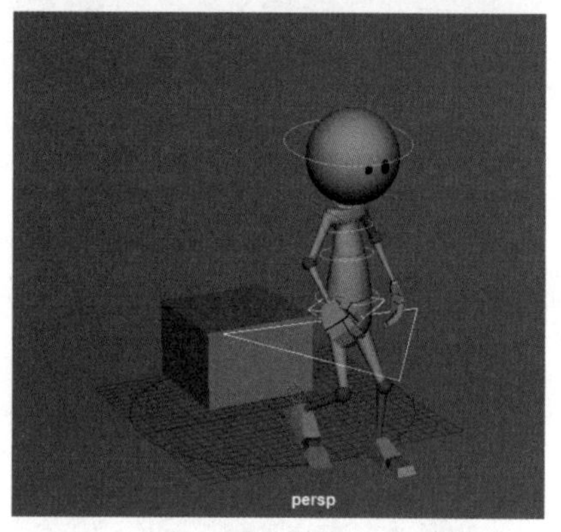

图 10-176

本章小结

本章主要介绍了制作角色动画过程中必备的一些基础用法与相关知识点。在制作角色动画时，可以通过不同的方式继续在现有的关节链中创建新的肢体分支，其中层级最高的关节称为【根关节】，每个关节链只能存在一个根关节。在【创建关节】命令的【工具设置】对话框中，【自动关节限制】选项仅适用于有膝关节旋转角度特征的关节链的创建。

第5篇 特效篇

动力学特效是Maya三维制作中技术性最强的部分。好的特效是技术与艺术的结合，在特效的创意、节奏、层次和美术等层面均有较高的要求。高质量的特效需要动力学特效技术支撑。特效篇分为“动力学特效基础”与“流体特效高级应用”两部分，通过对粒子系统、布料、毛发和流体等特效技术的学习，可以掌握特效制作的一般流程、思路及不同特效模块交互使用的方法。

第11章 动力学特效基础

- 了解粒子系统的应用及如何制作特效。
- 动力场是什么？
- 柔体和刚体是什么？
- 如何创建与编辑 nCloth 约束？

Maya 中有一套非常强大的特效技术，可以使用多种类型的特效制作出关键帧动画难以完成的效果，通过本章内容，读者可以学习到如何通过物理学原理模拟自然力，制作出逼真的运动动画和特效，如破碎、爆炸、碰撞、烟、火等。

11.1 Maya 特效制作概述

动画影视特效技术是影视制作中一个重要的模块，使用该技术可以为动画或影片添加虚拟效果，给观众带来强烈的视觉冲击。

Maya 的三维特效功能是软件中技术性最强的一部分，使用它可以为高精度的场景或角色模型制作接近实际生活的真实效果。

11.2 Bullet 刚体和柔体动力学

使用 Bullet 物理引擎，能够在场景中为胶片和可视化创建渲染动画内容，以及创建大规模的动力学和运动学模拟。它可以为视图中的对象提供 Bullet 对象并进行无缝映射。Bullet 对象的控件会显示在视图中的对象中，该交互操作遵循普遍的 Maya 动力学范例。

其中 Bullet Physics 是刚体和柔体的动力学库，是一种开源碰撞检测。该功能可以提供一组对象，分别对应动力学模拟的各个方面。例如，刚体、柔体和约束，它们都属于 Bullet 的对象。

如果用户第一次使用该功能，需要选择菜单栏中的【窗口】→【设置/首选项】→【插件管理器】命令，如图 11-1 所示。打开【插件管理器】面板后，找到【bullet.mll】并选中其右侧的【已加载】和【自动加载】复选框，如图 11-2 所示，单击【关闭】按钮即可。

选中插件后，即可在 Maya 的菜单栏和工具架中看到添加的【Bullet】菜单，如图 11-3 所示，工具架中将显示其功能，单击这些图标即可访问 Bullet。

图 11-1

图 11-2

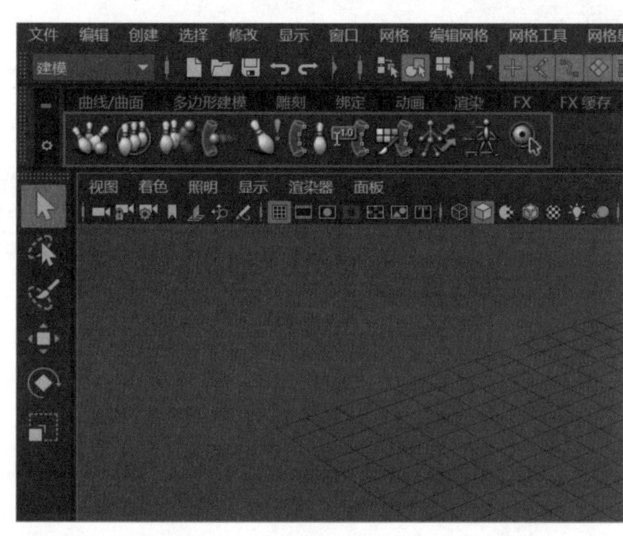

图 11-3

11.2.1 Bullet 约束类型

将模块切换为【FX】，单击菜单栏中【Bullet】→【刚体约束】命令右侧的复选框，如图 11-4 所示，打开【创建刚体约束选项】对话框。将【约束类型】下拉菜单展开，即可看到其包含的所有约束类型，如图 11-5 所示。

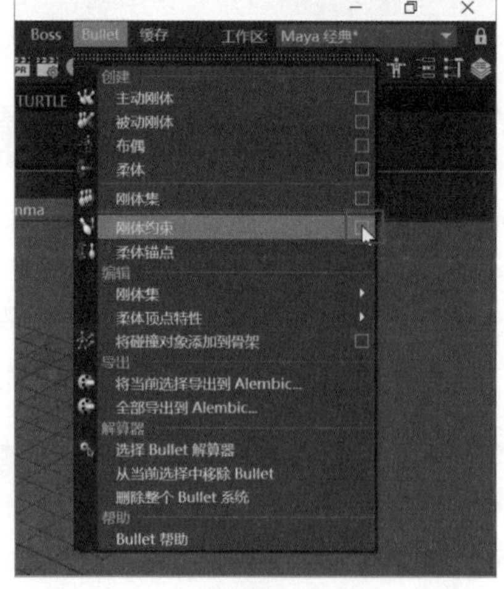

图 11-4

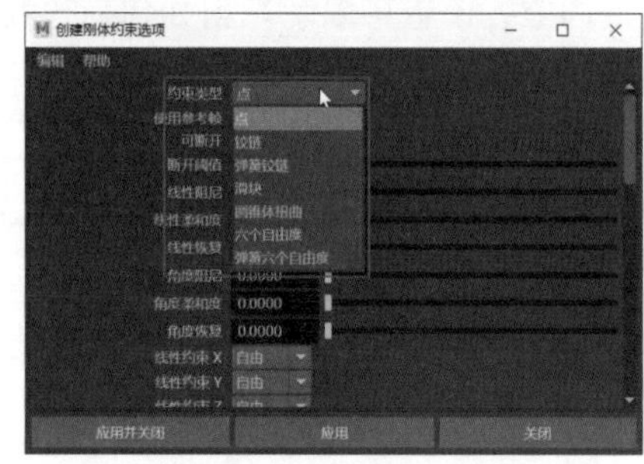

图 11-5

约束类型一共有 7 种，分别是【点】【铰链】【弹簧铰链】【滑块】【圆锥体扭曲】【六个自由度】和【弹簧六个自由度】。

1. 点

点约束可以限制平移操作，用户可以使用点约束制作类似链条的效果，它可以帮助两个刚体之间的枢轴点在世界坐标中匹配。

2. 铰链

铰链约束可以同时限制刚体平移和其他两个方向的自由度，也就是实体只能围绕一个方向旋转。铰链轴由 Bullet 约束的 Z 轴决定，适用于制作绕轴旋转的轮子。

3. 弹簧铰链

弹簧铰链约束有 3 个自由度，其中包括 Z 轴和 X 轴的两个旋转自由度、Z 轴的一个平移和一个悬挂弹簧。汽车方向盘的转向，就是用该约束类型制作出来的。

4. 滑块

滑块约束允许刚体沿一个轴平移并同时进行旋转。滑动轴由 Bullet 约束的 Z 轴决定。

5. 圆锥体扭曲

圆锥体扭曲是一个特殊的点到点约束，可以限制圆锥体和 X 轴方向的扭曲轴，适用于制作上臂等肢体。

6. 六个自由度

六个自由度约束可以模拟多种标准约束，但必须先配置六个自由度中的每个自由度。每个轴都可以锁定、受限制或自由。默认情况下，所有轴都会解锁。其中前 3 个轴是刚体平移的线性轴，后 3 个轴代表的是角度运动。

7. 弹簧六个自由度

弹簧六个自由度约束是有六个自由度的变量，包括每个自由度添加的弹簧。在此约束上不能同时使用马达和弹簧。

11.2.2 创建 Bullet 刚体

选择菜单栏中的【Bullet】→【主动刚体】命令，如图 11-6 所示，即可创建刚体。软件会自动计算出新位置和角度并存储为初始状态。创建主动刚体后，如果当前时间不是 Bullet 解算器的起始时间，调整时间后，将忽略对刚体的角度和位置的更改记录；如果当前时间是 Bullet 解算器的起始时间，就可以执行移动和旋转操作，来调整刚体的初始位置和角度。

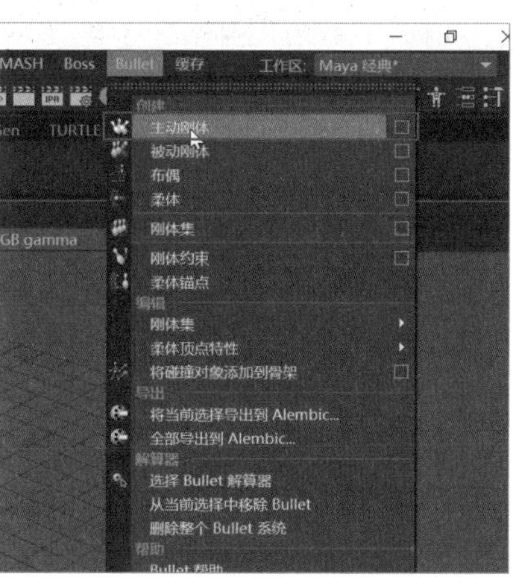

图 11-6

11.2.3 创建 Bullet 刚体集

创建刚体集后，用户可以对多个刚体对象进行模拟，同时过程中不会出现大量结算的固有性能缺失。使用一组对象创建 Bullet 刚体集时，首先需要创建一个网格，然后使其像一个刚体一样工作。

在【大纲视图】面板中选择每个对象会非常复杂。当模拟依赖于解算中的多个对象时，即将处理的对象数量将会对模拟性能产生重要的影响。另外，在【大纲视图】面板中选择或查找每个对象会很麻烦。这时创建 Bullet 刚体集就非常有用，它包括解算中的所有刚体对象。

11.2.4 Bullet 柔体创建

选择即将要模拟 Bullet 柔体效果的多边形网格，最好是平面，然后将模块切换为【绑定】，单击菜单栏中【Bullet】→【柔体】命令右侧的复选框，如图 11-7 所示。打开【创建柔体选项】对话框，如图 11-8 所示，在其中设定好柔体选项后单击【应用】按钮即可。

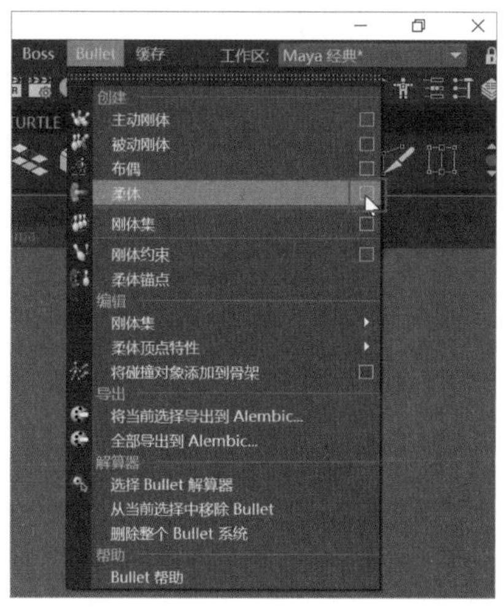

图 11-7

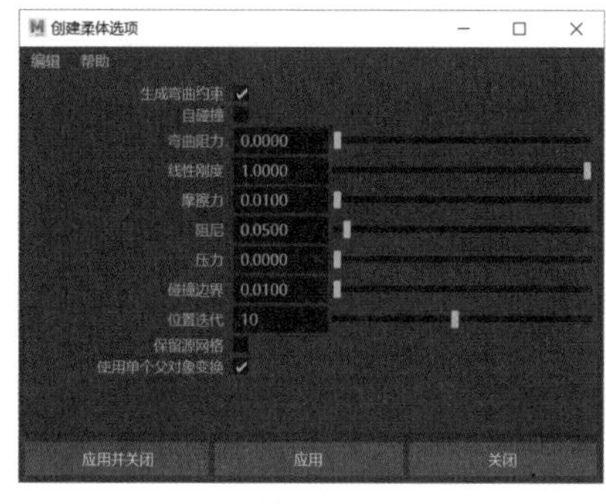

图 11-8

【创建柔体选项】对话框中选项的作用及含义如表 11-1 所示。

表 11-1 创建柔体选项对话框中选项作用及含义

选项	作用及含义
生成弯曲约束	选择该选项，当用户创建好约束后，可以控制顶点位置可弯曲的关节数量，默认情况下为禁用状态
自碰撞	选择该选项后，可以用解算器检测和分析柔体上不同部分的碰撞
弯曲阻力	该选项决定弯曲约束抗拒柔体局部进行弯曲的强度，如果禁用【生成弯曲约束】，该选项将不会产生影响
线性刚度	该选项决定产生柔体的拉伸度
摩擦力	该选项决定产生柔体的对象和其他对象之间的摩擦力的强度
阻尼	设置该选项，阻尼因子将应用到整个柔体的运动中。过多的阻尼会妨碍柔体的移动
压力	该选项决定柔体的总质量
碰撞边界	该选项可以调节布料与碰撞对象之间的最小距离
位置迭代	该选项决定位置解算器迭代
保留源网格	选择该选项，将保留结算过程中起始点的源网格
使用单个父对象变换	选择该选项，将进行重用源变换并添加新的布料形状节点，而不是新生成一个变换节点，然后输出网格形状

创建好柔体后，将在【大纲视图】面板中创建新的网格节点，名称为对象名加后缀 Solver，如图 11-9 所示。

图 11-9

11.2.5 创建 Bullet 布偶

当骨架创建好后，切换到【绑定】模块，选择要创建布偶效果的根关节，然后单击菜单栏中【Bullet】→【布偶】命令右侧的复选框，如图 11-10 所示，打开【创建布偶选项】对话框，如图 11-11 所示。

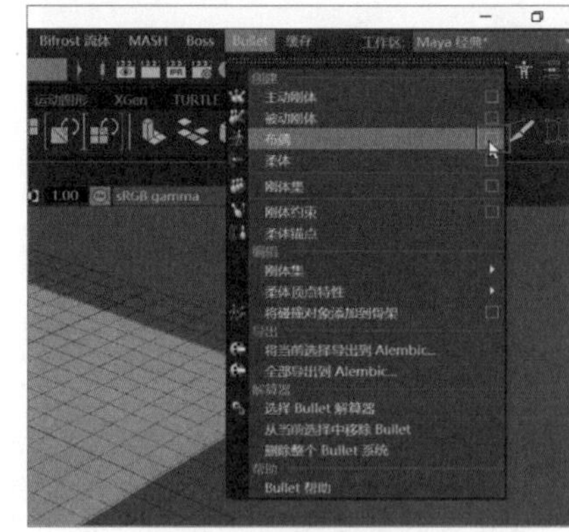

图 11-10

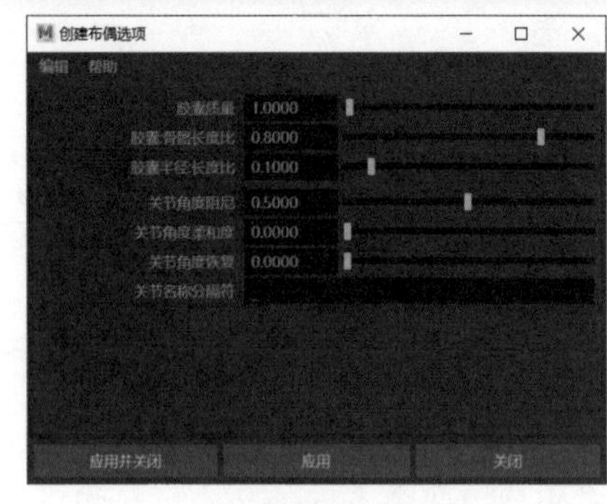

图 11-11

【创建布偶选项】对话框中选项的作用及含义如表 11-2 所示。

表 11-2 创建布偶选项对话框中选项作用及含义

选项	作用及含义
胶囊质量	此选项决定胶囊总质量
胶囊骨骼长度比	此选项用于调节胶囊覆盖每个关节的程度
胶囊半径长度比	此选项用于调节关节长度的胶囊宽度
关节角度阻尼	此选项决定布偶关节的角度阻尼值
关节角度柔和度	此选项决定布偶关节的角度柔和度
关节角度恢复	此选项决定布偶关节的角度恢复值
关节名称分隔符	此选项可以在命名胶囊时修改角色显示在关节名称之间的字符

★重点 11.3 粒子系统

Maya 中利用动力学模拟框架的粒子生成系统统称为 nParticle，其运用非常广泛。在制作 3D 作品时，经常需要在场景中加入一些粒子来烘托主体气氛，使用它可以制作出多种类型的效果，如火、烟、液体等。粒子在场景中显示为圆点、条纹、球体、滴状曲面或其他项目的点，是一种物理模拟。粒子系统可以与各种类型的动画工具结合使用，还可以通过使用较少的输入命令来调节粒子的运动。

切换到【FX】模块后，即可在动力学菜单栏中看到【nParticle】命令，单击即可展开用于创建与编辑粒子的主要菜单，如图 11-12 所示。

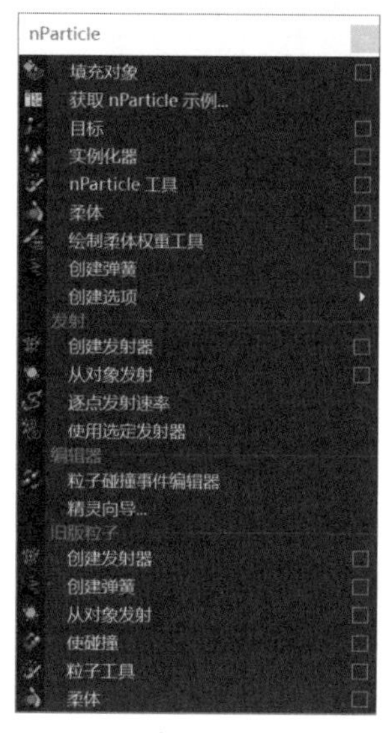

图 11-12

11.3.1 填充对象

将软件界面切换到【FX】模块，选择要填充的多边形网格，单击菜单栏中【nParticle】→【填充对象】命令右侧的复选框，如图 11-13 所示，打开【粒子填充选项】对话框，如图 11-14 所示。

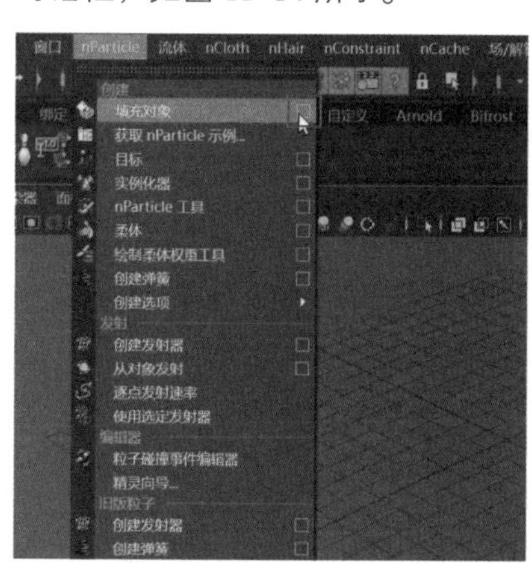

图 11-13

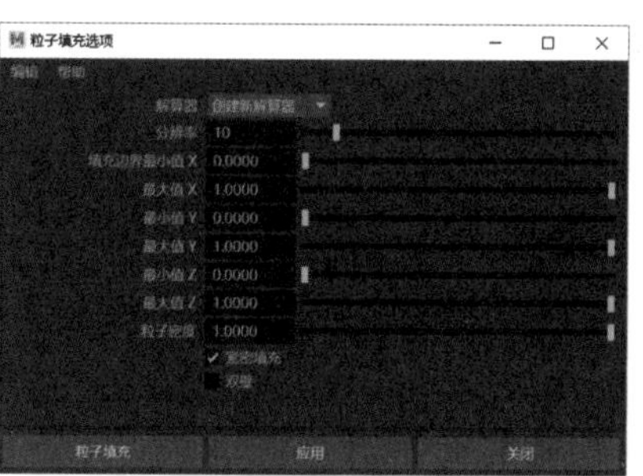

图 11-14

【粒子填充选项】对话框中选项的作用及含义如表 11-3 所示。

表 11-3 粒子填充选项对话框中选项作用及含义

选项	作用及含义
解算器	该选项用于决定填充对象所属的解算器
分辨率	该选项可以决定沿边界框最长轴将粒子放置到多边形几何体的栅格
填充边界最小值 X	该选项用于设定多边形的填充大小

续表

选项	作用及含义
最大值 X	该选项用于设定填充对象水平方向边界的 X 轴填充的粒子填充上边界。数值为 0 时，代表的是空；数值为 1 时，代表的是填满。默认值为 1
最小值 Y	该选项用于设定填充对象竖直方向边界的 Y 轴填充的粒子填充下边界。数值为 1 时为空；数值为 0 时为填满。默认值为 0
最大值 Y	该选项用于设定填充对象竖直方向边界的 Y 轴填充的粒子填充上边界。数值为 1 时为空；数值为 0 时为填满。默认值为 0
最小值 Z	该选项用于设定填充对象 Z 边界填充的粒子填充下边界。数值为 1 时为空；数值为 0 时为填满。默认值为 0

续表

选项	作用及含义
最大值 Z	该选项用于设定填充对象 Z 边界填充的粒子填充上边界。数值为 1 时为填满，数值为 0 时为空。默认值为 1
粒子密度	该选项用于决定粒子的大小。当数值为 1 时，粒子大小将与【分辨率】和对象边界确定的栅格间距匹配
紧密填充	选择该选项，粒子将以六角形填充排列并尽可能地紧密定位到 nParticle
双壁	如果填充对象的厚度已经制作好，则可以选择该选项；相反，将在壁内生成 nParticle

11.3.2 nParticle 工具

使用 nParticle 工具可以在场景中的任何位置和多边形网格上创建粒子，由该命令生成的粒子在模拟的第一帧中是静态的，可以使用 Nucleus 重力和产生的碰撞来为其制作动画。将 Maya 界面切换到【FX】模块，单击菜单栏中【nParticle】→【nParticle 工具】命令右侧的复选框，如图 11-15 所示，打开【工具设置】对话框，如图 11-16 所示。

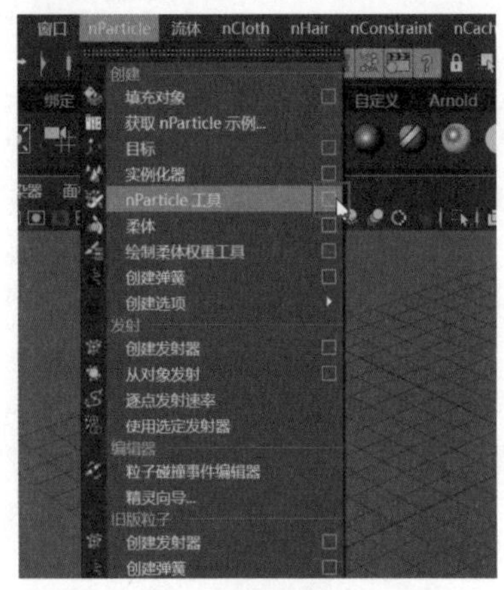

图 11-15

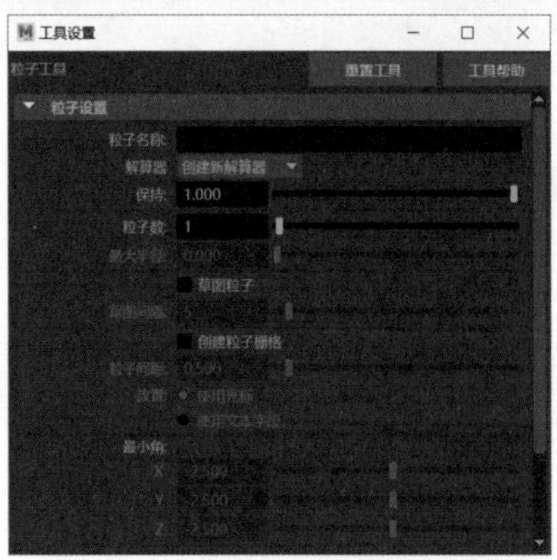

图 11-16

【工具设置】对话框中选项的作用及含义如表 11-4 所示。

表 11-4 工具设置对话框中选项作用及含义

选项	作用及含义
粒子名称	设置该选项，可以为即将生成的粒子命名，以便在【大纲视图】中快速查看
解算器	该选项用于决定粒子对象所属的解算器
保持	该选项将影响粒子运动的速度和加速度的属性，默认值为 1
粒子数	该选项决定即将创建的粒子数量，默认值为 1
最大半径	当【粒子数】大于 1 时，才可以让粒子随机分布在球形区域中。如果选择球形区域，则可以将【最大半径】设置为大于 0 的数值
草图粒子	选择该选项后，可以通过拖曳鼠标来绘制连续的粒子流草图
草图间隔	该选项决定粒子间的像素间距，数值越大，像素之间的间距越大
创建粒子栅格	选择该选项，将创建 2D 或 3D 的粒子栅格
粒子间距	启用【创建粒子栅格】时才可使用，该选项决定栅格中粒子之间的间距

续表

选项	作用及含义
放置	选择该选项，将可以使用光标手动设定栅格坐标，其中包含两个选项，分别是【使用光标】和【使用文本字段】
使用光标	选择该选项，可以使用光标创建粒子栅格阵列
使用文本字段	选择该选项，可以使用文本字段创建粒子栅格阵列
最小角	该选项决定 3D 粒子栅格中左下角的 *X*、*Y*、*Z* 坐标
最大角	该选项决定 3D 粒子栅格中右上角的 *X*、*Y*、*Z* 坐标

11.3.3 绘制柔体权重工具

【绘制柔体权重工具】可以为柔体对象设置目标权重值，与骨架、蒙皮中的权重工具相似。将 Maya 界面切换到【FX】模块后，单击菜单栏中【nParticle】→【绘制柔体权重工具】命令右侧的复选框，如图 11-17 所示，可以打开其【工具设置】对话框，如图 11-18 所示。

图 11-17

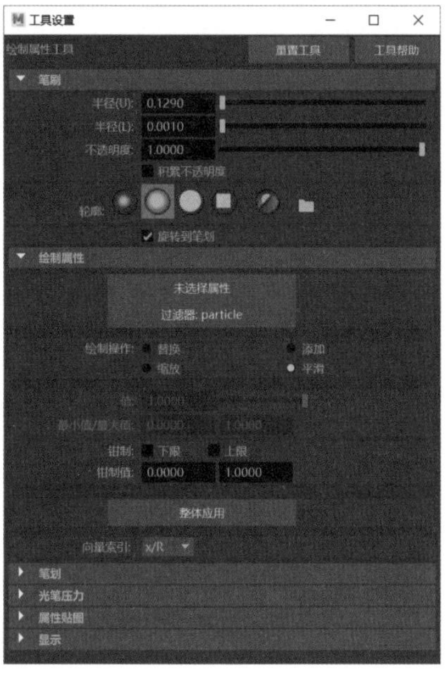

图 11-18

11.3.4 nParticle 发射器

使用 nParticle 发射器可以改变发射器中各个节点的属性，如基本发射器、体积发射器等。

1. 创建发射器

将软件界面切换到【FX】模块后，单击菜单栏中【nParticle】→【创建发射器】命令右侧的复选框，如图 11-19 所示，打开【发射器选项（创建）】对话框，如图 11-20 所示。

图 11-19

图 11-20

【发射器选项（创建）】对话框中选项的作用及含义如表 11-5 所示。

表 11-5 发射器选项（创建）对话框中选项作用及含义

选项	作用及含义
发射器名称	该选项决定创建发射器的名称
解算器	设置该选项，将在创建发射器时生成一个新的解算器

展开【基本发射器属性】区域，如图 11-21 所示。

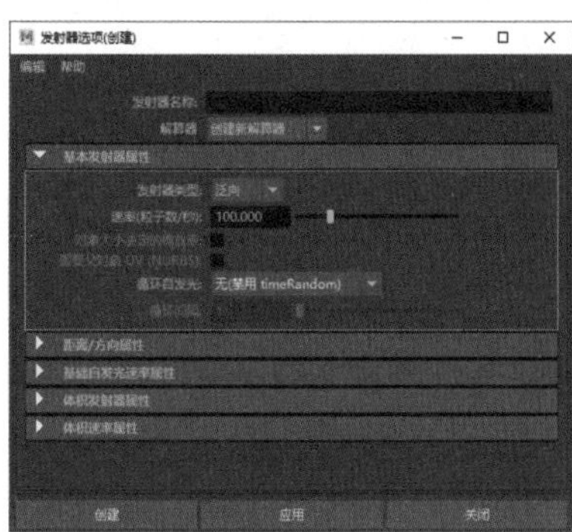

图 11-21

【基本发射器属性】区域中选项的作用及含义如表 11-6 所示。

表 11-6 基本发射器属性区域中选项作用及含义

续表

选项	作用及含义
发射器类型	该选项决定创建发射器的类型，包括泛向、方向和体积
泛向	选择该选项，创建的发射器将可以向所有方向发射粒子
方向	选择该选项，粒子会沿通过“方向 X”“方向 Y”和“方向 Z”属性指定的角度发射
体积	选择该选项，创建的发射器将从闭合的体积发射粒子
速率（粒子数/秒）	该选项决定每秒平均发射的粒子数量
对象大小决定的缩放率	只有【发射器类型】设置为【体积】才可用。选择该选项后，发射粒子的对象大小将会影响每帧的粒子发射速率。对象越大，发射速率越高
需要父对象 UV（NURBS）	该选项只适用于 NURBS 曲面发射器，选择该选项后，可以使用父对象 UV 驱动一些其他参数的值，如颜色或不透明度
循环自发光	设置该选项，可以重新启动发射的随机编号序列
无（禁用 timeRandom）	选择该选项，随机编号生成器不会重新启动
帧（启用 timeRandom）	选择该选项，序列将在下一选项【循环间隔】中指定的帧数后重新启动
循环间隔	该选项只有当【循环自发光】设置为【帧】后才可使用。设置该选项，将定义使用【循环自发光】时重新启动随机编号序列的间隔（帧数）

展开【距离/方向属性】区域，如图 11-22 所示。

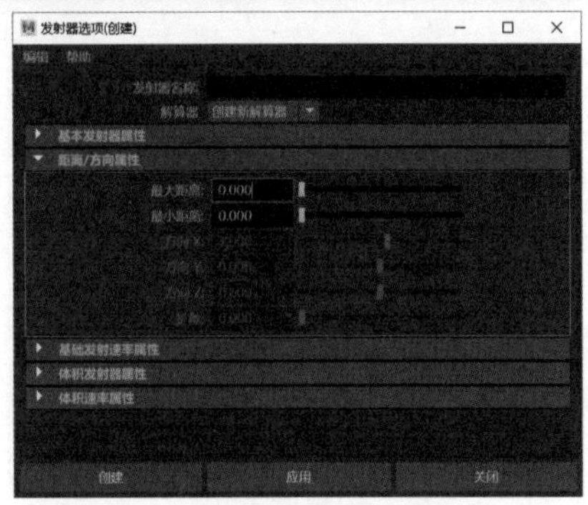

图 11-22

【距离 / 方向属性】区域中选项的作用及含义如表 11-7 所示。

表 11-7　距离 / 方向属性区域中选项作用及含义

选项	作用及含义
最大距离	该选项决定发射器执行发射的最大距离
最小距离	该选项决定发射器执行发射的最小距离
方向 *X/Y/Z*	该选项用于设定相对于发射器的位置和角度的发射方向，仅适用于【方向】和【体积】发射器
扩散	该选项用于设定发射的扩散方向，仅适用于【方向】发射器

展开【基础发射速率属性】区域，如图 11-23 所示。

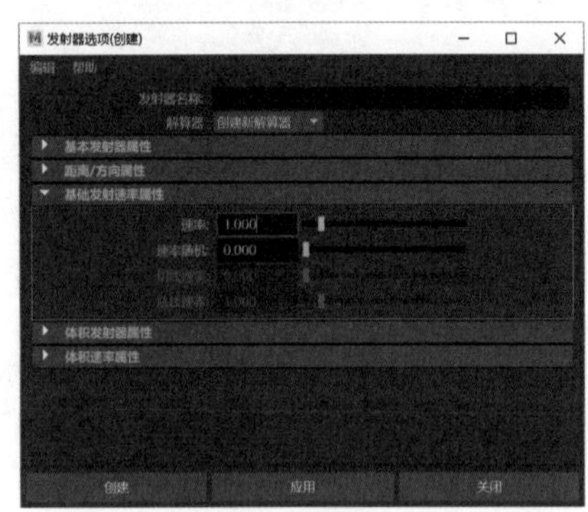

图 11-23

【基础发射速率属性】区域中选项的作用及含义如表 11-8 所示。

表 11-8　基础发射速率属性区域中选项作用及含义

选项	作用及含义
速率	设置该选项，将为已发射粒子的起始发射速度设置速度倍增，数值为 1 时速度不变；数值为 0.5 时速度减半；数值为 2 时速度加倍
速率随机	设置该选项，可以为发射速度添加随机性，而无需使用表达式
切线速率	设置该选项，可以为曲面和曲线发射设置发射速度的切线分量的大小
法线速率	设置该选项，可以为曲面和曲线发射设置发射速度的法线分量的大小

展开【体积发射器属性】区域，如图 11-24 所示。

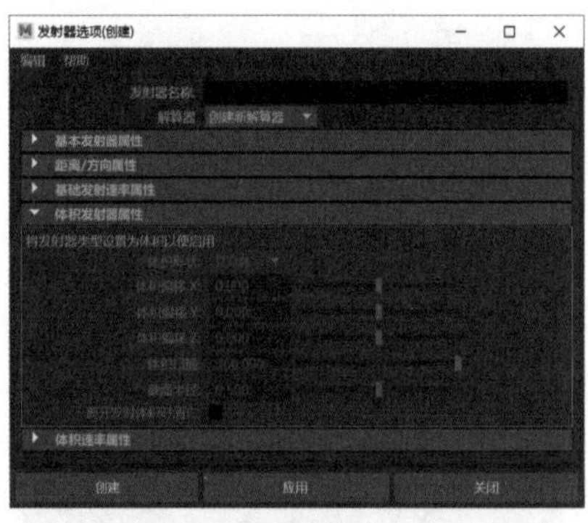

图 11-24

【体积发射器属性】区域中选项的作用及含义如表 11-9 所示。

表 11-9　体积发射器属性区域中选项作用及含义

选项	作用及含义
体积形状	设置该选项，将设定粒子发射到体积的形状。共有 5 种形状，分别是【立方体】【球体】【圆柱体】【圆锥体】和【圆环】
体积偏移 *X/Y/Z*	设置该选项，发射体积将从发射器的位置产生偏移。如果旋转发射器，会同时旋转偏移方向，因为该选项是在局部空间内操作
体积扫描	设置该选项，将决定除立方体外的所有体积发射器的旋转范围。其取值范围为 0°~360°
截面半径	该选项仅适用于圆环体形状，设置该选项，将决定圆环体的实体部分的厚度（相对于圆环体的中心环的半径）
离开发射体积时消亡	启用该选项，发射的粒子将在离开体积时消亡

展开【体积速率属性】区域，如图 11-25 所示。

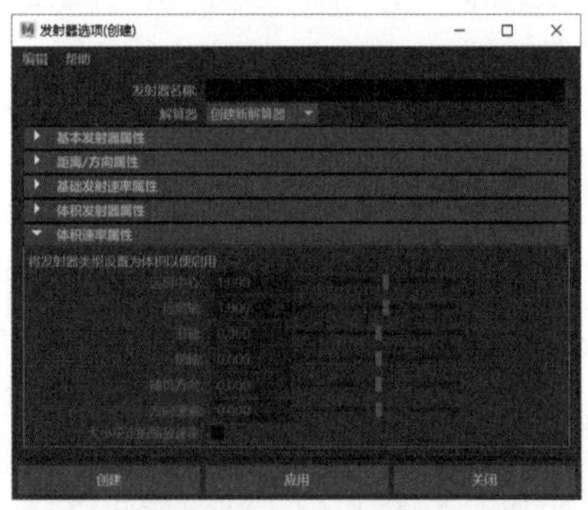

图 11-25

【体积速率属性】区域中选项的作用及含义如表 11-10 所示。

表 11-10　体积速率属性区域中选项作用及含义

选项	作用及含义
远离中心	该选项决定发射的粒子离开【立方体】或【球体】体积中心点时的速度
远离轴	该选项决定发射的粒子离开【圆柱体】【圆锥体】或【圆环】体积中心轴时的速度

续表

选项	作用及含义
沿轴	该选项决定发射的粒子沿所有体积的中心轴移动的速度。中心轴定义为【立方体】和【球体】体积的 Y 正轴
绕轴	该选项决定发射的粒子绕所有体积的中心轴移动的速度
随机方向	设置该选项，将为粒子的【体积速率属性】的角度和起始速度添加不规则性，类似【扩散】对其他发射器类型的作用
方向速率	设置该选项，将在由所有体积发射器的【方向 X】【方向 Y】和【方向 Z】属性指定的方向上增加速度
大小决定的缩放速率	选择该选项后，当增加体积的大小时，粒子的速度也会相应增加

2. 从对象发射

通过【从对象发射】命令可以将选定对象作为发射器来发射粒子，对象既可以是几何体，也可以是物体上的顶点。单击菜单栏中【nParticle】→【从对象发射】命令右侧的复选框，如图 11-26 所示，打开【发射器选项（从对象发射）】对话框，如图 11-27 所示，可以看到其中参数和【发射器选项（创建）】对话框相同，这里不再进行选项介绍。

图 11-26

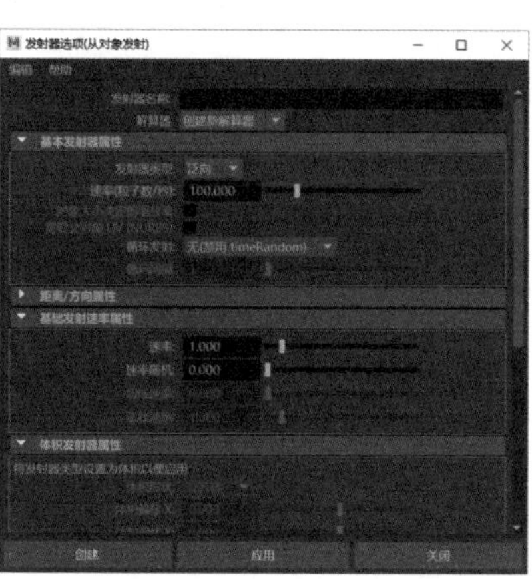

图 11-27

11.3.5 粒子目标

使用【目标】命令可以将粒子移动到一个或多个目标对象，且如果将初始对象作为目标，可以创建柔体。将软件界面切换到【FX】模块后，选择要受其目标影响的粒子对象，再加选要成为目标的对象，单击菜单栏中【nParticle】→【目标】命令右侧的复选框，如图 11-28 所示，打开其【目标选项】对话框，如图 11-29 所示。

图 11-28

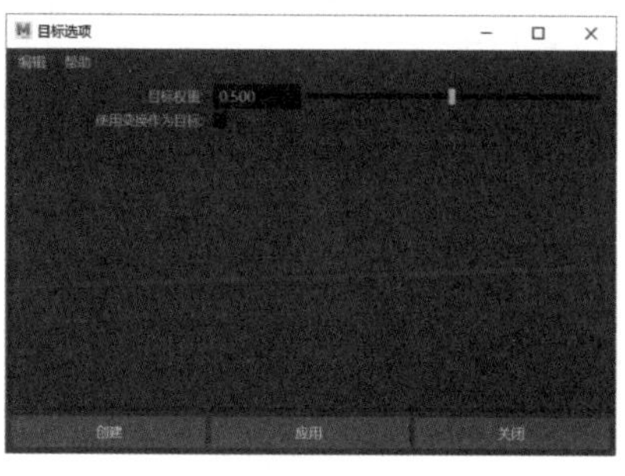

图 11-29

【目标选项】对话框中选项的作用及含义如表 11-11 所示。

表 11-11 目标选项对话框中选项作用及含义

选项	作用及含义
目标权重	该选项决定被吸引到目标的后续对象的所有粒子数量。当数值为 0 时，目标的位置不影响后续粒子；当数值为 1 时，会自动将后续粒子移动到目标对象位置。默认值为 0.5
使用变换作为目标	选择该选项，将使粒子跟随对象变换，而不是其粒子、CV、顶点或晶格点

如果将 NURBS 曲面作为目标对象，那么所有的 CV 点都将成为目标，如需校正此问题，请选择菜单栏中的【修改】→【转化】→

【NURBS 到多边形】命令，先将对象转化为多边形，再添加目标，如图 11-30 所示。

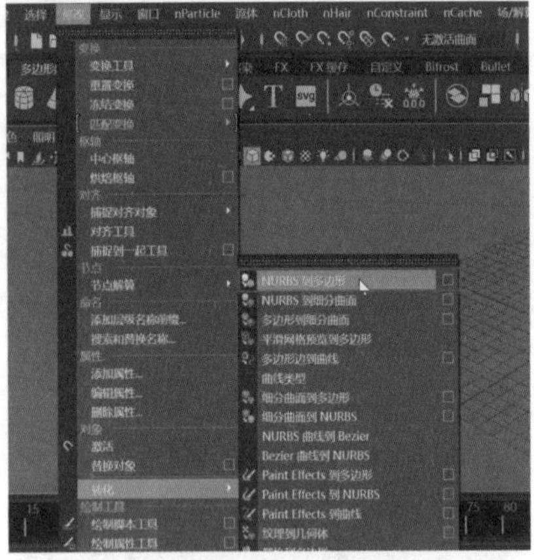

图 11-30

11.3.6 实战：制作雪花特效

Step01 单击工具架中的【平面】图标，如图 11-31 所示，模型创建好后，将其放大，如图 11-32 所示。

图 11-31

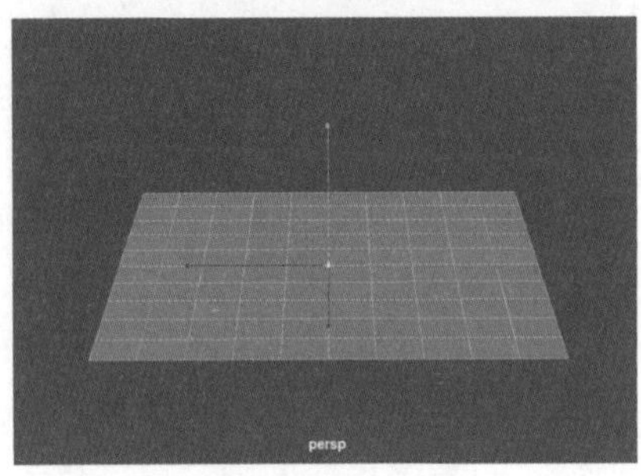

图 11-32

Step02 选择模型，按快捷键【Ctrl+D】复制一个平面模型，并拖曳到上方，如图 11-33 所示。选择上方的平面模型，将软件界面切换到【FX】模块，选择菜单栏中的【nParticle】→【从对象发射】命令，如图 11-34 所示。

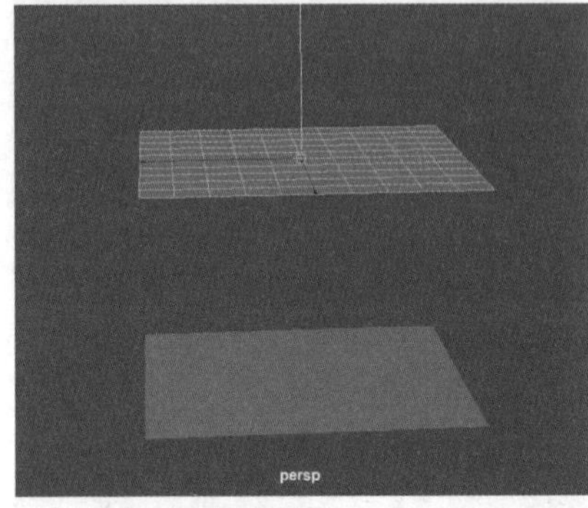

图 11-33

图 11-34

Step03 此时播放当前动画，可以看到粒子直接穿过下方平面，如图 11-35 所示。按快捷键【Ctrl+A】打开【属性编辑器】面板，在【基本发射器属性】区域中将【发射器类型】设置为【Surface】，如图 11-36 所示。

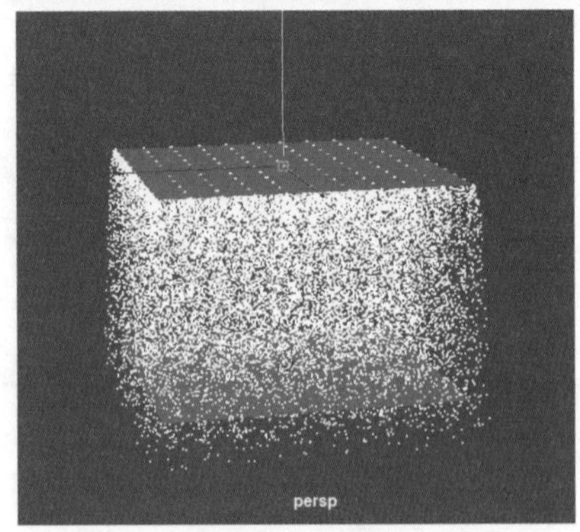

图 11-35

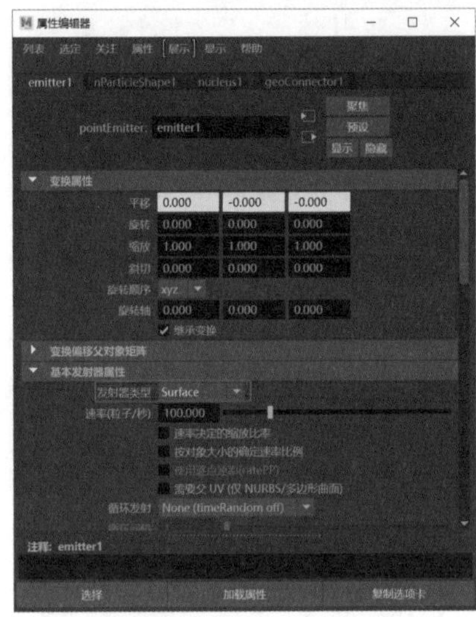

图 11-36

Step04 选择下方的平面模型，再选择粒子，如图 11-37 所示，选择菜单栏中的【nCloth】→【创建被动碰撞对象】命令，如图 11-38 所示。

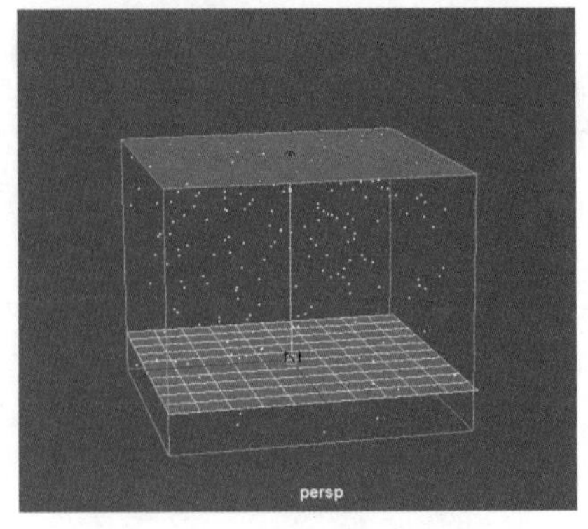

图 11-37

图 11-38

Step05 再次播放动画，可以看到粒子与下方平面发生了碰撞，如图 11-39 所示。实例最终效果见“结果文件 \ 第 11 章 \xue.mb”文件。

图 11-39

★重点 11.3.7　粒子云材质

粒子云材质是一种体积着色器，可以将其指定给以【云】为渲染类型的粒子，生成气体或云的效果。打开【材质编辑器】面板，❶ 在左侧的创建栏中选择【体积】选项，❷ 即可看到【粒子云】材质，如图 11-40 所示，选择【粒子云】材质后，在右侧的【特性编辑器】面板中即可看到该材质的所有属性。展开【公用材质属性】区域，如图 11-41 所示。

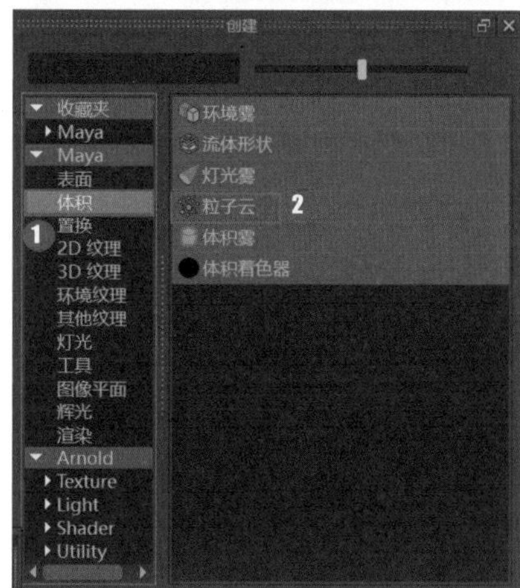

图 11-40

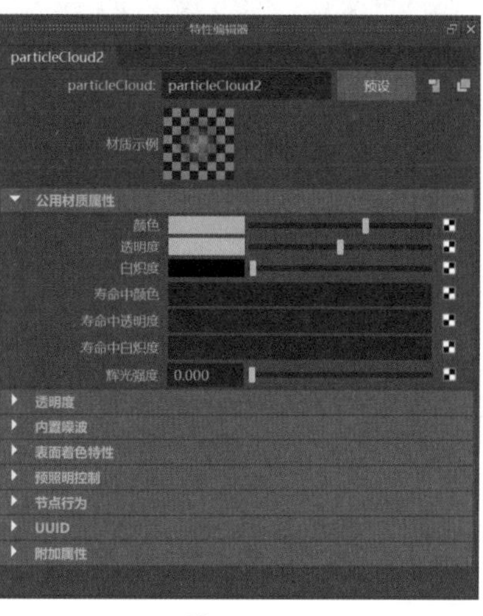

图 11-41

【公用材质属性】区域中选项的作用及含义如表 11-12 所示。

表 11-12　公用材质属性区域中选项作用及含义

选项	作用及含义
颜色	该选项决定粒子云的基本颜色，默认情况下为蓝绿色
透明度	设置该选项，将调整可以看穿粒子云的程度。透明度越亮，产生的云越透明；透明度越暗，产生的云越不透明
白炽度	设置该选项，可以使粒子云变得更亮，产生的亮度类似于光源效果。默认情况下为黑色

续表

选项	作用及含义
寿命中颜色	该选项决定粒子寿命中指定时间的颜色
寿命中透明度	该选项决定粒子寿命中指定时间的透明度
寿命中白炽度	该选项决定粒子寿命中指定时间的白炽度
辉光强度	该选项决定添加到粒子云的类似光晕的辉光效果的强度。默认值为 0，表示粒子云未添加任何辉光效果

展开【透明度】区域，如图 11-42 所示。

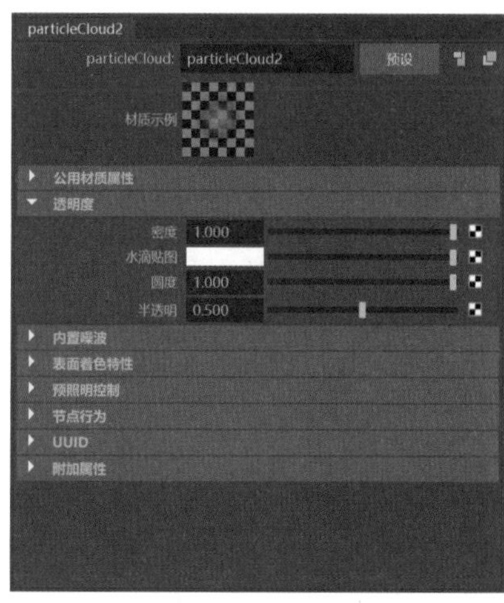

图 11-42

【透明度】区域中选项的作用及含义如表 11-13 所示。

表 11-13　透明度区域中选项作用及含义

选项	作用及含义
密度	该选项类似于透明度，可以调节粒子云显示的稠密强度，以及通过粒子云可以看到背景的程度
水滴贴图	该选项用于设定应用到粒子云的透明度的比例因子
圆度	该选项用于调节噪波的不规则度。数值越大，噪波的形状越圆滑
半透明	该选项决定仅用于计算阴影密度的比例因子。数值越小，能穿透的光线越少

展开【内置噪波】区域，如图 11-43 所示。

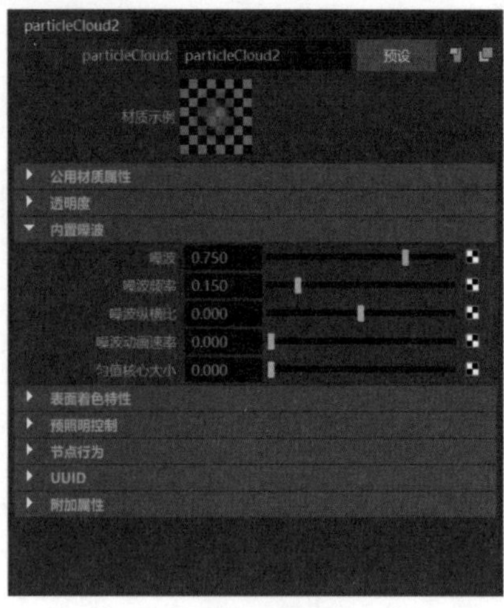

图 11-43

【内置噪波】区域中选项的作用及含义如表 11-14 所示。

表 11-14　内置噪波区域中选项作用及含义

选项	作用及含义
噪波	该选项决定粒子云的抖动效果，数值为 0 时，云会非常均匀、平滑；数值为 1 时，云会非常粗糙。默认值为 0.75
噪波频率	该选项决定噪波瑕疵的强度。数值越高，产生的瑕疵越小、越精细；数值越低，产生的瑕疵越大、越粗糙
噪波纵横比	该选项用于调节噪波分布。默认值为 0，表示噪波将均匀地分布在 X 和 Y 中
噪波动画速率	该选项决定控制动画时内置噪波更改速率的比例因子
匀值核心大小	该选项决定核心的大小，也就是粒子中不透明的区域

展开【表面着色特性】区域，如图 11-44 所示。

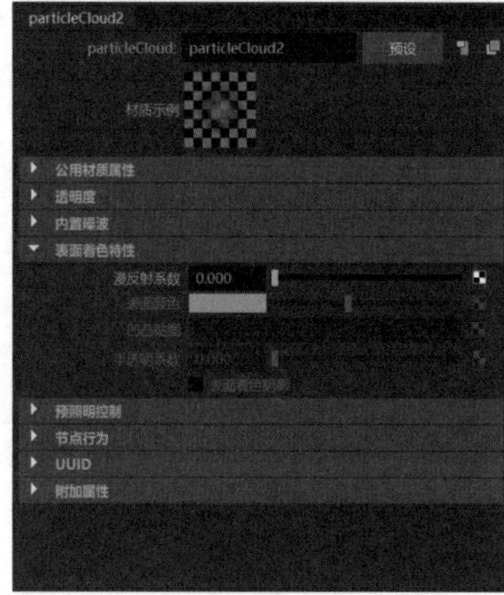

图 11-44

【表面着色特性】区域中选项的作用及含义如表 11-15 所示。

表 11-15　表面着色特性区域中选项作用及含义

选项	作用及含义
漫反射系数	该选项决定从粒子反射到场景中的光的数量，默认值为 0
表面颜色	该选项决定粒子云表面的基本颜色
凹凸贴图	设置该选项，将根据凹凸贴图中的像素强度来调节曲面法线，使曲面看起来具有粗糙或凹凸效果
半透明系数	设置该选项，将模拟光漫反射穿透半透明对象的效果。可以使用该选项制作出云、毛发、大理石等效果
表面着色阴影	该选项决定是否将曲面着色和预照明一起使用，如果启用该选项，生成的云将包含阴影

11.3.8　实战：制作星云特效

Step 01 将界面切换到【FX】模块，单击菜单栏中【nParticle】→【nParticle 工具】命令右侧的复选框，如图 11-45 所示。在弹出的【工具设置】对话框中将【粒子数】调整为 50,【最大半径】调整为 10,【草图间隔】调整为 20，如图 11-46 所示。

图 11-45

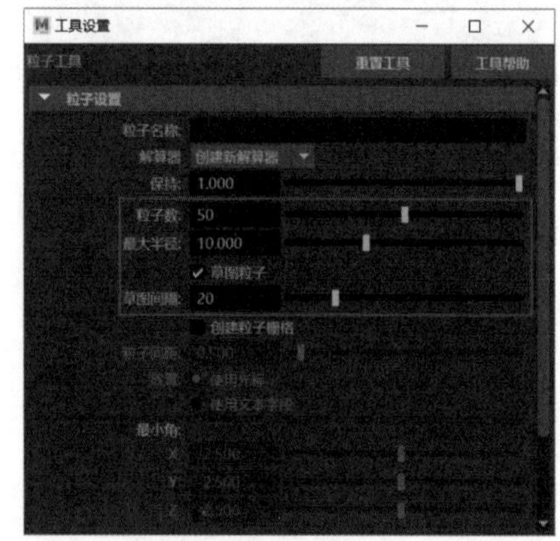

图 11-46

Step 02 在场景视图中，长按并拖曳鼠标左键画出星云的轮廓，如图 11-47 所示，按快捷键【Ctrl+A】打开其【属性编辑器】面板，展开【重力和风】区域，将【重力】和【重力方向】设置为 0，如图 11-48 所示。

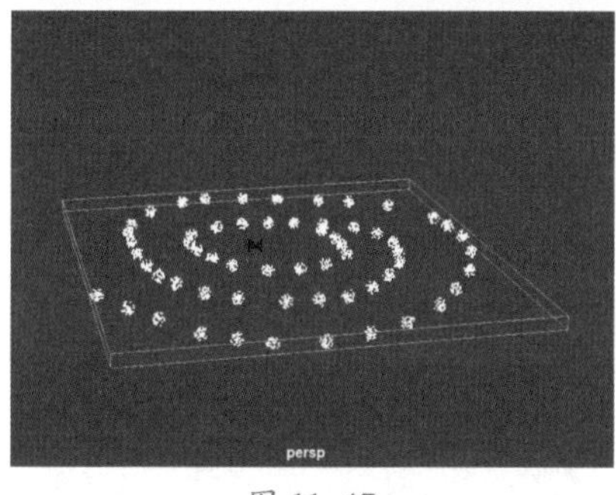

图 11-47

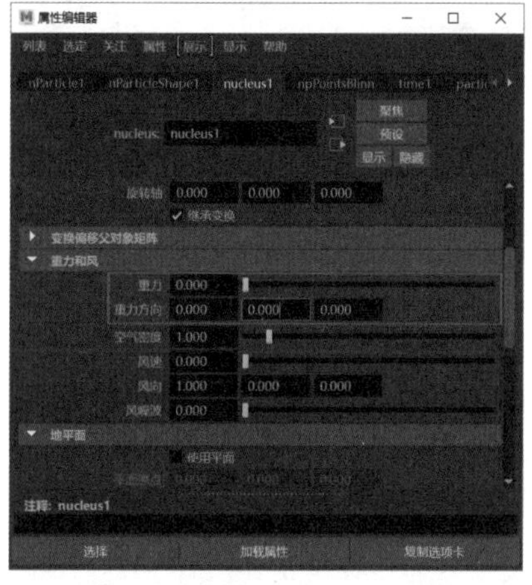

图 11-48

Step03 使用【nParticle 工具】绘制第二层粒子。首先打开其【工具设置】对话框，调节属性，如图 11-49 所示，粒子绘制完成后，将其与第一层粒子叠加到一起，如图 11-50 所示。

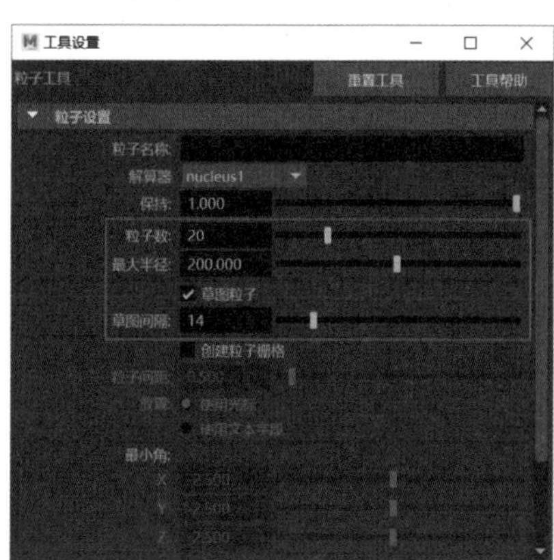

图 11-49

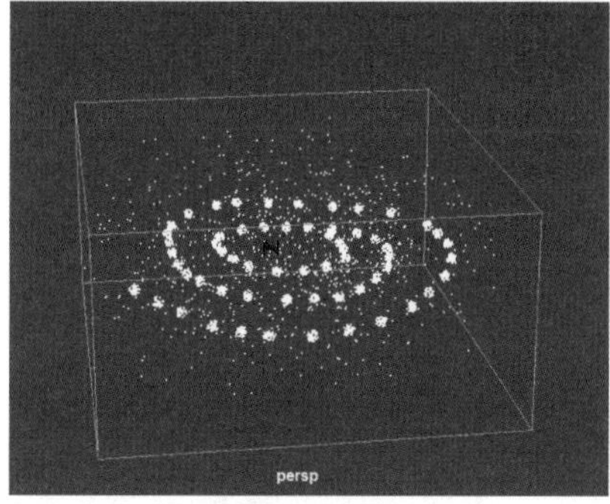

图 11-50

Step04 打开粒子的【属性编辑器】面板，调节其颜色，如图 11-51 所示。星云效果如图 11-52 所示。实例最终效果见“结果文件\第 11 章\XY.mb”文件。

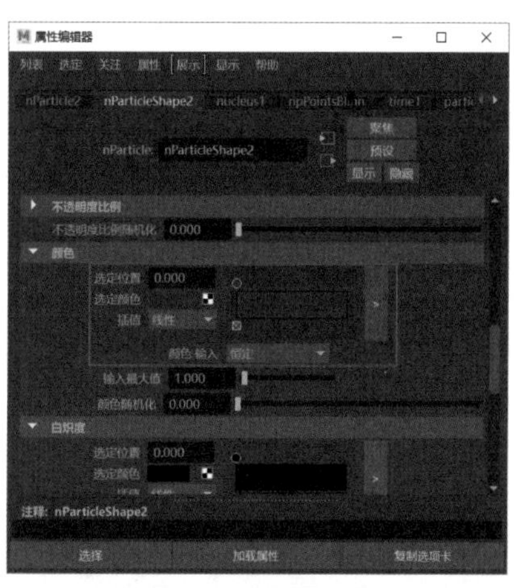

图 11-51

图 11-52

★重点 11.3.9 粒子碰撞事件

碰撞事件涉及两个或两个以上的粒子系统，分别是原始粒子系统和目标粒子系统。原始粒子系统的粒子在和其他对象产生碰撞时执行碰撞事件，在执行碰撞事件期间发射粒子的 nParticle 系统为目标粒子系统。通过 nParticle 碰撞事件，可以将粒子系统组合起来，将新生成的粒子发射到模拟的高级帧中的粒子系统，同时在发生碰撞时精准地禁用它们。

通过【粒子碰撞事件编辑器】面板创建碰撞事件，可以在粒子与其他粒子系统或对象产生碰撞交互时生成或禁用粒子。将软件界面切换到【FX】模块，选择要作为碰撞事件源粒子对象的 nParticle，选择菜单栏中的【nParticle】→【粒子碰撞事件编辑器】命令，如图 11-53 所示。

图 11-53

11.3.10 实战：制作锤子碰撞特效

Step01 单击工具架中的【立方体】和【圆柱体】图标，制作一个锤子模型，如图 11-54 所示，在场景视图中选择模型，并调整大小和位置，如图 11-55 所示。

图 11-54

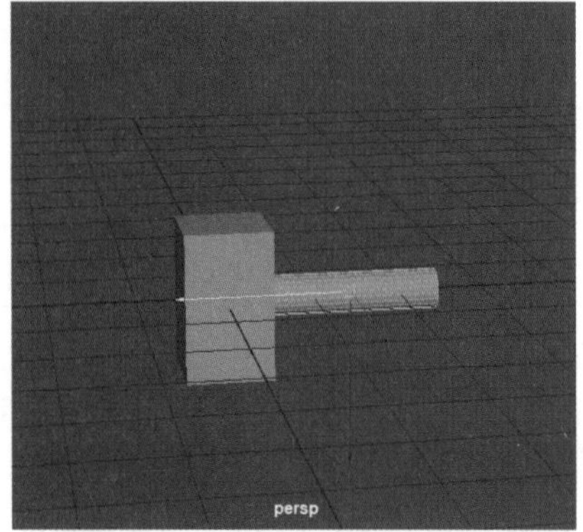
图 11-55

Step02 按快捷键【V】将模型的坐标移动到一侧，并旋转模型，如图 11-56 所示，在第 1 秒按快捷键【S】为模型添加第一个关键帧，如图 11-57 所示。

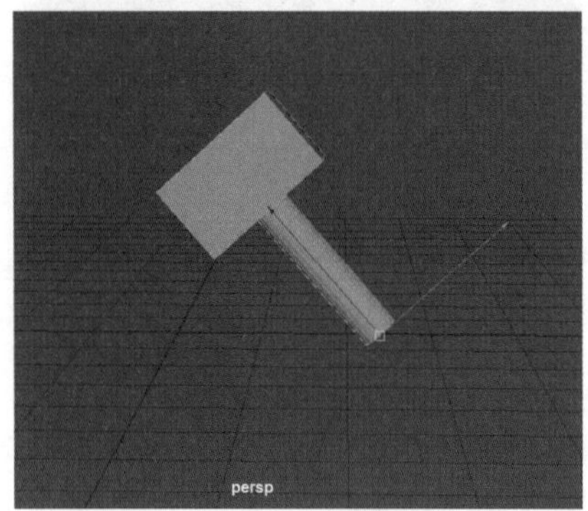
图 11-56

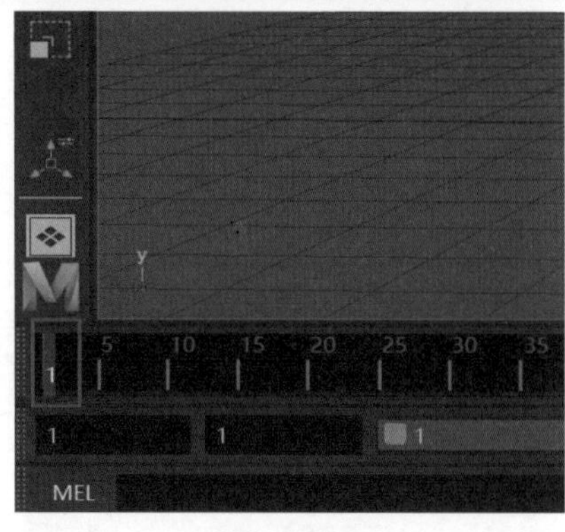
图 11-57

Step03 将时间滑块移动到第 120 秒，然后选择模型，按【E】键进行单向旋转直至模型处于平放的状态，添加第二个关键帧，如图 11-58 所示。将软件界面切换到【FX】模块，选择菜单栏中的【nParticle】→【创建发射器】命令，如图 11-59 所示，为场景添加粒子发射器。

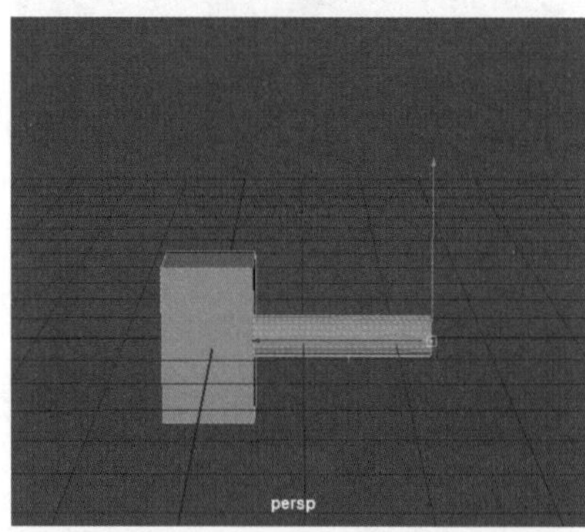
图 11-58

图 11-59

Step04 选择生成的发射器，将其缩短，如图 11-60 所示。按快捷键【Ctrl+A】打开【属性编辑器】面板，将【发射器类型】调整为【Volume】,【速率】调整为 1000，如图 11-61 所示。

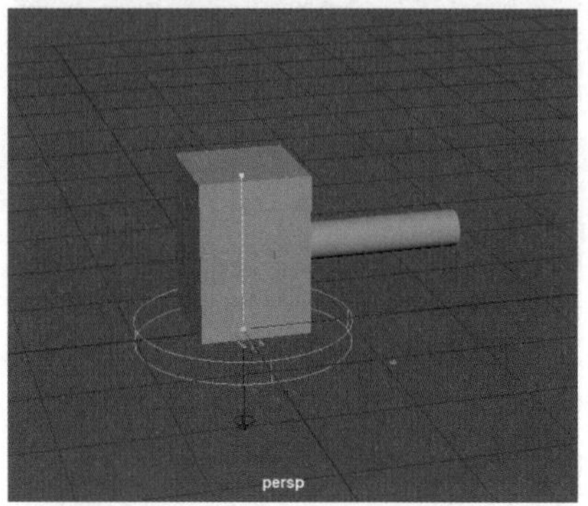
图 11-60

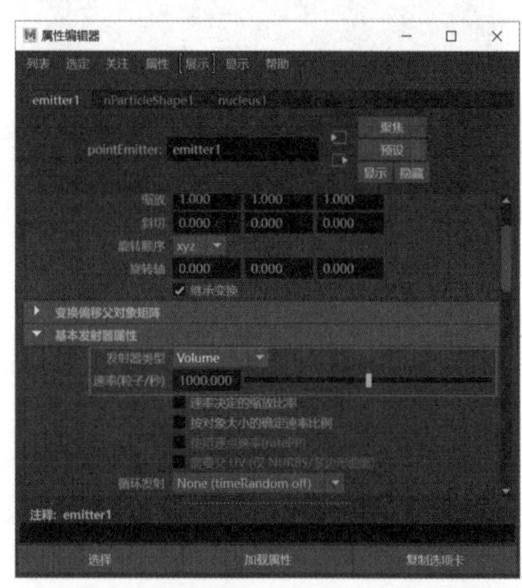
图 11-61

Step05 在关键帧窗口将滑块调节到锤子落下前的关键帧（第 119 帧），在速率数值框内单击鼠标右键，在弹出的菜单中选择【设置关键帧】命令，如图 11-62 所示。用同样的方法在第 120 帧、第 121 帧分别设置关键帧，如图 11-63 所示。

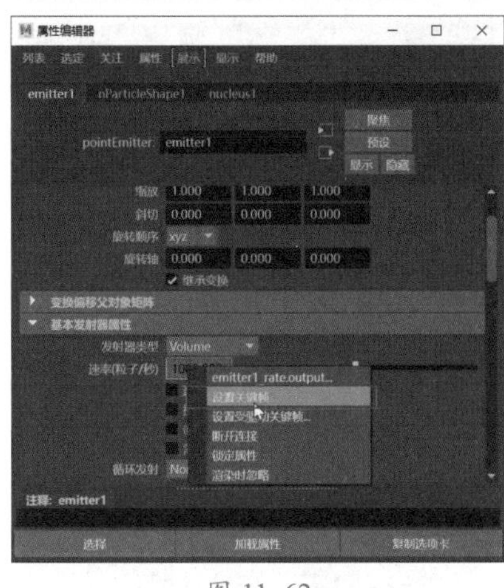

图 11-62

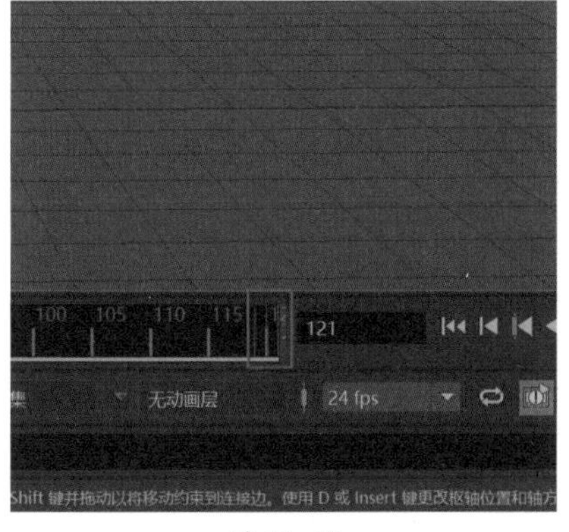

图 11-63

Step06 在速率数值框内单击鼠标右键，在弹出的菜单中选择【emitter1_rate.output】选项，如图 11-64 所示。在面板中修改【动画曲线属性】区域中的【明度值】，如图 11-65 所示。

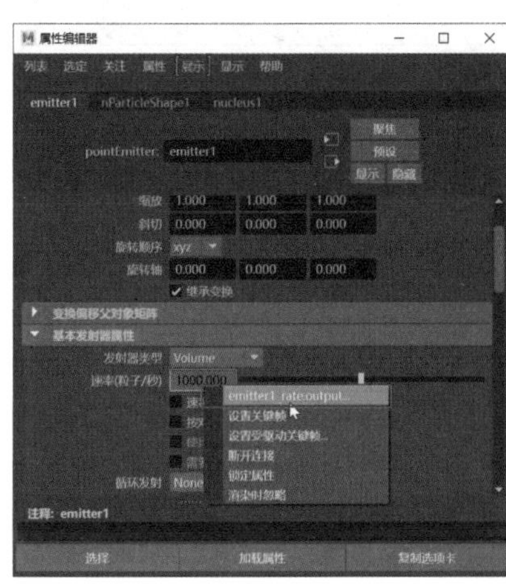

图 11-64

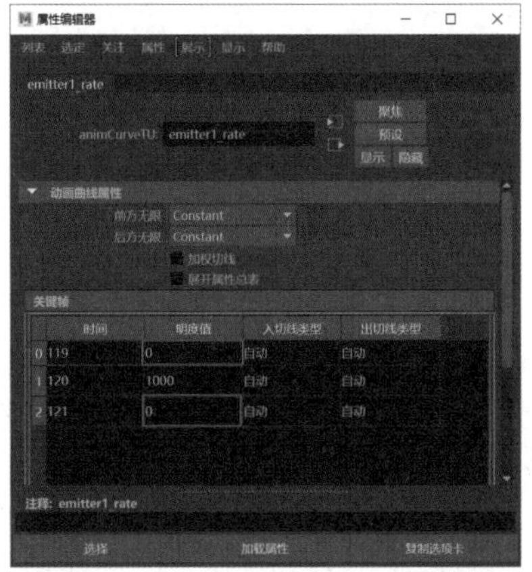

图 11-65

Step07 选择粒子发射器【emitter1】的属性面板，修改其【速率随机】【体积形状】和【远离轴】的数值，如图 11-66 所示。切换到【nParticleShape1】面板，将【寿命模式】设置为【Constant】，【寿命】设置为 2，如图 11-67 所示。

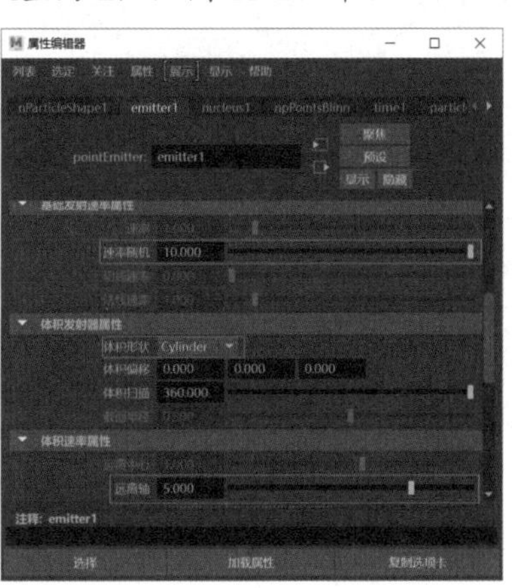

图 11-66

图 11-67

Step08 在【着色】面板中，❶将【粒子渲染类型】调整为【Streak】，如图 11-68 所示。在【nucleus1】面板中，❷选中【使用平面】复选框，❸将【平面反弹】设置为 0.1，如图 11-69 所示。

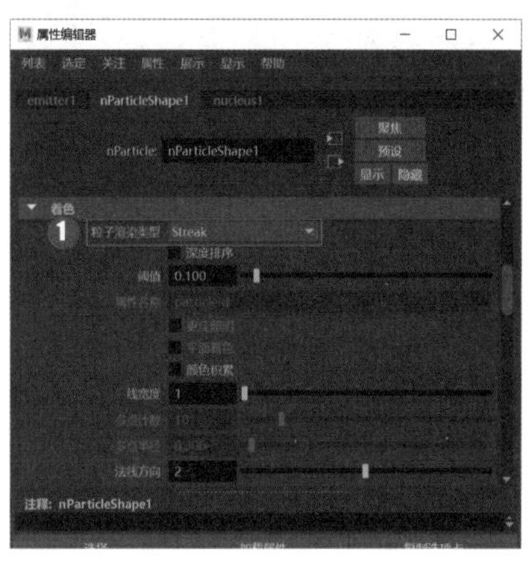

图 11-68

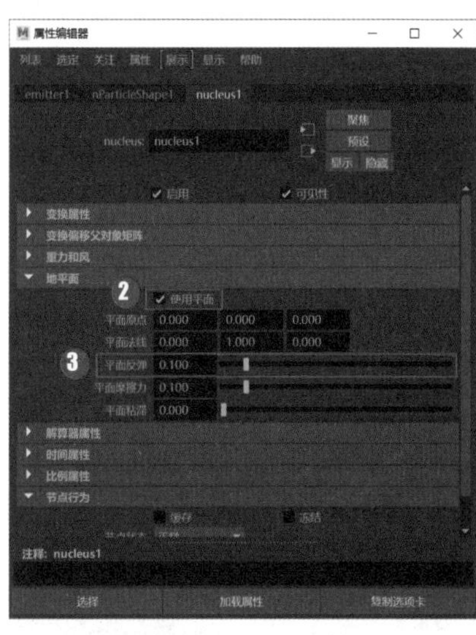

图 11-69

Step09 播放动画，即可看到锤子落下时迸出火花的效果，如图 11-70 所示。实例最终效果见“结果文件\第 11 章\chuizi.mb”文件。

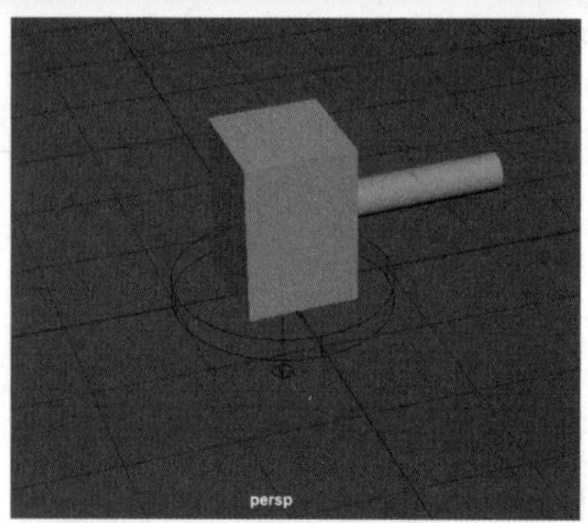

图 11-70

★重点 11.3.11 逐点发射速率

在 Maya 中，可以为多种对象（如编辑点、CV、粒子、顶点、泛向/定向粒子发射器的晶格点）应用不同的发射速率。例如，可以在对象发射粒子时为每个粒子调整发射速率，并可以使用此属性在每个 CV 或顶点上设置发射速率，从而改变每个点的粒子发射，调整火的不规则性。将软件界面切换到【FX】模块，选择发射粒子对象，再选择菜单栏中的【nParticle】→【逐点发射速率】命令，如图 11-71 所示，然后在【属性编辑器】面板中的【每粒子（数组）属性】区域中进行设置即可。

图 11-71

11.3.12 实战：制作焰火特效

Step01 将界面切换到【FX】模块，选择菜单栏中的【效果】→【焰火】命令，如图 11-72 所示，创建好后，当前界面效果如图 11-73 所示。

图 11-72

图 11-73

Step02 单击右下角的播放按钮，查看当前焰火效果，如图 11-74 所示。选择焰火，按快捷键【Ctrl+A】打开【属性编辑器】面板，在【附加属性】区域中修改其属性，如图 11-75 所示。

图 11-74

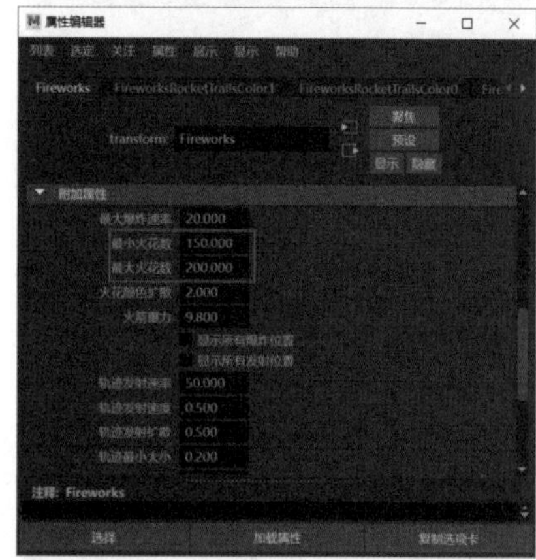

图 11-75

Step03 再次播放动画，查看最终效果，如图 11-76 所示。实例最终效果见“结果文件\第 11 章\YH.mb”文件。

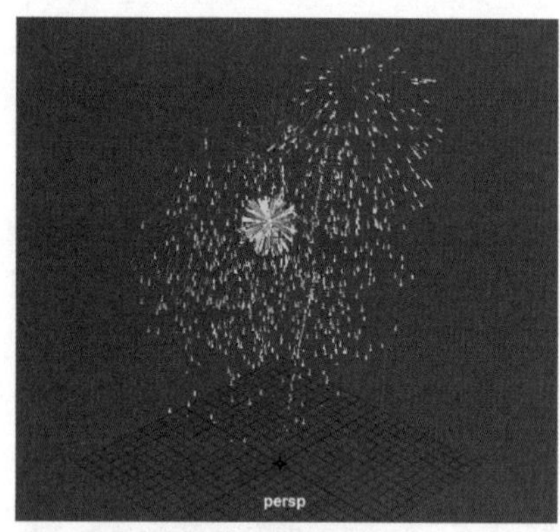

图 11-76

11.4 动力场

使用动力场可以模拟出多种对象受到外力作用而产生的不同特性，如柔体、流体、衣物等，还可以为动力学对象创建不同的运动方式，如通过【一致】场可以在同一方向上影响动力学对象，或是制作出旋涡场等。

★重点 11.4.1 场的类型与属性编辑

Maya 中的动力场分为 3 种类型，分别是独立场、对象场和体积场。将软件界面切换到【FX】模块，打开【场/解算器】菜单，即可看到 10 种创建动力场的命令，如图 11-77 所示，分别是【空气】【阻力】【重力】【牛顿】【径向】【湍流】【一致】【漩涡】【体积轴】和【体积曲线】。

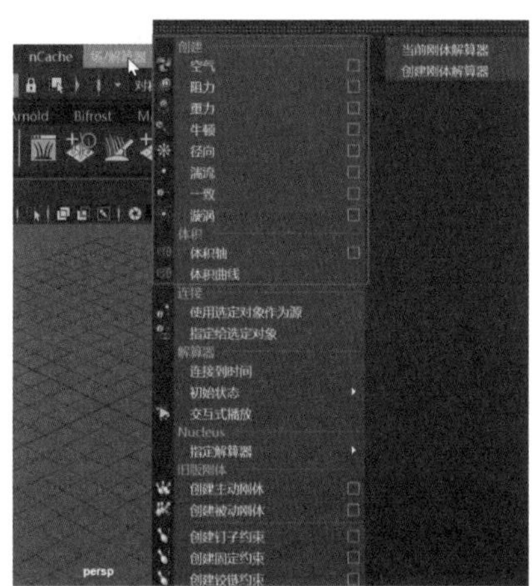

图 11-77

1. 空气

使用空气场可以将受到作用的物体沿着设置的方向向外推开，模拟出被风吹走的效果。通过加快或降低动力学对象的速度，从而在播放动画时使其与空气的速度一致。单击菜单栏中【场/解算器】→【空气】命令右侧的复选框，如图 11-78 所示，打开【空气选项】对话框，如图 11-79 所示，Maya 中的空气场有 3 种类型，分别是【风】【尾迹】和【扇】。

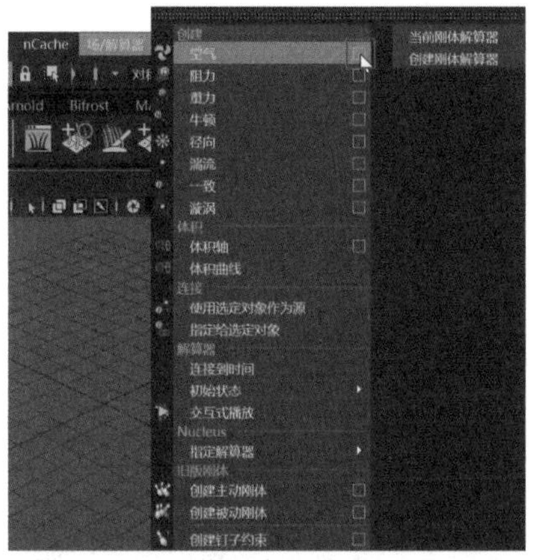

图 11-78

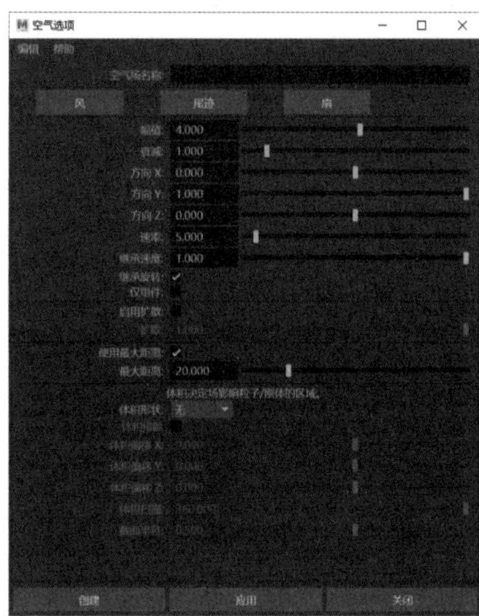

图 11-79

【空气选项】对话框中选项的作用及含义如表 11-16 所示。

表 11-16 空气选项对话框中选项作用及含义

选项	作用及含义
空气场名称	该选项用于设定空气场的名称
风	设置该选项，将产生与自然风类似的效果
尾迹	设置该选项，将产生类似移动对象中断和牵引的阵风的效果
扇	设置该选项，将产生与风扇类似的效果
幅值	设置该选项，可以调整空气场的强度。数值越大，产生的力越强，或者可以通过设置负数反转力的方向
衰减	该选项用于设定空气场的力受影响对象的距离增加而减小的量
方向 X/Y/Z	该选项决定空气产生作用力的方向
速率	该选项可以调整受影响的对象与空气场的运动速度
继承速度	当空气场作为子对象时，该选项控制添加到【方向】和【幅值】中的运动速率的大小。可调节的范围为 0~1
继承旋转	当空气场作为子对象时，空气场产生的旋转将对空气的速度产生影响
仅组件	选择该选项，空气场将只对在【方向】【速度】和【继承速度】的属性中指定的气流方向上的物体产生力的作用。禁用该选项，空气场将对所有物体产生相同的作用力

续表

选项	作用及含义
启用扩散	选择该选项，空气场将仅对【扩散】范围内的对象产生影响；禁用该选项，空气场将对【最大距离】范围内的所有对象产生影响
扩散	该选项将决定与【方向】设置所成的角度，该角度内的对象将受到空气场的影响
使用最大距离	选择该选项，空气场将对【最大距离】范围内的连接对象产生影响；禁用该选项，空气场将会影响所有连接的对象
最大距离	该选项决定空气场能够添加影响的最大作用范围
体积形状	该选项决定空气场影响粒子/刚体的范围
体积排除	选择该选项后，体积定义空间中空气场将对粒子或刚体不起到任何影响的区域
体积偏移 *X/Y/Z*	设置该选项，将从空气场的位置偏移体积。如果旋转空气场，将会旋转偏移方向，因为它在局部空间中操作
体积扫描	该选项设置除立方体外的所有体积的旋转范围。可调节的范围是 0°~360°
截面半径	该选项设置圆环体的实体部分的厚度（相对于圆环体的中心环的半径）。空气场的比例将决定中心环的半径。如果缩放空气场，【截面半径】将保持场相对于中心环的比例

2. 阻力

创建阻力场会向对象施加摩擦力或制动力。当阻力发生变化时，对象在穿越其他物体的过程中，其运动速度也会发生改变。在该场中可以对动力学对象产生的运动添加一个阻力，以控制对象运动的速度。单击菜单栏中【场/解算器】→【阻力】命令右侧的复选框，如图 11-80 所示，打开【阻力选项】对话框，如图 11-81 所示。

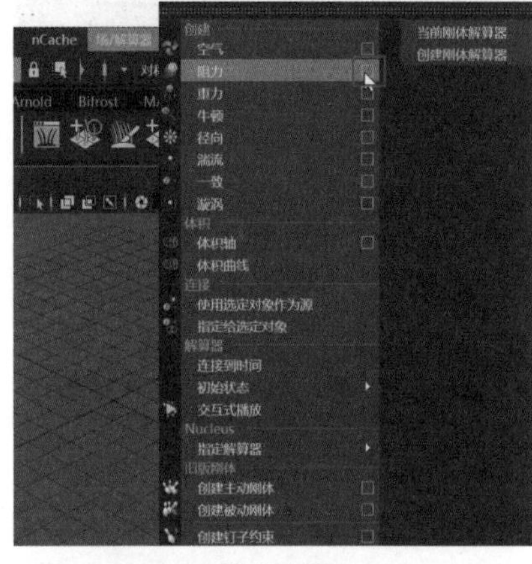

图 11-80

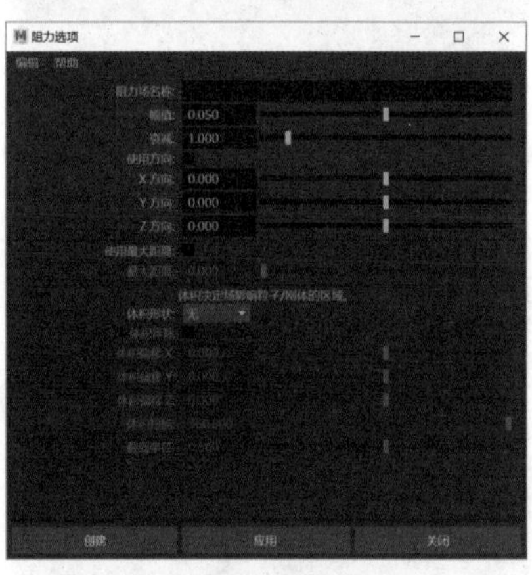

图 11-81

【阻力选项】对话框中选项的作用及含义如表 11-17 所示。

表 11-17　阻力选项对话框中选项作用及含义

选项	作用及含义
阻力场名称	该选项决定阻力场的名称

续表

选项	作用及含义
幅值	该选项用于设置阻力场的强度大小，数值越大，幅值越大，对象移动时产生的阻力就越大
衰减	该选项用于设定阻力场的力受影响对象距离增加而减小的量。数值为 0 时，对物体不产生任何影响
使用方向	选择该选项后，将根据对象的速度决定阻力场的角度
X/Y/Z 方向	当启用【使用方向】选项时才可设置该选项，用于设定阻力的影响方向

3. 重力

重力场可以模拟物体受万有引力的作用，向固定方向产生加速运动，或在默认参数的情况下，产生自由落体的运动效果。单击菜单栏中【场/解算器】→【重力】命令右侧的复选框，如图 11-82 所示，即可打开【重力选项】对话框，如图 11-83 所示。

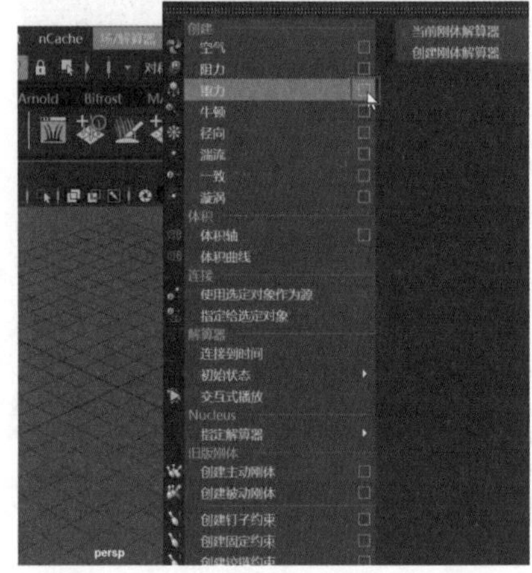

图 11-82

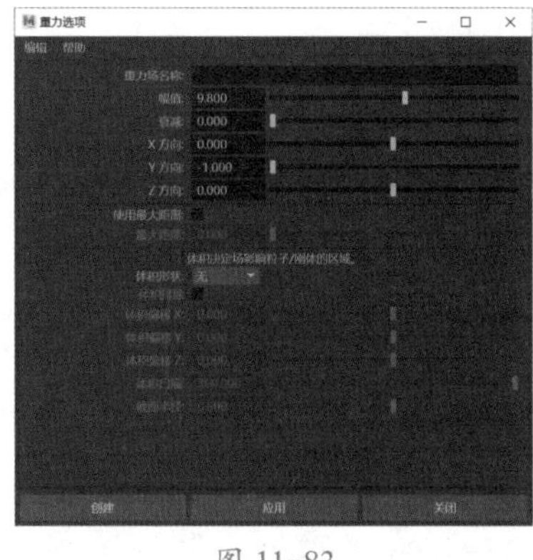

图 11-83

4. 牛顿

使用牛顿场可以模拟对象在相互作用的引力和斥力下的效果，相互接近的两个对象之间会产生引力和斥力。单击菜单栏中【场/解算器】→【牛顿】命令右侧的复选框，如图 11-84 所示，即可打开【牛顿选项】对话框，如图 11-85 所示。

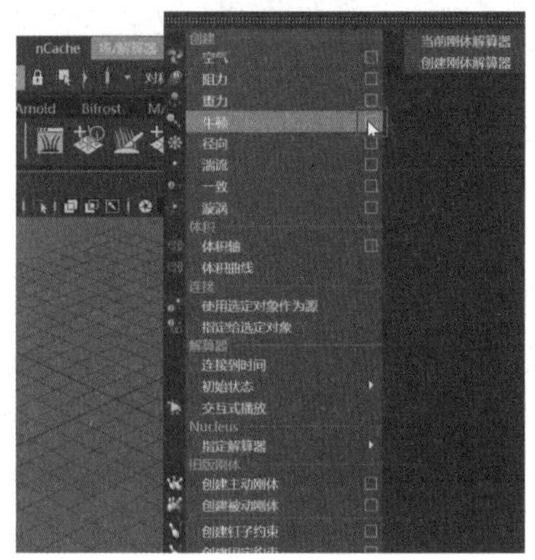

图 11-84

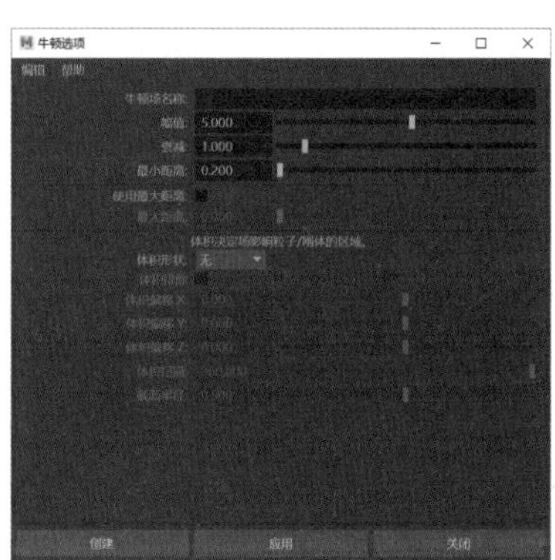

图 11-85

5. 径向

径向场类似于一个磁场，可以将各个方向的对象推开或拉向自身。适合制作由中心向外辐射散发的爆炸效果。当【幅值】选项设置为负值时，可以模拟出四周的对象向中心聚集的效果。单击菜单栏中【场/解算器】→【径向】命令右侧的复选框，如图 11-86 所示，即可打开【径向选项】对话框，如图 11-87 所示。

图 11-86

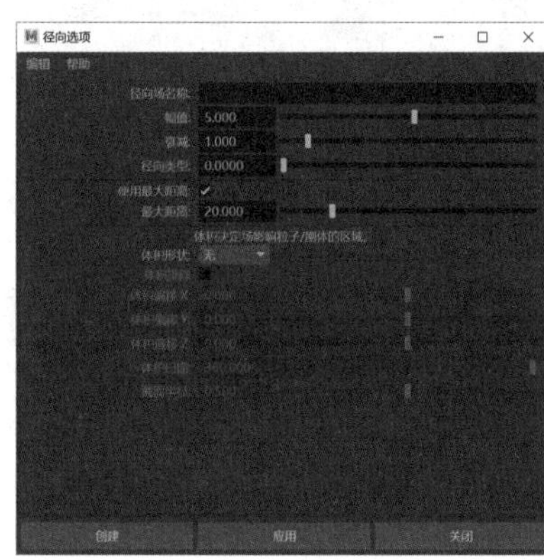

图 11-87

6. 湍流

湍流场比较常用，经常在粒子、柔体和刚体对象中使用，可以使影响范围内的物体产生随机运动。单击菜单栏中【场/解算器】→【湍流】命令右侧的复选框，如图 11-88 所示，打开【湍流选项】对话框，如图 11-89 所示。

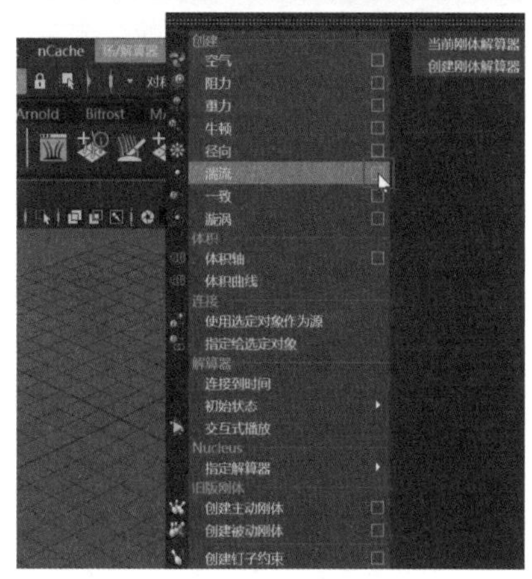

图 11-88

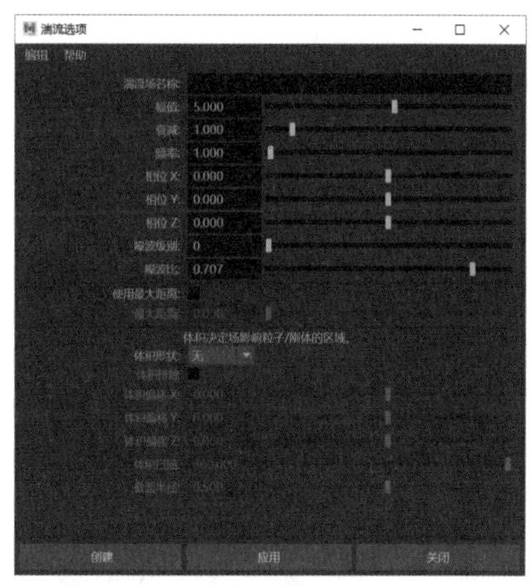

图 11-89

【湍流选项】对话框中选项的作用及含义如表 11-18 所示。

表 11-18　湍流选项对话框中选项作用及含义

选项	作用及含义
频率	该选项决定湍流场频率大小。数值越大，不规则的运动越频繁
相位 *X*/*Y*/*Z*	该选项用于设定湍流场的相位移，这决定了中断的方向
噪波级别	该选项决定在噪波表中执行的额外查找的数量。数值越大，湍流越不规则；数值为 0 时表示只执行一次查找

续表

选项	作用及含义
噪波比	该选项决定连续查找的权重，权重会得到累积。例如，如果将【噪波比】设定为 0.5，则连续查找的权重为 0.5、0.25，以此类推

7. 一致

一致场可以使受影响的物体向一个方向移动，距离中心越近的物体受到的影响越大。单击菜单栏中【场 / 解算器】→【一致】命令右侧的复选框，如图 11-90 所示，即可打开【一致选项】对话框，如图 11-91 所示。

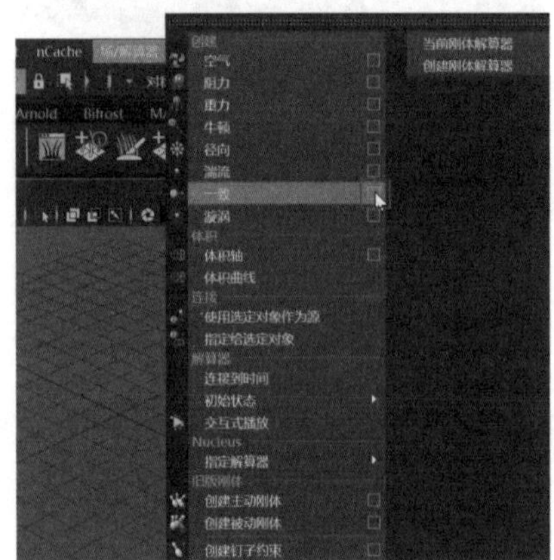

图 11-90

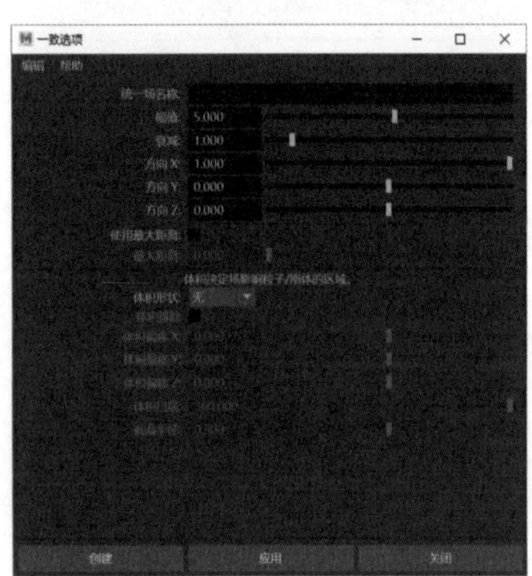

图 11-91

8. 漩涡

漩涡场可以使受影响的物体以漩涡为中心围绕指定的轴进行旋转，可以制作出各种漩涡状的效果。单击菜单栏中【场 / 解算器】→【漩涡】命令右侧的复选框，如图 11-92 所示，即可打开【漩涡选项】对话框，如图 11-93 所示。

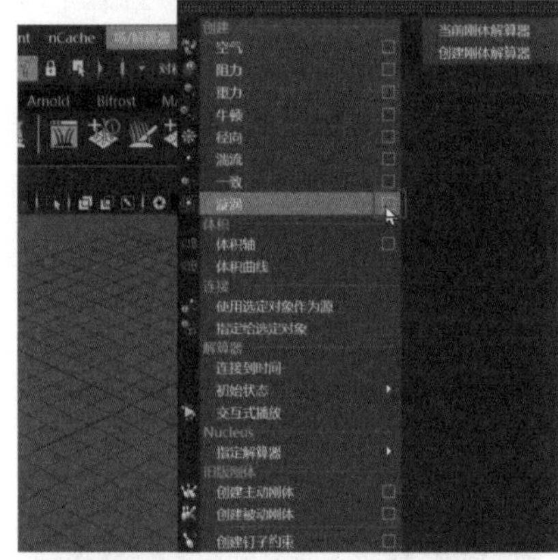

图 11-92

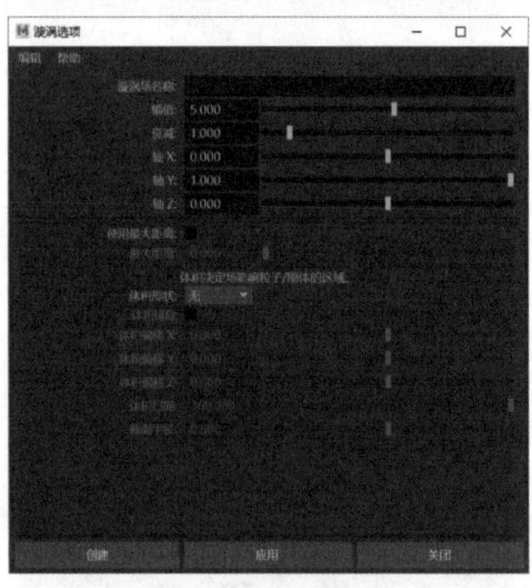

图 11-93

9. 体积轴

使用体积轴场可以模拟出多种效果，如日晕、龙卷风、爆炸和火箭喷焰。它是一个局部作用的范围场，只有在影响范围内的物体受到体积轴场的作用。单击菜单栏中【场 / 解算器】→【体积轴】命令右侧的复选框，如图 11-94 所示，打开【体积轴选项】对话框，如图 11-95 所示。

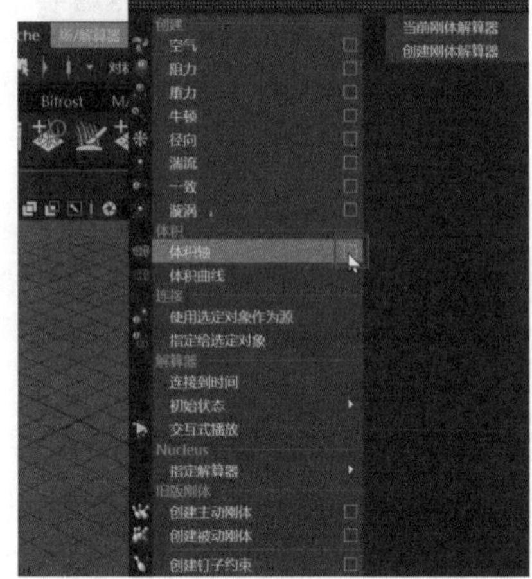

图 11-94

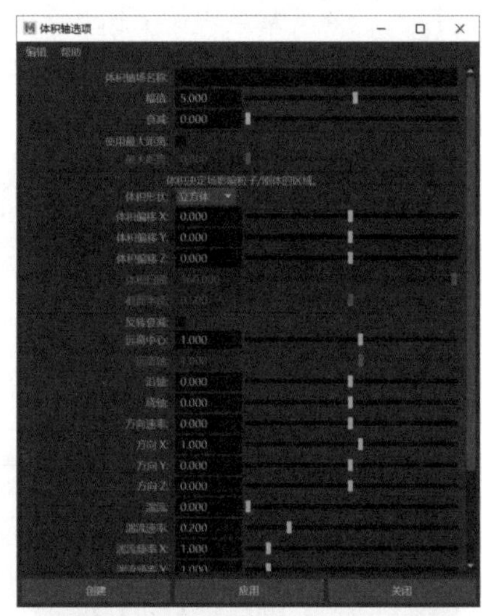

图 11-95

【体积轴选项】对话框中选项的作用及含义如表 11-19 所示。

表 11-19　体积轴选项对话框中选项作用及含义

选项	作用及含义
反转衰减	当启用【反转衰减】并将【衰减】设定为大于 0 的值时，体积轴场的强度在体积的边缘上最强，在体积轴场的中心轴处衰减为 0

续表

选项	作用及含义
远离中心	该选项指定粒子远离立方体或球体体积中心点的移动速度。可以使用该属性创建爆炸效果
远离轴	指定粒子远离圆柱体、圆锥体或圆环体体积中心轴的移动速度。对于圆环体，中心轴为圆环体实体部分的中心环形
沿轴	指定粒子沿所有体积中心轴的移动速度
绕轴	指定粒子围绕所有体积中心轴的移动速度。当与圆柱体体积结合使用时，该属性可以创建旋转的气体效果
方向速率	设置该选项，将在所有体积的方向 *X/Y/Z* 属性中指定的方向添加速度
方向 *X/Y/Z*	该选项用于设定沿着 *X*、*Y*、*Z* 轴指定的方向移动粒子对象
湍流	设置该选项，将模拟随着时间变化的湍流风力的强度
湍流速率	该选项决定湍流随时间变化的速度

续表

选项	作用及含义
湍流频率 *X/Y/Z*	控制适用于发射器边界体积内部的湍流函数的重复次数。数值越低，生成的湍流越平滑
湍流偏移 *X/Y/Z*	设置该选项，将在体积内平移湍流，设置该选项可以模拟吹起的湍流风
细节湍流	该选项决定第 2 个更高频率湍流的相对强度，第 2 个湍流的速度和频率都比第 1 个高

10. 体积曲线

体积曲线场可以沿曲线的各个方向移动选定对象（包括粒子和 nParticle）及定义绕该曲线的半径，在该半径范围内轴场处于活动状态。

11.4.2　使用选定对象作为源

【使用选定对象作为源】命令可以用于设置场源，使力场在选定对象的位置开始产生影响，并将力场设定为选定对象的子对象。将软件界面切换到【FX】模块后，选择菜单栏中的【场 / 解算器】→【使用选定对象作为源】命令，如图 11-96 所示。

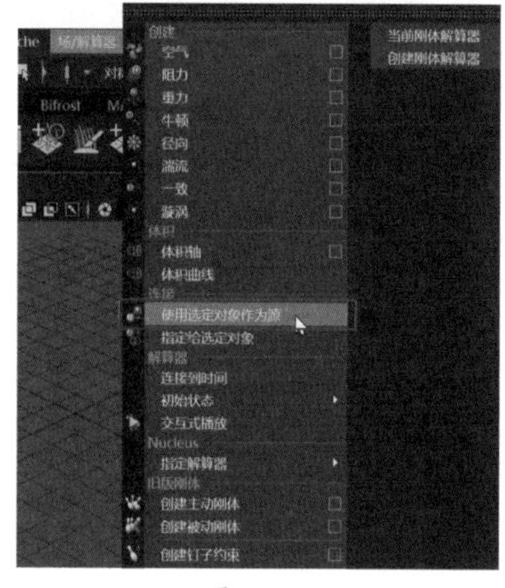

图 11-96

11.4.3　指定给选定对象

使用【指定给选定对象】命令可以将选定对象和力场连接到一起，使物体受到力场的影响。将软件界面切换到【FX】模块后，选择菜单栏中的【场 / 解算器】→【指定给选定对象】命令，如图 11-97 所示。

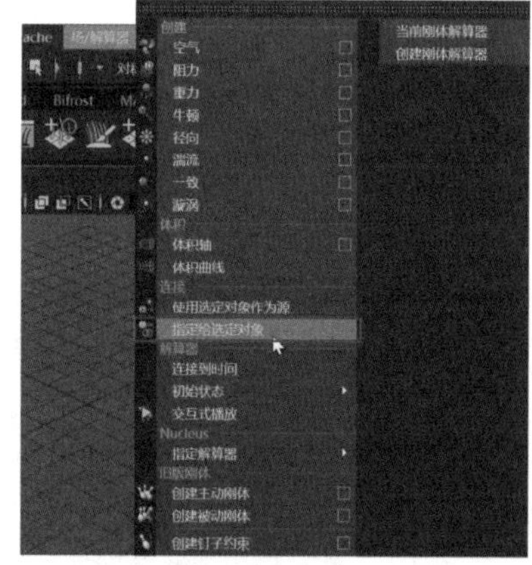

图 11-97

★重点 11.5　约束

创建刚体碰撞时，通常需要先将刚体控制在预期的范围内，或将刚体的运动方式局限住，这时就需要执行【约束】命令。将软件界面切换到【FX】模块后，选择菜单栏中的【场 / 解算器】命令，即可看到 5 种约束的创建与编辑命令，如图 11-98 所示，分别是【创建钉子约束】【创建固定约束】【创建铰链约束】【创建弹簧约束】和【创建屏障约束】。

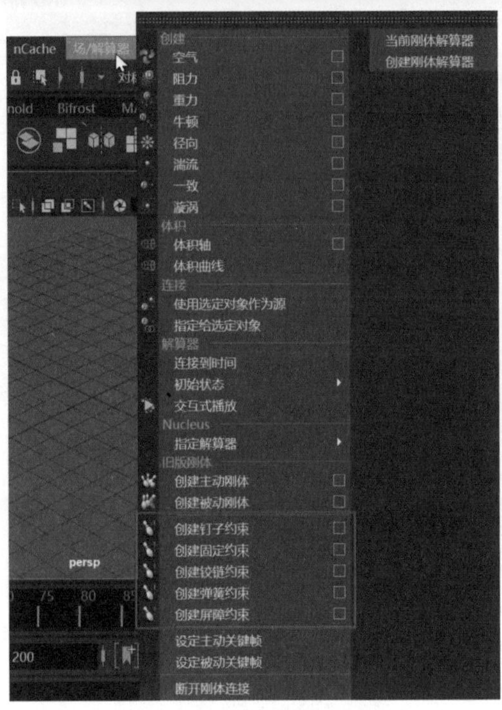

图 11-98

1. 创建钉子约束

使用【创建钉子约束】命令可以将主动刚体控制在世界空间坐标中的某个位置，相当于使用一根绳子将刚体连接到约束位置。其【约束选项】对话框如图 11-99 所示。

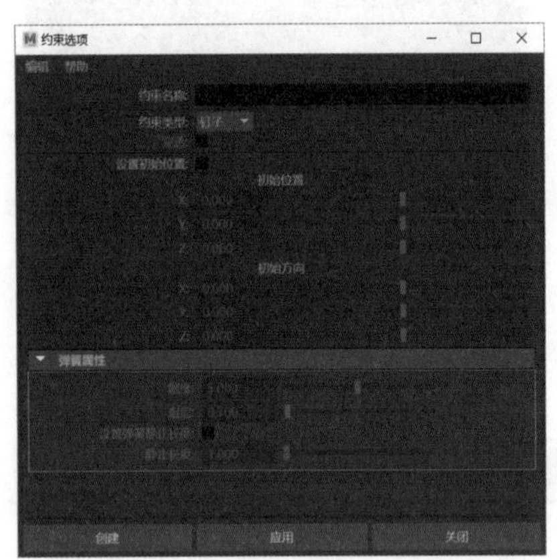

图 11-99

【约束选项】对话框中选项的作用及含义如表 11-20 所示。

表 11-20 约束选项对话框中选项作用及含义

选项	作用及含义
约束名称	该选项决定即将创建的约束的名称
约束类型	该选项中有 5 种类型，分别是【钉子】【固定】【铰链】【弹簧】和【屏障】
穿透	选择该选项后，可以使正在产生碰撞的刚体相互穿透
设置初始位置	选择该选项后，可以激活【初始位置】选项
初始位置	该选项决定即将创建的约束在视图中的位置
初始方向	该项只有在【铰链】和【屏障】约束下才可使用，它可以通过输入 X、Y、Z 轴的数值决定约束的起始角度
刚度	该选项决定【弹簧】约束的弹力，数值越大，弹力越大
阻尼	该选项决定【弹簧】约束的阻尼。它的角度与刚体的角度成反比；强度值与刚体的速度成正比
设置弹簧静止长度	选择该选项后，可以激活【静止长度】选项
静止长度	该选项决定在播放动画时弹簧尝试达到的长度

2. 创建固定约束

使用【创建固定约束】命令可以将两个刚体连接到一起，相当于一个固定点通过两个对象末端的球关节连接，适用于制作类似链或机械臂的连接效果。其【约束选项】对话框如图 11-100 所示。

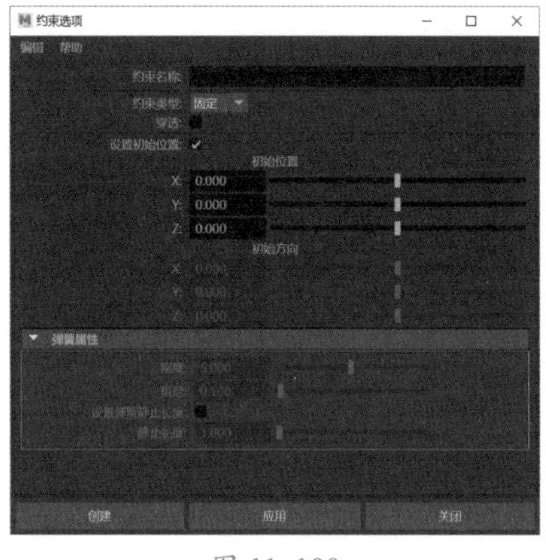

图 11-100

3. 创建铰链约束

使用【创建铰链约束】命令可以制作出类似铰链门、连接列车车厢的链子或时钟钟摆的效果，它的原理是通过一个铰链沿指定的轴约束刚体对象。我们不仅可以使用两个主动刚体或一个主动刚体和一个被动刚体创建铰链约束，还可以使用一个主动刚体或被动刚体及工作区中的一个位置创建铰链约束。其【约束选项】对话框如图 11-101 所示。

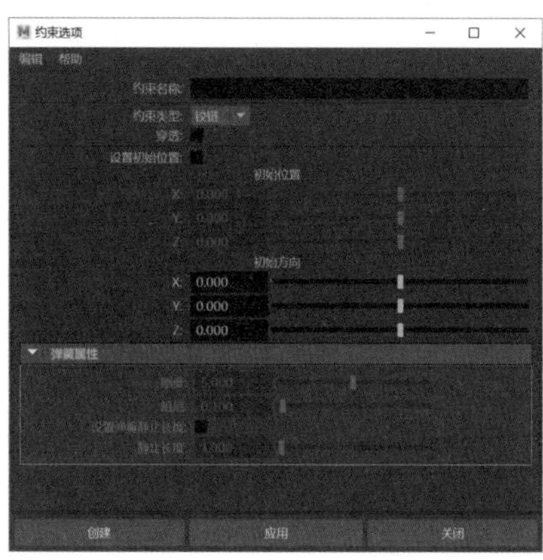

图 11-101

4. 创建屏障约束

使用【创建屏障约束】命令可以生成无限屏障平面来创建阻塞其他对象的对象，如墙体和天花板。超出影响范围后，刚体的重心将不会移动。还可以使用【屏障约束】替代碰撞效果来提高制作效率，但是对象将产生偏转而不会弹开平面。

该约束仅适用于一个活动刚体，不会对被动刚体产生约束效果。其【约束选项】对话框如图 11-102 所示。

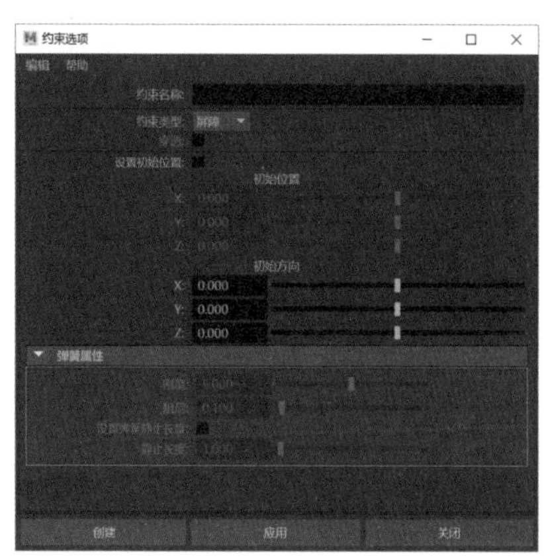

图 11-102

★重点 11.6 粒子实例化器

实例化器可以创建对象的实例来替换模拟中的粒子，使对象的行为能像场景中的粒子一样。将软件界面切换到【FX】模块后，单击菜单栏中【nParticle】→【实例化器】命令右侧的复选框，如图 11-103 所示，打开【粒子实例化器选项】对话框，如图 11-104 所示。

图 11-103

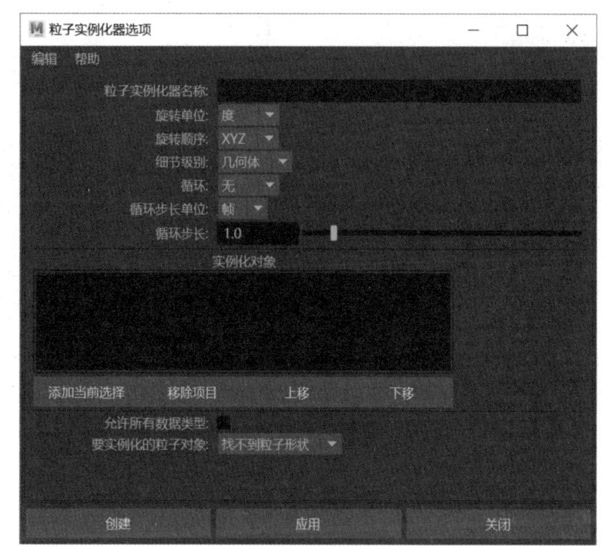

图 11-104

【粒子实例化器选项】对话框中选项的作用及含义如表 11-21 所示。

表 11-21 粒子实例化器选项对话框中选项作用及含义

选项	作用及含义
粒子实例化器名称	该选项用于指定实例化器节点的可选名称，如果为空，将生成默认名称
旋转单位	如果粒子设置为【旋转】，该选项会指定该值解释为度还是弧度
旋转顺序	该选项决定粒子旋转的优先顺序，共有六种，分别为 *XYZ*、*XZY*、*YXZ*、*YZX*、*ZXY* 和 *ZYX*
细节级别	该选项决定粒子位置是否显示源几何体，或者是否设置为显示边界框。选择【几何体】选项，将在粒子位置显示源几何体；选择第二个【边界框】选项，实例化层次中的所有对象将仅显示一个边界框；选择第三个【边界框】选项，实例化层次中的每个对象将分别显示边界框
循环	选择【无】选项，将实例化每个对象；选择【顺序】选项，将循环【实例化对象】列表中的对象
循环步长单位	如果使用的是对象序列，请选择是将帧数还是秒数用于【循环步长】的值
循环步长	如果使用的是对象序列，请输入粒子年龄间隔，序列中的下一个对象将按该间隔出现

11.7 柔体

柔体可以将对象表面的 CV 点或顶点转换成柔体粒子，重新生成一个柔体的灵活对象。可以通过多种动画技术调整不同的权重值，使柔体呈现出自然界中的物体那样的弯曲、凸起或涟漪效果。柔体包括粒子对象，它具有与粒子对象相同的动态和静态属性，并且可以用来模拟具有一定外形但不是很稳定且易变形的物体，如火和波纹等。

柔体可以通过多种方式进行创建，如多边形、NURBS 曲面和曲线及晶格。选择要创建柔体的对象，单击菜单栏中【nParticle】→【柔体】命令右侧的复选框，如图 11-105 所示，打开【软性选项】对话框，如图 11-106 所示。

图 11-105

图 11-106

【软性选项】对话框中选项的作用及含义如表 11-22 所示。

表 11-22　软性选项对话框中选项作用及含义

选项	作用及含义
创建选项	该选项决定创建柔体的方式，包括 3 种方式。选择【生成柔体】选项，选定对象将切换为柔体，默认情况下选择该选项；选择【复制，将副本生成柔体】选项，则可以启用【将非柔体作为目标】，选定对象的副本将生成柔体，而不改变其原始状态；选择【复制，将原始生成柔体】选项，可以将原始对象切换为柔体，然后复制原始对象，当对象的下游构建历史要求使用原始对象而不是副本作为柔体时，需选择该选项
复制输入图表	当使用任意一个复制选项创建柔体时，将复制上游节点。如果原始对象具有希望能够在副本中使用和编辑的依存关系图输入，请启用该选项
隐藏非柔体对象	选择该选项，将隐藏不是柔体的对象
将非柔体作为目标	选择该选项，可使柔体跟踪或移向从原始几何体或重复几何体生成的目标对象
权重	选择该选项，将设定柔体在从原始几何体或重复几何体生成的目标对象后面的距离。值为 0 时可使柔体自由地弯曲和变形，值为 1 时可使柔体变得僵硬，值在 0 和 1 之间时柔体将具有中间的刚度

11.8 刚体

刚体可以模拟物理学中的摩擦力等效果，将多边形对象切换为坚硬的物体表面，是进行动力学解算的一种方法。刚体分为两大类，在 Maya 的【FX】模块中的【场 / 解算器】菜单中，可以看到创建主动刚体和创建被动刚体两种命令，如图 11-107 所示。

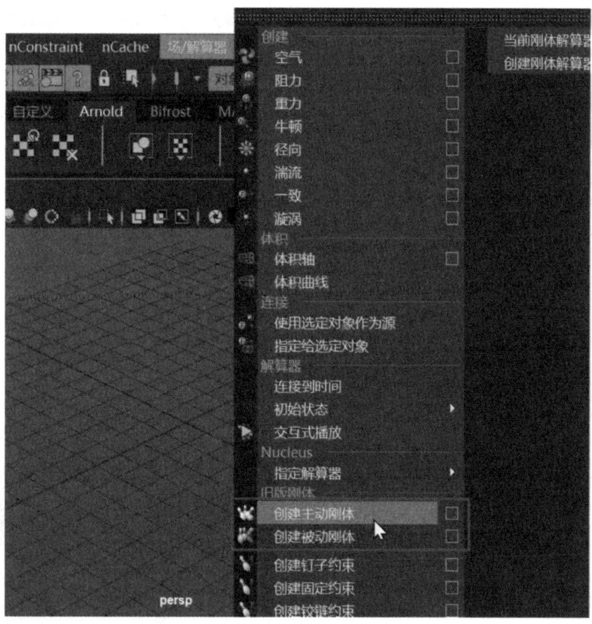

图 11-107

1. 创建主动刚体

主动刚体具有一定的质量，可以受动力场、非关键帧化的弹簧和碰撞影响，从而调整对象的运动状态。将软件界面切换到【FX】模块后，单击菜单栏中【场 / 解算器】→【创建主动刚体】命令右侧的复选框，打开【刚性选项】对话框，如图 11-108 所示。

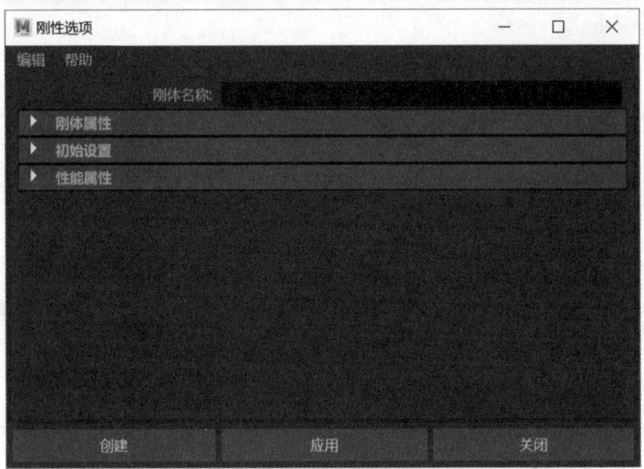

图 11-108

【刚性选项】对话框中选项的作用及含义如表 11-23 所示。

表 11-23 刚性选项对话框中选项作用及含义

选项	作用及含义
刚体名称	该选项用于决定即将创建的主动刚体的名称

展开【刚体属性】区域，如图 11-109 所示。

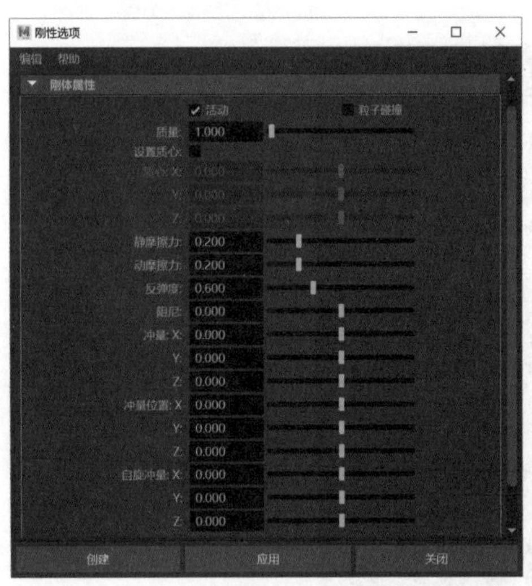

图 11-109

【刚体属性】区域中选项的作用及含义如表 11-24 所示。

表 11-24 刚体属性区域中选项作用及含义

选项	作用及含义
活动	选择该选项，将使即将创建的刚体成为主动刚体
粒子碰撞	如果粒子与曲面已经发生碰撞，且曲面为主动刚体，则可以选择该选项，设定刚体是否对碰撞力做出反应
质量	该选项决定主动刚体的质量。数值越大，对碰撞对象的影响越大
设置质心	该选项只适用于主动刚体，被动刚体不可使用
质心 *X/Y/Z*	该选项决定主动刚体的质心在坐标系统中的位置
静摩擦力	该选项决定在两个刚体的接触面之间产生的阻力大小。数值为 0 时，刚体将自由移动；数值为 1 时，刚体的移动速度将减小
动摩擦力	该选项决定刚体在移动时产生的阻力大小。数值为 0 时，刚体将自由移动；数值为 1 时，刚体的移动速度将减小
反弹度	该选项决定刚体的弹性
阻尼	该选项决定与刚体移动方向相反的力，类似于阻力，会在多个对象接触之前、接触之中及接触之后影响对象的移动。值为正会使移动减少；值为负会使移动增多
冲量 *X/Y/Z*	设置该选项，将在指定的局部空间的坐标位置的刚体上创建瞬时力。数值越大，力的幅值越大
冲量位置 *X/Y/Z*	设置该选项，将在冲量冲击的刚体局部空间中指定位置。如果冲量冲击质心以外的点，则刚体除了随其速度变化而移动，还会围绕质心旋转
自旋冲量 *X/Y/Z*	该选项决定幅值和角度，数值越大，旋转力的幅值越大

展开【初始设置】区域，如图 11-110 所示。

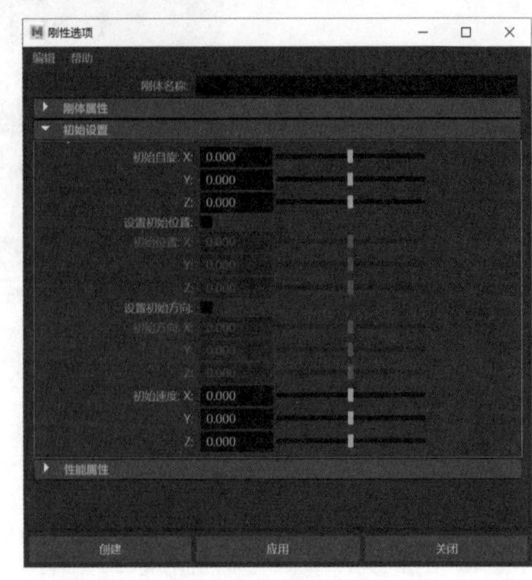

图 11-110

【初始设置】区域中选项的作用及含义如表 11-25 所示。

表 11-25 初始设置区域中选项作用及含义

选项	作用及含义
初始自旋 X/Y/Z	该选项决定刚体的初始角速度，并产生自旋
设置初始位置	选择该选项后，可以使用下方的初始位置 X/Y/Z 选项
初始位置 X/Y/Z	该选项决定刚体在世界坐标中的初始位置
设置初始方向	选择该选项后，可以使用下方的初始方向 X/Y/Z 选项
初始方向 X/Y/Z	该选项决定刚体的初始局部空间方向
初始速度 X/Y/Z	该选项决定刚体的起始速度和角度

展开【性能属性】区域，如图 11-111 所示。

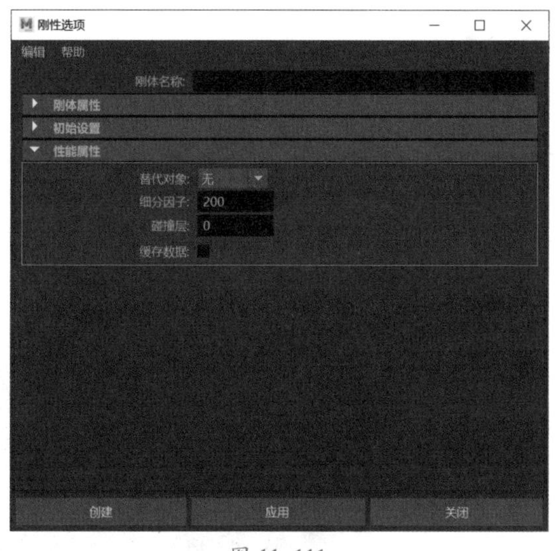

图 11-111

【性能属性】区域中选项的作用及含义如表 11-26 所示。

表 11-26 性能属性区域中选项作用及含义

选项	作用及含义
替代对象	设置该选项，可以选择简单的内部【立方体】或【球体】作为刚体计算的替代对象，原始对象还会在场景中显示。如果使用替代对象【立方体】或【球体】，刚体的播放速度将会提高，碰撞反应与实际对象不同
细分因子	该选项决定 NURBS 曲面转化为多边形过程中创建的多边形的近似数量。数量越少，创建的几何体越粗糙，且会降低动画精确度，但可以提高播放速度
碰撞层	设置该选项，可以创建相互碰撞的对象专用组。只有碰撞层编号相同的刚体才会相互碰撞
缓存数据	选择该选项后，刚体在模拟动画时的每一帧的位置和角度数据都将被存储起来

2. 创建被动刚体

被动刚体就是无限大质量的刚体，可以影响主动刚体的运动。单击菜单栏中【场/解算器】→【创建被动刚体】命令右侧的复选框，打开其【刚性选项】对话框，如图 11-112 所示，可以看到其中参数和主动刚体完全一样。

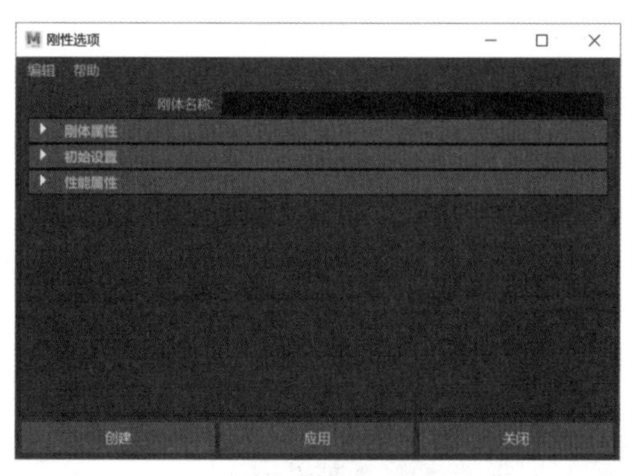

图 11-112

11.9 nCloth 布料制作

nCloth 是一种非常高效的动力学布料制作技法，我们经常需要用它制作布料效果并对其进行调控，另外，它还可以使用粒子模拟出其他的动力学多边形曲面，如弯曲、破碎、撕裂等可变形对象。

★重点 11.9.1 nCloth 概述和概念

nCloth 非常灵活，除了用于制作衣服，还可以用于制作破碎曲面及可变形对象。任意类型的对象都可以转换为 nCloth 对象，但模型的布线应尽量保持规整。通过画笔的易用型界面可以修改属性。

每个 nCloth 对象都包含两个独立网格，分别为输入网格和输出网格，当创建 nCloth 对象时，会创建新的解算器系统节点并为选定网格建立新的连接，其控制柄将在新的对象中显示。如果选定的对象由四边形组成，解算器还可以将对象进行细分并生成交叉链接，自动添加到生成的 nCloth 对象中。

nCloth 对象的特性有 6 种类型，分别是【碰撞】特性、【动力学】特性、【力场生成】特性、【风场】特性、【质量设置】特性和【压力】特性，它们决定布料的物理特征，并且可以影响布料的行为。

缓存可以为 nCloth 存储所有顶点切换数据，在播放或渲染效果时，从磁盘中读取缓存的数据，为软件大大减少需执行的计算量。当 nCloth 对象准备好后，就可以播放效果进行模拟了。解算器在执行模拟时，就会为 nCloth 系统中的所有对象计算参数和设置。

11.9.2 创建和编辑 nCloth

在 Maya 中，只有一个菜单命令可以创建 nCloth。将软件界面切换到【FX】模块后，单击菜单栏中【nCloth】→【创建 nCloth】命令右侧的复选框，如图 11-113 所示，打开【创建 nCloth 选项】对话框，如图 11-114 所示。

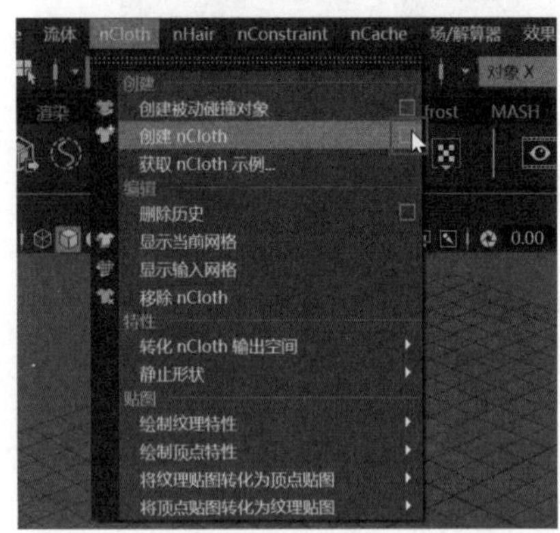

图 11-113

图 11-114

【创建 nCloth 选项】对话框中选项的作用及含义如表 11-27 所示。

表 11-27 创建 nCloth 选项对话框中选项作用及含义

选项	作用及含义
局部空间输出	选择该选项后，创建的 nCloth 的输入和输出网格都会受到解算器的影响，且它们将共享相同的变换节点
世界空间输出	选择该选项后，创建的 nCloth 将只有输出网格受解算器的影响，且每个输入和输出网格都会有自己的变换节点
解算器	设置该选项，将为创建的 nCloth 生成新的解算器

★重点 11.9.3 创建和编辑 nCloth 约束

打开【FX】模块中的【nConstraint】菜单，即布料约束菜单，如图 11-115 所示，所有布料约束都受布料解算器控制，可以使用该菜单中的命令调整布料、粒子和毛发对象的行为。约束命令可以限制布料的移动或将它们固定到其他对象。例如，用户可以通过使用约束来保证人物的衣服具有穿着效果，约束的作用类似于在衣服的缝合线上进行固定，如将裙子的背带附着在人物的肩部。

图 11-115

★重点 11.9.4 布料的动力学特性

当多边形网格切换到 nCloth 对象后，在【属性编辑器】面板中即可找到选定对象的【动力学特性】区域，如图 11-116 所示，这里列出了典型布料材质主要的独特属性和特性。

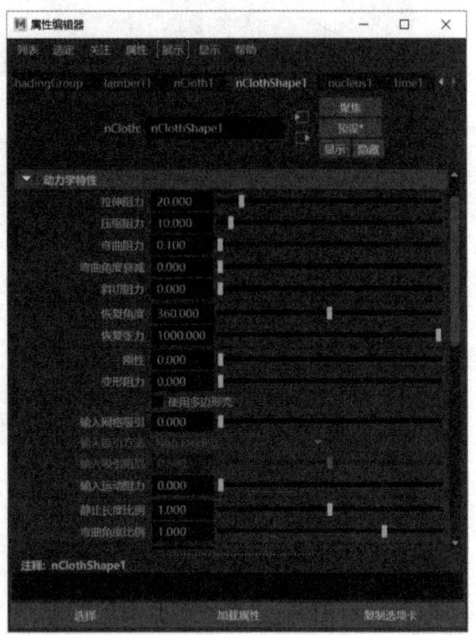

图 11-116

【动力学特性】区域中选项的作用及含义如表 11-28 所示。

表 11-28 动力学特性区域中选项作用及含义

选项	作用及含义
拉伸阻力	该选项决定当前布料对象在受到张力时抵抗拉伸的量，默认值为 20。拉伸阻力是当前对象的链接超过其静止长度时应用于这些链接的力
压缩阻力	该选项决定当前布料对象抵抗压缩的量，数值为 0 时，当前布料的弹性效果会像橡皮筋一样，默认值为 10
弯曲阻力	该选项决定在处于应力下时布料对象在边上抵抗弯曲的量，默认值为 0.1
弯曲角度衰减	该选项决定当前布料对象的弯曲角度对【弯曲阻力】的影响程度
斜切阻力	该选项指定当前布料对象抵抗斜切的量，在一般情况下，默认值为 0
恢复角度	如果同时设置该选项与【弯曲阻力】，可以模拟变形金属；如果没有力作用在布料对象上，当前对象将无法返回到其起始状态
恢复张力	该选项可以用来模拟可进行拉伸的物体，如橡皮泥。如果没有力作用在布料对象上，当前对象将无法返回到其起始状态
刚性	该选项决定当前布料对象充当刚体的程度。数值越大，布料充当刚体的程度越强；数值为 1 时布料将充当刚体
变形阻力	该选项决定当前布料对象保持其当前状态的程度
使用多边形壳	选择该选项后，【刚性】和【变形阻力】将应用到布料对象网格的各个多边形壳中，并且不受任何碰撞的影响
输入网格吸引	设置该选项，将决定当前对象吸引输入网格的形状的程度
输入吸引方法	该选项分为两种，一种是非锁定，另一种是锁定值为 1.0 或更大，是用来将【输入网格吸引】应用到布料对象的网格顶点中的方法
输入吸引阻尼	设置该选项，将决定【输入网格吸引】应用后的弹性效果。数值越大，布料的弹性越小
输入运动阻力	设置该选项，将决定应用于布料对象中的运动阻力的强度。数值为 0 时，没有任何影响；数值为 1 时，布料对象将沿着与输入网格相同的路径运动
静止长度比例	设置该选项，将决定如何在起始帧确定的长度动态缩放静止长度。默认值为 1
弯曲角度比例	设置该选项，将决定如何在起始帧确定的弯曲角度动态缩放弯曲角度。默认值为 1

续表

选项	作用及含义
质量	设置该选项，将决定当前布料对象的基础质量，数值越大，受阻力的影响越小，默认值为 1
升力	设置该选项，将决定应用到当前布料对象的升力的大小。默认值为 0.05
阻力	设置该选项，将决定应用于当前布料对象的阻力的大小。默认值为 0.05
切向阻力	设置该选项，将决定偏移阻力相对于当前布料对象的曲面切线的效果。默认值为 0
阻尼	设置该选项，将生成相反的力，使当前布料对象减慢运动速度
拉伸阻尼	将指定速度因布料对象的拉伸而衰减的程度
缩放关系	共有 3 种关系，分别是链接、对象空间和世界空间。它可以用来决定当前布料对象的比例和顶点密度定义动态属性的方式
忽略解算器重力	选择该选项后，当前布料对象将禁用解算器【重力】
忽略解算器风	选择该选项后，当前的布料对象将禁用解算器【风】
局部力	设置该选项，将按指定的量和方向将与解算器重力类似的力应用到布料对象
局部风	设置该选项，将按照指定的量和方向将与解算器风类似的力应用到布料对象

★重点 11.9.5 创建 nCloth 碰撞

创建被动碰撞对象时，可以将碰撞对象指定给现有的 Nucleus 解算器，使该对象与其他对象产生交互。如果界面中还没有解算器，可以在创建被动碰撞对象的同时创建一个 Nucleus 解算器。选择要生成 nCloth 被动对象的模型，选择菜单栏中的【nCloth】→【创建被动碰撞对象】命令，如图 11-117 所示。

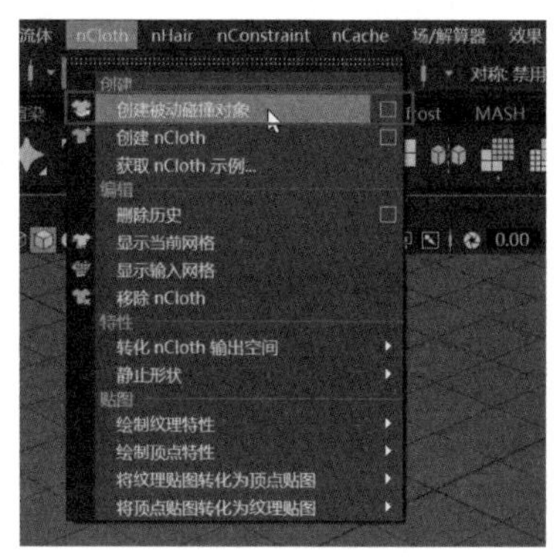

图 11-117

11.10 nHair

nHair 是一种通用的动力学曲线模拟，可以在模型上创建头发，还可以调节头发的浓密程度、卷曲程度及刚度，使效果更加逼真。通过 nHair 可以模拟出逼真的头发外观和行为，如在风中飘动的头发、头发与衣物产生的碰撞等。

11.10.1 nHair 概述

在 Maya 中头发系统是由多个头发毛囊组成的，是头发毛囊的集合，可以跨越多个多边形曲面。实际生活中，我们的一个头发毛囊中通常有一根头发，而在 Maya 中每个毛囊承载的是一个头发曲线。创建头发时，可以通过 NURBS 曲线或 Paint Effects 画笔的形式输出，或同时执行两种形式。如果创建头发使用的是 NURBS 曲线，那么每个毛囊都将包含一个 NURBS 曲线，代表头发的具体位置。头发系统和毛囊级别中含有多种属性，影响头发的外观和行为。

默认情况下，nHair 可以与其他 Nucleus 对象产生交互，包括被动碰撞、nCloth 和 nParticle 对象。如果不希望场景中的多个解算器对象发生碰撞，可以在创建对象之前或之后，将对象指定给其他的解算器。头发系统同样使用 Nucleus 解算器，即生成布料、模拟粒子的动态模拟框架。

制作完成的 nHair 系统，可以通过 Maya 自带的渲染器渲染最终效果；还可以将使用画笔绘制出来的头发切换为多边形。

11.10.2 nHair 的基本工作流程

nHair 的基本工作流程如下：

（1）单击工具架中的【球体】图标，创建一个球体模型，如图 11-118 所示。选择创建好的模型，将软件界面切换到【FX】模块，选择菜单栏中的【nCloth】→【创建被动碰撞对象】命令，如图 11-119 所示。

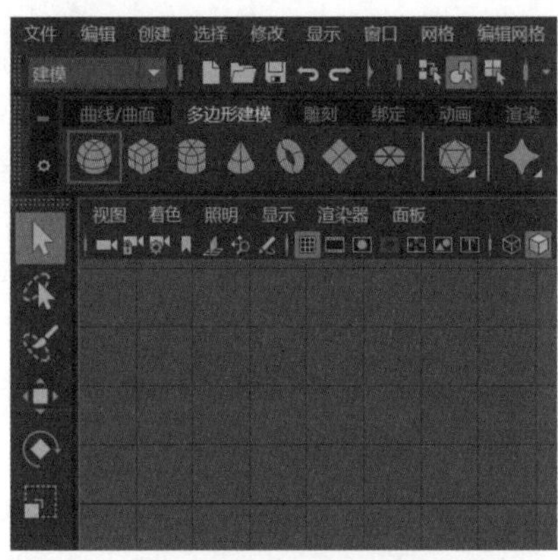

图 11-118

图 11-119

（2）选择菜单栏中的【nHair】→【创建头发】命令，如图 11-120 所示，为模型创建头发，如图 11-121 所示。

图 11-120

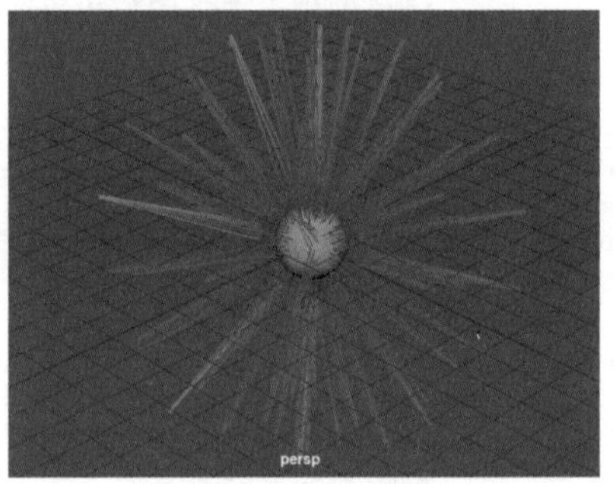

图 11-121

（3）播放当前动画，即可看到头发在重力的作用下向下垂落，如图 11-122 所示。选择头发曲线，选择菜单栏中的【nHair】→【设置开始位置】→【来自当前】命令，如图 11-123 所示。

图 11-122

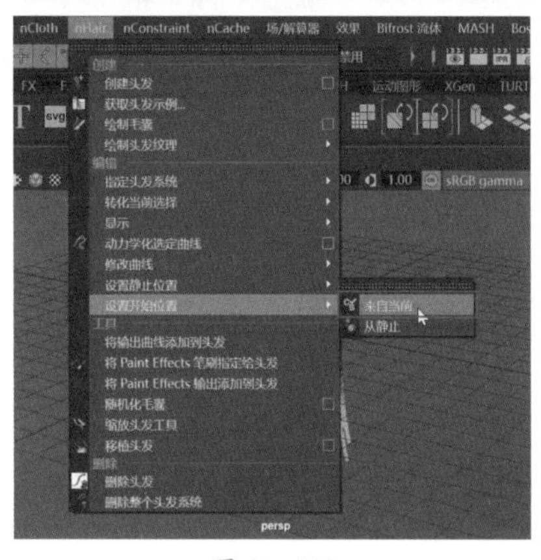

图 11-123

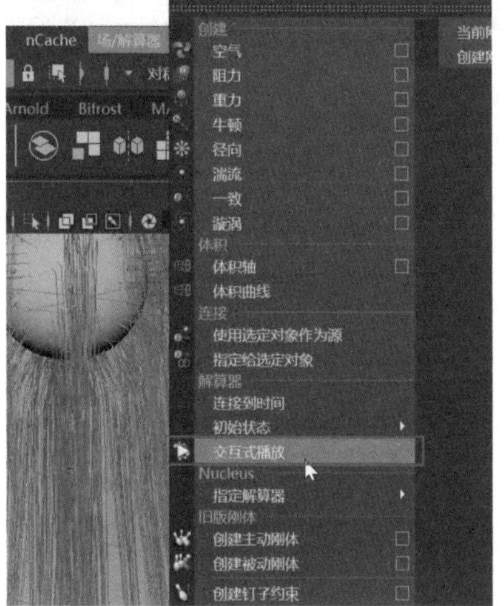

图 11-124

图 11-125

（4）根据需求为球体添加动画，选择菜单栏中的【场 / 解算器】→【交互式播放】命令，如图 11-124 所示，查看交互式期间的效果，最后渲染最终效果，如图 11-125 所示。

11.11 MASH 程序效果

MASH 是一个运动图形插件，是 Maya 中的新功能，它和 C4D 的运动图形模块比较相似，是为制作动作而设计的。使用 MASH 还可以制作动画和设置装饰，对于新手来说非常容易上手。在工作流程中，通过 MASH 可以实现非常酷炫的 MG 动画效果。

如果没有加载 MASH 插件，首先选择菜单栏中的【窗口】→【设置 / 首选项】→【插件管理器】命令，如图 11-126 所示，打开面板后选中 MASH 插件，如图 11-127 所示。

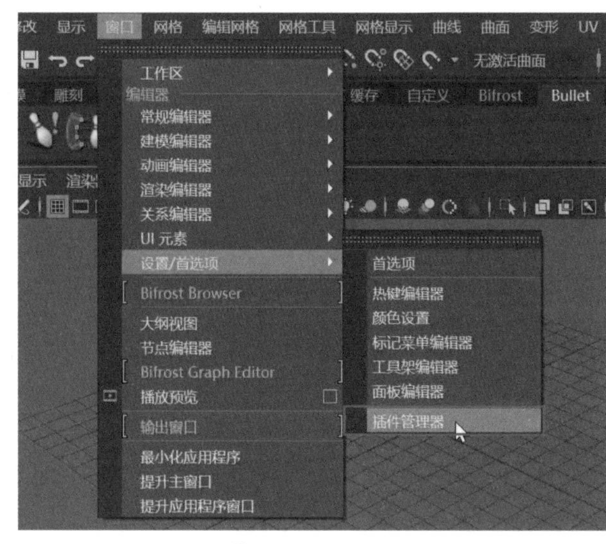

图 11-126

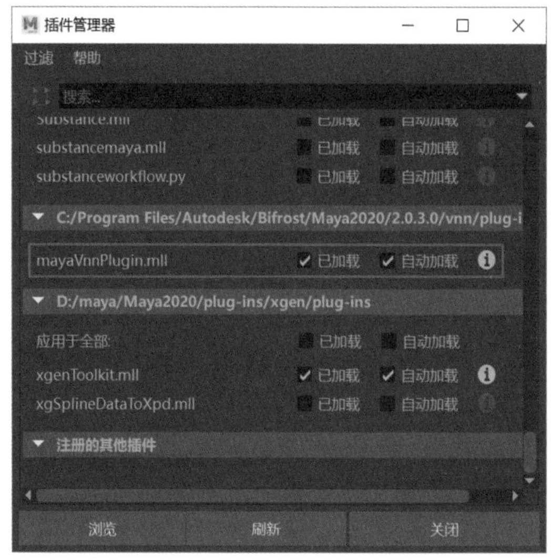

图 11-127

11.11.1 MASH 节点概述

节点网络是 MASH 中最主要的部分，每个节点决定一个功能。将对象切换为 MASH 网络后，按快捷键【Ctrl+A】打开其【属性编辑器】面板，如图 11-128 所示，即可在【添加节点】区域中看到所有的 MASH 节点。

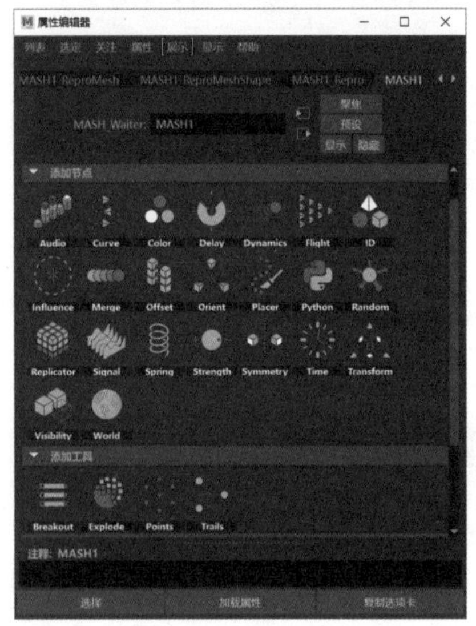

图 11-128

重点 11.11.2 缓存 MASH 网络进行渲染

缓存 MASH 网络的过程取决于当前的【几何体类型】。一般在渲染时建议使用 MASH 节点以快速获得可预测结果的网络，因为该节点具有程序特性。选择菜单栏中的【缓存】→【Alembic 缓存】→【将当前选择导出到 Alembic】命令，如图 11-129 所示，然后选择菜单栏中的【缓存】→【Alembic 缓存】→【导入 Alembic】命令，将 Alembic 缓存重新导入场景中，如图 11-130 所示。

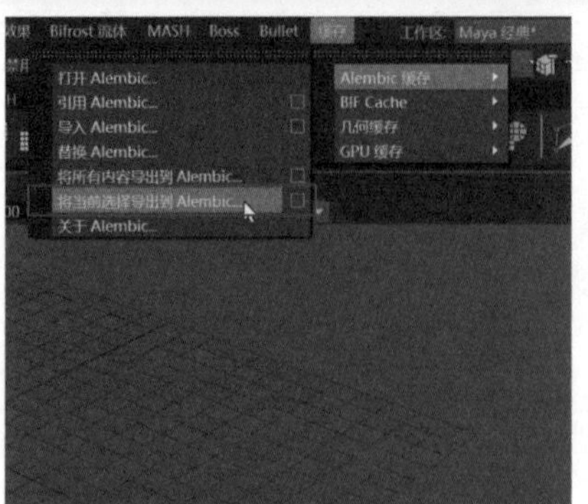

图 11-129

图 11-130

11.11.3 将 MASH 网络连接到对象

如果需要直接在对象上使用【弹簧】【变换】等常见的 MASH 效果，可以将对象连接到【局部剖视图】节点，它可以使用 MASH 网络在视图中的对象上驱动动画的属性设置。

11.11.4 实战：使用 MASH 制作轮胎

Step01 单击工具架中的【立方体】图标，创建一个立方体，如图 11-131 所示，选择创建好的模型，将软件界面切换到【FX】模块，选择菜单栏中的【MASH】→【创建 MASH 网络】命令，如图 11-132 所示。

图 11-131

图 11-132

Step02 此时会自动创建出一排立方体，如图 11-133 所示，按快捷键【Ctrl+A】打开【属性编辑器】面板，将【分布类型】设置为【径向】，如图 11-134 所示。

图 11-133

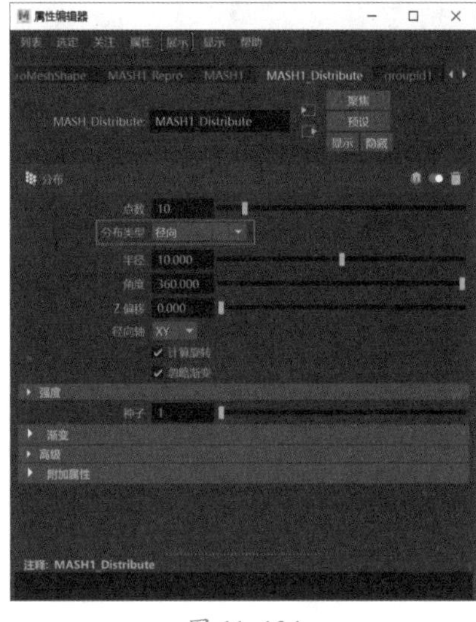

图 11-134

Step03 此时立方体会以径向分布，如图 11-135 所示，将分布的【点数】（表示轮胎中齿轮的数量）调整为 38，如图 11-136 所示。

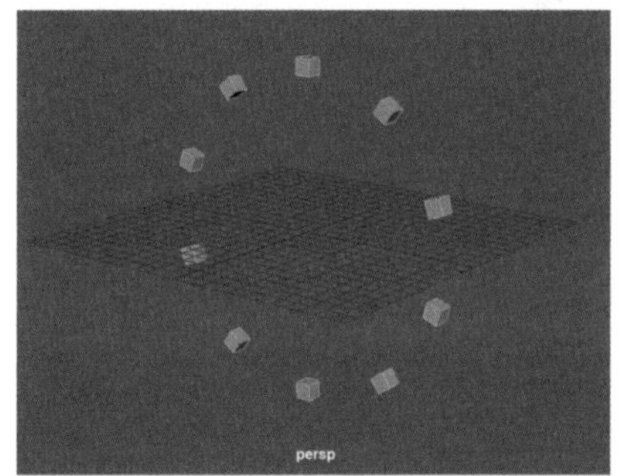

图 11-135

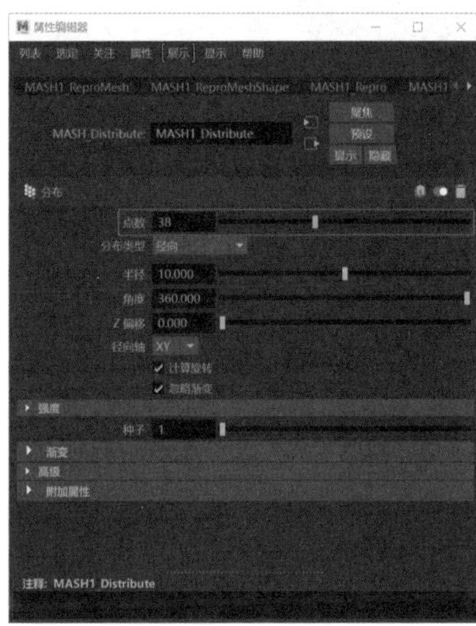

图 11-136

Step04 调整半径，如图 11-137 所示，直到立方体的边重合，如图 11-138 所示。

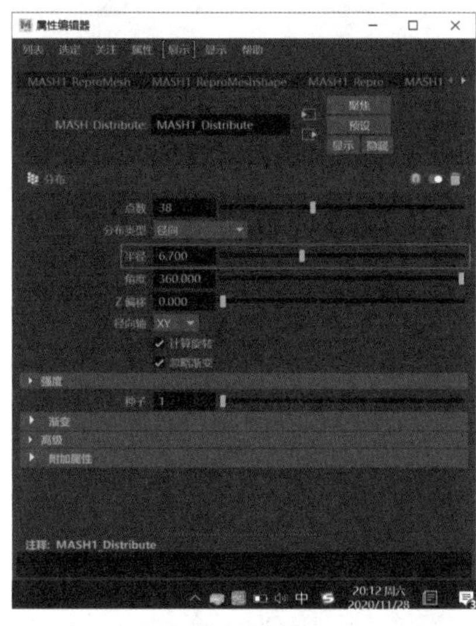

图 11-137

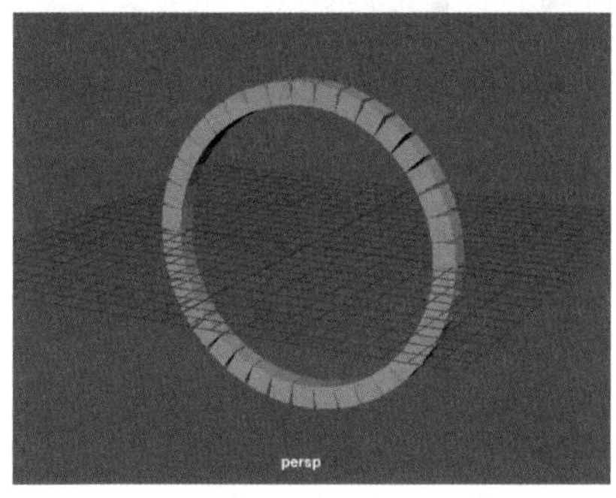

图 11-138

Step05 打开【大纲视图】面板，可以看到源对象被隐藏了，按快捷键【Shift+H】将模型显示出来，如图 11-139 所示，在工作区中将显示的模型拖曳到轮胎外，如图 11-140 所示。

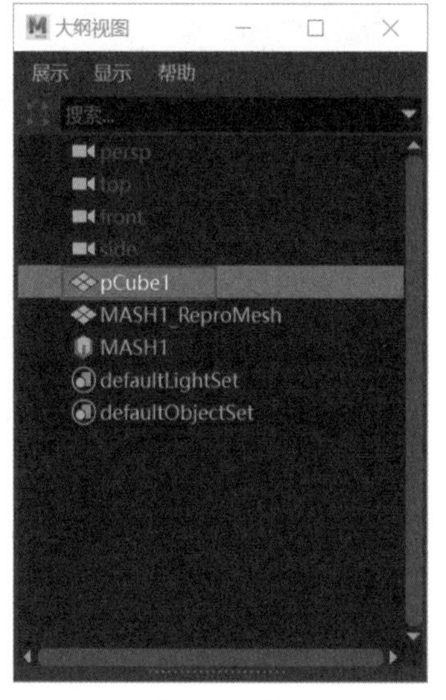

图 11-139

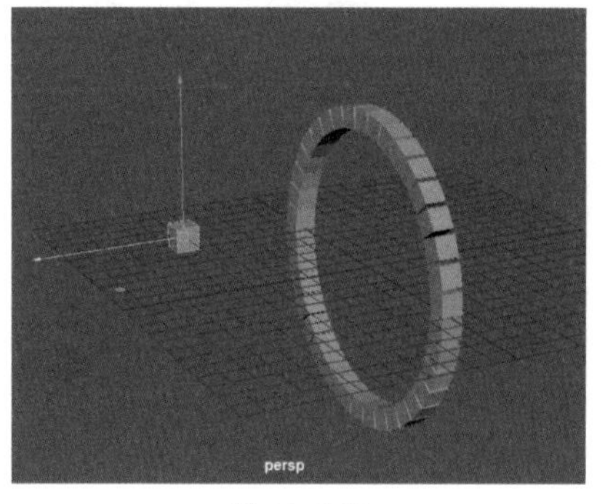

图 11-140

Step06 对源模型进行调节后，对应的轮胎会同时受影响。选择源模型，将其横向拉长，如图 11-141 所示，调节源模型上方的宽度，对应着将轮胎上方的裂缝闭合，如图 11-142 所示，该操作可以在前视图和线框模式下进行，更易观看模型细节的变化。

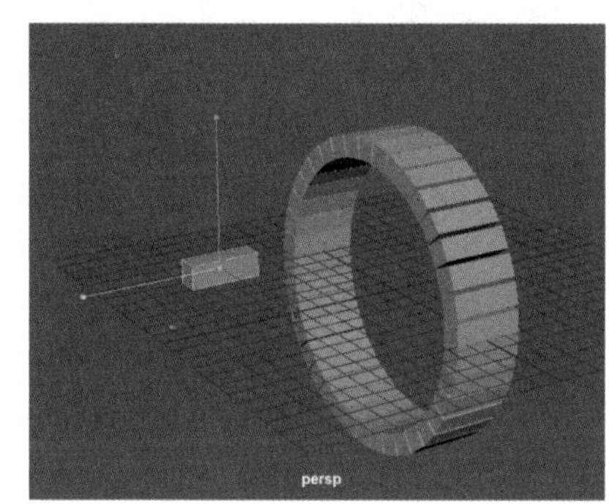

图 11-141

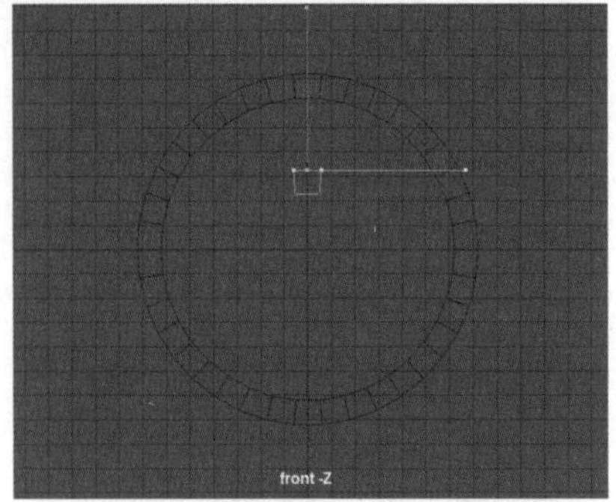

图 11-142

Step 07 回到透视图中，此时的轮胎效果如图 11-143 所示，将轮胎的厚度增加一些，同时删除中间的面，因为轮胎是空心的，如图 11-144 所示。

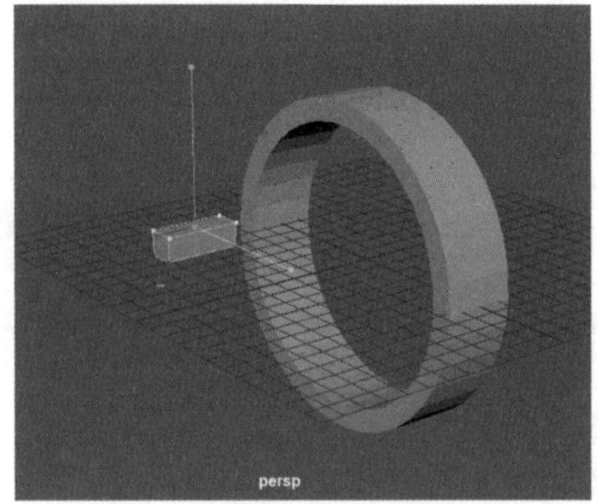

图 11-143

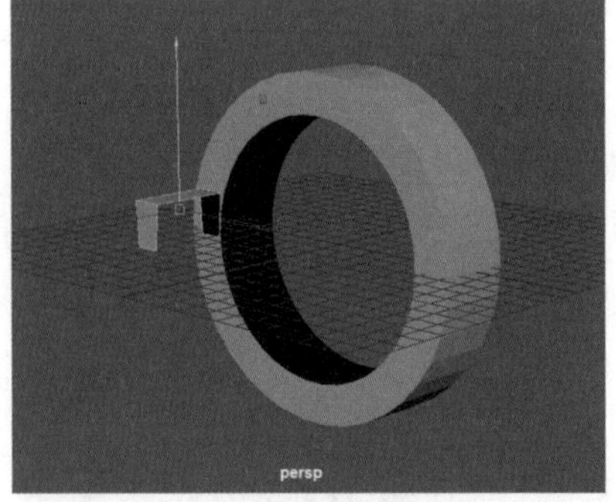

图 11-144

Step 08 为轮胎添加细节。选择侧面的一条边，按组合键【Ctrl+ 鼠标右键】，在弹出的菜单中拖曳选择【环形边工具】→【到环形边并分割】命令，如图 11-145 所示，使用同样的方法，在中间添加 3 条环形边，如图 11-146 所示。

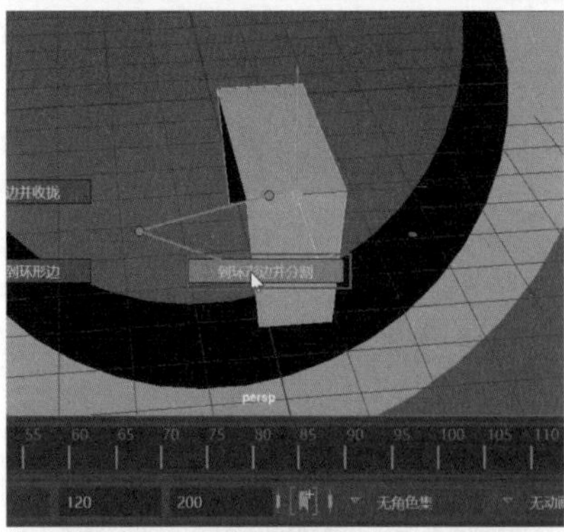

图 11-145

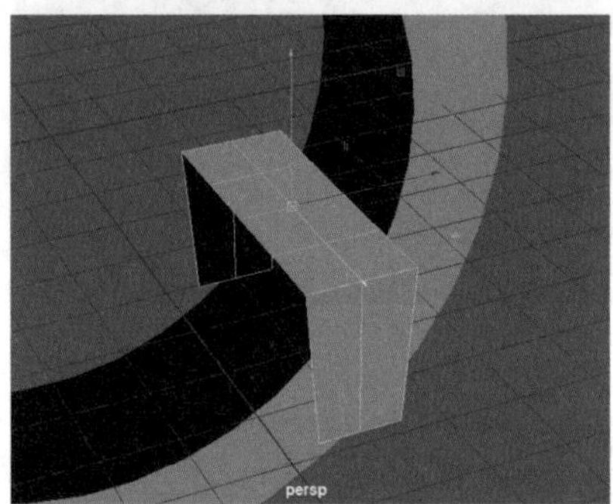

图 11-146

Step 09 使模型进入点模式，选择中间的边的局部顶点，向左侧移动，如图 11-147 所示，再将另一侧的局部顶点向相反的方向移动，如图 11-148 所示。

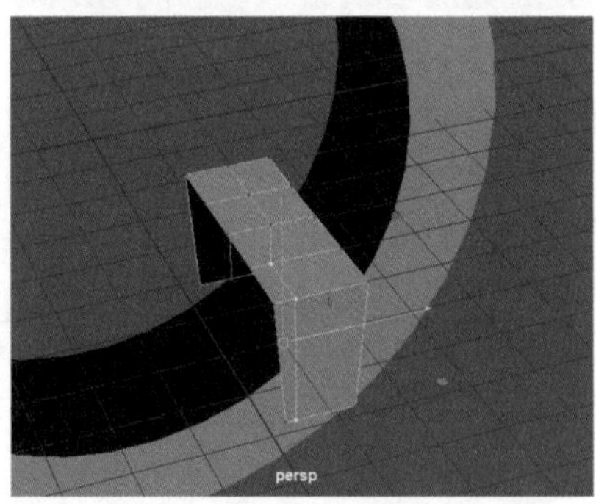

图 11-147

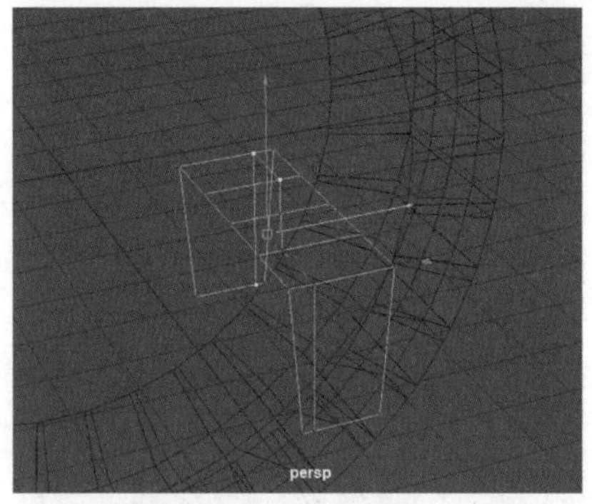

图 11-148

Step 10 在源模型的两侧分别添加两条环形边，如图 11-149 所示，选择两侧对角位置的边进行倒角，如图 11-150 所示。

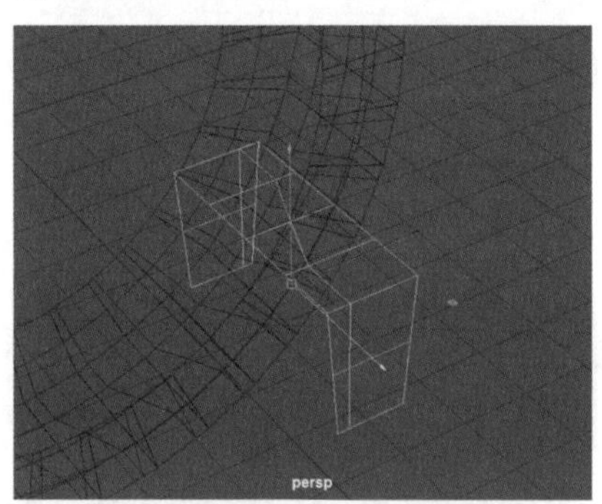

图 11-149

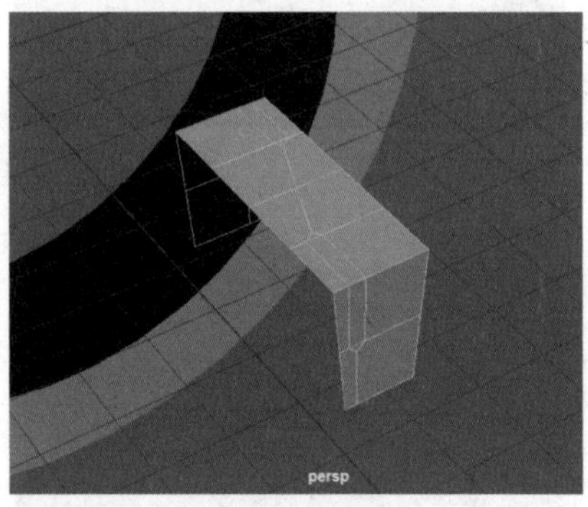

图 11-150

Step 11 选择倒角后生成的面，按组合键【Shift+ 鼠标右键】，在弹出的菜单中拖曳选择【挤出面】命令，如图 11-151 所示，命令执行后，拖曳黄色的操纵器向内挤压，如图 11-152 所示。

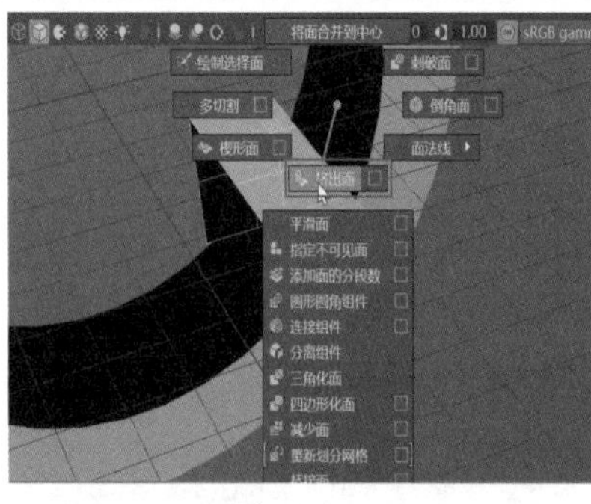

图 11-151

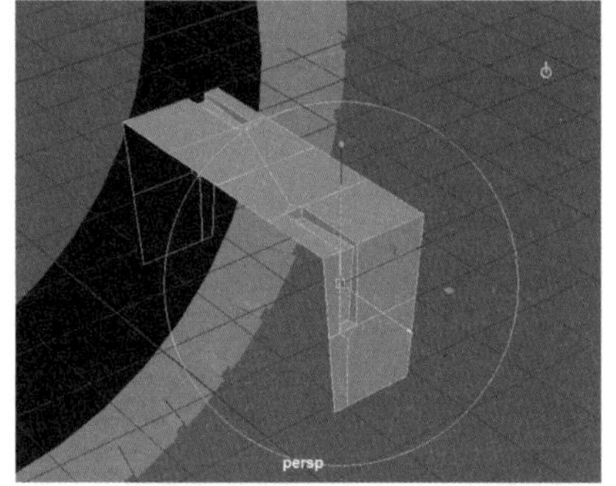

图 11-152

Step⑫ 此时可以看到轮胎上的凹槽效果，如图 11-153 所示，然后框选源模型中间的顶点进行压缩，将凹槽拉长，如图 11-154 所示。

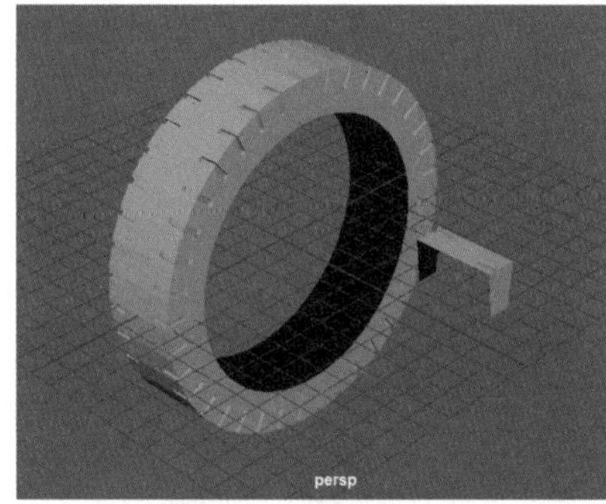

图 11-153

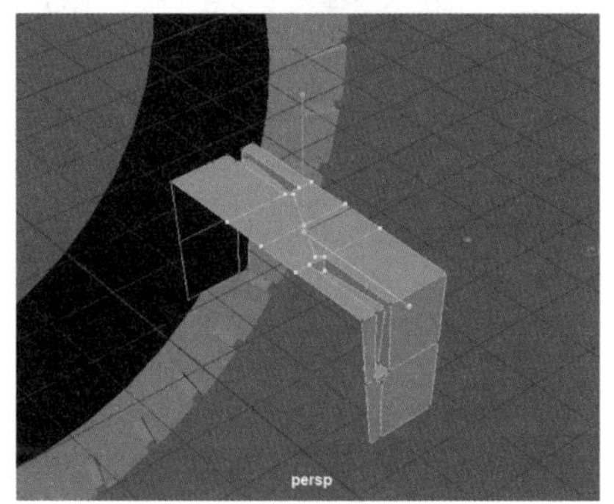

图 11-154

Step⑬ 将对角的顶点同时向内侧收拢一些，如图 11-155 所示，将中间的顶点向上拖曳一些，如图 11-156 所示。

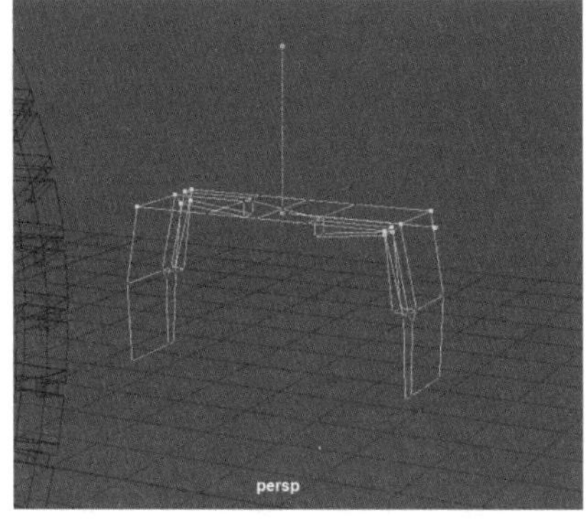

图 11-155

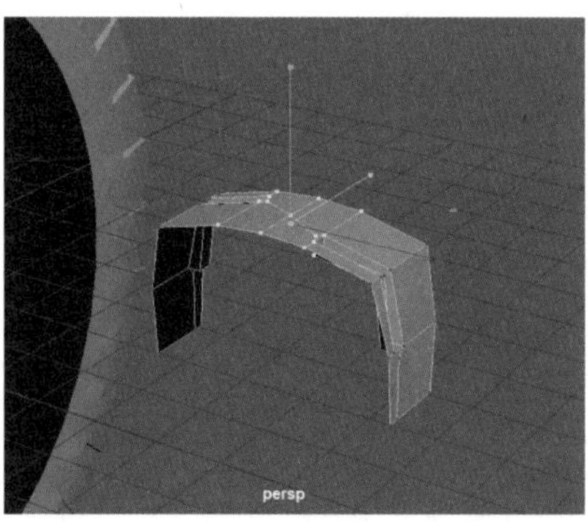

图 11-156

Step⑭ 在源模型上添加两条环形边，如图 11-157 所示，框选中间所有的顶点，继续向中间收拢一些，如图 11-158 所示。

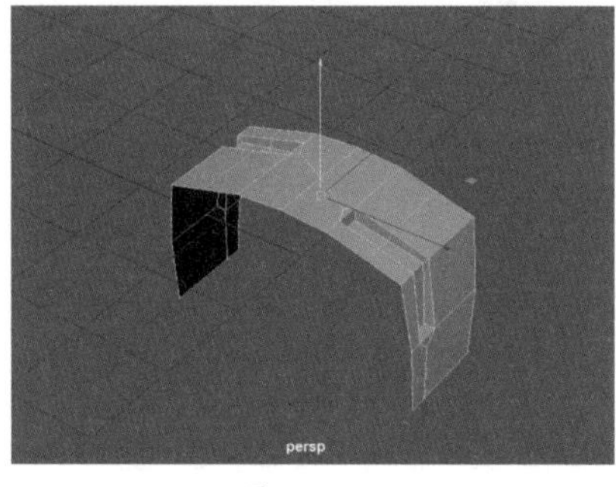

图 11-157

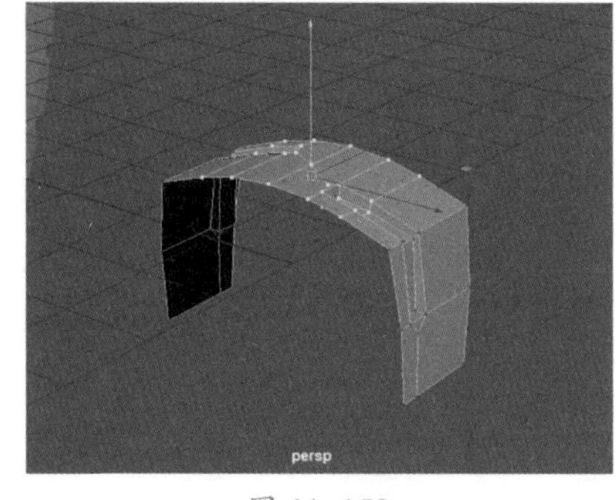

图 11-158

Step⑮ 将凹槽的顶端缩小并向内收拢一些，制作对角的效果，如图 11-159 所示，同时将当前选择的两个面的边向上偏移一些，如图 11-160 所示，对面进行挤压。

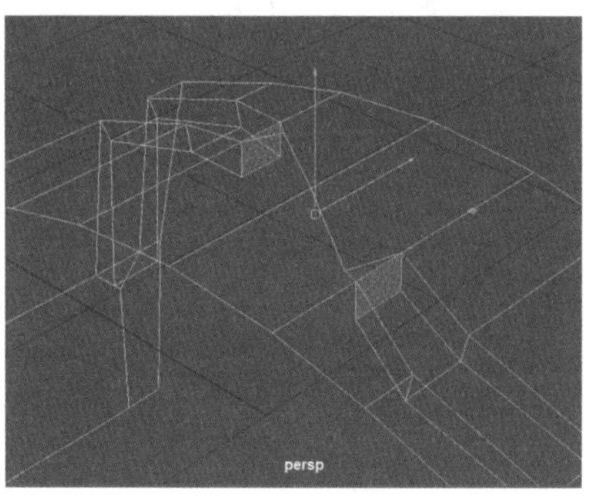

图 11-159

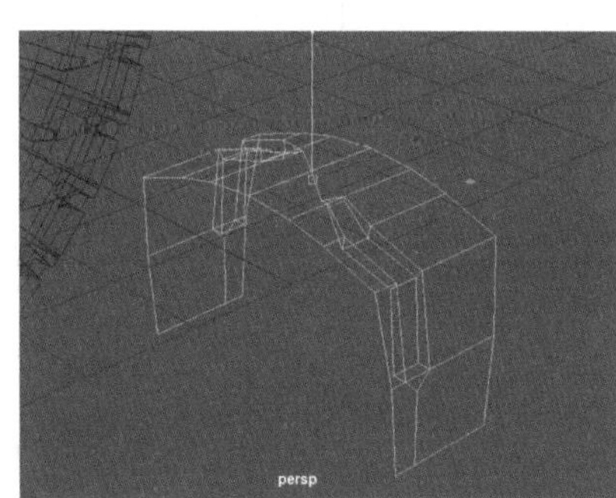

图 11-160

Step⑯ 使用同样的方法，对另一侧的面也进行挤压，如图 11-161 所示，将凹槽中间部分做得更深一些，如图 11-162 所示。

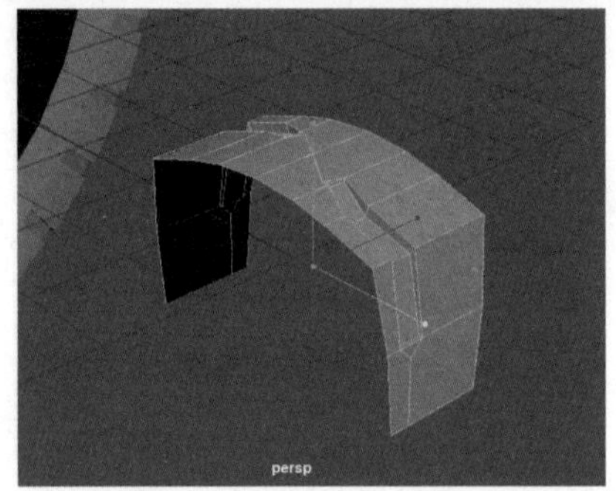

图 11-161

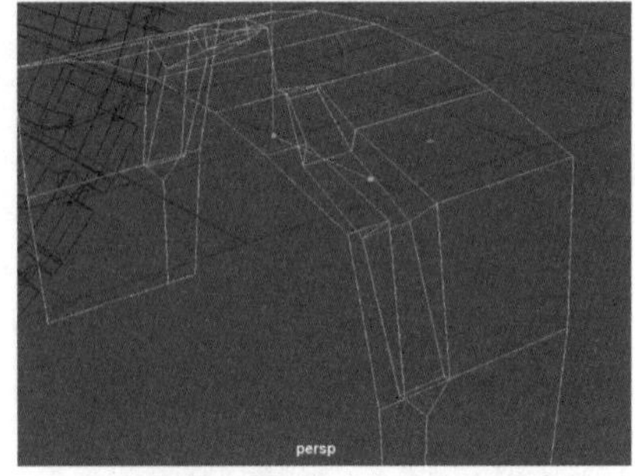

图 11-162

Step17 将凹槽的整个底面缩短，使凹槽在视觉上有更好的层级感，如图 11-163 所示，此时凹槽就制作完成了。选择源模型，长按鼠标右键，在弹出的菜单中拖曳选择顶点模式，如图 11-164 所示。

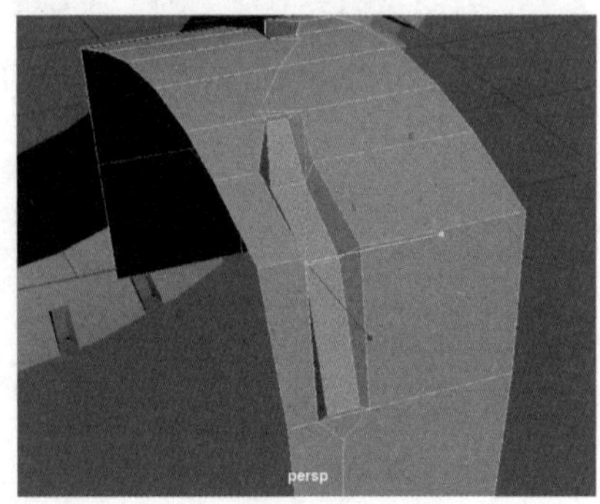

图 11-163

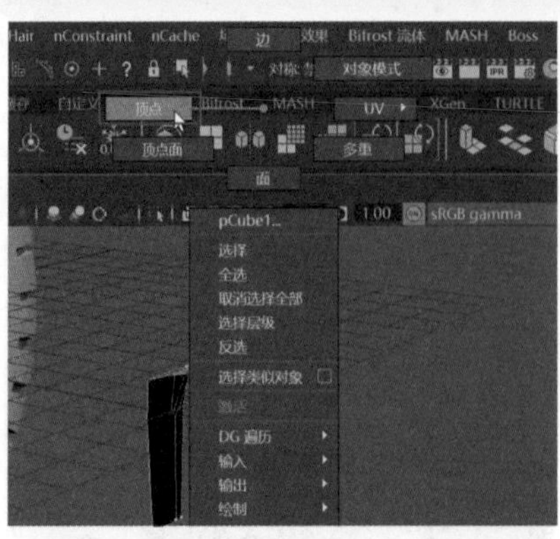

图 11-164

Step18 选择源模型底部所有的点进行拉长，将轮胎继续加厚一些，如图 11-165 所示，然后进入面模式。选择凹槽下方的面，按组合键【Shift+ 鼠标右键】，在弹出的菜单中拖曳选择【挤出面】命令，如图 11-166 所示。

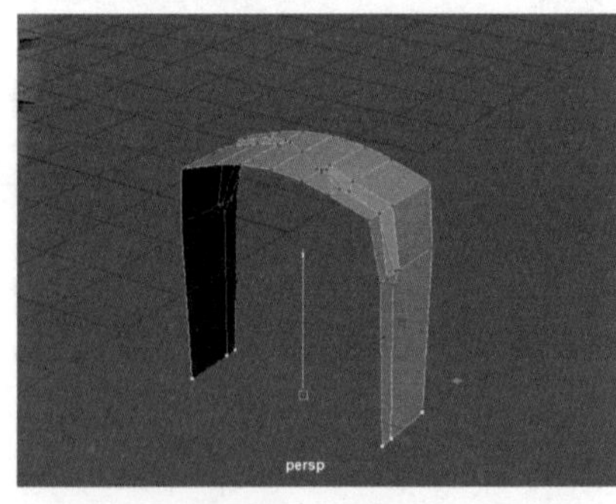

图 11-165

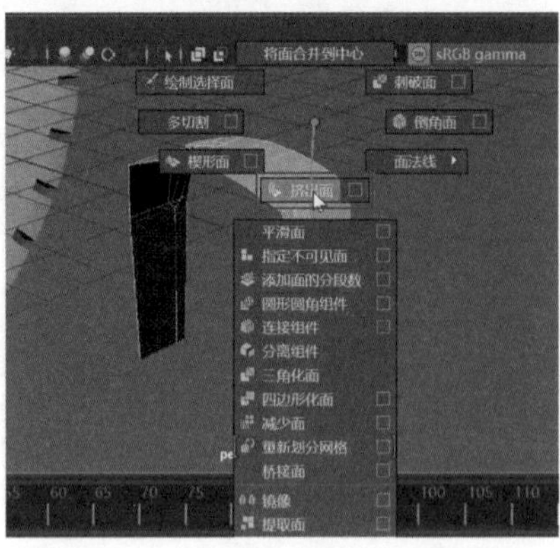

图 11-166

Step19 将局部面挤出一些厚度，如图 11-167 所示，用同样的方法，再次挤出厚度，然后使用【R】键缩放工具，拖曳单个方向的轴，将生成的部分进行单向缩短，如图 11-168 所示。

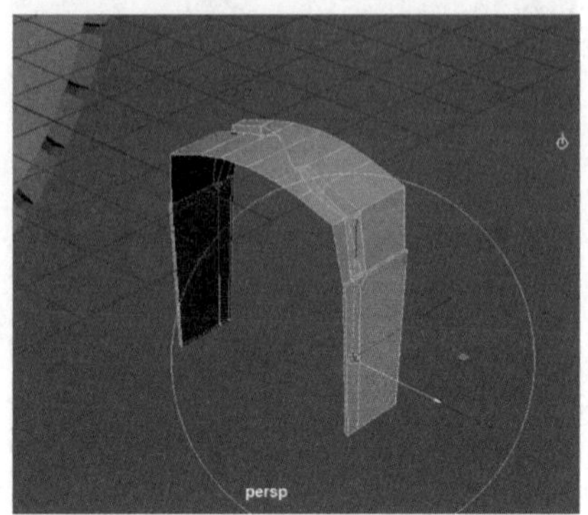

图 11-167

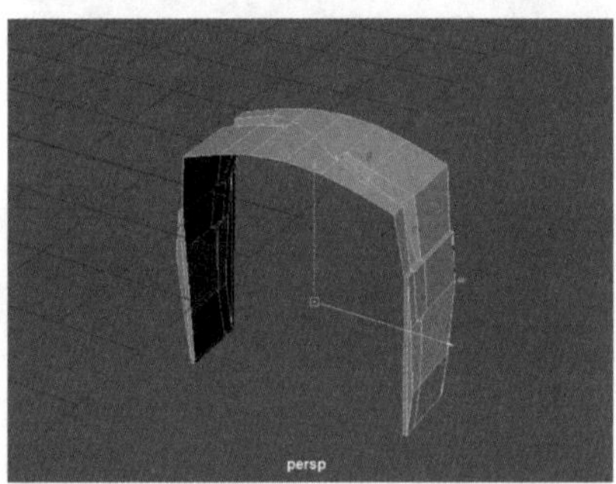

图 11-168

Step20 轮胎的最终效果如图 11-169 所示。实例最终效果见“结果文件\第 11 章\luntai.mb”文件。

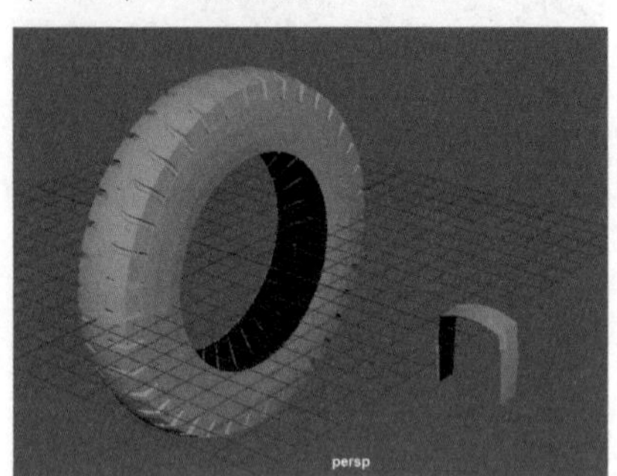

图 11-169

妙招技法

下面结合本章内容，介绍一些实用技巧。

技巧 01：制作喷泉特效

Step01 单击工具架中的【平面】图标，如图 11-170 所示，在场景视图中创建一个平面模型并放大，如图 11-171 所示。

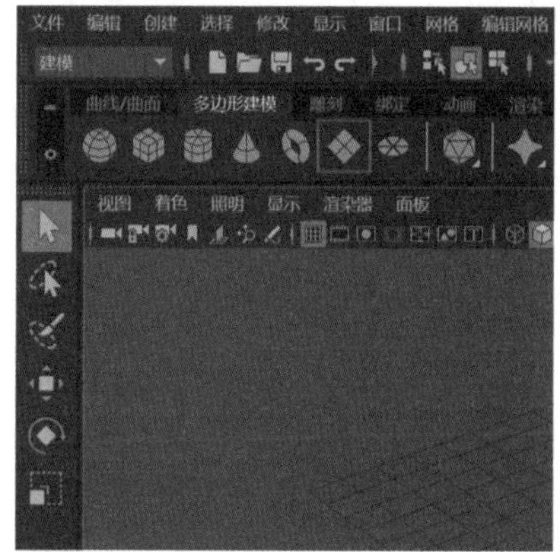

图 11-170

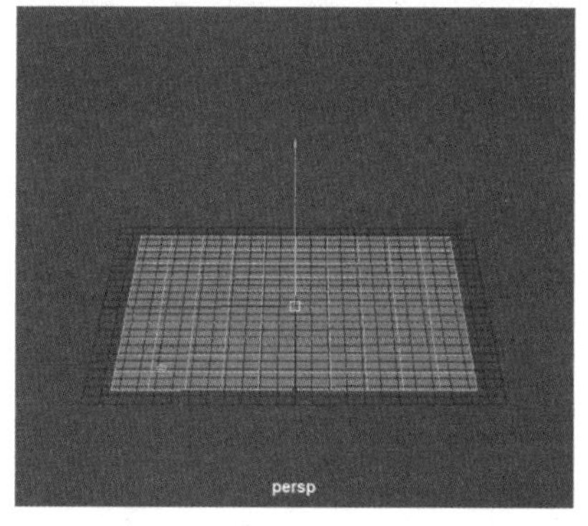

图 11-171

Step02 将软件界面切换到【FX】模块，选择菜单栏中的【nParticle】→【创建发射器】命令，如图 11-172 所示。选择生成的发射器，按快捷键【Ctrl+A】打开其【属性编辑器】面板，将【发射器类型】切换为【Volume】，【速率】调整为 500，如图 11-173 所示。

图 11-172

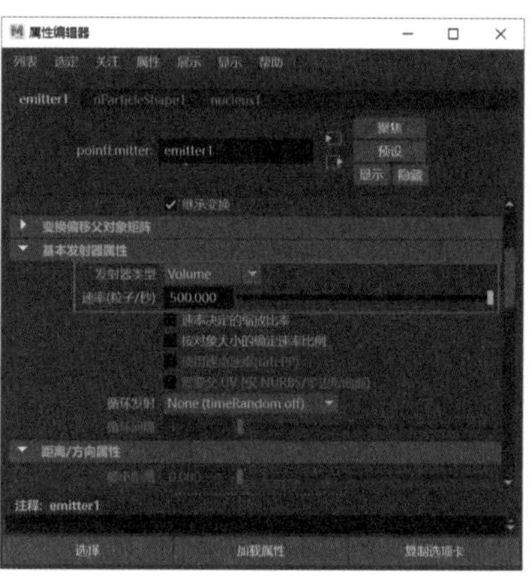

图 11-173

Step03 调整体积发射器属性，❶将【体积形状】切换为【Cylinder】，❷将【远离轴】和【绕轴】调整为 10，【沿轴】调整为 16，如图 11-174 所示。将【属性编辑器】面板切换到【nParticleShape1】，❸将【粒子渲染类型】切换为【MultiStreak】，❹将【不透明度】调整为 0.3，如图 11-175 所示。

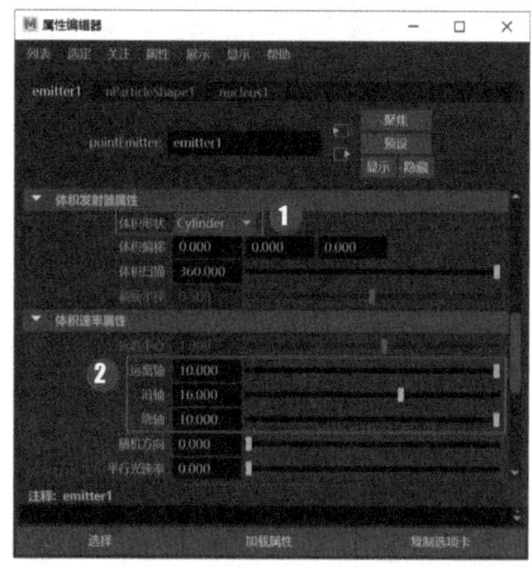

图 11-174

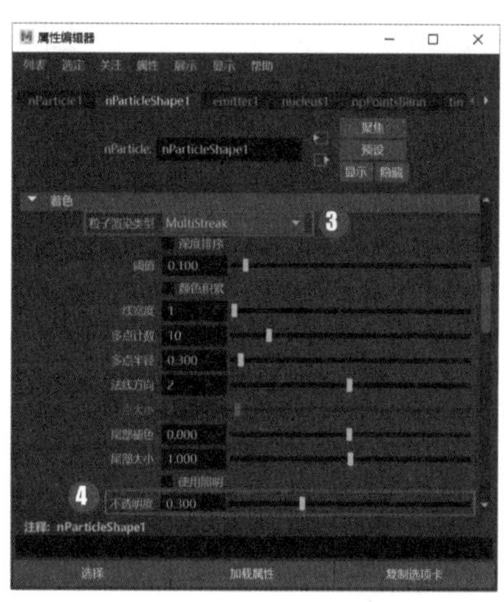

图 11-175

Step04 在【nucleus1】面板中，❶选中【使用平面】复选框，❷将【平面反弹】调整为 0.2，如图 11-176 所示，单击右下角的播放按钮查看效果，如图 11-177 所示。实例最终效果见“结果文件\第 11 章\PQ.mb”文件。

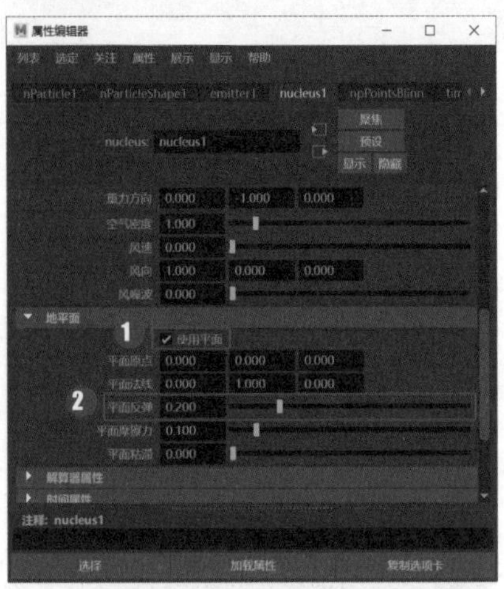

图 11-176

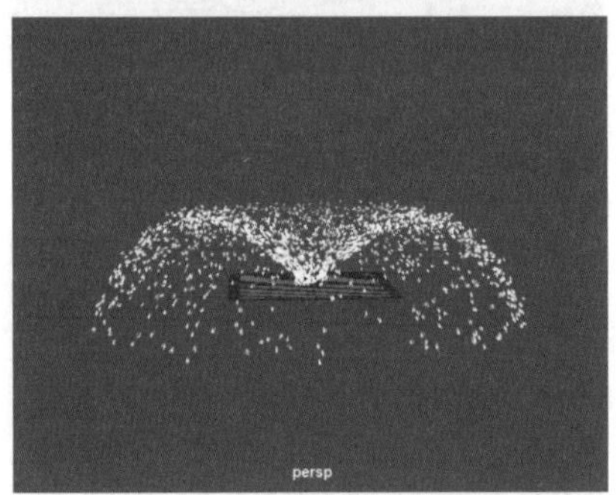

图 11-177

技巧 02：制作破碎特效

Step 01 单击工具架中的【立方体】图标，如图 11-178 所示，选择创建好的模型，将其压扁并放大，作为一面墙体，如图 11-179 所示。

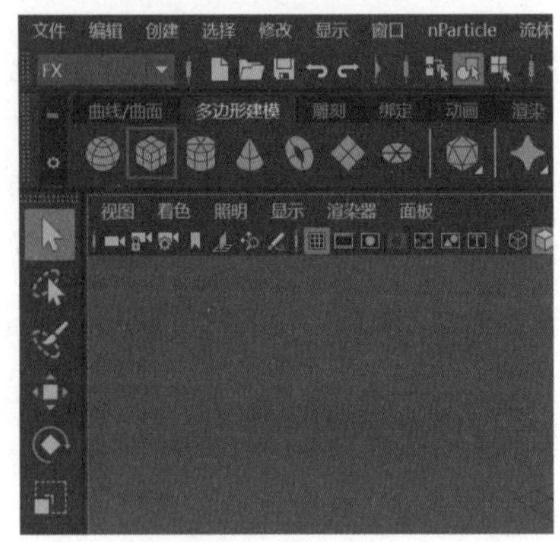

图 11-178

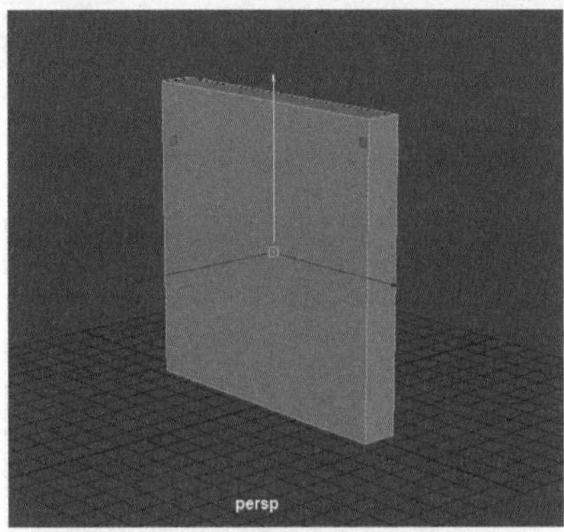

图 11-179

Step 02 创建一个球体模型，放在墙体的正对面，如图 11-180 所示。选择墙体，按快捷键【Alt+Shift+D】删除一次历史，将软件界面切换到【FX】模块，单击菜单栏中【效果】→【破碎】命令右侧的复选框，如图 11-181 所示。

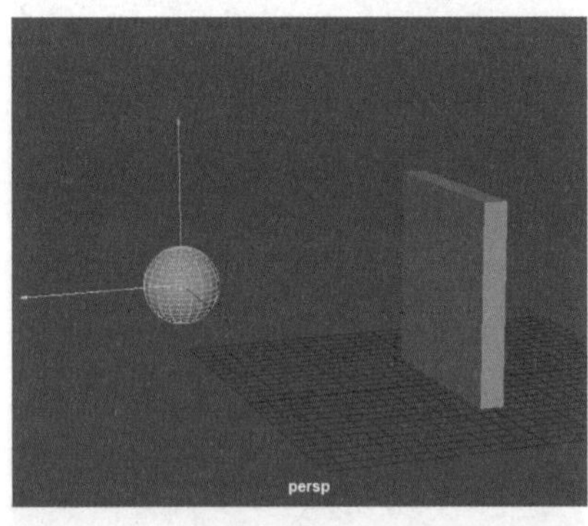

图 11-180

图 11-181

Step 03 打开【创建破碎效果选项】对话框，❶切换到【实体破碎】选项卡，❷单击【应用】按钮，如图 11-182 所示，此时即可看到墙体的破碎效果，如图 11-183 所示。

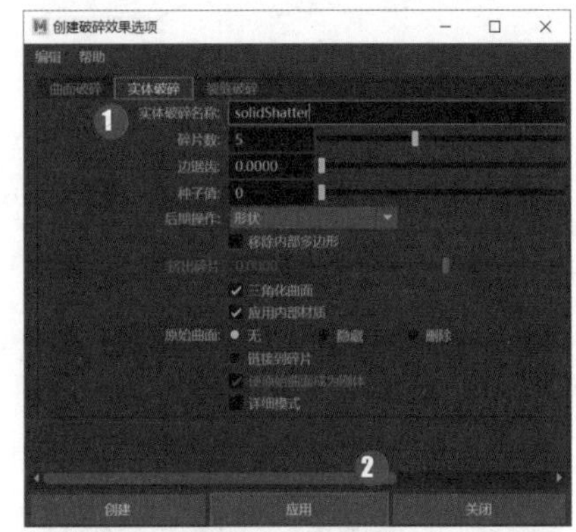

图 11-182

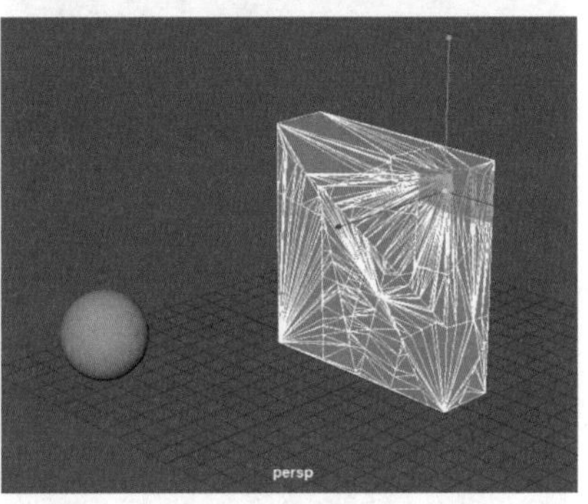

图 11-183

Step 04 选择墙体，选择菜单栏中的【Bullet】→【刚体集】命令，如图 11-184 所示，打开【大纲视图】面板，选择【bulletSolver1】选项，如图 11-185 所示。

图 11-184

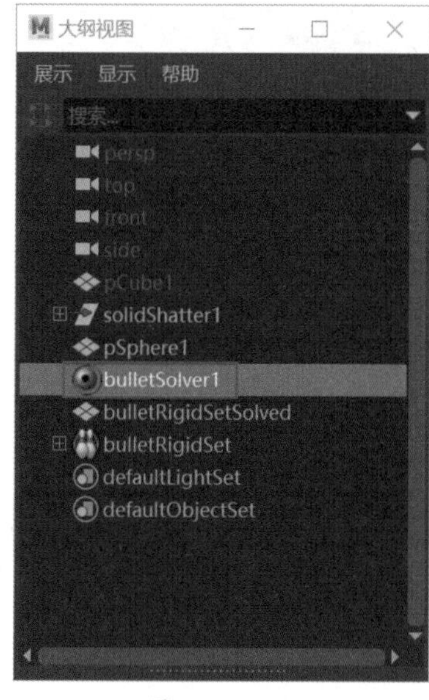

图 11-185

Step 05 按快捷键【Ctrl+A】打开其【属性编辑器】面板，展开【解算器特性】区域，选中【地平面】复选框，如图 11-186 所示。在【bulletRigidSetInitialState】面板中，将【初始条件】区域展开，选中【开始时睡眠】和【粘合形状】复选框；将【碰撞属性】区域展开，将【碰撞形状类型】调整为【hull】，【碰撞形状边界】设置为 0，如图 11-187 所示。

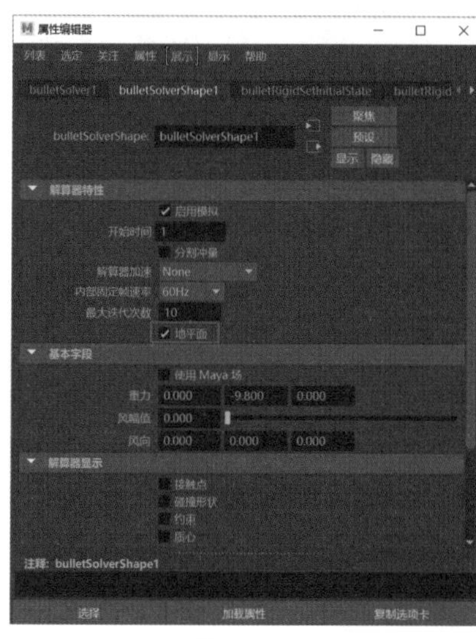

图 11-186

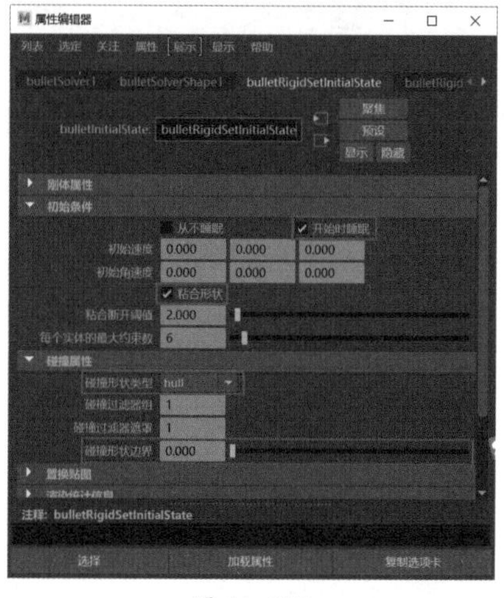

图 11-187

Step 06 选择球体模型，选择菜单栏中的【Bullet】→【主动刚体】命令，如图 11-188 所示，按快捷键【Ctrl+A】打开其【属性编辑器】面板，将球体的质量调整为 500，【初始速度】调整为 -100，如图 11-189 所示。

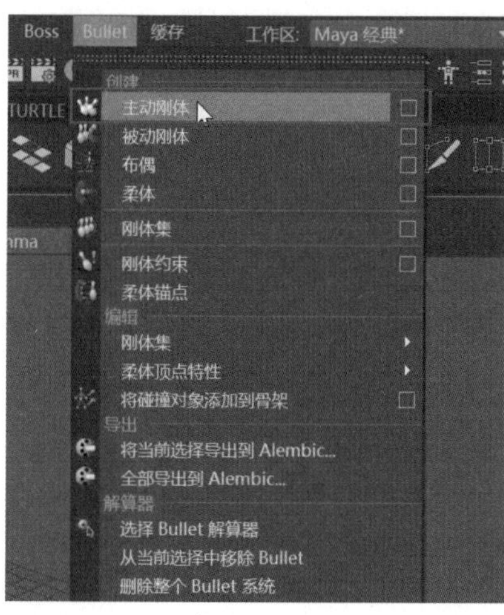

图 11-188

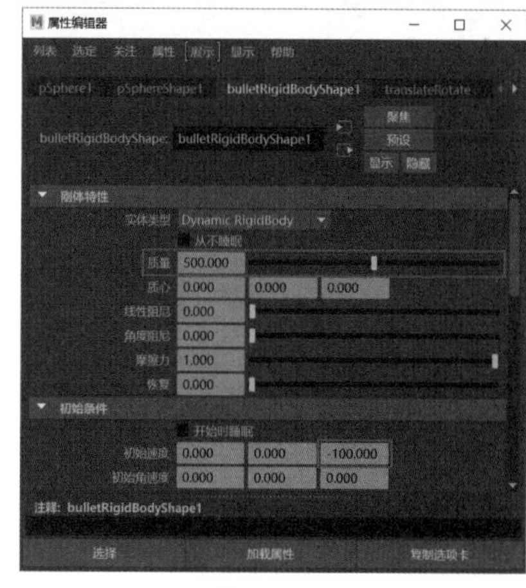

图 11-189

Step 07 播放动画，可以看到球体撞击墙体的一瞬间，墙体破碎的效果，如图 11-190 所示。实例最终效果见“结果文件 \ 第 11 章 \PS.mb”文件。

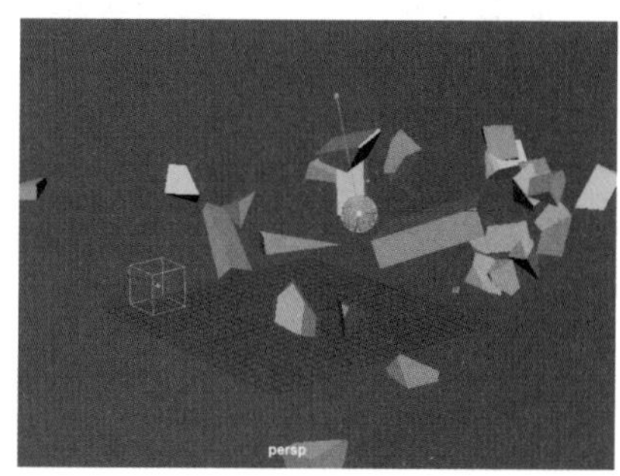

图 11-190

上机实训——制作龙卷风特效

本例将通过调整【创建发射器】和【扭曲】命令的属性，制作龙卷风特效，具体制作步骤如下。

Step01 将界面切换到【FX】模块，单击菜单栏中【nParticle】→【创建发射器】命令右侧的复选框，如图 11-191 所示，打开【发射器选项（创建）】面板后，❶选择菜单栏中的【编辑】→【重置设置】命令，❷单击【创建】按钮，如图 11-192 所示。

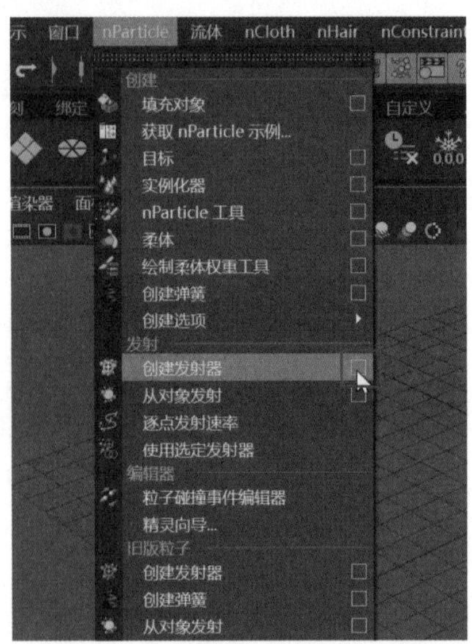

图 11-191

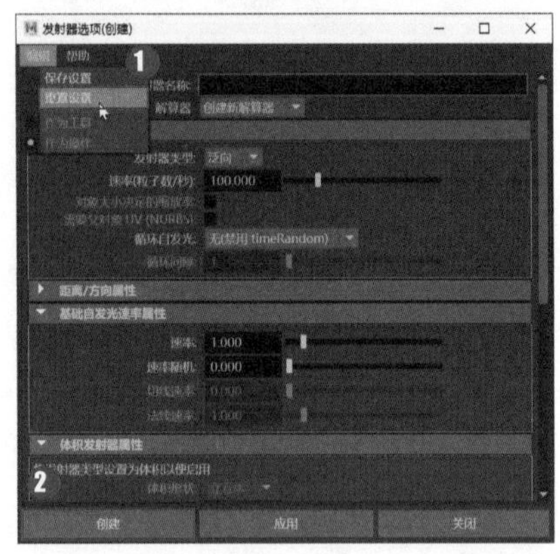

图 11-192

Step02 选择生成的粒子发射器，按快捷键【Ctrl+A】打开其【属性编辑器】面板，将【发射器类型】设置为 Directional，【速率】设置为 1500，并对其各个方向和发射速率进行调节，如图 11-193 所示，将【速率随机】设置为 5，如图 11-194 所示。

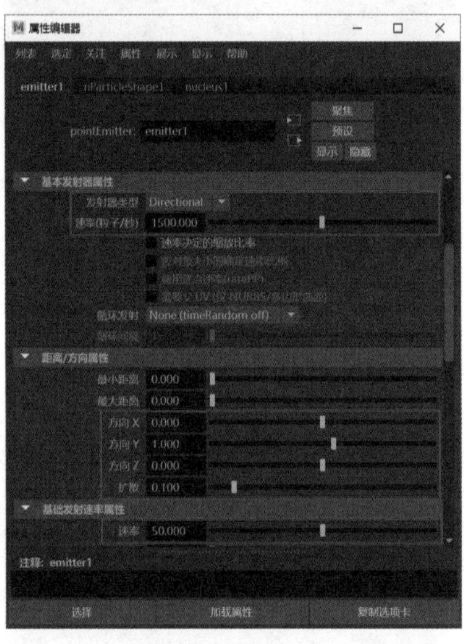

图 11-193

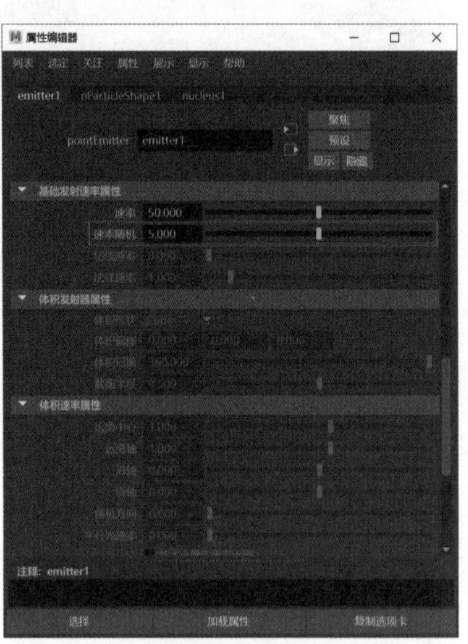

图 11-194

Step03 将【属性编辑器】面板切换到【nParticleShape1】，在【寿命】区域中将【寿命模式】切换为 Random range，【寿命】设置为 2.5，【寿命随机】设置为 1，如图 11-195 所示，单击菜单栏中【场 / 解算器】→【漩涡】命令右侧的复选框，如图 11-196 所示。

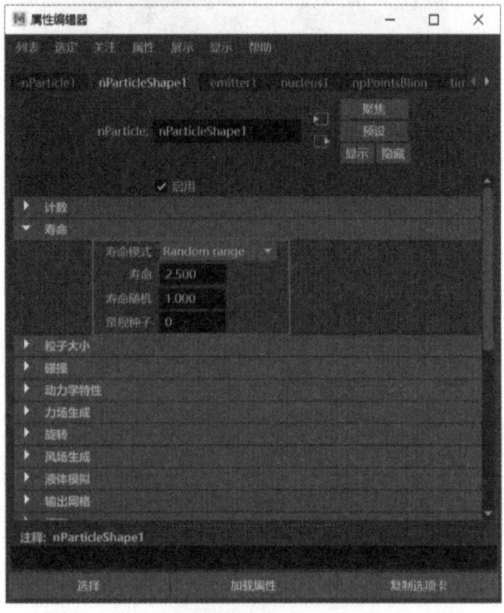

图 11-195

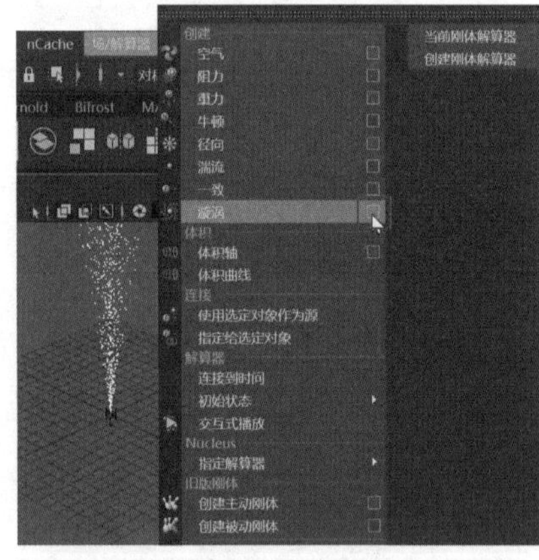

图 11-196

Step04 打开【漩涡选项】对话框，❶选择菜单栏中的【编辑】→【重置设置】命令，❷单击【创建】按钮，如图 11-197 所示，在其属性编辑器面板中，将【幅值】设置为 20，如图 11-198 所示。

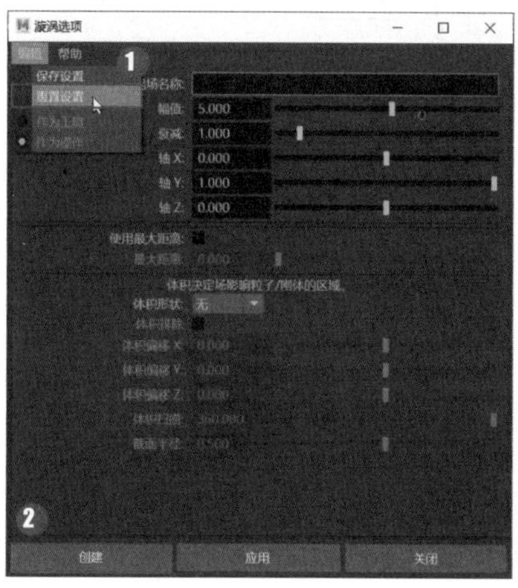

图 11-197

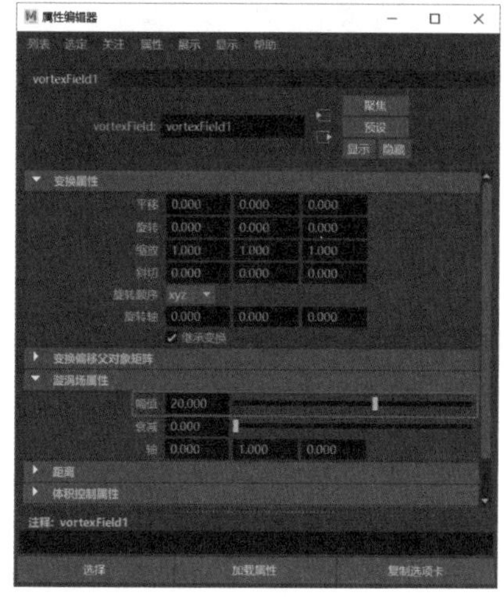

图 11-198

Step05 选择粒子，将软件界面切换为【动画】模块，选择菜单栏中的【变形】→【非线性】→【扭曲】命令，如图 11-199 所示，打开其【属性编辑器】面板，调节【变换属性】参数，如图 11-200 所示。

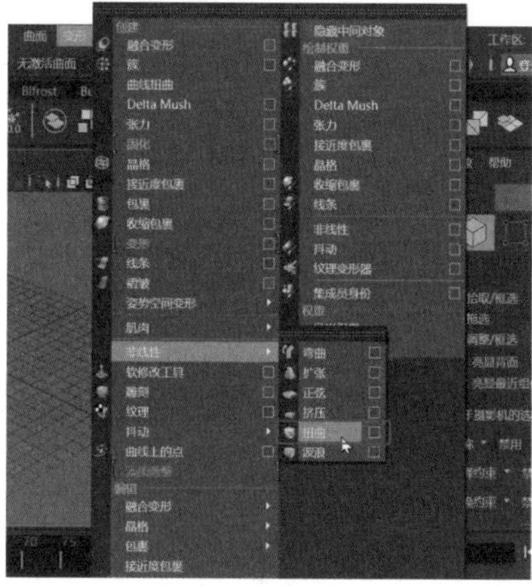

图 11-199

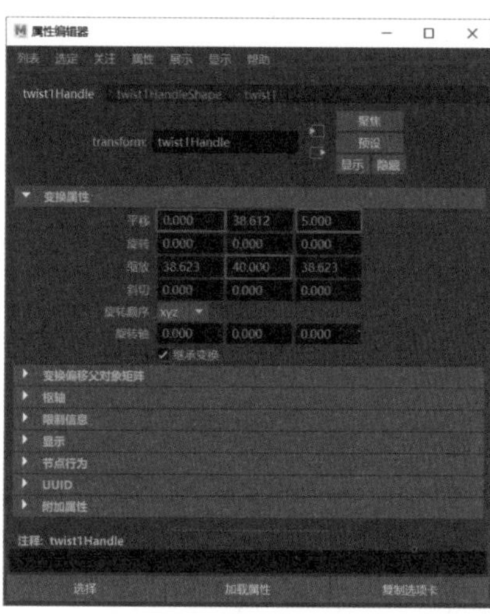

图 11-200

Step06 在【twist1】属性面板中，调整【开始角度】和【结束角度】的数值，如图 11-201 所示，单击右下角的播放按钮，播放龙卷风动画，效果如图 11-202 所示。实例最终效果见“结果文件\第 11 章\LJF.mb”文件。

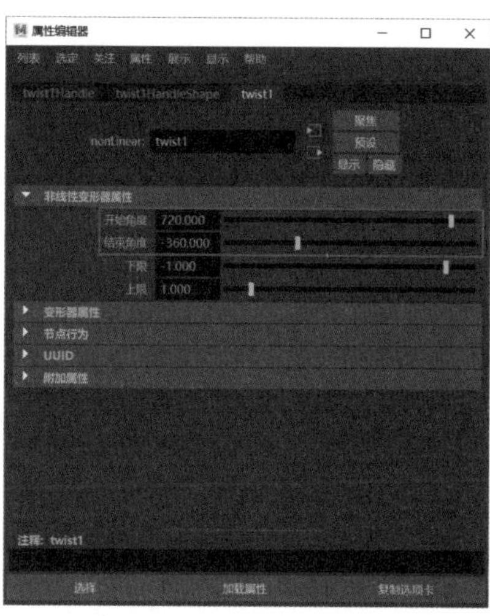

图 11-201

图 11-202

本章小结

本章主要介绍了软件中柔体和刚体动力学、粒子系统、布料、毛发等特效的基础应用。在使用【逐点发射速率】时，不能在曲线或曲面上发射粒子，只能在点上发射粒子。当粒子自碰撞时不会发生 nParticle 碰撞事件。动力场的选项面板中的【幅值】可以设置为负值，代表相反的方向。

第12章 流体特效高级应用

- ➥ 流体特效是什么，如何应用？
- ➥ 如何制作开阔水面效果？
- ➥ 如何渲染并播放流体效果？
- ➥ 什么是 Bifrost 流体模拟系统？

使用流体特效可以很容易地制作出真实的水面或大气效果。通过本章内容，读者可以学习到如何通过模拟和渲染流体技术，使场景变得更加具有视觉冲击力。

12.1 Maya 流体特效概述

流体特效是一个可以使对象真实模拟出流体效果的动画制作技术。Maya 的【FX】模块中有一套非常强大的制作流体特效的工具，它具有一个海洋着色器，可以为对象创建开阔水面并让对象漂浮在水面上；还可以使用解算器模拟任意形态的物体的运动效果，然后通过添加纹理生成更加与众不同的效果，如 2D 和 3D 大气、海洋、爆破效果、岩浆等，最后通过体积的方式渲染。

12.2 创建流体效果

Maya 中有 3 种基本的流体效果类型，分别是动力学流体效果、非动力学流体效果，以及海洋和池塘。

（1）动力学流体效果

动力学流体效果遵循自然法则中的流体动力学，是物理学的一门分支学科，使用数学方程式计算对象流动的方式。它可以制作动力学流体的纹理，向其应用力，该流体可以与几何体碰撞并移动几何体、影响柔体及粒子的交互。

（2）非动力学流体效果

该流体效果不需要使用解算器进行解算，如云或雾等比较抽象的效果适合使用该方法制作，渲染非动力学流体的速度远快于渲染动力学流体的速度。

（3）海洋和池塘

使用海洋和池塘制作流体可以模拟逼真的水面效果，如游泳池。海洋会自动赋予一个海洋着色器的 NURBS 平面；池塘是执行弹簧网格解算器和高度场的 2D 流体。使用海洋和池塘还可以添加船的尾迹效果。

12.2.1 流体容器

Maya 中的流体容器有两种，分别是 2D 容器和 3D 容器，如图 12-1 所示，容器可以决定流体存在的空间，并且产生的流体效果必须存在于容器内部，制作开阔水面效果时不需要使用容器。

1. 2D 容器

2D 容器会把流体限定在二维的边界中。该体素的大小由世界单位中 Z 的大小决定。Z 的数值越大，容器的【密度】越小。将 Maya 切换到【FX】模块后，选择菜单栏中【流体】→【2D 容器】命令右侧的复选框，打开【创建具有发射器的 2D 容器选项】对话框，如图 12-2 所示。

图 12-1

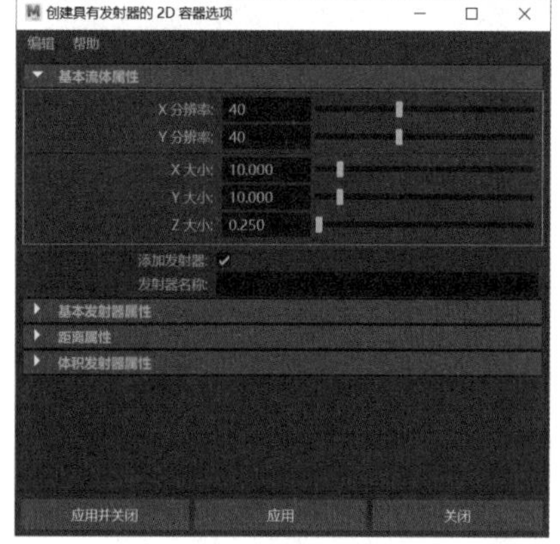

图 12-2

【创建具有发射器的 2D 容器选项】对话框中选项的作用及含义如表 12-1 所示。

表 12-1 创建具有发射器的2D容器选项对话框中选项作用及含义

选项	作用及含义
X/Y 分辨率	该选项决定容器中流体显示的分辨率。数值越大，流体越清晰
X/Y 大小	该选项决定容器的大小

2. 3D 容器

3D 容器会把流体限定在三维的边界中。将 Maya 切换到【FX】模块后，选择菜单栏中【流体】→【3D 容器】命令右侧的复选框，打开【创建具有发射器的 3D 容器选项】对话框，如图 12-3 所示。

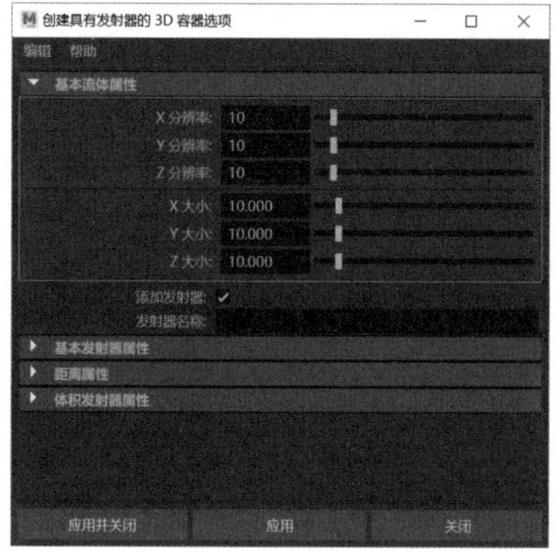

图 12-3

12.2.2 添加 / 编辑内容

将 Maya 切换到【FX】模块后，选择菜单栏中的【流体】→【添加 / 编辑内容】命令，如图 12-4 所示，可以看到该菜单中有 6 个子命令，分别是【发射器】【从对象发射】【渐变】【绘制流体工具】【连同曲线】和【初始状态】。

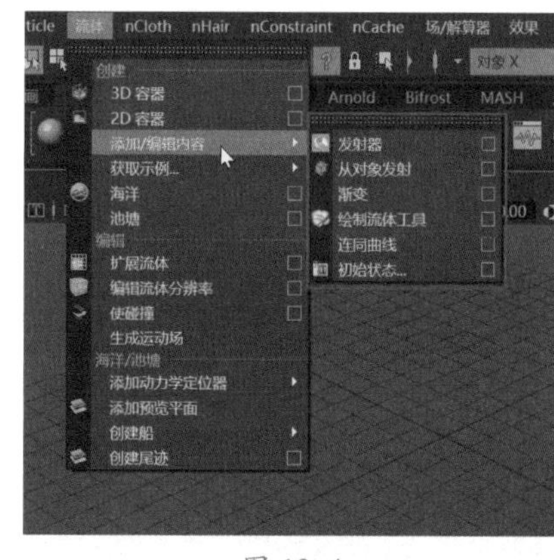

图 12-4

1. 发射器

选择流体容器，执行【发射器】命令即可为当前流体容器添加一个发射器，单击【发射器】命令右侧的复选框，打开【发射器选项】对话框，如图 12-5 所示。

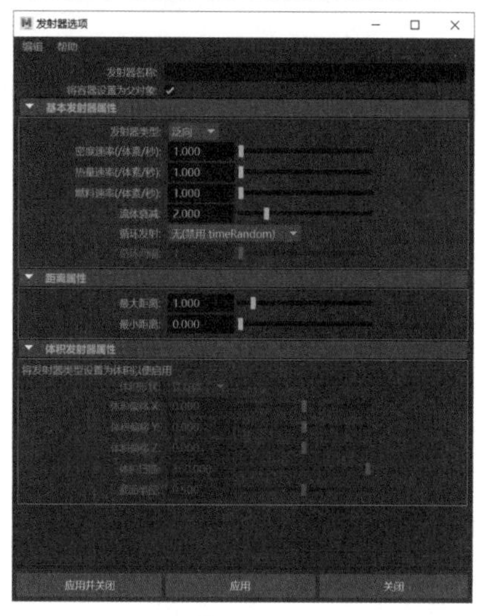

图 12-5

【发射器选项】对话框中选项的作用及含义如表 12-2 所示。

表 12-2 发射器选项对话框中选项作用及含义

选项	作用及含义
发射器名称	该选项决定创建的流体发射器的名称
将容器设置为父对象	选择该选项，可以将即将创建的流体发射器设置为所选容器的父对象
发射器类型	设置该选项，可以选择任意一个发射器类型，有泛向和体积两种
泛向	选择该选项，发射器类型将被设置为泛向点发射器，可以向所有方向发射流体。默认情况下选择该选项
体积	选择该选项，将从封闭的体积发射流体
密度速率（/ 体素 / 秒）	该选项决定每秒内将【密度】值发射到栅格体素的平均速率。负值会从栅格中移除密度
热量速率（/ 体素 / 秒）	该选项决定每秒内将【温度】值发射到栅格体素的平均速率。负值会从栅格中移除热量

续表

选项	作用及含义
燃料速率（/体素/秒）	该选项决定每秒内将【燃料】值发射到栅格体素的平均速率。负值会从栅格中移除燃料
流体衰减	该选项决定流体发射的衰减值。对于体积发射器，衰减值指定远离体积轴（取决于体积形状）移动时发射衰减的强度
循环发射	设置该选项，将在一段间隔（以帧为单位）后重新启动随机数流
无（禁用 timeRandom）	选择该选项，将取消循环发射
帧（禁用 timeRandom）	选择该选项，并将【循环间隔】设置为 1 时，每一秒将会重新启动随机流
循环间隔	该选项决定随机数流在两次重新启动时的帧数
最大距离	设置该选项，将从发射器创建新的特性值的最大距离
最小距离	设置该选项，将从发射器创建新的特性值的最小距离
体积形状	该选项用于设定发射器要使用的体积形状
体积偏移 *X/Y/Z*	该选项决定体积偏移发射器的距离，该距离基于发射器的局部坐标
体积扫描	该选项决定发射体积的旋转角度
截面半径	该选项仅应用于圆环体体积，决定圆环体的截面半径

2. 从对象发射

使用【从对象发射】命令可以使流体容器内的选定对象发射流体，其对象可以是任何多边形或 NURBS 曲面。选择菜单栏中的【流体】→【添加/编辑内容】→【从对象发射】命令右侧的复选框，如图 12-6 所示，打开【从对象发射选项】对话框，如图 12-7 所示。该面板中的属性与【发射器选项】一致。

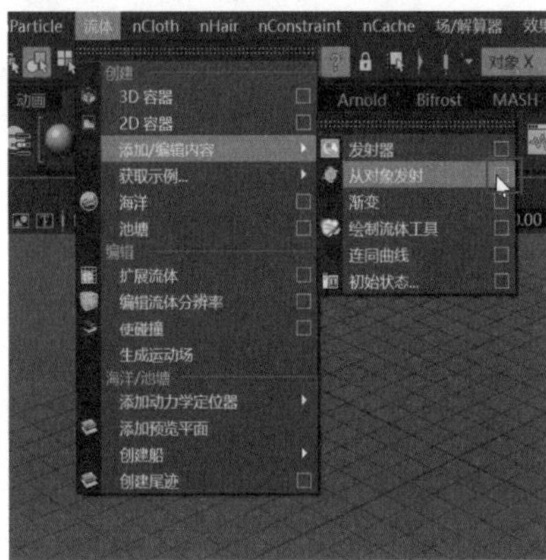

图 12-6

图 12-7

3. 渐变

使用【渐变】命令可以对流体的 4 种特性填充渐变效果，包括密度、速度、温度和燃料。选择菜单栏中【流体】→【添加/编辑内容】→【渐变】命令右侧的复选框，如图 12-8 所示，打开【流体渐变选项】对话框，如图 12-9 所示。

图 12-8

图 12-9

【流体渐变选项】对话框中选项的作用及含义如表 12-3 所示。

表 12-3 流体渐变选项对话框中选项作用及含义

选项	作用及含义
密度	该选项决定流体密度的梯度渐变，有 8 种方式
速度	该选项决定流体发射梯度渐变的速度
温度	该选项决定流体温度的梯度渐变
燃料	该选项决定流体燃料的梯度渐变

4. 绘制流体工具

使用【绘制流体工具】命令可以绘制流体的各种属性，如速度、燃料、温度和颜色等。选择菜单栏中【流体】→【添加/编辑内容】→【绘制流体工具】命令右侧的复选框，如图 12-10 所示，打开【工具设置】对话框，如图 12-11 所示。

图 12-10

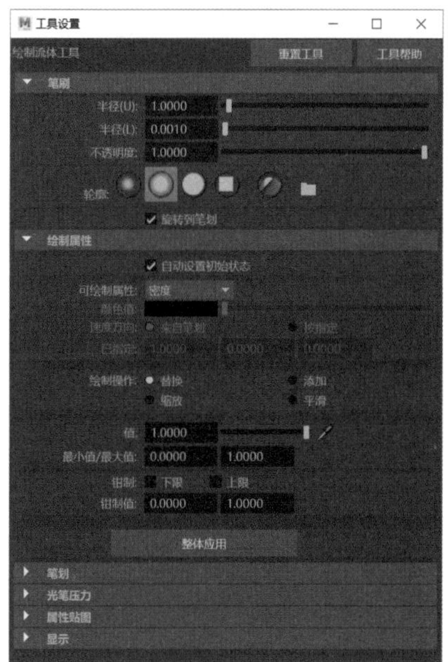

图 12-11

【工具设置】对话框中选项的作用及含义如表 12-4 所示。

表 12-4 工具设置对话框中选项作用及含义

选项	作用及含义
自动设置初始状态	选中该复选框，当退出【绘制流体工具】，更改当前时间或更改当前选择时，会自动保存流体的当前状态；如果禁用该选项，且在播放或单步执行模拟之前没有设定流体的初始状态，原始绘制的值将丢失
可绘制属性	决定要绘制流体的属性，有 8 种方式。选择【密度】选项，将绘制流体的密度；选择【密度和颜色】选项，将绘制流体的密度和颜色；选择【密度和燃料】选项，将绘制流体的密度和燃料；选择【速度】选项，将绘制流体的速度；选择【温度】选项，将绘制流体的温度；选择【燃料】选项，将绘制流体的燃料；选择【颜色】选项，将绘制流体的颜色；选择【衰减】选项，将绘制流体的衰减程度
颜色值	当【可绘制属性】设置为【颜色】或【密度和颜色】时才可使用该选项，用于设定绘制流体的颜色
速度方向	选择如何定义绘制的速度笔划方向
绘制操作	定义即将绘制流体的值的影响方式。选中【替换】单选按钮，指定的【明度值】和【不透明度】将替换绘制的值；选中【添加】单选按钮，指定的【明度值】和【不透明度】将与绘制的当前体素值相加；选中【缩放】单选按钮，将按照【明度值】和【不透明度】的系数缩放绘制的值；选中【平滑】单选按钮，绘制的值将被设置为周围值的平均值
值	该选项用于设定执行任何绘制操作时即将应用的值
最小值/最大值	该选项用于设置可能的最小和最大绘制值
钳制	该选项用于选择是否要在指定的范围内钳制数值，而不管绘制时的【值】数值
下限	选择该选项，【下限】值将被钳制为指定的【钳制值】
上限	选择该选项，【上限】值将被钳制为指定的【钳制值】
钳制值	该选项用于决定即将钳制的【下限】和【上限】的数值
整体应用	单击该按钮，以上笔刷设置将应用于选定节点上的所有属性值

5. 连同曲线

使用【连同曲线】命令可以将容器中的流体从曲线上发射出来，同时可以控制流体的属性，如密度、颜色、颜料、速度和温度等。选择菜单栏中【流体】→【添加/编辑内容】→【连同曲线】命令右侧的复选框，如图 12-12 所示，打开【使用曲线设置流体内容选项】对话框，如图 12-13 所示。

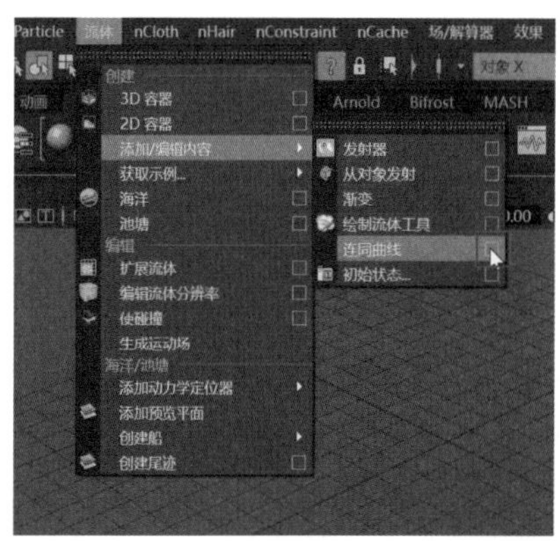

图 12-12

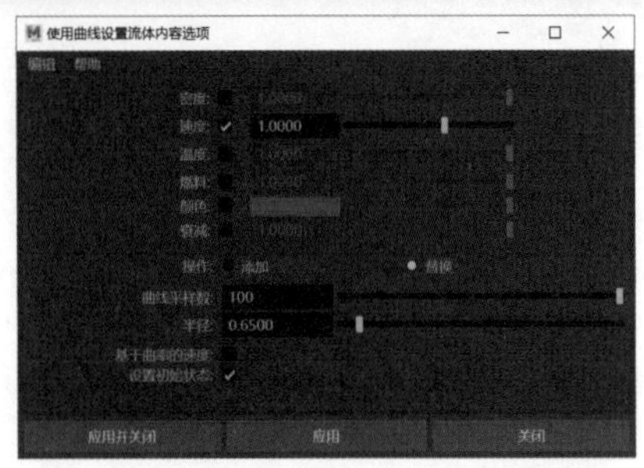

图 12-13

【使用曲线设置流体内容选项】对话框中选项的作用及含义如表12-5所示。

表 12-5 使用曲线设置流体内容选项对话框中选项作用及含义

选项	作用及含义
密度	该选项决定曲线插入选定流体的密度值大小
速度	该选项决定曲线插入选定流体的速度值大小
温度	该选项决定曲线插入选定流体的温度值大小
燃料	该选项决定曲线插入选定流体的燃料值大小
颜色	该选项决定曲线插入选定流体的颜色值大小
衰减	该选项决定曲线插入选定流体的衰减大小
操作	可以向受影响体素的内容中添加内容或替换受影响体素的内容。选中【添加】单选按钮，曲线上的流体参数设置将被添加到相应位置的原有体素上；选中【替换】单选按钮，曲线上的流体参数设置将替换相应位置的原有体素位置
曲线采样数	该选项决定曲线计算的次数，数值越大，效果越好，最大采样数为1000

续表

选项	作用及含义
半径	该选项决定流体沿曲线插入时的半径大小
基于曲率的速度	选中该选项，流体的速度将受曲线的曲率影响。默认情况下为禁用状态
设置初始状态	选中该选项，当前帧的流体状态将被设置为【初始状态】

6. 初始状态

使用【初始状态】命令可以将预定义的初始状态添加到场景中现有的流体容器中。选择流体容器，选择菜单栏中【流体】→【添加/编辑内容】→【初始状态】命令右侧的复选框，如图12-14所示，打开【初始状态选项】对话框，如图12-15所示。

图 12-14

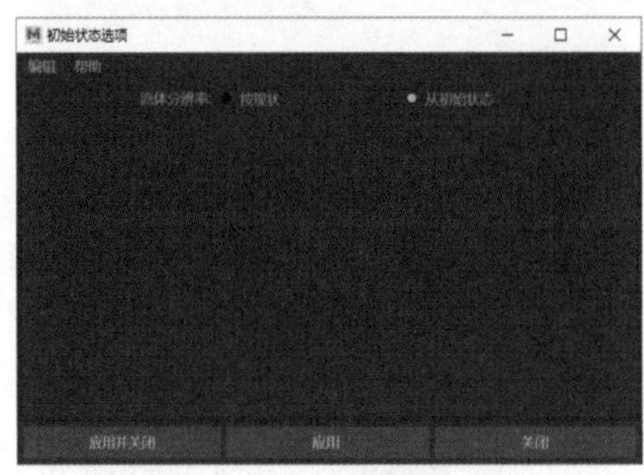

图 12-15

【初始状态选项】对话框中选项的作用及含义如表12-6所示。

表 12-6 初始状态选项对话框中选项作用及含义

选项	作用及含义
流体分辨率	设置该选项，可以设定流体分辨率的方式，有两种方式
按现状	选择该选项，流体示例的分辨率将被设定为当前选定的流体容器初始状态的分辨率
从初始状态	选择该选项，当前选定的流体容器分辨率将被设定为流体示例初始状态的分辨率

12.2.3 获取海洋/池塘/流体示例

选择菜单栏中的【窗口】→【常规编辑器】→【内容浏览器】命令，如图12-16所示，打开其面板后，在左侧【示例】列表框中选择【FX】→【Fluids】→【Ocean Examples】选项，如图12-17所示，即可直接选择Maya自带的海洋/池塘示例。

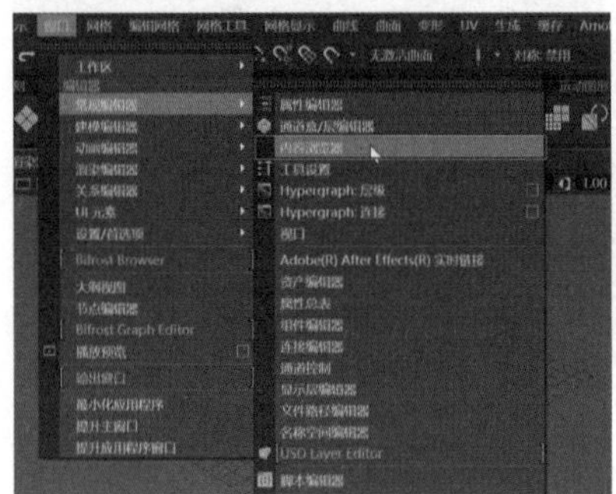

图 12-16

图 12-17

在该面板左侧的列表框中，选择【FX】→【Fluid Examples】选项，如图 12-18 所示，即可直接选择 Maya 自带的流体示例。

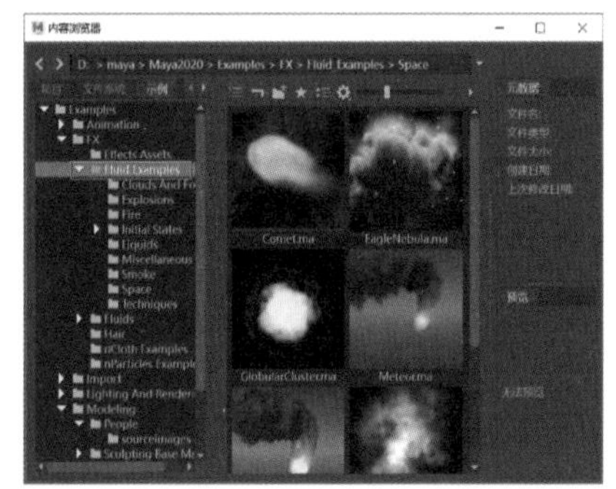

图 12-18

12.2.4 创建新海洋

使用【创建海洋】命令可以快速制作出海洋的流体效果。将软件界面切换到【FX】模块后，选择菜单栏中【流体】→【海洋】命令右侧的复选框，如图 12-19 所示，打开【创建海洋】对话框，如图 12-20 所示。

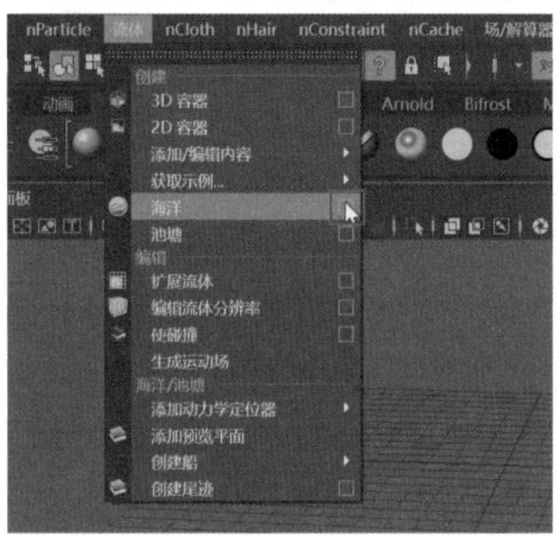

图 12-19

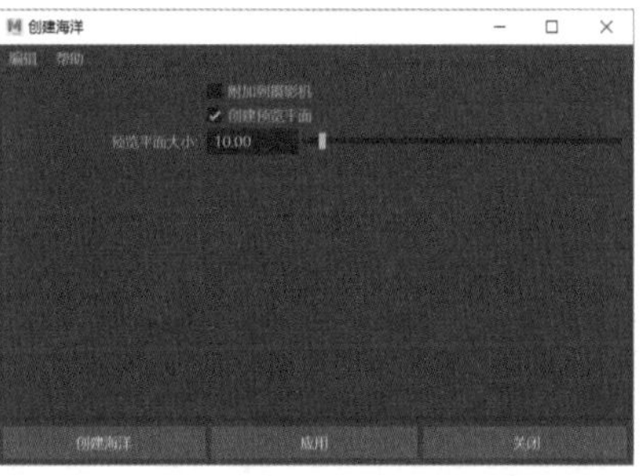

图 12-20

【创建海洋】对话框中选项的作用及含义如表 12-7 所示。

表 12-7 创建海洋对话框中选项作用及含义

选项	作用及含义
附加到摄影机	选中该选项，可以将生成的海洋流体附加到摄影机。自动附加海洋时，可以根据摄影机缩放和平移海洋，从而使给定视点保持最佳细节量
创建预览平面	选中该选项，将生成预览平面，通过置换在着色显示模式中显示海洋的着色面片。可以通过缩放和平移预览平面，查看海洋的不同部分
预览平面大小	该选项决定沿 X 轴和 Z 轴缩放预览平面的大小，默认值为 10

12.2.5 实战：制作海洋特效

Step 01 将 Maya 界面切换到【FX】模块，选择菜单栏中的【流体】→【海洋】命令，如图 12-21 所示。命令执行后，视图中会生成一个海洋平面，如图 12-22 所示。

图 12-21

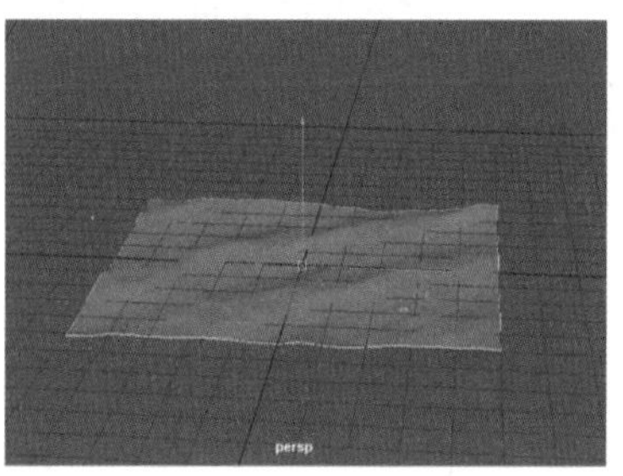

图 12-22

Step 02 按快捷键【Ctrl+A】打开其【属性编辑】器面板，将【比例】设置为 3，如图 12-23 所示，调整当前视角，单击【渲染视图】图标，如图 12-24 所示。

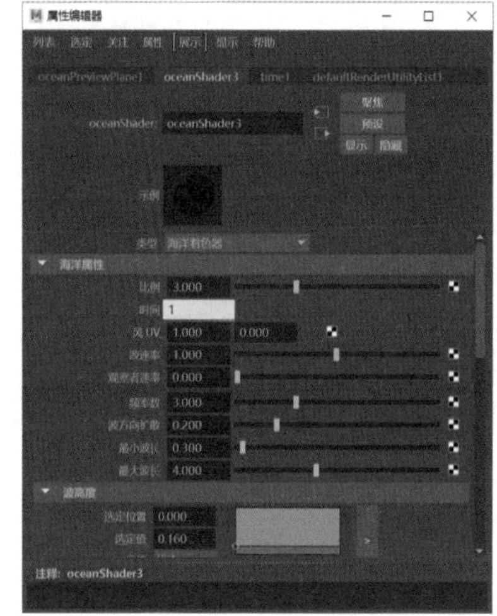

图 12-23

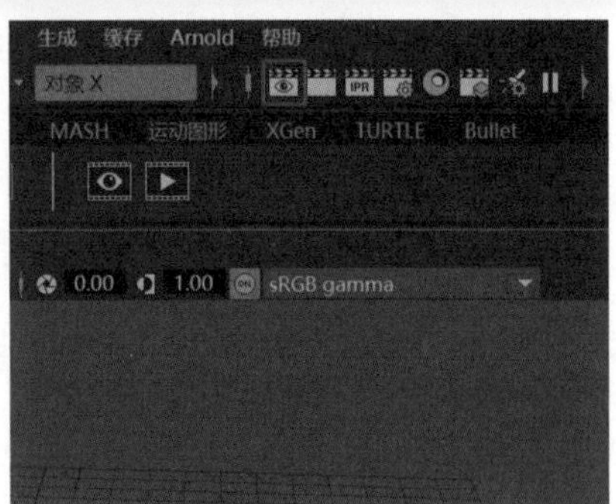
图 12-24

Step 03 确认好角度后，渲染海洋即可，效果如图 12-25 所示。

图 12-25

12.2.6 实战：制作池塘特效

Step 01 将 Maya 界面切换到【FX】模块，选择菜单栏中的【流体】→【获取示例】→【海洋 / 池塘】命令，如图 12-26 所示，打开面板后，单击第一个流体示例，如图 12-27 所示。

图 12-26

图 12-27

Step 02 视图中生成了一个池塘和摄影机，如图 12-28 所示，选择摄影机，选择【视图】菜单中的【面板】→【沿选定对象观看】命令，如图 12-29 所示，进入摄影机视角。

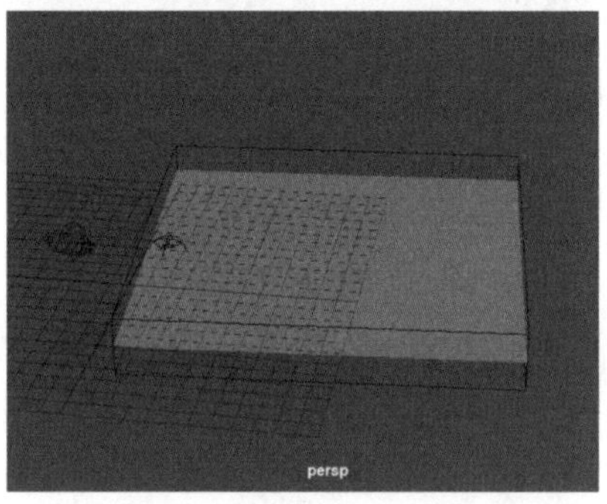
图 12-28

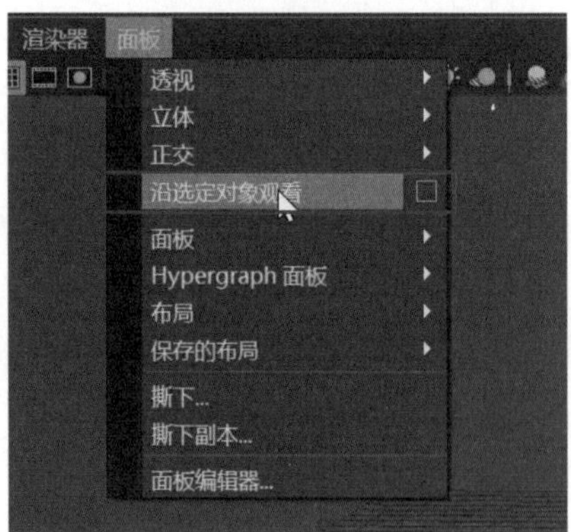

图 12-29

Step 03 单击【渲染视图】图标，如图 12-30 所示，打开面板后，渲染池塘即可，效果如图 12-31 所示。

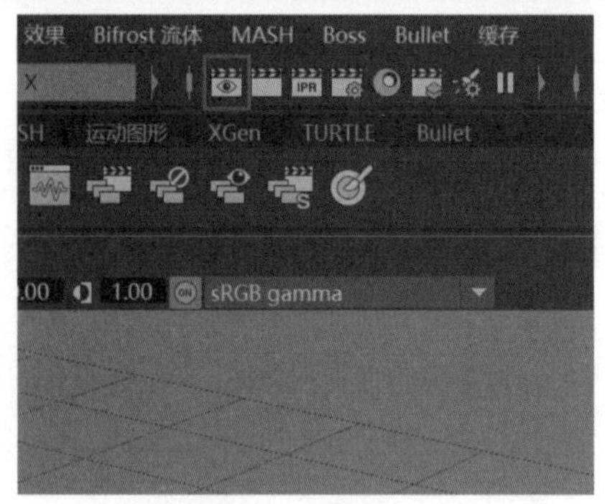
图 12-30

图 12-31

12.2.7 使对象漂浮

在 Maya 中，可以为选定对象添加动力学定位器，使对象漂浮，并可以调节其浮力、重力和阻尼等流体动力学属性，适用于模拟海面上漂浮的物体，如摩托艇。选择要使其漂浮的物体，选择菜单栏中【流体】→【创建船】→【漂浮选定对象】命令右侧的复选框，如图 12-32 所示，打开【漂浮选定对象】对话框，如图 12-33 所示。

图 12-32

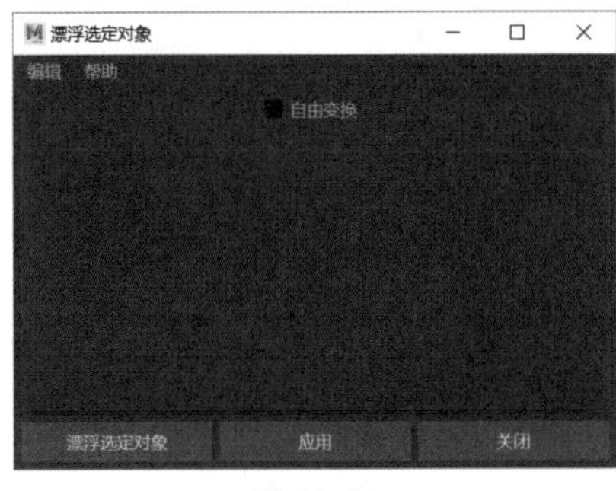

图 12-33

12.2.8 使船漂浮

为对象添加船定位器可以使其像船一样产生漂浮效果。其中，标准船定位器产生的行为与动力学定位器类似；摩托艇定位器包含侧滚属性、流阀和舵，可以模拟出逼真的摩托艇的运动。

1. 生成船

使用【生成船】命令可以将选定对象设置为船体，使其在海洋上产生波动和上下起伏的效果，并可以对物体进行旋转，使其与海洋运动互相匹配，模拟出船在海洋中的动画效果。选择要生成船的对象和海洋，选择菜单栏中【流体】→【创建船】→【生成船】命令右侧的复选框，如图 12-34 所示，打开【生成船】对话框，如图 12-35 所示。

图 12-34

图 12-35

2. 生成摩托艇

使用【生成摩托艇】命令可以通过创建船舶定位器，将选定对象设定为机动船，使其在海洋上产生波动和上下起伏的效果，同时可以对物体进行旋转，使其与海洋的运动相匹配，模拟出机动船在海洋中的动画效果。单击菜单栏中【流体】→【创建船】→【生成摩托艇】命令右侧的复选框，如图 12-36 所示，打开【生成摩托艇】对话框，如图 12-37 所示。

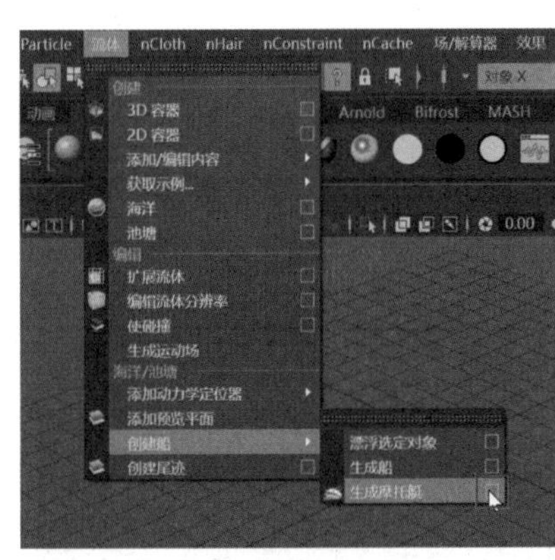
图 12-36

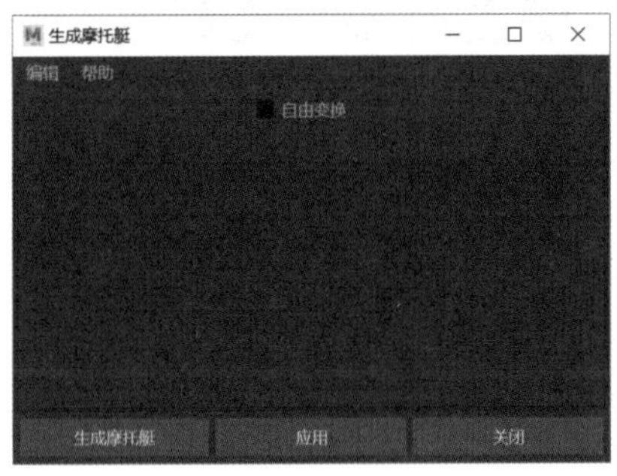

图 12-37

12.2.9 尾迹

使用【创建尾迹】命令可以创建船经过海面产生的尾迹效果，生成气泡和涟漪。单击菜单栏中【流体】→【创建尾迹】命令右侧的复选框，如图 12-38 所示，打开【创建尾迹】对话框，如图 12-39 所示。

图 12-38

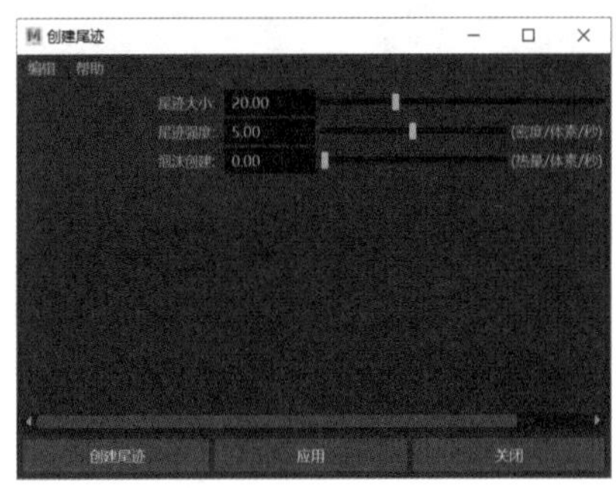

图 12-39

【创建尾迹】对话框中选项的作用及含义如表 12-8 所示。

表 12-8 创建尾迹对话框中选项作用及含义

选项	作用及含义
尾迹大小	该选项决定尾迹发射器的大小。数值越小，波纹范围越小，默认值为 20
尾迹强度	该选项决定尾波幅值，数值越大，波纹上下波动的幅度越大，默认值为 5

续表

选项	作用及含义
泡沫创建	该选项决定伴随流体发射器产生的泡沫数量，数值越大，产生的泡沫越多，默认值为 0

12.2.10 动力学定位器

【添加动力学定位器】菜单中有 4 个子命令，分别是【曲面】【动态船】【动态简单】和【动态曲面】，如图 12-40 所示，可以在这里选择要添加到海洋或池塘中的动力学定位器类型。

图 12-40

1. 曲面

使用【曲面】可以使表面定位器在 Y 轴方向上跟随海洋或池塘运动。

2. 动态船

使用【动态船】同样可以使定位器在 Y 轴方向上跟随海洋或池塘运动，但是同时可以在 X 轴和 Z 轴方向进行旋转，以使船可以在波浪中产生起伏翻转的效果。打开【创建动力学船定位器】对话框，如图 12-41 所示。

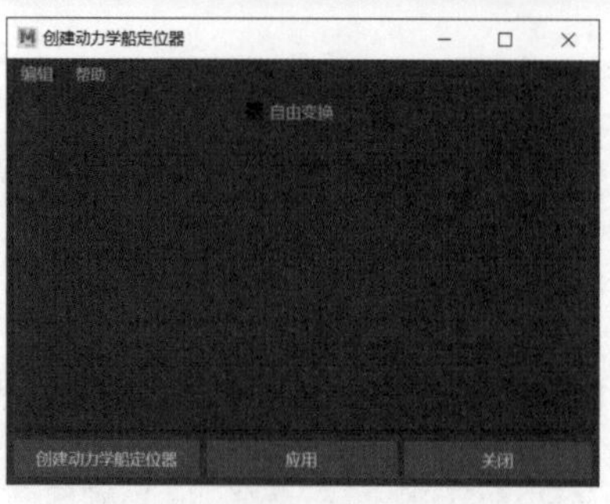

图 12-41

【创建动力学船定位器】对话框中选项的作用及含义如表 12-9 所示。

表 12-9 创建动力学船定位器对话框中选项作用及含义

选项	作用及含义
自由变换	选中该选项，可以以自由变换的形式调整生成的定位器的位置，关闭该选项，其 Y 轴方向将被控制

3. 动态简单

使用【动态简单】同样可以使定位器在 Y 轴方向上跟随海洋运动，但会同时对动态属性（在【属性编辑器】面板中的【附加属性】中）进行互相匹配。【添加动力学简单定位器】对话框如图 12-42 所示。

图 12-42

4. 动态曲面

使用【动态曲面】可以将 NURBS 球体（浮标）添加到海洋中，并在海洋中上下漂动。该运动限制为沿 Y 轴方向。【创建动力学表面定位器】对话框如图 12-43 所示。

图 12-43

12.2.11 添加预览平面

将预览平面添加到海洋着色器上，可以在没有渲染的情况下随时查看海洋波浪的效果。选择海洋平面，选择菜单栏中的【流体】→【添加预览平面】命令，如图 12-44 所示。特殊情况下，可以在【属性编辑器】面板中调整其【oceanPreviewPlane1】属性，如图 12-45 所示。

图 12-44

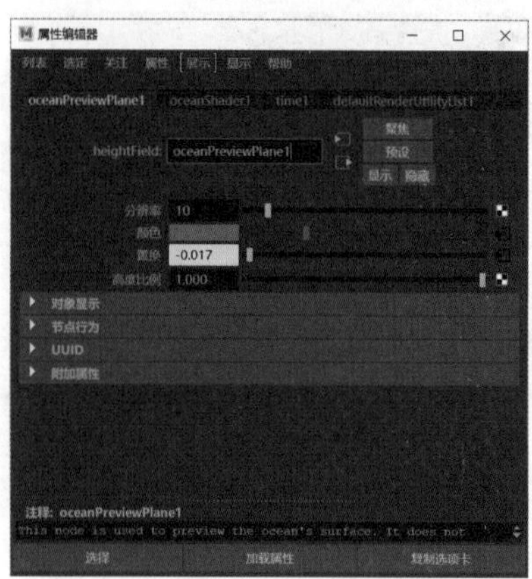

图 12-45

12.2.12 为体积形状指定流体形状材质

为体积形状指定流体形状材质前，需要先创建一个体积基本体并框选，如图 12-46 所示，长按鼠标右键拖曳选择【指定新材质】命令，如图 12-47 所示。

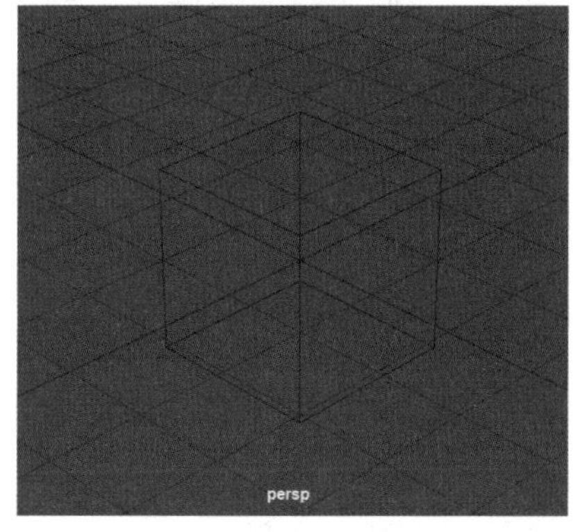

图 12-46

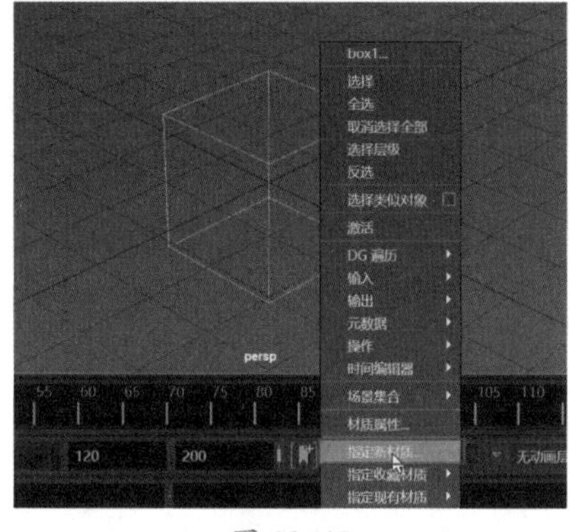

图 12-47

此时会自动弹出【fluidShape1SG】属性面板，并将材质指定给体积形状，如图 12-48 所示，然后将内容添加到容器中并渲染体积，查看效果即可，如图 12-49 所示。

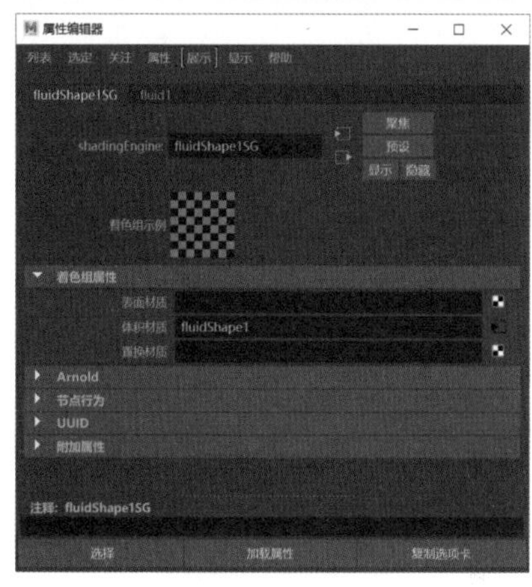

图 12-48

图 12-49

12.3 Bifrost 流体

Bifrost 流体是一个模拟系统，含有多个连接在一起的对象、特性和容器节点，可以使用 FLIP 解算器生成高质量的效果。在编辑并优化 Bifrost 模拟时，需要在多个位置修改属性。另外，体素大小决定模拟中的分辨率，体素越大，模拟的细节越少，所以也给预览节省了时间。当更改 Bifrost 模拟设置时，可以临时使用缓存预览最终效果，以便快速播放；如果禁用模拟，用户缓存将在返回到起始帧时被自动清除。Maya 中的【FX】模块中提供了【Bifrost 流体】菜单命令，如图 12-50 所示。

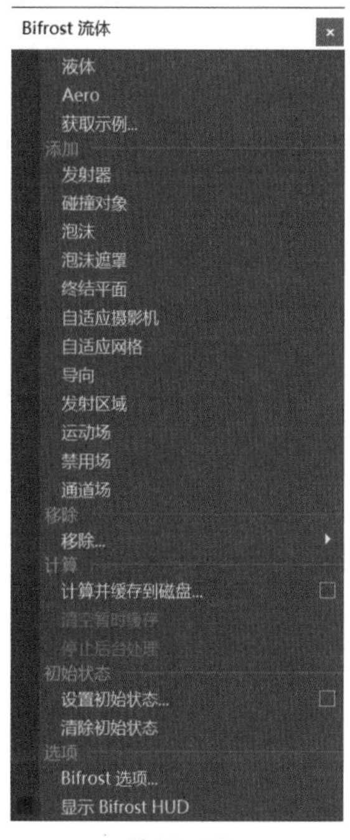

图 12-50

12.3.1 创建 Bifrost 模拟

创建模拟时，可以在场景中创建多个模拟，但是它们彼此不能产生作用。创建好模拟后，会在视图中自动生成需要的 Bifrost 对象，将任何选定网格设定为流体发射器进行连接。将软件界面切换到【FX】模块后，选择一个或多个对象作为由单个共享几何体控制的发射器，选择菜单栏中的【Bifrost 流体】→【液体】命令或【Bifrost 流体】→【Aero】命令，如图 12-51 所示。

图 12-51

12.3.2 使用 Bifrost 发射器

发射器可以使粒子自动继承其速度，粒子主要是用来追踪流体位置的，如果没有添加发射器，粒子本身不会驱动流体。选择一个或多个对象作为发射器，选择菜单栏中的【Bifrost 流体】→【发射器】命令，如图 12-52 所示。如果需要移除发射器，选择菜单栏中的【Bifrost 流体】→【移除】→【发射器】命令，如图 12-53 所示。

图 12-52

图 12-53

12.3.3 使用 Bifrost 碰撞对象

使用碰撞对象命令可以模拟障碍物，制作水滴飞溅的动画。选择一个或多个对象作为碰撞对象，选择菜单栏中的【Bifrost 流体】→【碰撞对象】命令，如图 12-54 所示。

图 12-54

12.3.4 获取 Bifrost 示例

Maya 中提供了很多液体模拟的示例文件，示例可以直接导入场景，并进行属性修改。选择菜单栏中的【Bifrost 流体】→【获取示例】命令，如图 12-55 所示。

图 12-55

★重点 12.3.5 Bifrost 网格

如果需要更好地控制曲面，可以从模拟中生成网格，还可以将通道（如漩涡）传递到网格。网格在创建 Bifrost 模拟时会自动添加到场景中，但要在【材质编辑器】面板中的节点上激活网格后才会出现单独的对象。默认情况下，这是渲染或导出之前的最后一步。

12.3.6 创建 Bifrost 用户缓存

如果需要为场景中的多个可缓存对象创建单独的用户缓存，则可以创建 Bifrost 用户缓存。选择要进行缓存的模拟的容器，单击菜单栏中【Bifrost 流体】→【计算并缓存到磁盘】命令右侧的复选框，如图 12-56 所示，打开【Bifrost 计算和缓存选项】对话框，如图 12-57 所示。

图 12-56

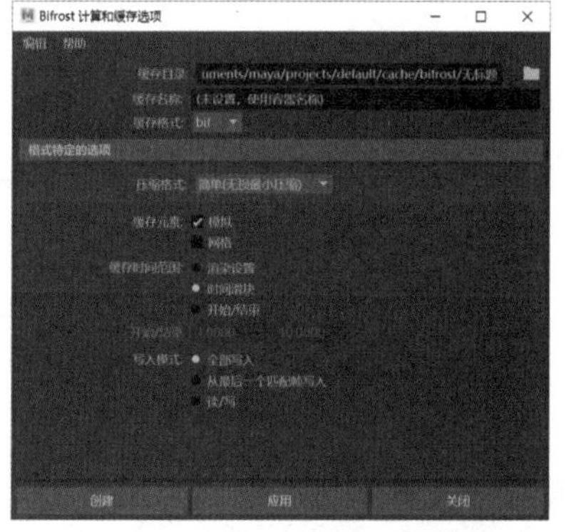

图 12-57

【Bifrost计算和缓存选项】对话框中选项的作用及含义如表 12-10 所示。

表 12-10 Bifrost 计算和缓存选项对话框中选项作用及含义

选项	作用及含义
缓存目录	该选项用于设置存储用户缓存文件的父级目录
缓存名称	该选项包含与容器节点关联的缓存文件的目录
缓存格式	该选项决定缓存文件的格式
压缩格式	该选项决定缓存文件的压缩质量
缓存元素	该选项有两种选择，分别是模拟和网格。选择【模拟】时，将缓存粒子、体素及模拟中涉及的其他元素，如泡沫等；选择【网格】时，将缓存输出流体网格

续表

选项	作用及含义
缓存时间范围	该选项决定即将缓存的帧范围
渲染设置	选择该选项，将使用【渲染设置】窗口的【公用】选项卡中设置的【帧范围】
时间滑块	选择该选项，将使用时间轴上的当前播放范围
开始 / 结束	选择该选项，将使用指定的开始帧和结束帧
写入模式	设置该选项，将为【缓存时间范围】选项指定的所有对象的缓存写入模式

妙招技法

下面结合本章内容，介绍一些实用技巧。

技巧 01：制作 Bifrost 流体

Step01 单击工具架中的【立方体】图标，如图 12-58 所示，创建两个立方体。将一个立方体压扁并放大，另一个立方体放在其上方并缩小，如图 12-59 所示。

图 12-58

图 12-59

Step02 将软件界面切换到【FX】模块，选择小的立方体，选择菜单栏中的【Bifrost 流体】→【液体】命令，如图 12-60 所示，先选择小的立方体生成的边框，再选择压扁的立方体模型，如图 12-61 所示。

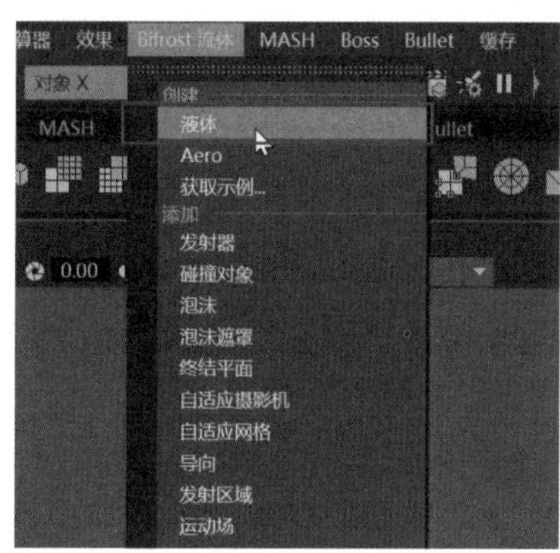

图 12-60

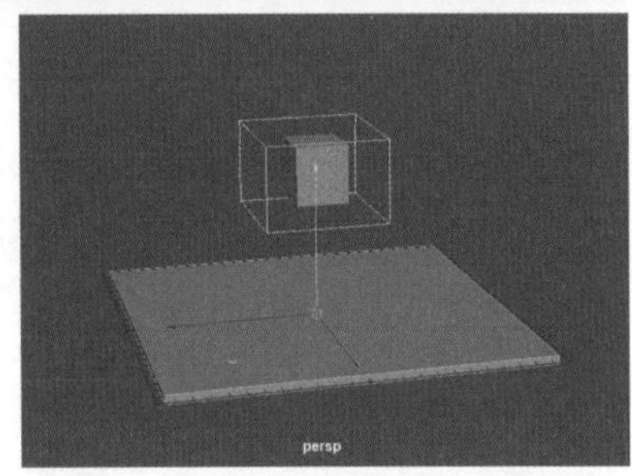
图 12-61

Step03 选择菜单栏中的【Bifrost 流体】→【碰撞对象】命令，如图 12-62 所示，播放动画，可以看到压扁的立方体充当了一个障碍物，如图 12-63 所示。

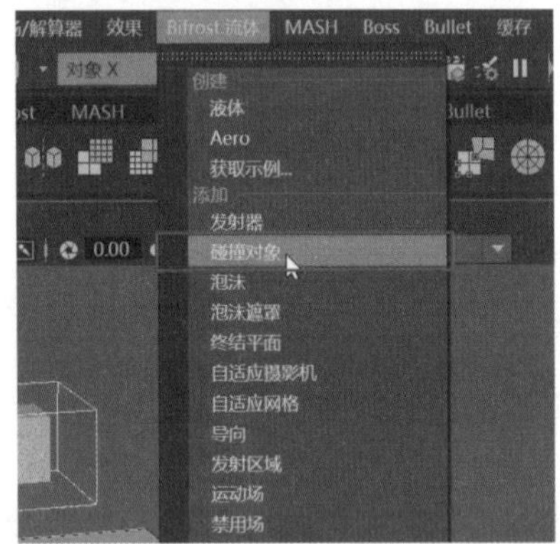
图 12-62

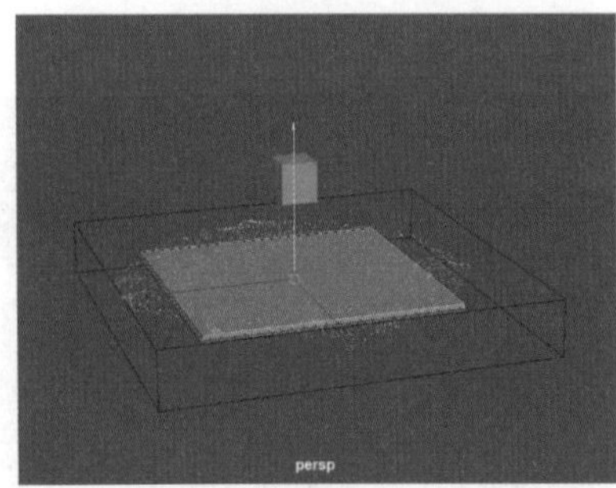
图 12-63

Step04 选择小的立方体模型，❶按快捷键【Ctrl+A】打开【pCubeShape2】属性面板，展开【对象显示】区域，❷取消选中【可见性】复选框，如图 12-64 所示，此时模型会自动隐藏。然后选择该立方体的边框，在【属性编辑器】面板中找到【liquidShape1】属性面板，❸展开【Bifrost 网格】区域，❹选中【启用】复选框，如图 12-65 所示，此时流体的粒子会切换为另一种效果。

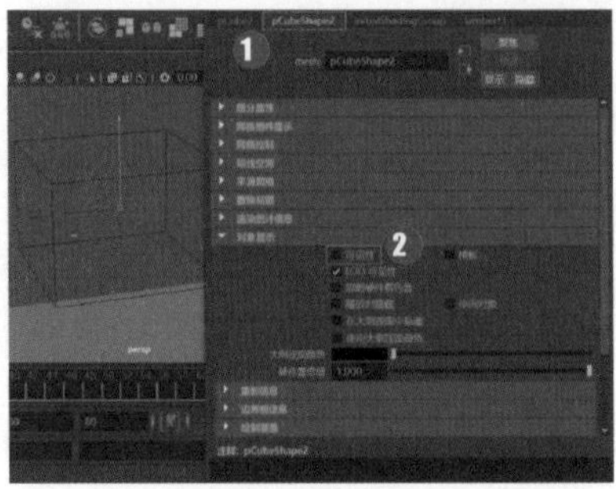
图 12-64

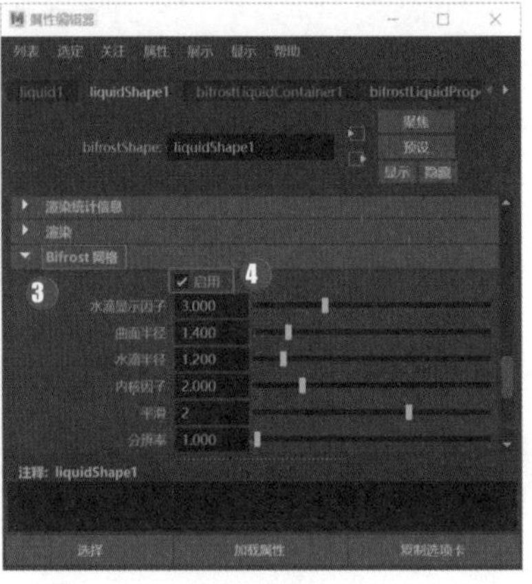
图 12-65

Step05 在当前面板中将【分辨率】设置为 2，如图 12-66 所示，当前流体效果如图 12-67 所示。

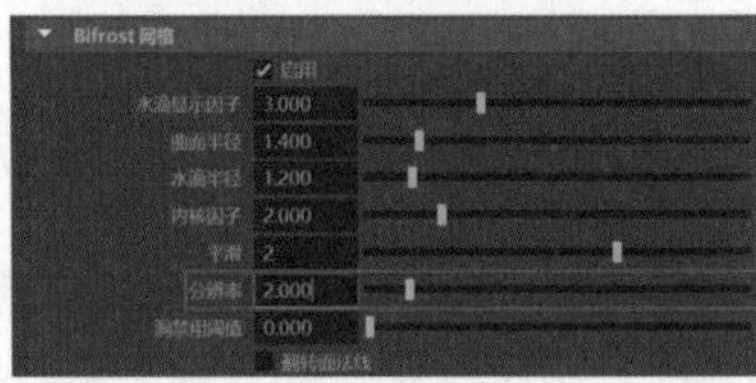
图 12-66

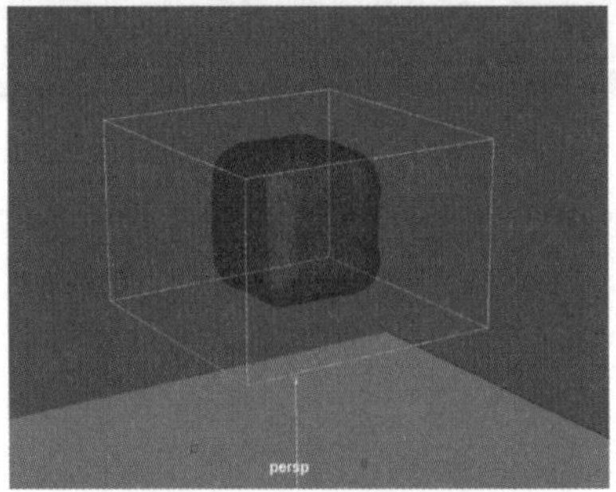
图 12-67

Step06 在该属性面板中展开【显示】区域，并取消选中【粒子】复选框，如图 12-68 所示。此时为流体添加一个阿诺德材质，单击工具架中的【Arnold】→【create physical sky】图标，如图 12-69 所示。

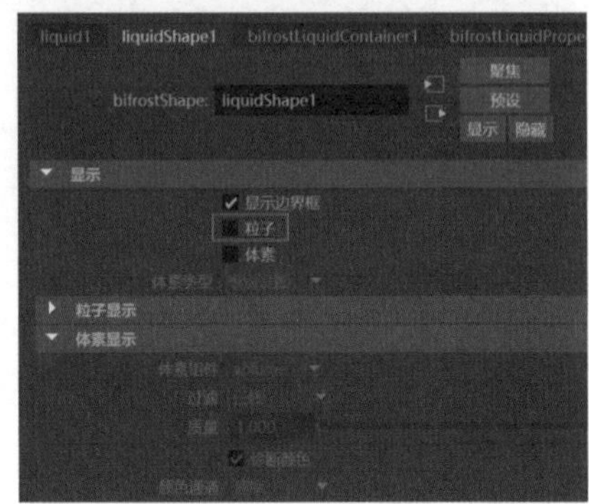
图 12-68

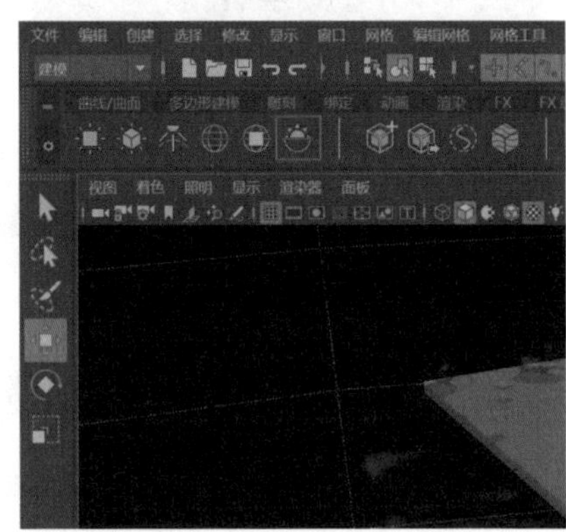
图 12-69

Step07 单击【渲染视图】图标，如图 12-70 所示，渲染最终效果如图 12-71 所示。实例最终效果见“结果文件\第 12 章\liuti.mb”文件。

图 12-70

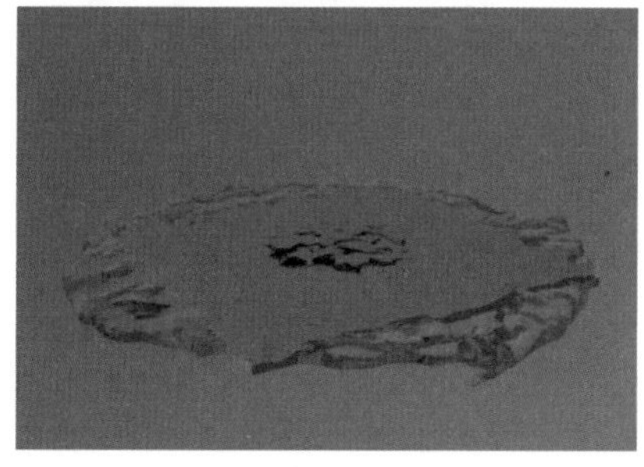

图 12-71

技巧 02：制作火球特效

Step01 单击工具架中的【球体】图标，创建一个球体，如图 12-72 所示，将软件界面切换到【FX】模块，选择球体模型，选择菜单栏中的【效果】→【火】命令，如图 12-73 所示。

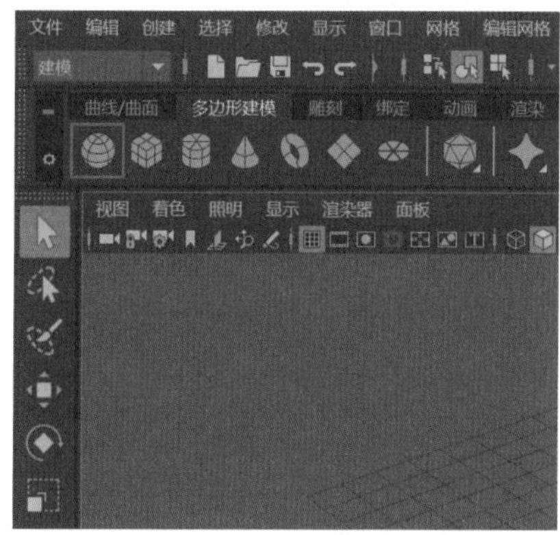

图 12-72

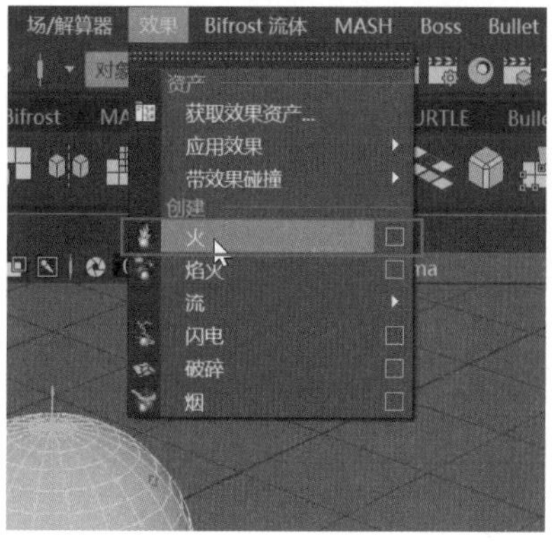

图 12-73

Step02 播放动画，可以看到球体上有火焰冒出，如图 12-74 所示，选择球体模型，将其放大并再次播放动画，可以看到火焰也会随之变大，如图 12-75 所示。

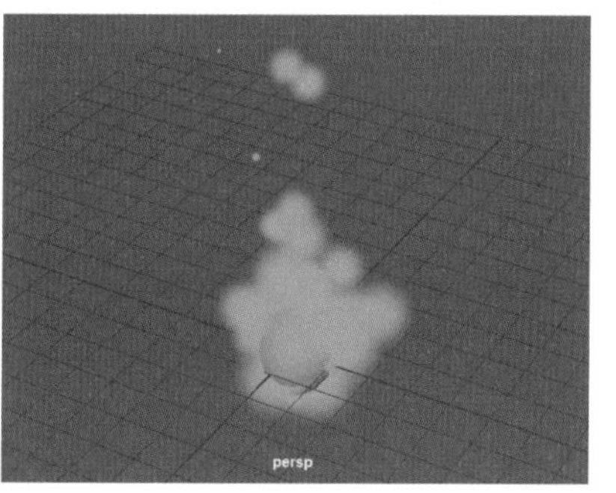

图 12-74

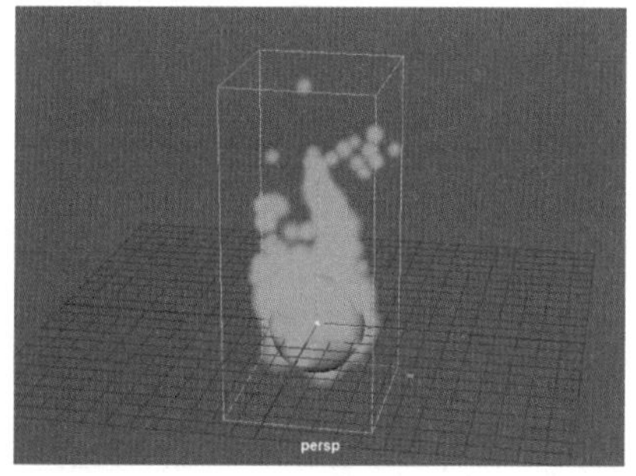

图 12-75

Step03 将软件界面切换到【渲染】模块，选择菜单栏中的【渲染】→【渲染当前帧】命令，如图 12-76 所示，为火球渲染最终效果即可，如图 12-77 所示。实例最终效果见“结果文件\第 12 章\HQ.mb”文件。

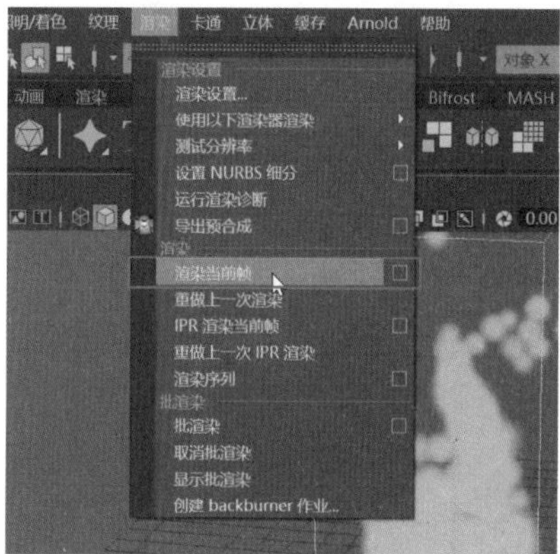

图 12-76

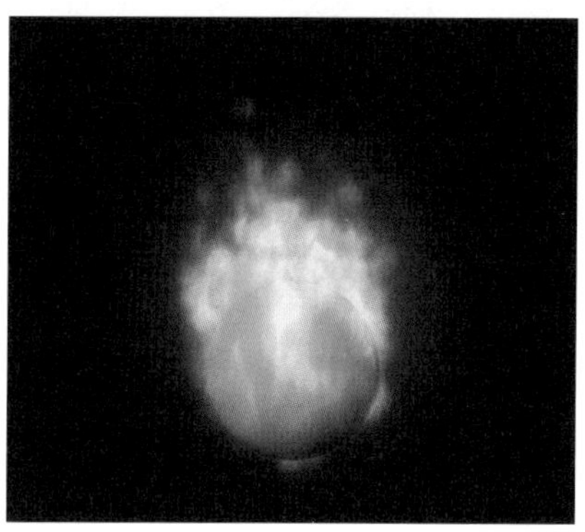

图 12-77

上机实训——制作行船出海特效

本例制作行船出海的特效，将用到【流体】菜单中的【海洋】【漂浮选定对象】和【创建尾迹】命令，具体制作步骤如下。

Step01 选择菜单栏中的【文件】→【打开场景】命令，打开“素材文件\第 12 章\CH.mb”文件，如图 12-78 所示，将船的模型导入场景中。当前界面的视图效果如图 12-79 所示。

图 12-78

图 12-79

Step02 将软件界面切换到【FX】模块，选择菜单栏中的【流体】→【海洋】命令，如图 12-80 所示，为场景创建海洋。此时场景会自动生成一个预览平面，如图 12-81 所示。

图 12-80

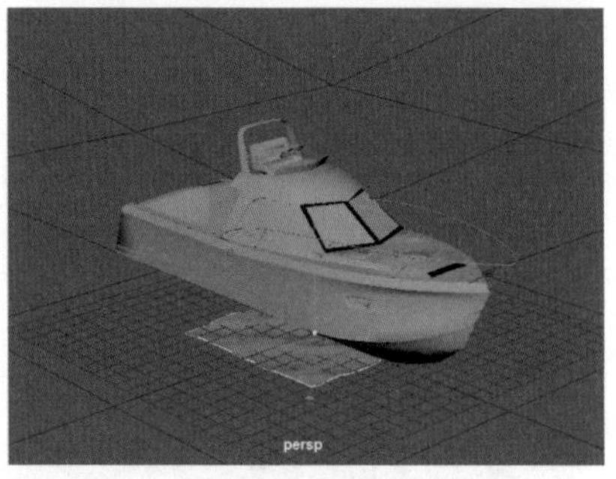
图 12-81

Step03 选择视图中的预览平面，将其放大一些，如图 12-82 所示，按快捷键【Ctrl+A】打开其【属性编辑器】面板，将【分辨率】调整为 200，如图 12-83 所示。

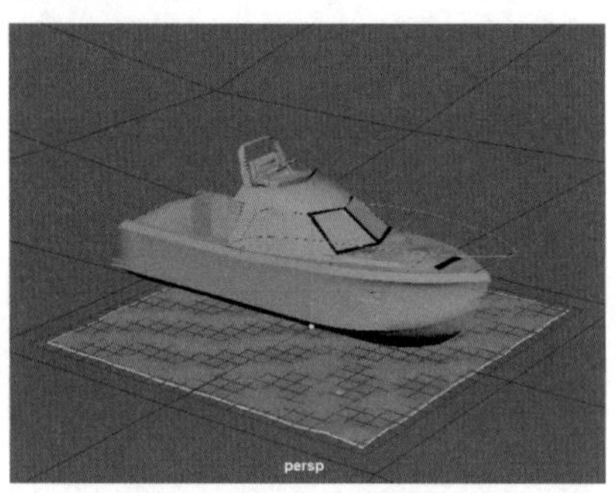
图 12-82

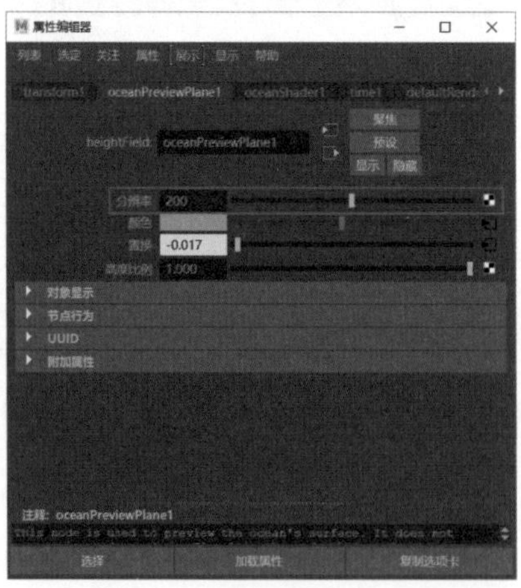
图 12-83

Step04 单击【渲染视图】图标，为场景渲染当前效果，如图 12-84 所示。选择船模型，选择菜单栏中的【流体】→【创建船】→【漂浮选定对象】命令，如图 12-85 所示。

图 12-84

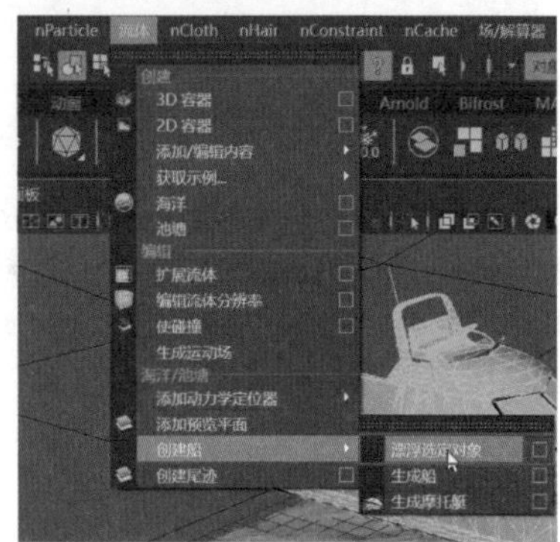
图 12-85

Step05 播放动画，可以看到船随着海浪上下浮动，如图 12-86 所示，选择菜单栏中的【窗口】→【大纲视图】命令，如图 12-87 所示。

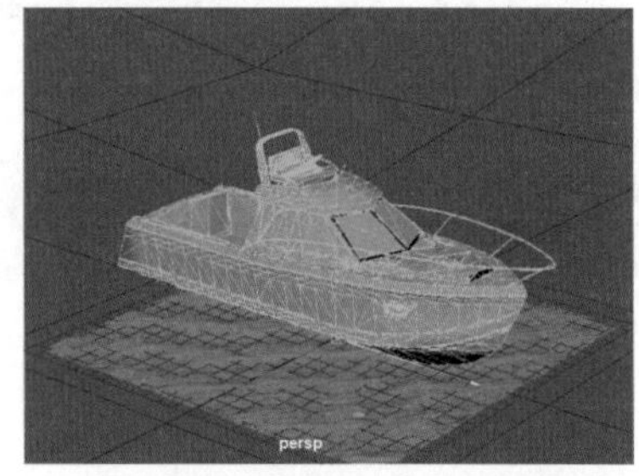
图 12-86

图 12-87

Step 06 打开【大纲视图】面板，选择 locator1，单击菜单栏中【流体】→【创建尾迹】命令右侧的复选框，如图 12-88 所示。在弹出的【创建尾迹】对话框中，❶ 将【尾迹大小】设置为 50，【尾迹强度】设置为 5.15，【泡沫创建】设置为 6.45，❷ 单击【应用】按钮即可，如图 12-89 所示。

图 12-88

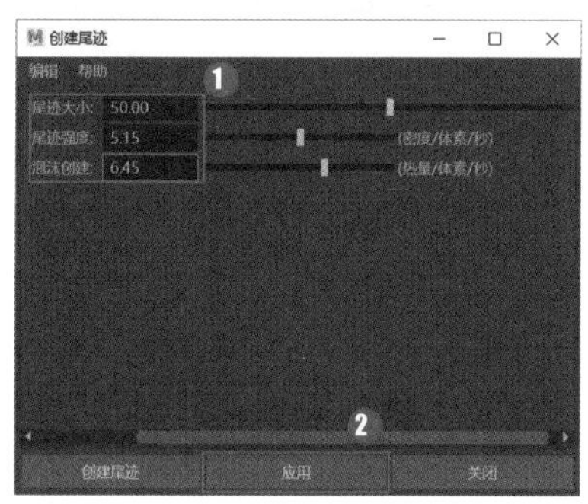

图 12-89

Step 07 再次播放动画查看效果，可以看到船的下方产生了圆形的波浪效果，如图 12-90 所示，在第 1 帧处将船拖曳到图 12-91 所示的位置。

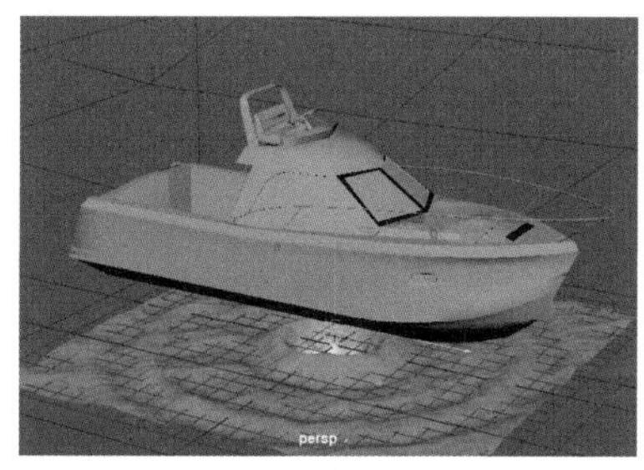

图 12-90

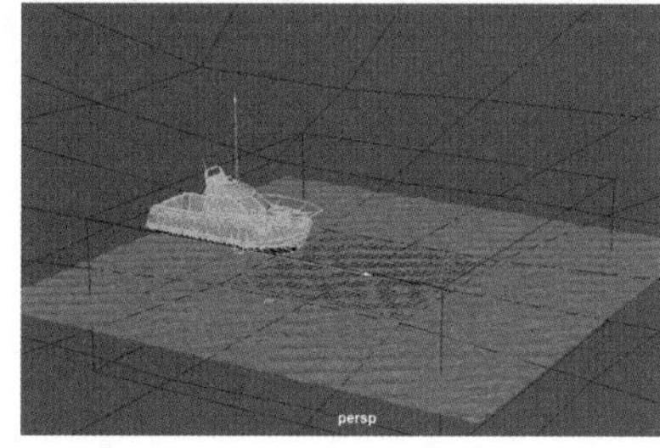

图 12-91

Step 08 确定位置后，在右侧【通道盒 / 层编辑器】面板中为其属性添加关键帧，如图 12-92 所示，将时间滑块移动到第 60 秒，将船移动到图 12-93 所示的位置。

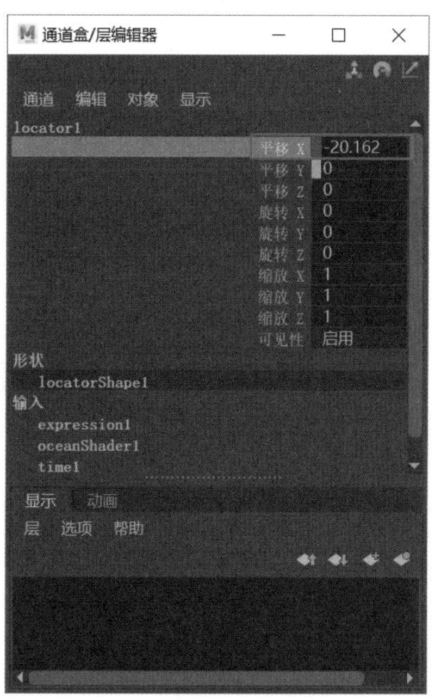

图 12-92

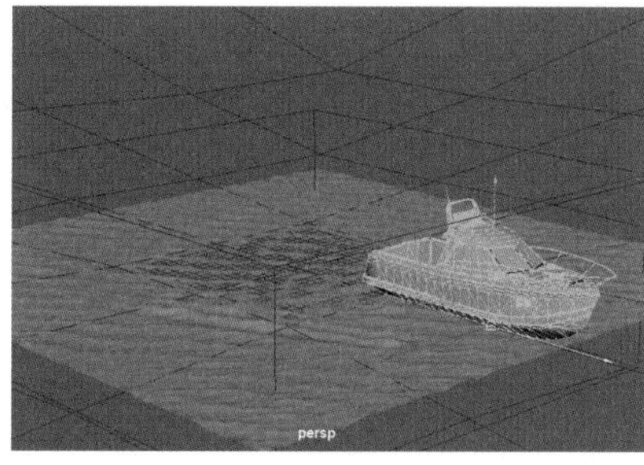

图 12-93

Step 09 确定位置后，在【通道盒 / 层编辑器】面板中为其属性添加关键帧，如图 12-94 所示，播放动画，即可看到船移动时出现的尾迹效果，如图 12-95 所示，但是该尾迹效果只能在 fluidTexture3D 物体中产生。

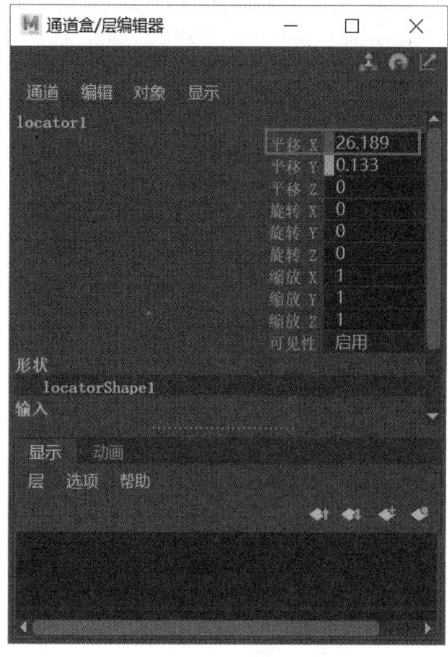

图 12-94

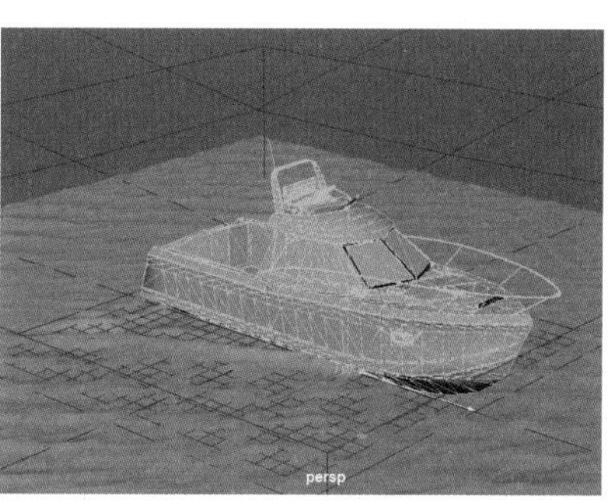

图 12-95

Step 10 选择 fluidTexture3D 物体并将其放大，如图 12-96 所示，在【大纲视图】面板中选择船模型，再加选 fluidTexture3D1 节点，如图 12-97 所示。

图 12-96

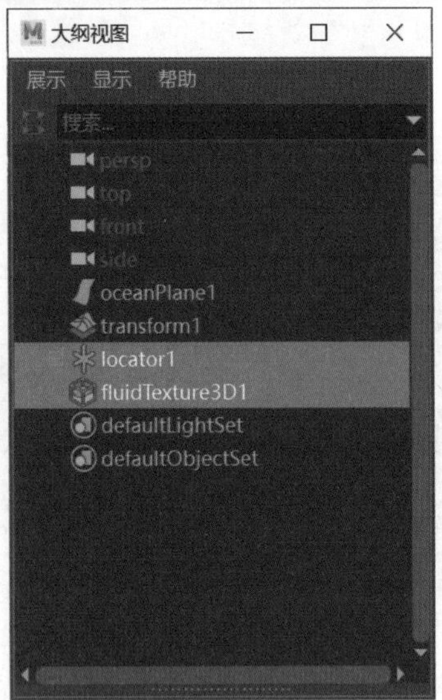

图 12-97

Step 11 选择菜单栏中的【流体】→【使碰撞】命令，如图 12-98 所示，此时再播放动画，可以看到尾迹效果更加明显，如图 12-99 所示。

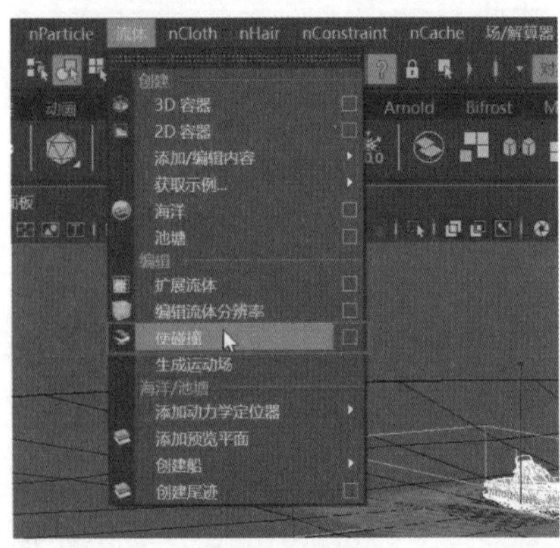

图 12-98

图 12-99

Step 12 打开海洋的【属性编辑器】面板，调整其曲线图，如图 12-100 所示。再调整【波峰】区域中的参数，将【选定值】设置为 0.55，【泡沫发射】设置为 0.58，【泡沫阈值】设置为 0.49，如图 12-101 所示。

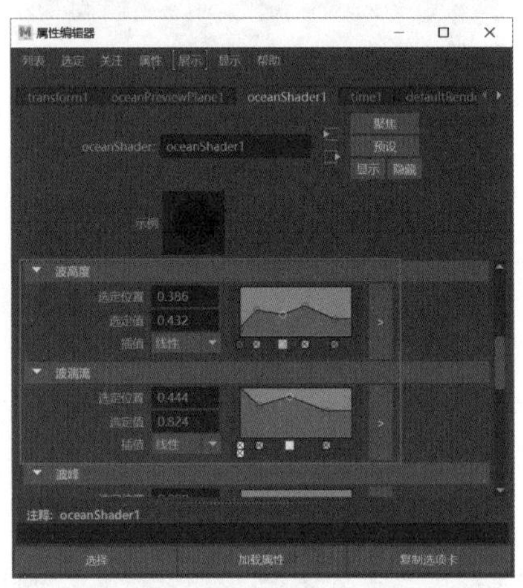

图 12-100

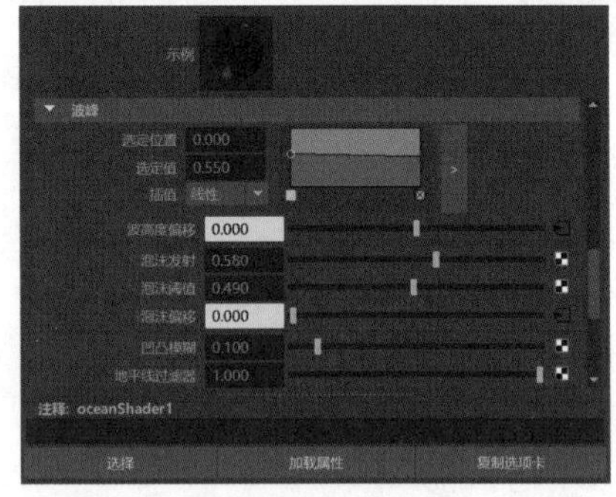

图 12-101

Step 13 选择任意一个关键帧渲染最终效果，如图 12-102 所示。实例最终效果见“结果文件\第 12 章\CH.mb”文件。

图 12-102

本章小结

本章主要介绍了流体特效的一些高级技巧，通过这些技巧可以制作出真实的模拟特效，其中海洋和池塘的效果比较相似。当创建好海洋后，如果没有生成预览平面，可以通过【添加预览平面】命令为海洋生成一个预览平面。在制作行船出海的效果时，fluidTexture3D 物体不要太大，只要尾迹效果在视图中不出现穿帮即可，物体太大会增加系统内存的占用。

实战篇针对 Maya 的主要应用领域，利用 2 个完整的综合实战案例展示 Maya 的应用与项目制作流程。其中，影视场景案例对应的是 Maya 三维卡通环境搭建的实战应用；次时代载具案例则针对 Maya 在游戏领域中的应用。

第13章 实战：制作影视场景

- 如何搭建墙体的结构?
- 形状不规则的地面应该如何卡线?
- 房檐内侧出现多余的面时，应该如何处理?
- 模型制作好后，如何进行收尾工作?

影视领域中，除了角色模型，场景模型也是非常重要的一部分。本章将详细介绍场景模型的制作流程，读者学完本章内容，可以掌握如何调整模型布线，并将整个场景的面数控制到最少，从而达到预期的效果。

13.1 影视场景的制作思路

场景模型是影视领域中的一个重要组成部分，本例将设计制作卡通系列的场景模型。由于场景中的配件非常多，为了防止给计算机造成较大的负担，将采取最优化的方式完成所有模型，用尽可能少的面数达到所需的效果。整个制作流程为：首先创建多个多边形基本体，将模型大致形状制作好，然后根据需求对局部进行倒角卡线，保证整体不变形，并达到最终效果，如图 13-1 所示。

图 13-1

13.2 模型制作流程

本节介绍如何通过各种命令，将多个基础的多边形基本体组合到一起，构成一个完整的场景。

13.2.1 制作场景结构

无论制作什么类型的模型，都需要先用多边形基本体搭建出整个模型的结构和比例。本例制作场景结构的具体操作如下。

Step 01 单击工具架中的【立方体】图标，如图 13-2 所示，创建一个多边形立方体，选择该模型，将其整体放大并缩小高度，如图 13-3 所示。

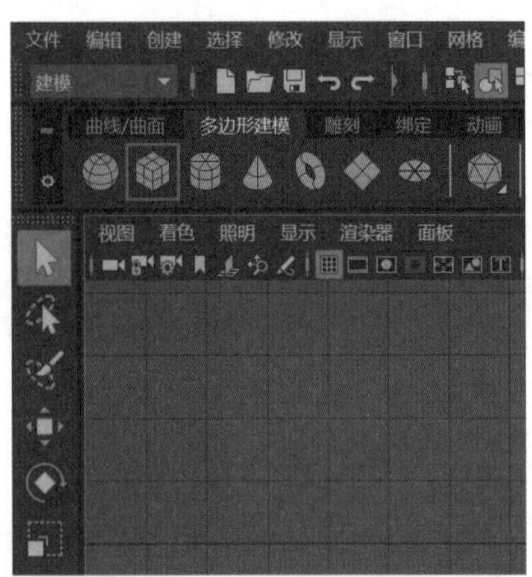

图 13-2

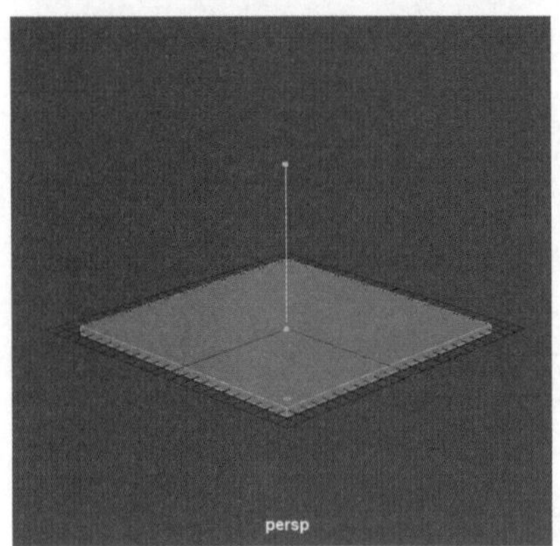

图 13-3

Step 02 分别选择对边上的两个顶点，按组合键【Shift + 鼠标右键】，在弹出的菜单中拖曳选择【合并顶点】命令，如图 13-4 所示。选择模型中 3 条竖直的边，按组合键【Shift + 鼠标右键】，在弹出的菜单中拖曳选择【倒角边】命令，如图 13-5 所示。

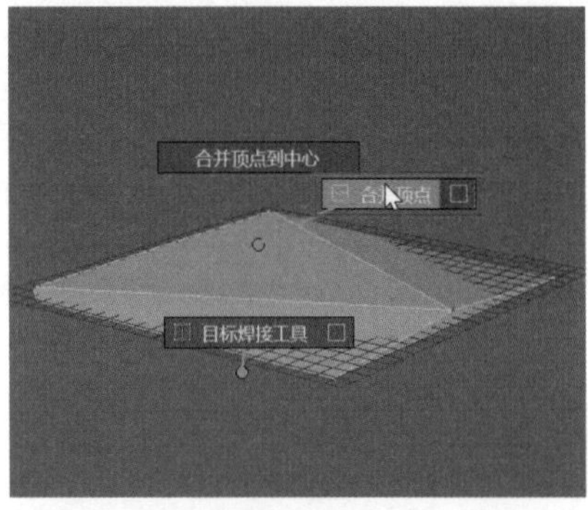

图 13-4

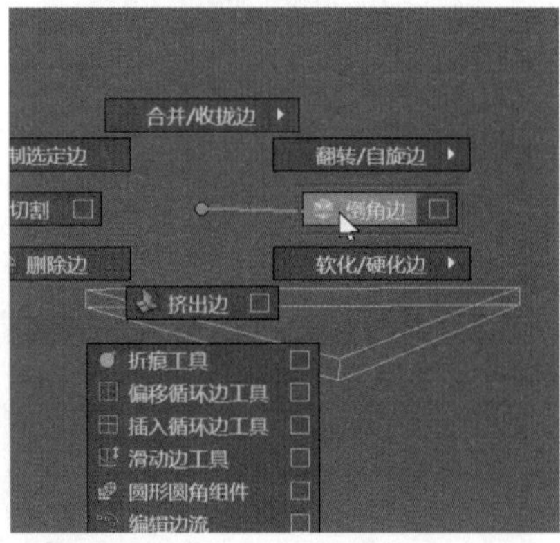

图 13-5

Step 03 弹出面板后，将【分数】设置为 0.48，【分段】设置为 2，如图 13-6 所示。选择模型的一条边，按组合键【Ctrl + 鼠标右键】，在弹出的菜单中拖曳选择【到环形边并分割】命令，分别为模型的 3 个侧面添加一条环形边，如图 13-7 所示。

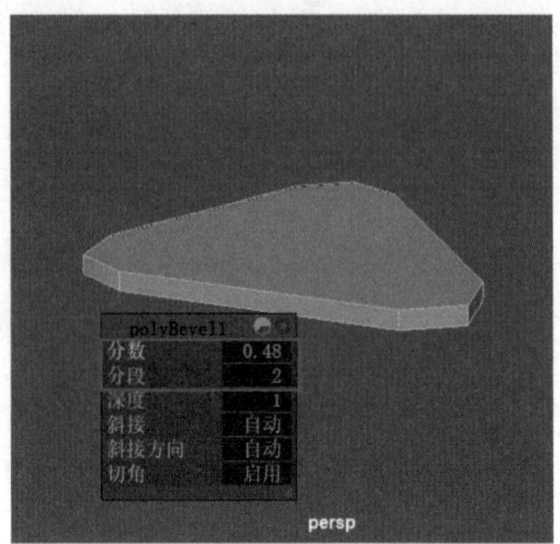

图 13-6

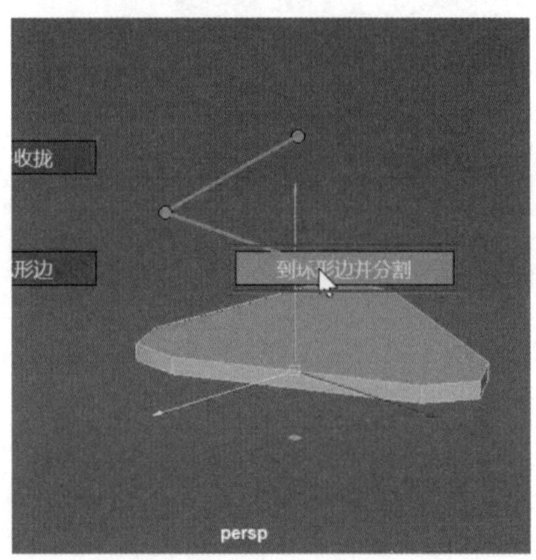

图 13-7

Step 04 选择生成的 3 条环形边，使用缩放工具同时放大，如图 13-8 所示。使模型进入面模式，选择其顶面，按组合键【Shift + 鼠标右键】，在弹出的菜单中拖曳选择【三角化面】命令，如图 13-9 所示。

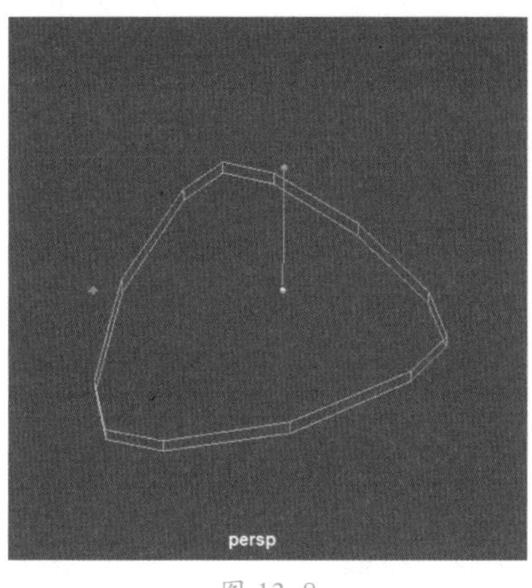

图 13-8

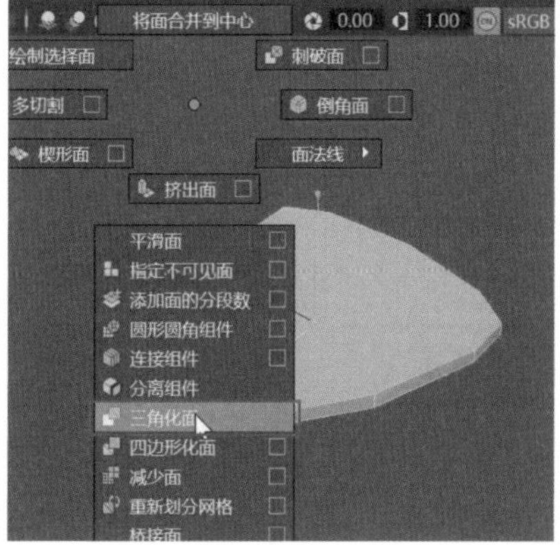

图 13-9

Step 05 执行【四边形化面】命令，如图 13-10 所示，对底面执行同样的命令，添加布线，如图 13-11 所示。

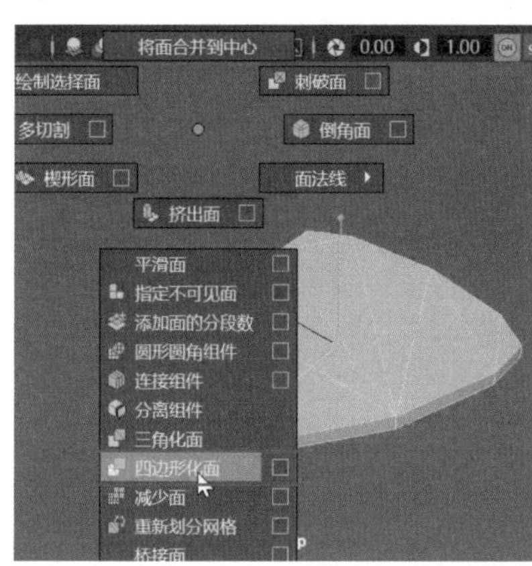

图 13-10

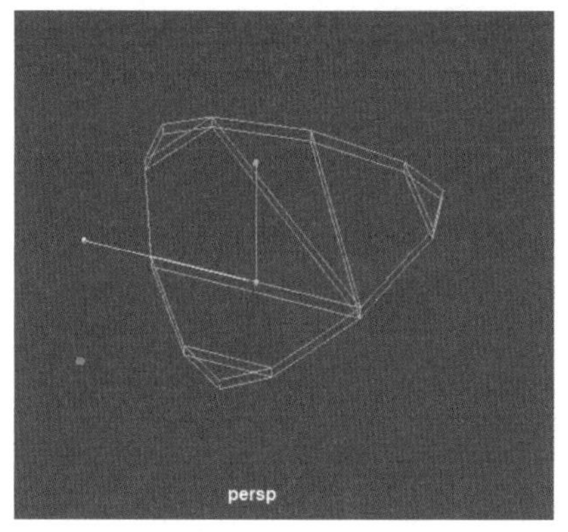

图 13-11

Step 06 选择模型的局部顶点，使用缩放工具加宽，如图 13-12 所示，选择模型的顶面和底面，执行【挤出面】命令，如图 13-13 所示。

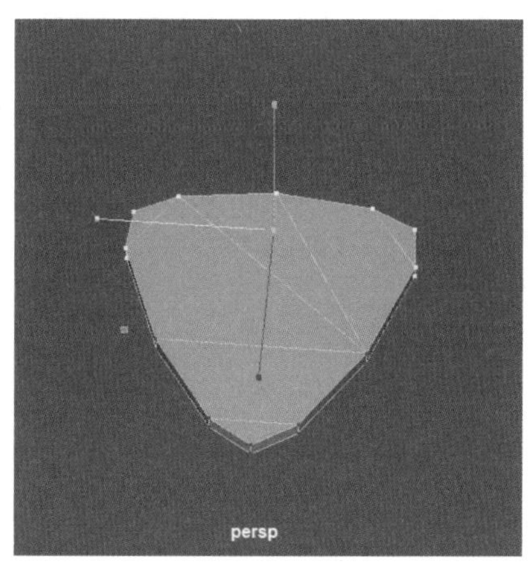

图 13-12

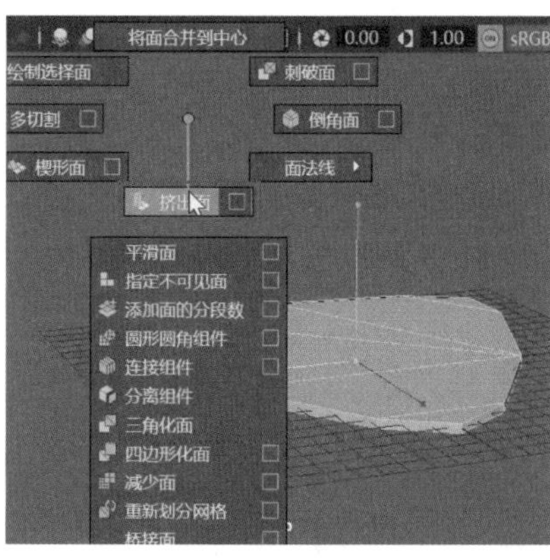

图 13-13

Step 07 弹出面板，将【偏移】设置为 0.23，如图 13-14 所示，选择局部面，再次执行【挤出面】命令并拖曳生成的操纵器，调整模型高度，如图 13-15 所示。

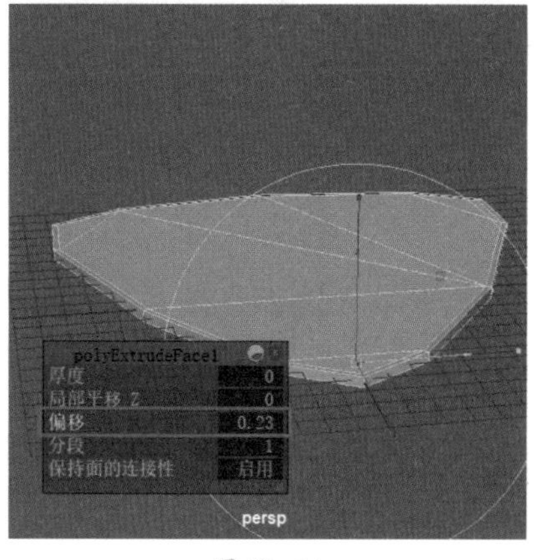

图 13-14

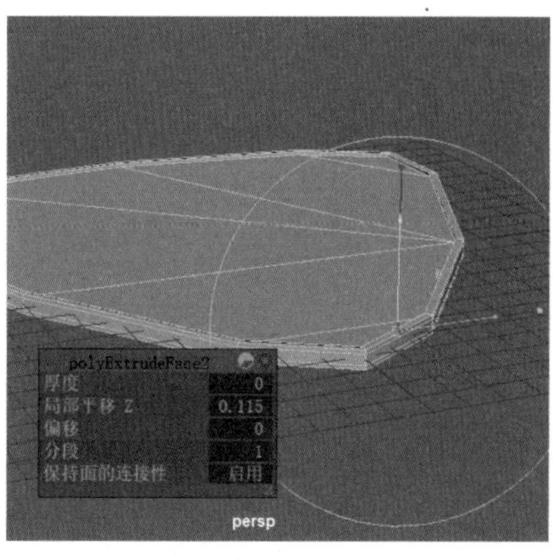

图 13-15

Step 08 创建一个立方体，将其调整为长方体作为柱子并移动到合适的位置，同时进行旋转，如图 13-16 所示，确定位置后，按快捷键【Ctrl+D】复制并拖曳出来，如图 13-17 所示。

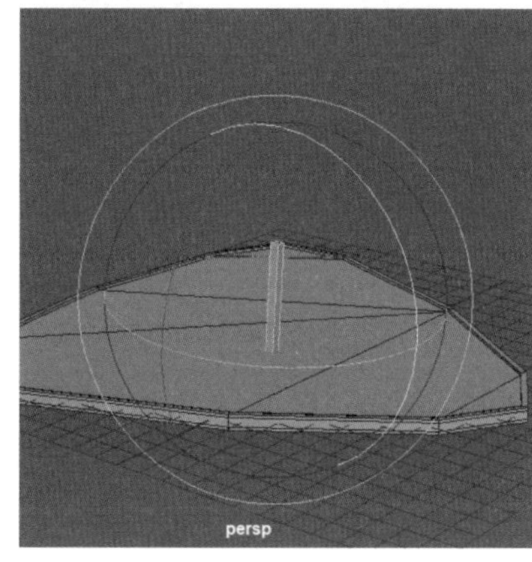

图 13-16

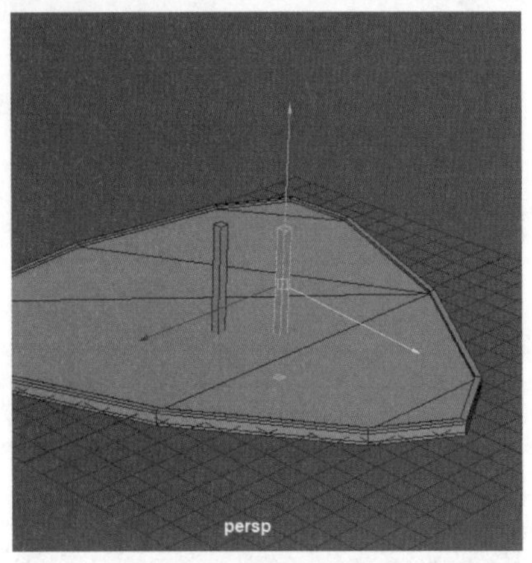

图 13-17

Step 09 选择其中一个长方体，再次进行复制，并将新的模型拉长，作为墙体，如图 13-18 所示，框选 3 个长方体并移动位置，如图 13-19 所示。

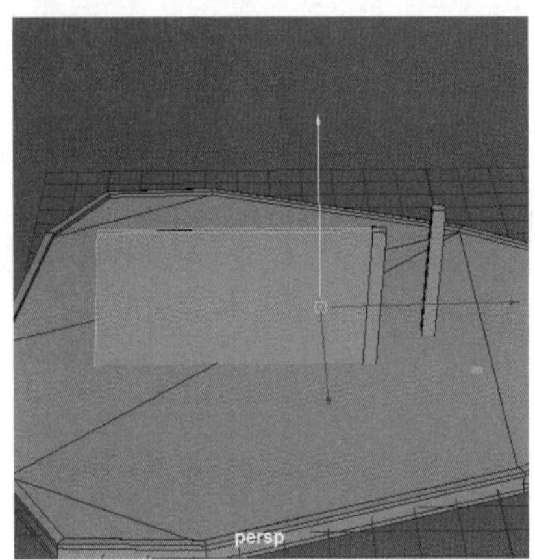

图 13-18

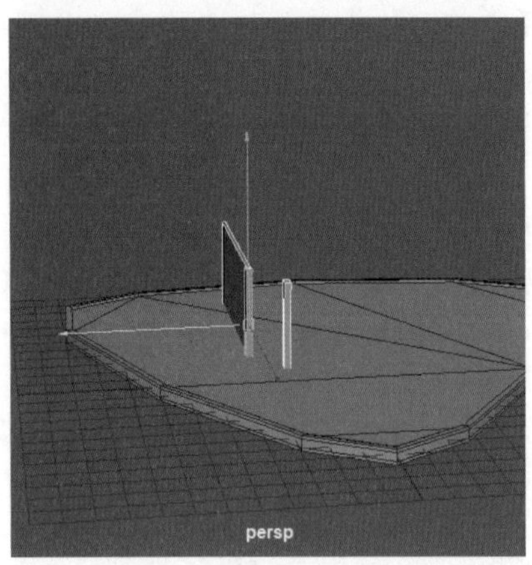

图 13-19

Step 10 将 3 个长方体放大，如图 13-20 所示，然后选择一个柱子进行复制，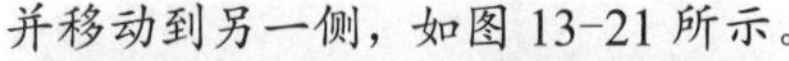并移动到另一侧，如图 13-21 所示。

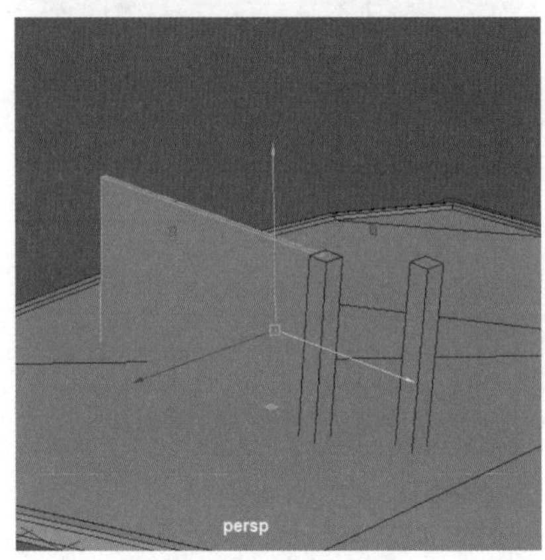

图 13-20

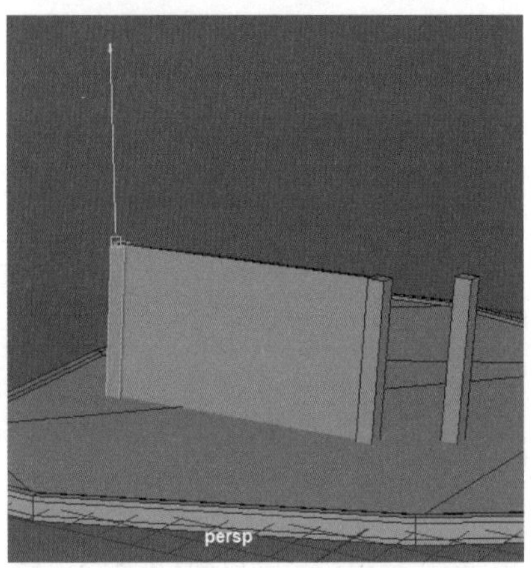

图 13-21

Step 11 选择墙体，按组合键【Shift + 鼠标右键】，在弹出的菜单中拖曳选择【插入循环边工具】命令，如图 13-22 所示，为墙体添加一条循环边，如图 13-23 所示。

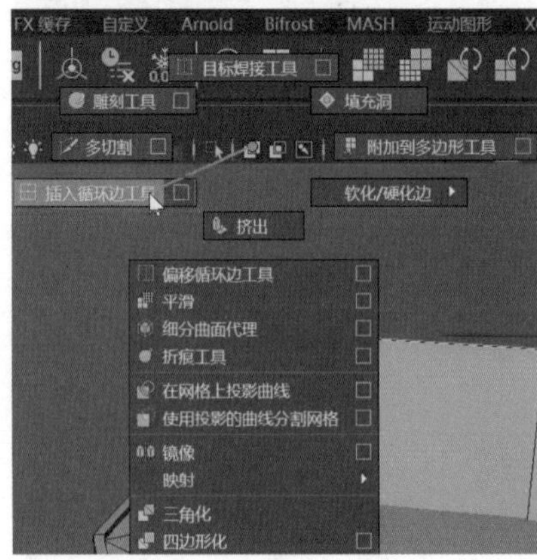

图 13-22

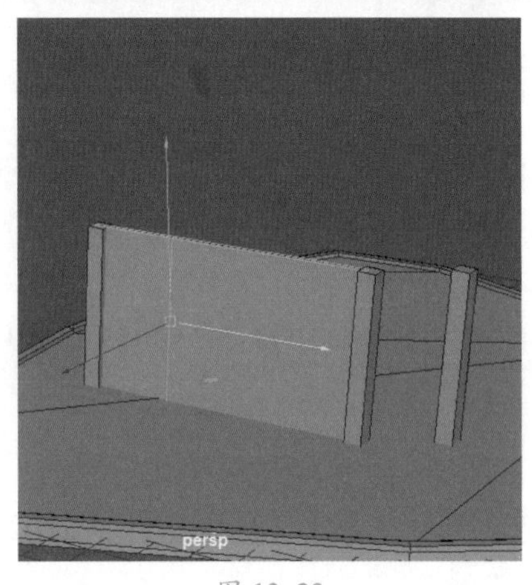

图 13-23

Step 12 按快捷键【Ctrl+D】复制选定的墙体，删除一部分模型，移动到右侧并进行轻微的旋转，如图 13-24 所示，再创建两个立方体模型并进行调整，将相邻的墙体制作好，如图 13-25 所示。

图 13-24

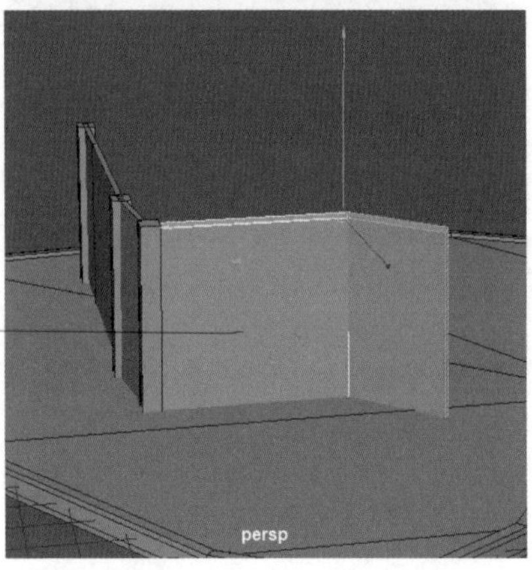

图 13-25

Step13 按快捷键【Ctrl+D】再次复制柱子模型，并移动到两个墙体的交叉处，如图 13-26 所示，然后选择墙体，再次复制并移动到对面，如图 13-27 所示。

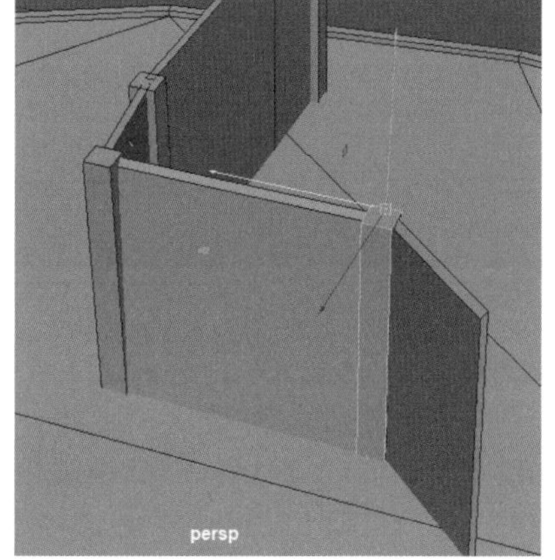

图 13-26

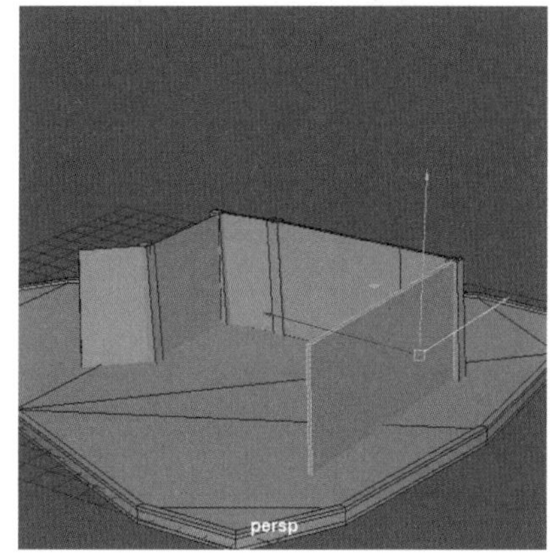

图 13-27

Step14 选择复制的墙体，按快捷键【Ctrl+D】再次复制，旋转 90° 并移动到旁边，如图 13-28 所示。创建一个立方体，将其压扁并放大，移动到上方，如图 13-29 所示。

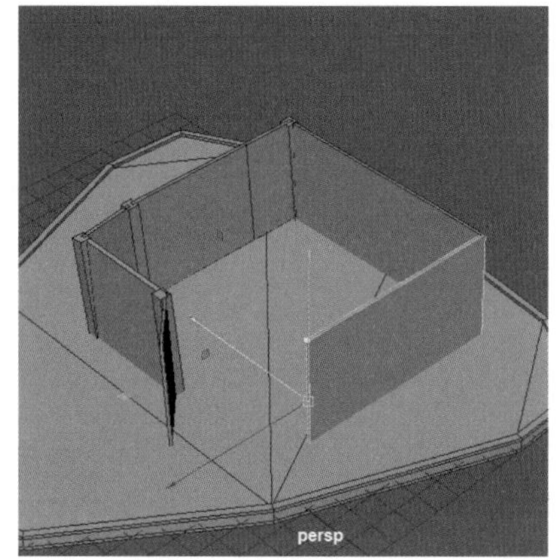

图 13-28

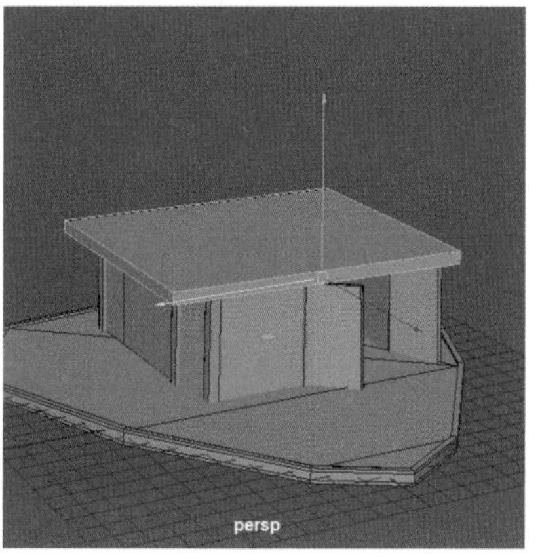

图 13-29

Step15 使用【插入循环边工具】为该模型添加一条循环边，如图 13-30 所示，然后框选局部顶点，按快捷键【V】吸附到墙体上，如图 13-31 所示。

图 13-30

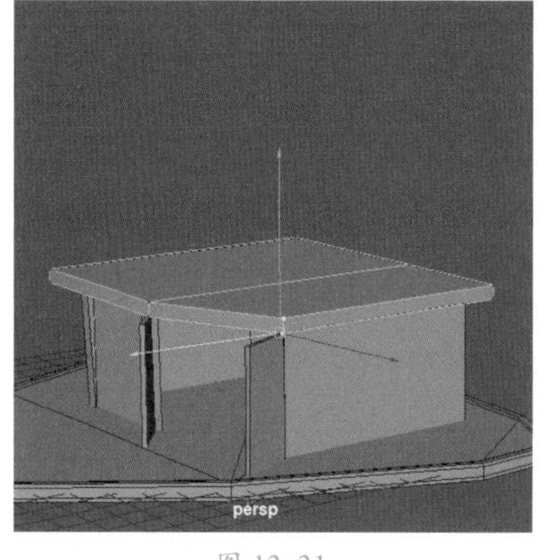

图 13-31

Step16 选择局部侧面，按组合键【Shift+ 鼠标右键】，在弹出的菜单中拖曳选择【挤出面】命令，如图 13-32 所示，然后拖曳移动工具调整长度，如图 13-33 所示。

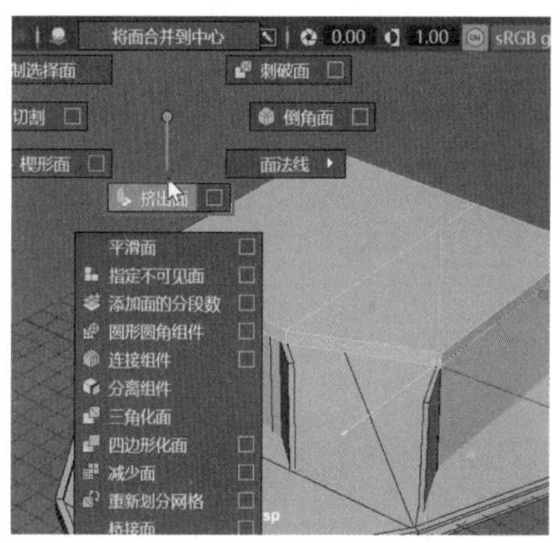

图 13-32

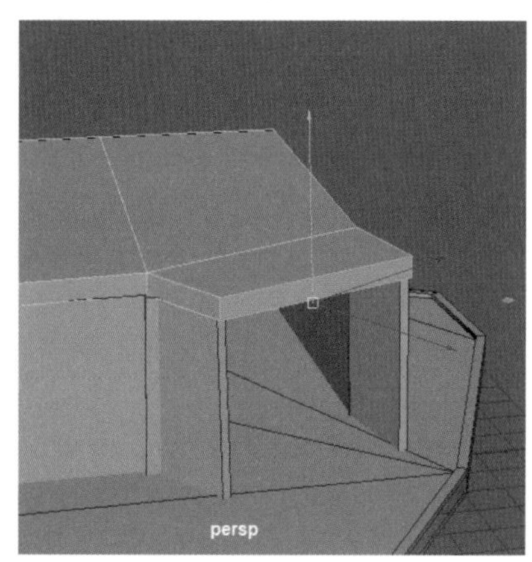

图 13-33

Step 17 选择局部顶点，使用缩放工具将宽度调大，如图 13-34 所示，然后选择两个柱子模型并将它们放大一些，如图 13-35 所示。

图 13-34

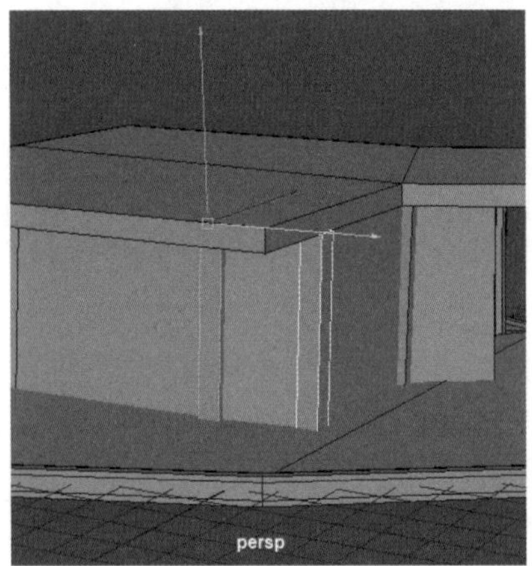

图 13-35

Step 18 选择墙体模型，按快捷键【Ctrl+1】使其独立显示，然后选择其局部面，按组合键【Shift＋鼠标右键】，在弹出的菜单中拖曳选择【提取面】命令，如图 13-36 所示。模型分成两部分后，分别选择模型中空面的边，执行【填充洞】命令，如图 13-37 所示。

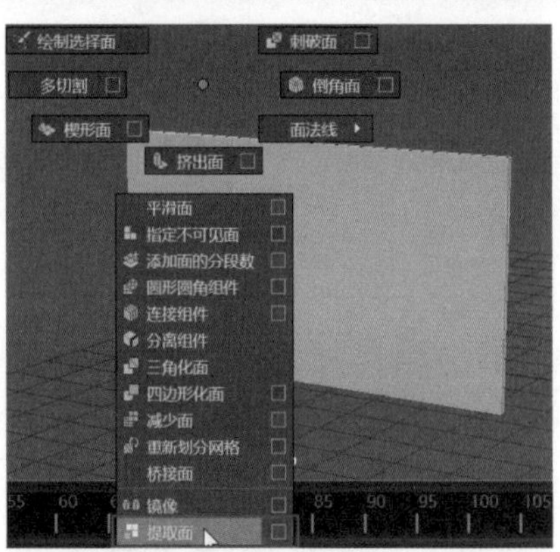

图 13-36

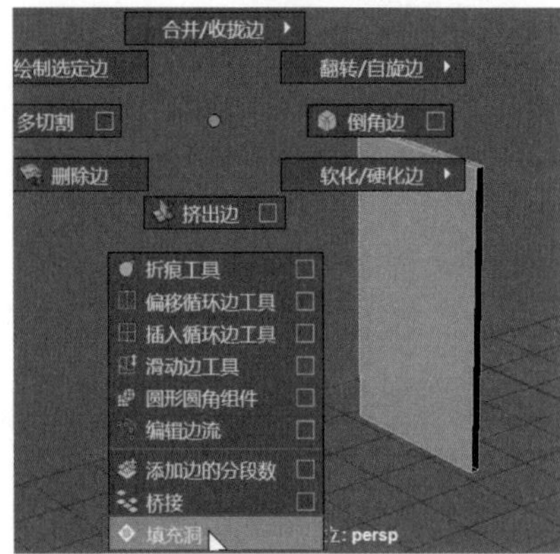

图 13-37

Step 19 选择菜单栏中的【创建】→【多边形基本体】→【立方体】命令，如图 13-38 所示，再次创建立方体，然后调整其大小，移动到现有模型的上方，作为二层的墙体，如图 13-39 所示。

图 13-38

图 13-39

Step 20 按快捷键【Ctrl+D】复制该墙体，旋转 90° 并移动到合适的位置，如图 13-40 所示，然后用同样的方法，搭建好周围的墙体，如图 13-41 所示。

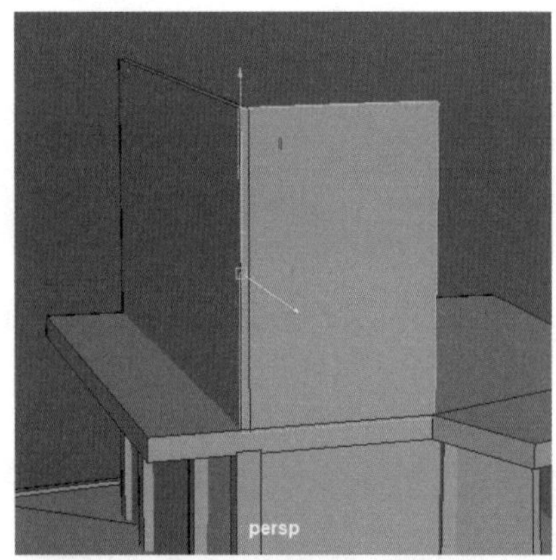

图 13-40

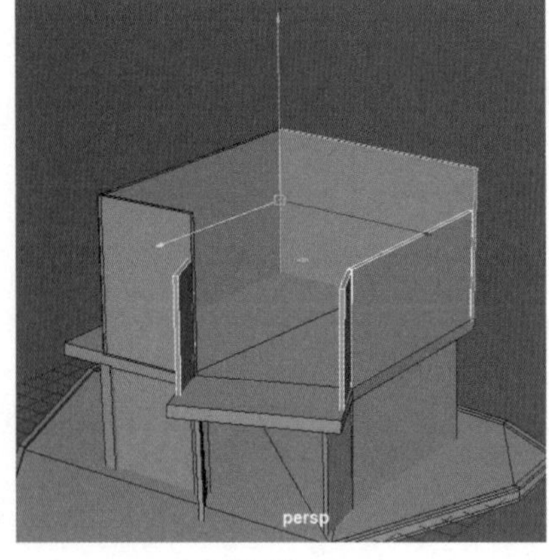

图 13-41

Step 21 分别选择 3 个墙体的一条边，按组合键【Ctrl + 鼠标右键】，在弹出的菜单中拖曳选择【到环形边并分割】命令，如图 13-42 所示，添加好环形边后，效果如图 13-43 所示。

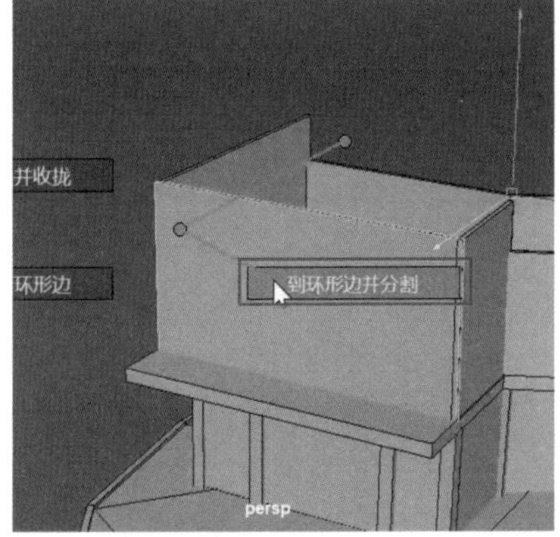

图 13-42

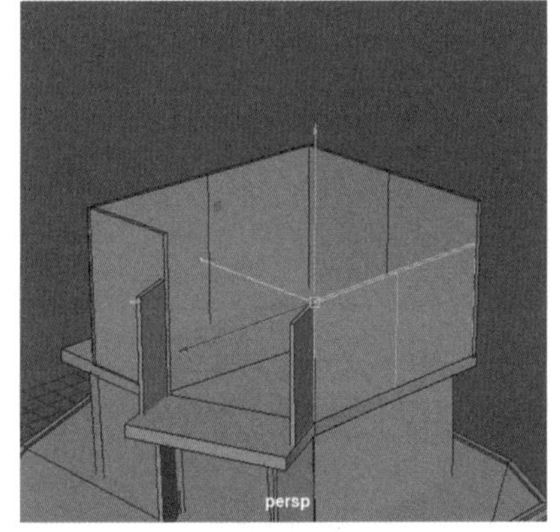

图 13-43

Step 22 选择一个墙体，长按鼠标右键使其进入面模式，如图 13-44 所示，然后选择该模型一半的部分，按组合键【Shift + 鼠标右键】，在弹出的菜单中拖曳选择【提取面】命令，如图 13-45 所示。

图 13-44

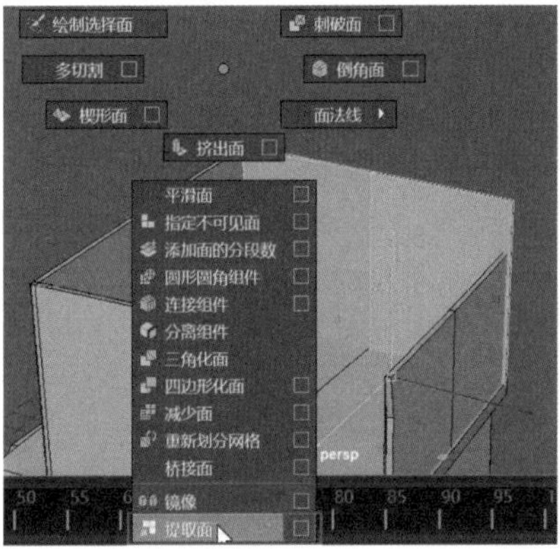

图 13-45

Step 23 模型分成两部分后，选择空面中的循环边，执行【填充洞】命令，如图 13-46 所示，然后按快捷键【Ctrl+1】显示所有模型，选择一个被提取的模型，将高度缩小，如图 13-47 所示。

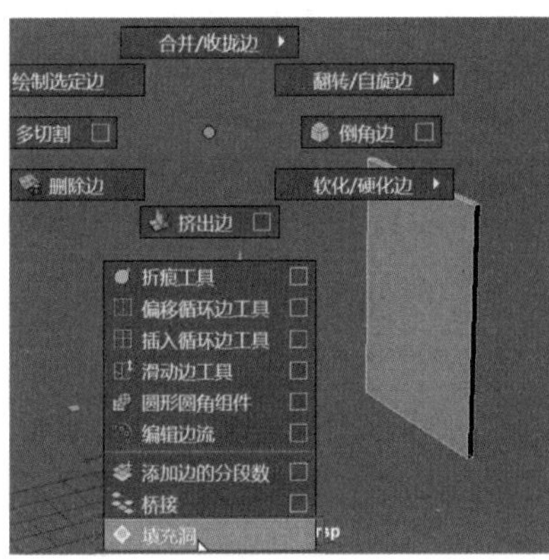

图 13-46

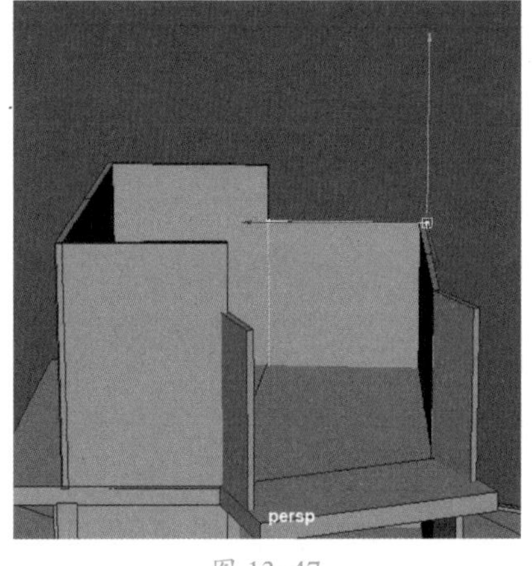

图 13-47

Step 24 单击工具架中的【立方体】图标，再次创建立方体模型，并将其压扁，移动到一层的中间位置，如图 13-48 所示。然后选择模型的两条边，按组合键【Shift+ 鼠标右键】，在弹出的菜单中拖曳选择【倒角边】命令，如图 13-49 所示。

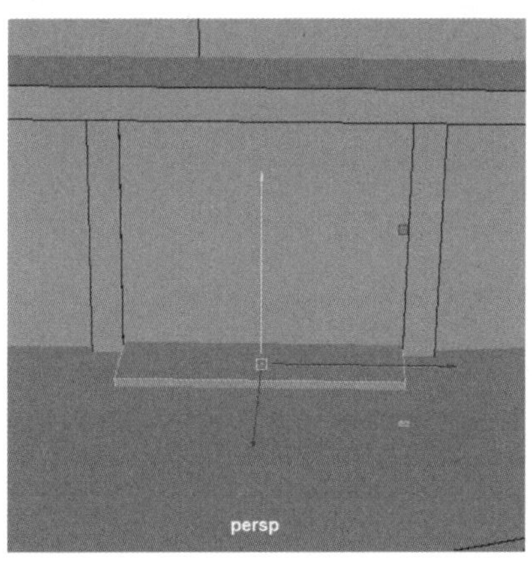

图 13-48

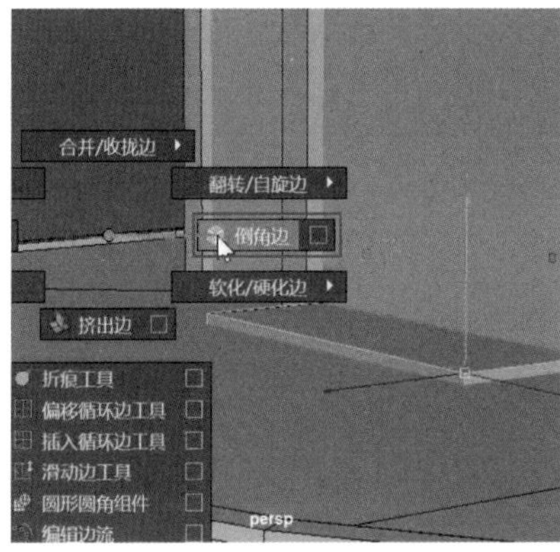

图 13-49

Step 25 弹出面板后，将【分数】设置为 0.67，【分段】设置为 2，如图 13-50 所示，然后单击工具架中的【多切割】图标，如图 13-51 所示。

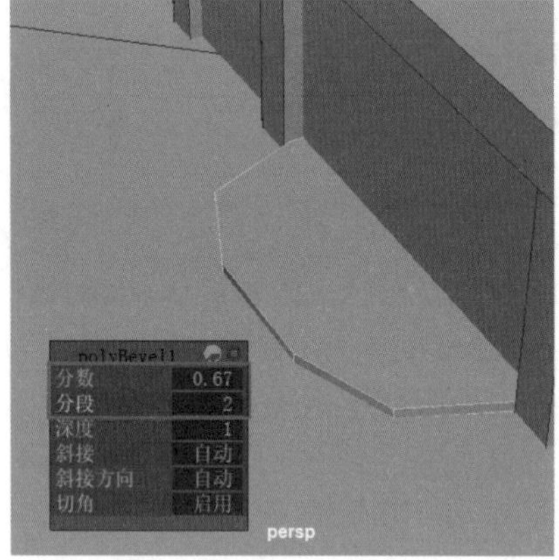

图 13-50

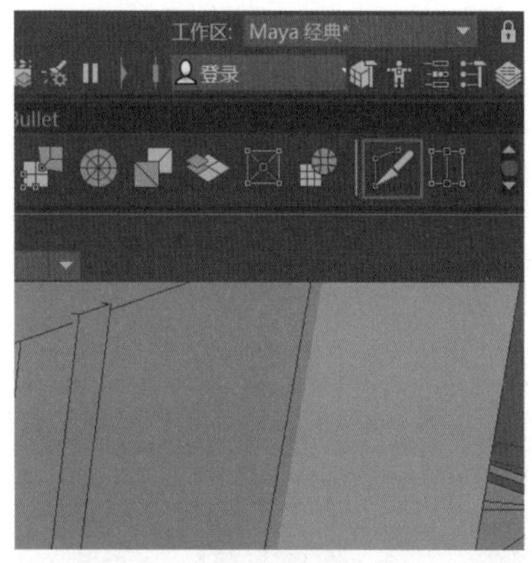

图 13-51

Step 26 分别单击模型顶面中两个相对的顶点，添加布线，如图 13-52 所示，单击鼠标右键，即可生成绘制的边，并完成该操作。调整好布线后，按快捷键【Ctrl+D】对该模型进行复制，将复制的模型移动到上方并缩小，如图 13-53 所示。

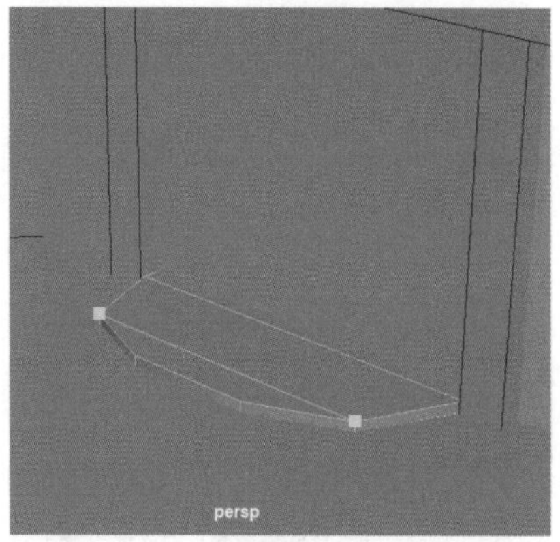

图 13-52

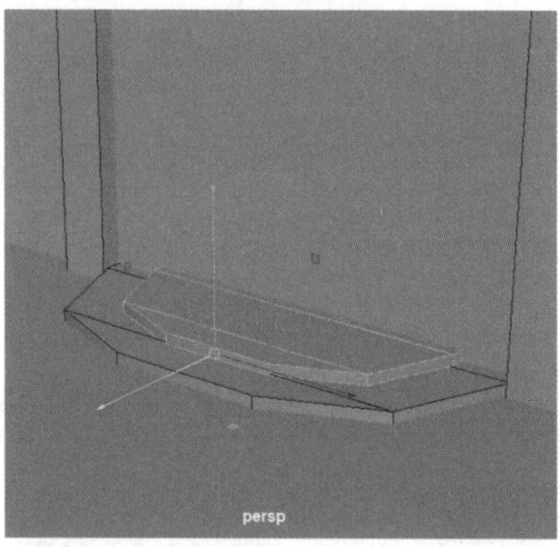

图 13-53

Step 27 选择其他模型的局部边，按组合键【Ctrl + 鼠标右键】，在弹出的菜单中拖曳选择【到环形边并分割】命令，为模型局部添加 3 条环形边，如图 13-54 所示。选择该模型中相对的两条边，按组合键【Shift + 鼠标右键】，在弹出的菜单中拖曳选择【倒角边】命令，如图 13-55 所示。

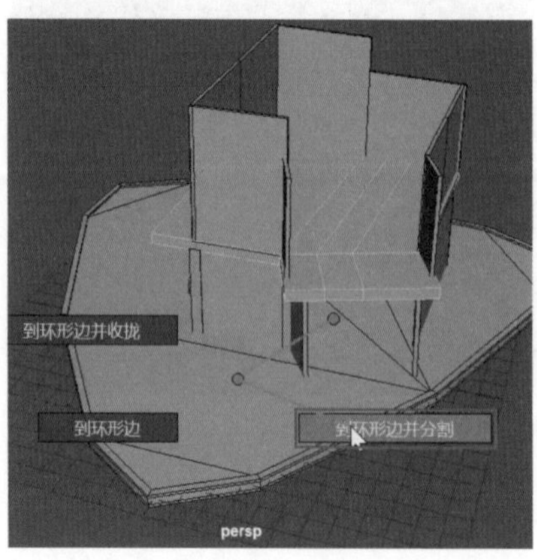

图 13-54

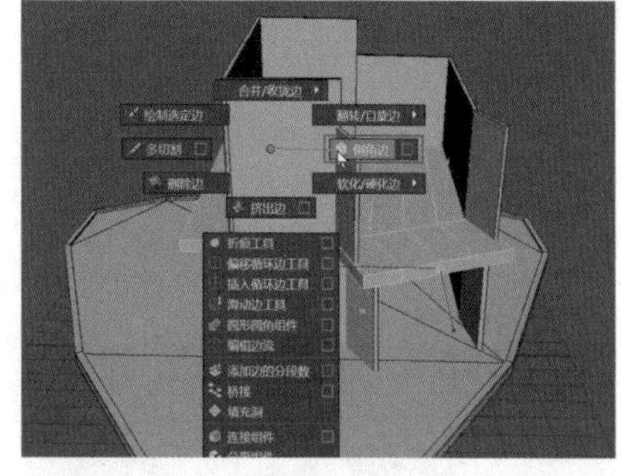

图 13-55

Step 28 弹出面板后，将【分数】设置为 0.6，【分段】设置为 2，如图 13-56 所示，然后选择局部顶点进行移动，如图 13-57 所示。

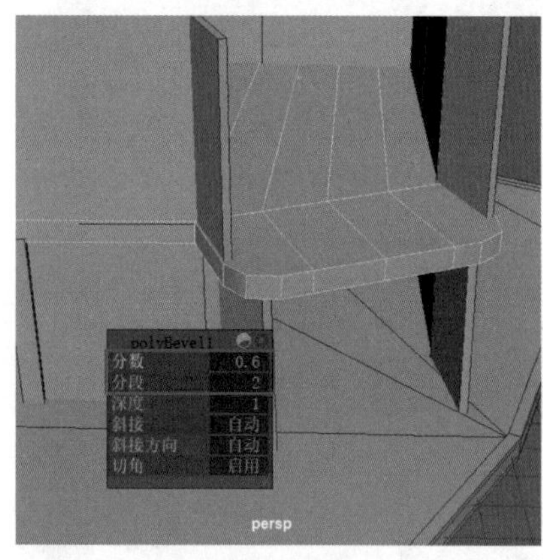

图 13-56

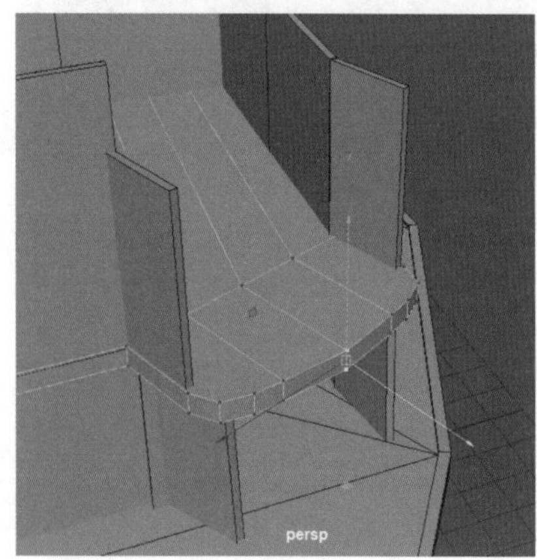

图 13-57

Step29 创建一个立方体模型，将其调整为长方体并移动到现有模型的顶端，如图 13-58 所示。然后选择该长方体，按快捷键【Ctrl+D】复制一个模型，将其高度缩小一些，长度加大一些，如图 13-59 所示。

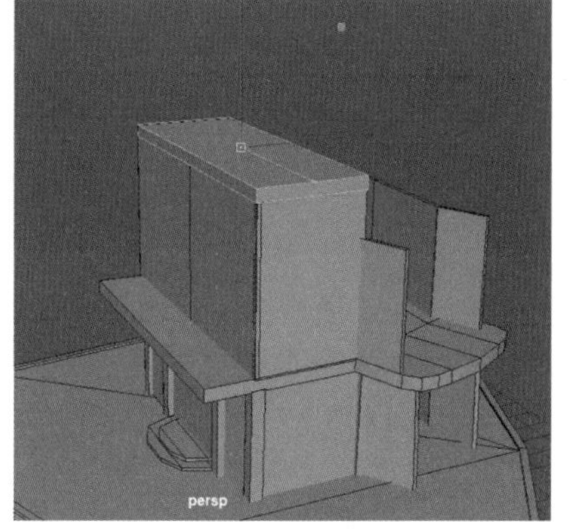

图 13-58

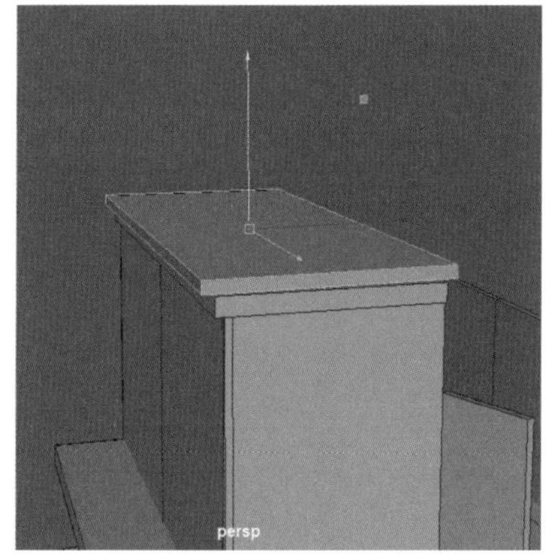

图 13-59

Step30 选择该模型的一条边，按组合键【Ctrl+ 鼠标右键】，在弹出的菜单中拖曳选择【到环形边并分割】命令，如图 13-60 所示，然后选择模型中生成的环形边，使用移动工具向上拖曳，制作房顶，如图 13-61 所示。

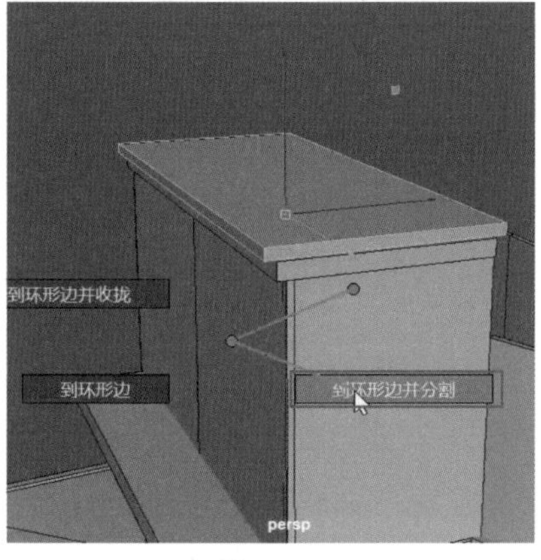

图 13-60

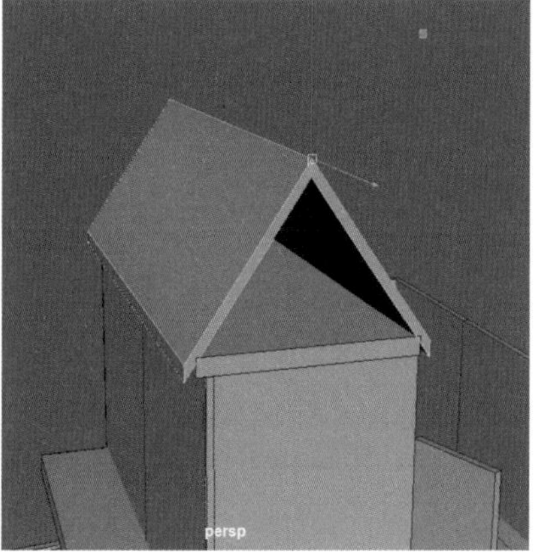

图 13-61

Step31 选择房顶模型，按组合键【Shift + 鼠标右键】，在弹出的菜单中拖曳选择【插入循环边工具】命令右侧的复选框，如图 13-62 所示，弹出【工具设置】对话框后，将【保持位置】设置为【多个循环边】，【循环边数】设置为 7，如图 13-63 所示。

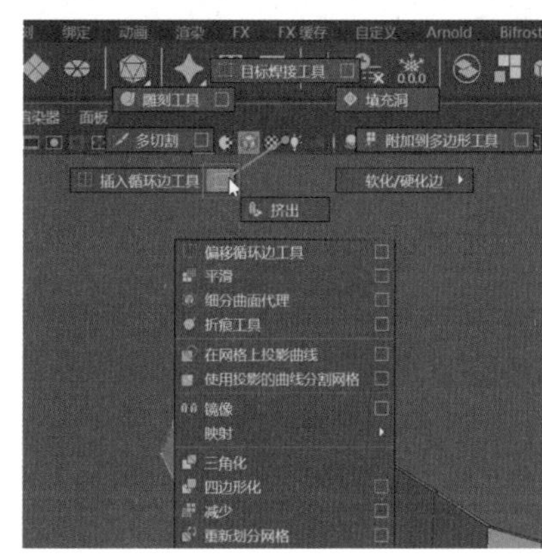

图 13-62

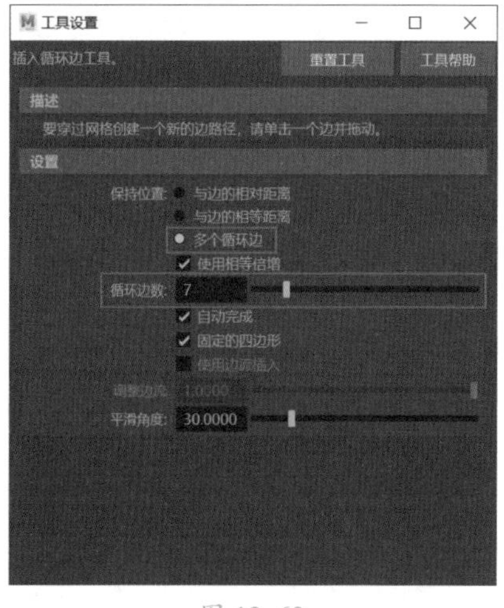

图 13-63

Step32 在模型的边上长按鼠标左键，生成均匀排列的多条循环边，如图 13-64 所示，用同样的方法在另一个方向上添加 3 条循环边，如图 13-65 所示。

图 13-64

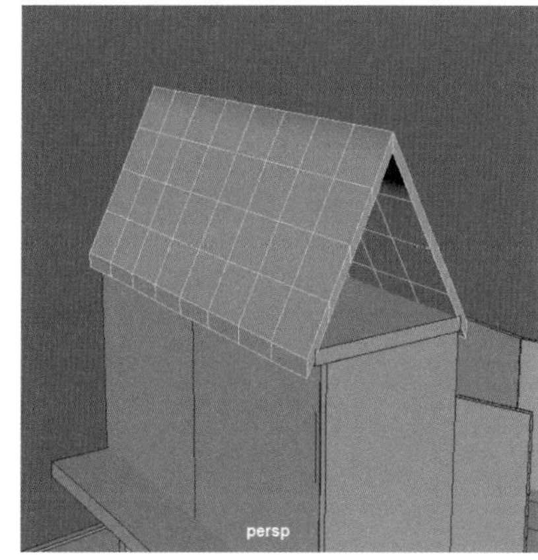

图 13-65

Step 33 选择房顶顶端的局部边，按快捷键【B】开启软工具模式，使用移动工具拖曳出轻微的弧度，如图 13-66 所示，用同样的方法，将房顶两侧也调整出轻微弧度，如图 13-67 所示。

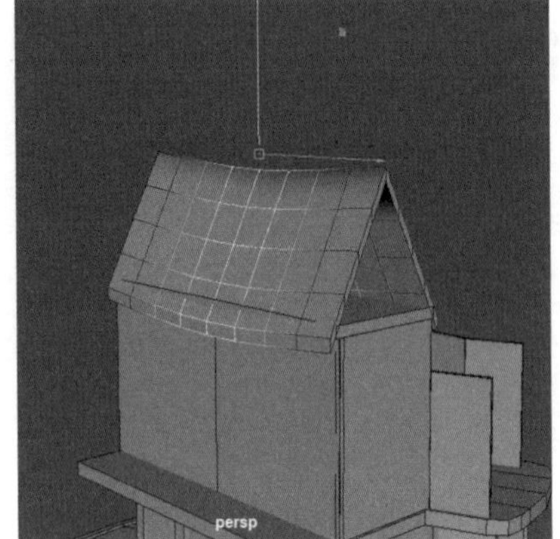

图 13-66

图 13-67

Step 34 选择房顶中间的循环边，按组合键【Shift+ 鼠标右键】拖曳选择【倒角边】命令，如图 13-68 所示，弹出面板后，将【分数】设置为 0.4，【分段】设置为 2，如图 13-69 所示。

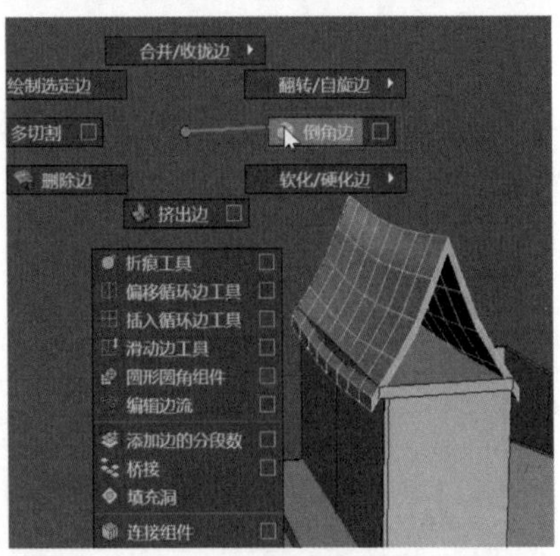

图 13-68

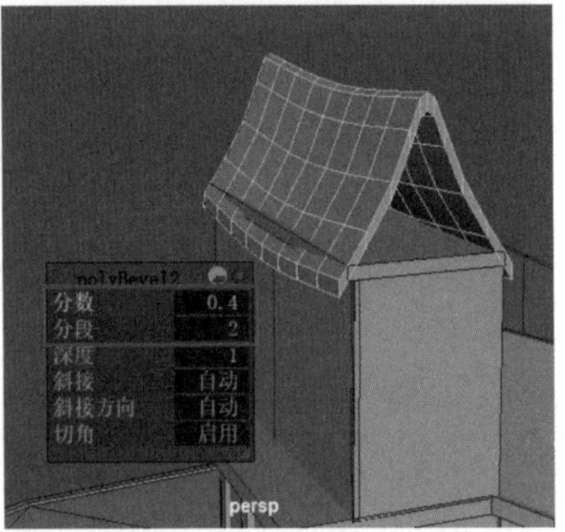

图 13-69

Step 35 使房顶模型回到对象模式，按快捷键【Ctrl+1】使其独立显示，然后按空格键将视图切换到左视图，选择该模型一半的部分进行删除，如图 13-70 所示。按快捷键【Ctrl+1】显示所有模型，选择一半部分的房顶进行旋转，直到与下方的模型不再穿帮，如图 13-71 所示。

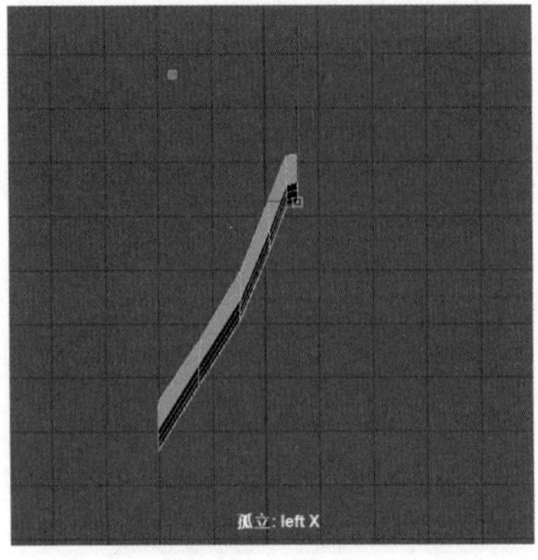

图 13-70

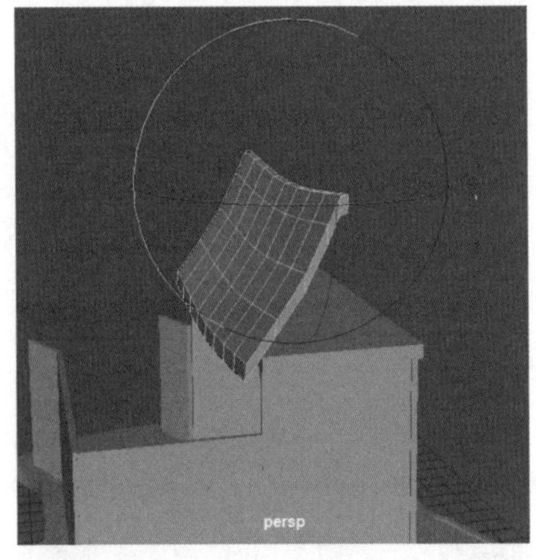

图 13-71

Step 36 确定模型角度后，按快捷键【Ctrl+D】复制现有的一半房顶，打开右侧的【通道盒 / 层编辑器】面板，将【缩放 Z】设置为 -1，如图 13-72 所示。然后选择房顶的两个部分，按组合键【Shift + 鼠标右键】拖曳选择【结合】命令，如图 13-73 所示，将两个模型合并。

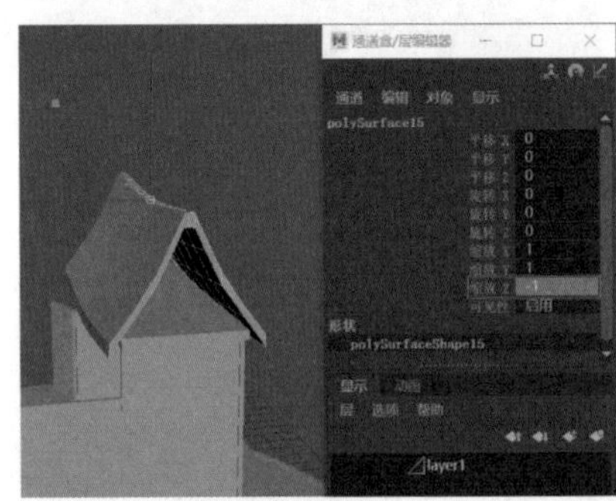

图 13-72

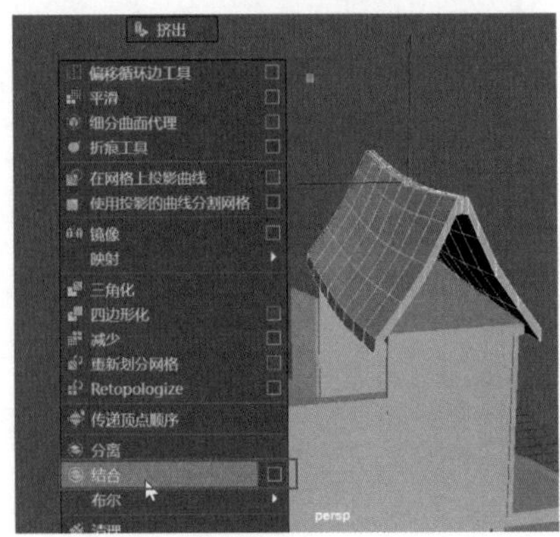

图 13-73

Step37 使该模型进入顶点模式，框选所有顶点，按组合键【Shift＋鼠标右键】拖曳选择【合并顶点】命令，如图 13-74 所示。然后使模型进入面模式，选择模型中的顶面，按组合键【Shift＋鼠标右键】，拖曳选择【挤出面】命令，如图 13-75 所示。

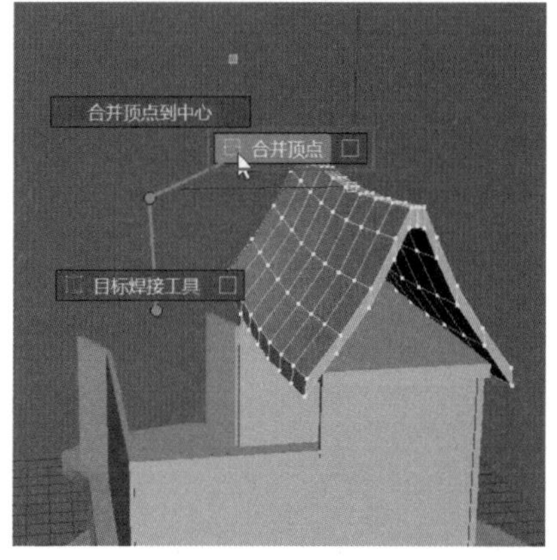

图 13-74

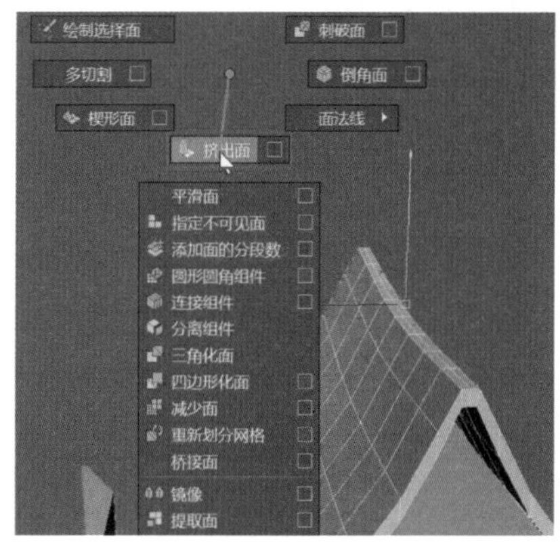

图 13-75

Step38 拖曳生成的操纵器，房顶顶面生成的高度如图 13-76 所示，使该模型回到对象模式，选择下方的模型，使用【插入循环边工具】命令为模型添加 4 条循环边，如图 13-77 所示。

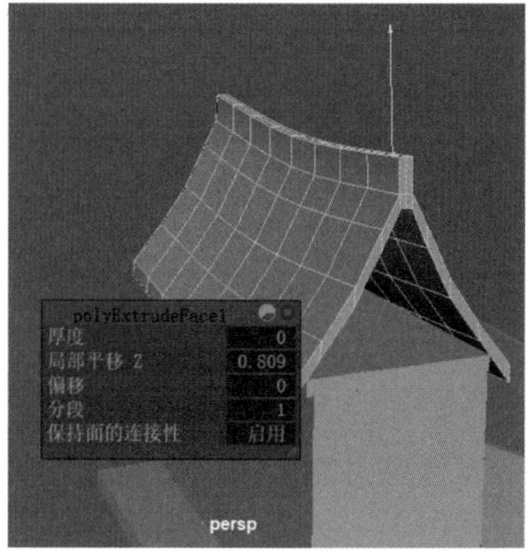

图 13-76

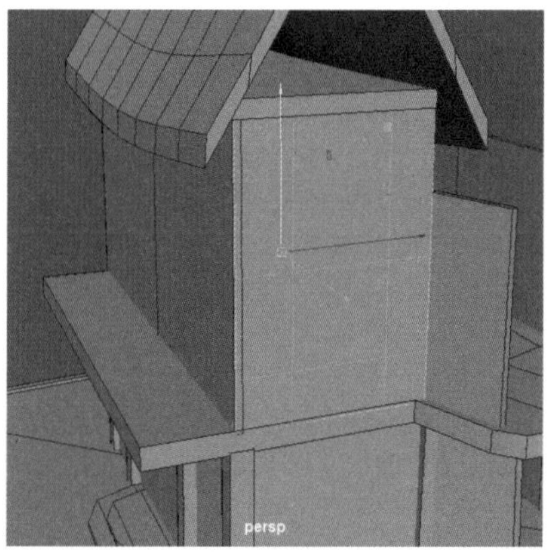

图 13-77

Step39 使该模型进入面模式，选择两个局部面，按组合键【Shift＋鼠标右键】拖曳选择【提取面】命令，如图 13-78 所示。将提取出来的两个面独立显示，然后合并模型，按组合键【Shift+ 鼠标右键】拖曳选择【桥接】命令，如图 13-79 所示。

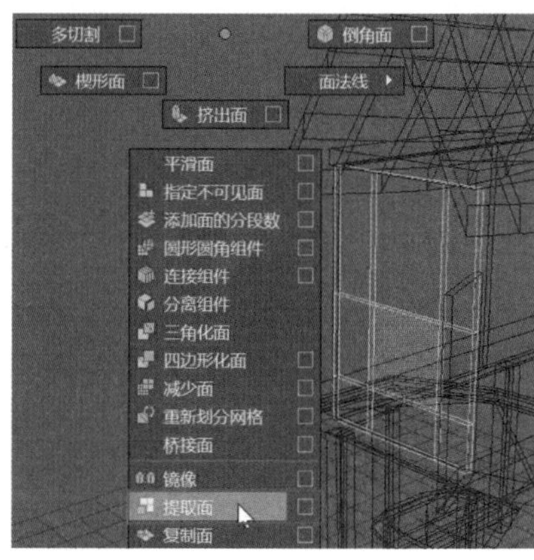

图 13-78

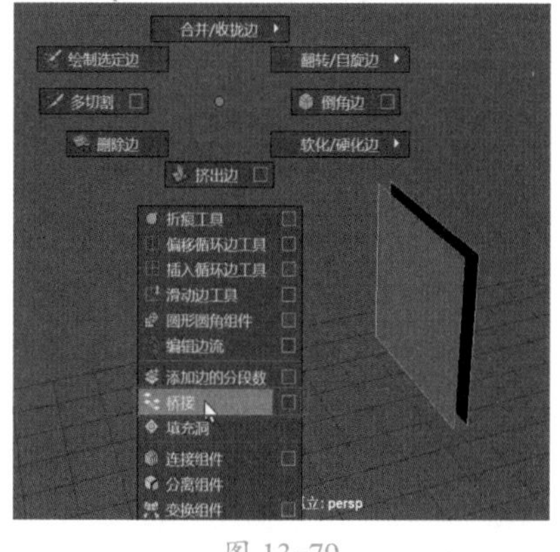

图 13-79

Step40 使用缩放工具将该模型单向缩短，如图 13-80 所示，然后显示所有模型，将墙体模型独立显示，选择空面中的边，再次执行【桥接】命令，如图 13-81 所示。

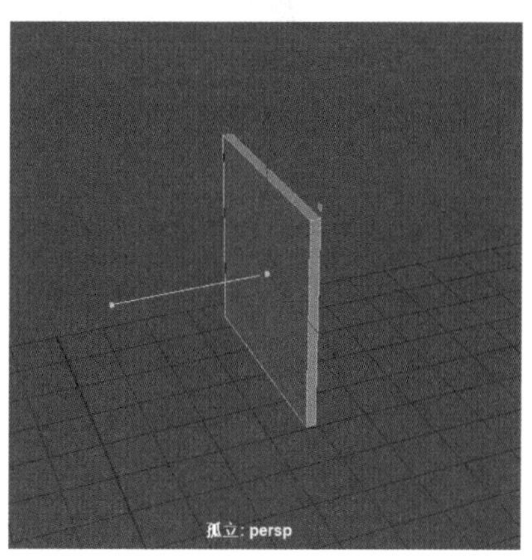

图 13-80

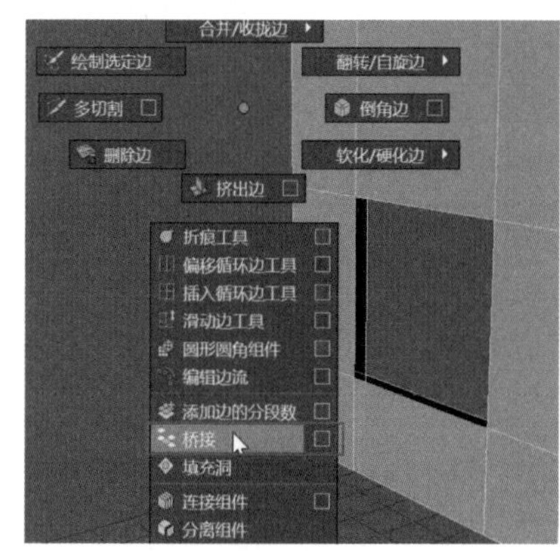

图 13-81

Step41 选择窗户模型，按快捷键【Ctrl+D】复制，制作窗户中的三个边框，如图 13-82 所示，再次执行复制，创建一个上框和两个窗扇，并调整比例，如图 13-83 所示。

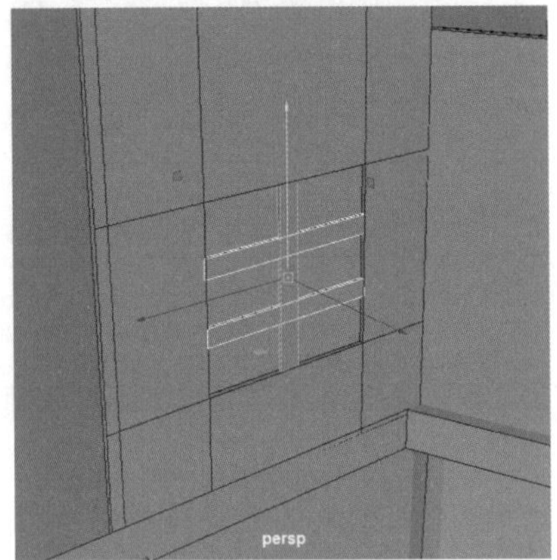

图 13-82

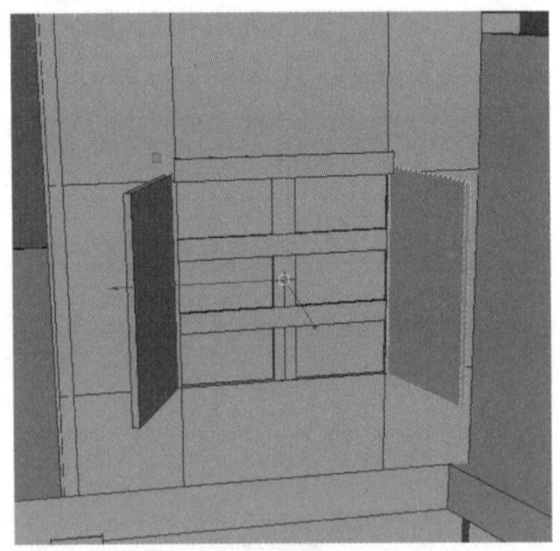
图 13-83

Step42 使模型回到对象模式，选择下方的模型添加一条循环边，然后进入面模式，选择局部面，执行【复制面】命令，如图 13-84 所示，将该面缩小一些，并执行【挤出面】命令，如图 13-85 所示。

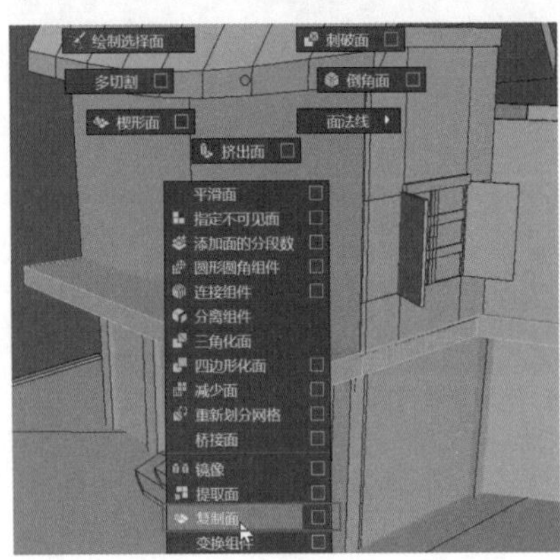

图 13-84

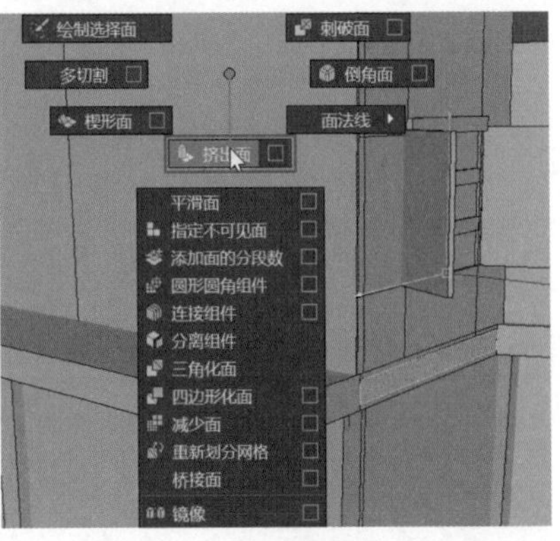

图 13-85

Step43 拖曳生成的操纵器，调整模型厚度，如图 13-86 所示，然后使用旋转工具调整模型角度，如图 13-87 所示。

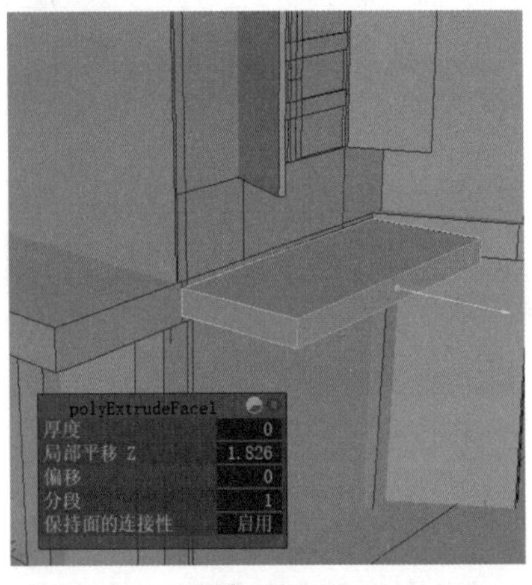

图 13-86

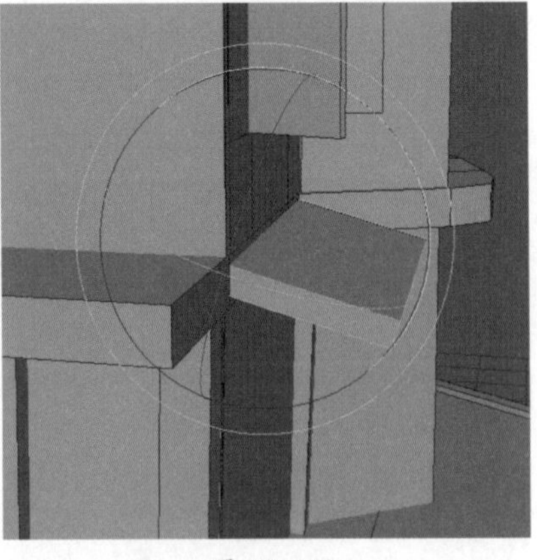
图 13-87

Step44 再次创建一个立方体，将其拉长并移动到下方，如图 13-88 所示，然后使模型进入边模式，选择一条边，按组合键【Ctrl+ 鼠标右键】拖曳选择【到环形边并分割】命令，为模型添加 3 条环形边，如图 13-89 所示。

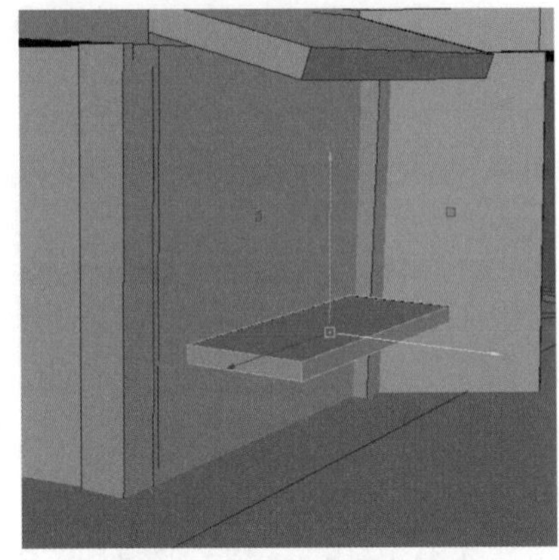
图 13-88

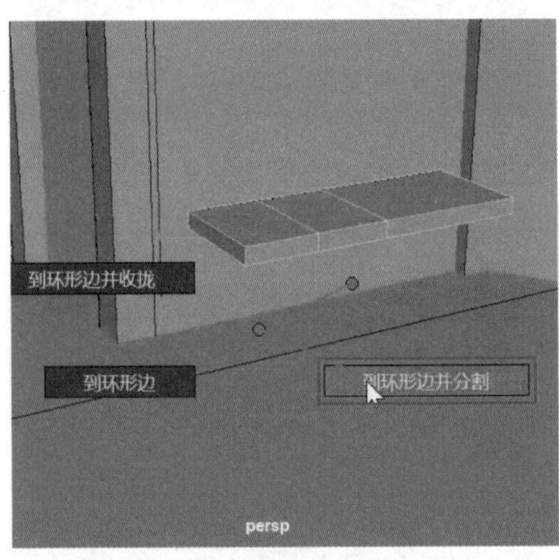

图 13-89

Step45 用同样的方法，在模型的另一个方向添加一条环形边，如图 13-90 所示，然后按【D】键，再长按【V】键和鼠标左键，将模型的枢轴吸附到角落处，如图 13-91 所示。

图 13-90

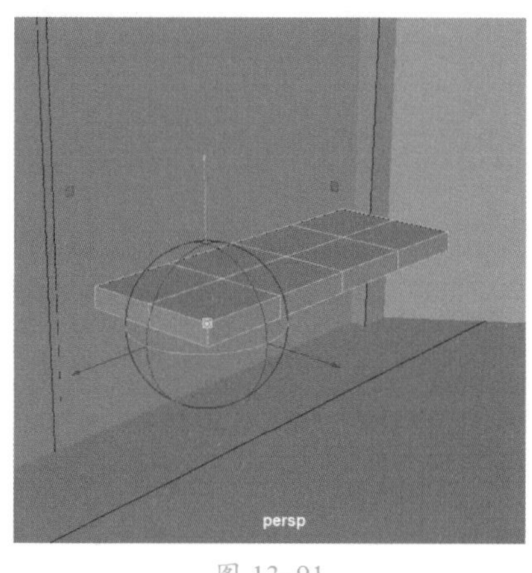

图 13-91

Step 46 按快捷键【Ctrl+D】复制该模型并进行调整，作为桌子腿，如图 13-92 所示，复制出另外 3 个桌子腿并放置好，如图 13-93 所示。

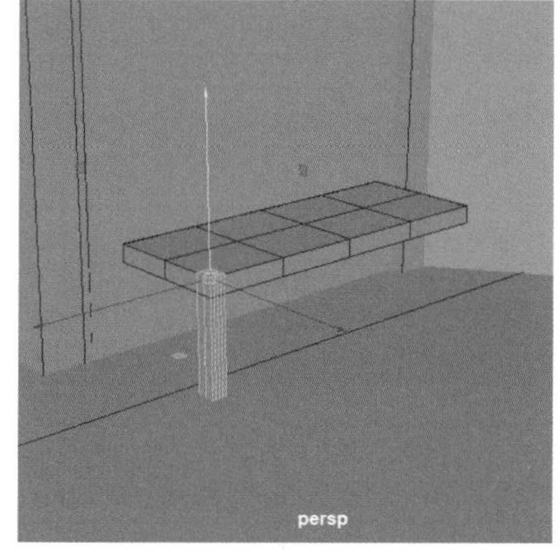

图 13-92

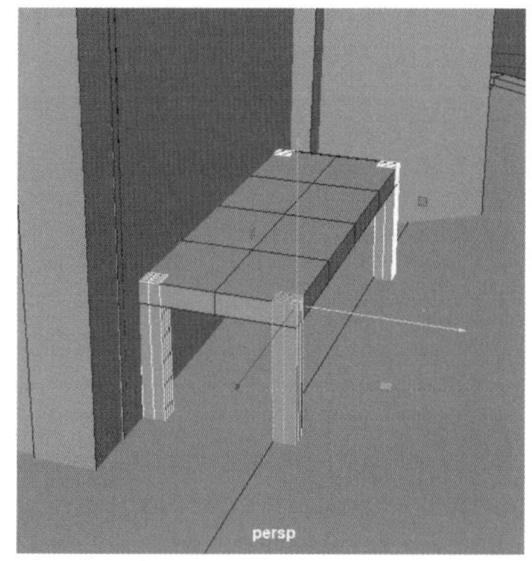

图 13-93

Step 47 创建一个立方体模型，移动到桌子上方，并调整为长方体，如图 13-94 所示，然后选择模型顶面的两条边，执行【倒角边】命令，如图 13-95 所示。

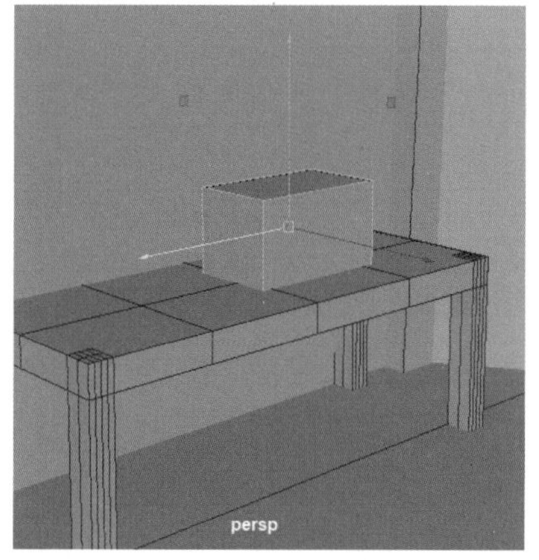

图 13-94

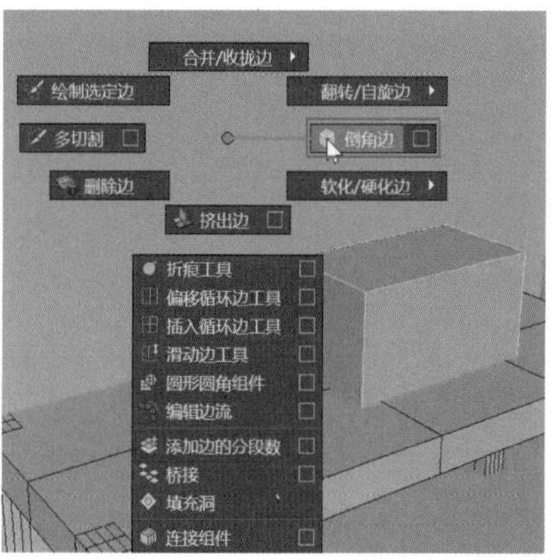

图 13-95

Step 48 弹出面板后，将【分数】设置为 0.8，【分段】设置为 3，如图 13-96 所示，然后使用【多切割】命令为模型添加布线，如图 13-97 所示，布线添加好后，单击鼠标右键结束该操作。

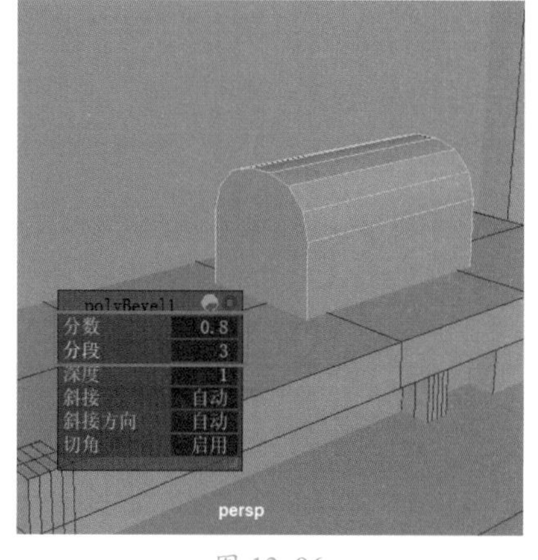

图 13-96

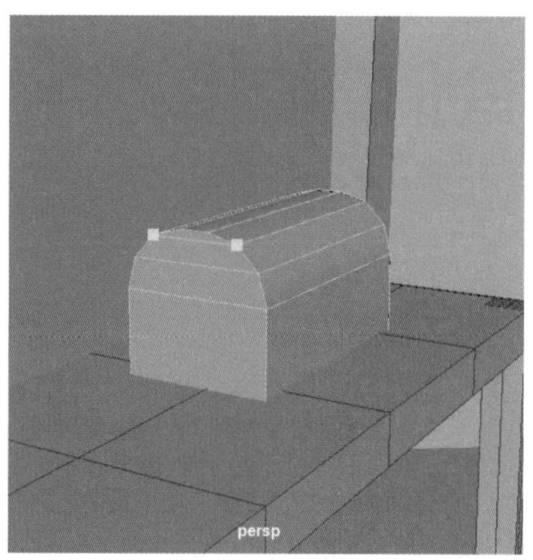

图 13-97

Step 49 该模型另一侧的布线也添加好后，使其进入面模式，然后选择其上半部分，执行【提取面】命令，如图 13-98 所示，选择上半部分模型，执行【挤出面】命令，如图 13-99 所示。

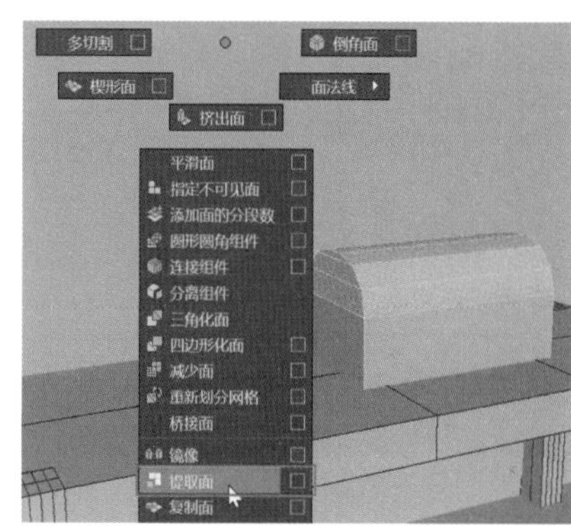

图 13-98

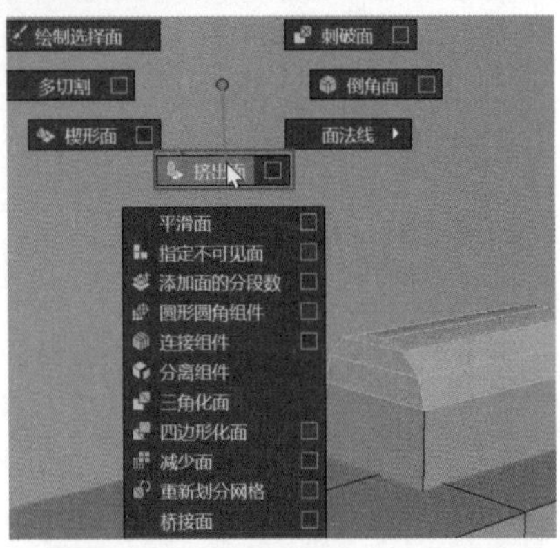

图 13-99

Step 50 拖曳生成的操纵器调整模型厚度，如图 13-100 所示，用同样的方法，增加下半部分模型的厚度，如图 13-101 所示。

图 13-100

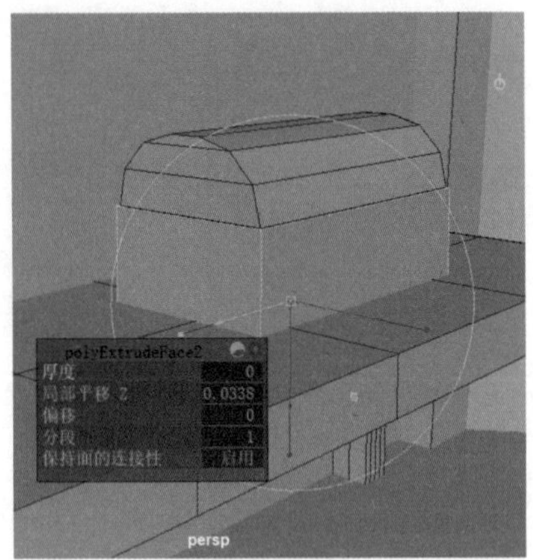

图 13-101

Step 51 选择上半部分模型，先按【D】键，再长按组合键【V+鼠标左键】，将模型的枢轴吸附到边缘上，如图 13-102 所示，使用旋转工具调整该模型的角度，制作打开盒子的效果，如图 13-103 所示。

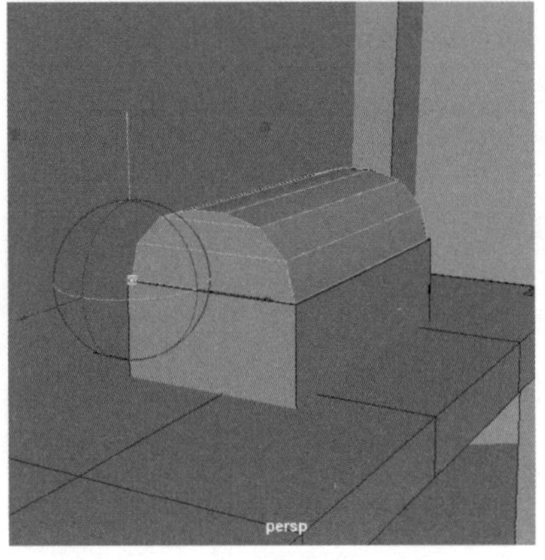

图 13-102

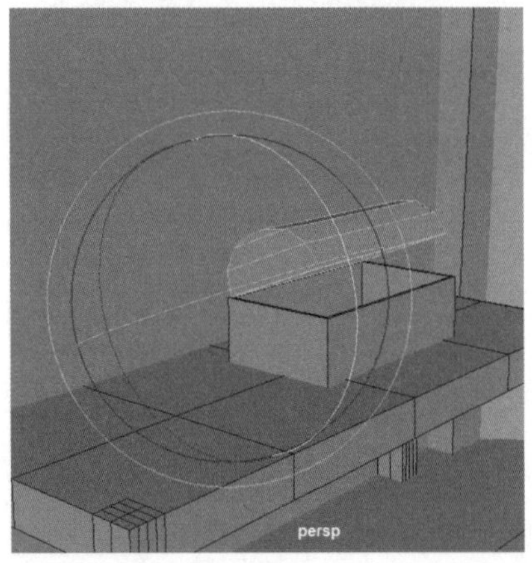

图 13-103

Step 52 创建一个立方体模型，将其移动到房子模型的最上端，并进行压扁和吸附边缘操作，如图 13-104 所示，然后选择侧面，执行【挤出面】命令，如图 13-105 所示。

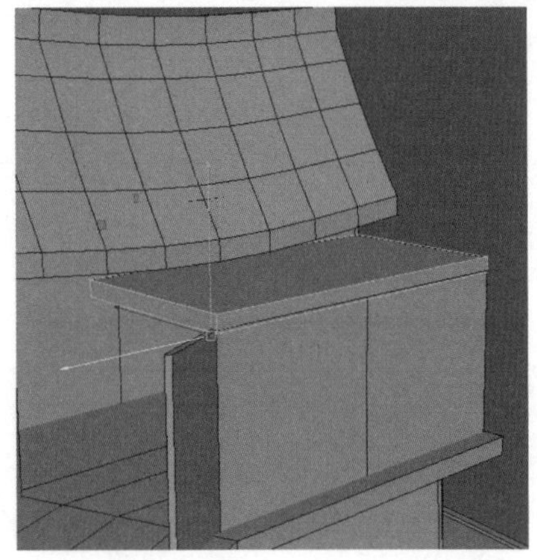

图 13-104

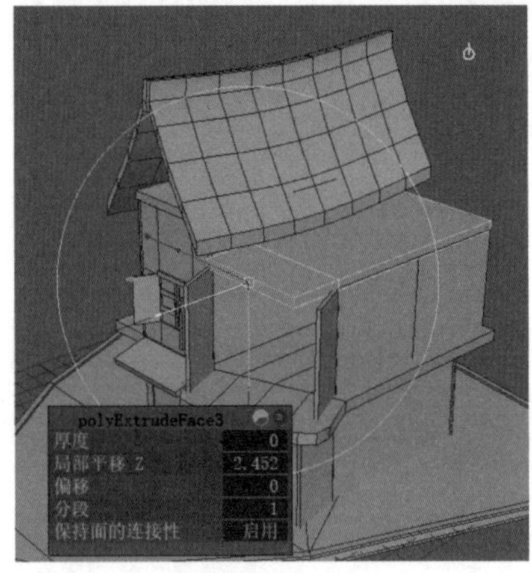

图 13-105

Step 53 移动该模型中的局部顶点，与其他模型进行合并，如图 13-106 所示，然后创建多个立方体模型并拉长，移动到房子二层的墙上，如图 13-107 所示。

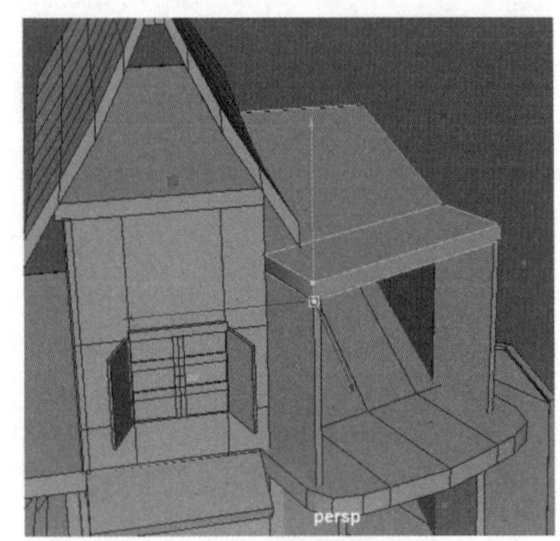

图 13-106

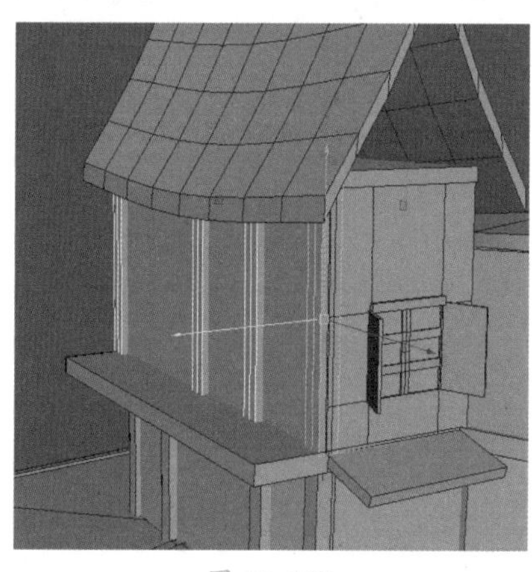

图 13-107

Step54 创建一个立方体，将模型上方的两条对边使用【合并顶点】命令合并到一起，生成棱柱体，如图 13-108 所示，然后将该模型放大，将房顶中间的空缺部分补上，如图 13-109 所示。

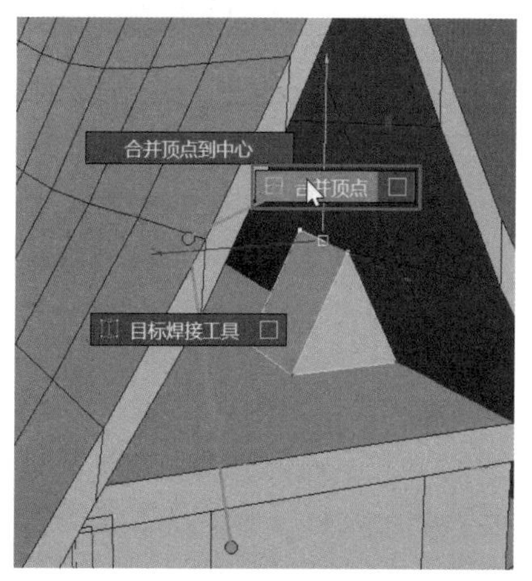

图 13-108

图 13-109

Step55 再次创建一个立方体模型，将其拉长并移动到房顶的下方，如图 13-110 所示，创建一个圆柱体，旋转 90° 并删除模型一半的部分，如图 13-111 所示。

图 13-110

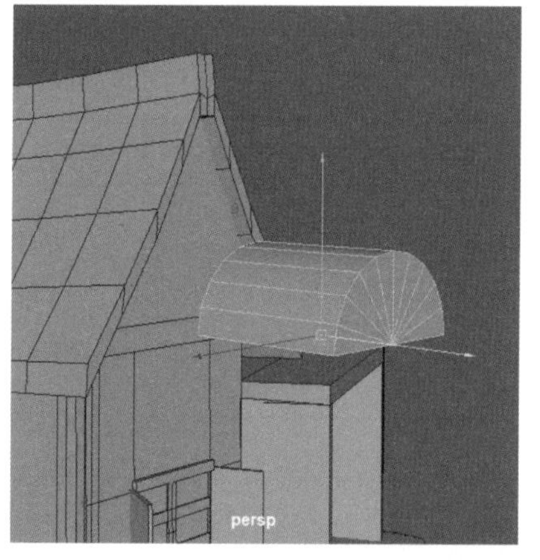

图 13-111

Step56 选择圆柱体空面的循环边，按组合键【Shift + 鼠标右键】拖曳选择【填充洞】命令，如图 13-112 所示，然后使用【多切割】命令，添加底面的布线，如图 13-113 所示。

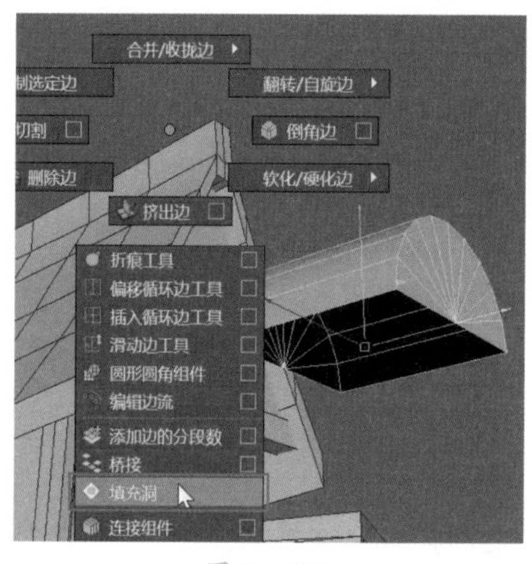

图 13-112

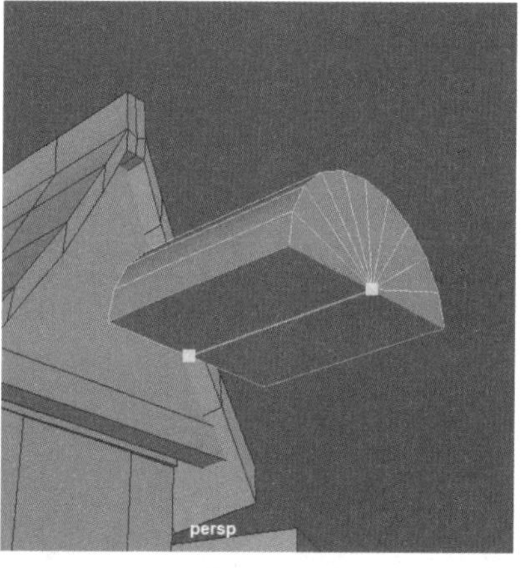

图 13-113

Step57 将半个圆柱体移动到房顶的中间位置，并与棱柱体相交。然后先选择棱柱体，再选择半个圆柱体，按组合键【Shift + 鼠标右键】拖曳选择【布尔】→【差集】命令，如图 13-114 所示，此时棱柱体上会生成相应的凹槽效果，如图 13-115 所示。

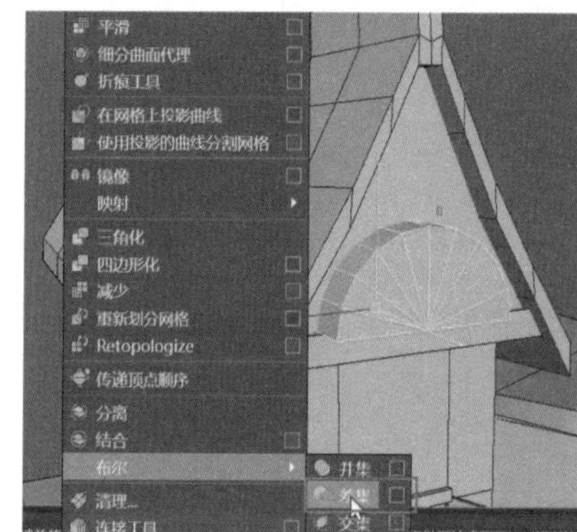

图 13-114

图 13-115

Step58 选择棱柱体的局部面，按组合键【Shift + 鼠标右键】，先执行【三角化面】命令，再执行【四边形化面】命令，如图 13-116 所示，调整模型两侧布线，选择凹槽中的面，执行【复制面】命令，如图 13-117 所示。

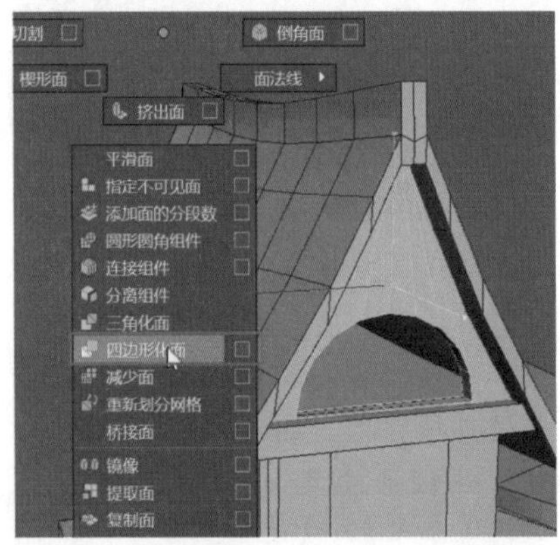

图 13-116

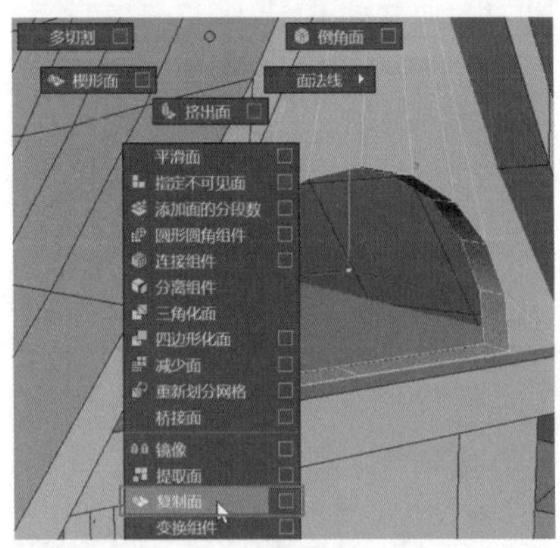

图 13-117

Step59 选择复制出来的面，使用缩放工具将其宽度缩小一些，如图 13-118 所示，然后对其执行【挤出】命令，再使用缩放工具调整生成的厚度，如图 13-119 所示。

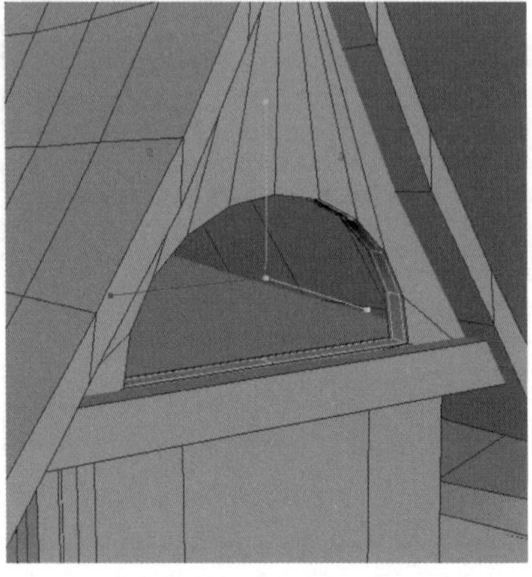

图 13-118

图 13-119

Step60 对当前选定的面再次执行【复制面】命令，并使用缩放工具调整其宽度，如图 13-120 所示。选择该面中外侧的循环边，按组合键【Shift + 鼠标右键】，拖曳选择【填充洞】命令，如图 13-121 所示。

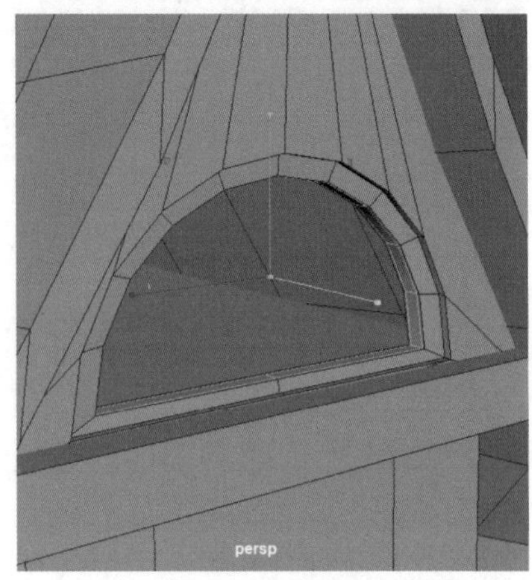

图 13-120

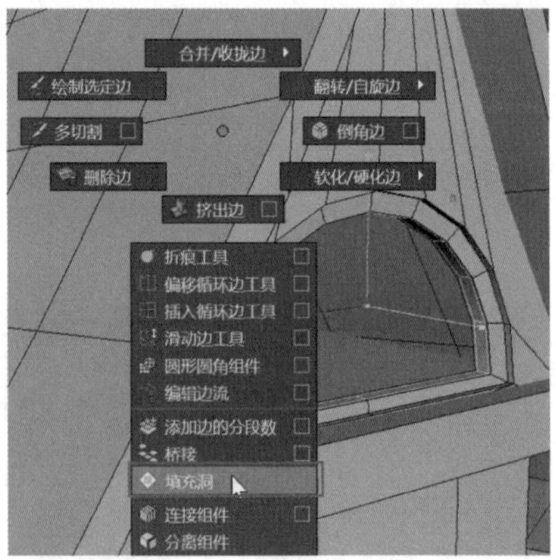

图 13-121

Step61 选择生成的面，按组合键【Shift + 鼠标右键】，对其执行【三角化面】命令，然后执行【四边形化面】命令，如图 13-122 所示。布线生成后，选择菜单栏中的【网格显示】→【反向】命令，如图 13-123 所示。

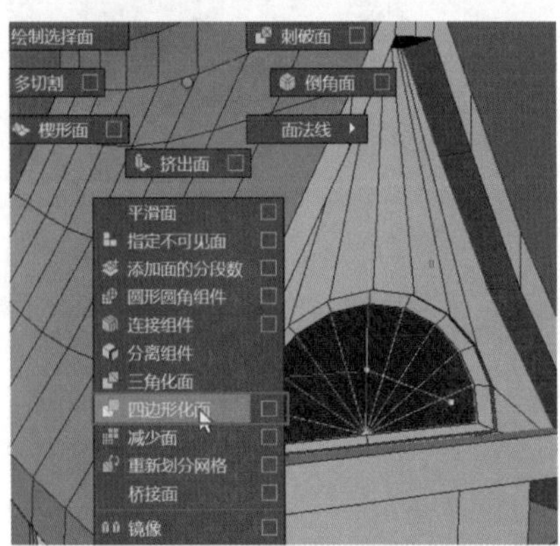

图 13-122

图 13-123

Step62 选择局部模型，按快捷键【Ctrl+1】使其独立显示，然后删除一部分面，如图 13-124 所示，选择两端的局部顶点进行移动并调整位置，如图 13-125 所示。

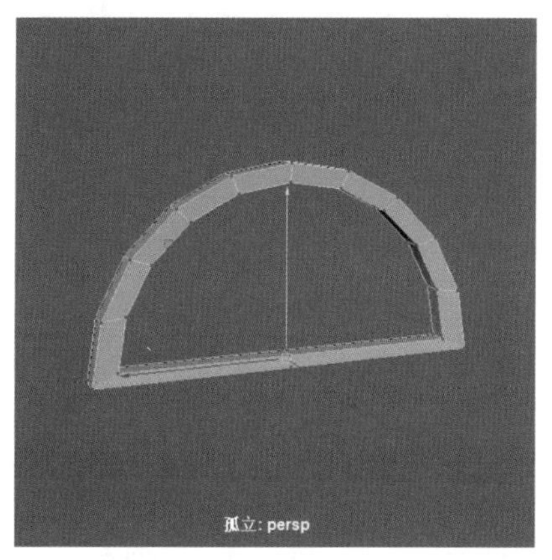

图 13-124

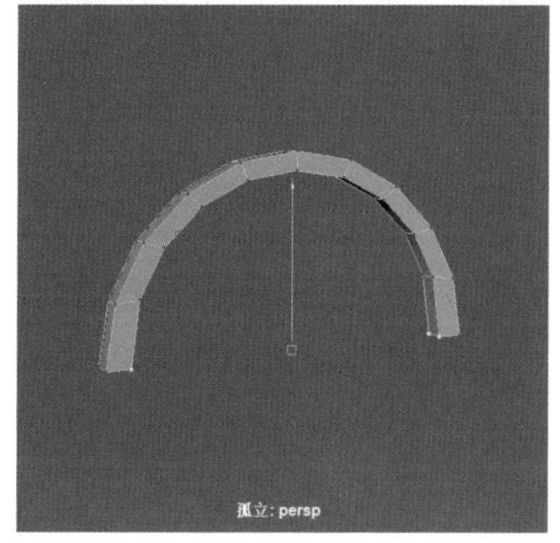

图 13-125

Step63 按快捷键【Ctrl+1】显示所有模型，然后选择房顶中间模型底部的顶点，按【V】键与下方的模型吸附到一起，如图 13-126 所示。选择其他模型，再次独立显示，使用【多切割】命令在模型表面绘制一条曲线，如图 13-127 所示。

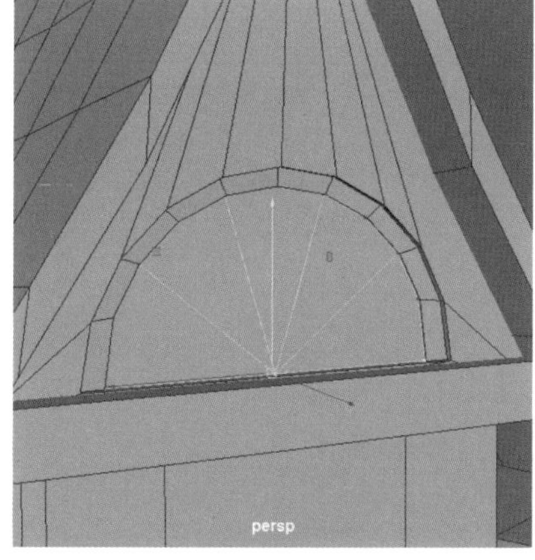

图 13-126

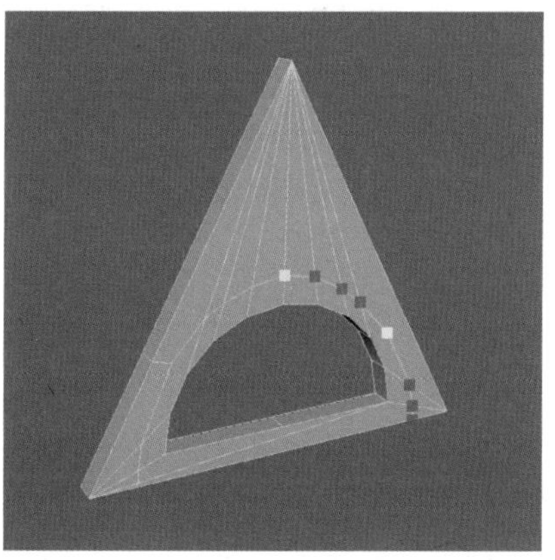

图 13-127

Step64 将该模型的底面删除，再选择局部顶点，执行【合并顶点】命令，如图 13-128 所示。选择模型的局部边，按组合键【Shift + 鼠标右键】拖曳选择【删除边】命令，如图 13-129 所示。

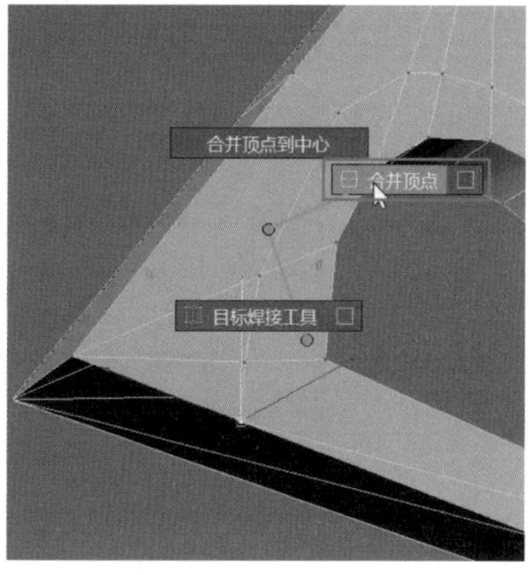

图 13-128

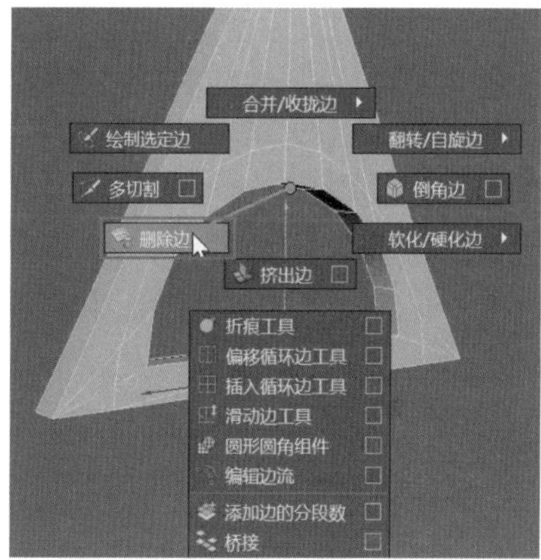

图 13-129

Step65 再次执行【多切割】命令和【删除边】命令，将模型的布线调整好，如图 13-130 所示，然后将多余的内侧部分删掉，如图 13-131 所示。

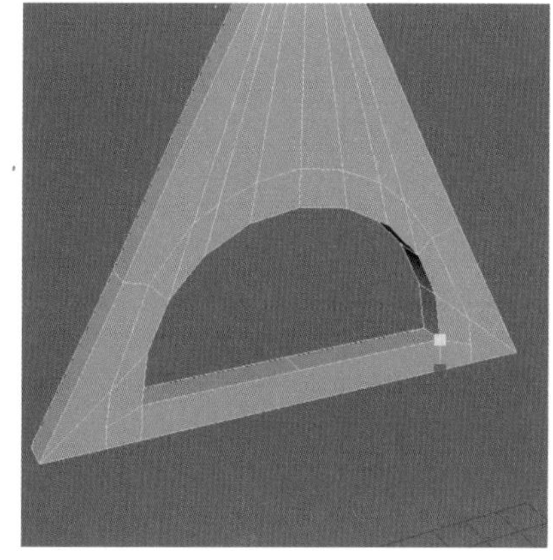

图 13-130

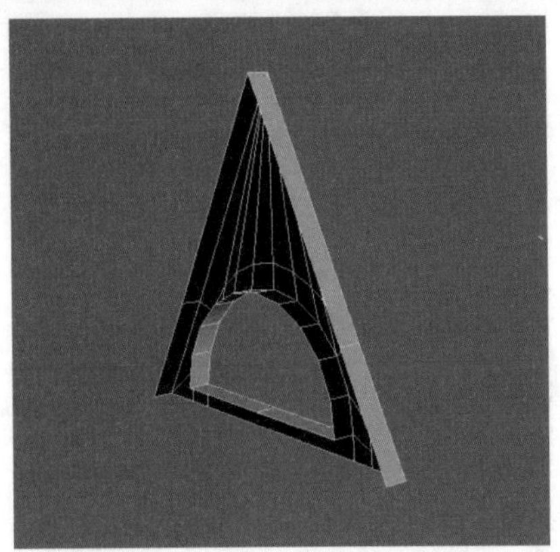

图 13-131

Step 66 选择该模型的局部面，执行【复制面】命令，如图 13-132 所示。复制出面后，执行【挤出】命令，然后拖曳生成的操纵器调整厚度，如图 13-133 所示。

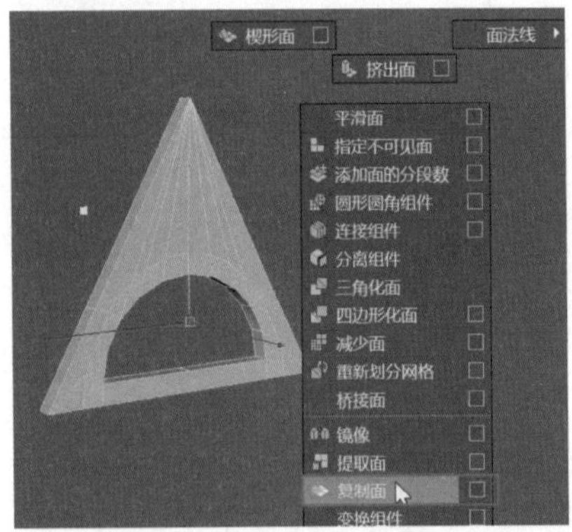

图 13-132

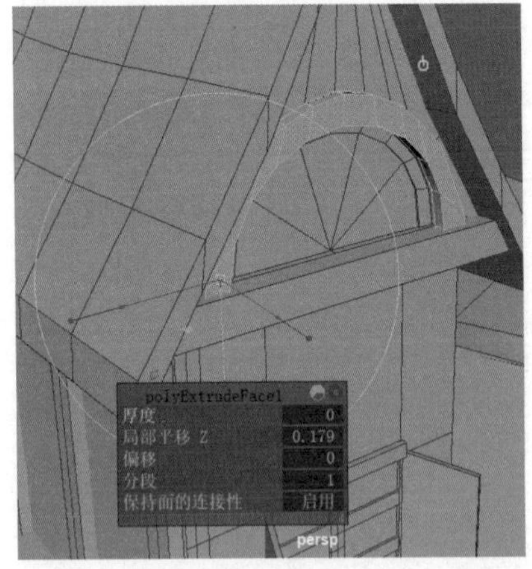

图 13-133

Step 67 选择该模型外侧的一条循环边，按组合键【Shift + 鼠标右键】，拖曳选择【倒角边】命令，如图 13-134 所示。弹出面板后，将【分数】设置为 0.27,【分段】设置为 2，如图 13-135 所示，然后将模型底面删除。

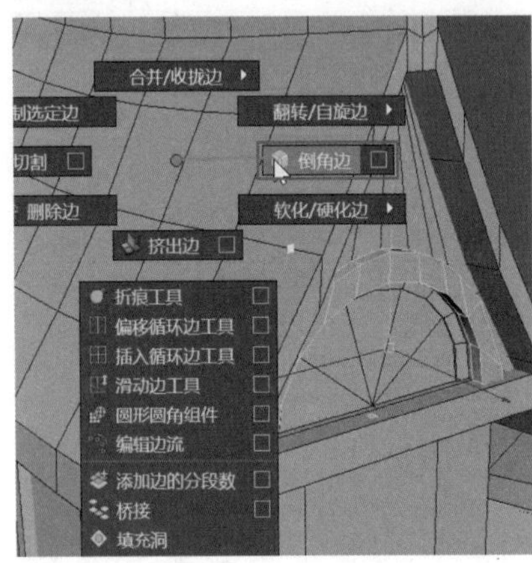

图 13-134

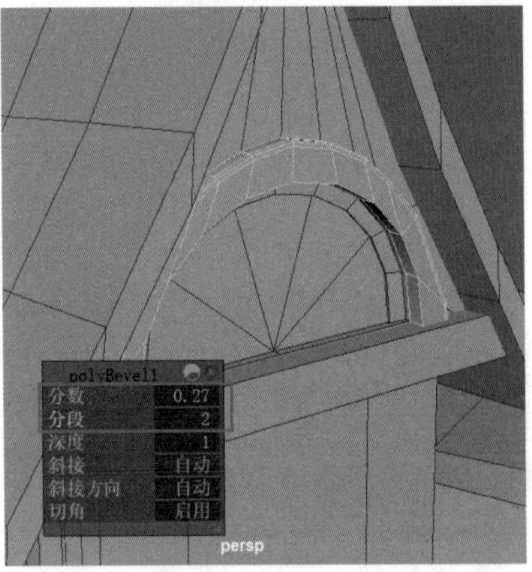

图 13-135

Step 68 对其他循环边再次执行【倒角边】命令，如图 13-136 所示，对内侧的循环边倒角时，将【分数】设置为 0.07,【分段】设置为 2，如图 13-137 所示。

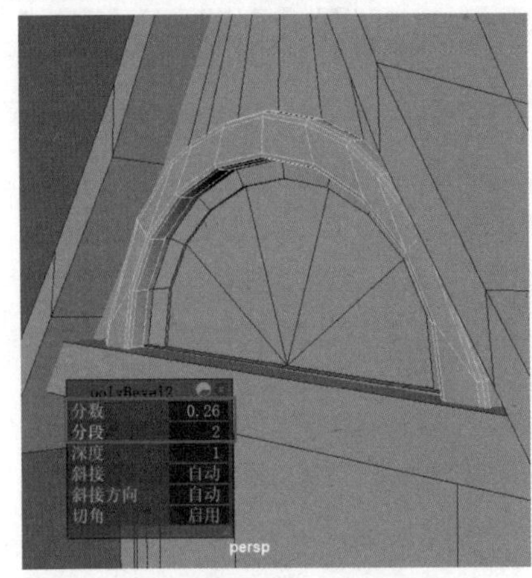

图 13-136

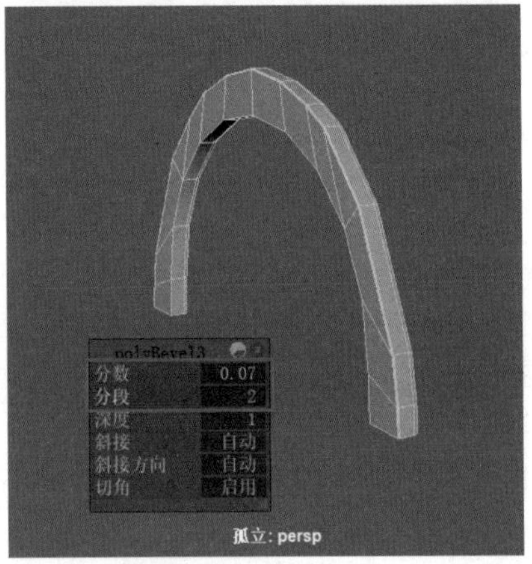

图 13-137

Step 69 将模型背面删除，如图 13-138 所示，显示所有模型，选择旁边的模型，再次选择侧边进行倒角，如图 13-139 所示。

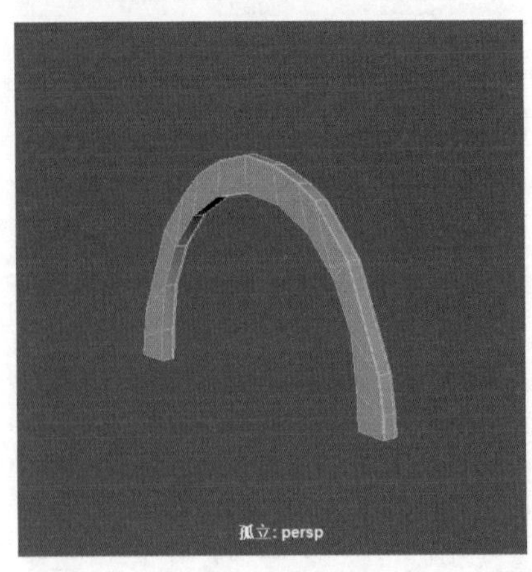

图 13-138

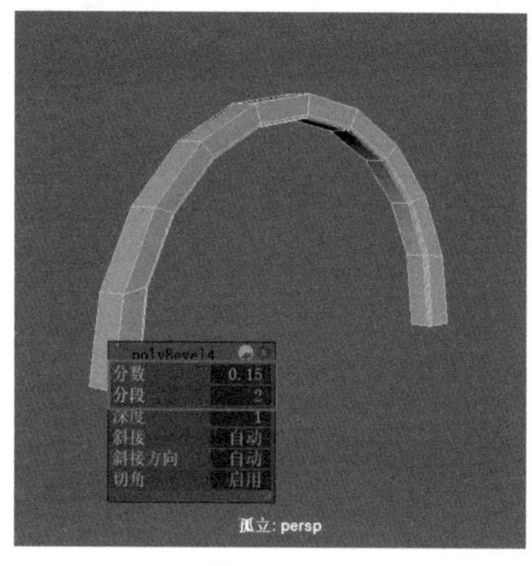

图 13-139

Step70 对该模型的两条侧边执行完倒角命令后，效果如图 13-140 所示，将其多余的背面删除，如图 13-141 所示。

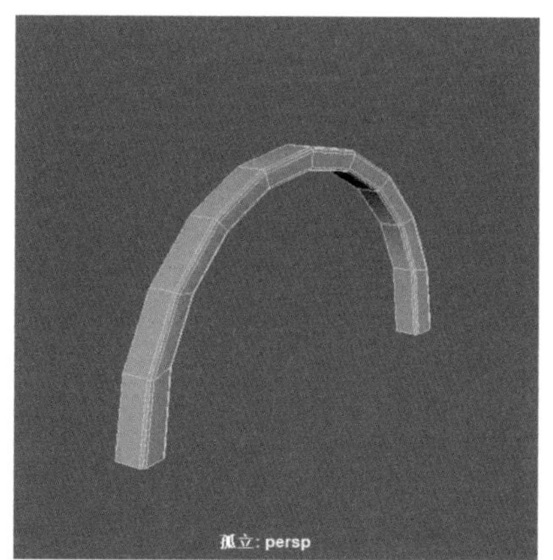

图 13-140

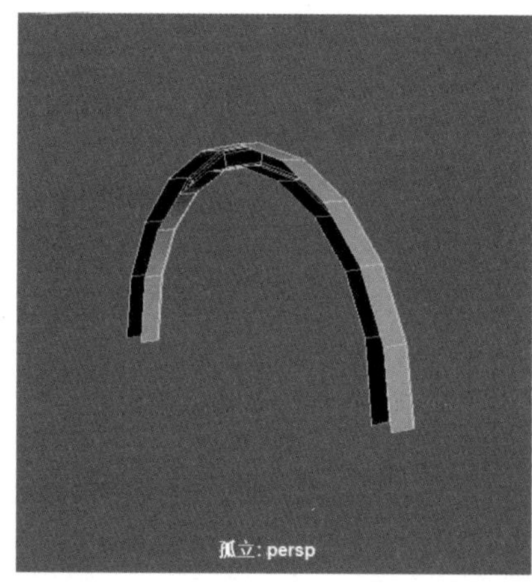

图 13-141

13.2.2 制作护栏

接下来将演示护栏的制作过程。制作护栏等模型时，可以做出一些参差不齐的效果，使其显得更逼真。具体步骤如下。

Step01 创建一个立方体，将其缩放为一个小长方体，然后复制多个模型并移动到二层相应位置，作为栅栏，如图 13-142 所示，选择其中几个模型，使用旋转工具稍微调整一些角度，如图 13-143 所示。

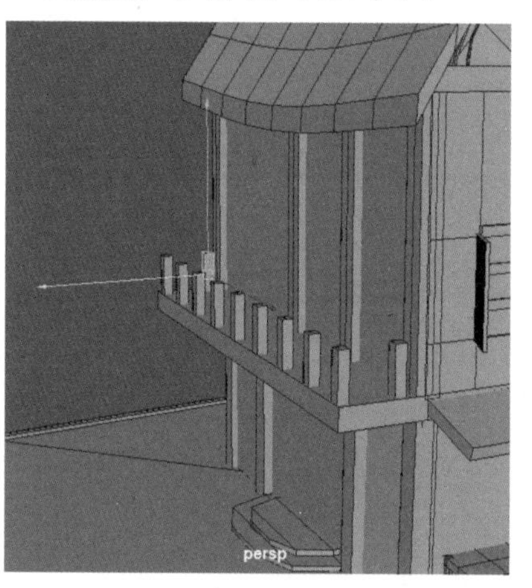

图 13-142

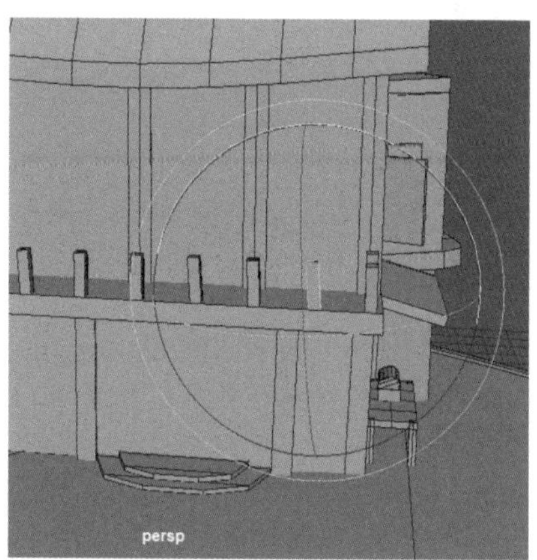

图 13-143

Step02 创建一个立方体，将其拉长并移动到合适的位置，如图 13-144 所示。然后使用【插入循环边工具】命令为该模型的两侧分别添加一条循环边，如图 13-145 所示。

图 13-144

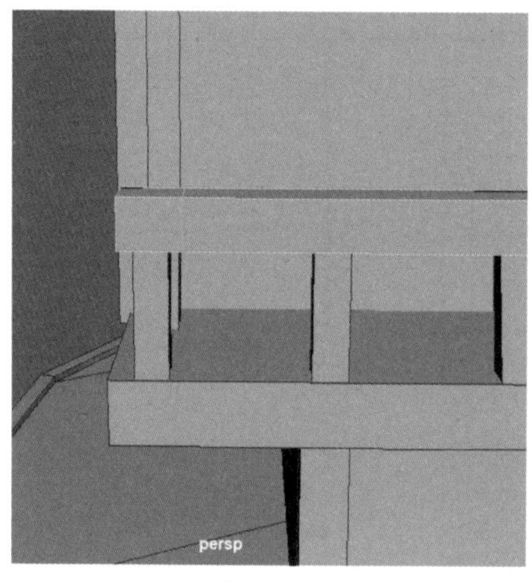

图 13-145

Step03 选择模型内侧的局部面，按组合键【Shift+ 鼠标右键】拖曳选择【挤出面】命令，如图 13-146 所示，然后拖曳生成的操纵器调整长度，如图 13-147 所示。

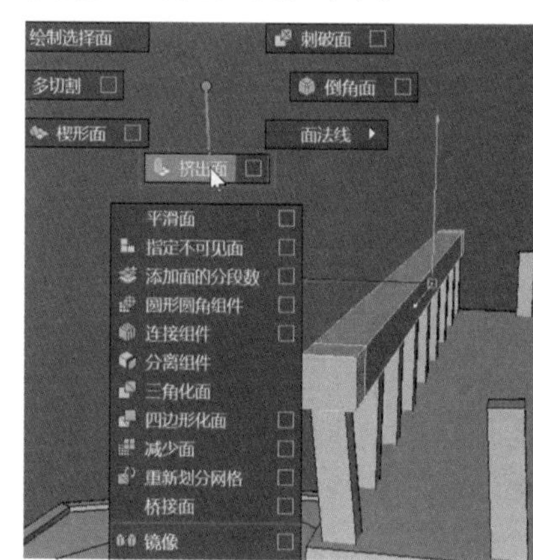

图 13-146

图 13-147

Step04 再创建两个立方体，使用缩放工具将其拉长为长方体，然后移动到房子二层的墙体上，如图 13-148 所示。调整好位置后，按快捷键【Ctrl+1】使其独立显示，删除多余的侧面，如图 13-149 所示。

图 13-148

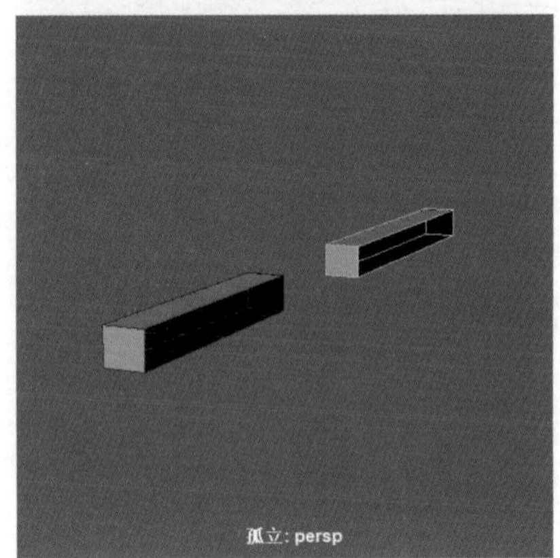

图 13-149

Step05 再次按【Ctrl+1】组合键显示所有模型，这时选择任意一个墙体上的围栏进行复制，并移动到窗户上方，如图 13-150 所示。然后再次复制三个围栏，移动到合适的位置，并调整角度，如图 13-151 所示。

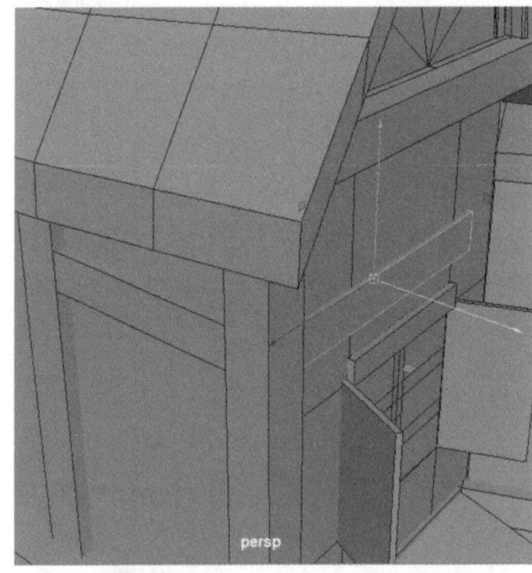

图 13-150

图 13-151

Step06 按快捷键【Ctrl+1】将中间的模型独立显示，选择一条边，按组合键【Ctrl + 鼠标右键】，在弹出的菜单中拖曳选择【到环形边并分割】命令，如图 13-152 所示。显示所有模型，选择右侧的栏杆，先按一次【D】键，再长按组合键【V+ 鼠标左键】，将其枢轴吸附到相应的位置，如图 13-153 所示。

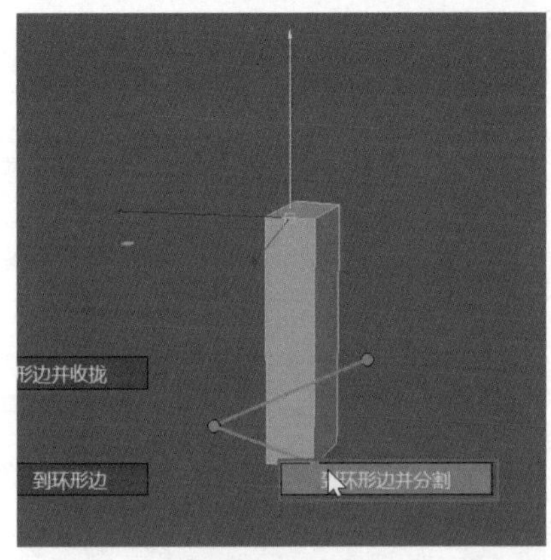

图 13-152

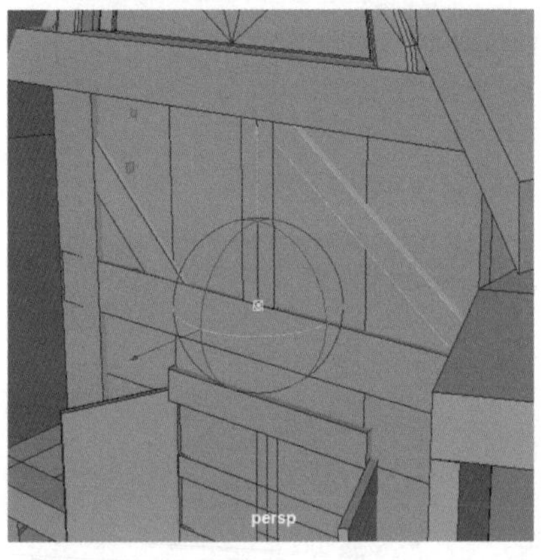

图 13-153

Step07 按快捷键【Ctrl+D】复制围栏模型，然后打开右侧的【通道盒 / 层编辑器】面板，将【缩放 Z】设置为 -1，如图 13-154 所示。选择侧面墙体中的任意一个围栏模型，按快捷键【Ctrl+D】再次进行复制，缩放新的模型，并移动到合适的位置，如图 13-155 所示。

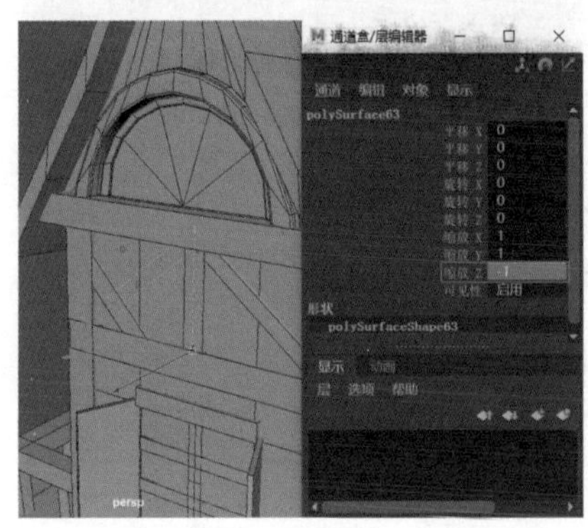

图 13-154

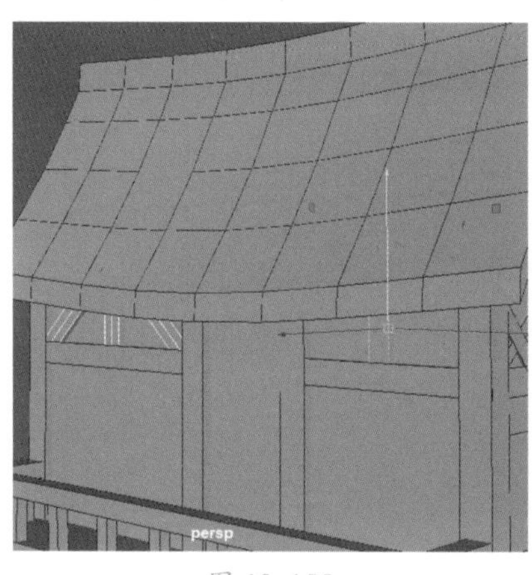

图 13-155

Step08 选择二层的墙体，使用【插入循环边工具】命令添加几条循环边，如图 13-156 所示。然后将墙体独立显示，选择局部面，按组合键【Shift + 鼠标右键】，拖曳选择【提取面】命令，如图 13-157 所示。

图 13-156

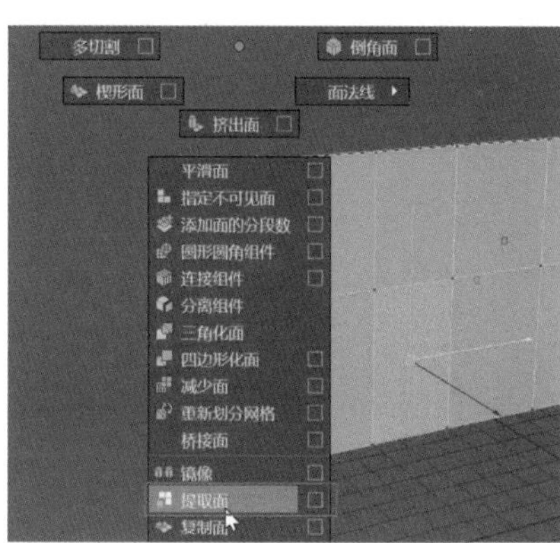

图 13-157

Step09 使用缩放工具对提取出来的面进行缩放，如图 13-158 所示。按快捷键【Ctrl+1】将墙体部分独立显示，选择空面中的循环边，执行【填充洞】命令，如图 13-159 所示。

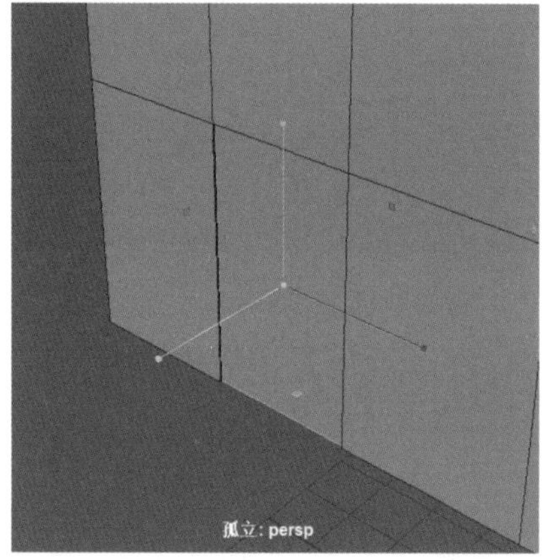

图 13-158

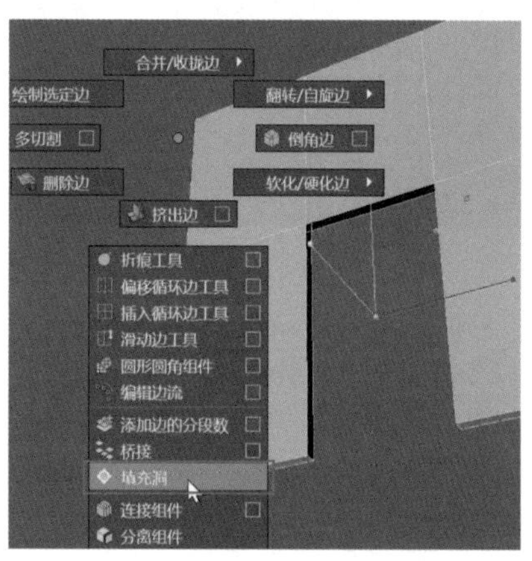

图 13-159

Step10 命令执行后，使用【多切割】命令为模型添加布线，如图 13-160 所示。然后选择提取出来的部分模型，按快捷键【Ctrl+1】将其独立显示，选择其局部面进行删除，只保留外侧的一个面即可，如图 13-161 所示。

图 13-160

图 13-161

Step11 选择该模型，按组合键【Shift + 鼠标右键】，拖曳选择【插入循环边工具】命令右侧的复选框，如图 13-162 所示。

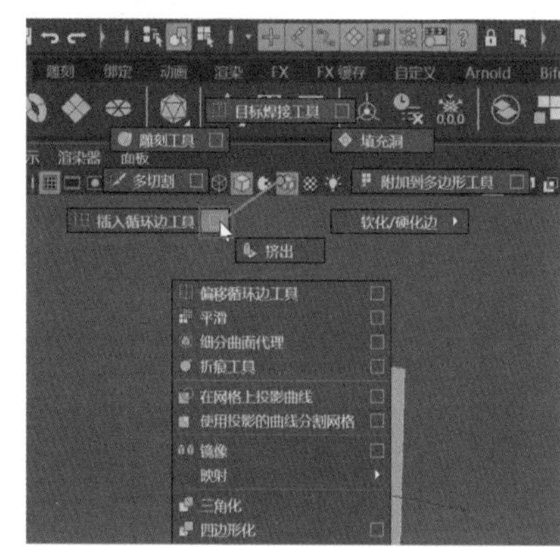

图 13-162

Step 12 弹出【工具设置】对话框，将【保持位置】设置为【多个循环边】，【循环边数】设置为 6，如图 13-163 所示。在模型的边上单击鼠标左键，即可生成 6 条均匀排列的循环边，使用缩放工具依次选择两条边缩短间距，如图 13-164 所示。

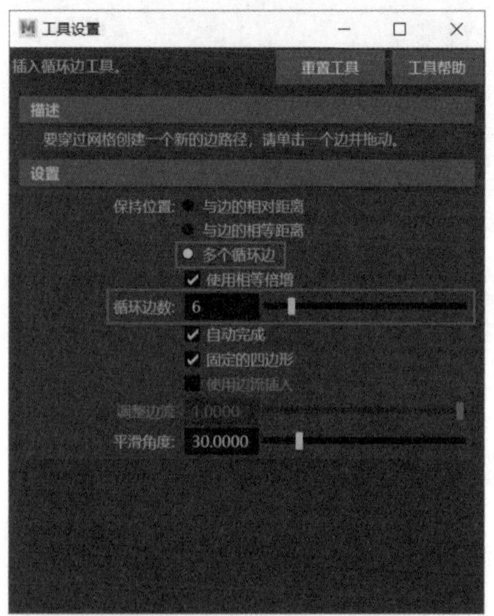

图 13-163

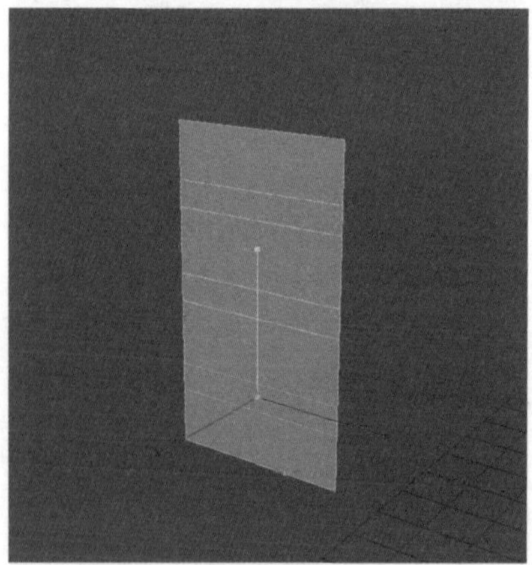
图 13-164

Step 13 为模型的另一个方向也添加两条循环边，如图 13-165 所示。然后选择局部面，按组合键【Shift + 鼠标右键】，执行【挤出面】命令，如图 13-166 所示。

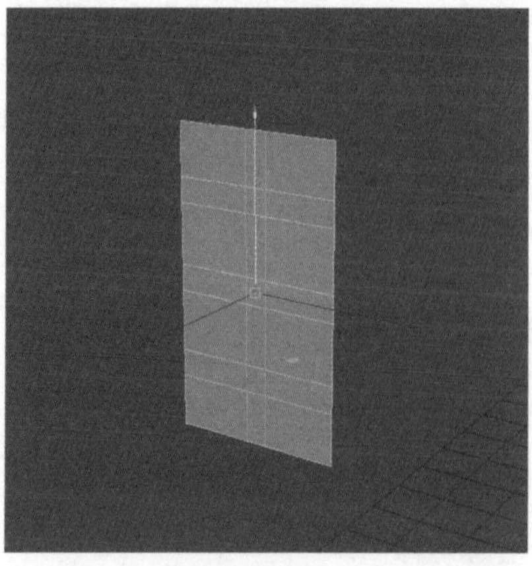
图 13-165

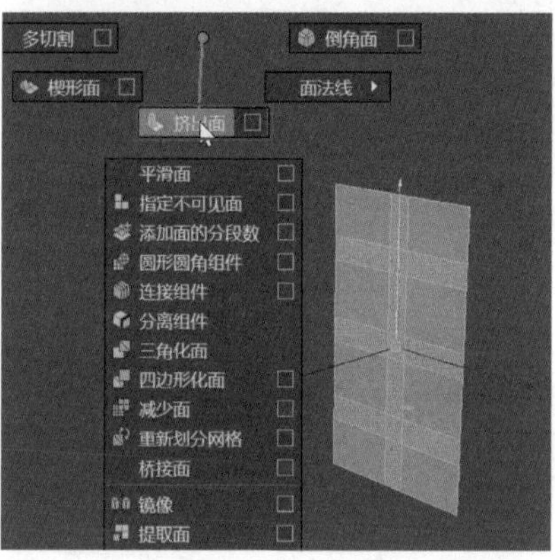

图 13-166

Step 14 拖曳生成的操纵器调整厚度，如图 13-167 所示，然后使该模型回到对象模式，使用移动工具将其向内侧拖曳，如图 13-168 所示。

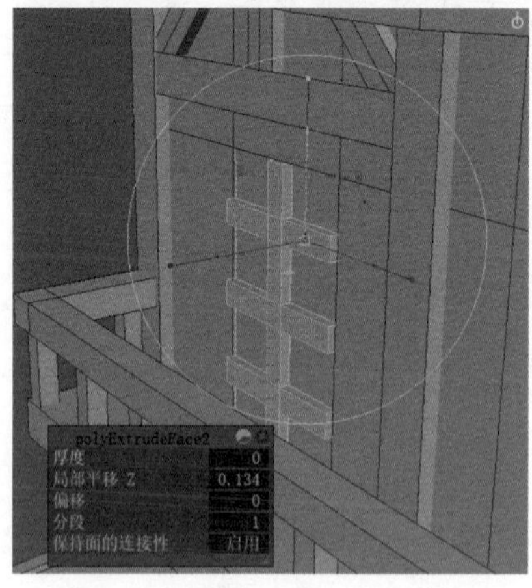

图 13-167

图 13-168

Step 15 复制一个长方体模型，移动到窗户的上方，如图 13-169 所示，再次复制模型，将其移动到房子二层的背面，如图 13-170 所示。

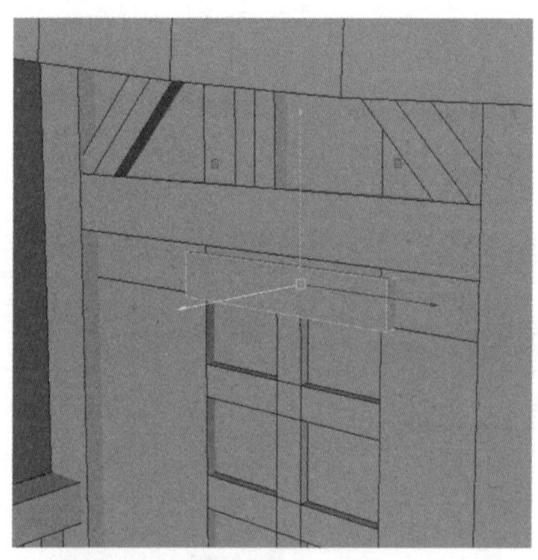
图 13-169

图 13-170

Step16 创建一个立方体模型，将其缩小并旋转角度，然后移动到一层相应的位置，如图 13-171 所示。

图 13-171

Step17 单击工具架中的【圆柱体】图标，如图 13-172 所示。选择生成的圆柱体模型的侧边，按组合键【Ctrl+ 鼠标右键】拖曳选择【到环形边并分割】命令，为圆柱体添加 3 条环形边，如图 13-173 所示。

图 13-172

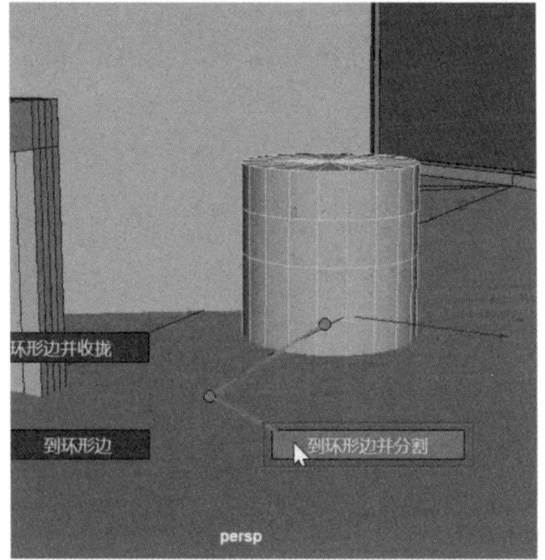

图 13-173

Step18 双击鼠标左键选择圆柱体两端的环形边，然后按快捷键【B】开启软工具模式进行放大，如图 13-174 所示。选择圆柱体的一条环形边，按组合键【Ctrl+ 鼠标右键】，在弹出的菜单中拖曳选择【到循环边并复制】命令，如图 13-175 所示。

图 13-174

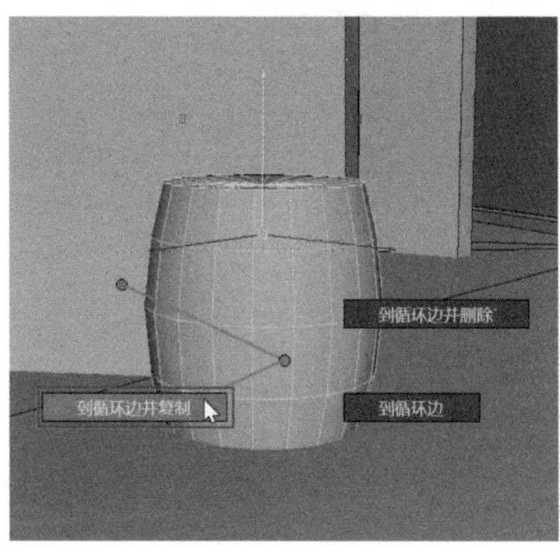

图 13-175

Step19 打开右侧的【通道盒 / 层编辑器】面板，将【偏移】设置为 0.15，如图 13-176 所示，然后选择局部面，按组合键【Shift+ 鼠标右键】拖曳选择【复制面】命令，如图 13-177 所示。

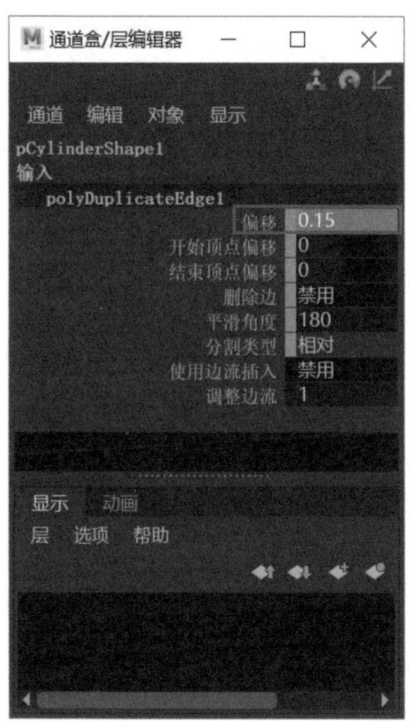

图 13-176

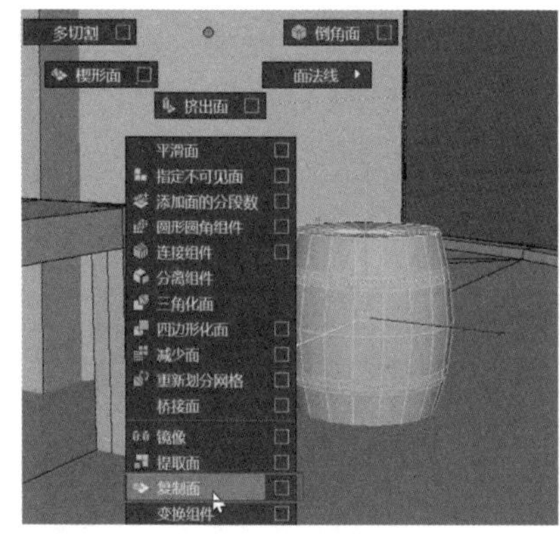

图 13-177

Step20 选择复制出来的面，执行挤出命令，拖曳生成的操纵器调整厚度，如图 13-178 所示。然后按快捷键【Ctrl+1】将选定的两个模型独立显示，选择内侧的面进行删除，如图 13-179 所示。

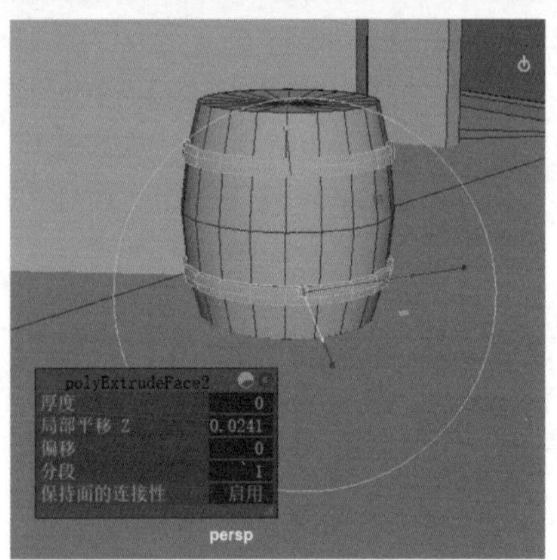

图 13-178

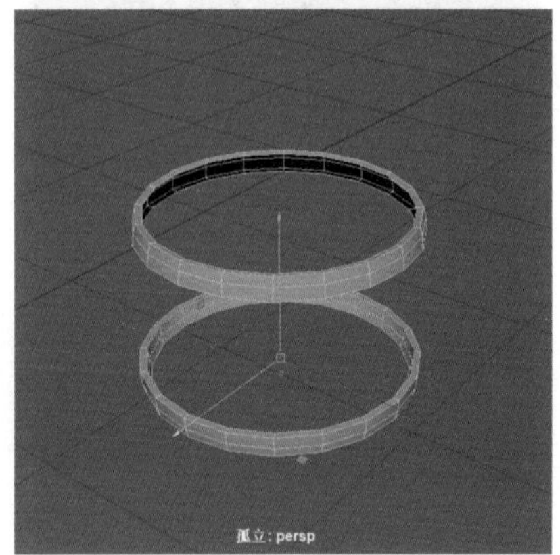

图 13-179

Step 21 按快捷键【Ctrl+1】显示所有的模型，加选桶身模型，单击工具架中的【结合】图标，如图 13-180 所示，模型合并到一起后，将其移动到合适的位置并调整大小，如图 13-181 所示。

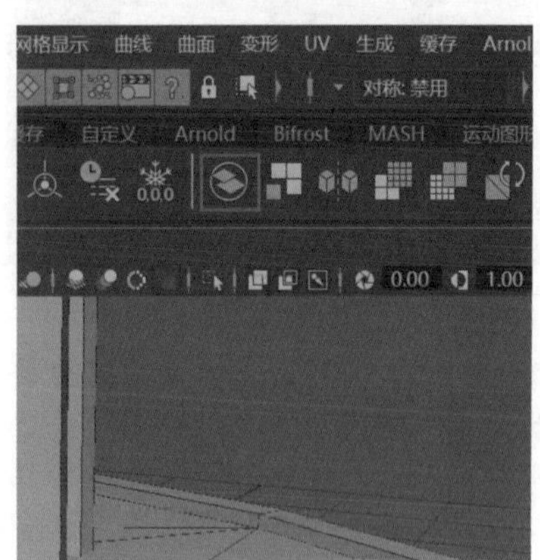

图 13-180

图 13-181

13.2.3 为场景添加细节

将整个场景的比例和基础模型调整好后，接下来的工作就是添加细节和卡线，具体步骤如下。

Step 01 选择房顶中间部分模型的顶点，按组合键【Shift＋鼠标右键】拖曳选择【切角顶点】命令，如图 13-182 所示。然后选择生成的面，先执行一次【三角化面】命令，再执行一次【四边形化面】命令，如图 13-183 所示。

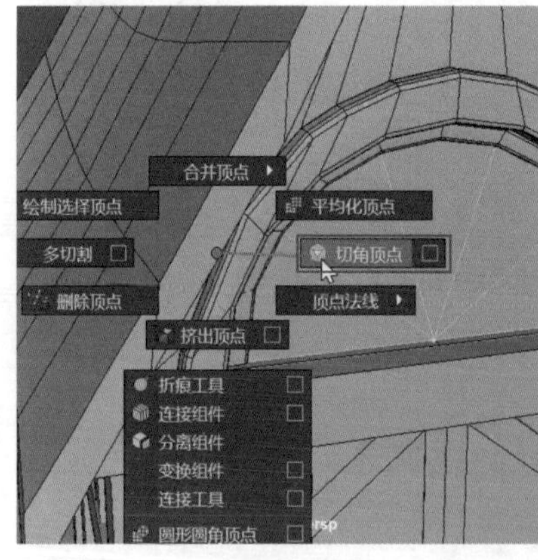

图 13-182

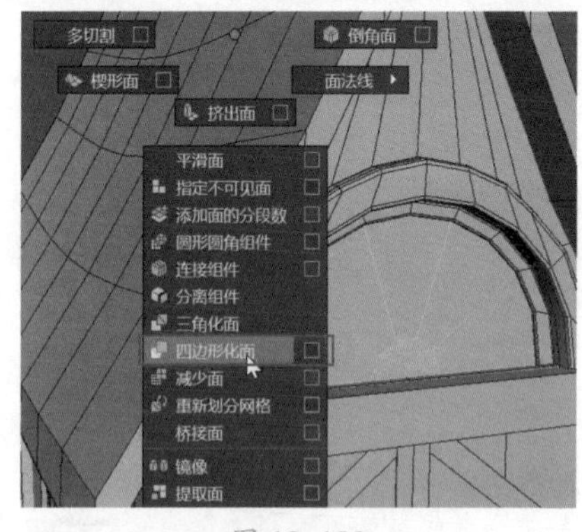

图 13-183

Step 02 将该模型独立显示，并把底部的面删除，如图 13-184 所示，显示所有模型，选择该模型中间的面进行挤出，拖曳生成的操纵器调整厚度，如图 13-185 所示。

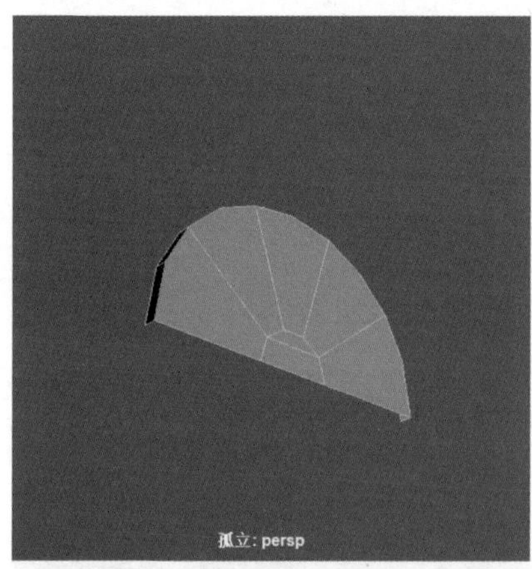

图 13-184

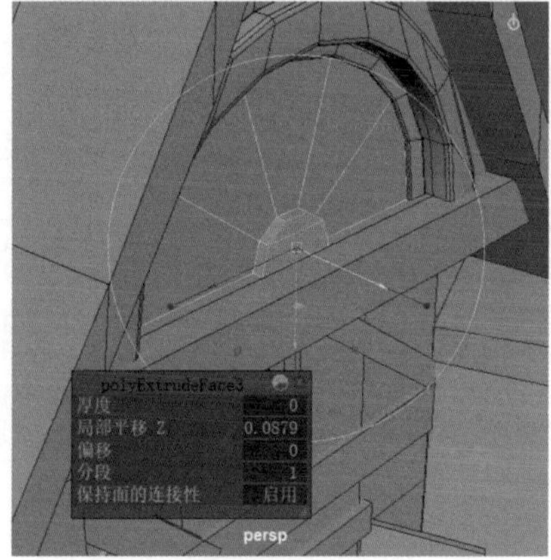

图 13-185

Step 03 选择该模型中的局部边，按组合键【Shift + 鼠标右键】，执行【倒角边】命令，如图 13-186 所示，弹出面板后，将【分数】设置为 0.47，【分段】设置为 2，如图 13-187 所示。

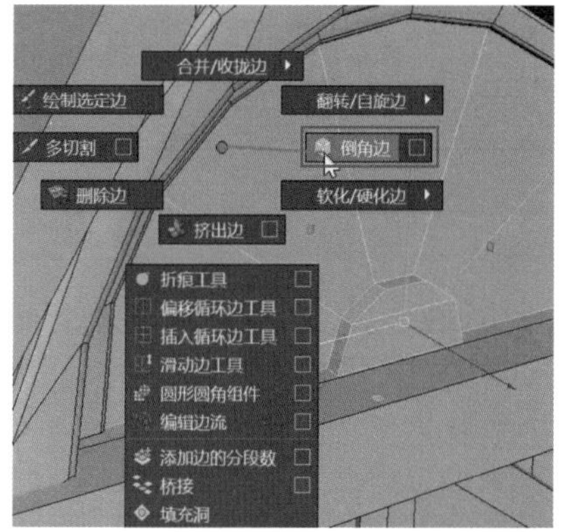

图 13-186

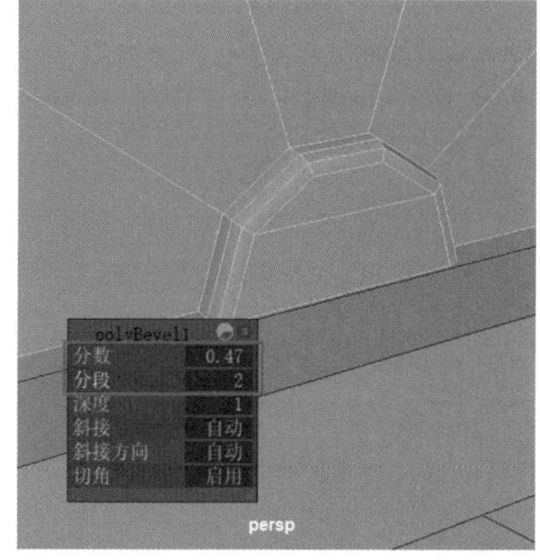

图 13-187

Step 04 选择局部边，按组合键【Ctrl+鼠标右键】，拖曳选择【到循环边并复制】命令，如图 13-188 所示，然后打开【通道盒/层编辑器】面板，将【偏移】设置为 0.2，如图 13-189 所示。

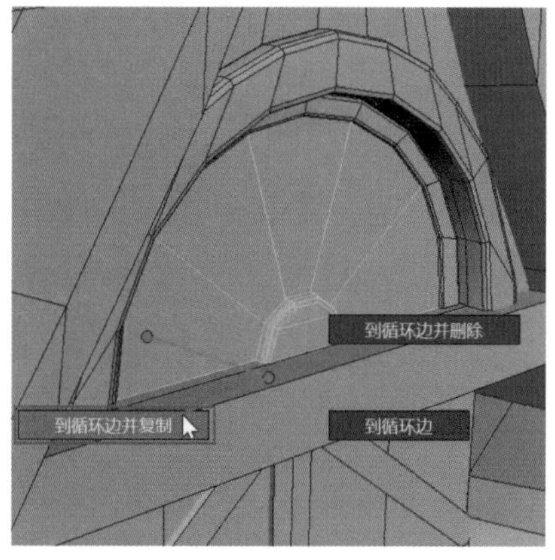

图 13-188

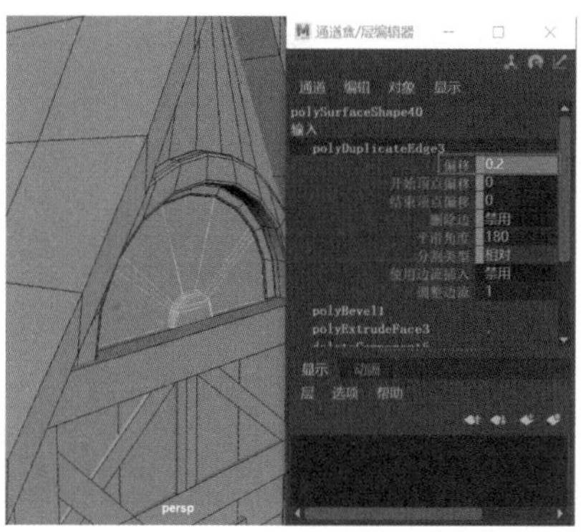

图 13-189

Step 05 选择局部面，执行【复制面】命令，如图 13-190 所示，复制面后，执行挤出命令并拖曳生成的操纵器，调整厚度，如图 13-191 所示。

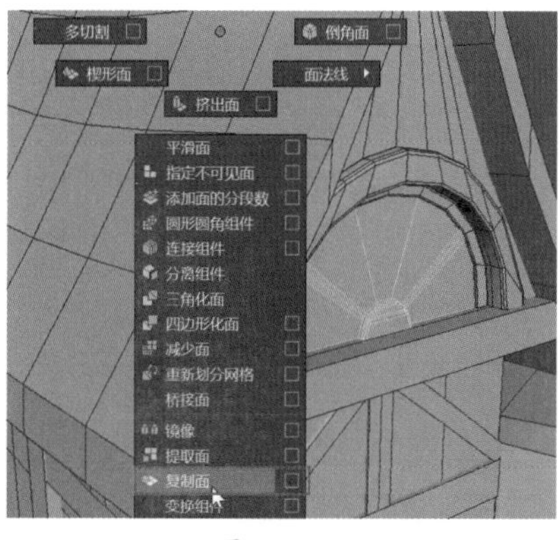

图 13-190

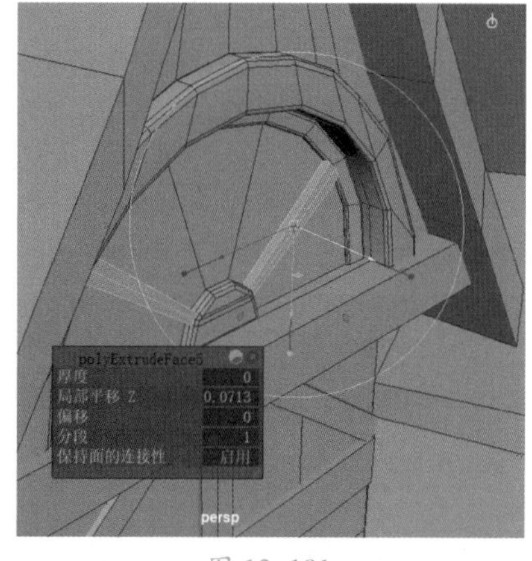

图 13-191

Step 06 将选定的两个模型独立显示，删除多余的面，如图 13-192 所示。然后显示所有模型，创建两个长方体模型，移动到一层的墙体上，如图 13-193 所示。

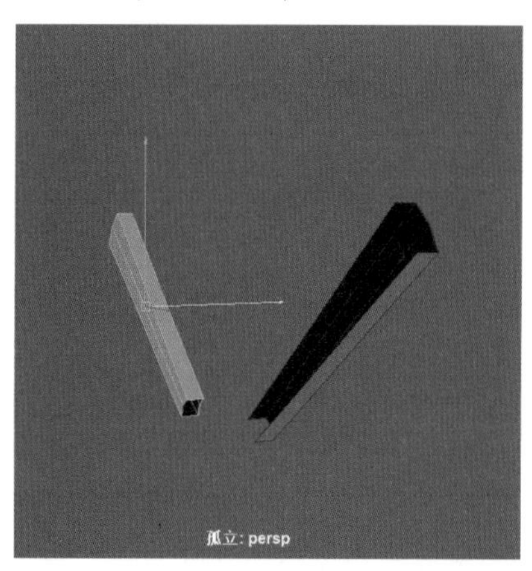

图 13-192

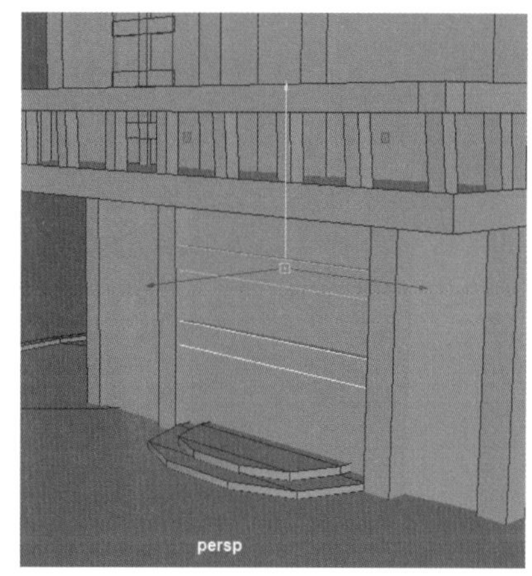

图 13-193

Step 07 创建一个平面模型，将其放大，作为地面，如图 13-194 所示。创建一个圆柱体模型，使用缩放工具将其拉长，然后使用【插入循环边工具】命令为模型下方添加一条循环边，如图 13-195 所示。

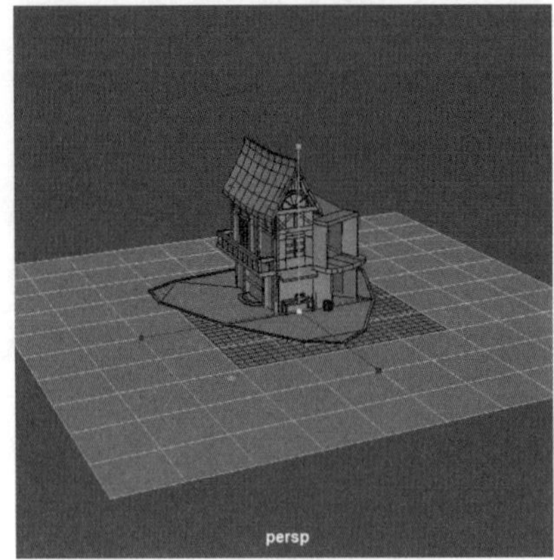

图 13-194

图 13-195

Step 08 使圆柱体进入顶点模式，框选底面中的所有顶点，使用缩放工具进行放大，如图 13-196 所示。然后添加一条循环边，进行放大，按组合键【Shift＋鼠标右键】，拖曳选择【倒角边】命令，如图 13-197 所示。

图 13-196

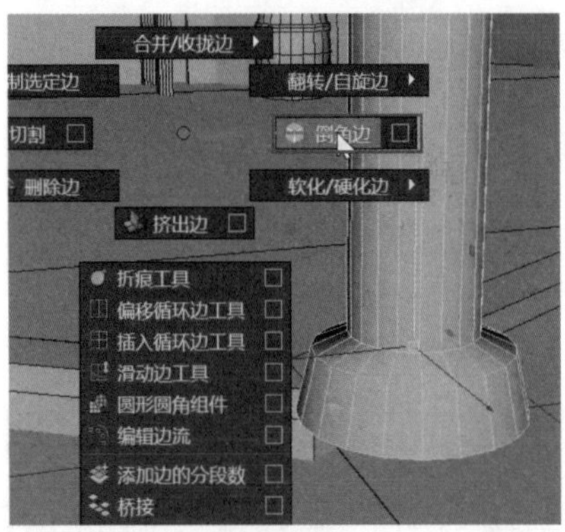

图 13-197

Step 09 弹出倒角面板后，将【分数】设置为 0.42，【分段】设置为 2，如图 13-198 所示，然后将该模型独立显示，删除底部多余的面，如图 13-199 所示。

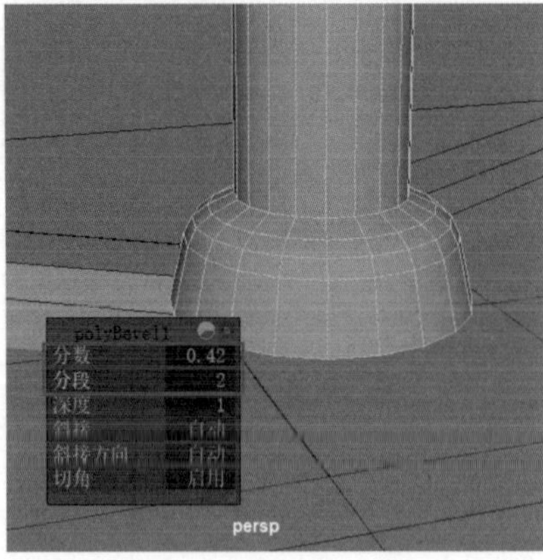

图 13-198

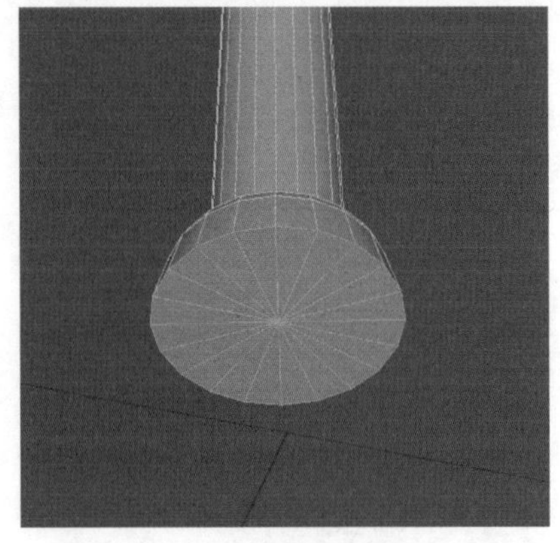
图 13-199

Step 10 按快捷键【Ctrl+1】显示所有模型，将圆柱体调整为合适的大小和高度，移动到街道旁边，如图 13-200 所示。然后选择该模型端面中的循环边，执行【倒角边】命令，在弹出的面板中，将【分数】设置为 0.24，【分段】设置为 2，如图 13-201 所示。

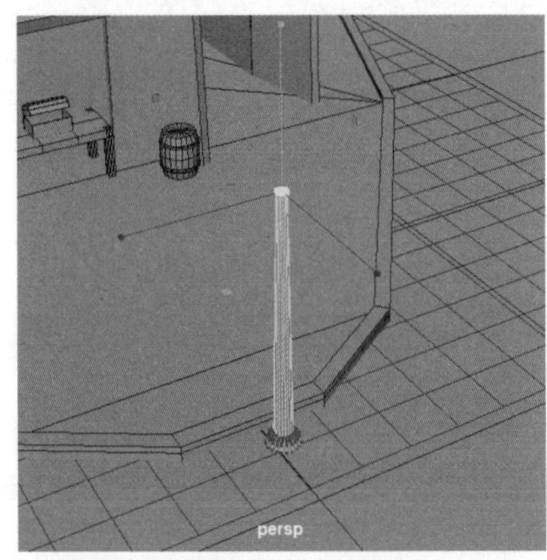

图 13-200

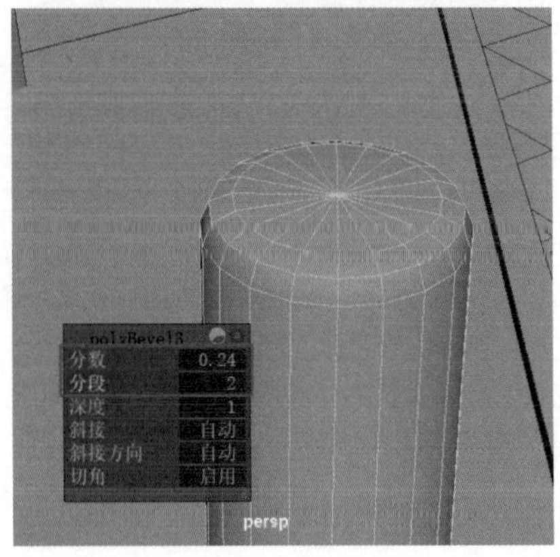

图 13-201

Step 11 创建一个立方体，将其调整为一个长方体后，选择一条边，按组合键【Ctrl+鼠标右键】执行【到环形边并分割】命令，为模型添加一条环形边，然后框选局部顶点进行拖曳，制作一个路标模型，如图13-202所示，选择地面，执行挤出命令，如图13-203所示。

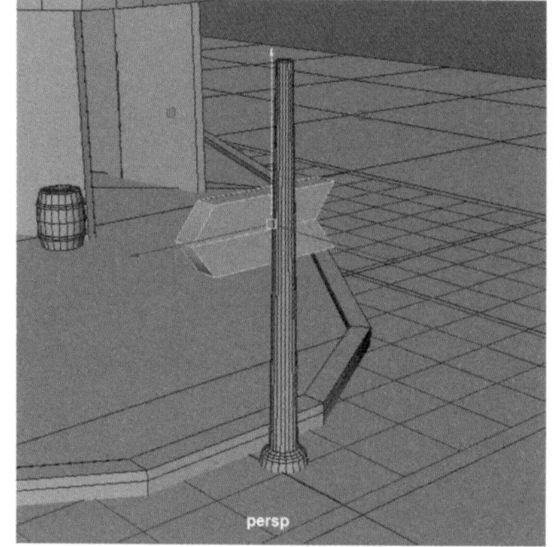

图13-202

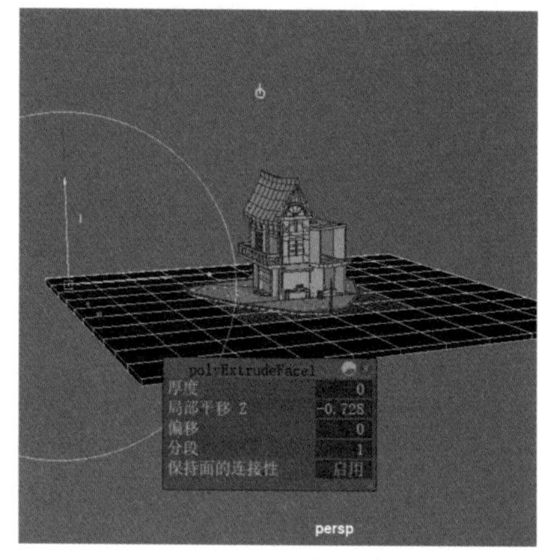

图13-203

Step 12 使地面模型回到对象模式并将其框选，选择菜单栏中的【网格显示】→【反向】命令，将其法线反转，如图13-204所示，然后选择台阶模型的局部顶点进行移动，如图13-205所示。

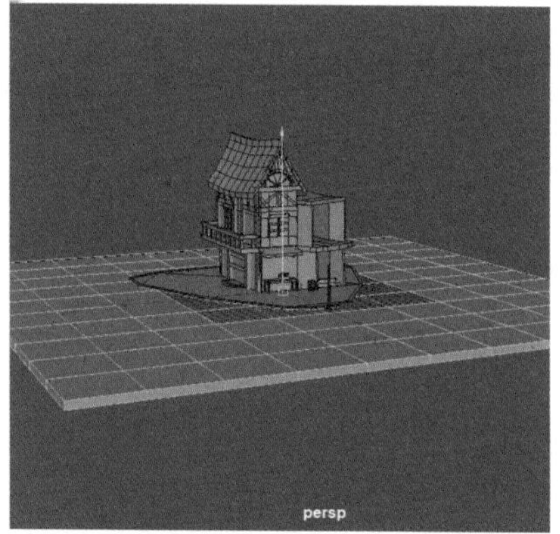

图13-204

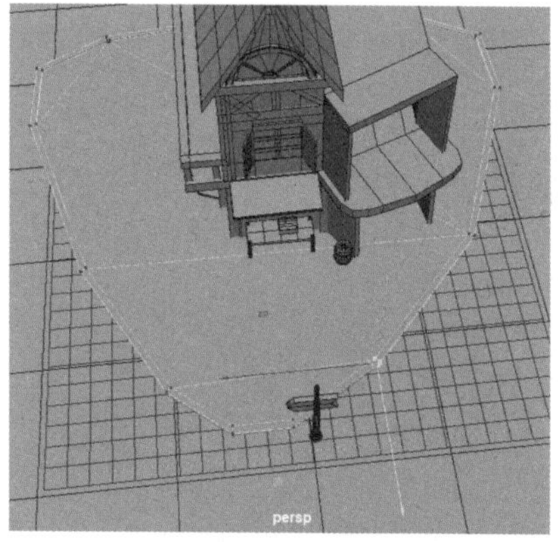

图13-205

Step 13 将路标模型的两个部分合并到一起，然后调整模型的大小和位置，如图13-206所示，再次创建两个圆柱体模型，将其拉长并移动到一层合适的位置，如图13-207所示。

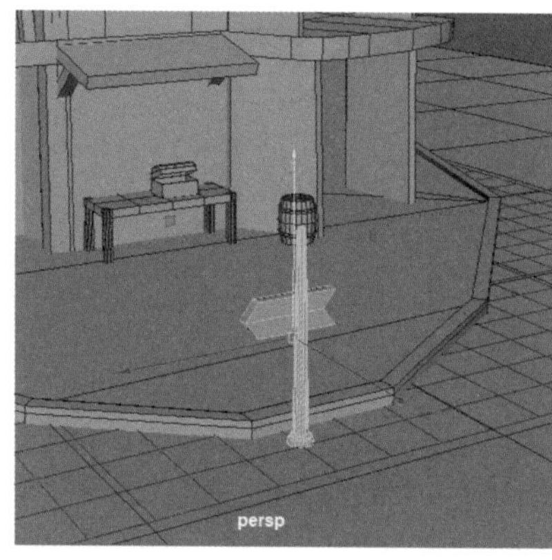

图13-206

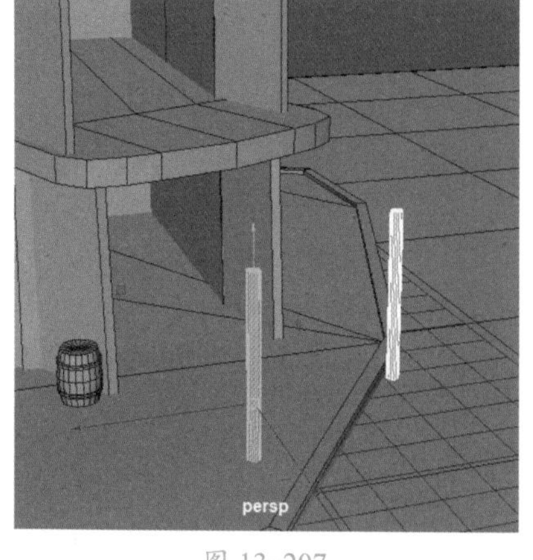

图13-207

Step 14 选择台阶模型，按组合键【Ctrl＋鼠标右键】，拖曳选择【到环形边并分割】命令，为其添加一条环形边，如图13-208所示，然后选择局部顶点并调整其形状，如图13-209所示。

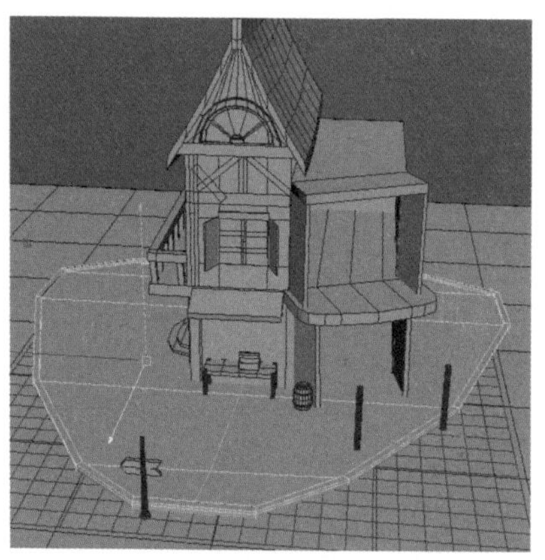

图13-208

图13-209

Step15 选择环形边，按组合键【Shift + 鼠标右键】，拖曳选择【倒角边】命令，将【分数】设置为0.25，【分段】设置为 1，如图 13-210 所示，然后再次为该模型添加一条环形边，进行细化，如图 13-211 所示。

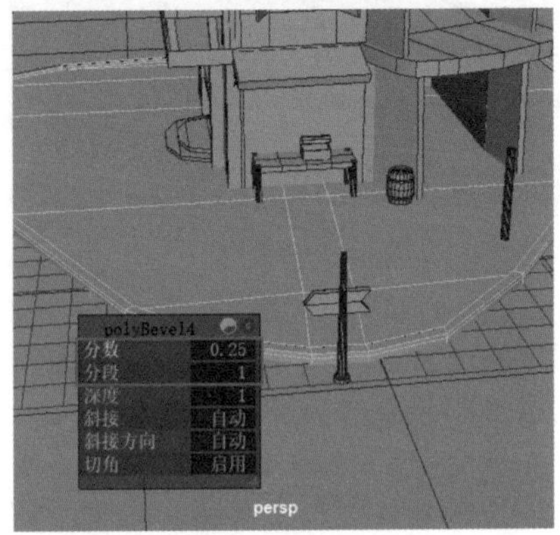

图 13-210

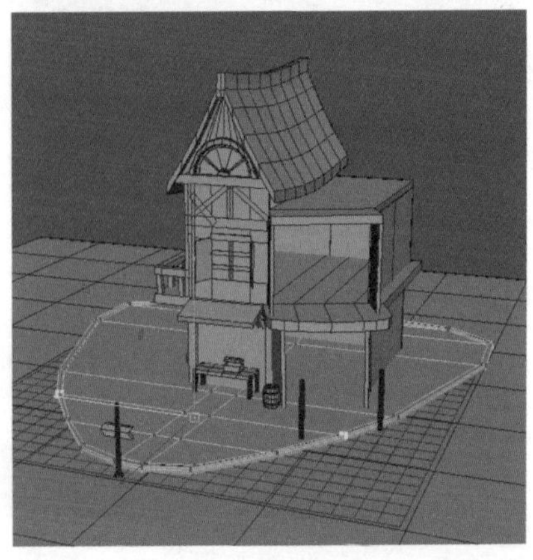

图 13-211

Step16 选择两个圆柱体并再次调整位置，如图 13-212 所示，然后对圆柱体对面的两个墙体进行加宽，如图 13-213 所示。

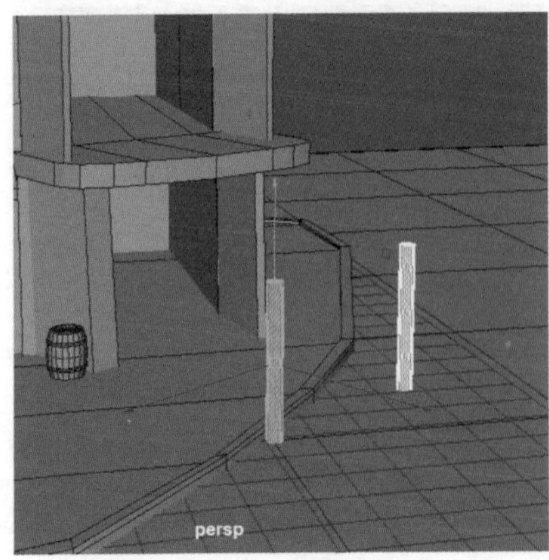

图 13-212

图 13-213

Step17 单击工具架中的【平面】图标，如图 13-214 所示，创建一个平面模型，选择生成的模型，旋转其角度，并移动到柱子与一层房子之间，如图 13-215 所示。

图 13-214

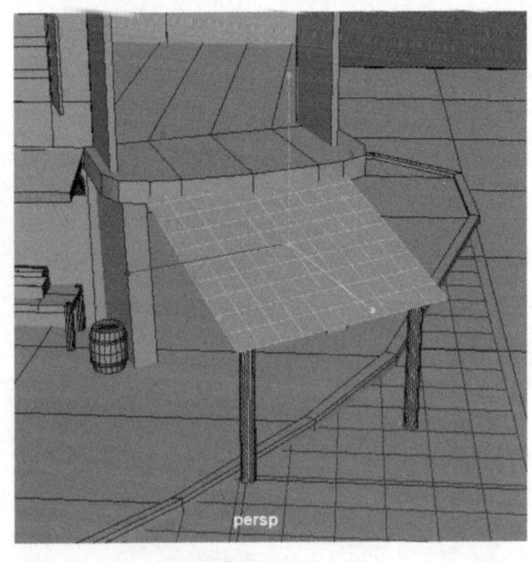

图 13-215

Step18 使模型进入边模式，选择中间的一条循环边，按快捷键【B】开启软工具进行拖曳，调整模型的弧度，如图 13-216 所示，然后选择另一个方向的循环边，向下进行拖曳，如图 13-217 所示。

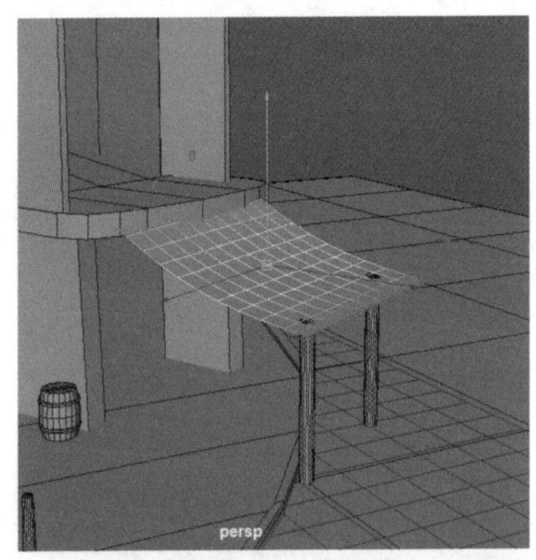

图 13-216

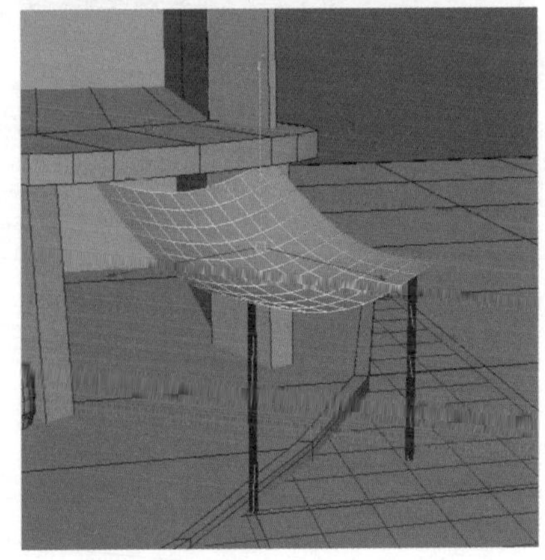

图 13-217

Step19 选择墙体模型，选择菜单栏中的【网格工具】→【插入循环边】命令，如图 13-218 所示，为模型添加一条循环边，如图 13-219 所示。

图 13-218

图 13-219

Step20 使模型进入面模式，选择局部面执行【挤出】命令，然后拖曳生成的操纵器调整厚度，如图 13-220 所示，选择该模型的局部面内侧的面，执行【挤出面】命令，如图 13-221 所示。

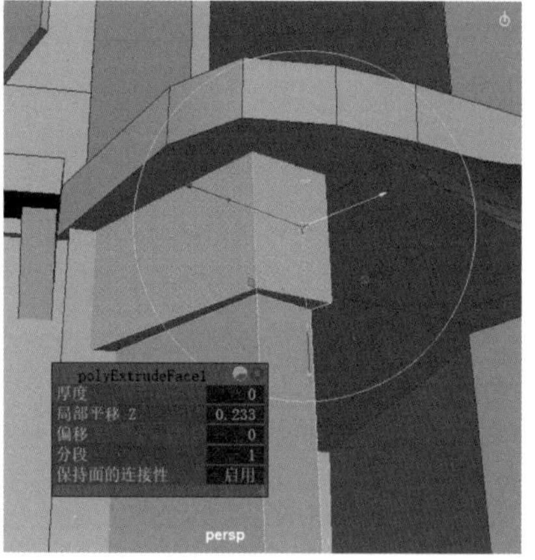

图 13-220

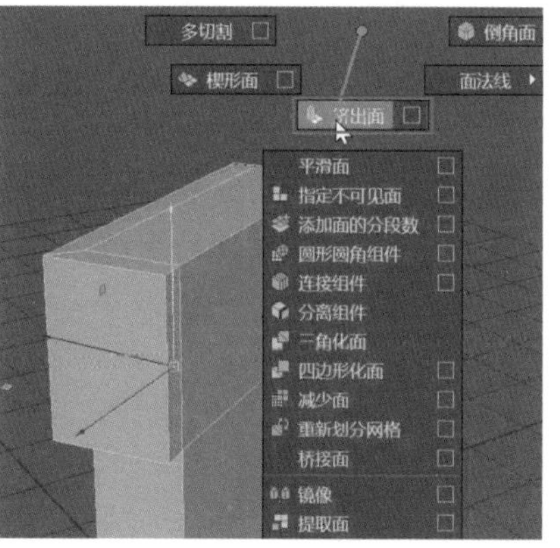

图 13-221

Step21 拖曳生成的操纵器，将模型拉伸到另一侧，如图 13-222 所示，然后使用【插入循环边工具】命令为模型添加一条循环边，如图 13-223 所示。

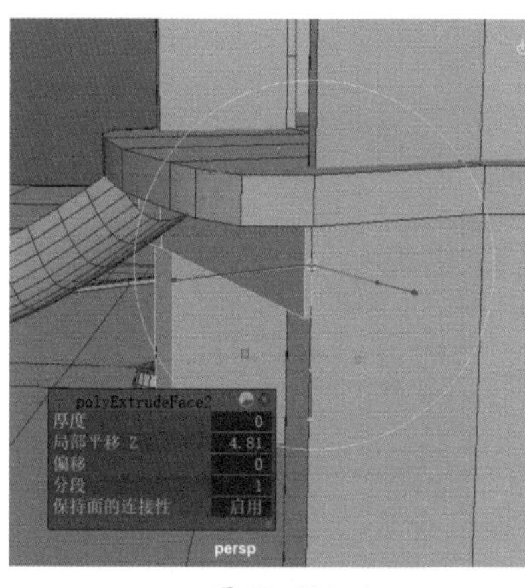

图 13-222

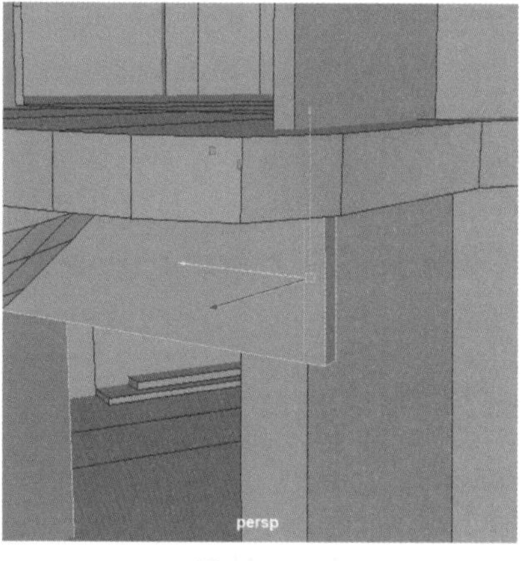

图 13-223

Step22 选择相邻的墙体，同样添加一条循环边，如图 13-224 所示，然后使模型进入面模式，选择其外侧的局部面，执行【复制面】命令，如图 13-225 所示。

图 13-224

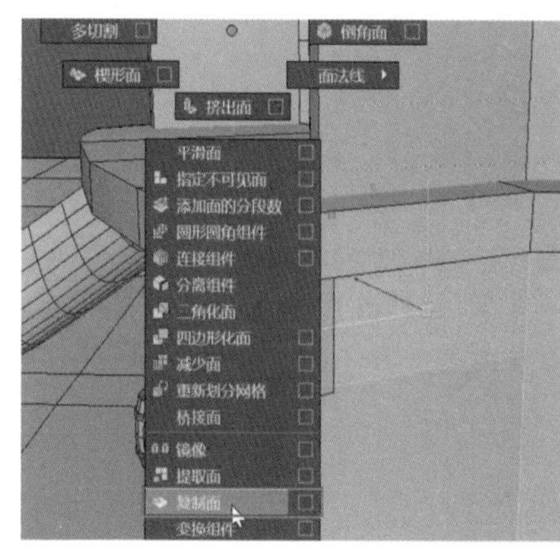

图 13-225

Step23 选择复制出来的面，执行挤出命令，拖曳生成的操纵器调整厚度，并与旁边的模型吸附到一起，如图 13-226 所示，接着按快捷键【Ctrl+1】将该模型独立显示，删除模型中多余的面，如图 13-227 所示。

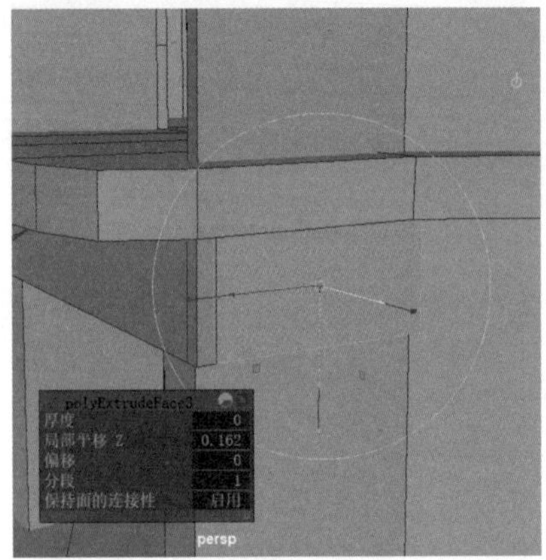

图 13-226

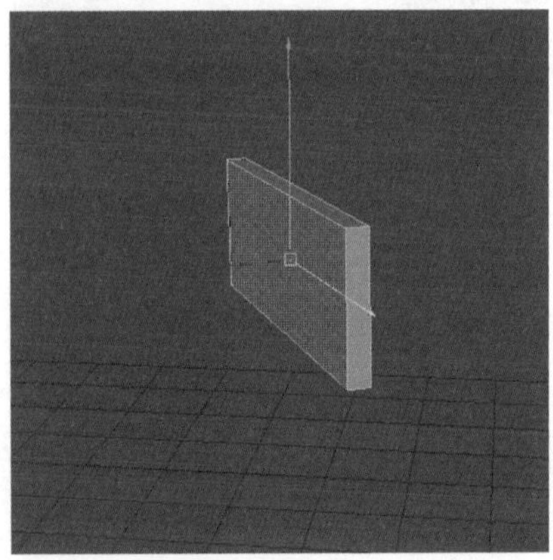

图 13-227

Step24 按快捷键【Ctrl+1】显示所有模型，选择二层的一个墙体进行独立显示，为其添加一条循环边，如图 13-228 所示，然后选择局部面，进行挤出，将墙体新生成的部分向左侧拖曳，如图 13-229 所示。

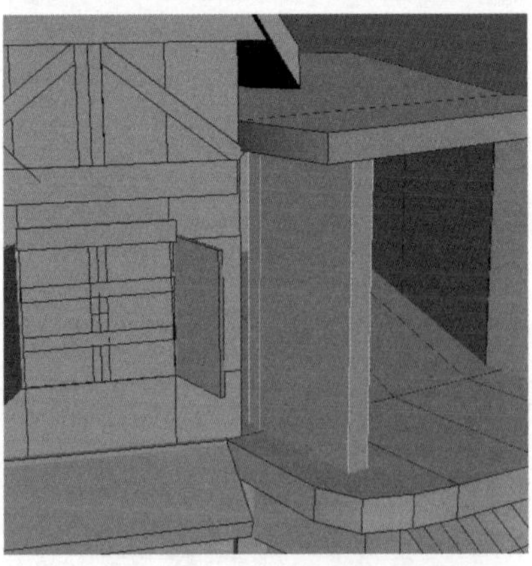

图 13-228

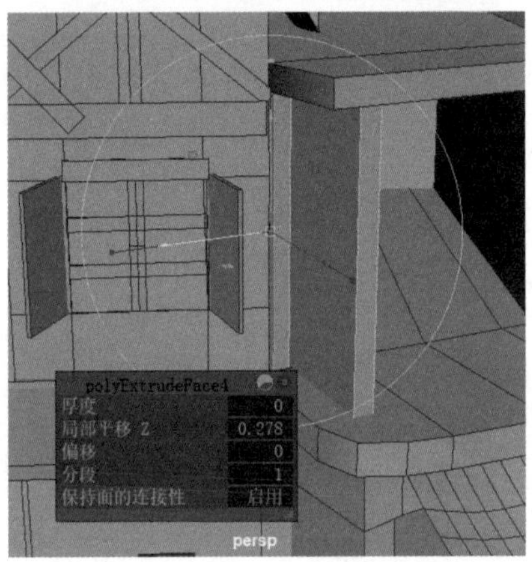

图 13-229

Step25 选择该模型对角中的边，按组合键【Shift + 鼠标右键】，拖曳选择【倒角边】命令，如图 13-230 所示，弹出面板后，将【分数】设置为 1，【分段】设置为 2，如图 13-231 所示。

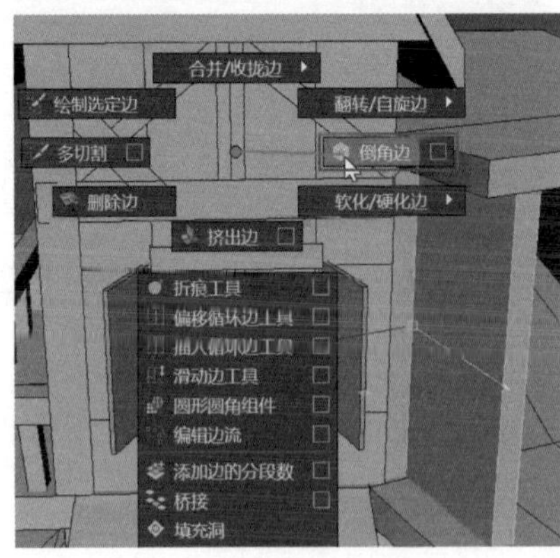

图 13-230

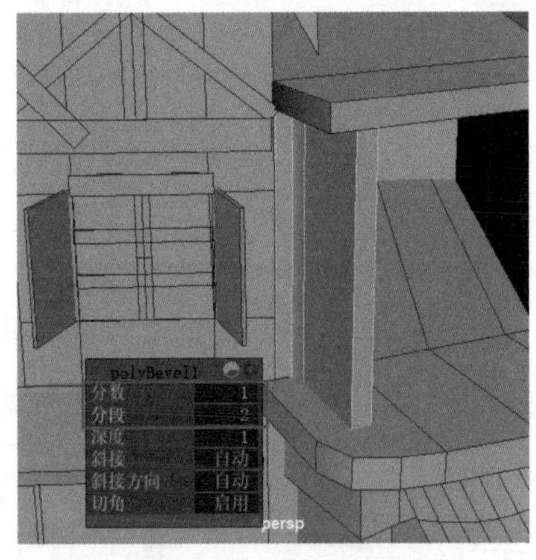

图 13-231

Step26 将该模型独立显示，使用【多切割】命令调整布线，然后选择多余的边并删除，如图 13-232 所示，复制一个长方体，移动到二层的房檐下方，如图 13-233 所示。

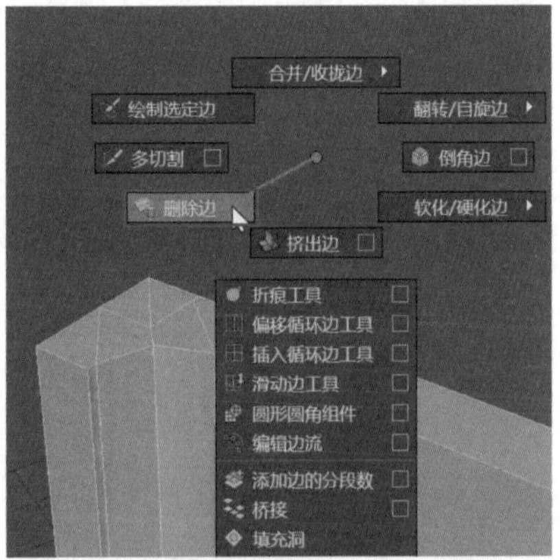

图 13-232

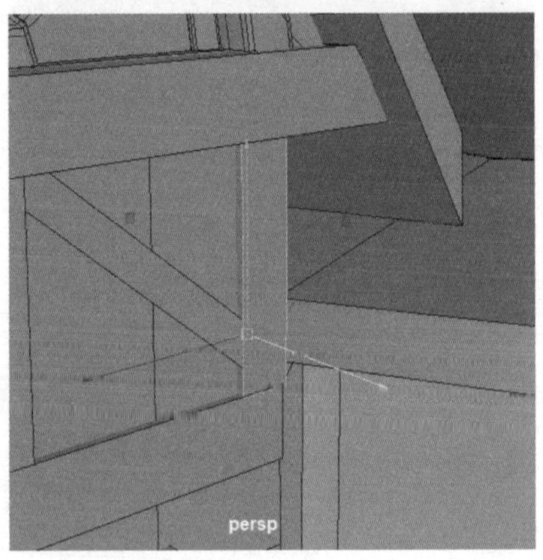

图 13-233

Step27 使用【插入循环边工具】命令为一层的柱子添加一条循环边，如图 13-234 所示，然后框选该模型的下半部分，执行【复制面】命令，如图 13-235 所示。

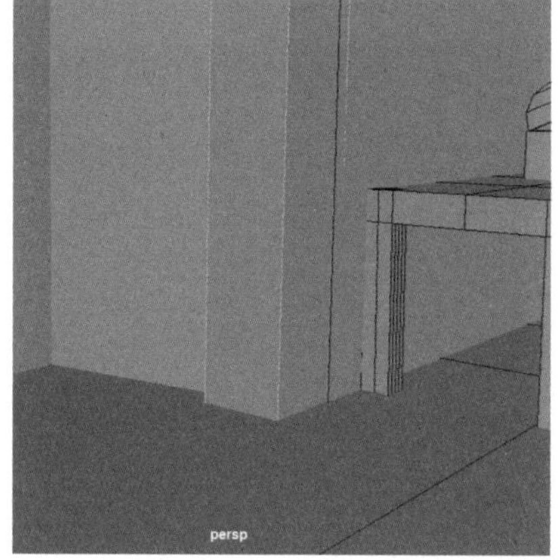

图 13-234

图 13-235

Step28 对复制出来的模型执行【挤出】命令，拖曳生成的操纵器调整厚度，如图 13-236 所示。然后创建一个立方体，将其调整为一个长方体，移动到房子的二层，并按几次快捷键【Ctrl+D】进行复制，将围栏补齐，如图 13-237 所示。

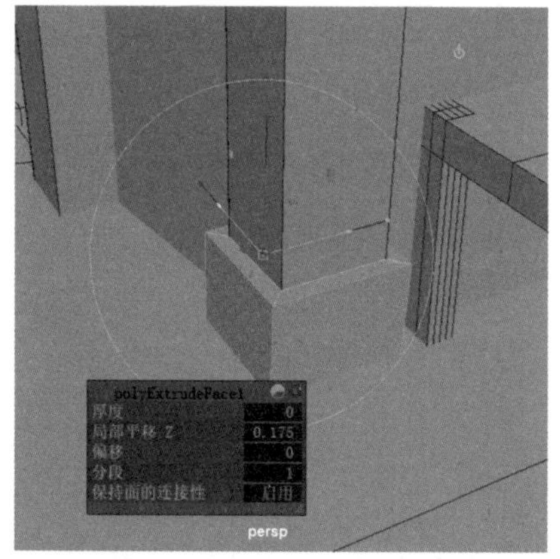

图 13-236

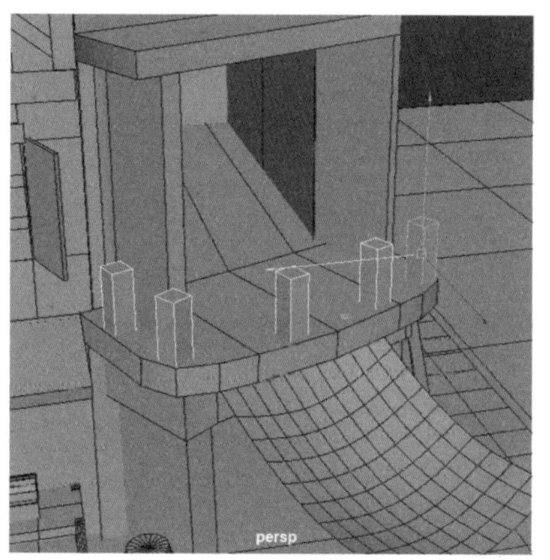

图 13-237

Step29 选择任意一个长方体，复制两个模型，移动到围栏上方，如图 13-238 所示。按组合键【Shift + 鼠标右键】，拖曳选择【插入循环边工具】命令，为模型添加两条循环边并进行调整，如图 13-239 所示。

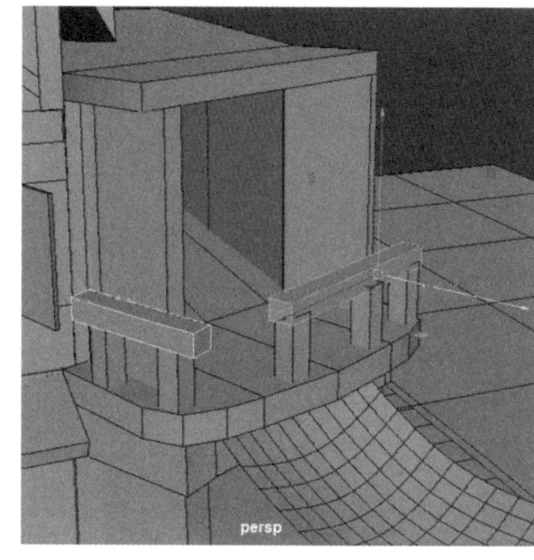

图 13-238

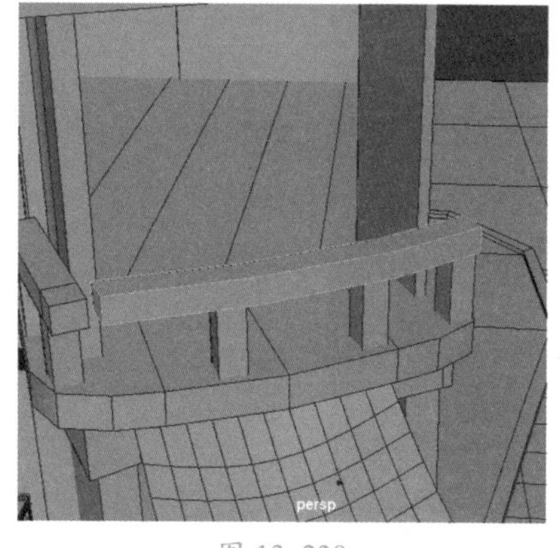

图 13-239

Step30 选择两个对面，按组合键【Shift + 鼠标右键】，拖曳选择【桥接面】命令，如图 13-240 所示，然后选择内侧的边，执行【倒角边】命令，如图 13-241 所示。

图 13-240

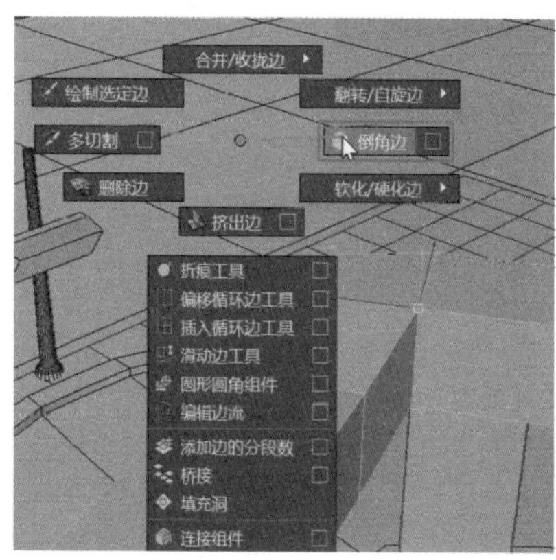

图 13-241

Step31 弹出面板后，将【分数】设置为 0.43，【分段】设置为 2，如图 13-242 所示，然后使用【多切割】

命令和【删除边】命令为模型局部调整布线，如图 13-243 所示。

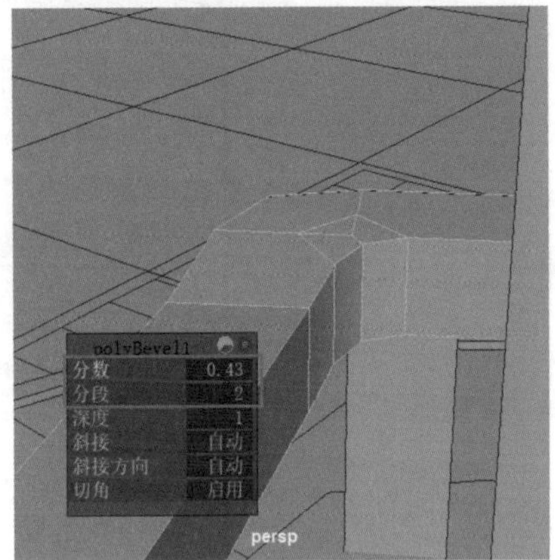

图 13-242

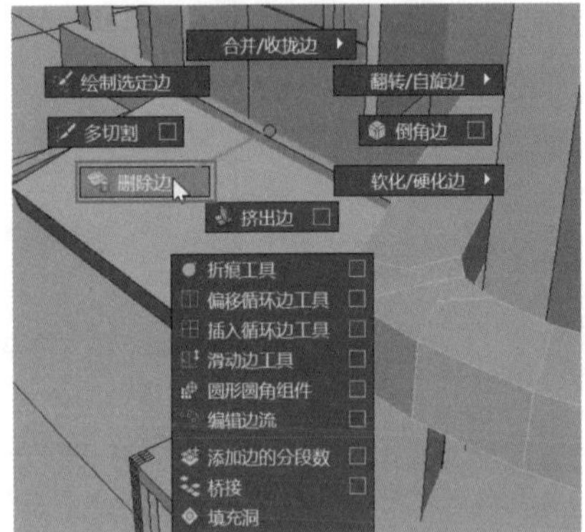

图 13-243

Step 32 再次添加一条循环边，并选择局部面进行挤出，然后拖曳操纵器调整围栏的长度，如图 13-244 所示，选择围栏中任意一根柱子，按快捷键【Ctrl+D】复制并调整，如图 13-245 所示。

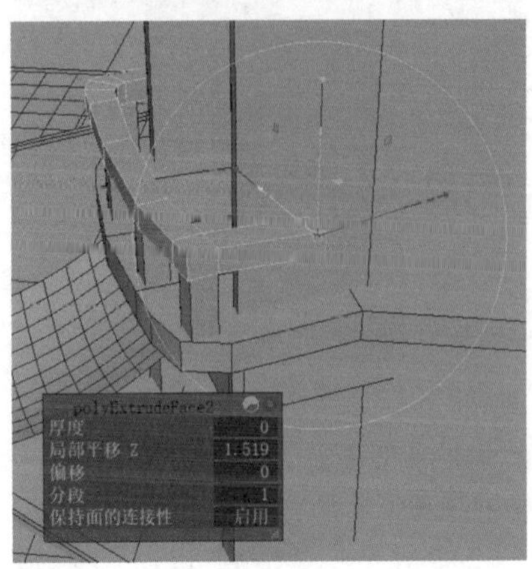

图 13-244

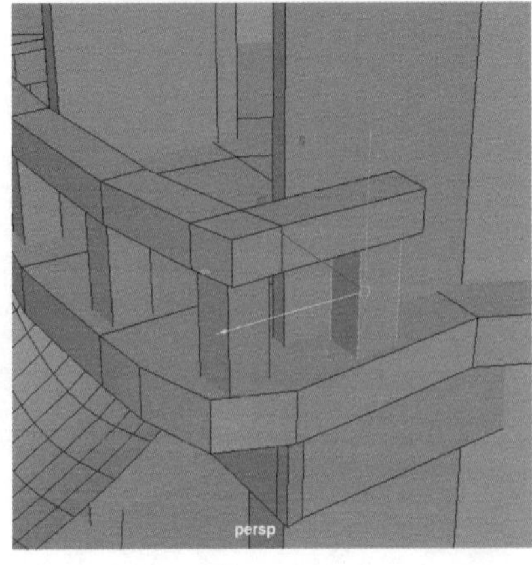

图 13-245

Step 33 创建一个立方体，将其调整为长方体，移动到一层合适的位置，如图 13-246 所示。按快捷键【Ctrl+1】使其独立显示，使用【插入循环边工具】命令添加 3 条循环边，如图 13-247 所示。

图 13-246

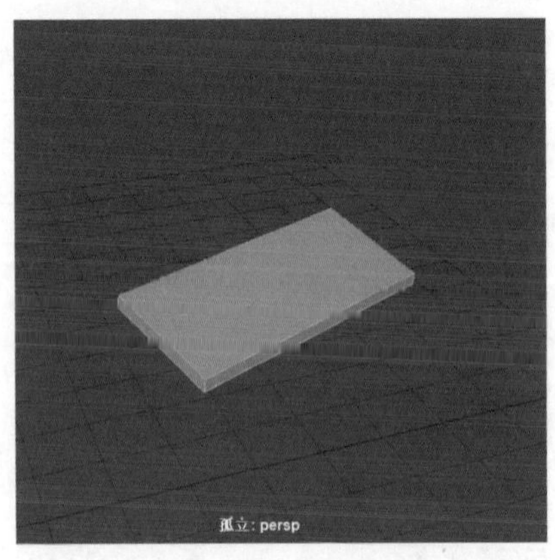

图 13-247

Step 34 选择局部面，执行【挤出】命令并拖曳生成的操纵器，调整模型厚度，如图 13-248 所示。选择其左侧的墙体模型，进行独立显示，添加一条循环边，如图 13-249 所示。

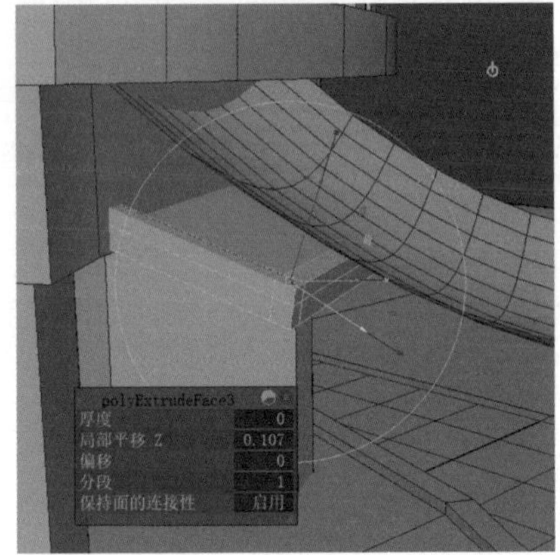

图 13-248

图 13-249

Step 35 使该墙体模型进入面模式，选择一个侧面，按组合键【Shift+鼠标右键】，拖曳选择【复制面】命令，如图 13-250 所示，然后选择复制的面，执行挤出命令，如图 13-251 所示。

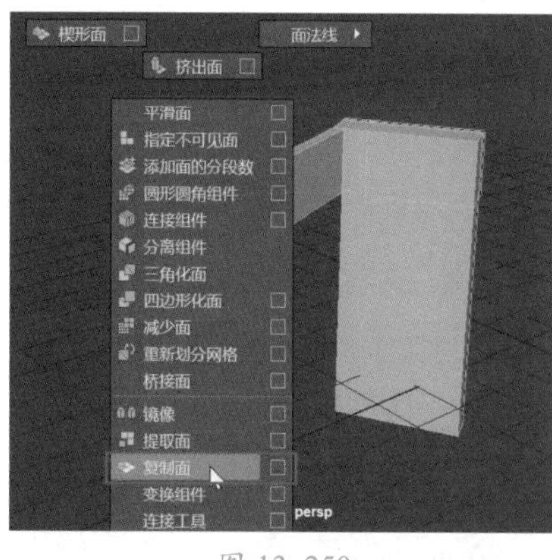
图 13-250

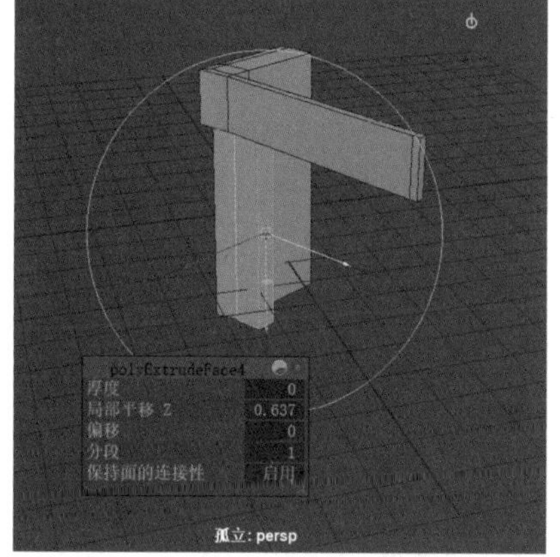
图 13-251

Step36 用同样的方法，为该模型再次添加循环边并进行挤出，如图13-252所示，直到将内侧的墙体制作好，如图13-253所示。

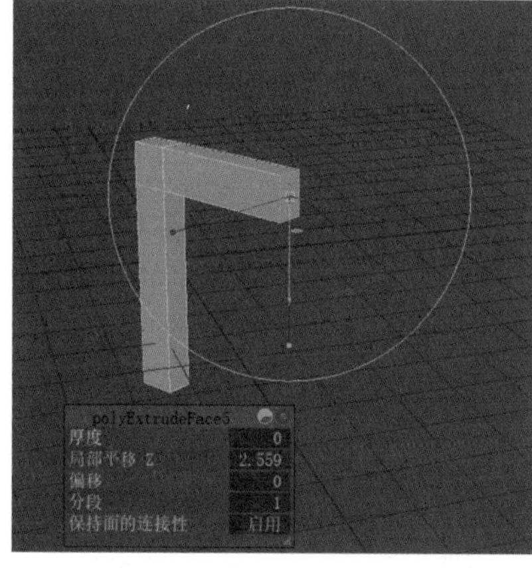
图 13-252

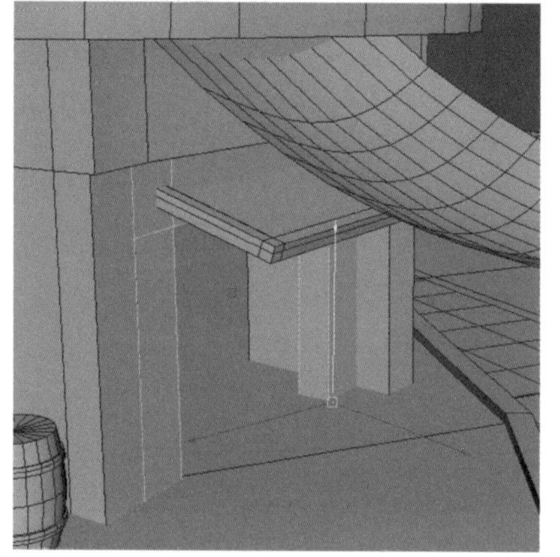
图 13-253

Step37 制作一个新的房顶。首先创建一个立方体，使用【插入循环边工具】命令为模型添加多条循环边，并选择局部顶点调整形状，如图13-254所示。然后选择最中间的循环边，按快捷键【B】，开启软工具进行弧度调整，如图13-255所示。

图 13-254

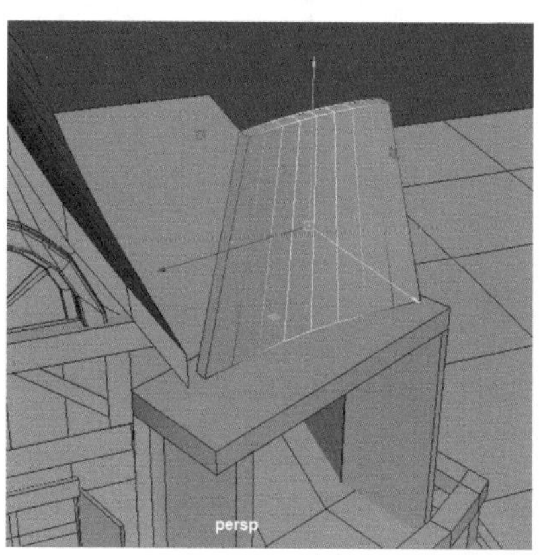
图 13-255

Step38 将该模型调整到合适的大小和角度，如图13-256所示。按快捷键【Ctrl+D】将另一侧的房顶复制出来，然后打开右侧的【通道盒/层编辑器】面板，将模型旋转180°，如图13-257所示。

图 13-256

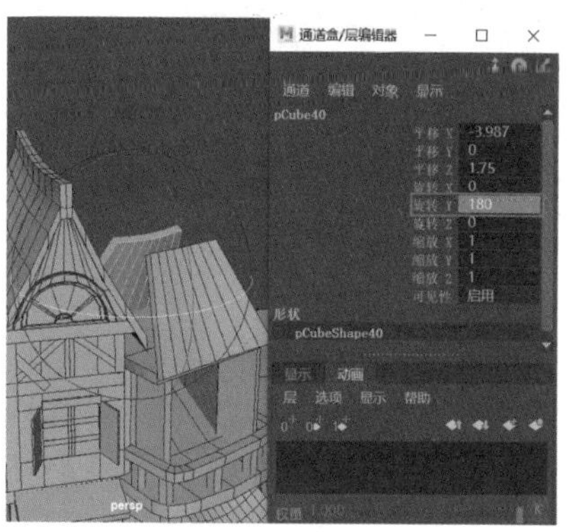
图 13-257

Step39 选择两侧的房顶，单击工具架中的【结合】图标，如图13-258所示。然后使模型进入面模式，选择两个内侧的面，按组合键【Shift+鼠标右键】，拖曳选择【桥接面】命令，如图13-259所示。

图 13-258

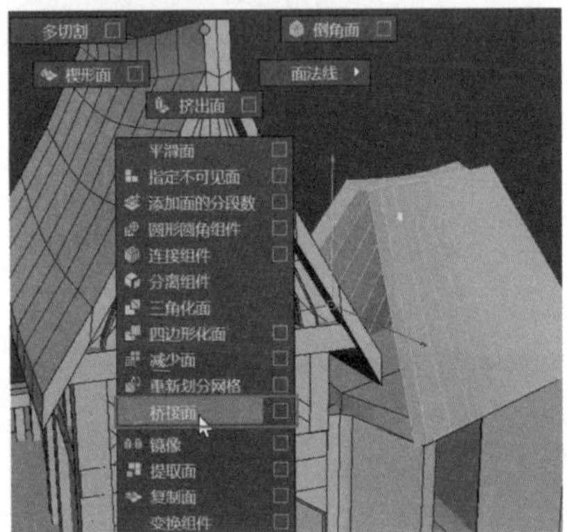

图 13-259

Step40 使该模型独立显示，将内侧面的宽度缩小，如图 13-260 所示。然后按组合键【Shift + 鼠标右键】，拖曳选择【插入循环边工具】命令，为模型添加多条循环边，如图 13-261 所示。

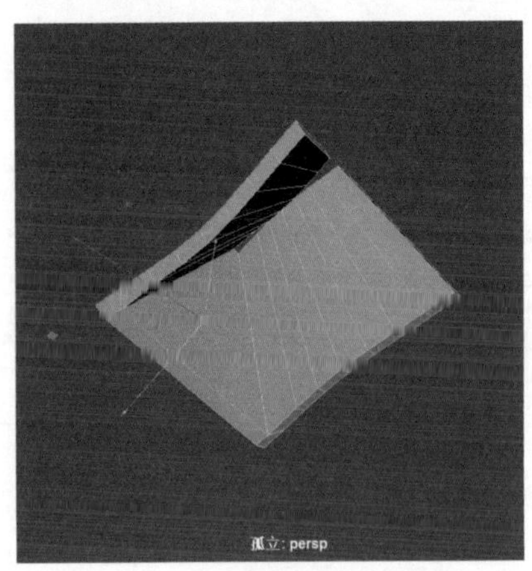

图 13-260

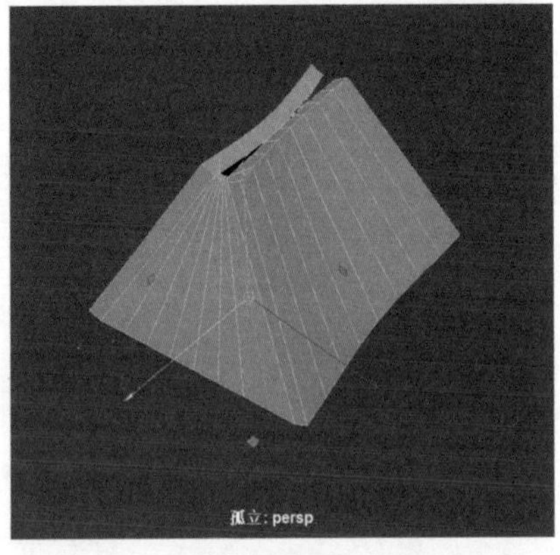

图 13-261

Step41 同样，对房顶另一端内侧的面再执行一次【桥接面】命令，为其添加多条循环边，如图 13-262 所示，然后选择房顶的端面，执行【桥接面】命令，如图 13-263 所示。

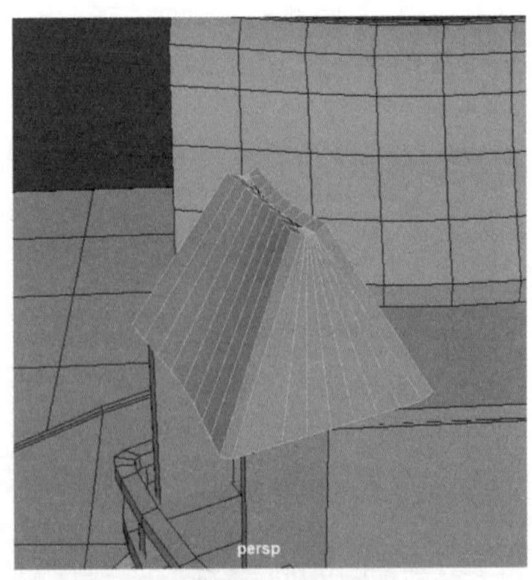

图 13-262

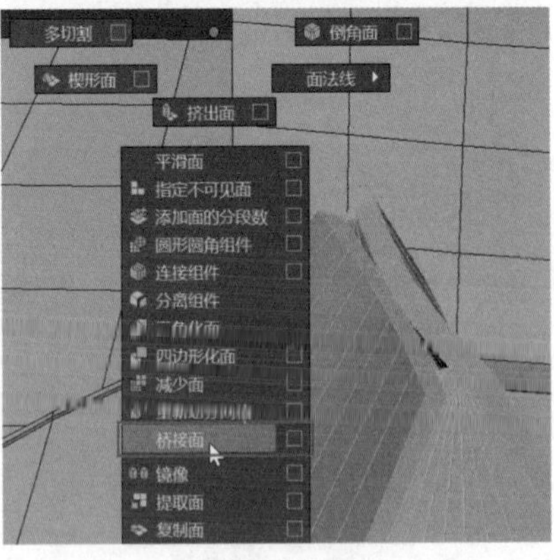

图 13-263

Step42 弹出面板后，调整【扭曲】参数，如图 13-264 所示，然后对生成的面进行挤出，拖曳生成的操纵器调整模型高度，如图 13-265 所示。

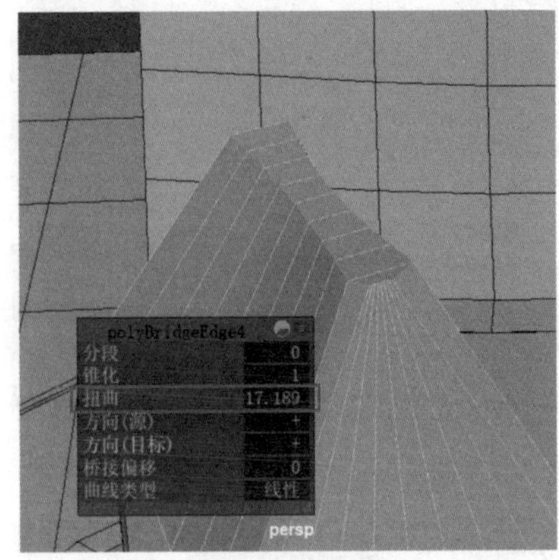

图 13-264

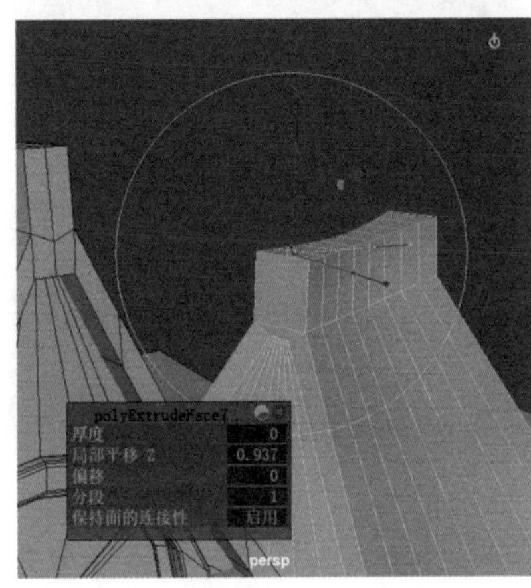

图 13-265

Step43 框选该房顶上端的所有顶点，使用缩放工具缩小局部的厚度，如图 13-266 所示。然后将模型独立显示，删除内侧多余的面，如图 13-267 所示。

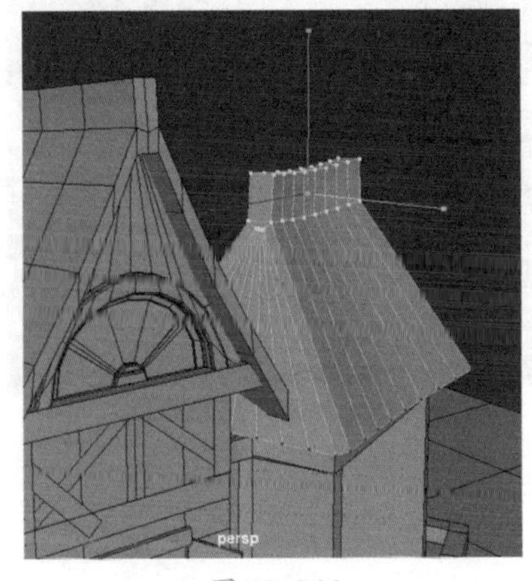

图 13-266

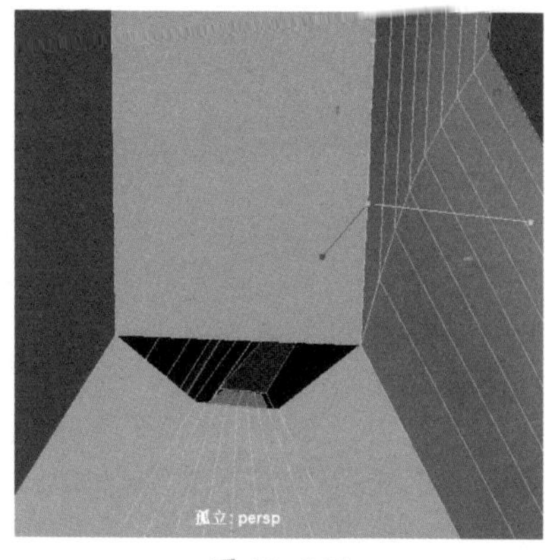
图 13-267

Step44 分别选择模型外侧两个相对的空面的循环边，按组合键【Shift + 鼠标右键】，拖曳选择【填充洞】命令，如图 13-268 所示。然后选择一条边，按组合键【Ctrl + 鼠标右键】，拖曳选择【到环形边并分割】命令，如图 13-269 所示，为模型添加一条环形边。

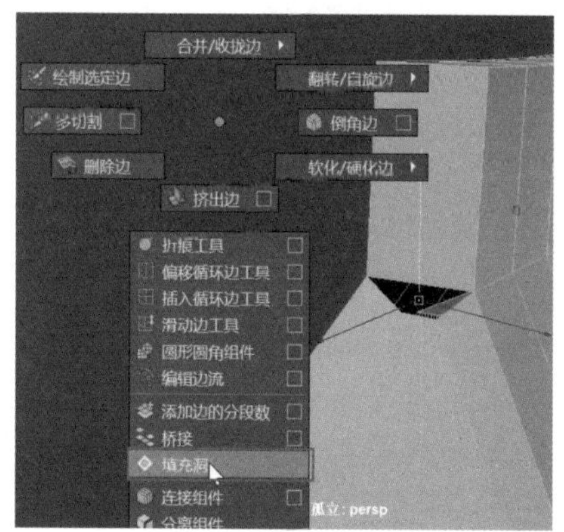
图 13-268

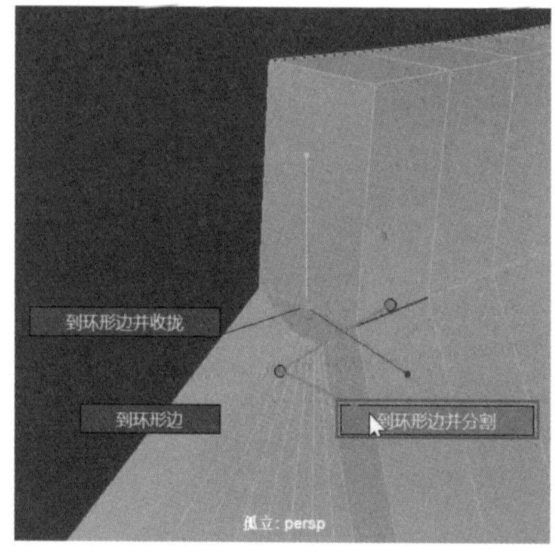

图 13-269

Step45 选择房顶两端的局部面，先执行一次【三角化面】命令，再执行一次【四边形化面】命令，如图 13-270 所示。为模型局部调整布线，然后使该房顶模型回到对象模式，选择另一个房顶中的模型，按组合键【Shift + 鼠标右键】，拖曳选择【结合】命令，如图 13-271 所示。

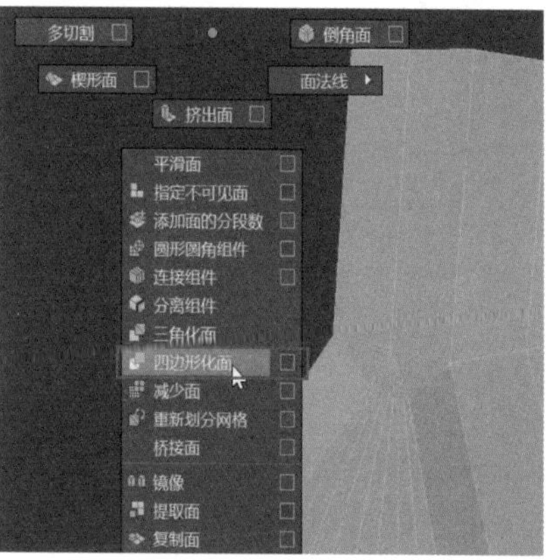
图 13-270

图 13-271

Step46 先按【D】键，再长按组合键【V+ 鼠标左键】，将该模型的坐标吸附到房檐的中间位置，如图 13-272 所示。然后按快捷键【Ctrl+D】复制模型，打开右侧的【通道盒 / 层编辑器】面板，将【缩放 X】设置为 -1，如图 13-273 所示。

图 13-272

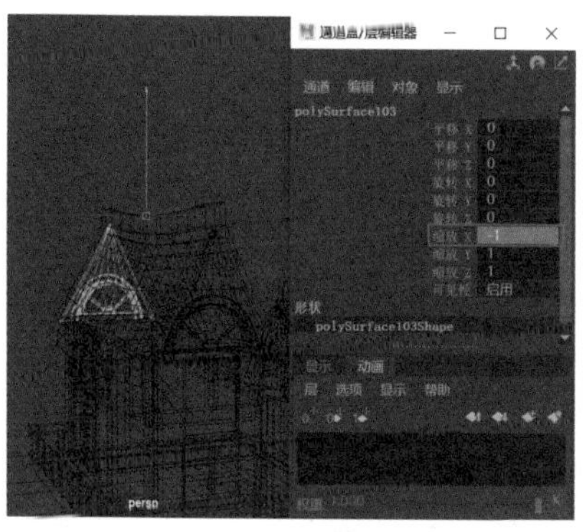
图 13-273

Step47 同样，将房顶对面的长方体也复制一次，并移动到对侧，如图 13-274 所示。然后使用【插入循环边工具】命令为房顶添加一条循环边，如图 13-275 所示。

图 13-274

图 13-275

Step48 选择房顶的局部面，按组合键【Shift＋鼠标右键】，拖曳选择【挤出面】命令，如图 13-276 所示，然后使用缩放工具调整厚度，如图 13-277 所示。

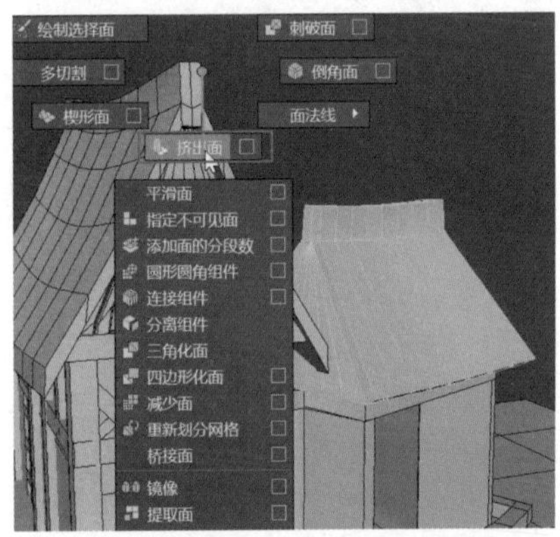

图 13-276

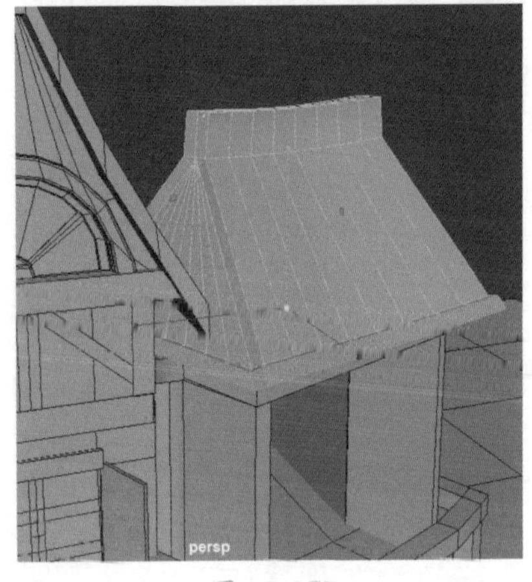

图 13-277

Step49 同样，为旁边的房顶也添加两条循环边，并选择局部面进行挤出，如图 13-278 所示，弹出面板后，将【厚度】设置为 0.05。选择二层的墙体，添加一条环形边，如图 13-279 所示。

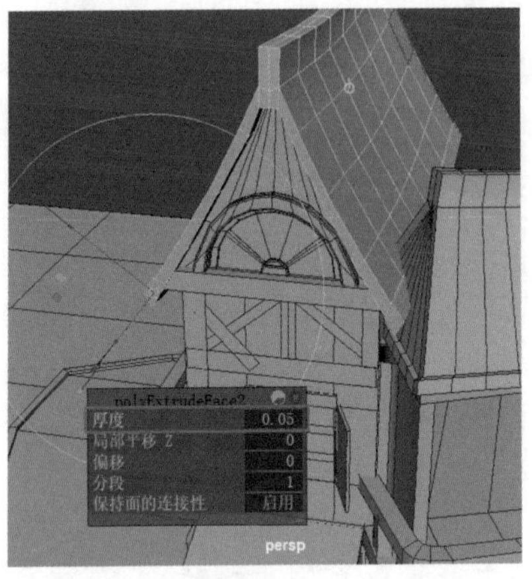

图 13-278

图 13-279

Step50 选择该墙体的局部顶点，调整形状，如图 13-280 所示。选择下方的墙体，使用【插入循环边工具】命令为模型添加两条循环边，如图 13-281 所示。

图 13-280

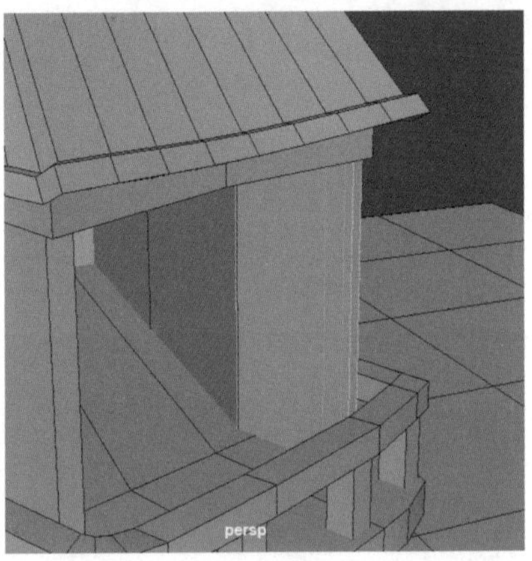

图 13-281

Step51 选择墙体中的一个局部面，按组合键【Shift＋鼠标右键】，执行【挤出面】命令，如图 13-282 所示，然后拖曳生成的操纵器，将墙体延伸到另一侧，如图 13-283 所示。

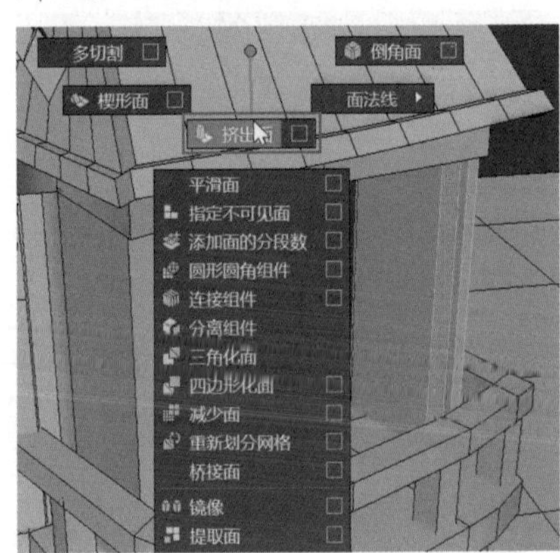

图 13-282

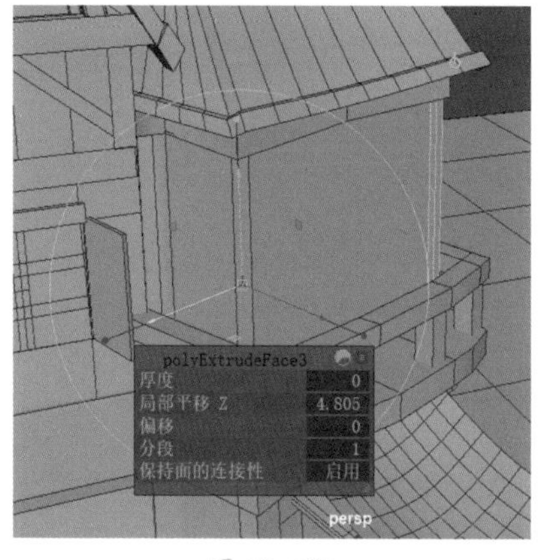

图 13-283

Step52 按快捷键【Ctrl+1】将该墙体独立显示，选择其局部面，执行【提取面】命令，如图 13-284 所示。为提取出来的局部面添加一条循环边和三条环形边，如图 13-285 所示。

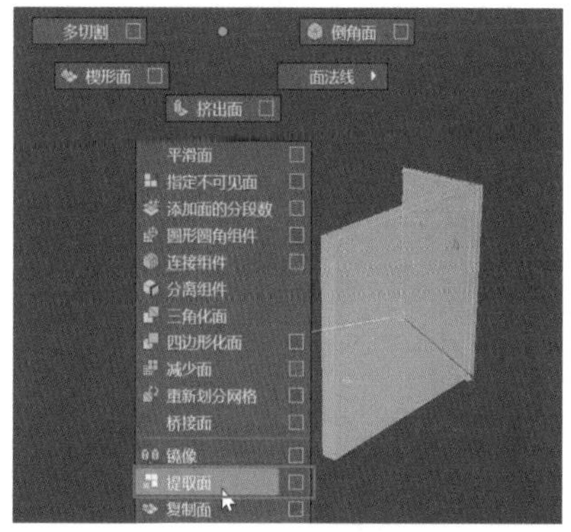

图 13-284

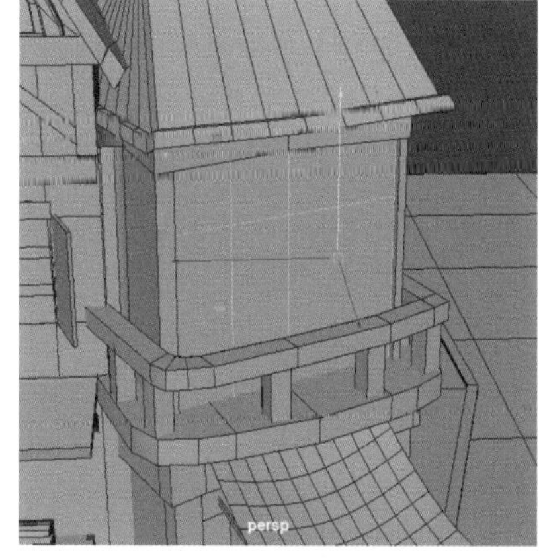

图 13-285

Step53 选择局部面，按组合键【Shift＋鼠标右键】，再次执行【提取面】命令，如图 13-286 所示。然后将该部分模型独立显示，双击鼠标左键选择空面中的循环边，执行【填充洞】命令，如图 13-287 所示。

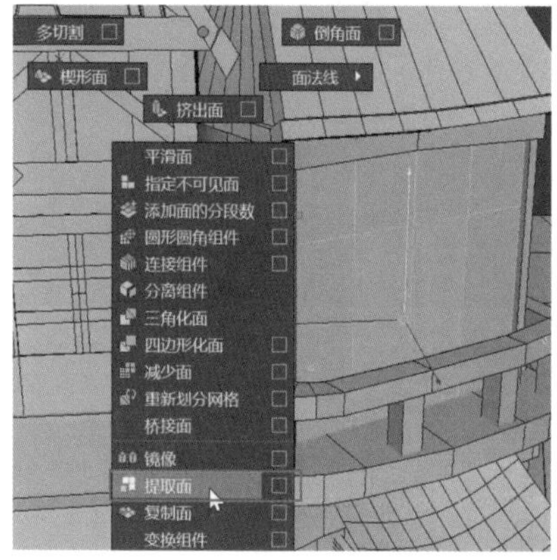

图 13-286

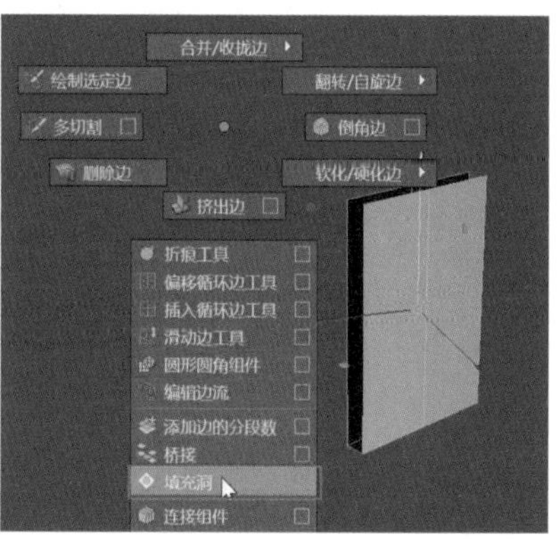

图 13-287

Step54 使用【多切割】命令为生成的面添加布线，如图 13-288 所示。然后使用缩放工具，将该模型的厚度缩小，如图 13-289 所示。

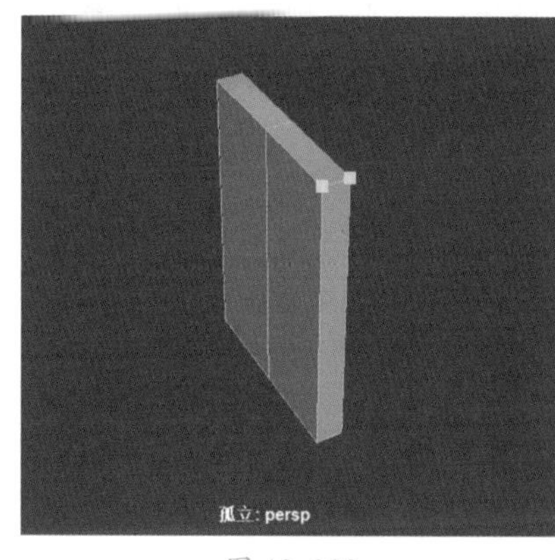

图 13-288

图 13-289

Step55 选择相邻的墙体模型，添加一条循环边，如图 13-290 所示。然后选择局部面，按组合键【Shift+鼠标右键】，拖曳选择【复制面】命令，如图 13-291 所示。

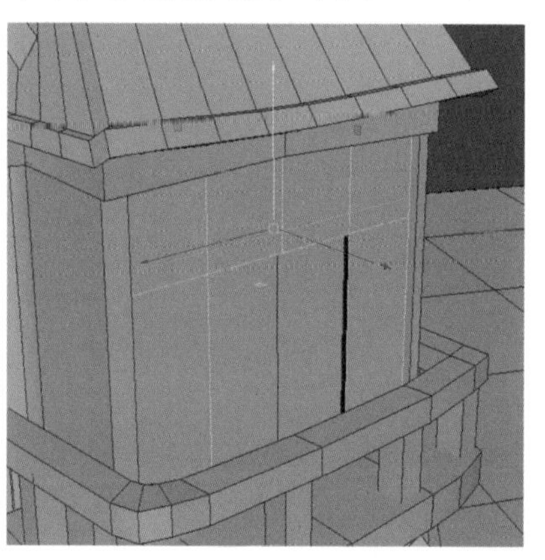

图 13-290

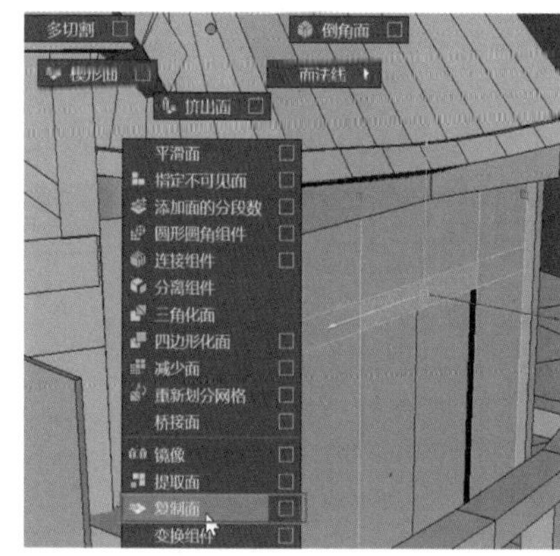

图 13-291

Step56 选择复制出来的面，按组合键【Shift＋鼠标右键】，拖曳选择【挤出面】命令，并调整厚度，如图 13-292 所示。然后按快捷键【Ctrl+1】将该模型独立显示，删除多余的面，如图 13-293 所示。

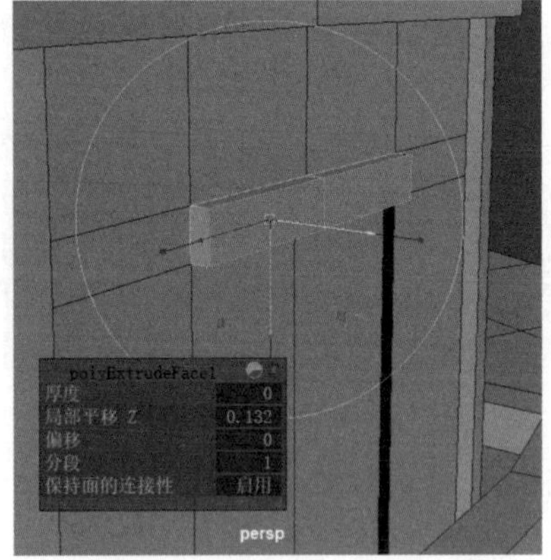

图 13-292

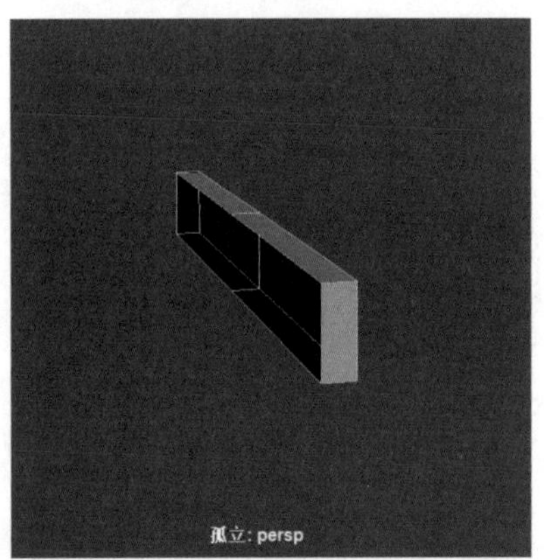

图 13-293

Step57 使该模型回到对象模式，显示场景中的所有模型，然后创建一个长方体模型，移动到二层的墙体上，如图 13-294 所示，将门的一半部分进行提取，如图 13-295 所示。

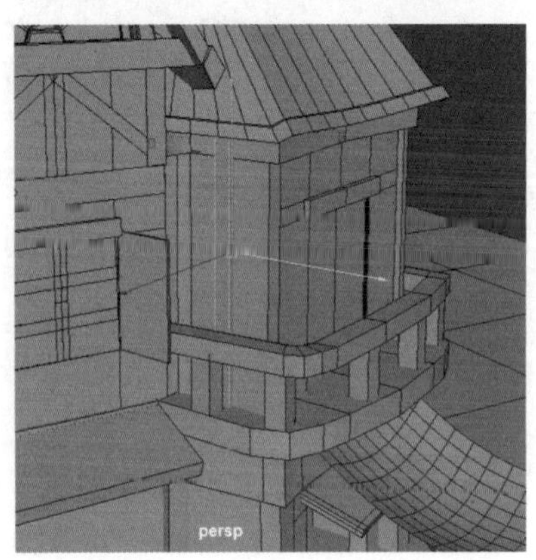

图 13-294

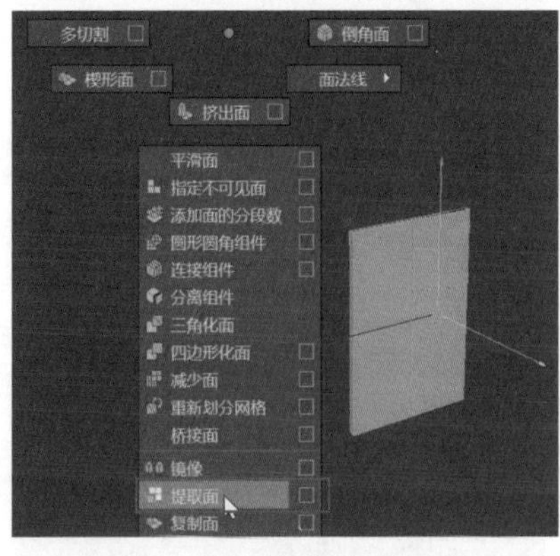

图 13-295

Step58 将门的一半部分独立显示，对空面进行填充，如图 13-296 所示，然后选择局部边，执行【倒角边】命令，如图 13-297 所示。

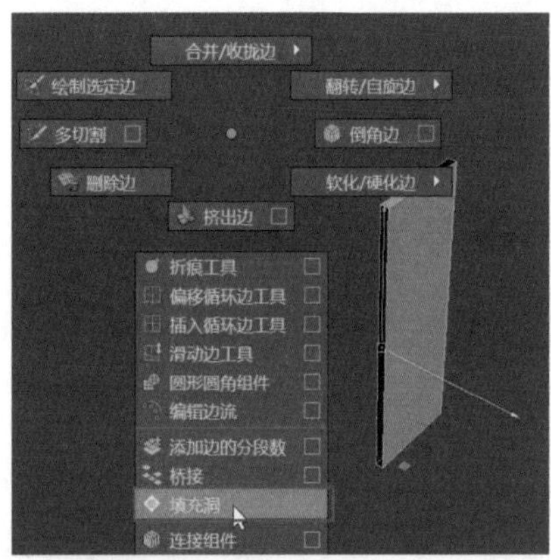

图 13-296

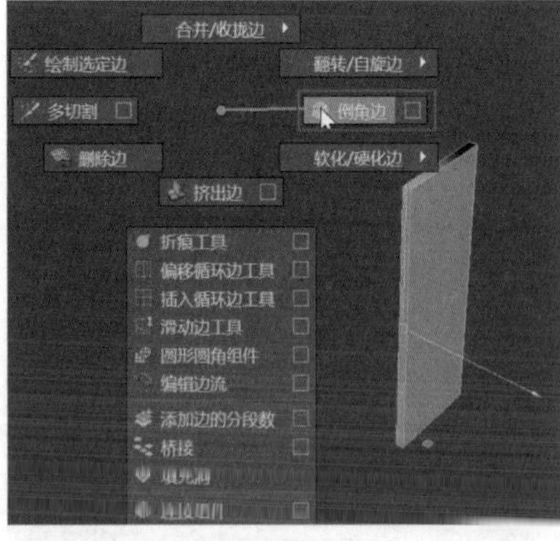

图 13-297

Step59 弹出面板后，将【分数】设置为 0.53，【分段】设置为 2，如图 13-298 所示，对门的另一半部分也执行同样的操作，如图 13-299 所示。

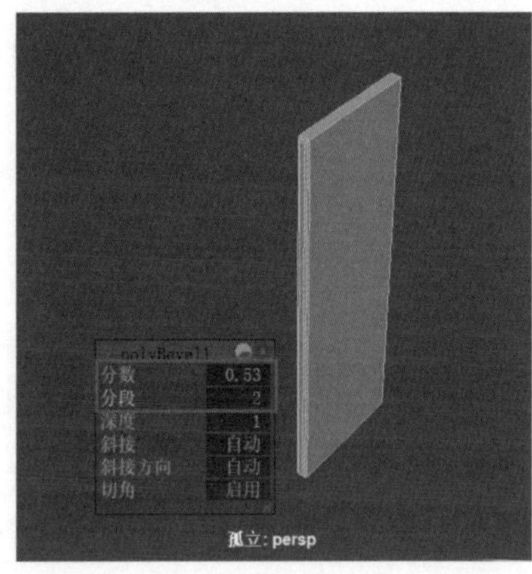

图 13-298

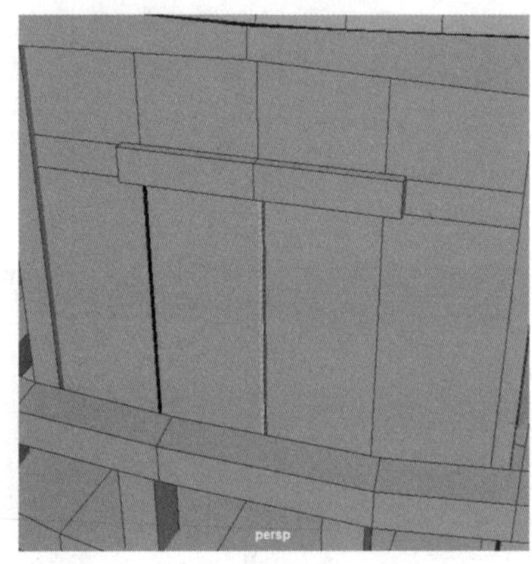

图 13-299

Step60 选择一层中的墙体进行独立显示，按组合键【Ctrl+鼠标右键】，拖曳选择【到环形边并分割】命令，为该模型的内侧添加一条环形边，如图 13-300 所示，选择局部面，执行【复制面】命令，如图 13-301 所示。

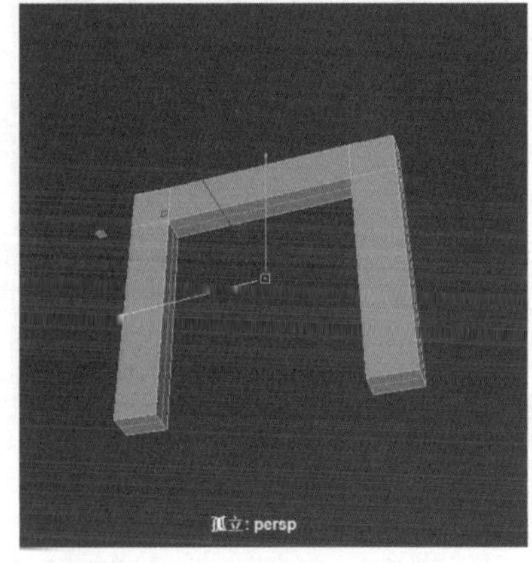

图 13-300

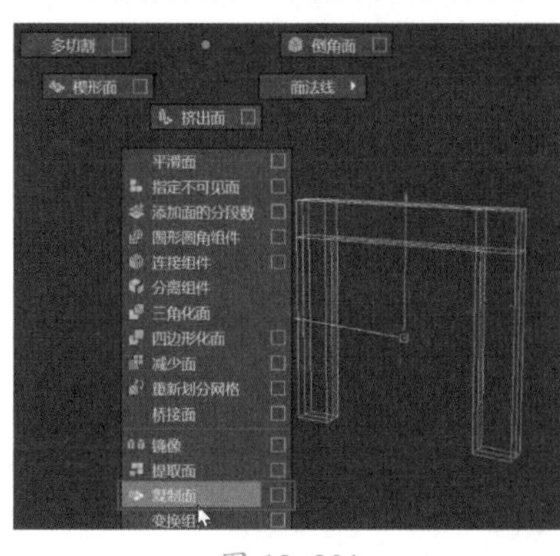

图 13-301

Step 61 按快捷键【Ctrl+1】将复制出来的面独立显示并框选其模型，然后单击工具架中的【结合】图标，将模型合并到一起，如图 13-302 所示。按组合键【Shift + 鼠标右键】，拖曳选择【附加到多边形工具】命令，如图 13-303 所示。

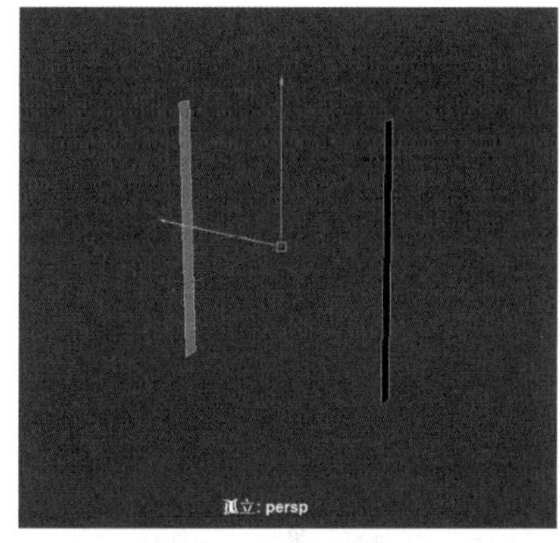

图 13-302

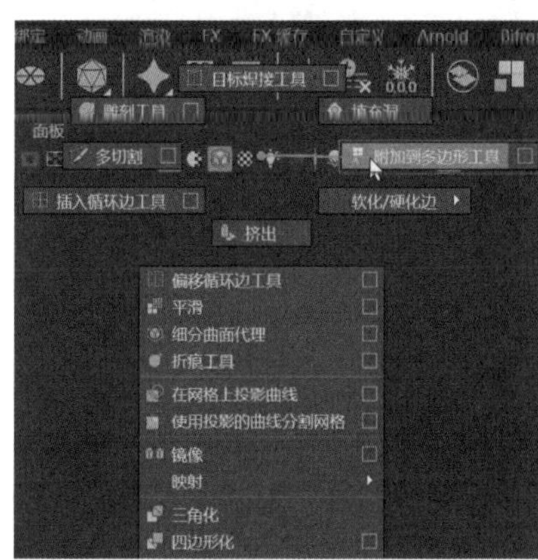

图 13-303

Step 62 依次单击两个模型的对边，形成一个新的面，如图 13-304 所示。然后按【Enter】键确认生成的面，直到形成一个长方体，如图 13-305 所示。

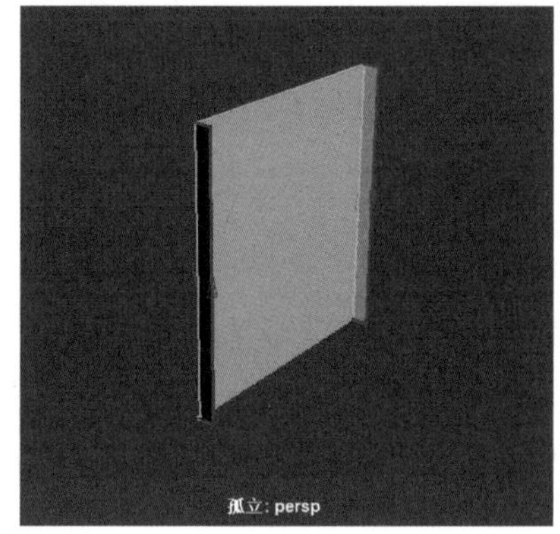

图 13-304

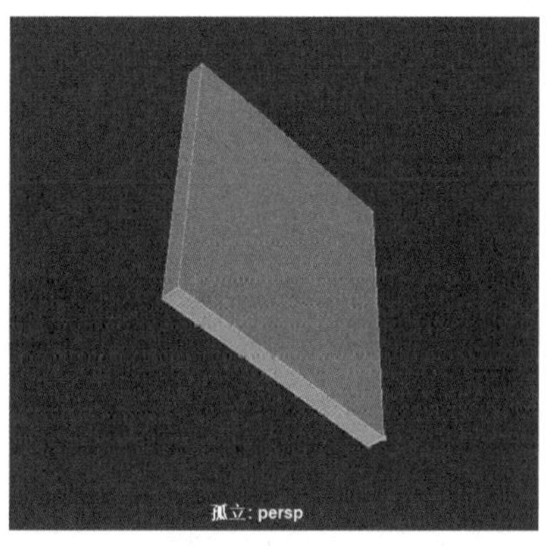

图 13-305

Step 63 使用【到环形边并分割】命令为该模型添加多条环形边，并选择局部边进行移动，如图 13-306 所示。接着选择二层中的一个长方体，按【Ctrl+D】进行复制，并移动到门框的上方，进行局部调整，如图 13-307 所示。

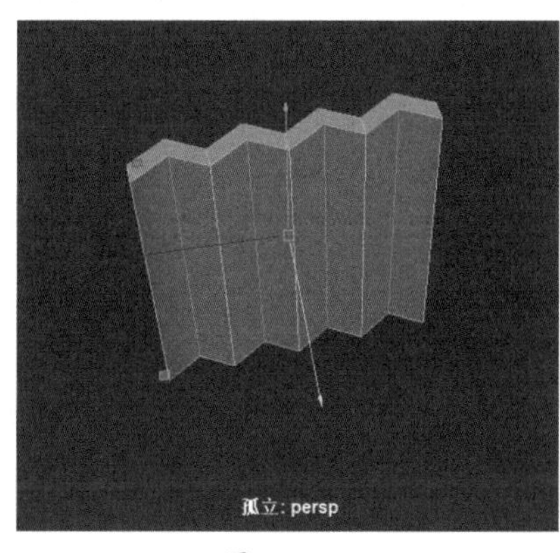

图 13-306

图 13-307

13.2.4 制作板凳

最后再制作一个板凳，丰富场景中的元素，具体步骤如下。

Step 01 创建一个立方体，将其压扁并移动到一层地面上，如图 13-308 所示，按快捷键【Ctrl+D】复制一个模型，并为凳面添加多条环形边，如图 13-309 所示。

图 13-308

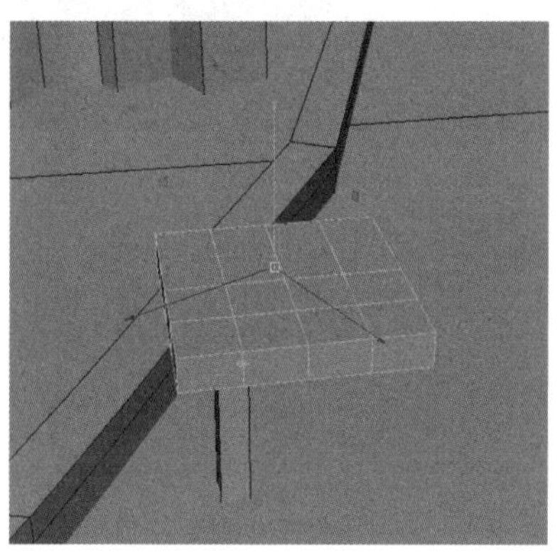

图 13-309

Step 02 再复制 3 个长方体，按快捷键【V】分别将模型吸附到凳面的环形边上，如图 13-310 所示。选择 4 个长方体，执行【结合】命令将它们合并到一起，然后向下移动并放大，如图 13-311 所示。

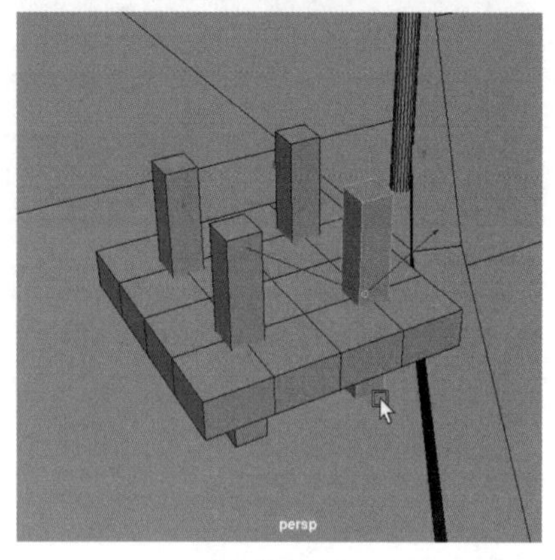
图 13-310

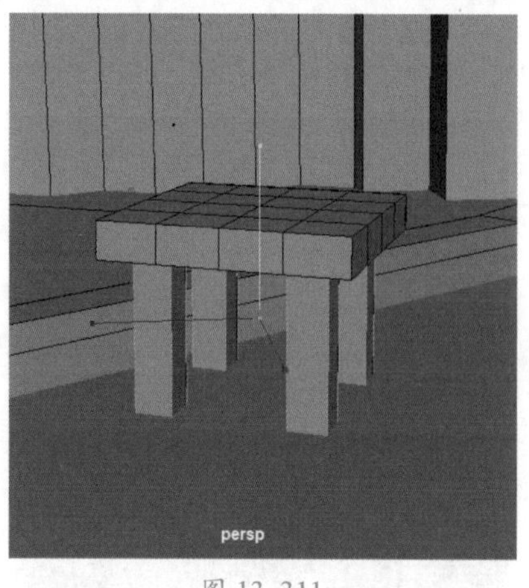
图 13-311

Step 03 再添加 4 个长方体并调整位置，如图 13-312 所示。

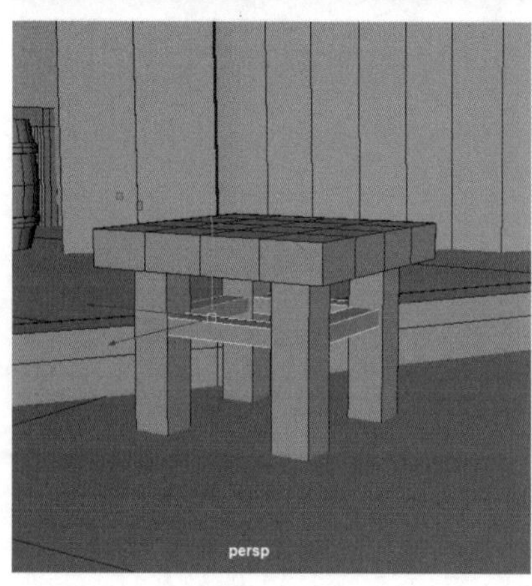
图 13-312

13.3 整理文件与效果渲染

模型制作好后，就可以整理文件并渲染，然后将文件上传并提交，具体操作步骤如下。

Step 01 选择菜单栏中的【Arnold】→【Lights】→【Physical Sky】命令，如图 13-313 所示。

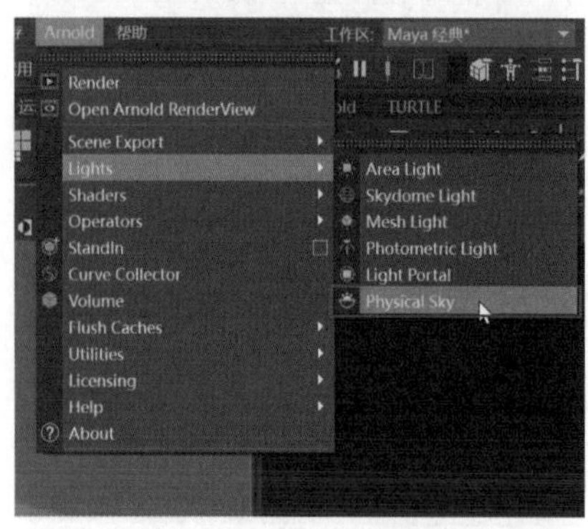

图 13-313

Step 02 选择场景中的所有模型，按快捷键【Alt+Shift+D】删除所有历史记录，打开【大纲视图】面板，按快捷键【Ctrl+G】对所有模型进行打组，如图 13-314 所示。

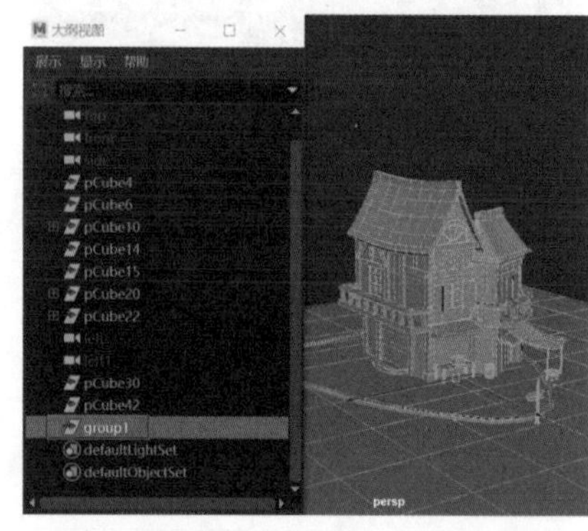
图 13-314

Step 03 在【大纲视图】面板中将所有多余的组和摄影机删除，如图 13-315 所示。然后单击工具架上方的【渲染视图】图标，如图 13 316 所示，对最终模型进行渲染。

图 13-315

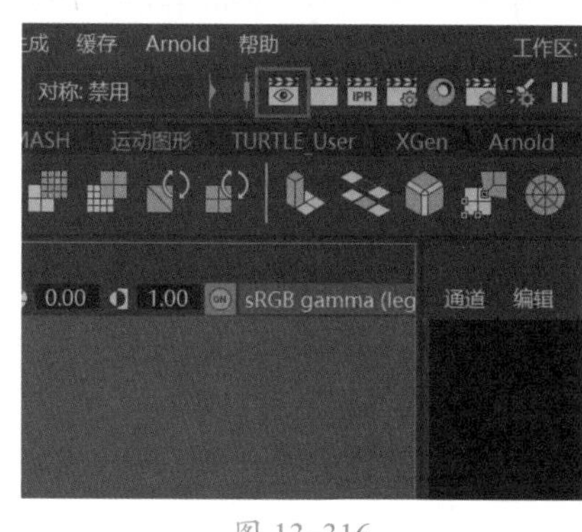

图 13-316

Step 04 渲染后的最终效果如图 13-317 所示，实例最终效果见“结果文件\第 13 章\fangzi.mb”文件。

图 13-317

本章小结

本章介绍的是通过使用不同的多边形编辑命令制作一个卡通系列场景模型。在动画影视领域中，制作场景模型是一个重要的环节。通常我们制作类似的模型时，可以将多余的面删掉，以减少给计算机造成的负担。另外，场景模型不必全部卡线，达到效果且模型不变形即可。

第14章 实战：次时代载具制作流程

- 当轮胎上需要制作多个镂空效果时，如何进行布线？
- 如何制作形状不规则的车窗？
- 如何为载具添加其他细节，车身与轮胎的衔接处如何处理？
- 模型制作好后如何进行收尾工作？

次时代科幻题材的作品在游戏领域中非常常见，这类作品在各类模型中制作难度较高。本章将详细讲解机械类模型是如何搭建的，掌握这个流程后，很多其他模型都可以轻松上手制作。

14.1 次时代载具的制作思路

本例将设计制作一个机械类的载具模型。首先用多个基本体将载具的轮胎和车身的位置及比例确定好，然后对模型进行修改和细化，做完简模后，将详细演示如何进行卡线，突破传统设计风格。模型最终效果如图 14-1 所示。

图 14-1

14.2 模型制作流程

本节将讲述如何通过各种命令将多个基础的多边形基本体组合到一起，构成一个完整的载具模型。

14.2.1 制作载具结构

无论制作哪种类型的模型，都需要先用多边形基本体搭建出整个模型的结构和比例，具体操作如下。

Step01 启动软件，单击工具架中的【立方体】图标，如图 14-2 所示，在场景中创建一个立方体，选择模型，按【R】键将其调整为一个长方体，如图 14-3 所示。

图 14-2

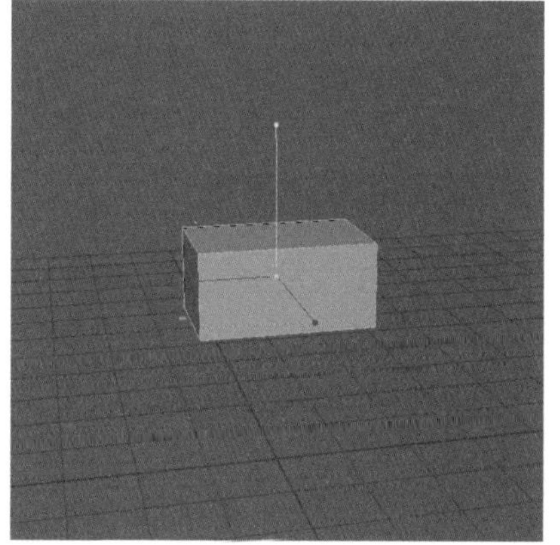

图 14-3

Step 02 选择模型，长按鼠标右键，在弹出的菜单中拖曳选择顶点模式，如图 14-4 所示，选择模型的局部顶点进行移动，如图 14-5 所示。

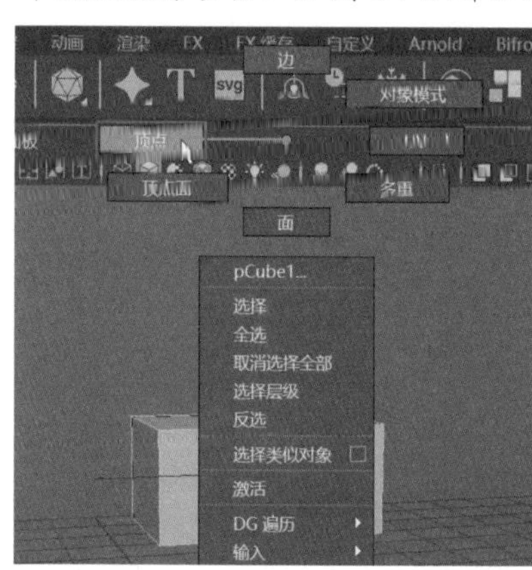

图 14-4

图 14-5

Step 03 选择一条边，按组合键【Ctrl+鼠标右键】，拖曳选择【到环形边并分割】命令，如图 14-6 所示，选择端面的局部顶点进行移动后，选择一个底面执行挤出面命令，如图 14-7 所示。

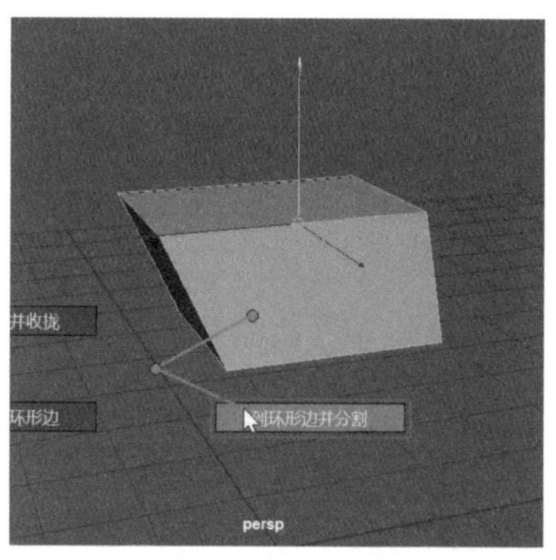

图 14-6

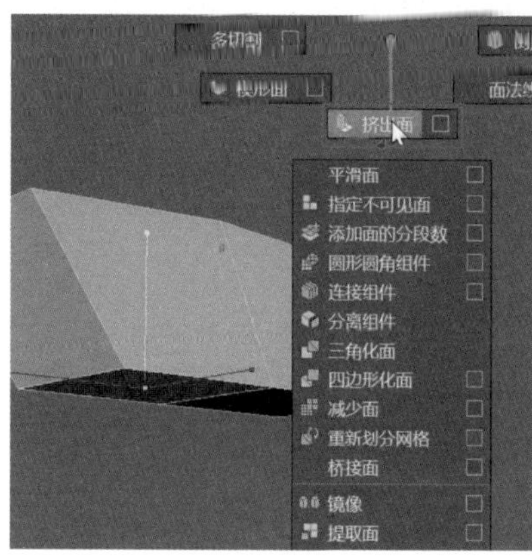

图 14-7

Step 04 拖曳生成的操纵器调整厚度，如图 14-8 所示，选择一条边进行移动，如图 14-9 所示。

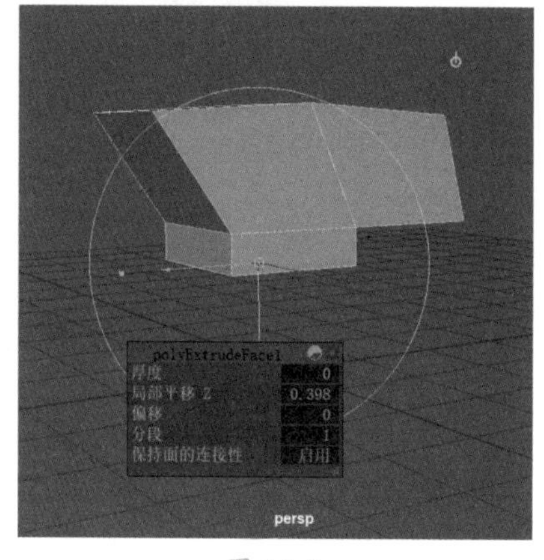

图 14-8

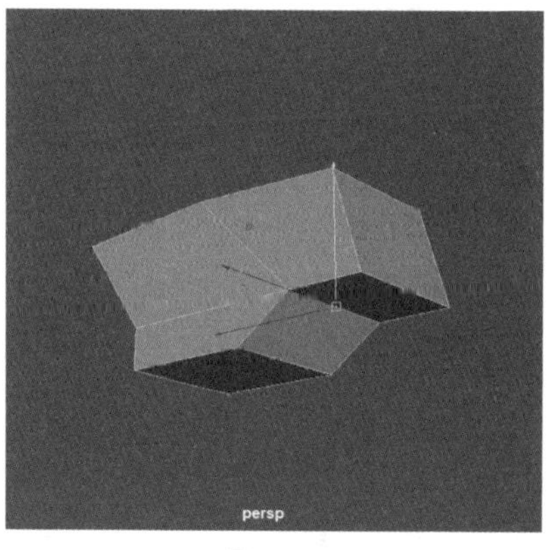

图 14-9

Step 05 使用【多切割】命令为该模型两侧分别添加一条线，如图 14-10 所示。创建两个圆柱体，打开右侧的【通道盒 / 层编辑器】面板将它们旋转 90°，并将模型拉长，如图 14-11 所示。

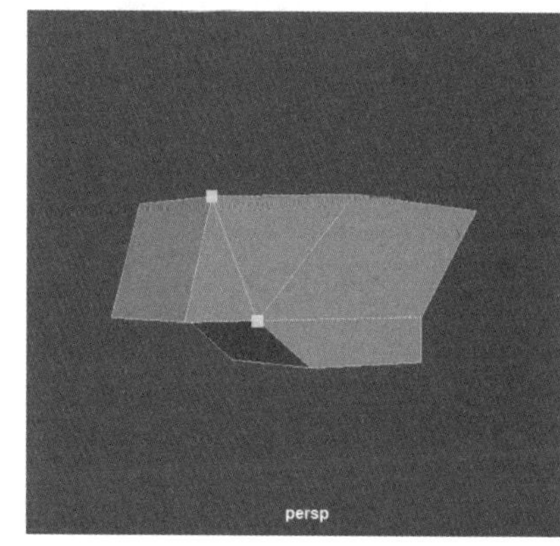

图 14-10

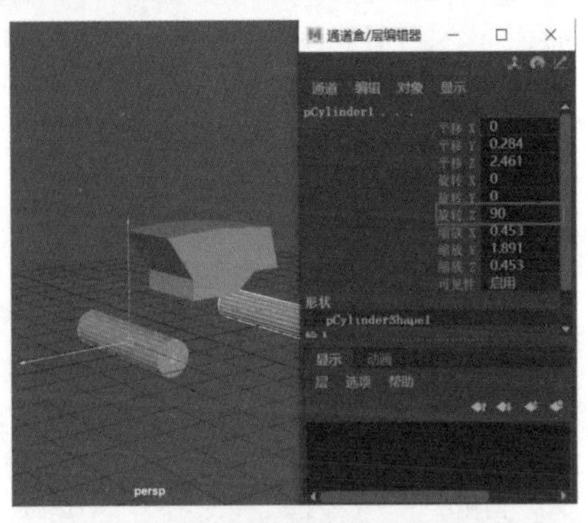

图 14-11

Step06 为圆柱体添加 3 条边，并删除中间部分，如图 14-12 所示，选择空面中的循环边，执行挤出边命令，如图 14-13 所示。

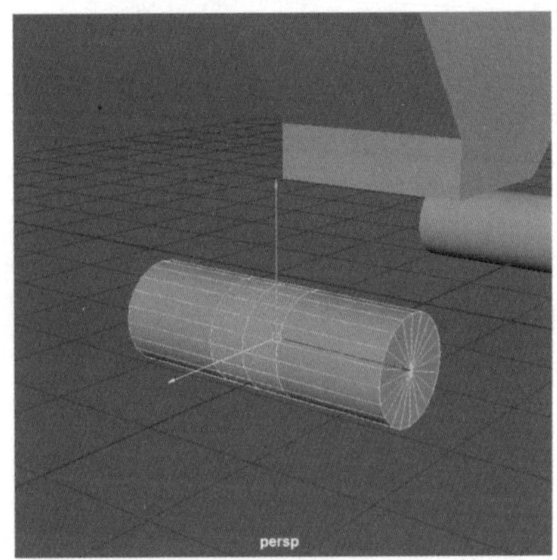

图 14-12

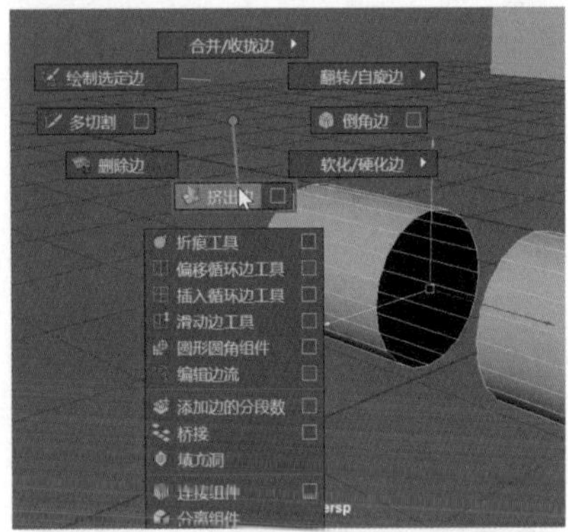

图 14-13

Step07 按组合键【Shift+鼠标右键】，拖曳选择【合并边到中心】命令，如图 14-14 所示，此时空面就被补上了，如图 14-15 所示，同样，对圆柱体另一侧也进行补面。

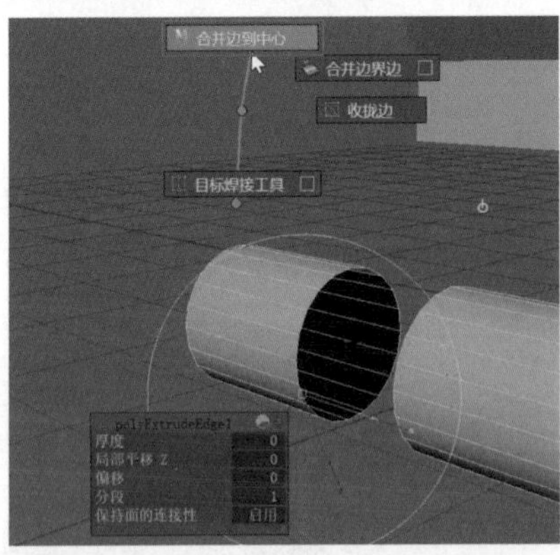

图 14-14

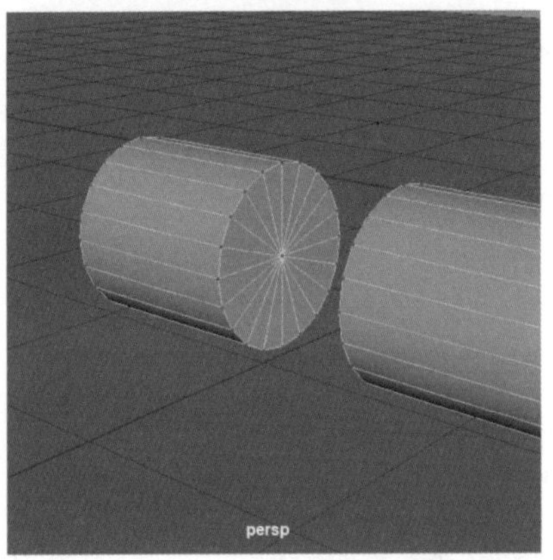

图 14-15

Step08 框选局部顶点，进行局部缩放，如图 14-16 所示，再次创建一个圆柱体作为轮胎，如图 14-17 所示，添加一条环形边进行放大。

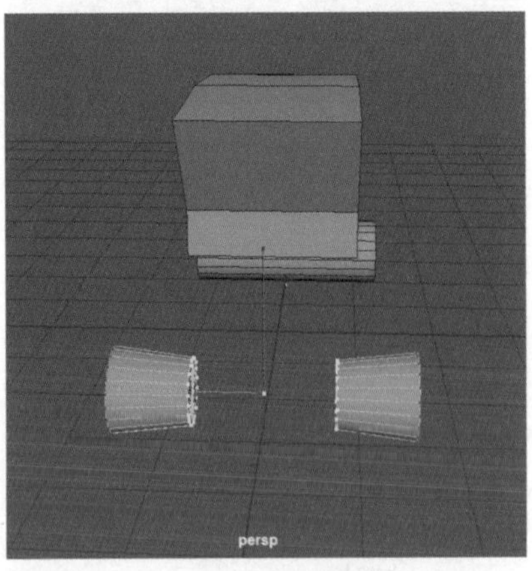

图 14-16

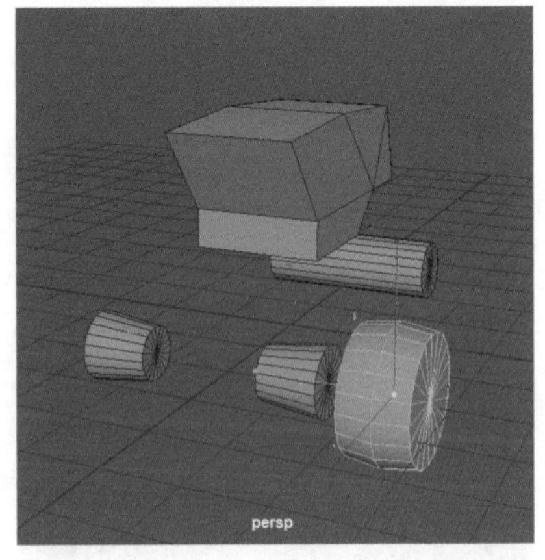

图 14-17

Step09 选择车身部分，再次添加一条环形边，如图 14-18 所示，选择轮胎，将坐标拖曳到车身的环形边上，如图 14-19 所示。

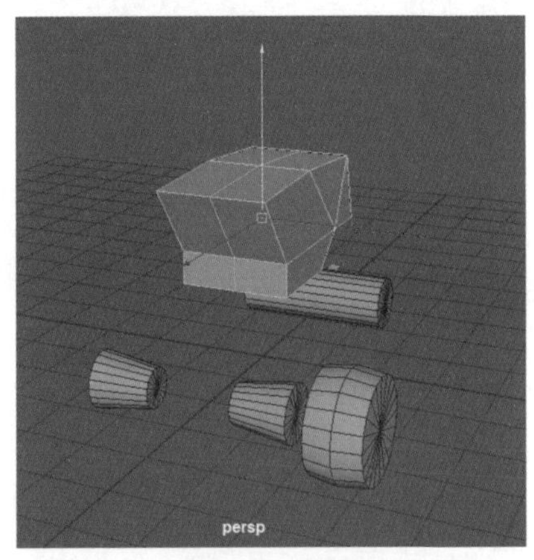

图 14-18

图 14-19

Step 10 按快捷键【Ctrl+D】复制该轮胎，在【通道盒 / 层编辑器】面板中设置【缩放 X】为 -1，如图 14-20 所示。选择两个轮胎，再次进行复制，并将新模型移动到车身前部位置，如图 14-21 所示。

图 14-20

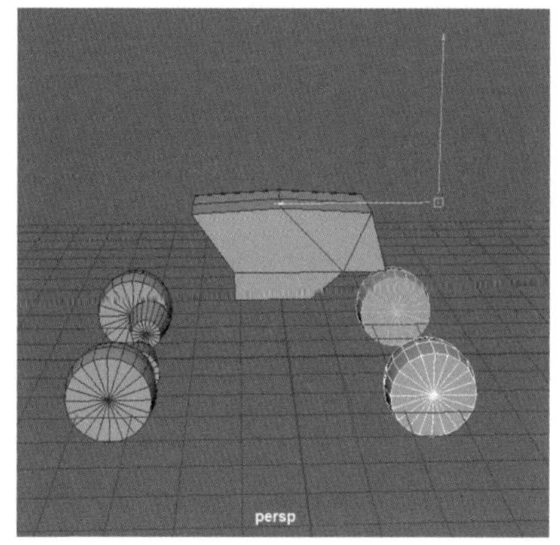

图 14-21

Step 11 创建一个立方体，调整为长方体并移动到车身旁，如图 14-22 所示，选择车身，再次添加环形边并调整布线，如图 14-23 所示。

图 14-22

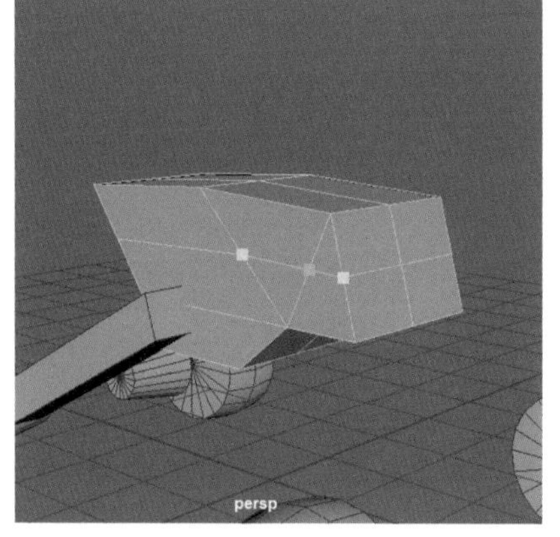

图 14-23

Step 12 将车身模型放大，并创建一个圆柱体和多个长方体，移动到相应位置，如图 14-24 所示。

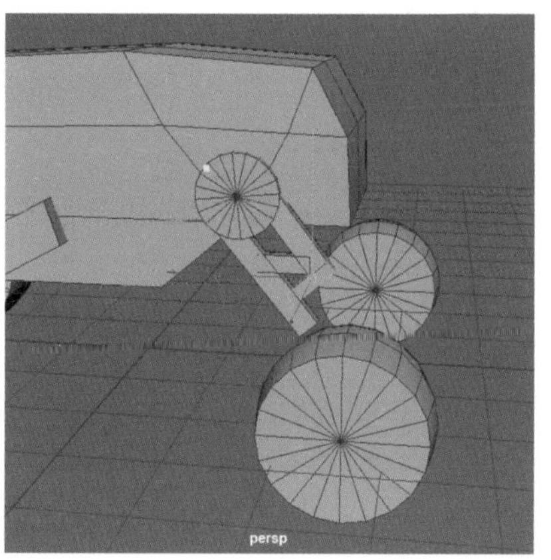

图 14-24

Step 13 选择车身部分，再次生成一条循环边，如图 14-25 所示。

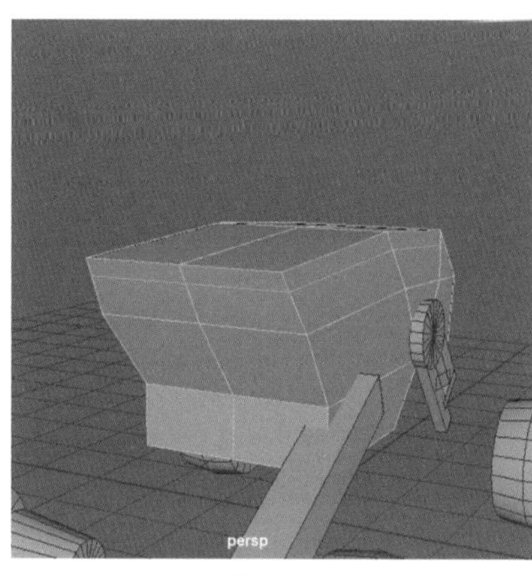

图 14-25

Step 14 选择车身上的环形边，执行【到循环边并复制】命令，如图 14-26 所示，在【通道盒 / 层编辑器】面板中将【偏移】设置为 0.86，如图 14-27 所示。

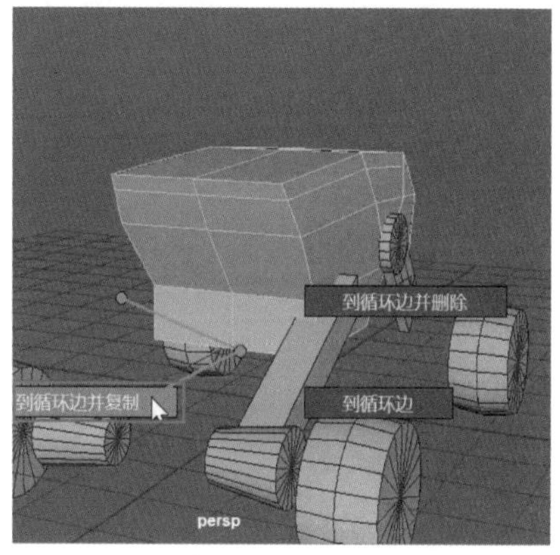

图 14-26

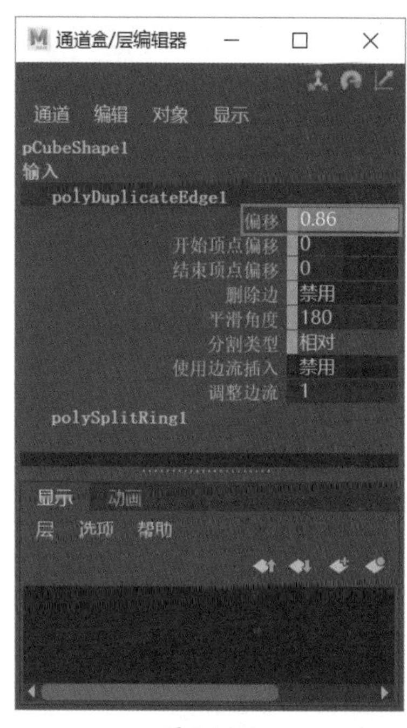

图 14-27

Step 15 使用【多切割】命令为模型再次添加布线，如图 14-28 所示，删除车身另一半的模型，开始调整局部，如图 14-29 所示。

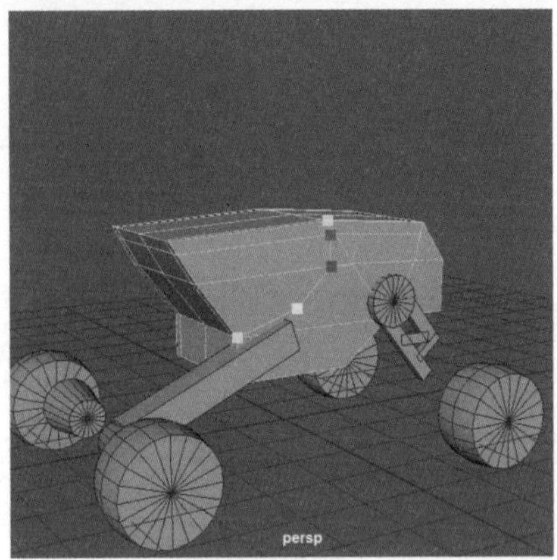

图 14-28

图 14-29

Step16 选择车身的局部面，执行【提取面】命令，如图 14-30 所示，按快捷键【Ctrl+D】复制该模型并缩小，如图 14-31 所示。

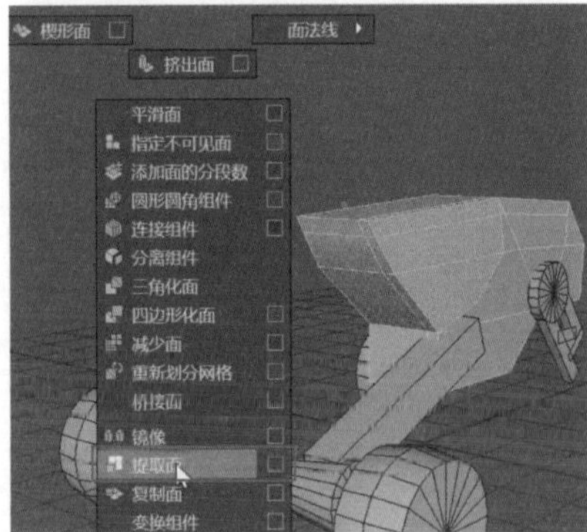

图 14-30

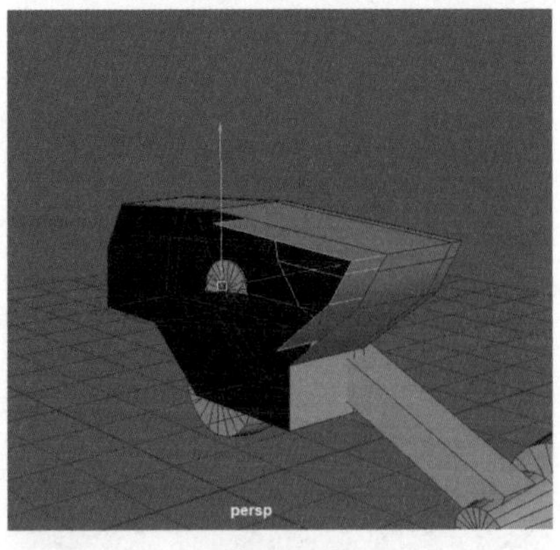

图 14-31

Step17 为提取的模型添加布线，然后删除局部面，如图 14-32 所示。

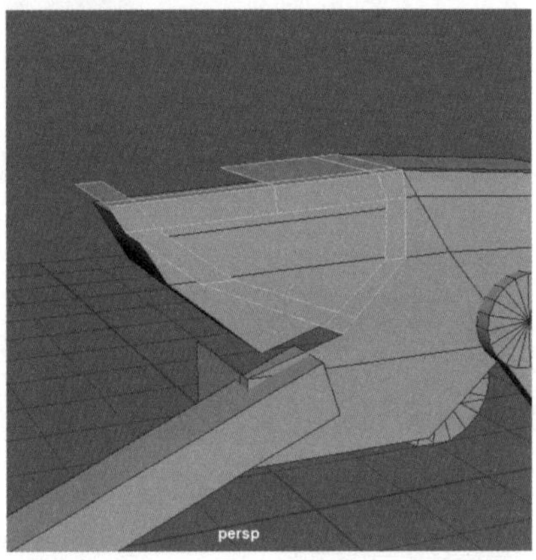

图 14-32

Step18 对提取的模型执行【挤出面】命令，如图 14-33 所示，然后向内侧缩小，生成厚度，如图 14-34 所示。

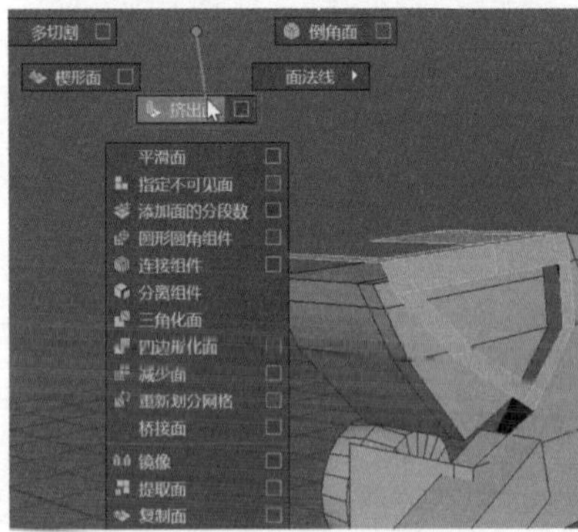

图 14-33

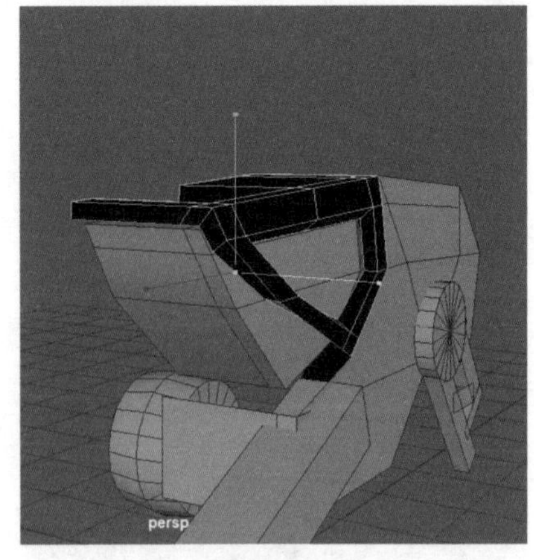

图 14-34

Step19 选择提取的模型，执行【反向】命令，然后删除一半模型，如图 14-35 所示。

图 14-35

Step20 使用【多切割】命令再次添加布线，如图 14-36 所示，然后选择局部顶点进行移动，如图 14-37 所示。

图 14-36

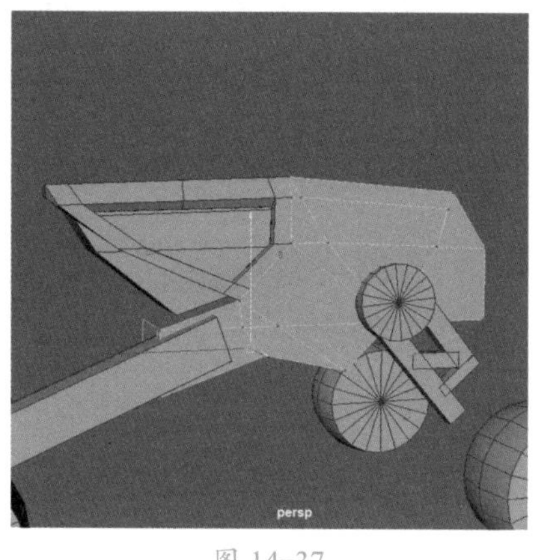

图 14-37

Step21 创建一个圆柱体，移动到相应位置，并删除多余的面，如图 14-38 所示，调整其他模型的厚度，如图 14-39 所示。

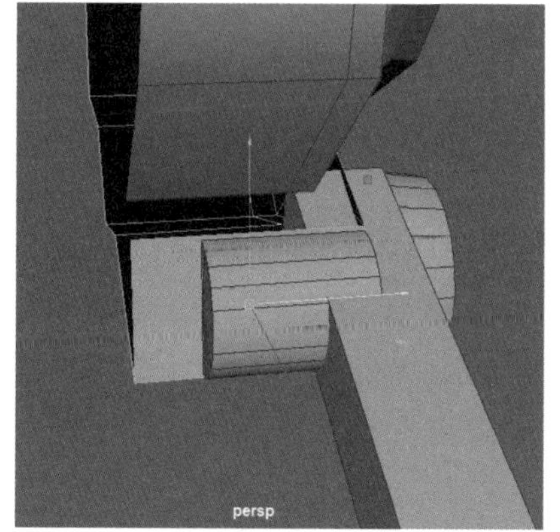

图 14-38

图 14-39

Step22 选择局部顶点，按【V】键将模型吸附到圆柱体上，如图 14-40 所示。

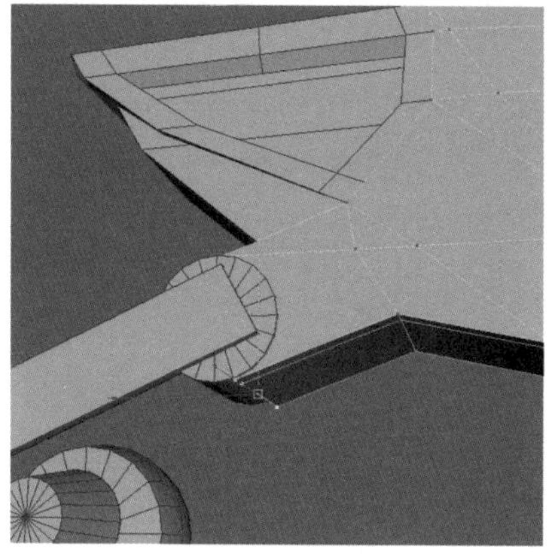

图 14-40

Step23 选择一条底边进行挤出，如图 14-41 所示，然后为该部分添加一条边，并选择局部顶点，执行【合并顶点】命令，如图 14-42 所示。

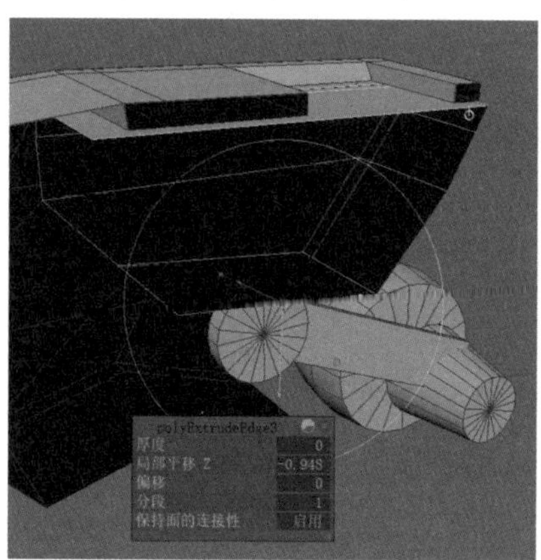

图 14-41

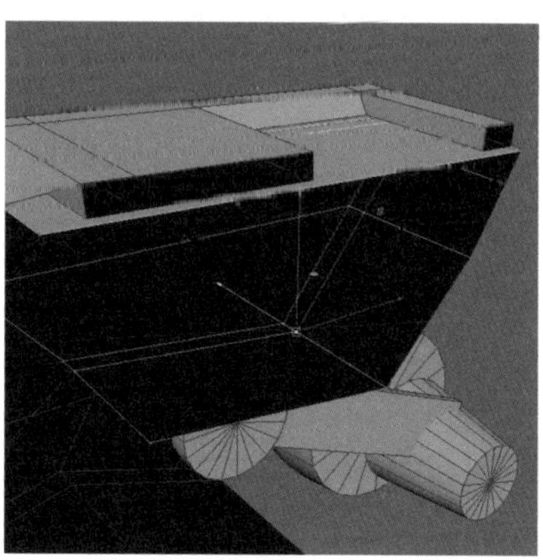

图 14-42

Step24 再次调整车身造型，如图 14-43 所示，创建一个圆柱体，如图 14-44 所示。

图 14-43

图 14-44

Step25 复制车身内部，并在【通道盒 / 层编辑器】面板中将【缩放 X】设置为 -1，如图 14-45 所示。

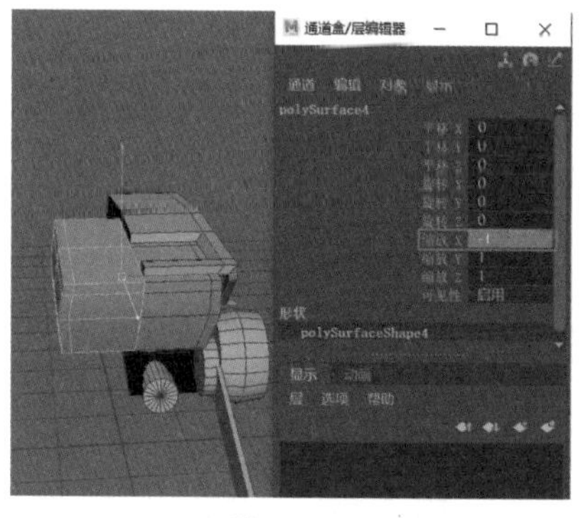

图 14-45

Step26 对车身内部执行【结合】命令，并框选模型中间的顶点，执行【合并顶点】命令，如图 14-46 所示，然后删除车身底部的局部面，如图 14-47 所示。

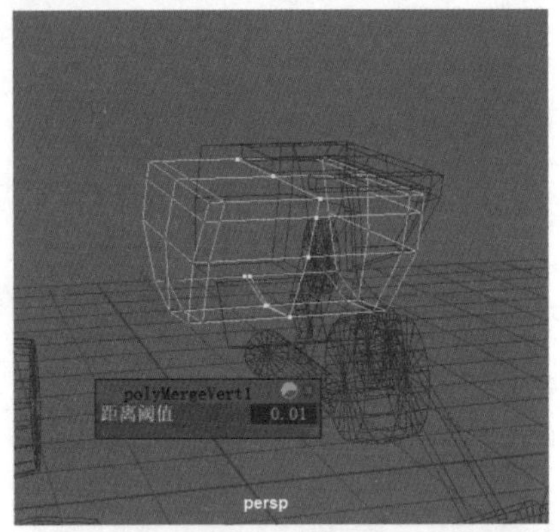

图 14-46

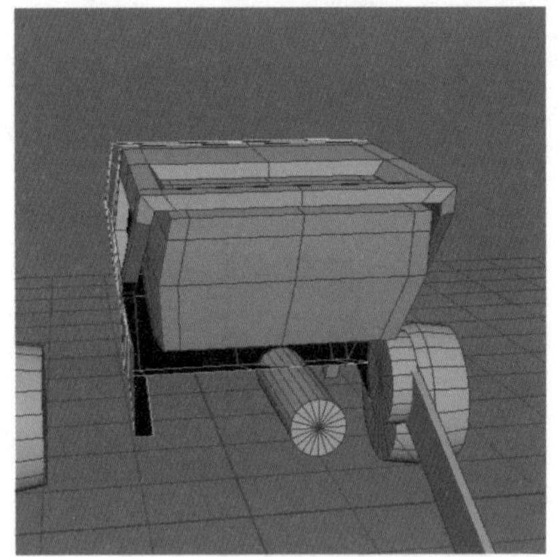

图 14-47

Step27 将车身外壳独立显示，选择局部边进行挤出，然后调整高度，如图 14-48 所示，再选择其局部顶点，按【V】键进行吸附，如图 14-49 所示。

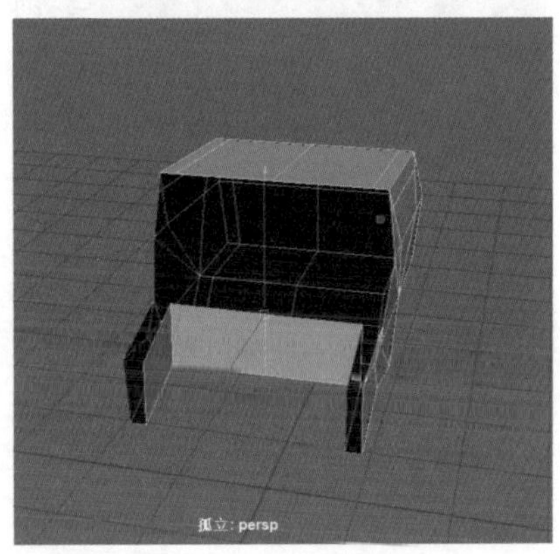

图 14-48

图 14-49

Step28 填充该模型中的空面，如图 14-50 所示，使用【多切割】命令再次调整布线，如图 14-51 所示。

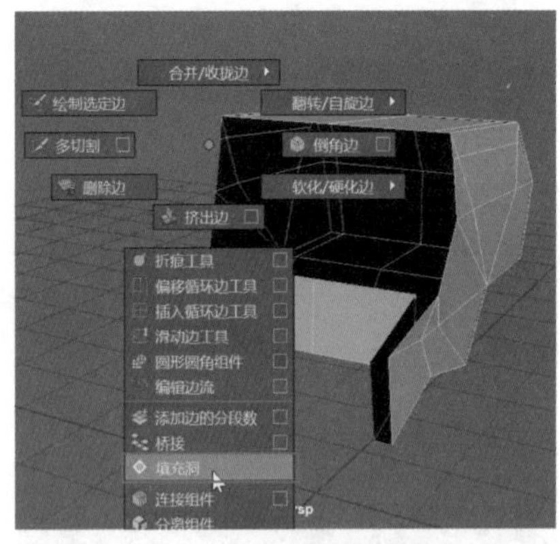

图 14-50

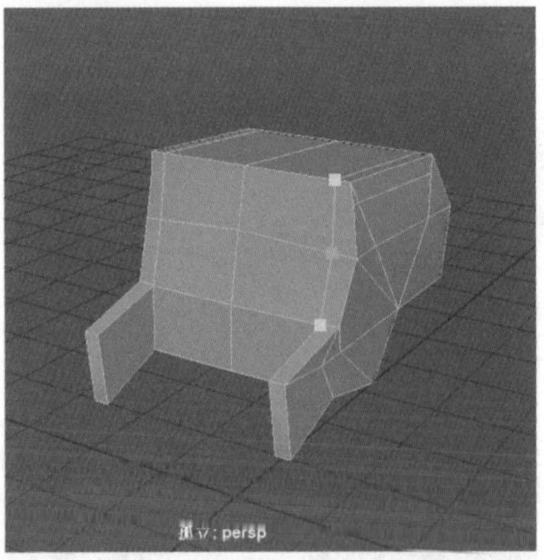

图 14-51

Step29 选择该模型的局部边，执行倒角边命令，如图 14-52 所示，设置其参数，如图 14-53 所示。

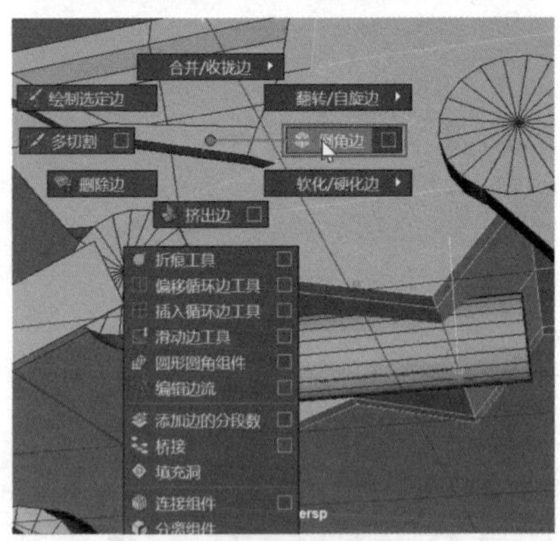

图 14-52

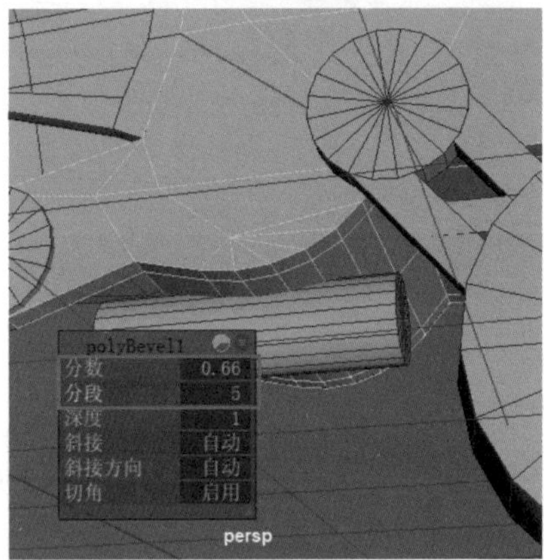

图 14-53

Step30 同样，对该模型底部执行倒角，如图 14-54 所示，然后删除内侧的局部面，如图 14-55 所示。

图 14-54

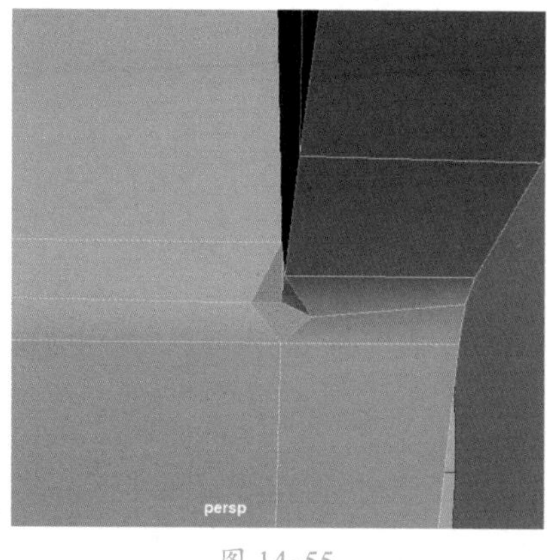

图 14-55

Step31 填充空面，使用【多切割】命令为模型添加布线，如图 14-56 所示。

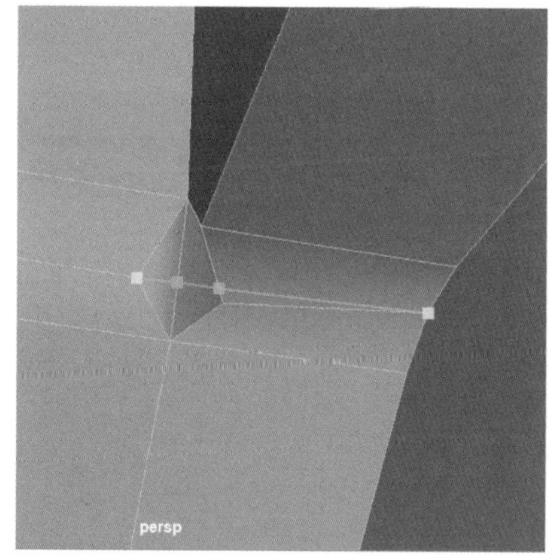

图 14-56

Step32 选择多余的边，执行【删除边】命令，如图 14-57 所示，同样，对其他边也进行调整，如图 14-58 所示。

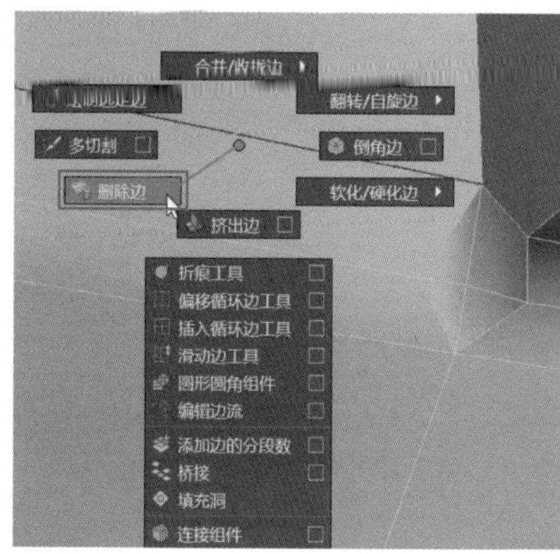

图 14-57

图 14-58

Step33 选择局部顶点进行移动，如图 14-59 所示。选择车身的局部面，按组合键【Shift + 鼠标右键】，执行【复制面】命令，如图 14-60 所示。

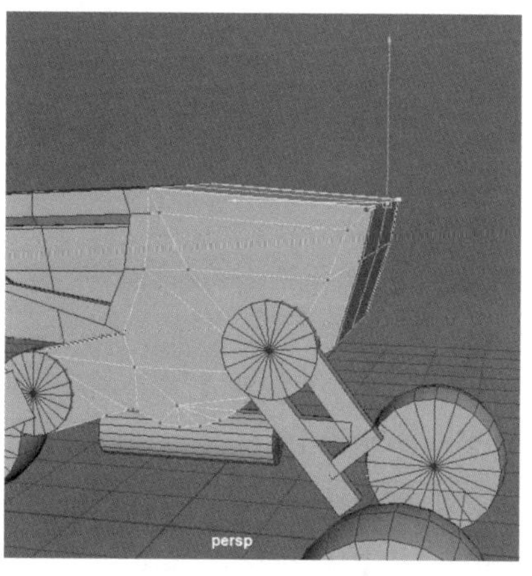

图 14-59

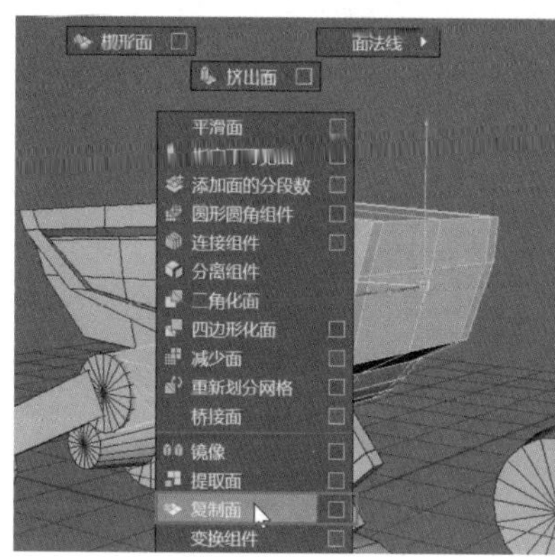

图 14-60

Step34 对复制出来的面进行缩小并挤出，如图 14-61 所示。

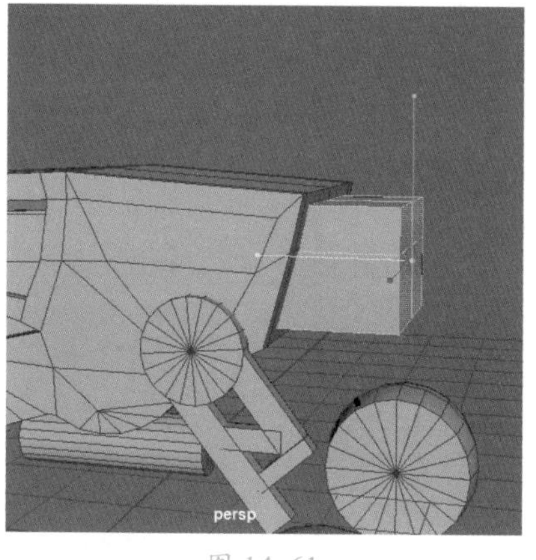

图 14-61

Step35 使用【到环形边并分割】命令，为车身添加一条环形边，并选择局部顶点进行移动，如图 14-62 所示。

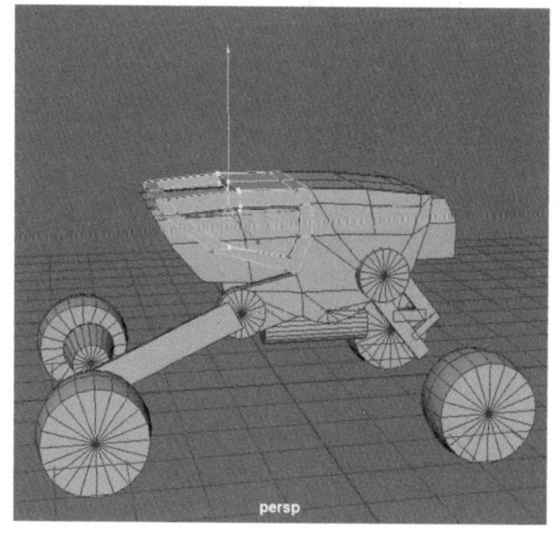

图 14-62

Step36 开启【对称 X】模式，选择车身外壳，再次调整布线，如图 14-63 所示。

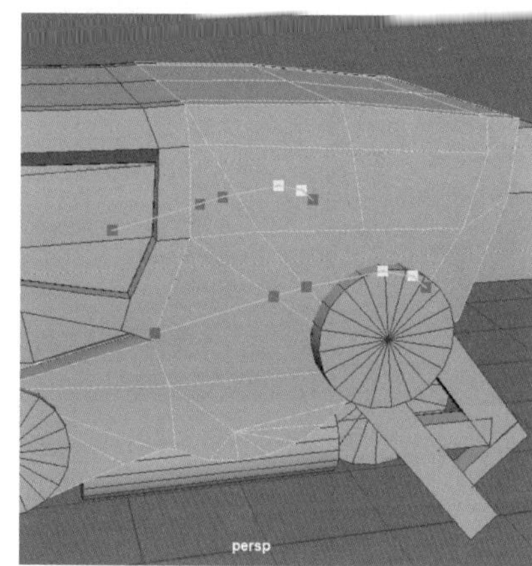

图 14-63

Step37 当前布线调整好后，效果如图 14-64 所示，选择局部顶点，再次执行合并顶点，如图 14-65 所示。

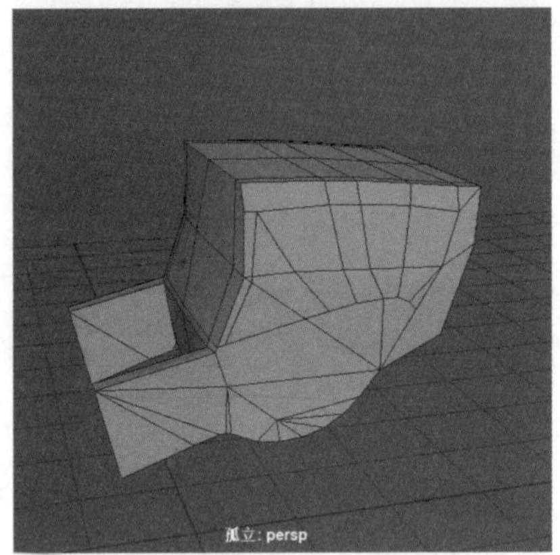

图 14-64

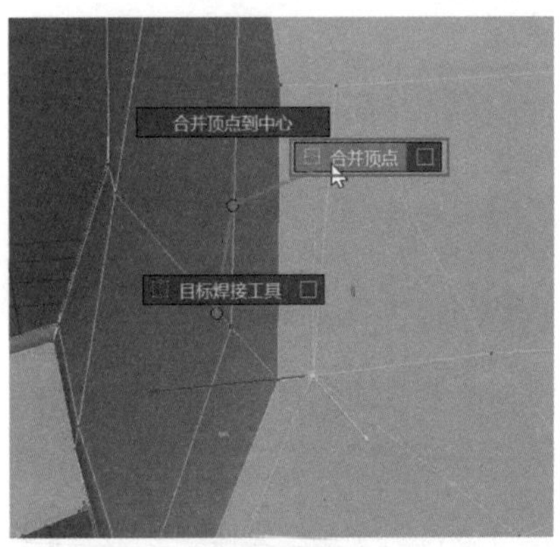

图 14-65

Step38 将车身外壳独立显示，选择局部边进行删除，如图 14-66 所示。

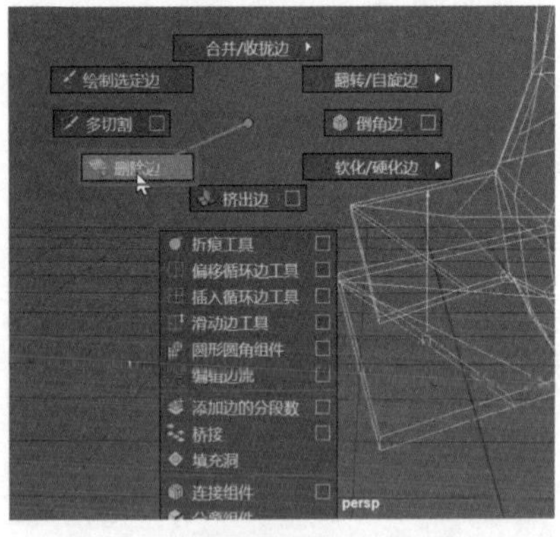

图 14-66

Step39 布线调整好后，效果如图 14-67 所示，将局部边向内侧收拢，如图 14-68 所示。

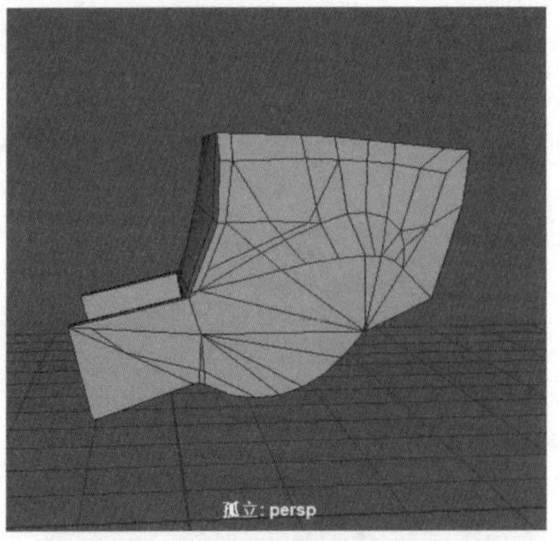

图 14-67

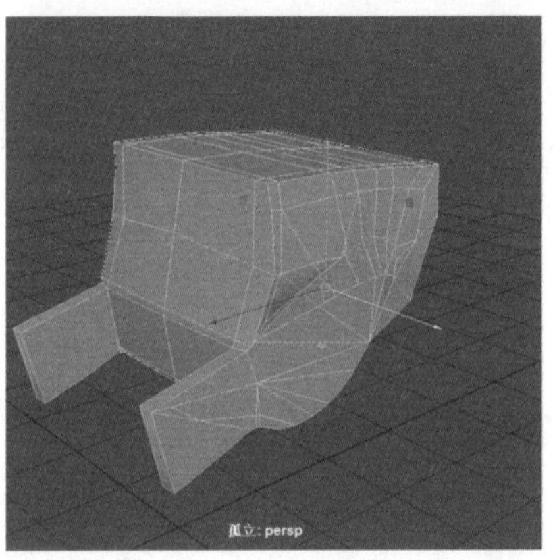

图 14-68

Step40 使用【多切割】命令再次调整布线，如图 14-69 所示。

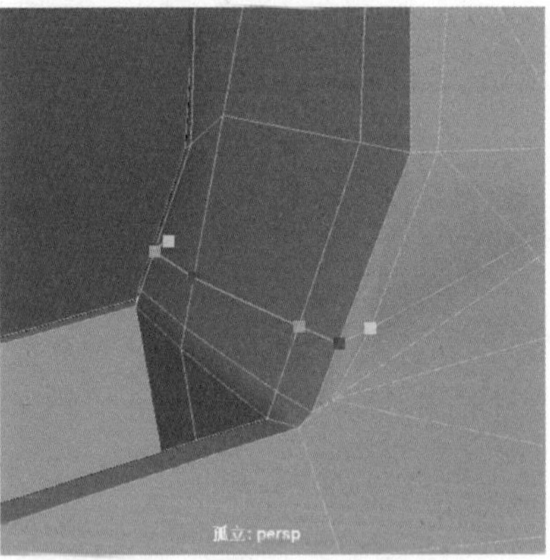

图 14-69

Step41 提取局部面，并将其缩小和移动，如图 14-70 所示。

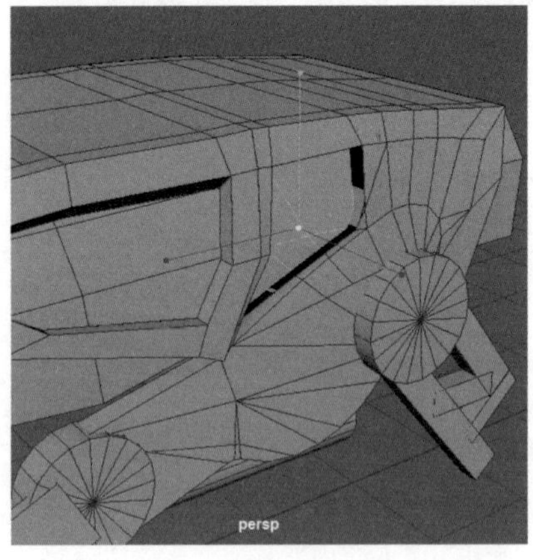

图 14-70

Step42 选择车窗的局部边，执行挤出命令，如图 14-71 所示，选择车身外壳，再次调整布线，如图 14-72 所示。

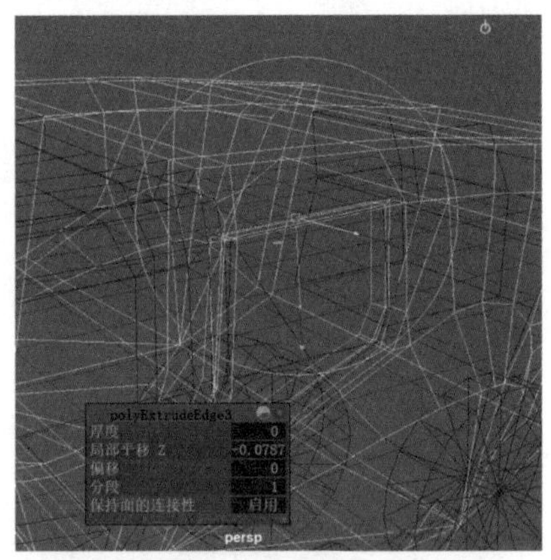

图 14-71

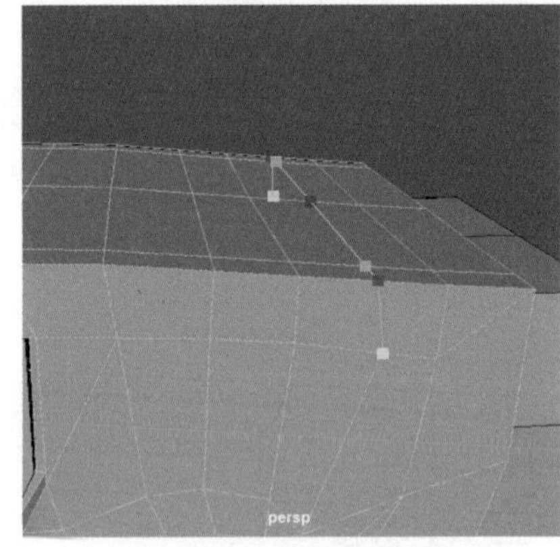

图 14-72

Step43 复制轮胎内侧的轴，并移动到后方轮胎中，如图 14-73 所示。

图 14-73

Step 44 为其他模型添加循环边，并对局部面执行挤出命令，如图 14-74 所示，调整厚度，如图 14-75 所示。

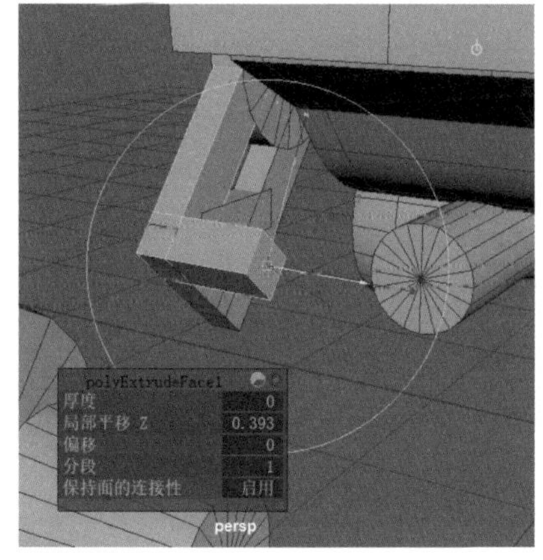

图 14-74

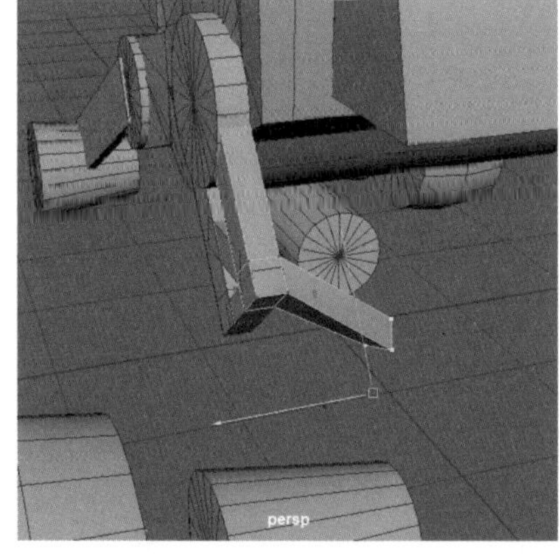

图 14-75

Step 45 为该模型添加一条循环边，并进行挤出，如图 14-76 所示，然后将其向外侧移动，如图 14-77 所示。

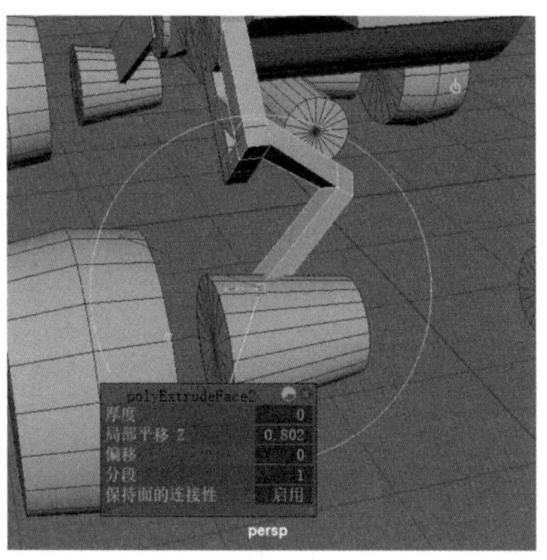

图 14-76

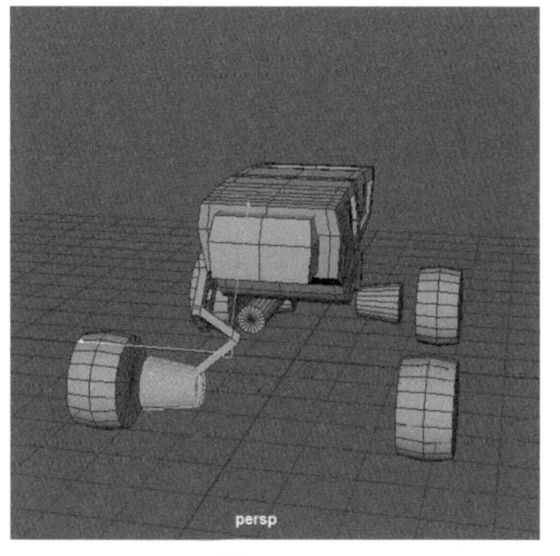

图 14-77

Step 46 确定位置后，选择该模型，先短按【D】键，再同时长按【X】键和枢轴，将其枢轴拖曳并吸附到坐标中心点上，然后进行复制，在【通道盒/层编辑器】面板中将【缩放X】设置为 -1，如图 14-78 所示。

图 14-78

Step 47 再次创建两个圆柱体模型并调整位置，如图 14-79 所示，选择上方模型，执行【倒角边】命令，如图 14-80 所示。

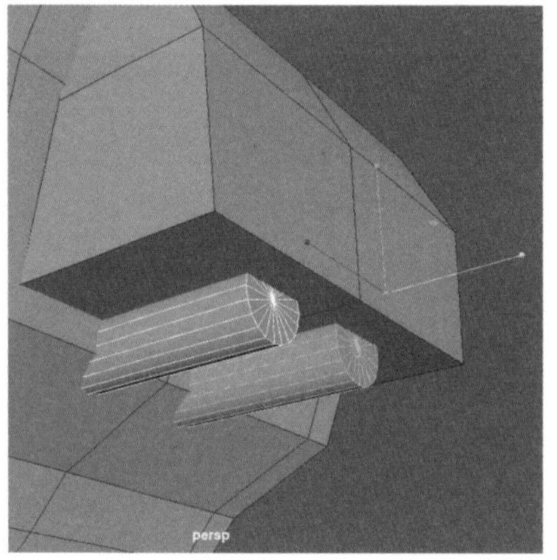

图 14-79

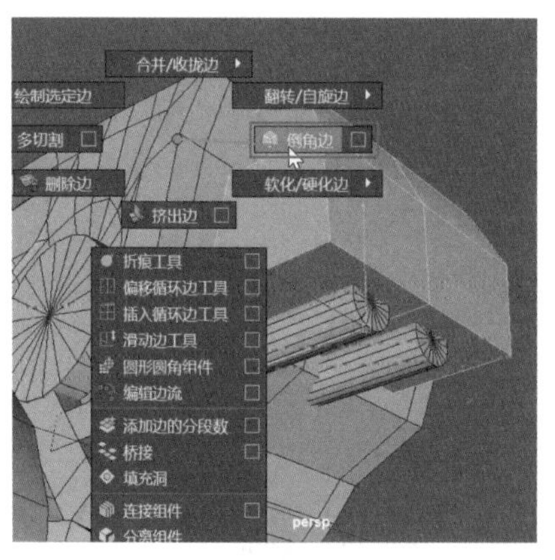

图 14-80

Step 48 设置好倒角面板后，使用【多切割】命令为模型调整布线，如图 14-81 所示。

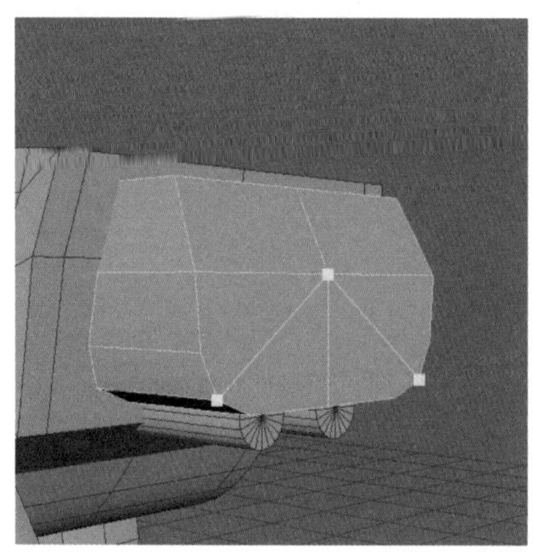

图 14-81

Step 49 选择该模型上方的两条对边，再次执行倒角边命令，并使用【多

第1篇 第2篇 第3篇 第4篇 第5篇 第6篇

切割】命令继续调整布线，如图 14-82 所示。

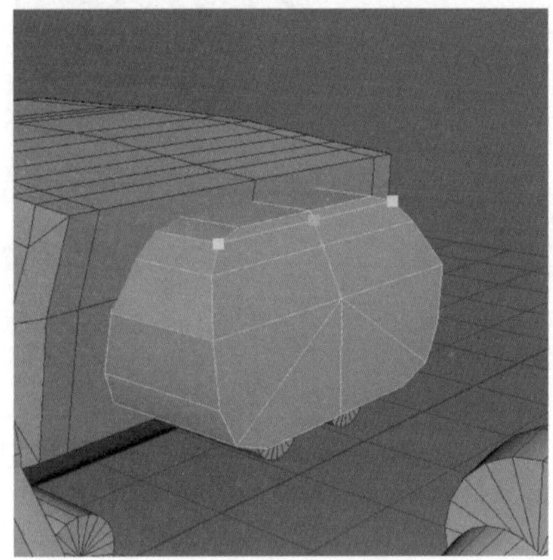

图 14-82

Step50 将该模型独立显示，删除多余的面，如图 14-83 所示，选择局部面，执行【提取面】命令，如图 14-84 所示。

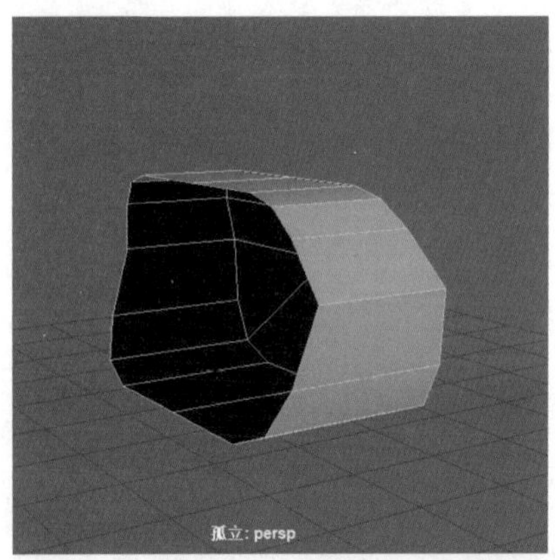

图 14-83

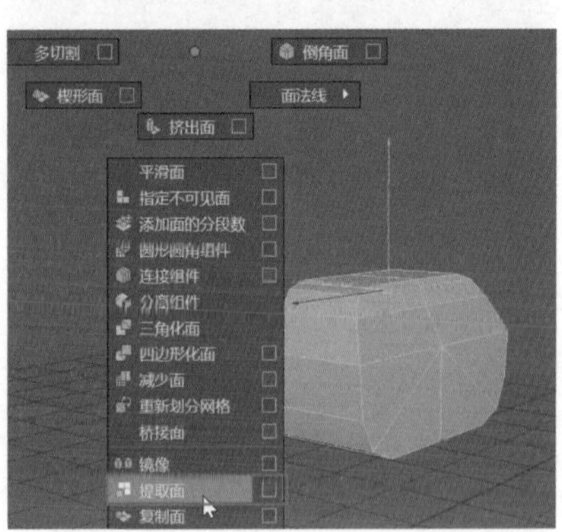

图 14-84

Step51 选择局部边，执行【挤出边】命令，使用缩放工具将模型向内侧收拢，如图 14-85 所示。

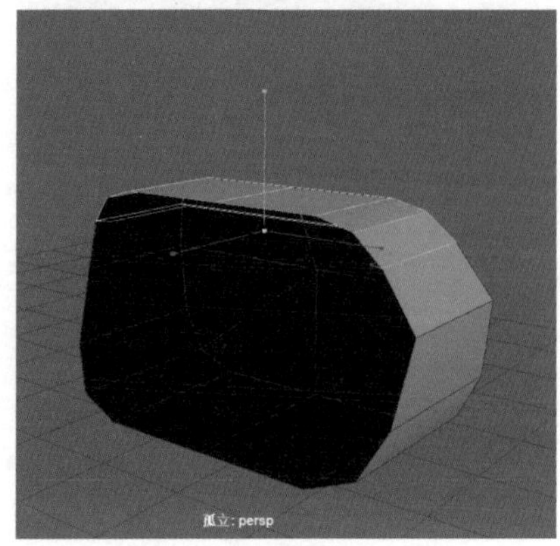

图 14-85

Step52 对拆分开的两个模型再次执行倒角命令，如图 14-86 所示，同样对其他圆柱体的循环边执行倒角命令，并设置参数，如图 14-87 所示。

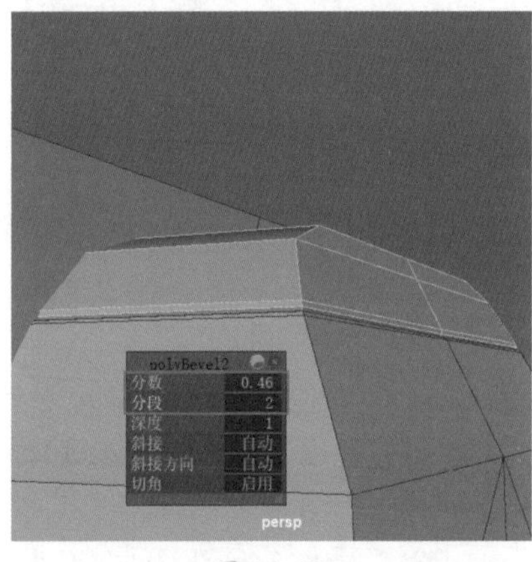

图 14-86

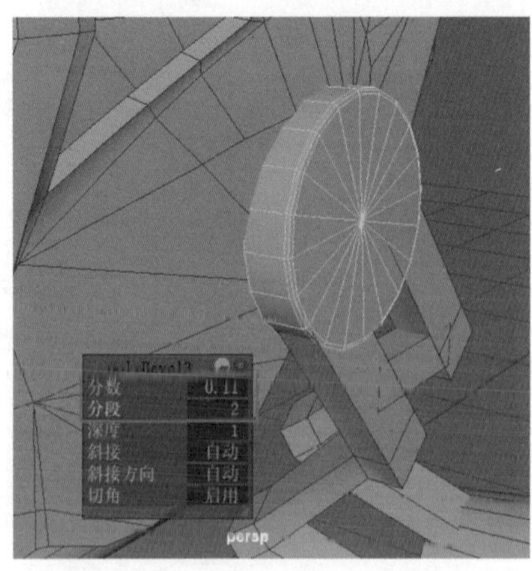

图 14-87

Step53 为该圆柱体添加一条循环边，选择局部面进行提取，如图 14-88 所示。

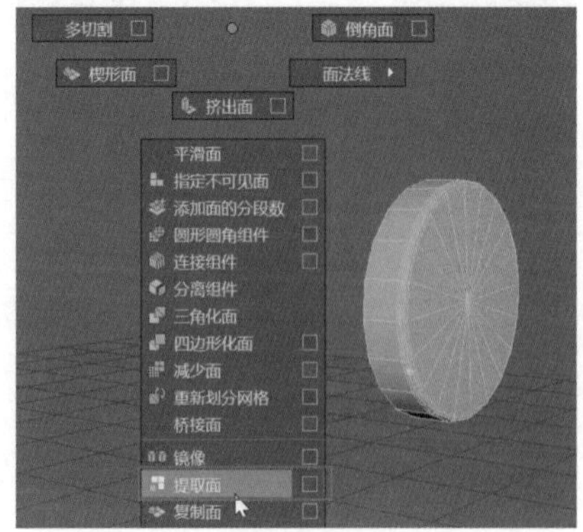

图 14-88

Step54 将提取出来的局部面独立显示，并对空面执行挤出命令，生成操纵器后，执行【合并边到中心】命令，如图 14-89 所示。

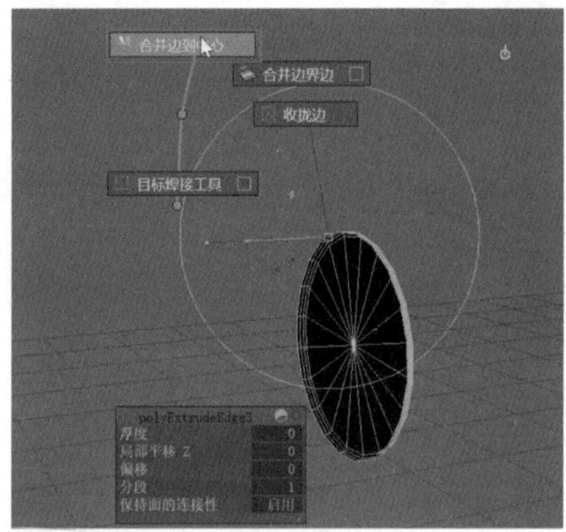

图 14-89

Step55 用同样的方法，将另一半模型的空面补上，并进行倒角，如图 14-90 所示。

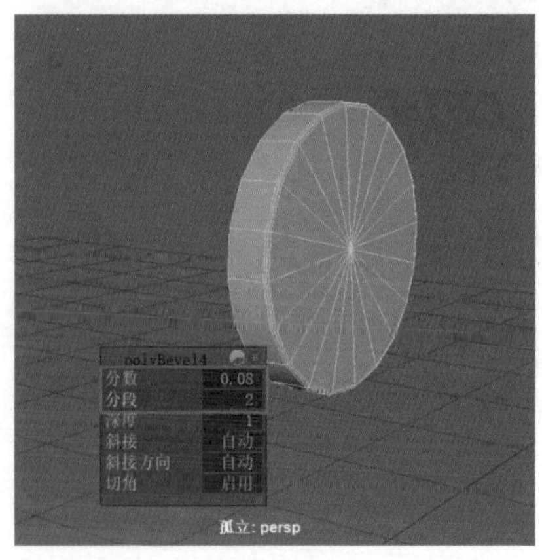

图 14-90

Step56 删除另一半模型的局部面，如图 14-91 所示，再次吸附相邻模型的局部顶点，如图 14-92 所示。

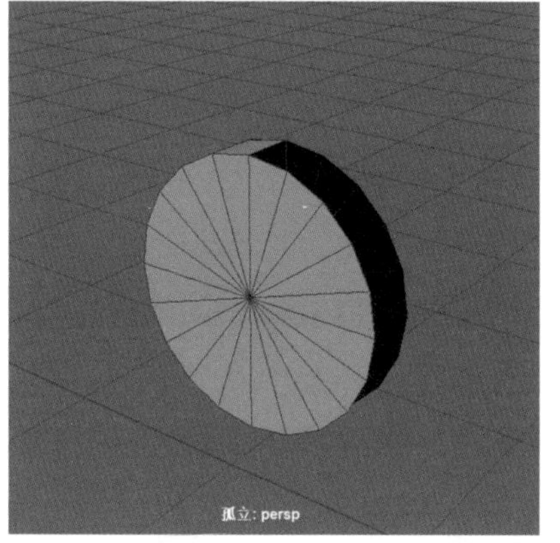

图 14-91

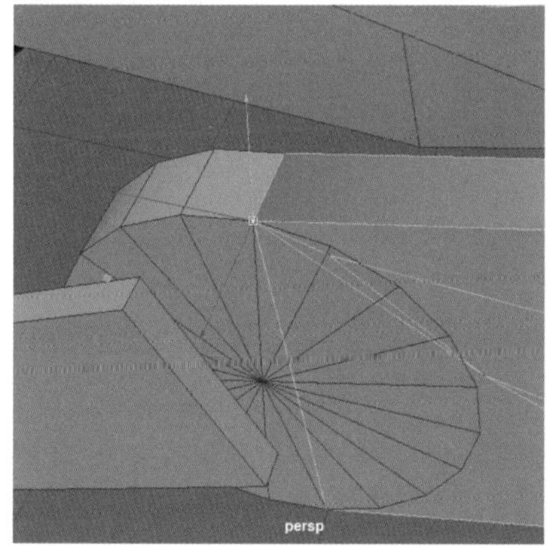

图 14-92

Step57 选择该模型的侧面，执行挤出命令，并框选该面中的所有边，执行【硬化边】命令，如图 14-93 所示。

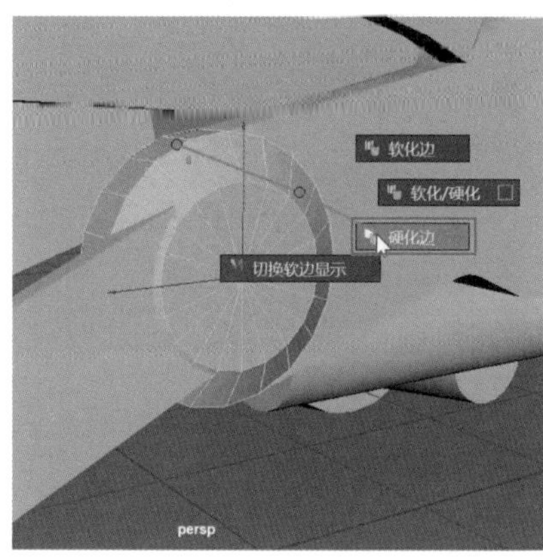

图 14-93

Step58 选择车身部分，使用【多切割】命令为其添加布线，如图 14-94 所示。

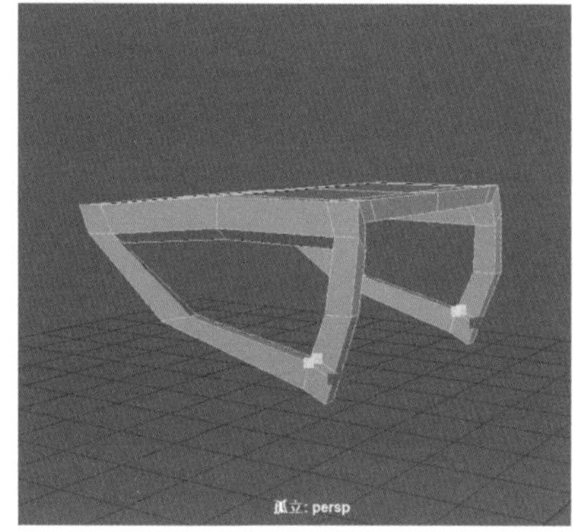

图 14-94

Step59 为该模型添加一条循环边，并选择局部边向内侧移动，如图 14-95 所示。

图 14-95

Step60 对其他模型的局部面进行复制，如图 14-96 所示，并将复制出来的面放大，然后进行挤出，如图 14-97 所示。

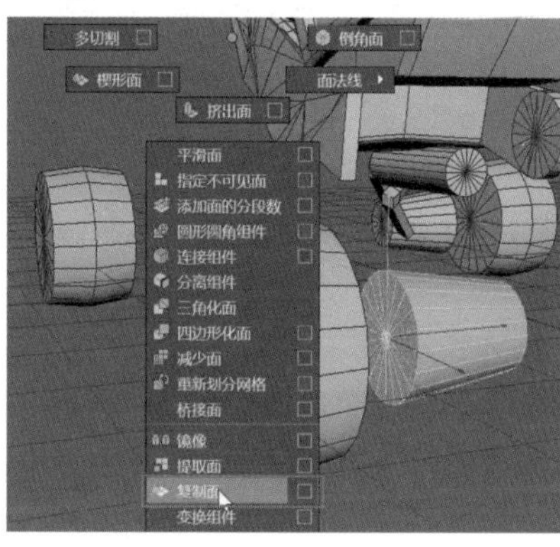

图 14-96

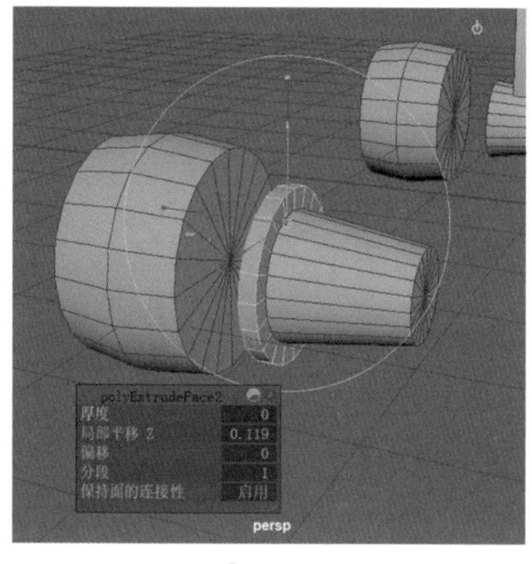

图 14-97

Step61 为相邻的模型添加多条边，然后选择局部面，执行【提取面】命令，如图 14-98 所示。

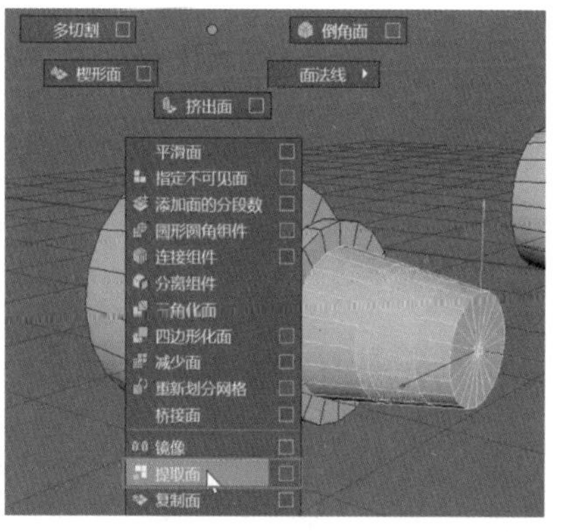

图 14-98

Step62 对提取出来的面进行放大并挤出，如图 14-99 所示。创建一个立方体并将其压扁，移动到相应位置，如图 14-100 所示。

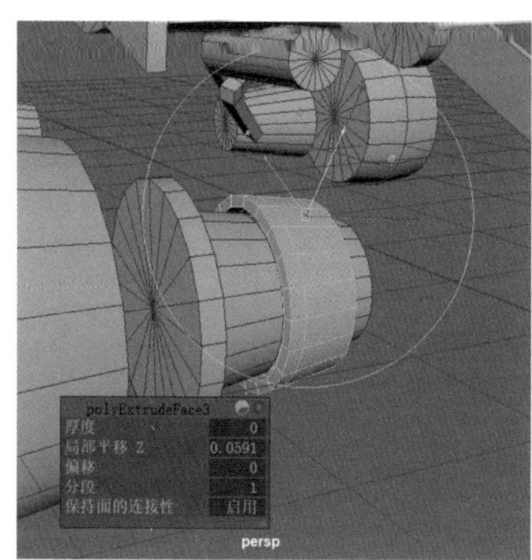

图 14-99

图 14-100

Step 63 选择该模型左侧的局部循环边的两条边，执行【倒角边】命令，并添加一条环形边，如图 14-101 所示。

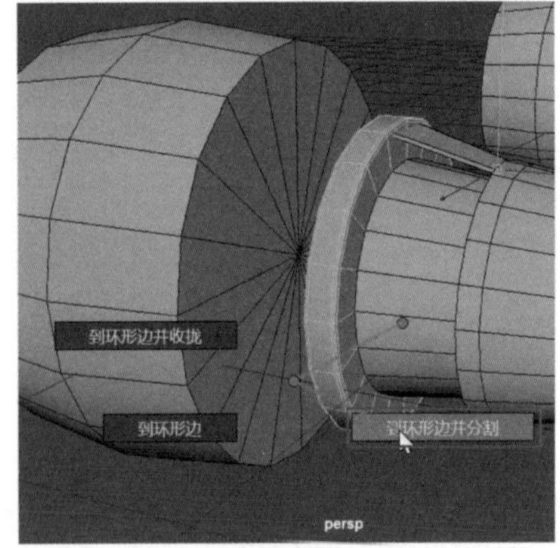

图 14-101

Step 64 选择生成的环形边，将其放大，如图 14-102 所示，使该模型回到对象模式，然后选择其他模型，调整模型的坐标，如图 14-103 所示。

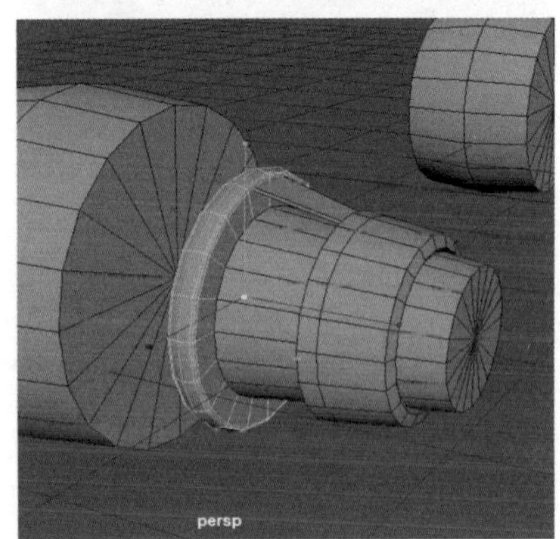

图 14-102

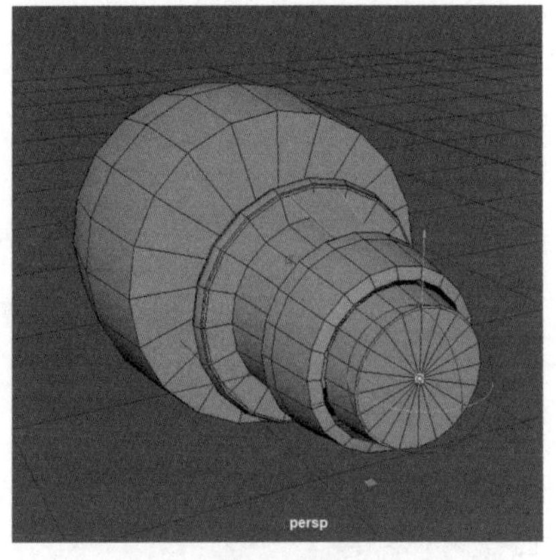

图 14-103

Step 65 复制该模型，在【通道盒/层编辑器】中将【旋转 X】设置为 50，如图 14-104 所示，使用同样的方法，再次复制多个长方体，直到均匀排列成一整圈，如图 14-105 所示。

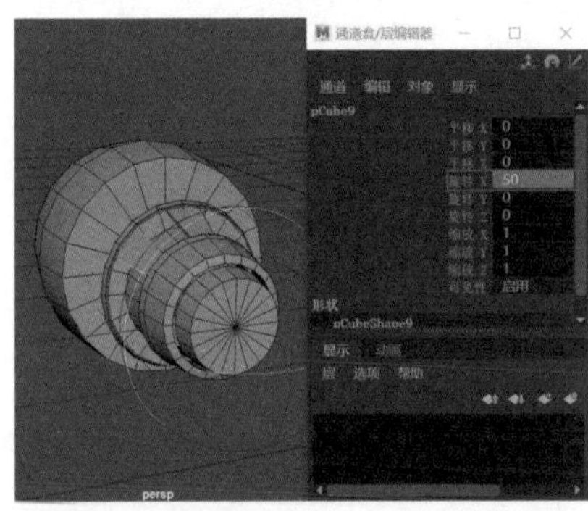

图 14-104

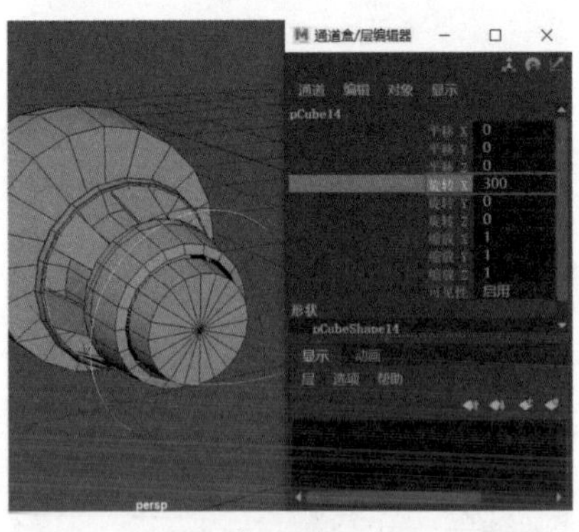

图 14-105

Step 66 将该模型内侧的圆柱体独立显示，为其添加一条循环边并执行【挤出面】命令，如图 14-106 所示，将选定的部分缩小，如图 14-107 所示。

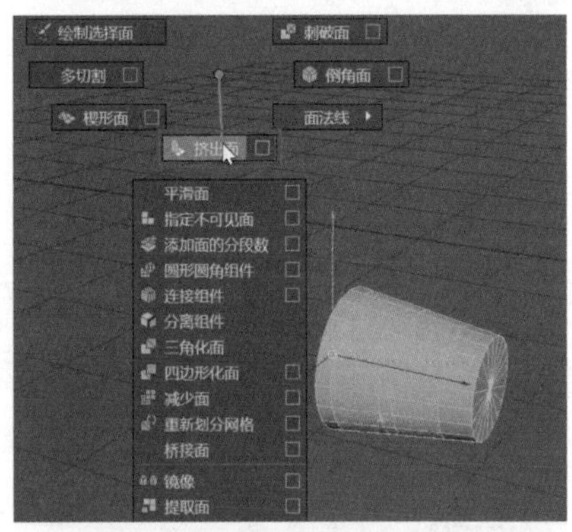

图 14-106

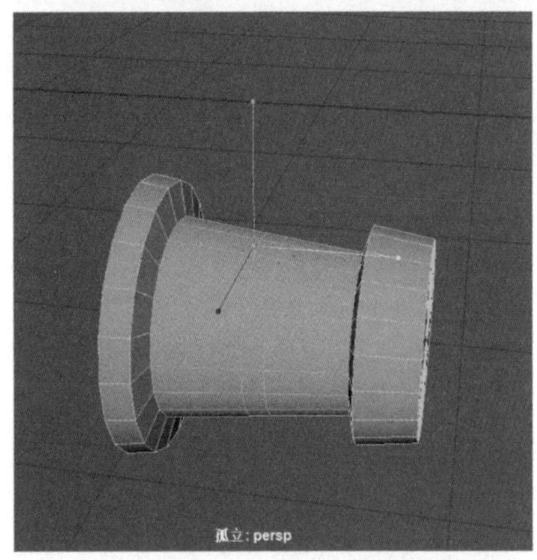

图 14-107

Step 67 为该模型再次添加一条循环边，选择局部面，再次进行挤出，如图 14-108 所示。

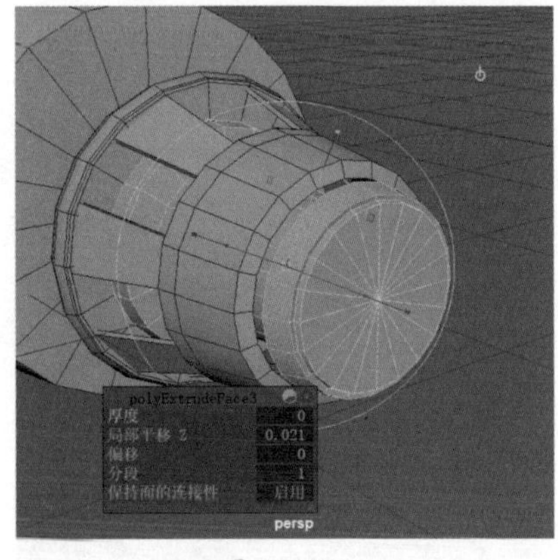

图 14-108

Step 68 选择该模型的局部边，执行【倒角边】命令，并设置其参数，如图 14-109 所示。

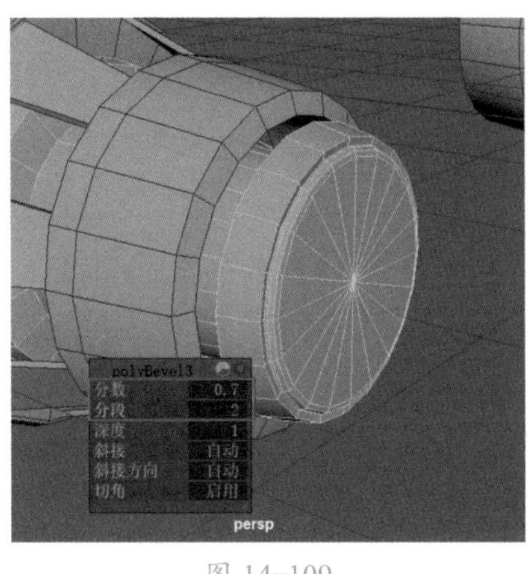

图 14-109

Step69 该模型的细节制作好后，框选整体，执行【结合】命令，并将模型的枢轴吸附到车身的中心位置，如图 14-110 所示。

图 14-110

Step70 复制该模型，并移动到相应位置，如图 14-111 所示，选择轮胎模型的侧面，执行多次挤出命令，如图 14-112 所示。

图 14-111

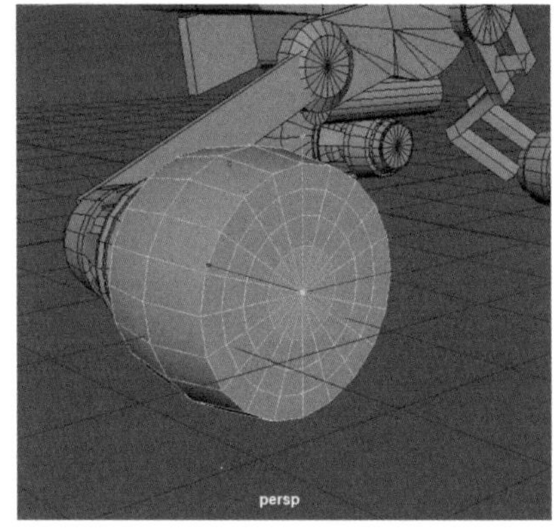

图 14-112

Step71 选择中心点，使用软工具向外拖曳，选择中间的局部面，执行挤出命令，如图 14-113 所示。

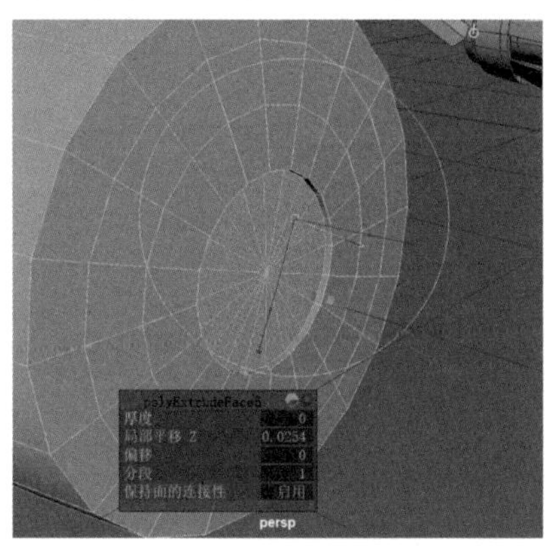

图 14-113

Step72 选择内外侧的循环边，执行【倒角边】命令，并设置倒角参数，如图 14-114 所示。

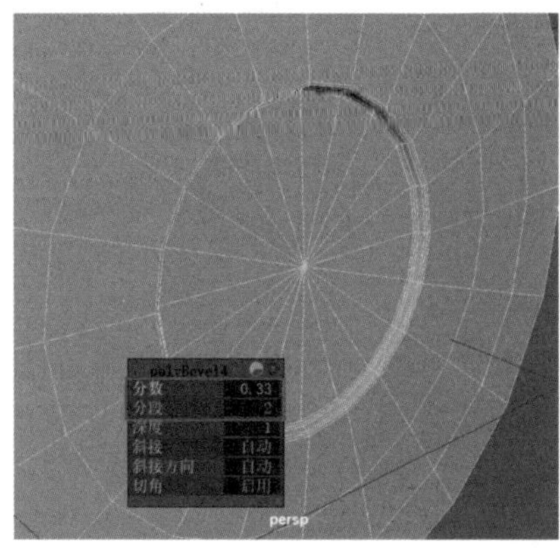

图 14-114

Step73 对轮胎的侧面执行两次挤出命令，如图 14-115 所示，回到对象模式，选择其他长方体，添加一条环形边，并执行【到循环边并复制】命令，如图 14-116 所示。

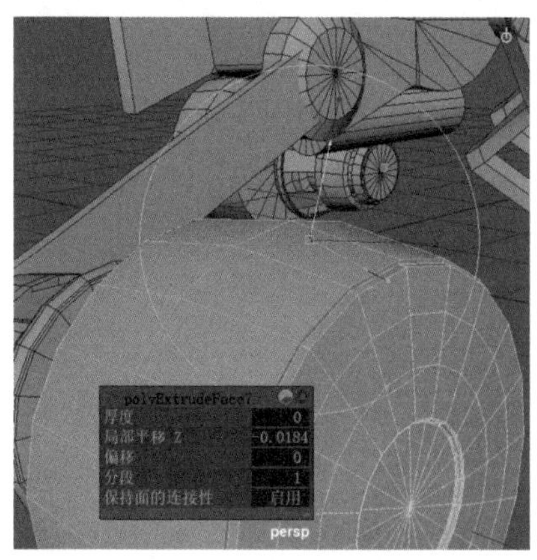

图 14-115

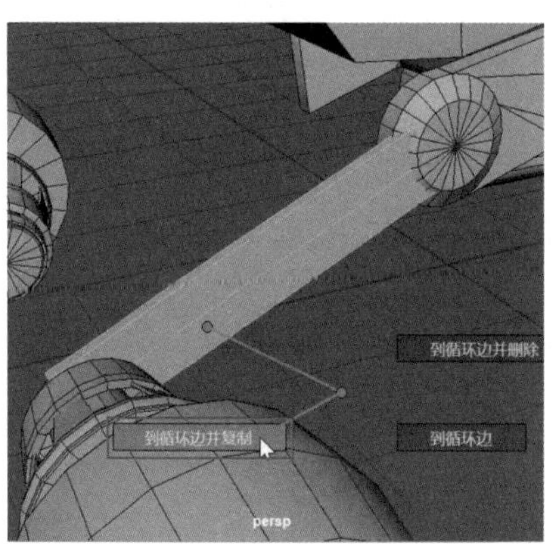

图 14-116

Step74 添加多条循环边后，选择局部面进行删除，如图 14-117 所示。

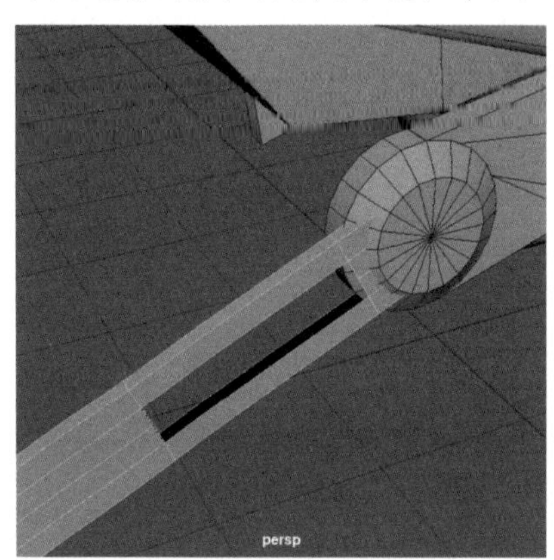

图 14-117

Step75 选择空面中的两条循环边，执行【桥接】命令，如图 14-118

所示，选择 4 个局部边，执行【倒角边】命令，如图 14-119 所示。

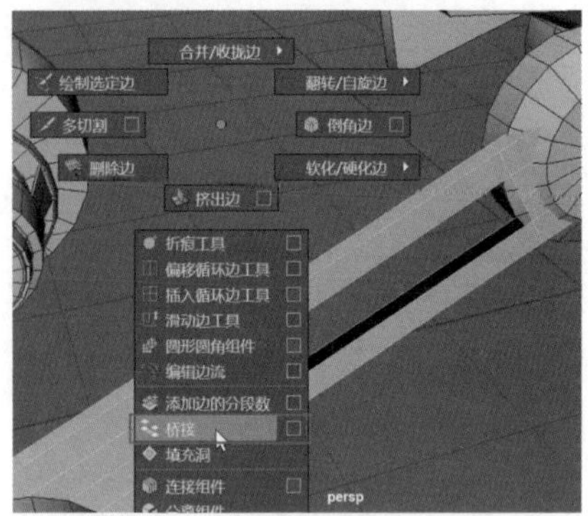

图 14-118

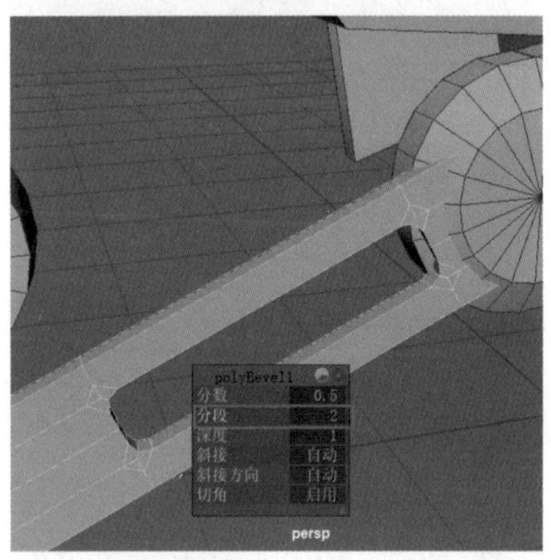

图 14-119

Step76 为该模型添加布线，如图 14-120 所示。

图 14 120

Step77 调整好布线后，效果如图 14-121 所示。创建新的圆柱体，并添加多条边，如图 14-122 所示。

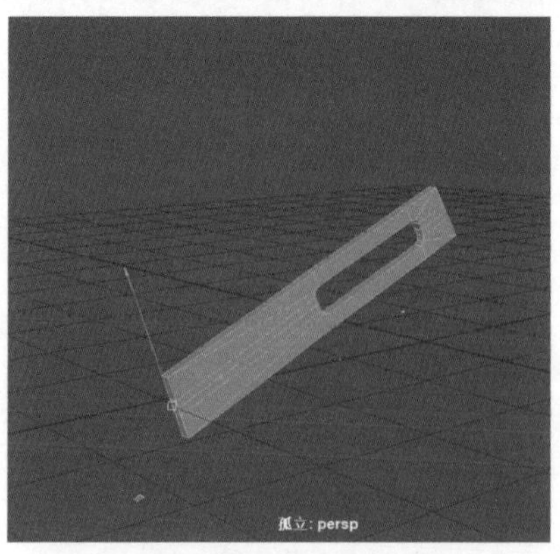

图 14-121

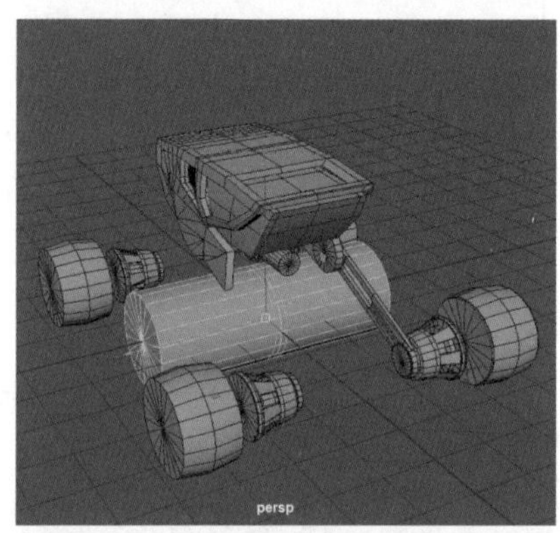

图 14-122

Step78 选择该模型的局部面，执行【挤出面】命令，然后向内侧拖曳操纵器，如图 14-123 所示。

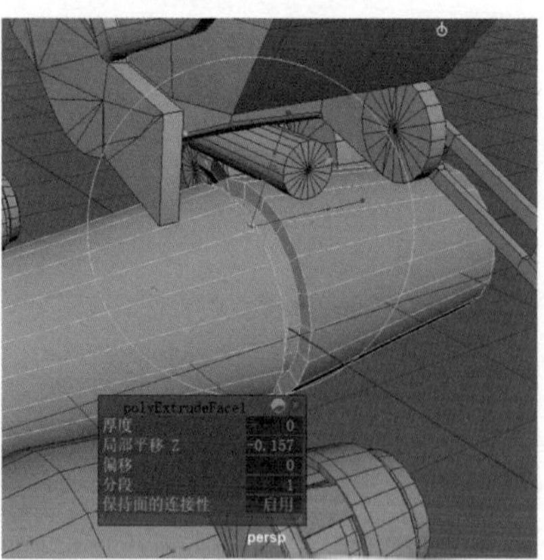

图 14-123

Step79 为该模型两侧分别添加一条环形边，选择模型的侧面，执行挤出命令，如图 14-124 所示。

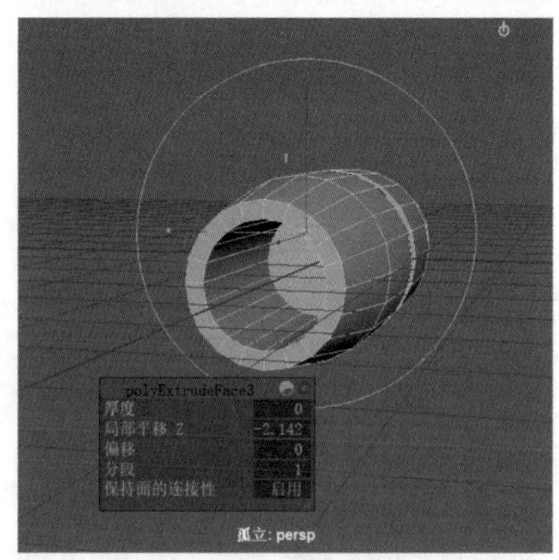

图 14-124

Step80 对该模型的内侧执行【将面合并到中心】命令，如图 14-125 所示。

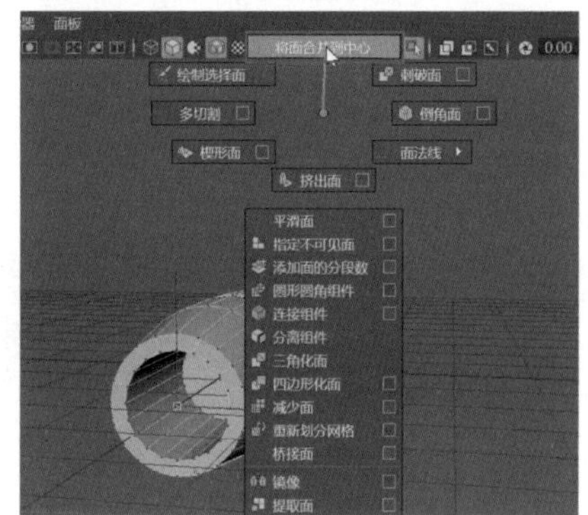

图 14-125

Step81 对模型的多个循环边进行倒角，如图 14-126 所示，回到对象模式，将该模型移动到轮胎的相应位置，如图 14-127 所示。

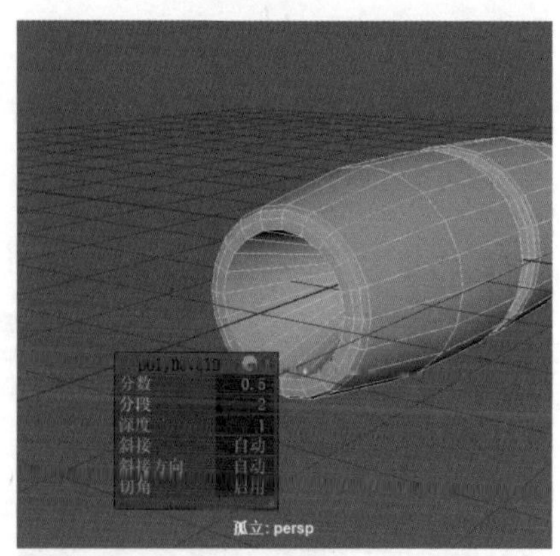

图 14 126

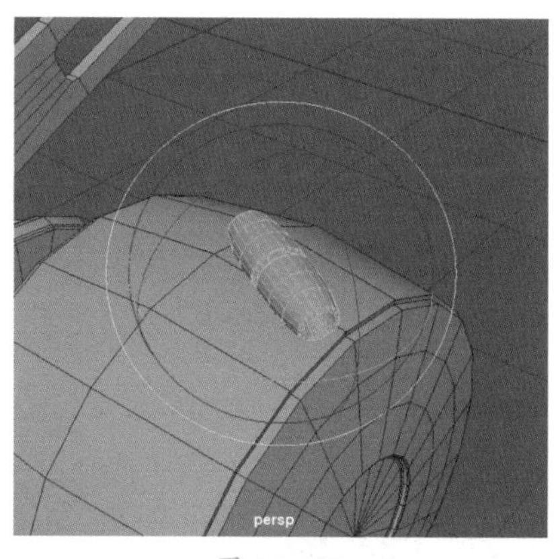
图 14-127

Step 82 将该模型的枢轴吸附到轮胎的中心位置，如图 14-128 所示。

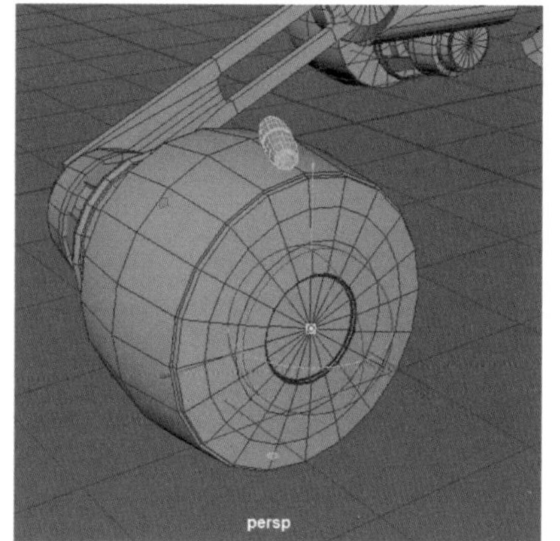
图 14-128

Step 83 将该模型以轮胎中心为轴进行多次复制，如图 14-129 所示，对所有复制出来的模型执行【结合】命令，将它们合并成一个整体，如图 14-130 所示，并再次吸附模型的枢轴。

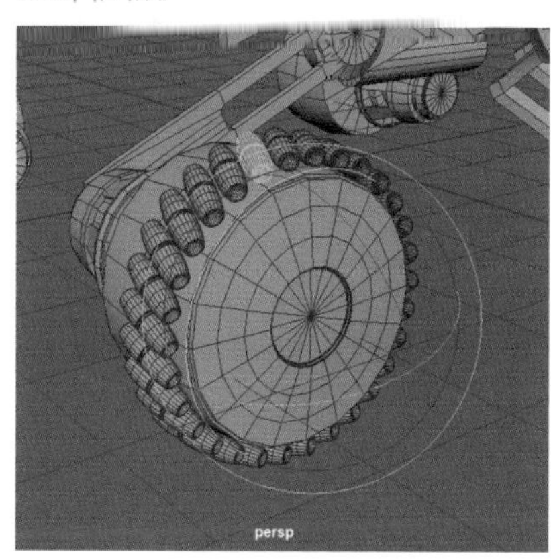
图 14-129

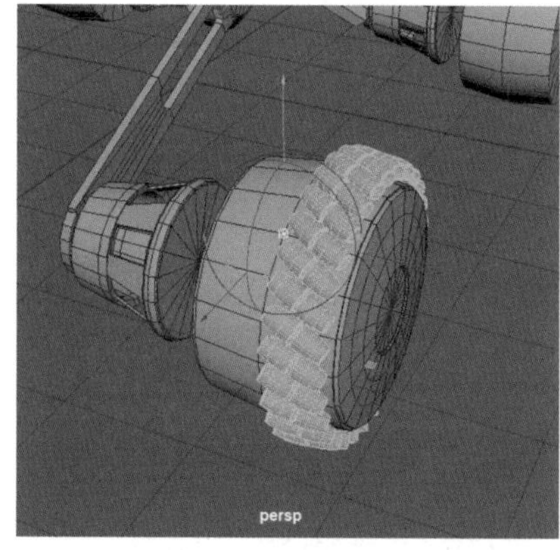
图 14-130

Step 84 对该模型的整体再次进行复制，在【通道盒 / 层编辑器】面板中将【缩放 X】设置为 -1，如图 14-131 所示。

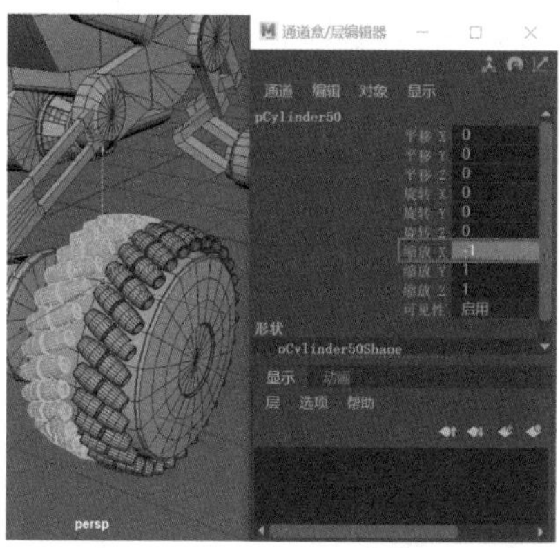

图 14-131

Step 85 同样，将该模型复制到其他三个轮胎的相同位置，如图 14-132 所示。

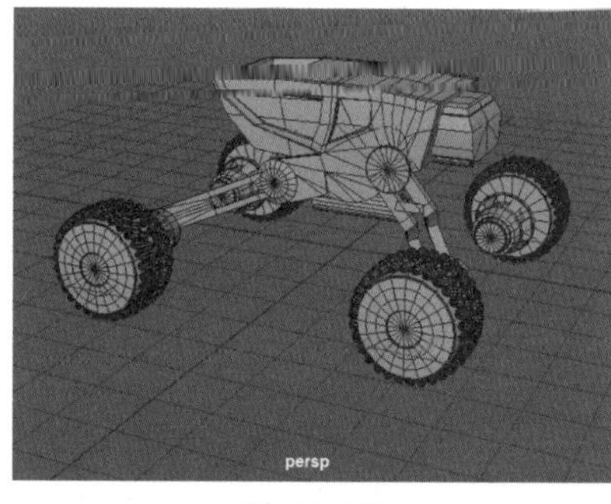
图 14-132

Step 86 创建一个立方体，将其拉长并添加 3 条环形边，选择局部面，执行挤出命令，如图 14-133 所示。

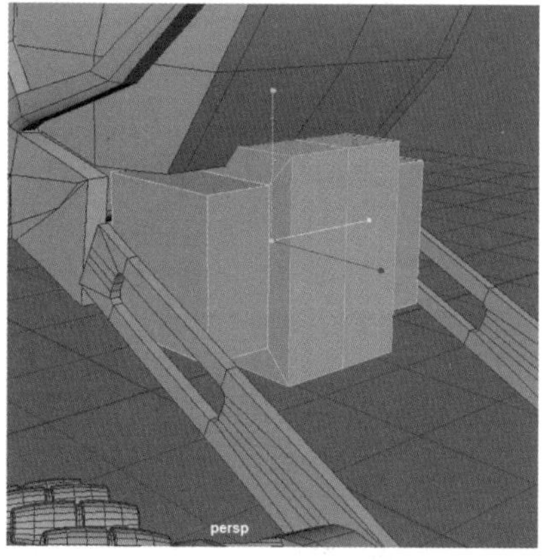
图 14-133

Step 87 对车身执行【到循环边并复制】命令，如图 14-134 所示，在【通道盒 / 层编辑器】面板中，将【偏移】设置为 0.16，如图 14-135 所示。

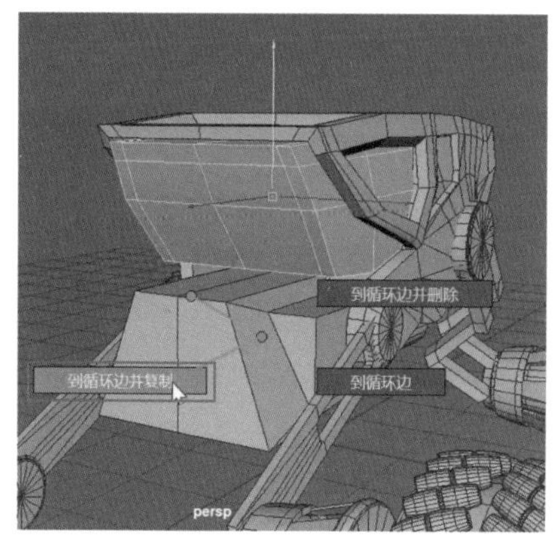

图 14-134

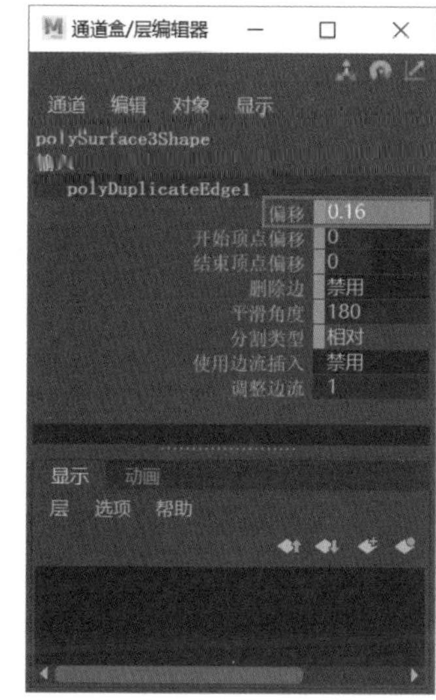

图 14-135

Step 88 选择局部边，再次执行【倒角边】命令，并设置参数，如图 14-136 所示。

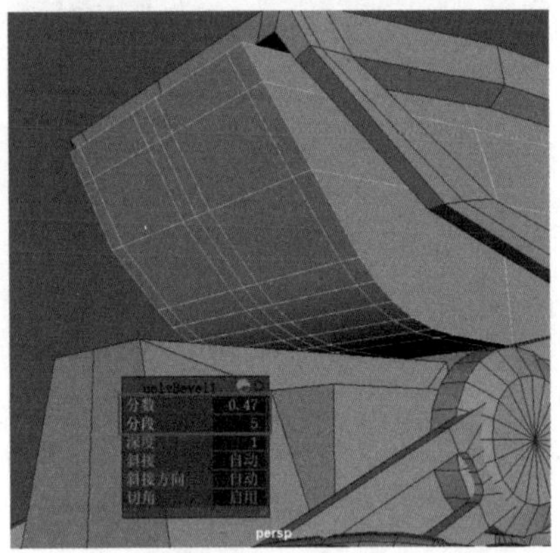

图 14-136

Step 89 对车身的各个位置进行多次倒角后，使用【多切割】命令调整布线，如图 14-137 所示。

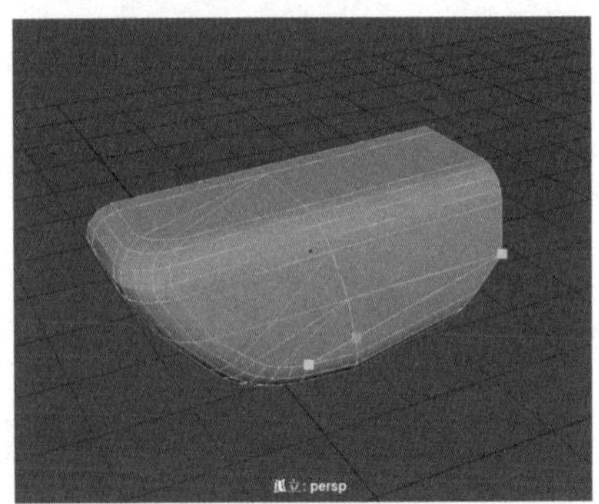

图 14-137

Step 90 回到对象模式，对车身进行复制并执行【结合】命令，选择中间的顶点，执行【合并顶点】命令，如图 14-138 所示。

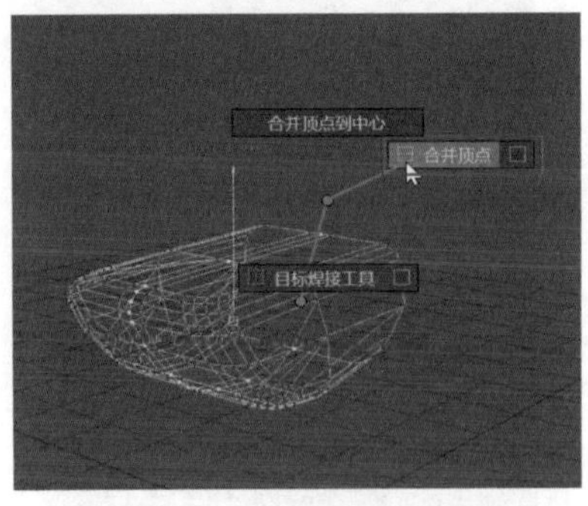

图 14-138

14.2.2 为模型添加细节

整个载具模型的大轮廓制作好后，就可以添加凹槽或凸起等细节了，具体操作步骤如下。

Step 01 再次为顶面调整布线，如图 14-139 所示，并对局部面执行【复制面】命令，如图 14-140 所示。

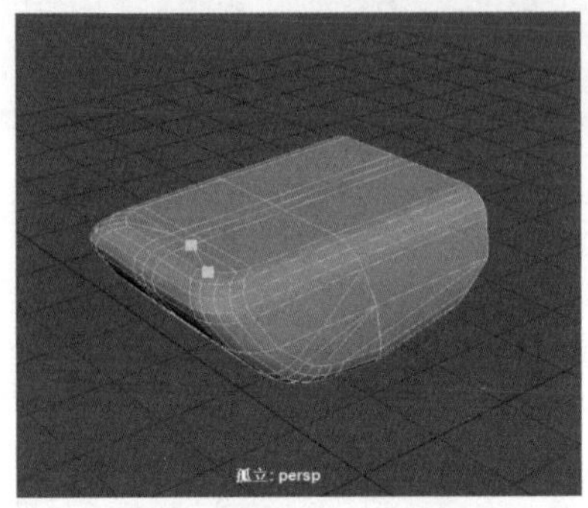

图 14-139

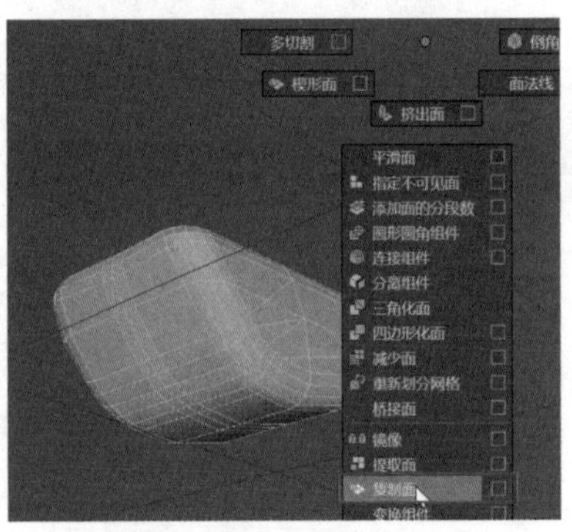

图 14-140

Step 02 选择复制出来的局部面，执行【挤出面】命令，拖曳生成的操纵器调整厚度，如图 14-141 所示。

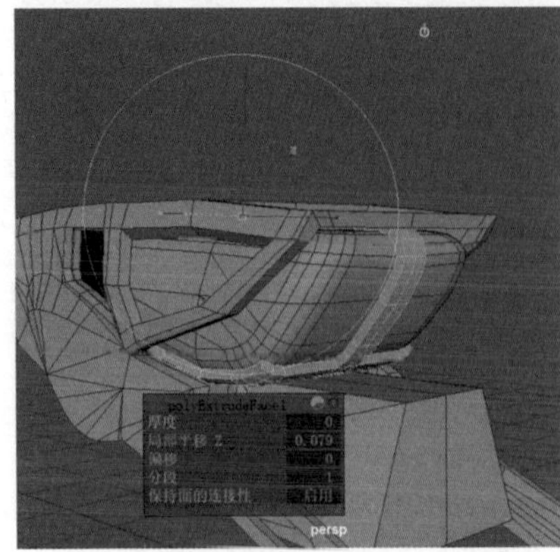

图 14-141

Step 03 选择该模型的局部顶点调整造型，并对多条边执行倒角命令，如图 14-142 所示，然后删除多余的面，如图 14-143 所示。

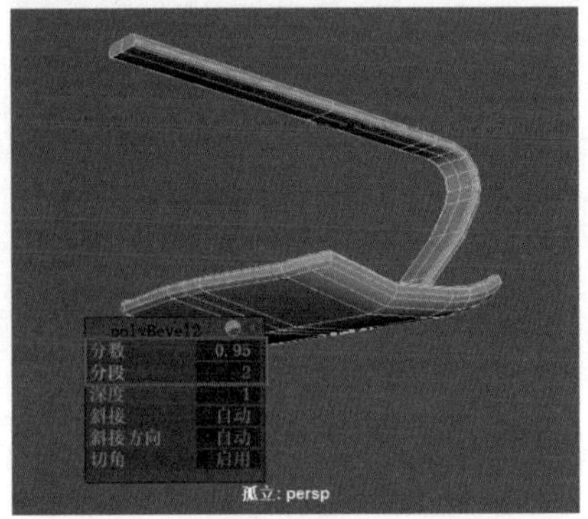

图 14-142

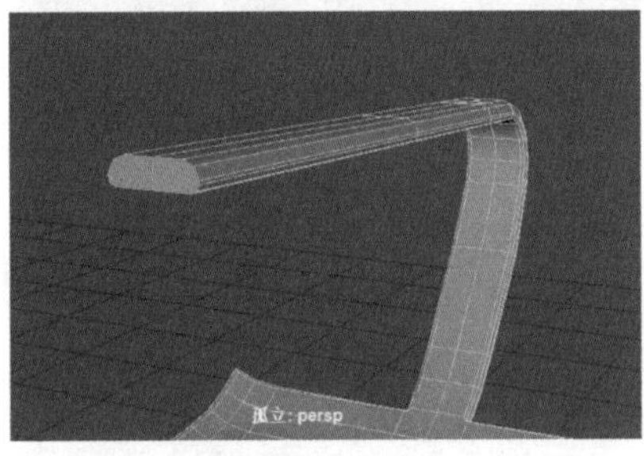

图 14-143

Step 04 选择其他模型进行独立显示，对局部执行【复制面】命令，如图 14-144 所示，然后选择复制出来的面，进行缩小并执行挤出，如图 14-145 所示。

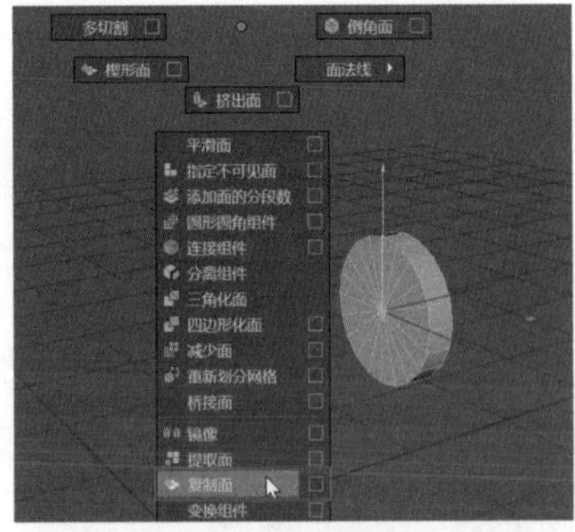

图 14-144

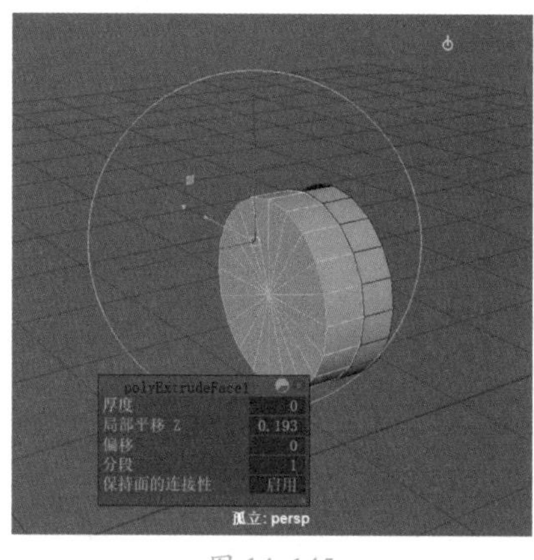

图 14-145

Step05 创建一个圆柱体，在【通道盒/层编辑器】面板中设置其属性，如图 14-146 所示，然后将其缩小，移动到车身的下端，如图 14-147 所示。

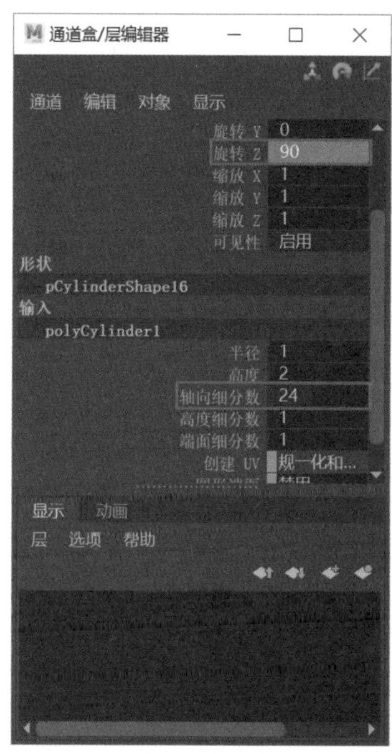

图 14-146

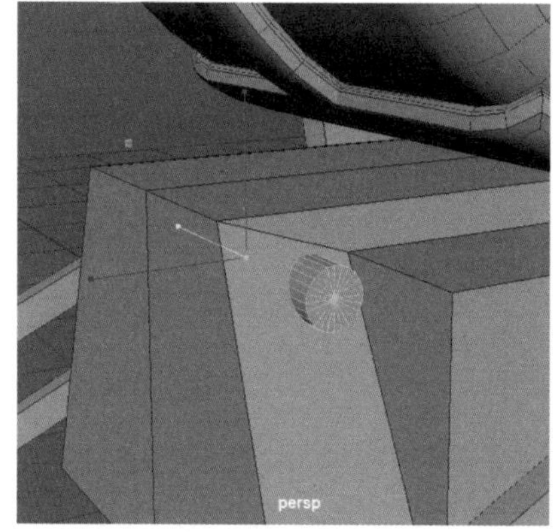

图 14-147

Step06 先选择车身，再加选圆柱体，执行【布尔】→【差集】命令，如图 14-148 所示，选择局部面，先执行一次【三角化面】命令，再执行一次【四边形化面】命令，如图 14-149 所示。

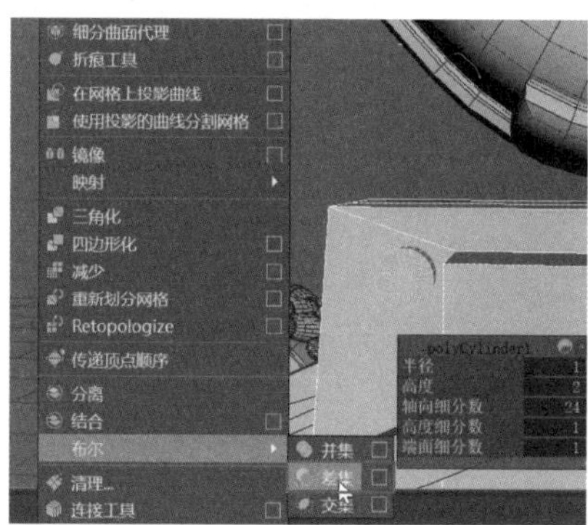

图 14-148

图 14-149

Step07 创建一个新的球体和圆柱体，移动到相应位置，如图 14-150 所示。

图 14-150

Step08 选择球体的局部循环边，执行【倒角边】命令，并设置倒角参数，如图 14-151 所示。

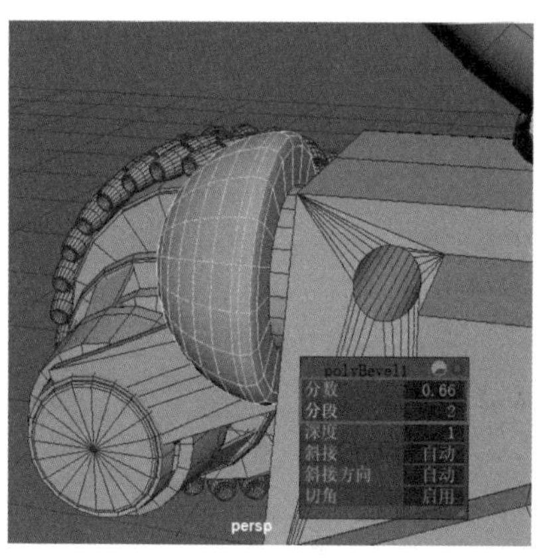

图 14-151

Step09 创建一个新的圆柱体，将其拉长，并删除多余的边，删除两个端面，效果如图 14-152 所示。

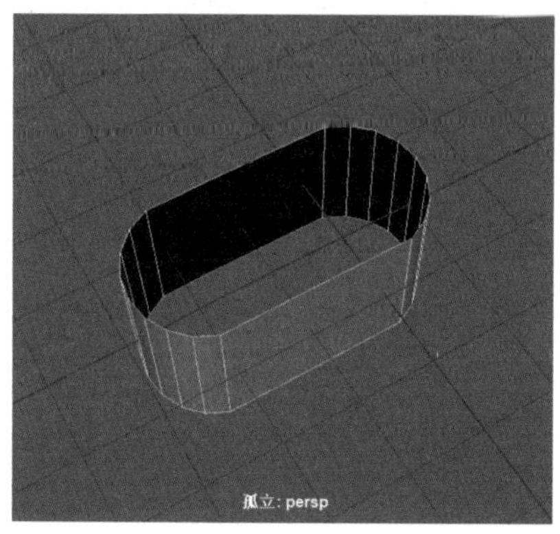

图 14-152

Step10 选择两端的循环边，执行【填充洞】命令，并使用【多切割】命令调整布线，如图 14-153 所示。

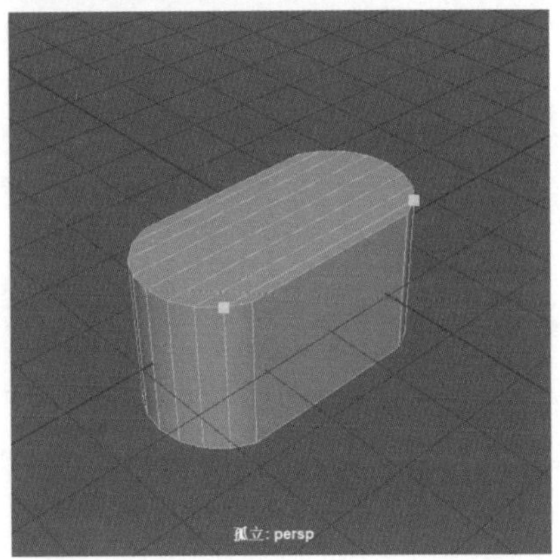

图 14-153

Step 11 将模型缩小并移动到轮胎的相应位置，然后复制模型，如图 14-154 所示，执行【布尔】→【并集】命令，生成凹槽，如图 14-155 所示。

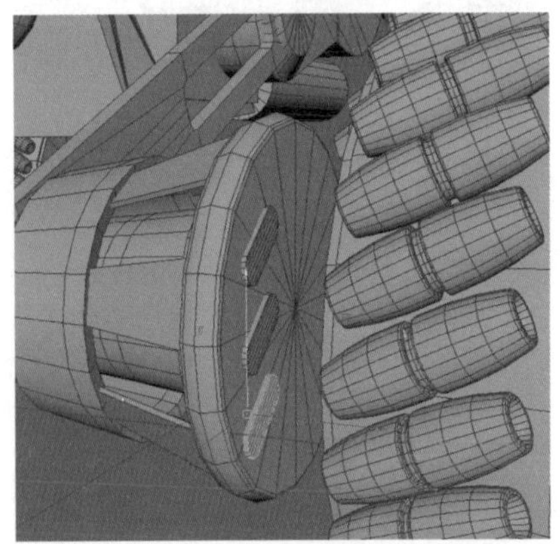

图 14-154

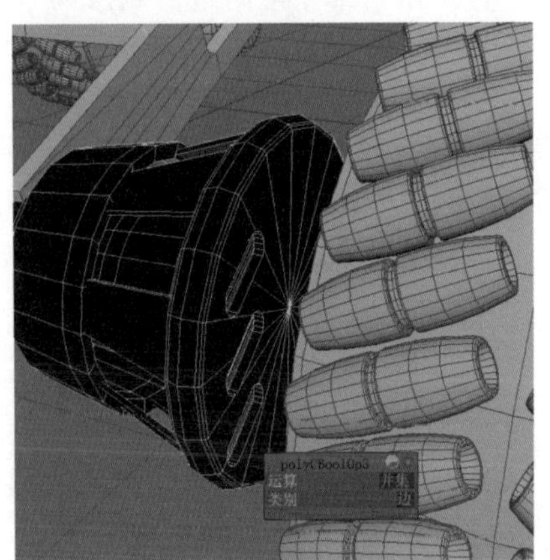

图 14-155

Step 12 选择该模型，执行【反向】命令，如图 14-156 所示，选择局部面，先执行一次【三角化面】命令，再执行一次【四边形化面】命令，如图 14-157 所示。

图 14-156

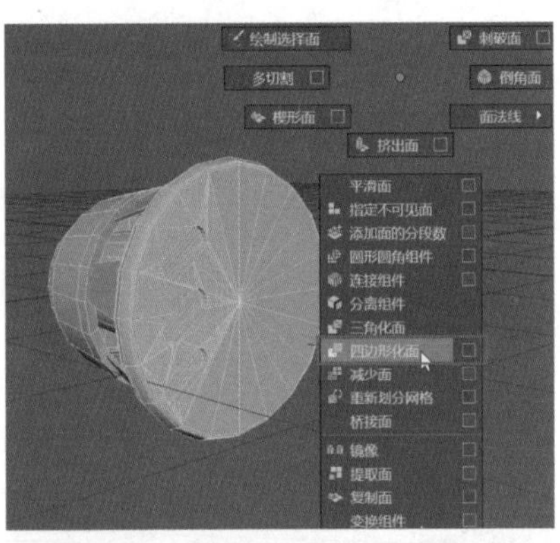

图 14-157

Step 13 删除凹槽的局部面和该模型一半的部分，如图 14-158 所示。

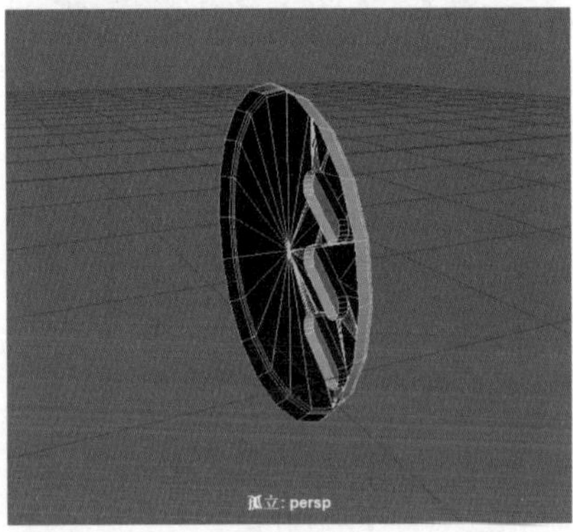

图 14-158

Step 14 选择该模型，吸附枢轴位置，并复制到模型的另一侧，执行【结合】命令将模型的两侧合并到一起，框选中间的顶点，执行【合并顶点】命令，如图 14-159 所示。

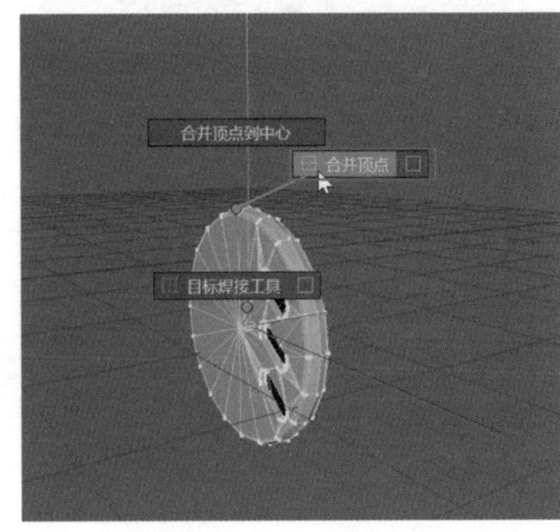

图 14-159

Step 15 选择单个凹槽中的两条循环边，执行【桥接】命令进行补面，以此类推，将另外两个凹槽的空面都补上，如图 14-160 所示。

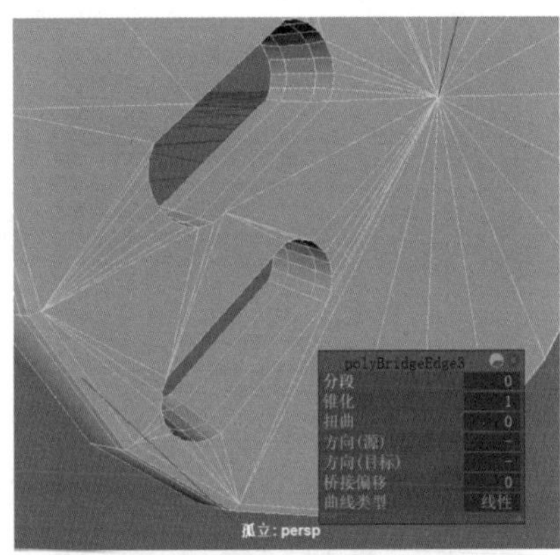

图 14-160

Step 16 创建一个圆柱体，为其添加多条环形边，并调整位置，如图 14-161 所示。

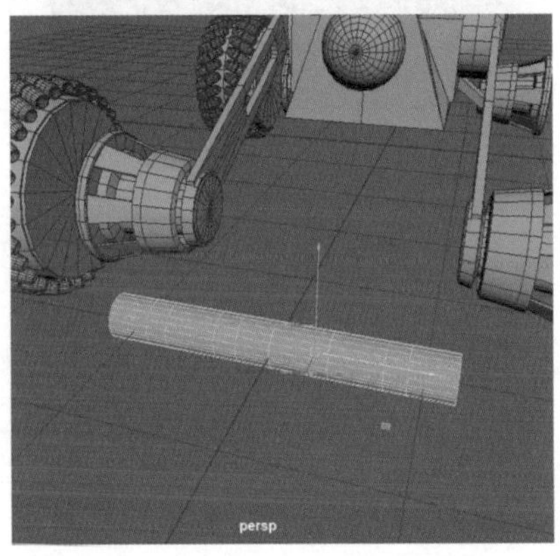

图 14-161

Step17 选择局部面，执行【挤出面】命令，并进行调整，如图 14-162 所示。

图 14-162

Step18 再次对该模型添加多条环形边，并将其缩小，移动到轮胎和轴的中间，如图 14-163 所示。

图 14-163

Step19 选择局部顶点，使用软工具对其进行旋转，如图 14-164 所示。创建多个圆柱体和长方体，移动到轮胎内侧，如图 14-165 所示。

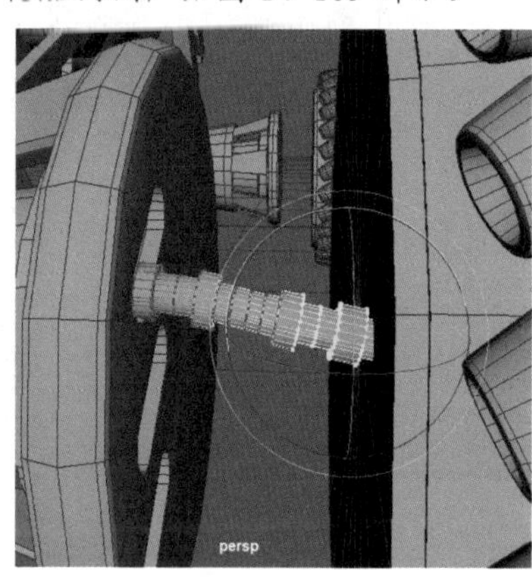

图 14-164

图 14-165

Step20 创建一个圆柱体，移动到相应位置，并添加多条边，如图 14-166 所示。

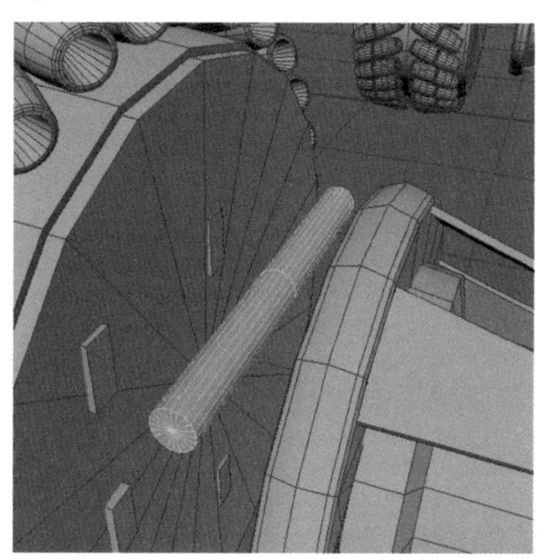

图 14-166

Step21 对两条循环边和圆柱体侧面进行倒角，如图 14-167 所示。

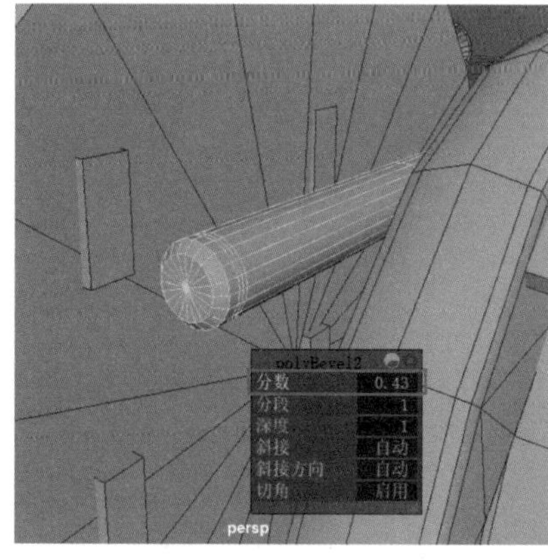

图 14-167

Step22 使用【插入循环边工具】命令，为模型两侧进行卡线，然后选择模型两端再次进行倒角，如图 14-168 所示。

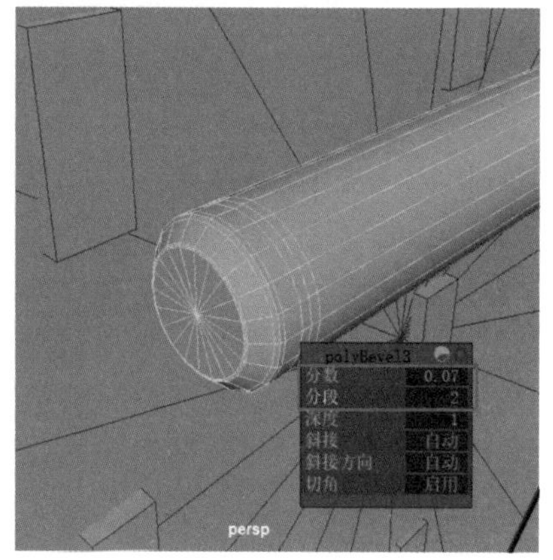

图 14-168

Step23 选择轮胎模型的侧边进行倒角，并设置倒角参数，如图 14-169 所示。

图 14-169

Step24 使用【插入循环边工具】命令为轮胎进行局部卡线，如图 14-170 所示，然后先选择轮胎，再选择内侧的圆柱体，执行【布尔】→【并集】命令，如图 14-171 所示。

图 14-170

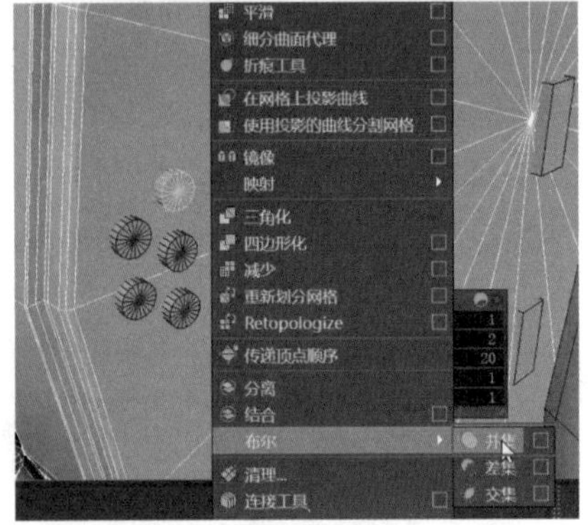

图 14-171

Step 25 执行【反向】命令对模型法线进行反转，然后对其他的圆柱体和立方体依次执行【布尔】→【差集】命令，生成凹槽效果，如图 14-172 所示。

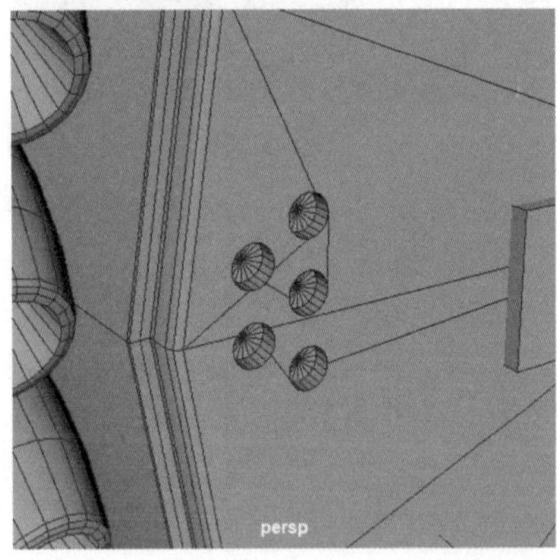

图 14-172

Step 26 使用【三角化面】和【四边形化面】命令，再次对局部面调整布线，如图 14-173 所示。

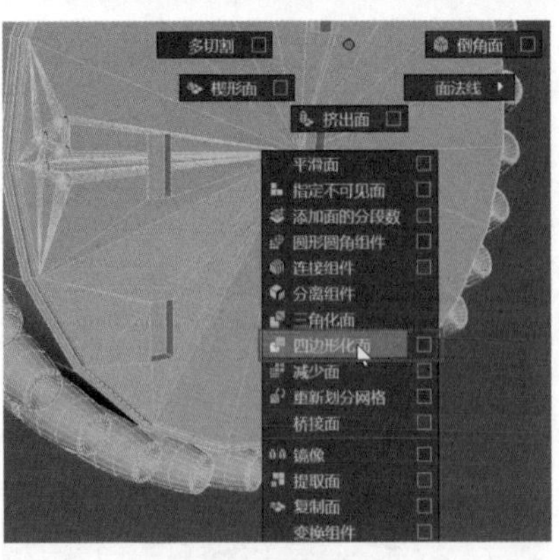

图 14-173

Step 27 选择凹槽的局部边执行多次倒角并设置参数，如图 14-174 所示。

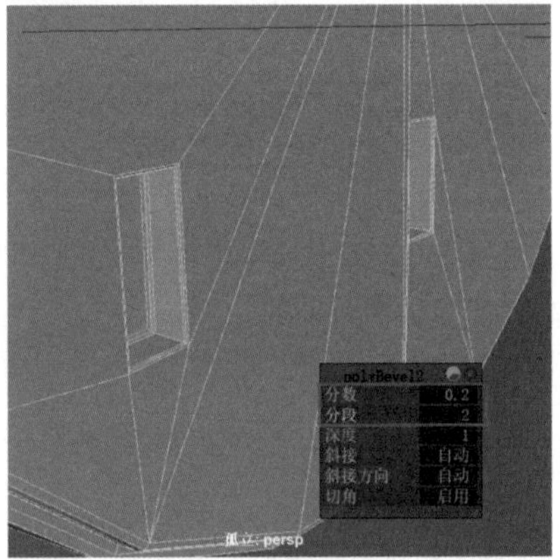

图 14-174

Step 28 使用【多切割】命令，为凹槽周边进行卡线，如图 14-175 所示，然后选择凹槽另外 3 个对角的边进行倒角，如图 14-176 所示。

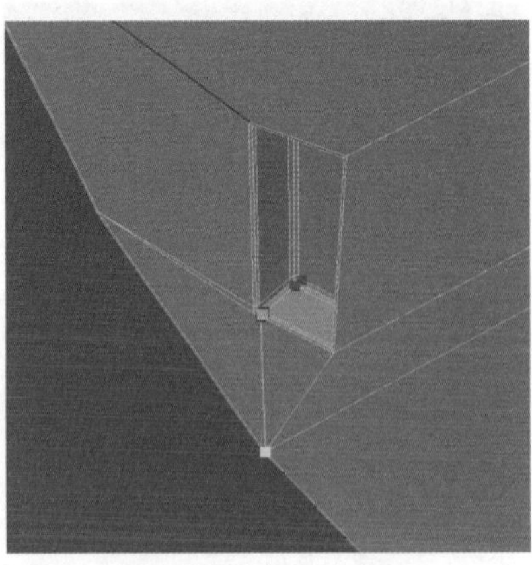

图 14-175

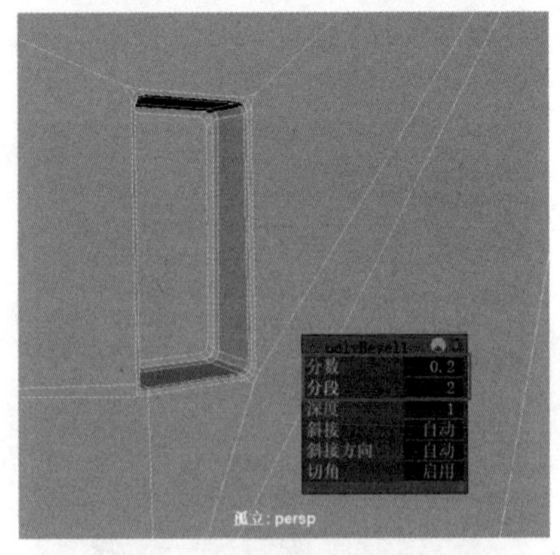

图 14-176

Step 29 使用【多切割】命令调整局部的布线，并选择多余的边进行删除，凹槽的布线调整好后，效果如图 14-177 所示。

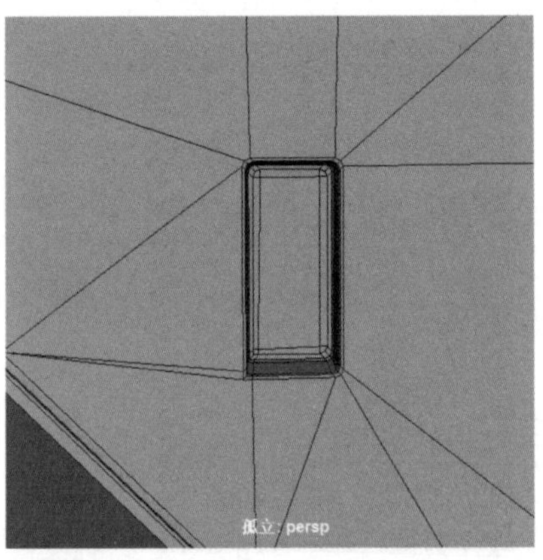

图 14-177

Step 30 将该轮胎模型内侧的布线全部调整好后，效果如图 14-178 所示。

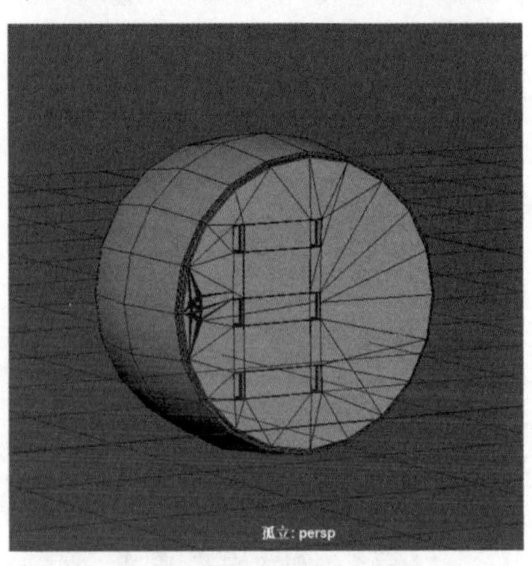

图 14-178

Step31 选择圆形凹槽中的循环边，执行多次倒角命令，完成后的效果如图 14-179 所示。

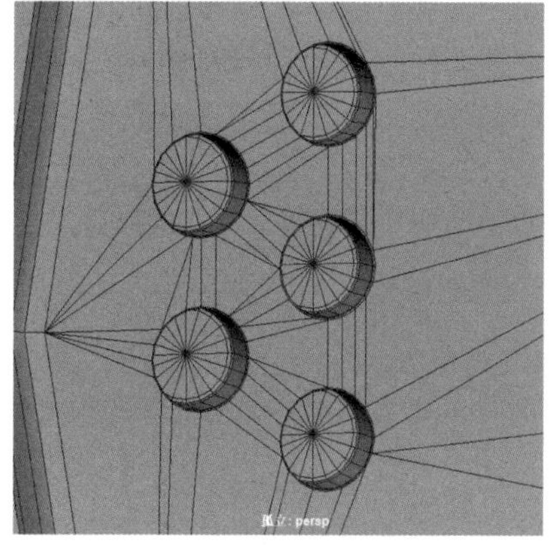

图 14-179

Step32 创建一个立方体，将其移动到轮胎内侧，再次创建一个立方体，将其拉长，移动到车身上方，并添加一条环形边，如图 14-180 所示。

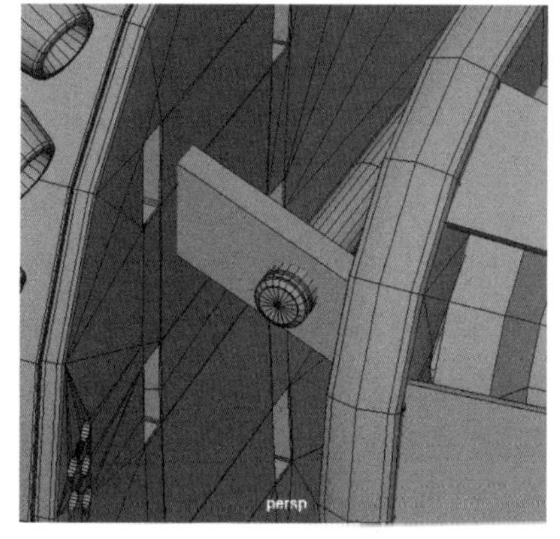

图 14-180

Step33 再次创建一个立方体，移动到车身上端，并添加多条边，如图 14-181 所示，选择该模型的局部底面，执行【挤出面】命令，如图 14-182 所示。

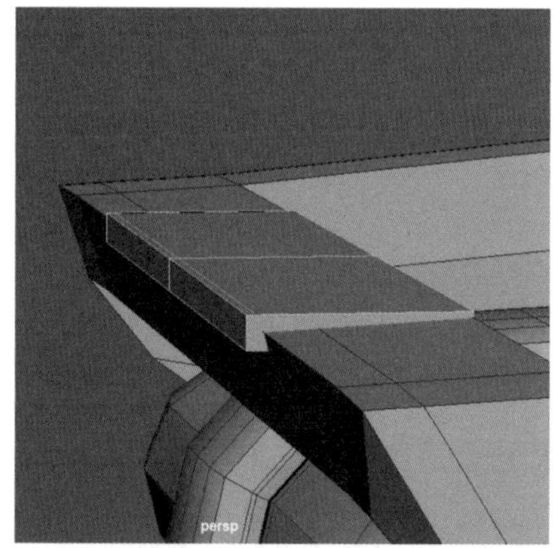

图 14-181

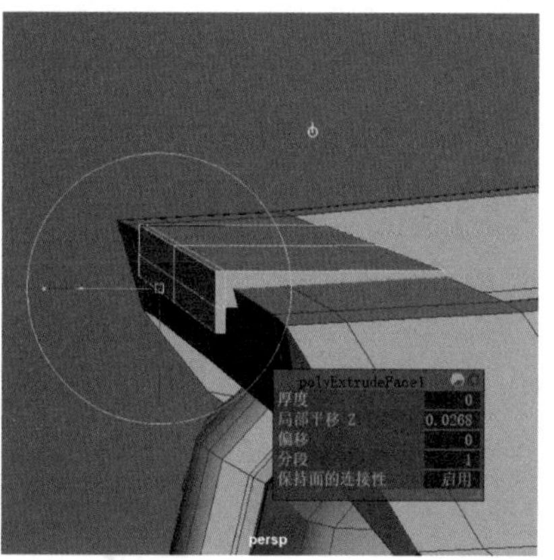

图 14-182

Step34 选择其局部面，按组合键【Shift + 鼠标右键】，拖曳选择【复制面】命令，如图 14-183 所示。

图 14-183

Step35 将复制出来的面缩小，并执行挤出命令，调整枢轴位置，如图 14-184 所示。

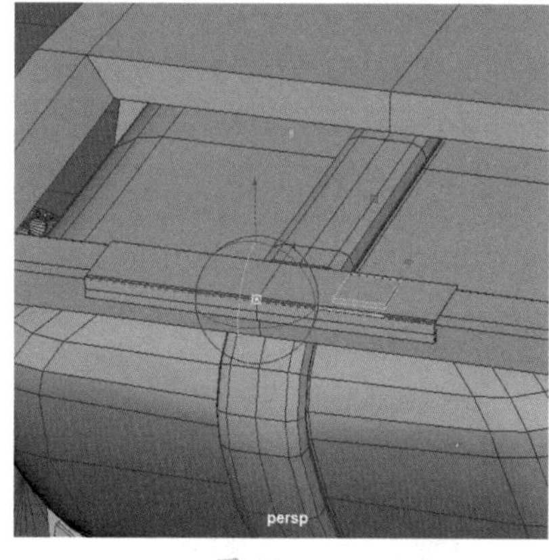

图 14-184

Step36 按快捷键【Ctrl+D】对该模型进行两次复制，并根据车身中心轴均匀排列，如图 14-185 所示。

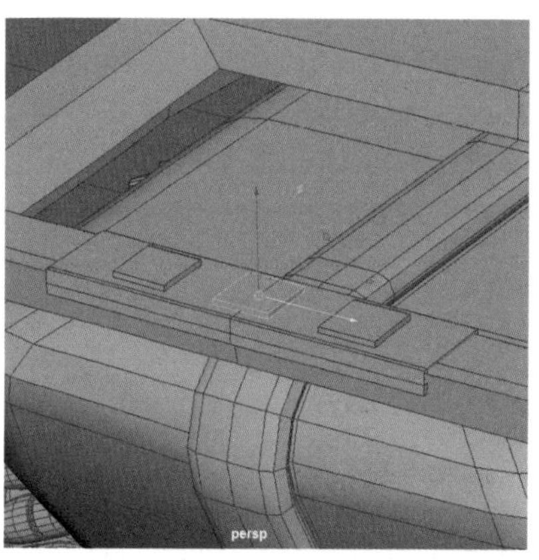

图 14-185

Step37 创建 3 个圆柱体，移动到相应位置，选择最上方的圆柱体的侧面，执行【挤出面】命令，如图 14-186 所示。

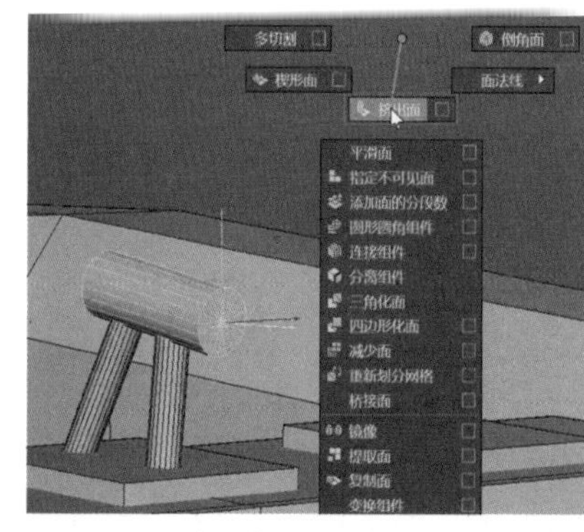

图 14-186

Step38 将生成的部分向车身前侧拖曳并缩小局部，然后为模型添加两条循环边，如图 14-187 所示。

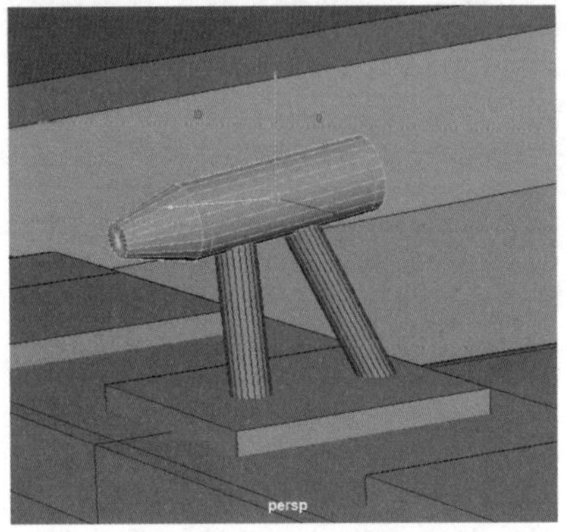

图 14-187

Step39 选择该模型局部面，执行【提取面】命令并使其独立显示，选择空面中的循环边，执行【挤出边】命令，如图 14-188 所示。

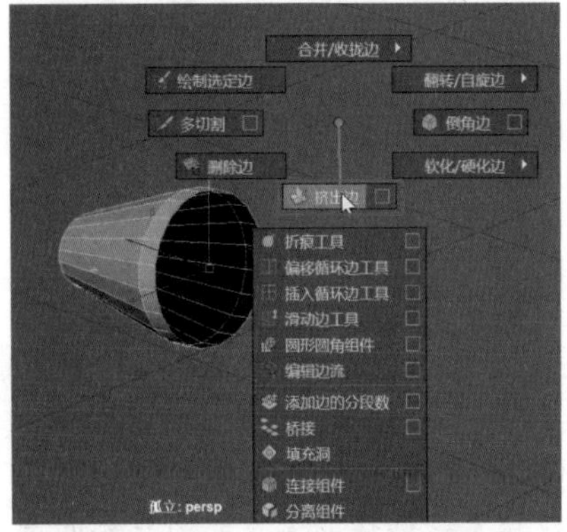

图 14-188

Step40 使用缩放工具调整厚度，如图 14-189 所示。同样，对该模型的另一侧也执行一次【挤出边】命令。

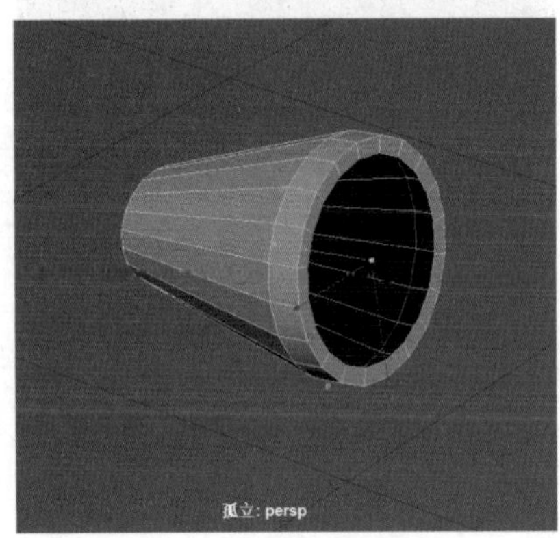

图 14-189

Step41 选择该模型的局部面，再次执行【提取面】和【挤出边】命令，如图 14-190 所示。

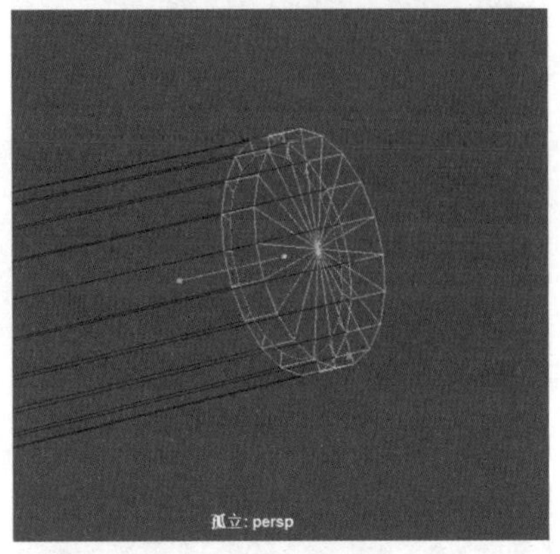

图 14-190

Step42 选择局部循环边，执行【倒角边】命令，并设置倒角参数，如图 14-191 所示。

图 14-191

Step43 对该模型的全部局部边执行完倒角后，选择多个模型，执行【结合】命令，如图 14-192 所示。

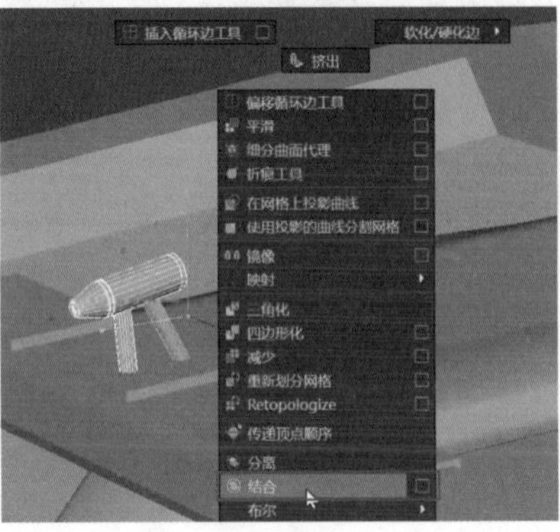

图 14-192

Step44 将合并之后的模型复制两次，将新的模型移动到该模型的两侧并均匀排列，如图 14-193 所示。创建一个圆柱体，将其缩小并移动到车身上方，如图 14-194 所示。

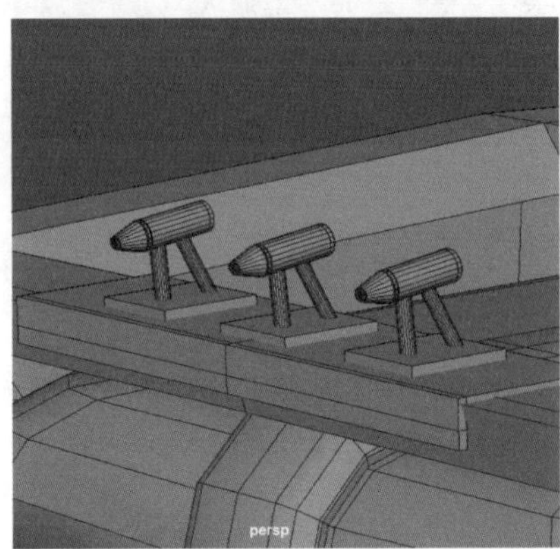

图 14-193

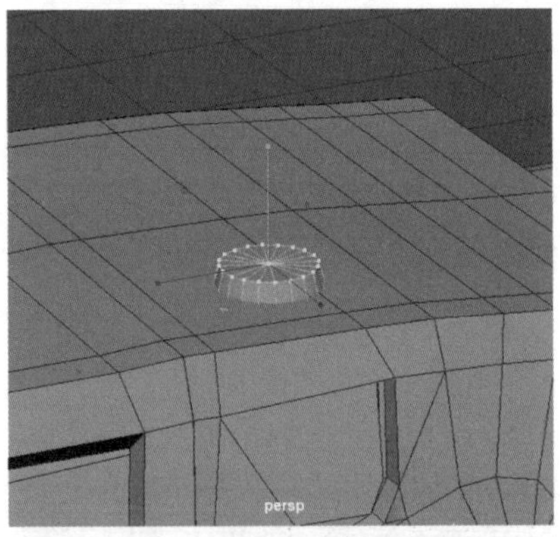

图 14-194

Step45 选择循环边，执行【倒角边】命令，然后复制并移动到对侧，如图 14-195 所示。

图 14-195

Step46 选择该模型的顶面，执行【挤出面】命令，如图 14-196 所示。

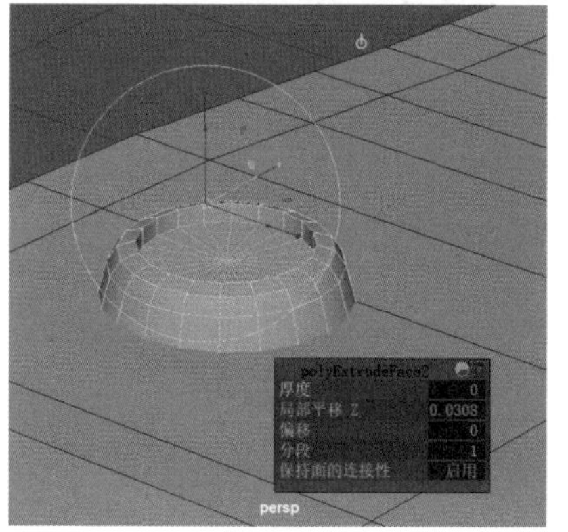

图 14-196

Step47 选择局部边，执行多次倒角，并设置倒角参数，如图 14-197 所示。

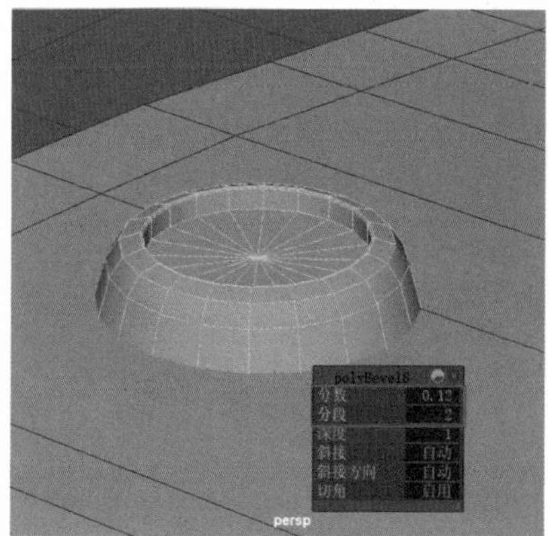

图 14-197

Step48 选择凹槽中的面，执行【复制面】命令，如图 14-198 所示。

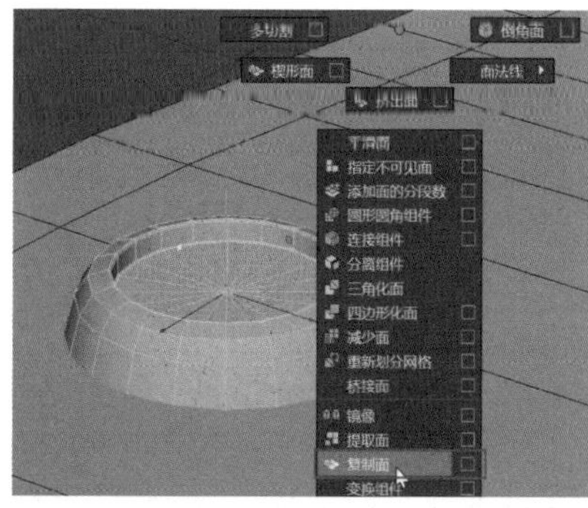

图 14-198

Step49 将复制出来的模型移动到该模型上方并执行挤出命令，然后选择该模型的局部边执行倒角，如图 14-199 所示。

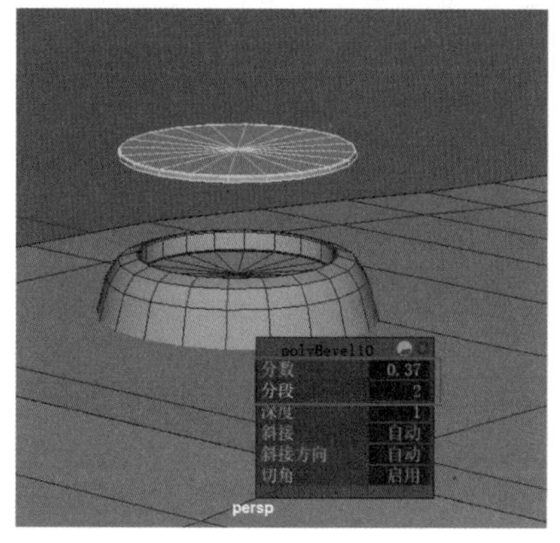

图 14-199

Step50 选择该模型的顶面，执行两次挤出命令，选择局部边，执行【倒角边】命令，如图 14-200 所示。

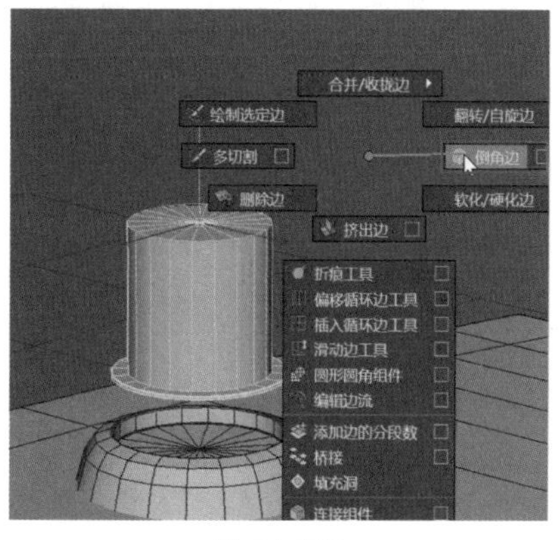

图 14-200

Step51 弹出面板后，将【分数】设置为 0.91，【分段】设置为 7，如图 14-201 所示，然后选择模型顶端的中心点，使用软工具模式进行拖曳，如图 14-202 所示。

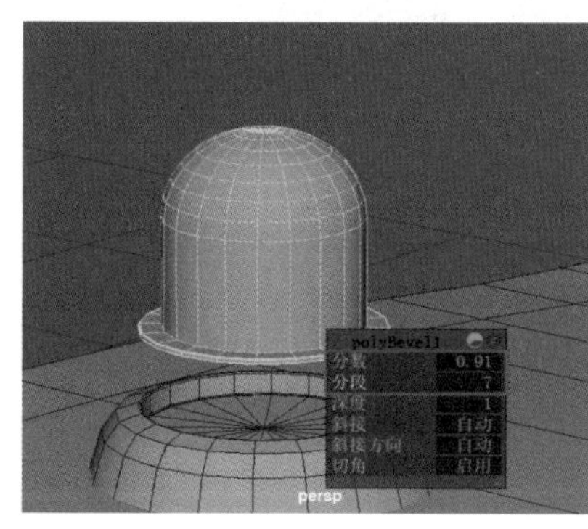

图 14-201

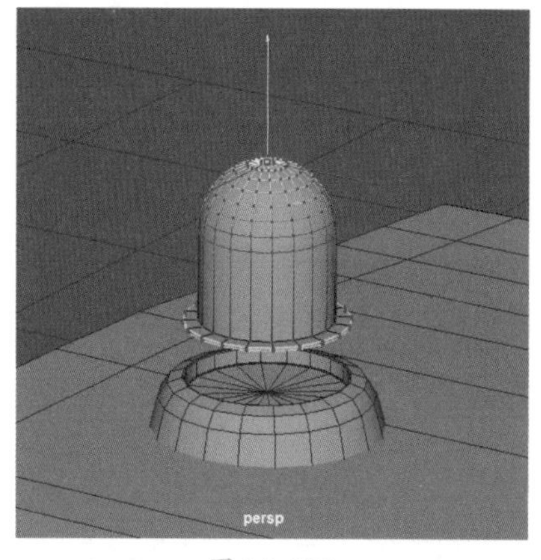

图 14-202

Step52 创建一个立方体，将其移动到相应位置，然后吸附模型坐标位置，如图 14-203 所示。

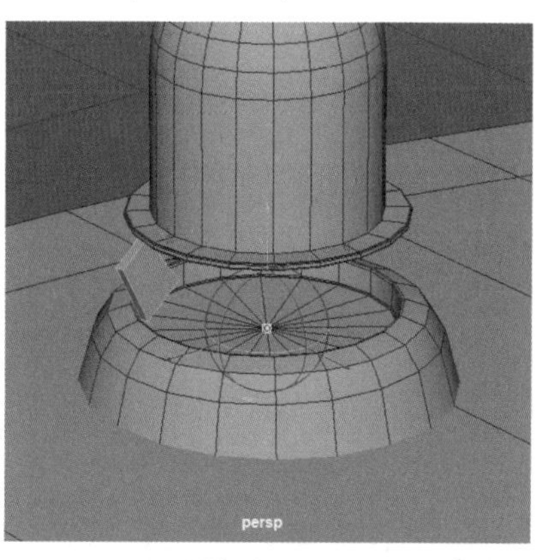

图 14-203

Step53 选择模型的顶面，执行两次【挤出面】命令，拖曳生成的操纵器调整厚度，如图 14-204 所示。

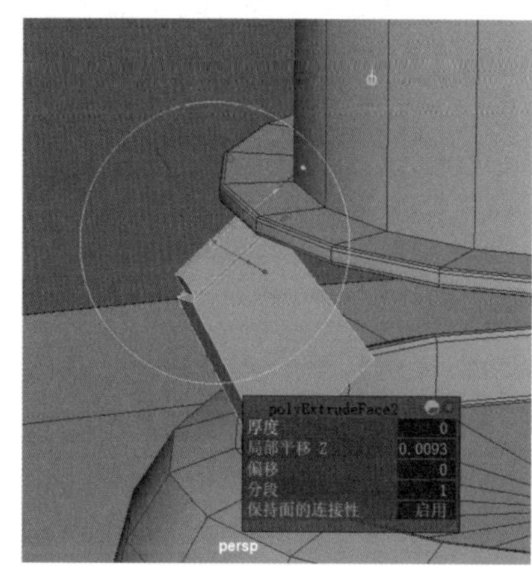

图 14-204

Step54 对该模型生成一条环形边，执行【到循环边并复制】命令，如图 14-205 所示，在【通道盒 / 层编辑器】面板中将【偏移】设置为 0.28，如图 14-206 所示。

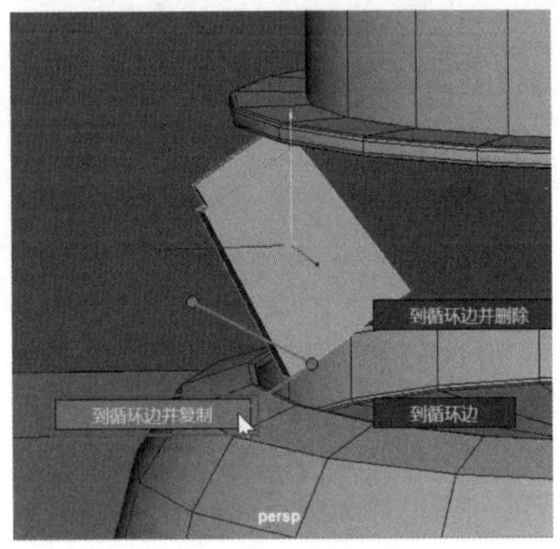

图 14-205

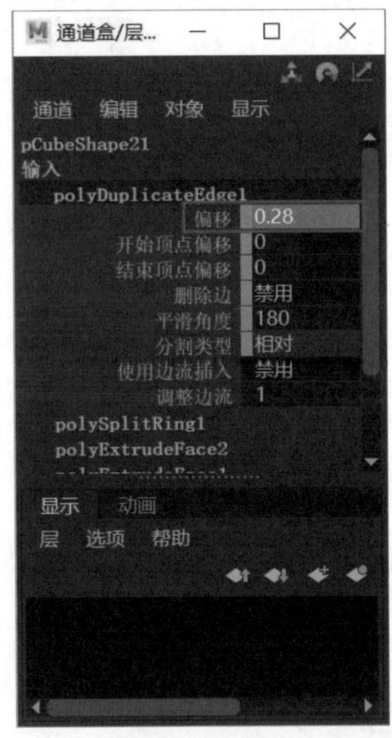

图 14-206

Step55 选择模型的局部底面，再次执行挤出命令，然后为模型添加多条循环边，如图 14-207 所示。

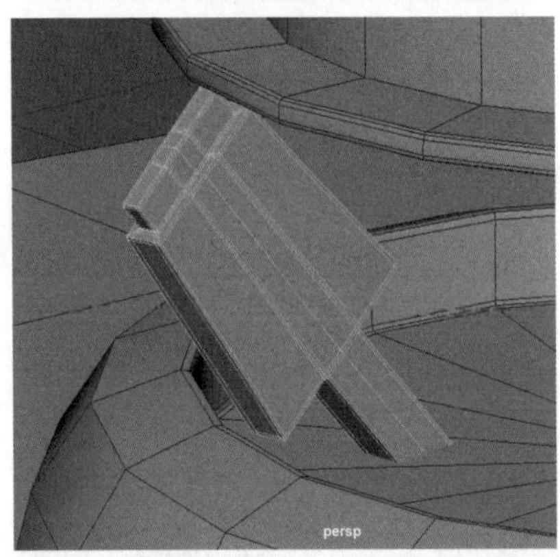

图 14-207

Step56 制作好一个模型后，对其进行复制和旋转。创建一个圆柱体，将其缩小并移动位置，如图 14-208 所示。

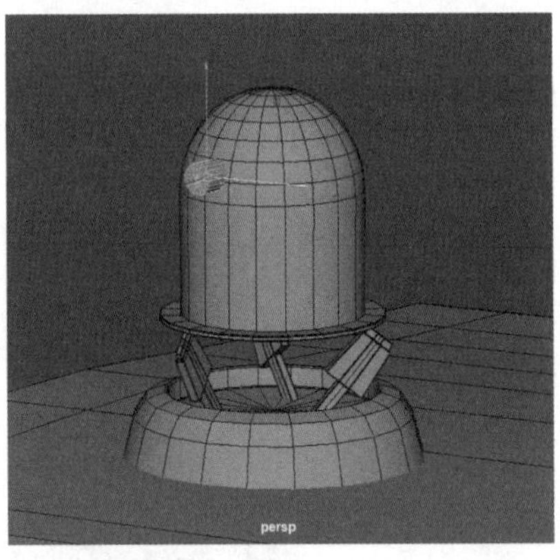

图 14-208

Step57 选择圆柱体侧面，执行【挤出面】命令，然后拖曳生成的操纵器，如图 14-209 所示。

图 14-209

Step58 选择局部面，再次执行【挤出面】命令，对新生成的部分进行缩小，如图 14-210 所示。

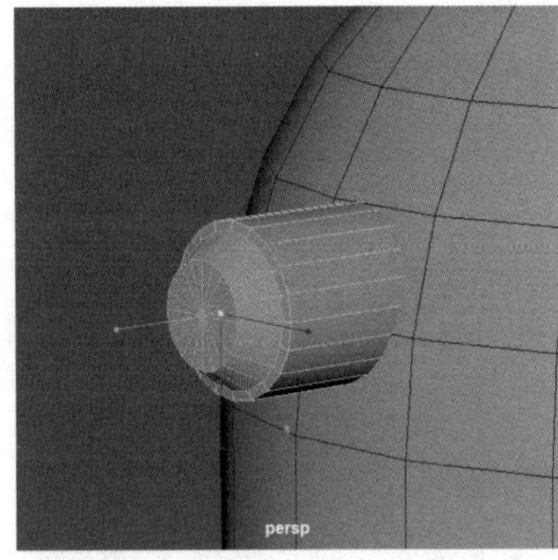

图 14-210

Step59 选择一条循环边，执行【倒角边】命令，如图 14-211 所示。

图 14-211

Step60 为模型添加多条循环边后，将其独立显示，删除多余的侧面，如图 14-212 所示。

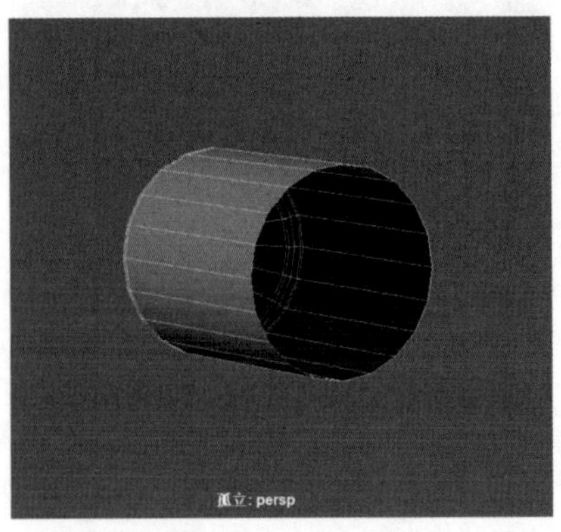

图 14-212

Step61 为相邻的模型添加一条循环边，选择局部面，执行【挤出面】

命令，如图 14-213 所示。

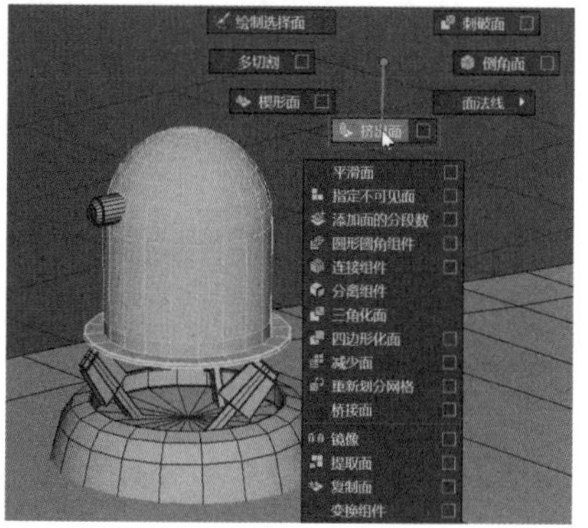

图 14-213

Step62 长按【Ctrl】键和缩放工具的单个轴，将模型进行单向缩小，再次为模型局部添加多条循环边，如图 14-214 所示。

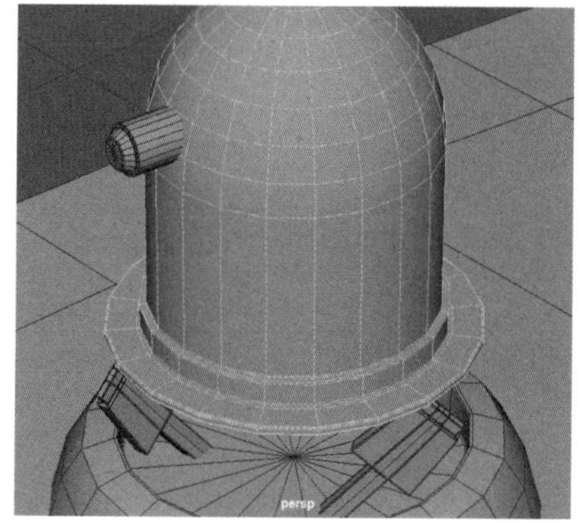

图 14-214

Step63 选择车身前侧的局部面，执行【复制面】命令，选择复制出来的模型，执行挤出命令，生成厚度，如图 14-215 所示。

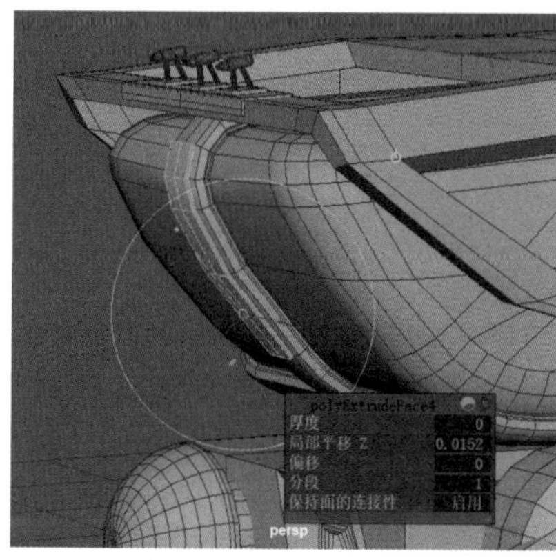

图 14-215

Step64 为该模型的上下两端分别添加一条循环边，选择模型的局部侧面，执行【挤出面】命令，如图 14-216 所示。

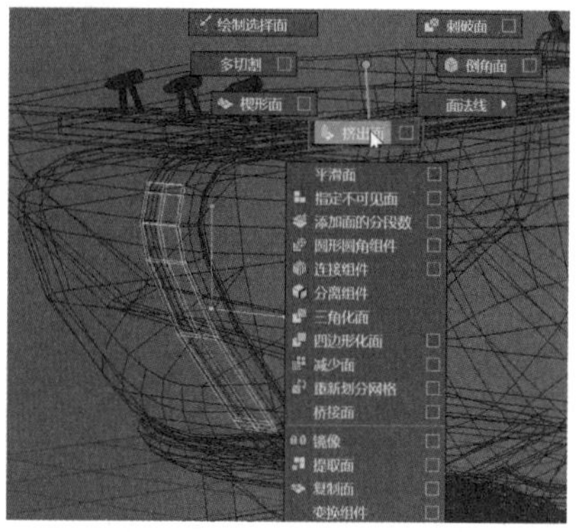

图 14-216

Step65 使用缩放工具调整厚度，如图 14-217 所示。

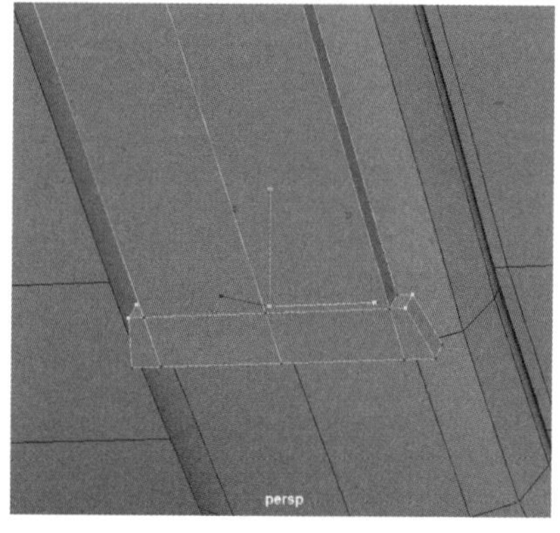

图 14-217

Step66 再次为模型添加两条循环边，选择该模型的局部面，按组合键【Shift＋鼠标右键】，执行【挤出面】命令，如图 14-218 所示。

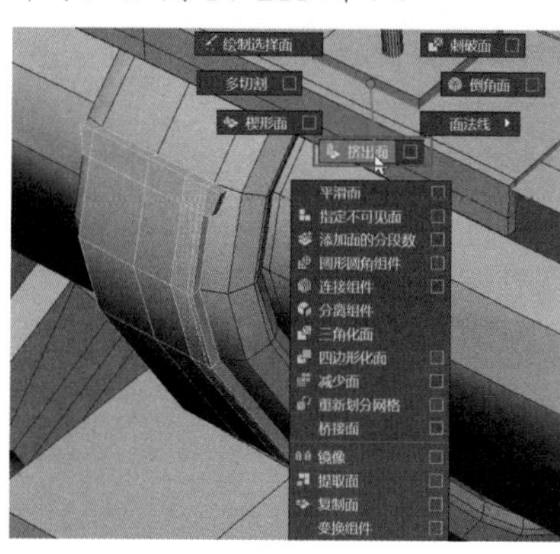

图 14-218

Step67 调整好厚度后，将模型的另一半部分删除，如图 14-219 所示。

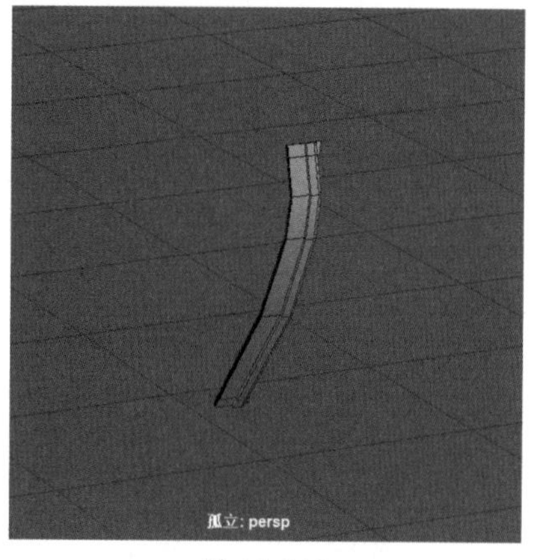

图 14-219

Step68 使模型回到对象模式，再次为模型上下两端添加多条循环边，如图 14-220 所示，选择模型的顶面，执行【挤出面】命令，如图 14-221 所示。

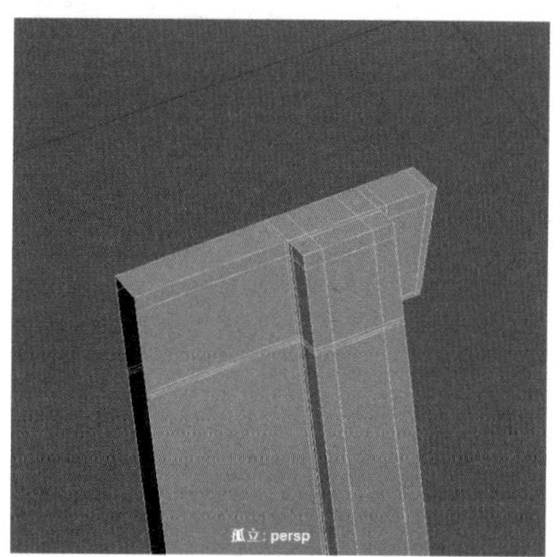

图 14-220

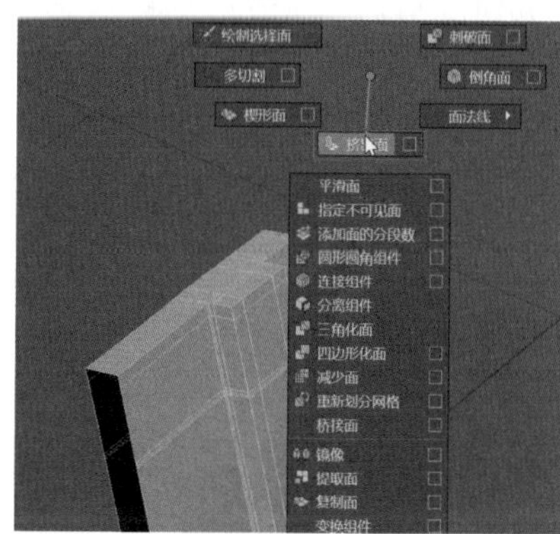

图 14-221

Step 69 弹出面板后，将【偏移】设置为 0.001，如图 14-222 所示，该模型就能根据整个车身的中心轴复制到另一侧，如图 14-223 所示。

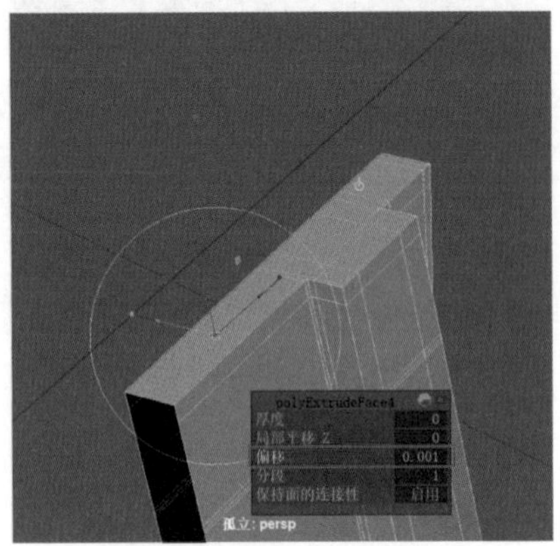

图 14-222

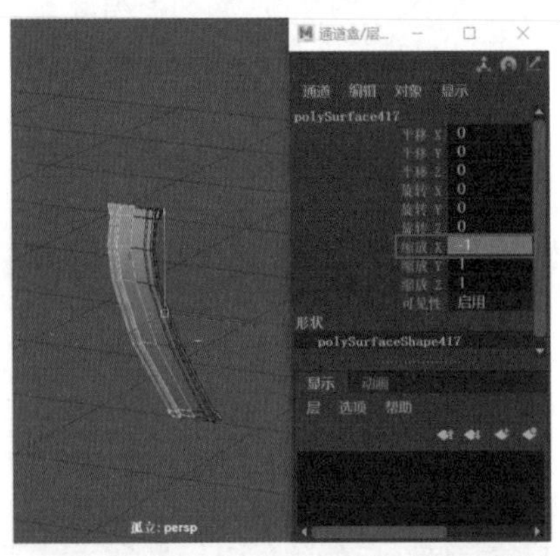

图 14-223

Step 70 选择两个模型，执行【结合】命令，选择中间的顶点，执行【合并顶点】命令，如图 14-224 所示。

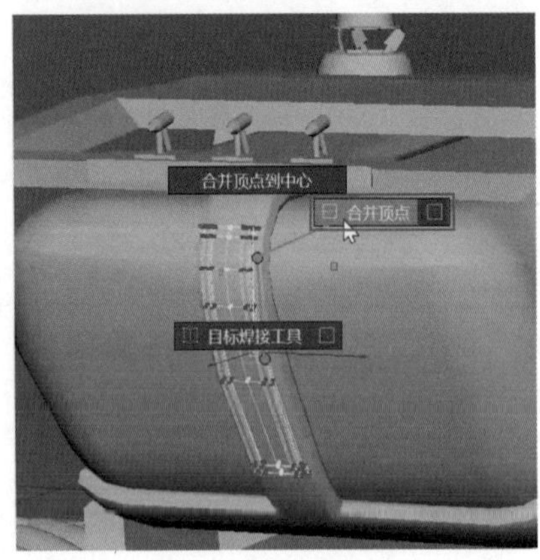

图 14-224

14.2.3 为模型添加细节并卡线

接下来的工作还是对模型添加细节，模型确认无误后，进行卡线，完成模型的收尾工作，具体制作步骤如下。

Step 01 选择车身的框架，并添加 4 条循环边，如图 14-225 所示，使用【多切割】命令调整局部布线，如图 14-226 所示。

图 14-225

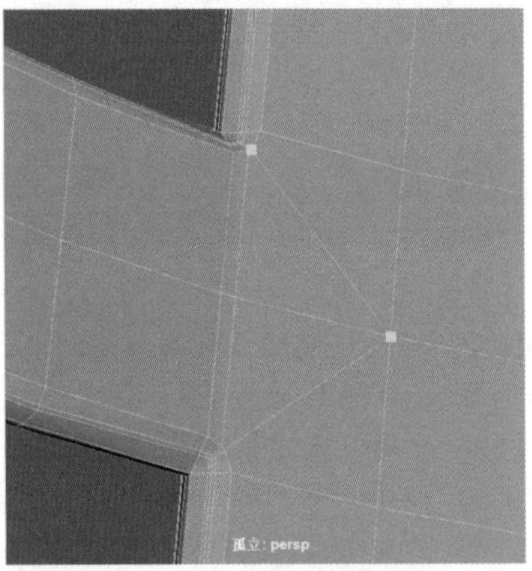

图 14-226

Step 02 选择其他模型，再次添加多条循环边，模型的一半部分调整好布线后，效果如图 14-227 所示。

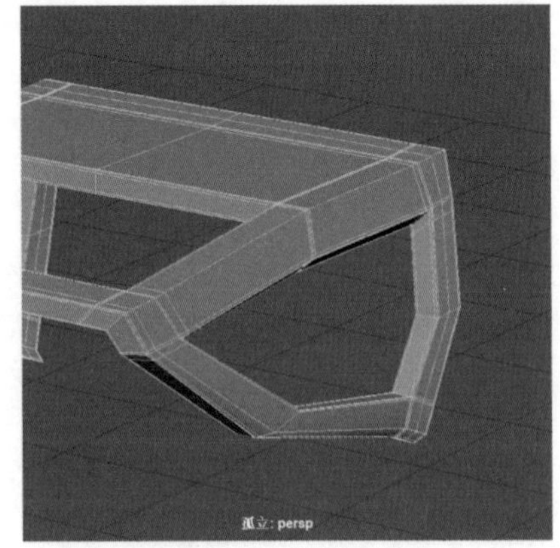

图 14-227

Step 03 将模型的另一半部分删除，并再次进行复制与合并，如图 14-228 所示。

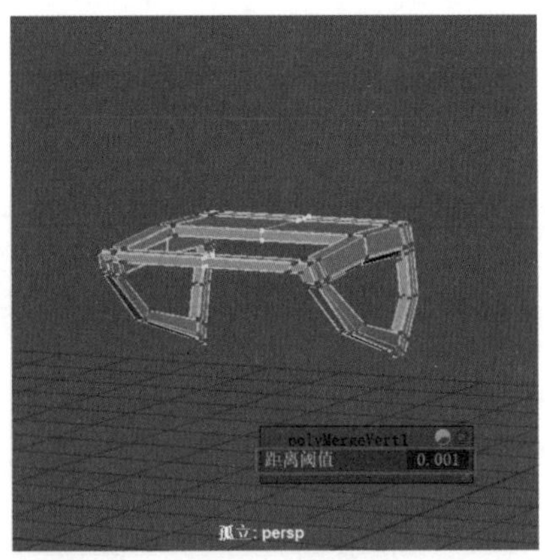

图 14-228

Step 04 使用【插入循环边工具】命令为车身添加两条边，如图 14-229 所示，使用【多切割】命令为模型绘制多条弧线，如图 14-230 所示。

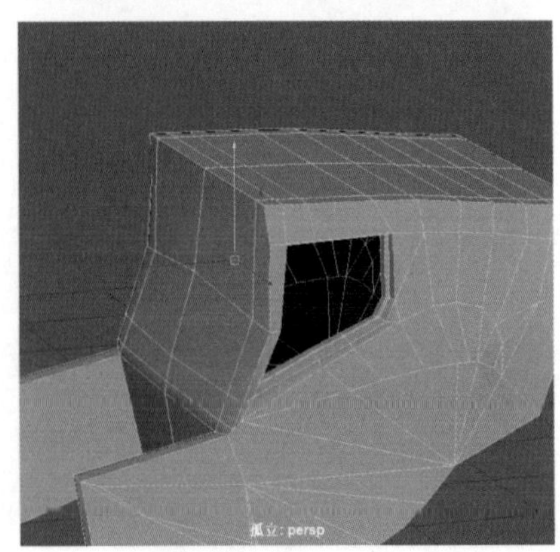

图 14-229

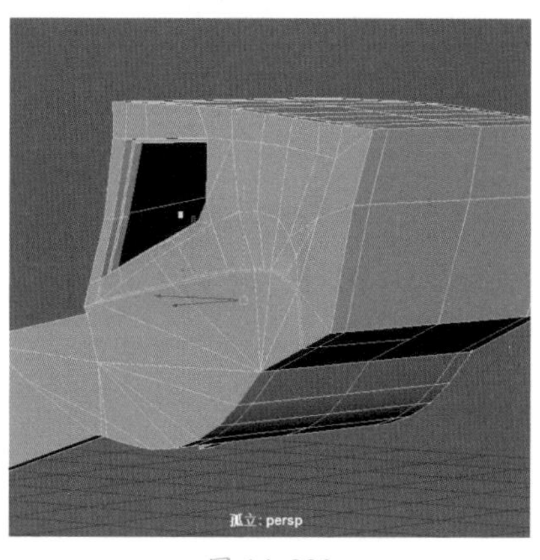

图 14-230

Step05 选择其中两个顶点，按组合键【Shift + 鼠标右键】，拖曳选择【合并顶点】命令，如图 14-231 所示，使用【插入循环边工具】命令为模型添加两条循环边，如图 14-232 所示。

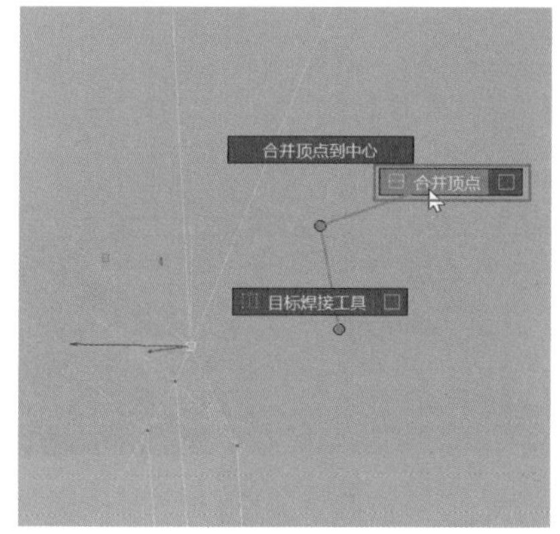

图 14-231

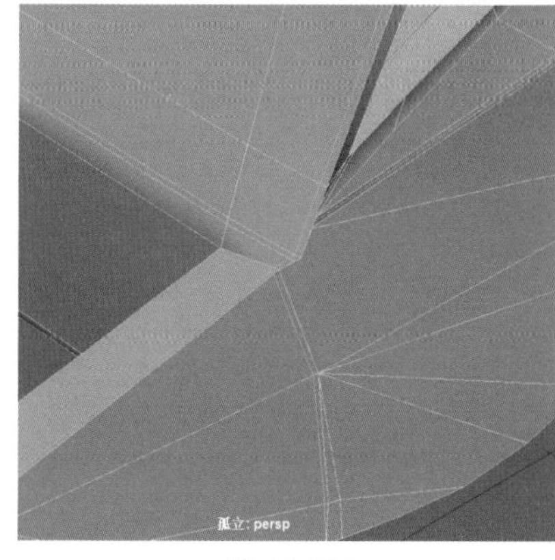

图 14-232

Step06 使用【多切割】命令添加布线，如图 14-233 所示，按【V】键将多个顶点吸附到边缘处，并框选多个顶点，按组合键【Shift + 鼠标右键】，拖曳选择【合并顶点】命令，如图 14-234 所示。

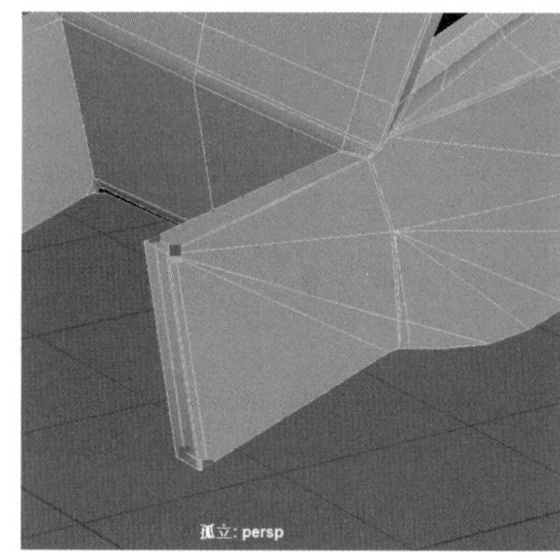

图 14-233

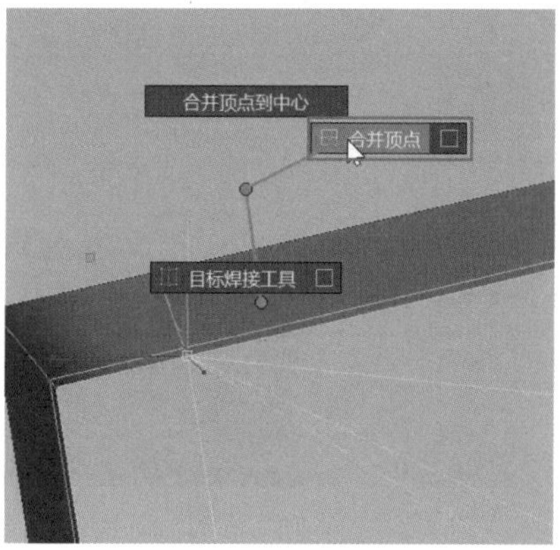

图 14-234

Step07 使用【插入循环边工具】命令为模型添加一条循环边，如图 14 235 所示，使用【多切割】命令为模型调整布线，如图 14-236 所示。

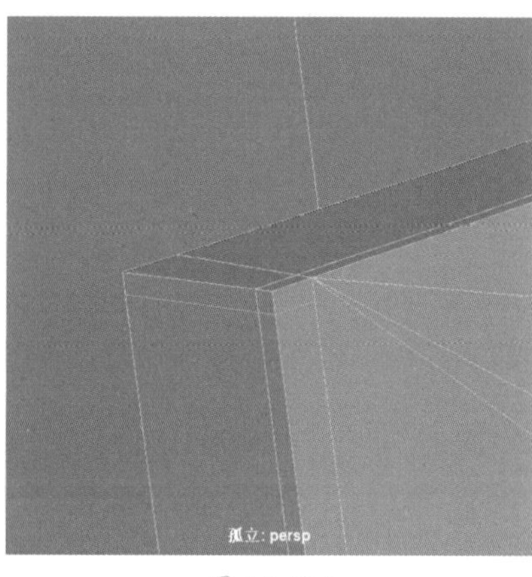

图 14-235

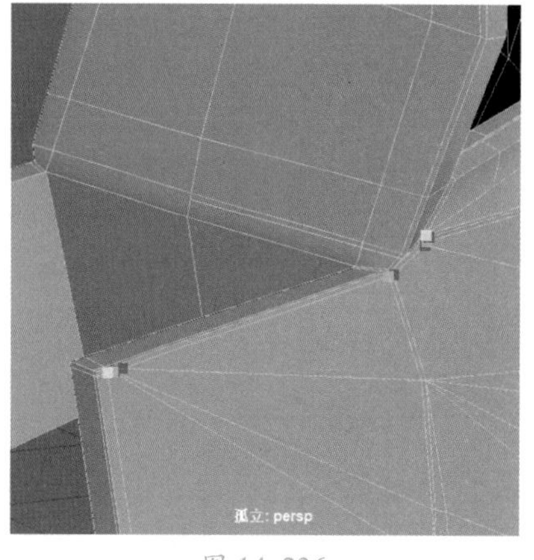

图 14-236

Step08 选择局部顶点再次进行合并，如图 14-237 所示，使用【多切割】命令为模型再次绘制一条弧线，并调整布线，如图 14-238 所示。

图 14-237

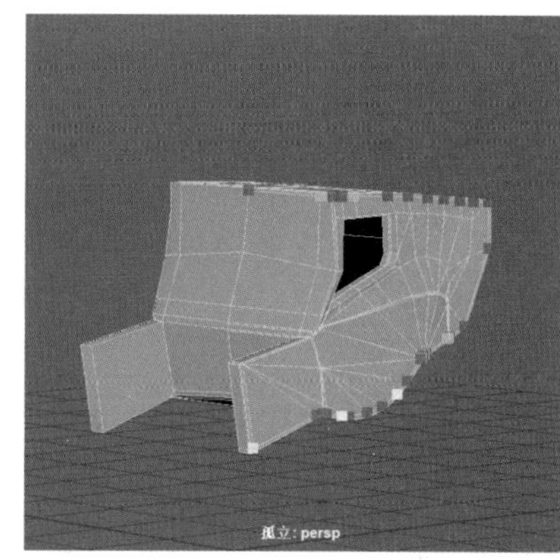

图 14-238

Step09 选择多余的边，按组合键【Shift + 鼠标右键】，拖曳选择【删除边】命令，如图 14-239 所示，选择局部边，按组合键【Shift + 鼠标右键】，执行【倒角边】命令，如图 14-240 所示。

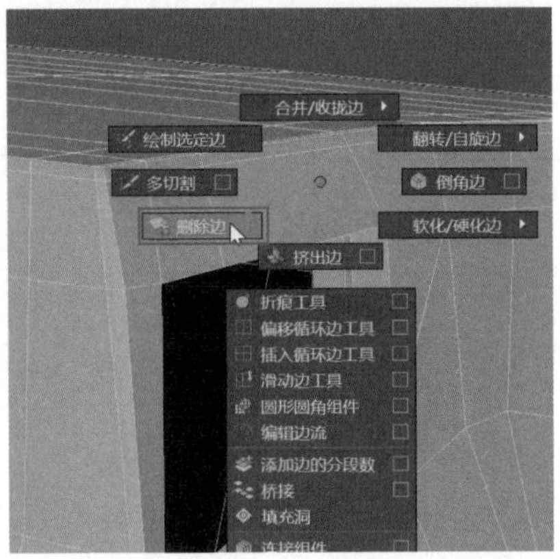

图 14-239

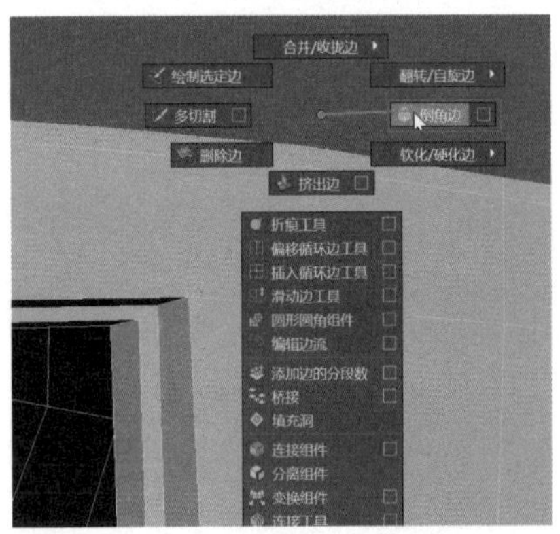

图 14-240

Step10 删除多余的边，使用【多切割】命令添加布线，如图 14-241 所示。

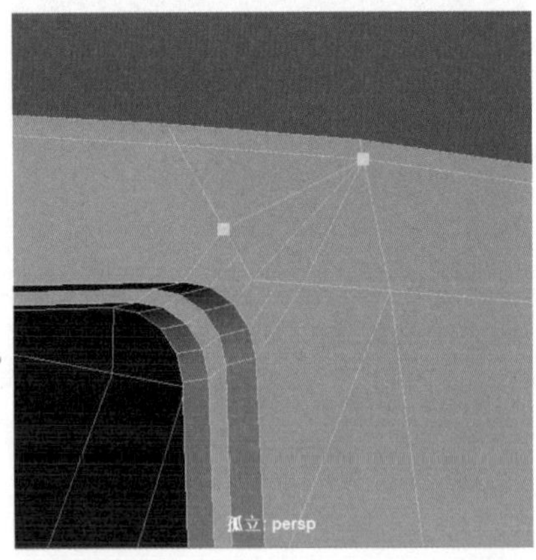

图 14-241

Step11 选择对边，再次执行倒角，如图 14-242 所示，再次调整布线，如图 14-243 所示。

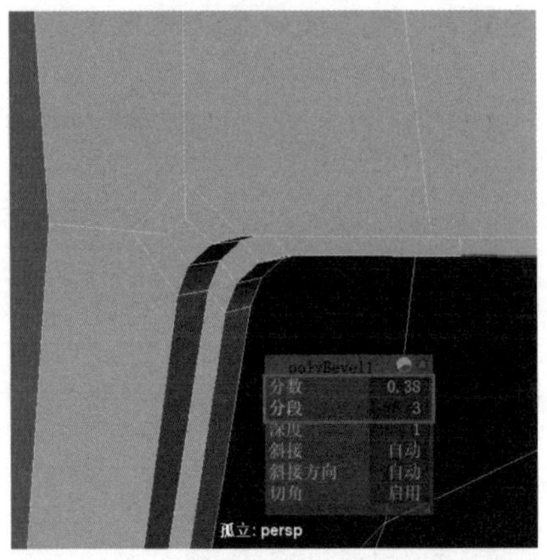

图 14-242

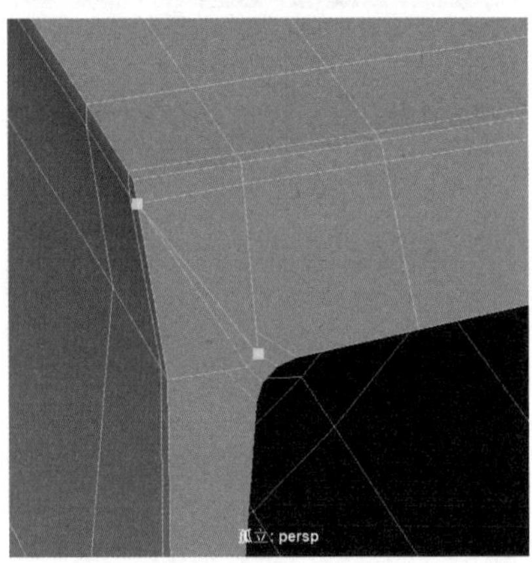

图 14-243

Step12 选择多余的边进行删除，如图 14-244 所示，使用【多切割】命令为模型再次添加布线，如图 14-245 所示。

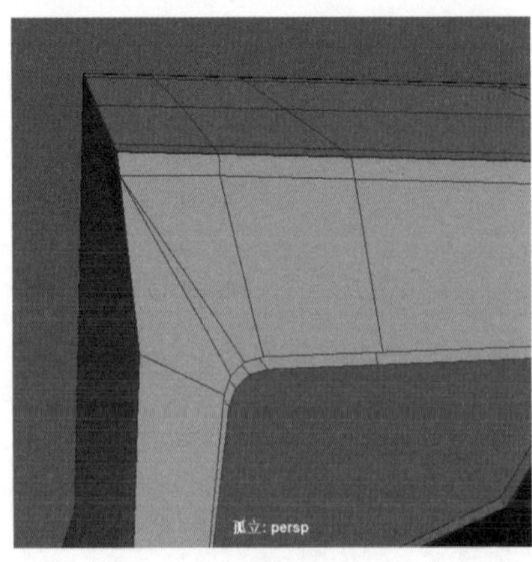

图 14-244

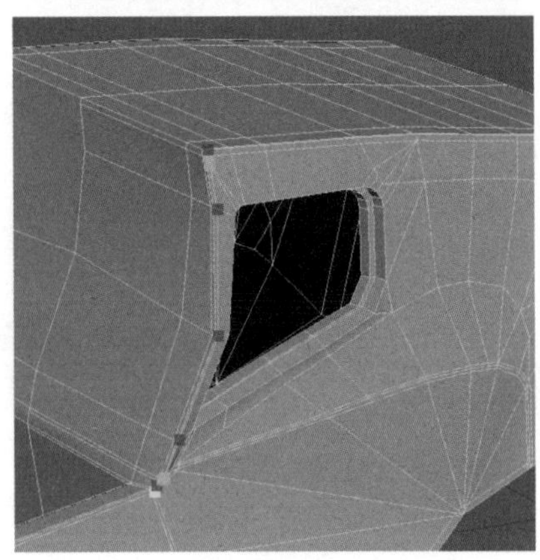
图 14-245

Step13 选择局部顶点，执行【合并顶点】命令，如图 14-246 所示，选择局部边，执行【倒角边】命令，并设置其参数，如图 14-247 所示。

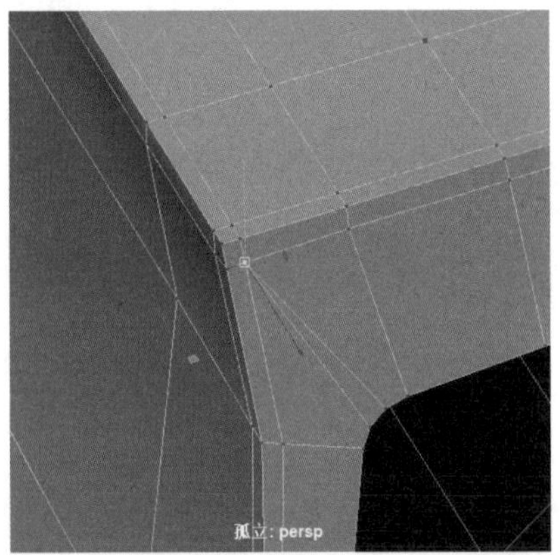

图 14-246

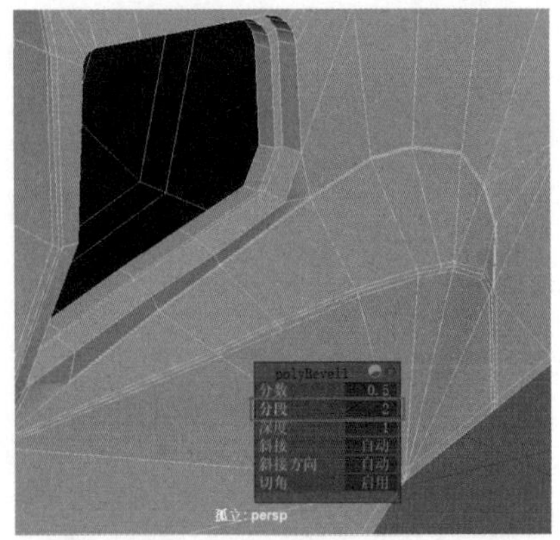

图 14-247

Step14 使用【插入循环边工具】命令为模型添加多条循环边，如图 14-248 所示。

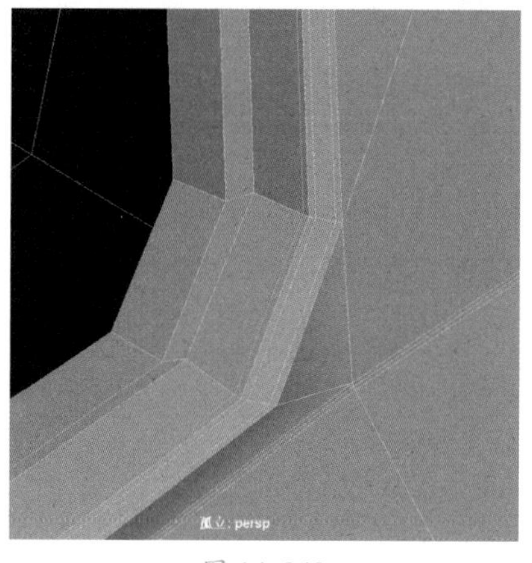

图 14-248

Step15 选择窗户内侧的循环边，再次执行倒角，使用【多切割】命令再次添加布线，如图 14-249 所示。

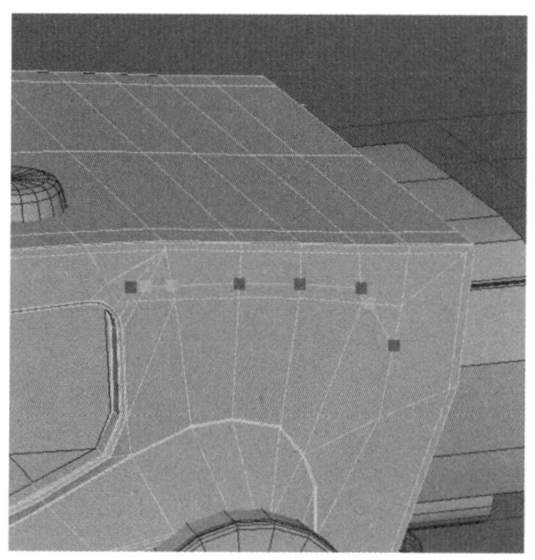

图 14-249

Step16 布线调整好后，选择局部面，执行【提取面】命令，如图 14-250 所示。

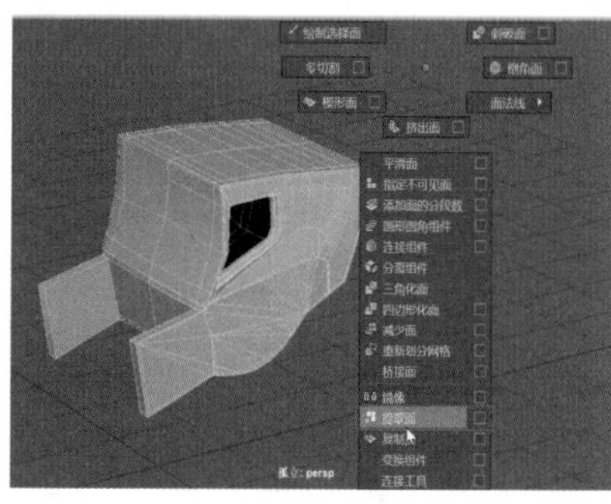

图 14-250

Step17 将提取出来的部分独立显示，选择一条循环边，执行【挤出边】命令，如图 14-251 所示。

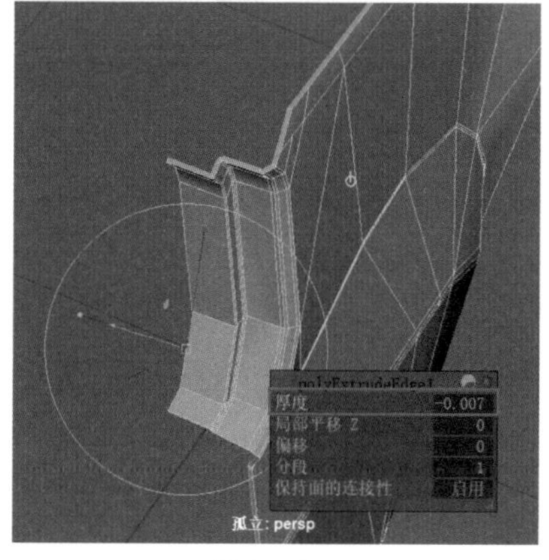

图 14-251

Step18 选择局部边，再次执行【倒角边】命令，如图 14-252 所示，使用【多切割】命令再次为模型调整布线，如图 14-253 所示。

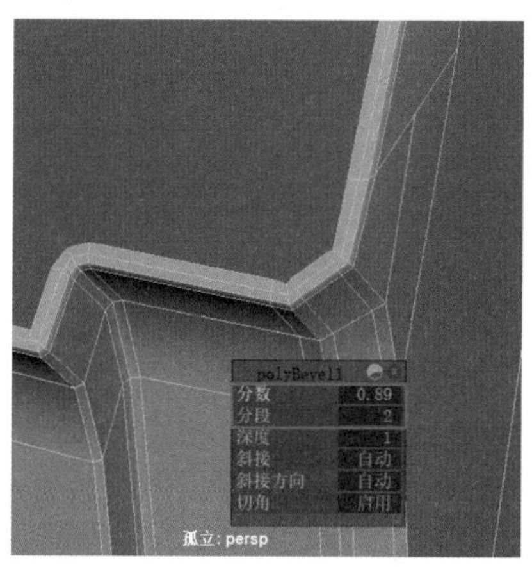

图 14-252

图 14-253

Step19 使用【插入循环边工具】命令为模型添加多条循环边，如图 14-254 所示。

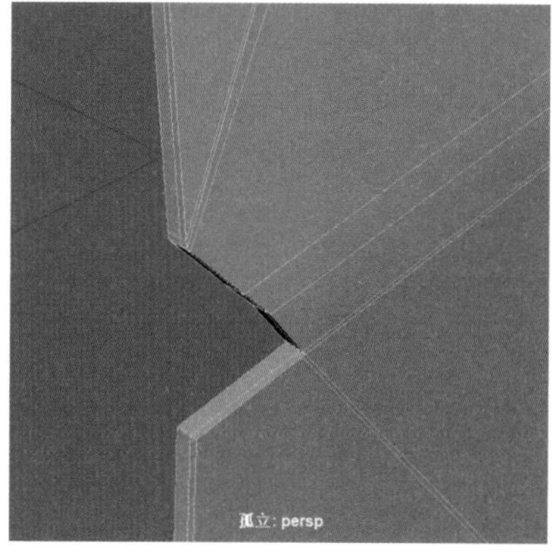

图 14-254

Step20 选择多余的边进行删除，如图 14-255 所示。

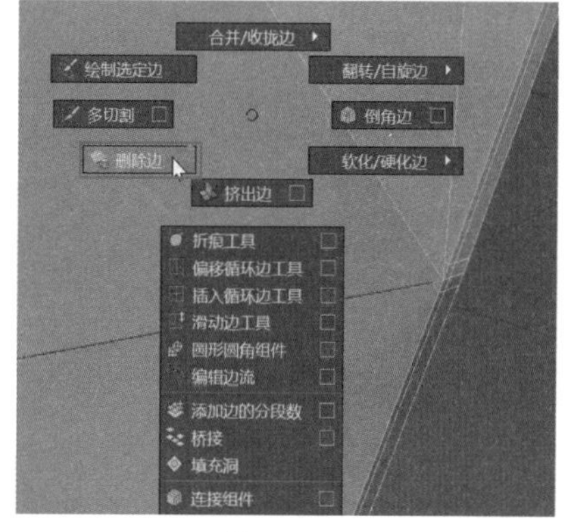

图 14-255

Step21 该部分模型全部卡好线后，效果如图 14-256 所示，显示所有模型，选择车身中空面的循环边，执行【挤出边】命令，如图 14-257 所示。

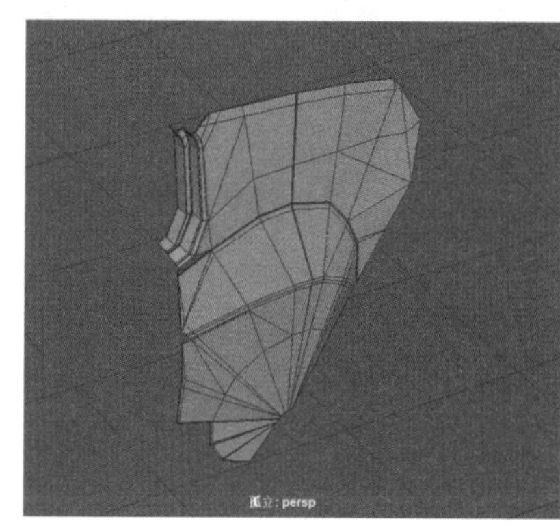

图 14-256

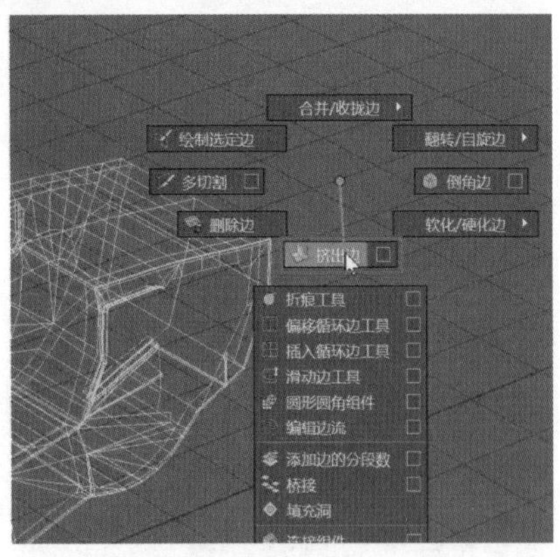

图 14-257

Step22 选择模型的另一半部分，按【Delete】键删除，如图 14-258 所示。

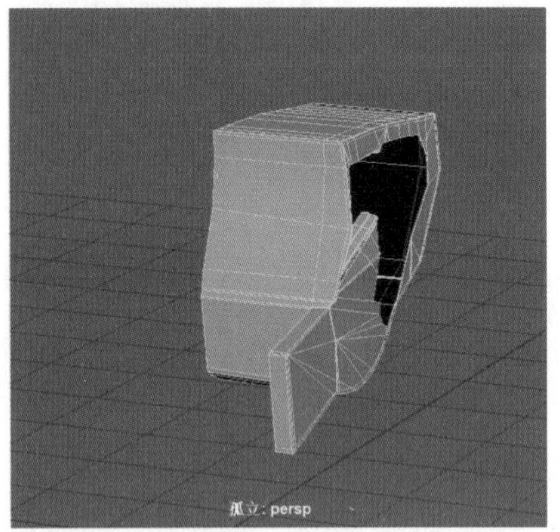

图 14-258

Step23 继续为模型卡线，然后选择局部边，执行【倒角边】命令，如图 14-259 所示。

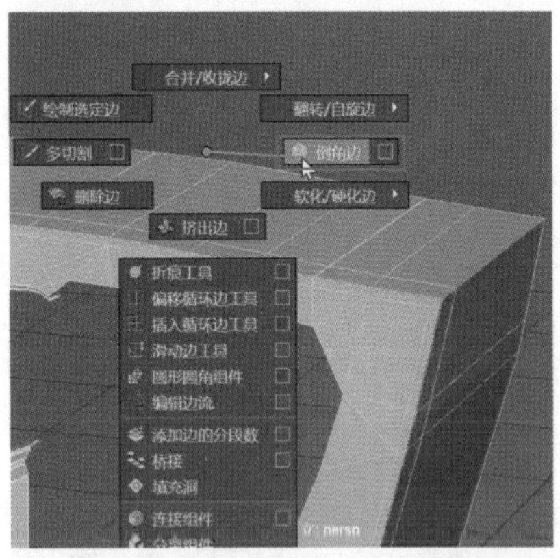

图 14-259

Step24 使用【多切割】命令为模型添加布线，如图 14-260 所示。

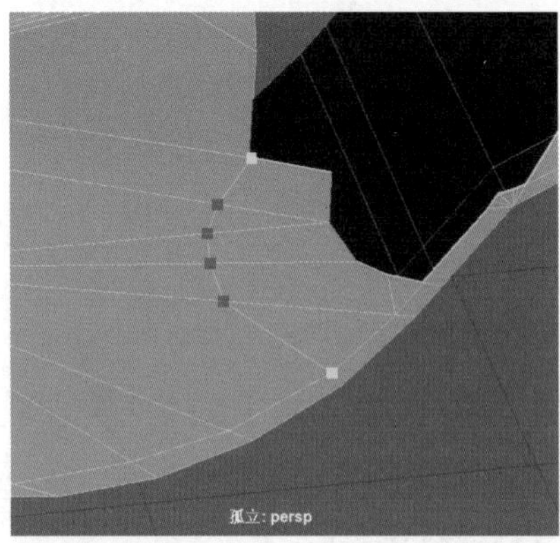

图 14-260

Step25 选择其他模型，为其添加两条循环边，如图 14-261 所示。

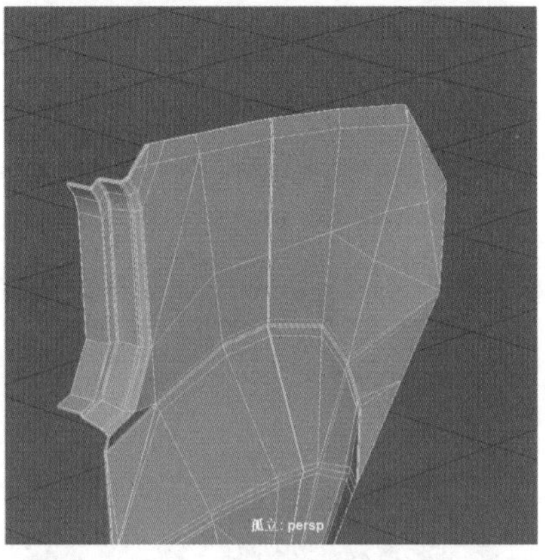

图 14-261

Step26 回到对象模式后，选择车身部分，复制到另一侧后合并顶点，如图 14-262 所示，选择车身后侧轮胎的轴，执行【挤出面】命令，如图 14-263 所示。

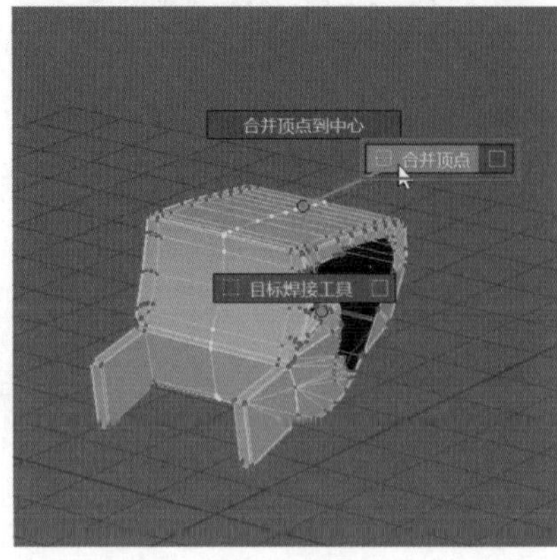

图 14-262

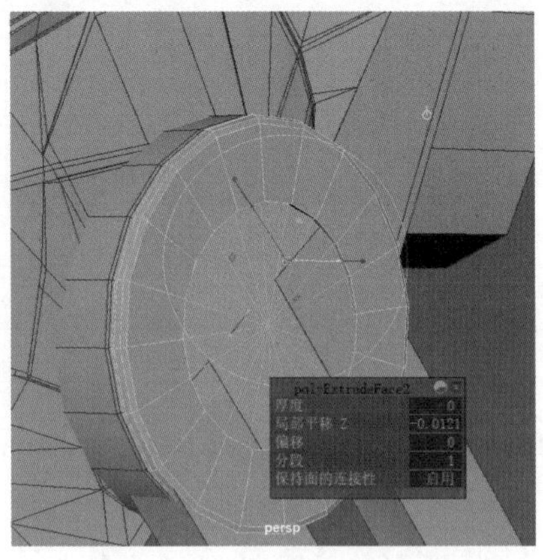

图 14-263

Step27 再执行两次挤出面，生成一个新的厚度，如图 14-264 所示。

图 14-264

Step28 选择前侧轮胎的支架的局部边，执行【倒角边】命令，如图 14-265 所示。

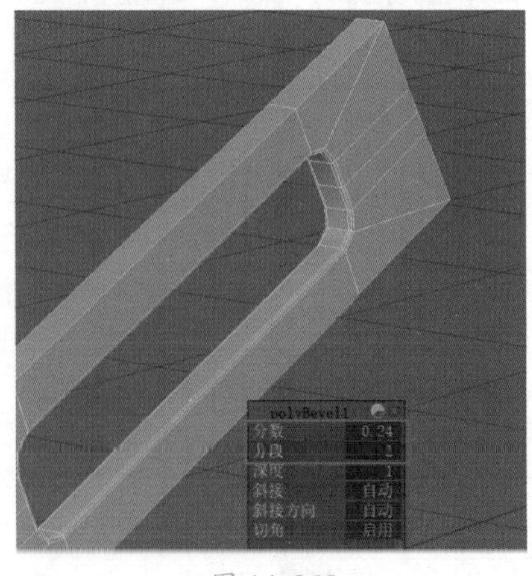

图 14-265

Step29 使用【插入循环边工具】命令为该模型添加两条循环边，如图 14-266 所示，使用【多切割】命令为模型绘制一条边，如图 14-267 所示。

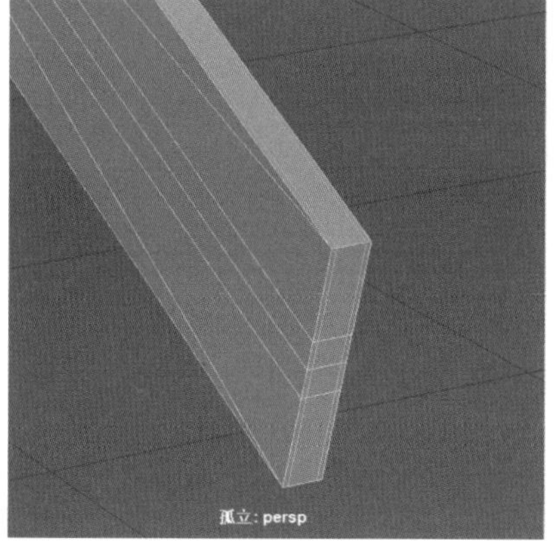

图 14-266

图 14-267

Step30 将多余的边删除，选择其他物体的局部面，执行【复制面】命令，如图 14-268 所示。

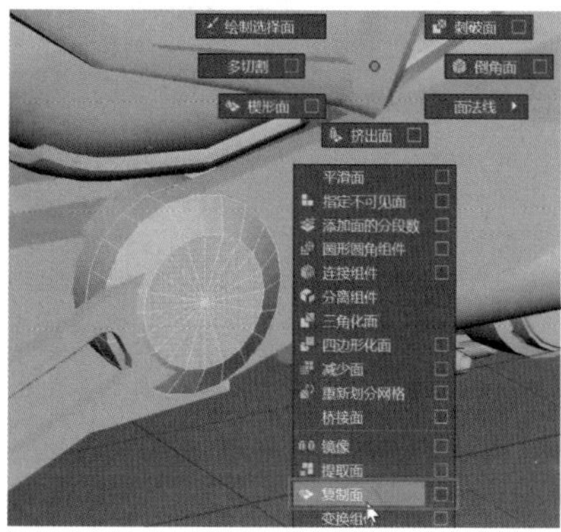

图 14-268

Step31 将复制出来的面缩小，执行【挤出】命令，如图 14-269 所示。

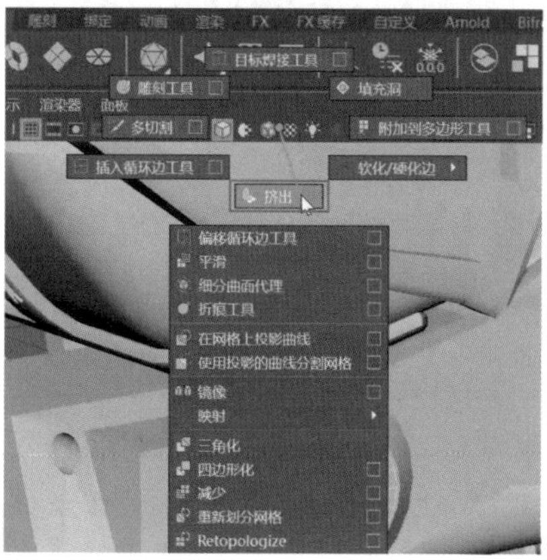

图 14-269

Step32 生成厚度后，选择局部边，执行【倒角边】命令，如图 14-270 所示。

图 14-270

Step33 选择侧面，执行【挤出面】命令，并将其缩小，如图 14-271 所示，然后选择车身下方的圆柱体，为其添加 4 条循环边，如图 14-272 所示。

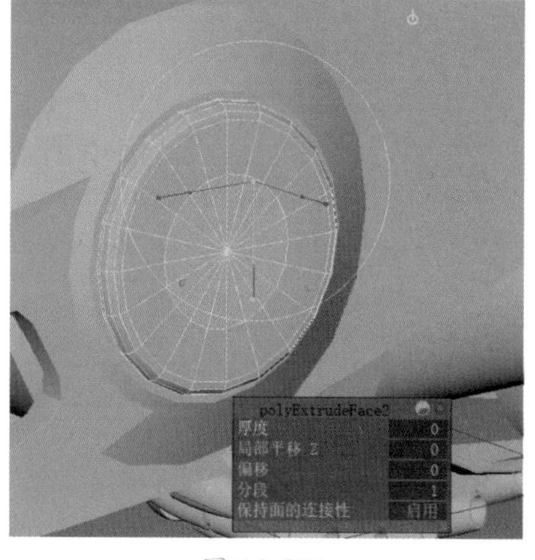

图 14-271

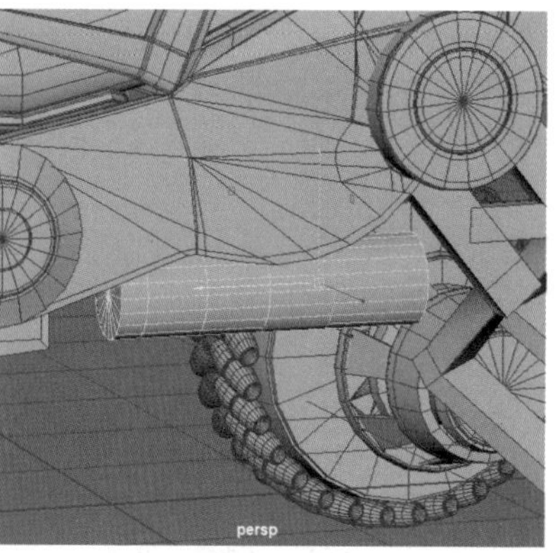

图 14-272

Step34 选择局部面，执行【提取面】命令，然后选择循环边，执行【倒角边】命令，如图 14-273 所示。

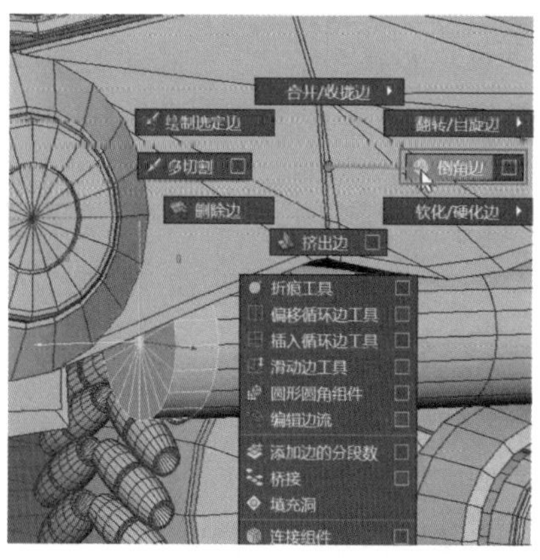

图 14-273

Step35 选择该模型侧面，执行【挤出面】命令，如图 14-274 所示。

图 14-274

Step36 添加一条循环边，选择局部面执行挤出命令，如图 14-275 所示。

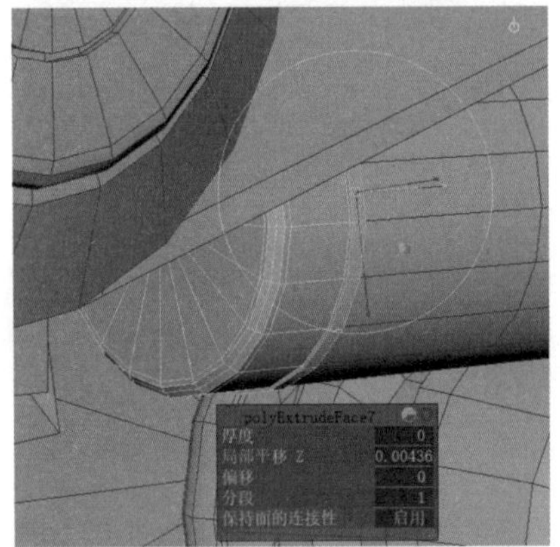

图 14-275

Step37 再次为该模型添加多条循环边，进行卡线，如图 14-276 所示，然后将其独立显示，选择空面的循环边，执行【挤出边】命令，如图 14-277 所示。

图 14-276

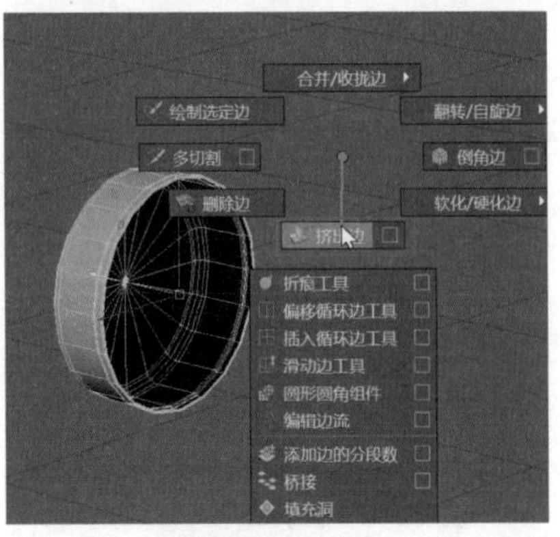

图 14-277

Step38 生成操纵器后，按组合键【Shift + 鼠标右键】，拖曳选择【合并边到中心】命令，如图 14-278 所示，将相邻的一部分圆柱体删除，如图 14-279 所示。

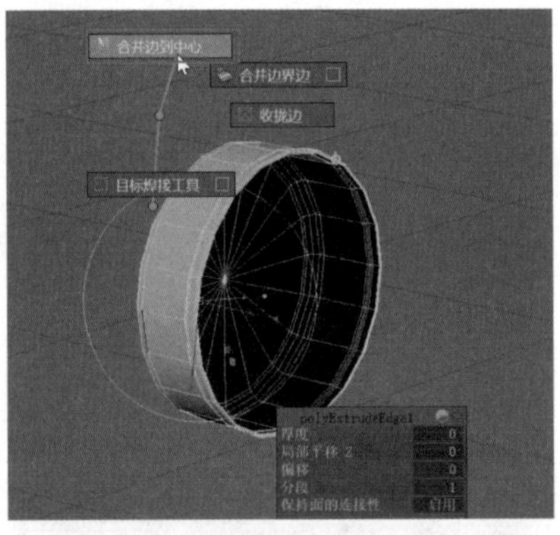

图 14-278

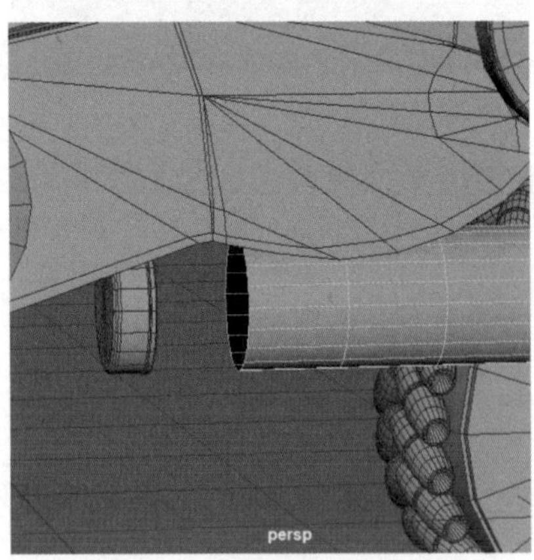

图 14-279

Step39 创建一个圆柱体，将其缩小并移动到该圆柱体内侧，然后将模型的坐标进行吸附，如图 14-280 所示。

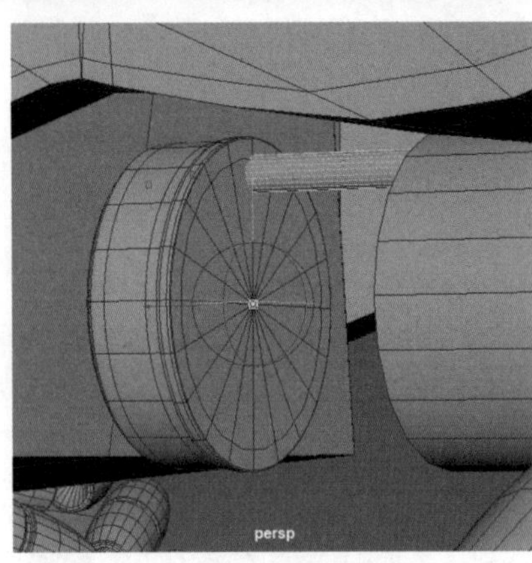

图 14-280

Step40 复制多次该模型，如图 14-281 所示，选择相邻模型的局部面，执行【提取面】命令，如图 14-282 所示。

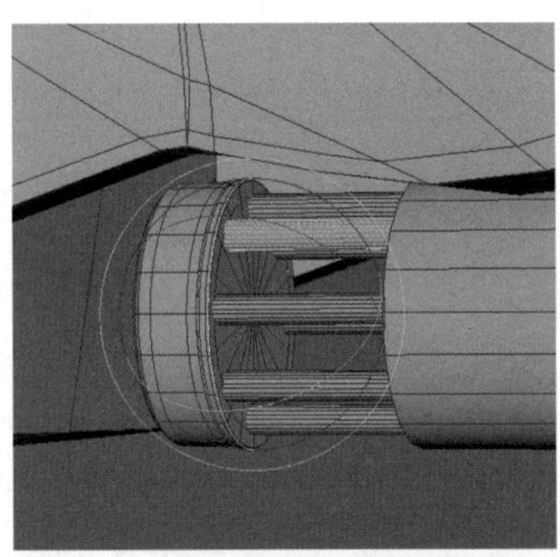

图 14-281

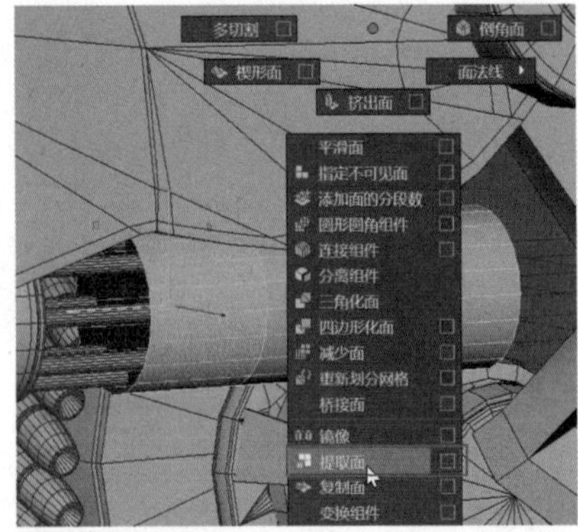

图 14-282

Step41 为模型添加一条循环边，如图 14-483 所示，然后选择局部面，执行【挤出面】命令，如图 14-484 所示。

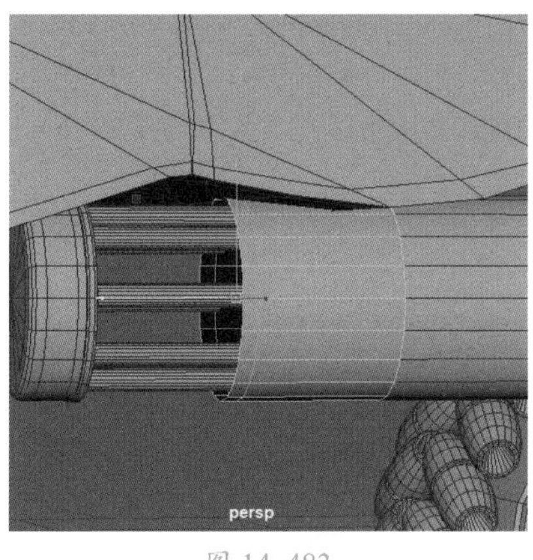

图 14-483

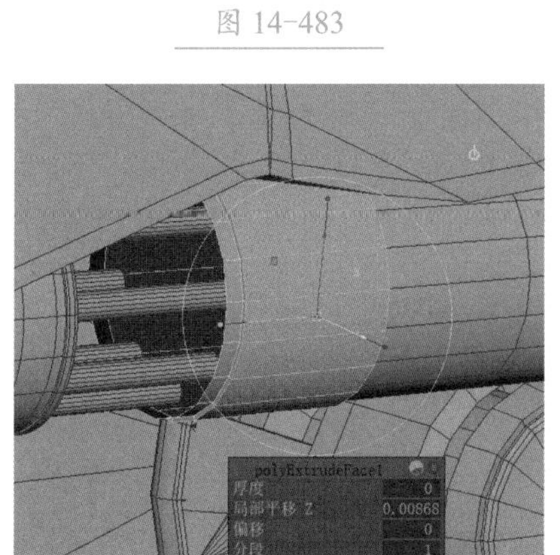

图 14-484

Step42 添加多条循环边为厚度进行卡线，如图 14-285 所示。

图 14-285

Step43 选择空面中的循环边，执行【挤出边】命令，如图 14-286 所示，生成操纵器后，为其执行【合并边到中心】命令，将空面补上，如图 14-287 所示。

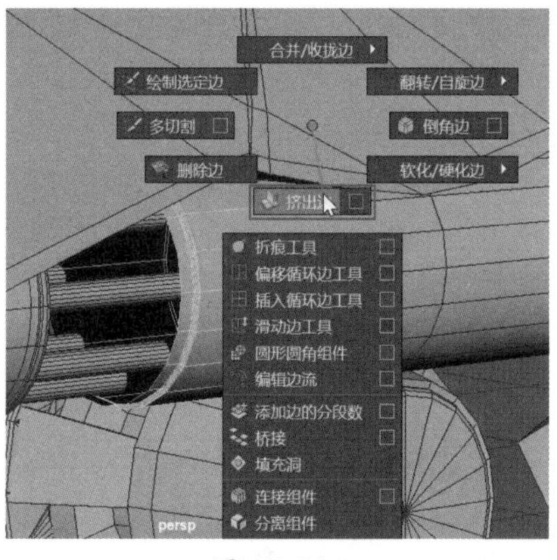

图 14-286

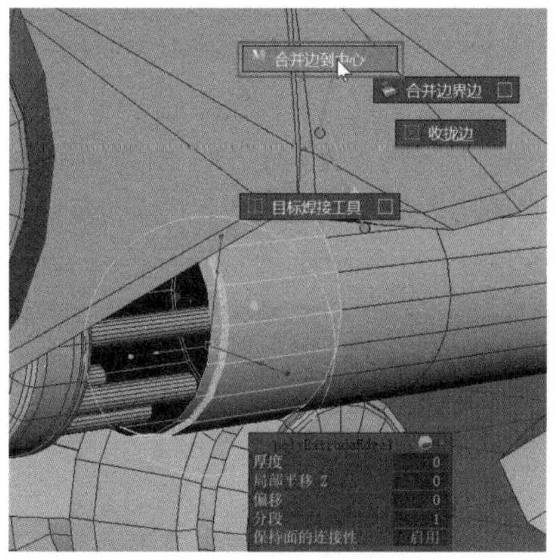

图 14-287

Step44 选择局部循环边，执行【倒角边】命令，如图 14-288 所示，用同样的方法，为该模型制作一个新的厚度，如图 14-289 所示。

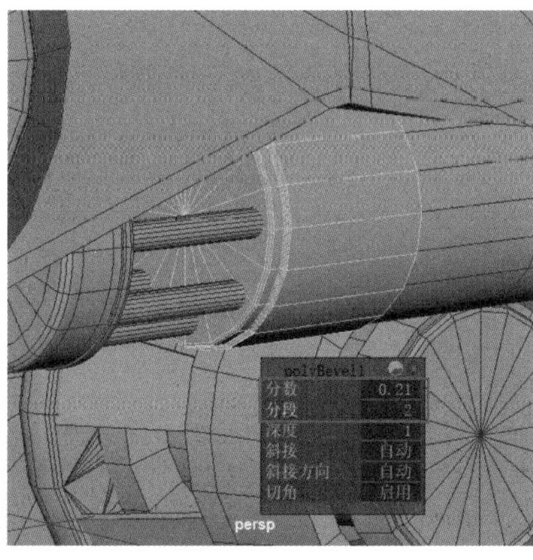

图 14-288

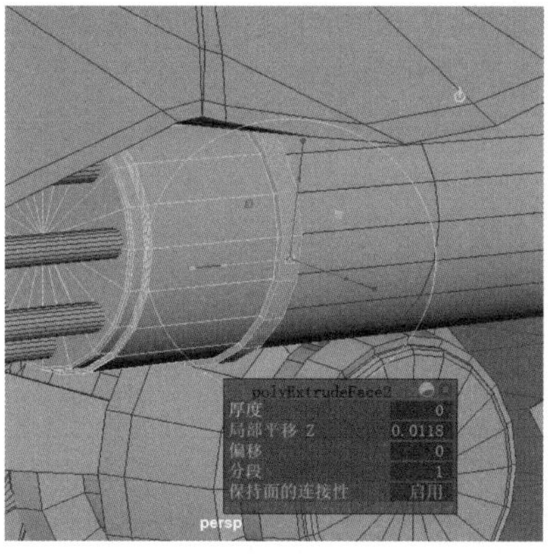

图 14-289

Step45 按快捷键【Ctrl+D】，对该模型进行复制，并吸附到右侧，再进行一次复制，如图 14-290 所示。

图 14-290

Step46 框选该部分的所有模型，执行【结合】命令，并调整位置，如图 14-291 所示。

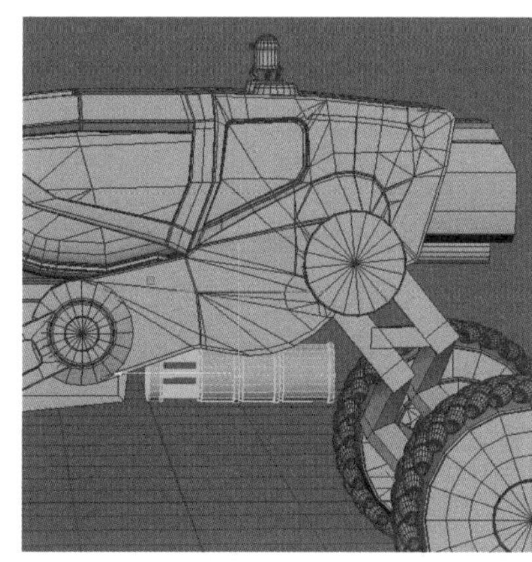

图 14-291

Step47 选择轮胎内侧的衔接部分，按快捷键【Ctrl+D】再次进行复制并移动，如图 14-292 所示。

图 14-292

Step48 创建一个新的圆柱体，选择其循环边并执行【倒角边】命令，如图 14-293 所示，对该圆柱体进行一次复制，如图 14-294 所示。

图 14-293

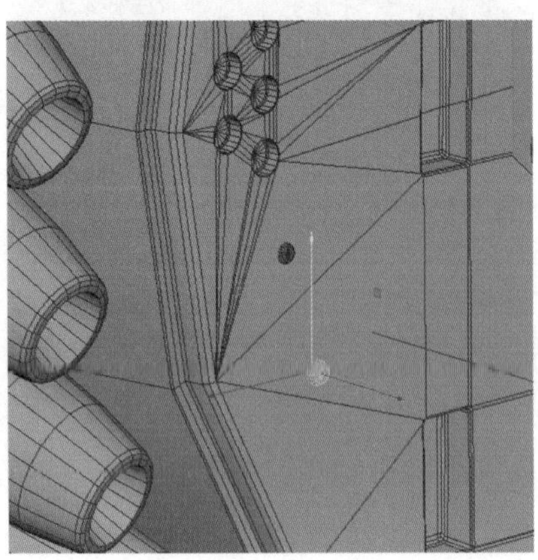

图 14-294

Step49 使用【多切割】【倒角边】【删除边】命令为该模型调整布线，如图 14-295 所示。

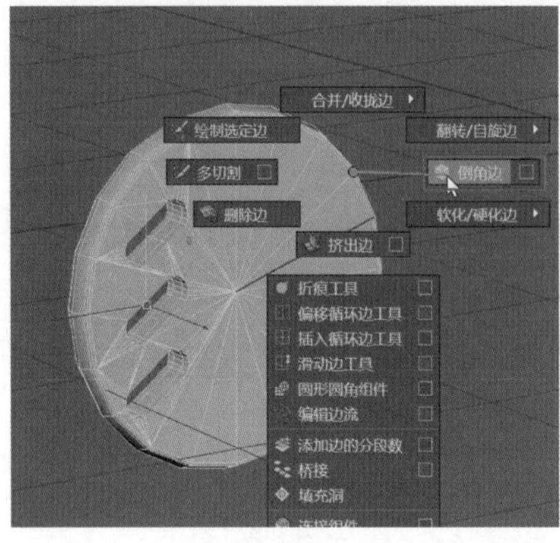

图 14-295

Step50 找到穿插的面，进行删除，如图 14-296 所示，再进行填充，如图 14-297 所示。

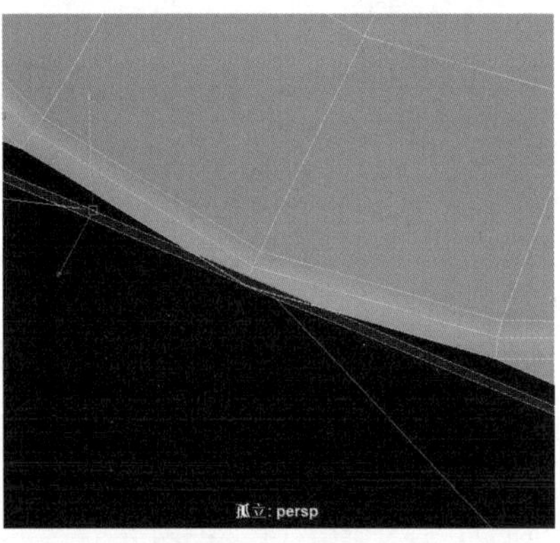

图 14-296

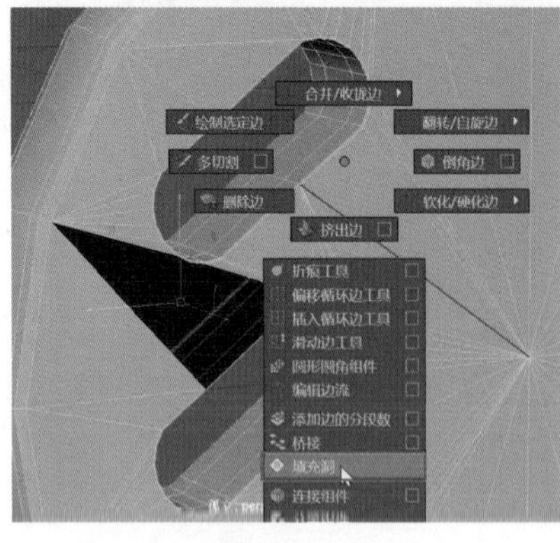

图 14-297

Step51 选择生成的面，先执行一次【三角化面】命令，再执行一次【四边形化面】命令，如图 14-298 所示。

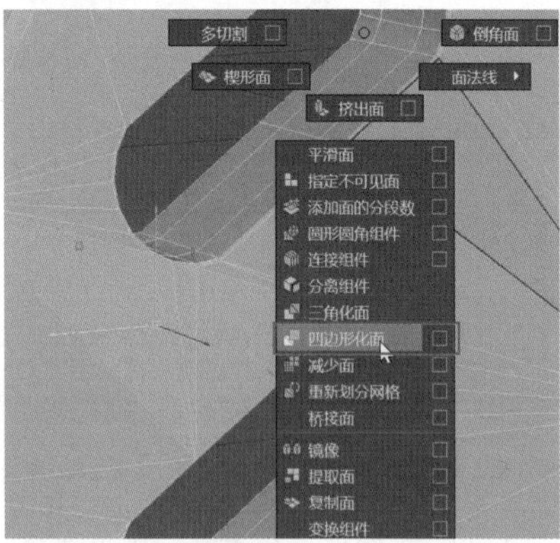

图 14-298

Step52 选择其他的循环边，再次执行【倒角边】命令，如图 14-299 所示。

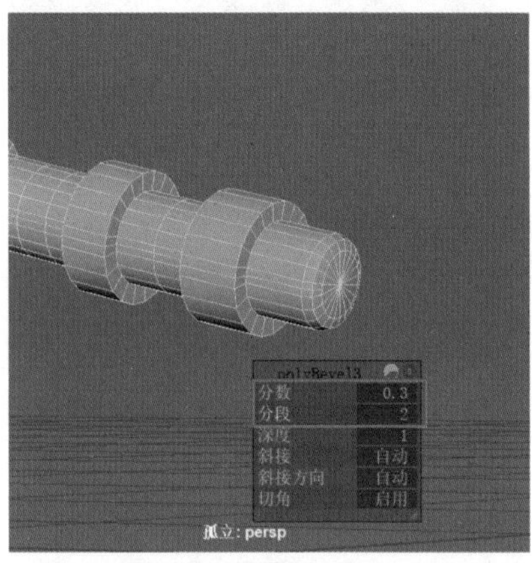

图 14-299

Step53 选择轮胎的其他组件，再次添加多条循环边，进行卡线，如图 14-300 所示，然后再次进行复制，如图 14-301 所示。

图 14-300

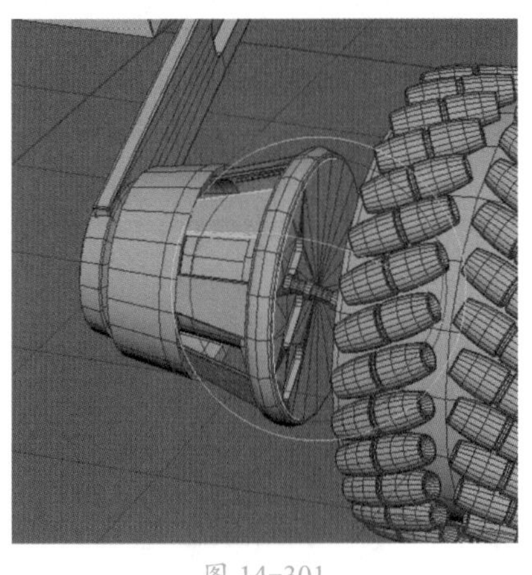

图 14-301

Step54 对轮胎中没有进行卡线的其他组件进行独立显示，并选择其局部边，执行【倒角边】命令，如图 14-302 所示。

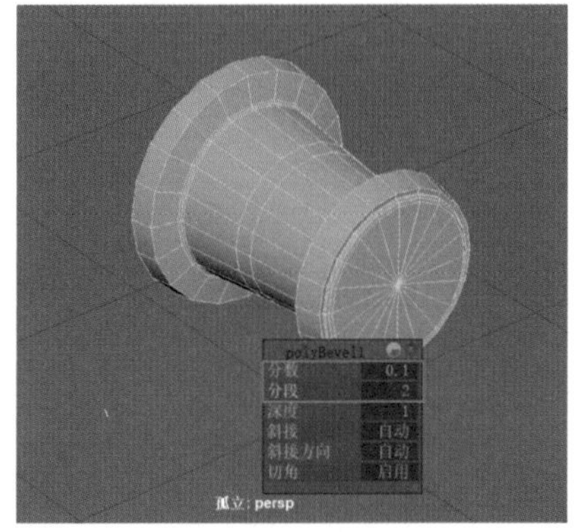

图 14-302

Step55 显示其他模型，继续添加多条循环边进行卡线，如图 14-303 所示。

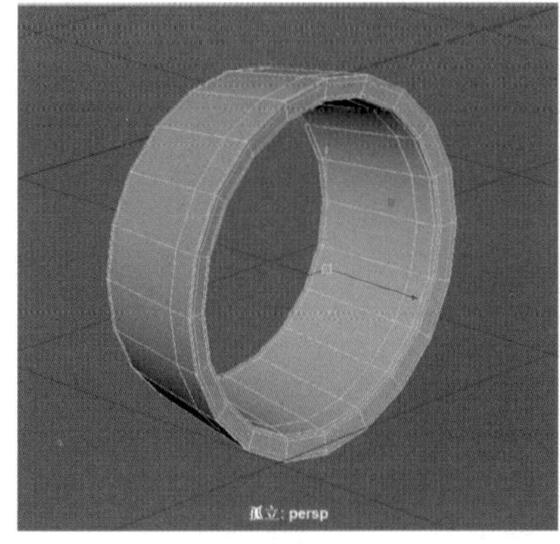

图 14-303

Step56 将所有在单侧制作完成的模型进行合并并复制到车身的另一侧，如图 14-304 所示。

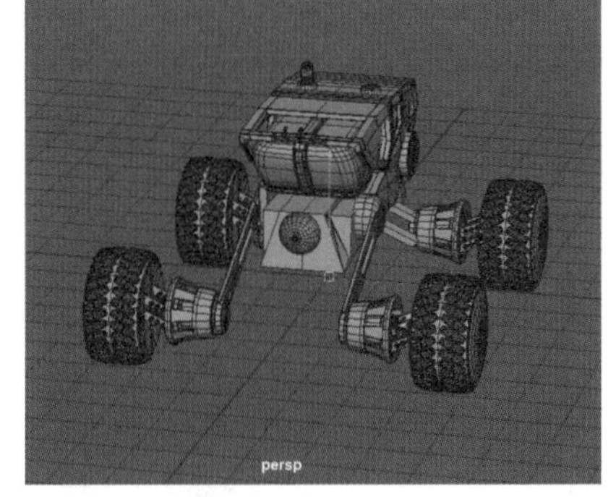

图 14-304

Step57 创建一个新的圆柱体，选择局部顶点进行缩小，然后为其添加一条循环边，如图 14-305 所示。

图 14-305

Step58 选择局部面，执行【挤出面】命令，并拖曳生成的操纵器调整厚度，如图 14-306 所示。

图 14-306

Step59 为其添加多条循环边，如图 14-307 所示，然后将坐标吸附到模型底部，进行复制并移动到该模型上方，如图 14-308 所示。

图 14-307

图 14-308

Step60 多次复制该模型后，框选整体，使用【结合】命令将它们合并到一起，并移动到车身上端，如图 14-309 所示。

图 14-309

Step 61 创建一个新的圆柱体，作为底座，如图 14-310 所示，选择其他模型的局部边执行倒角命令，如图 14-311 所示。

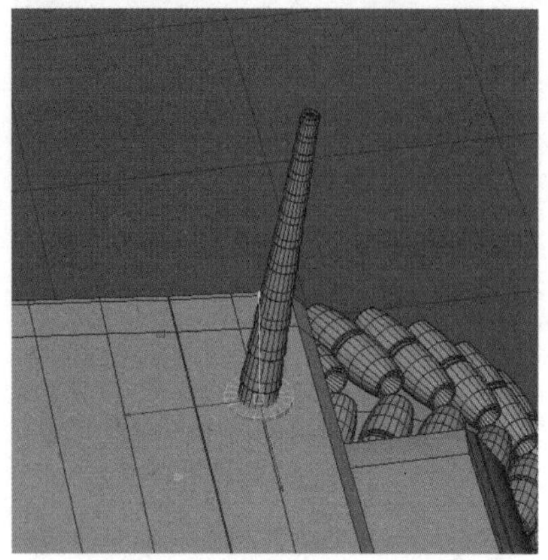
图 14-310

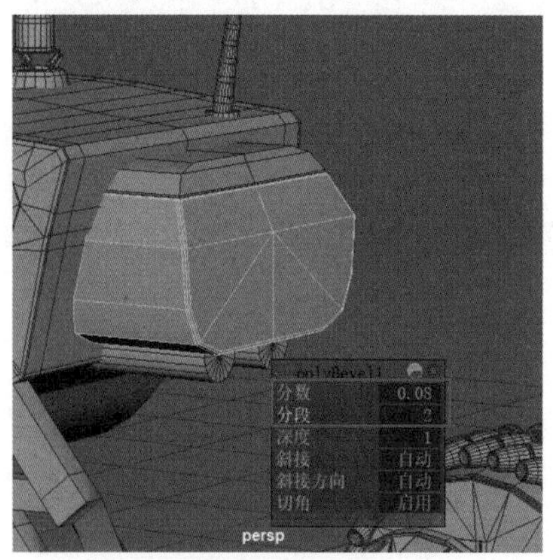
图 14-311

Step 62 为其他没有执行倒角和卡线的模型执行同样的操作，如图 14-312 所示。

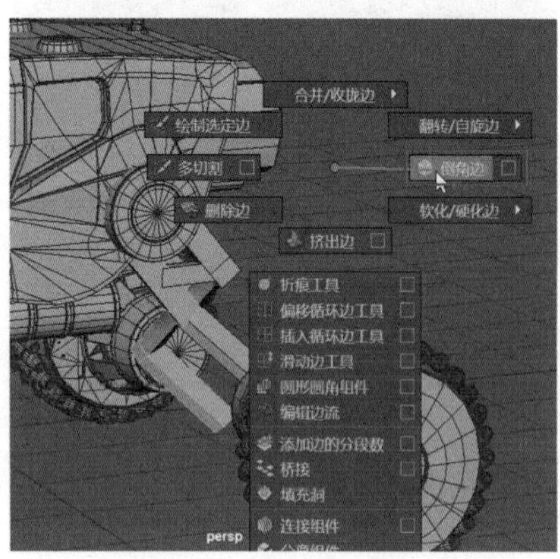
图 14-312

Step 63 创建一个新的圆柱体，将其移动到轮胎上，选择其侧面，执行【挤出面】命令，如图 14-313 所示。

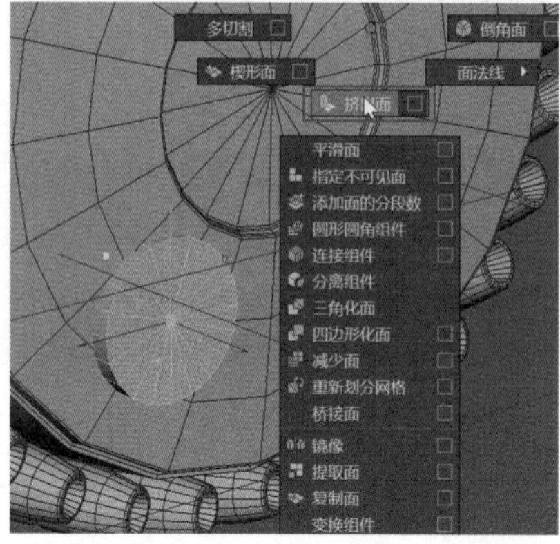
图 14-313

Step 64 将生成的面缩小，再执行一次挤出，向内侧拖曳生成的操纵器，如图 14-314 所示。

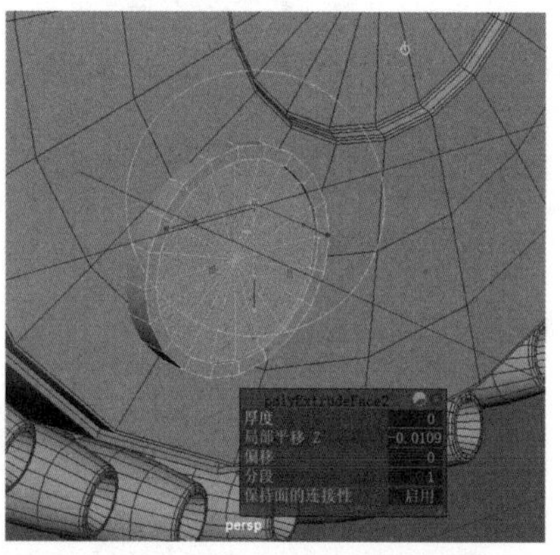
图 14-314

Step 65 选择局部边，为其执行【倒角边】命令，如图 14-315 所示。

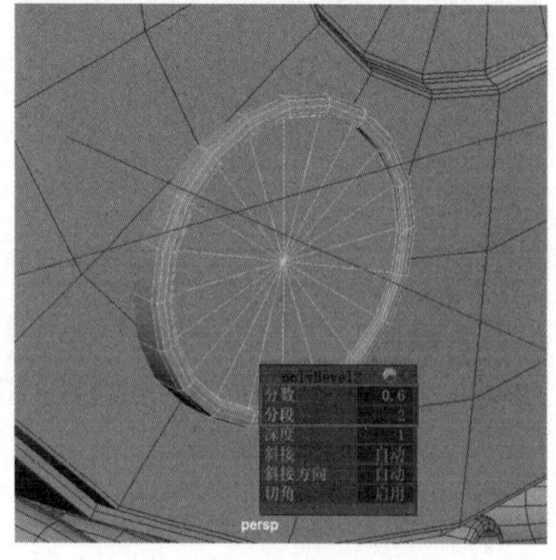
图 14-315

Step 66 将该模型独立显示，选择多余的面，按【Delete】键删除，如图 14-316 所示，然后执行【平滑】命令，如图 14-317 所示。

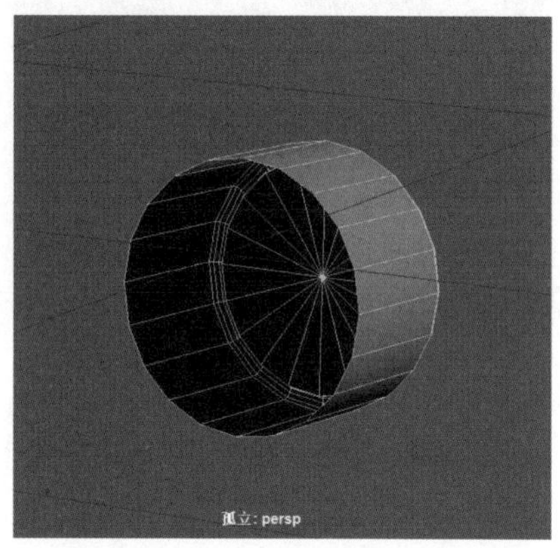
图 14-316

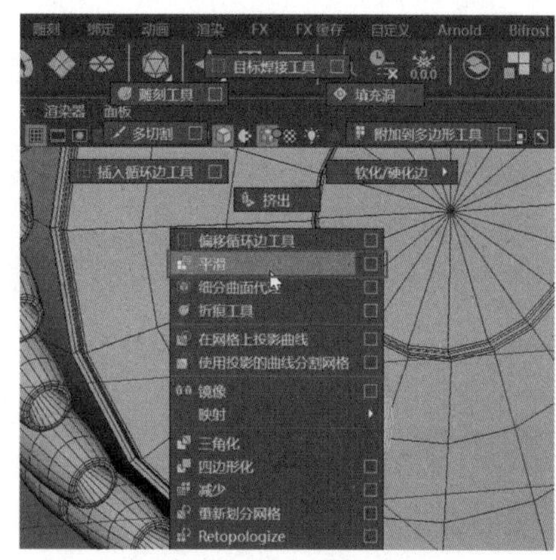
图 14-317

Step 67 选择平滑过的模型，按快捷键【Ctrl+D】对其进行复制，并调整位置，如图 14-318 所示。

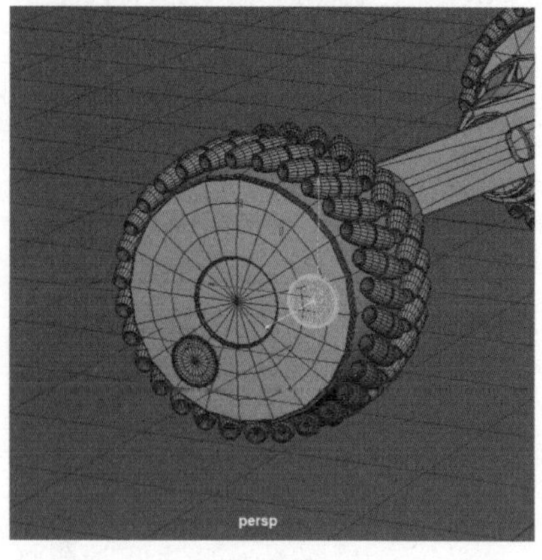
图 14-318

Step68 创建一个新的立方体，使用缩放工具将该模型拉长，并框选所有边，执行【倒角边】命令，如图 14-319 所示，然后为模型添加 3 条环形边，如图 14-320 所示。

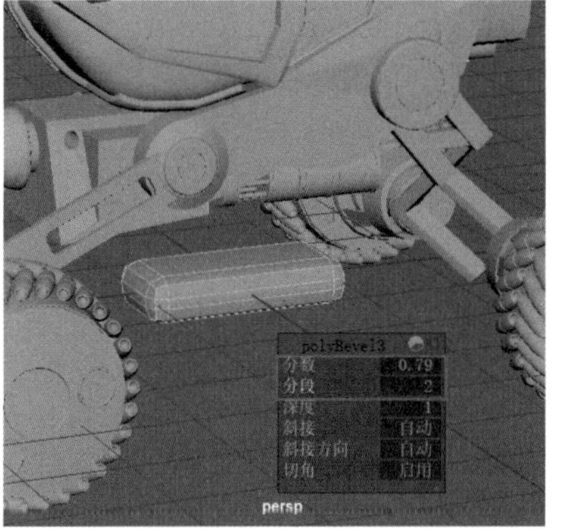

图 14-319

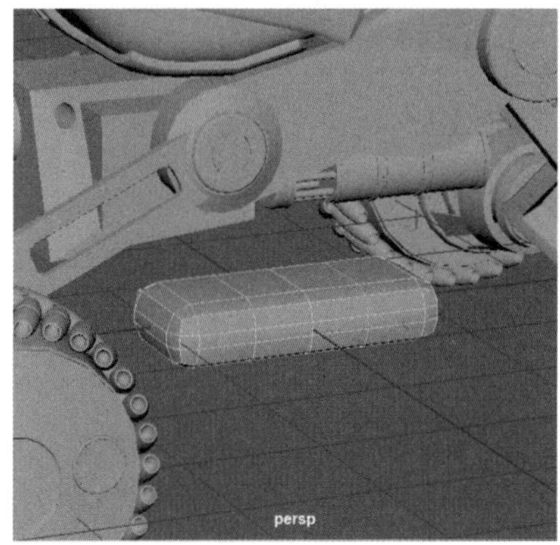

图 14-320

Step69 选择最中间的环形边，使用软工具放大，如图 14-321 所示，对其执行【平滑】命令，如图 14-322 所示。

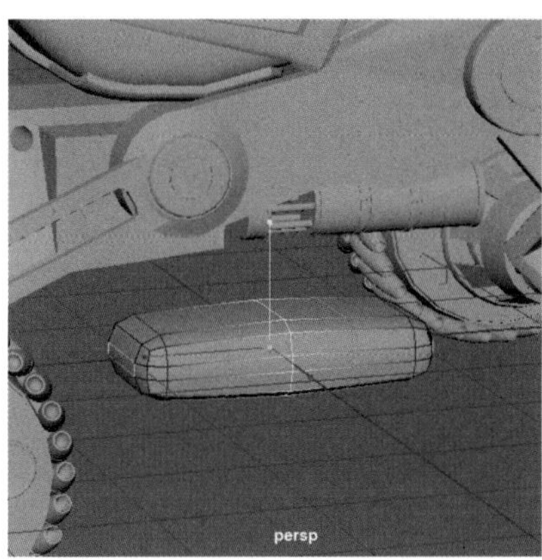

图 14-321

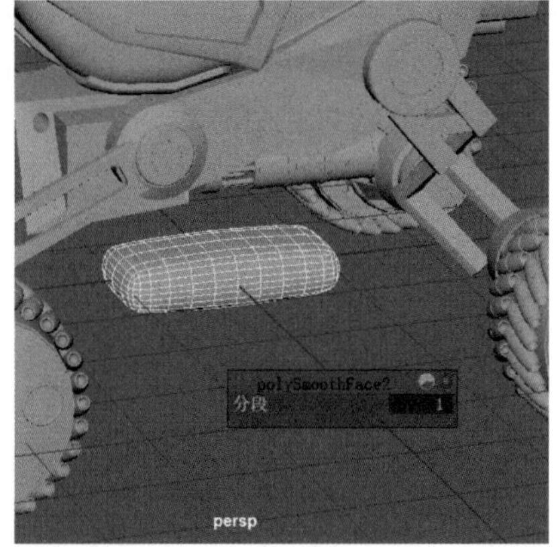

图 14-322

Step70 将该模型缩小，并调整位置，然后将坐标吸附到相邻模型的中心位置，如图 14-323 所示。

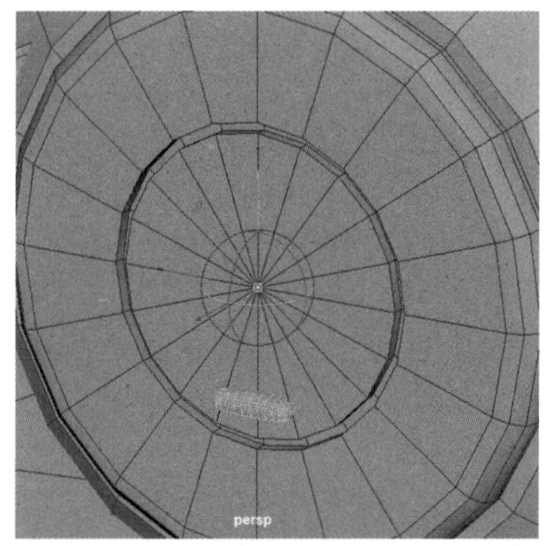

图 14-323

Step71 对该模型进行多次复制和旋转，如图 14-324 所示。

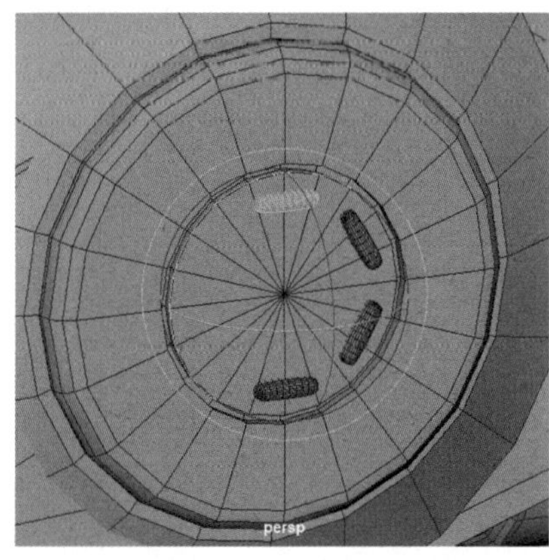

图 14-324

Step72 调整好位置和大小后，先选择底部的圆柱体，再加选与之相交的模型，选择菜单栏中的【网格】→【布尔】→【差集】命令，如图 14-325 所示。

图 14-325

Step73 生成凹槽效果后，选择局部面，先执行一次【三角化面】命令，再执行一次【四边形化面】命令，如图 14-326 所示。

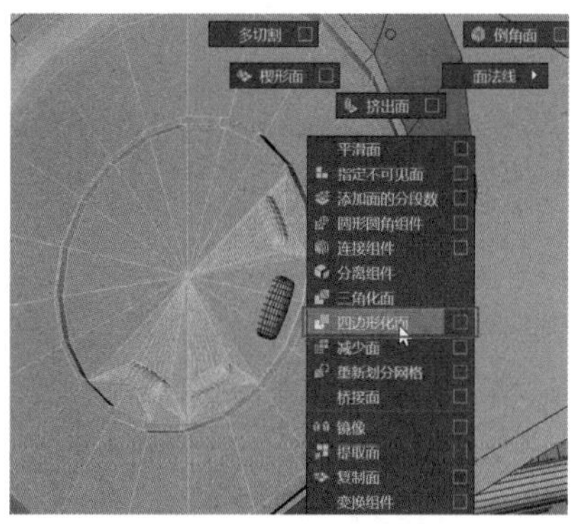

图 14-326

Step74 选择凹槽中的局部边，执行【倒角边】命令，如图 14-327 所示。

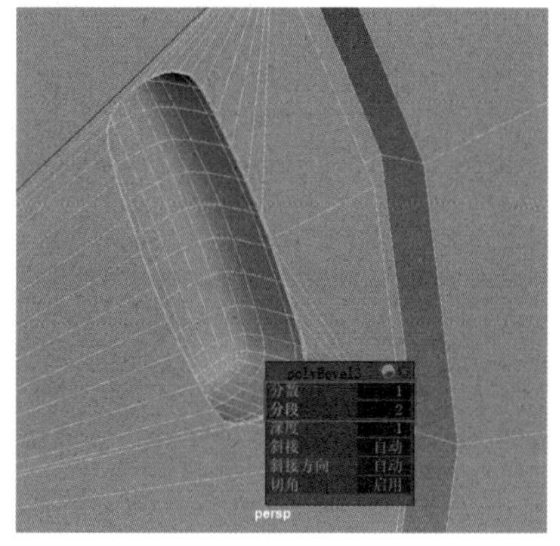

图 14-327

第 1 篇 第 2 篇 第 3 篇 第 4 篇 第 5 篇 第 6 篇

Step75 使用【多切割】命令为模型调整布线，如图 14-328 所示。

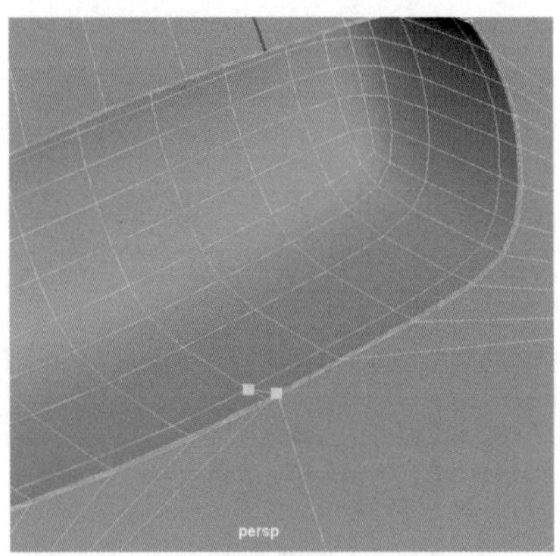

图 14-328

Step76 对车身部分进行独立显示，使用【多切割】命令为其调整布线，如图 14-329 所示，再选择轮胎内的驱动轴部分，调整布线，如图 14-330 所示。

图 14-329

图 14-330

Step77 选择局部面，执行【挤出面】命令，然后拖曳生成的操纵器调整厚度，如图 14-331 所示。

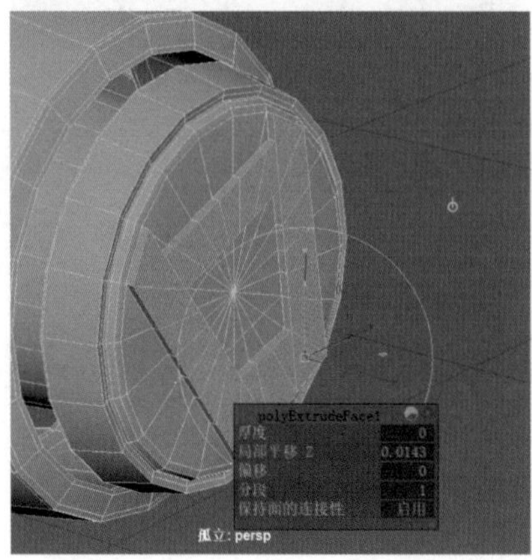

图 14-331

Step78 使用【多切割】命令为模型再次调整布线，如图 14-332 所示，为该模型卡完线后，将坐标吸附到车身中心位置，如图 14-333 所示。

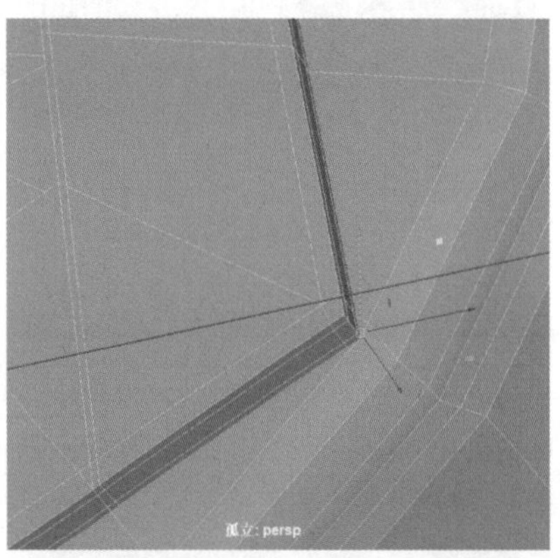

图 14-332

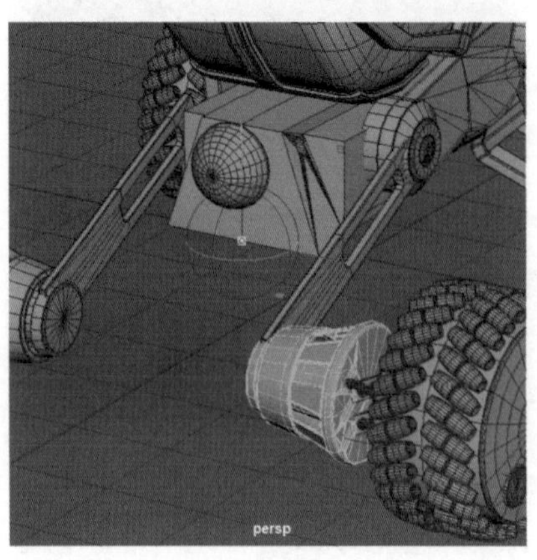

图 14-333

Step79 按快捷键【Ctrl+D】对 4 个轮胎的轴再次进行复制，完成后的效果如图 14-334 所示，然后选择其他圆柱体，使用【多切割】命令绘制多条边，如图 14-335 所示。

图 14-334

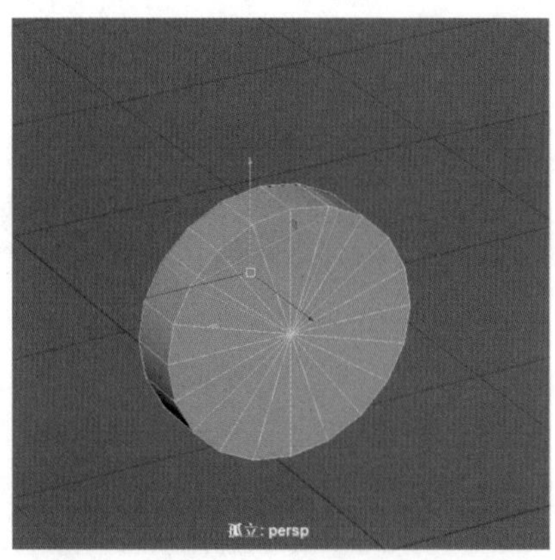

图 14-335

Step80 选择该圆柱体的局部面进行删除，然后填充空面，如图 14-336 所示。

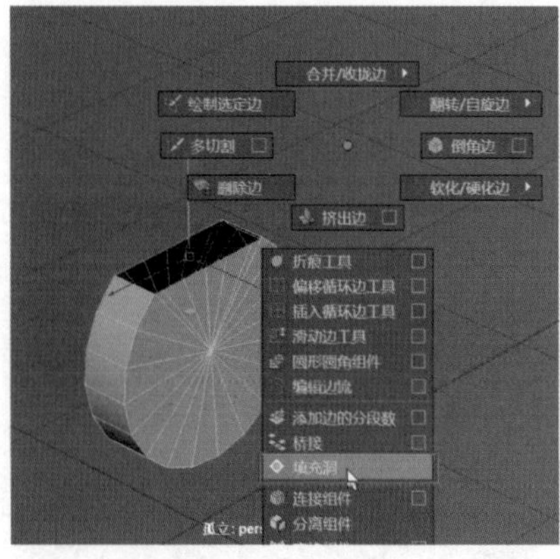

图 14-336

Step 81 再次使用【多切割】命令，为其添加布线，然后选择两条循环边，执行【倒角边】命令，如图14-337所示。

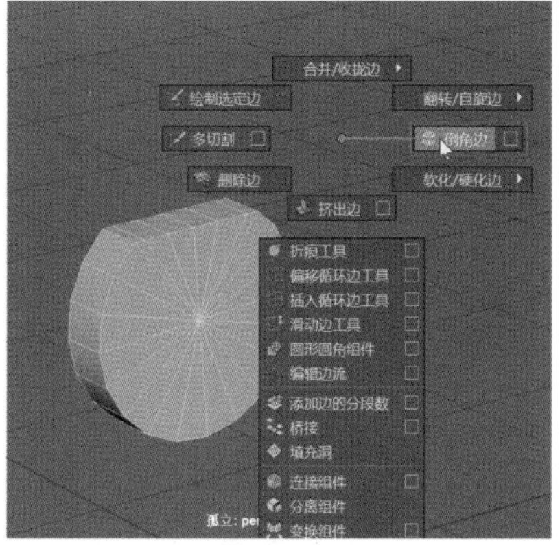

图 14-337

Step 82 为该模型添加两条循环边，如图14-338所示，然后选择模型侧面，执行【挤出面】命令，如图14-339所示。

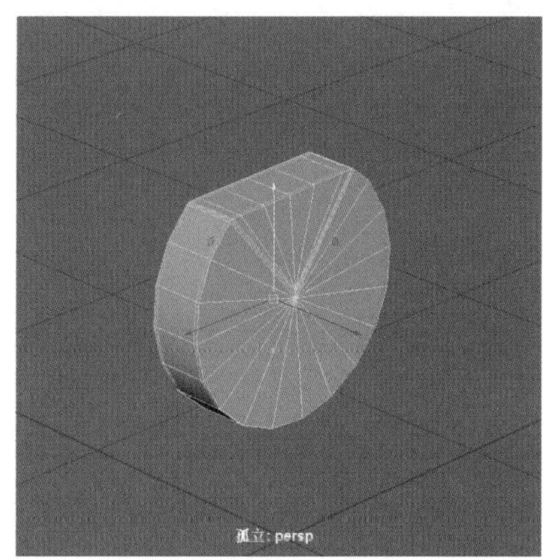

图 14-338

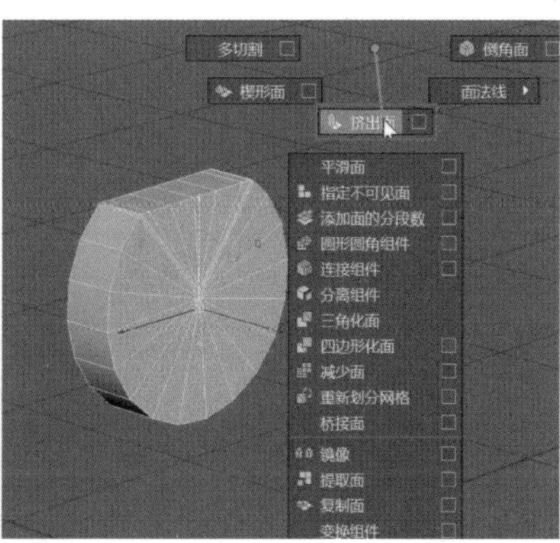

图 14-339

Step 83 将侧面缩小，如图14-340所示，然后选择车身底部的局部边，执行【倒角边】命令，如图14-341所示。

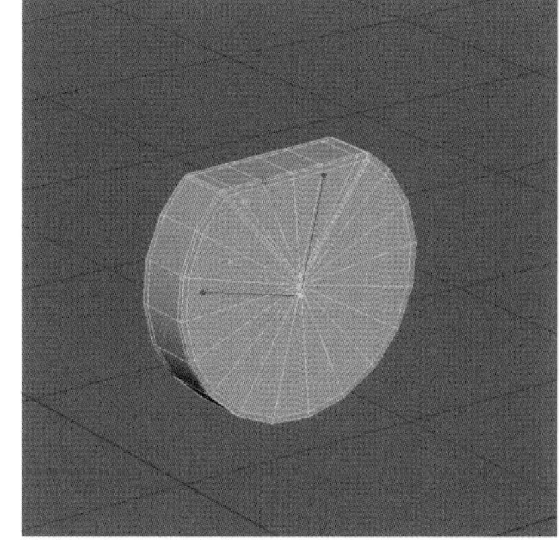

图 14-340

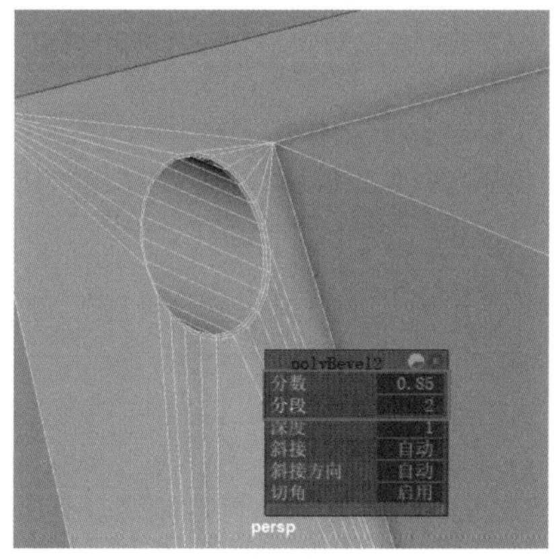

图 14-341

Step 84 使用【多切割】和【插入循环边工具】命令，为模型添加多条边，如图14-342所示。

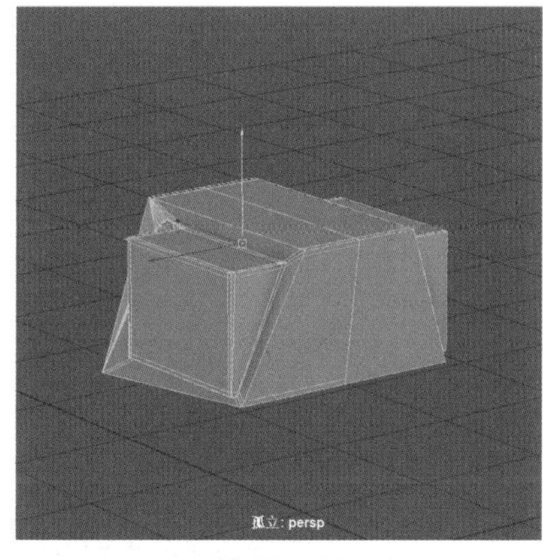

图 14-342

Step 85 选择多个顶点，按组合键【Shift+鼠标右键】拖曳选择【合并顶点到中心】命令，如图14-343所示，然后选择多余的边，按组合键【Shift+鼠标右键】拖曳选择【删除边】命令，如图14-344所示。

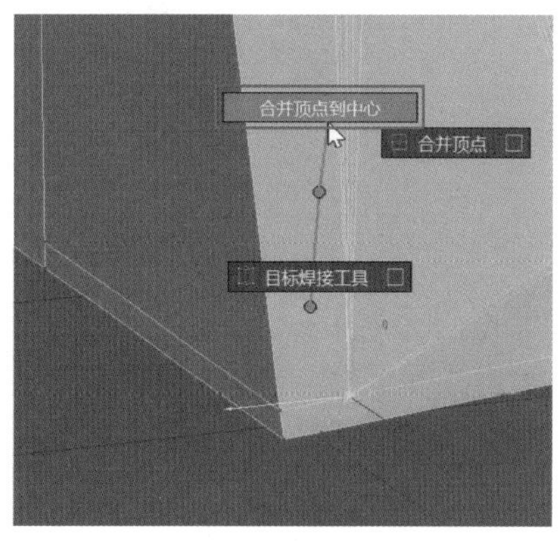

图 14-343

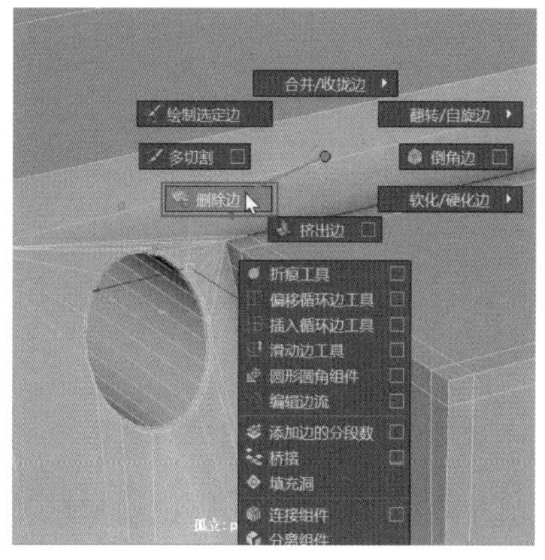

图 14-344

Step 86 选择凹槽内侧的循环边，执行【倒角边】命令，如图14-345所示。

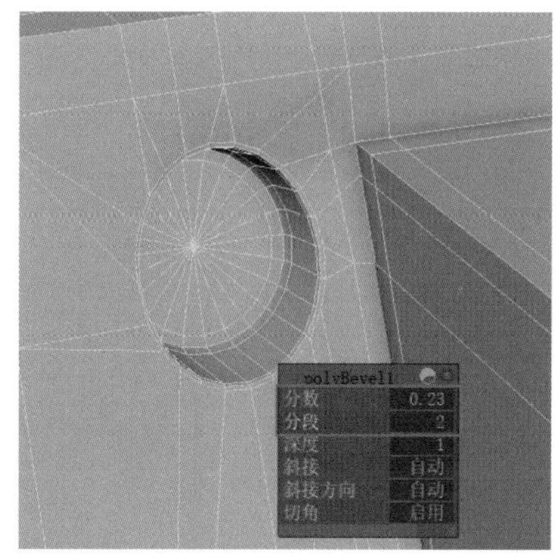

图 14-345

Step 87 为模型添加一条循环边，并选择其局部边，执行【删除边】命令，再次调整布线，如图 14-346 所示。

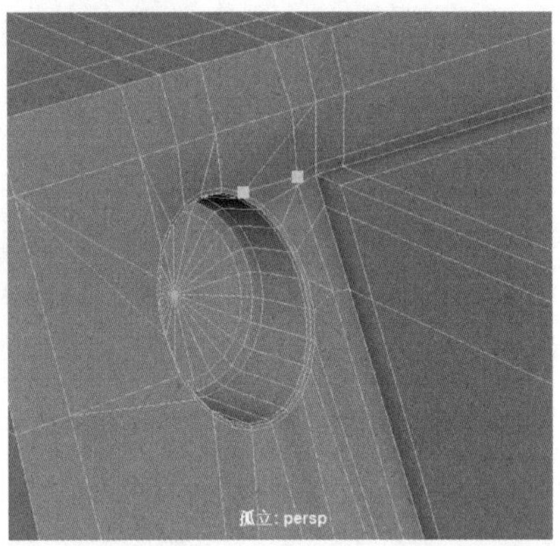

图 14-346

Step 88 调整好布线后，将模型的另一半部分删除，并复制与合并顶点，如图 14-347 所示。

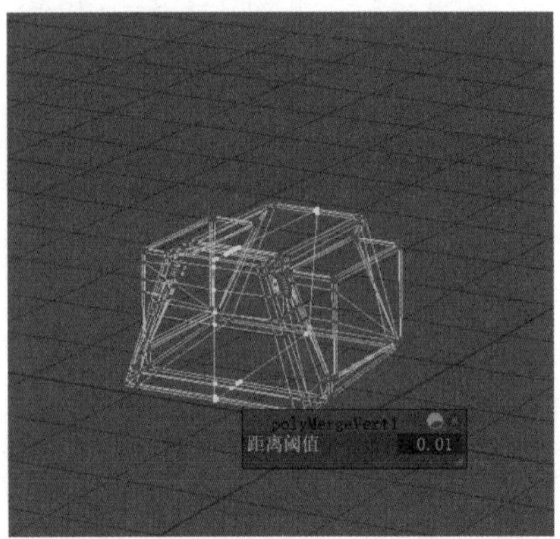

图 14-347

Step 89 选择该模型，执行【网格】→【平滑】命令，然后选择其他模型，添加一条循环边，如图 14-348 所示。

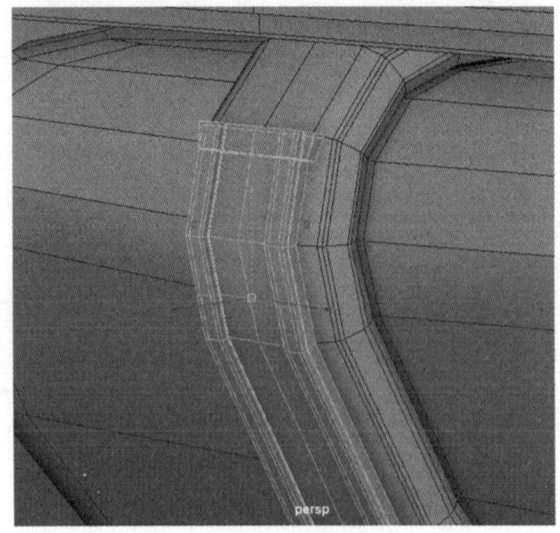

图 14-348

Step 90 选择该模型局部侧面，执行【复制面】命令，然后选择复制出来的模型，执行【挤出】命令，如图 14-349 所示。

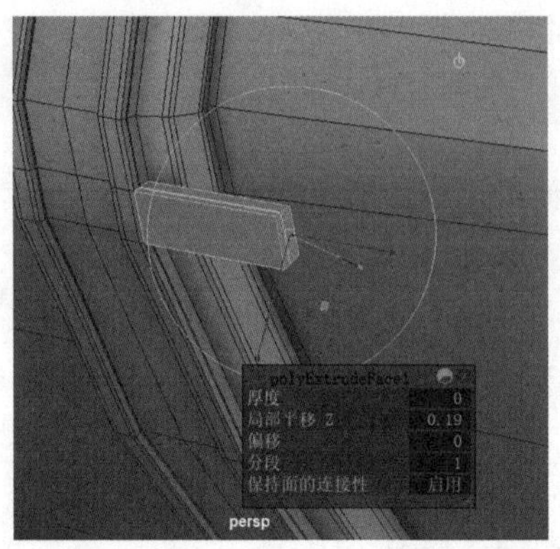

图 14-349

Step 91 为该模型添加一条循环边，并选择局部进行调整。然后选择模型内侧的局部面，再次执行【复制面】命令，如图 14-350 所示。

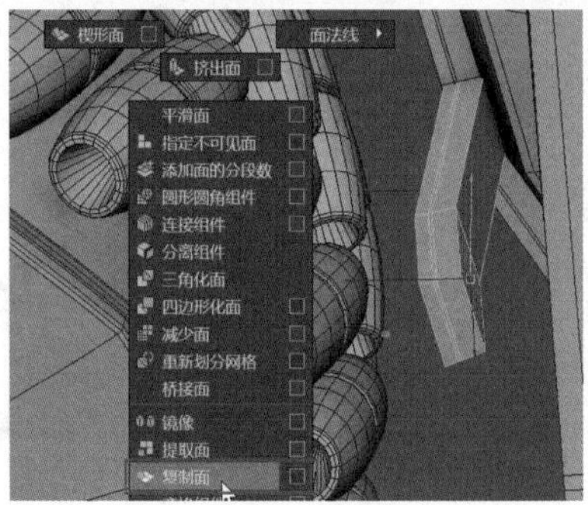

图 14-350

Step 92 选择复制出来的部分，执行【挤出】命令，然后用缩放工具将该模型缩小一些，选择其侧面，执行【挤出面】命令，如图 14-351 所示。

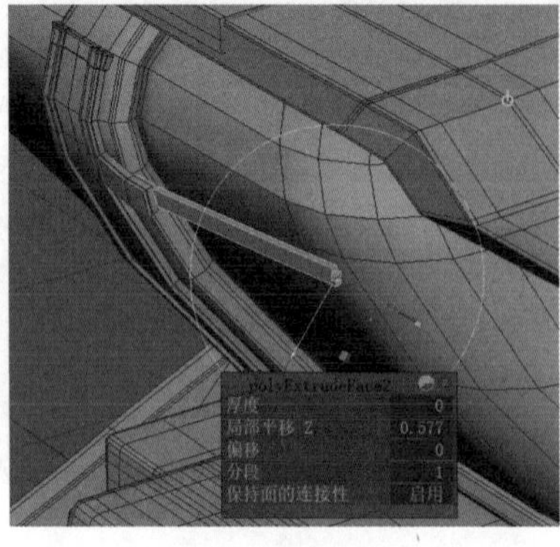

图 14-351

Step 93 对该模型的一侧进行缩小，选择局部边，执行【倒角边】命令，如图 14-352 所示，然后选择局部顶点，执行【合并顶点】命令，如图 14-353 所示。

图 14-352

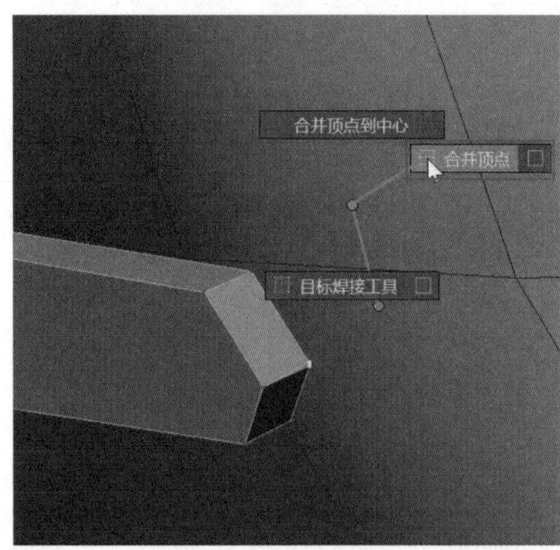

图 14-353

Step 94 框选该模型的所有边，再次执行【倒角边】命令，如图 14-354 所示，然后选择相邻模型的侧边，为其添加 3 条环形边，如图 14-355 所示。

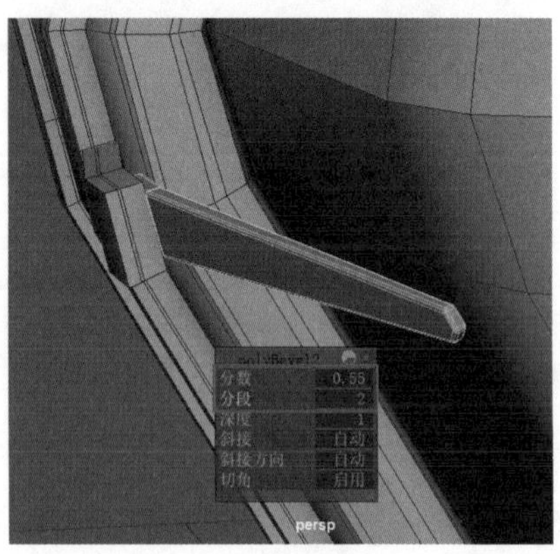

图 14-354

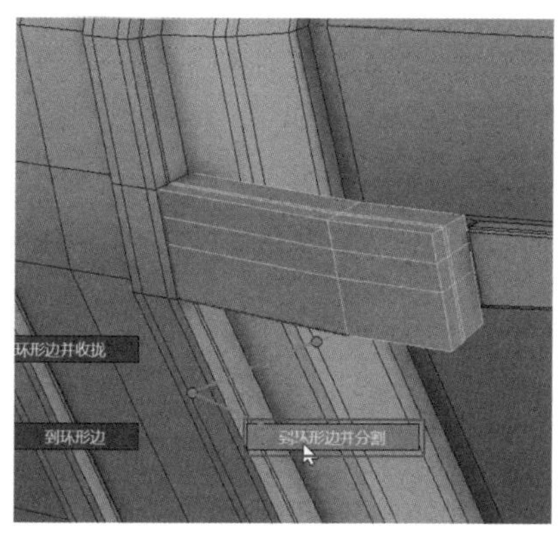

图 14-355

Step95 选择局部顶点，使用软工具模式进行拖曳，如图 14-356 所示，同样，在模型的另一个方向上再添加 3 条环形边，并使用软工具调整。

Step96 使用【插入循环边工具】命令，为模型添加多条循环边进行卡线，如图 14-357 所示。

Step97 使用【结合】命令将两个模型合并起来，并将坐标吸附到车身的中心位置，如图 14-358 所示，然后按快捷键【Ctrl+D】复制到另一侧，如图 14-359 所示。

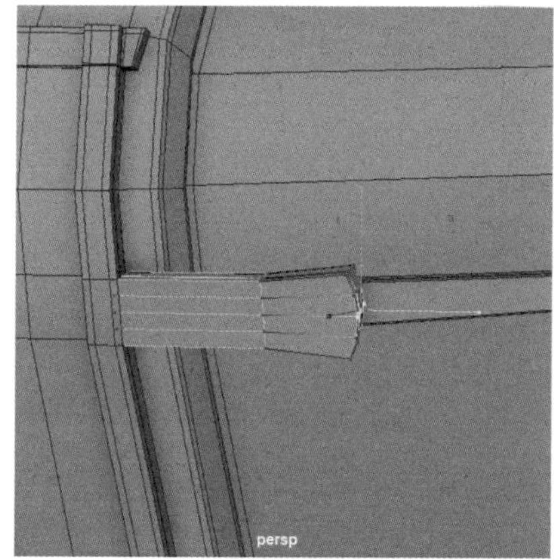

图 14-356

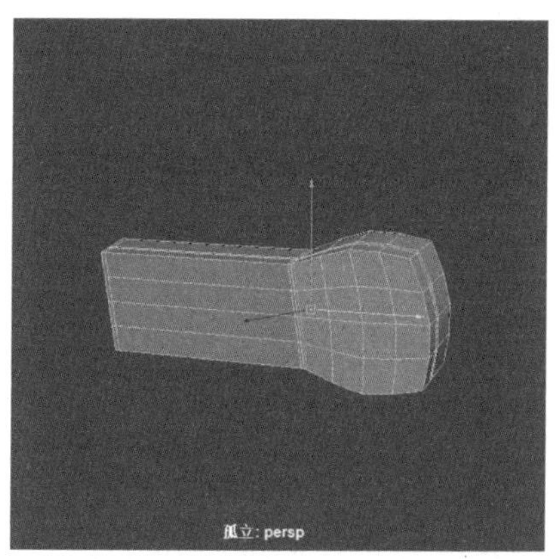

图 14-357

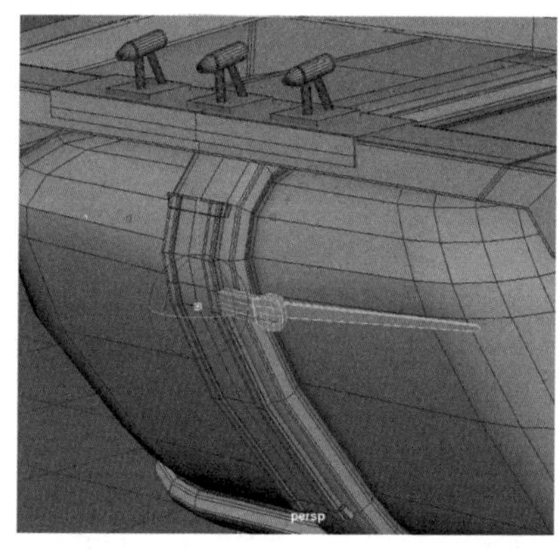

图 14-358

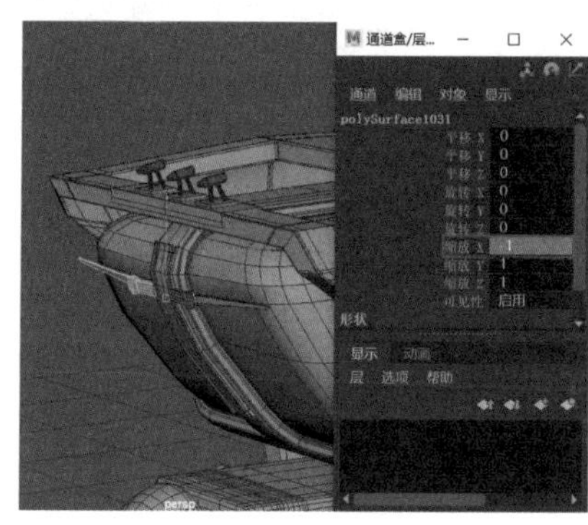

图 14-359

14.3 整理文件与效果渲染

模型制作好后，就可以整理文件并渲染，然后将文件上传并提交，具体步骤如下。

Step01 选择所有模型，单击工具架【渲染】栏中的【Blinn】材质球，如图 14-360 所示，然后按快捷键【Ctrl+A】打开【属性编辑器】面板，调整【偏心率】【镜面反射衰减】和【镜面反射颜色】属性，如图 14-361 所示。

图 14-360

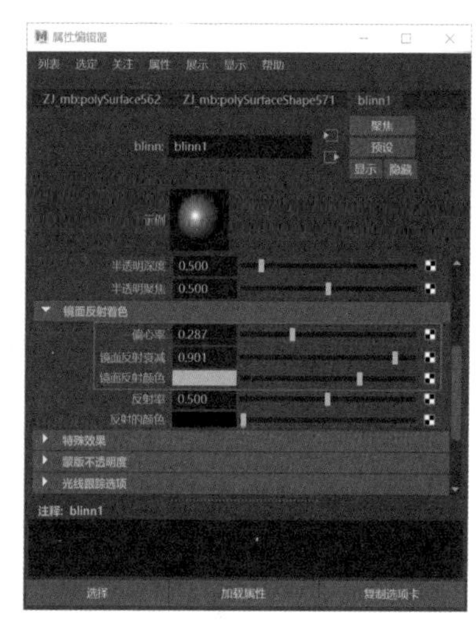

图 14-361

Step 02 选择菜单栏中的【Arnold】→【Lights】→【Area Light】选项，如图 14-362 所示，在模型的后方创建一个区域光，如图 14-363 所示。

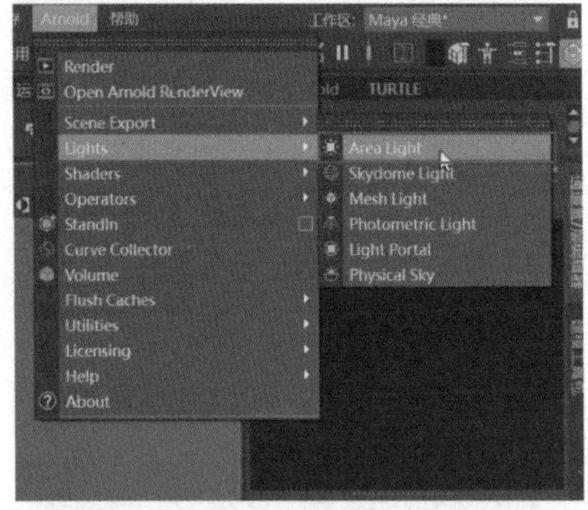

图 14-362

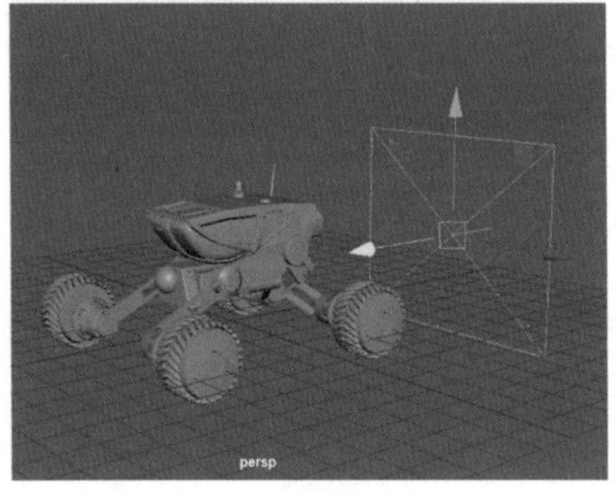

图 14-363

Step 03 框选工作区中的所有模型，按快捷键【Alt+Shift+D】删除历史记录，然后打开【大纲视图】面板，按快捷键【Ctrl+G】对所有模型进行打组，如图 14-364 所示。

图 14-364

Step 04 按【Delete】键将多余的组删除，如图 14-365 所示，单击工具架上方的【渲染视图】图标，如图 14-366 所示。

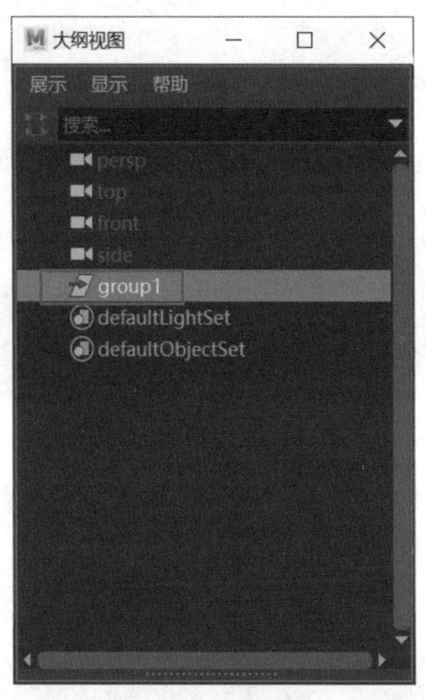

图 14-365

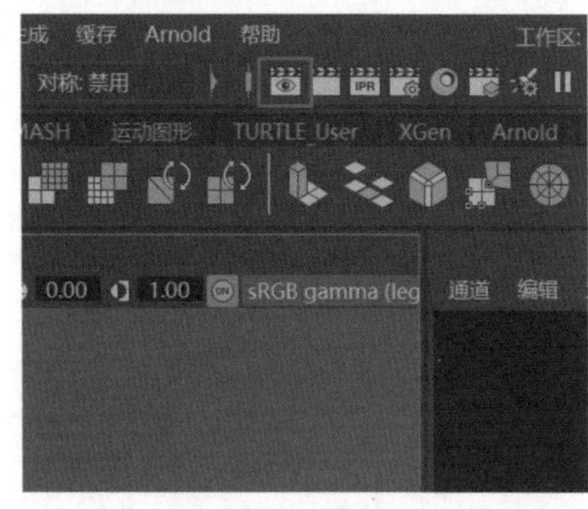

图 14-366

Step 05 载具制作完成，最终效果如图 14-367 所示。实例最终效果见“结果文件 \ 第 14 章 \ZJ.mb”文件。

图 14-367

本章小结

本章讲述了一个次时代风格载具的制作方法。在当前的游戏领域中，次时代技术应用得越来越广泛，其造型和传统模型相比，效果更加逼真和精美，模型的精度也上升到了一个新的高度。